# 中文版 AutoCAD 2012 从入门到精通

史宇宏 编著

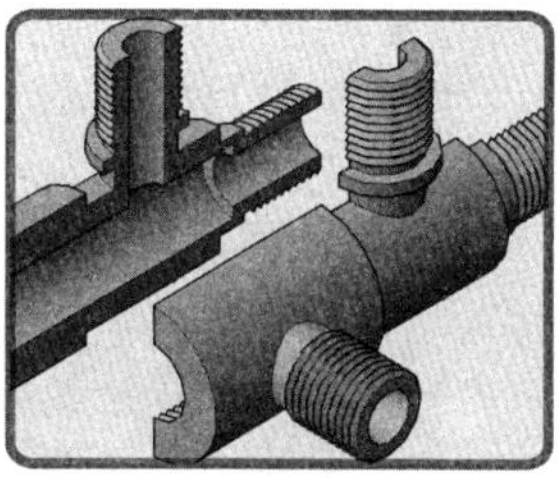

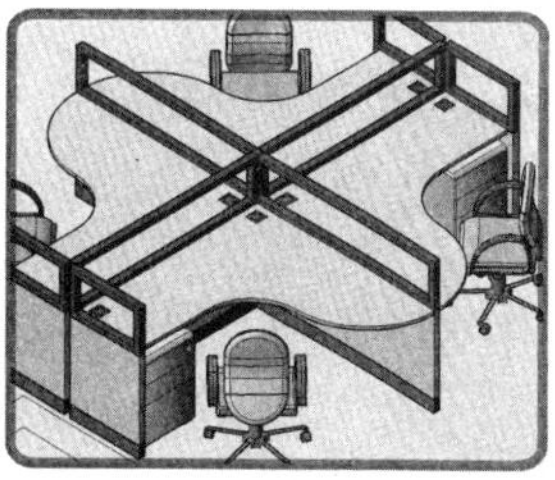

兵器工业出版社

北京希望电子出版社
Beijing Hope Electronic Press
www.bhp.com.cn

## 内 容 简 介

本书全面系统地介绍了最新中文版 AutoCAD 2012 的基本操作方法和图形绘制技巧，涵盖建筑施工、建筑室内装饰装潢设计、机械设计诸多应用领域，有针对性地讲解了 AutoCAD 2012 的各种绘图技法。

本书共分为 4 篇 19 章，包括 AutoCAD 2012 基础操作、设置便捷的绘图环境、绘制与编辑二维基本图形、创建与编辑复杂及多重图形、应用图形资源、图形的尺寸标注与编辑、图形的文字注释与信息查询、三维制图基础、创建三维实体模型和三维曲面模型、三维模型的编辑与修改、制作工程样板文件以及 AutoCAD 在诸多设计领域的应用实例。从 AutoCAD 2012 的基础操作到实际应用，都做了详细、全面的讲解，使读者通过学习本书，彻底掌握 AutoCAD 2012 的基本操作技能与实际应用技能。

本书配套光盘中提供了部分实例所使用的素材、图块、样板和效果文件，读者可以随时调用，对比进行学习。还提供了书中理论知识和实例的同步教学视频，如果读者在学习中遇到问题，可以通过观看视频解开疑惑，提高学习效率。

本书语言通俗易懂，内容讲解到位，书中操作实例非常典型，具有很强的实用性、操作性和代表性，专业性和技巧性等特点也比较突出。本书不仅可以作为高等学校、高职高专院校的教材，还可以作为各类 AutoCAD 培训班的教材，同时也可作为从事 CAD 工作的技术人员的学习参考书。

**图书在版编目（CIP）数据**

中文版 AutoCAD 2012 从入门到精通/史宇宏编著—
北京：兵器工业出版社，2011.11

ISBN 978-7-80248-663-8

I. ①中… II. ①史… III. ①AutoCAD 软件 IV.
①TP391.72

中国版本图书馆 CIP 数据核字（2011）第 208153 号

出版发行：兵器工业出版社 北京希望电子出版社
邮编社址：100089 北京市海淀区车道沟 10 号
100085 北京市海淀区上地 3 街 9 号
金隅嘉华大厦 C 座 611
电 话：010-62978181（总机）转发行部
010-82702675（邮购）010-82702698（传真）
经 销：各地新华书店 软件连锁店
印 刷：北京市密东印刷有限公司
版 次：2011 年 11 月第 1 版第 1 次印刷

封面设计：深度文化
责任编辑：常小虹 焦昭君
责任校对：刘 伟
开 本：787mm×1092mm 1/16
印 张：33
印 数：1-3000
字 数：768 千字
定 价：59.80 元（配 1 张 DVD 光盘）

# 前　言

AutoCAD是目前应用最广泛的辅助设计软件之一，由于具有简便的操作和强大的制图功能，所以一直以来是广大辅助设计人员和专业制图人员的首选软件。为了帮助广大用户快速掌握最新版AutoCAD 2012的操作技能，并应用到实际工作中去，我们编写了这本《中文版AutoCAD 2012从入门到精通》。

## 本书特点

本书内容丰富，实用性较强，在章节内容安排上，充分考虑到读者的学习习惯和接受能力，采用从易到难、循序渐进，同时穿插大量精彩操作实例的写作方式进行讲解，深入浅出地教会读者如何使用AutoCAD 2012软件进行实际工作。本书内容几乎涵盖了AutoCAD在建筑制图、机械制图、室内装饰装潢制图等方面的所有操作技能，自始至终都渗透了“实例导学”的思想模式。

## 本书内容

本书共4篇19章内容。

**第1篇：基础入门。本篇通过第1～5章内容，讲解了AutoCAD 2012基本操作技能，具体内容如下。**

第1章：初识AutoCAD 2012。本章主要讲解了AutoCAD 2012的工作空间、用户界面、基本操作方法以及AutoCAD 2012新增功能。

第2章：设置便捷的绘图环境。本章主要讲解了AutoCAD 2012界面元素的设置、绘图环境的设置、捕捉模式的设置、追踪模式的设置以及图层的设置等知识。

第3章：绘图基础——点与线。本章主要讲解了绘制点、等分点，绘制多线、多段线、作图辅助线以及线对象的编辑方法等相关知识。

第4章：绘制与编辑二维基本图形。本章主要讲解了绘制圆、圆弧、椭圆、椭圆弧、矩形、多边形以及二维图形的基本编辑知识。

第5章：创建、填充与编辑复杂图形。本章主要讲解了创建边界、面域、图案填充以及夹点编辑等操作知识。

**第2篇：技能提升。本篇通过第6～9章内容，讲解了创建典型图形结构、图块、文字、表格以及图形尺寸标注、图形资源共享等内容，具体内容如下。**

第6章：创建与编辑多重图形。本章通过创建不同的复合图形结构，主要讲解了复制图形、偏移图形、镜像图形以及阵列图形等知识。

第7章：快速绘图秘笈——应用图形资源。本章主要讲解了创建图块、管理图块、定义属性、属性的编辑以及设计中心、工具选项板等知识。

第8章：图形的尺寸标注与编辑。本章主要讲解了标注基本尺寸、复合尺寸、公差尺寸以及尺寸的编辑与修改等相关知识。

第9章：图形的文字注释与信息查询。本章主要讲解了单行文字、多行文字、引线文字的创建，文字编辑以及图形信息的查询等相关知识。

**第3篇：三维制图。本篇通过第10～13章内容，讲解了AutoCAD 2012三维建模的相关知识，具体内容如下。**

第10章：AutoCAD 2012三维制图基础。本章主要讲解了三维模型的查看、视口的分割、三维模型的着色设置以及UCS坐标等相关知识。

第11章：创建三维实体模型。本章主要讲解了创建三维实体模型、将二维图形转换为三维实体模型等相关知识。

第12章：创建三维曲面和网格模型。本章主要讲解了创建三维曲面模型和创建三维网格模型的相关知识。

第13章：三维模型的编辑与修改。本章主要讲解了三维模型的编辑、修改技能，包括编辑三维实体模型、编辑三维网格模型等相关知识。

**第4篇：职场实战。本篇通过第14～19章内容，讲解了AutoCAD 2012在各行业中的应用以及图形的输出等知识，具体内容如下。**

第14章：制作工程样板文件。本章通过多个实例，主要讲解了样板文件绘图环境的设置、样本文件图层及特性的设置、样本文件绘图样式的设置以及填充样板图框和样板图的页面布局等相关知识。

第15章：AutoCAD零件轴测图应用实例。本章通过多个实例，主要讲解了平行线投影图、中心线投影图、圆/圆弧投影图、剖视图投影图以及轴测图投影尺寸的绘制方法和技巧。

第16章：AutoCAD机械制图应用实例。本章通过大量精彩实例，主要讲解了AutoCAD 2012在机械制图中的应用方法和技巧。

第17章：AutoCAD建筑制图应用实例。本章通过大量精彩实例，主要讲解了AutoCAD 2012在建筑制图中的应用方法和技巧。

第18章：AutoCAD室内装饰装潢设计应用实例。本章通过大量精彩实例，主要讲解了AutoCAD 2012在室内装饰装潢设计中的各种应用技巧和方法。

第19章：AutoCAD 2012图纸的后期输出。本章主要讲解了AutoCAD 2012图纸的后期输出等知识。

## 光盘内容

本书配套光盘中提供了各个实例的素材文件、效果文件以及视频文件，以便读者在学习本书时随时调用。

样板文件：该目录下存放的是使用的绘图样板文件。

素材文件：该目录下存放的是各章所调用的素材文件。

图块文件：该目录下存放的是各章所调用的图块文件。

效果文件：该目录下存放的是各章实例的最终效果文件。

视频文件：该目录下存放的是各章知识讲解和实例操作的视频教学文件。

## 其他声明

本书由史宇宏编写，参与本书光盘制作的有张传记、史小虎、陈玉蓉、张伟、姜华华、张伟、车宇、林永、赵明富、王莹、张恒立、赵卉亓、夏小寒、白春英、唐美灵等。由于作者水平所限，所讲内容难免有不妥之处，恳请广大读者批评指正，我们的电子邮箱是bhpbangzhu@163.com。如果希望知悉图书的更多信息，请浏览北京希望电子出版社的网站www.bhp.com.cn。

编著者

# 目　录

## 第1篇　基础入门

### 第1章　初识AutoCAD 2012



### 第2章　设置便捷的绘图环境



### 第3章　绘图基础——点与线

## 第4章 绘制与编辑二维基本图形



## 第5章 创建、填充与编辑复杂图形

# 第2篇 技能提升

## 第6章 创建与编辑多重图形



## 第7章 快速绘图秘笈——应用图形资源



## 第8章 图形的尺寸标注与编辑

## 第9章 图形的文字注释与信息查询



# 第3篇 三维制图

## 第10章 AutoCAD 2012三维制图基础



## 第11章 创建三维实体模型

## 第12章 创建三维曲面和网格模型



## 第13章 三维模型的编辑与修改



# 第4篇 职场实战

## 第14章 制作工程样板文件



## 第15章 AutoCAD零件轴测图应用实例

## 第16章 AutoCAD机械制图应用实例



## 第17章 AutoCAD建筑制图应用实例



## 第18章 AutoCAD室内装饰装潢设计应用实例



## 第19章 AutoCAD 2012图纸的后期输出

# 第1篇

# 基础入门

本篇通过第1~5章内容，详细讲解了最新版AutoCAD 2012的新增功能、基本操作、环境设置、绘图基础知识以及绘制简单几何图元、常见几何图元、抽象几何图元等基本操作知识，使读者快速、全面地掌握AutoCAD 2012基本操作技能，具体内容如下。

第1章

# 初识AutoCAD 2012

AutoCAD 2012是AutoCAD系列家族的最新成员，本章主要介绍AutoCAD 2012的基本概念、应用范围、配置需求、操作界面、命令执行、坐标输入及绘图文件的设置等基础知识，使初级读者快速地了解和认识AutoCAD 2012。

## 1.1 关于AutoCAD 2012

在学习AutoCAD 2012绘图软件之前，首先简单介绍AutoCAD 2012软件的基本概念、应用范围以及软件的启动和退出等知识。

AutoCAD软件是一款集多种功能于一体的高精度计算机辅助设计软件，它具有功能强大、易于掌握、使用方便等特点，不仅在机械、建筑、服装和电子等设计领域得到了广泛的应用，而且在地理、气象、航天、造船等行业特殊图形的绘制，甚至乐谱绘制、灯光和广告设计等领域也得到了多方面的应用，目前已成为计算机CAD系统中应用最为广泛的图形软件之一。此软件可使广大图形设计人员能够轻松高效地进行图形的设计与绘制工作，并且与传统的手工绘图相比，使用AutoCAD软件绘图的速度更快、精确度更高。

AutoCAD 2012是目前AutoCAD家族中最新的一个版本，其中“Auto”是英语Automation单词的词头，意思是“自动化”；“CAD”是英语Computer-Aided-Design的缩写，意思是“计算机辅助设计”，而“2012”则表示AutoCAD软件的版本号。

## 1.2 认识AutoCAD 2012工作空间

这一节首先来认识AutoCAD 2012的工作空间。首先来启动AutoCAD 2012应用程序，当成功安装AutoCAD 2012绘图软件之后，通过以下几种方式可以启动AutoCAD 2012软件。

- 双击桌面上的软件图标，启动AutoCAD 2012程序。
- 执行“开始”菜单中的“所有程序”|“Autodesk”|“AutoCAD 2012”命令，以启动AutoCAD 2012程序。
- 双击“*.dwg”格式的文件启动AutoCAD 2012程序。

启动AutoCAD 2012绘图软件之后，即可进入如图1-1所示的默认工作界面，同时自动打开一个名为“Drawing1.dwg”的默认绘图文件。

当需要退出AutoCAD 2012软件时，首先要退出当前的AutoCAD文件，如果当前文件已经保存，那么用户可以使用以下几种方式退出AutoCAD绘图软件。

- 单击AutoCAD 2012标题栏上的控制按钮，退出AutoCAD 2012程序。
- 按键盘上的组合键Alt+F4退出AutoCAD 2012程序。
- 执行菜单栏中的“文件”|“退出”命令退出AutoCAD 2012程序。

- 在命令行中输入Quit或Exit后，按Enter键退出AutoCAD 2012程序。
- 展开“应用程序菜单”，单击 退出 AutoCAD 按钮退出AutoCAD 2012程序。

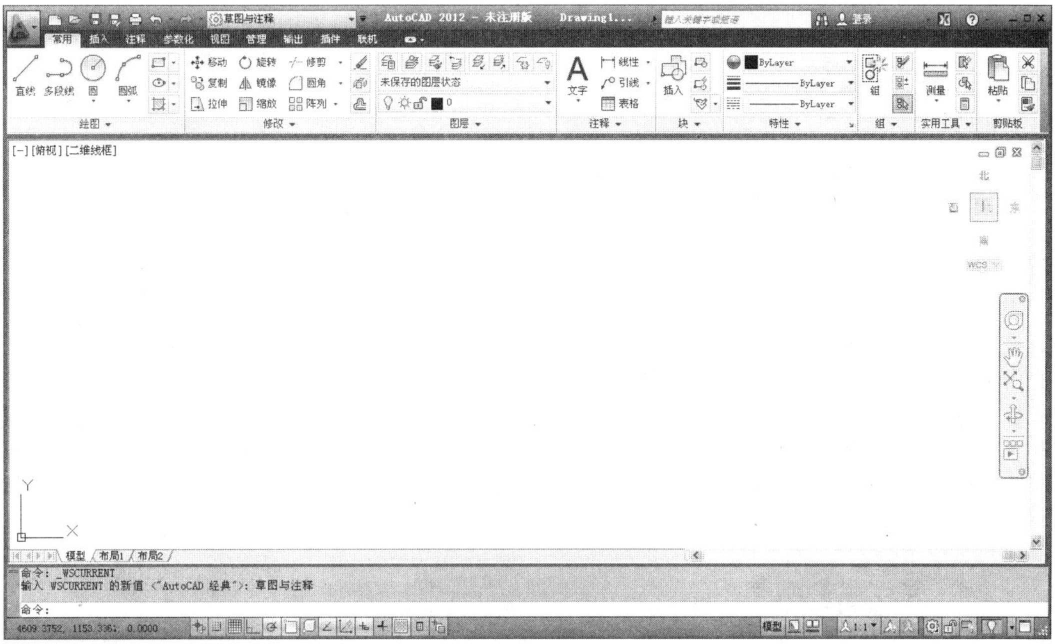


图1-1

在退出AutoCAD 2012软件之前，如果没有将当前的AutoCAD绘图文件保存，那么系统将会弹出如图1-2所示的提示对话框，单击 是(Y) 按钮，将弹出“图形另存为”对话框，用于对图形进行命名保存；单击 否(N) 按钮，系统将放弃保存并退出AutoCAD 2012；单击 取消 按钮，系统将取消执行的退出命令。

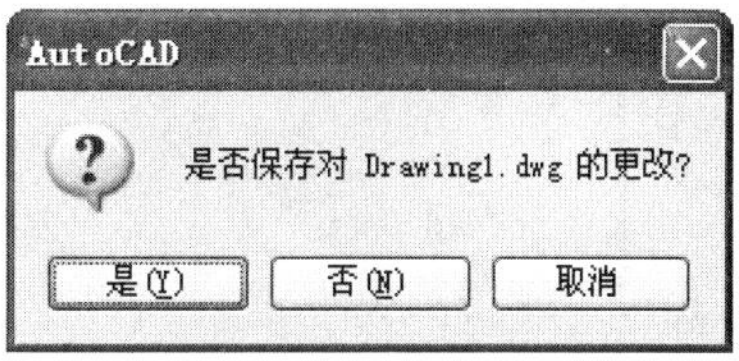


图1-2

AutoCAD 2012绘图软件为用户提供了多种工作空间，分别是“草图与注释”、“三维基础”、“三维建模”和“AutoCAD经典”。

如果是AutoCAD 2012的初始用户，那么启动AutoCAD 2012后将会进入如图1-1所示的“草图与注释”工作空间，此工作空间内，系统将各种工具和命令以选项卡和按钮的形式放在界面上方的功能区，如图1-3所示。在功能区内，用户主要进入相关选项卡，单击各功能按钮，即可激活相关命令。

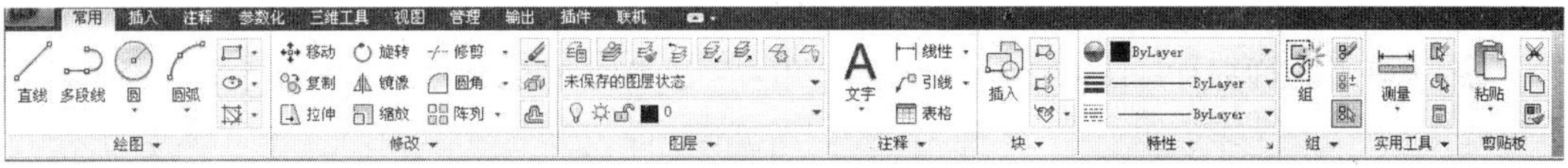


图1-3

“草图与注释”空间的功能区主要包括“绘图”、“修改”、“图层”、“注释”、“块”、“特性”、“组”、“实用工具”和“粘贴板”共9个选项卡，这些选项卡将各功能和命令以按钮的形式直观地展现出来，用户只要单击各选项卡，即可将其展开，再单击相关按钮，即可执行相关命令，为用户进行图形设计提供了很大的便利。

除了“草图与注释”工作空间外，AutoCAD 2012还为用户提供了“AutoCAD经典”工作空间（如图1-4所示）、“三维建模”工作空间（如图1-5所示）和“三维基础”工作空间（如图1-6所示）。

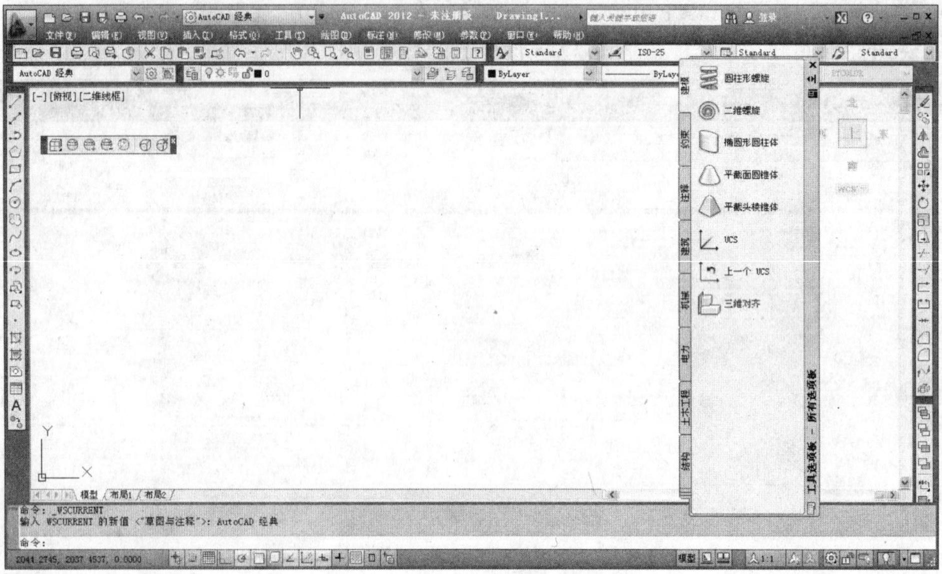


图1-4

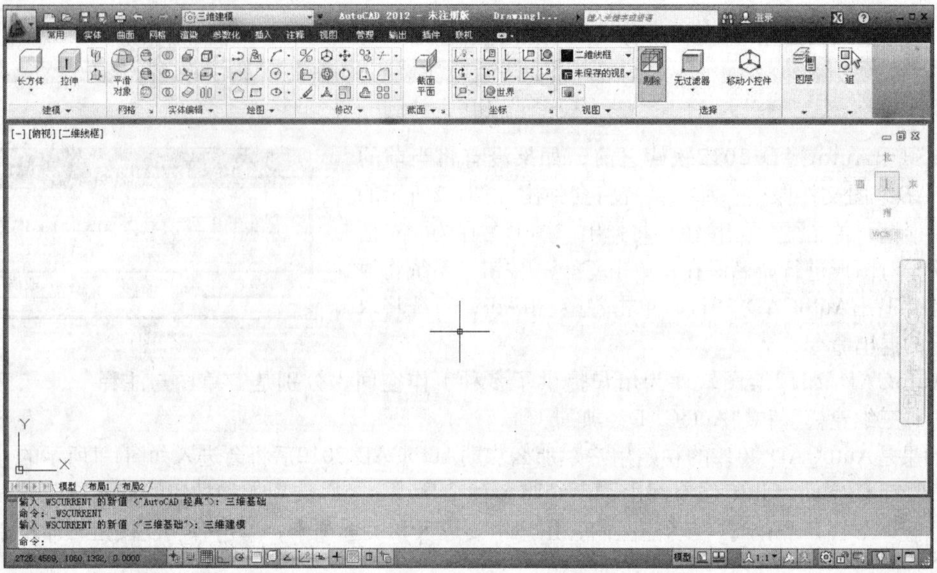


图1-5

每一种工作空间都有其自身的特点和作用，用户可以根据自己的绘图习惯和需要，选择不同的工作空间。

**TIP** 单击状态栏上的“切换工作空间”按钮，从弹出的按钮菜单中可以快速切换工作空间，如图1-7所示；另外，也可展开标题栏上的“工作空间”下拉列表 AutoCAD 经典，选择相关工作空间，如图1-8所示。

无论选用何种工作空间，在启动AutoCAD 2012系统之后，都会自动打开一个名为“Drawing1.dwg”的默认绘图文件窗口。另外，无论选择何种工作空间，用户都可以在日后对其进行更改，也可以自定义并保存自己的工作空间。

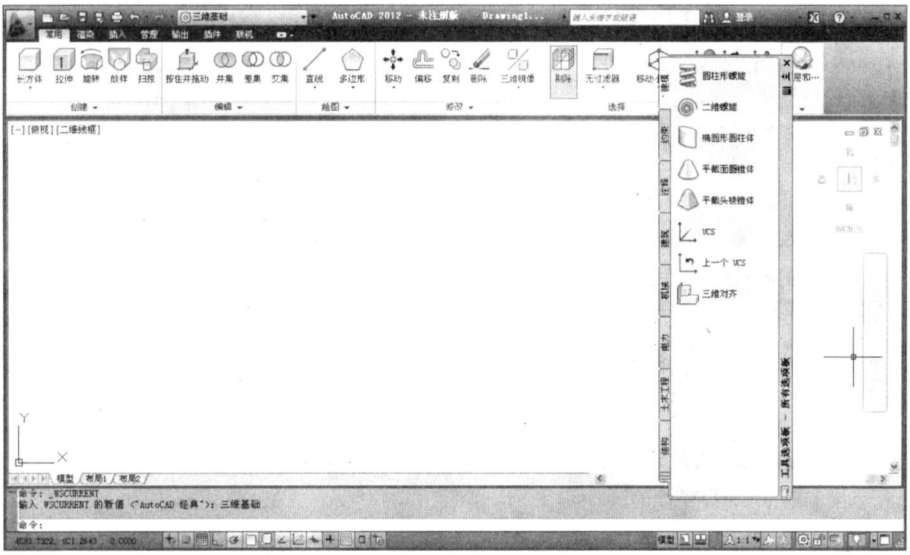

图1-6

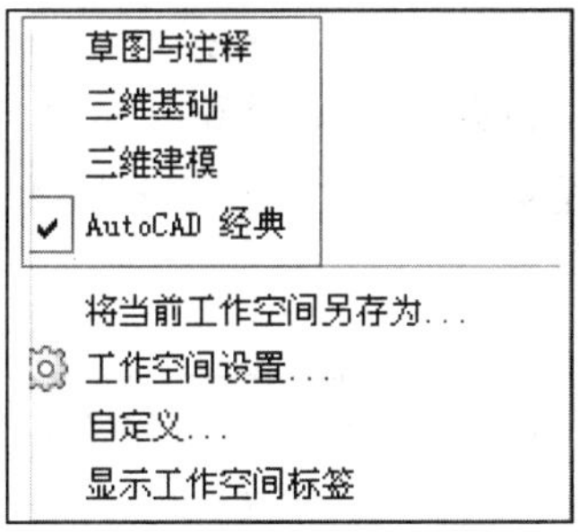


图1-7

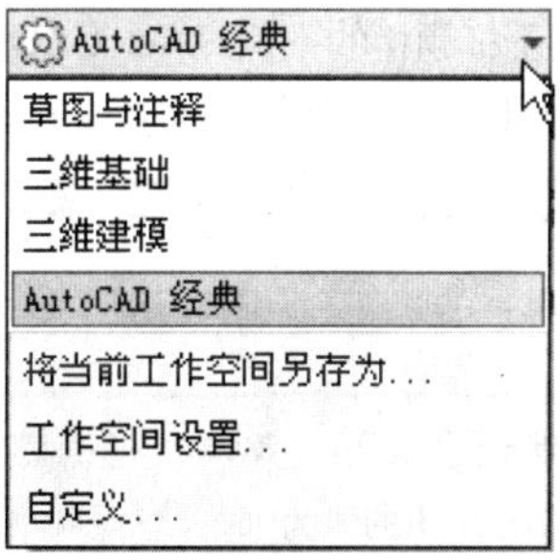


图1-8

## 1.3 AutoCAD 2012界面简介

新版AutoCAD 2012不仅有多种工作空间，同时，每一种工作空间都具有人性化的操作界面设置，这一节以AutoCAD经典工作空间为例，学习AutoCAD经典工作空间的基本操作技能，其他工作空间的界面操作比较简单，在此不再逐一介绍。

AutoCAD经典工作空间的界面主要包括标题栏、菜单栏、工具栏、绘图区、命令行、状态栏、功能区、选项板等，下面分别对其进行详细讲解。

### 1.3.1 标题栏

标题栏位于AutoCAD 2012操作界面的最顶部，在标题栏中主要包括应用程序菜单、快速访问工具栏、程序名称显示区、信息中心和窗口控制按钮等内容，如图1-9所示。

图1-9

- 应用程序菜单：单击标题栏左端的按钮，可打开应用程序菜单，通过此菜单可以访问一些常用工具、搜索命令和浏览文档等，如图1-10所示。
- 快速访问工具栏：位于应用程序菜单按钮的右侧，通过此工具栏，可以快速访问某些命令，在快速访问工具栏上单击右键，并在弹出的快捷菜单中执行相应命令，可以在工具栏上添加、删除常用命令按钮、控制菜单栏的显示以及各工具栏的开关状态等。
- 程序名称显示区：用于显示当前正在运行的程序名称和当前被激活的图形文件名称；
- 信息中心：可以快速获取所需信息、搜索所需资源等。
- 窗口控制按钮：位于标题栏最右端，主要有“最小化”、“恢复”/“最大化”和“关闭”，分别用于控制AutoCAD窗口的大小和关闭。

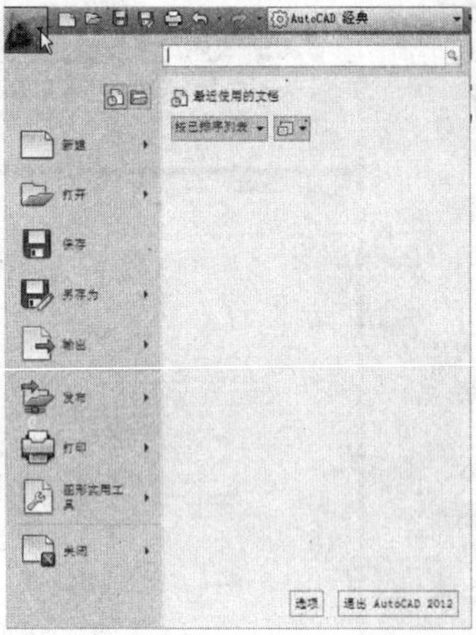


图1-10

## 1.3.2 菜单栏

菜单栏位于标题栏的下侧，AutoCAD的常用制图工具和管理编辑等工具都分门别类地排列在这些主菜单中，用户可以非常方便地启动各主菜单中的相关菜单项，以进行必要的绘图工作，如图1-11所示。

图1-11

TIP：在默认设置下，菜单栏是隐藏的，当变量MENUBAR的值为1时，显示菜单栏；当变量MENUBAR的值为0时，隐藏菜单栏。

AutoCAD共提供了“文件”、“编辑”、“视图”、“插入”、“格式”、“工具”、“绘图”、“标注”、“修改”、“参数”、“窗口”和“帮助”12个主菜单。各菜单的主要功能如下。

- “文件”菜单：用于对图形文件进行设置、管理和打印发布等。
- “编辑”菜单：用于对图形进行一些常规的编辑，包括复制、粘贴、链接等命令。
- “视图”菜单：用于调整和管理视图，以方便视图内图形的显示等。
- “插入”菜单：用于向当前文件中引用外部资源，如块、参照、图像等。
- “格式”菜单：用于设置与绘图环境有关的参数和样式等，如绘图单位、颜色、线型及文字、尺寸样式等。
- “工具”菜单：为用户设置了一些辅助工具和常规的资源组织管理工具。
- “绘图”菜单：是一个二维和三维图元的绘制菜单，几乎所有的绘图和建模工具都组织在此菜单内。
- “标注”菜单：是一个专用于为图形标注尺寸的菜单，它包含了所有与尺寸标注相关的工具。
- “修改”菜单：是一个很重要的菜单，用于对图形进行修整、编辑和完善。
- “参数”菜单：是一个新增的菜单，用于为图形添加几何约束和标注约束等。
- “窗口”菜单：用于对AutoCAD文档窗口和工具栏状态进行控制。
- “帮助”菜单：用于为用户提供一些帮助性的信息。

菜单栏最右边是AutoCAD文件的窗口控制按钮，包括“最小化”、“还原”/“最大化”和“关闭”，与AutoCAD窗口控制按钮相同，用于控制AutoCAD图形文件的显示或关闭。

AutoCAD 2012软件的菜单操作与其他应用软件菜单的操作相同，在主菜单项上单击左键，展开此主菜单，然后将光标移至需要启动的菜单上，单击左键即可启动该菜单命令。

另外，为了更加方便地启动某些命令或命令选项，AutoCAD 2012还为用户提供了快捷菜单，所谓快捷菜单，指的就是单击鼠标右键弹出的菜单，用户只需执行快捷菜单中的命令或选项，即可快速激活相应的功能。

根据操作过程的不同，快捷菜单归纳起来共有三种。

- 默认模式菜单：此种菜单是在没有命令执行的前提下或没有对象被选择的情况下单击右键显示的菜单。
- 编辑模式菜单：此种菜单是在有一个或多个对象被选择的情况下单击右键出现的快捷菜单。
- 模式菜单：此种菜单是在一个命令执行的过程中，单击右键而弹出的快捷菜单。

## 1.3.3 工具栏

在“AutoCAD经典”操作空间内，工具栏位于绘图窗口的两侧和上侧，以图标按钮的形式形象直观地代替了AutoCAD的诸多相关命令。

将光标移至工具按钮上稍作停留，光标指针的下侧就会出现此图标所代表的命令名称，同时还会出现该工具的用途说明，如图1-12所示。在工具按钮上单击左键，即可快速激活该命令进行绘图操作。

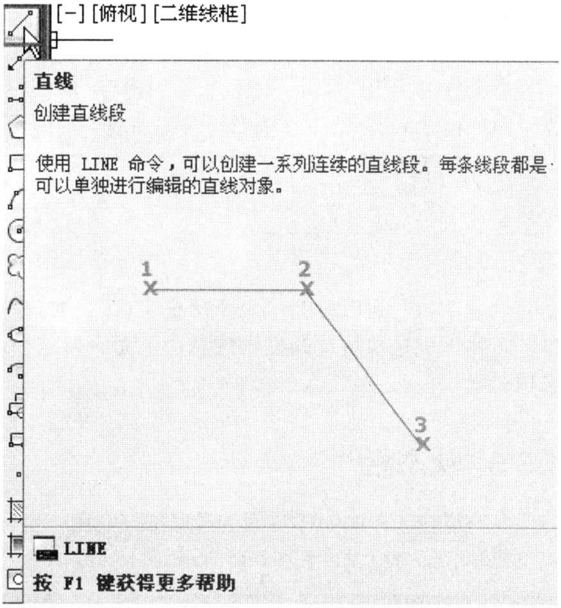


图1-12

AutoCAD 2012共为用户提供了44种工具栏，为了增大绘图空间，系统通常只将几种常用的工具栏放在用户界面上，如位于用户界面左侧的“绘图”工具栏、位于用户界面右侧的“修改”工具栏和位于菜单栏下方的主工具栏，其他大多数工具都处于隐藏状态，在任一工具按钮上单击右键，并在打开的快捷菜单中执行相关命令，即可打开或关闭相应的工具栏。

TIP 在打开的快捷菜单中，带有勾号的表示当前已经打开的工具栏，不带有勾号的表示当前没有打开的工具栏。在不带勾号的菜单上单击，即可打开其工具栏；在带有勾号的菜单上单击，即可将已打开的菜单栏隐藏。

## 1.3.4 绘图区

绘图区位于用户界面的正中央，即被工具栏和命令行所包围的整个区域，此区域是用户的工作区域，图形的设计与修改工作就是在此区域内进行操作的。

默认状态下绘图区是一个无限大的电子屏幕，无论尺寸多大或多小的图形，都可以在绘图区中绘制和灵活显示。当在绘图区上移动鼠标时，绘图区会出现一个随光标移动的十字符号，此符号为“十字光标”，它由“拾取点光标”和“选择光标”叠加而成，其中“拾取点光标”是点的坐标拾取器，当执行绘图命令时，显示为拾点光标；“选择光标”是对象拾取器，当选择对象时，显示为选择光标；在没有任何命令执行的前提下，显示为十字光标，如图1-13所示。

图1-13

在绘图区左下部有3个标签，即模型、布局1和布局2，分别代表了两种绘图空间，即模型空间和布局空间。模型标签代表了当前绘图区窗口处于模型空间，通常在模型空间进行绘图。布局1和布局2是默认设置下的布局空间，主要用于图形的打印输出。用户可以通过单击标签，在这两种操作空间中进行切换。

> **TIP** 默认设置下，绘图区背景色的RGB值为254、252、240，用户可以执行菜单栏中的“工具”|“选项”命令更改背景色。有关更改绘图区颜色的方法，可参阅本书第2章2.1节相关内容的讲解。

## 1.3.5 命令行

命令行位于绘图区的下侧，它是用户与AutoCAD软件进行数据交流的平台，主要功能就是用于提示命令和显示用户当前的操作步骤，如图1-14所示。

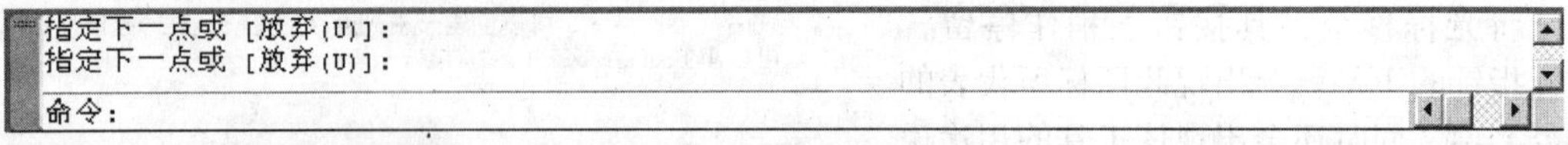

图1-14

“命令行”可以分为“命令历史窗口”和“命令输入行”两部分，上面两行为“命令历史窗口”，用于记录执行过的操作信息；下面一行是“命令输入行”，用于提示用户输入命令或命令选项。

## 1.3.6 状态栏

状态栏位于AutoCAD界面的最底部，它由“坐标读数器”、“辅助功能区”和“应用程序状态栏菜单”三部分组成，如图1-15所示。

图1-15

- 坐标读数器：位于状态栏左端，用于显示十字光标所处位置的坐标值。
- 辅助功能区：在“坐标读数器”右端的按钮是一些重要的辅助绘图功能按钮，主要用于控制点的精确定位和追踪；中间的按钮主要用于快速查看布局、查看图形、定位视点、注释比例等；而右端的按钮主要用于对工具栏、窗口进行固定、切换工作空间以及全屏显示绘图区等，都是一些辅助绘图的功能。
- 应用程序状态栏菜单：单击状态栏右侧的“应用程序状态栏菜单”按钮▾，将打开如图1-16所示的状态栏快捷菜单，菜单中的各选项与状态栏上的各按钮功能一致，用户也可以通过各菜单项以及菜单中的各功能键控制各辅助按钮的开关状态。

图1-16

## 1.3.7 选项板

“选项板”指的就是将块、图案填充和自定义工具等，整理在一个便于使用的窗口中，这个窗口称之为“选项板”，如图1-17所示。

在“工具选项板”窗口中，包含多个类别的选项卡，在每一个选项卡中，又包含多种相应的工具按钮或图块、图案等，用户可以通过将对象从图形拖至工具选项板来创建新工具，然后使用新工具创建与拖至工具选项板的对象具有相同特性的对象。

添加到“工具选项板”的项目称为“工具”，可以通过将几何对象（例如直线、圆和多段线）、标注、块、图案填充、实体填充、渐变填充、光栅图像、外部参照等任何一项拖至工具选项板来创建工具。

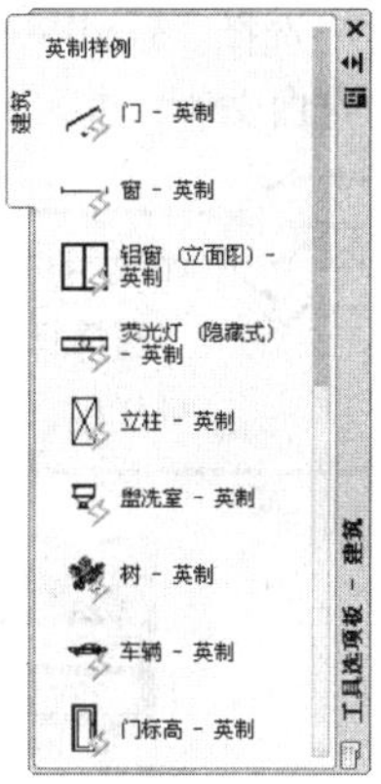


图1-17

# 1.4 AutoCAD文件的基本操作

本节主要学习AutoCAD 2012绘图文件的基本操作功能，具体包括新建、保存、另存、打开以及清理绘图文件等。

## 1.4.1 新建绘图文件

当启动AutoCAD 2012后，系统会自动打开一个名为“Drawing1.dwg”的空白绘图文件，如果用户需要重新创建一个绘图文件，则需要使用“新建”命令。

执行“新建”命令主要有以下几种方式。

- 执行菜单栏中的“文件”|“新建”命令。
- 单击“标准”工具栏或“快速访问”工具栏上的“新建”按钮。
- 在命令行输入New后按Enter键。
- 按组合键Ctrl+N。

激活“新建”命令后，打开如图1-18所示的“选择样板”对话框。在此对话框中，系统为用户提供了多种基本样板文件，其中“acadISO-Named Plot Styles”和“acadiso”都是公制单位的样板文件，两者的区别就在于前者使用的打印样式为“命名打印样式”，后一个样板文件的打印样式为“颜色相关打印样式”，读者可以根据需求进行取舍。

图1-18

选择“acadISO-Named Plot Styles”或“acadiso”样板文件后单击打开(O)按钮，即可创建一个新的空白文件，进入AutoCAD 2012默认设置的二维操作界面。

TIP 如果用户需要创建一个三维操作空间的公制单位绘图文件，可以启动“新建”命令，在打开的“选择样板”对话框中，选择“acadISO-Named Plot Styles3D”或“acadiso3D”样板文件作为基础样板，即可创建三维绘图文件，进入如图1-19所示的三维工作空间。

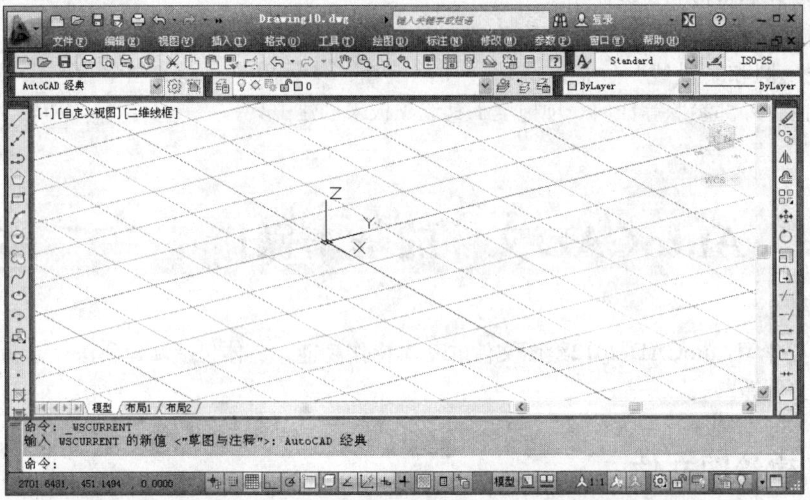

图1-19

另外，AutoCAD 2012为用户提供了“无样板”方式创建绘图文件的功能，具体操作方法是，在“选择样板”对话框中单击打开(O)按钮右侧的下拉按钮，打开如图1-20所示的按钮菜单，在按钮菜单中选择“无样板打开-公制”命令，即可快速新建一个公制单位的绘图文件。

图1-20

## 1.4.2 保存与另存绘图文件

保存与另存绘图文件的目的就是为了方便以后查看、使用或编辑绘图文件等，在AutoCAD 2012中，“保存”命令用于将绘制的图形以文件的形式进行保存。

执行“保存”命令主要有以下几种方式。

- 执行菜单栏中的“文件”|“保存”命令。
- 单击“标准”工具栏或“快速访问”工具栏上的“保存”按钮。
- 在命令行输入Save后按Enter键。
- 按组合键Ctrl+S。

执行“保存”命令后，可打开如图1-21所示的“图形另存为”对话框，在此对话框中可以进行如下操作。

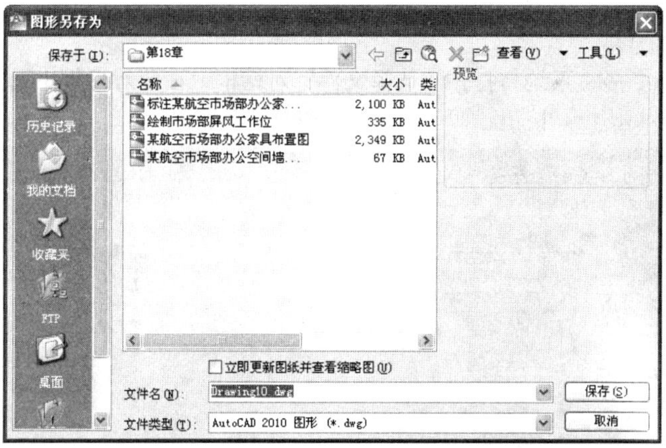


图1-21

- 单击上侧的“保存于”下拉按钮，在展开的下拉列表中设置保存路径。
- 在“文件名”文本框中输入文件的名称，如“我的文档”。
- 单击对话框底部的“文件类型”下拉按钮，在展开的下拉列表中设置文件的格式类型，如图1-22所示。
- 当设置好路径、文件名以及文件格式后，单击 保存(S) 按钮，即可将当前文件保存。

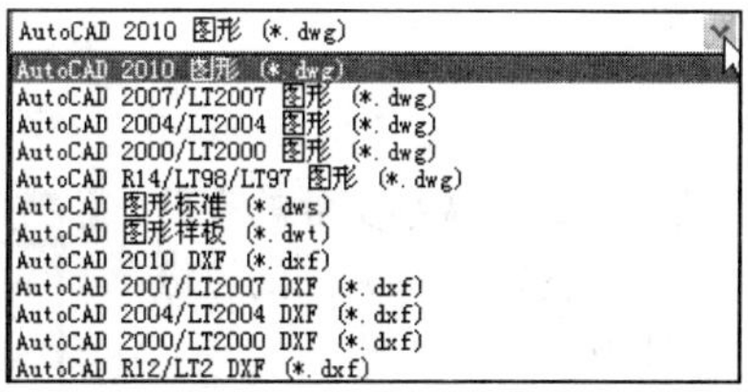


图1-22

**TIP** 默认的存储类型为“AutoCAD 2012图形（*.dwg）”，使用此种格式将文件保存后，只能被AutoCAD 2012及其以后的版本所打开，如果用户需要在AutoCAD早期版本中打开此文件，必须使用低版本的文件格式进行保存。

当用户在已保存的图形的基础上进行了其他的修改工作，又不想将原来的图形覆盖，可以使用“另存为”命令，将修改后的图形以不同的路径或不同的文件名进行保存。

执行“另存为”命令主要有以下几种方式。

- 执行菜单栏中的“文件”|“另存为”命令。
- 单击“快速访问”工具栏上的“另存为”按钮。
- 在命令行输入Saveas后按Enter键。
- 按组合键Crtl+Shift+S。

### 1.4.3 打开保存的文件

当用户需要查看、使用或编辑已经保存的图形时，可以使用“打开”命令，将此图形所在的文件打开。

执行“打开”命令主要有以下几种方式。

- ◆ 执行菜单栏中的“文件”|“打开”命令。
- ◆ 单击“标准”工具栏或“快速访问”工具栏上的“打开”按钮。
- ◆ 在命令行输入Open后按Enter键。
- ◆ 按组合键Ctrl+O。

执行“打开”命令后，系统将打开“选择文件”对话框，在此对话框中选择需要打开的图形文件，如图1-23所示。单击按钮，即可将此文件打开。

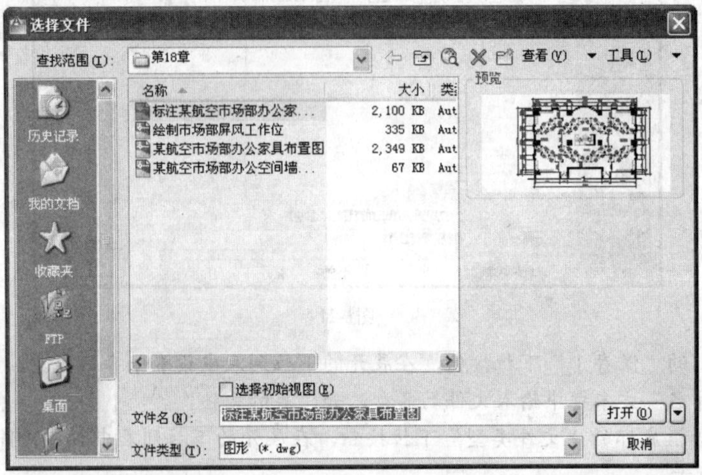


图1-23

### 1.4.4 清理垃圾文件

有时为了给图形文件进行“减肥”，以减小文件的存储空间，可以使用“清理”命令，将文件内部一些无用的垃圾资源（如图层、样式、图块等）清理掉。

执行“清理”命令主要有以下几种方式。

- ◆ 执行菜单栏中的“文件”|“图形实用程序”|“清理”命令。
- ◆ 在命令行输入Purge后按Enter键。
- ◆ 使用命令简写PU。

执行“清理”命令后，系统可打开如图1-24所示的“清理”对话框，在此对话框中，带有“+”号的选项表示该选项内含有未使用的垃圾项目，单击该选项将其展开，即可选择需要清理的项目，如果用户需要清理文件中所有未使用的垃圾项目，可以单击对话框底部的按钮。

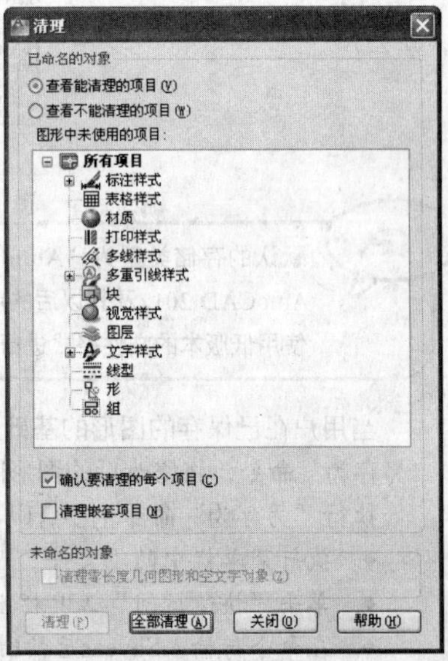


图1-24

# 1.5 AutoCAD 2012绘图基础——坐标系

坐标系是AutoCAD精确绘图的基础，这一节主要来了解两种坐标系，即WCS和UCS，同时学习绝对坐标输入法与相对坐标输入法，以方便用户精确绘图。

## 1.5.1 认识坐标系

在AutoCAD 2012绘图空间中，经常会用到两种坐标系，这两种坐标系分别是世界坐标系与用户坐标系。

世界坐标系又称WCS，AutoCAD 2012默认坐标系为世界坐标系，此坐标系是由三个相互垂直并相交的坐标轴*x*、*y*、*z*组成，*x*轴正方向水平向右，*y*轴正方向垂直向上，*z*轴正方向垂直屏幕向外，指向用户。

除此之外，有时在绘图时需要用户重新定义坐标系，被重新定义的坐标系称为“用户坐标系”，用户坐标系又称UCS，此种坐标系将在后面的章节中详细讲述。

## 1.5.2 绝对坐标输入法

在具体的绘图过程中，坐标点的精确输入主要包括“绝对坐标输入”和“相对坐标输入”两种，其中“绝对坐标”又包括绝对直角坐标和绝对极坐标两种，下面学习这两种坐标。

### 1. 绝对直角坐标

绝对直角坐标是以坐标系原点（0,0）作为参考点进行定位其他点的，其表达式为（*x*,*y*,*z*）。用户可以直接输入该点的*x*、*y*、*z*绝对坐标值来表示点。如图1-25所示的A点，其绝对直角坐标为（4,7），其中4表示从A点向*x*轴引垂线，垂足与坐标系原点的距离为4个单位；7表示从A点向*y*轴引垂线，垂足与原点的距离为7个单位。

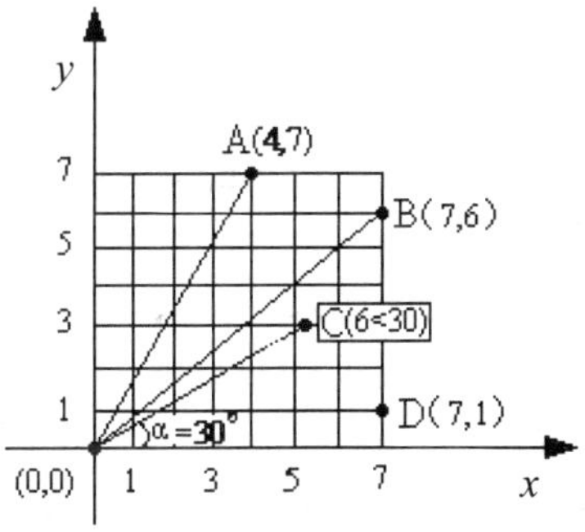


图1-25

> **TIP** 在默认设置下，当前视图为正交视图，用户在输入坐标点时，只需输入点的*x*坐标和*y*坐标值即可。在输入点的坐标值时，其数字和逗号应在英文En方式下进行，坐标中*x*和*y*之间必须以逗号分割，且标点必须为英文标点。

### 2. 绝对极坐标

绝对极坐标也是以坐标系原点作为参考点，通过某点相对于原点的极长和角度来定义点的，其表达式为（L<α）。L表示某点和原点之间的极长，即长度；α表示某点连接原点的边线与*x*轴的夹角。

如图1-26中的C（6<30）点就是用绝对极坐标表示的，6表示C点和原点连线的长度，30°表示C点和原点连线与*x*轴的正向夹角。

> **TIP** 在默认设置下，AutoCAD是以逆时针来测量角度的。水平向右为0°方向，90°垂直向上，180°水平向左，270°垂直向下。

### 1.5.3 相对坐标输入法

与绝对坐标类似，相对坐标输入法也包括“相对直角坐标”和“相对极坐标”两种，具体内容如下。

**1. 相对直角坐标**

相对直角坐标是某一点相对于对照点$x$轴、$y$轴和$z$轴三个方向上的坐标变化，其表达式为（@$x,y,z$）。在实际绘图中常把上一点看作参照点，后续绘图操作是相对于前一点而进行的。

如图1-25所示的坐标系中，如果以B点作为参照点，使用相对直角坐标表示A点，那么表达式则为（@7--4,7-6）=（@-3,1）。

> **TIP** AutoCAD为用户提供了一种变换相对坐标系的方法，只要在输入的坐标值前加“@”符号，就表示该坐标值是相对于前一点的相对坐标。

**2. 相对极坐标**

相对极坐标是通过相对于参照点的极长距离和偏移角度来表示的，其表达式为（@L<α），L表示极长，α表示角度。

在如图1-25所示的坐标系中，如果以D点作为参照点，使用相对极坐标表示B点，那么表达式为（@5<90），其中5表示D点和B点的极长距离为5个图形单位，偏移角度为90°。

> **TIP** 默认设置下，AutoCAD是以$x$轴正方向作为0°的起始方向逆时针方向计算的，例如在图1-26所示的坐标系中，以B点作为参照点，使用相对坐标表示D点，则为(@5<270)。

**3. 动态输入**

在输入相对坐标点时，可配合状态栏上的“动态输入”功能，当激活该功能后，输入的坐标点被看作是相对坐标点，用户只需输入点的坐标值即可，不需要输入符号“@”，因系统会自动在坐标值前添加此符号。

单击状态栏上的“动态输入”按钮，或按下键盘上的功能键F12，都可激活状态栏上的“动态输入”功能。

## 1.6 AutoCAD 2012基础操作

这一节主要学习AutoCAD 2012命令的基本执行方法和图形对象的基本选择技巧，为后面更深入地学习AutoCAD 2012奠定基础。

### 1.6.1 执行命令

执行命令是每一个软件的操作基础，AutoCAD 2012绘图软件具备多种命令执行方式，这一节首先来了解AutoCAD 2012中各命令的多种执行方法。

**1. 通过菜单栏与快捷菜单执行命令**

在AutoCAD 2012的菜单栏中，放置了AutoCAD 2012软件的各种操作命令，通过执行菜单栏中的相关命令选项执行相关命令，是最传统和最常用的一种命令执行方式。另外，为了更加方便地启动某些命令或命令选项，AutoCAD 2012还为用户提供了快捷菜单，所谓快捷菜单，指的就是单击右键弹出的菜单，用户只需执行该菜单中的命令，即可快速激活相应的命令。

### 2. 通过单击工具栏与功能区中的各命令按钮执行命令

通过单击工具栏或功能区中形象而又直观的各功能按钮来执行命令，要远比执行那些复杂烦琐的英文命令及菜单更为方便直接。通过单击工具栏或功能区中的各功能按钮来执行命令的操作比较简单，用户只需将光标放在命令按钮上，系统就会自动显示出该按钮所代表的命令，单击该按钮即可激活该命令，这也是一种常用且快捷的命令启动方式。

### 3. 在命令行输入命令表达式

所谓“命令表达式”，指的就是AutoCAD的英文命令，用户只需在命令行输入窗口中输入CAD命令的英文表达式，然后再按键盘上的Enter键，就可以启动命令。此种方式是一种最原始的方式，也是一种很重要的方式。

如果用户需要激活命令中的选项功能，可以在相应步骤提示下，在命令行输入窗口中输入该选项的代表字母，然后按Enter键，也可以使用快捷菜单方式启动命令的选项功能。

### 4. 使用功能键及命令简写

“功能键与命令简写”是最快捷的一种命令启动方式。每一种软件都配置了一些命令快捷组合键，如表1-1列出了AutoCAD自身设定的一些命令简写，在执行这些命令时只需按下相应的键即可。

**表1-1 AutoCAD功能键**

| 功能键 | 功 能 | 功能键 | 功 能 |
|---|---|---|---|
| F1 | 打开AutoCAD帮助 | Ctrl+N | 新建文件 |
| F2 | 打开文本窗口 | Ctrl+O | 打开文件 |
| F3 | 对象捕捉开关 | Ctrl+S | 保存文件 |
| F4 | 三维对象捕捉开关 | Ctrl+P | 打印文件 |
| F5 | 等轴测平面转换 | Ctrl+Z | 撤销上一步操作 |
| F6 | 动态UCS | Ctrl+Y | 重复撤销的操作 |
| F7 | 栅格开关 | Ctrl+X | 剪切 |
| F8 | 正交开关 | Ctrl+C | 复制 |
| F9 | 捕捉开关 | Ctrl+V | 粘贴 |
| F10 | 极轴开关 | Ctrl+K | 超链接 |
| F11 | 对象跟踪开关 | Ctrl+0 | 全屏 |
| F12 | 动态输入 | Ctrl+1 | 其他管理器 |
| Delete | 删除 | Ctrl+2 | 设计中心 |
| Ctrl+A | 全选 | Ctrl+3 | 特性 |
| Ctrl+4 | 图纸集管理器 | Ctrl+5 | 信息选项板 |
| Ctrl+6 | 数据库连接 | Ctrl+7 | 标记集管理器 |
| Ctrl+8 | 快速计算器 | Ctrl+9 | 命令行 |
| Ctrl+ | 选择循环 | Ctrl+Shift+P | 快捷特性 |
| Ctrl+Shift+I | 推断约束 | Ctrl+Shift+C | 带基点复制 |
| Ctrl+Shift+V | 粘贴为块 | Ctrl+Shift+S | 另存为 |

另外，AutoCAD 2012还有一种更为方便的“命令简写”，即命令表达式的缩写。严格说它算不上是快捷键，但是使用命令简写的确能起到快速执行命令的作用，所以也称之为命令简写。不过使用此类命令简写时需要配合Enter键。比如“直线”命令的英文缩写为L，用户只需按下键盘上的L字母键后再按下Enter键，就能激活画线命令。

## 1.6.2 选择对象

选择对象是使用AutoCAD 2012绘图的基本操作技能之一，它常用于对图形对象进行修改编辑之前，下面简单介绍几种常用的对象选择技能。

### 1. 点选

“点选”是最简单的一种对象选择方式，此方式一次仅能选择一个对象。在命令行“选择对象:”提示下，系统自动进入点选模式，此时光标指针切换为矩形选择框状，将选择框放在对象的边沿上单击，即可选择该图形，被选择的图形对象以虚线显示，如图1-26所示。

图1-26

### 2. 窗口选择

“窗口选择”是一种常用的选择方式，使用此方式一次也可以选择多个对象。在命令行“选择对象:”提示下从左向右拉出一个矩形选择框，此选择框即为窗口选择框，选择框以实线显示，内部以浅蓝色填充，如图1-27所示。当指定窗口选择框的对角点之后，结果所有完全位于框内的对象都能被选择，如图1-28所示。

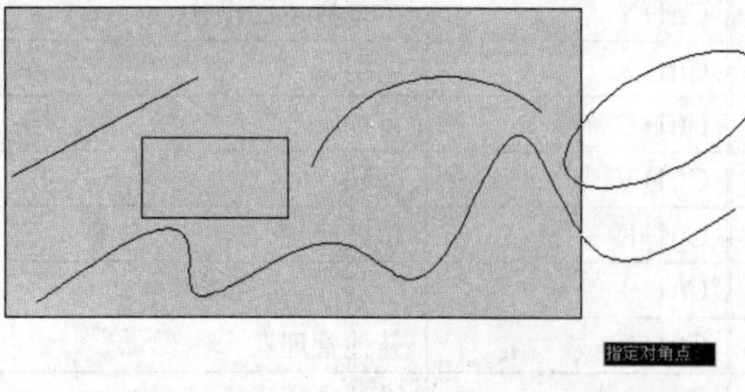


图1-27

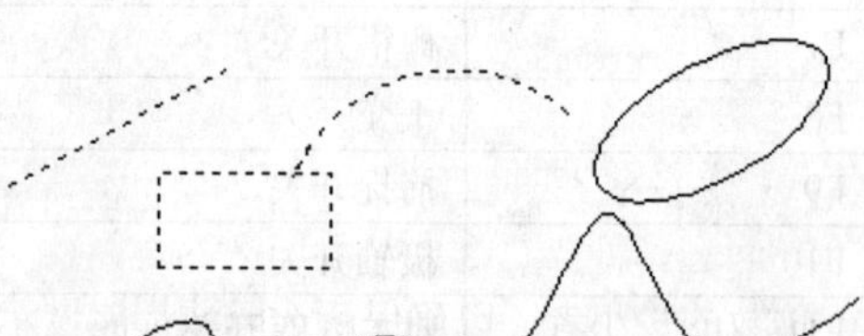

图1-28

### 3. 窗交选择

“窗交选择”是使用频率非常高的选择方式，使用此方式一次也可以选择多个对象。在命令行“选择对象:”提示下从右向左拉出一个矩形选择框，此选择框即为窗交选择框，选择框以虚线显示，内部以绿色填充，如图1-29所示。当指定选择框的对角点之后，结果所有与选择框相交和完全位于选择框内的对象才能被选择，如图1-30所示。

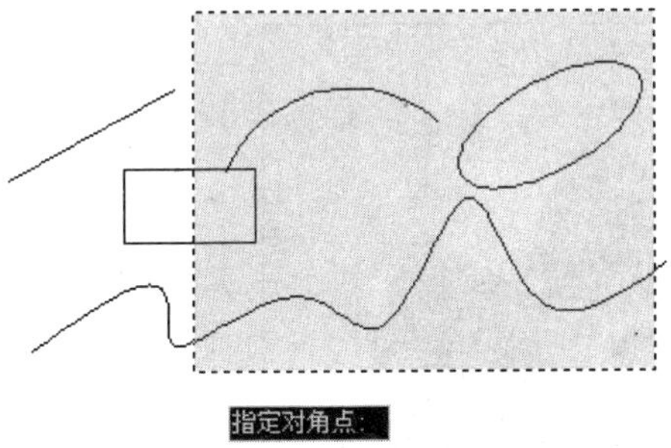


图1-29

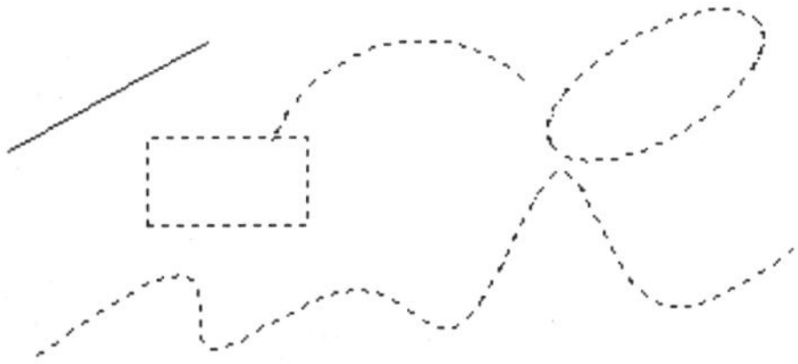

图1-30

## 1.6.3 应用键盘操作键

在AutoCAD 2012绘图过程中，常用到的键盘操作键主要有Enter、空格、Delete、Esc。当在命令行中输入某个命令表达式后，按下键盘上的Enter或空格键，可以激活该命令；在命令执行过程中，按下Enter或空格键可以激活命令中的选项功能，而按下Esc键则可以中止命令。

在无命令执行的前提下选择了某图形后，按下Delete键可以将图形删除，因此此种键盘键的功能等同于“删除”命令。

## 1.6.4 视图的缩放调控

在AutoCAD 2012绘图过程中，需要实时调控视图，以便能更好地观察图形，从而精确绘图。

调控视图主要包括缩放、平移、动态观察等，这一节主要来学习AutoCAD 2012视图的实时调控技能。

在“视图”|“缩放”菜单下，有一组用于缩放视图的菜单，如图1-31所示。执行相关命令，即可对视图进行各种缩放操作。

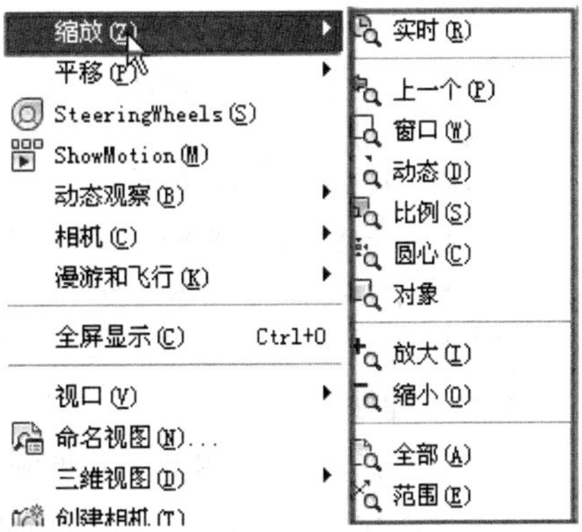


图1- 31

### 1. 窗口缩放

所谓“窗口缩放”，指的是在需要缩放显示的区域内拉出一个矩形框，将位于框内的图形放大显示在视图内。

当选择框的宽高比与绘图区的宽高比不同时，AutoCAD将使用选择框宽与高中相对当前视图放大倍数的较小者，以确保所选区域都能显示在视图中。

### 2. 动态缩放

所谓“动态缩放”，指的就是动态地浏览和缩放视图，此功能常用于观察和缩放比例比较大的图形。激活该功能后，屏幕将临时切换到虚拟显示屏状态，此时屏幕上显示3个视图框，如图1-32所示。

- “图形范围”视图框是一个蓝色的虚线方框，该框显示图形界限和图形范围中较大的一个。
- “当前视图框”是一个绿色的线框，该框中的区域就是在使用这一选项之前的视图区域。
- 以实线显示的矩形框为“选择视图框”，该视图框有两种状态，一种是平移视图框，其大小不能改变，只可任意移动；一种是缩放视图框，它不能平移，但可调节大小。可用鼠标左键在两种视图框之间切换。

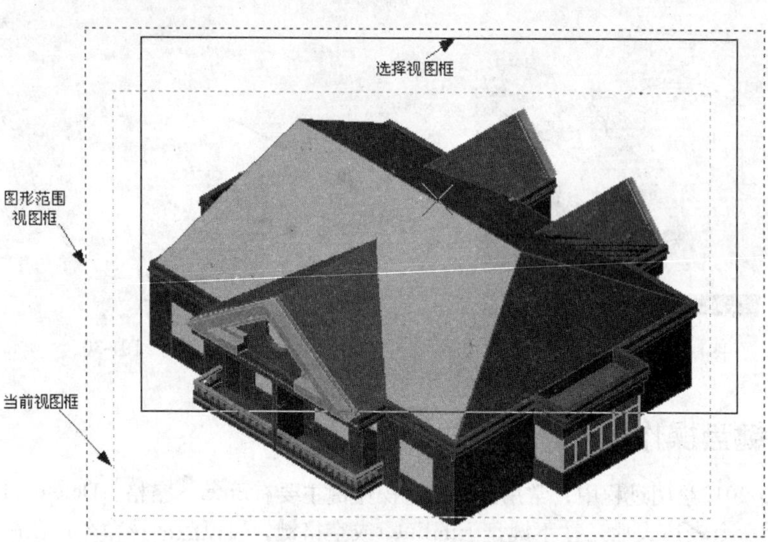


图1-32

TIP 如果当前视图与图形界限或视图范围相同，蓝色虚线框便与绿色虚线框重合。平移视图框中有一个“×”号，它表示下一视图的中心点位置。

### 3. 比例缩放

所谓“比例缩放”，指的是按照输入的比例参数调整视图，视图被比例调整后，中心点保持不变。在输入比例参数时，有以下三种情况。

- 第一种情况就是直接在命令行内输入数字，表示相对于图形界限的倍数。
- 第二种情况就是在输入的数字后加字母X，表示相对于当前视图的缩放倍数。
- 第三种情况是在输入的数字后加字母XP，表示系统将根据图纸空间单位确定缩放比例。

通常情况下，相对于视图的缩放倍数比较直观，较为常用。

### 4. 中心缩放

所谓“中心缩放”，指的是根据所确定的中心点调整视图。当激活该功能后，用户可直接用鼠标在屏幕上选择一个点作为新的视图中心点，确定中心点后，AutoCAD要求用户输入放大系数或新视图的高度，具体有两种情况。

- 第一，直接在命令行输入一个数值，系统将以此数值作为新视图的高度调整视图。
- 第二，如果在输入的数值后加一个X，则系统将其看作视图的缩放倍数。

### 5. 缩放对象

所谓“缩放对象”，指的是最大限度地显示当前视图内选择的图形。使用此功能可以缩放单个对象，也可以缩放多个对象。

### 6. 放大和缩小

前一功能用于将视图放大一倍显示，后者用于将视图缩小至1/2显示。连续单击按钮，可以成倍地放大或缩小视图。

### 7. 全部缩放

所谓“全部缩放”，指的是按照图形界限或图形范围的尺寸，在绘图区域内显示图形。图形界限与图形范围中哪个尺寸大，便由哪个决定图形显示的尺寸，如图1-33所示。

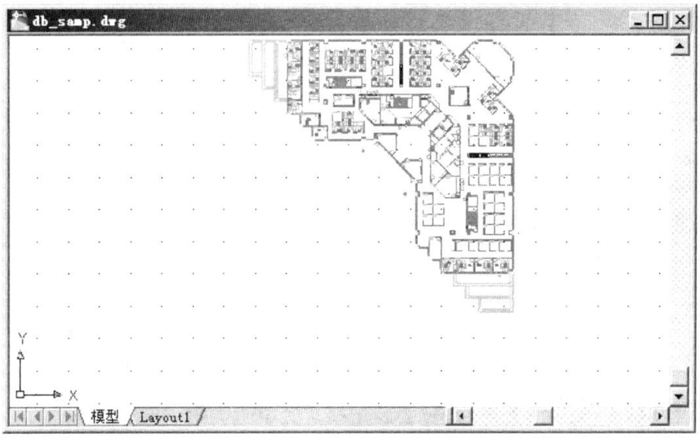


图1-33

### 8. 范围缩放

所谓“范围缩放”，指的是将所有图形全部显示在屏幕上，并最大限度地充满整个屏幕，如图1-34所示。此种选择方式与图形界限无关。

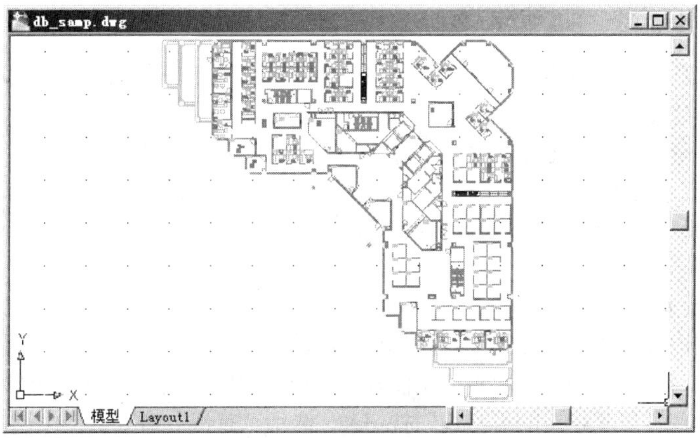


图1-34

### 9. 视图的恢复

当用户在对视图进行调整之后，以前视图的显示状态会被AutoCAD自动保存起来，使用软件中的“缩放上一个”功能可以恢复上一个视图的显示状态，如果用户连续单击该工具按钮，系统将连续地恢复视图，直至返回到前10个视图。

## 1.6.5 平移视图

使用视图的平移工具可以对视图进行平移，以方便观察视图内的图形。在AutoCAD 2012“视图”|“平移”菜单下，有一组用于平移视图的菜单，如图1-35所示。执行相关命令，即可对视图进行各种平移操作。

各菜单项功能如下。

- “实时”平移用于将视图随着光标的移动而平移，也可在“标准”工具栏上单击按钮，以激活“实时平移”工具。
- “点”平移是根据指定的基点和目标点平移视图。定点平移时，需要指定两点，第一点作为基点，第二点作为位移的目标点，平移视图内的图形。

◆ “左”、“右”、“上”和“下”命令分别用于在x轴和y轴方向上移动视图。

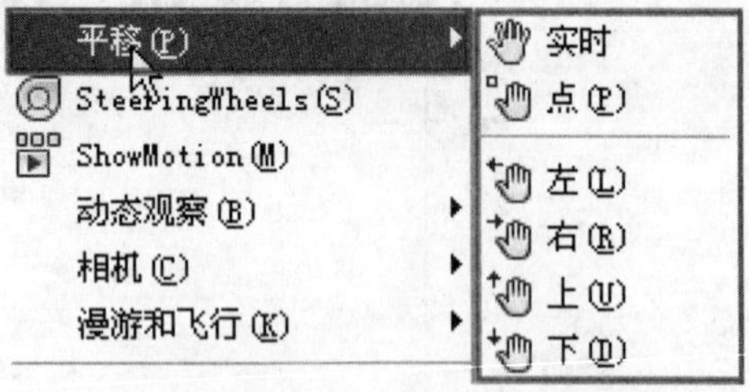

图1-35

TIP 激活“实时平移”命令后光标变为形状，此时可以按住鼠标左键向需要的方向平移视图，在任何时候都可以按Enter键或Esc键来停止平移。

# 1.7 AutoCAD 2012初级制图

这一节首先学习几个最初级的制图命令，主要有“直线”、“删除”、“移动”、“放弃”和“重做”等。

## 1.7.1 使用“直线”命令绘图

“直线”命令是一个常用的画线工具，使用此命令可以绘制一条或多条直线段，每条直线都被看作是一个独立的对象。

执行“直线”命令有以下几种方式。

- ◆ 执行菜单栏中的“绘图”|“直线”命令。
- ◆ 单击“绘图”工具栏上的“直线”按钮。
- ◆ 在命令行输入Line后按Enter键。
- ◆ 使用命令简写L。

下面通过绘制边长为100的矩形，学习使用“直线”命令绘图的方法。

1. 使用“实时平移”功能，将坐标系图标平移至绘图区中央，如图1-36所示。
2. 单击“绘图”工具栏上的“直线”按钮，激活“直线”命令。
3. 激活“直线”命令后，根据AutoCAD命令行的步骤提示，配合相对坐标精确画图，命令行操作如下。

```
命令: _line
    指定第一点:                      //@0,0 Enter，以原点作为起点
    指定下一点或 [放弃(U)]:          //@100,0 Enter，定位第二点
    指定下一点或 [放弃(U)]:          //@0,100 Enter，定位第三点
    指定下一点或 [放弃(U)]:          //@-100, 0 Enter，定位第三点
    指定下一点或 [闭合(C)/放弃(U)]:  //C Enter，闭合图形，结果如图1-36所示
```

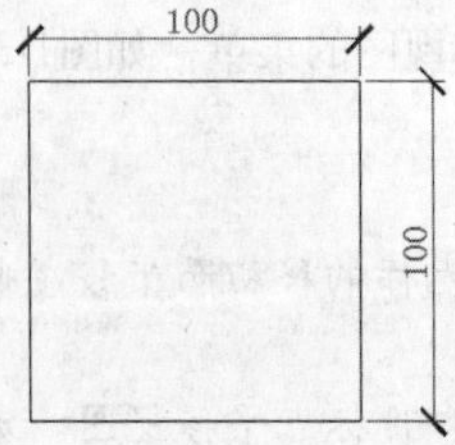

图1-36

TIP 使用“放弃”选项可以取消上一步操作；使用“闭合”选项可以绘制首尾相连的封闭图形。

## 1.7.2　移动对象

“移动”命令用于将目标对象从一个位置移动到另一个位置，源对象的尺寸及形状均不发生变化，改变的仅仅是对象的位置。

执行“移动”命令主要有以下几种方式。

- 执行菜单栏中的“修改”|“移动”命令。
- 单击“修改”工具栏上的“移动”按钮。
- 在命令行输入Move按Enter键。
- 使用命令简写M。

在移动对象时，一般需要配合点的捕捉功能或坐标的输入功能精确地位移对象，下面通过一个简单操作，学习使用“移动”命令移动对象的方法。

1. 继续上一节的操作。
2. 使用“直线”命令，以坐标原点作为起点，以点“@500,0”作为目标点，在矩形下方绘制水平直线，如图1-37所示。

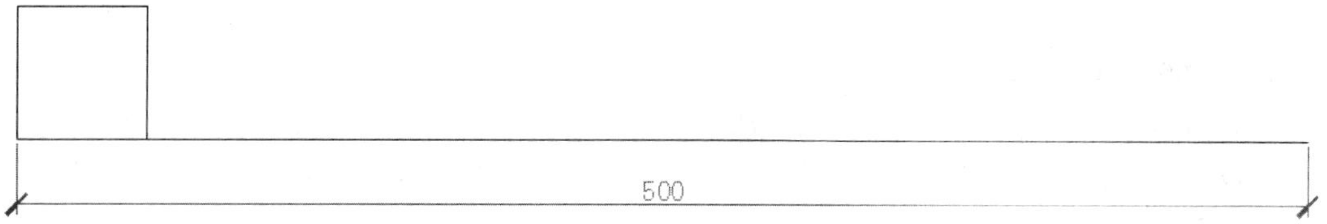


图1-37

3. 单击“修改”工具栏上的“移动”按钮，激活“移动”命令，对矩形进行位移，命令行操作如下。

```
命令: _move
    选择对象:                              //使用窗口选择方式选择矩形，如图1-38所示
```

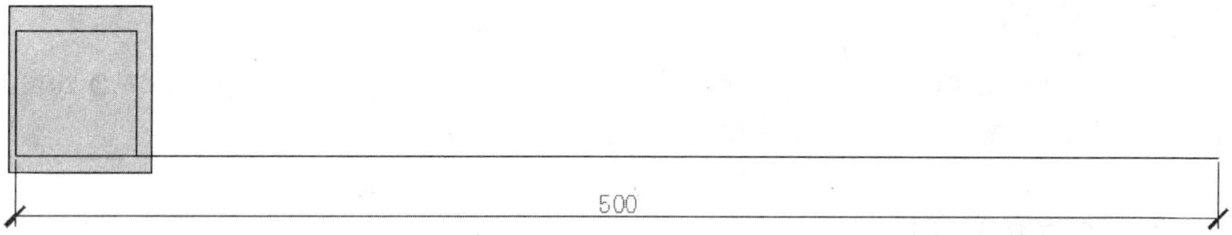


图1-38

```
    选择对象:                              // Enter，结束对象的选择
    指定基点或 [位移(D)] <位移>:           //@0,0 Enter，定位基点
    指定第二个点或 <使用第一个点作为位移>:
                                           //@500,0 Enter，定位目标点，结果如图1-39所示
```

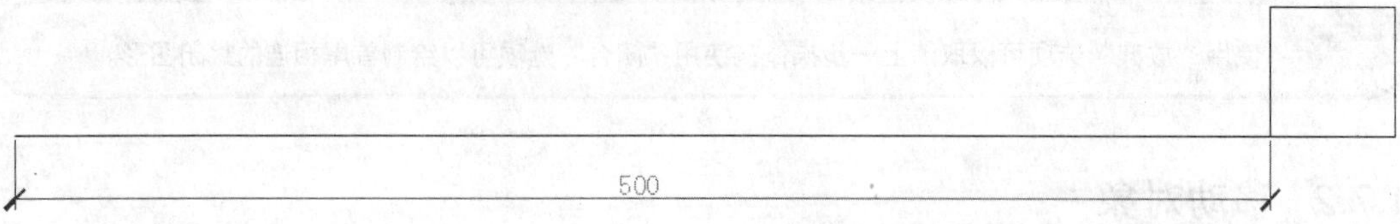


图1-39

### 1.7.3 删除对象、放弃与重做

这一节来学习删除对象、放弃以及重做等常用操作命令。

**1. 删除对象**

“删除”命令用于将不需要的图形删除。当激活该命令后，选择需要删除的图形，单击右键或按Enter键，即可将图形删除。此工具相当于手工绘图时的橡皮擦，用于擦除无用的图形。

执行“删除”命令主要有以下几种方式。

- 执行菜单栏中的“修改”|“删除”命令。
- 单击“修改”工具栏上的“删除”按钮。
- 在命令行输入Erase按Enter键。
- 使用命令简写E。

**2.“放弃”和“重做”操作**

当用户需要放弃已执行过的操作步骤或恢复放弃的步骤，可以使用“放弃”和“重做”命令。其中“放弃”命令用于撤销所执行的操作，“重做”命令用于恢复所撤销的操作。AutoCAD支持用户无限次放弃或重做操作。

单击“标准”工具栏上的“放弃”按钮，或执行菜单栏中的“编辑”|“放弃”命令，或在命令行中输入Undo或U，即可激活“放弃”命令；同样，单击“标准”工具栏上的“重做”按钮，或执行菜单栏中的“编辑”|“重做”命令，或在命令行中输入Redo，都可激活“重做”命令，以恢复放弃的操作步骤。

## 1.8 AutoCAD 2012新增功能

每一个版本的升级换代，都会有一些新增加的功能或新增强的功能出现，就AutoCAD 2012版本而言，新功能主要体现在以下几个方面。

### 1.8.1 新增界面功能

- AutoCAD 2012模型空间的绘图背景更新为深灰色模型空间，另外传统的网格点已被替换为横向和纵向网格线，如图1-40所示。
- 在三维工作空间中增加了新选项卡设置，包括一个用于实体、曲面和网格建模工具的单独选项卡。
- 增加了导航栏，用户不但可以轻松访问常用的导航工具，还可以控制导航栏的显示、位置和方向，如图1-41所示。

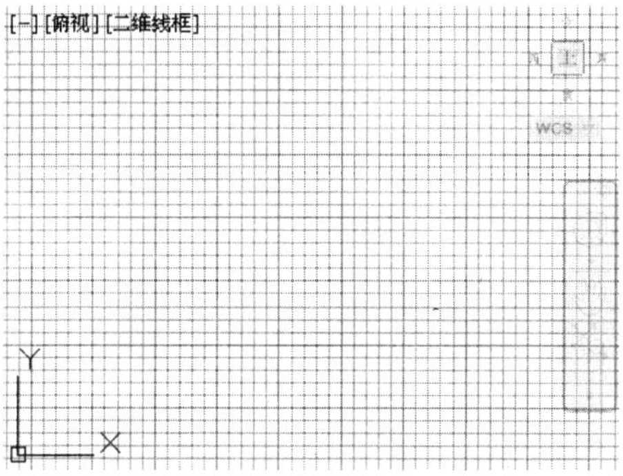


图1-40

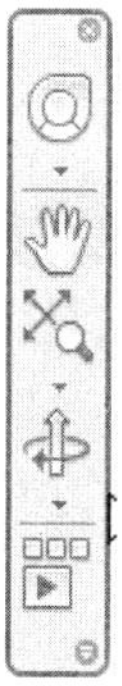

图1-41

◆ 增加了三维基础工作空间，专为三维建模新手用户设计，在此工作空间内综合提供了最常用的三维建模命令。

◆ 在绘图区的左上角位置新增了“视口控件”（如图1-42所示）、“视图控件”（如图1-43所示）和“视觉样式控件”功能（如图1-44所示）。通过此新增功能，用户可以方便地分割视口、切换视图、更改图形的视觉样式。

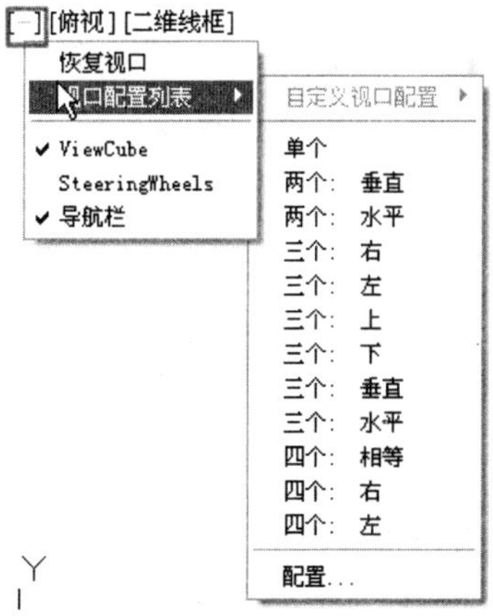


图1-42

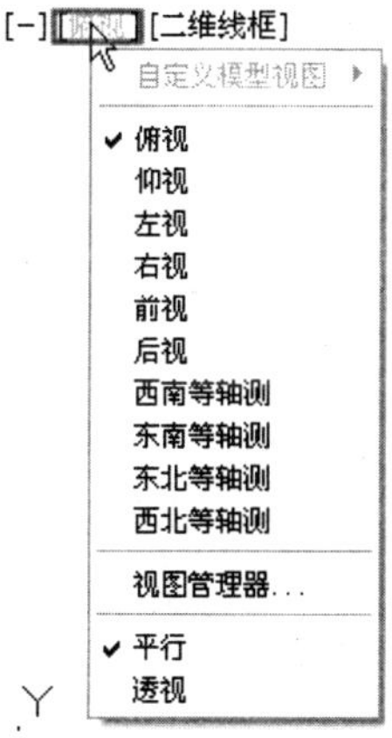


图1-43

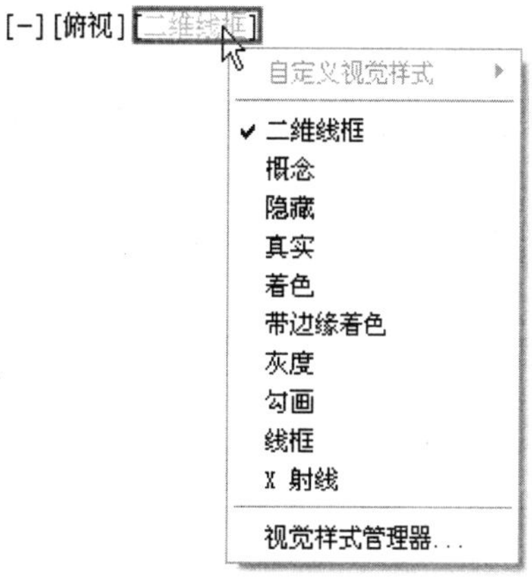


图1-44

## 1.8.2 绘图功能的增强

◆ AutoCAD 2012新增了“路径阵列”功能，可以使用户方便地沿路径阵列复制图形，如图1-45所示。

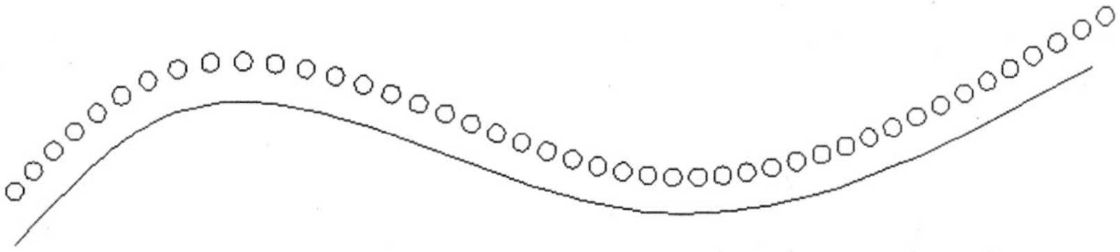

图1-45

◆ AutoCAD 2012在菜单栏中的“绘图”|“建模”菜单下新增了一组曲面建模菜单，如图1-46所示。使用这组菜单，可以使用户非常方便地创建平面曲面、网格曲面、修补曲面、过渡曲面和偏移曲面，如图1-47所示。

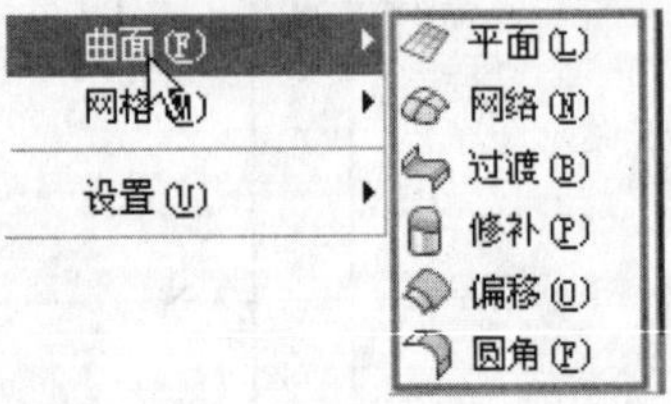


图1-46

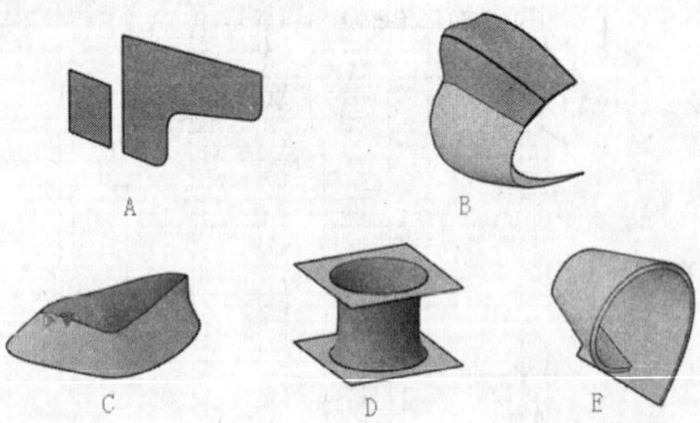


图1-47

◆ AutoCAD 2012还在菜单栏中的“修改”菜单中新增了一组曲面建模菜单，可以使用户非常方便地编辑和转换曲面模型，如图1-48所示。

◆ AutoCAD 2012增加了修改网格面的功能，如用户可以选择相邻网格面并将其合并来创建单个面，如图1-49所示。另外，用户还可以拉伸网格面和删除网格面，如图1-50所示和图1-51所示。

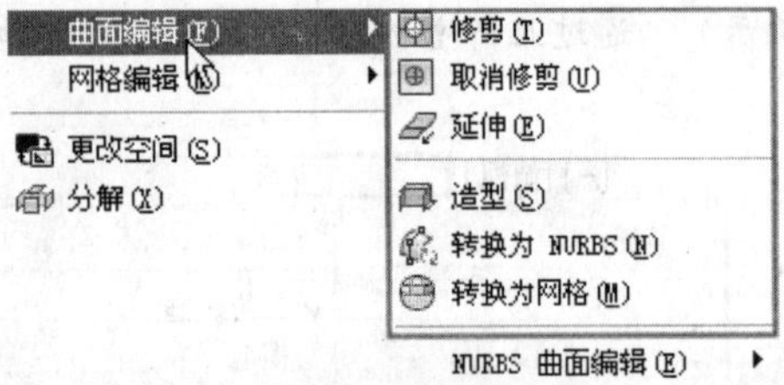


图1-48

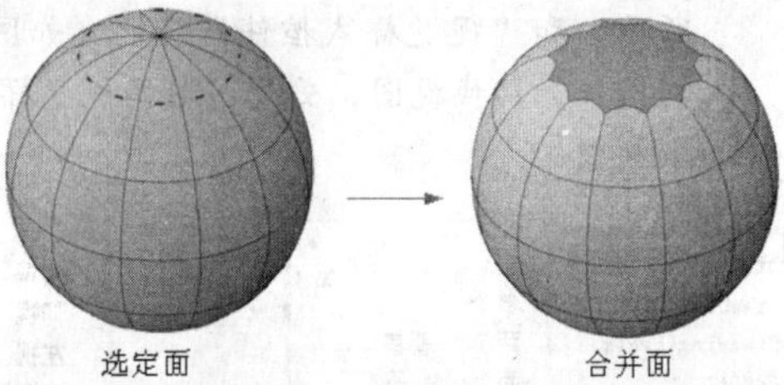


图1-49

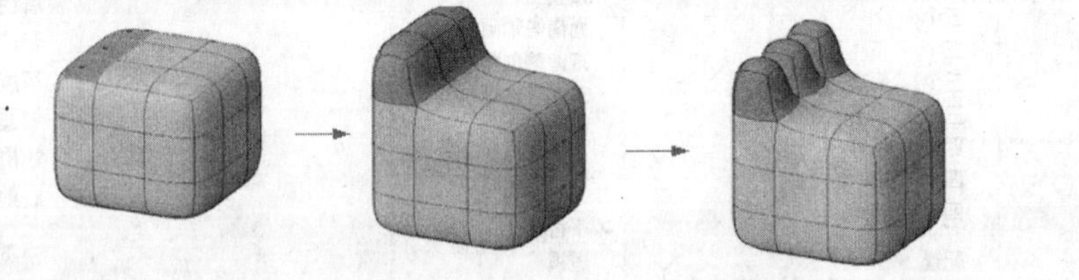

图1-50

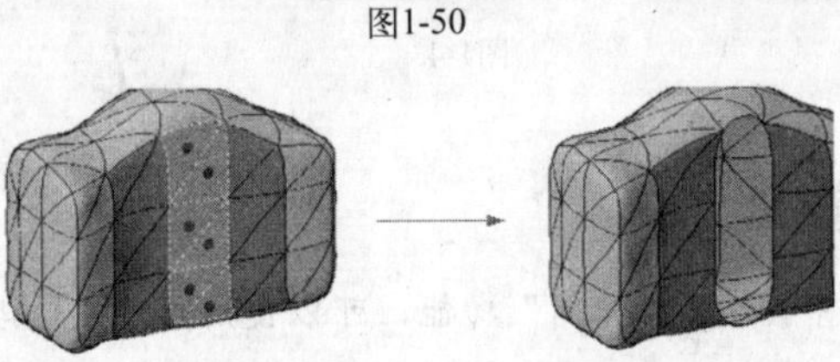

图1-51

◆ AutoCAD 2012增加了“倒角边”和“圆角边”两个命令，用于对实体模型的边棱进行倒角和圆角。

## 1.9 绘制楼梯侧面图

下面通过绘制如图1-52所示的楼梯的侧面图，首先体验一下AutoCAD 2012软件的整个绘图流程，为后面学习绘制更为复杂的图形奠定基础。

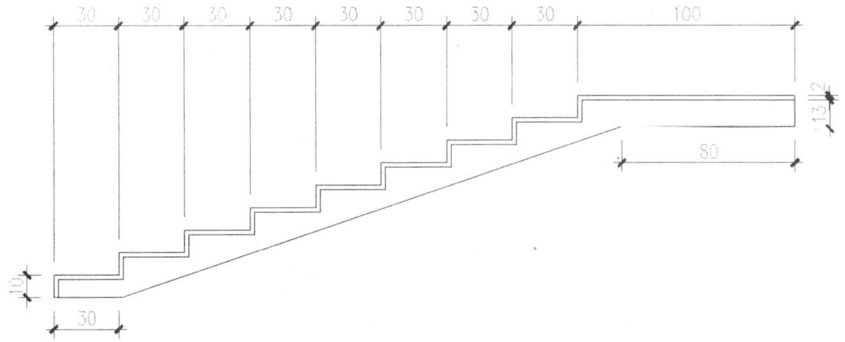


图1-52

具体的操作步骤如下。

**1** 执行菜单栏中的“文件”|“新建”命令，打开“选择样板”对话框，选择如图1-53所示的样板文件作为基础样板。

图1-53

**2** 单击打开(O)按钮，创建一个公制单位的空白文件。

**3** 单击“绘图”工具栏上的“直线”按钮，激活“直线”命令，使用相对坐标的输入功能绘制楼梯截面图形，命令行操作如下。

```
命令: _line
    指定第一点:                              //在绘图区拾取一点
    指定下一点或 [放弃(U)]:                  //@-30,0 Enter
    指定下一点或 [放弃(U)]:                  //@0,10 Enter
    指定下一点或 [闭合(C)/放弃(U)]:          //@30,0 Enter
    指定下一点或 [闭合(C)/放弃(U)]:          //@0,10 Enter
    指定下一点或 [闭合(C)/放弃(U)]:          //@30,0 Enter
    指定下一点或 [闭合(C)/放弃(U)]:          //@0,10 Enter
    指定下一点或 [闭合(C)/放弃(U)]:          //@30,0 Enter
    指定下一点或 [闭合(C)/放弃(U)]:          //@0,10 Enter
    指定下一点或 [闭合(C)/放弃(U)]:          //@30,0 Enter
```

```
指定下一点或 [闭合(C)/放弃(U)]:        //@0,10 Enter
指定下一点或 [闭合(C)/放弃(U)]:        //@30,0 Enter
指定下一点或 [闭合(C)/放弃(U)]:        //@0,10 Enter
指定下一点或 [闭合(C)/放弃(U)]:        //@30,0 Enter
指定下一点或 [闭合(C)/放弃(U)]:        //@0,10 Enter
指定下一点或 [闭合(C)/放弃(U)]:        //@30,0 Enter
指定下一点或 [闭合(C)/放弃(U)]:        //@0,10 Enter
指定下一点或 [闭合(C)/放弃(U)]:        //@30,0 Enter
指定下一点或 [闭合(C)/放弃(U)]:        //@0,10 Enter
指定下一点或 [闭合(C)/放弃(U)]:        //@100,0 Enter
指定下一点或 [闭合(C)/放弃(U)]:        //@0,-15 Enter
指定下一点或 [闭合(C)/放弃(U)]:        //@-80,0 Enter
指定下一点或 [闭合(C)/放弃(U)]:        //C Enter，闭合图形，绘制结果如图1-54所示
```

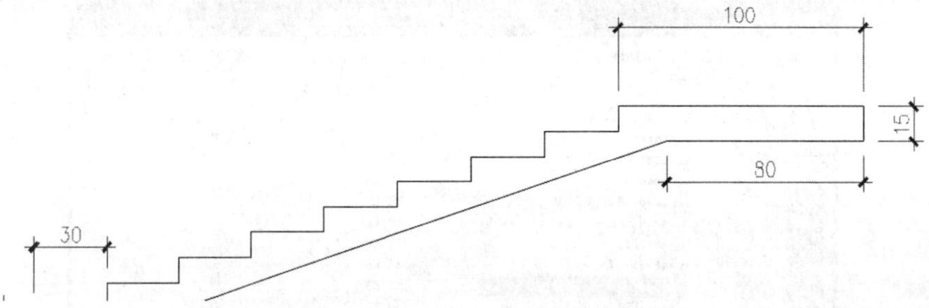


图1-54

4 执行菜单栏中的“视图”|“缩放”|“实时”命令，激活“实时缩放”工具，对视图进行缩放调整。

5 单击“标准”工具栏上的“实时平移”按钮，激活“实时平移”工具，将图形平移至绘图区中央。

6 单击鼠标右键，执行快捷菜单中的“退出”命令，退出实时平移操作。

7 再次激活“直线”命令，使用相对坐标的输入功能完善楼梯截面图形，命令行操作如下。

```
命令: _line
    指定第一点:                         //捕捉楼梯左下角点A，输入@2,0 Enter
    指定下一点或 [放弃(U)]:              //@0,8 Enter
    指定下一点或 [放弃(U)]:              //@30, 0 Enter
    指定下一点或 [闭合(C)/放弃(U)]:      //@10,0 Enter
    指定下一点或 [闭合(C)/放弃(U)]:      //@30,0 Enter
    指定下一点或 [闭合(C)/放弃(U)]:      //@10,0 Enter
    指定下一点或 [闭合(C)/放弃(U)]:      //@30,0 Enter
    指定下一点或 [闭合(C)/放弃(U)]:      //@10,0 Enter
    指定下一点或 [闭合(C)/放弃(U)]:      //@30,0 Enter
    指定下一点或 [闭合(C)/放弃(U)]:      //@10,0 Enter
    指定下一点或 [闭合(C)/放弃(U)]:      //@30,0 Enter
    指定下一点或 [闭合(C)/放弃(U)]:      //@10,0 Enter
    指定下一点或 [闭合(C)/放弃(U)]:      //@30, 0 Enter
```

指定下一点或 [闭合(C)/放弃(U)]: //@10,0 Enter
指定下一点或 [闭合(C)/放弃(U)]: //@30, 0 Enter
指定下一点或 [闭合(C)/放弃(U)]: //@10,0 Enter
指定下一点或 [闭合(C)/放弃(U)]: //@30, 0 Enter
指定下一点或 [闭合(C)/放弃(U)]: //@10,0 Enter
指定下一点或 [闭合(C)/放弃(U)]: //@80, 0 Enter，绘制结果如图1-55所示

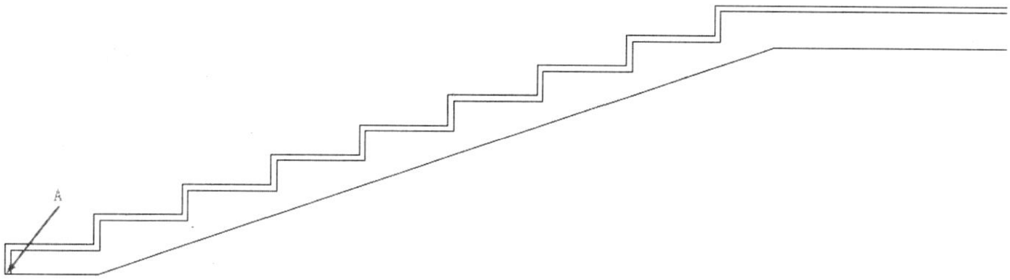


图1-55

**8** 执行菜单栏中的“文件”|“保存”命令，将该图形保存为“楼梯侧面图.dwg”文件。

第2章

# 设置便捷的绘图环境

AutoCAD 2012软件不仅具有强大、精确、高效的制图功能，同时还允许用户自由设置个性的绘图环境，以便能使用户更加方便灵活、高效精确地自由操控AutoCAD 2012软件，从而更快捷地绘图。

本章将重点学习AutoCAD 2012绘图环境的设置技能，为后面更深入地学习AutoCAD 2012奠定基础。

## 2.1 设置界面元素

界面元素包括绘图背景、光标以及坐标系等，这一节首先来学习设置绘图背景颜色、设置十字光标大小、设置拾取靶框大小以及坐标系图标的隐藏与显示等。

### 2.1.1 设置绘图区背景颜色

绘图区作为AutoCAD 2012的重要组成部分，是用户绘图的重要区域，系统默认设置下，AutoCAD 2012绘图区背景颜色为深灰色，如果用户不喜欢这种颜色，则可以根据自己的喜好重新设置一种自己满意的背景颜色。

下面通过将绘图区背景色更改为白色，学习设置绘图区背景颜色的方法。

**1** 执行菜单栏中的“工具”|“选项”命令，或使用命令简写OP激活“选项”命令，打开“选项”对话框，如图2-1所示。

**TIP** 在绘图区单击右键，从打开的快捷菜单中也可以执行“选项”命令，如图2-2所示。

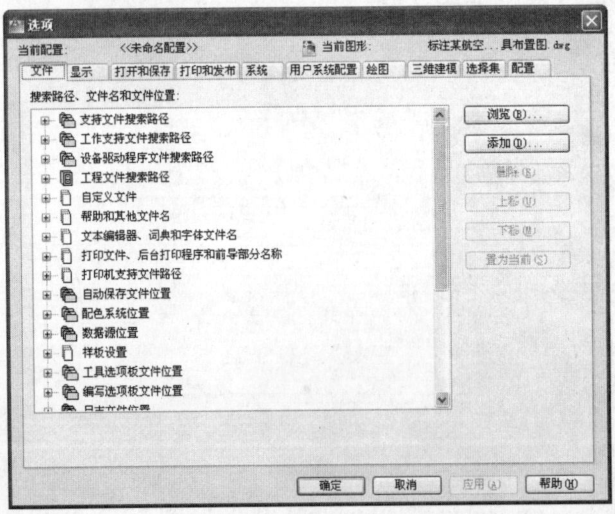


图2-1

图2-2

**2** 展开“显示”选项卡，然后在“窗口元素”选项组中单击[颜色(C)...]按钮，如图2-3所示，打开“图形窗口颜色”对话框，在其中展开“颜色”下拉列表，将窗口颜色设置为白色，如图2-4所示。

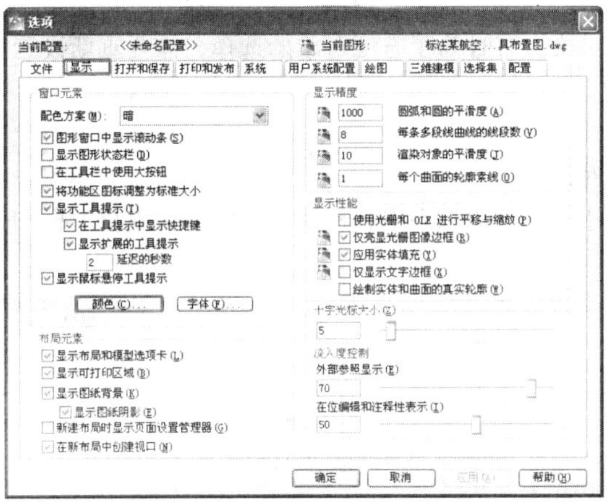


图2-3

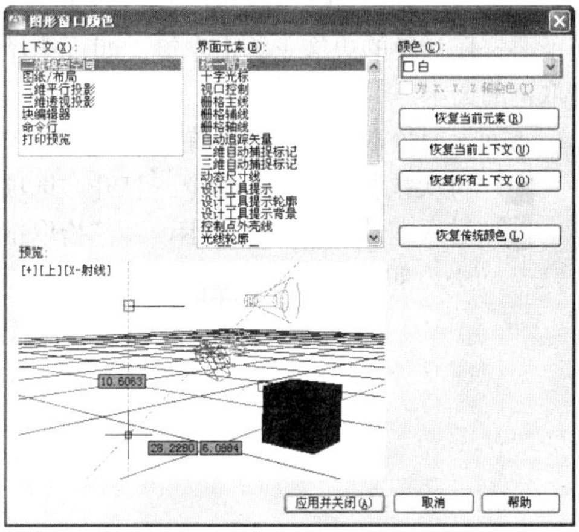


图2-4

**3** 单击[应用并关闭(A)]按钮返回“选项”对话框，再单击[确定]按钮关闭“选项”对话框，结果绘图区背景颜色被设置为白色。

## 2.1.2 设置光标尺寸与大小

光标也是用户绘图的重要工具，设置合适的光标大小，对快速、精确绘图至关重要。默认设置下，绘图区光标相对于绘图区的百分比为5，用户可以根据实际需要，重新设置光标的大小。

下面通过将十字光标的百分比设置为100，学习十字光标大小的设置方法。

**1** 再次执行“选项”命令，打开“选项”对话框，进入“显示”选项卡。

**2** 在“十字光标大小”选项组内设置十字光标的值为100，如图2-5所示。

**3** 单击[确定]按钮确认并关闭“选项”对话框，结果绘图区的十字光标的尺寸被更改，如图2-6所示。

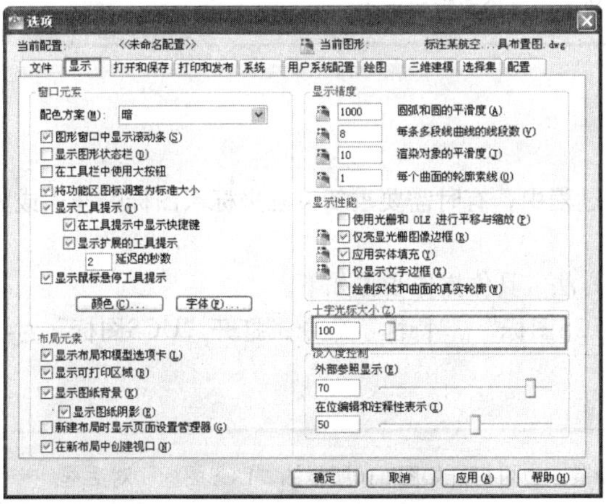


图2-5

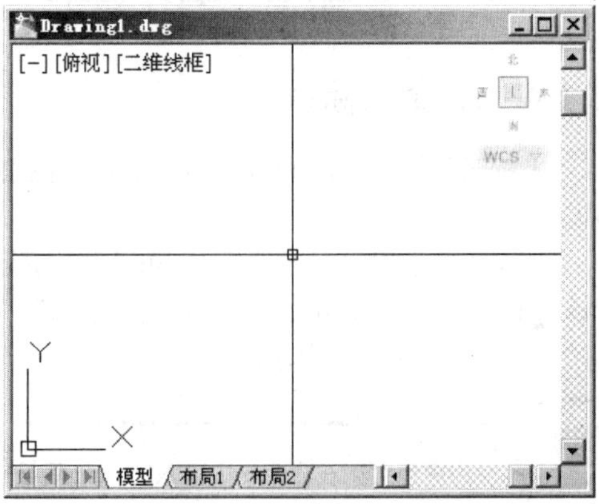


图2-6

**TIP** 另外，用户也可以使用系统变量CURSORSIZE进行快速更改十字光标的大小。

### 2.1.3 设置拾取框的大小

前面我们讲过，十字光标是由“拾取点光标”和“选择光标”叠加而成，选择光标是一个矩形框，如图2-7所示，此拾取框是选取对象的唯一工具，在命令行“选择对象:”提示下，将光标移动到所要选择对象的边缘上单击左键，即可选择该对象。有时为了方便对象的选择，需要重新设置该拾取框的大小。

下面学习拾取框大小的设置方法。

1 再次执行“选项”命令，打开“选项”对话框。

2 进入“选择集”选项卡，在“拾取框大小”选项组内左右拖动滑块，即可设置拾取框的大小，如图2-8所示。

图2-7

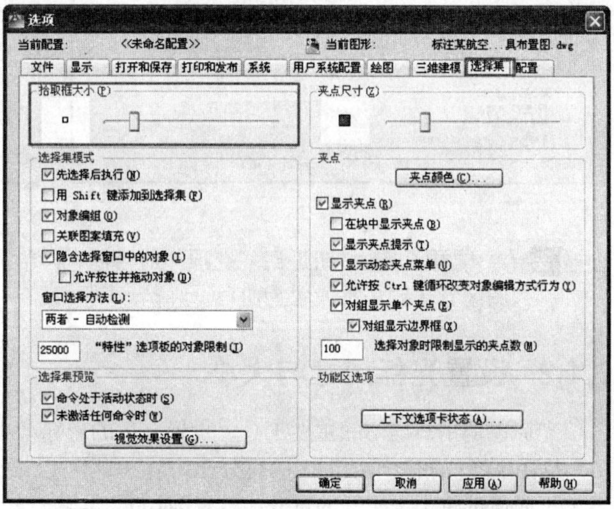


图2-8

3 设置完成后，单击 确定 按钮确认，同时关闭“选项”对话框。

> **TIP** 另外，用户也可以使用系统变量PICKBOX快速设置拾取框的大小。

### 2.1.4 设置坐标系

坐标系是用户绘图的重要辅助工具，在绘图过程中，有时需要重新设置坐标系图标的样式或大小以及隐藏坐标系图标。

下面继续学习坐标系图标大小的设置与隐藏方法，具体操作步骤如下。

1 执行菜单栏中的“视图”|“显示”|“UCS图标”|“特性”命令，打开“UCS图标”对话框，如图2-9所示。

> **TIP** 用户也可以在命令行中输入Ucsicon后按Enter键，也可打开如图2-10所示的“UCS图标”对话框。

2 从“UCS图标”对话框中可以看出，默认设置下系统显示三维UCS图标样式，用户也可以根据绘图需要，将UCS图标设置为二维样式，如图2-10所示。

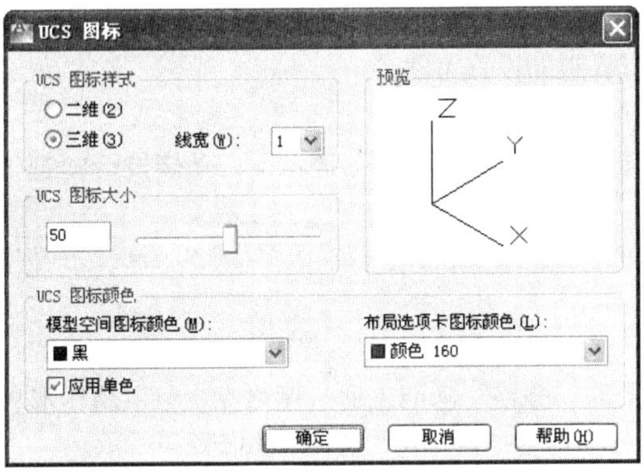


图2-9

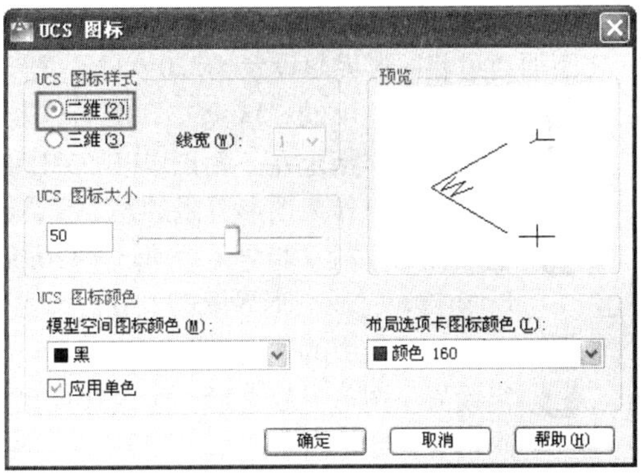


图2-10

3 在“UCS图标样式”选项组中可以设置图标的大小，默认为50。

4 在“UCS图标颜色”选项组中可以设置UCS图标的颜色，模型空间中UCS图标的默认颜色为黑色，布局空间中UCS图标的默认颜色为160号色。

5 执行菜单栏中的“视图”|“显示”|“UCS图标”|“开”命令，可以隐藏UCS图标，如图2-11所示。

6 再次执行菜单栏中的“视图”|“显示”|“UCS图标”|“开”命令，则可以使隐藏的UCS图标再次显示，如图2-12所示。

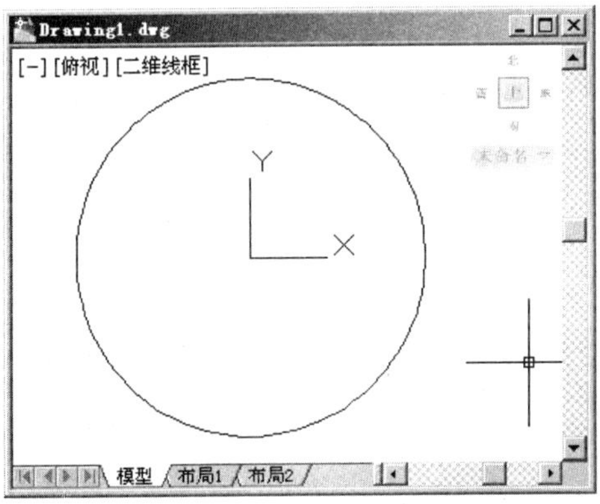


图2-11

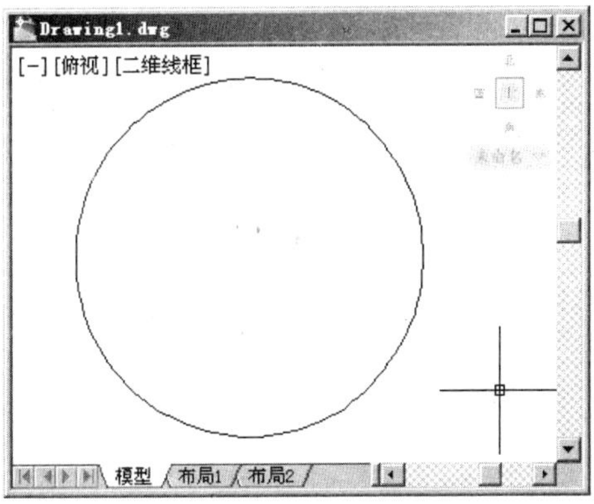


图2-12

## 2.2 设置绘图范围与精度

设置合适的绘图范围与绘图精度，是精确绘图的基本要求，这一节继续来学习设置绘图范围与绘图精度。

### 2.2.1 设置绘图范围

绘图范围就相当于手工绘图时事先准备的图纸，在AutoCAD中，绘图范围指的就是“图形界限”，默认设置下，图形界限是一个矩形区域，长度为490、宽度为270，其左下角点位于坐标系原点上。为了满足不同尺寸图形的绘制需要，AutoCAD 2012允许用户重新设置图形界限，重新设置图形界限是通过执行“图形界限”命令来实现的。

下面通过将图形界限设置为220×120，学习图形界限的设置方法。

1 执行菜单栏中的“格式”|“图形界限”命令。

2 在命令行“指定左下角点或[开(ON)/关(OFF)]<0.0000,0.0000>:”提示下，直接按Enter键，以默认原点作为图形界限的左下角点。

3 继续在命令行“指定右上角点<420.0000,297.0000>:”提示下，输入“@220,120”，并按Enter键，完成图形界限的设置。

4 执行菜单栏中的“视图”|“缩放”|“全部”命令，将设置的图形界限最大化显示。

5 当设置了图形界限之后，可以开启状态栏上的“栅格”功能，通过栅格点，可以将图形界限直观地显示出来，如图2-13所示。也可以使用栅格线显示图形界限，如图2-14所示。

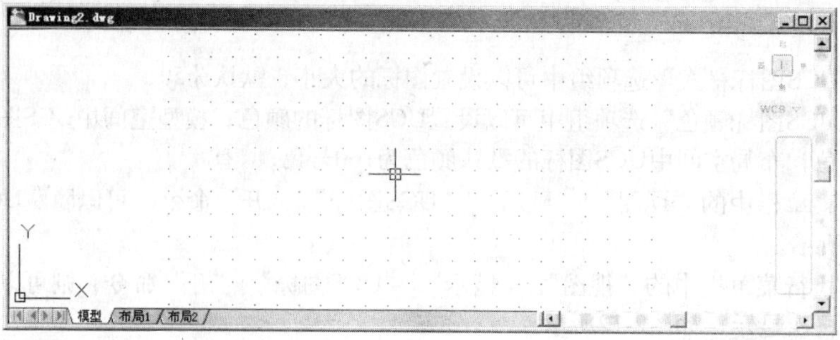

图2-13

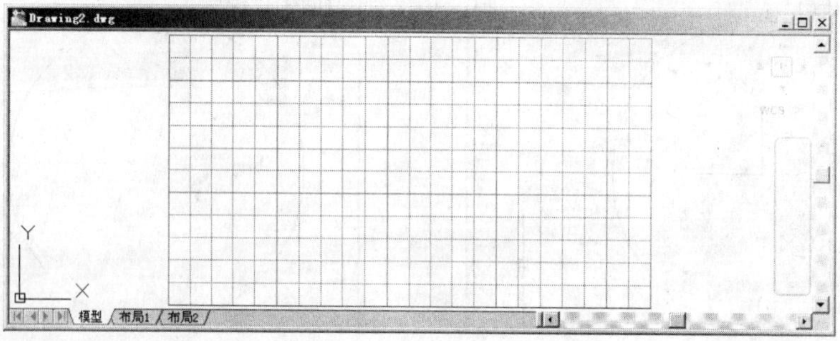

图2-14

## 2.2.2 绘图范围的检测

当用户设置了图形界限后，如果禁止绘制的图形超出所设置的图形界限，可以开启绘图界限的检测功能，系统会自动将坐标点限制在设置的图形界限区域内，拒绝图形界限之外的点，这样就不会使绘制的图形超出边界。

开启绘图区域检测功能的操作步骤如下。

1 在命令行输入Limits后按Enter键，激活“图形界限”命令。

2 在命令行“指定左下角点或[开(ON)/关(OFF)]<0.0000,0.0000>:”提示下，输入ON后按Enter键，即可打开图形界限的自动检测功能。

## 2.2.3 设置绘图单位与精度

绘图单位与精度是精确绘图的关键，在AutoCAD 2012中，可以使用“单位”命令来设置绘图的长度单位、角度单位、角度方向以及各自的精度等参数。

执行“单位”命令主要有以下几种方式。

- 执行菜单栏中的“格式”|“单位”命令。
- 在命令行输入Units后按Enter键。
- 使用命令简写UN。

执行“单位”命令后，可打开如图2-15所示的“图形单位”对话框，此对话框主要用于设置如下内容。

- 设置长度单位：在“长度”选项组中打开“类型”下拉列表，进行设置长度的类型，默认为“小数”。

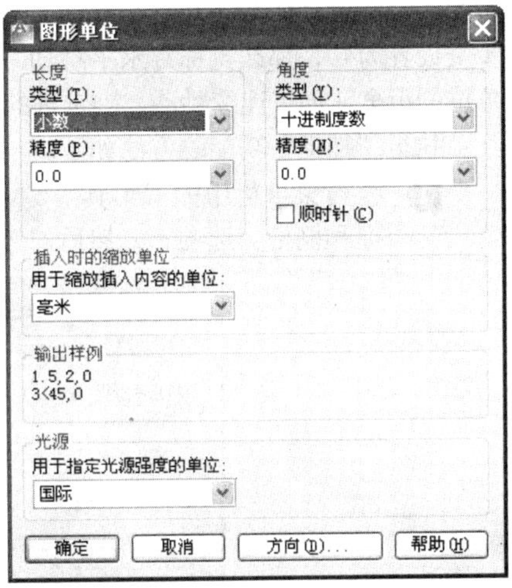


图2-15

> **TIP** AutoCAD提供了“建筑”、“小数”、“工程”、“分数”和“科学”5种长度类型。单击“类型”下拉按钮，可以从中选择需要的长度类型。

- 设置长度精度：展开“精度”下拉列表，设置单位的精度，默认为“0.0000”，用户可以根据需要设置单位的精度。
- 设置角度单位：在“角度”选项组中展开“类型”下拉列表，设置角度的类型，默认为“十进制度数”。
- 设置角度精度：展开“精度”下拉列表，可设置角度的精度，默认为“0”，用户可以根据需要进行设置。
- “插入时的缩放单位”选项组用于确定拖放内容的单位，默认为“毫米”。
- 设置角度的基准方向。单击对话框底部的 方向(D)... 按钮，打开如图2-16所示的“方向控制”对话框，用来设置角度测量的起始位置。

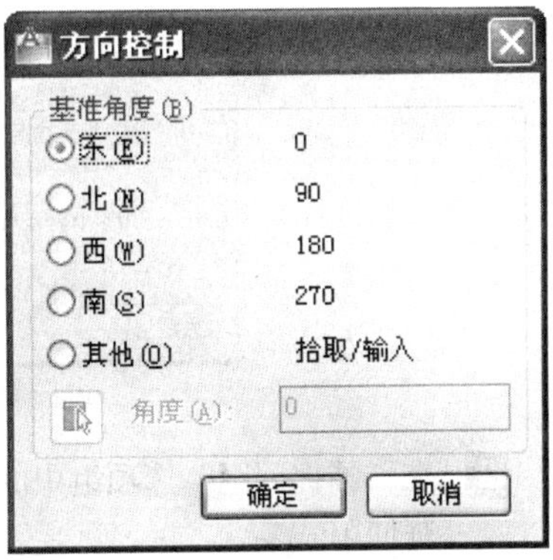


图2-16

> **TIP** “顺时针”复选框是用于设置角度的方向，如果勾选该选项，那么在绘图过程中就以顺时针为正角度方向，否则以逆时针为正角度方向。

## 2.3 设置捕捉模式

在AutoCAD 2012中，要想精确绘图，除了坐标点的输入功能外，精确捕捉也是不可缺少的操作，AutoCAD为用户提供了多种捕捉设置，这些精确捕捉包括“捕捉”、“对象捕捉”、“临时捕捉”等，使用这些捕捉功能，可以快速、准确地定位点，以高精度绘制图形。这一节主要来学习各种捕捉模式的设置。

## 2.3.1 捕捉与捕捉设置

捕捉指的就是强制性地控制十字光标，使其捕捉图形的特征点，例如线的交点、端点或中点；圆的圆心、象限点；矩形、多边形等图形的角点等。而步长捕捉则是指按照事先定义的x轴、y轴方向的固定距离（即步长）进行跳动，从而精确定位点。例如将x轴的步长设置为50，将y轴方向上的步长设置为40，那么光标每水平跳动一次，则走过50个单位的距离，每垂直跳动一次，则走过40个单位的距离，如果连续跳动，则走过的距离则是步长的整数倍。

执行“捕捉”功能的方法如下。

**1** 执行菜单栏中的“工具”|“草图设置”命令，在打开的“草图设置”对话框中单击“捕捉和栅格”选项卡，然后勾选“启用捕捉”复选框，如图2-17所示。

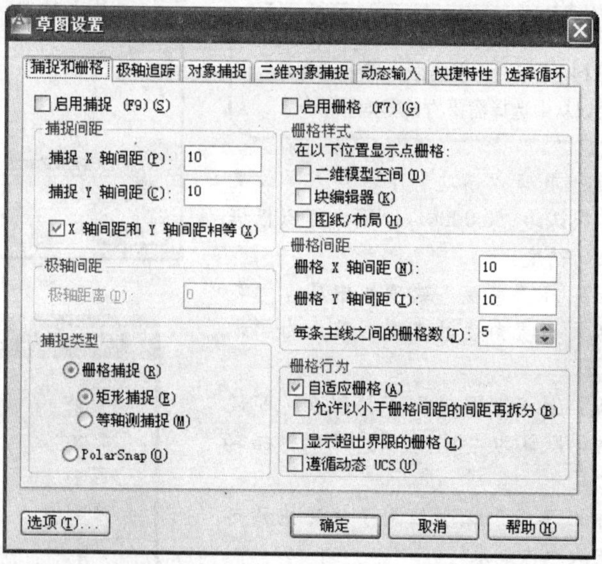


图2-17

**2** 在“捕捉间距”选项组中的“捕捉X轴间距”文本框中输入数值，以设置x轴方向上的捕捉间距。

**3** 取消勾选“X轴间距和Y轴间距相等”复选框，继续在“捕捉间距”选项组下的“捕捉Y轴间距”文本框中输入数值，以设置y轴方向上的捕捉间距。

**4** 单击 确定 按钮，完成捕捉参数的设置。

单击状态栏上的“捕捉模式”按钮或在“对象捕捉”按钮上单击右键，选择快捷菜单中的“启用”命令，或按下功能键F9，也可以启用捕捉功能。

除此之外，在“捕捉和栅格”选项卡下，还有其他一些设置，其中包括如下选项。

- “极轴间距”选项组：用于设置极轴追踪的距离，此选项需要在“PolarSnap”捕捉类型下使用。
- “捕捉类型”选项组：用于设置捕捉的类型，其中“栅格捕捉”单选按钮用于将光标沿着垂直栅格或水平栅格点捕捉点；“PolarSnap”单选按钮用于将光标沿当前极轴增量角方向追踪点，此选项需要配合“极轴追踪”功能使用。

## 2.3.2 启用栅格

所谓“栅格”，指的是由一些虚拟的栅格点或栅格线组成，以直观地显示出当前文件内的图形界限区域。这些栅格点和栅格线仅起到一种参照显示功能，它不是图形的一部分，也不会被打印输出。

执行“栅格”功能主要有以下几种方式。

- 执行菜单栏中的“工具”|“草图设置”命令，在打开的“草图设置”对话框中展开“捕捉和栅格”选项卡，然后勾选“启用栅格”复选框。
- 单击状态栏上的“捕捉模式”按钮▦或在“对象捕捉”按钮▢上单击右键，选择快捷菜单中的“启用”命令，或按下功能键F9，启用捕捉功能。
- 按功能键F7。
- 按组合键Ctrl+G。

除此之外，还可以设置栅格样式、栅格间距以及栅格行为等。

- “栅格样式”选项组：用于设置二维模型空间、块编辑器窗口以及布局空间的栅格显示样式，如果勾选了此选项组中的三个复选框，那么系统将会以栅格点的形式显示图形界限区域，如图2-18所示；反之，系统将会以栅格线的形式显示图形界限区域，如图2-19所示。
- “栅格间距”选项组：用于设置$x$轴方向和$y$轴方向的栅格间距。两个栅格点之间或两条栅格线之间的默认间距为10。
- 在“栅格行为”选项组中，“自适应栅格”复选框用于设置栅格点或栅格线的显示密度；“显示超出界限的栅格”复选框用于显示图形界限区域外的栅格点或栅格线；“遵循动态UCS”复选框用于更改栅格平面，以跟随动态UCS的$xy$平面。

图2-18

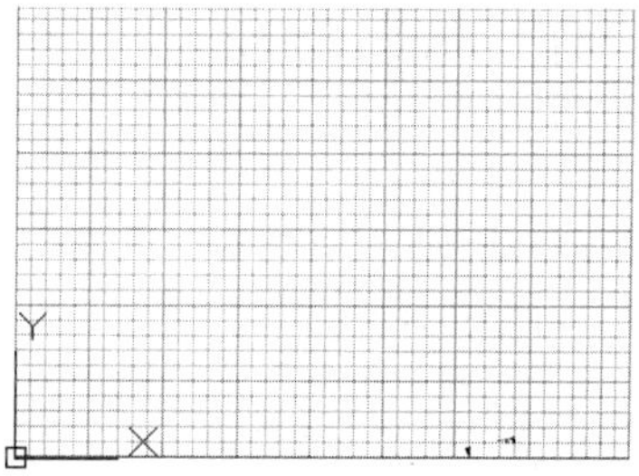

图2-19

## 2.3.3 设置自动捕捉

自动捕捉是指当设置了一种捕捉模式后，系统会一直保持这种捕捉模式，直到用户取消为止。

### 1. 设置对象捕捉

在“草图设置”对话框中进入“对象捕捉”选项卡，此选项卡内共为用户提供了13种对象捕捉功能，如图2-20所示，勾选所需捕捉模式选项，即可开启该捕捉模式，使用这些捕捉功能可以非常方便精确地将光标定位到图形的特征点上，如直线、圆弧的端点和中点；圆的圆心和象限点等。

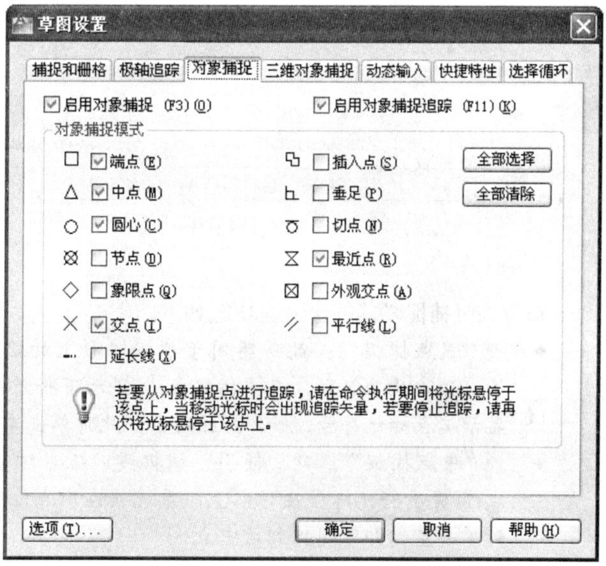


图2-20

在此对话框内一旦设置了某种捕捉模式后，系统将一直保持着这种捕捉模式，只到用户取消为止，因此，此对话框中的捕捉常被称为“自动捕捉”。

TIP 设置“对象捕捉”功能时，不要全部开启各捕捉功能，这样会起到相反的作用。

**2. 启用“对象捕捉”功能**

启用“对象捕捉”功能有以下几种方式。

- 执行菜单栏中的“工具”|“草图设置”命令，在打开的对话框中展开“对象捕捉”选项卡，然后勾选“启用对象捕捉”复选框。
- 单击状态栏上的“对象捕捉”按钮，或在此按钮上单击右键，选择快捷菜单中的“启用”命令。
- 按功能键F3。

## 2.3.4 启用临时捕捉

为了方便绘图，AutoCAD为以上13种对象捕捉提供了“临时捕捉”功能，所谓“临时捕捉”，指的就是激活一次捕捉功能后，系统仅能捕捉一次，如果需要反复捕捉，则需要多次激活该功能。

将光标移动到工具按钮空白位置单击右键，在弹出的快捷菜单中选择“对象捕捉”命令，打开“对象捕捉”工具栏，临时捕捉功能就位于“对象捕捉”工具栏上，如图2-21所示。另外，按住Shift或Ctrl键，然后单击鼠标右键，即可打开此临时捕捉菜单，如图2-22所示。

图2-21

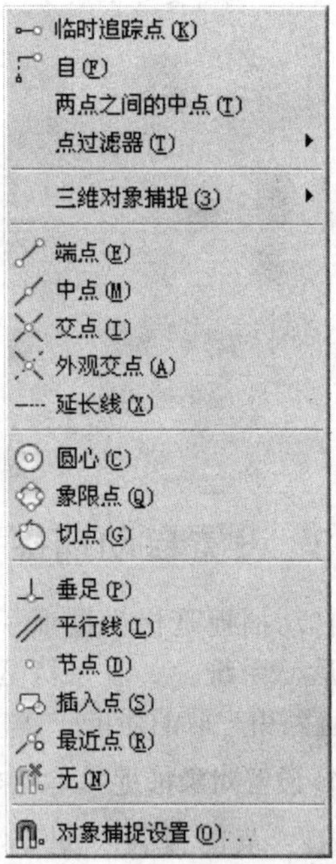


图2-22

13种临时捕捉功能的含义与功能如下。

- “端点捕捉”：此功能用于捕捉图形上的端点。如线段的端点，矩形、多边形的角点等。激活此功能后，在“指定点:”提示下将光标放在对象上，系统将在距离光标最近位置显示端点标记符号，如图2-23所示，此时单击左键即可捕捉到该端点。
- “中点捕捉”：此功能用于捕捉线、弧等对象的中点。激活此功能后，在命令行“指定点:”提示将光标放在对象上，系统将在中点位置显示出中点标记符号，如图2-24所示，此时单击左键即可捕捉到该中点。

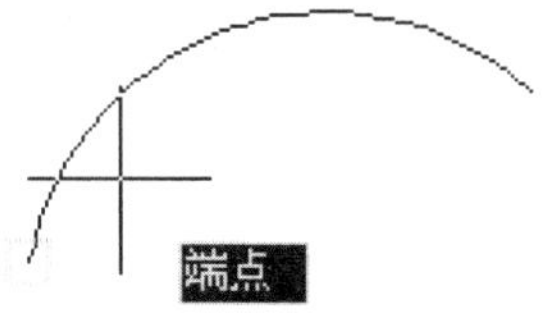


图2-23

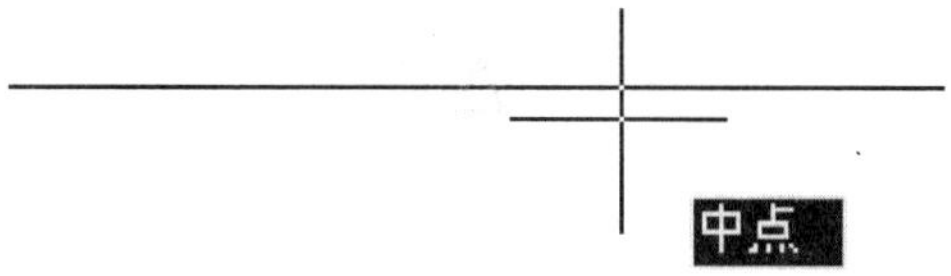


图2-24

◆ "交点捕捉"：此功能用于捕捉对象之间的交点。激活此功能后，在命令行"指定点:"提示下将光标放在对象的交点位置，系统显示出交点标记符号，如图2-25所示，此时单击左键即可捕捉到该交点。

TIP

如果需要捕捉图线延长线的交点，那么需要首先将光标移到其中一个对象上单击，拾取该延伸对象，如图2-26所示，然后再将光标放在另一个对象上，系统将自动在延伸交点处显示出交点标记符号，如图2-27所示，此时单击左键即可精确捕捉到对象延长线的交点。

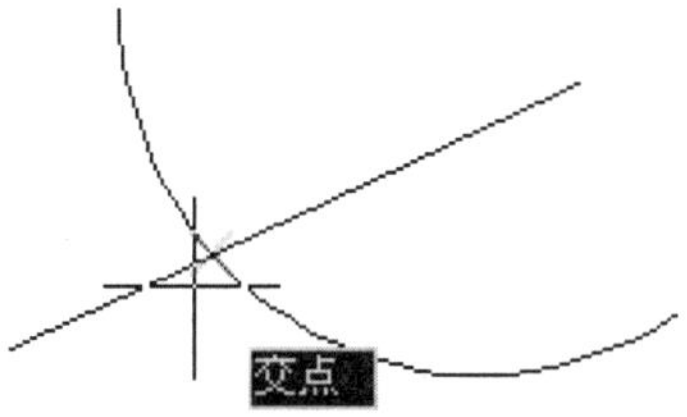


图2-25

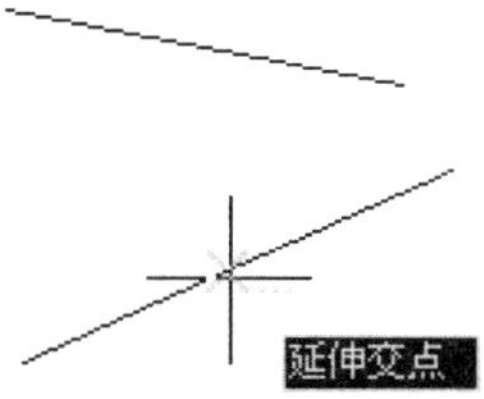


图2-26

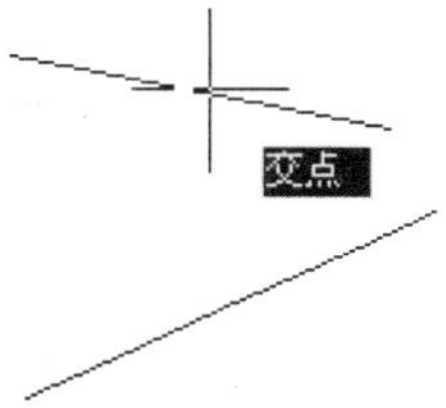


图2-27

◆ "外观交点"：此功能主要用于捕捉三维空间内对象在当前坐标系平面内投影的交点。

◆ "延长线捕捉"：此功能用于捕捉对象延长线上的点。激活该功能后，在命令行"指定点:"提示下将光标放在对象的末端稍作停留，然后沿着延长线方向移动光标，系统会在延长线处引出一条追踪虚线，如图2-28所示，此时单击左键，或输入一个距离值，即可在对象延长线上精确定位点。

◆ "圆心捕捉"：此功能用于捕捉圆、弧或圆环的圆心。激活该功能后，在命令行"指定点:"提示下将光标放在圆或弧等的边缘上，也可直接放在圆心位置上，系统在圆心处显示出圆心标记符号，如图2-29所示，此时单击左键即可捕捉到圆心。

◆ "象限点捕捉"：此功能用于捕捉圆或弧的象限点。激活该功能后，在命令行"指定点:"提示下将光标放在圆的象限点位置上，系统会显示出象限点捕捉标记，如图2-30所示，此时单击左键即可捕捉到该象限点。

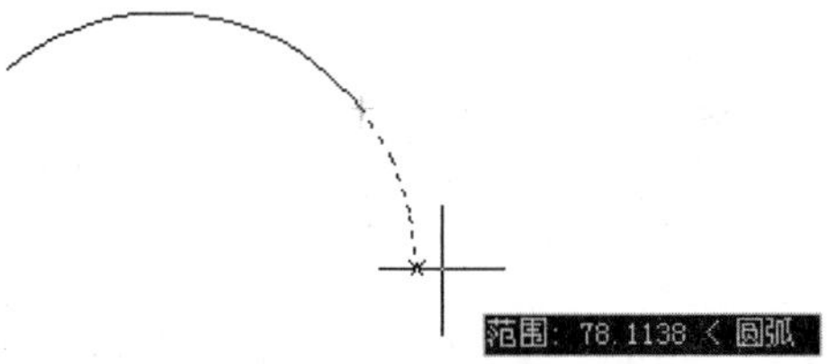


图2-28

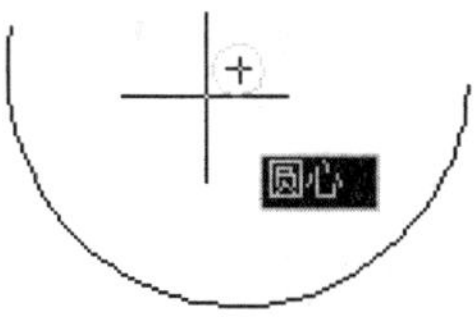


图2-29

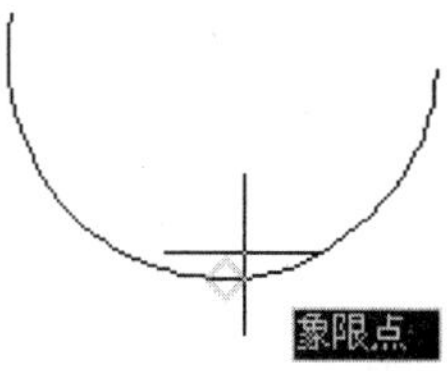


图2-30

◆ "切点捕捉"：此功能用于捕捉圆或弧的切点，以绘制切线。激活该功能后，在命令行"指定点:"提示下将光标放在圆或弧的边缘上，系统会在切点处显示出切点标记符号，如

图2-31所示，此时单击左键即可捕捉到切点，绘制出对象的切线，如图2-32所示。

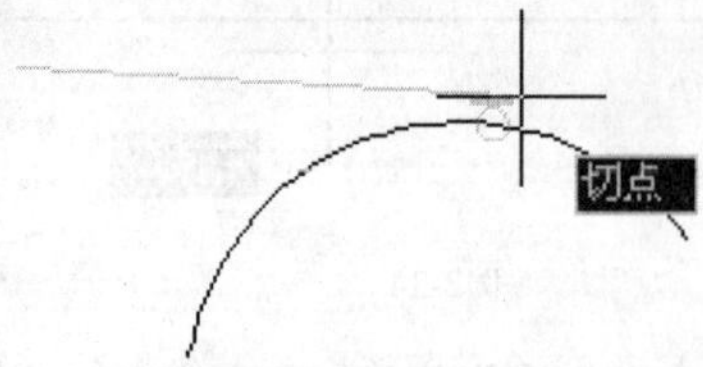


图2-31

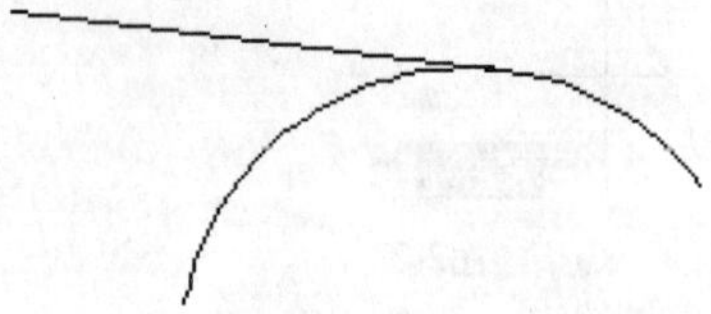

图2-32

◆ ⊥“垂足捕捉”：此功能常用于捕捉对象的垂足点，以绘制对象的垂线。激活该功能后，在命令行“指定点:”提示下将光标放在对象边缘上，系统会在垂足点位置显示出垂足标记符号，如图2-33所示，此时单击左键即可捕捉到垂足点，绘制对象的垂线，如图2-34所示。

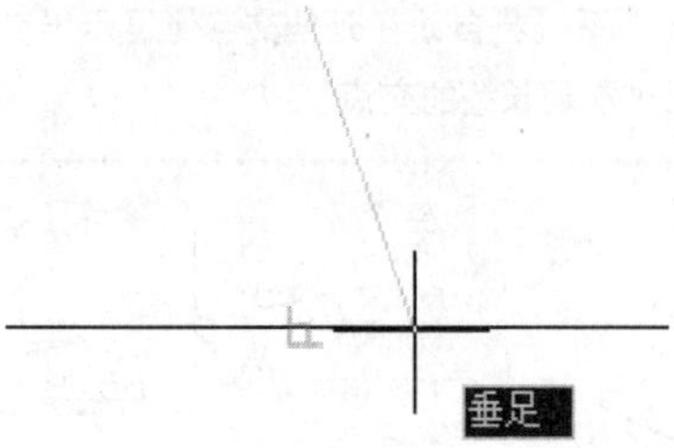


图2-33

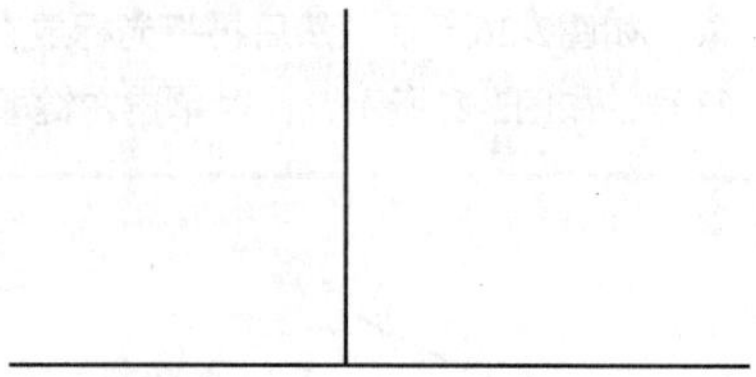

图2-34

◆ ∥“平行线捕捉”：此功能常用于绘制线段的平行线。激活该功能后，在命令行“指定点:”提示下将光标放在已知线段上，此时会出现一个平行的标记符号，如图2-35所示，移动光标，系统会在平行位置出现一条向两方无限延伸的追踪虚线，如图2-36所示，单击左键即可绘制出与拾取对象相互平行的线，如图2-37所示。

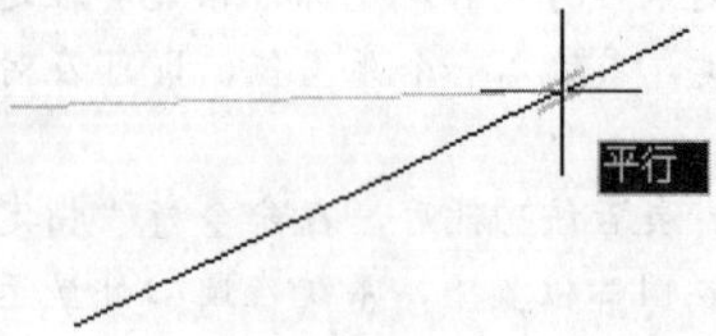


图2-35

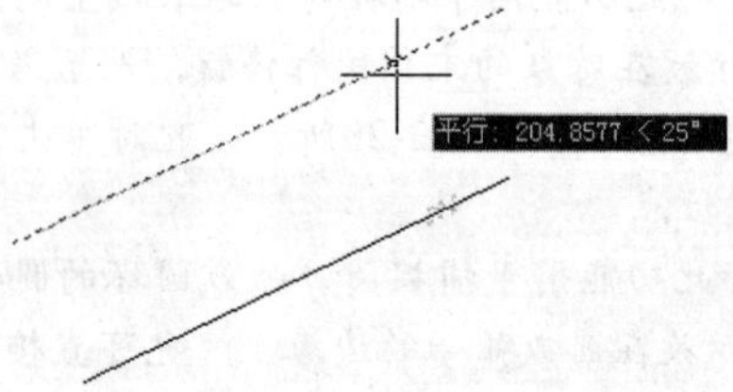


图2-36

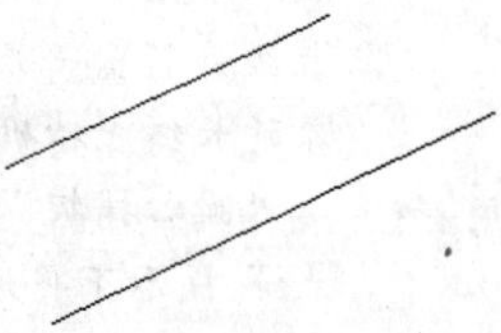

图2-37

◆ “节点捕捉”：此功能用于捕捉使用“点”命令绘制的点对象。使用时需要将拾取框放在节点上，系统会显示出节点的标记符号，如图2-38所示，单击左键即可拾取该点。

◆ “插入点捕捉”：此种捕捉方式用来捕捉块、文字、属性或属性定义等的插入点，如图2-39所示。

◆ “最近点捕捉”：此种捕捉方式用来捕捉光标距离对象最近的点，如图2-40所示。

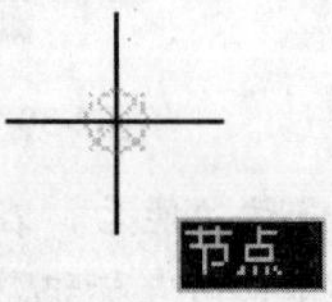


图2-38

图2-39

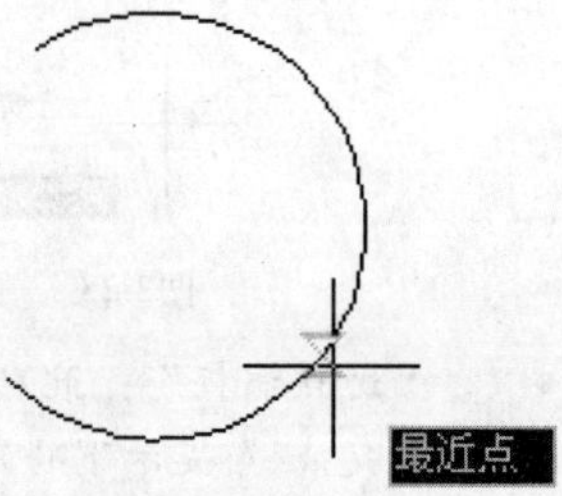


图2-40

# 2.4 设置追踪模式

使用“对象捕捉”功能只能捕捉对象上的特征点，如果要想捕捉特征点外的目标点，可以使用AutoCAD 2012的追踪功能。常用的追踪功能有“正交模式”、“极轴追踪”、“对象捕捉追踪”和“捕捉自”4种。这一节就来学习追踪功能的设置方法。

## 2.4.1 设置正交模式

“正交模式”功能用于将光标强行地控制在水平或垂直方向上，以追踪并绘制水平和垂直的线段。

“正交模式”功能可以追踪定位4个方向，向右引导光标，系统将定位0°方向，如图2-41所示；向上引导光标，系统将定位90°方向，如图2-42所示；向左引导光标，系统将定位180°方向，如图2-43所示；向下引导光标，系统则定位270°方向，如图2-44所示。

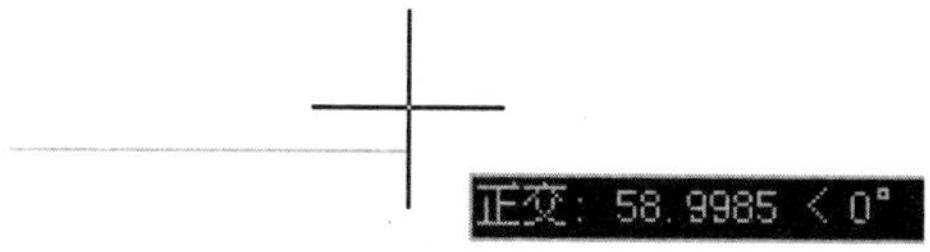


图2-41

图2-42

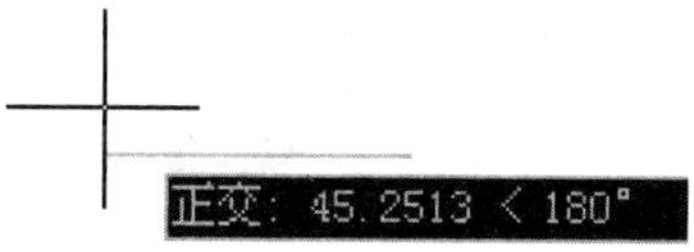


图2-43

图2-44

执行“正交模式”功能主要有以下几种方式。

- 单击状态栏上的“正交模式”按钮，或在此按钮上单击右键，选择快捷菜单中的“启用”命令。
- 按功能键F8。
- 在命令行输入表达式Ortho后按Enter键。

下面通过绘制如图2-45所示的台阶截面轮廓图，学习“正交追踪”功能的使用方法和技巧。

**1** 新建一个公制单位的空白文件。

**2** 按功能键F8，打开状态栏上的“正交模式”功能。

**3** 执行菜单栏中的“绘图”|“直线”命令，配合“正交模式”功能精确绘图，命令行操作如下。

```
命令: _line
    指定第一点:                    //在绘图区拾取一点作为起点
    指定下一点或 [放弃(U)]:        //向上引导光标，输入150 Enter
```

```
指定下一点或 [放弃(U)]:                //向右引导光标，输入300 Enter
指定下一点或 [闭合(C)/放弃(U)]:        //向上引导光标，输入150 Enter
指定下一点或 [闭合(C)/放弃(U)]:        //向右引导光标，输入300 Enter
指定下一点或 [放弃(U)]:                //向上引导光标，输入150 Enter
指定下一点或 [放弃(U)]:                //向右引导光标，输入300 Enter
指定下一点或 [闭合(C)/放弃(U)]:        //向上引导光标，输入150 Enter
指定下一点或 [闭合(C)/放弃(U)]:        //向右引导光标，输入300 Enter
指定下一点或 [闭合(C)/放弃(U)]:        //向下引导光标，输入600 Enter
指定下一点或 [闭合(C)/放弃(U)]:        //C Enter，闭合图形，绘制结果如图2-45所示
```

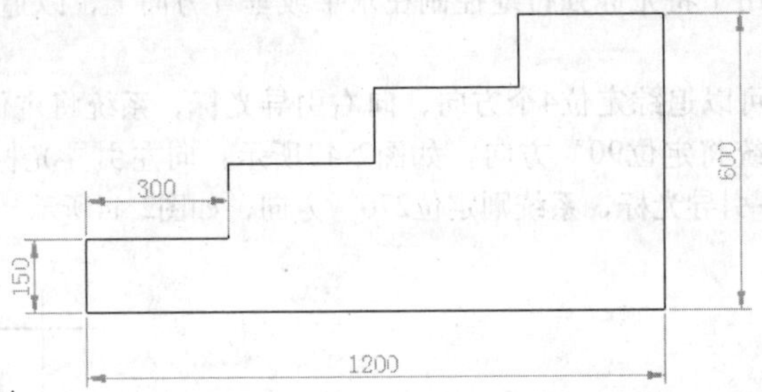


图2-45

### 2.4.2 设置极轴追踪

“极轴追踪”功能用于根据当前设置的追踪角度，引出相应的极轴追踪虚线，进行追踪定位目标点，如图2-46所示。

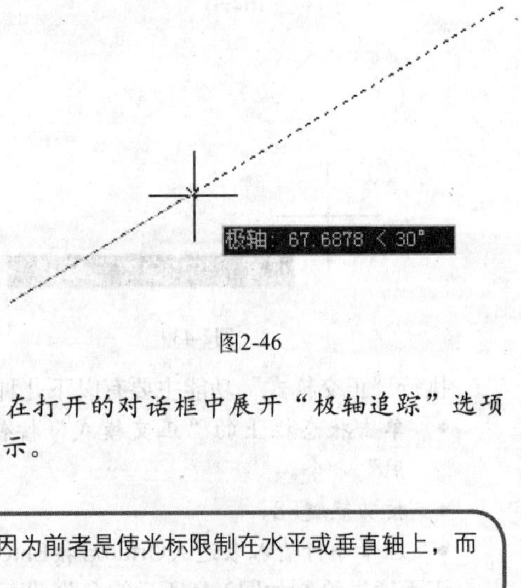


图2-46

执行“极轴追踪”功能有以下几种方式。

- 单击状态栏上的“极轴追踪”按钮，或在此按钮上单击右键，选择快捷菜单中的“启用”命令。
- 按功能键F10。
- 执行菜单栏中的“工具”|“草图设置”命令，在打开的对话框中展开“极轴追踪”选项卡，勾选“启用极轴追踪”复选框，如图2-47所示。

> **TIP** “正交追踪”与“极轴追踪”功能不能同时打开，因为前者是使光标限制在水平或垂直轴上，而后者则可以追踪任意方向矢量。

下面通过绘制长度为120、角度为45°的倾斜线段，学习使用“极轴追踪”功能。

1. 新建一个空白文件。
2. 在状态栏上的“极轴追踪”按钮上单击右键，在弹出的快捷菜单中选择“设置”命令，打开如图2-47所示的对话框。
3. 勾选对话框中的“启用极轴追踪”复选框，打开“极轴追踪”功能。
4. 单击“增量角”下拉按钮，在展开的下拉列表中选择30，如图2-48所示，将当前的追踪角设置为30°。

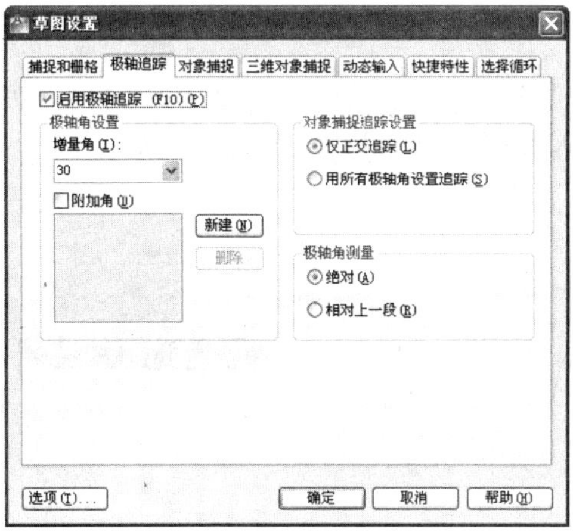


图2-47

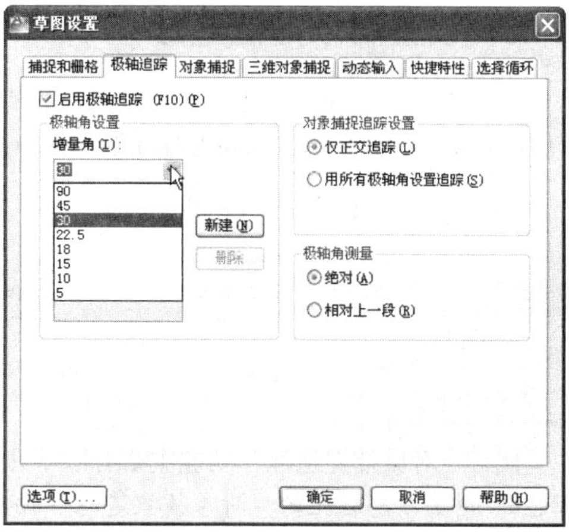


图2-48

TIP 在“极轴角设置”选项组中的“增量角”下拉列表内，系统提供了多种增量角，如90、45、30、22.5、18、15、10、5等，用户可以从中选择一个角度值作为增量角。

5 单击确定按钮关闭对话框，完成角度跟踪设置。

6 执行菜单栏中的“绘图”|“直线”命令，配合“极轴追踪”功能绘制斜线段，命令行操作如下。

```
命令: _line
    指定第一点:                //在绘图区拾取一点作为起点
    指定下一点或[放弃(U)]:     //向右上方移动光标，在45°方向上引出如图2-49所示的极
                                 轴追踪虚线，然后输入120 Enter
    指定下一点或[放弃(U)]:     // Enter，结束命令，绘制结果如图2-50所示
```

TIP AutoCAD不但可以在增量角方向上出现极轴追踪虚线，还可以在增量角的倍数方向上出现极轴追踪虚线。

如果要选择预设值以外的角度增量值，需事先勾选“附加角”复选框，然后单击新建(N)按钮，创建一个附加角，如图2-51所示，系统就会以所设置的附加角进行追踪。另外，如果要删除一个角度值，在选取该角度值后单击删除按钮即可。另外，只能删除用户自定义的附加角，而系统预设的增量角不能被删除。

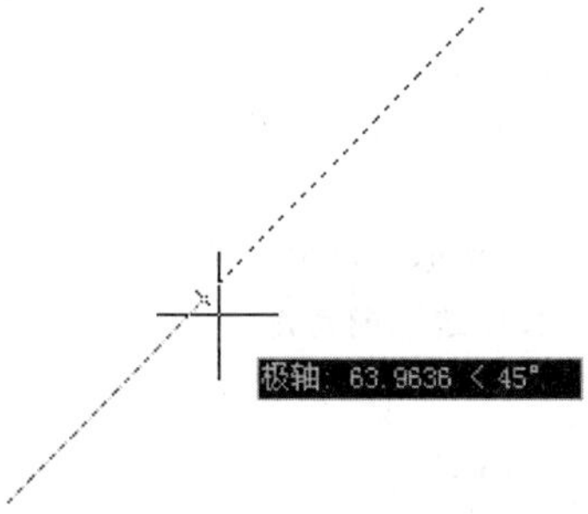


图2-49

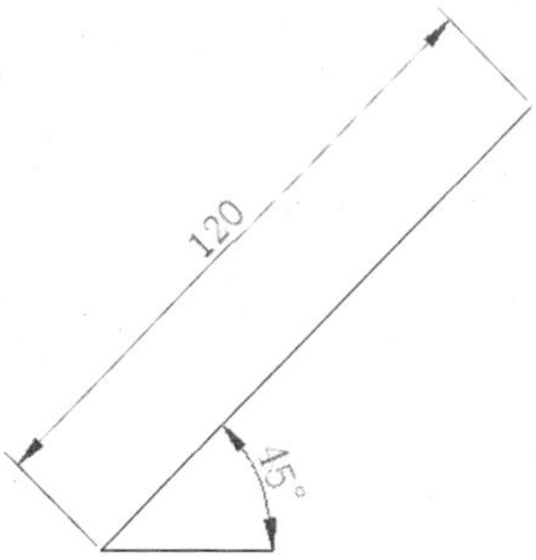


图2-50

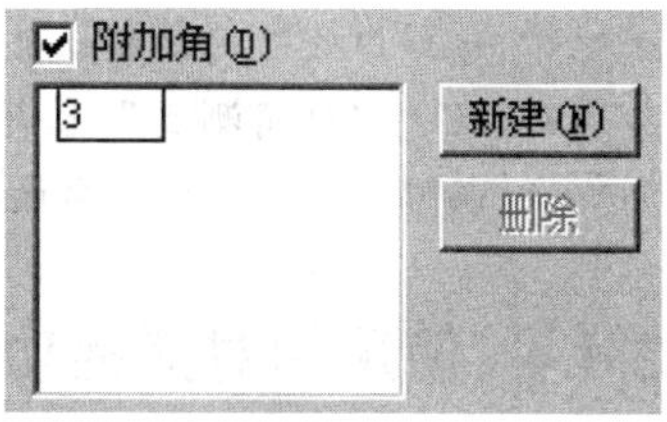


图2-51

## 2.4.3 设置对象捕捉追踪

“对象捕捉追踪”功能用于以对象上的某些特征点作为追踪点，引出向两端无限延伸的对象追踪虚线，如图2-52所示。在此追踪虚线上拾取点或输入距离值，即可精确定位到目标点。

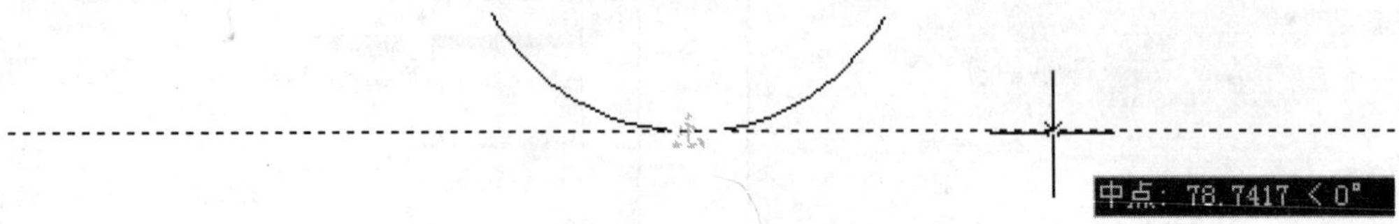


图2-52

执行“对象捕捉追踪”功能主要有以下几种方式。

- 单击状态栏上的“对象捕捉追踪”按钮。
- 按功能键F11。
- 执行菜单栏中的“工具”|“草图设置”命令，在打开的“草图设置”对话框中展开“对象捕捉”选项卡，然后勾选“启用对象捕捉追踪”复选框。

在默认设置下，系统仅以水平或垂直的方向追踪点。如果用户需要按照某一角度追踪点，可以在“极轴追踪”选项卡中设置追踪的样式，如图2-53所示。

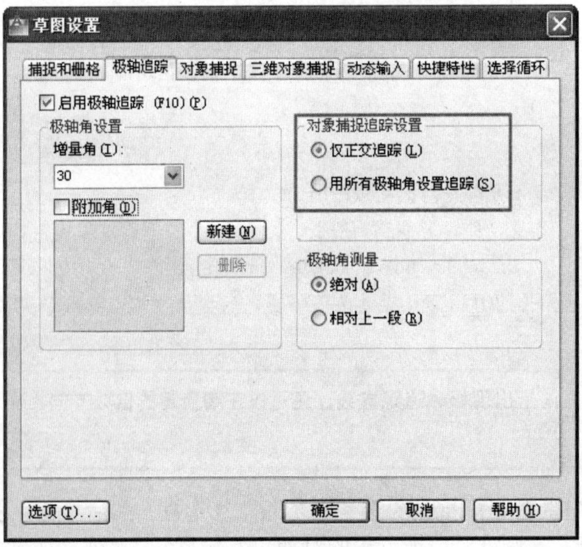


图2-53

**TIP** “对象捕捉追踪”功能只有在“对象捕捉”和“对象追踪”同时打开的情况下才可使用，而且只能追踪对象捕捉类型中设置的自动对象捕捉点。

除此之外，还可以设置其他追踪模式。

- 在“对象捕捉追踪设置”选项组中，“仅正交追踪”单选按钮与当前极轴角无关，它仅水平或垂直地追踪对象，即在水平或垂直方向上出现向两方无限延伸的对象追踪虚线。
- “用所有极轴角设置追踪”单选按钮是根据当前所设置的极轴角及极轴角的倍数出现对象追踪虚线，用户可以根据需要进行取舍。
- 在“极轴角测量”选项组中，“绝对”单选按钮用于根据当前坐标系确定极轴追踪角度；而“相对上一段”单选按钮用于根据上一个绘制的线段确定极轴追踪的角度。

## 2.4.4 使用相对捕捉功能

相对捕捉功能是指借助捕捉和相对坐标定义窗口中相对于某一捕捉点的另外一点，在AutoCAD

2012中，这种捕捉就是“捕捉自”功能，激活“捕捉自”功能后，需要先捕捉对象特征点作为目标点的偏移基点，然后再输入目标点的坐标值。

执行“捕捉自”功能主要有以下几种方式。

- 单击“对象捕捉”工具栏上的“捕捉自”按钮。
- 在命令行输入_from 后按Enter键。
- 按住Ctrl或Shift键单击右键，选择快捷菜单中的“捕捉自”命令。

除了“捕捉自”功能外，还可以使用“临时追踪点”功能，“临时追踪点”功能与“对象追踪”功能类似，不同的是前者需要事先精确定位出临时追踪点，然后才能通过此追踪点引出向两端无限延伸的临时追踪虚线，以追踪定位目标点。

执行“临时追踪点”功能主要有以下几种方式。

- 选择临时捕捉菜单中的“临时追踪点”命令。
- 单击“对象捕捉”工具栏上的“临时追踪点”按钮。
- 使用命令简写_tt。

有关捕捉的具体应用，将在后面章节中通过具体实例进行详细讲解。

# 2.5 设置图层

“图层”的概念比较抽象，用户可以将其理解为一张张透明的电子纸，用户可以在每张电子纸上绘制不同线型、线宽、颜色等特性的图形，最后将这些电子纸叠加起来，即可得到完整的图样。

在AutoCAD 2012中，可以通过图层来对图形内部资源进行组织、规划和控制等，便于对图形对象进行编辑操作。图层的这些功能都是在“图层特性管理器”面板中来实现的，打开“图层特性管理器”有以下几种方式。

- 执行菜单栏中的“格式”|“图层”命令。
- 单击“图层”工具栏上的“图层特性管理器”按钮。
- 在命令行输入Layer按Enter键。
- 使用命令简写LA。

下面对图层及其相关设置进行详细讲解。

## 2.5.1 设置新图层

在AutoCAD 2012图形设计中，一幅完整的图形会包含多种内容，例如，在一幅建筑室内装饰装潢设计图中，就包含了墙线、窗线、家具、地板装饰线、文字注解、尺寸标注等内容，这些内容都需放在不同的图层中，以方便对其进行管理和编辑。AutoCAD 2012系统默认情况下，只有一个图层，即“0层”，用户可以在该层上绘制简单图形，但在绘制复杂图形之前，用户需要新建多个不同的图层，便于放置图形的不同内容。

新建图层的具体创建过程如下。

1. 新建一个空白文件。
2. 采用以上任意方式均可打开“图层特性管理器”面板，该面板如图2-54所示。
3. 单击该面板中的“新建图层”按钮，即可新建一个图层，新建的图层将以临时名称“图层1”显示在列表中，如图2-55所示。

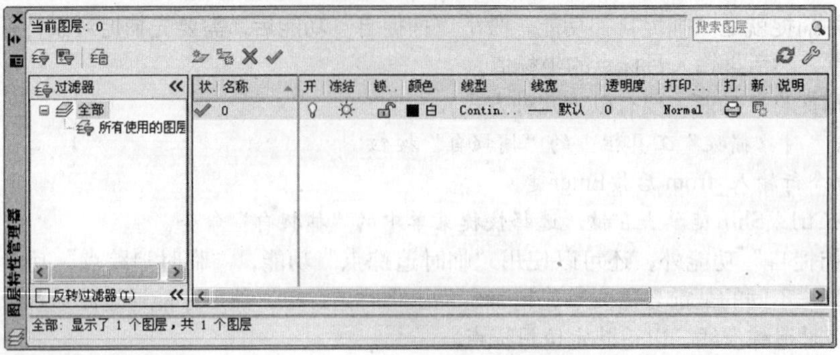


图2-54

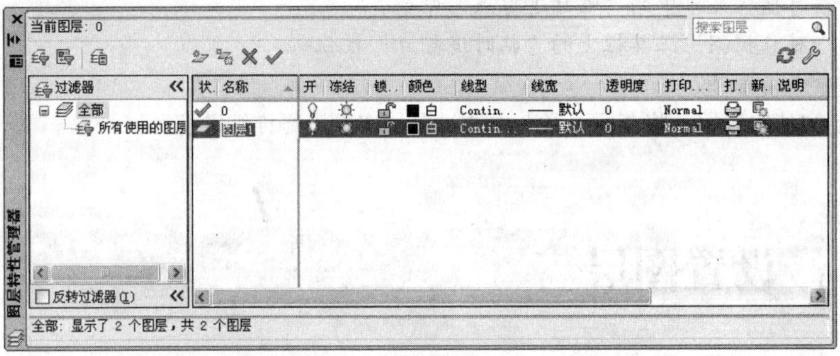


图2-55

**4** 用户可以在反白显示的“图层1”区域输入新图层的名称，例如输入“轮廓层”，以创建一个新图层。

> **TIP** 图层名最长可达255个字符，可以是数字、字母或其他字符；图层名中不允许含有大于号（>）、小于号（<）、斜杠（/）、反斜杠（\）以及标点符号等。

**5** 连续单击“新建图层”按钮，或连续按下组合键Alt+N，可连续创建其他新图层，同时为新图层重新命名。例如新建“中心线”层、“家具层”、“填充层”、“图块层”等，如图2-56所示。

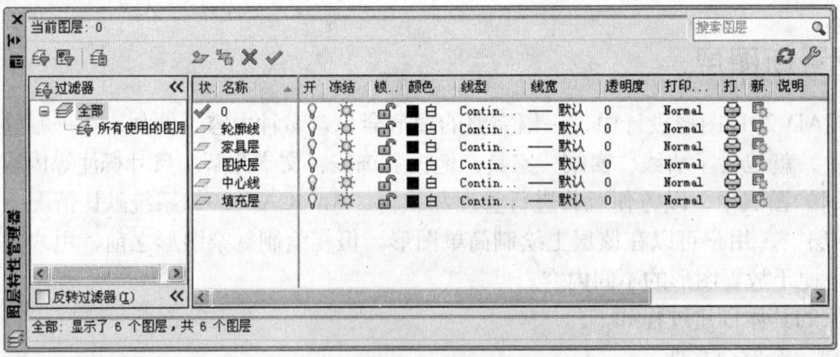


图2-56

> **TIP** 如果在创建新图层时选择了一个现有图层，或为新建的图层指定了图层特性，那么以下创建的新图层将继承先前图层的一切特性（如颜色、线型等）。

## 2.5.2 设置图层颜色特性

系统默认下，新建的图层都是用黑色，但为了更好地管理图形对象，用户还需要根据各图层的作用对其设置其他不同的颜色特性，例如轮廓线、墙线层一般使用黑色颜色，窗线、中心线一般使用红色，文字注释一般使用洋红，尺寸标注一般使用蓝色，家具层一般使用土黄色等。通过对不同的图层设置不同的颜色，可以更好地对图形进行管理和编辑。下面通过为“填充层”设置颜色特性，学习图层颜色的设置方法。

**1** 继续上一节的操作。

**2** 将光标移动到“填充层”如图2-57所示的颜色块上单击，即可打开“选择颜色”对话框。

> **TIP** 在该对话框中有“索引颜色”、“真彩色”和“配色系统”三种颜色设置方式，如图2-58、图2-59和如图2-60所示，用户可以根据自己的习惯，选择任意一种颜色设置方式，为图层设置颜色。

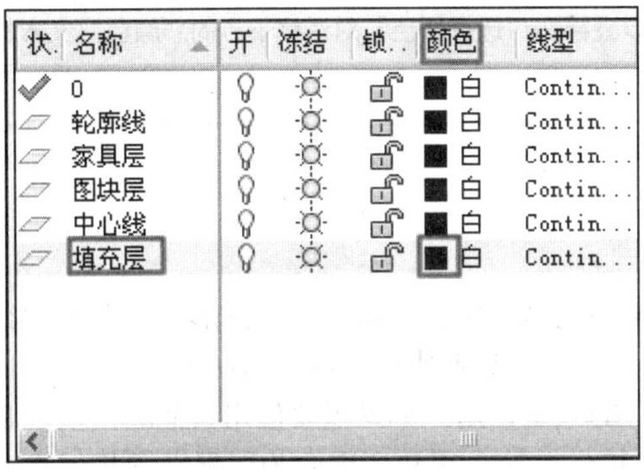


图2-57

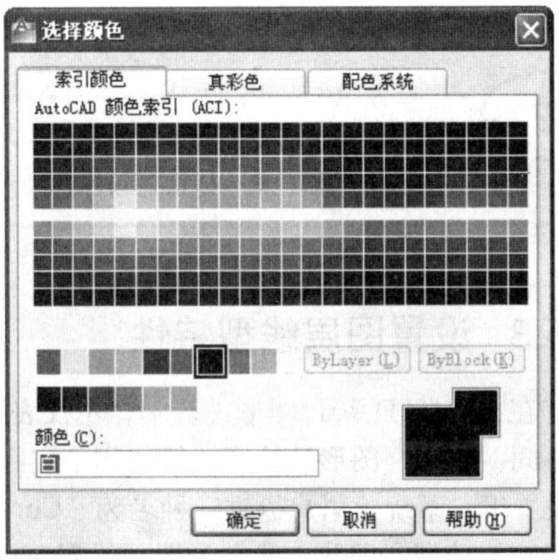


图2-58

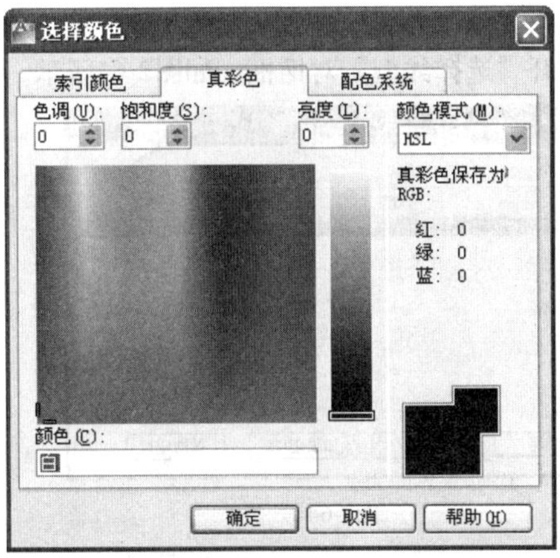


图2-59

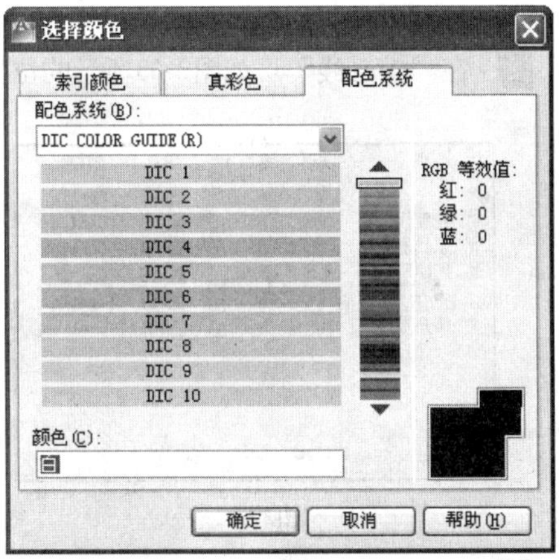


图2-60

**3** 在“选择颜色”对话框中单击“索引颜色”选项卡，进入该颜色系统，将光标移动到颜色表中如图2-61所示的颜色上单击左键，即可选择该颜色。

**4** 单击[确定]按钮，确认并关闭“选择颜色”对话框，此时为“填充层”设置了一种土黄色的颜色特性，如图2-62所示。

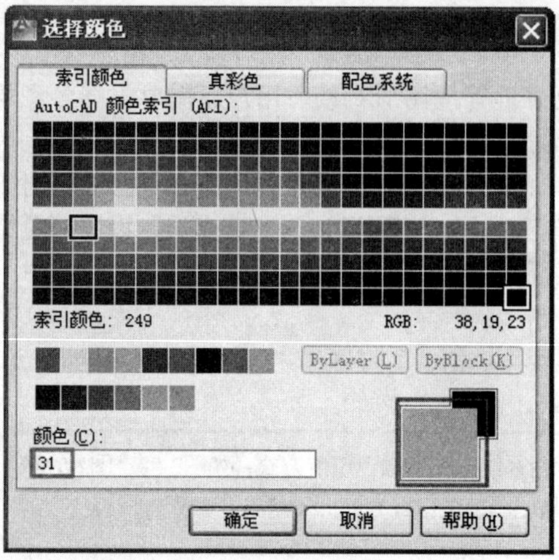


图2-61

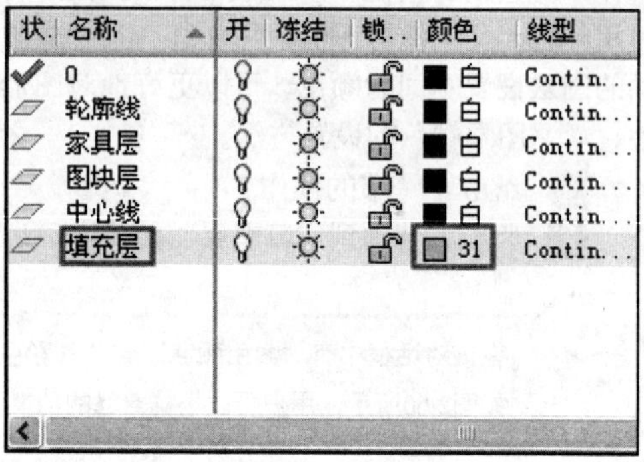


图2-62

**TIP** 除了直接单击颜色块设置颜色之外，用户也可以直接在“选择颜色”对话框下方的“颜色”文本框中输入一个颜色值，以设置颜色。

## 2.5.3 设置图层线型特性

在AutoCAD 2012图形设计中，不仅表示图形不同元素的颜色不同，表示图形不同元素的线型也不同，例如，图形外轮廓一般使用细实线，而图形内部轮廓则使用虚线。而在AutoCAD 2012默认设置下，系统为用户提供一种名为“Continuous”的线型，用户如果需要使用其他的线型，必须加载其他线型。因此，除了为图层设置不同的颜色特性之外，用户还需要为图层设置其他线型特性。下面通过为“中心线”层设置线型，学习图层线型的设置方法。

1. 继续上一节的操作。
2. 在“中心线”层如图2-63所示的位置单击，打开“选择线型”对话框，如图2-64所示。

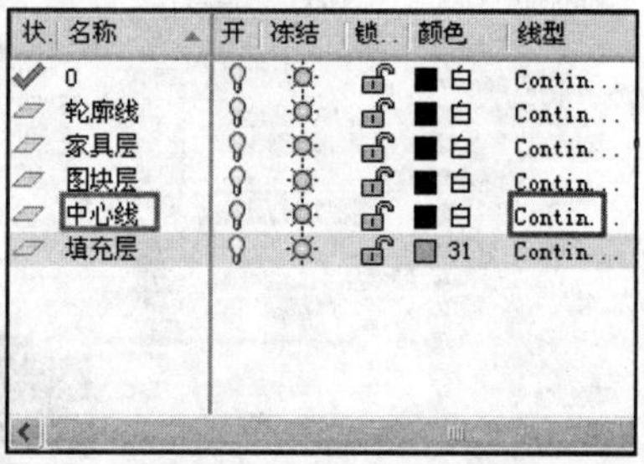


图2-63

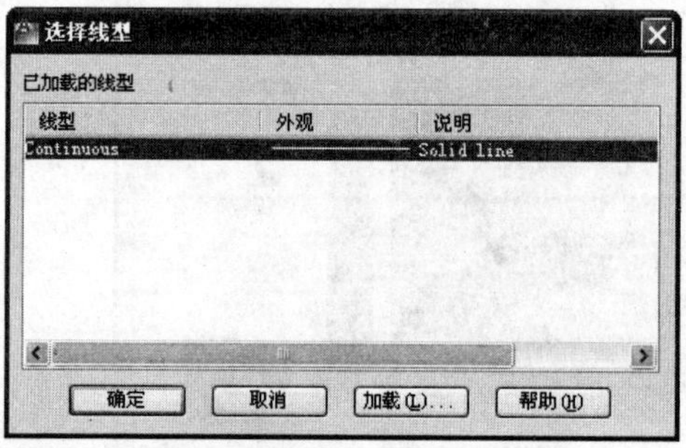


图2-64

3. 单击 加载(L)... 按钮，打开“加载或重载线型”对话框，在其中选择“ACAD ISO04W100”线型，如图2-65所示。
4. 单击 确定 按钮，结果选择的线型被加载到“选择线型”对话框内，如图2-66所示。
5. 选择刚加载的线型，然后单击 确定 按钮，结果此线型被附加给当前被选择的“中心线”图层，如图2-67所示。

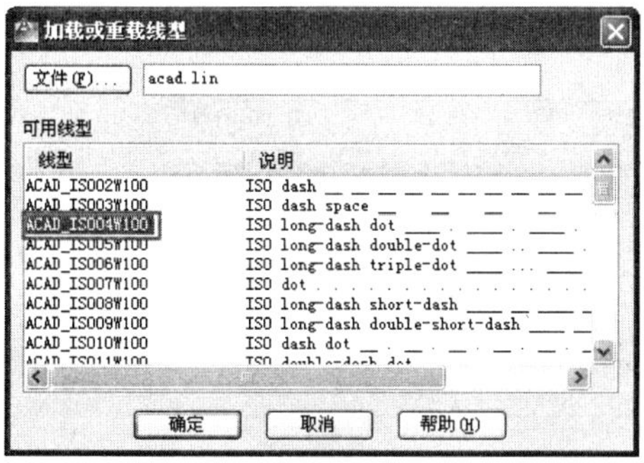


图2-65

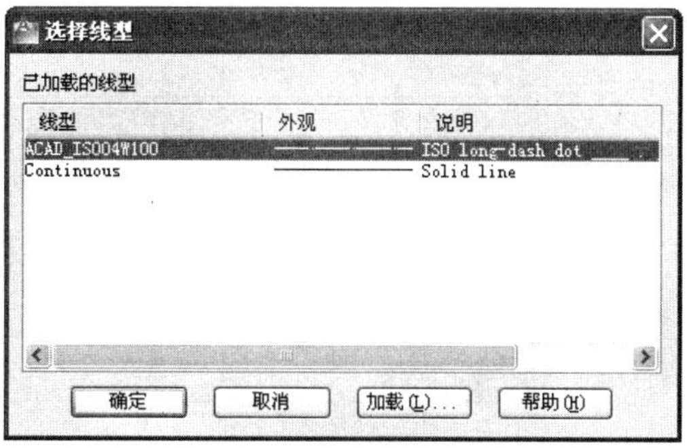


图2-66

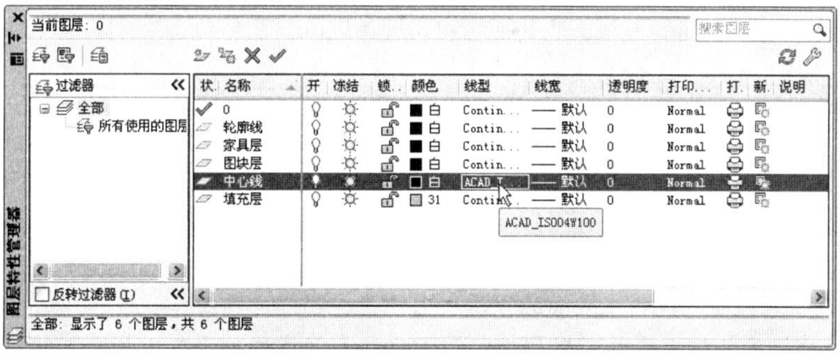


图2-67

**6** 用户可以使用相同的方法，为其他图层设置不同的线型。

## 2.5.4 设置图层线宽特性

除了设置图层颜色特性、线型特性之外，用户还需要设置图层的线宽特性，下面通过为“轮廓线”层设置线宽，继续学习图层线宽特性的设置方法。

**1** 继续上一节的操作。

**2** 在“图层特性管理器”面板中的“轮廓线”图层如图2-68所示的线宽位置上单击左键。

**3** 此时打开“线宽”对话框，在其中选择“0.30mm”的线宽，如图2-69所示。

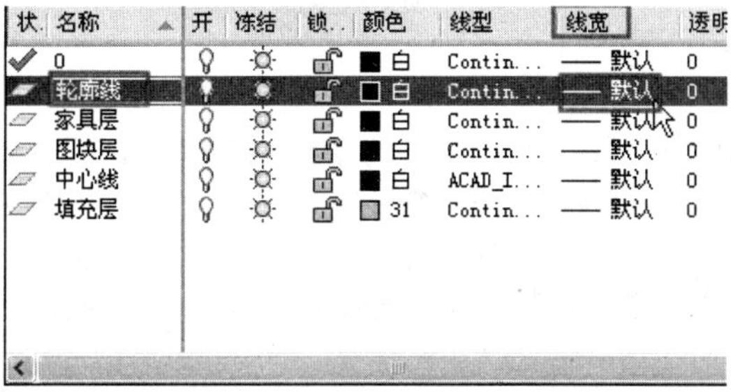


图2-68

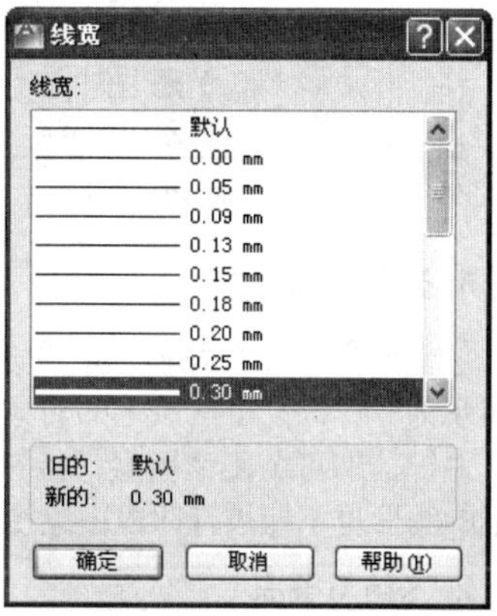


图2-69

**4** 单击 确定 按钮返回“图层特性管理器”面板，结果“轮廓线”层的线宽被设置为“0.3mm”，如图2-70所示。

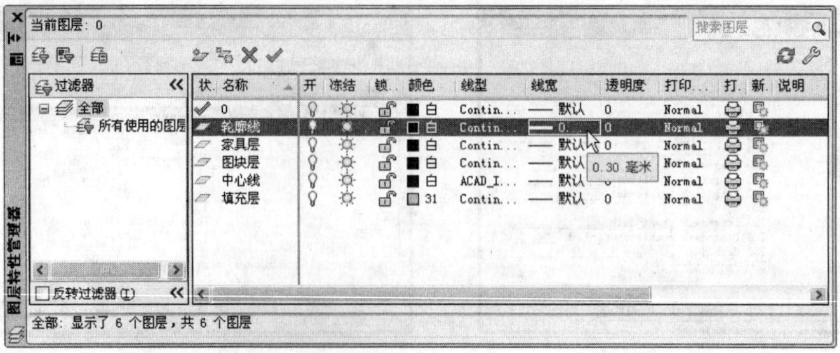


图2-70

**5** 用户可以使用相同的方法，为其他图层设置不同的线宽特性。

## 2.5.5 管理图层

在“图层特性管理器”面板中，除了可以设置图层的颜色特性、图层线型特性、图层线宽特性之外，使用图层的状态控制功能，还可以对复杂图形进行规划管理和状态控制等，具体包括开关、冻结与解冻、锁定与解锁等。

启用图层的状态控制功能，主要有以下两种方式。

- 在“图层”工具栏上展开“图层控制”下拉列表，然后单击各图层左端的控制按钮，如图2-71所示。
- 在“图层特性管理器”面板中选择要操作的图层，然后单击相应控制按钮，如图2-72所示。

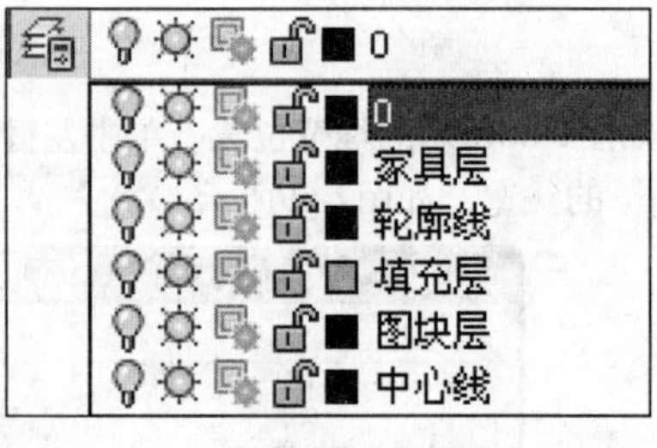


图2-71

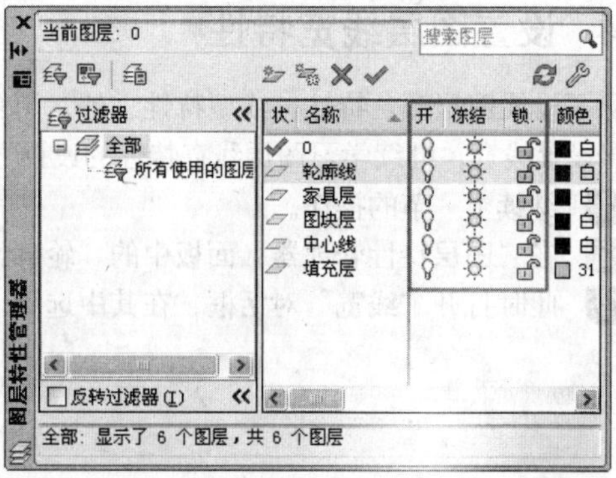


图2-72

### 1. 开关控制功能

/按钮用于控制图层的开关状态。默认状态下的图层均为打开的图层，按钮显示为。当按钮显示为时，位于图层上的对象都是可见的，并且可在该层上进行绘图和修改操作。在按钮上单击左键，即可关闭该图层，按钮显示为（按钮变暗），此时图层上的所有图形对象被隐藏，该层上的图形也不能被打印或由绘图仪输出，但重新生成图形时，图层上的实体仍将重新生成。

### 2. 冻结与解冻

/按钮用于在所有视图窗口中冻结或解冻图层。默认状态下图层是被解冻的，按钮显示为；在该按钮上单击左键，按钮显示为，位于该层上的内容不能在屏幕上显示或由绘图仪输出，不能进行重生成、消隐、渲染和打印等操作。

关闭与冻结的图层都是不可见和不可以输出的。但被冻结图层不参加运算处理，可以加快视图缩放、视图平移和许多其他操作的处理速度，增强对象选择的性能并减少复杂图形的重生成时间。建议冻结长时间不用看到的图层。

TIP 另外，按钮的功能与上一个相同，用于冻结或解冻当前视口中的图形对象，不过它在模型空间内是不可用的，只能在图纸空间内使用此功能。

### 3. 锁定与解锁

/按钮用于锁定图层或解锁图层。默认状态下图层是解锁的，按钮显示为，在此按钮上单击，图层被锁定，按钮显示为，用户只能观察该层上的图形，不能对其编辑和修改，但该层上的图形仍可以显示和输出。

另外，当前图层不能被冻结，但可以被关闭和锁定。

第3章

# 绘图基础——点与线

在AutoCAD 2012中，点与线是构成一切图形的基本元素，一切复杂的图形一般都是由点、线、面或一些闭合图元共同拼接组合构成的，掌握点、线基本图元的绘制方法，对AutoCAD初级读者来说非常重要，本章就来学习点、线图元的相关知识和绘制技能。

## 3.1 绘制点与等分点

这一节主要学习“点样式”、“单点”、“多点”、“定数等分”和“定距等分”等命令，掌握绘制点以及设置点样式的相关知识。

### 3.1.1 绘制单点

“单点”命令用于绘制单个的点对象，执行一次命令，仅可以绘制一个点。执行“单点”命令主要有以下几种方式。

- 执行菜单栏中的“绘图”|“点”|“单点”命令。
- 在命令行输入Point后按Enter键。
- 使用命令简写PO。

执行“单点”命令后，在命令行“指定点:”提示下，在绘图区单击，或输入点坐标以绘制单点，默认设置下，所绘制的点以一个小点进行显示，如图3-1所示。

图3-1

### 3.1.2 设置点样式

由于默认模式下的点是以一个小点显示，如果该点处在某轮廓线上，那么将会看不到点，为此，AutoCAD为用户提供了选择点的显样样式、设置点大小的相关命令，用户可以根据需要设置点的显示样式。

1. 执行菜单栏中的“格式”|“点样式”命令，或在命令行输入Ddptype并按Enter键，打开如图3-2所示的“点样式”对话框。
2. 在“点样式”对话框中共有20种点样式，在所需样式上单击，即可将此样式设置为当前点样式，例如单击⊠将其设置为当前点样式。
3. 在“点大小”文本框中输入点的大小尺寸。其中，“相对于屏幕设置大小”单选按钮表示按照屏幕尺寸的百分比显示点；“按绝对单位设置大小”选项表示按照点的实际尺寸来显示点。

**4** 单击 确定 按钮，结果绘图区的点被更新，如图3-3所示。

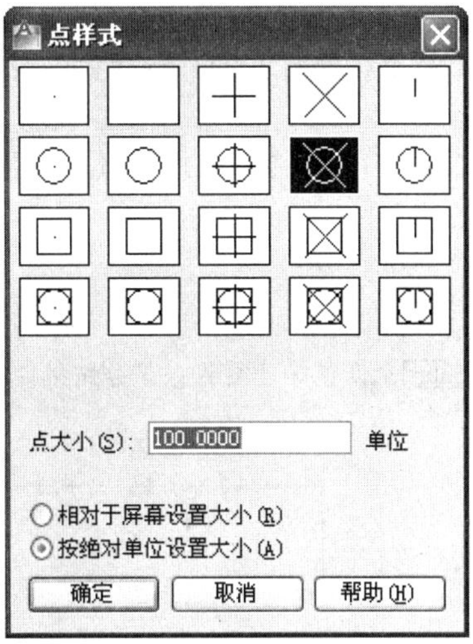


图3-2

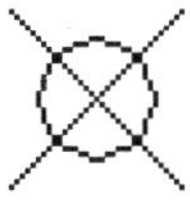

图3-3

## 3.1.3 绘制多个点

“多点”命令用于连续地绘制多个点对象，直到按下Esc键结束命令为止。执行“多点”命令主要有以下几种方式。

- 执行菜单栏中的“绘图”|“点”|“多点”命令。
- 单击“绘图”工具栏或面板上的“多点”按钮。

执行“多点”命令后，AutoCAD系统提示如下。

```
命令: Point
    当前点模式: PDMODE=0  PDSIZE=0.0000
    指定点:                        //在绘图区单击绘制点
命令: Point
    当前点模式: PDMODE=0  PDSIZE=0.0000
    指定点:                        //继续在绘图区单击绘制点
    … …
    指定点:                        //按键盘上的Esc键结束操作
```

## 3.1.4 绘制定数等分点

“定数等分”命令用于按照指定的等分数目进行等分对象，对象被等分的结果仅仅是在等分点处放置了点的标记符号，而源对象并没有被等分为多个对象。

执行“定数等分”命令主要有以下几种方式。

- 执行菜单栏中的“绘图”|“点”|“定数等分”命令。
- 在命令行输入Divide后按Enter键。
- 单击功能区“常用”选项卡\“绘图”面板上的按钮。
- 使用命令简写DVI。

下面通过将某线段进行五等分，学习“定数等分”命令的使用方法和操作技巧。

1 打开随书光盘中的文件“素材文件”\“第3章”\“等分点示例.dwg”，这是一个由直线组成的水平边长为200、垂直边长为50的长方形，如图3-4所示。

2 执行菜单栏中的“格式”|“点样式”命令，在打开的“点样式”对话框中选择点样式为⊠。

3 执行菜单栏中的“绘图”|“点”|“定数等分”命令，使用点将上水平线段五等分，命令行操作如下。

```
命令: _divide
    选择要定数等分的对象:        //单击矩形上水平边
    输入线段数目或 [块(B)]:      //5 Enter，设置等分数目，等分结果如图3-5所示
```

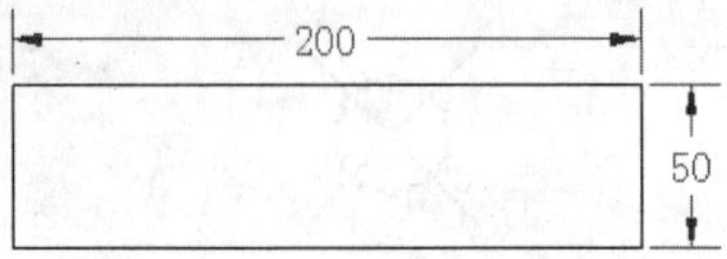


图3-4

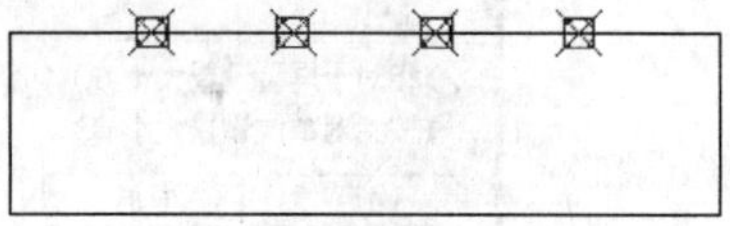

图3-5

TIP 在对使用“矩形”命令绘制的矩形的边进行等分时，必须首先使用“分解”命令将矩形分解。另外，在等分对象时，命令行中的“块”选项用于在对象等分点处放置内部图块，以代替点标记。在执行此选项时，必须确保当前文件中存在所需使用的内部图块。

## 3.1.5 绘制定距等分点

“定距等分”命令用于按照指定的等分距离等分对象。执行“定距等分”命令主要有以下几种方式。

- 执行菜单栏中的“绘图”|“点”|“定距等分”命令。
- 在命令行输入Measure后按Enter键。
- 单击功能区“常用”选项卡\“绘图”面板上的按钮。
- 使用命令简写ME。

下面通过将矩形下水平边隔50个单位的距离进行等分，学习“定距等分”命令的使用方法和操作技巧。

1 继续上一节实例的操作。

2 执行菜单栏中的“绘图”|“点”|“定距等分”命令，对矩形的下水平边进行定距等分，命令行操作如下。

```
命令: _measure
    选择要定距等分的对象:        //在矩形下水平边的左端单击
    指定线段长度或 [块(B)]:      //50 Enter，设置等分距离，等分结果如图3-6所示
```

TIP 在使用“定距等分”命令等分对象时，单击的位置不同，等分结果也不同，例如在上例的操作中，如果在命令行“选择要定距等分的对象:”提示下，在矩形下水边的右端单击，则系统会由右向左进行等分，如图3-7所示。另外，无论是定点等分还是定距等分，其等分的结果仅仅是在等分点处放置了点的标记符号，而源对象并没有被等分为多个对象。

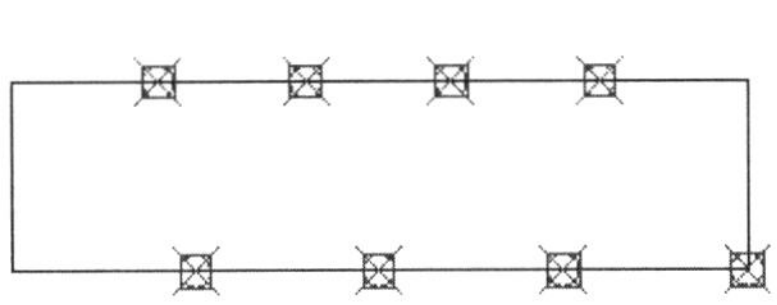

图3-6

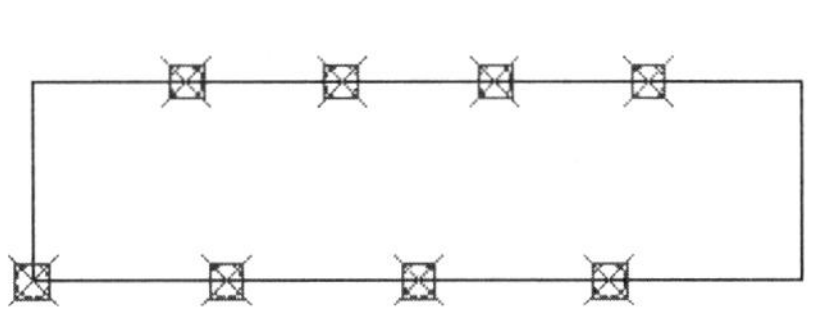

图3-7

## 3.2 点的应用实例——为吊顶图布置射灯

上一节主要学习了点的绘制和点样式的设置等相关知识，这一节通过为某户型吊顶图布置射灯的实例，对以上知识进行巩固练习，具体操作步骤如下。

**1** 打开随书光盘中的文件“素材文件”\“第3章”\“吊顶图.dwg”，如图3-8所示，这是一幅没有绘制完的吊顶图。

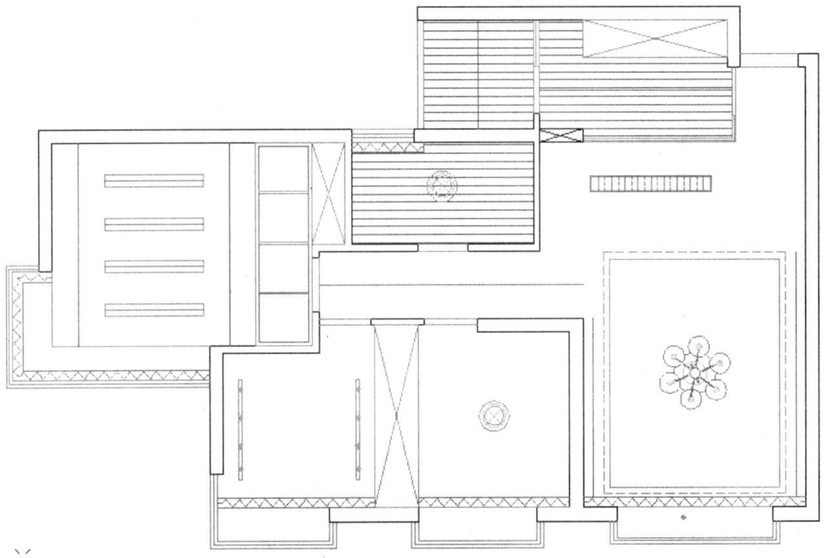

图3-8

**2** 下面来为该吊顶图布置射灯灯具。在“图层控制”下拉列表中将“灯具层”设置为当前层，然后依照第2章所学的捕捉设置知识，设置“中点”捕捉模式，并启用“对象捕捉”功能。

**3** 下面设置左上角的主卧射灯。执行菜单栏中的“格式”|“点样式”命令，在打开的“点样式”对话框中选择⊠点标记，并设置“点大小”为100单位、选中“按绝对单位设置大小”单选按钮，如图3-9所示。

**4** 单击 确定 按钮关闭该对话框，然后执行菜单栏中的“绘图”|“点”|“定数等分”命令，命令行操作如下。

```
命令: _divide
    选择要定数等分的对象:        //单击如图3-10所示的垂直灯具辅助线
    输入线段数目或 [块(B)]:      //4 Enter，结果如图3-11所示
```

命令: //Enter，重复执行“定距等分”命令

DIVIDE

选择要定数等分的对象: //单击如图3-12所示的垂直灯具辅助线

输入线段数目或 [块(B)]: //4 Enter，结果如图3-13所示

命令: //Enter，重复执行“定距等分”命令

DIVIDE

选择要定数等分的对象: //单击如图3-14所示的水平灯具辅助线

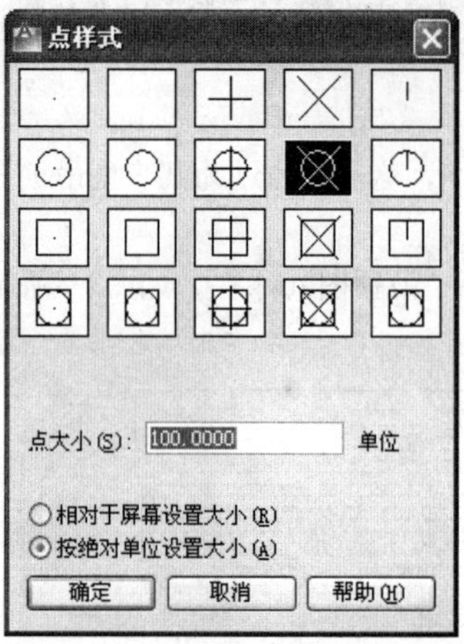


图3-9

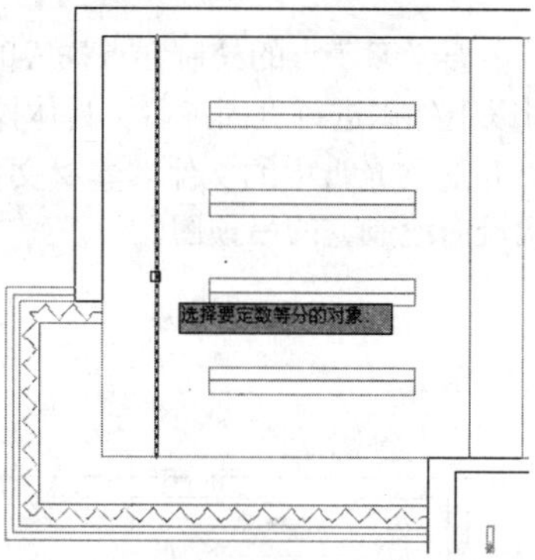


图3-10

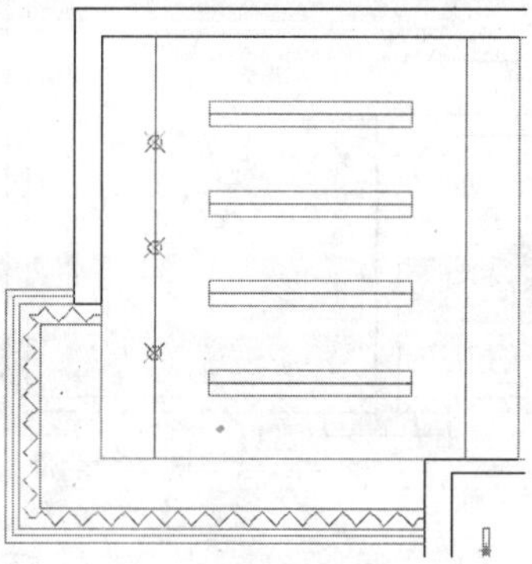

图3-11

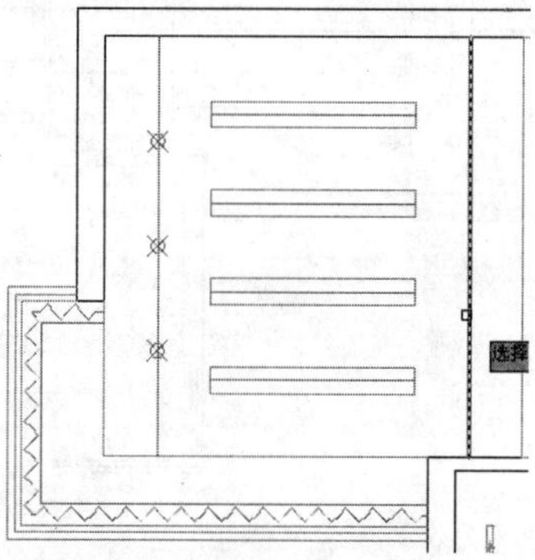

图3-12

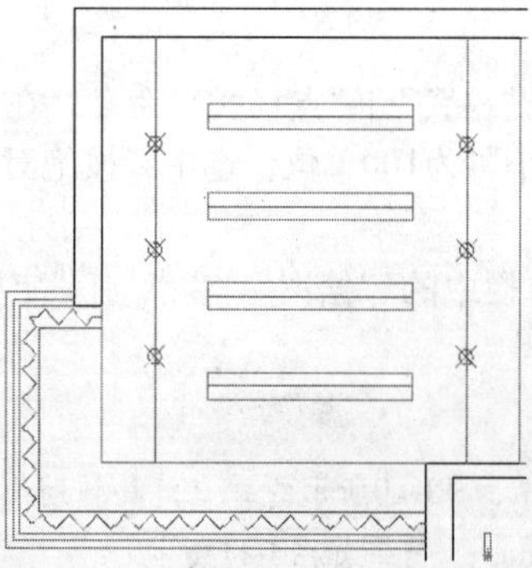

图3-13

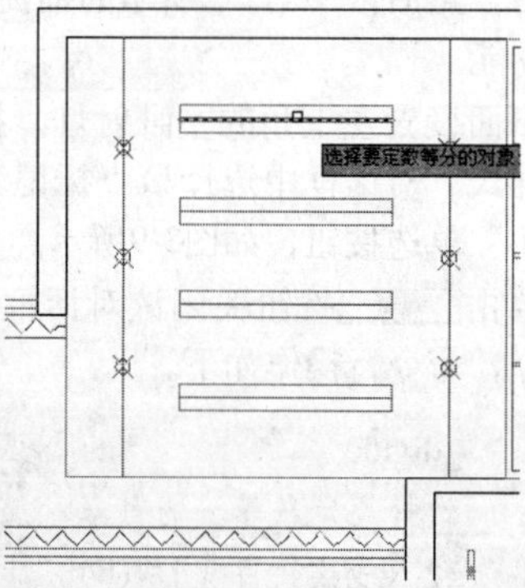


图3-14

输入线段数目或 [块(B)]:　　//3 Enter，结果如图3-15所示

**5** 依照相同的方法，继续将主卧中的其他水平灯具辅助线等分为3段，以添加射灯，结果如图3-16所示。

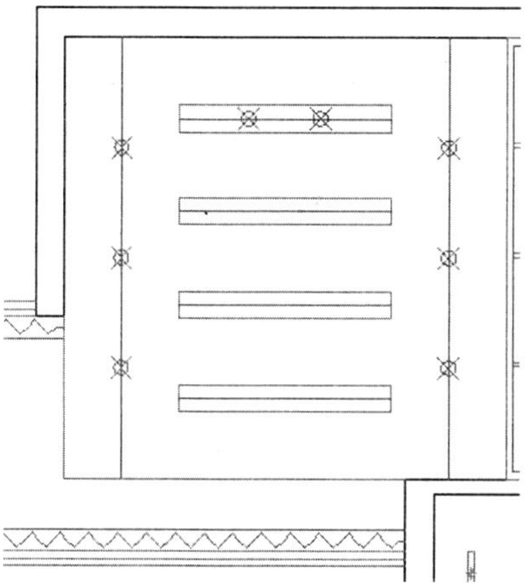

图3-15

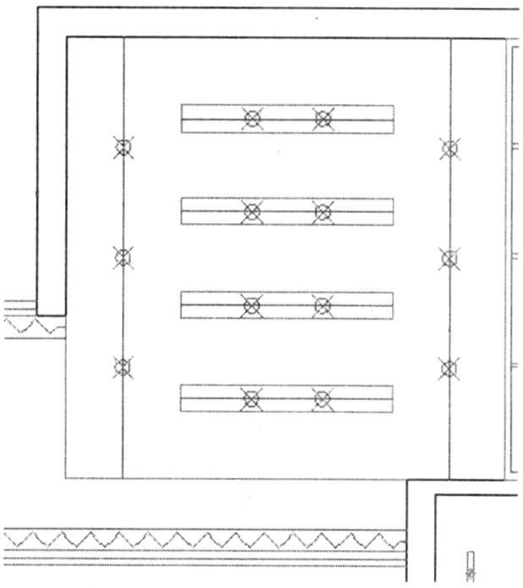

图3-16

**6** 下面继续为右下角的客厅房间添加射灯灯具。执行菜单栏中的“绘图”|“点”|“定数等分”命令，命令行操作如下。

命令: _divide
　　选择要定数等分的对象:　　//选择如图3-17所示的灯具辅助线
　　输入线段数目或 [块(B)]:　　//6 Enter，设置等分数目，结果如图3-18所示

图3-17

图3-18

命令:　　//Enter，重复执行命令
　　DIVIDE
　　选择要定数等分的对象:　　//选择如图3-19所示的灯具辅助线
　　输入线段数目或 [块(B)]:　　//4 Enter，设置等分数目，结果如图3-20所示

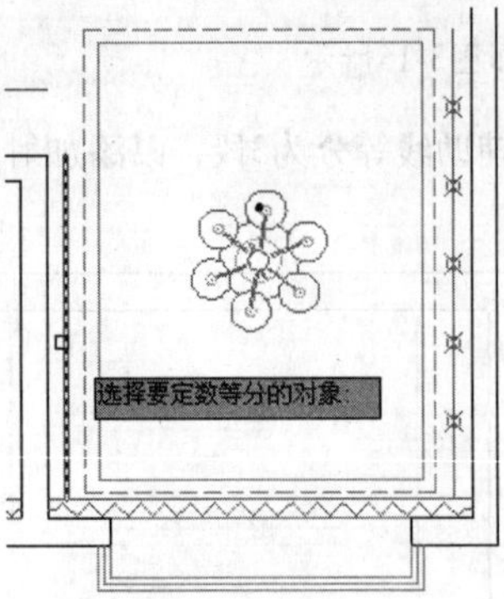


图3-19

图3-20

**7** 下面继续为过道、厨房和储藏间设置射灯灯具。再次按Enter键重复执行“定距等分”命令，命令行操作如下。

```
命令:                          // Enter, 重复执行命令
    DIVIDE
    选择要定数等分的对象:        //选择如图3-21所示的过道灯具辅助线
    输入线段数目或 [块(B)]:      //6 Enter, 设置等分数目, 结果如图3-22所示
```

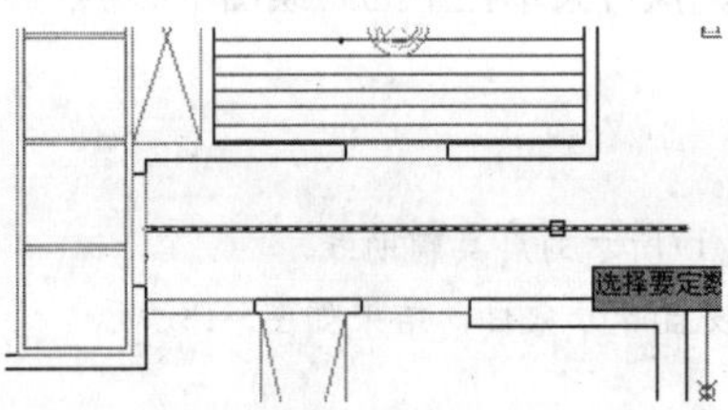


图3-21

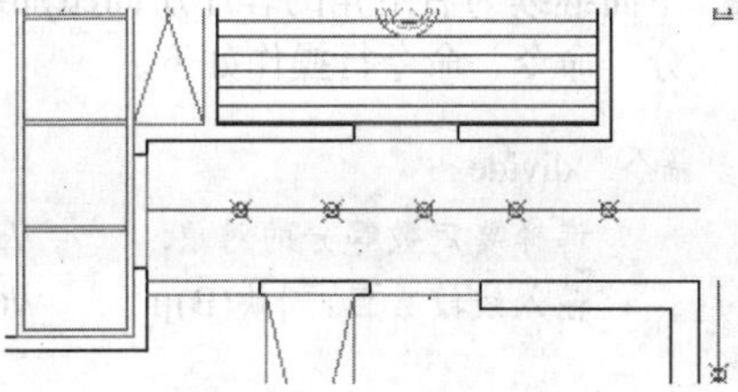

图3-22

```
命令:                          // Enter, 重复执行命令
    DIVIDE
    选择要定数等分的对象:        //选择如图3-23所示的厨房灯具辅助线
    输入线段数目或 [块(B)]:      //5 Enter, 设置等分数目, 结果如图3-24所示
```

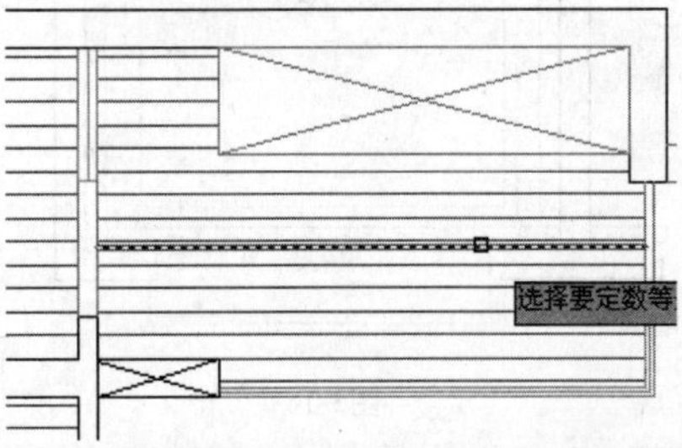


图3-23

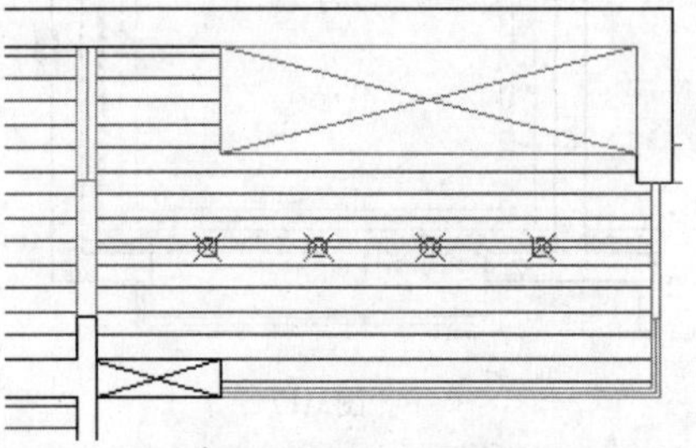

图3-24

```
命令:                          // Enter, 重复执行命令
    DIVIDE
    选择要定数等分的对象:        //选择如图3-25所示的储藏间灯具辅助线
    输入线段数目或 [块(B)]:      //3 Enter, 设置等分数目, 结果如图3-26所示
```

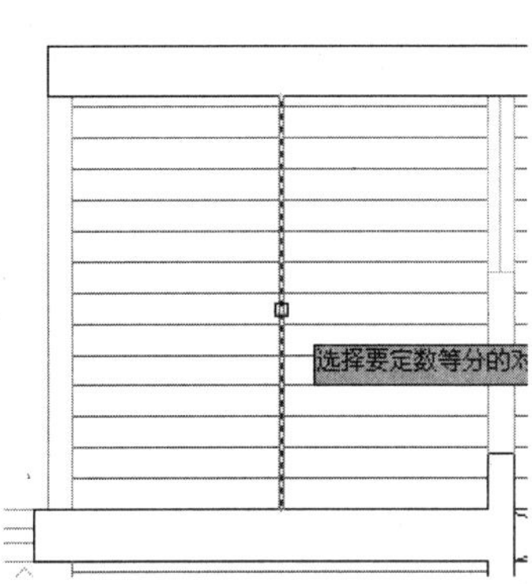

图3-25

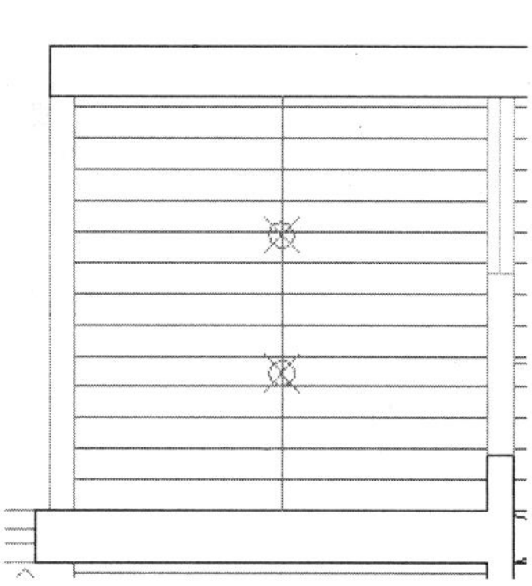

图3-26

**8** 下面使用“多点”命令设置餐厅位置的射灯。执行菜单栏中的“绘图”|“点”|“多点”命令，在命令行“指定点:”提示下，分别捕捉餐厅吊顶灯具中如图3-27所示的定位线1~9的中点，在此设置点，结果如图3-28所示。

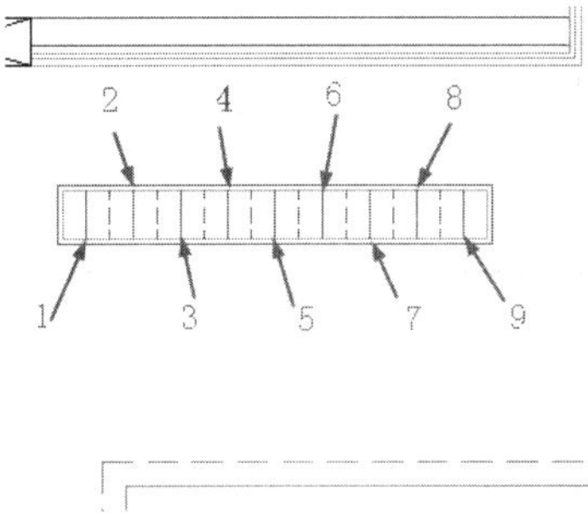


图3-27

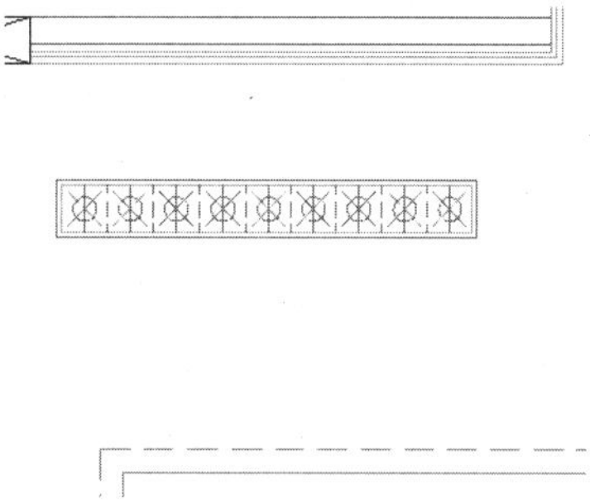

图3-28

**9** 使用命令简写E激活“删除”命令，删除吊顶图中的多元灯具定位辅助线，然后在“图层控制”下拉列表中取消“尺寸层”和“文本层”的隐藏，完成灯具图射灯的布置，结果如图3-29所示。

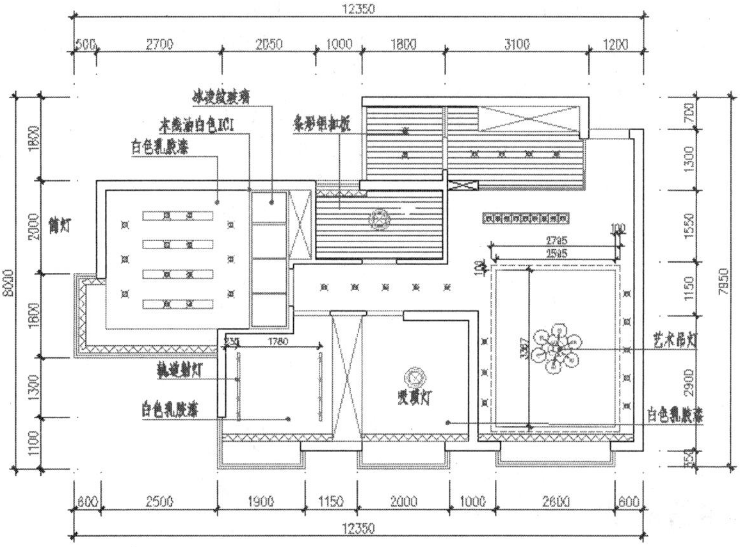


图3-29

**10** 执行“另存为”命令，将该图形存储为“吊顶图A.dwg”文件。

# 3.3 多线与多线样式的设置

本节主要学习“多线”、“多线样式”和“多线编辑”三个命令，以绘制、设置和编辑多线。

## 3.3.1 绘制多线

“多线”命令用于绘制两条或两条以上的平行线元素构成的复合对象，并且平行线元素的线型、颜色及间距都是可以设置的。执行“多线”命令主要有以下几种方式。

- 执行菜单栏中的“绘图”|“多线”命令。
- 在命令行输入Mline后按Enter键。
- 使用命令简写ML。

在默认设置下，所绘制的多线是由两条平行元素构成的，当激活“多线”命令后，在命令行“指定起点或[对正(J)/比例(S)/样式(ST)]:”提示下，在绘图区拾取一点定位多线的起点，继续在命令行“指定下一点或[放弃(U)]:”提示下，将光标移动到合适位置单击，或直接输入多线下一点的坐标，即可绘制多线，如图3-30所示。

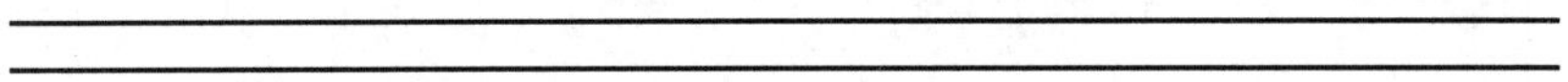

图3-30

激活“多线”命令后，命令行包括如下设置。

- “比例”选项：设置多线的比例，当激活该选项后，可以根据需要设置多线比例，以绘制不同比例的多线，默认比例为20。
- “对正”选项：设置多线的对正方式，AutoCAD共提供了三种对正方式，即上对正、下对正和中心对正，如图3-31所示。如果当前多线的对正方式不符合用户要求的话，可在命令行中输入J，激活该选项，命令行出现“输入对正类型[上(T)/无(Z)/下(B)]<上>:”提示，提示用户输入多线的对正方式。
- “样式”选项：激活该选项，选择一种以保存的多线样式。

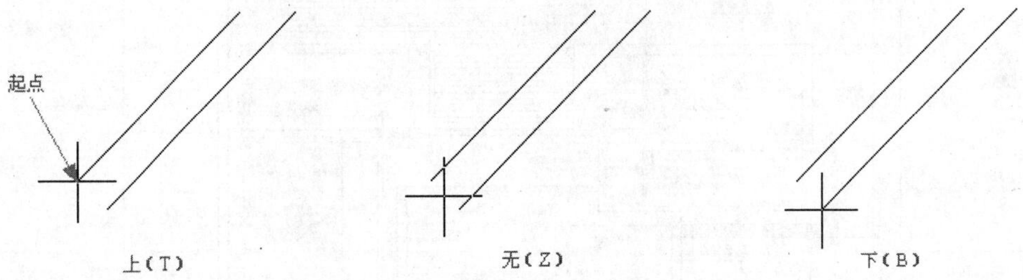


图3-31

## 3.3.2 设置多线样式

默认多线样式只能绘制由两条平行元素构成的多线，如果需要绘制其他样式的多线时，可以使用“多线样式”命令进行设置。

1 执行菜单栏中的“绘图”|“格式”|“多线样式”命令，或使用命令表达式Mlstyle激活“多线样式”命令，打开“多线样式”对话框，如图3-32所示。

2 单击“多线样式”对话框中的 新建(N)... 按钮，在打开的“创建新的多线样式”对话框中为新样式名称，例如命名为“sty01”，如图3-33所示。

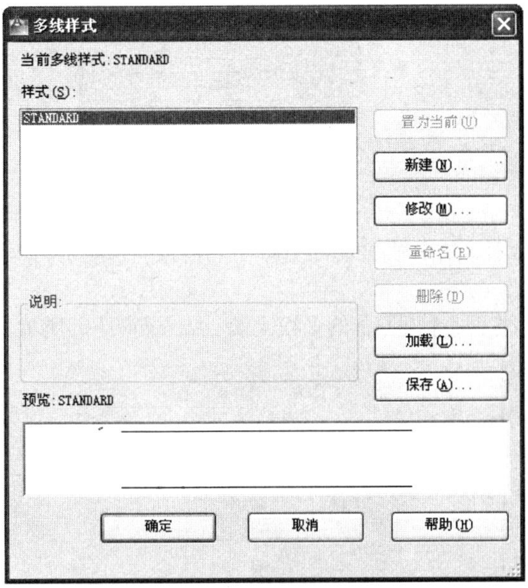


图3-32

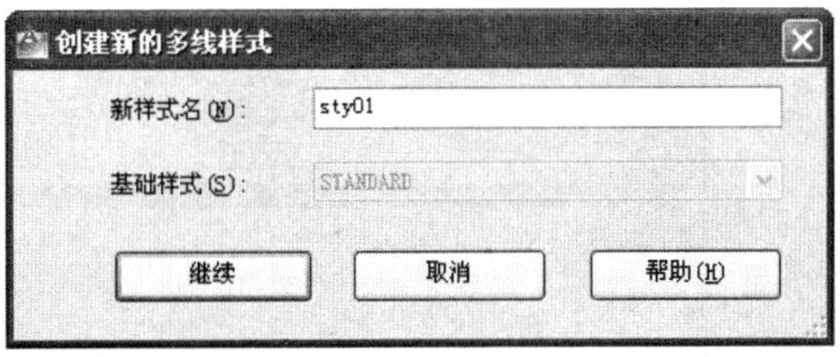


图3-33

3 单击 继续 按钮，打开如图3-34所示的“新建多线样式”对话框。

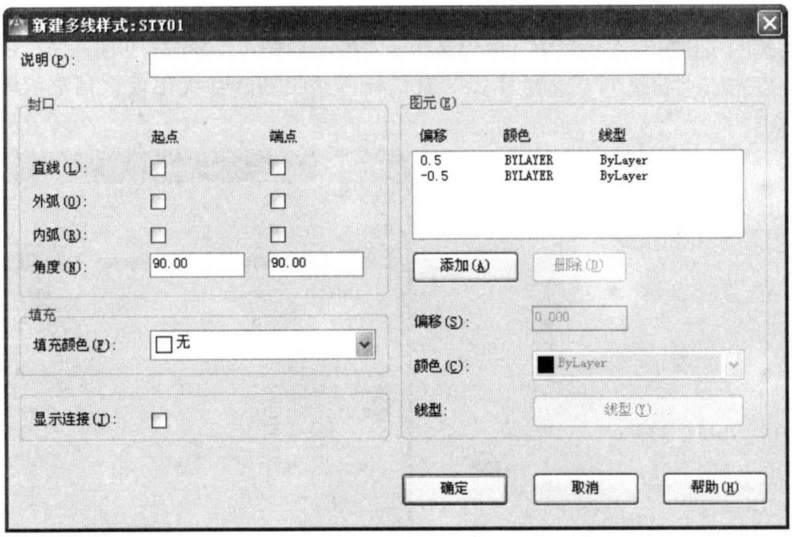


图3-34

4 在“封口”选项组中根据需要设置多线封口形式。

5 单击“图元”选项组中的 添加(A) 按钮，即可添加一个0号元素，然后设置该元素的颜色，例如设置颜色为红色，如图3-35所示。

6 单击 线型(Y)... 按钮，在打开的“选择线型”对话框中单击 加载(L)... 按钮，打开“加载或重载线型”对话框，为新元素选择线型，如图3-36所示。

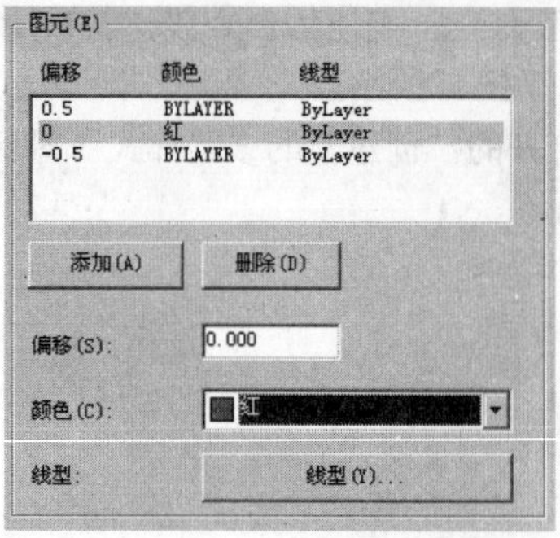


图3-35

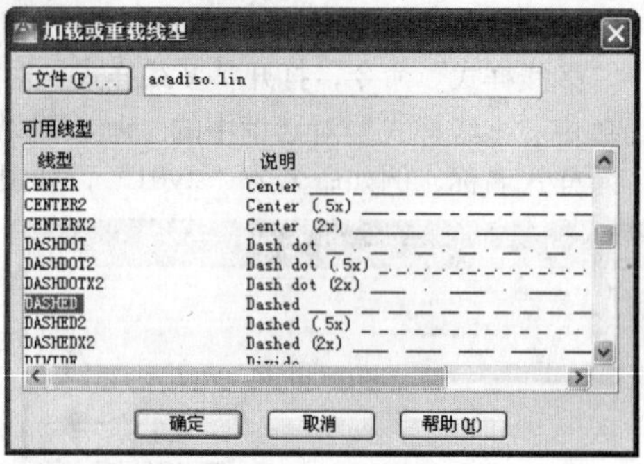


图3-36

**7** 单击确定按钮，回到“选择线型”对话框，结果被加载的线型出现在该对话框内，如图3-37所示。

**8** 选择加载的线型，单击确定按钮，将此线型赋予刚添加的多线元素，结果如图3-38所示。

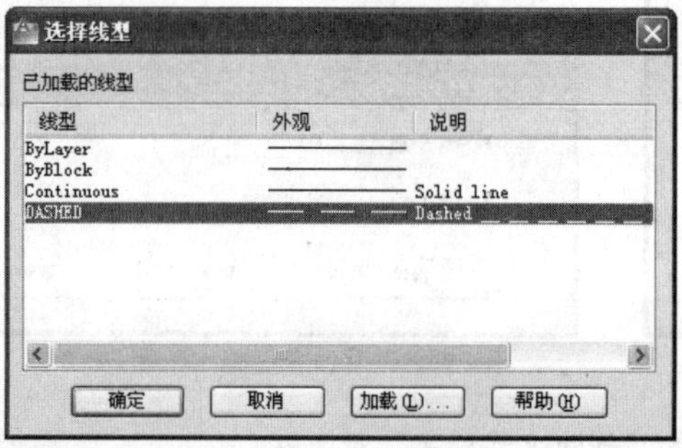


图3-37

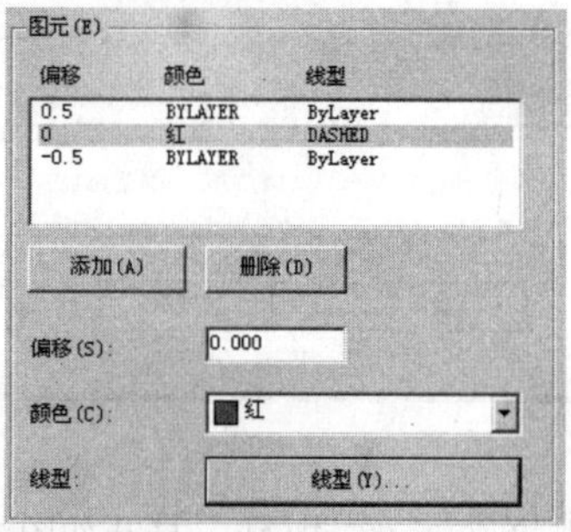


图3-38

**9** 在左侧的“封口”选项组中，设置多线两端的封口形式，如图3-39所示。

**10** 单击确定按钮返回“多线样式”对话框，结果新线样式出现在预览框中，如图3-40所示。

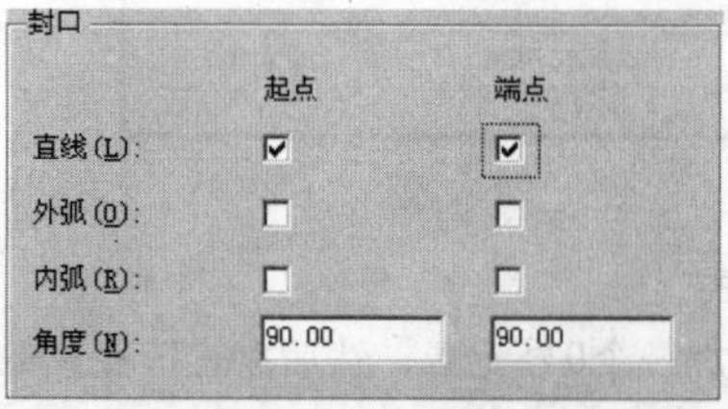


图3-39

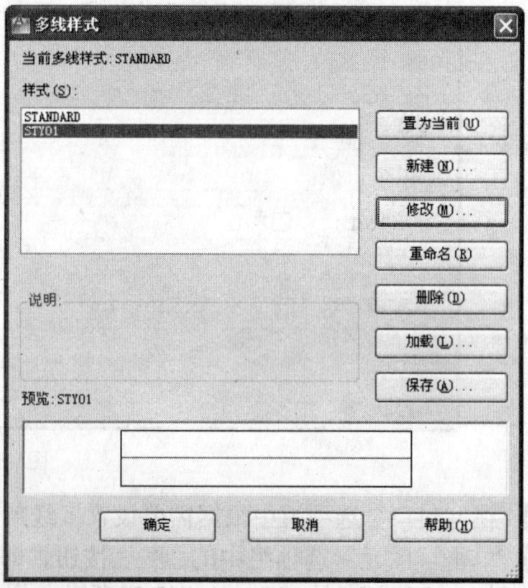


图3-40

**11** 在“多线样式”对话框中单击保存(A)...按钮，在打开的“保存多线样式”对话框中可以将新样式以“*.mln”的格式进行保存，如图3-41所示，以方便在其他文件中使用。

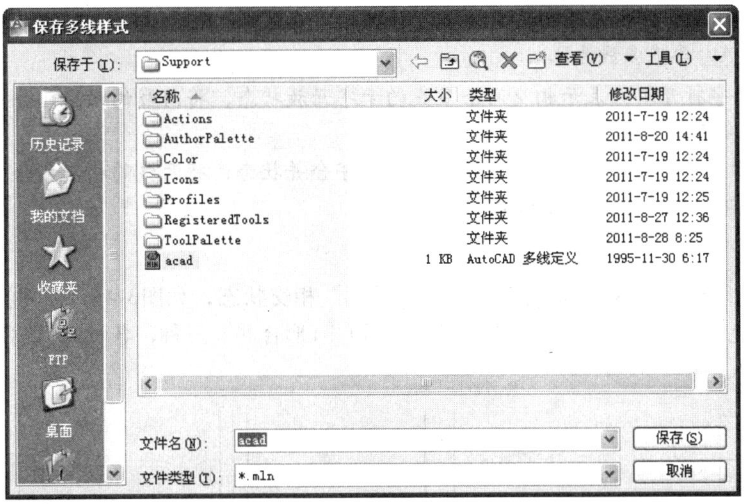


图3-41

**12** 执行“多线样式”命令，使用当前多线样式绘制一条水平多线，结果如图3-42所示。

图3-42

## 3.3.3 多线的编辑工具

“多线编辑工具”专用于控制和编辑多线的交叉点、断开多线和增加多线顶点等。执行菜单栏中的“修改”|“对象”|“多线”命令或在需要编辑的多线上双击左键，可打开如图3-43所示的“多线编辑工具”对话框，从该对话框中可以看出，AutoCAD共提供了4类12种编辑工具，具体如下。

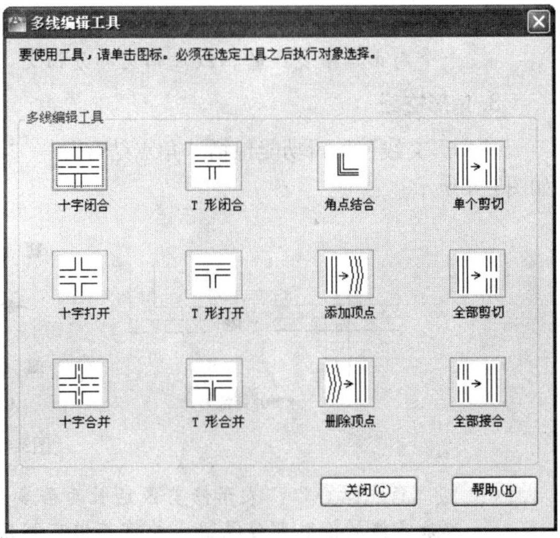


图3-43

### 1. 十字交线

所谓“十字交线”，指的是两条多线呈十字形交叉状态，如图3-44（左图）所示。此种状态下的编辑功能包括“十字闭合”、“十字打开”和“十字合并”三种，各种编辑效果如图3-44（右图）所示。

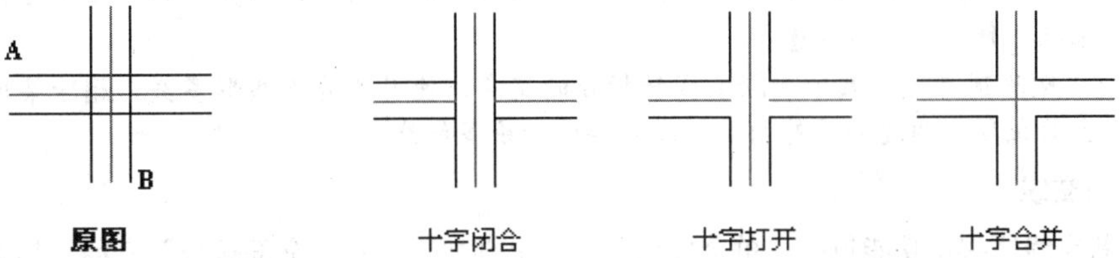


图3-44

- "十字闭合"：表示相交两条多线的十字封闭状态，AB分别代表选择多线的次序，水平多线为A，垂直多线为B。
- "十字打开"：表示相交两条多线的十字开放状态，将两线的相交部分全部断开，第一条多线的轴线在相交部分也要断开。
- "十字合并"：表示相交两条多线的十字合并状态，将两线的相交部分全部断开，但两条多线的轴线在相交部分相交。

### 2. T形交线

所谓"T形交线"，指的是两条多线呈"T形"相交状态，如图3-45（左图）所示。此种状态下的编辑功能包括"T形闭合"、"T形打开"和"T形合并"三种，各种编辑效果如图3-45（右图）所示。

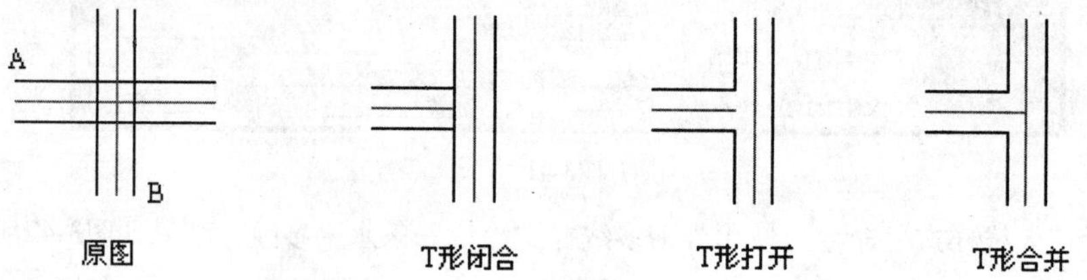


图3-45

- "T形闭合"：表示相交两条多线的T形封闭状态，将选择的第一条多线与第二条多线相交部分的修剪去掉，而第二条多线保持原样连通。
- "T形打开"：表示相交两条多线的T形开放状态，将两线的相交部分全部断开，但第一条多线的轴线在相交部分也断开。
- "T形合并"：表示相交两条多线的T形合并状态，将两线的相交部分全部断开，但第一条与第二条多线的轴线在相交部分相交。

### 3. 角形交线

"角形交线"编辑功能包括"角点结合"、"添加顶点"和"删除顶点"三种，其编辑的效果如图3-46所示。

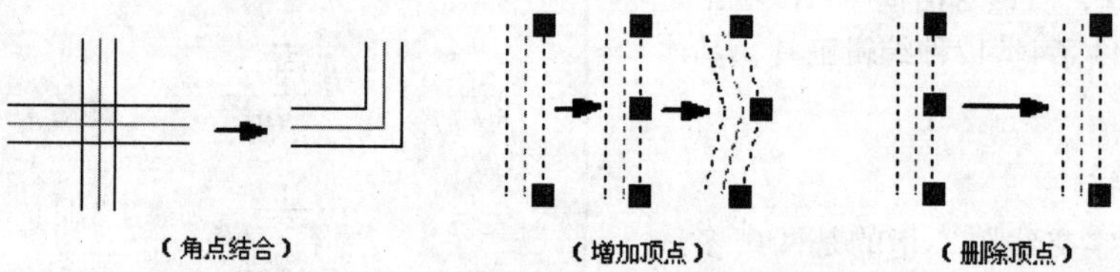


图3-46

- "角点结合"：表示修剪或延长两条多线直到它们接触形成一个相交角，将第一条和第二条多线的拾取部分保留，并将其相交部分全部断开剪去。
- "添加顶点"：表示在多线上产生一个顶点并显示出来，相当于打开显示连接开关，显示交点一样。
- "删除顶点"：表示删除多线转折处的交点，使其变为直线形多线。删除某顶点后，系统会将该顶点两边的另外两个顶点连接成一条多线线段。

### 4. 切断交线

"切断交线"编辑功能包括"单个剪切"、"全部剪切"和"全部接合"三种，其编辑的效果如图3-47所示。

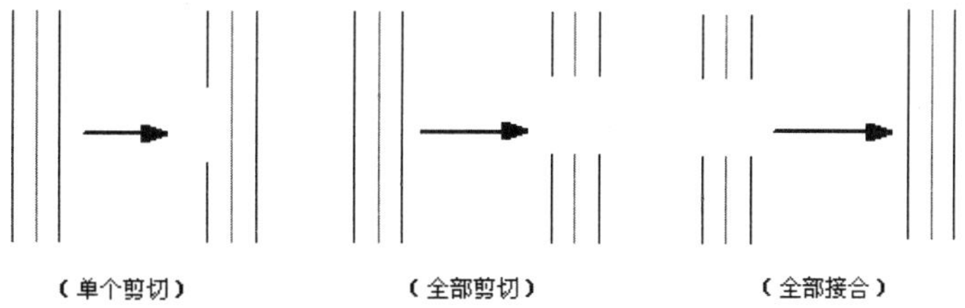


图3-47

- “单个剪切”：表示在多线中的某条线上拾取两个点从而断开此线。
- “全部剪切”：表示在多线上拾取两个点从而将此多线全部切断一截。
- “全部接合”：表示连接多线中的所有可见间断，但不能用来连接两条单独的多线。

# 3.4 多段线及其绘制方法

这一节主要学习“多段线”命令，以及绘制二维多段线的相关技巧。

## 3.4.1 绘制多段线

多段线指的是由一系列直线段或弧线段连接而成的一种特殊几何图元，此图元无论包括多少条直线元系或弧线元素，系统都将其看作单个对象。

“多段线”命令用于绘制二维多段线图元，所绘制的多段线可以具有宽度、可以闭合或不闭合，如图3-48所示。

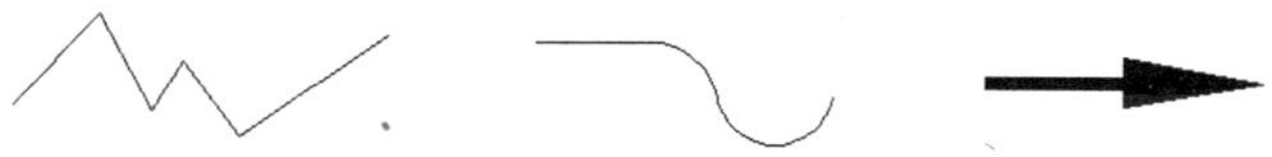

图3-48

执行“多段线”命令主要有以下几种方式。

- 执行菜单栏中的“绘图”|“多段线”命令。
- 单击“绘图”工具栏或面板上的“多段线”按钮。
- 在命令行输入Pline后按Enter键。
- 使用命令简写PL。

下面通过绘制一个圈椅轮廓图，学习“多段线”命令的使用方法，具体操作步骤如下。

1. 执行“新建”命令，新建一个公制单位的绘图文件。
2. 打开“对象捕捉”功能，并设置捕捉模式为“端点”、“中点”和“延伸”捕捉功能。
3. 执行菜单栏中的“视图”|“缩放”|“中心”命令，将视图高度调整为1200个单位。
4. 采用上述任意方式激活“多段线”命令，配合坐标输入功能绘制圈椅轮廓线，命令行操作如下。

```
命令: _pline
    指定起点:                    //在绘图区拾取一点作为起点
    当前线宽为 0.0000
    指定下一个点或 [圆弧(A)/半宽(H)/长度(L)/放弃(U)/宽度(W)]:        //@650<-90 Enter
```

指定下一点或 [圆弧(A)/闭合(C)/半宽(H)/长度(L)/放弃(U)/宽度(W)]: //A Enter

**TIP** 激活“圆弧”选项，可以将当前画线模式转换为画弧模式，以绘制弧线段。

指定圆弧的端点或[角度(A)/圆心(CE)/闭合(CL)/方向(D)/半宽(H)/直线(L)/半径(R)/第二个点(S)/放弃(U)/宽度(W)]: //S Enter，激活“第二个点”选项
指定圆弧上的第二个点: //@750,-170 Enter
指定圆弧的端点: //@750,170 Enter
指定圆弧的端点或[角度(A)/圆心(CE)/闭合(CL)/方向(D)/半宽(H)/直线(L)/半径(R)/第二个点(S)/放弃(U)/宽度(W)]: //L Enter，转入画线模式

**TIP** 激活“直线”选项，可以将当前画弧模式转换为画线模式，以绘制直线段。

指定下一点或 [圆弧(A)/闭合(C)/半宽(H)/长度(L)/放弃(U)/宽度(W)]: //@650<90 Enter
指定下一点或 [圆弧(A)/闭合(C)/半宽(H)/长度(L)/放弃(U)/宽度(W)]: //@-150,0 Enter
指定下一点或 [圆弧(A)/闭合(C)/半宽(H)/长度(L)/放弃(U)/宽度(W)]: //@0,-510 Enter
指定下一点或 [圆弧(A)/闭合(C)/半宽(H)/长度(L)/放弃(U)/宽度(W)]: //A Enter
指定圆弧的端点或[角度(A)/圆心(CE)/闭合(CL)/方向(D)/半宽(H)/直线(L)/半径(R)/第二个点(S)/放弃(U)/宽度(W)]: //S Enter
指定圆弧上的第二个点: //激活“捕捉自”功能
_from 基点: //捕捉如图3-49所示的圆弧中点
<偏移>: //@0,160 Enter
指定圆弧的端点: //激活“捕捉自”功能
_from 基点: //捕捉如图3-50所示的端点

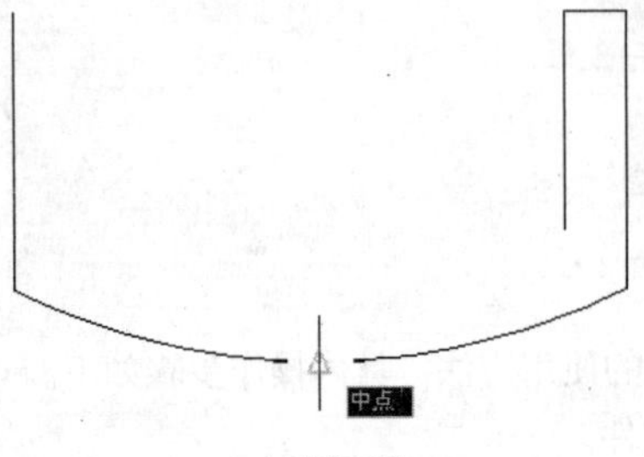


图3-49

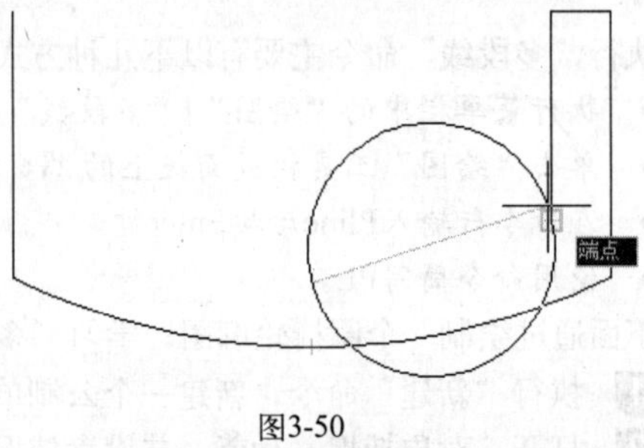


图3-50

<偏移>: //@-1200,0 Enter
指定圆弧的端点或[角度(A)/圆心(CE)/闭合(CL)/方向(D)/半宽(H)/直线(L)/半径(R)/第二个点(S)/放弃(U)/宽度(W)]: //L Enter，转入画线模式
指定下一点或 [圆弧(A)/闭合(C)/半宽(H)/长度(L)/放弃(U)/宽度(W)]: //@510<90 Enter
指定下一点或 [圆弧(A)/闭合(C)/半宽(H)/长度(L)/放弃(U)/宽度(W)]: //C Enter，闭合图形，绘制结果如图3-51所示

**5** 重复执行“多段线”命令，配合延伸捕捉功能绘制水平轮廓线，命令行操作如下。

命令: _pline

指定起点: //引出如图3-52所示的延伸矢量，输入50

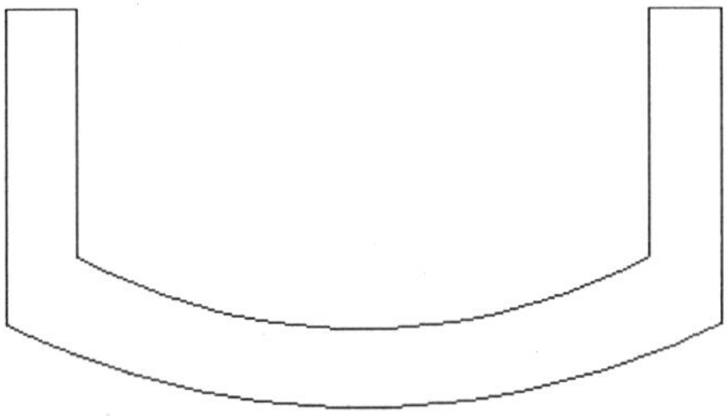

图3-51

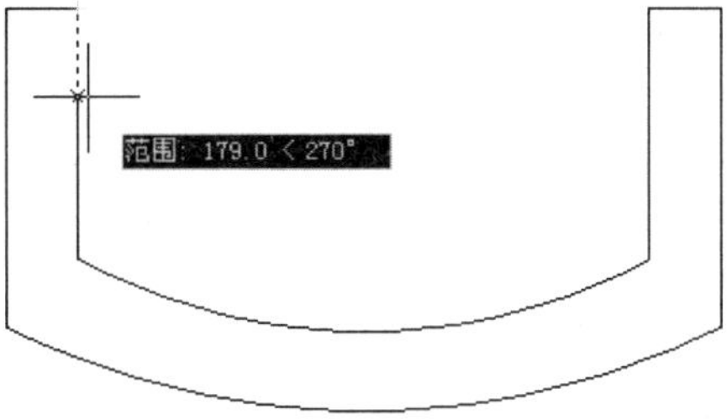


图3-52

当前线宽为 0.0

指定下一个点或 [圆弧(A)/半宽(H)/长度(L)/放弃(U)/宽度(W)]: //@1200,0 Enter

指定下一点或 [圆弧(A)/闭合(C)/半宽(H)/长度(L)/放弃(U)/宽度(W)]:

// Enter，结束命令，绘制结果如图3-53所示

**6** 重复执行“多段线”命令，配合“中点”捕捉功能绘制垂直轮廓线，结果如图3-54所示。

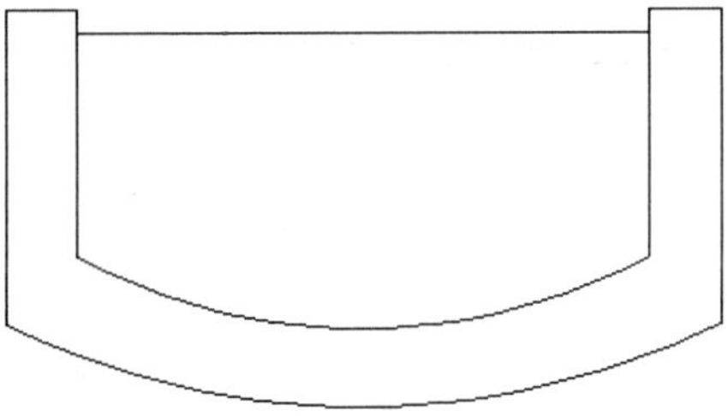

图3-53

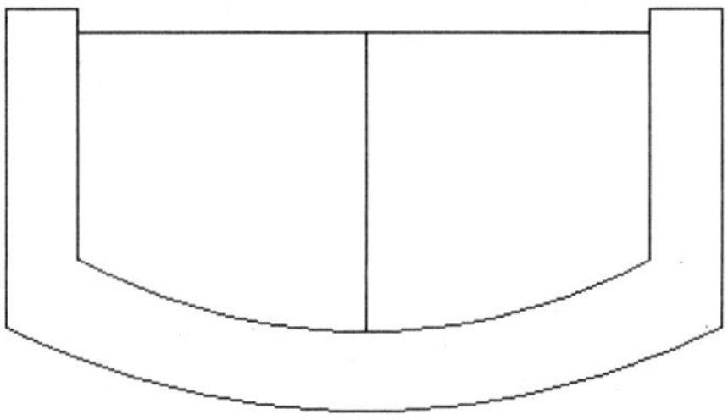

图3-54

## 3.4.2 多段线的选项设置

### 1. “圆弧”选项

“圆弧”选项用于将当前多段线模式切换为画弧模式，以绘制由弧线组合而成的多段线。在命令行提示下输入A，或在绘图区单击右键，在弹出的快捷菜单中选择“圆弧”命令，都可激活此选项，系统自动切换到画弧状态，且命令行操作如下。

“指定圆弧的端点或[角度(A)/圆心(CE)/闭合(CL)/方向(D)/半宽(H)/直线(L)/半径(R)/第二个点(S)/放弃(U)/宽度(W)]:”

各次级选项功能如下。

- “角度”选项：用于指定要绘制的圆弧的圆心角。
- “圆心”选项：用于指定圆弧的圆心。
- “闭合”选项：用于用弧线封闭多段线。
- “方向”选项：用于取消直线与圆弧的相切关系，改变圆弧的起始方向。
- “半宽”选项：用于指定圆弧的半宽值。激活此选项功能后，AutoCAD将提示用户输入多段线的起点半宽值和终点半宽值。
- “直线”选项：用于切换直线模式。

- "半径"选项：用于指定圆弧的半径。
- "第二个点"选项：用于选择三点画弧方式中的第二个点。
- "宽度"选项：用于设置弧线的宽度值。

2. 其他选项

- "闭合"选项：激活此选项后，AutoCAD将使用直线段封闭多段线，并结束多段线命令。

TIP 当用户需要绘制一条闭合的多段线时，最后一定要使用此选项功能，才能保证绘制的多段线是完全封闭的。

- "长度"选项：此选项用于定义下一段多段线的长度，AutoCAD按照上一线段的方向绘制这一段多段线。若上一段是圆弧，AutoCAD绘制的直线段与圆弧相切。
- "半宽"/"宽度"选项："半宽"选项用于设置多段线的半宽；对于"宽度"选项，起始点的宽度值可以相同也可以不同。

TIP 在绘制具有宽度的多段线时，变量Fillmode控制着多段线是否被填充，当变量值为1时，绘制的宽度多段线将被填充；变量值为0时，宽度多段线将不会填充，如图3-55所示为具有一定宽度的非填充多段线。

图3-55

## 3.5 多线与多段线应用实例——绘制户型墙体结构图

前面章节中主要学习了多线与多段线的绘制、设置等知识，这一节将通过绘制某套房户型墙体结构平面图的综合实例，对以上所学知识进行巩固练习。

### 3.5.1 绘制墙线

这一节来绘制墙线，在绘制墙线之前，要先设置一种墙线样式，具体操作步骤如下。

1. 打开随书光盘中的文件"素材文件"\"第3章"\"墙体轴线网.dwg"，如图3-56所示。
2. 展开"图层"工具栏上的"图层控制"下拉列表，将"墙线层"设置为当前图层，如图3-57所示。
3. 下面设置多线样式。执行菜单栏中的"格式"|"多线样式"命令，打开"多线样式"对话框，单击"多线样式"对话框中的 新建(N)... 按钮，在打开的"创建新的多线样式"对话框中将新多线命名为"墙线样式"，如图3-58所示。

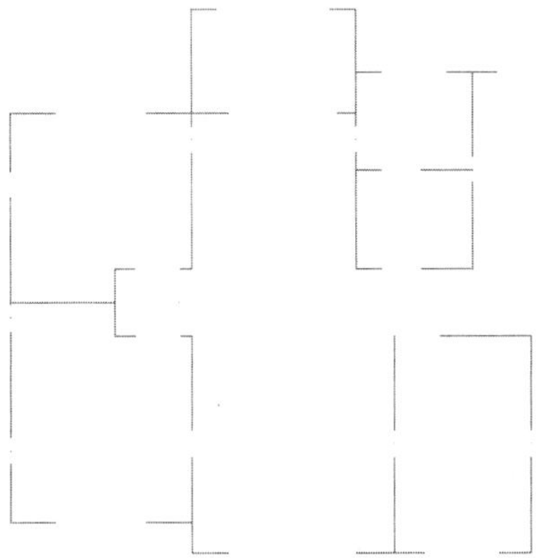

图3-56

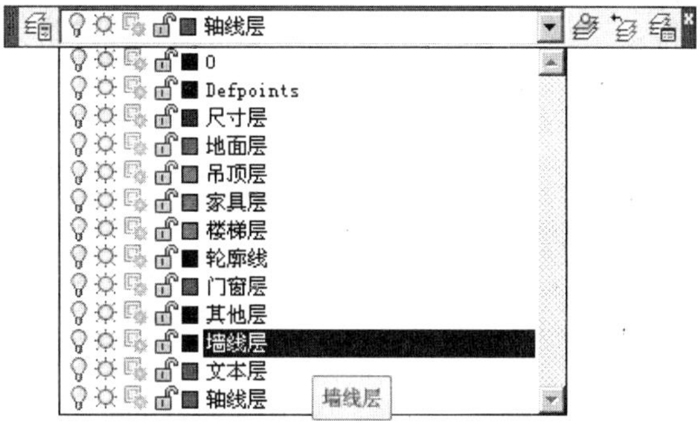


图3-57

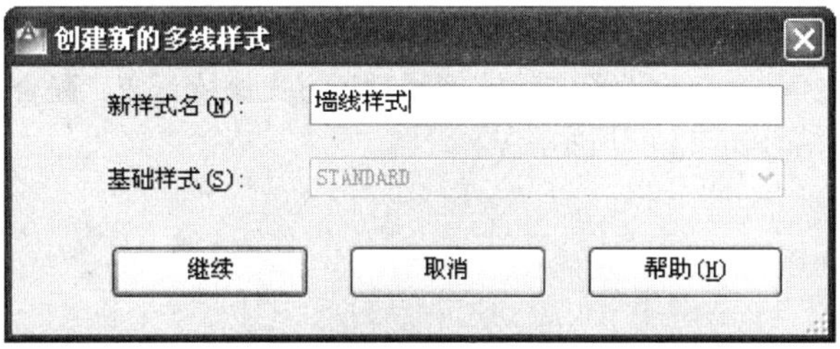


图3-58

**4** 单击继续按钮，进入“新建多线样式:墙线样式”对话框，设置多线的各参数，如图3-59所示。

**5** 单击确定按钮返回“多线样式”对话框，结果新线样式出现在该对话框，如图3-60所示。

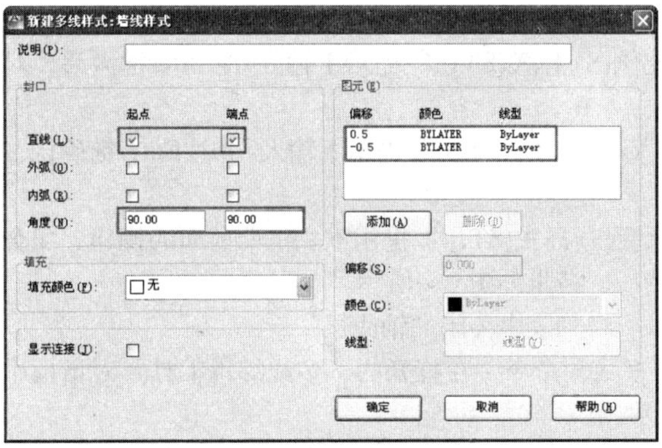


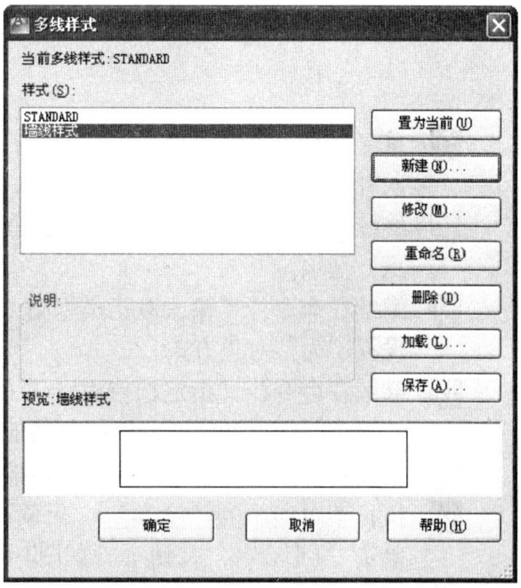


图3-59

图3-60

**6** 在该对话框中选择“墙线样式”，单击置为当前(U)按钮将其设置为当前样式，然后单击确定按钮关闭该对话框。

**7** 下面开始绘制墙线。执行菜单栏中的“绘图”|“多线”命令，配合“端点”捕捉功能绘制主墙线，命令行操作如下。

```
命令: _mline
    当前设置: 对正 = 上，比例 = 20.00，样式 = 墙线样式
    指定起点或 [对正(J)/比例(S)/样式(ST)]:          //S Enter
    输入多线比例 <20.00>:                          //240 Enter
    当前设置: 对正 = 上，比例 = 240.00，样式 = 墙线样式
    指定起点或 [对正(J)/比例(S)/样式(ST)]:          //J Enter
    输入对正类型 [上(T)/无(Z)/下(B)] <上>:          //Z Enter
    当前设置: 对正 = 无，比例 = 240.00，样式 = 墙线样式
    指定起点或 [对正(J)/比例(S)/样式(ST)]:          //捕捉如图3-61所示的端点1
    指定下一点:                                    //捕捉如图3-61所示的端点2
    指定下一点或 [闭合(C)/放弃(U)]:                //捕捉如图3-61所示的端点3
    指定下一点或 [闭合(C)/放弃(U)]:                //捕捉如图3-61所示的端点4
    指定下一点或 [放弃(U)]:                        // Enter，绘制结果如图3-62所示
```

**8** 重复执行“多线”命令，设置多线比例和对正方式保持不变，配合“端点”捕捉功能绘制其他主墙线，结果如图3-63所示。

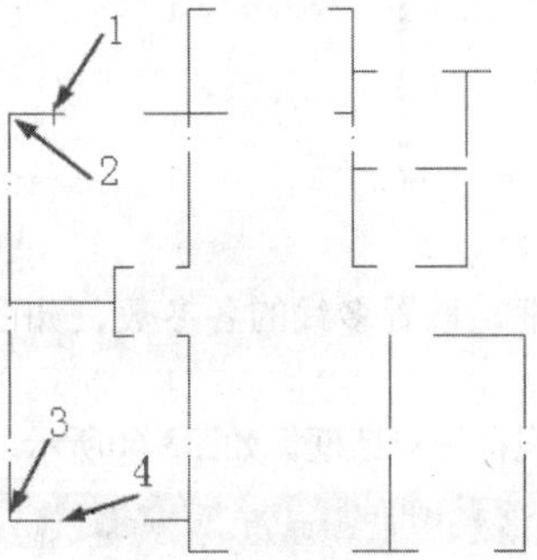


图3-61

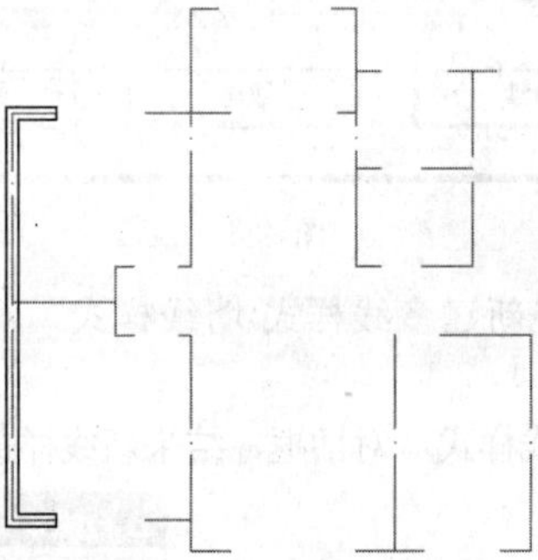

图3-62

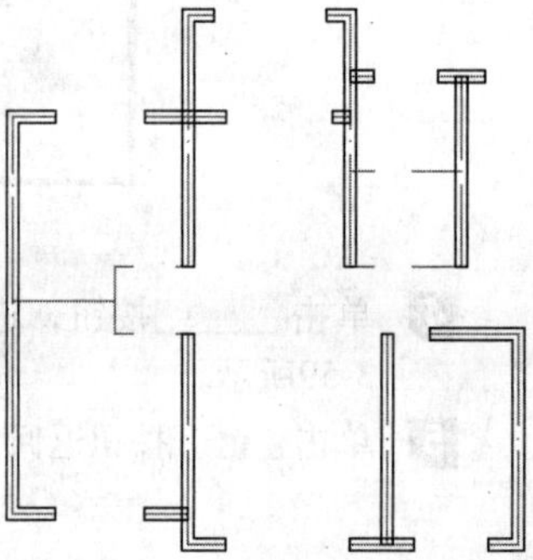

图3-63

**9** 重复执行“多线”命令，在命令行“指定起点或[对正(J)/比例(S)/样式(ST)]:”提示下，输入S激活“比例”选项，然后输入120按Enter键确认。

**10** 继续在命令行“指定起点或[对正(J)/比例(S)/样式(ST)]:”提示下输入J按Enter键激活“对正”选项。

**11** 继续在命令行“输入对正类型[上(T)/无(Z)/下(B)] <上>:”提示下输入Z并按Enter键确认，设置“无”对正方式。

**12** 继续在命令行“指定起点或[对正(J)/比例(S)/样式(ST)]:”提示下，依照前面的操作，配合“端点”捕捉功能，分别绘制其他次墙线，结果如图3-64所示。

**13** 下面对墙线进行编辑。在“图层控制”下拉列表中关闭“轴线层”。

**14** 执行菜单栏中的“修改”|“对象”|“多线”命令，在打开的“多线编辑工具”对话框中单击“T形合并”按钮，如图3-65所示。

**15** 返回绘图区，在命令行“选择第一条多线:”提示下，选择如图3-66所示的墙线。

**16** 继续在命令行“选择第二条多线:”提示下，选择如图3-67所示的墙线，结果这两条T形相交的多线被合并，如图3-68所示。

**17** 依照相同的方法，继续对其他T形墙线进行合并，结果如图3-69所示。

**18** 按Enter键再次打开“多线编辑工具”对话框，单击“角点结合”按钮，如图3-70所示。

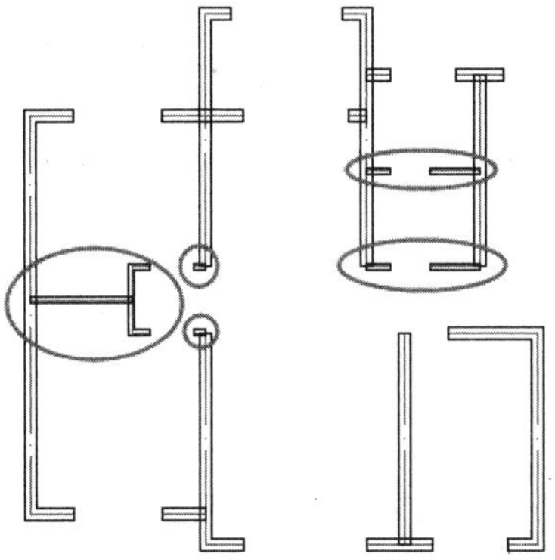

图3-64

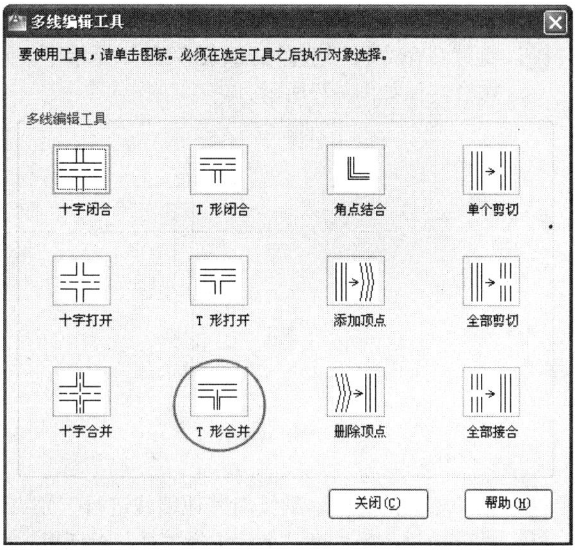


图3-65

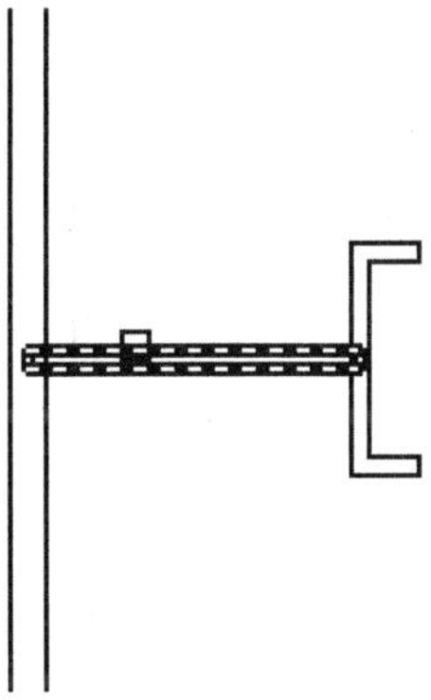

图3-66

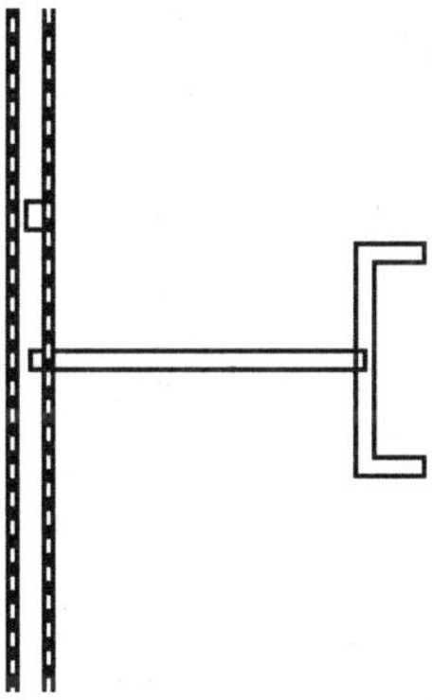

图3-67

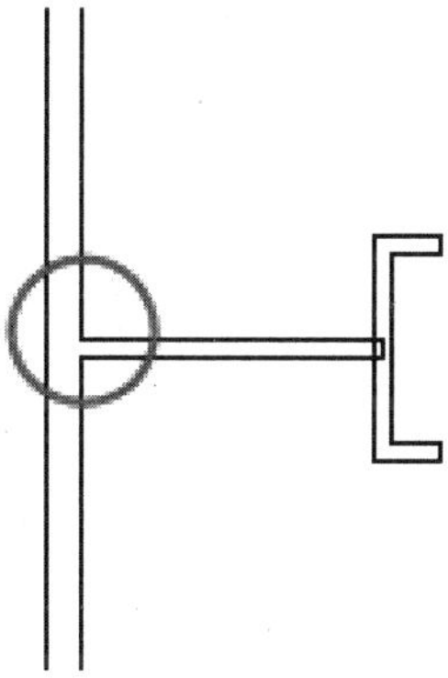

图3-68

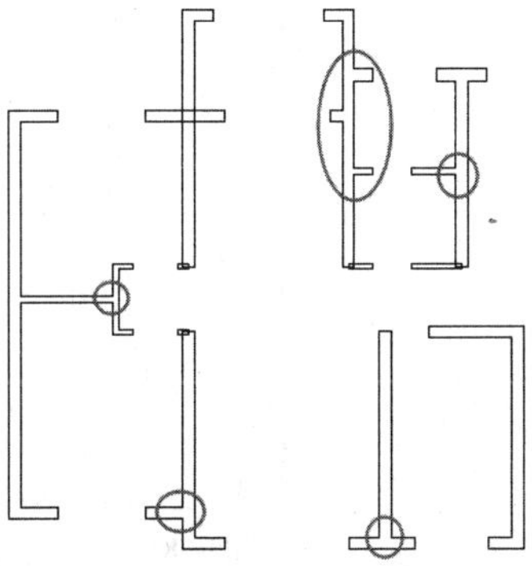

图3-69

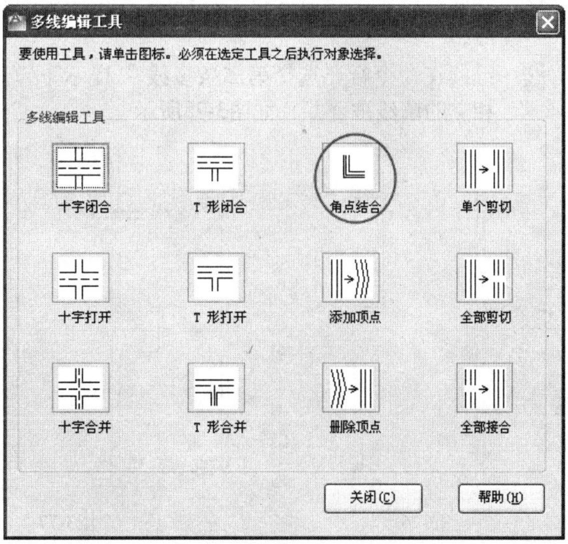


图3-70

19 返回绘图区，在命令行“选择第一条多线:”提示下，选择如图3-71所示的墙线。

20 继续在命令行“选择第二条多线:”提示下，选择如图3-72所示的墙线，结果这两条墙线被合并，如图3-73所示。

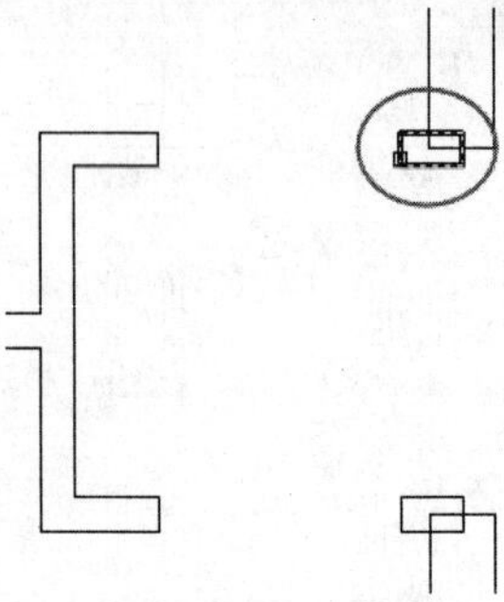

图3-71

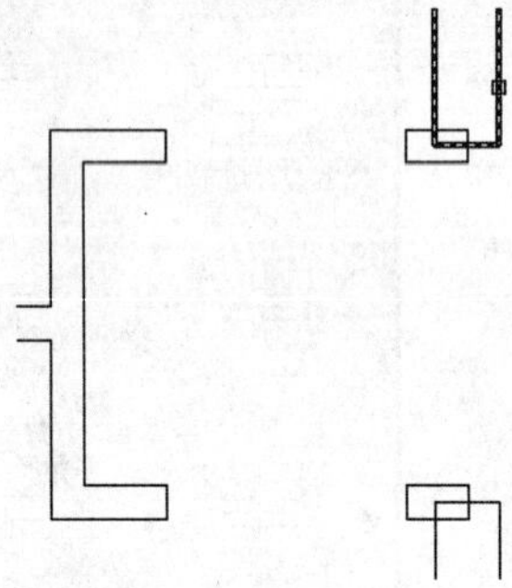

图3-72

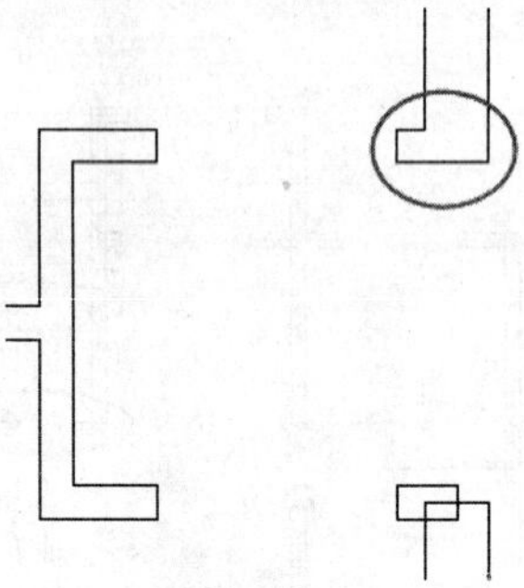

图3-73

21 依照相同的方法，继续对其他墙线进行“角点结合”合并，结果如图3-74所示。

22 按Enter键再次打开“多线编辑工具”对话框，单击“十字合并”按钮，如图3-75所示。

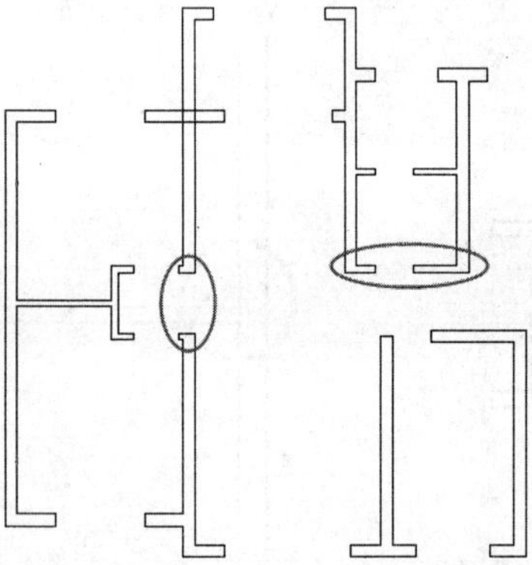

图3-74

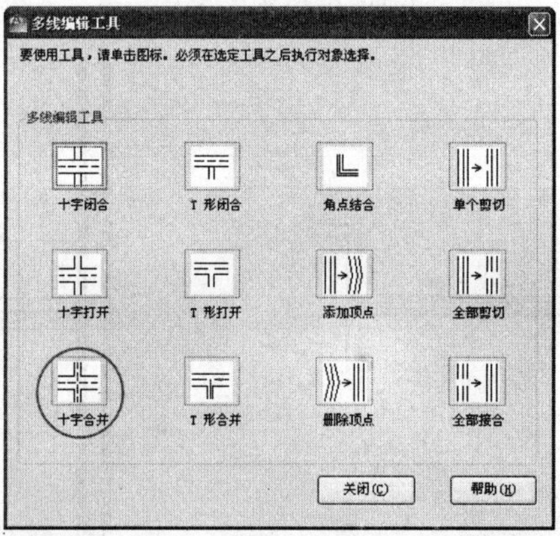


图3-75

23 返回绘图区，在命令行“选择第一条多线或[放弃(U)]:”提示下，单击如图3-76所示的墙线。

24 继续在命令行“选择第二条多线:”提示下，选择如图3-77所示的墙线，结果这两条十字相交的墙线被合并，如图3-78所示。

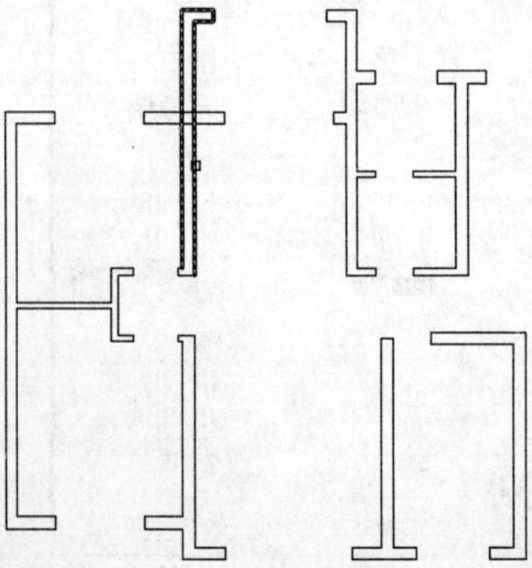

图3-76

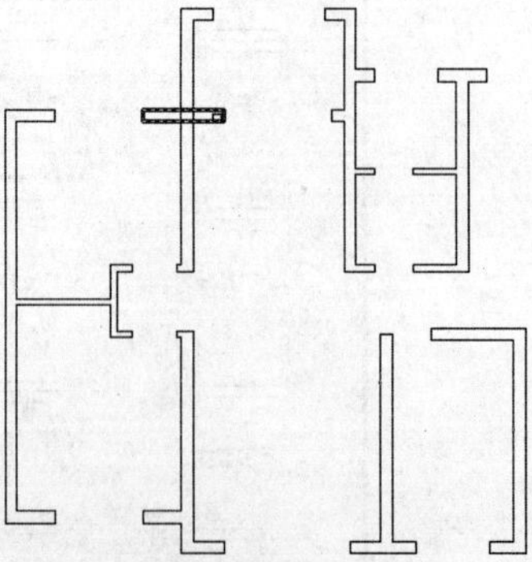

图3-77

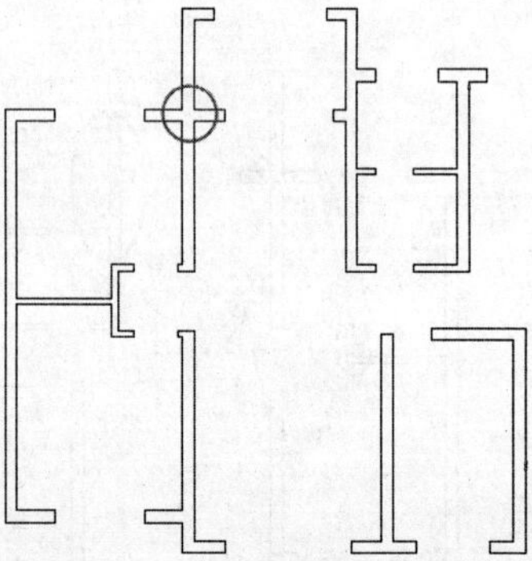

图3-78

至此，户型图墙线绘制完毕，下一小节将绘制户型图的门、窗、阳台等建筑构件。

## 3.5.2 绘制平面门、窗及阳台

这一节继续来绘制窗线，在绘制窗线时，同样要设置窗线样式，然后使用“多线”和“多段线”命令来共同完成窗线和阳台线的绘制，具体操作步骤如下。

**1** 继续上一节实例的操作。

**2** 在“图层控制”下拉列表中将“门窗层”设置为当前图层。

**3** 执行菜单栏中的“格式”|“多线样式”命令，依照前面的操作新建名为“窗线样式”的多线样式，然后进入“新建多线样式:窗线样式”对话框。

**4** 在“图元”选项组中分别设置系统预设的“0.5”和“-0.5”的多线颜色为红色，然后单击 添加(A) 按钮，添加一个0号元素，在“偏移”选项上设置其值为“0.25”，在“颜色”选项上设置该元素的颜色为红色，如图3-79所示。

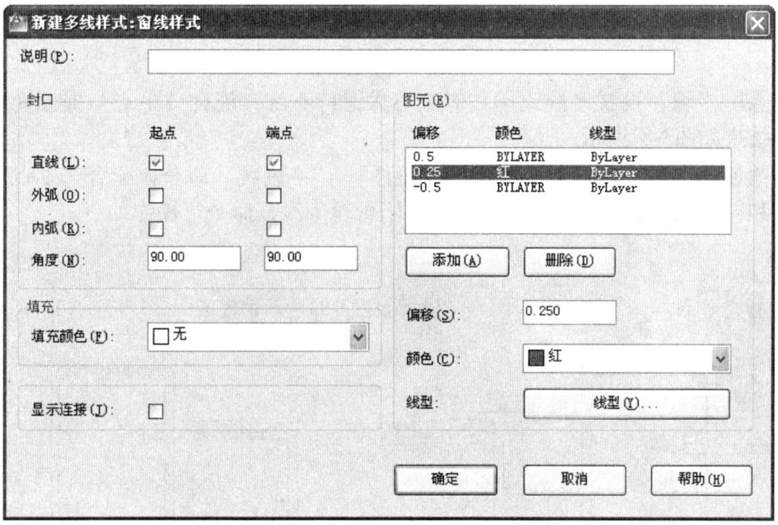


图3-79

**5** 继续单击 添加(A) 按钮，添加一个0号元素，在“偏移”选项上设置其值为“-0.25”，在“颜色”选项上设置该元素的颜色为红色，然后单击 确定 按钮回到“多线样式”对话框，选择新建的“窗线样式”的多线，单击 置为当前(U) 按钮将其设置为当前样式，单击 确定 按钮关闭该对话框。

**6** 执行“多线”命令，配合“中点”捕捉功能绘制窗线，命令行操作如下。

```
命令: _mline
    当前设置: 对正 = 上，比例 = 20.00，样式 = 窗线样式
    指定起点或 [对正(J)/比例(S)/样式(ST)]:            //S Enter
    输入多线比例 <20.00>:                            //240 Enter
    当前设置: 对正 = 上，比例 = 240.00，样式 = 窗线样式
    指定起点或 [对正(J)/比例(S)/样式(ST)]:            //J Enter
    输入对正类型 [上(T)/无(Z)/下(B)] <上>:            //Z Enter
    当前设置: 对正 = 无，比例 = 240.00，样式 = 窗线样式
    指定起点或 [对正(J)/比例(S)/样式(ST)]:            //捕捉如图3-80所示的墙线的中点
    指定下一点:                                      //捕捉如图3-81所示的墙线的中点
    指定下一点或 [放弃(U)]:                          // Enter，结束命令绘制窗线
```

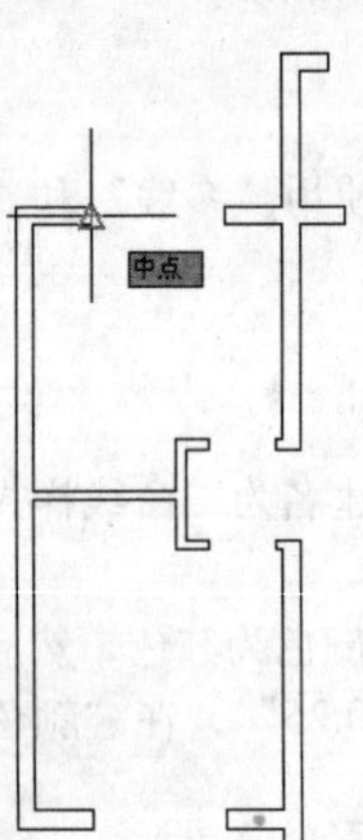


图3-80

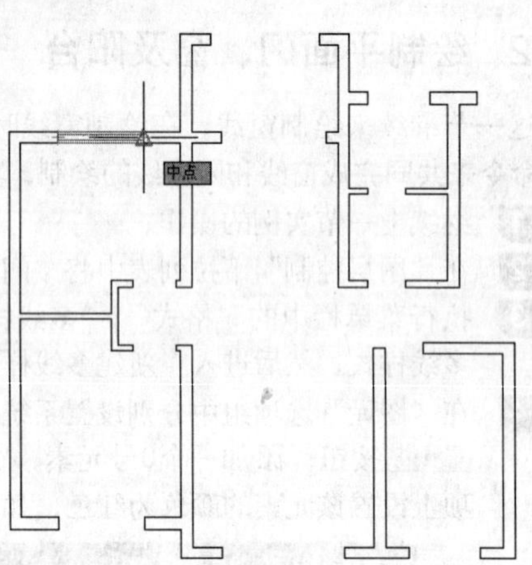


图3-81

**7** 重复上一步骤，设置多线比例和对正方式保持不变，配合“中点”捕捉功能绘制其他窗线，结果如图3-82所示。

**8** 下面绘制阳台线。执行菜单栏中的“绘图”|“多段线”命令，配合“端点”捕捉、“正交”和“对象捕捉追踪”功能绘制下方阳台轮廓线，命令行操作如下。

命令: _pline

指定起点: //捕捉如图3-83所示的端点

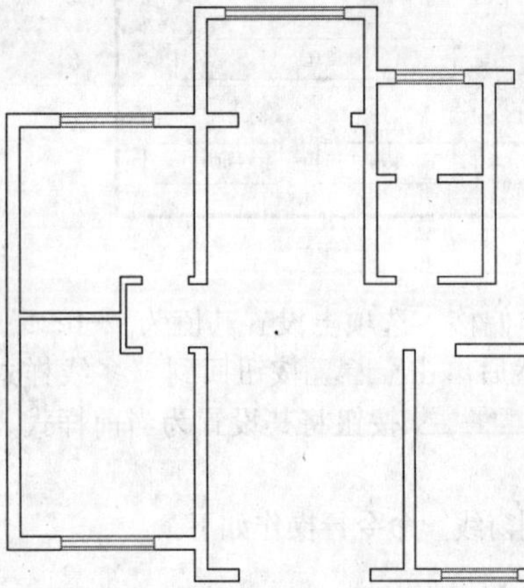

图3-82

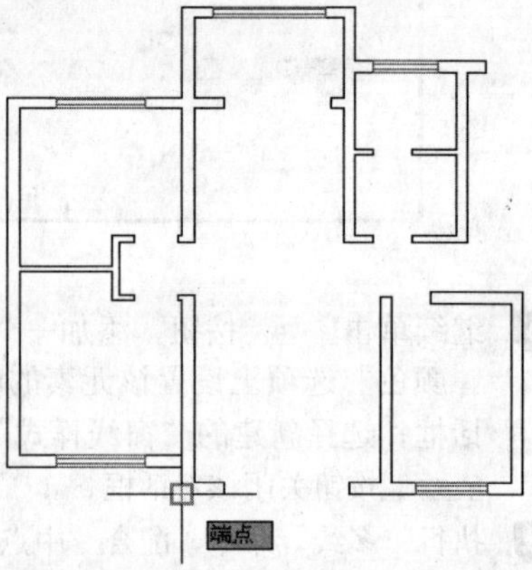


图3-83

当前线宽为 0.0

指定下一个点或 [圆弧(A)/半宽(H)/长度(L)/放弃(U)/宽度(W)]:

//垂直向下引导光标，输入1200 Enter

指定下一点或 [圆弧(A)/闭合(C)/半宽(H)/长度(L)/放弃(U)/宽度(W)]:

//水平向右引导光标，输入6990 Enter

指定下一点或 [圆弧(A)/闭合(C)/半宽(H)/长度(L)/放弃(U)/宽度(W)]:

//垂直向上引导光标，捕捉如图3-84所示的端点

指定下一点或 [圆弧(A)/闭合(C)/半宽(H)/长度(L)/放弃(U)/宽度(W)]:

//Enter，结束命令，绘制结果如图3-85所示

**9** 使用命令简写O激活“偏移”命令，将刚绘制的阳台轮廓线向内偏移100个单位，完成阳台线的绘制，结果如图3-86所示。

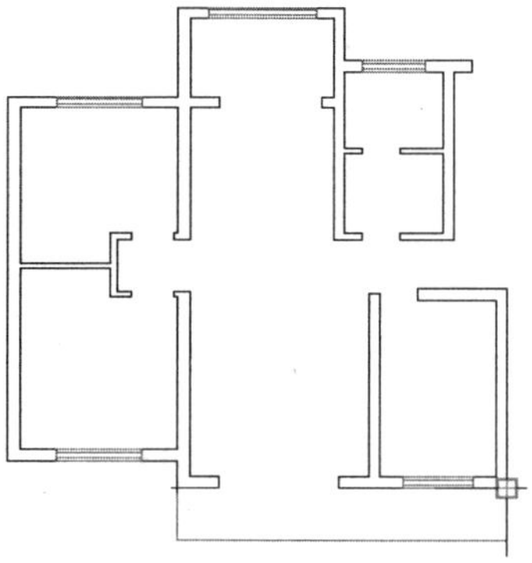

图3-84

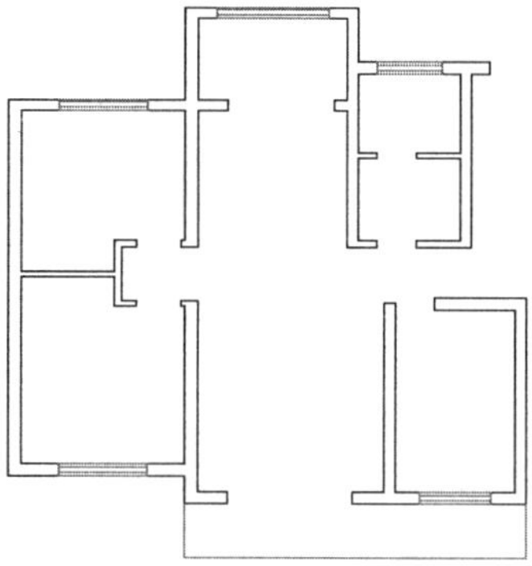

图3-85

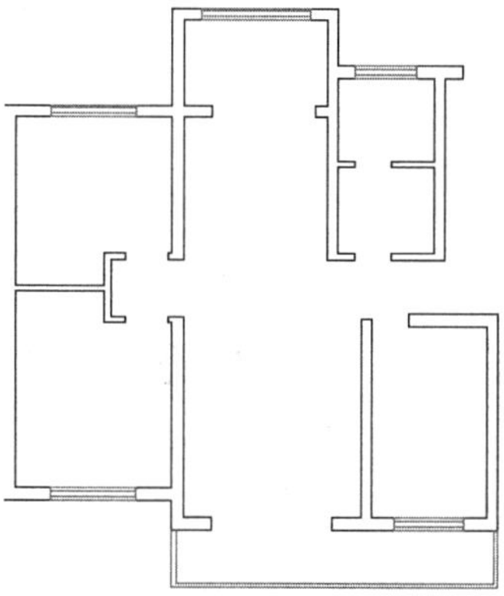

图3-86

**10** 至此，户型墙体结构图基本绘制完毕，至于结构图中的单开门、推拉门等构件，将在后面章节再讲解。

**11** 使用“另存为”命令，将该图形存储为“户型墙体结构图.dwg”文件。

## 3.6 绘制作图辅助线

AutoCAD 2012为用户提供了专用于绘制作图辅助线的工具，即“射线”和“构造线”，本节主要学习这两种命令的使用方法和技巧。

### 3.6.1 绘制射线

“射线”命令用于绘制向一端无限延伸的作图辅助线，此类辅助线不能作为图形轮廓线，但是可以将其编辑成图形的轮廓线。

执行“射线”命令主要有以下几种方式。

- 执行菜单栏中的“绘图”|“射线”命令。
- 单击“绘图”面板上的“射线”按钮。
- 在命令行输入Ray后按Enter键。

激活“射线”命令后，命令行操作如下。

```
命令: _ray
    指定起点:                //在绘图区拾取一点
    指定通过点:              //在合适位置拾取一点指定射线的通过点
    指定通过点:              //在合适位置拾取一点指定射线的通过点
    ……
    指定通过点:              //Enter，结束命令，绘制结果如图3-87所示
```

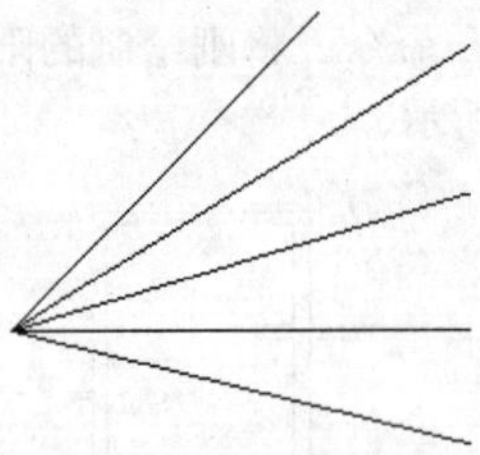

图3-87

### 3.6.2 绘制构造线

"构造线"命令用于绘制向两端无限延伸的直线，这种直线通常用作绘图时的辅助线或参照线，不能作为图形轮廓线的一部分，但是可以通过修改工具将其编辑为图形轮廓线。

执行"构造线"命令主要有以下几种方式。

- 执行菜单栏中的"绘图"|"构造线"命令。
- 单击"绘图"工具栏或面板上的"构造线"按钮。
- 在命令行输入Xline后按Enter键。
- 使用命令简写XL。

使用"构造线"命令，可以连续绘制水平或垂直的构造线，直到结束命令为止。激活"构造线"命令后，命令行操作如下。

```
命令: _xline
    指定点或 [水平(H)/垂直(V)/角度(A)/二等分(B)/偏移(O)]:  //H Enter，激活"水平"选项
    指定通过点:                              //拾取一点定位构造线上的通过点
    指定通过点:                              //拾取一点定位构造线上的通过点
    ……
    指定通过点:                              // Enter，结束命令，结果如图3-88所示
命令: _xline
    指定点或 [水平(H)/垂直(V)/角度(A)/二等分(B)/偏移(O)]:  //V Enter，激活"垂直"选项
    指定通过点:                              //拾取一点定位构造线上的通过点
    指定通过点:                              //拾取一点定位构造线上的通过点
    ……
    指定通过点:                              // Enter，结束命令，结果如图3-89所示
```

图3-88

图3-89

使用"构造线"命令，不仅可以绘制水平构造线和垂直构造线，还可以绘制具有一定角度的辅助线以及绘制角的等分线，其选项功能如下。

- "水平"选项：表示绘制向两端无限延伸的水平构造线。

- “垂直”选项：表示绘制向两端无限延伸的垂直构造线。
- “偏移”选项：表示绘制与参照线平行的构造线，如图3-90所示。
- “角度”选项：表示绘制任意角度的作图辅助线，命令行操作如下。

```
命令:_xline
    指定点或 [水平(H)/垂直(V)/角度(A)/二等分(B)/偏移(O)]:  //A Enter，激活“角度”选项
    输入构造线的角度 (0) 或 [参照(R)]:                     //22.5 Enter
    指定通过点:                                           //拾取通过点
    指定通过点:                                           // Enter，结果如图3-91所示
```

- “二等分”选项：激活该选项，可绘制任意角度的角平分线，如图3-92所示。

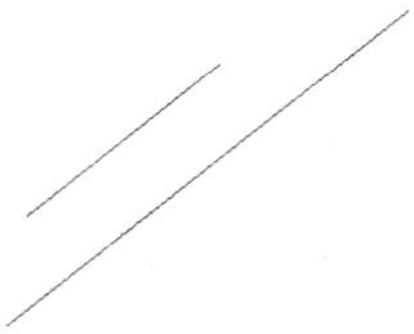

图3-90

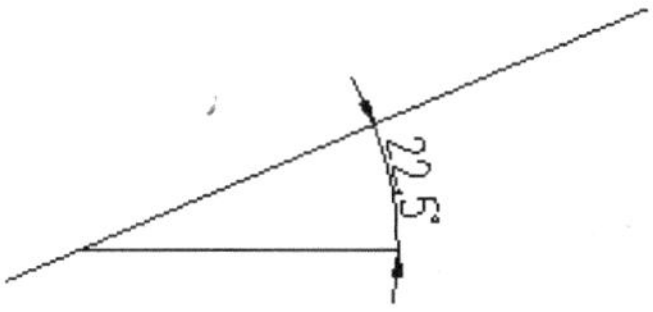


图3-91

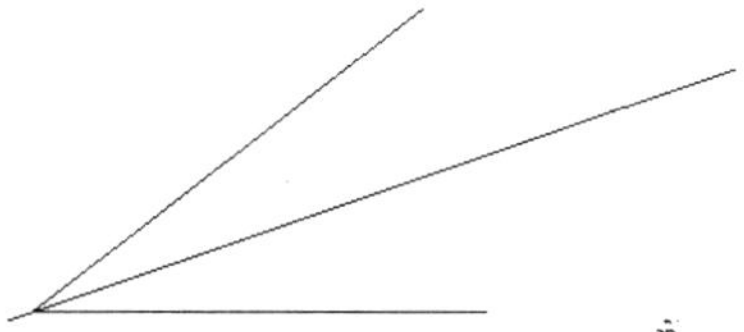

图3-92

除了上述线对象之外，还有螺旋线、修订云线以及样条曲线，这些线对象操作比较简单，由于篇幅所限，在此不再讲解，读者可以自己尝试操作。

# 3.7 线对象的编辑

这一节主要学习线对象的编辑命令，主要有“修剪”、“延伸”、“打断”、“合并”、“拉伸”和“拉长”6个命令，以方便对各种图线进行修改和编辑。

## 3.7.1 修剪线对象

修剪图线是指将图线上多余的部分修剪掉，在修剪图线时，需要事先指定一个修剪边界，然后以该边界作为修剪边，对另一个图线进行修剪。

修剪图线时需要激活“修剪”命令，执行“修剪”命令主要有以下几种方式。

- 执行菜单栏中的“修改”|“修剪”命令。
- 单击“修改”工具栏上的“修剪”按钮。
- 在命令行输入Trim按Enter键。
- 使用命令简写TR。

在修剪对象时，边界的选择是关键，边界必须与要修剪的对象或其延长线相交。下面就来学习这两种情况下图线的修剪方法。

### 1. 常规修剪

大多数情况下，需要修剪的图线都有相交之处，即修剪边界与修剪图线相交，这种修剪称之为常规修剪。下面通过一个简单操作，学习这种修剪图线的方法。

**1** 新建一个空白文件，使用“直线”命令，绘制如图3-93所示的一组图线。

**2** 单击“修改”工具栏上的“修剪”按钮，激活“修剪”命令，对直线A进行修剪，命令行操作如下。

命令: _trim

当前设置:投影=UCS，边=延伸

选择剪切边...

选择对象或 <全部选择>:　　　　　　//选择直线B线作为边界，如图3-94所示

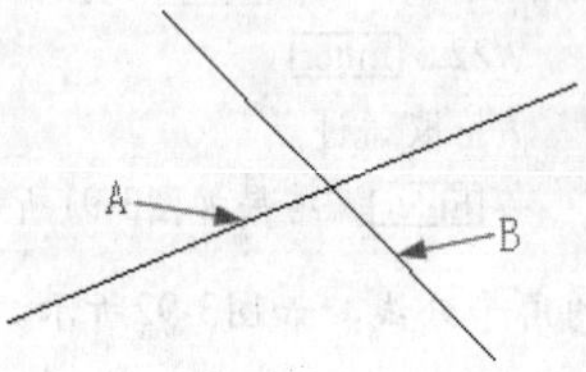


图3-93

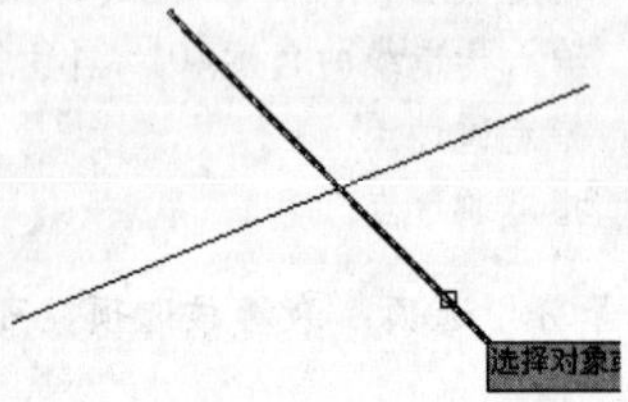


图3-94

选择对象:　　　　　　// Enter ，结束对象的选择

选择要修剪的对象，或按住 Shift 键选择要延伸的对象，或[栏选(F)/窗交(C)/投影(P)/边(E)/删除(R)/放弃(U)]:　　　　　　//在直线A的右端单击，如图3-95所示

选择要修剪的对象，或按住 Shift 键选择要延伸的对象，或[栏选(F)/窗交(C)/投影(P)/边(E)/删除(R)/放弃(U)]:　　　　　　// Enter ，修剪结果如图3-96所示

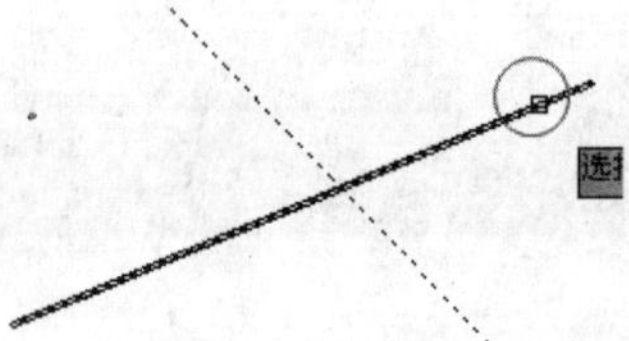

图3-95

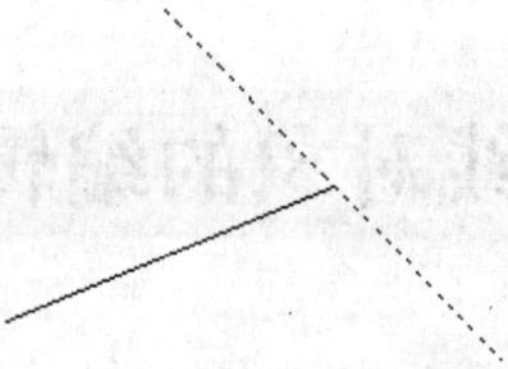

图3-96

**TIP** 当修剪多个对象时，可以使用“栏选”和“窗交”两种选项功能，“栏选”方式需要绘制一条或多条栅栏线，所有与栅栏线相交的对象都会被选择，如图3-97所示。

图3-97

### 2. “隐含交点”下的修剪

所谓“隐含交点”，指的是边界与修剪对象没有实际的交点，但是边界被延长后，与对象存在一个隐含交点。

对“隐含交点”模式下的图线进行修剪时，默认为“延伸”模式，如果设置“延伸”为“不延伸”模式，则无法进行修剪。下面通过实例学习此种修剪操作。

**1** 继续上一节的操作，使用画线命令绘制如图3-98所示的两条图线。

**2** 激活“修剪”命令，对水平图线进行修剪，命令行操作如下。

命令: _trim
　　当前设置:投影=UCS，边=无
　　选择剪切边...
　　选择对象或 <全部选择>:　　　　　　　//单击倾斜图线B Enter
　　选择对象:
　　选择要修剪的对象，或按住 Shift 键选择要延伸的对象，或[栏选(F)/窗交(C)/投影(P)/边(E)/删除(R)/放弃(U)]:　　　　　　　//E Enter，激活“边”选项

**TIP** 在此一定要注意，当启用动态输入功能，输入E激活“边”选项后，在光标下方将出现“输入隐含边延伸模式”的提示，有“延伸(E)”和“不延伸(N)”两种模式，如图3-99所示，如果输入N激活“不延伸”选项，则不能进行修剪。

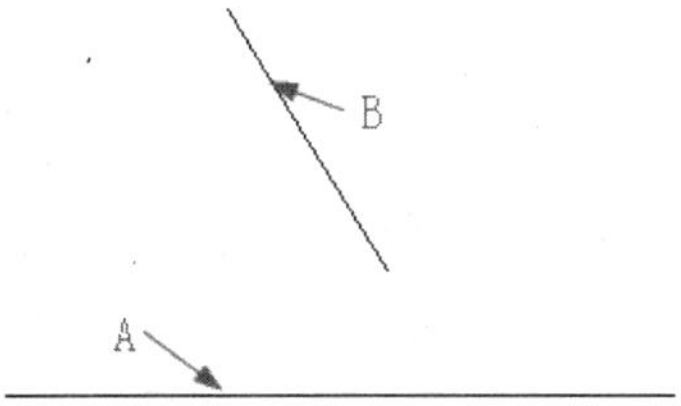


图3-98

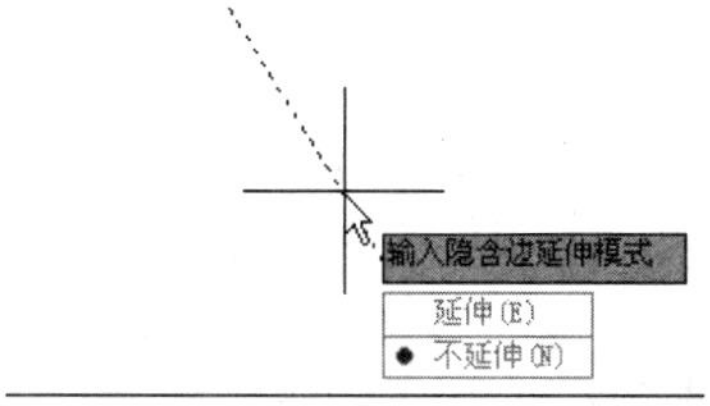


图3-99

　　输入隐含边延伸模式 [延伸(E)/不延伸(N)] <不延伸>:　　//E Enter，设置“延伸”模式
　　选择要修剪的对象，或按住 Shift 键选择要延伸的对象，或[栏选(F)/窗交(C)/投影(P)/边(E)/删除(R)/放弃(U)]:　　　　//在水平图线的右端单击左键，如图3-100所示
　　选择要修剪的对象，或按住 Shift 键选择要延伸的对象，或[栏选(F)/窗交(C)/投影(P)/边(E)/删除(R)/放弃(U)]:　　　　// Enter，结束修剪命令，修剪结果如图3-101所示

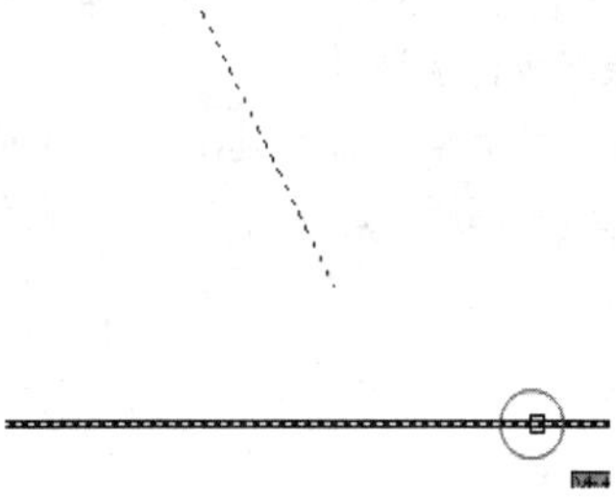

图3-100

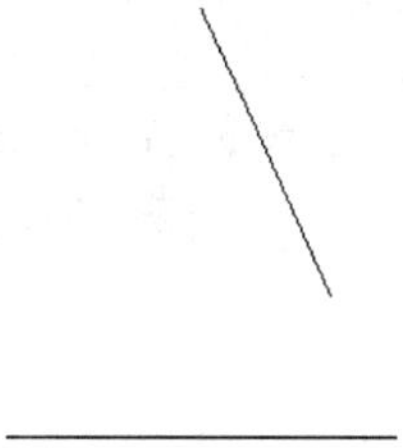

图3-101

**TIP** “边”选项用于确定修剪边的隐含延伸模式，其中“延伸”选项表示剪切边界可以无限延长，边界与被剪实体不必相交；“不延伸”选项指剪切边界只有与被剪实体相交时才有效。另外，“投影”选项用于设置三维空间剪切实体的不同投影方法，选择该选项后，命令行出现“输入投影选项[无(N)/UCS(U)/视图(V)]<无>:”的操作提示，其中“无”选项表示不考虑投影方式，按实际三维空间的相互关系修剪；“UCS”选项指在当前UCS的*xoy*平面上修剪；“视图”选项表示在当前视图平面上修剪。

3. “投影”选项

“投影”选项用于设置三维空间剪切实体的不同投影方法，选择该选项后，命令行出现“输入投影选项[无(N)/UCS(U)/视图(V)]<无>:”的操作提示，其中包括如下选项。

- “无”选项：表示不考虑投影方式，按实际三维空间的相互关系修剪。
- “UCS”选项：指在当前UCS的*xoy*平面上修剪。
- “视图”选项：表示在当前视图平面上修剪。

## 3.7.2 延伸线对象

延伸对象是指将对象延伸至指定的边界上，用于延伸的对象有直线、圆弧、椭圆弧、非闭合的二维多段线、三维多段线以及射线等。

在AutoCAD 2012中，可使用“延伸”命令来延伸对象。执行“延伸”命令主要有以下几种方式。

- 执行菜单栏中的“修改”|“延伸”命令。
- 单击“修改”工具栏上的“延伸”按钮。
- 在命令行输入Extend按Enter键。
- 使用命令简写EX。

与修剪对象相似，在延伸对象时，同样需要为对象指定边界。指定边界时，有两种情况，一种是对象被延长后与边界存在有一个实际的交点，另一种就是与边界的延长线相交于一点。为此，AutoCAD 2012提供了两种模式，即“延伸模式”和“不延伸模式”，系统默认模式为“不延伸模式”。

1. 不延伸模式

**1** 激活“直线”命令，绘制如图3-102所示的两条图线。

**2** 单击“修改”工具栏上的“延伸”按钮，激活“延伸”命令，以下侧的水平图线A作为延伸边界，对上方的倾斜图线B进行延伸，命令行操作如下。

```
命令: _extend
    当前设置:投影=UCS, 边=无
    选择边界的边...
    选择对象或 <全部选择>:        //选择如图3-103所示的水平图线作为延伸边界
    选择对象:                     // Enter, 结束对象的选择
    选择要延伸的对象, 或按住 Shift 键选择要修剪的对象, 或[栏选(F)/窗交(C)/投影(P)/边(E)/
放弃(U)]:          //在倾斜图线的下端单击, 如图3-104所示, 对其延伸, 结果如图3-105所示
```

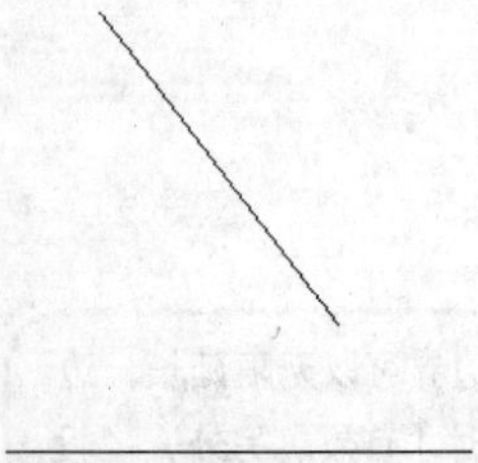

图3-102

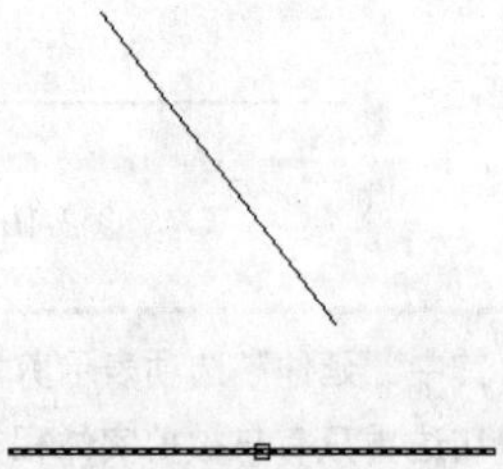

图3-103

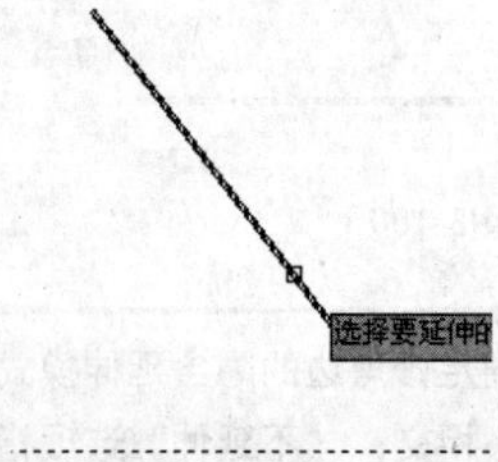


图3-104

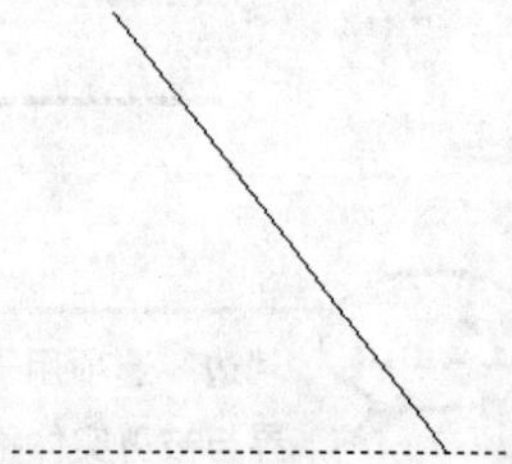

图3-105

```
    选择要延伸的对象, 或按住 Shift 键选择要修剪的对象, 或[栏选(F)/窗交(C)/投影(P)/边(E)/
放弃(U)]:                         // Enter, 结束命令
```

**TIP** 在选择延伸对象时，要在靠近延伸边界的一端选择需要延伸的对象，否则对象将不被延伸。

### 2. “隐含交点”下的延伸

所谓“隐含交点”，指的是边界与对象延长线没有实际的交点，而是边界被延长后，与对象延长线存在一个隐含交点。

对“隐含交点”下的图线进行延伸时，需要更改默认的延伸模式，即将默认模式更改为“延伸模式”。下面通过具体的实例，学习此种模式下的延伸操作。

**1** 使用“直线”命令绘制如图3-106所示的两条图线。

**2** 执行“延伸”命令，将倾斜图线的下端进行延伸，使之与水平图线的延长线相交，命令行操作如下。

命令: _extend
　　当前设置:投影=UCS，边=无
　　选择边界的边...
　　选择对象:　　　　　　　　　//单击水平图线作为延伸边界
　　选择对象:　　　　　　　　　//Enter，结束边界的选择
　　选择要延伸的对象，或按住 Shift 键选择要修剪的对象，或[栏选(F)/窗交(C)/投影(P)/边(E)/放弃(U)]:　　　　　//E Enter，激活“边”选项，此时光标下方出现提示，如图3-107所示

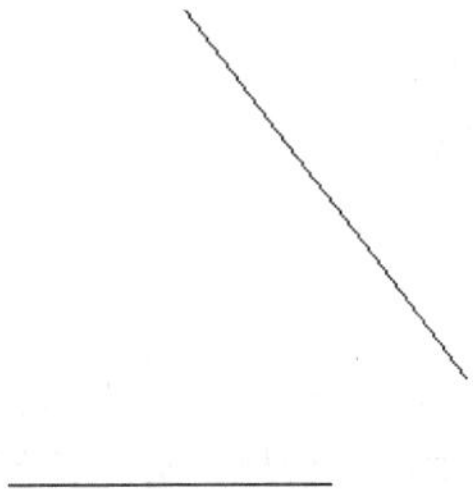

图3-106

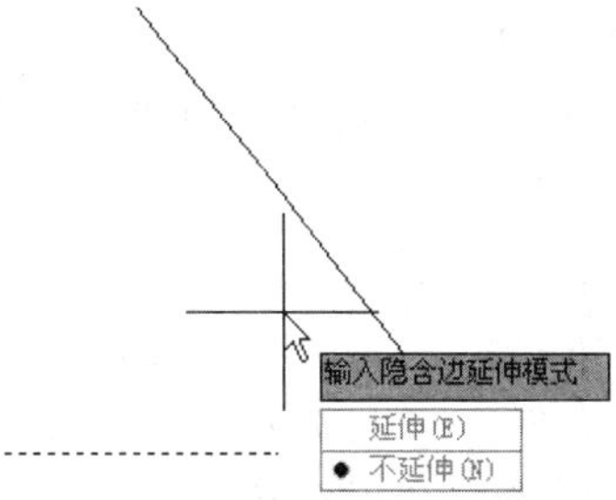


图3-107

　　输入隐含边延伸模式 [延伸(E)/不延伸(N)] <不延伸>:
　　　　　　　　　　　　　　　//E Enter，设置模式为延伸模式
　　选择要延伸的对象，或按住 Shift 键选择要修剪的对象，或[栏选(F)/窗交(C)/投影(P)/边(E)/放弃(U)]:　　　　　//在倾斜图线的下端单击，对其进行延伸，结果如图3-108所示
　　选择要延伸的对象，或按住 Shift 键选择要修剪的对象，或[栏选(F)/窗交(C)/投影(P)/边(E)/放弃(U)]:　　　　　//Enter，结束命令，延伸结果如图3-109所示

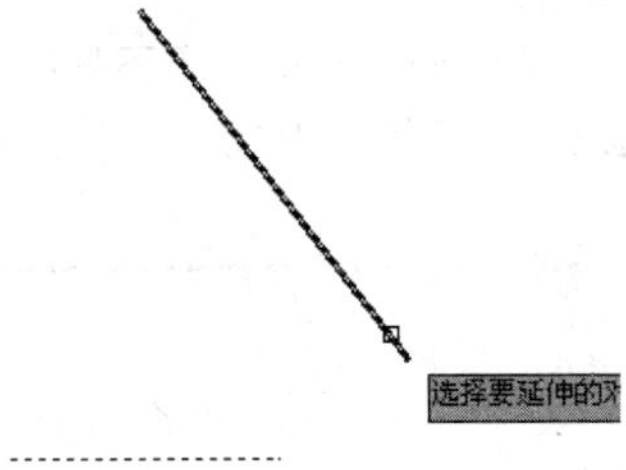


图3-108

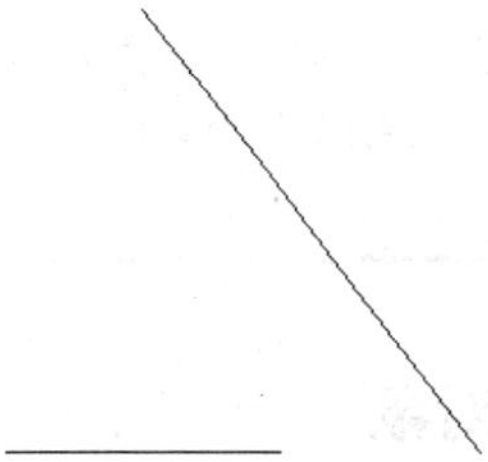

图3-109

TIP
"边"选项用来确定延伸边的方式。"延伸"选项将使用隐含的延伸边界来延伸对象，而实际上边界和延伸对象并没有真正相交，AutoCAD会假想将延伸边延长，然后再延伸；"不延伸"选项确定边界不延伸，而只有边界与延伸对象真正相交后才能完成延伸操作。

### 3.7.3 打断线对象

所谓"打断"指的是将对象打断为相连的两部分，或打断并删除图形对象上的一部分。执行"打断"命令主要有以下几种方式。

- 执行菜单栏中的"修改"|"打断"命令。
- 单击"修改"工具栏上的"打断"按钮。
- 在命令行输入Break按Enter键。
- 使用命令简写BR。

下面通过简单实例，学习"打断"命令的使用方法和技巧。

1 使用"直线"命令绘制长度为200的直线，如图3-110所示。

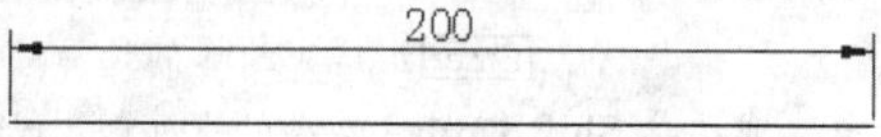

图3-110

2 下面使用"打断"命令，将该直线打断，并在其距离端点50个单位的位置创建一个宽度为100的开口。

3 使用以上任意方式激活"打断"命令，命令行操作如下。

```
命令: _break
    选择对象:                              //选择绘制的直线
    指定第二个打断点 或 [第一点(F)]:         //F Enter，激活"第一点"选项
    指定第一个打断点:                        //激活"自"功能，捕捉直线的左端点
    _from 基点: <偏移>:                     //@50,0 Enter
    指定第二个打断点:                //@100,0 Enter，定位第二断点，打断结果如图3-111所示
```

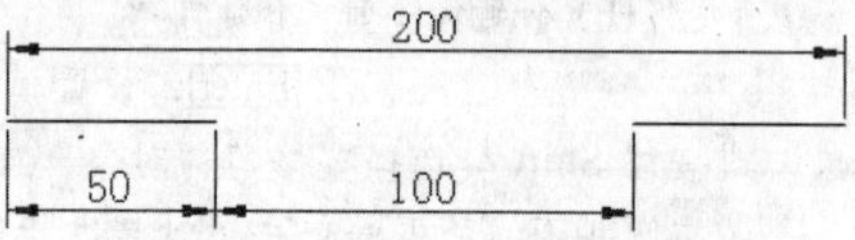

图3-111

TIP
"第一点"选项用于重新确定第一断点。由于在选择对象时不可能拾取到准确的第一点，所以需要激活该选项，以重新定位第一断点。另外，要将一个对象拆分为二，而不删除其中的任何部分，可以在指定第二断点时输入相对坐标符号@，也可以直接单击"修改"工具栏上的"打断于点"按钮。

### 3.7.4 合并线对象

所谓"合并"，指的是将同角度的两条或多条线段合并为一条线段，还可以将圆弧或椭圆弧合

并为一个整圆和椭圆。执行“合并”命令主要有以下几种方式。

- 执行菜单栏中的“修改”|“合并”命令。
- 单击“修改”工具栏上的“合并”按钮⁺⁺。
- 在命令行输入Join按Enter键。
- 使用命令简写J。

下面通过将两条线段合并为一条线段的简单操作，学习使用“合并”命令的方法。

**1** 使用“直线”命令，在同一平面内绘制如图3-112所示的两条线段。



图3-112

**2** 使用任意方式激活“合并”命令，命令行操作如下。

```
命令: _join
    选择源对象:                    //选择左侧的线段作为源对象，如图3-113所示
```

图3-113

```
    选择要合并到源的直线:          //选择右侧的线段，如图3-114所示
```

图3-114

```
    选择要合并到源的直线:          //Enter，合并结果如图3-115所示
```



图3-115

“合并”命令不仅可以将两条处于同一平面内的直线合并为一条直线，同时还可以将圆弧或椭圆弧合并为一个整圆和椭圆，其命令行操作如下。

```
命令: _join
    选择源对象或要一次合并的多个对象:          //选择圆弧，如图3-116所示
    选择要合并的对象:                          //Enter
    选择圆弧，以合并到源或进行[闭合(L)]:       //L Enter，激活“闭合”选项
    已将圆弧转换为圆，结果如图3-117所示
```

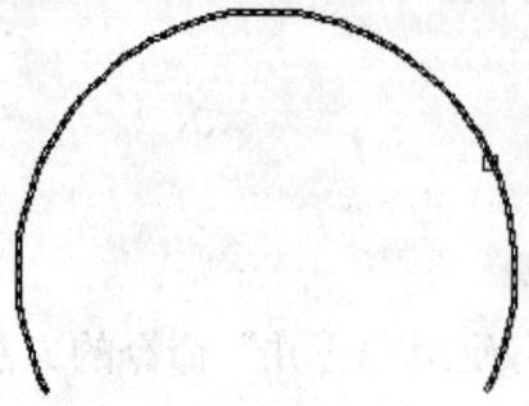

图3-116

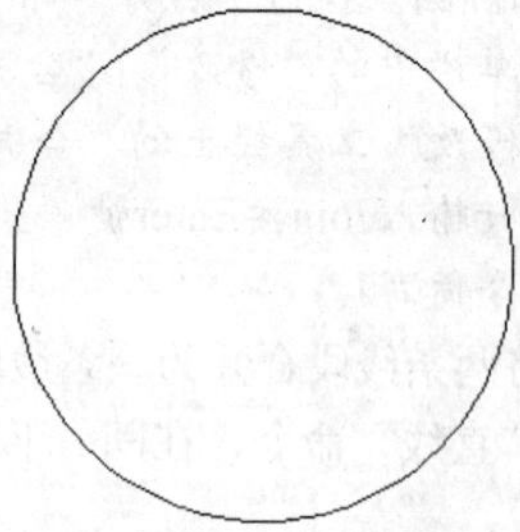

图3-117

## 3.7.5 拉长线对象

使用“拉长”命令可以将对象拉长或缩短，在拉长的过程中，不仅可以改变线对象的长度，还可以更改弧对象的角度。

执行“拉长”命令主要有以下几种方式。

- 执行菜单栏中的“修改”|“拉长”命令。
- 在命令行输入Lengthen按Enter键。
- 使用命令简写LEN。

在拉长对象时，可以使用“增量”拉长、“百分数”拉长、“全部”拉长和“动态”拉长这几种方式，下面将详细进行讲解。

### 1. “增量”拉长

所谓“增量”拉长，指的是按照事先指定的长度增量或角度增量进行拉长或缩短对象。

1 使用画线命令绘制长度为100的水平直线。

2 使用上述任意方式激活“拉长”命令，将水平直线水平向右拉长50个单位，命令行操作如下。

命令: _lengthen
选择对象或 [增量(DE)/百分数(P)/全部(T)/动态(DY)]: //DE Enter，激活“增量”选项
输入长度增量或 [角度(A)] <0.0000>: //50 Enter，设置长度增量
选择要修改的对象或 [放弃(U)]: //在直线的右端单击左键，如图3-118所示

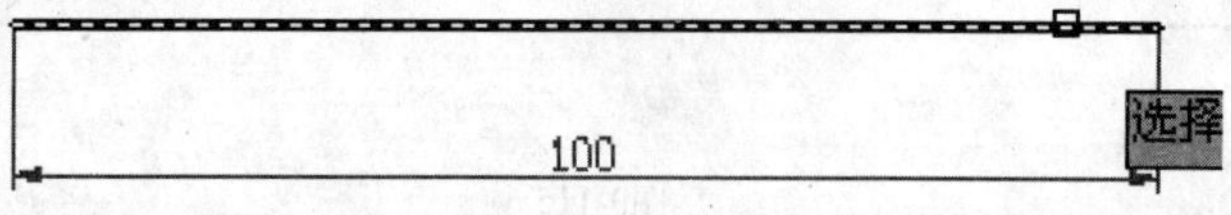


图3-118

选择要修改的对象或 [放弃(U)]:
//Enter，退出命令，则直线被拉长了50个绘图单位，如图3-119所示

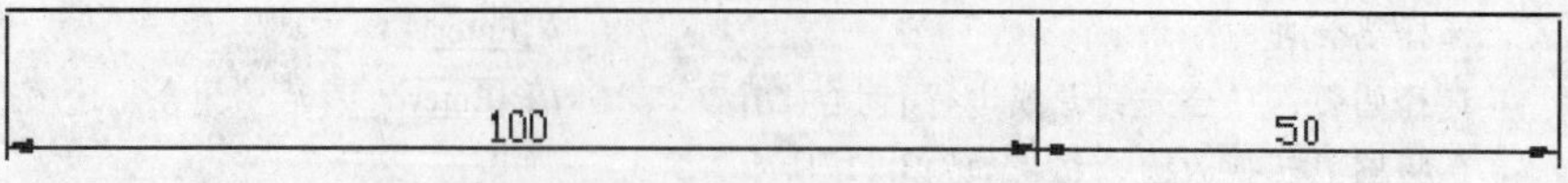


图3-119

**3** 绘制长度为150的直线，如图3-120所示。

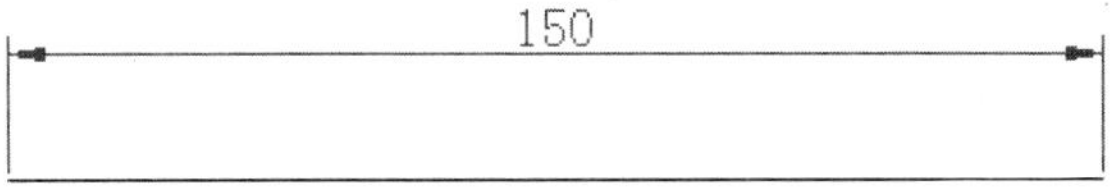


图3-120

**4** 激活“拉长”命令，将该直线拉长-50个绘图单位，命令行操作如下。

命令: _lengthen
　　选择对象或 [增量(DE)/百分数(P)/全部(T)/动态(DY)]:　　　//DE Enter，激活“增量”选项
　　输入长度增量或 [角度(A)] <0.0000>:　　　//-50 Enter，设置长度增量
　　选择要修改的对象或 [放弃(U)]:　　　//在直线的右端单击左键，结果如图3-121所示

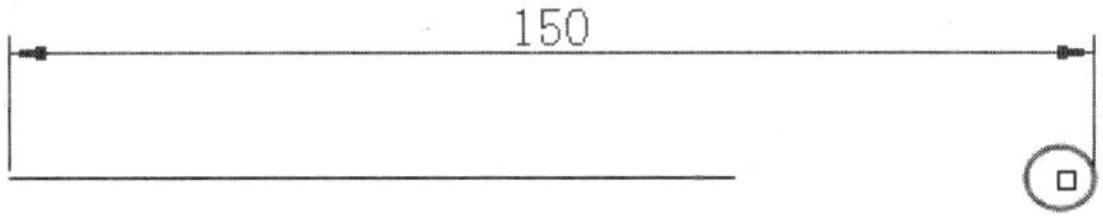


图3-121

　　选择要修改的对象或 [放弃(U)]:
　　　　　　// Enter，退出命令，则直线被拉长了-50个绘图单位，如图3-122所示

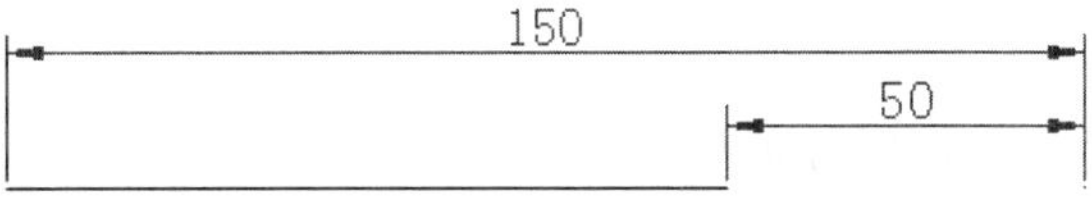


图3-122

### 2. “百分数”拉长

所谓“百分数”拉长，指的是以总长的百分比值进行拉长或缩短对象，长度的百分数值必须为正且非零，下面学习此种拉长方式。

**1** 使用画线命令绘制长度为100的水平图线，如图3-123所示。

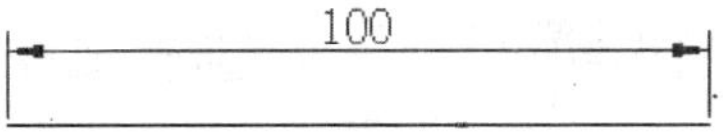


图3-123

**2** 激活“拉长”命令，将水平图线拉长50%，命令行操作如下。

命令: _lengthen
　　选择对象或 [增量(DE)/百分数(P)/全部(T)/动态(DY)]:
　　　　　　//P Enter，激活“百分比”选项
　　输入长度百分数 <100.0000>:　　　//150 Enter，设置拉长的百分比值
　　选择要修改的对象或 [放弃(U)]:　　　//在线段的右端单击，结果如图3-124所示

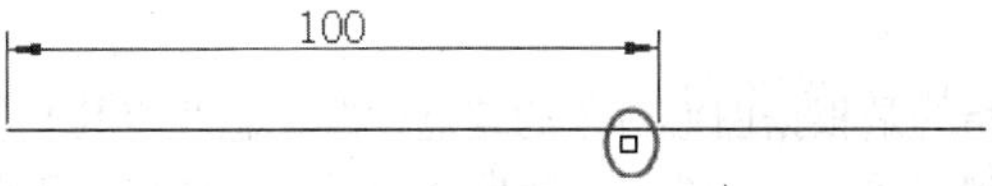


图3-124

选择要修改的对象或 [放弃(U)]: // Enter，结束命令，拉长结果如图3-125所示

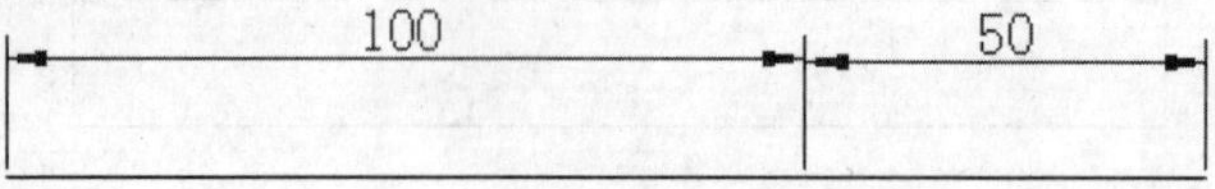


图3-125

**TIP** 当长度百分比值小于100时，将缩短对象；当长度百分比值大于100时，将拉伸对象。

### 3. “全部”拉长

所谓“全部”拉长，指的是根据指定一个总长度或者总角度进行拉长或缩短对象，下面学习此种拉长方式。

**1** 使用画线命令绘制长度为50的水平图线，如图3-126所示。

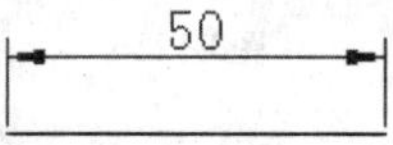


图3-126

**2** 激活“拉长”命令，将水平图线拉长为150个单位，命令行操作如下。

命令: _lengthen
选择对象或 [增量(DE)/百分数(P)/全部(T)/动态(DY)]: //T Enter，激活“全部”选项
指定总长度或 [角度(A)] <1.0000>: //150 Enter，设置总长度
选择要修改的对象或 [放弃(U)]: //在线段的一端单击左键，结果如图3-127所示

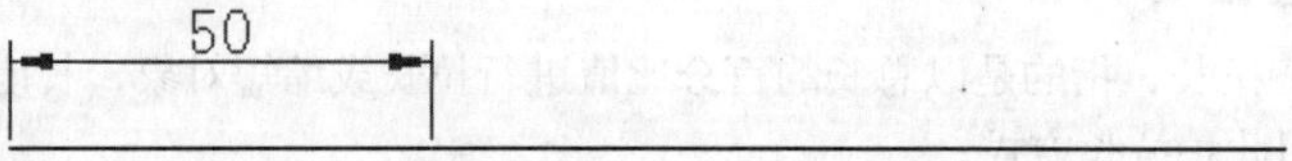


图3-127

选择要修改的对象或 [放弃(U)]: // Enter，退出命令，拉长结果如图3-128所示

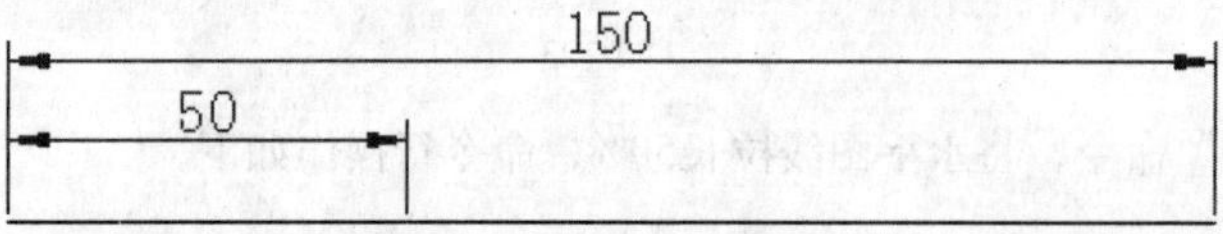


图3-128

**TIP** 如果源对象的总长度或总角度大于所指定的总长度或总角度，结果源对象将被缩短。

### 4. “动态”拉长

所谓“动态”拉长，指的是根据图形对象的端点位置动态改变其长度。激活“动态”选项功能之后，AutoCAD自动拾取到图线的一个端点，然后移动另一个端点到所需的长度或角度。

**1** 使用画线命令绘制长度为50的水平图线。

**2** 激活“拉长”命令，命令行操作如下。

命令: _lengthen
　　选择对象或 [增量(DE)/百分数(P)/全部(T)/动态(DY)]:　//DY Enter，激活“动态”选项
　　选择要修改的对象或 [放弃(U)]:　　　　　　　　　　//选择线段Enter
　　指定新端点:
　　　　//系统自动拾取到线的端点，如图3-129所示，输入50 Enter，结果如图3-130所示

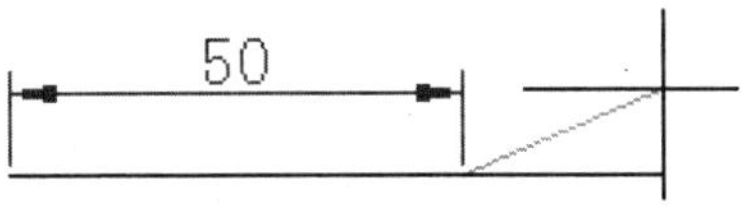


图3-129

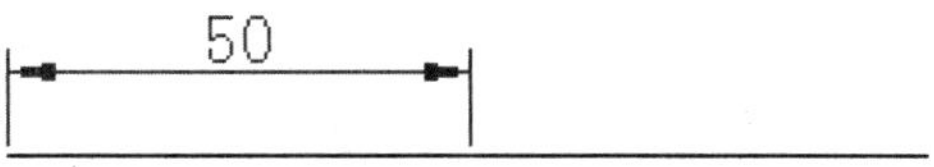


图3-130

**3** 再次按Enter键结束操作，拉伸结果如图3-131所示。

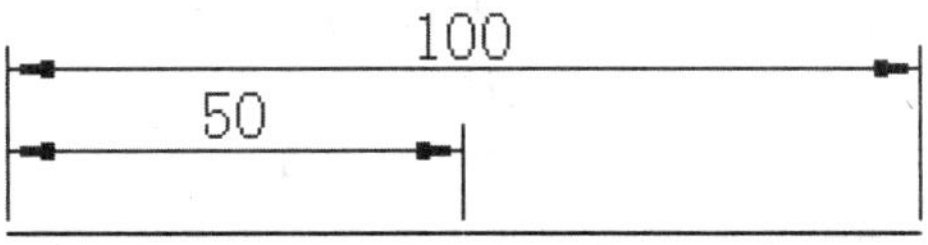


图3-131

第1章 第2章 第3章 第4章 第5章

第4章

# 绘制与编辑二维基本图形

在AutoCAD 2012中，基本图形有矩形、多边形、圆、椭圆、圆弧等，这些基本图形也是AutoCAD 2012绘图的重要元素之一。本章来学习有关这些二维基本图形的绘制方法和编辑知识。

## 4.1 绘制圆

圆是一种闭合的基本图形元素，AutoCAD 2012共为用户提供了6种画圆方式，使用任何一种方式都可以绘制圆。执行“圆”命令主要有以下几种方式。

- 执行菜单栏中“绘图”|“圆”级联菜单中的各命令，如图4-1所示。

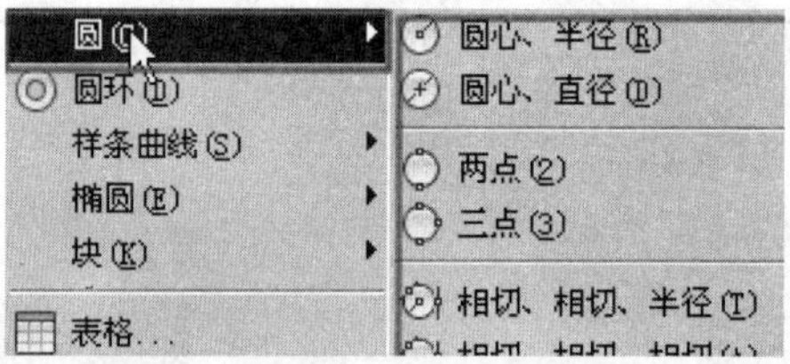


图4-1

- 单击“绘图”工具栏上的“圆”按钮，如图4-2所示。
- 在命令行输入Circle按Enter键。
- 使用命令简写C。

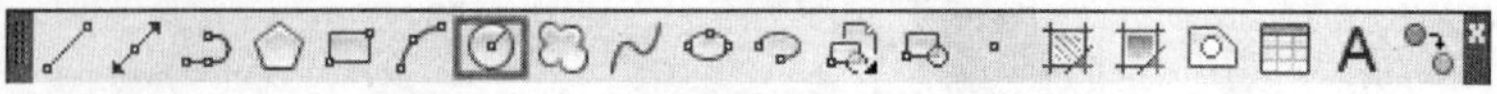

图4-2

下面分别对这几种画圆的方法进行详细讲解。

### 4.1.1 半径、直径方式画圆

尽管画圆的方式有很多，但常用的主要有 “半径画圆”和“直径画圆”这两种方式，系统默认方式为“半径画圆”。当用户定位出圆的圆心之后，只需输入圆的半径或直径，即可精确画圆。

下面通过分别绘制半径为150和直径为150的两个圆的操作，学习此种画圆方式。

1 新建一个空白文件。

2 单击“绘图”工具栏上的“圆”按钮，激活“圆”命令。

3 根据命令行的提示精确画圆，命令行操作如下。

```
命令: _circle
    指定圆的圆心或 [三点(3P)/两点(2P)/切点、切点、半径(T)]:
                                        //在绘图区拾取一点作为圆的圆心
    指定圆的半径或 [直径(D)]:      //150 Enter，指定圆的圆心，绘制结果如图4-3所示
```

命令: //Enter，重复执行命令
指定圆的圆心或 [三点(3P)/两点(2P)/切点、切点、半径(T)]:
//在绘图区拾取一点作为圆的圆心
指定圆的半径或 [直径(D)]: //D Enter，激活“直径”选项
指定圆的直径: //150 Enter，结果如图4-4所示

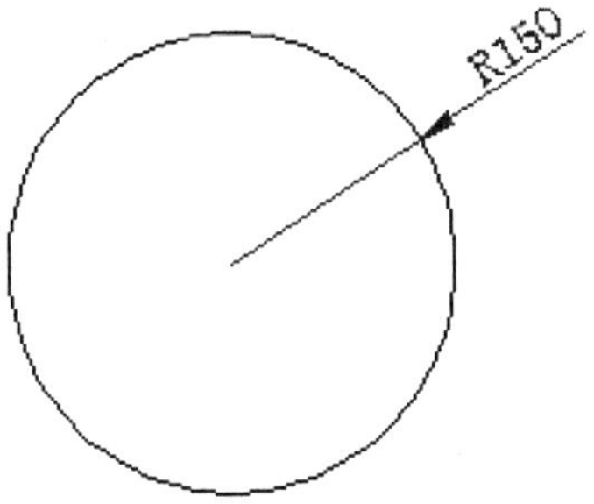


图4-3

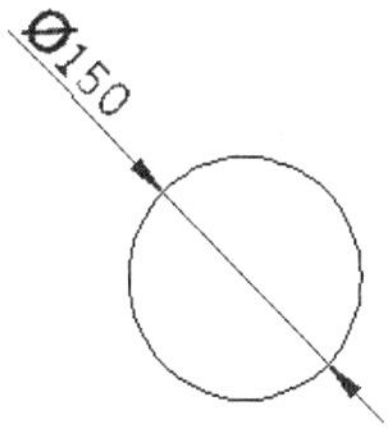


图4-4

## 4.1.2 两点和三点方式绘制圆

“两点画圆”和“三点画圆”指的是定位出两点或三点，即可精确画圆。所给定的两点被看作圆直径的两个端点，所给定的三点都位于圆周上。

下面通过绘制直径为150的圆的简单操作，学习此种画圆方法。

1 新建一个空白文件。

2 执行菜单栏中的“绘图”|“圆”|“两点”命令，激活两点画圆命令。

3 根据命令行的提示进行两点画圆，命令行操作如下。

命令: _circle
指定圆的圆心或 [三点(3P)/两点(2P)/切点、切点、半径(T) ]: _2p 指定圆直径的第一个端点:
//在绘图区拾取一点作为直径的第一个端点
指定圆直径的第二个端点: //@150,0 Enter，指定直径的第二个端点，绘制结果如图4-5所示

三点画圆的方法很简单，激活“三点”后，拾取三个点即可画圆，该命令适合在三个对象之间绘制相切圆，下面通过在三个已知圆之间绘制一个圆与这三个圆都相切的圆的实例，学习此种画圆的方法。

1 使用“半径”或“直径”方式绘制三个圆，如图4-6所示。

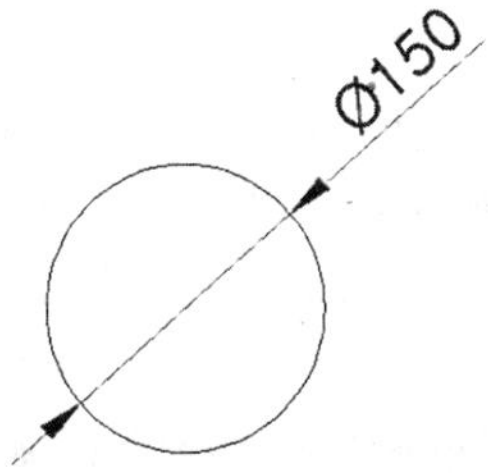


图4-5

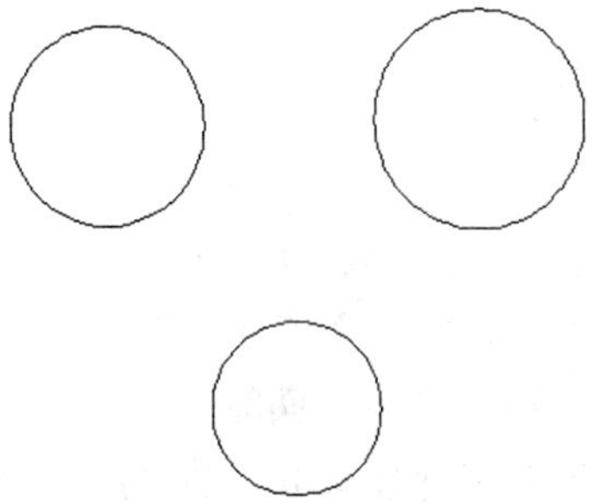

图4-6

**2** 设置为“切点”捕捉模式，执行菜单栏中的“绘图”|“圆”|“三点”命令，根据命令行的提示三点画圆，命令行操作如下。

```
命令: _circle
    指定圆的圆心或 [三点(3P)/两点(2P)/切点、切点、半径(T)]: _3p 指定圆上的第一个点:
                                   //在如图4-7所示的圆上拾取第一个切点
    指定圆上的第二个点:             //在如图4-8所示的圆上拾取第二个切点
```

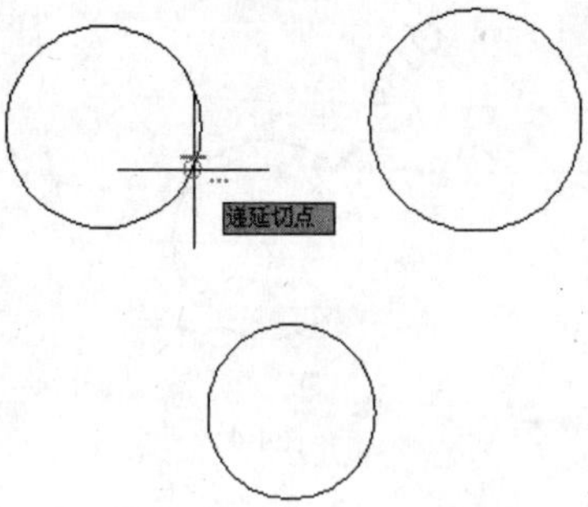


图4-7

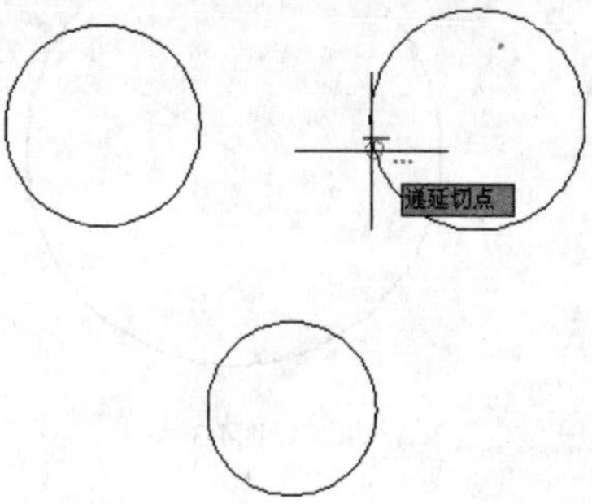


图4-8

```
    指定圆上的第三个点:    //在如图4-9所示的圆上拾取第三个切点，结果如图4-10所示
```

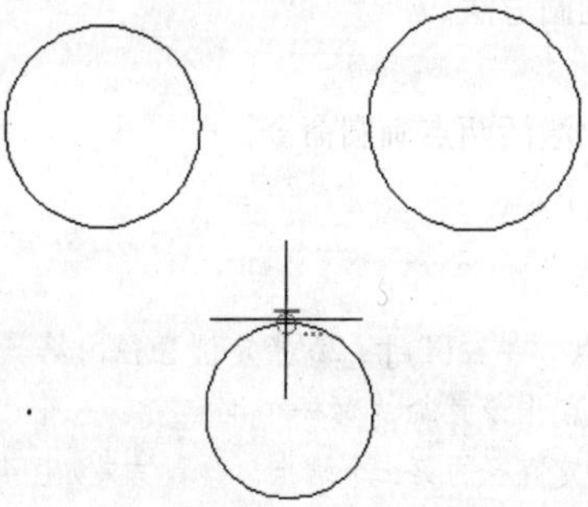

图4-9

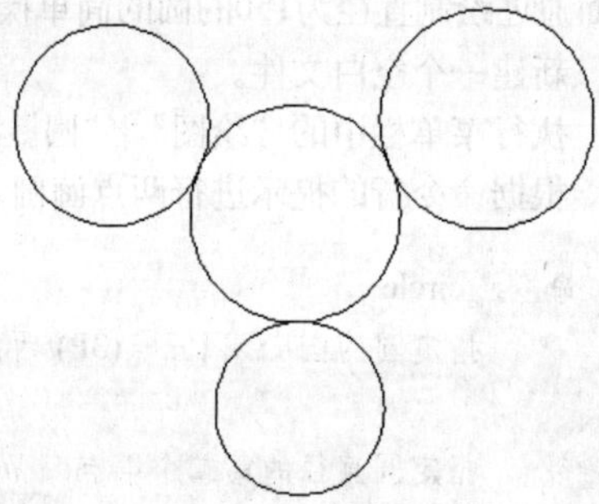

图4-10

**TIP** 激活“圆”命令后，输入3P也可以激活“三点画圆”功能。

## 4.1.3 绘制相切圆

AutoCAD 2012为用户提供了两种画相切圆的方式，即“相切、相切、半径”和“相切、相切、相切”。前一种相切方式是分别拾取两个相切对象后，再输入相切圆的半径；后一种相切方式是直接拾取三个相切对象，系统自动定位相切圆的位置和大小。

### 1. “相切、相切、半径”画圆

下面通过绘制一个半径为50，同时与已知直线和圆都相切的圆的实例，学习此种画圆方式。

**1** 新建一个空白文件。

**2** 使用“直线”和“圆”命令，绘制一条直线和一个圆对象，如图4-11所示。

**3** 执行菜单栏中的“绘图”|“圆”|“相切、相切、半径”命令，命令行操作如下。

```
命令: _circle
    指定圆的圆心或 [三点(3P)/两点(2P)/切点、切点、半径(T)]: _ttr
    指定对象与圆的第一个切点:          //在如图4-12所示的圆上拾取一个切点
```

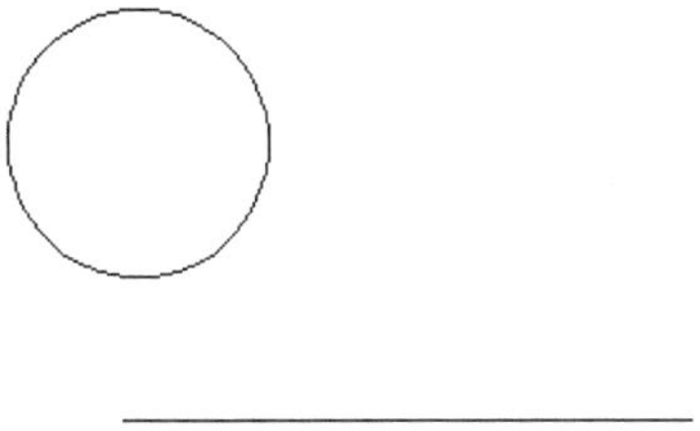

图4-11

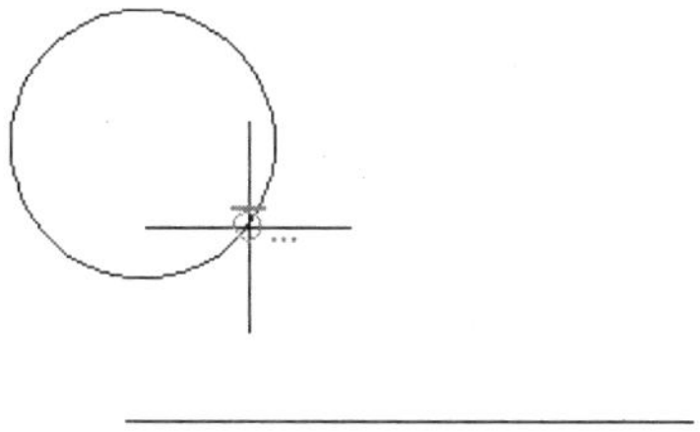

图4-12

```
    指定对象与圆的第二个切点:          //在如图4-13所示的直线上拾取一个切点
    指定圆的半径 <116.1098>:           //50 Enter，绘制结果如图4-14所示
```

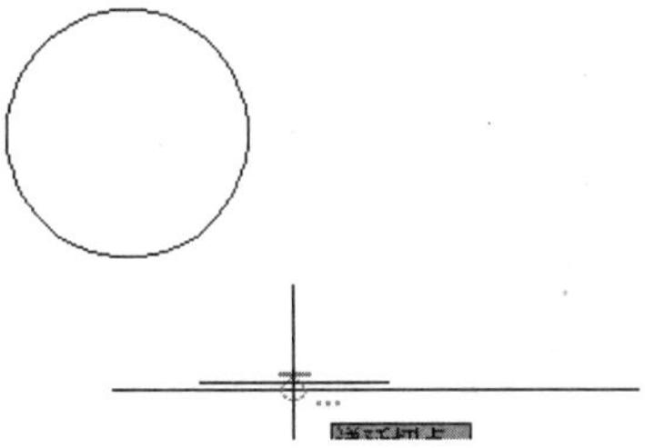

图4-13

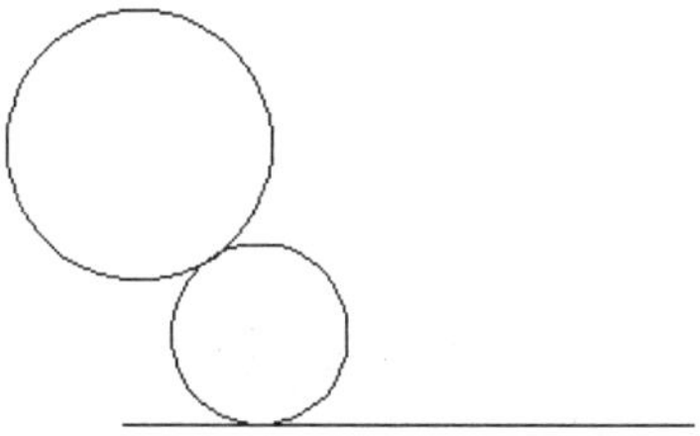

图4-14

> **TIP** 在拾取相切对象时，系统会自动在距离光标最近的对象上显示出一个相切符号，此时单击左键即可拾取该对象作为相切对象，需要注意的是，光标拾取的位置不同，所绘制的相切圆位置也不同。另外，在执行“圆”命令后，输入T也可以激活“相切、相切、半径”命令。

### 2. “相切、相切、相切”画圆

与“相切、相切、半径”命令不同，“相切、相切、相切”画圆命令可以绘制与三个已知对象都相切的圆，下面就来学习这种画圆方法。

**1** 绘制两个圆和一条直线，如图4-15所示。

**2** 执行菜单栏中的“绘图”|“圆”|“相切、相切、相切”命令，绘制与三个已知对象都相切的圆，命令行操作如下。

```
命令: _circle
    指定圆的圆心或 [三点(3P)/两点(2P)/切点、切点、半径(T)]: _3p 指定圆上的第一个点: _tan 到
                                        //在如图4-16所示的圆上拾取第一个切点
```

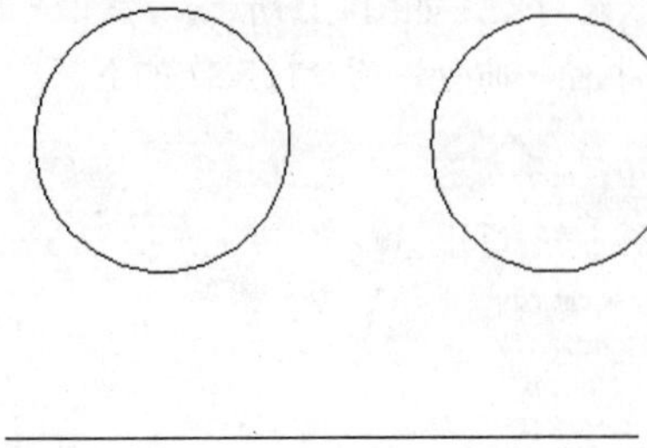

图4-15

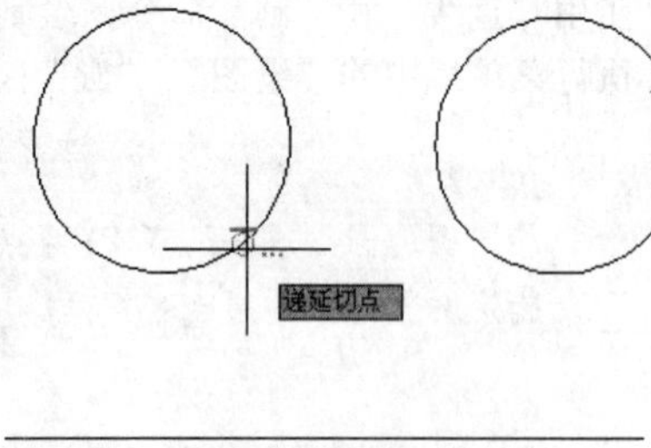


图4-16

```
指定圆上的第二个点: _tan 到                //在如图4-17所示的圆上拾取第二个切点
指定圆上的第三个点: _tan 到
                //在如图4-18所示的直线上拾取第三个切点，绘制结果如图4-19所示
```

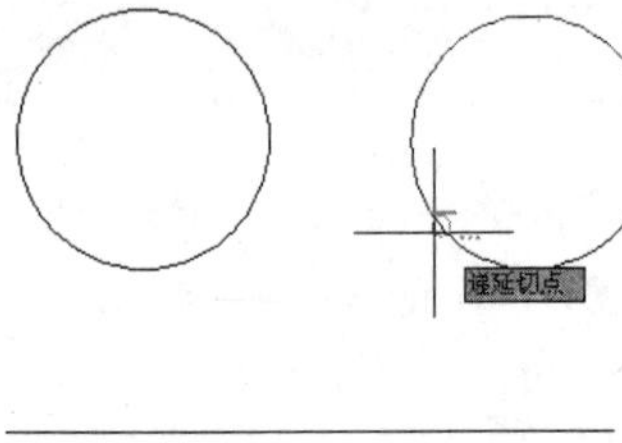


图4-17

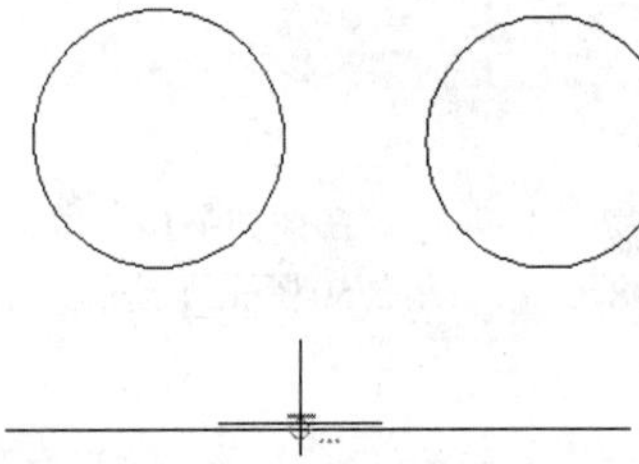

图4-18

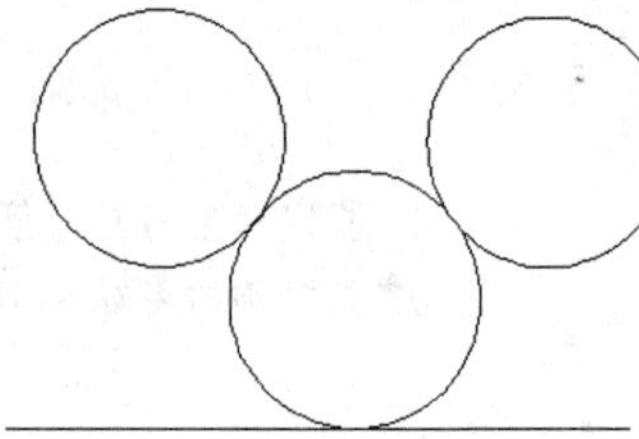

图4-19

## 4.2 绘制圆弧

圆弧也是基本的图形元素之一，AutoCAD 2012为用户提供了11种画弧方式，激活“圆弧”命令后，使用任意一种画弧方式都可以绘制圆弧。

执行“圆弧”命令主要有以下几种方式。

- 执行菜单栏中“绘图”|“圆弧”级联菜单中的各命令，如图4-20所示。
- 单击“绘图”工具栏上的“圆弧”按钮。
- 在命令行输入Arc按Enter键。
- 使用命令简写A。

下面将详细讲解各种绘制圆弧的方法。

### 4.2.1 三点方式绘制圆弧

所谓“三点画弧”，指的是直接拾取三个点即可定位出圆弧，所拾取的第一点和第三个点被作为弧的起点和端点。

图4-20

1 新建一个空白文件。
2 单击“绘图”工具栏上的“圆弧”按钮⌒，激活“圆弧”命令。
3 根据命令行的步骤提示进行三点画弧，命令行操作如下。

```
命令: _arc
    指定圆弧的起点或 [圆心(C)]:                       //拾取一点作为圆弧的起点
    指定圆弧的第二个点或 [圆心(C)/端点(E)]:           //在适当位置拾取第二点，如图4-21所示
    指定圆弧的端点:                      //在适当位置拾取第三点，结束绘制，如图4-22所示
```

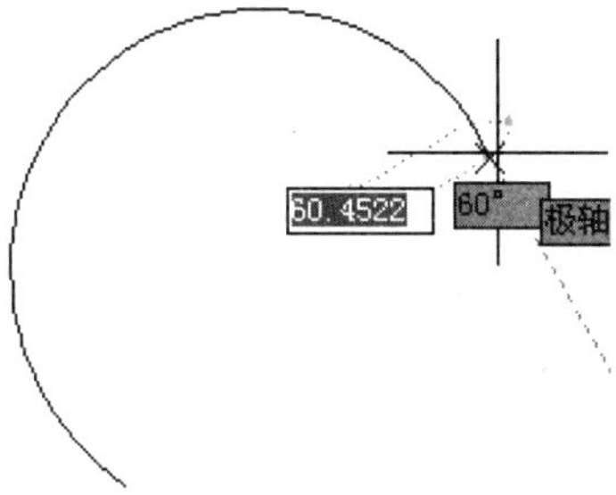


图4-21

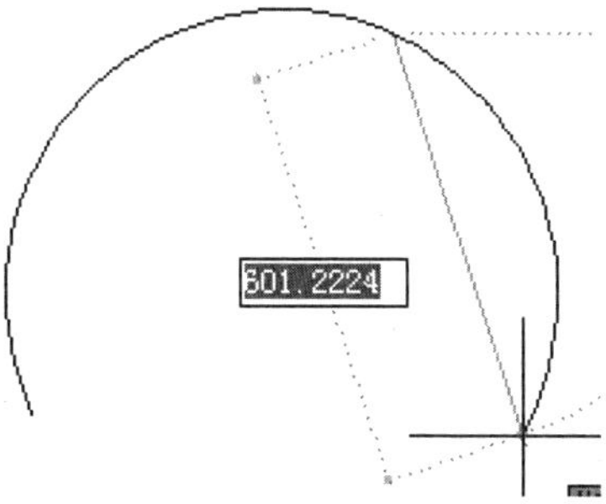


图4-22

## 4.2.2 “起点、圆心”方式绘制圆弧

此种画弧方式又分为“起点、圆心、端点”、“起点、圆心、角度”和“起点、圆心、长度”三种方式。当用户确定圆弧的起点和圆心后，只需要再给出圆弧的端点，或角度、弧长等参数，即可精确画弧。

### 1. 起点、圆心、端点

```
命令: _arc
    指定圆弧的起点或 [圆心(C)]:              //在绘图区拾取一点作为圆弧的起点
    指定圆弧的第二个点或 [圆心(C)/端点(E)]: _c 指定圆弧的圆心:
                                             //在绘图区拾取一点作为圆弧的圆心
    指定圆弧的端点或 [角度(A)/弦长(L)]:    //拾取一点作为圆弧的端点，如图4-23所示
```

### 2. 起点、圆心、角度

```
命令: _arc
    指定圆弧的起点或 [圆心(C)]:              //在绘图区拾取一点作为圆弧的起点
    指定圆弧的第二个点或 [圆心(C)/端点(E)]: _c 指定圆弧的圆心:
                                             //在绘图区拾取一点作为圆弧的圆心
    指定圆弧的端点或 [角度(A)/弦长(L)]: _a 指定包含角: //90 Enter，输入角度，如图4-24所示
```

### 3. 起点、圆心、长度

```
命令: _arc
    指定圆弧的起点或 [圆心(C)]:              //在绘图区拾取一点作为圆弧的起点
```

指定圆弧的第二个点或 [圆心(C)/端点(E)]: _c 指定圆弧的圆心:
//在绘图区拾取一点作为圆弧的圆心
指定圆弧的端点或 [角度(A)/弦长(L)]: _l 指定弦长: //100 Enter，输入长度，如图4-25所示

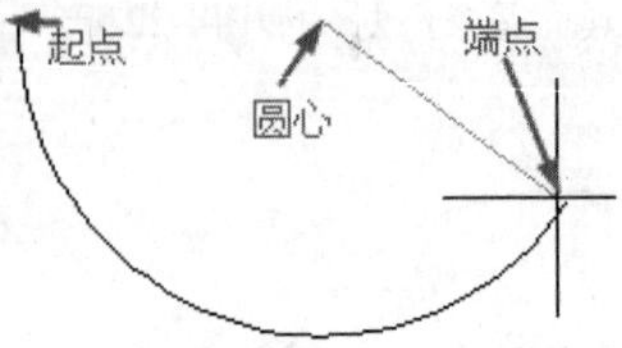


图4-23

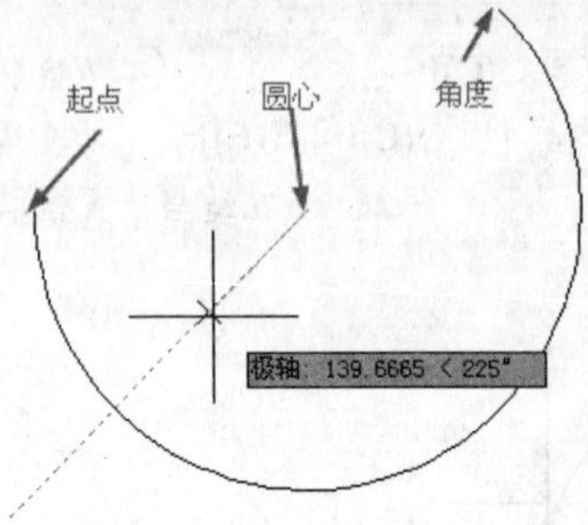


图4-24

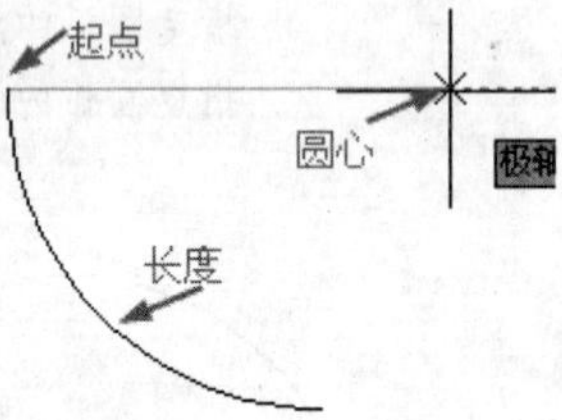


图4-25

## 4.2.3 “起点、端点”方式绘制圆弧

此种画弧方式又可分为“起点、端点、角度”、“起点、端点、方向”和“起点、端点、半径”三种方式。当用户定位出弧的起点和端点后，只需再确定弧的角度、半径或方向，即可精确画弧。

### 1. 起点、端点、角度

命令: _arc
指定圆弧的起点或 [圆心(C)]: //拾取一点指定起点
指定圆弧的第二个点或 [圆心(C)/端点(E)]: _e
指定圆弧的端点: //拾取一点指定端点
指定圆弧的圆心或 [角度(A)/方向(D)/半径(R)]: _a 指定包含角:
//60 Enter，指定包含角度，如图4-26所示

### 2. 起点、端点、方向

命令: _arc
指定圆弧的起点或 [圆心(C)]: //拾取一点指定起点
指定圆弧的第二个点或 [圆心(C)/端点(E)]: _e
指定圆弧的端点: //拾取一点指定端点
指定圆弧的圆心或 [角度(A)/方向(D)/半径(R)]: _d 指定圆弧的起点切向:
//拾取一点指定切线的方向，如图4-27所示

### 3. 起点、端点、半径

命令: _arc
指定圆弧的起点或 [圆心(C)]: //拾取一点指定起点
指定圆弧的第二个点或 [圆心(C)/端点(E)]: _e
指定圆弧的端点: //拾取一点指定端点
指定圆弧的圆心或 [角度(A)/方向(D)/半径(R)]: _r 指定圆弧的半径:
//100 Enter，指定圆弧的半径，如图4-28所示

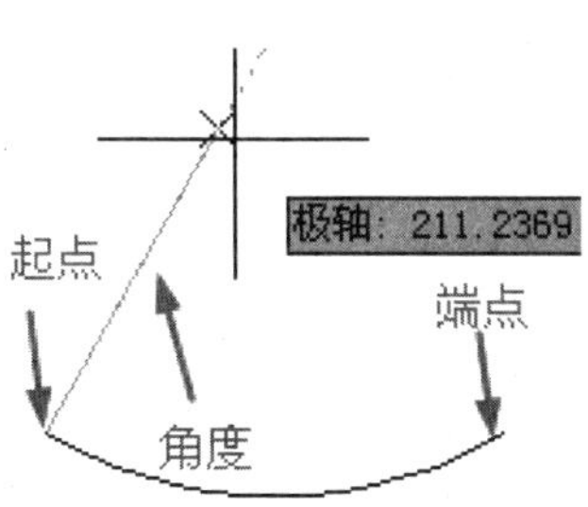


图4-26

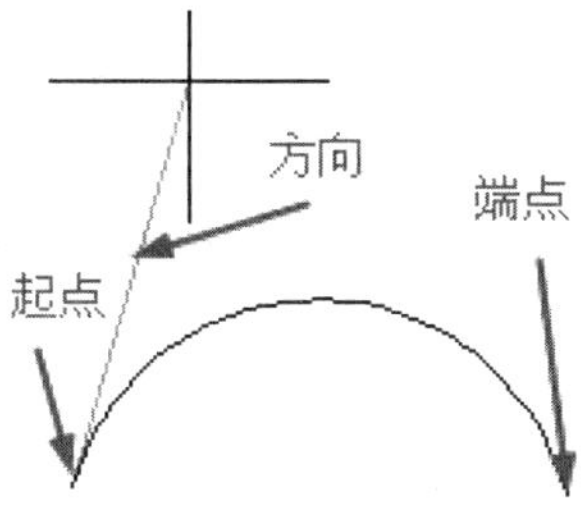


图4-27

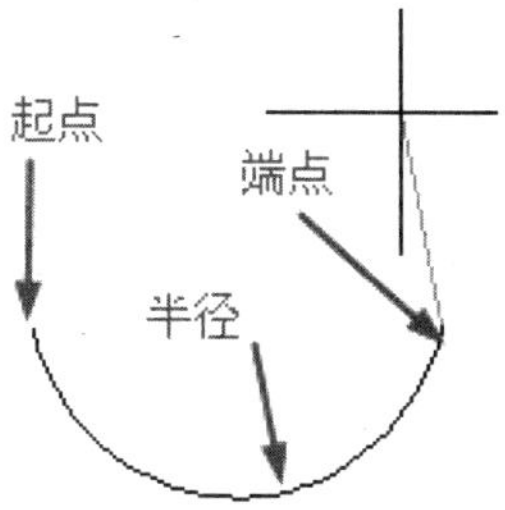


图4-28

**TIP** 如果用户输入的角度为正值，系统将按逆时针方向绘制圆弧；反之将按顺时针方向绘制圆弧。另外，当用户指定了圆弧的起点和端点后，直接输入圆弧的半径或起点切向，也可精确绘制圆弧。

### 4.2.4 “圆心、起点”方式绘制圆弧

此种画弧方式分为“圆心、起点、端点”、“圆心、起点、角度”和“圆心、起点、长度”三种。当用户确定了圆弧的圆心和起点后，只需再给出圆弧的端点或角度、弧长等参数，即可精确绘制圆弧。

#### 1. 圆心、起点、端点

```
命令: _arc
    指定圆弧的起点或 [圆心(C)]: _c 指定圆弧的圆心: //拾取一点指定圆心
    指定圆弧的起点:                             //拾取一点指定起点
    指定圆弧的端点或 [角度(A)/弦长(L)]:          //拾取一点指定端点，如图4-29所示
```

#### 2. 圆心、起点、角度

```
命令: _arc
    指定圆弧的起点或 [圆心(C)]: _c 指定圆弧的圆心://拾取一点指定圆心
    指定圆弧的起点:                             //拾取一点指定起点
    指定圆弧的端点或 [角度(A)/弦长(L)]: _a 指定包含角:
                                   //100 Enter，指定包含角度，如图4-30所示
```

#### 3. 圆心、起点、长度

```
命令: _arc
    指定圆弧的起点或 [圆心(C)]: _c 指定圆弧的圆心:   //拾取一点指定圆心
    指定圆弧的起点:                               //拾取一点指定起点
    指定圆弧的端点或 [角度(A)/弦长(L)]: _l 指定弦长:  //拾取一点指定弧长，如图4-31所示
```

**TIP** 当用户给定了圆弧的圆心和起点后，输入圆弧的圆心角或弦长，也可精确绘制圆弧。在配合“长度”绘制圆弧时，如果输入的弦长为正值，系统将绘制小于180°的劣弧；如果输入的弦长为负值，系统将绘制大于180°的优弧。

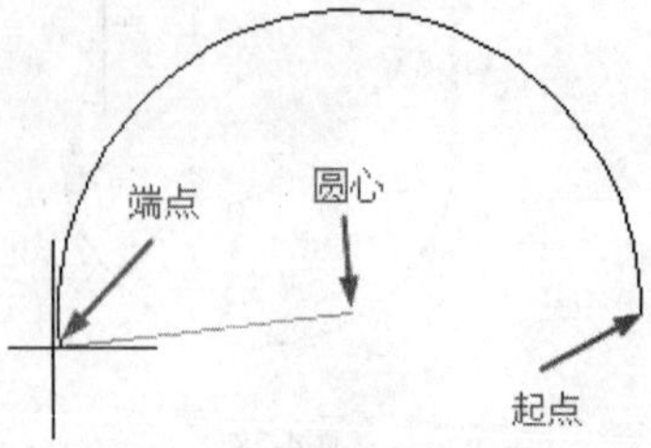

图4-29

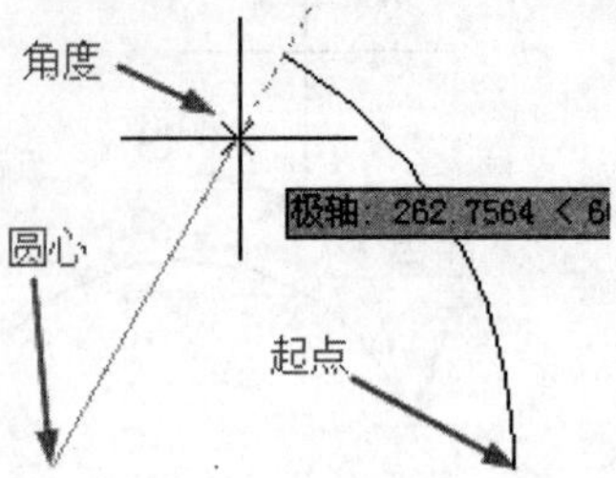

图4-30

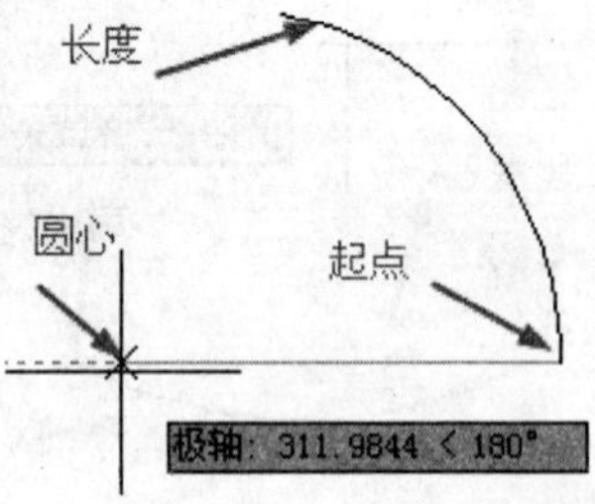

图4-31

### 4.2.5 “连续”方式绘制圆弧

执行菜单栏中的“绘图”|“圆弧”|“继续”命令，即可进入连续画弧状态，所绘制的圆弧与上一个弧自动相切。另外在结束画弧命令后，连续两次按Enter键也可进入“相切圆弧”绘制模式，所绘制的圆弧与前一个圆弧的终点连接并与之相切，如图4-32所示。

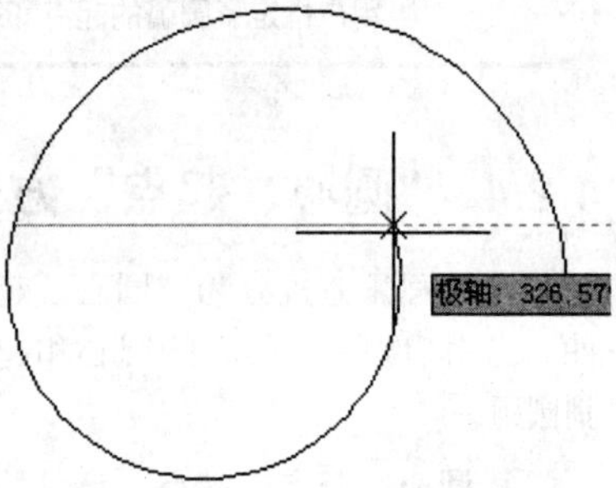

图4-32

## 4.3 绘制椭圆与椭圆弧

这一节继续学习绘制椭圆与椭圆弧。

### 4.3.1 绘制椭圆

椭圆也是一种闭合的曲线，是一种基本构图元素，它是由两条不等的椭圆轴所控制的闭合曲线，包含中心点、长轴和短轴等几何特征。

AutoCAD 2012提供了两种绘制椭圆的方式，分别是“圆心”和“轴、端点”方式。执行“椭圆”命令主要有以下几种方式。

- 执行菜单栏中“绘图”|“椭圆”级联菜单中的子命令，如图4-33所示。
- 单击“绘图”工具栏上的“椭圆”按钮。
- 在命令行输入Ellipse按Enter键。
- 使用命令简写EL。

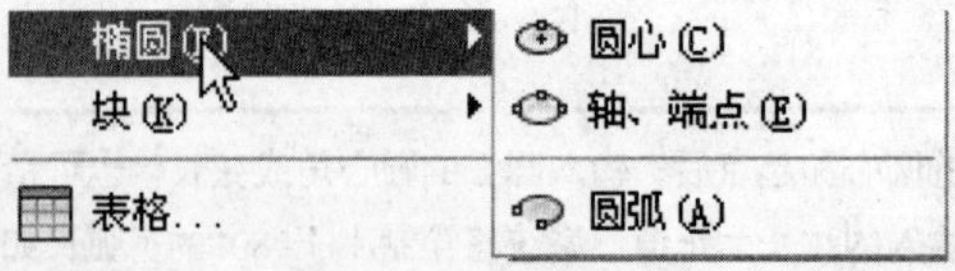

图4-33

下面分别学习这两种绘制椭圆的方法。

### 1. “轴、端点”方式绘制椭圆

所谓“轴、端点”方式是指定一条轴的两个端点和另一条轴的半长，即可精确画椭圆。此方式是系统默认的绘制方式。

下面通过绘制长轴为200，短轴为80的椭圆的实体，学习此种绘制椭圆的方法。

**1** 使用以上任意方式激活“椭圆”命令。

**2** 根据AutoCAD命令行的提示绘制椭圆，命令行操作如下。

```
命令: _ellipse
    指定椭圆轴的端点或 [圆弧(A)/中心点(C)]:        //拾取一点，定位椭圆轴的一个端点
    指定轴的另一个端点:                            //@200,0 Enter
    指定另一条半轴长度或 [旋转(R)]:
            //40 Enter，结果绘制出长轴为200、短轴为80的椭圆，如图4-34所示
```

TIP 如果在轴测图模式下启动了“椭圆”命令，那么在此操作步骤中将增加“等轴测圆”选项，用于绘制轴测圆。

### 2. “圆心”方式绘制椭圆

使用“圆心”方式绘制椭圆需要首先确定出椭圆的中心点，然后再确定椭圆轴的一个端点和椭圆另一半轴的长度。

下面以绘制长轴为120，短轴为70的同心椭圆为例，学习使用“圆心”方式绘制椭圆的方法。

继续上例操作。执行菜单栏中的“绘图”|“椭圆”|“圆心”命令，使用“圆心”方式绘制椭圆，命令行操作如下。

```
命令: _ellipse
    指定椭圆的轴端点或 [圆弧(A)/中心点(C)]: _c
    指定椭圆的中心点:                  //捕捉刚绘制的椭圆的圆心
    指定轴的端点:                      //@0,60 Enter
    指定另一条半轴长度或 [旋转(R)]:  //35 Enter，输入另一条轴的半长，结果如图4-35所示
```

TIP “旋转”选项是指以椭圆的短轴和长轴的比值，将一个圆绕定义的第一轴旋转成椭圆。

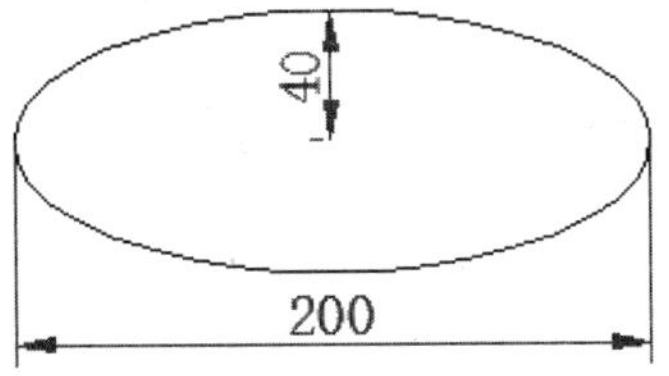


图4-34

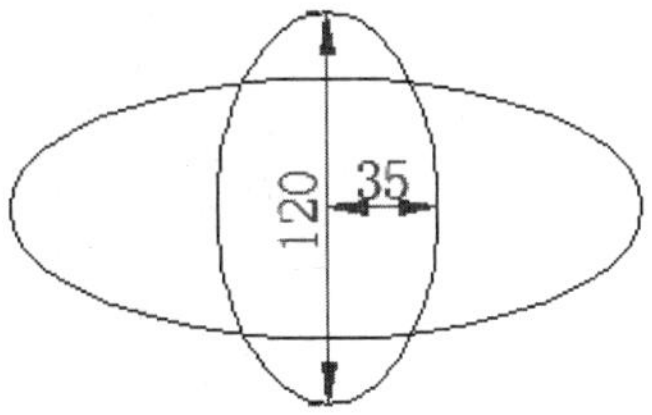


图4-35

## 4.3.2 绘制椭圆弧

椭圆弧也是一种基本的构图元素，它除了包含中心点、长轴和短轴等几何特征外，还具有角度特征。

执行“椭圆弧”命令主要有以下几种方式。

- 执行菜单栏中的“绘图”|“椭圆弧”命令。
- 单击“绘图”工具栏上的“椭圆弧”按钮。

下面以绘制长轴为120、短轴为60、角度为90的椭圆弧，学习使用“椭圆弧”命令的方法。

1 新建一个空白文件。

2 采用以上任意方式激活“椭圆弧”命令，命令行操作如下。

```
命令: _ellipse
    指定椭圆弧的轴端点或 [中心点(C)]:          //拾取一点，定位弧端点
    指定轴的另一个端点:                       //@120,0 Enter，定位长轴
    指定另一条半轴长度或 [旋转(R)]:            //30 Enter，定位短轴
    指定起始角度或 [参数(P)]:                  //90 Enter，定位起始角度
    指定终止角度或 [参数(P)/包含角度(I)]:
                         //180 Enter，定位终止角度，绘制结果如图4-36所示
```

TIP：椭圆弧的角度就是终止角和起始角的差值。另外，用户也可以使用“包含角”选项功能，直接输入椭圆弧的角度。

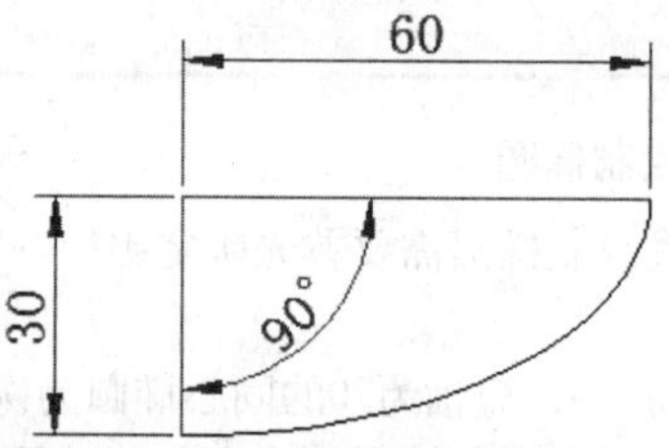


图4-36

## 4.4 圆、圆弧应用实例——绘制手柄零件图

上一节学习了圆、圆弧的绘制方法，这一节通过绘制如图4-37所示的手柄零件图的实例，对以上所学知识进行巩固练习。

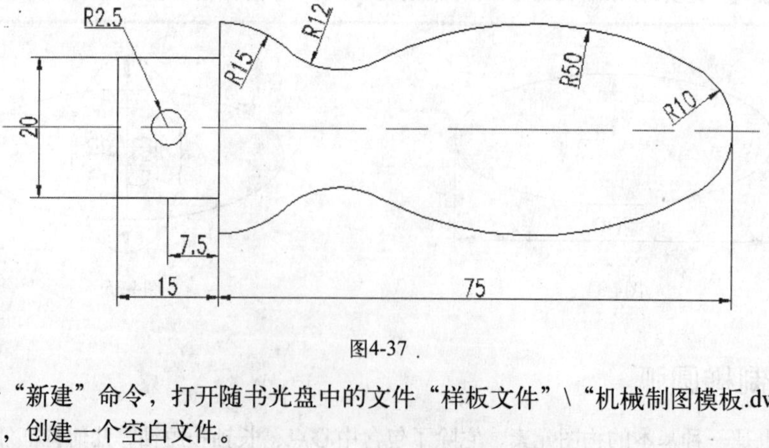


图4-37

1 执行“新建”命令，打开随书光盘中的文件“样板文件”\“机械制图模板.dwt”作为基础样板，创建一个空白文件。

2 在“图层控制”下拉列表中，将“点划线”层设置为当前层。

**3** 执行菜单栏中的“绘图”|“构造线”命令，绘制垂直相交的构造线作为辅助线，命令行操作如下。

```
命令: _xline
    指定点或 [水平(H)/垂直(V)/角度(A)/二等分(B)/偏移(O)]:
                                      //H Enter，激活“水平”选项
    指定通过点:                       //在绘图窗口的中心位置单击左键，拾取一点
    指定通过点:                       //Enter，结束命令
命令:                                 //Enter，重复执行命令
    XLINE
    指定点或 [水平(H)/垂直(V)/角度(A)/二等分(B)/偏移(O)]:  //V Enter，激活“垂直”选项
    指定通过点:                       //在绘图窗口中单击左键，拾取一点
    指定通过点:                       //Enter，结束命令，结果如图4-38所示
```

图4-38

> **TIP**
> 构造线是向两端无限延伸的线，它仅能作为辅助线使用，不能用来作为图形的一部分，但可以通过编辑将其转换为图形的一部分。

**4** 执行菜单栏中的“绘图”|“构造线”命令，将垂直构造线向右偏移7.5、15、90，命令行操作如下。

```
命令: _xline
    指定点或 [水平(H)/垂直(V)/角度(A)/二等分(B)/偏移(O)]:  //O Enter
    指定偏移距离或 [通过(T)] <通过>:                      //7.5 Enter
    选择直线对象:                                         //单击垂直构造线
    指定向哪侧偏移:                                       //在垂直构造线右侧拾取一点
    选择直线对象:                                         //Enter，结束命令
```

**5** 继续使用“构造线”命令中的“偏移”选项，将垂直构造线向右偏移15和90个绘图单位，结果如图4-39所示。

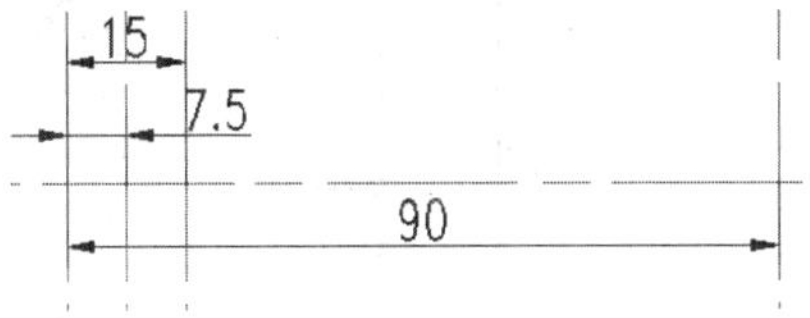


图4-39

**6** 在无任何命令发出的情况下选择4条垂直构造线，使其夹点显示，然后在“图层控制”下拉列表中选择“轮廓线”层，将这4条构造线放入“轮廓线”层，并将“轮廓线”层置为当前图层。

**7** 执行菜单栏中的“绘图”|“直线”命令，配合“交点”捕捉、“自”功能以及“对象捕捉追踪”功能，绘制手柄左侧的轮廓线，命令行操作如下。

```
命令: _line
    指定第一点: _from 基点:        //激活“自”命令，捕捉如图4-40所示的交点
    <偏移>:                        //@0,10 Enter
    指定下一点或 [放弃(U)]:        //水平向右引导光标，捕捉如图4-41所示的交点
    指定下一点或 [放弃(U)]:        // Enter，结束命令
```

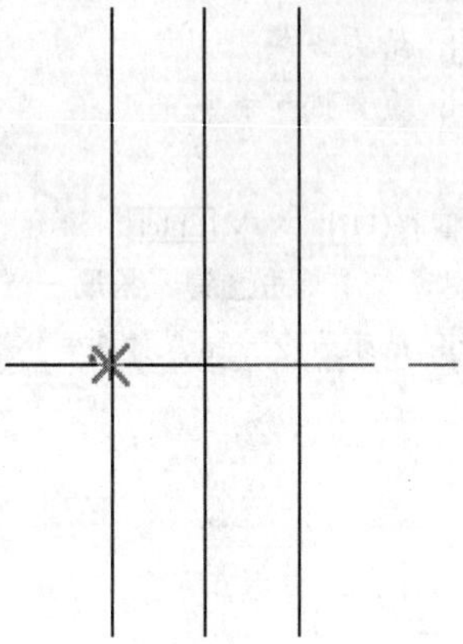

图4-40

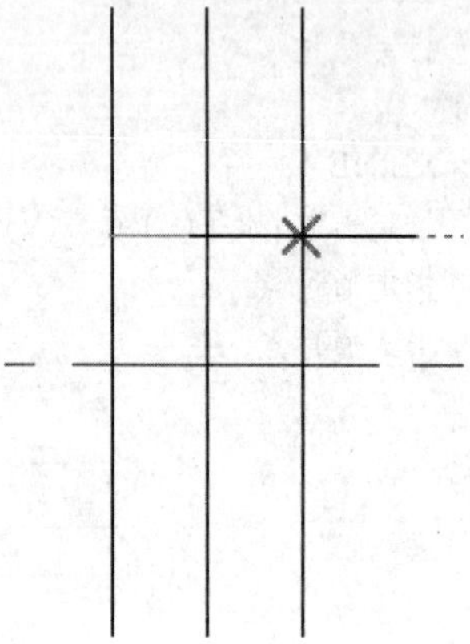

图4-41

**8** 使用命令简写C激活“圆”命令，配合“交点”捕捉功能绘制半径为2.5和15的圆，命令行操作如下。

```
命令: _circle
    指定圆的圆心或 [三点(3P)/两点(2P)/相切、相切、半径(T)]:
                                            //捕捉如图4-42所示的交点
    指定圆的半径或 [直径(D)] <10.0000>:    //2.5 Enter，结束命令
命令:                                       // Enter，重复执行命令
    CIRCLE
    指定圆的圆心或 [三点(3P)/两点(2P)/相切、相切、半径(T)]:
                                            //捕捉如图4-43所示的交点
    指定圆的半径或 [直径(D)] <2.5000>:     //15 Enter，结束命令，结果如图4-44所示
```

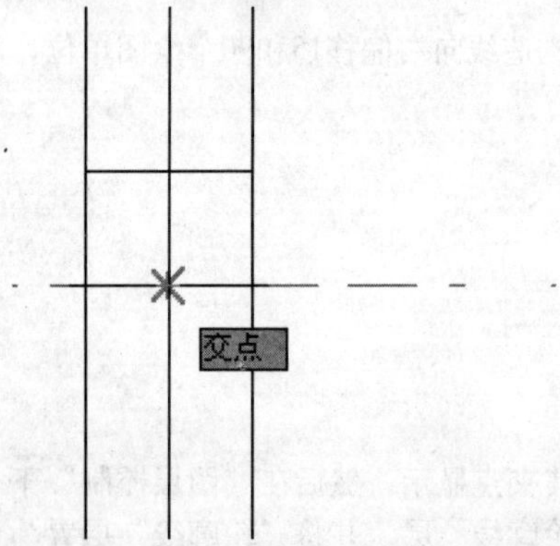


图4-42

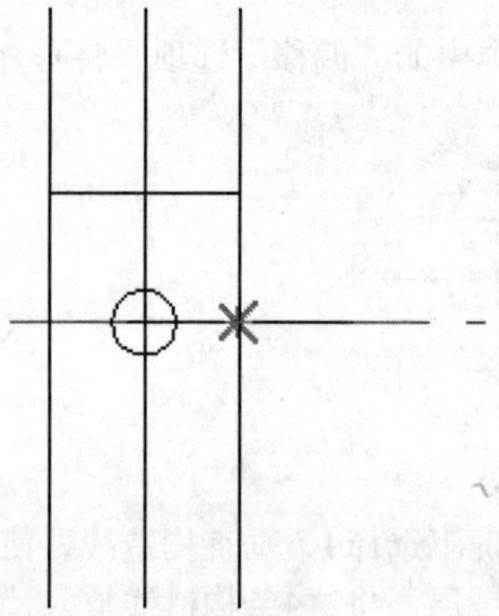

图4-43

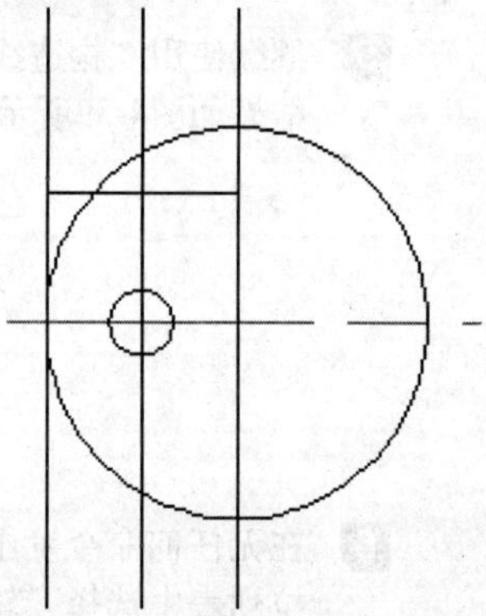

图4-44

**9** 再次激活“构造线”命令，使用其“偏移”功能将最右侧的垂直构造线向左偏移10个绘图单位，将水平参考线向上偏移15个绘图单位，偏移结果如图4-45所示。

**10** 再次执行“圆”命令，配合“交点”捕捉功能，分别绘制半径为10和50的两个圆，命令行操作如下。

```
命令: _circle
    指定圆的圆心或 [三点(3P)/两点(2P)/相切、相切、半径(T)]:
                                          //捕捉如图4-46所示的交点
    指定圆的半径或 [直径(D)] <15.0000>:      //10 Enter
```

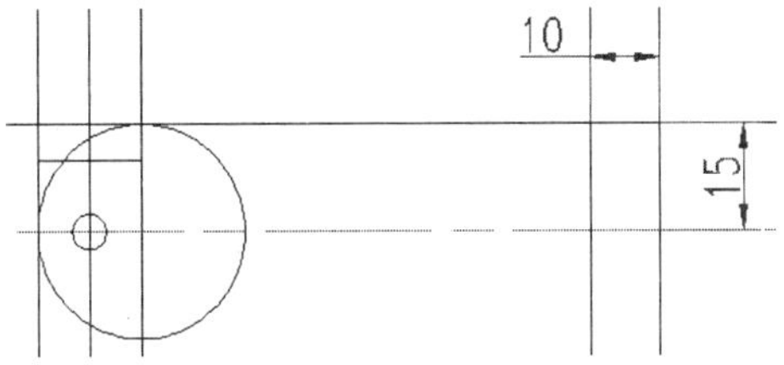


图4-45

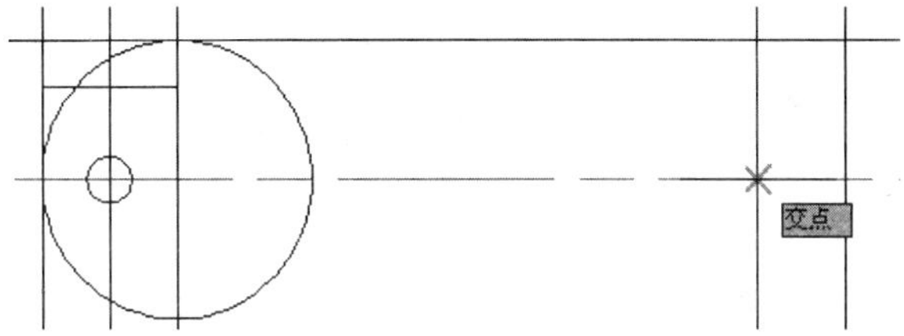


图4-46

```
命令:                                     //Enter，重复执行命令
    CIRCLE
    指定圆的圆心或 [三点(3P)/两点(2P)/相切、相切、半径(T)]:
                                          //T Enter，激活相应选项
    指定对象与圆的第一个切点:               //在如图4-47所示的圆上拾取第一个切点
    指定对象与圆的第二个切点:               //在如图4-48所示的构造线上拾取第二个切点
```

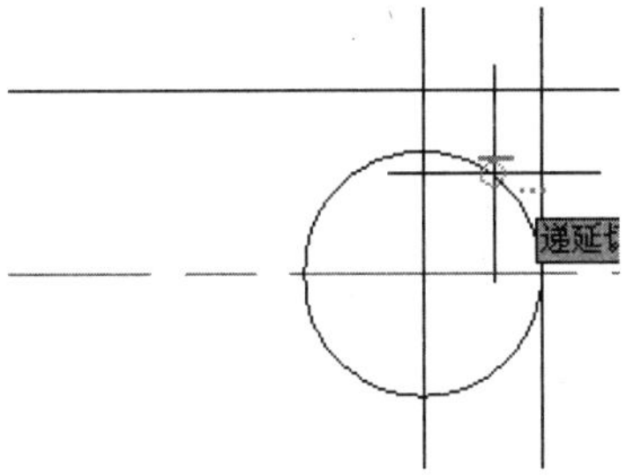

图4-47

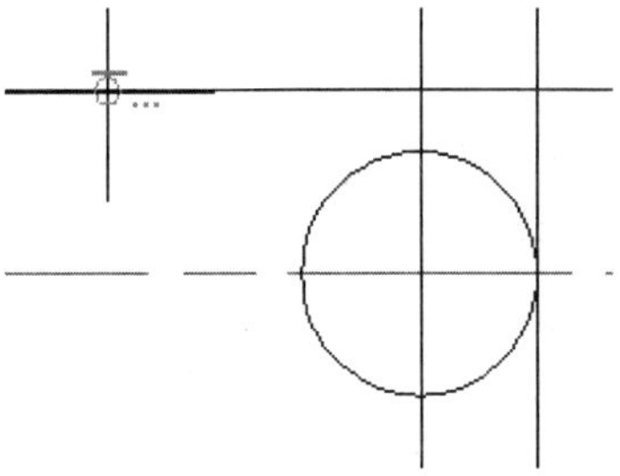

图4-48

```
指定圆的半径 <10.0000>:                    //50 Enter，结束命令，结果如图4-49所示
```

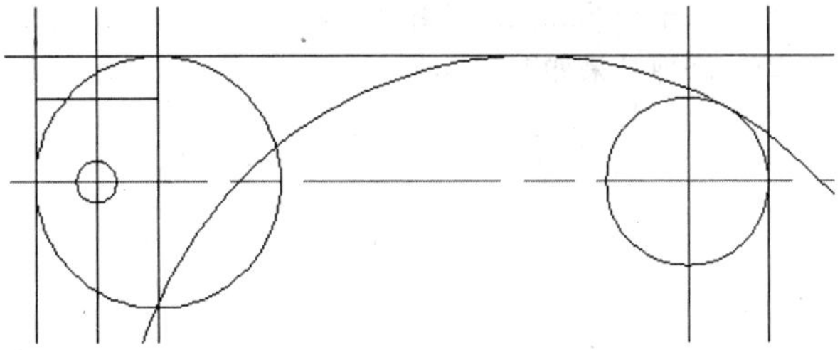

图4-49

**11** 继续执行菜单栏中的“绘图”|“圆”|“相切、相切、半径”命令，分别以半径为50和15的两个圆作为相切对象，绘制半径为12的相切圆，结果如图4-50所示。

**12** 执行菜单栏中的“修改”|“删除”命令，将最左边和最右边的两条垂直构造线和最上方的水平构造线删除，结果如图4-51所示。

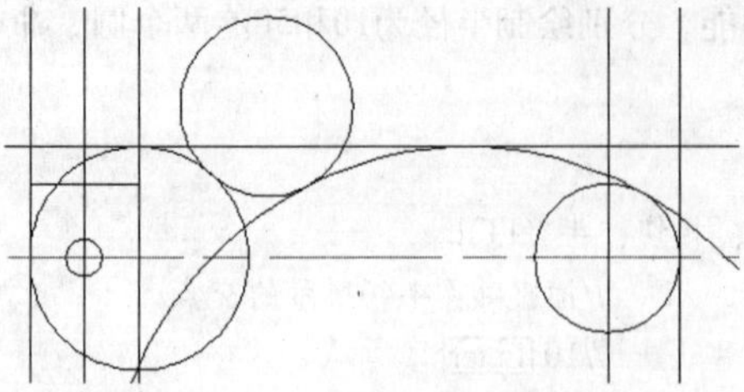

图4-50

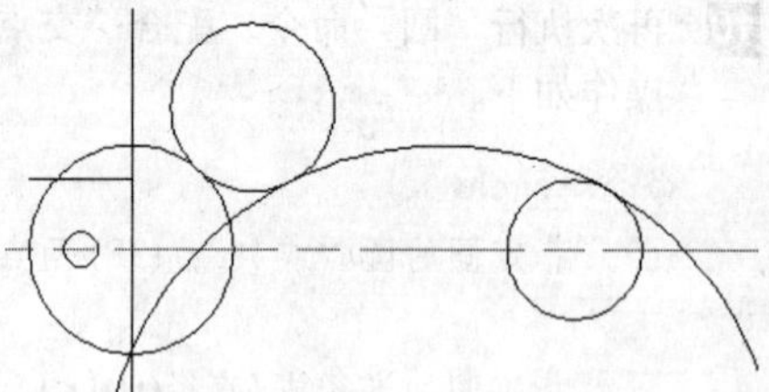

图4-51

**13** 使用命令简写TR激活“修剪”命令，以半径为50和15的两个圆作为修剪边，修剪掉位于边界上部的构造线和圆弧，命令行操作如下。

```
命令: _trim
    当前设置:投影=UCS, 边=无
    选择剪切边...
    选择对象:                     //选择半径为15和50的圆形, 如图4-52所示
    选择对象:                     // Enter, 结束选择
    选择要修剪的对象, 或按住 Shift 键选择要延伸的对象, 或 [投影(P)/边(E)/放弃(U)]:
                                  //在垂直构造线的上部单击
    选择要修剪的对象, 或按住 Shift 键选择要延伸的对象, 或 [投影(P)/边(E)/放弃(U)]:
                                  //在半径为12的圆上单击
    选择要修剪的对象, 或按住 Shift 键选择要延伸的对象, 或 [投影(P)/边(E)/放弃(U)]:
                                  // Enter, 结束命令, 修剪结果如图4-53所示
```

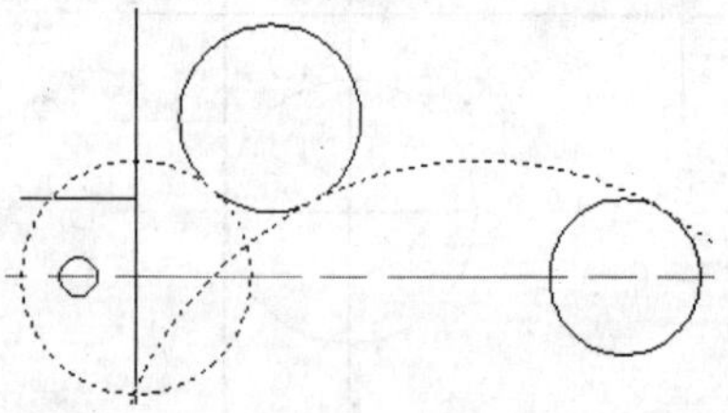

图4-52

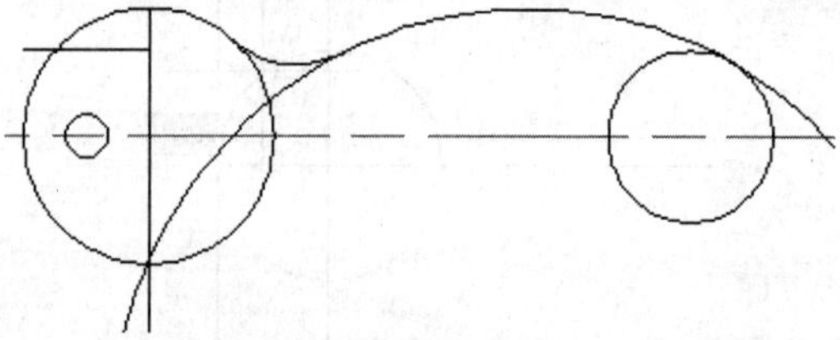

图4-53

**14** 重复“修剪”命令，以半径为10的圆和上一步修剪所产生的圆弧作为剪切边界，对半径为50的大圆进行修剪，修剪结果如图4-54所示。

**15** 重复“修剪”命令，以半径为50的圆弧和水平构造线作为剪切边界，对半径为10的圆和垂直构造线进行修剪，修剪结果如图4-55所示。

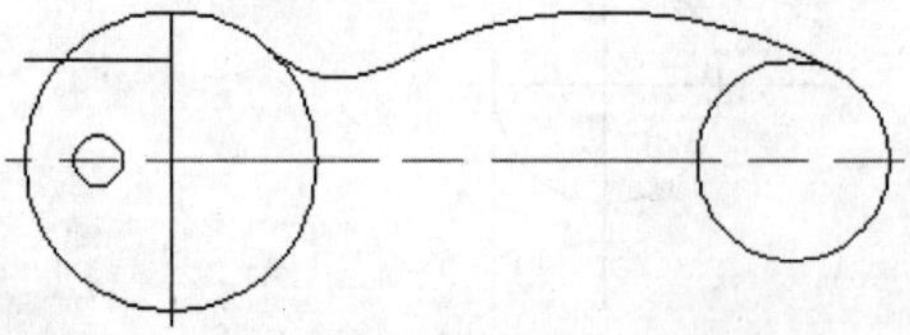

图4-54

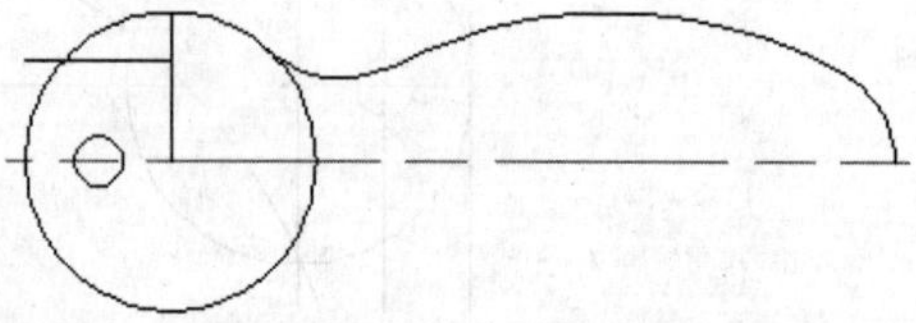

图4-55

**16** 重复“修剪”命令，以半径为12的圆弧和垂直构造线作为剪切边界，对半径为15的圆进行修剪，修剪结果如图4-56所示。

**17** 单击“修改”工具栏上的“镜像”按钮，激活“镜像”命令，对位于水平构造线上侧的手柄轮廓线进行镜像复制，命令行操作如下。

命令: _mirror
选择对象: //由右向左拉出如图4-57所示的窗交选框选取对象

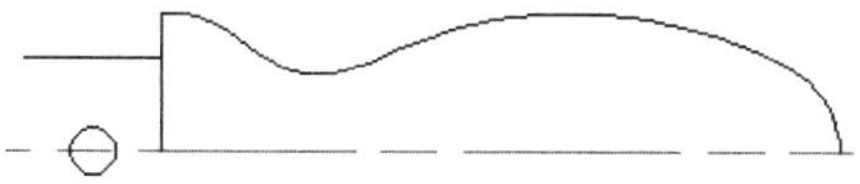

图4-56

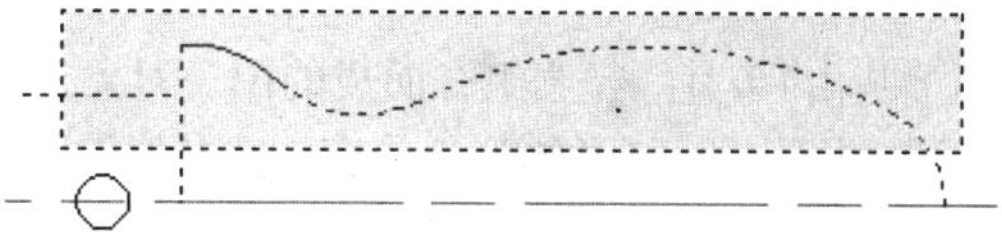

图4-57

选择对象: //Enter，结束选择
指定镜像线的第一点: //捕捉如图4-58所示的端点
指定镜像线的第二点: //捕捉如图4-59所示的端点

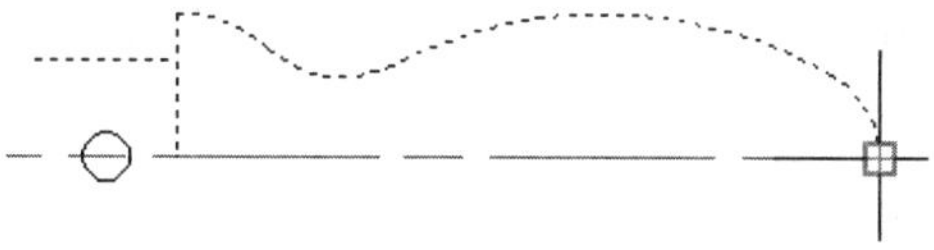

图4-58

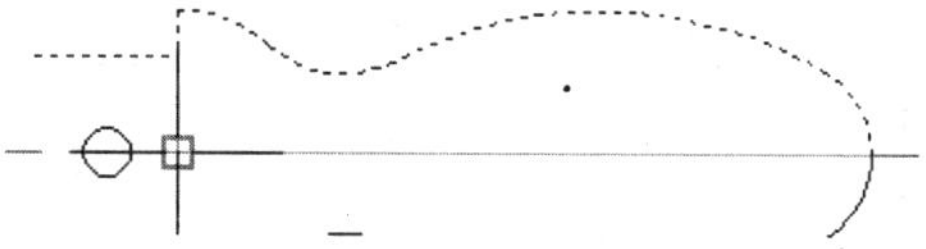

图4-59

是否删除源对象？[是(Y)/否(N)] <N>: //Enter，结束命令，镜像结果如图4-60所示

**18** 使用命令简写L激活“直线”命令，配合“端点”捕捉功能，补画其他轮廓线，如图4-61所示。

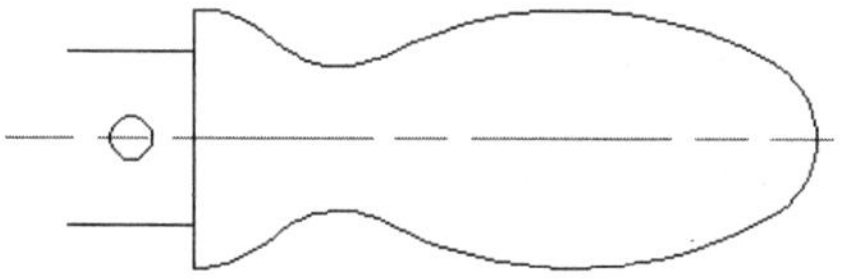

图4-60

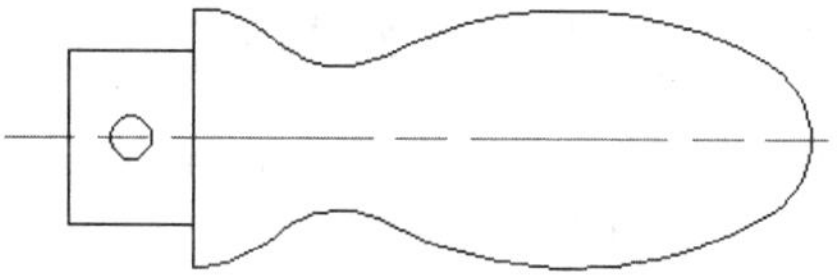

图4-61

**19** 最后将“尺寸层”设置为当前层，为零件图标注尺寸，完成手柄零件图的绘制，结果如图4-62所示。

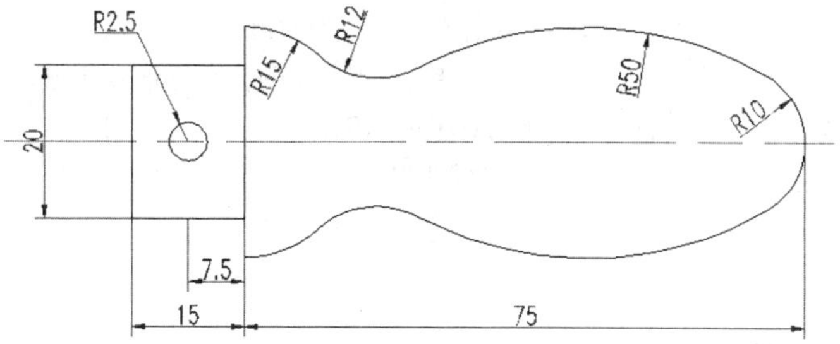


图4-62

**TIP** 图形尺寸的标注技巧将在后面章节中进行详细讲解，可参照本书第9章相关内容的讲解。

**20** 执行“另存为”命令，将该图形存储为“手柄零件图.dwg”文件。

# 4.5 绘制矩形

矩形是由4条直线元素组合而成的闭合对象，使用“矩形”命令除了可绘制标准矩形之外，还可以绘制倒角矩形、圆角矩形、具有一定厚度的矩形和具有一定宽度的矩形，如图4-63所示。

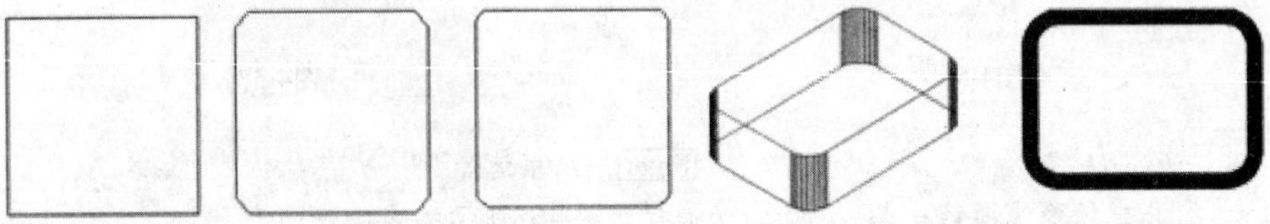


图4-63

AutoCAD 2012将这些矩形看作是一条闭合的多段线。执行“矩形”命令主要有以下几种方式。

- 执行菜单栏中的“绘图”|“矩形”命令。
- 单击“绘图”工具栏上的“矩形”按钮□。
- 在命令行输入Rectang按Enter键。
- 使用命令简写REC。

AutoCAD 2012提供了多种绘制矩形的方式，分别是“对角点”方式、“尺寸”方式和“面积”方式，绘制的矩形有圆角矩形、倒角矩形、具有一定厚度的矩形和具有一定宽度的矩形，下面分别对其进行详细讲解。

## 4.5.1 对角点方式绘制标准矩形

默认设置下，绘制矩形时将使用“对角点”方式，下面通过绘制长度为200、宽度为100的标准矩形，学习此种方式绘制矩形。

1 新建一个空白文件。
2 采用以上任意方式激活“矩形”命令。
3 根据命令行的提示，使用默认对角点方式绘制矩形，命令行操作如下。

```
命令: _rectang
    指定第一个角点或 [倒角(C)/标高(E)/圆角(F)/厚度(T)/宽度(W)]:
                        //在适当位置拾取一点作为矩形角点
    指定另一个角点或 [面积(A)/尺寸(D)/旋转(R)]:
                        //@200,100 Enter，指定对角点，结果如图4-64所示
```

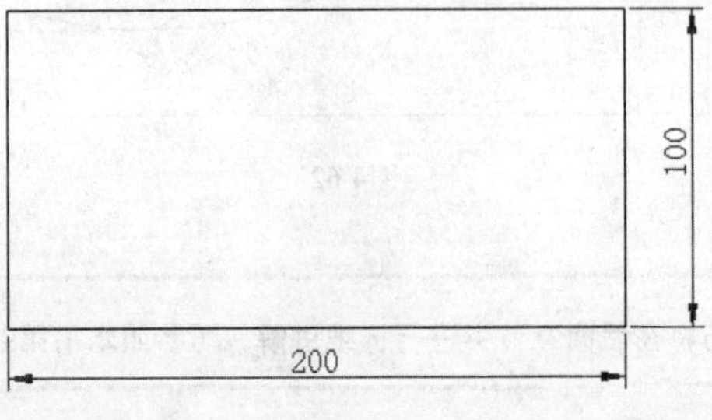


图4-64

TIP

由于矩形被看作是一条多段线，当用户编辑某一条边之前，需要事先使用“分解”命令将其分解。

## 4.5.2 尺寸方式绘制倒角矩形

使用“矩形”命令中的“倒角”选项，可以绘制具有一定倒角的特征矩形，下面通过绘制200×100、倒角度为25的倒角矩形，学习此选项的使用方法。

1. 新建一个空白文件，并激活“矩形”命令。
2. 根据AutoCAD命令行的提示，使用“尺寸”方式绘制倒角矩形，命令行操作如下。

```
命令: _rectang
    指定第一个角点或 [倒角(C)/标高(E)/圆角(F)/厚度(T)/宽度(W)]:
                                            //C Enter, 激活“倒角”选项
    指定矩形的第一个倒角距离 <0.0000>:        //25 Enter, 设置第一倒角距离
    指定矩形的第二个倒角距离 <25.0000>:       //25 Enter, 设置第二倒角距离
    指定第一个角点或 [倒角(C)/标高(E)/圆角(F)/厚度(T)/宽度(W)]:
                                            //在适当位置拾取一点
    指定另一个角点或 [面积(A)/尺寸(D)/旋转(R)]:  //D Enter, 激活“尺寸”选项
    指定矩形的长度 <10.0000>:                //200 Enter
    指定矩形的宽度 <10.0000>:                //100 Enter
    指定另一个角点或 [面积(A)/尺寸(D)/旋转(R)]:
                                 //在绘图区拾取一点, 绘制结果如图4-65所示
```

## 4.5.3 面积方式绘制圆角矩形

使用“矩形”命令中的“圆角”选项，可以绘制具有一定圆角的特征矩形，下面通过绘制面积为20000的矩形，学习此选项的使用方法。

1. 新建一个空白文件，并激活“矩形”命令。
2. 根据AutoCAD命令行的提示，使用“面积”方式绘制圆角矩形，命令行操作如下。

```
命令: _rectang
    指定第一个角点或 [倒角(C)/标高(E)/圆角(F)/厚度(T)/宽度(W)]:
                                            //F Enter, 激活“圆角”选项
    指定矩形的圆角半径 <0.0000>:              //20 Enter, 设置圆角半径
    指定第一个角点或 [倒角(C)/标高(E)/圆角(F)/厚度(T)/宽度(W)]:
                                            //拾取一点作为起点
    指定另一个角点或 [面积(A)/尺寸(D)/旋转(R)]:  //A Enter, 激活“面积”选项
    输入以当前单位计算的矩形面积 <100.0000>:   //20000 Enter, 指定矩形面积
    计算矩形标注时依据 [长度(L)/宽度(W)] <长度>:
                                            //L Enter, 激活“长度”选项
    输入矩形长度 <200.0000>:              // Enter, 结束命令, 绘制结果如图4-66所示
```

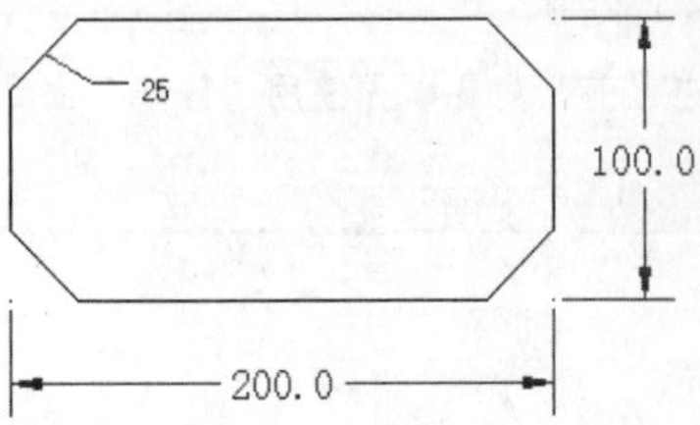

图4-65

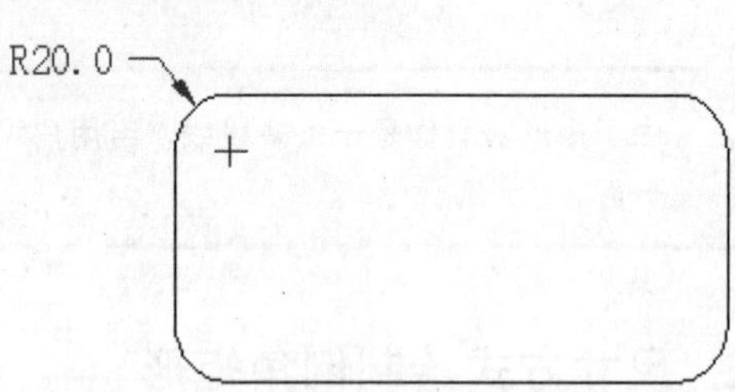

图4-66

TIP “标高”选项用于设置矩形在三维空间内的基面高度，即距离当前坐标系的xoy坐标平面的高度；“厚度”和“宽度”选项分别用于设置矩形各边的厚度和宽度，以绘制具有一定厚度和宽度的矩形，如图4-67和图4-68所示。

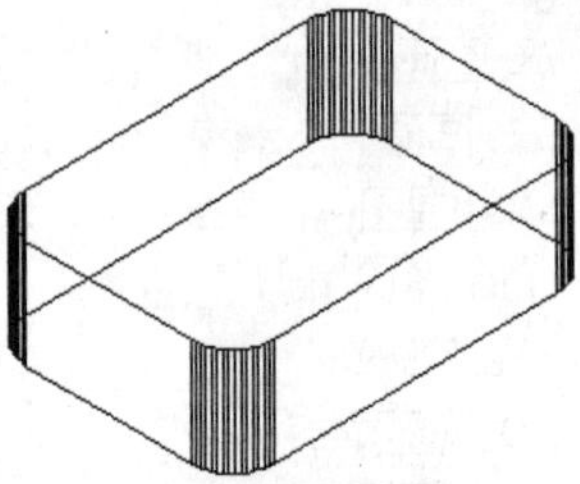
图4-67

图4-68

## 4.6 绘制正多边形

正多边形也是一个复合对象，是由相等的边角组成的闭合图形，无论内部包含有多少直线元素，系统都将其看作是一个单一的对象。

使用“正多边形”命令可以绘制不同边数的正多边形，如图4-69所示。

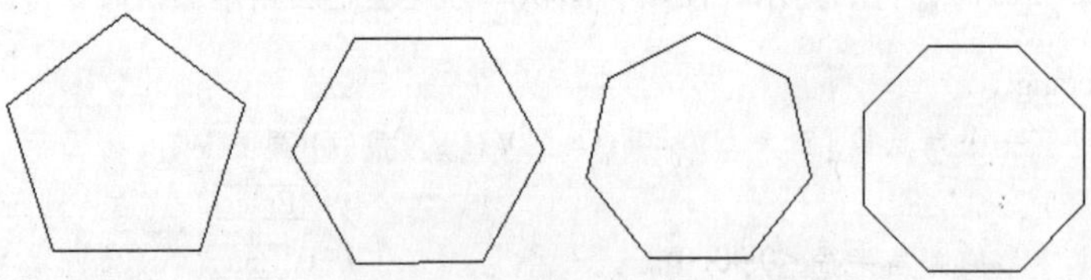
图4-69

执行“正多边形”命令主要有以下几种方式。

- 执行菜单栏中的“绘图”|“正多边形”命令。
- 单击“绘图”工具栏上的“正多边形”按钮。
- 在命令行输入Polygon按Enter键。
- 使用命令简写POL。

AutoCAD 2012提供了多种绘制正多边形的方式，分别是“内接于圆”方式、“外切于圆”方式以及“边”方式，下面对其进行详细讲解。

## 4.6.1 “内接于圆”方式绘制多边形

AutoCAD 2012系统默认绘制正多边形的方式为“内接于圆”，即在指定了正多边形的边数和中心点后，直接输入正多边形外接圆的半径，即可精确绘制正多边形。下面通过绘制“边数”为5、“内接于圆”半径为120的正多边形操作，学习此种绘制正多边形的方法。

1 新建一个空白文件，并激活“正多边形”命令。

2 根据AutoCAD命令行的提示，使用“内接于圆”方式绘制正五边形，命令行操作如下。

```
命令: _polygon
    输入边的数目 <4>:                               //5 Enter，设置正多边形的边数
    指定正多边形的中心点或 [边(E)]:                  //在绘图区拾取一点作为中心点
    输入选项 [内接于圆(I)/外切于圆(C)] <I>:          //I Enter，激活“内接于圆”选项
    指定圆的半径:                       //120 Enter，输入外接圆半径，结果如图4-70所示
```

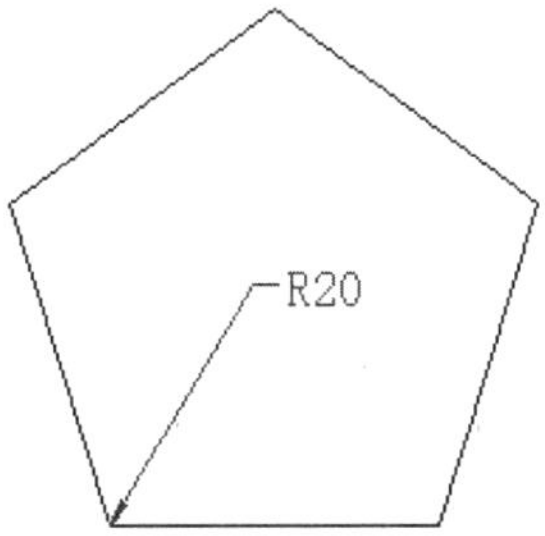


图4-70

## 4.6.2 “外切于圆”方式绘制多边形

“外切于圆”方式画正多边形是指当确定了正多边形的边数和中心点之后，使用此种方式输入正多边形内切圆的半径，就可精确绘制出正多边形。

下面通过绘制“边数”为5、“外切于圆”半径为120的正多边形操作，学习此种绘制正多边形的方法。

1 新建一个空白文件，并激活“正多边形”命令。

2 根据AutoCAD命令行的提示，使用“外切于圆”方式精确绘制正五边形，命令行操作如下。

```
命令: _polygon
    输入边的数目 <4>:                               //5 Enter，设置正多边形的边数
    指定正多边形的中心点或 [边(E)]:                  //在绘图区拾取一点定位中心点
    输入选项 [内接于圆(I)/外切于圆(C)] <C>:          //C Enter，激活“外切于圆”选项
    指定圆的半径:                 //120 Enter，输入内切圆的半径，绘制结果如图4-71所示
```

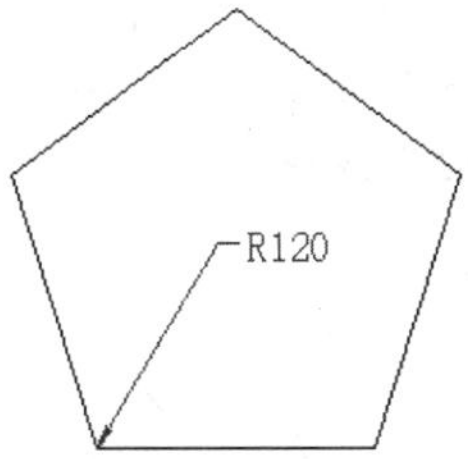


图4-71

### 4.6.3 "边"方式绘制多边形

"边"方式画多边形是通过输入多边形一条边的边长，来精确绘制正多边形。在具体定位边长时，需要分别定位出边的两个端点。

下面通过绘制"边数"为5、"边长"为100的正多边形的操作，学习此种绘制正多边形的方法。

1 新建一个空白文件，并激活"正多边形"命令。

2 根据AutoCAD命令行的提示，按照"边"方式绘制边长为100的正六边形，命令行操作如下。

```
命令: _polygon
    输入边的数目 <4>:                    //5 Enter, 设置正多边形的边数
    指定正多边形的中心点或 [边(E)]:       //E Enter, 激活"边"选项
    指定边的第一个端点:                   //拾取一点作为边的一个端点
    指定边的第二个端点:          //@100,0 Enter, 定位第二个端点，绘制结果如图4-72所示
```

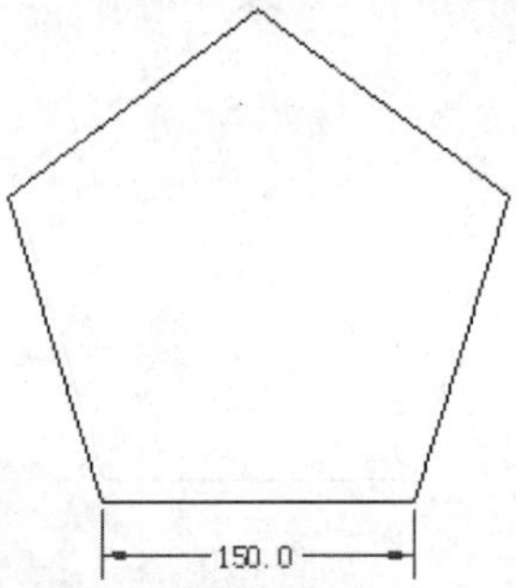


图4-72

## 4.7 编辑二维基本图形

在AutoCAD 2012图形设计中，编辑二维基本图形是必不可少的操作，通过对这些二维图形的编辑，才能实现图形设计的目的。

AutoCAD 2012提供了多种编辑二维基本图形的相关命令，这些命令主要有"旋转"、"缩放"、"倒角"、"圆角"以及"拉伸"等，这一节将对这些编辑命令进行详细讲解。

### 4.7.1 旋转二维图形对象

使用"旋转"命令可以将所选对象围绕指定的基点旋转一定的角度。执行"旋转"命令主要有以下几种方式。

- 执行菜单栏中的"修改"|"旋转"命令。
- 单击"修改"工具栏上的"旋转"按钮。
- 在命令行输入Rotate按Enter键。
- 使用命令简写RO。

#### 1. 旋转对象

下面通过将矩形旋转45°的实例操作，学习"旋转"命令的操作方法和操作技巧。

**1** 使用“矩形”命令绘制一个矩形，如图4-73所示。

**2** 使用上述任意方式激活“旋转”命令，对矩形进行旋转，命令行操作如下。

```
命令: _rotate
    UCS 当前的正角方向: ANGDIR=逆时针  ANGBASE=0
    选择对象:                                   //选择矩形
    选择对象:                                   // Enter, 结束对象的选择
    指定基点:                                   //捕捉如图4-74所示的角点
    指定旋转角度, 或 [复制(C)/参照(R)] <0>:     //45 Enter, 输入旋转角度, 结果如图4-75所示
```

图4-73

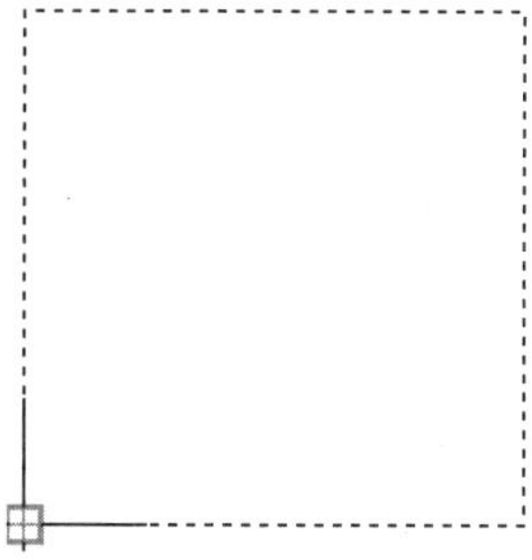

图4-74

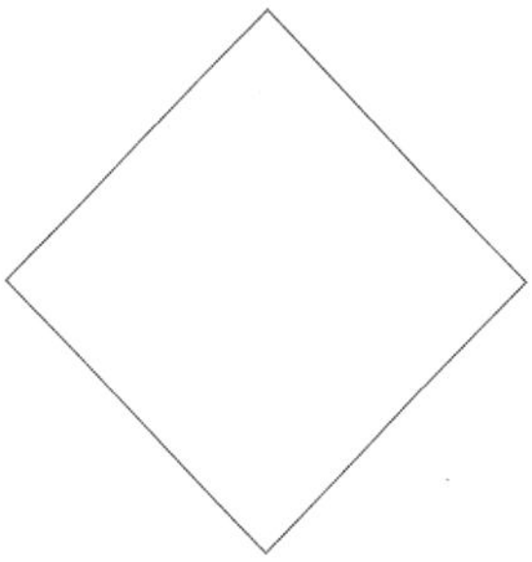

图4-75

### 2. 旋转复制对象

在旋转对象时，输入的角度为正值，系统将按逆时针方向旋转；输入的角度为负值，系统将按顺时针方向旋转。另外，使用命令中的“复制”选项，可以在旋转图形对象的同时将其复制，而源对象保持不变。

**1** 继续上面的操作。

**2** 激活“旋转”命令，继续对旋转后的矩形再次进行旋转复制，命令行操作如下。

```
命令: _rotate
    UCS 当前的正角方向: ANGDIR=逆时针  ANGBASE=0
    选择对象:                                   //选择矩形
    选择对象:                                   // Enter, 结束对象的选择
    指定基点:                                   //捕捉如图4-76所示的角点
    指定旋转角度, 或 [复制(C)/参照(R)] <45>:        //C Enter, 激活“复制”选项
    指定旋转角度, 或 [复制(C)/参照(R)] <0>:
                                                //-45 Enter, 输入旋转角度, 结果如图4-77所示
```

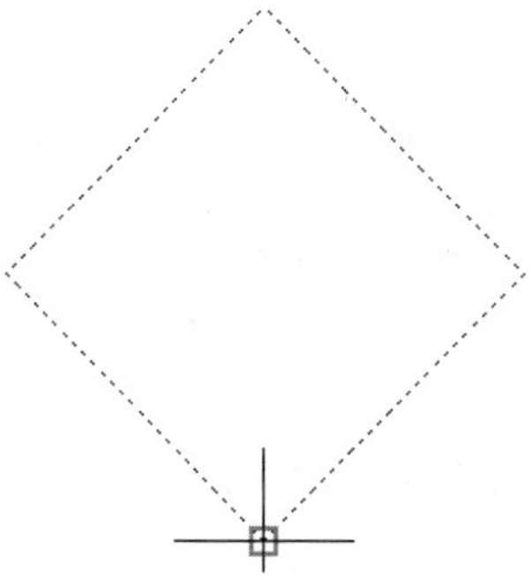

图4-76

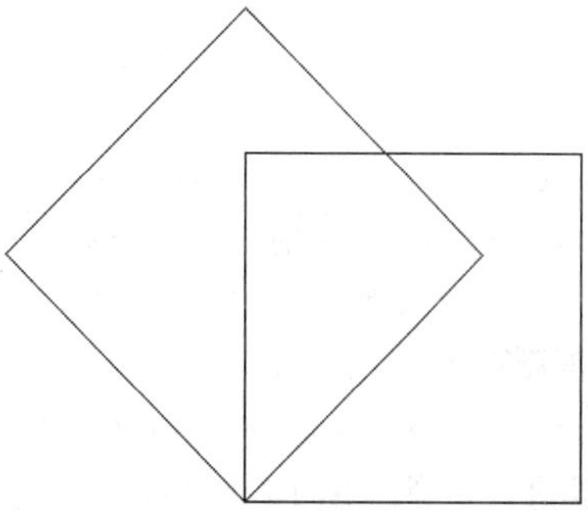

图4-77

TIP
"参照"选项用于将选择的图形对象根据所指定的参照角和新角度进行旋转，而不必知道对象的实际旋转角度。

## 4.7.2 缩放二维图形对象

使用"缩放"命令可以将对象等比例放大或缩小，使用此命令可以创建形状相同、大小不同的图形结构。在等比例缩放对象时，如果输入的比例因子大于1，对象将被放大；如果输入的比例因子小于1，对象将被缩小。

执行"缩放"命令主要有以下几种方式。

- 执行菜单栏中的"修改"|"缩放"命令。
- 单击"修改"工具栏上的"缩放"按钮。
- 在命令行输入Scale按Enter键。
- 使用命令简写SC。

### 1. 缩放对象

下面通过将一个半径为50的圆对象缩小至1/2的操作，学习"缩放"对象的方法。

1 使用"圆"命令绘制半径为50的圆形，如图4-78所示。

2 使用以上任意方式激活"缩放"命令，将圆形等比缩小至1/2，命令行操作如下。

```
命令: _scale
    选择对象:                                  //选择刚绘制的圆
    选择对象:                                  //Enter，结束对象的选择
    指定基点:                                  //捕捉圆形的圆心
    指定比例因子或 [复制(C)/参照(R)] <1.0000>:
                                               //0.5 Enter，输入缩放比例，结果如图4-79所示
```

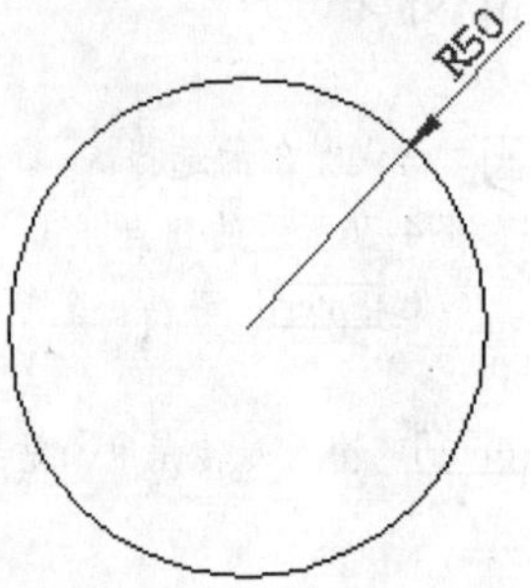


图4-78

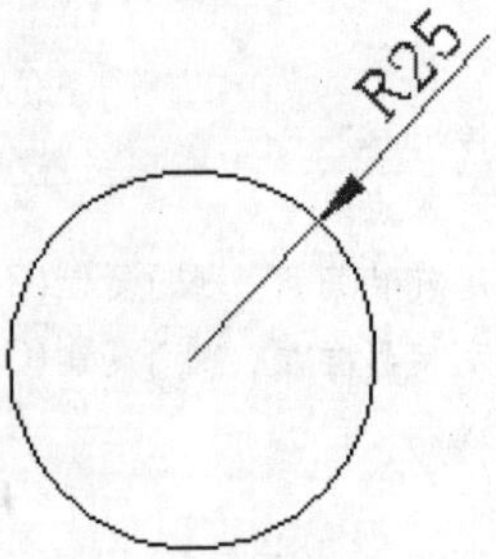


图4-79

TIP
在缩放对象时，基点最好定位在对象的几何中心或对象的特殊点上，可用目标捕捉的方式来指定。

### 2. 缩放复制对象

使用"缩放"命令不仅可以缩放对象，同时还可以缩放复制对象，就是说，在等比例缩放对象的同时，将其进行复制，下面学习此种缩放功能。

1 继续上面的操作。

**2** 激活“缩放”命令，将4.7.2节缩小后的圆再次放大2倍，并进行复制，命令行操作如下。

```
命令: _scale
    选择对象:                                         //选择上一节缩小后的圆对象
    选择对象:                                         //Enter，结束对象的选择
    指定基点:                                         //捕捉圆心
    指定比例因子或 [复制(C)/参照(R)] <1.0000>:         //C Enter，激活“复制”选项
    指定比例因子或 [复制(C)/参照(R)] <0.6000>:  //2 Enter，输入缩放比例，结果如图4-80所示
```

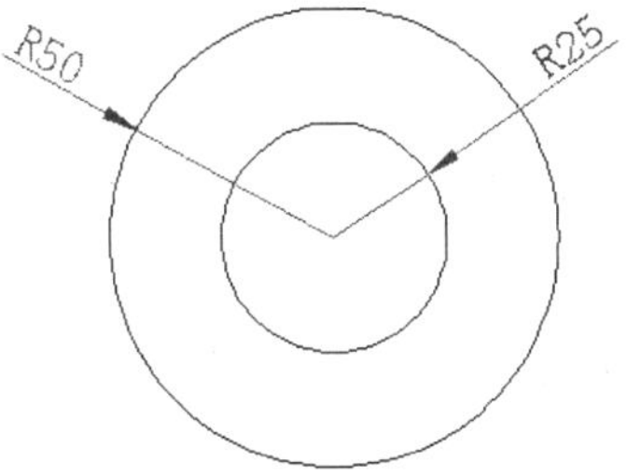


图4-80

> **TIP** “参照”选项是使用参考值作为比例因子缩放对象，此选项需要用户分别指定一个参照长度和一个新长度，AutoCAD将以参考长度和新长度的比值决定缩放的比例因子。

## 4.7.3 倒角二维基本图形

使用“倒角”命令可以将两条非平行的图线使用一条线段连接，用于倒角的对象一般有直线、多段线、矩形、多边形等，不能倒角的图线有圆、圆弧、椭圆和椭圆弧等。

执行“倒角”命令主要有以下几种方式。

- 执行菜单栏中的“修改”|“倒角”命令。
- 单击“修改”工具栏上的“倒角”按钮。
- 在命令行输入Chamfer按Enter键。
- 使用命令简写CHA。

倒角图线时，有“距离倒角”和“角度倒角”两种方式，下面分别对其进行讲解。

### 1. 距离倒角

所谓“距离倒角”，指的就是直接输入两条图线上的倒角距离进行倒角图线，这两个距离可以是相同的，也可以是不同的，但不能为负值，如果将两个倒角距离设置为零，那么倒角的结果就是两条图线被修剪或延长，直至相交于一点。

**1** 使用“直线”命令绘制如图4-81所示的两条图线。

**2** 使用任意方式激活“倒角”命令，对两条图线进行距离倒角，命令行操作如下。

```
命令: _chamfer
    (“修剪”模式) 当前倒角距离 1 = 0.0000，距离 2 = 0.0000
    选择第一条直线或 [放弃(U)/多段线(P)/距离(D)/角度(A)/修剪(T)/方式(E)/多个(M)]:
                                              //D Enter，激活“距离”选项
    指定第一个倒角距离 <0.0000>:               //20 Enter，设置第一倒角长度
```

```
指定第二个倒角距离 <25.0000>:          //10 Enter，设置第二倒角长度
选择第一条直线或 [放弃(U)/多段线(P)/距离(D)/角度(A)/修剪(T)/方式(E)/多个(M)]:
                                        //单击倾斜图线，如图4-82所示
选择第二条直线，或按住 Shift 键选择要应用角点的直线:
                     //单击倾斜图线，如图4-83所示，倒角结果如图4-84所示
```

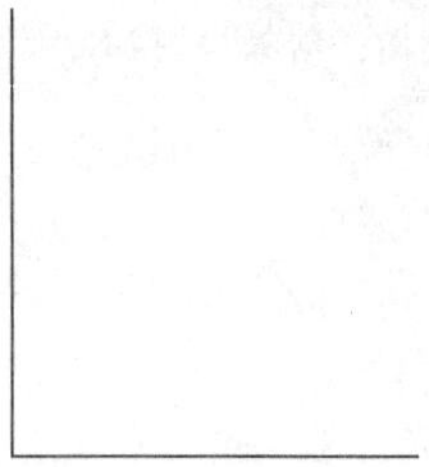
图4-81

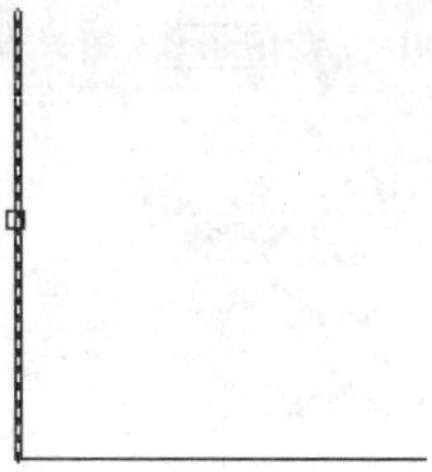
图4-82

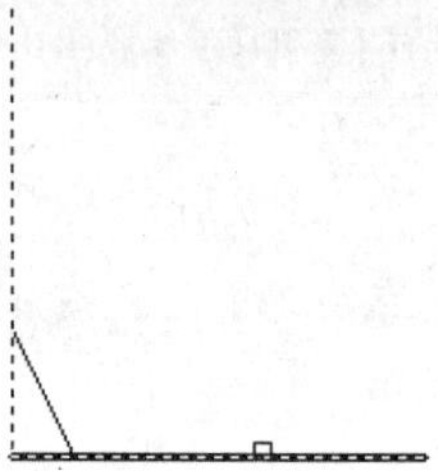
图4-83

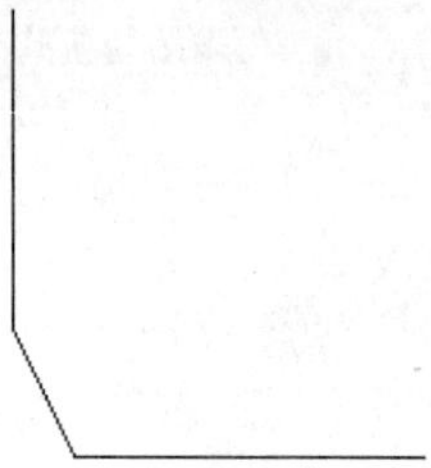
图4-84

> **TIP** “放弃”选项用于在不中止命令的前提下撤销上一步操作；“多个”选项用于在执行一次命令时，可以对多个图线进行倒角操作。

**2. 角度倒角**

所谓“角度倒角”，指的是通过设置一条图线的倒角长度和倒角角度，为图线倒角，下面通过简单操作，学习此种倒角功能。

1. 首先绘制如图4-81所示的两条相互垂直的图线。
2. 采用上述任意方式激活“倒角”命令，对两条图形进行角度倒角，命令行操作如下。

```
命令: _chamfer
    ("修剪" 模式) 当前倒角距离 1 = 25.0000，距离 2 = 15.0000
    选择第一条直线或 [放弃(U)/多段线(P)/距离(D)/角度(A)/修剪(T)/方式(E)/多个(M)]:
                                        //A Enter，激活"角度"选项
    指定第一条直线的倒角长度 <0.0000>:     //100 Enter，设置倒角长度
    指定第一条直线的倒角角度 <0>:          //30 Enter，设置倒角距离
    选择第一条直线或 [放弃(U)/多段线(P)/距离(D)/角度(A)/修剪(T)/方式(E)/多个(M)]:
                                        //选择水平的线段，如图4-85所示
    选择第二条直线，或按住Shift键选择要应用角点的直线:
              //选择垂直线段作为第二倒角对象，如图4-86所示，结果如图4-87所示
```

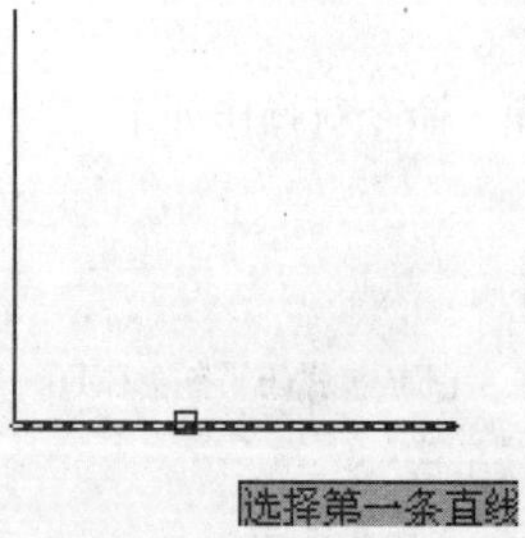

图4-85

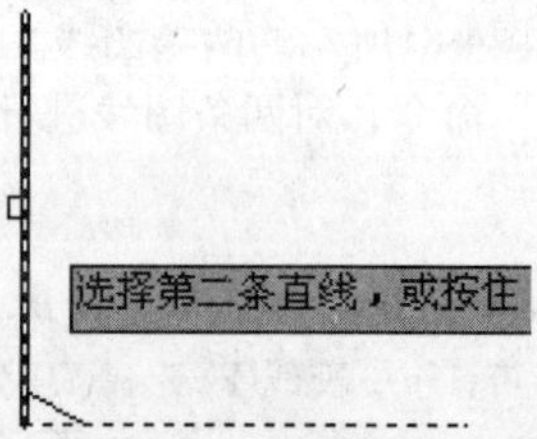

图4-86

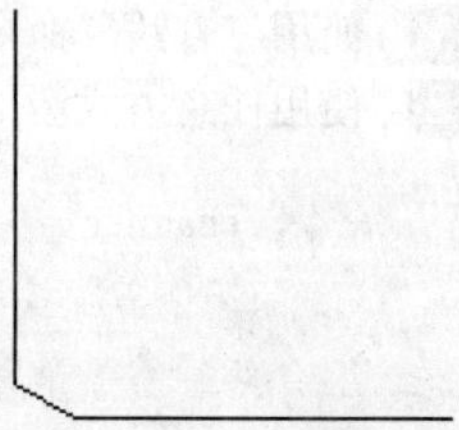
图4-87

TIP

"方式"选项用于确定倒角的方式，要求选择"距离倒角"或"角度倒角"。另外，系统变量Chammode控制着倒角的方式，当Chammode=0时，系统支持"距离倒角"模式；当Chammode=1时，系统支持"角度倒角"模式。

### 3. 多段线倒角

"多段线"选项用于为整条多段线的所有相邻元素边同时进行倒角操作。在为多段线进行倒角操作时，可以使用相同的倒角距离值，也可以使用不同的倒角距离值，下面通过为矩形倒角，学习此种倒角功能。

**1** 首先使用"矩形"命令绘制如图4-88所示的矩形。

**2** 激活"倒角"命令，对矩形进行倒角，命令行操作如下。

```
命令: _chamfer
    ("修剪"模式) 当前倒角距离 1 = 0.0000，距离 2 = 0.0000
    选择第一条直线或 [放弃(U)/多段线(P)/距离(D)/角度(A)/修剪(T)/方式(E)/多个(M)]:
                                        //D Enter，激活"距离"选项
    指定第一个倒角距离 <0.0000>:          //50 Enter，设置第一倒角长度
    指定第二个倒角距离 <50.0000>:         //50 Enter，设置第二倒角长度
    选择第一条直线或 [放弃(U)/多段线(P)/距离(D)/角度(A)/修剪(T)/方式(E)/多个(M)]:
                                        //P Enter，激活"多段线"选项
    选择二维多段线:                       //选择矩形，倒角结果如图4-89所示
```

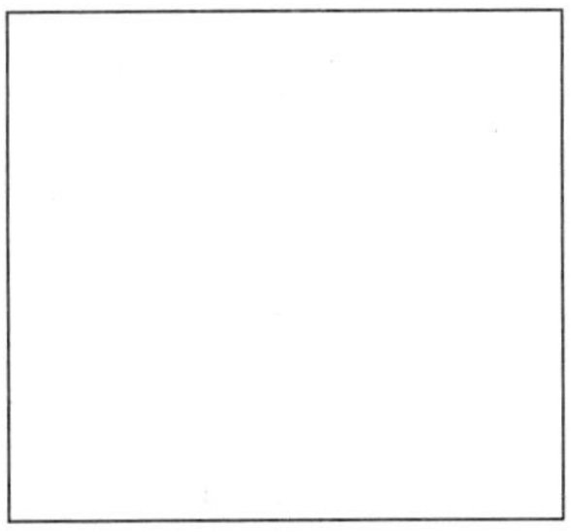

图4-88

图4-89

### 4. 设置倒角模式

在进行倒角时，需要设置倒角模式，系统提供了两种倒角边的修剪模式，即"修剪"和"不修剪"，系统默认为"修剪"模式，此时被倒角的两条直线被修剪到倒角的端点，如果设置倒角模式为"不修剪"时，用于倒角的图线将不被修剪。下面通过一个简单实例操作，学习设置倒角模式的相关方法。

**1** 首先使用"多边形"命令绘制一个六边多边形，如图4-90所示。

**2** 激活"倒角"命令，对矩形进行倒角，命令行操作如下。

```
命令: _chamfer
    ("修剪"模式) 当前倒角距离 1 = 20.0000，距离 2 = 20.0000
    选择第一条直线或 [放弃(U)/多段线(P)/距离(D)/角度(A)/修剪(T)/方式(E)/多个(M)]:
                                        //D Enter，激活"距离"选项
    指定 第一个 倒角距离 <20.0000>:       //10 Enter
```

```
指定第二个倒角距离 <10.0000>:                    //10 Enter
选择第一条直线或 [放弃(U)/多段线(P)/距离(D)/角度(A)/修剪(T)/方式(E)/多个(M)]:
                                                 //T Enter, 激活“修剪”选项
输入修剪模式选项 [修剪(T)/不修剪(N)] <修剪>:   //T Enter, 设置“修剪”模式
选择第一条直线或 [放弃(U)/多段线(P)/距离(D)/角度(A)/修剪(T)/方式(E)/多个(M)]:
                                                 //P Enter, 激活“多段线”选项
选择二维多段线或 [距离(D)/角度(A)/方法(M)]:    //单击多边形, 结果如图4-91所示
6条直线已被倒角
```

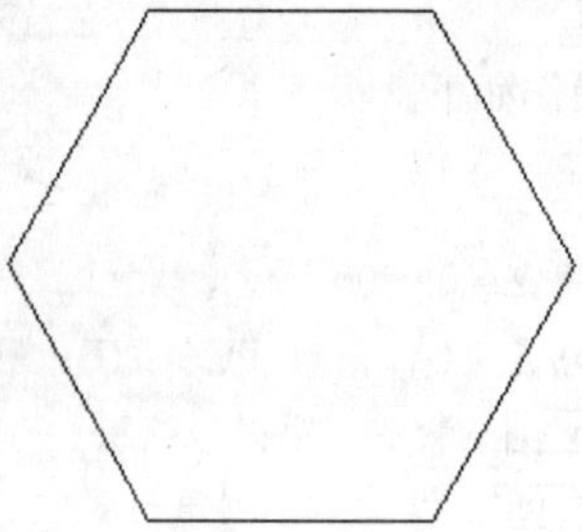

图4-90

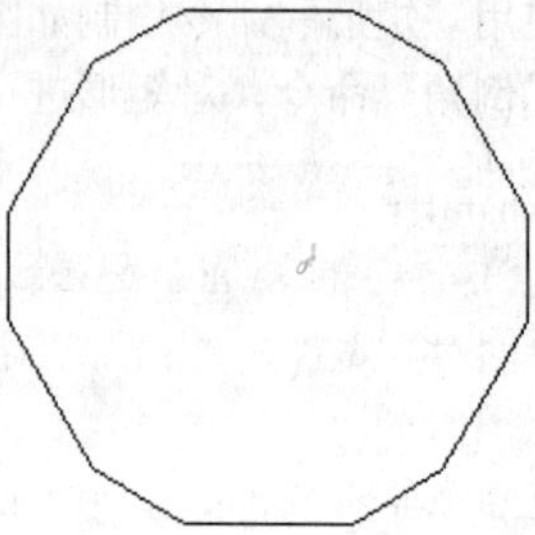

图4-91

**3** 继续使用“多边形”命令绘制一个正四边形，如图4-92所示。

**4** 激活“倒角”命令，对矩形进行倒角，命令行操作如下。

```
命令: _chamfer
  (“修剪”模式) 当前倒角距离 1 = 20.0000, 距离 2 = 20.0000
  选择第一条直线或 [放弃(U)/多段线(P)/距离(D)/角度(A)/修剪(T)/方式(E)/多个(M)]:
                                         //D Enter, 激活“距离”选项
  指定 第一个 倒角距离 <20.0000>:        //10 Enter
  指定 第二个 倒角距离 <10.0000>:        //10 Enter
  选择第一条直线或 [放弃(U)/多段线(P)/距离(D)/角度(A)/修剪(T)/方式(E)/多个(M)]:
                                         //T Enter, 激活“修剪”选项
  输入修剪模式选项 [修剪(T)/不修剪(N)] <修剪>:        //N Enter, 设置“不修剪”模式
  选择第一条直线或 [放弃(U)/多段线(P)/距离(D)/角度(A)/修剪(T)/方式(E)/多个(M)]:
                                         //P Enter, 激活“多段线”选项
  选择二维多段线或 [距离(D)/角度(A)/方法(M)]:        //单击多边形, 结果如图4-93所示
  4 条直线已被倒角
```

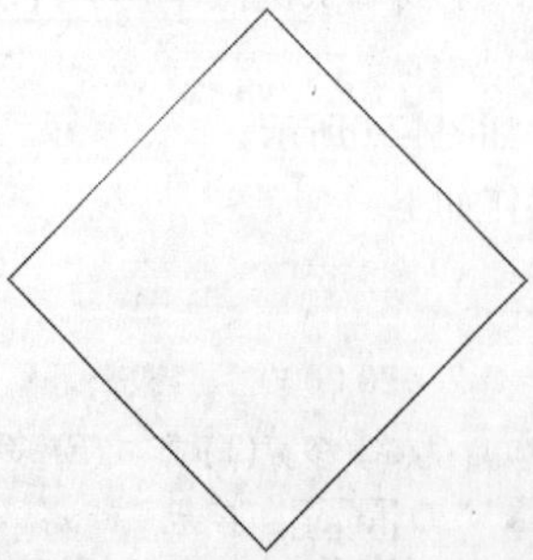

图4-92

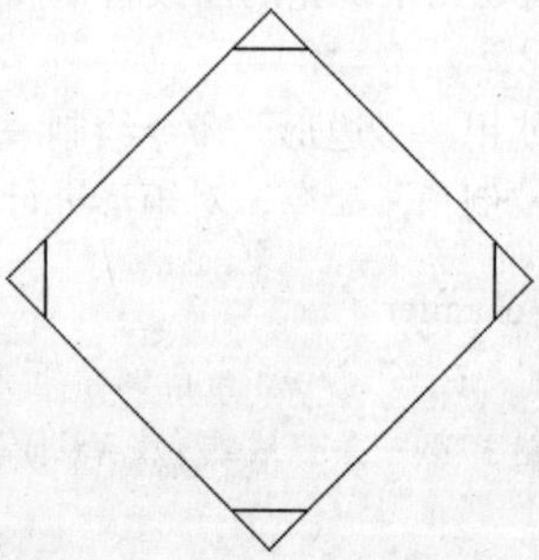

图4-93

TIP 系统变量Trimmode控制倒角的修剪状态。当Trimmode值为0时，系统保持对象不被修剪；当Trimmode值为1时，系统支持倒角的修剪模式。

### 4.7.4 圆角二维图形对象

使用“圆角”命令，可以将两条图线使用一段给定半径的圆弧光滑连接。一般情况下，用于圆角的图线有直线、多段线、样条曲线、构造线、射线、圆弧和椭圆弧等。

执行“圆角”命令主要有以下几种方式。

- 执行菜单栏中的“修改”|“圆角”命令。
- 单击“修改”工具栏上的“圆角”按钮□。
- 在命令行输入Fillet按Enter键。
- 使用命令简写F。

下面通过一个简单操作，学习“圆角”命令的使用方法和操作技巧。

**1** 使用“多边形”命令，绘制如图4-94所示的六边形对象。

**2** 使用以上任意方式激活“圆角”命令，对多边形进行圆角，命令行操作如下。

```
命令: _fillet
    当前设置: 模式 = 修剪，半径 = 0.0000
    选择第一个对象或 [放弃(U)/多段线(P)/半径(R)/修剪(T)/多个(M)]:   //R Enter
    指定圆角半径 <0.0000>:                          //10 Enter，设置圆角半径
    选择第一个对象或 [放弃(U)/多段线(P)/半径(R)/修剪(T)/多个(M)]:
                                                    //P Enter，激活“多段线”选项
    选择二维多段线或 [半径(R)]:                      //单击多边形，结果如图4-95所示
```

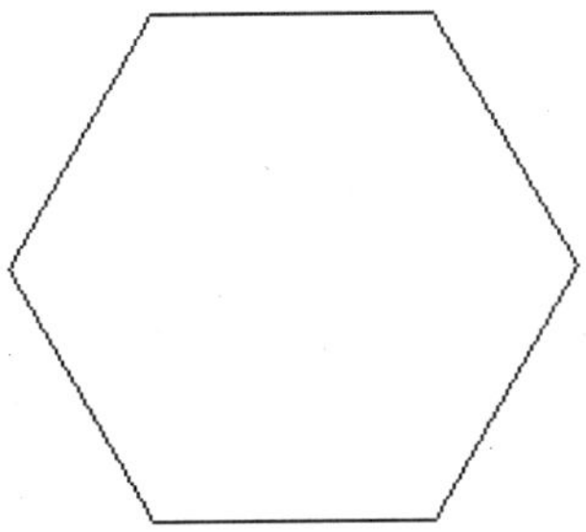

图4-94

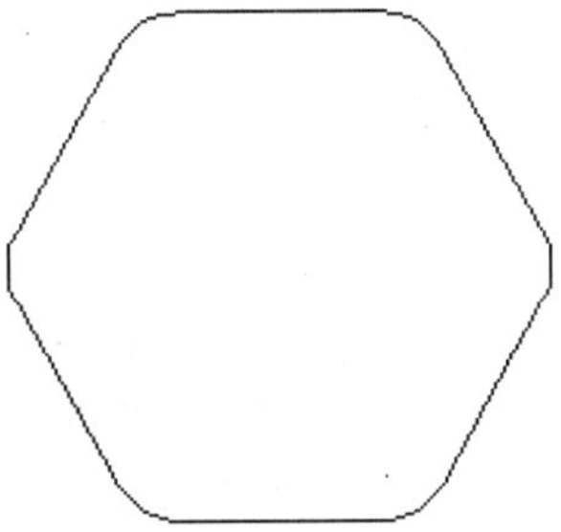

图4-95

TIP “多个”选项用于为多个对象进行圆角处理，不需要重复执行命令。如果用于圆角的图线处于同一图层中，那么圆角也处于同一图层上；如果两个圆角对象不在同一图层中，那么圆角将处于当前图层上。同样，圆角的颜色、线型和线宽也都遵守这一规则，而“多段线”选项用于对多段线每相邻元素进行圆角处理，激活此选项后，AutoCAD将以默认的圆角半径对整条多段线相邻各边进行圆角操作。

“圆角”命令也包括“修剪”和“不修剪”两种模式，系统默认为“修剪”模式，当激活“不修剪”模式后，圆角后的效果如图4-96所示。另外，当对两条平行线进行圆角操作时，与当前的圆角半径无关，圆角的结果就是使用一条半圆弧光滑连接平行线，半圆弧的直径为平行线之间的间距，如图4-97所示。

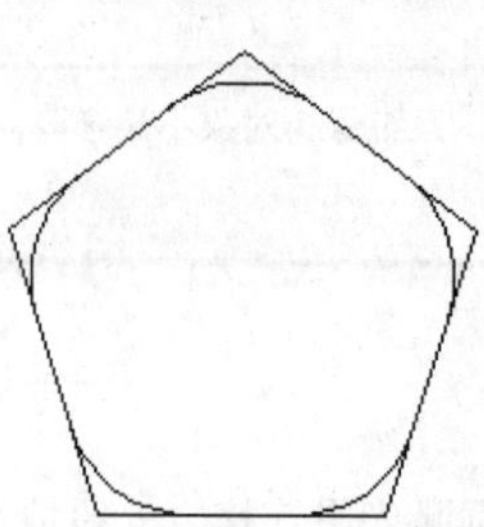

图4-96

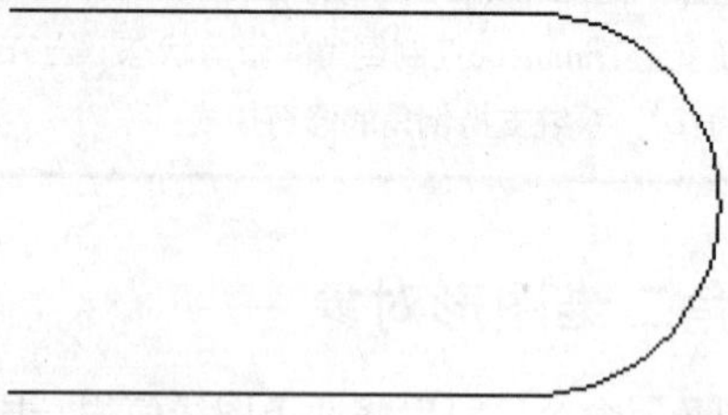

图4-97

TIP 可通过系统变量Trimmode设置圆角的修剪模式，当系统变量的值设为0时，保持对象不被修剪；当设置为1时表示圆角后将修剪对象。

## 4.7.5 拉伸二维图形对象

使用“拉伸”命令，可以将对象进行不等比拉伸，进而改变对象的尺寸或形状，通常用于拉伸的对象有直线、圆弧、椭圆弧、多段线、样条曲线等。

执行“拉伸”命令主要有以下几种方式。

- 执行菜单栏中的“修改”|“拉伸”命令。
- 单击“修改”工具栏上的“拉伸”按钮。
- 在命令行输入Stretch按Enter键。
- 使用命令简写S。

下面通过将矩形水平拉伸50个绘图单位的操作，学习“拉伸”命令的操作方法与操作技巧。

1. 使用“矩形”命令绘制100×100的矩形，如图4-98所示。
2. 使用上述任意方式激活“拉伸”命令，对矩形进行水平拉伸，命令行操作如下。

```
命令: _stretch
    以交叉窗口或交叉多边形选择要拉伸的对象...
    选择对象:                    //拉出如图4-99所示的窗交选择框选择拉伸对象
    选择对象:                    //Enter，结束选择
    指定基点或 [位移(D)] <位移>: //拾取矩形右下端点
    指定第二个点或 <使用第一个点作为位移>: //@50,0 Enter，结果如图4-100所示
```

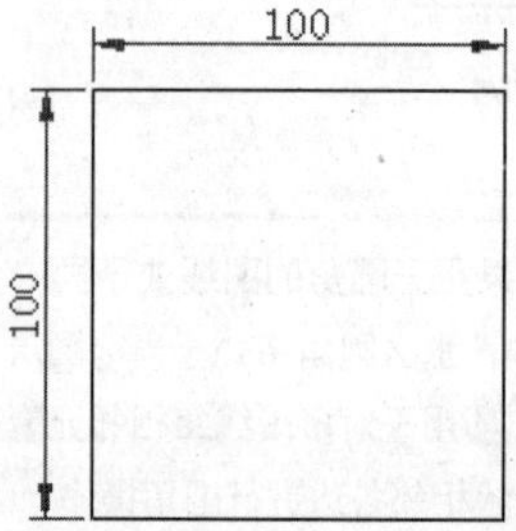


图4-98

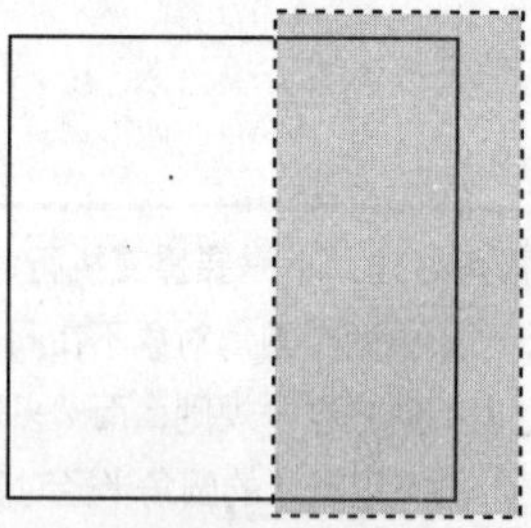

图4-99

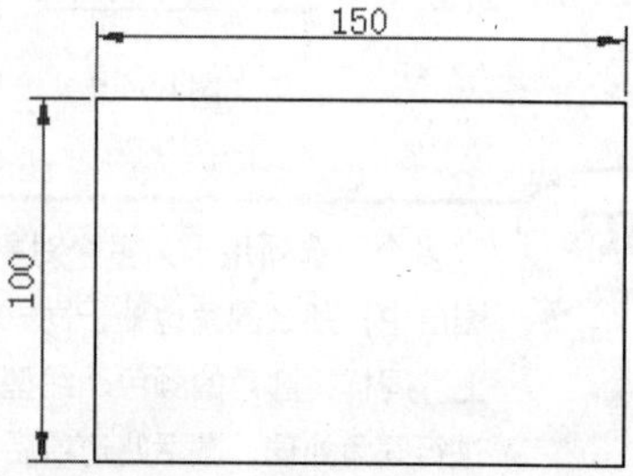


图4-100

TIP 在选择拉伸对象时，只能使用“交叉窗口”或“交叉多边形”选择方式选取对象，切不可使用点选方式选取对象。

## 4.7.6 分解二维图形对象

“分解”命令用于将二维多段线对象分解成独立的线段，用于分解的图形有矩形、多边形、多段线以及图块文件等。

执行“分解”命令主要有以下几种方式。

- 执行菜单栏中的“修改”|“分解”命令。
- 单击“修改”工具栏上的“分解”按钮。
- 在命令行输入Explode按Enter键。
- 使用命令简写E。

“分解”命令的操作比较简单，当激活“分解”命令后，在命令行“选择对象:”提示下，单击要分解的对象，继续在命令行“选择对象:”提示下，按键盘上的Enter键，即可将对象分解。

第5章

# 创建、填充与编辑复杂图形

在AutoCAD 2012系统中，一些复杂的图形都是通过对二维基本图形编辑而来的，例如复制、镜像、填充、创建边界、创建面域以及夹点编辑等，本章就来学习创建复制图形的相关知识。

## 5.1 创建边界

所谓“边界”，实际上就是一条闭合的多段线，这种多段线不能直接绘制，而需要使用“边界”命令从多个相交对象中进行提取或将多个首尾相连的对象转换成边界。执行“边界”命令主要有以下几种方式。

- 执行菜单栏中的“绘图”|“边界”命令。
- 单击“常用”选项卡\“绘图”面板上的□按钮。
- 在命令行Boundary后按Enter键。
- 使用命令简写BO。

下面分别学习这两种创建边界的方法。

### 5.1.1 从相交对象中提取边界

要想从相交对象中提取一个边界，就必须有用于提取边界的相交图形，下面通过一个简单实例操作，学习从相交对象中提取边界的方法。

1 新建一个空白文件。

2 使用命令简写C激活“圆”命令，配合“象限点”捕捉功能绘制半径为200的大圆和半径为50的小圆，如图5-1所示。

3 使用命令简写RO激活“旋转”命令，对小圆进行旋转复制，命令行操作如下。

```
命令: _rotate
    UCS 当前的正角方向: ANGDIR=逆时针  ANGBASE=0
    选择对象:                              //选择半径为20的小圆
    选择对象:                              //Enter，结束对象的选择
    指定基点:                              //捕捉大圆的圆心
    指定旋转角度，或 [复制(C)/参照(R)] <0>:        //C Enter，激活“复制”选项
    旋转一组选定对象。
    指定旋转角度，或 [复制(C)/参照(R)] <0>:        //15 Enter，结果如图5-2所示
```

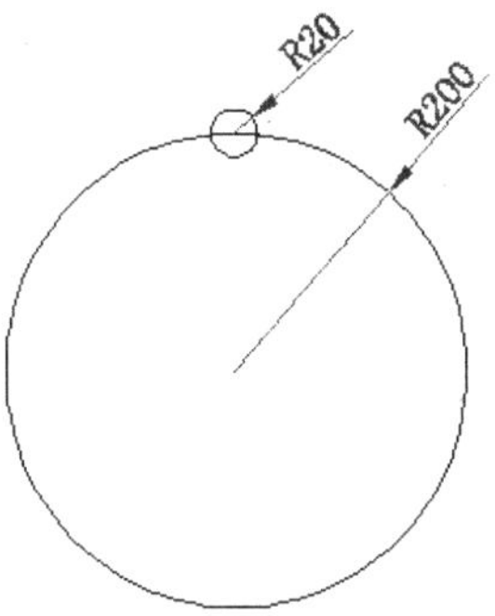


图5-1

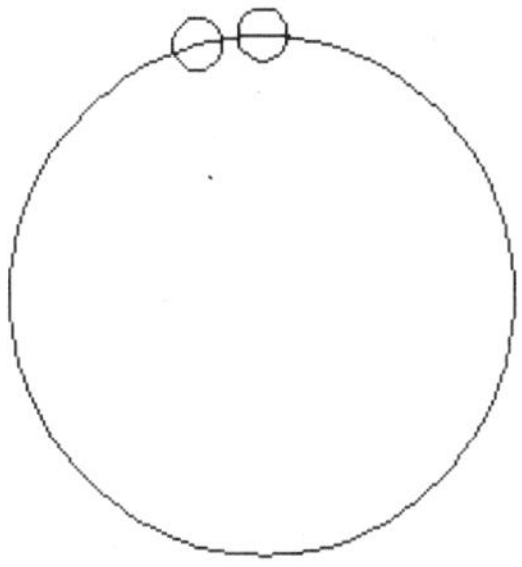

图5-2

**4** 继续使用“旋转”命令，配合其“复制”功能，以大圆的圆心作为旋转中心，以15°作为旋转角度，将小圆旋转复制24个，结果如图5-3所示。

**5** 执行菜单栏中的“绘图”|“边界”命令，打开“边界创建”对话框，如图5-4所示。

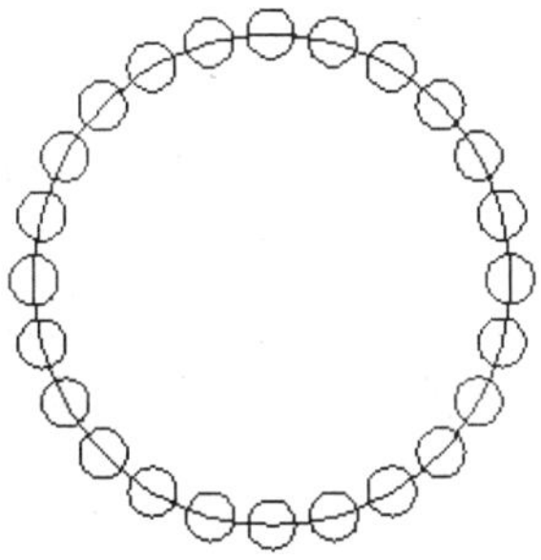

图5-3

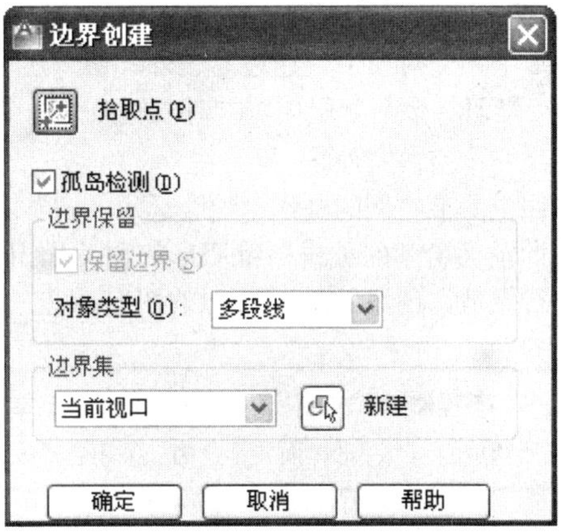


图5-4

- “拾取点”：在要创建边界的区域拾取一点，系统将根据范围指定点构成封闭区域的现有对象来确定边界。
- “孤岛检测”：控制是否检测内部边界。
- “对象类型”：此下拉列表用于确定导出的是封闭边界还是面域，默认为多段线。如果需要导出面域，即可将面域设置为当前。
- “边界集”：此下拉列表用于定义从指定点定义边界时AutoCAD导出来的对象集合，共有“当前视口”和“现有集合”两种类型，前者是用于从当前视口中可见的所有对象中定义边界集，后者是从选择的所有对象中定义边界集。
- “新建”按钮：单击该按钮，在绘图区选择对象后，系统返回“边界创建”对话框，在“边界集”选项组中显示“现有集合”类型，用户可以从选择的现有对象集合中定义边界集。

**6** 采用默认设置，单击左上角的“拾取点”按钮，返回绘图区，在命令行“拾取内部点:”提示下，在大圆内部单击拾取一点，此时系统自动分析出一个闭合的虚线边界，如图5-5所示。

**7** 继续在命令行“拾取内部点:”提示下，按Enter键结束命令，结果创建出一个闭合的多段线边界。

**8** 使用命令简写M激活“移动”命令，使用“点选”的方式选择刚创建的闭合边界，将其外移，结果如图5-6所示。

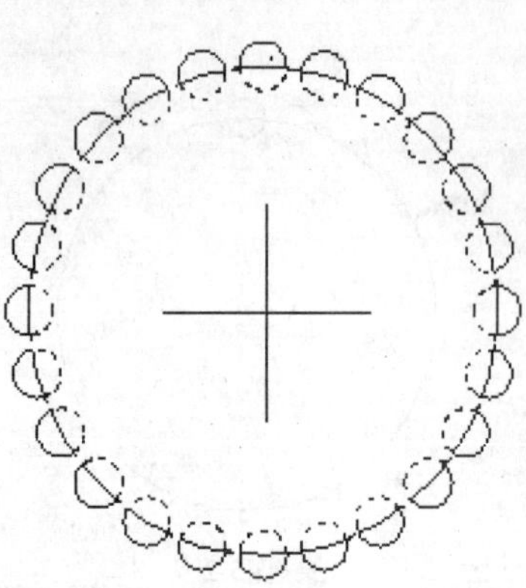

图5-5

图5-6

## 5.1.2 将多个首尾相连的对象转换成边界

除了在多个相交对象中创建边界之外，用户还可以将首尾相连的二维对象转换为一个多段线边界，下面继续学习将多个首尾相连的对象转换为一个多段线边界。

1 新建一个空白文件。

2 依照上一节实例的操作，综合运用“圆”和“旋转”命令，创建如图5-3所示的图形。

3 依照前面所学的编辑二维图形的相关知识，使用命令简写TR激活“修剪”命令，对图形进行修剪，创建如图5-7所示的图形。

> **TIP** 执行修剪操作后，在无任何命令发出的情况下单击选择各圆弧对象，即可发现该图形是由多条圆弧对象所组成的一个图形，而并不是由一条闭合多段线组合成的图形，如图5-8所示。

图5-7

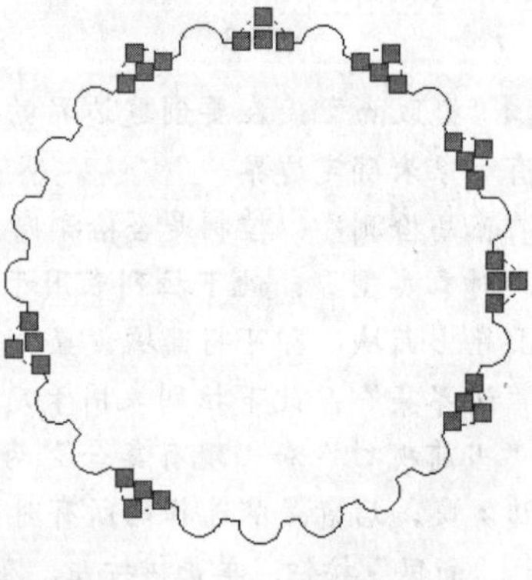

图5-8

4 下面将该图形编辑创建为一条多段线边界。执行菜单栏中的“修改”|“对象”|“多段线”命令，将修剪后的图形创建为一个多段线边界，命令行操作如下。

```
命令: _pedit
    选择多段线或 [多条(M)]:        //M Enter，激活“多条”选项
    选择对象: 指定对角点:          //由左向右拉出如图5-9所示的窗口选区，将对象全部选择
    选择对象:                      // Enter，结束对象的选择
    是否将直线、圆弧和样条曲线转换为多段线？[是(Y)/否(N)]? <Y>    // Enter
```

输入选项 [闭合(C)/打开(O)/合并(J)/宽度(W)/拟合(F)/样条曲线(S)/非曲线化(D)/线型生成(L)/反转(R)/放弃(U)]: //J Enter，激活“合并”选项
合并类型 = 延伸
输入模糊距离或 [合并类型(J)] <0.0000>: // Enter
多段线已增加 47 条线段
输入选项 [闭合(C)/打开(O)/合并(J)/宽度(W)/拟合(F)/样条曲线(S)/非曲线化(D)/线型生成(L)/反转(R)/放弃(U)]: // Enter，结束操作

创建结束后，在无任何命令发出的情况下再次单击选择该对象，发现该对象现在是一条闭合的多段线图形，如图5-10所示。

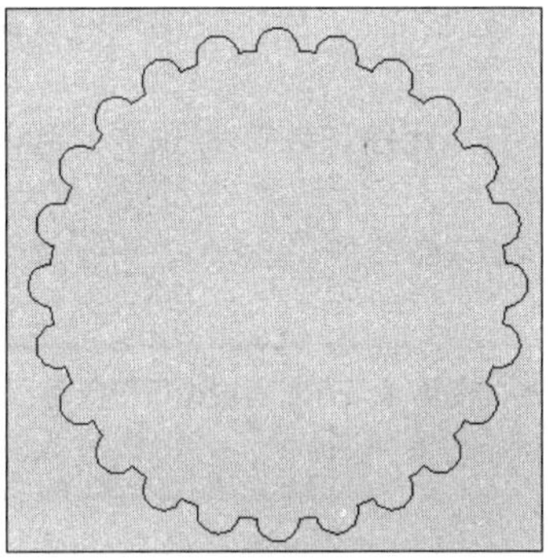

图5-9

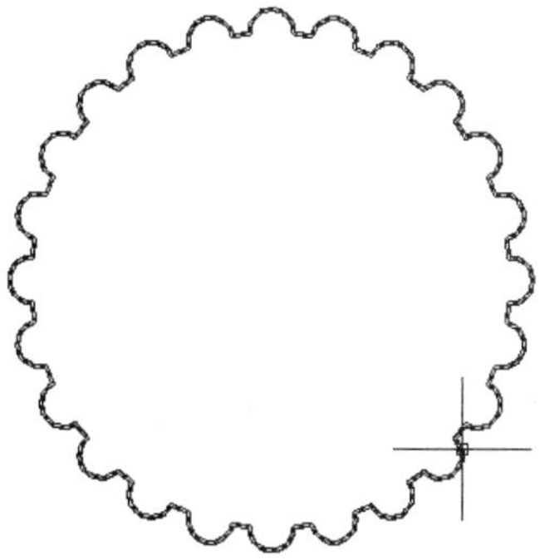

图5-10

## 5.2 转换面域

面域其实就是实体的表面，是一个没有厚度的二维实心区域，并且具备实体模型的一切特性。面域不但含有边的信息，还有边界内的信息，可以利用这些信息计算工程属性，如面积、重心和惯性矩等。

执行“面域”命令主要有以下几种方式。

- 执行菜单栏中的“绘图”|“面域”命令。
- 单击“绘图”工具栏上的“面域”按钮。
- 在命令行输入Region按Enter键。
- 使用命令简写REG。

面域不能直接被创建，而是通过其他闭合图形进行转换。在激活“面域”命令后，只需选择封闭的图形对象即可将其转换为面域，如圆、矩形、正多边形等，转换面域主要有两种方法，一种是使用“面域”命令将闭合图形转换为面域，另一种则使用“边界”命令将闭合对象转换为面域。

### 5.2.1 使用“面域”命令从闭合对象中提取面域

这一节首先来学习使用“面域”命令从闭合对象中提取面域的方法。

1 依照前面所学知识，综合运用“圆”、“旋转”和“修剪”命令创建一个图形，创建流程如图5-11所示。

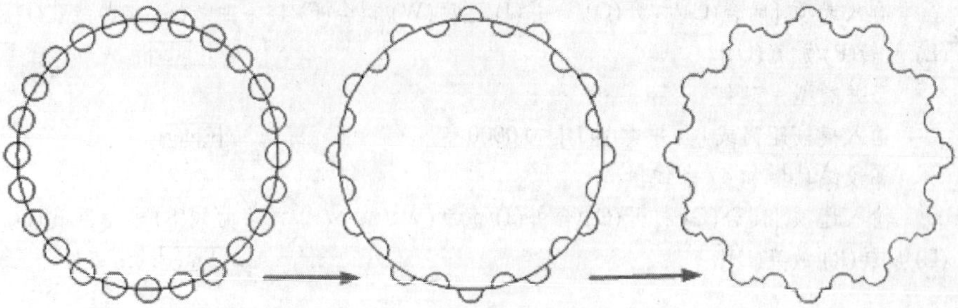

图5-11

**2** 依照上一节步骤4的操作方法，执行菜单栏中的“修改”|“对象”|“多段线”命令，将该图形创建为一个闭合图形。

**3** 执行菜单栏中的“绘图”|“面域”命令，在命令行“选择对象:”提示下，单击创建的该闭合图形对象，如图5-12所示。

**4** 按键盘上的Enter键结束操作，完成面域的创建。

> **TIP** 在二维线框着色模式下，面域与二维图形看上去并没有什么变化，只有对面域进行着色后，才能体现出面域的几何模型特征。

**5** 执行菜单栏中的“视图”|“视觉样式”|“着色”命令对其进行着色，结果如图5-13所示。

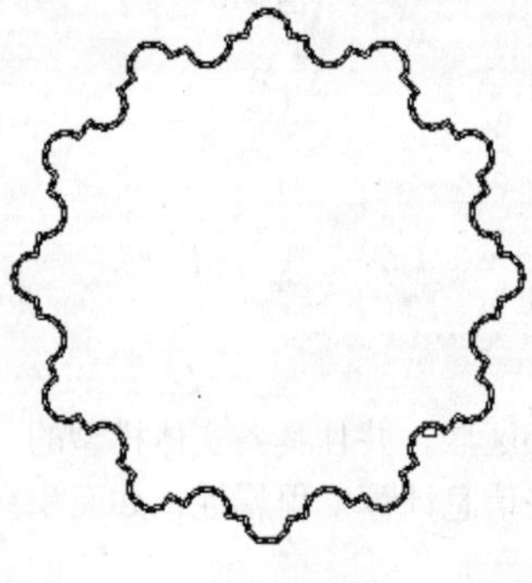

图5-12

图5-13

### 5.2.2 使用“边界”命令创建面域

“边界”命令不仅可以从多个首尾相连的对象中创建一个闭合边界，同时还能提取一个面域，这一节继续来学习使用“边界”命令从多个首尾相连的对象中提取面域的操作方法。

**1** 依照5.1.1节中的操作，创建如图5-6所示的闭合边界图形，然后使用“缩放”命令，对该图形进行缩放复制，命令行操作如下。

```
命令: _scale
    选择对象:                          //选择如图5-14所示的闭合边界
    选择对象:                          //Enter，结束对象的选择
    指定基点:                          //捕捉如图5-15所示的圆心
    指定比例因子或 [复制(C)/参照(R)]:   //C Enter，激活“复制”选项
```

```
缩放一组选定对象。
指定比例因子或 [复制(C)/参照(R)]:      //0.5 Enter，结果如图5-16所示
```

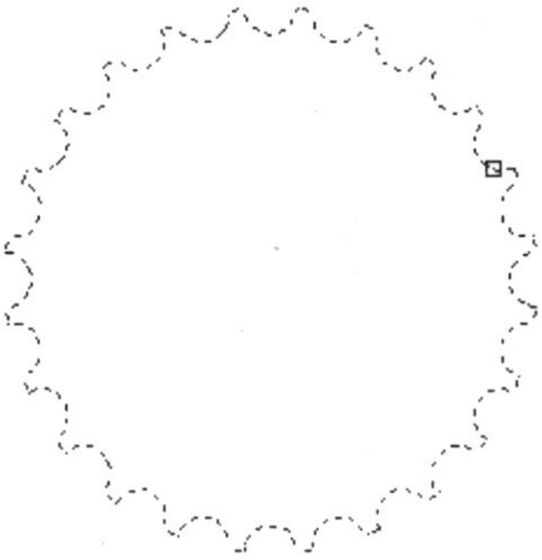

图5-14

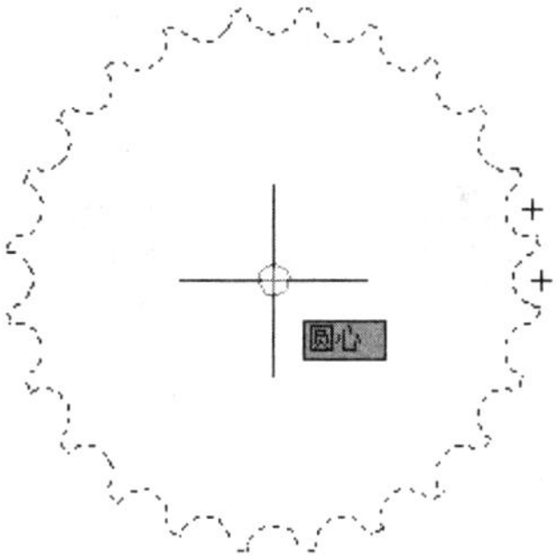


图5-15

图5-16

**2** 执行菜单栏中的“绘图”|“边界”命令，打开“边界创建”对话框，在“对象类型”下拉列表中选择“面域”选项，如图5-17所示。

**3** 单击左上角的“拾取点”按钮，返回绘图区，在命令行“拾取内部点:”提示下，在两个图形之间单击拾取一点，此时系统自动分析出一个闭合的虚线边界，如图5-18所示。

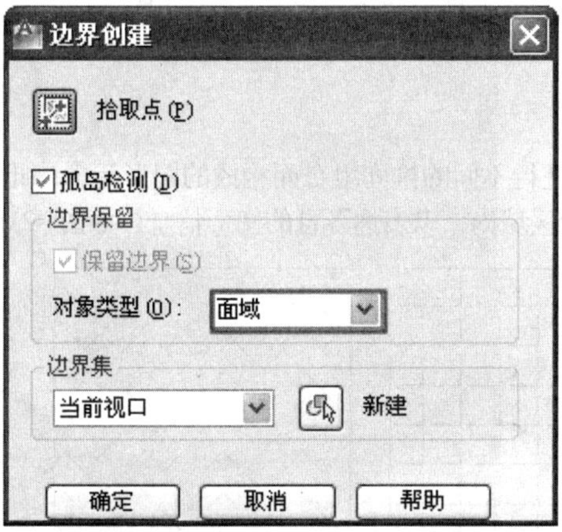


图5-17

图5-18

**4** 按Enter键结束命令，结果创建出两个面域对象。

**5** 执行菜单栏中的“视图”|“视觉样式”|“真实”命令对其进行真实着色，结果如图5-19所示。

**6** 执行菜单栏中的“修改”|“实体编辑”|“差集”命令，对两个面域进行差集运算，命令行操作如下。

```
命令: _subtract
    选择要从中减去的实体、曲面和面域...
    选择对象:                //单击选择外部的大面域
    选择对象:                //Enter，结束选择
    选择要减去的实体、曲面和面域...
    选择对象:                //单击选择内部的小面域
    选择对象:                //Enter，结果如图5-20所示
```

图5-19

图5-20

## 5.3 填充图形

在AutoCAD 2012图形设计中，填充图形是较常用的操作，通过对图形填充不同的图案，可以表达图形的其他信息，例如机械零件图的剖面、室内装饰图中地面装饰材料等。AutoCAD 2012为用户提供了各种填充图案和填充方式，这一节就来学习有关图案填充的相关知识。

### 5.3.1 图案填充及其命令启动方式

所谓"图案填充"，指的就是使用各种图线进行不同的排列组合而构成的图形元素，此类图形元素作为一个独立的整体，被填充到各种封闭的图形区域内，以表达各自的图形信息，如图5-21所示。

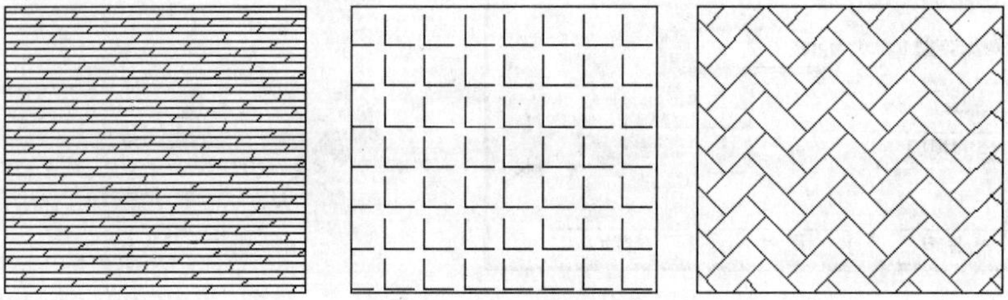

图5-21

在AutoCAD 2012中，可以执行"图案填充"命令来对图形的封闭区域进行图案填充。执行"图案填充"命令主要有以下几种方式。

- 执行菜单栏中的"绘图"|"图案填充"命令。
- 单击"绘图"工具栏上的"图案填充"按钮。
- 在命令行输入Bhatch按Enter键。
- 使用命令简写H或BH。

图案填充包括预定义图案、用户定义图案、渐变色等，下面分别对其进行详细讲解。

### 5.3.2 使用系统预定义图案填充图形

预定义图案是系统所预定的一些图案，用户可以直接在预定义选项下选择所需图案对图形进行填充。

下面通过一个简单实例，学习填充预定义图案的方法。

1 新建一个空白文件，使用“矩形”命令绘制两个矩形作为填充的边界。

2 采用上述任意方式激活“图案填充”命令，打开“图案填充和渐变色”对话框，如图5-22所示。

3 单击“图案填充”选项卡，在“类型”下拉列表中选择“预定义”选项，然后单击“样例”文本框中的图案，或单击“图案”选项右侧的按钮，打开“填充图案选项板”对话框，如图5-23所示。

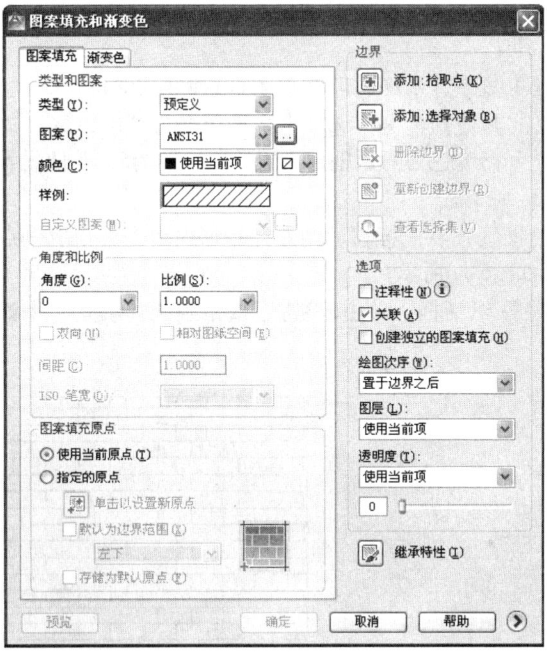


图5-22

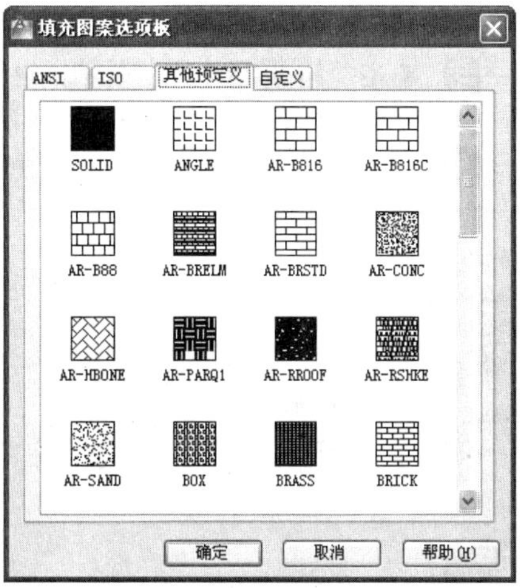


图5-23

在“填充图案选项板”对话框中，有“ANSI”、“ISO”、“其他预定义”以及“自定义”4种图案类型，用户可以单击各选项卡，选择不同的图案，如图5-24所示。

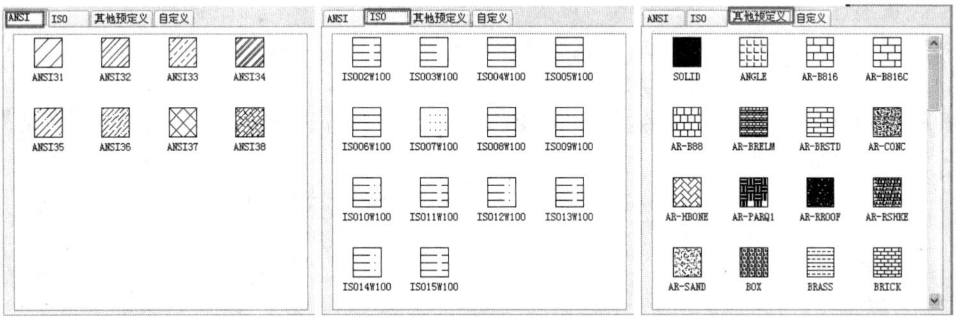


图5-24

下面首先对该对话框中的一些设置进行讲解。

- “添加:拾取点”按钮：单击该按钮返回绘图区，在填充区域内部拾取任意一点，系统将自动搜索到包含该点的区域边界，并以虚线显示边界。

**TIP** 用户可以连续地拾取多个要填充的目标区域，如果选择了不需要的区域，可单击鼠标右键，从弹出的快捷菜单中选择“放弃上次选择/拾取”或“全部清除”命令。

- “添加:选择对象”按钮：单击此按钮，系统将自动返回绘图区，选择需要填充图案的闭合图形，作为填充边界。
- “删除边界”按钮：删除位于选定填充区内但不填充的区域。
- “查看选择集”按钮：用于查看所确定的边界。
- “继承特性”按钮：用于在当前图形中选择一个已填充的图案，系统将继承该图案类型的一切属性并将其设置为当前图案。
- “关联”选项与“创建独立的图案填充”选项用于确定填充图形与边界的关系，分别用于创建关联和不关联的填充图案。
- “边界保留”选项用于设置是否保留填充边界。系统默认设置为不保留填充边界。

4 在“图案填充选项板”对话框中进入“其他预定义”选项卡，选择名为“BRICK”的图案，单击确定按钮返回“图案填充和渐变色”对话框，设置填充比例为5，其他设置默认，如图5-25所示。

5 单击“添加:拾取点”按钮返回到绘图区，将光标移动到左边矩形内单击，拾取一点确定填充边界，填充边界以虚线显示，如图5-26所示。

6 按Enter键返回到“图案填充和渐变色”对话框，单击确定按钮确认，填充结果如图5-27所示。

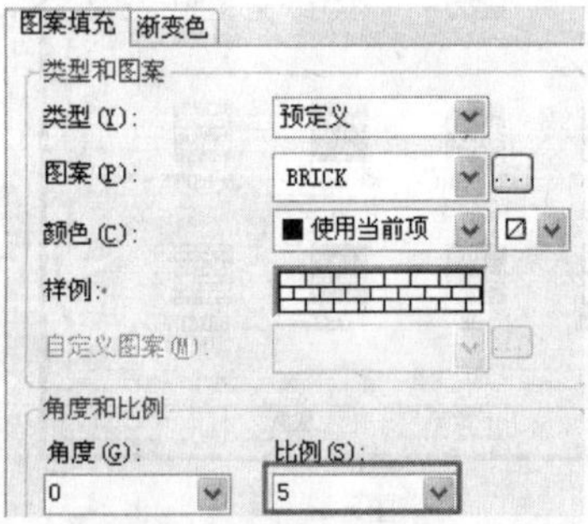


图5-25

图5-26

图5-27

7 按Enter键重复执行“图案填充”命令并再次打开“图案填充和渐变色”对话框，采用上次所选填充图案，然后设置“角度”为45，其他设置默认，如图5-28所示。

8 单击“添加:拾取点”按钮返回到绘图区，将光标移动到右边矩形内单击拾取一点确定填充边界，填充边界以虚线显示。

9 按Enter键返回到“图案填充和渐变色”对话框，单击确定按钮确认，填充结果如图5-29所示。

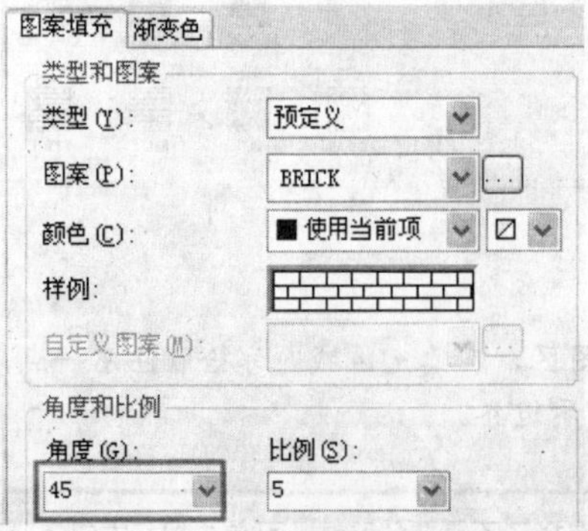


图5-28

图5-29

## 5.3.3 使用用户自定义的图案填充图形

当在“图案填充和渐变色”对话框的“类型”下拉列表中选择“用户定义”选项后，其“样例”文本框中会出现水平排列的线图案，用户可以设置该图案的“角度”、“间距”以及是否“双向”等，如图5-30所示。

图5-30

- 角度：设置图案填充的角度。
- 双向：设置图案是否双向填充。
- 间距：设置图案之间的距离。

下面继续通过一个简单实例学习填充“用户定义”图案。

1. 重新绘制两个矩形，执行“图案填充”命令打开“图案填充和渐变色”对话框。
2. 进入“图案填充”选项卡，在“类型”下拉列表中选择“用户定义”选项，在“角度和比例”选项组中设置角度为45°，同时设置“间距”为10。
3. 单击“添加:拾取点”按钮返回到绘图区，在左侧的矩形内部单击拾取一点确定填充边界，填充边界以虚线显示。
4. 按Enter键返回到“图案填充和渐变色”对话框，单击 确定 按钮确认，填充结果如图5-31所示。
5. 按Enter键重复执行“图案填充”命令并再次打开“图案填充和渐变色”对话框，采用上次所选填充图案，勾选“双向”复选框，其他设置默认。
6. 单击“添加:拾取点”按钮返回到绘图区，在右侧的矩形内部单击拾取一点确定填充边界，填充边界以虚线显示。
7. 按Enter键返回到“图案填充和渐变色”对话框，单击 确定 按钮确认，填充结果如图5-32所示。

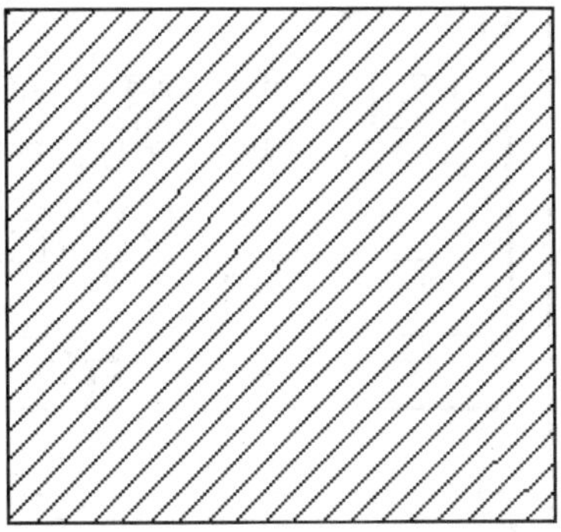

图5-31

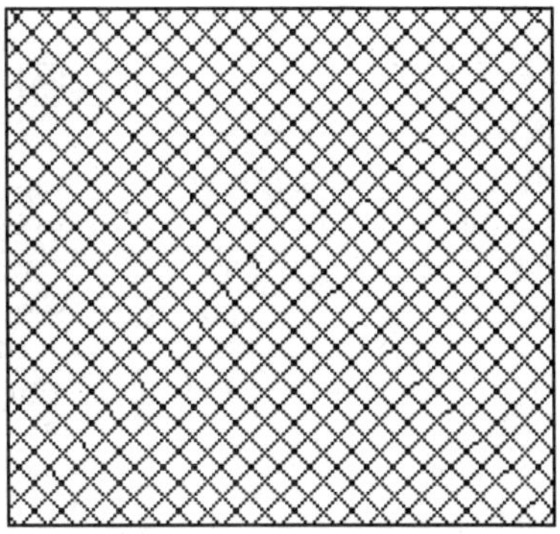

图5-32

除了以上所讲的使用预定义图案和用户定义图案进行填充之外，还可以使用渐变色填充图形，在“图案填充和渐变色”对话框中单击“渐变色”选项卡，即可进入渐变色填充面板，渐变色是由一种或两种纯色组成的填充颜色，其填充方法与使用图案填充图形的方法相同，由于篇幅所限，在此不再详细讲解，读者可以自己尝试操作。

# 5.4 编辑填充图案

当填充图案后，用户还可以对填充的图案或颜色进行编辑，编辑填充图案主要包括两部分内容，一部分是重新设置填充图案以及参数，另一部分内容是通过编辑，删除与填充图案重叠的文字下方的图案，下面分别对其进行详细讲解。

## 5.4.1 重新选择填充图案、设置填充参数

这一节主要来学习重新选择填充图案，并设置填充参数的相关知识。

**1** 继续上一节实例的操作。

**2** 在无任何命令发出的情况下，选择上一节填充的图案使其夹点显示，然后单击鼠标右键，在快捷菜单中选择“图案填充编辑”命令，如图5-33所示，此时将打开“图案填充编辑”对话框，如图5-34所示。

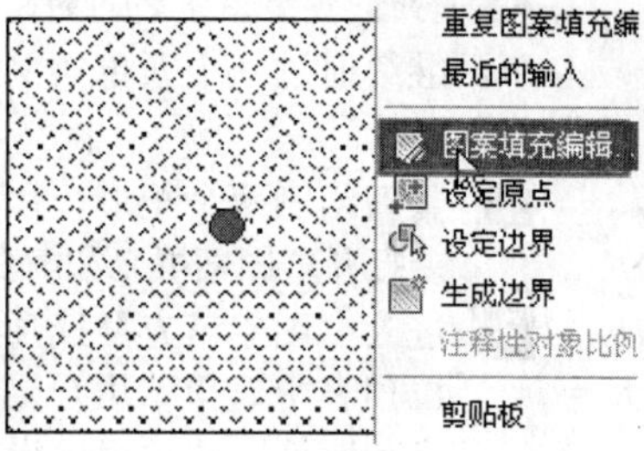


图5-33

**3** 在该对话框的“类型”下拉列表中选择“预定义图案”选项，然后单击“图案”右侧的按钮，打开“填充图案选项板”对话框，进入“其他预定义”选项卡，选择如图5-35所示的图案。

**4** 单击 确定 按钮回到“图案填充编辑”对话框，设置“角度”为0，其他设置默认，单击 确定 按钮确认并关闭“图案填充编辑”对话框，结果原填充图案被修改，如图5-36所示。

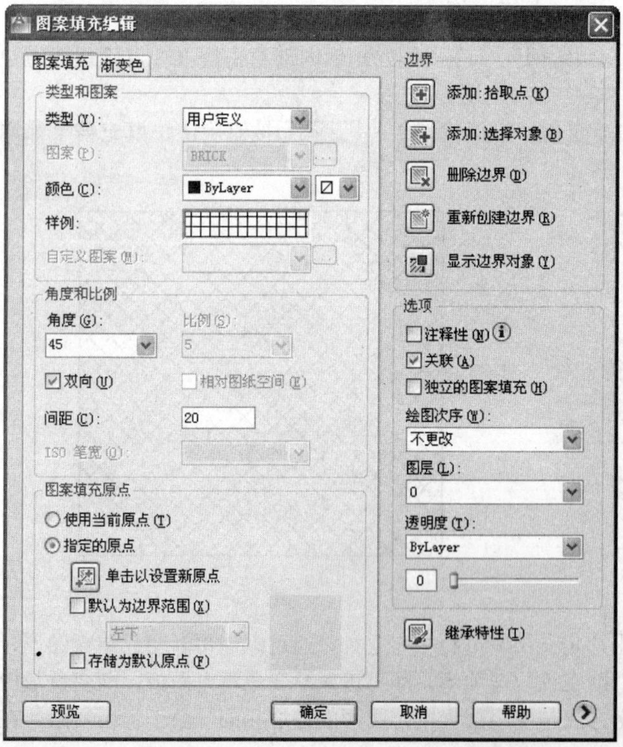


图5-34

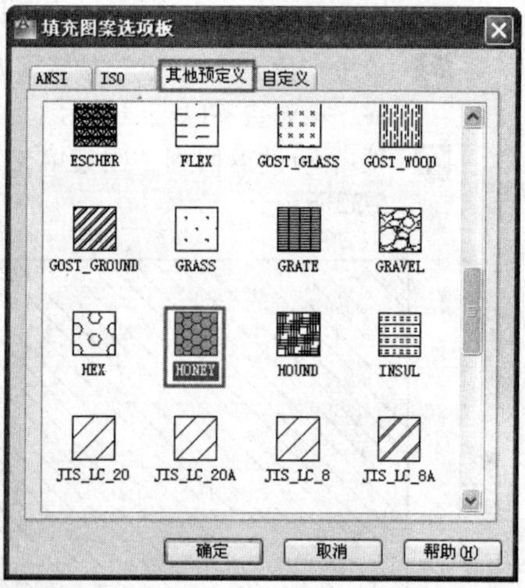


图5-35

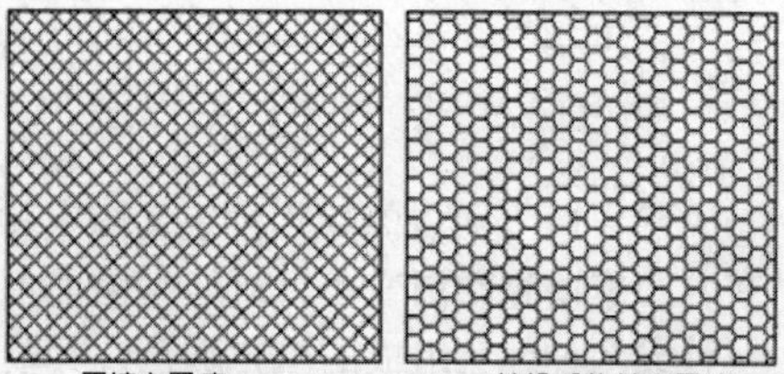

原填充图案　　编辑后的填充图案

图5-36

## 5.4.2　编辑与文字等对象重叠的填充图案

在大多数情况下，图形对象中填充的图案会与其他对象重叠，例如在建筑室内装饰装潢设计中，地板材质图案会与文字注释相重叠，吊顶装饰图案会与灯具图块重叠，在这种情况下，就需要对填充的图案进行编辑，将文字和灯具下方的图案删除。这一节就来学习删除文字和灯具等对象下方的填充图案的方法。

**1** 继续上一节实例的操作。

**2** 执行菜单栏中的“绘图”|“文字”|“单行文字”命令，在该填充图案上输入相关文字，命令行操作如下。

命令: _text
　　当前文字样式: “Standard”　文字高度: 2.5000 注释性: 否
　　指定文字的起点或 [对正(J)/样式(S)]:　　　　　　//在填充图案上拾取一点
　　指定高度 <2.5000>:　　　　　　　　　　　　　//100 Enter，设置文字高度
　　指定文字的旋转角度 <0>:
　　　　　　　　//Enter，输入“编辑”文字，按两次Enter键结束操作，结果如图5-37所示

**3** 在无任何命令发出的情况下，选择填充的图案使其夹点显示，然后单击鼠标右键，在快捷菜单中选择“图案填充编辑”命令，打开“图案填充编辑”对话框。

**4** 单击“图案填充编辑”对话框右下角的“更多选项”扩展按钮，即可展开右侧的“孤岛”选项，如图5-38所示。

图5-37

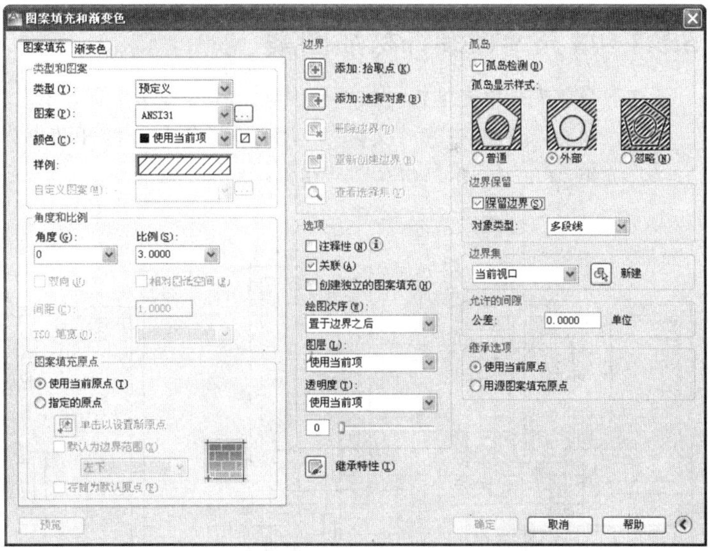


图5-38

孤岛是指在一个边界包围的区域内又定义了另外一个边界，它可以实现对两个边界之间的区域进行填充，而内边界包围的内区域不填充。

“孤岛显示样式”选项组中提供了“普通”、“外部”和“忽略”三种方式，其中“普通”方式是从最外层的外边界向内边界填充，第一层填充，第二层不填充，如此交替进行；“外部”方式只填充从最外边界向内第一边界之间的区域；“忽略”方式忽略最外层边界以内的其他任何边界，以最外层边界向内填充全部图形。

**1** 在“孤岛”选项组下选择“外部”单选按钮，然后单击“添加:选择对象”按钮返回到绘图区，单击图案中的文字对象，如图5-39所示。

**2** 按Enter键返回到“图案填充编辑”对话框，单击[确定]按钮确认，结果文字下方的图案被删除，结果如图5-40所示。

图5-39

图5-40

> **TIP** 删除图块下方的填充图案的方法与删除文字下方的填充图案的方法相同，在此不再讲述，读者可以自己尝试操作。

## 5.5 图案填充与编辑应用实例——绘制地面材质图

上一节学习了有关创建边界、转换面域以及填充与编辑图案的相关知识，这一节通过绘制如图5-41所示的某户型装修地面材质图的实例，对以上所学知识进行巩固练习。

### 5.5.1 填充地板装饰材质图案

这一节首先来填充地板材质填充图案，具体操作步骤如下。

**1** 执行菜单栏中的“文件”|“打开”命令，打开随书光盘中的文件“素材文件”\“第5章”\“室内家具布置图.dwg”，如图5-42所示。

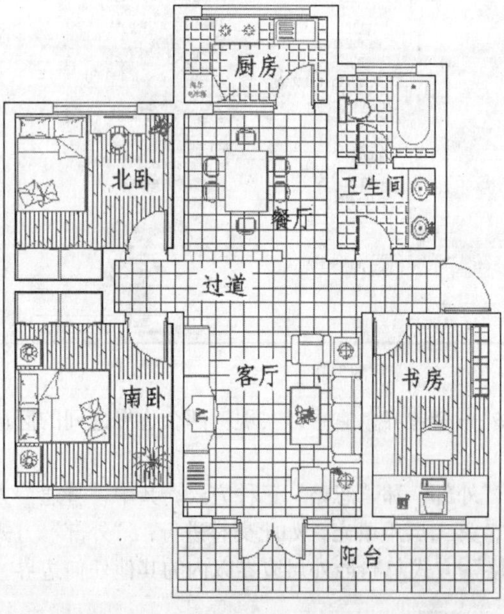


图5-41

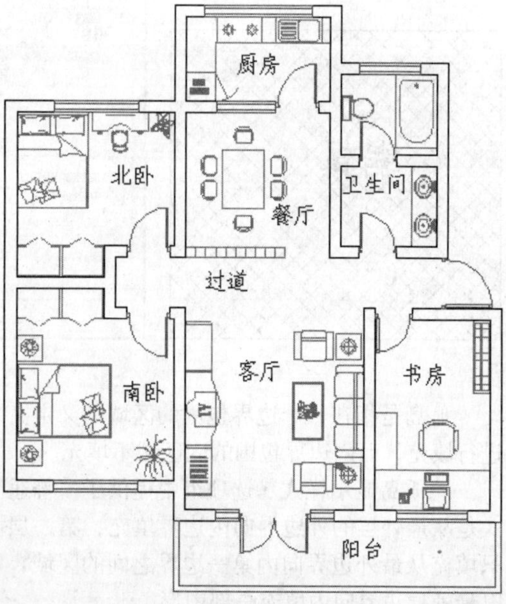


图5-42

**2** 这是一幅室内家具布置图，下面在该图的基础上绘制地面材质图。

**3** 执行菜单栏中的“工具”|“选项板”|“图层”命令，打开“图层特性管理器”面板，在“文本层”的💡按钮上单击将该层暂时隐藏，然后双击“剖面线”，将其设置为当前层，如图5-43所示。

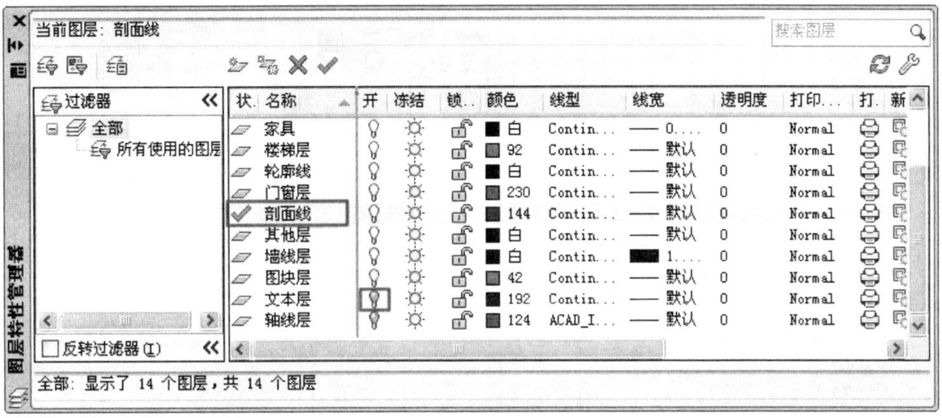

图5-43

**4** 使用命令简写L激活“直线”命令，配合“端点”捕捉功能，分别连接各房间两侧的门洞等，以封闭填充区域，结果如图5-44所示。

**5** 在无任何命令发出的情况下，选择北卧房间中的家具图块，使其夹点显示，如图5-45所示。

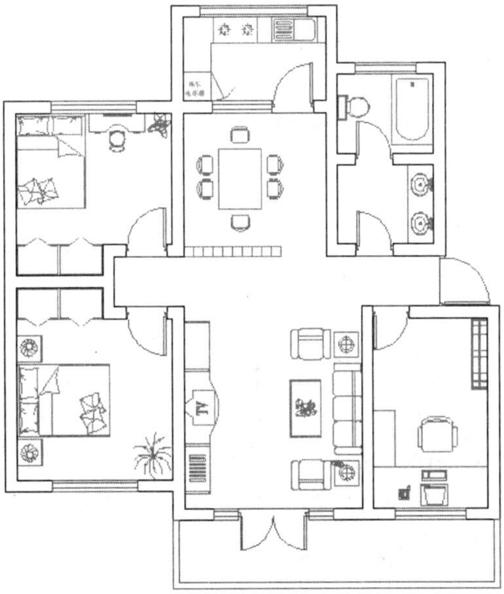

图5-44

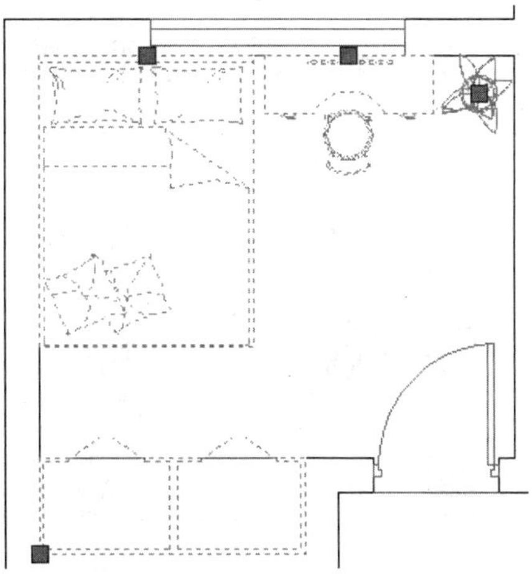

图5-45

**6** 在“图层控制”下拉列表中选择“图层0”，将选择的家具图块暂时放入该层，如图5-46所示。

**7** 按键盘上的Esc键取消夹点显示，然后在“图层控制”下拉列表中单击“图块层”的💡按钮，将该层暂时隐藏，结果如图5-47所示。

**8** 单击“绘图”工具栏上的“图案填充”按钮，打开“图案填充和渐变色”对话框，进入“图案填充”选项卡，单击“图案”文本框右侧的...按钮，打开“填充图案选项板”对话框。

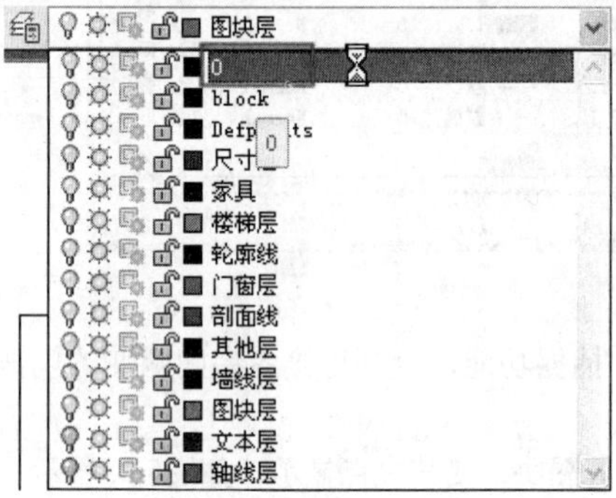


图5-46

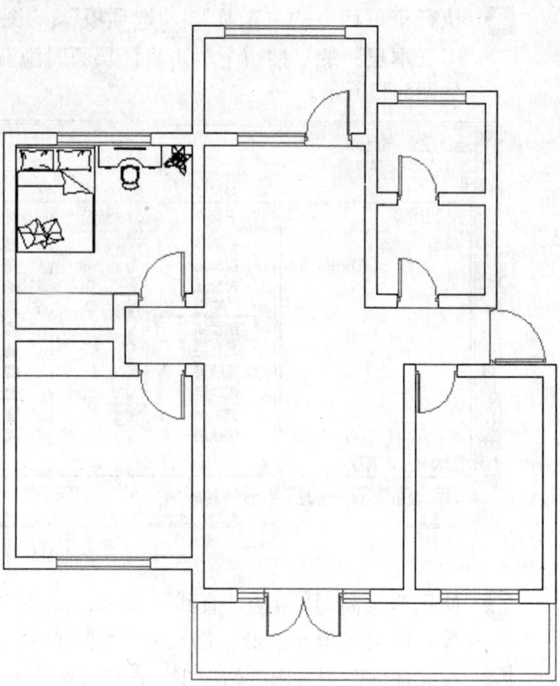

图5-47

**9** 在“填充图案选项板”对话框的“其他预定义”选项卡中选择名为“DOLMIT”的图案，如图5-48所示。

**10** 单击[确定]按钮返回“图案填充和渐变色”对话框，设置填充参数，如图5-49所示。

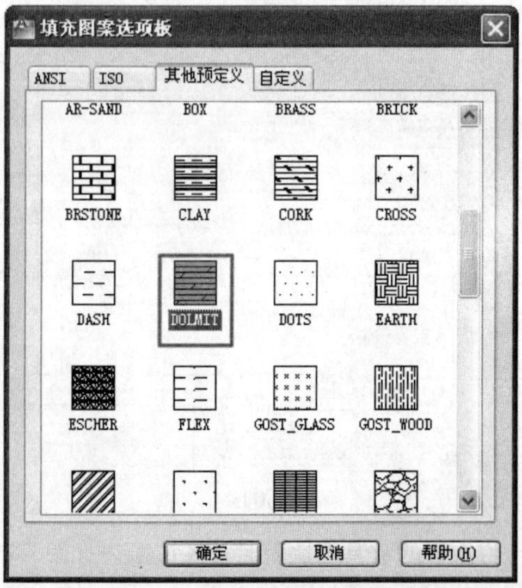


图5-48

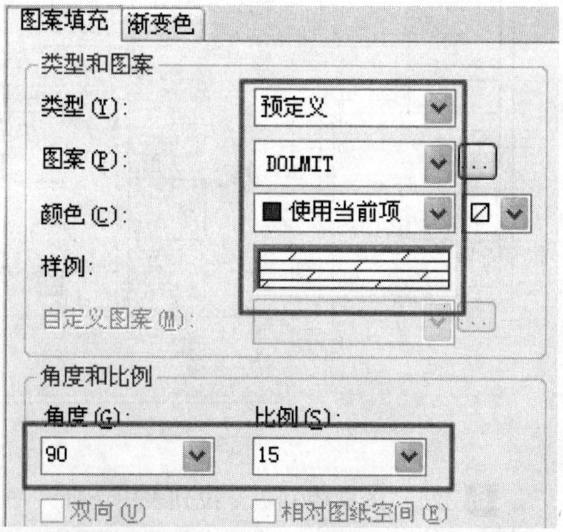


图5-49

**11** 在“边界”选项组中单击“添加:拾取点”按钮返回绘图区，在北卧空白位置单击左键，拾取内部的一点确定填充区域，系统分析出的填充区域以虚线显示，如图5-50所示。

**12** 按Enter键，返回“图案填充和渐变色”对话框，单击[确定]按钮进行填充，填充结果如图5-51所示。

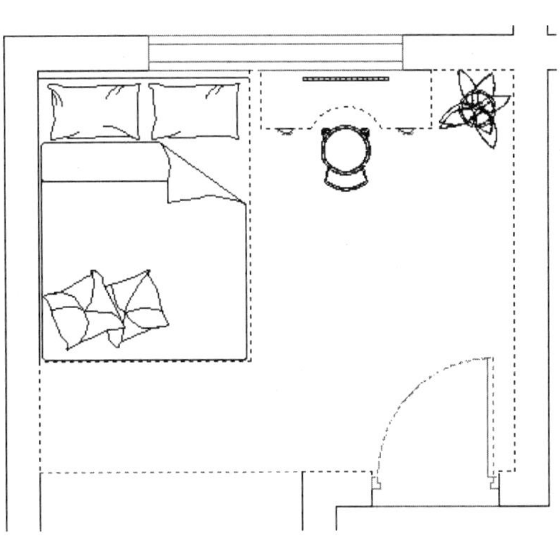

图5-50

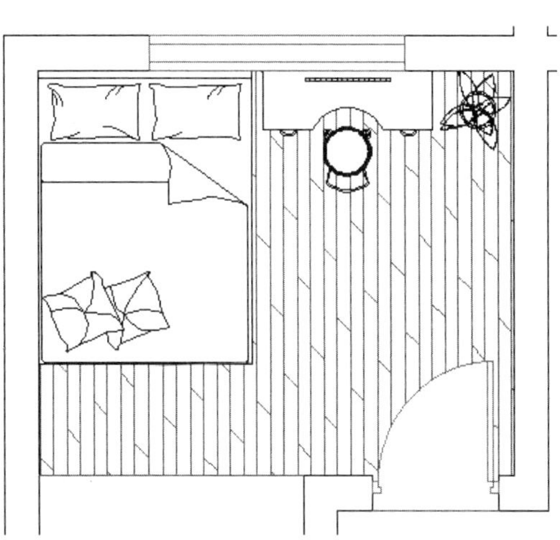

图5-51

**13** 在无任何命令发出的情况下，选择北卧中的家具图块，在“图层控制”下拉列表中将其放回到“图块层”，然后取消“图块层”的隐藏，结果如图5-52所示。

**14** 继续在无任何命令发出的情况下选择南卧中的家具图块，在“图层控制”下拉列表中将其放入“0层”，然后隐藏“图块层”，结果如图5-53所示。

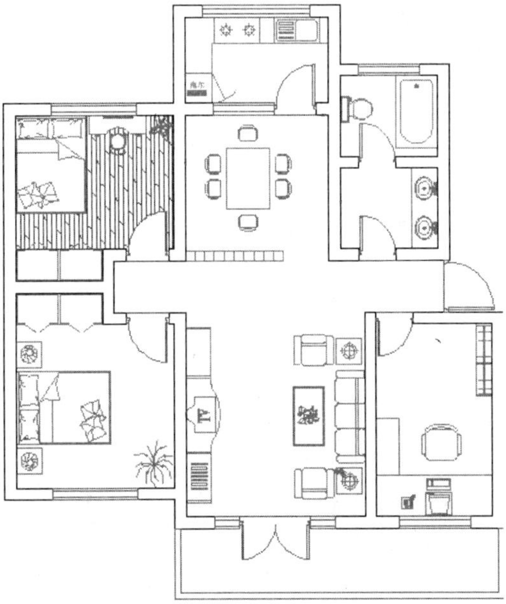

图5-52

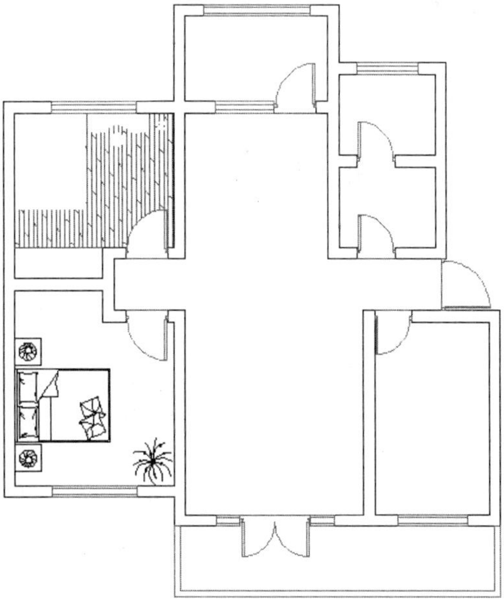

图5-53

**15** 重复执行“图案填充”命令，选择与北卧相同的填充图案和填充参数设置，然后在“边界”选项组中单击“添加:拾取点”按钮返回绘图区，在南卧空白位置单击左键拾取内部的一点确定填充区域，系统分析出的填充区域以虚线显示，如图5-54所示。

**16** 按Enter键，返回“图案填充和渐变色”对话框，单击确定按钮进行填充，填充结果如图5-55所示。

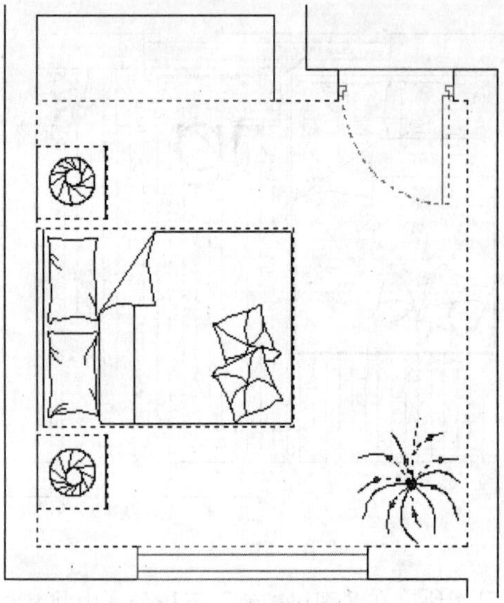

图5-54

图5-55

**17** 在无任何命令发出的情况下选择南卧中的家具图块，在“图层控制”下拉列表中将其放回到“图块层”，然后取消“图块层”的隐藏，结果如图5-56所示。

**18** 继续在无任何命令发出的情况下选择书房中的家具图块，在“图层控制”下拉列表中将其放入“0层”，然后隐藏“图块层”，结果如图5-57所示。

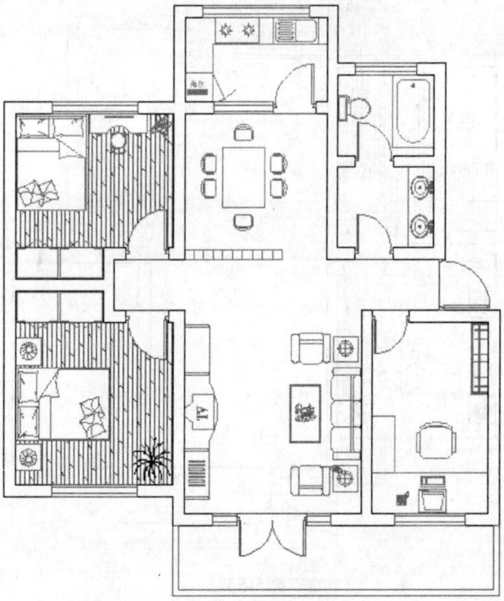

图5-56

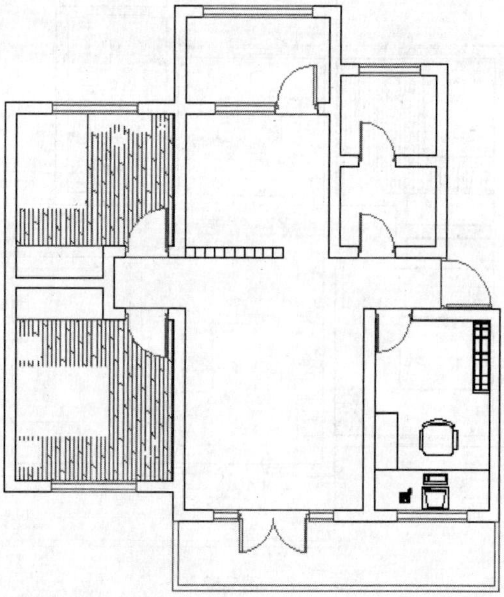

图5-57

**19** 重复执行“图案填充”命令，选择与北卧相同的填充图案和填充参数设置，然后在“边界”选项组中单击“添加:拾取点”按钮返回绘图区，在书房空白位置单击左键拾取内部的一点确定填充区域，系统分析出的填充区域以虚线显示，如图5-58所示。

**20** 按Enter键，返回“图案填充和渐变色”对话框，单击 确定 按钮进行填充，填充结果如图5-59所示。

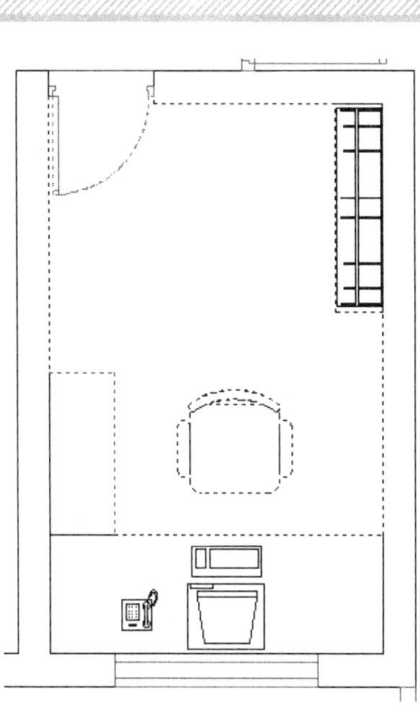

图5-58

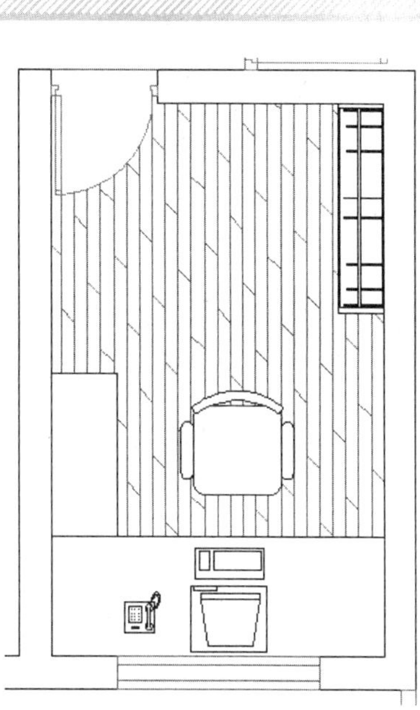

图5-59

**21** 在无任何命令发出的情况下选择书房中的家具图块，在“图层控制”下拉列表中将其放回到“图块层”，然后取消“图块层”的隐藏，结果如图5-60所示。

**22** 继续在无任何命令发出的情况下，选择厨房和卫生间中的洁具和厨房用具图块，在“图层控制”下拉列表中将其放入“0层”，然后隐藏“图块层”，结果如图5-61所示。

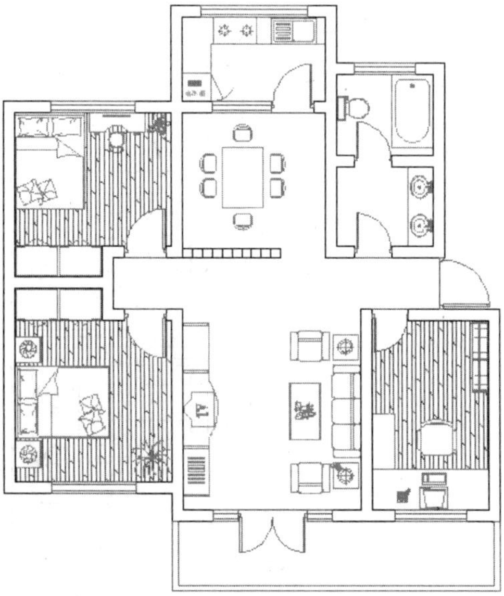

图5-60

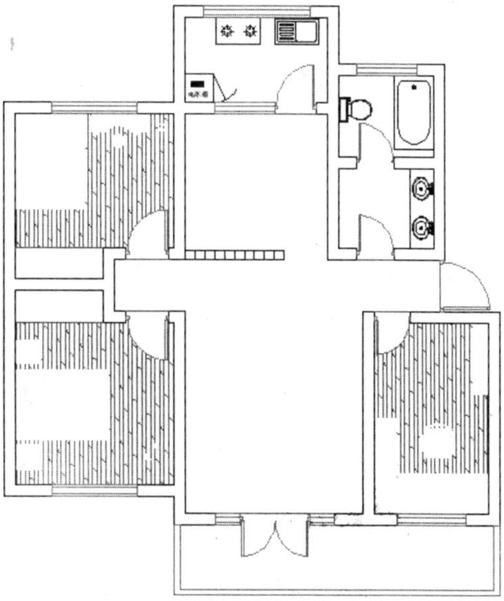

图5-61

**23** 重复执行“图案填充”命令，在打开的“图案填充和渐变色”对话框中进入“图案填充”选项卡，单击“图案”文本框右侧的...按钮，打开“填充图案选项板”对话框。

**24** 在“填充图案选项板”对话框的“其他预定义”选项卡中选择名为“ANGLE”的图案，如图5-62所示。

**25** 单击 确定 按钮返回“图案填充和渐变色”对话框，设置填充参数，如图5-63所示。

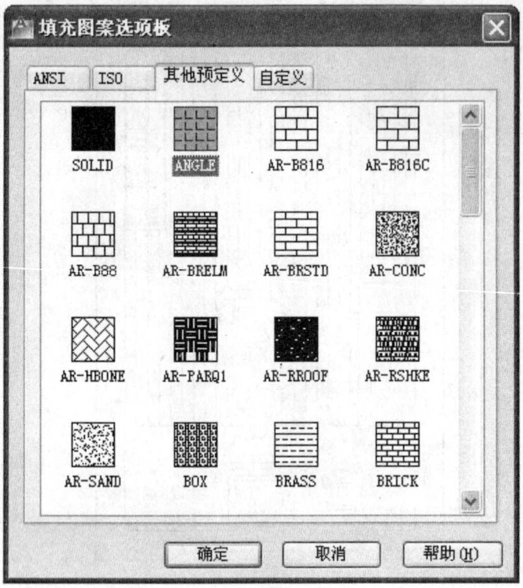


图5-62

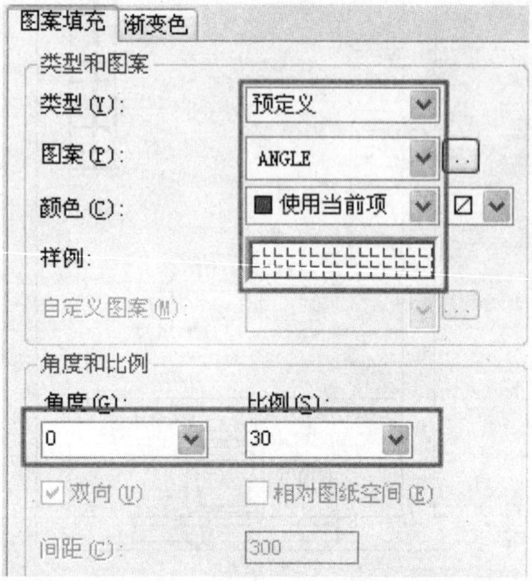


图5-63

**26** 在“边界”选项组中单击“添加:拾取点”按钮返回绘图区，在卫生间和厨房空白位置单击左键拾取内部的一点确定填充区域，系统分析出的填充区域以虚线显示，如图5-64所示。

**27** 按Enter键，返回“图案填充和渐变色”对话框，单击确定按钮进行填充，填充结果如图5-65所示。

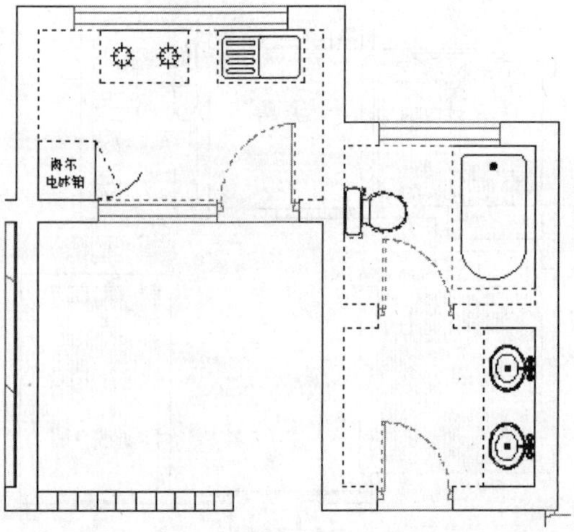


图5-64

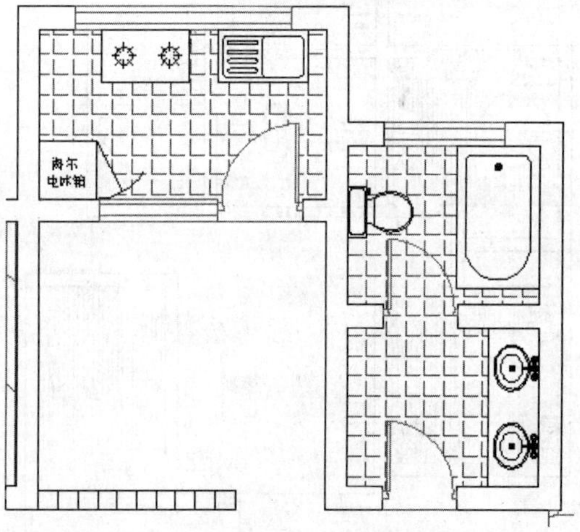


图5-65

**28** 在无任何命令发出的情况下，选择卫生间和厨房中的洁具和厨房用具图块，在“图层控制”下拉列表中将其放回到“图块层”，然后取消“图块层”的隐藏，结果如图5-66所示。

**29** 下面填充餐厅和客厅地面材质，该材质将使用一种“用户定义”材质进行填充。

**30** 使用命令简写PL激活“多段线”命令，配合“最近点”捕捉功能，沿餐厅、客厅家具图块边缘创建封闭区域，然后在“图层控制”下拉列表中将“图块层”隐藏，结果如图5-67所示。

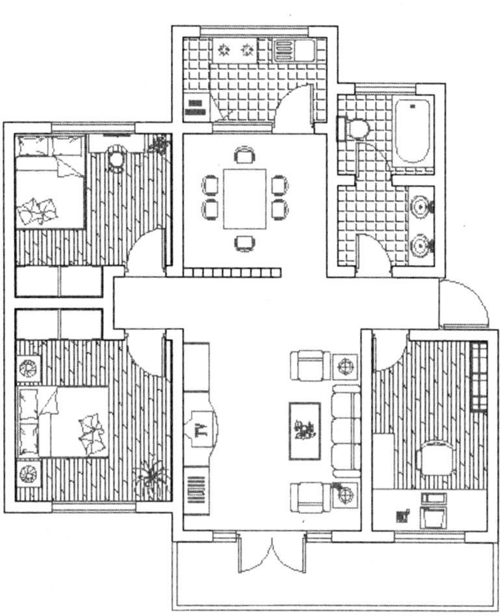

图5-66

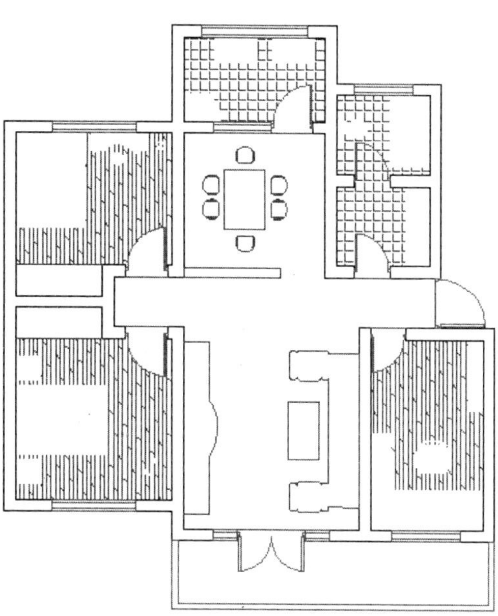

图5-67

31 执行“图案填充”命令，打开“图案填充和渐变色”对话框，在“类型”下拉列表中选择“用户定义”选项，然后设置其他参数，如图5-68所示。

32 在“边界”选项组中单击“添加:拾取点”按钮返回绘图区，在客厅和阳台空白位置单击左键拾取内部的一点确定填充区域，系统分析出的填充区域以虚线显示，如图5-69所示。

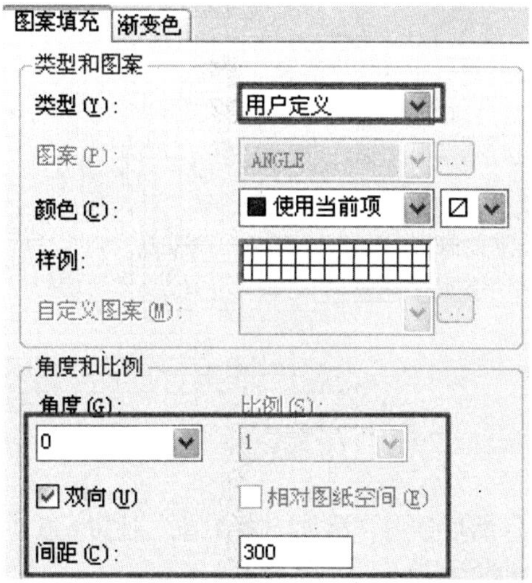


图5-68

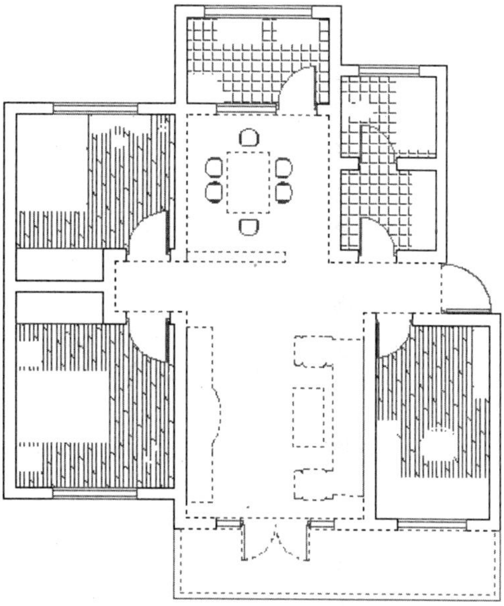

图5-69

33 按Enter键，返回“图案填充和渐变色”对话框，单击 确定 按钮进行填充，填充结果如图5-70所示。

34 选择餐厅和客厅中的家具轮廓线将其删除，然后在“图层控制”下拉列表中取消“图层层”的隐藏，结果如图5-71所示。

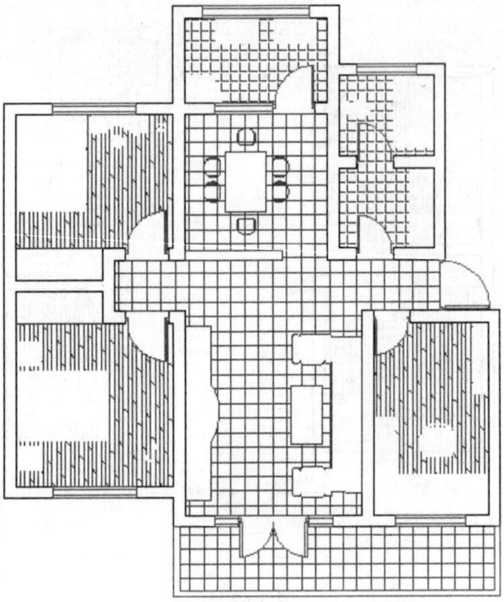

图5-70

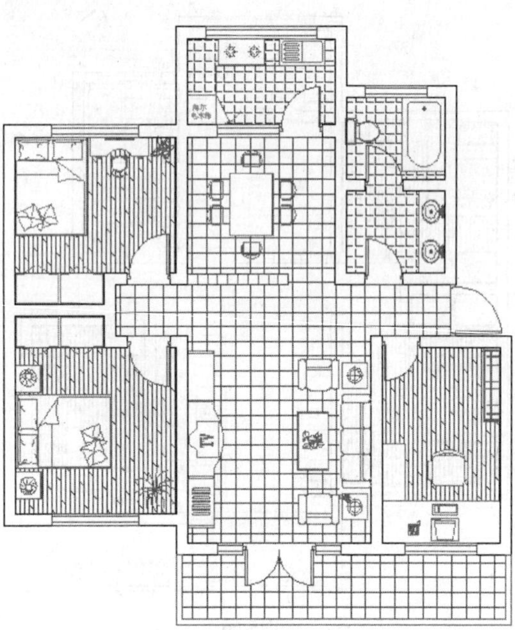

图5-71

**35** 在“图层控制”下拉列表中取消“文本层”的隐藏，结果如图5-72所示。

**36** 至此，地板材质填充完毕，下一节将对地板材质进行编辑，以删除文字注释下方的填充图案。

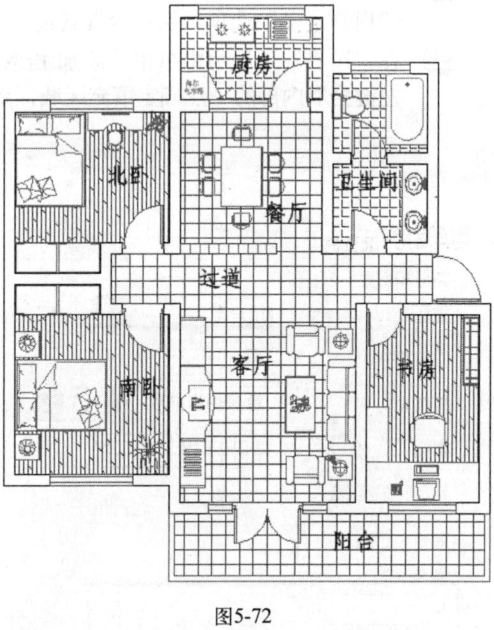


图5-72

## 5.5.2 编辑地板装饰材质图案

这一节继续对填充的地板材质进行编辑。

**1** 在无任何命令发出的情况下单击选择北卧地板填充图案，使其夹点显示，然后单击鼠标右键，选择快捷菜单中的“填充图案编辑”命令（如图5-73所示），打开“图案填充编辑”对话框。

**2** 单击“图案填充编辑”对话框右下角的“更多选项”扩展按钮，展开右侧的“孤岛”选项。

**3** 在“孤岛”选项组下选择“外部”单选按钮，然后单击“添加:选择对象”按钮返回到绘图区，单击北卧填充图案中的文字对象，如图5-74所示。

**4** 按Enter键返回到“图案填充编辑”对话框，单击 确定 按钮确认，这时文字下方的图案被删除，结果如图5-75所示。

**5** 依照相同的方法，分别对其他房间地面的填充图案进行编辑，删除文字注释下方的图案，最终效果如图5-76所示。

**6** 执行“另存为”命令，将该图形存储为“地面材质图.dwg”文件。

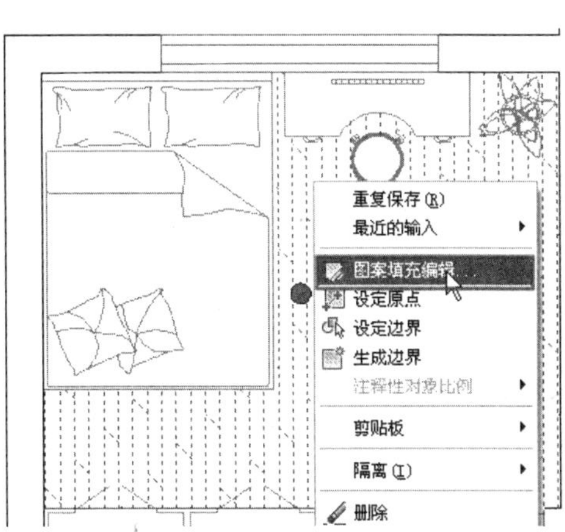


图5-73

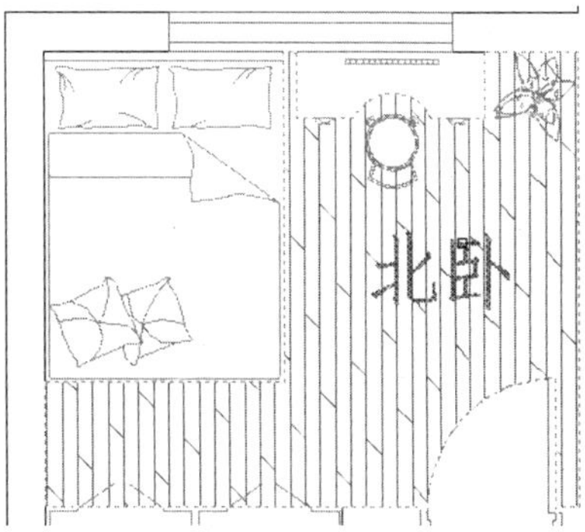


图5-74

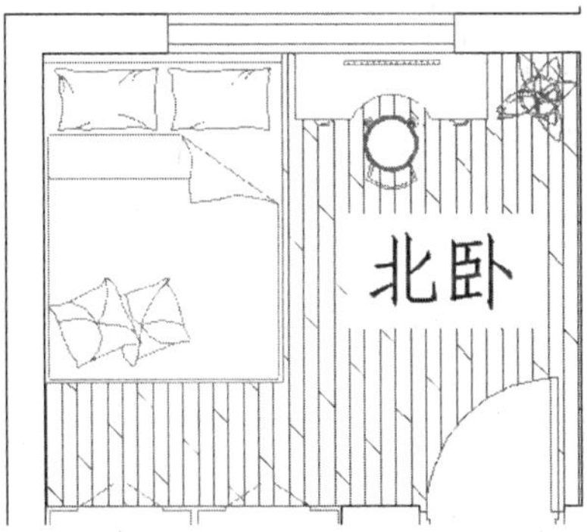


图5-75

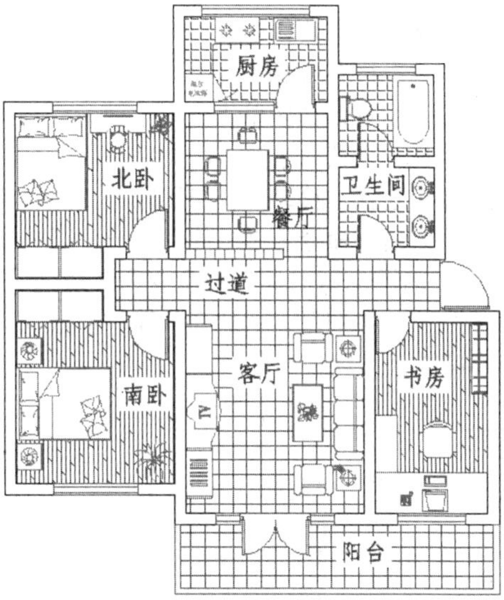


图5-76

# 5.6 图形的夹点编辑

AutoCAD为用户提供了“夹点编辑”功能，使用此功能，可以非常方便地编辑图形，以创建复杂图形，这一节就来学习图形的夹点编辑技术。

## 5.6.1 夹点与夹点编辑

在AutoCAD 2012中，所有二维图形都有其自身的特征点，例如线、矩形、多边形的端点、中点，圆、圆弧的圆心、象限点等，图形的这些特征点即为夹点。在没有任何命令执行的前提下选择这些图形后，图形上的这些特征点会以蓝色实心的小方框形式显示，这就是图形的夹点。不同的图形结构，其夹点个数及位置也会不同，如图5-77所示。

“夹点编辑”就是通过编辑图形上的这些夹点，来达到快速编辑图形的目的，用户只需单击图形上的任何一个夹点，此时所单击的夹点以红色亮显，称之为“热点”或者是“夹基点”，这时即进入夹点编辑模式，如图5-78所示。

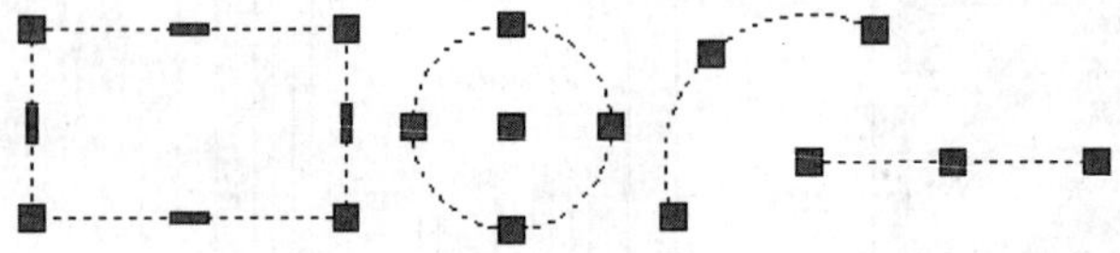

图5-77

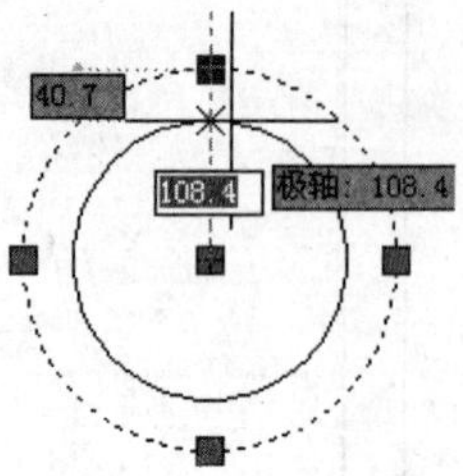


图5-78

当进入夹基点模式后，用户可以通过两种具体的夹点编辑模式对图形对象进行夹点编辑。

第一种是在绘图区单击鼠标右键，打开如图5-79所示的夹点编辑菜单，此夹点菜单中共有两类夹点命令，第一类夹点命令为一级修改菜单，包括“移动”、“旋转”、“缩放”、“镜像”和“拉伸”命令，这些命令是平级的，用户可以通过选择菜单中的各修改命令进行编辑；第二类夹点命令为二级选项菜单，如“基点”、“复制”、“参照”、“放弃”等，不过这些选项菜单在一级修改命令的前提下才能使用。

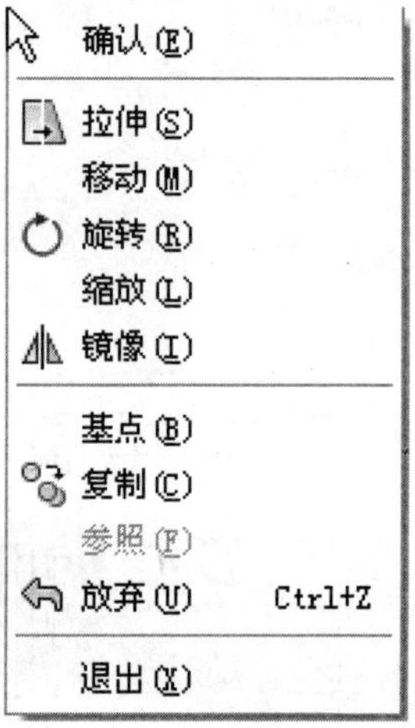


图5-79

**TIP** 如果用户要将多个夹点作为夹基点，并且保持各选定夹点之间的几何图形完好如初，需要在选择夹点时按住Shift键再单击各夹点使其变为夹基点；如果要从显示夹点的选择集中删除特定对象，也要按住Shift键。

第二种是使用命令行编辑图形。当进入夹点编辑模式后，在命令行输入各夹点命令及各命令选项，以夹点编辑图形。另外，用户也可以通过连续按Enter键，系统即可在“移动”、“旋转”、“缩放”、“镜像”和“拉伸”这5种命令及各命令选项中循环执行，也可以通过键盘命令简写MO、RO、SC、MI和ST循环选取这些模式。

**TIP** 夹点编辑菜单中的“移动”、“旋转”等功能与“修改”工具栏中的“移动”、“旋转”等功能是一样的，在此不再细述。

## 5.6.2 夹点拉伸

所谓“夹点拉伸”是指通过夹点拉伸对象，这是一个非常常用的命令，通过夹点拉伸可以快速完成简单图形的创建。

下面通过快速创建墙体轴线网的实例操作，学习夹点拉伸图形对象的方法和技巧。

1 执行菜单栏中的“文件”|“打开”命令，打开随书光盘中的文件“素材文件”\“第5章”\“墙体定位轴线.dwg”，如图5-80所示。

2 这是一个未完成的建筑施工图墙体定位轴线，下面使用夹点拉伸功能对其进行完善。

3 在无任何命令发出的情况下，单击垂直轴线A使其夹点显示，如图5-81所示。

4 单击最上方的夹点进入夹基点，此时该点显示红色，单击鼠标右键，在弹出的快捷菜单中选择“拉伸”命令，如图5-82所示。

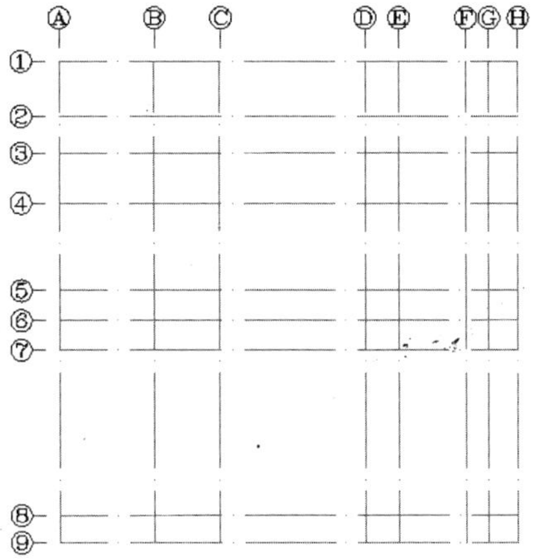


图5-80

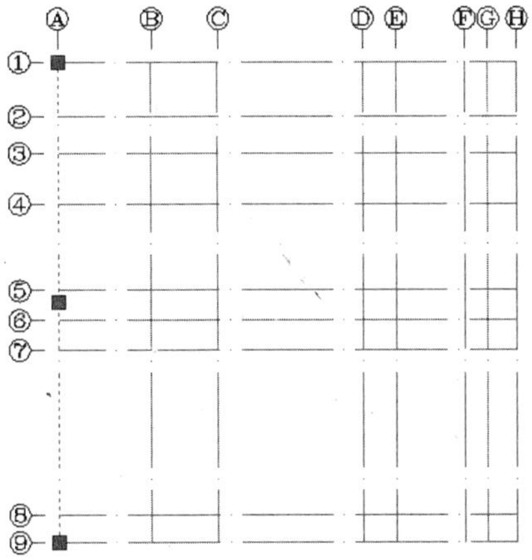


图5-81

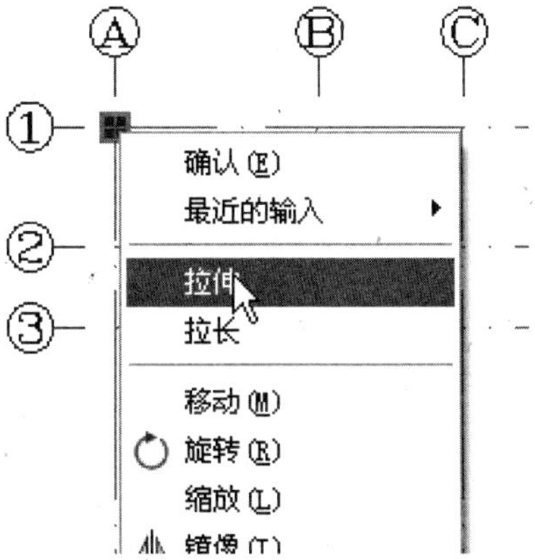


图5-82

5 向下移动光标，将该点向下移动到水平线3的左端点位置，如图5-83所示。

6 继续单击最下方的夹点进入夹基点，依照相同的方法，使用夹点“拉伸”功能将其向上拉伸到水平线8的左端点位置，如图5-84所示。

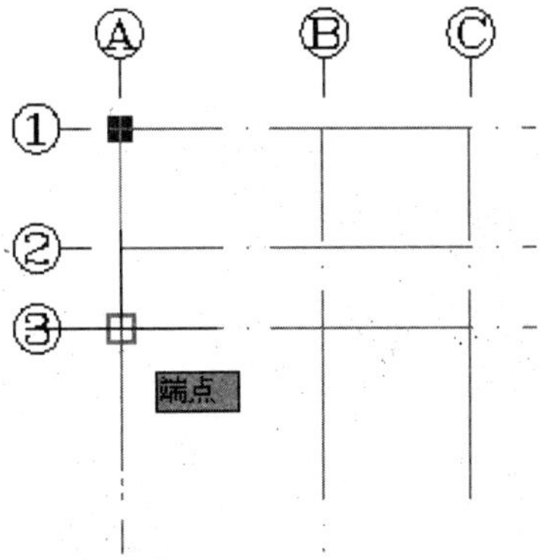


图5-83

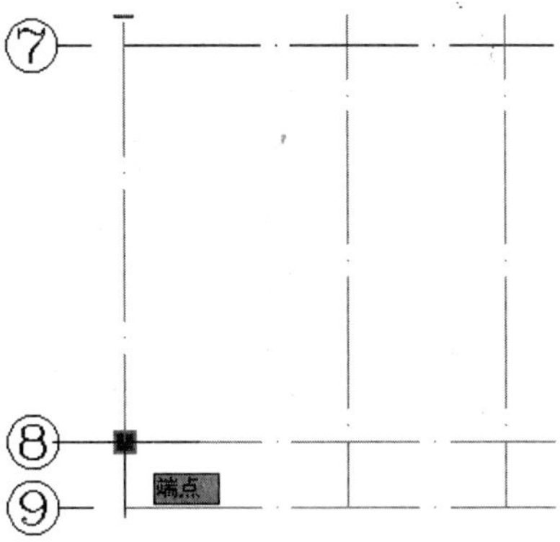


图5-84

7 按键盘上的Esc键取消夹点显示并退出夹点编辑模式，结果如图5-85所示。

8 继续在无任何命令发出的情况下单击水平线1，进入夹点模式，如图5-86所示。

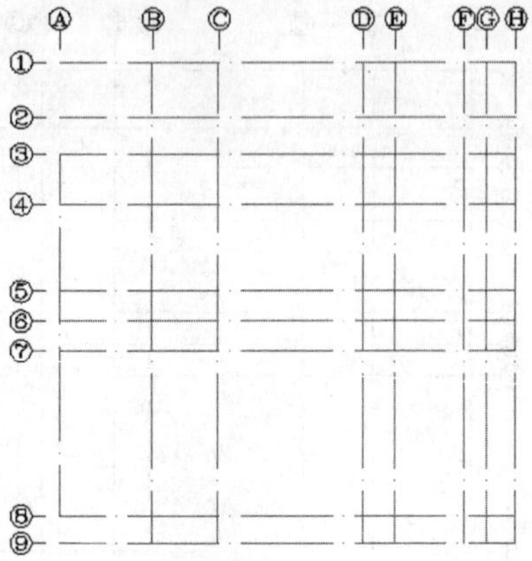

图5-85

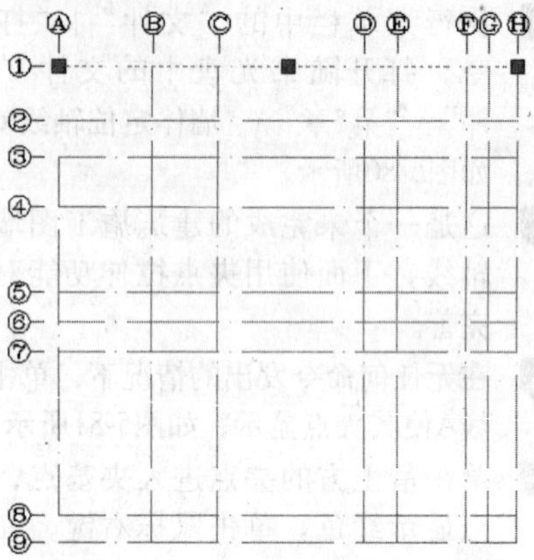

图5-86

9 单击左侧的夹点进入夹点编辑模式，在命令行“指定拉伸点或[基点(B)/复制(C)/放弃(U)/退出(X)]:”提示下，将其水平向右拖到垂直线C的上端点位置，如图5-87所示。

10 单击右侧的夹点进入夹点编辑模式，在命令行“指定拉伸点或[基点(B)/复制(C)/放弃(U)/退出(X)]:”提示下，将其水平向左拖到垂直线D的上端点位置，如图5-88所示。

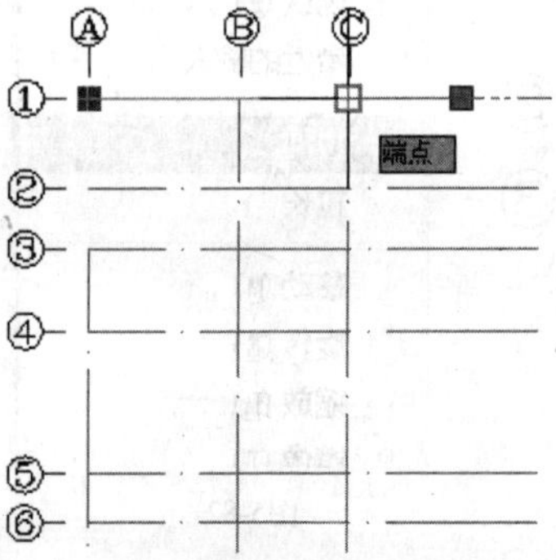


图5-87

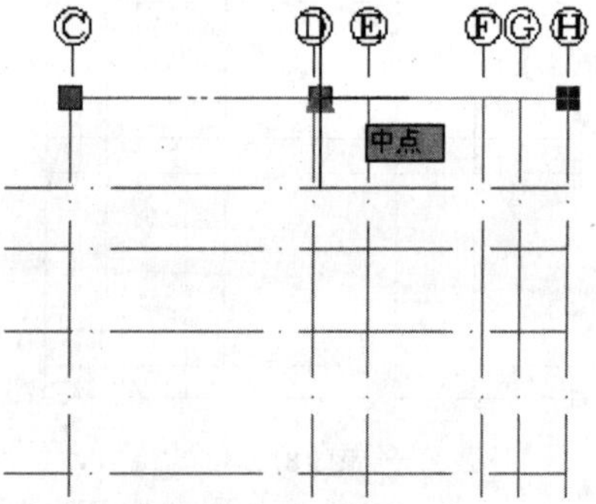


图5-88

11 按键盘上的Esc键取消夹点显示并退出夹点编辑模式，结果如图5-89所示。

12 依照相同的方法，配合“端点”捕捉和“交点”捕捉功能，使用夹点拉伸功能，对其他轴线进行拉伸，结果如图5-90所示。

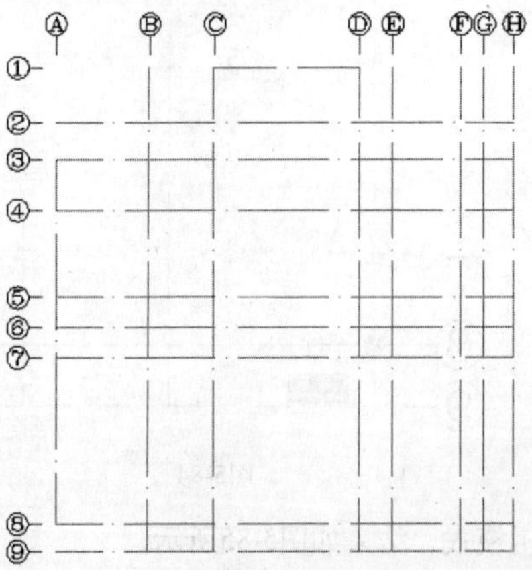

图5-89

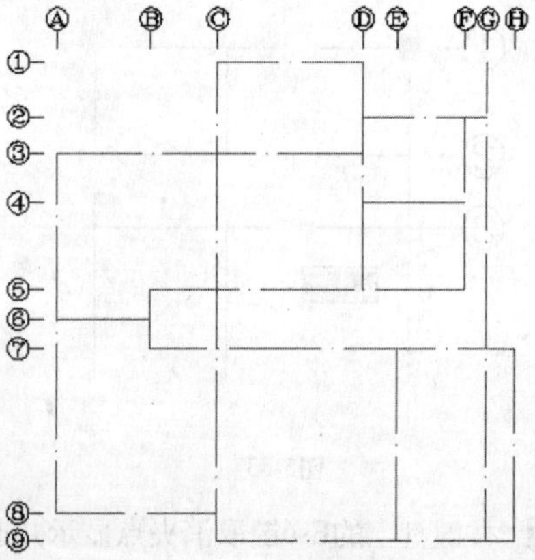

图5-90

**13** 下面继续对墙体定位轴线进行编辑完善。在无任何命令发出的情况下单击垂直线G，按键盘上的Delete键将其删除。

**14** 使用命令简写TR激活“修剪”命令，对定位线进行修剪，命令行操作如下。

命令: _trim
　　当前设置:投影=UCS，边=延伸
　　选择剪切边...
　　选择对象或 <全部选择>:　　　　//分别单击选择水平线5和7，如图5-91所示
　　选择对象:　　　　//Enter，结束对象的选择
　　选择要修剪的对象，或按住 Shift 键选择要延伸的对象，或[栏选(F)/窗交(C)/投影(P)/边(E)/删除(R)/放弃(U)]:　　　　//在垂直线C如图5-92所示的位置单击
　　选择要修剪的对象，或按住 Shift 键选择要延伸的对象，或[栏选(F)/窗交(C)/投影(P)/边(E)/删除(R)/放弃(U)]:　　　　//Enter，结束操作

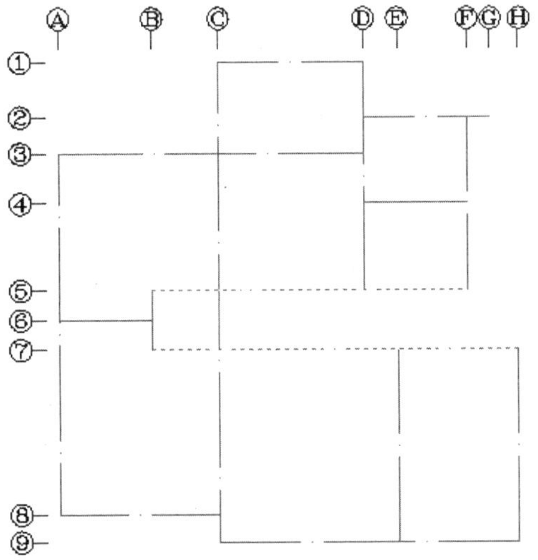


图5-91

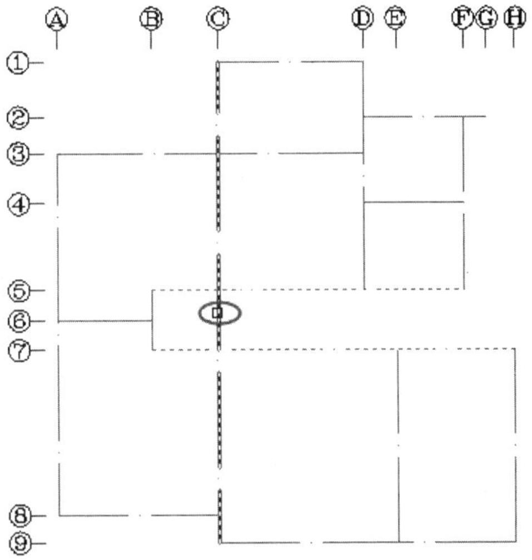


图5-92

命令: _trim
　　当前设置:投影=UCS，边=延伸
　　选择剪切边...
　　选择对象或 <全部选择>:　　　　//分别单击选择垂直线C和E，如图5-93所示
　　选择对象:　　　　//Enter，结束对象的选择
　　选择要修剪的对象，或按住 Shift 键选择要延伸的对象，或[栏选(F)/窗交(C)/投影(P)/边(E)/删除(R)/放弃(U)]:　　　　//在水平线7如图5-94所示的位置单击
　　选择要修剪的对象，或按住 Shift 键选择要延伸的对象，或[栏选(F)/窗交(C)/投影(P)/边(E)/删除(R)/放弃(U)]:　　　　//Enter，结束操作，修剪结果如图5-95所示

**15** 执行“另存为”命令，将该图形存储为“编辑墙体定位轴线.dwg”文件。

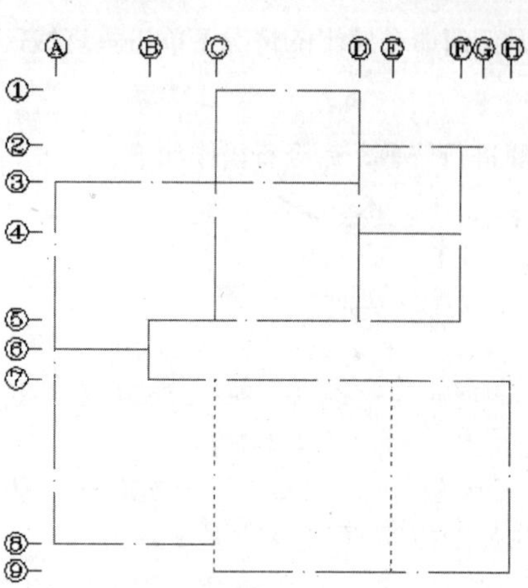

图5-93

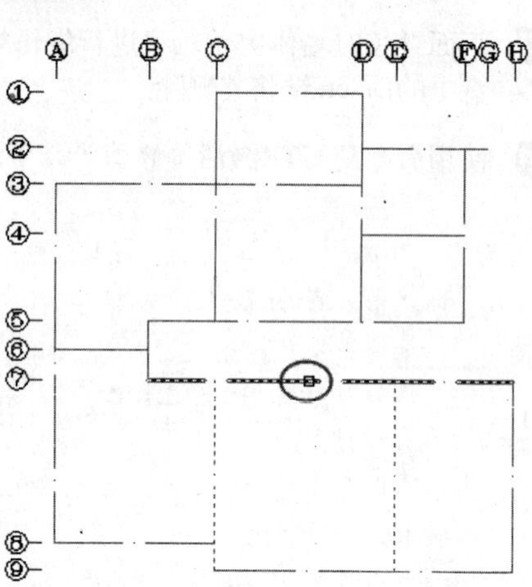

图5-94

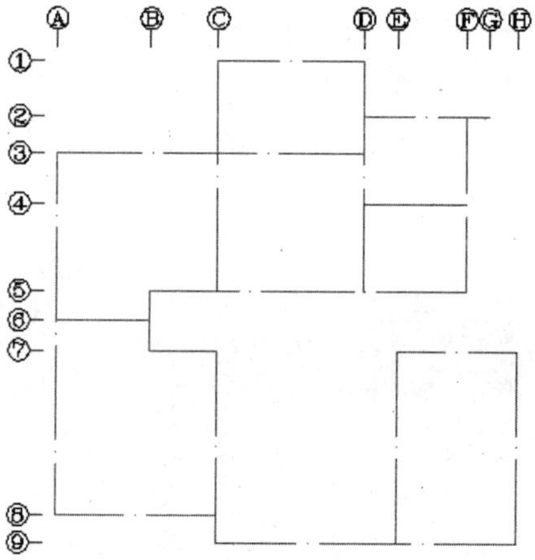

图5-95

### 5.6.3 夹点移动与复制

使用夹点编辑功能不仅可以拉伸对象，同时还可以将对象进行移动和复制，下面通过一个简单操作，学习夹点移动和复制对象的方法。

**1** 使用命令简写C激活“圆”命令，绘制半径为100和半径为50的两个圆对象，如图5-96所示。

**2** 设置“象限点”捕捉模式，然后在无任何命令发出的情况下，单击半径为20的小圆，进入夹点模式，如图5-97所示。

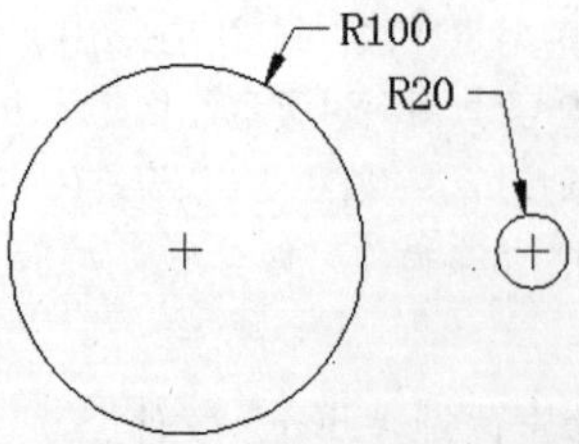


图5-96

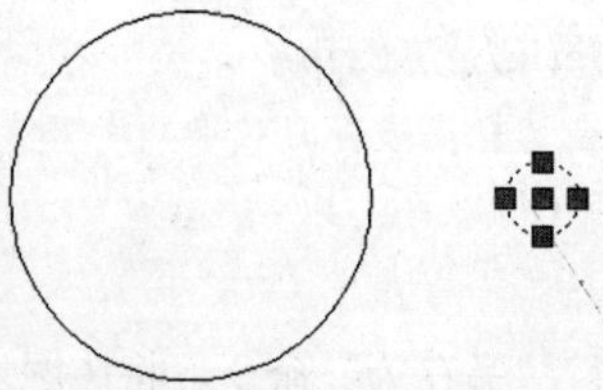

图5-97

**3** 单击小圆中间的夹点进入夹基点，单击右键，选择快捷菜单中的“移动”命令，如图5-98所示。

**4** 在命令行“指定移动点或[基点(B)/复制(C)/放弃(U)/退出(X)]:”提示下，捕捉大圆的上象限点，如图5-99所示，将小圆移动到大圆上象限点位置，移动结果如图5-100所示。

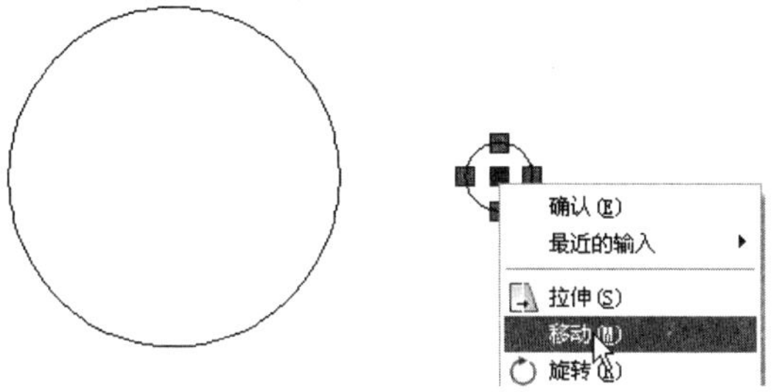


图5-98

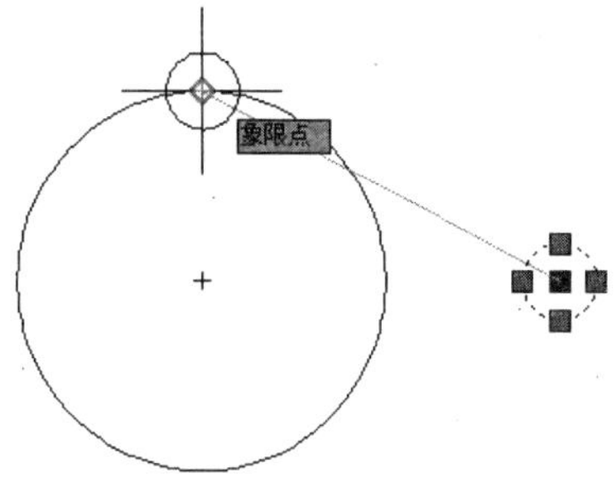


图5-99

**5** 按键盘上的Esc键退出夹点编辑模式，结果如图5-101所示。

**6** 下面继续使用夹点复制功能对小圆进行复制。在无任何命令发出的情况下，单击半径为20的小圆，进入夹点模式，然后单击中间的夹点进入夹基点。

**7** 单击鼠标右键，选择快捷菜单中的“复制”命令，如图5-102所示。

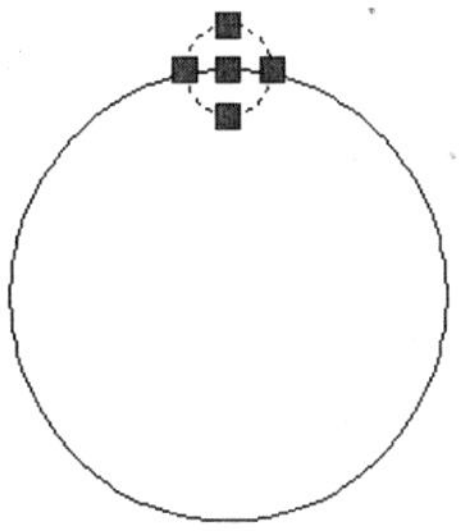

图5-100

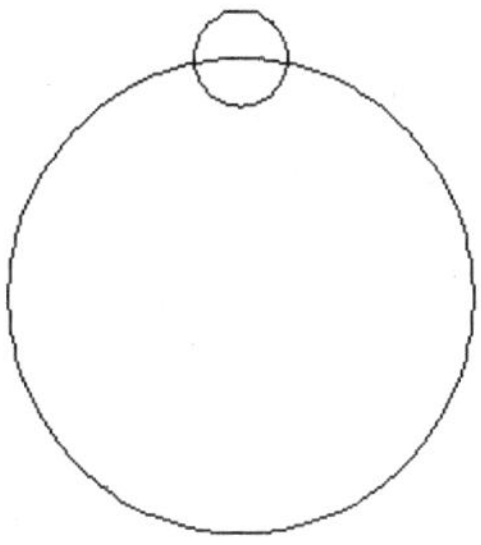

图5-101

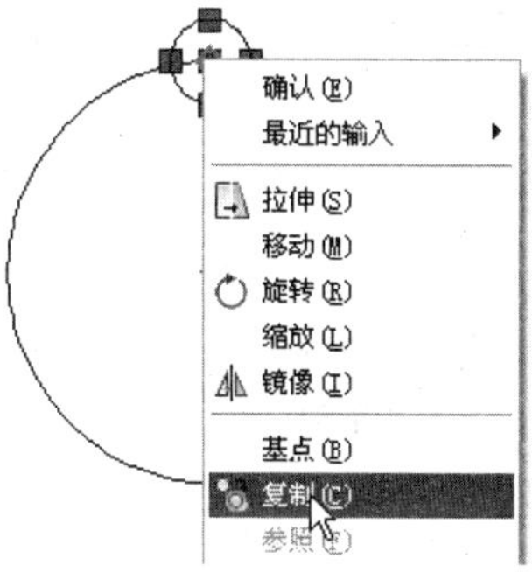


图5-102

**8** 在命令行“指定拉伸点或[基点(B)/复制(C)/放弃(U)/退出(X)]:”提示下，分别捕捉大圆的左象限点、下象限点和右象限点，如图5-103所示。

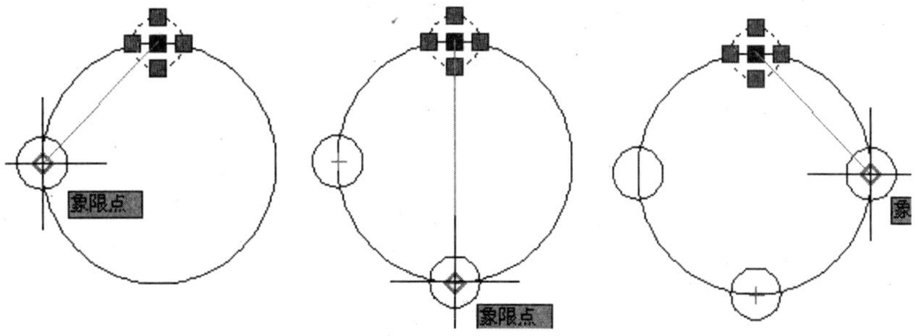


图5-103

**9** 继续在命令行“指定拉伸点或[基点(B)/复制(C)/放弃(U)/退出(X)]:”提示下按Enter键结束夹点编辑，结果如图5-104所示。

**10** 按键盘上的Esc键退出夹点编辑模式，结果如图5-105所示。

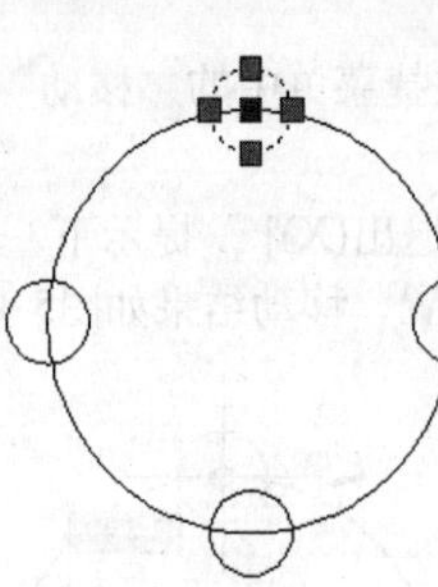
图5-104

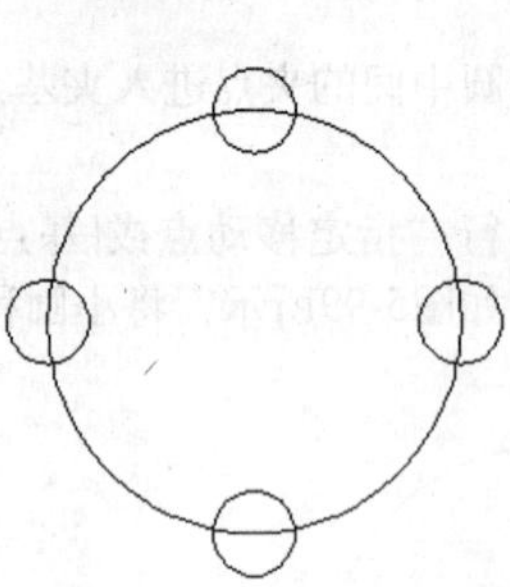
图5-105

## 5.6.4 夹点旋转、缩放与镜像

这一节继续学习夹点旋转、缩放和镜像对象，这些操作与“修改”菜单中的“旋转”、“缩放”和“镜像”命令的操作效果相同。

### 1. 夹点旋转

夹点旋转是指使用夹点的编辑功能对图形进行旋转操作，在旋转对象时还可以复制对象，下面通过一个简单实例，学习夹点旋转对象的方法。

1. 继续上一节的操作。
2. 在无任何命令发出的情况下，使用窗口选择方式选取上一节实例中的5个圆，使其夹点显示，如图5-106所示。
3. 将光标移动到右侧小圆的右夹点上单击鼠标右键，选择快捷菜单中的“旋转”命令，如图5-107所示。
4. 在命令行“指定基点:”提示下捕捉右侧小圆的右象限点，如图5-108所示。
5. 继续在命令行“指定旋转角度，或[复制(C)/参照(R)] <180>:”提示下输入C按Enter键激活“复制”选项。
6. 继续在命令行“指定旋转角度，或[复制(C)/参照(R)] <180>:”提示下输入180按Enter键，结果该组图形被旋转复制了180°，如图5-109所示。

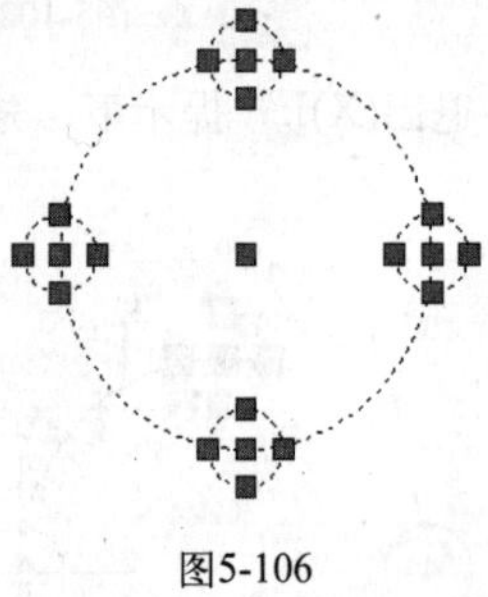
图5-106

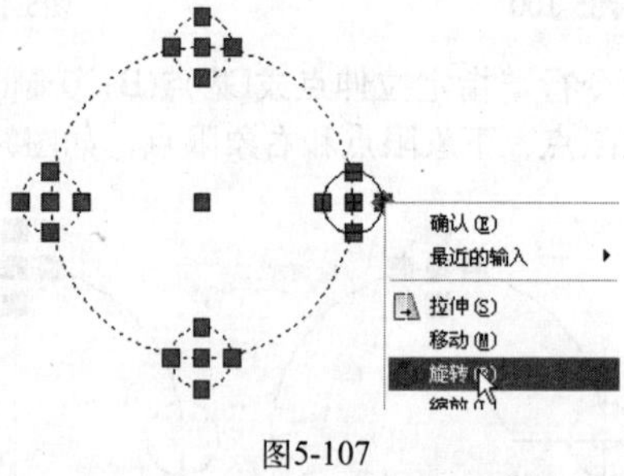

图5-107

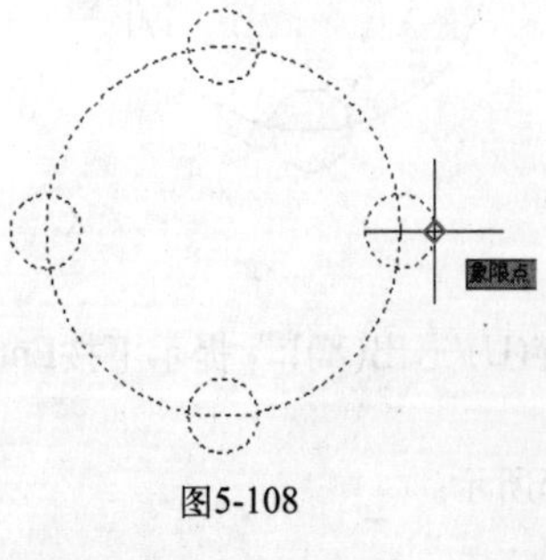

图5-108

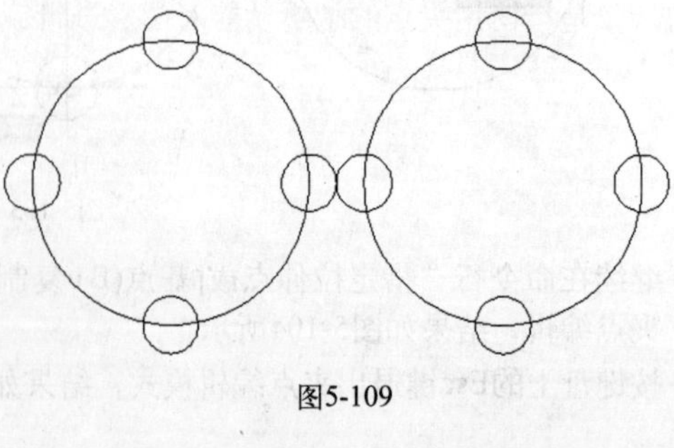
图5-109

### 2. 夹点缩放

夹点缩放是指使用夹点的编辑功能对图形进行缩放操作，在缩放图形时还可以复制对象，下面通过一个简单实例，学习夹点旋转对象的方法。

1 使用“圆”命令绘制一个半径为100的圆，如图5-110所示。

2 在无任何命令发出的情况下选择该圆使其夹点显示，然后单击圆心位置的夹点进入夹点编辑模式。

3 单击鼠标右键，选择快捷菜单中的“缩放”命令，如图5-111所示。

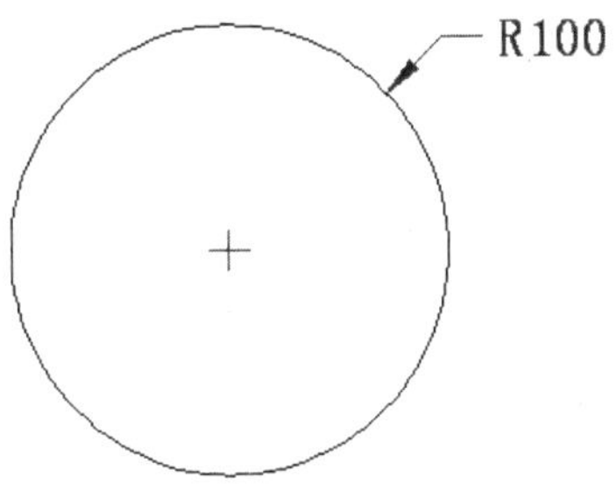


图5-110

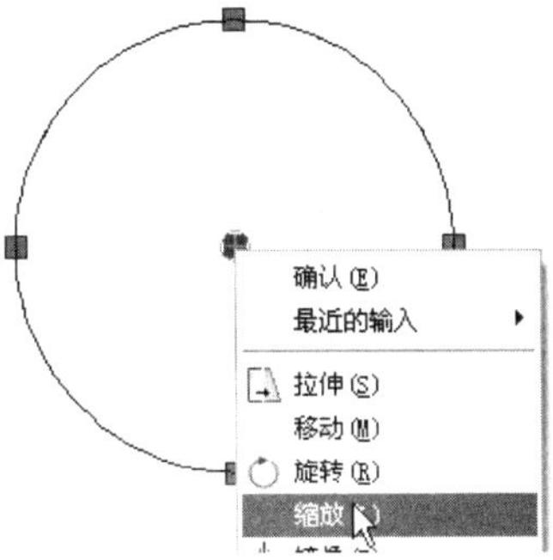


图5-111

4 在命令行“指定比例因子或[基点(B)/复制(C)/放弃(U)/参照(R)/退出(X)]:”提示下输入C按Enter键激活“复制”选项。

5 继续在命令行“指定比例因子或[基点(B)/复制(C)/放弃(U)/参照(R)/退出(X)]:”提示下输入0.5按Enter键，结果如图5-112所示。

6 继续在命令行“指定比例因子或[基点(B)/复制(C)/放弃(U)/参照(R)/退出(X)]:”提示下按两次Esc键结束夹点编辑，结果如图5-113所示。

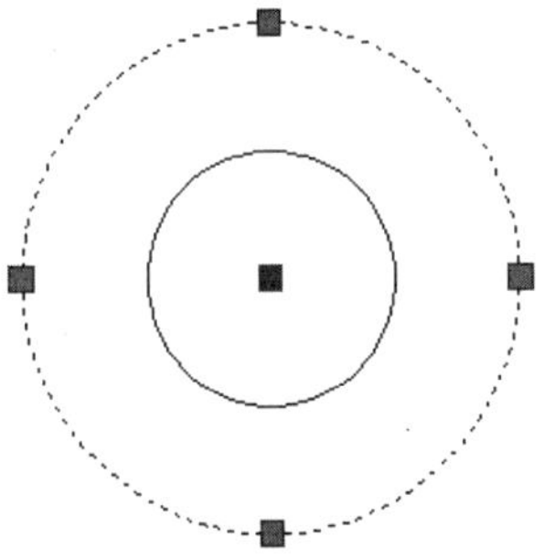

图5-112

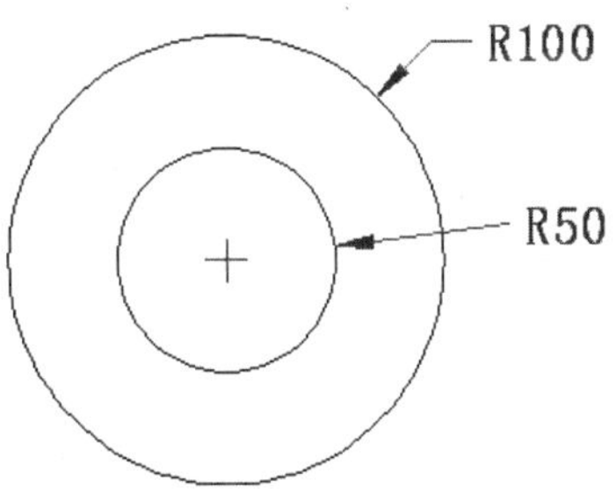


图5-113

### 3. 夹点镜像

夹点镜像是指使用夹点的编辑功能对图形进行镜像操作，在镜像图形时还可以复制对象，下面通过一个简单实例，学习夹点镜像对象的方法。

1 使用“多边形”命令，绘制一个多边形对象，如图5-114所示。

2 在无任何命令发出的情况下选择该多边形对象使其夹点显示，单击右侧的夹点进入夹点编辑模式。

3 单击鼠标右键，选择快捷菜单中的“镜像”命令，如图5-115所示。

4 在命令行“指定第二点或[基点(B)/复制(C)/放弃(U)/退出(X)]:”提示下输入C按Enter键激活“复制”选项。

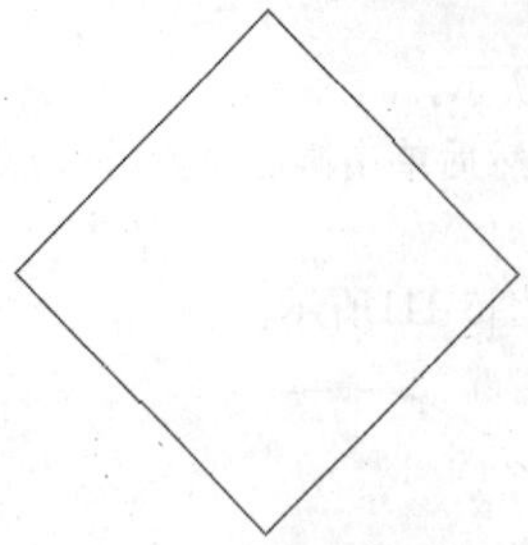

图5-114

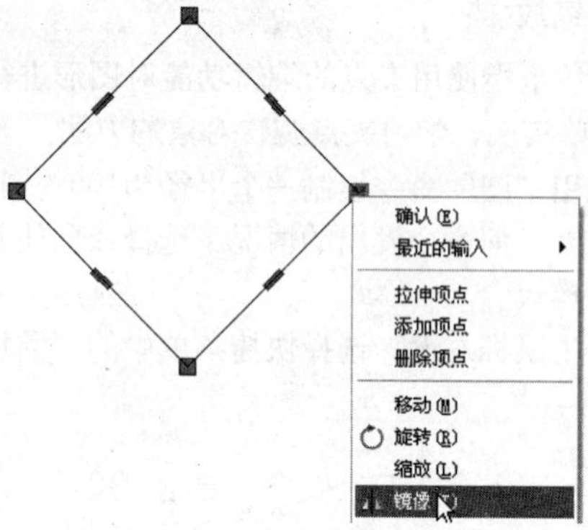


图5-115

5 继续在命令行“指定第二点或[基点(B)/复制(C)/放弃(U)/退出(X)]: ”提示下输入“@0,1”按Enter键，结果如图5-116所示。

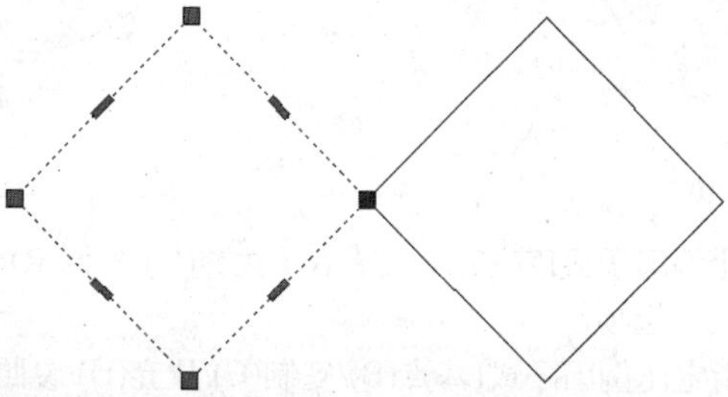

图5-116

6 继续在命令行“指定第二点或[基点(B)/复制(C)/放弃(U)/退出(X)]:”提示下按Esc键结束夹点编辑。

# 第2篇

# 技能提升

本篇通过第6~9章内容，详细讲解了最新版AutoCAD 2012创建、编辑复杂图形，应用图形资源快速绘图，标注、编辑文本与尺寸注解等技能，使读者的绘图技能有一个质的飞跃和提升，具体内容如下。

第6章

# 创建与编辑多重图形

在第5章中主要学习了创建边界、转换面域、填充图形以及夹点编辑等二维图形的编辑知识，本章将继续学习二维图形的其他编辑知识。

## 6.1 复制图形

在AutoCAD 2012图形设计中，对于许多相似的图形，都可以通过复制快速创建，这样不仅可以提高绘图速度，减轻设计强度，同时还能使绘制的图形更加精准，这一节就来学习“复制”命令的操作方法和技巧。

使用“复制”命令可以将选择的对象复制出尺寸、形状等相同的多个对象，唯一发生改变的就是图形的位置。

执行“复制”命令主要有以下几种方式。

- 执行菜单栏中的“修改”|“复制”命令。
- 单击“修改”工具栏上的“复制”按钮。
- 在命令行输入Copy按Enter键。
- 使用命令简写CO。

“复制”命令的操作比较简单，下面通过一个简单操作，学习“复制”命令的使用方法和操作技巧。

**1** 首先使用命令简写C激活“圆”命令，在绘图区绘制一个半径分别为100和20的同心圆，如图6-1所示。

**2** 下面使用“复制”命令将半径为20的小圆复制到大圆的各象限点上。设置“象限点”捕捉模式，采用上述任意方式激活“复制”命令，对小圆进行复制，命令行操作如下。

```
命令: _copy
    选择对象:                                  //单击半径为20的小圆，如图6-2所示
    选择对象:                                  //Enter，结束对象的选择
    当前设置: 复制模式 = 多个
    指定基点或 [位移(D)/模式(O)] <位移>: //捕捉小圆的圆心，如图6-3所示
```

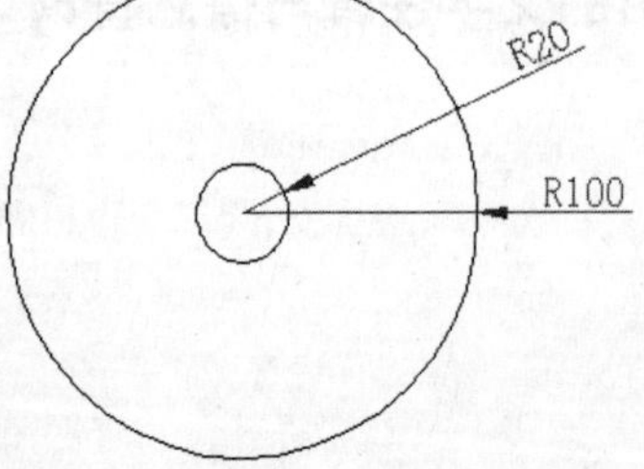


图6-1

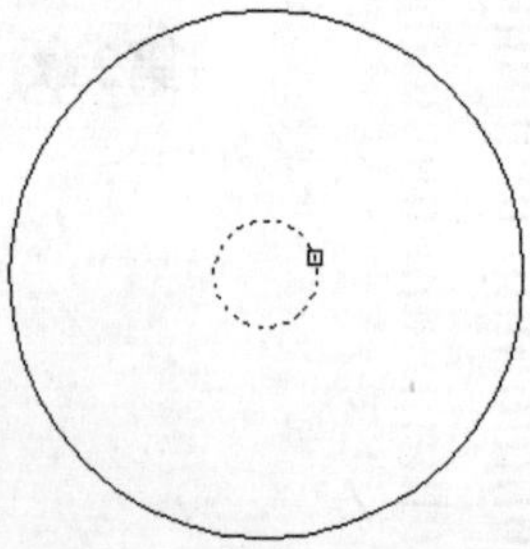

图6-2

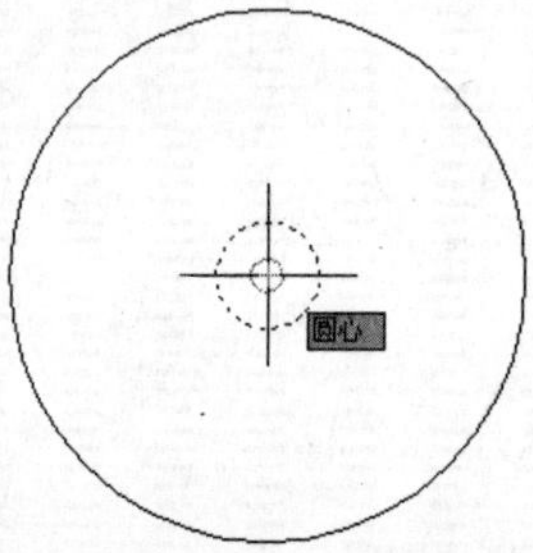


图6-3

指定第二个点或 [阵列(A)] <使用第一个点作为位移>: //捕捉大圆的上象限点，如图6-4所示
指定第二个点或 [阵列(A)/退出(E)/放弃(U)] <退出>: //捕捉大圆的左象限点，如图6-4所示
指定第二个点或 [阵列(A)/退出(E)/放弃(U)] <退出>: //捕捉大圆的下象限点，如图6-4所示
指定第二个点或 [阵列(A)/退出(E)/放弃(U)] <退出>: //捕捉大圆的右象限点，如图6-4所示
指定第二个点或 [阵列(A)/退出(E)/放弃(U)] <退出>: //Enter，结束操作

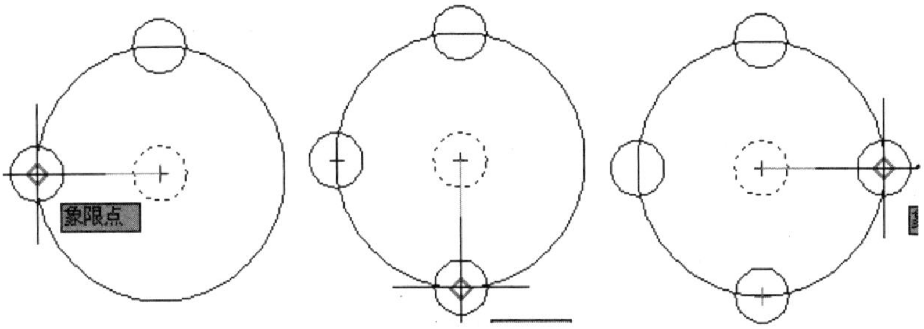


图6-4

**3** 这样就将半径为20的小圆复制出了大小相同的4个圆，如图6-5所示。

**TIP** 系统默认情况下，复制对象时依次只能复制一个对象，而当激活命令行中的“阵列(A)”选项后，则可以一次复制多个对象。

**4** 继续上一步骤的操作，按Enter键重复执行“复制”命令，以阵列方式复制多个对象，命令行操作如下。

命令: _copy
选择对象: //单击右侧小圆，如图6-6所示

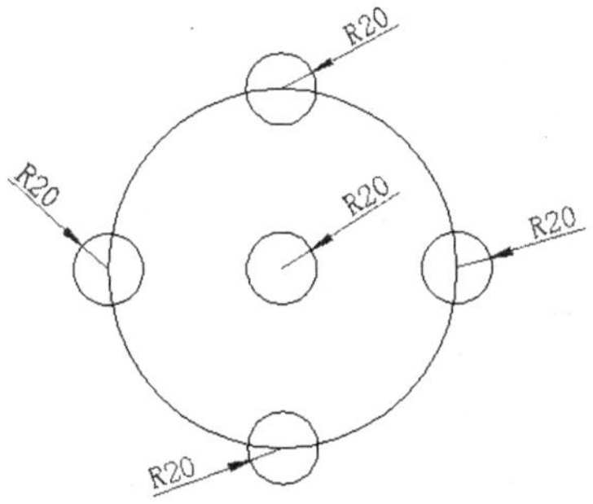


图6-5

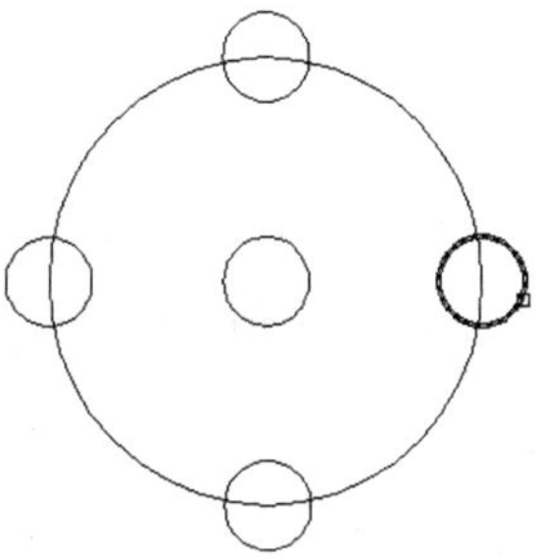

图6-6

选择对象: //Enter，结束对象的选择
当前设置: 复制模式 = 多个
指定基点或 [位移(D)/模式(O)] <位移>: //捕捉该小圆的圆心
指定第二个点或 [阵列(A)] <使用第一个点作为位移>: //A Enter，激活“阵列”选项
输入要进行阵列的项目数: //5 Enter
指定第二个点或 [布满(F)]: //向右引导光标，此时光标右侧出现4个小圆，如图6-7所示
指定第二个点或 [阵列(A)/退出(E)/放弃(U)] <退出>:
//Enter，结束操作，复制结果如图6-8所示

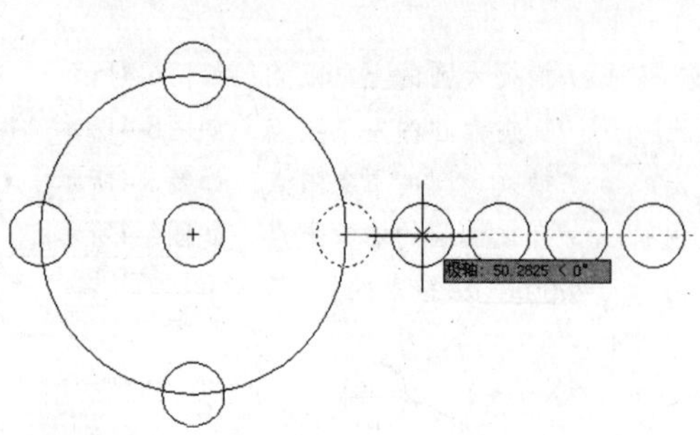


图6-7

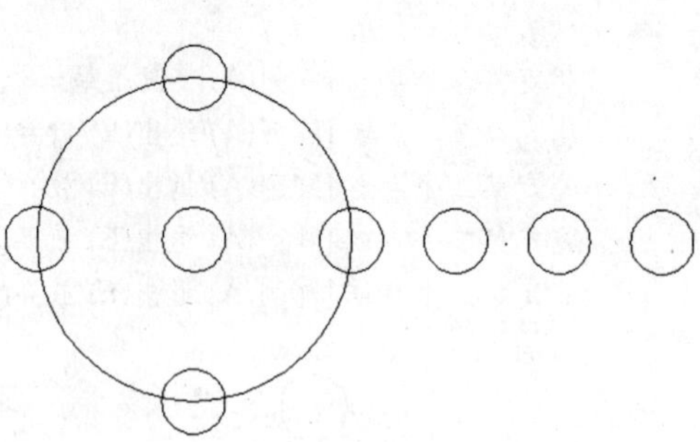

图6-8

## 6.2 偏移图形

偏移是指将图形按照一定的距离或指定的通过点进行偏移，几乎所有二维图形对象都可以进行偏移，在偏移对象时，源对象可以被删除，也可以将源对象通过偏移进行复制。

执行“偏移”命令主要有以下几种方式。

- 执行菜单栏中的“修改”|“偏移”命令。
- 单击“修改”工具栏上的“偏移”按钮。
- 在命令行输入Offset按Enter键。
- 使用命令简写O按Enter键。

“偏移”对象时有“定距偏移”和“定点偏移”两种方式，下面对其详细讲解。

### 6.2.1 定距偏移对象

所谓“定距偏移”是指通过设定的距离来偏移对象，这是一种较常用的偏移对象的方式。当激活“偏移”命令后，在命令行“指定偏移距离或[通过(T)/删除(E)/图层(L)]<通过>:”提示下，输入偏移距离，将对象进行偏移。

下面通过一个简单操作，学习这种偏移方式。

1. 使用命令简写C激活“圆”命令，在绘图区绘制半径为100的圆，如图6-9所示。
2. 采用上述任意方式激活“偏移”命令，将该圆向内和向外分别偏移50个绘图单位，命令行操作如下。

```
命令: _offset
    当前设置: 删除源=否  图层=源  OFFSETGAPTYPE=0
    指定偏移距离或 [通过(T)/删除(E)/图层(L)] <20.0>:          //50 Enter
    选择要偏移的对象, 或 [退出(E)/放弃(U)] <退出>:           //单击圆对象, 如图6-10所示
    指定要偏移的那一侧上的点, 或 [退出(E)/多个(M)/放弃(U)] <退出>:
                                            //在圆外部拾取一点, 结果如图6-11所示
    选择要偏移的对象, 或 [退出(E)/放弃(U)] <退出>:           //单击如图6-12所示的圆对象
    指定要偏移的那一侧上的点, 或 [退出(E)/多个(M)/放弃(U)] <退出>:
                                            //在圆内部拾取一点, 结果如图6-13所示
    选择要偏移的对象, 或 [退出(E)/放弃(U)] <退出>:           // Enter, 结束操作
```

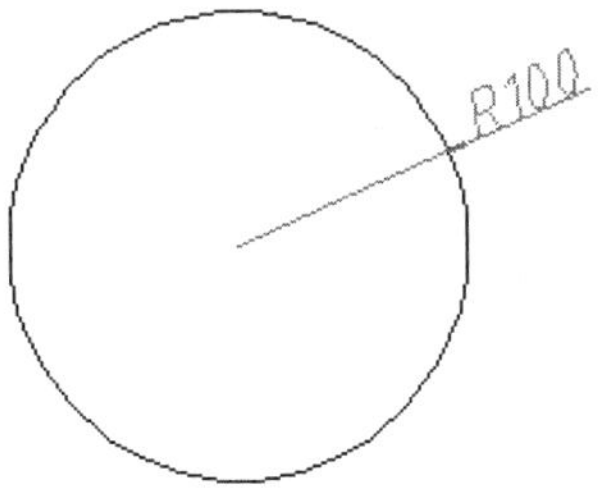


图6-9

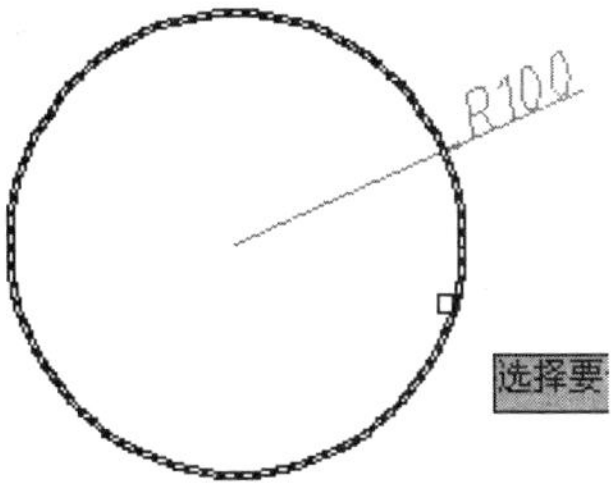


图6-10

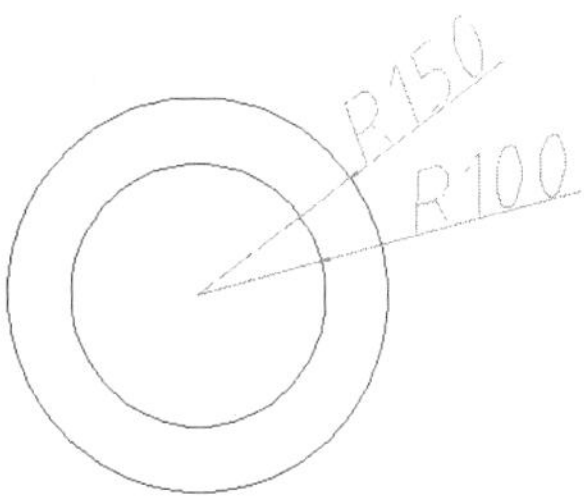


图6-11

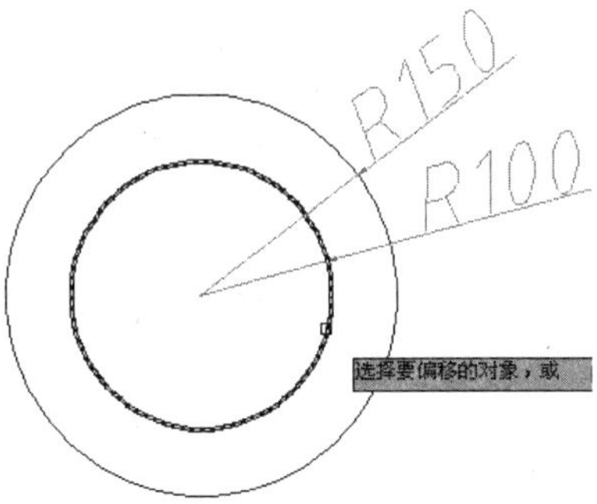


图6-12

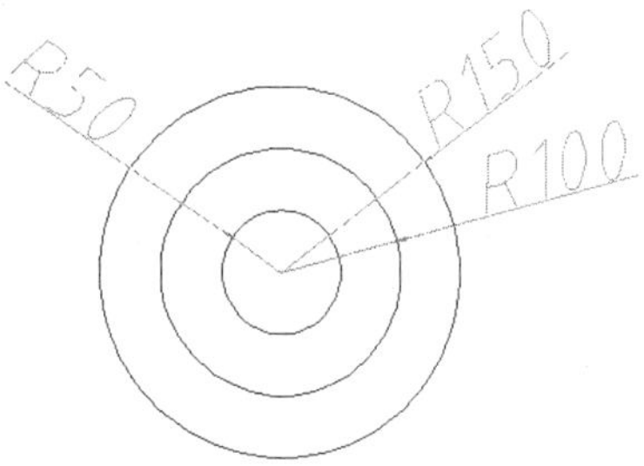


图6-13

**TIP** “删除”选项用于设置是否删除源偏移对象；“图层”选项用于设置偏移后的对象所在图层。

## 6.2.2 定点偏移

所谓“定点偏移”是指通过某一点来偏移对象。当激活“偏移”命令后，在命令行“指定偏移距离或[通过(T)/删除(E)/图层(L)]<通过>:”提示下，输入T激活“通过”选项，然后捕捉某一点进行偏移。

下面通过一个简单操作，学习这种偏移方式。

1. 使用命令简写C激活“圆”命令，在绘图区绘制一个圆，然后使用命令简写L激活“直线”命令，配合“象限点”捕捉功能，绘制圆的水平直径，如图6-14所示。
2. 激活“偏移”命令，将该圆的直径分别通过该圆的上象限点和下象限点进行偏移，命令行操作如下。

```
命令: _offset
    当前设置: 删除源=否  图层=源  OFFSETGAPTYPE=0
    指定偏移距离或 [通过(T)/删除(E)/图层(L)] <50.0>:    //T Enter, 激活“通过”选项
    选择要偏移的对象, 或 [退出(E)/放弃(U)] <退出>:      //选择圆的直径
    指定通过点或 [退出(E)/多个(M)/放弃(U)] <退出>:      //捕捉如图6-15所示的上象限点
    选择要偏移的对象, 或 [退出(E)/放弃(U)] <退出>:      //选择圆的直径
    指定通过点或 [退出(E)/多个(M)/放弃(U)] <退出>:      //捕捉如图6-16所示的下象限点
    选择要偏移的对象, 或 [退出(E)/放弃(U)] <退出>:      // Enter, 结果如图6-17所示
```

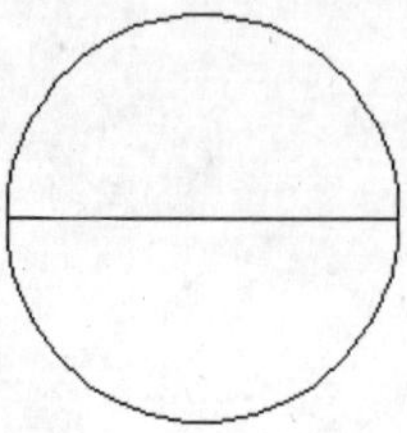

图6-14

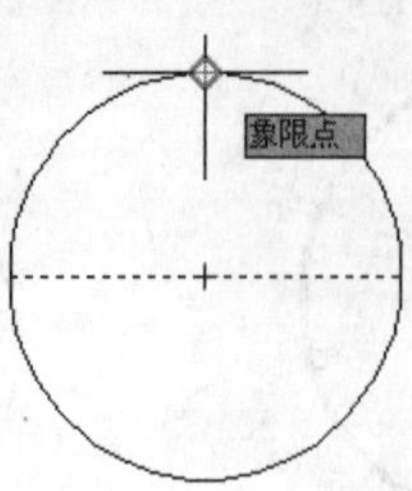


图6-15

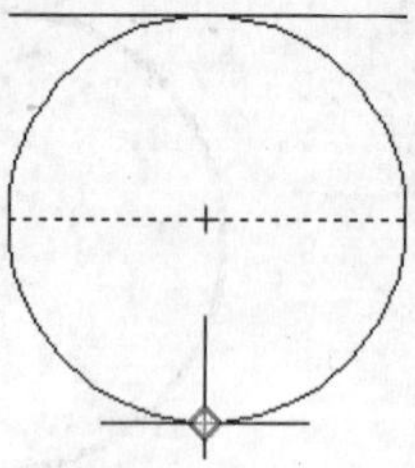

图6-16

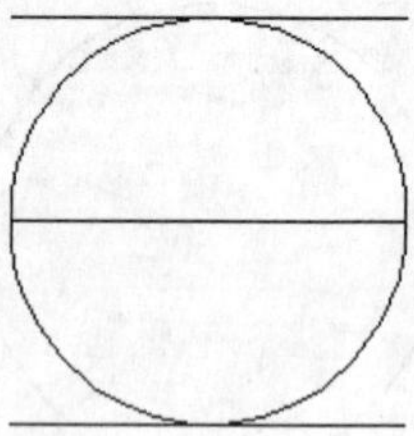

图6-17

## 6.3 复制、偏移应用实例——绘制户型墙体结构图

前面章节主要学习了“复制”和“偏移”两个绘图命令，这一节将通过绘制如图6-18所示的某户型墙体结构图的实例，对以上所学知识进行巩固练习。

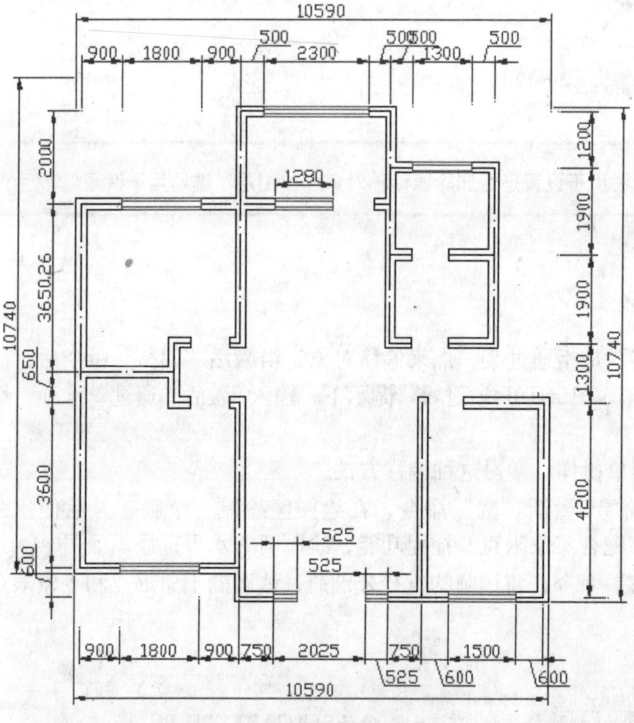


图6-18

### 6.3.1 设置轴线网绘图环境

绘图环境有助于用户使用统一的绘图单位以及相同的图元特性，快速完成图形的绘制。这一节首先来设置绘图环境，具体操作步骤如下。

1 执行“新建”命令，打开“新建”对话框，单击打开(O)按钮旁的按钮，在弹出的菜单中选择“无样板打开-公制”命令，新建一个公制单位的空白文件，如图6-19所示。

图6-19

**2** 执行菜单栏中的“格式”|“单位”命令，在打开的“图形单位”对话框中设置绘图单位及单位精度等参数，如图6-20所示。

**3** 继续执行菜单栏中的“格式”|“图形界限”命令，设置绘图区域为29700×21000，命令行操作如下。

```
命令:'_limits
    重新设置模型空间界限:
    指定左下角点或[开(ON)/关(OFF)]<0.0,0.0>:        //Enter，以原点作为左下角点
    指定右上角点<420.0,297.0>:                      //29700,21000 Enter
```

**4** 执行菜单栏中的“视图”|“缩放”|“全部”命令，将设置的图形界限最大化显示。

**5** 执行菜单栏中的“工具”|“草图设置”命令，打开“草图设置”对话框，进入“对象捕捉”选项卡，设置常用的捕捉模式和追踪功能，如图6-21所示。

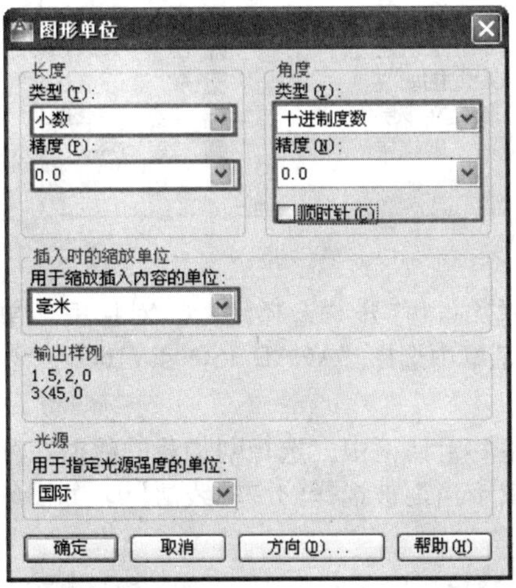


图6-20

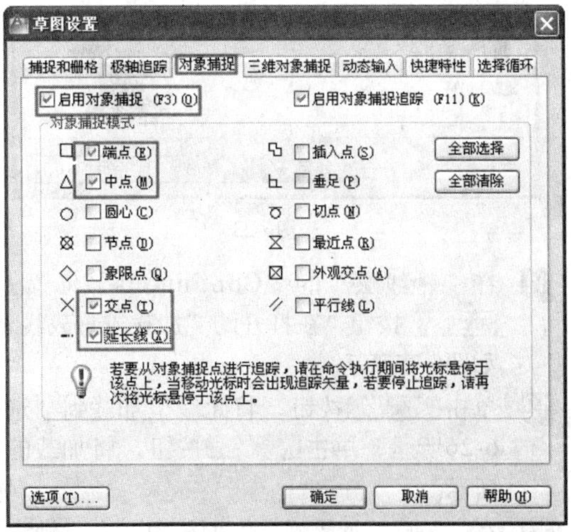


图6-21

**6** 单击“图层”工具栏上的“图层特性管理器”按钮，打开“图层特性管理器”面板。

**7** 单击该面板中的“新建图层”按钮，创建新图层“图层1”，将该图层重命名为“轴线层”。

**8** 继续新建“墙线层”、“门窗层”、“楼梯层”、“图块层”、“轮廓线”、“剖面线”、“尺寸层”、“文本层”和“其他层”等图层，结果如图6-22所示。

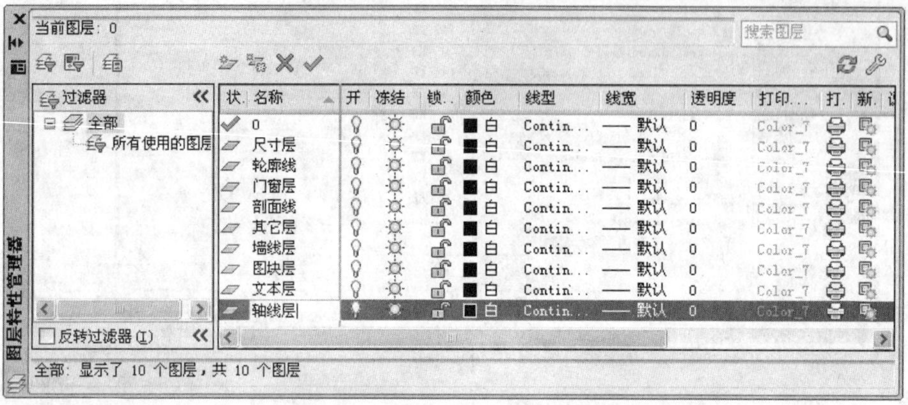


图6-22

**9** 选择“轴线层”，在其图层颜色图标上单击鼠标左键，在打开的“选择颜色”对话框中为该层设置颜色为126号颜色，如图6-23所示。

**10** 单击 确定 按钮返回“图层特性管理器”面板，再次分别为其他图层设置颜色特性，结果如图6-24所示。

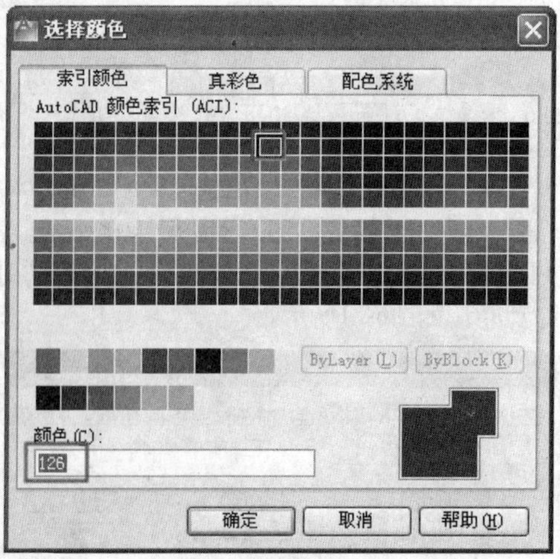


图6-23

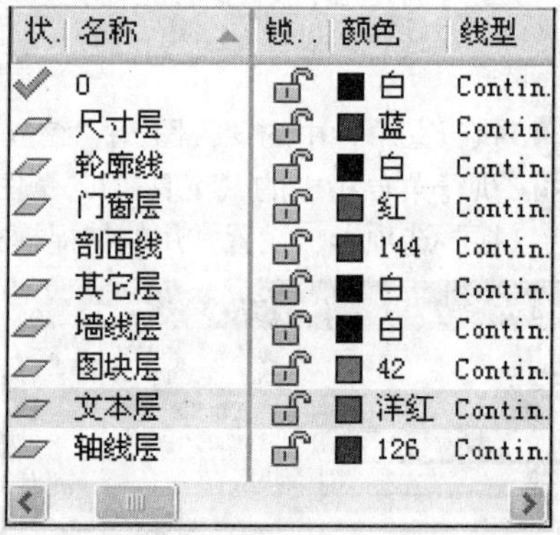


图6-24

**11** 在“轴线层”的“Continuous”位置上单击左键，打开“选择线型”对话框，单击 加载(L)... 按钮，在打开的“加载或重载线型”对话框中选择“ACAD_ISO04W100”线型，如图6-25所示。

**12** 单击 确定 按钮，将此线型加载到“选择线型”对话框中，选择刚加载的线型，如图6-26所示，单击 确定 按钮，将加载的线型赋予当前被选择的“轴线层”，如图6-27所示。

**13** 在“图层特性管理器”面板中双击“轴线层”，将该层设置为当前层，如图6-28所示，然后关闭该“图层特性管理器”面板。

这样，轴线网绘图环境设置完毕，下一节将绘制墙体定位轴线网。

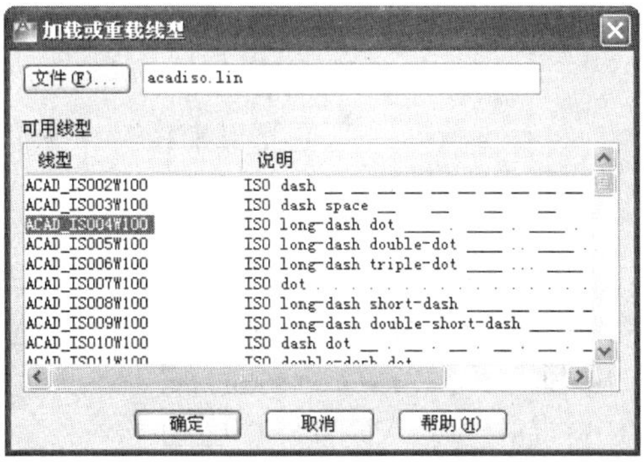


图6-25

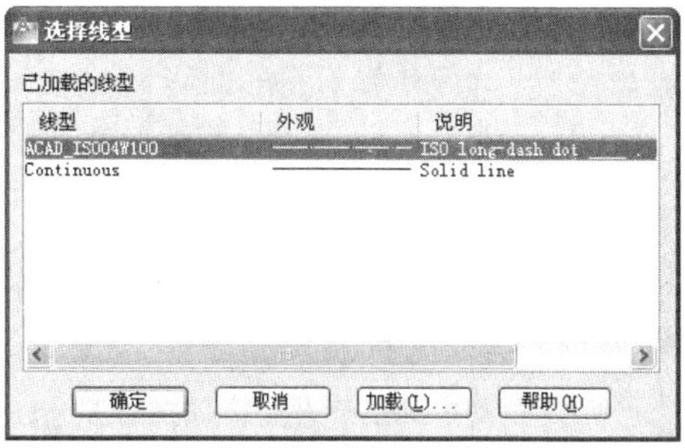


图6-26

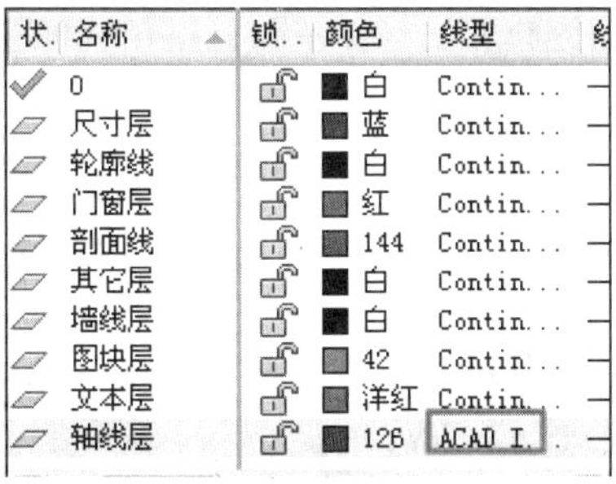


图6-27

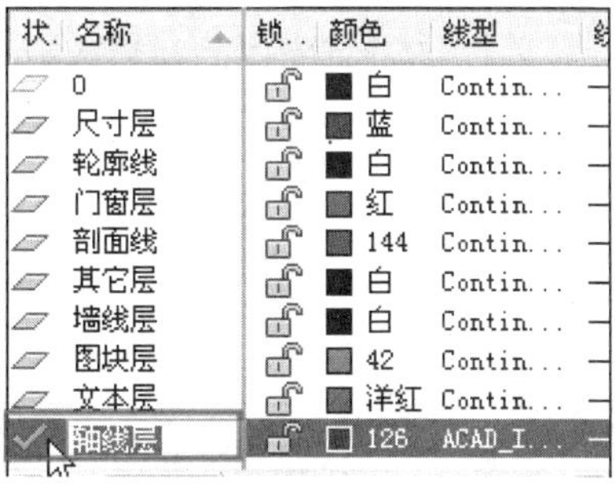


图6-28

## 6.3.2 绘制墙体定位轴线

当设置好绘图环境之后，就可以绘制墙体定位轴线了，墙体定位轴线是墙体定位的依据，也是建筑施工图中非常重要的内容。这一节就来绘制墙体定位轴线网，具体操作步骤如下。

**1** 继续上一节实例的操作。

**2** 执行菜单栏中的“格式”|“线型”命令，在打开的“线型管理器”对话框中设置线型比例因子为50，如图6-29所示。

**3** 单击 确定 按钮关闭该对话框。使用命令简写L激活“直线”命令，配合“正交”功能，在绘图区绘制长度为10350的水平直线和长度为10500的垂直直线作为基准轴线，如图6-30所示。

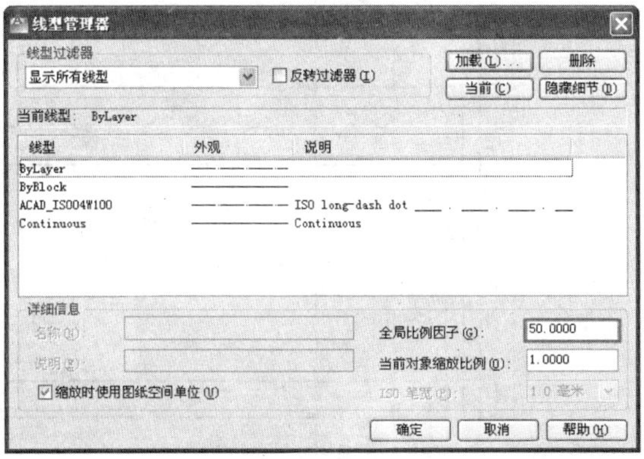


图6-29

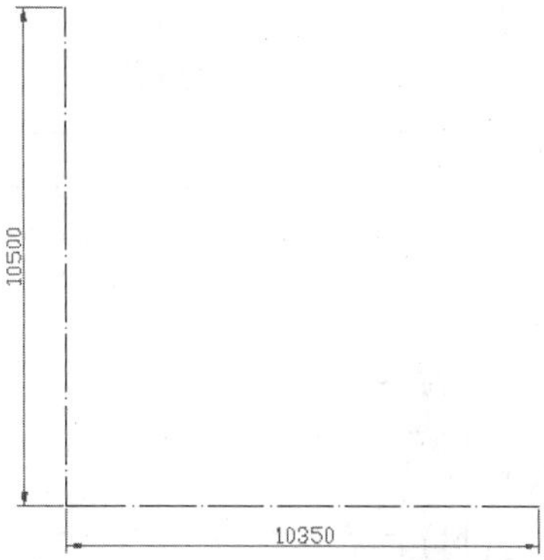


图6-30

**4** 使用命令简写CO激活“复制”命令，对水平基准线进行多重复制，命令行操作如下。

```
命令: _copy
    选择对象:                                              //单击水平基准线
    选择对象:                                              //Enter，结束对象的选择
    当前设置: 复制模式 = 多个
    指定基点或 [位移(D)/模式(O)] <位移>:                    //捕捉水平基准线的左端点
    指定第二个点或 [阵列(A)] <使用第一个点作为位移>:          //@0,600 Enter
    指定第二个点或 [阵列(A)/退出(E)/放弃(U)] <退出>:          //@0,4200 Enter
    指定第二个点或 [阵列(A)/退出(E)/放弃(U)] <退出>:          //@0,4850 Enter
    指定第二个点或 [阵列(A)/退出(E)/放弃(U)] <退出>:          //@0,5500 Enter
    指定第二个点或 [阵列(A)/退出(E)/放弃(U)] <退出>:          //@0,8500 Enter
    指定第二个点或 [阵列(A)/退出(E)/放弃(U)] <退出>:          //@0,9300 Enter
    指定第二个点或 [阵列(A)/退出(E)/放弃(U)] <退出>:          //@0,10500 Enter
    指定第二个点或 [阵列(A)/退出(E)/放弃(U)] <退出>:
                                        //Enter，结束操作，复制结果如图6-31所示
```

**5** 使用命令简写O激活“偏移”命令，将垂直基准轴线向右偏移2100个绘图单位，命令行操作如下。

```
命令: _offset
    当前设置: 删除源=否  图层=源  OFFSETGAPTYPE=0
    指定偏移距离或[通过(T)/删除(E)/图层(L)]<1.0>:             //2100 Enter，设置偏移距离
    选择要偏移的对象，或[退出(E)/放弃(U)]<退出>:               //单击垂直基准轴线
    指定要偏移的那一侧上的点，或[退出(E)/多个(M)/放弃(U)]<退出>:
                                                           //在垂直轴线的右侧拾取一点
    选择要偏移的对象，或[退出(E)/放弃(U)]<退出>:
                                        //Enter，结束命令，偏移结果如图6-32所示
```

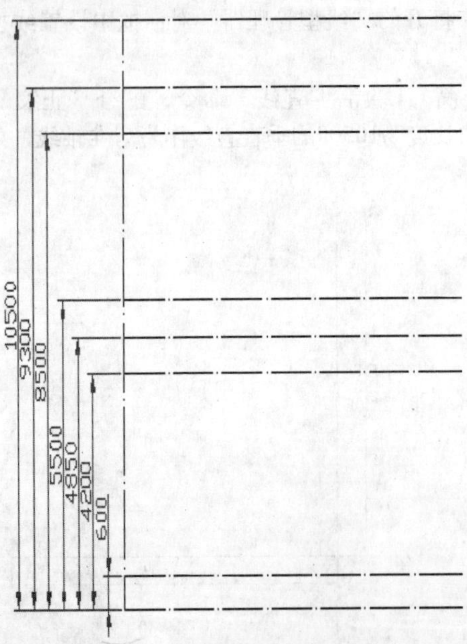


图6-31

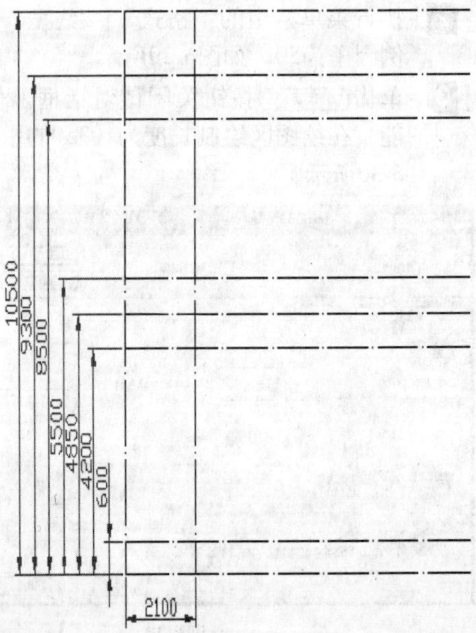


图6-32

**6** 重复执行“偏移”命令，继续对垂直基准线进行偏移，命令行操作如下。

```
命令: _offset
    当前设置: 删除源=否  图层=源  OFFSETGAPTYPE=0
    指定偏移距离或[通过(T)/删除(E)/图层(L)]<2100.0>:          //1500 Enter, 设置偏移距离
    选择要偏移的对象, 或[退出(E)/放弃(U)]<退出>:              //单击偏移后的垂直基准轴线
    指定要偏移的那一侧上的点, 或[退出(E)/多个(M)/放弃(U)]<退出>:
                                                             //在垂直轴线的右侧拾取一点
    选择要偏移的对象, 或[退出(E)/放弃(U)]<退出>:              // Enter, 结束命令
命令:                                                   // Enter, 重复执行“偏移”命令
    当前设置: 删除源=否  图层=源  OFFSETGAPTYPE=0
    指定偏移距离或[通过(T)/删除(E)/图层(L)]<1500.0>:          //3300 Enter, 设置偏移距离
    选择要偏移的对象, 或[退出(E)/放弃(U)]<退出>:              //单击偏移后的垂直基准轴线
    指定要偏移的那一侧上的点, 或[退出(E)/多个(M)/放弃(U)]<退出>:
                                                             //在垂直轴线的右侧拾取一点
    选择要偏移的对象, 或[退出(E)/放弃(U)]<退出>:              // Enter, 结束命令
命令:                                                   // Enter, 重复执行“偏移”命令
    当前设置: 删除源=否  图层=源  OFFSETGAPTYPE=0
    指定偏移距离或[通过(T)/删除(E)/图层(L)]<3300.0>:          //750 Enter, 设置偏移距离
    选择要偏移的对象, 或[退出(E)/放弃(U)]<退出>:              //单击偏移后的垂直基准轴线
    指定要偏移的那一侧上的点, 或[退出(E)/多个(M)/放弃(U)]<退出>:
                                                             //在垂直轴线的右侧拾取一点
    选择要偏移的对象, 或[退出(E)/放弃(U)]<退出>:              // Enter, 结束命令
命令:                                                   // Enter, 重复执行“偏移”命令
    当前设置: 删除源=否  图层=源  OFFSETGAPTYPE=0
    指定偏移距离或[通过(T)/删除(E)/图层(L)]<750.0>:           //1550 Enter, 设置偏移距离
    选择要偏移的对象, 或[退出(E)/放弃(U)]<退出>:              //单击偏移后的垂直基准轴线
    指定要偏移的那一侧上的点, 或[退出(E)/多个(M)/放弃(U)]<退出>:
                                                             //在垂直轴线的右侧拾取一点
    选择要偏移的对象, 或[退出(E)/放弃(U)]<退出>:              // Enter, 结束命令
命令:                                                   // Enter, 重复执行“偏移”命令
    当前设置: 删除源=否  图层=源  OFFSETGAPTYPE=0
    指定偏移距离或[通过(T)/删除(E)/图层(L)]<750.0>:           //500 Enter, 设置偏移距离
    选择要偏移的对象, 或[退出(E)/放弃(U)]<退出>:              //单击偏移后的垂直基准轴线
    指定要偏移的那一侧上的点, 或[退出(E)/多个(M)/放弃(U)]<退出>:
                                                             //在垂直轴线的右侧拾取一点
    选择要偏移的对象, 或[退出(E)/放弃(U)]<退出>:              // Enter, 结束命令
命令:                                                        // Enter, 重复执行“偏移”命令
    当前设置: 删除源=否  图层=源  OFFSETGAPTYPE=0
    指定偏移距离或[通过(T)/删除(E)/图层(L)]<1550.0>:          //650 Enter, 设置偏移距离
    选择要偏移的对象, 或[退出(E)/放弃(U)]<退出>:              //单击偏移后的垂直基准轴线
    指定要偏移的那一侧上的点, 或[退出(E)/多个(M)/放弃(U)]<退出>:
                                                             //在垂直轴线的右侧拾取一点
    选择要偏移的对象, 或[退出(E)/放弃(U)]<退出>: // Enter, 结束命令, 结果如图6-33所示
```

7 这样就创建出了9条水平基准线和8条垂直基准线，如图6-34所示。

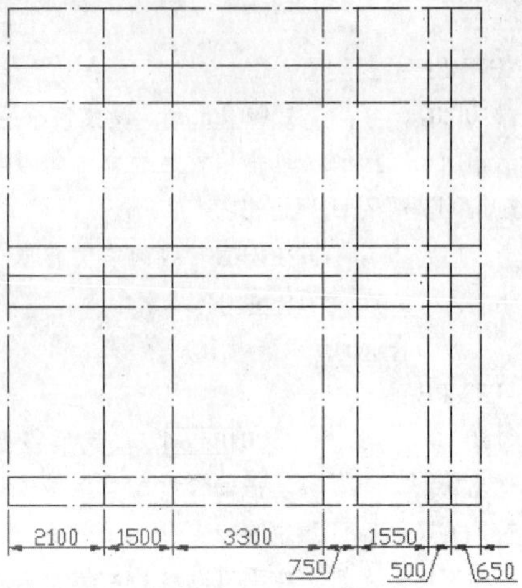

图6-33

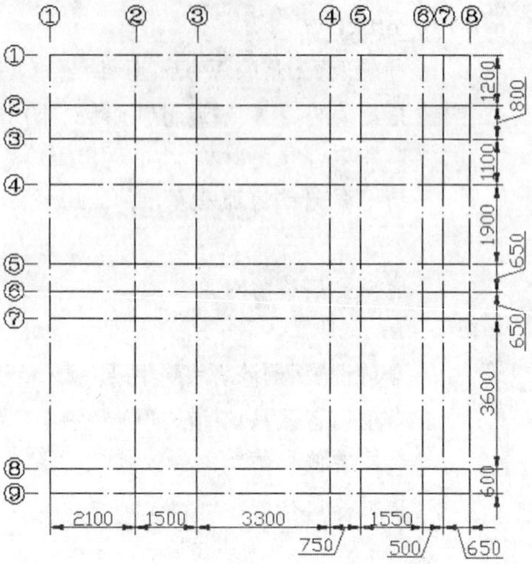

图6-34

## 6.3.3 编辑与完善墙体定位轴线

这一节将运用夹点编辑、“复制”、“偏移”、“修剪”等命令来对墙体定位轴线进行完善，具体操作步骤如下。

1 继续上一节实例的操作。

2 在无任何命令发出的情况下，单击垂直基准线1使其夹点显示，应用前面所学的夹点拉伸功能，将最上方的夹点向下移动到水平线3的左端点位置，如图6-35所示。

3 继续使用夹点拉伸功能将最下方的夹点拉伸到水平线8的左端点位置，如图6-36所示。

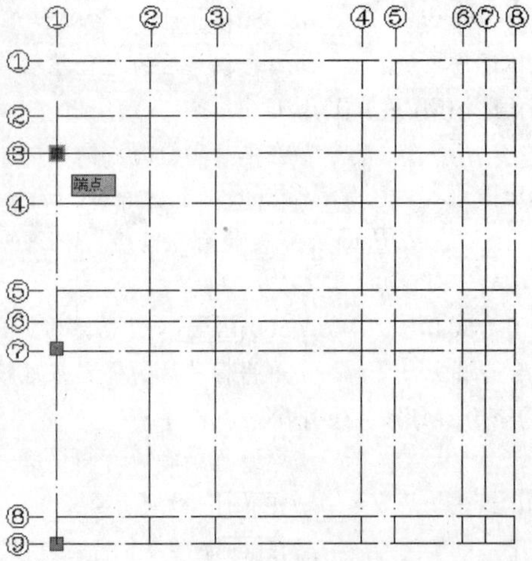

图6-35

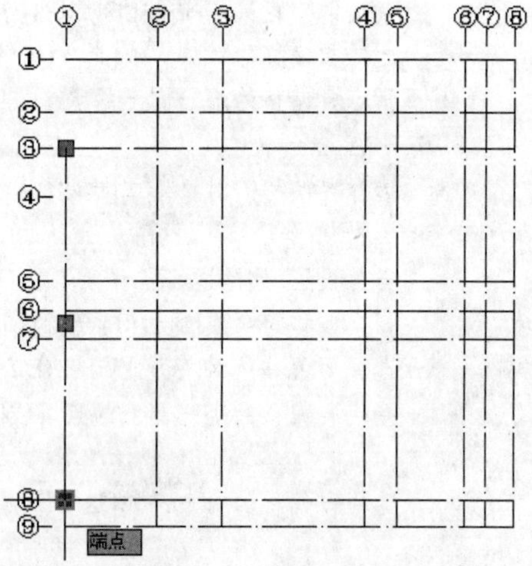

图6-36

4 按键盘上的Esc键取消夹点显示并退出夹点编辑模式，继续在无任何命令发出的情况下单击水平线1，进入夹点模式。

5 使用夹点拉伸功能将最左边的夹点水平向右拉伸到垂直线3的上端点位置，如图6-37所示。

6 继续使用夹点拉伸功能将最右侧的夹点水平向左拉伸到垂直线4的上端点位置，如图6-38所示。

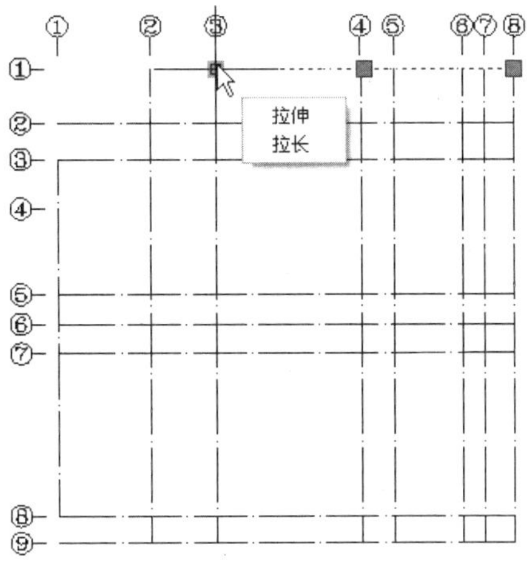


图6-37

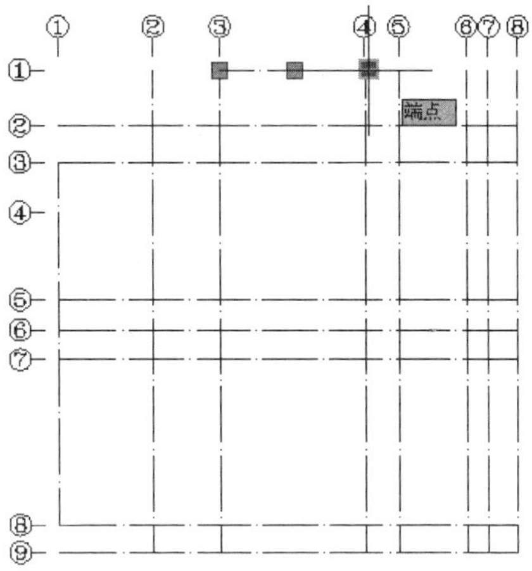


图6-38

**7** 按键盘上的Esc键取消夹点显示并退出夹点编辑模式。

**8** 依照相同的方法，配合“端点”捕捉、“交点”捕捉和夹点拉伸功能，对其他轴线进行拉伸，结果如图6-39所示。

**9** 在无任何命令发出的情况下单击垂直线7，按键盘上的Delete键将其删除。

**10** 使用命令简写TR激活“修剪”命令，对定位线进行修剪，命令行操作如下。

命令: _trim
　　当前设置:投影=UCS，边=延伸
　　选择剪切边...
　　选择对象或 <全部选择>: 　　　　//分别单击选择水平线5和7，如图6-40所示

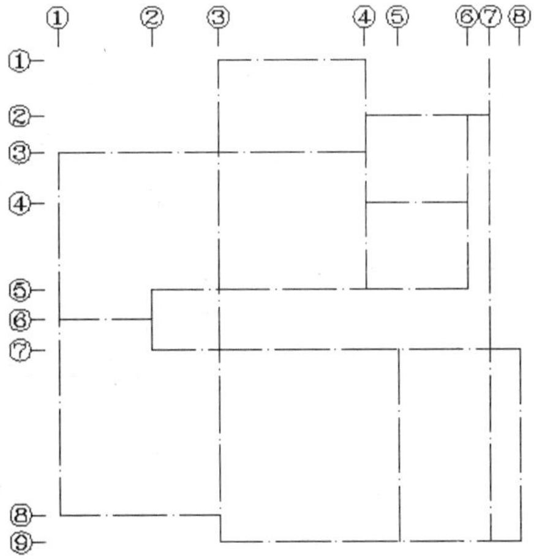

图6-39

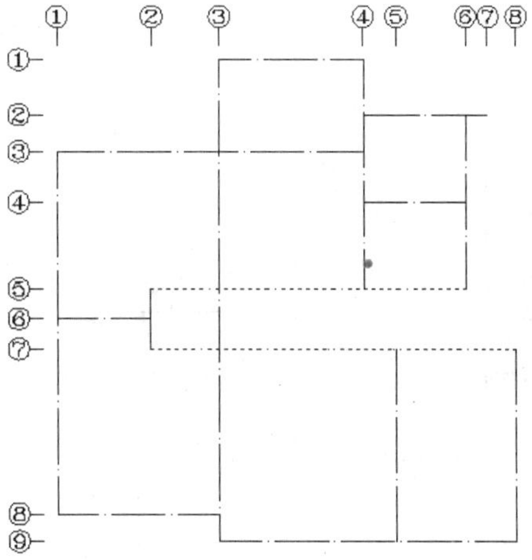

图6-40

　　选择对象: 　　　　//Enter，结束对象的选择
　　选择要修剪的对象，或按住 Shift 键选择要延伸的对象，或[栏选(F)/窗交(C)/投影(P)/边(E)/删除(R)/放弃(U)]: 　　　　//在垂直线3如图6-41所示的位置单击
　　选择要修剪的对象，或按住 Shift 键选择要延伸的对象，或[栏选(F)/窗交(C)/投影(P)/边(E)/删除(R)/放弃(U)]: 　　　　//Enter，结束操作，结果如图6-42所示

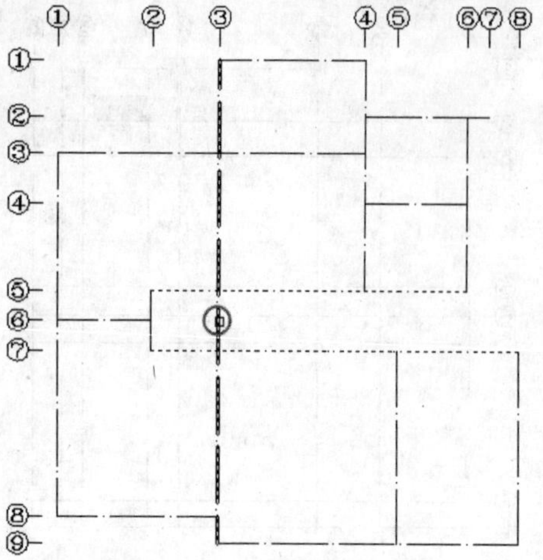

图6-41

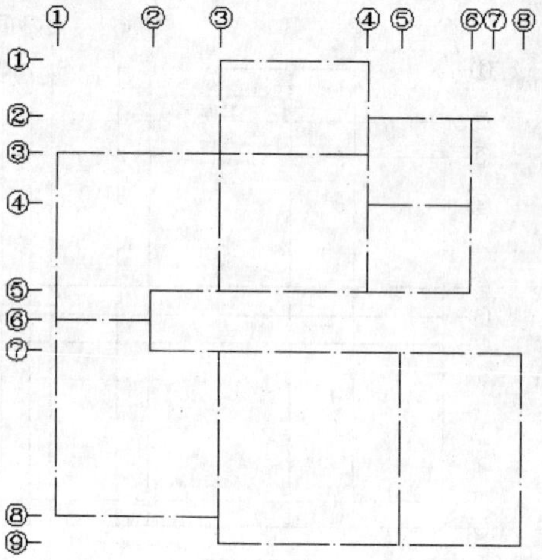

图6-42

命令: _trim

当前设置:投影=UCS，边=延伸

选择剪切边...

选择对象或 <全部选择>: //分别单击选择垂直线3和5，如图6-43所示

选择对象: // Enter，结束对象的选择

选择要修剪的对象，或按住 Shift 键选择要延伸的对象，或[栏选(F)/窗交(C)/投影(P)/边(E)/删除(R)/放弃(U)]: //在水平线7如图6-44所示的位置单击

选择要修剪的对象，或按住 Shift 键选择要延伸的对象，或[栏选(F)/窗交(C)/投影(P)/边(E)/删除(R)/放弃(U)]: // Enter，结束操作，修剪结果如图6-45所示

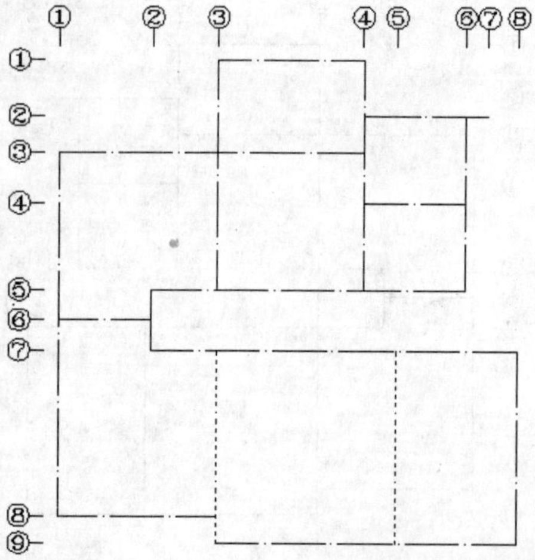

图6-43

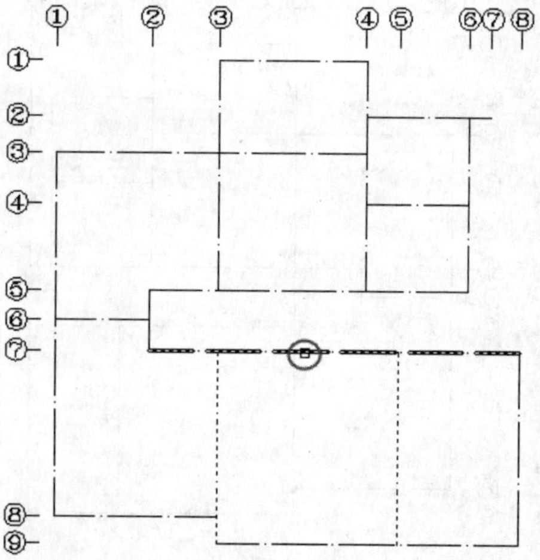

图6-44

命令: _trim

当前设置:投影=UCS，边=延伸

选择剪切边...

选择对象或 <全部选择>: //分别单击选择垂直线3和4，如图6-46所示

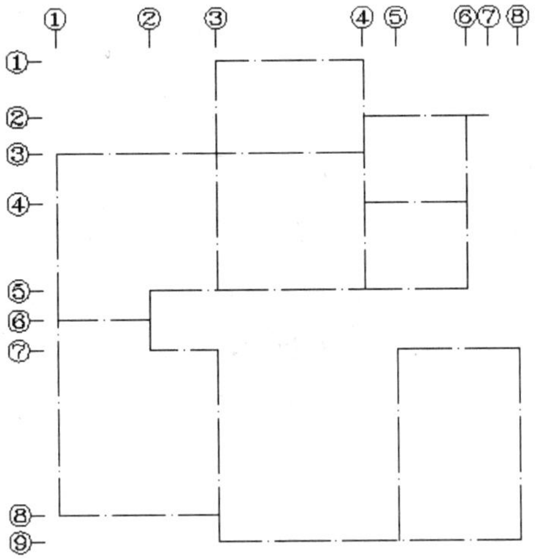


图6-45

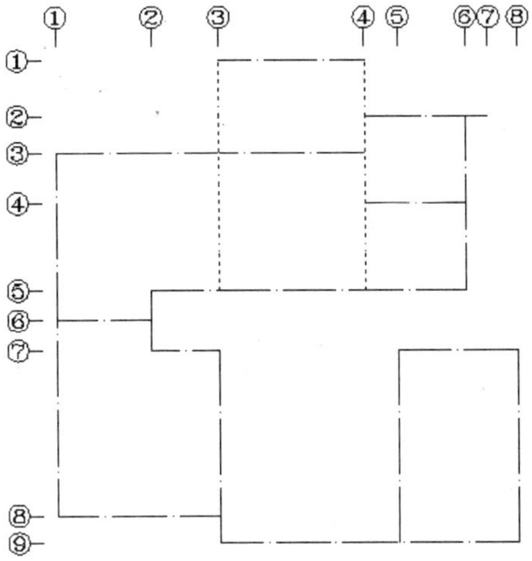


图6-46

选择对象:　　　　　　　　　　　　//Enter，结束对象的选择

选择要修剪的对象，或按住 Shift 键选择要延伸的对象，或[栏选(F)/窗交(C)/投影(P)/边(E)/删除(R)/放弃(U)]:　　　　　　//在水平线5如图6-47所示的位置单击

选择要修剪的对象，或按住 Shift 键选择要延伸的对象，或[栏选(F)/窗交(C)/投影(P)/边(E)/删除(R)/放弃(U)]:　　　　　　//Enter，结束操作，修剪结果如图6-48所示

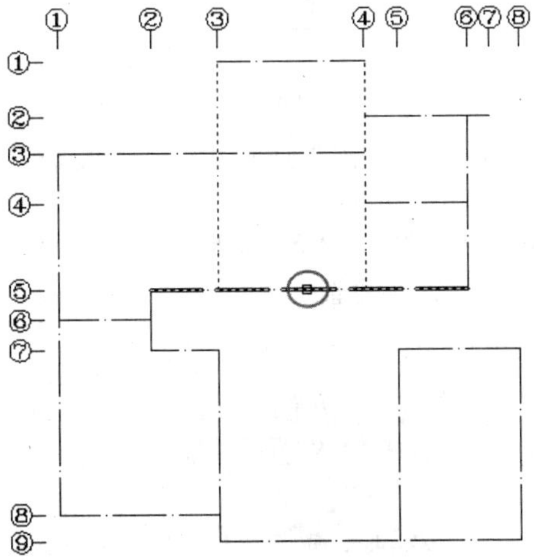


图6-47

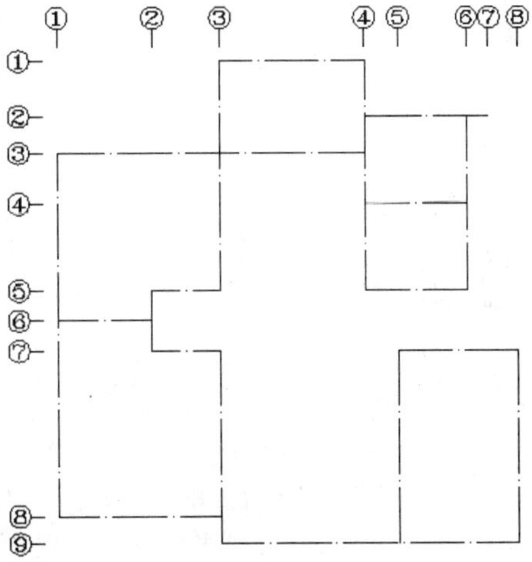


图6-48

**11** 使用命令简写O激活“偏移”命令，对垂直基准线1进行多重偏移，命令行操作如下。

命令: _offset

当前设置: 删除源=否　图层=源　OFFSETGAPTYPE=0

指定偏移距离或[通过(T)/删除(E)/图层(L)]<通过>:　　　　//900 Enter，设置偏移距离

选择要偏移的对象，或[退出(E)/放弃(U)]<退出>:　　　　//单击垂直轴线1

指定要偏移的那一侧上的点，或[退出(E)/多个(M)/放弃(U)]<退出>:

//在垂直轴线1的右侧拾取一点，偏移出直线A，如图6-49所示

选择要偏移的对象，或[退出(E)/放弃(U)]<退出>:　　　　//Enter，结束命令

```
命令:                                                    //Enter，重新执行命令
    OFFSET
    当前设置：删除源=否  图层=源  OFFSETGAPTYPE=0
    指定偏移距离或[通过(T)/删除(E)/图层(L)]<900.0>:          //1800 Enter，设置偏移距离
    选择要偏移的对象，或[退出(E)/放弃(U)]<退出>:              //单击刚偏移出的垂直轴线
    指定要偏移的那一侧上的点，或[退出(E)/多个(M)/放弃(U)]<退出>:
                      //在所选轴线的右侧拾取一点，偏移出直线B，如图6-50所示
    选择要偏移的对象，或[退出(E)/放弃(U)]<退出>:              //Enter，结束命令
```

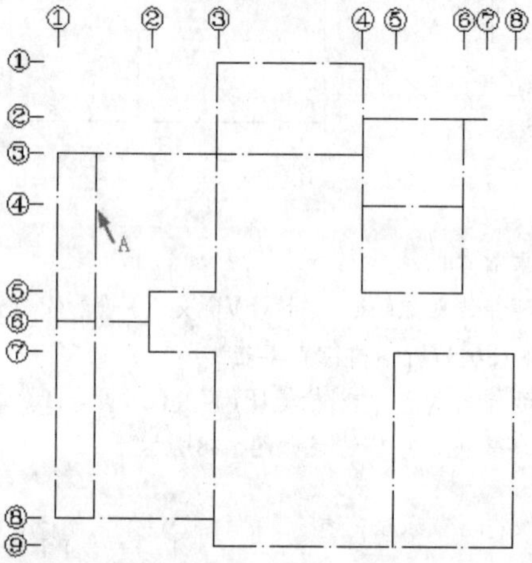


图6-49

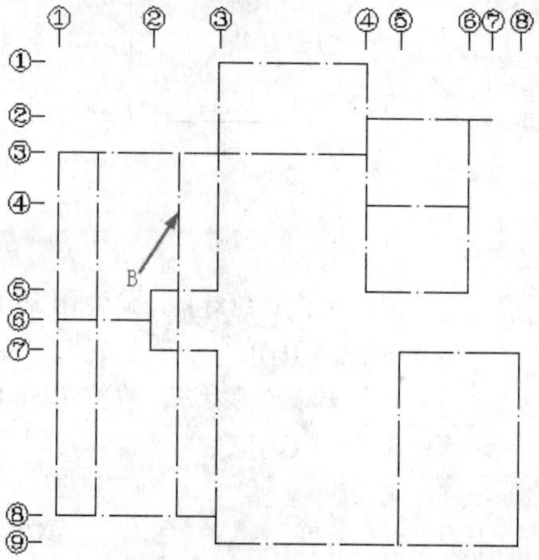


图 6-50

**12** 使用命令简写TR激活“修剪”命令，以偏移出的A和B作为修剪边，对水平线3进行修剪，以修剪出宽度为1800个绘图单位的窗洞，如图6-51所示。

**13** 单击“修改”工具栏上的“删除”按钮，将刚才偏移出的A和B垂直线删除。

**14** 激活“复制”命令，将垂直基准线2向右多重复制，以复制垂直线a和b，命令行操作如下。

```
命令: _copy
    选择对象:                                             //单击选择垂直线2
    选择对象:                                             //Enter，结束选择
    当前设置：复制模式 = 多个
    指定基点或 [位移(D)/模式(O)] <位移>: //捕捉垂直线2的上端点
    指定第二个点或 [阵列(A)] <使用第一个点作为位移>:            //@370,0 Enter
    指定第二个点或 [阵列(A)/退出(E)/放弃(U)] <退出>:           //@1270,0 Enter
    指定第二个点或 [阵列(A)/退出(E)/放弃(U)] <退出>:           //Enter，结果如图6-52所示
```

**15** 使用命令简写TR激活“修剪”命令，以偏移出的a和b作为修剪边，对水平线5和7进行修剪，以修剪出宽度为900的两个门洞，结果如图6-53所示。

**16** 将直线a和b删除，依照相同的方法，根据图示尺寸，综合运用“复制”、“偏移”和“修剪”等命令，在墙体定位轴线上创建其他的门洞和窗洞，结果如图6-54所示。

**17** 运用前面章节所学知识，设置墙线和窗线样式，配合“端点”捕捉功能，绘制出墙线和窗线，如图6-55所示。

**18** 为户型结构图标注尺寸，完成户型墙体结构图的绘制，最终如图6-56所示。

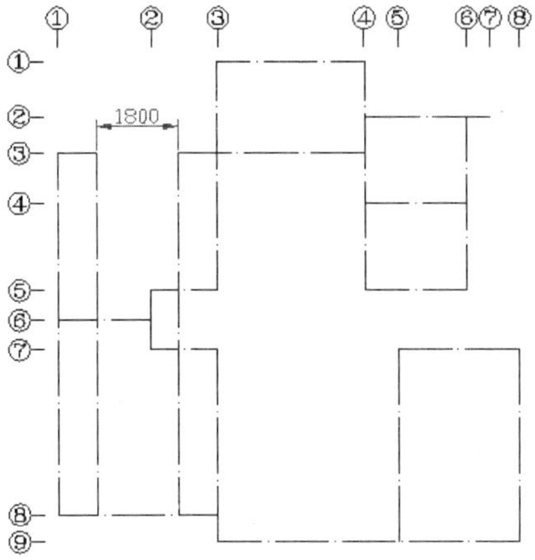


图6-51

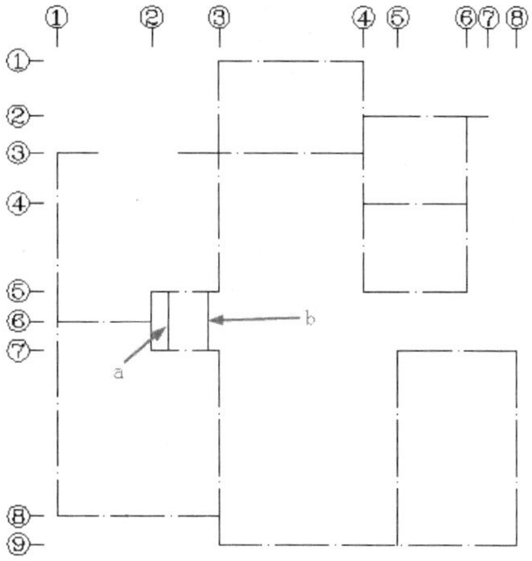


图6-52

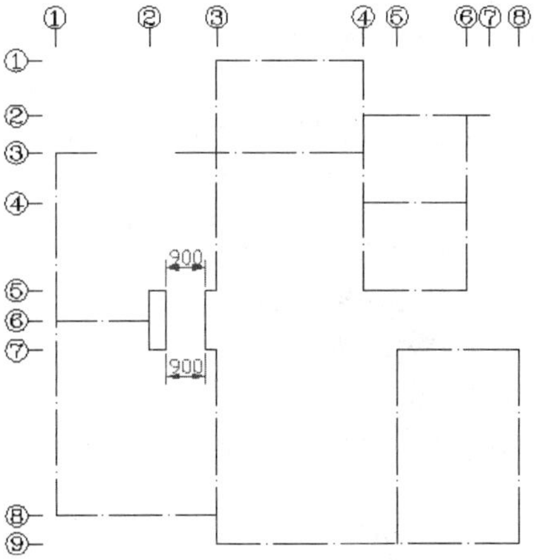


图6-53

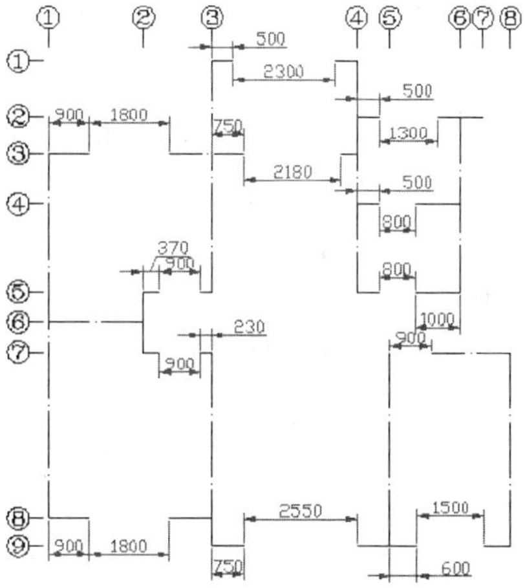


图6-54

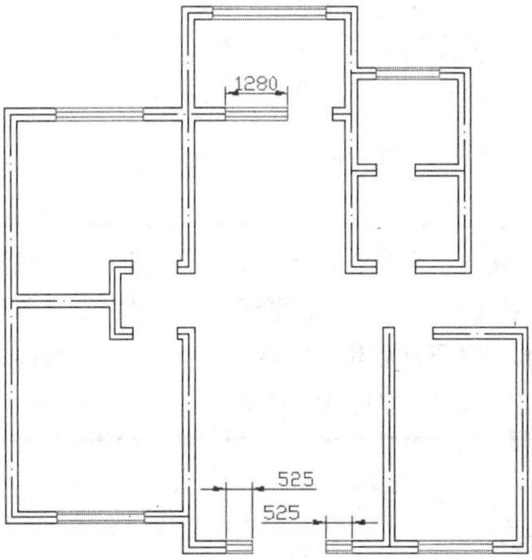


图6-55

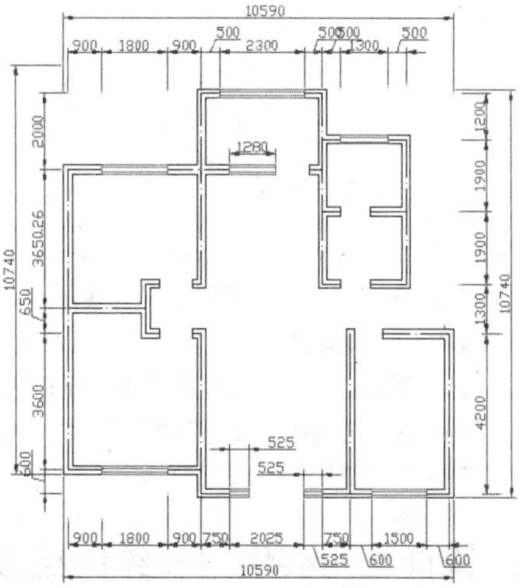


图6-56

**19** 执行“另存为”命令，将该图形存储为“户型墙体结构图.dwg”文件。

# 6.4 镜像图形

镜像是指将图形对象沿着指定的轴线进行对称复制。在镜像过程中，源对象可以保留，也可以删除，这一节来学习镜像图形的相关知识。

## 6.4.1 “镜像”命令的启动与应用

执行“镜像”命令主要有以下几种方式。

- 执行菜单栏中的“修改”|“镜像”命令。
- 单击“修改”工具栏上的“镜像”按钮。
- 在命令行输入Mirror按Enter键。
- 使用命令简写MI。

下面通过一个简单操作，学习“镜像”命令的应用方法和技巧。

**1** 使用命令简写POL激活“多边形”命令，在绘图区绘制一个三角形对象，如图6-57所示。

**2** 采用上述任意方式激活“镜像”命令，对该三角形进行镜像复制，命令行操作如下。

```
命令: _mirror
    选择对象:                                   //单击三角形对象
    选择对象:                                   //Enter，结束对象的选择
    指定镜像线的第一点:                          //捕捉三角形右上端点
    指定镜像线的第二点:                          //@0,1 Enter
    要删除源对象吗？[是(Y)/否(N)] <N>:            //Enter，结果如图6-58所示
```

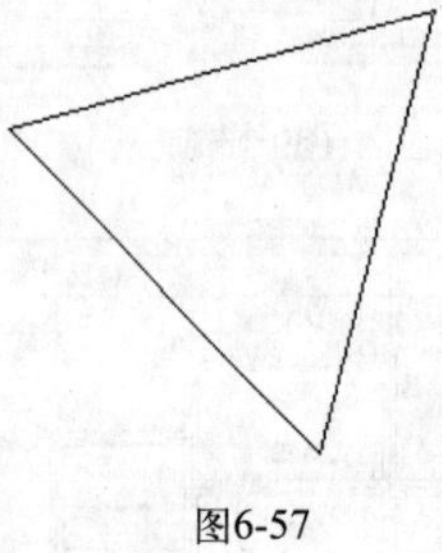

图6-57

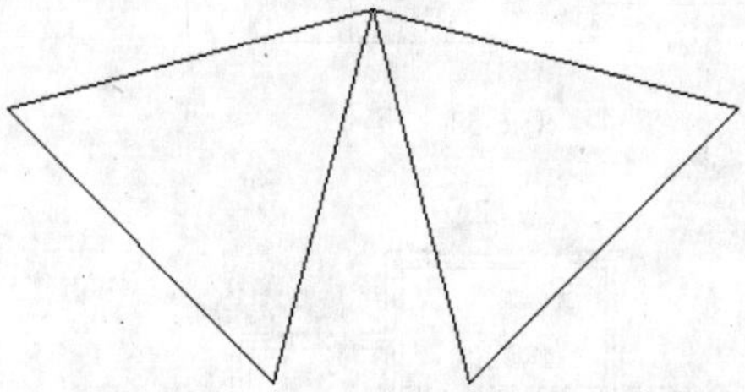

图6-58

**TIP** 如果对文字进行镜像时，其镜像后的文字可读性取决于系统变量MIRRTEX的值，当变量值为1时，镜像文字不具有可读性；当变量值为0时，镜像后的文字具有可读性。另外，在镜像对象时，系统默认下，是对源对象进行复制镜像，即源对象不被删除，如果在命令行“要删除源对象吗？[是(Y)/否(N)] <N>:”提示下输入Y，激活“是”选项，即可将源对象删除。

## 6.4.2 镜像应用实例——绘制链轴零件图

上一节学习了镜像图形的相关知识，这一节通过绘制如图6-59所示的“链轴零件图”的实例，对上一节所学知识进行巩固练习。

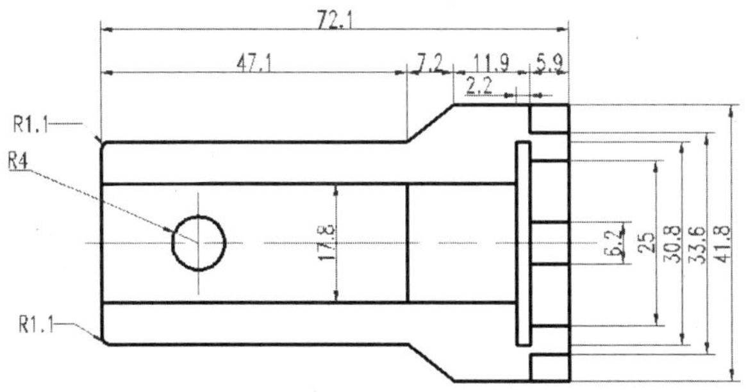


图6-59

1 执行“新建”命令，打开随书光盘中的文件“样板文件”\“机械制图模板.dwg”。

2 在“图层控制”下拉列表中将“点划线”层设置为当前层，使用命令简写L激活“直线”命令，配合“正交”功能绘制一条水平线作为基准线。

3 在“图层控制”下拉列表中，将“轮廓线”层设置为当前层。

4 重复执行“直线”命令，配合坐标输入功能和“正交”功能绘制零件图外轮廓线，命令行操作如下。

```
命令: _line
    指定第一点:                              //在水平基准线上拾取一点
    指定下一点或 [放弃(U)]:                  //向上引导光标，输入15.3 Enter
    指定下一点或 [放弃(U)]:                  //向右引导光标，输入47.1 Enter
    指定下一点或 [闭合(C)/放弃(U)]:          //@9.1<38 Enter
    指定下一点或 [闭合(C)/放弃(U)]:          //向右引导光标，输入17.8 Enter
    指定下一点或 [闭合(C)/放弃(U)]:          //向下引导光标，输入20.9 Enter
    指定下一点或 [闭合(C)/放弃(U)]:          // Enter，结束操作，结果如图6-60所示
```

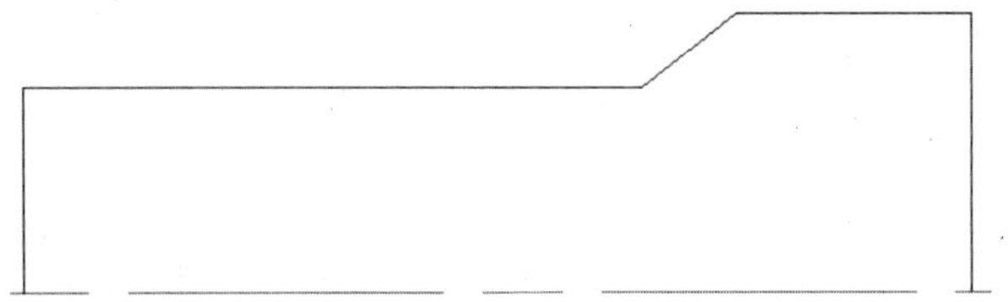

图6-60

5 使用命令简写O激活“偏移”命令，将水平基准线向上偏移8.9、3.1、12.5、15.4和16.8，将左垂直边向右偏移15，将右垂直边向左偏移5.9、8.1和25，结果如图6-61所示。

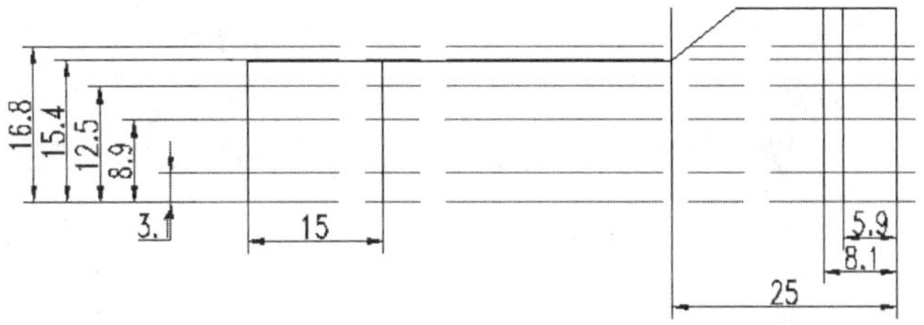


图6-61

6 使用命令简写TR激活“修剪”命令，对偏移的图线进行修剪，结果如图6-62所示。

7 在无任何命令发出的情况下，选择修剪后的图线使其夹点显示，然后在“图层控制”下拉

列表中选择“轮廓线”层，将选择的图线放入该层。

**8** 按键盘上的Esc键取消夹点显示，结果如图6-63所示。

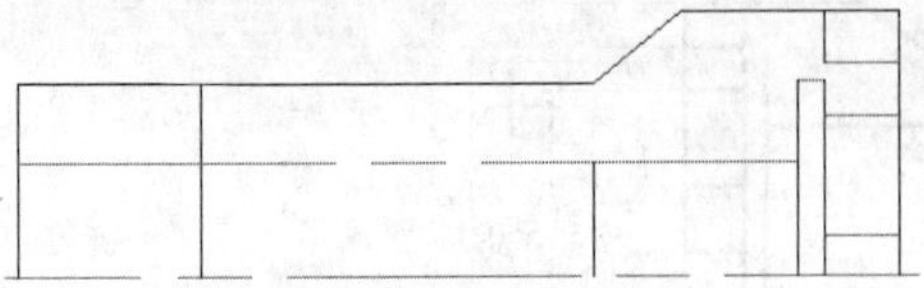

图6-62

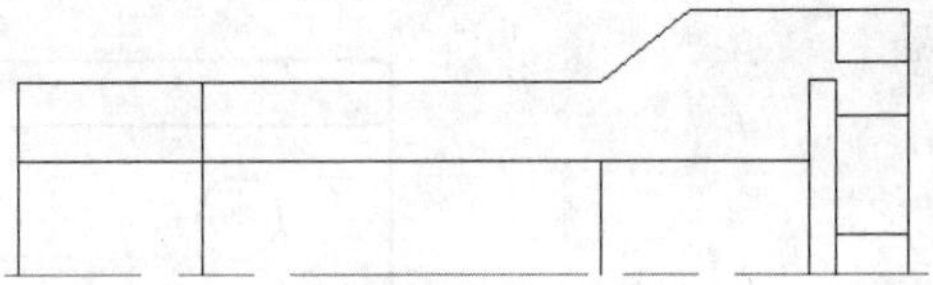

图6-63

**9** 使用命令简写F激活“圆角”命令，对图形的角进行圆角处理，命令行操作如下。

命令: _fillet
当前设置: 模式 = 修剪，半径 = 0.0
选择第一个对象或 [放弃(U)/多段线(P)/半径(R)/修剪(T)/多个(M)]: //R Enter
指定圆角半径 <0.0>: //1.1 Enter
选择第一个对象或 [放弃(U)/多段线(P)/半径(R)/修剪(T)/多个(M)]: //M Enter
选择第一个对象或 [放弃(U)/多段线(P)/半径(R)/修剪(T)/多个(M)]: //T Enter
输入修剪模式选项 [修剪(T)/不修剪(N)] <修剪>: //T Enter
选择第一个对象或 [放弃(U)/多段线(P)/半径(R)/修剪(T)/多个(M)]:
//在左垂直线A的上端单击
选择第二个对象，或按住 Shift 键选择要应用角点的对象: //在水平线B的左端单击
选择第一个对象或 [放弃(U)/多段线(P)/半径(R)/修剪(T)/多个(M)]:
// Enter，结束操作，效果如图6-64所示

**10** 使用命令简写MI激活“镜像”命令，以水平基准线为镜像轴，对图形进行镜像，命令行操作如下。

命令: _mirror
选择对象: 指定对角点: 找到 16 个
选择对象: //由右向左拉出如图6-65所示的窗交选区选择水平基准线上方的所有图元

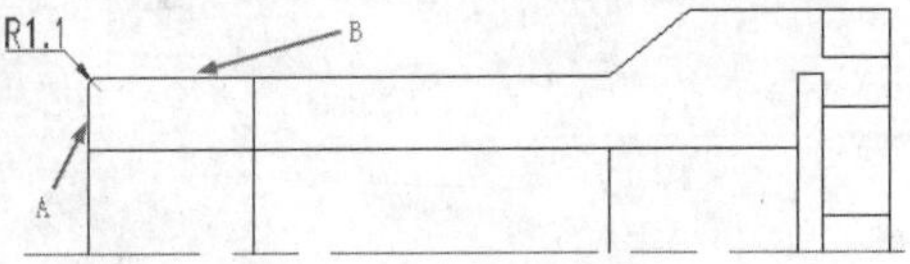


图6-64

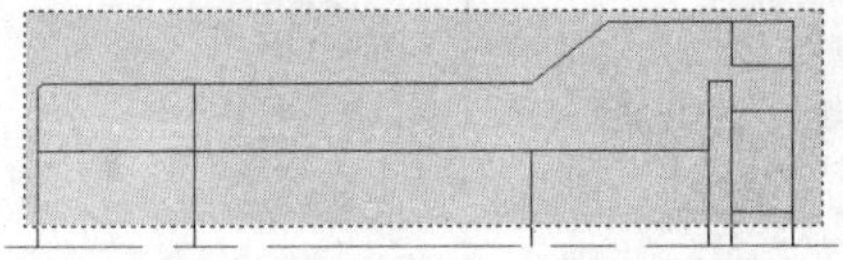

图6-65

选择对象: // Enter，结束对象的选择
指定镜像线的第一点: //捕捉水平基准线的左端点，如图6-66所示
指定镜像线的第二点: //捕捉水平基准线的右端点，如图6-67所示
要删除源对象吗？[是(Y)/否(N)] <N>: // Enter，结果如图6-68所示

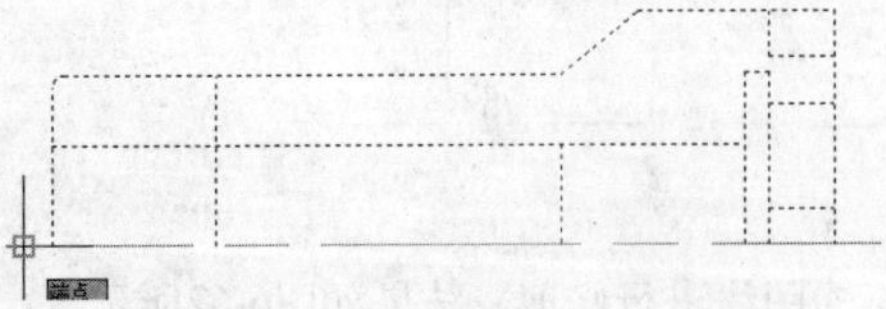

图6-66

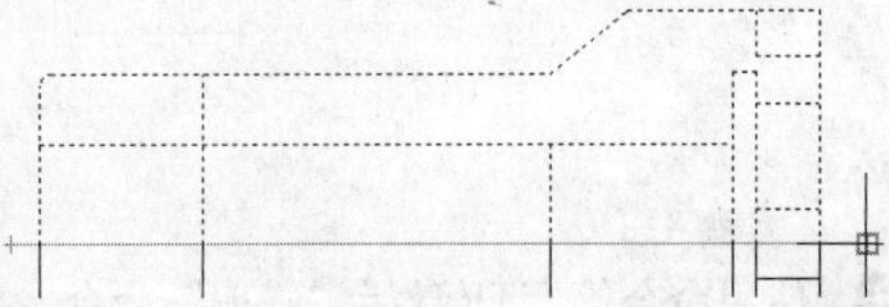

图6-67

**11** 使用命令简写C激活“圆”命令，以垂直线C与水平基准线的交点为圆心，绘制半径为4的圆，结果如图6-69所示。

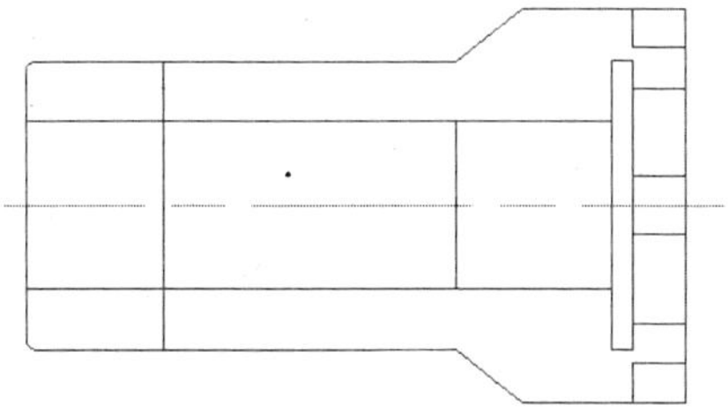

图6-68

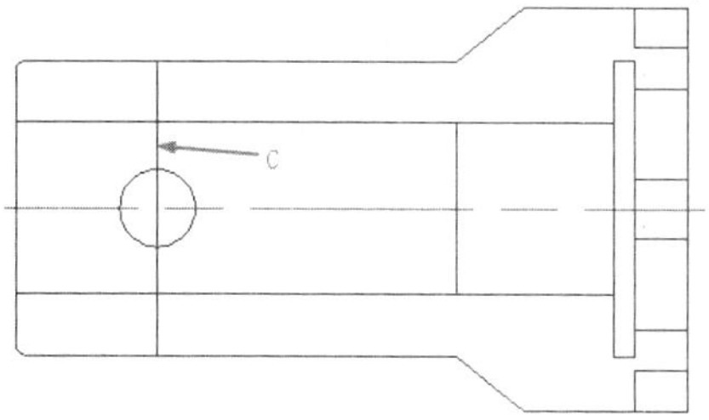


图6-69

**12** 选择垂直线C将其删除，然后在“图层控制”下拉列表中将“尺寸层”设置为当前层，对零件图标注尺寸，最后单击状态栏上的“线宽”按钮+，打开线宽显示功能，结果如图6-70所示。

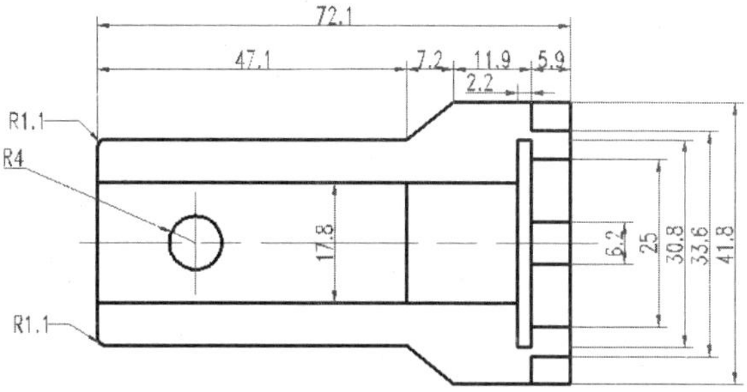


图6-70

**13** 使用“另存为”命令，将该图形存储为“链轴零件图.dwg”文件。

**TIP**
尺寸标注的相关知识将在后面章节中进行详细讲解。

# 6.5 阵列图形

阵列是指将对象根据设定的数目沿路径或圆心角进行多重复制，新版AutoCAD 2012新增了“路径阵列”命令，这就使得用户在阵列对象时有了更多的选择。这一节继续学习阵列图形的相关知识。

## 6.5.1 矩形（直线）阵列

矩形（直线）阵列是一种用于创建沿矩形或直线阵列对象的复合命令，可以将图形对象按照指定的行数和列数，成矩形或直线排列方式进行大规模复制，这一节首先来学习矩形（直线）阵列对象的方法。

执行“矩形阵列”命令主要有以下几种方式。

◆ 执行菜单栏中的“修改”|“阵列”|“矩形阵列”命令。

◆ 单击"修改"工具栏上的"矩形阵列"按钮▦。

◆ 在命令行输入Arrayrect按Enter键。

下面以一个简单的操作，学习此种阵列功能的操作方法和操作技巧。

1 打开随书光盘中的文件"效果文件"\"第6章"\"垫片.dwg"，其显示效果如图6-71所示。

2 使用"删除"命令将左上角、右上角和右下角位置的圆孔连同中心线一并删除，结果如图6-72所示。

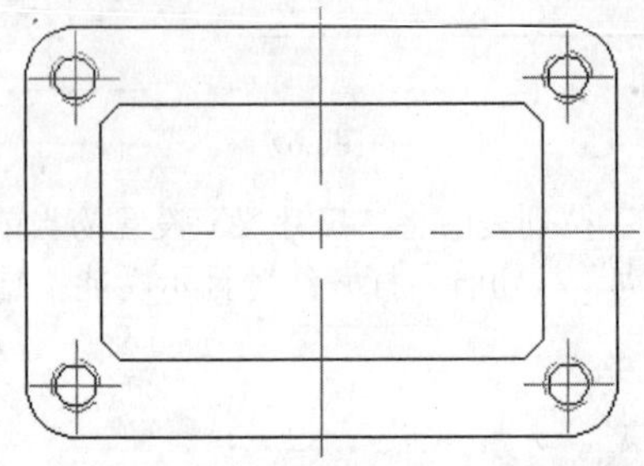

图6-71

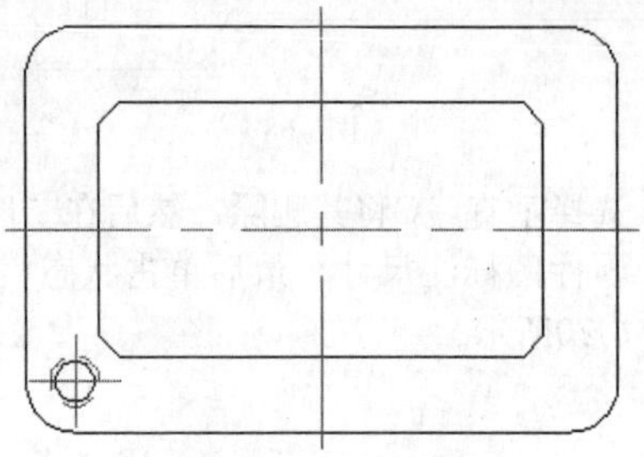

图6-72

3 使用上述任意方法激活"矩形阵列"命令，命令行操作如下。

```
命令: _arrayrect
    选择对象: 指定对角点: .          //以窗口选择方式选择如图6-73所示的左下角的对象
    选择对象:                        //Enter，结束选择
    类型 = 矩形  关联 = 是
    为项目数指定对角点或 [基点(B)/角度(A)/计数(C)] <计数>:
                                     //捕捉如图6-74所示的右上角的交点
```

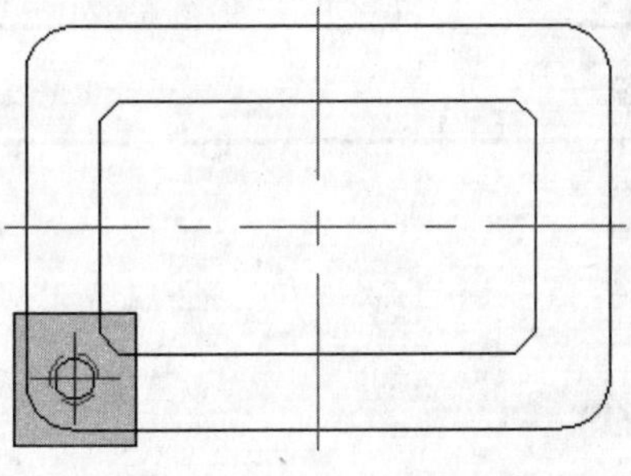

图6-73

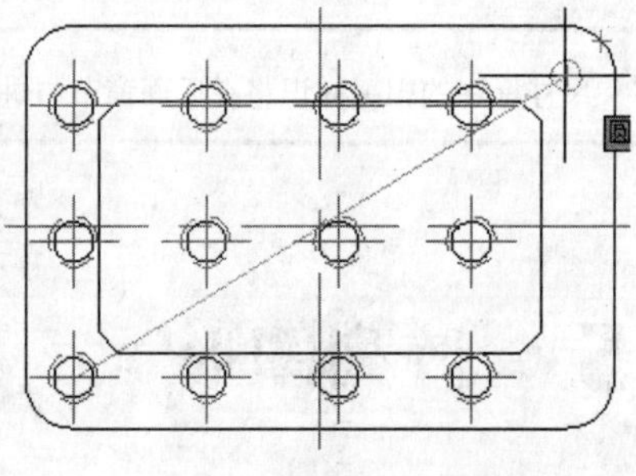

图6-74

```
    指定对角点以间隔项目或 [间距(S)] <间距>:                    //S Enter
    指定行之间的距离或 [表达式(E)] <135>:                       //150 Enter
    指定列之间的距离或 [表达式(E)] <143.1>:                     //250 Enter
    按 Enter 键接受或 [关联(AS)/基点(B)/行(R)/列(C)/层(L)/退出(X)] <退出>:    //R Enter
    输入行数或 [表达式(E)] <7>:                                 //3 Enter
    指定行数之间的距离或 [总计(T)/表达式(E)] <150>:             //150 Enter
    指定行数之间的标高增量或 [表达式(E)] <0>:                   // Enter
    按 Enter 键接受或 [关联(AS)/基点(B)/行(R)/列(C)/层(L)/退出(X)] <退出>:    //C Enter
    输入列数或 [表达式(E)] <14>:                                //3 Enter
```

指定列数之间的距离或 [总计(T)/表达式(E)] <250>: //250 Enter
按 Enter 键接受或 [关联(AS)/基点(B)/行(R)/列(C)/层(L)/退出(X)] <退出>: //AS Enter
创建关联阵列 [是(Y)/否(N)] <是>: //N Enter
按 Enter 键接受或 [关联(AS)/基点(B)/行(R)/列(C)/层(L)/退出(X)] <退出>:
// Enter，结束命令，结果如图6-75所示

TIP 在进行阵列时，系统默认设置下，所有创建的对象都是一种关联关系，如果用户想创建不关联的对象，则可以输入AS激活“关联”选项，然后设置不关联方式，此时创建的对象都是不关联的。

4 以窗口选择方式选取中间的圆孔及其中心线，按键盘上的Delete键将其删除，结果如图6-76所示。

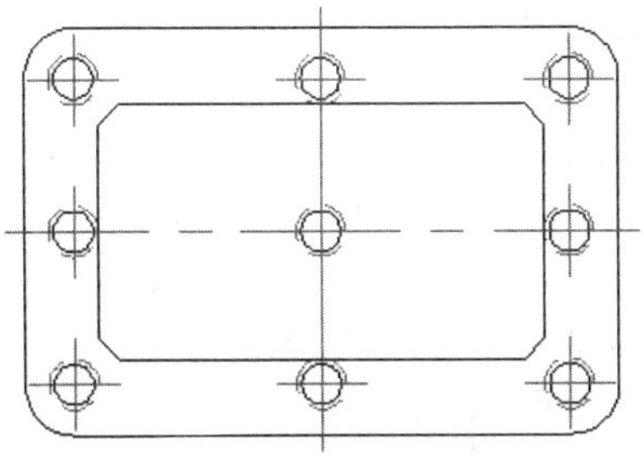
图6-75

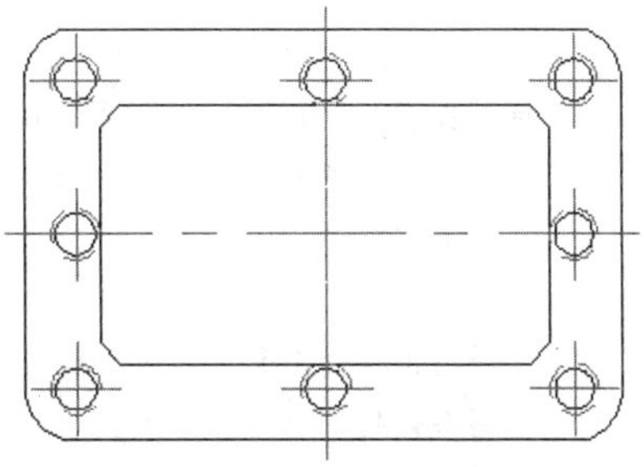
图6-76

TIP AutoCAD 2012中的“矩形阵列”与其他老版的“矩形阵列”命令有本质的区别，当执行“矩形阵列”命令后，不再出现老版中的“阵列”对话框，而是要求用户选择对象，然后根据命令行的提示激活相关选项进行阵列。另外，所有阵列的对象默认是以关联方式进行阵列的，在命令行“按Enter键接受或[关联(AS)/基点(B)/行(R)/列(C)/层(L)/退出(X)]<退出>:”提示下，输入AS激活“关联”选项，然后可以设置是否关联。

### 6.5.2 环形阵列

所谓“环形阵列”，指的就是将图形对象按照指定的中心点和阵列数目，成“圆形”排列。执行“环形阵列”命令主要有以下几种方式。

- 执行菜单栏中的“修改”|“阵列”|“环形阵列”命令。
- 单击“修改”工具栏上的“环形阵列”按钮。
- 在命令行输入Arraypolar按Enter键。

下面通过绘制某机械零件图的简单实例操作，学习这种阵列功能的操作方法和操作技巧。

1 打开随书光盘中的文件“样板文件”\“机械制图模板.dwt”作为基础样板文件。

2 启用状态栏上的“对象捕捉”和“对象捕捉追踪”功能。

3 在“图层控制”下拉列表中将“点划线”层设置为当前层。

4 使用命令简写L激活“直线”命令，配合“正交”功能绘制水平和垂直的线作为绘图基准线，如图6-77所示。

5 在“图层控制”下拉列表中将“轮廓线”层设置为当前层，使用命令简写C激活“圆”命令，配合“交点”捕捉功能，绘制半径为8.9、13.7、15.3和20.9的同心圆，如图6-78所示。

图6-77

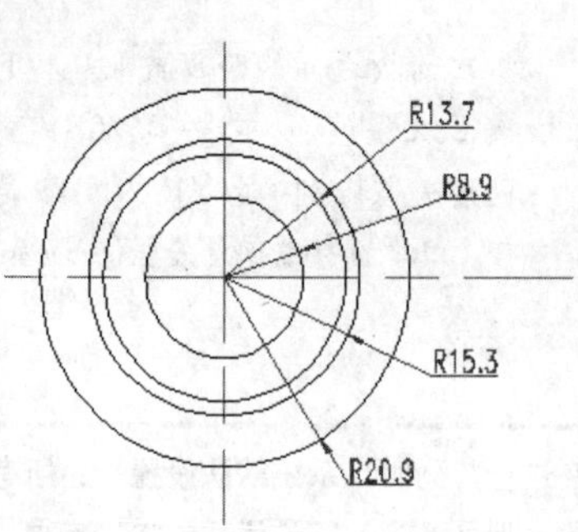


图6-78

**6** 使用命令简写O激活“偏移”命令，将垂直基准线对称偏移3.1个单位，命令行操作如下。

```
命令: _offset
    当前设置: 删除源=否  图层=源  OFFSETGAPTYPE=0
    指定偏移距离或 [通过(T)/删除(E)/图层(L)] <25.0>:          //3.1 Enter
    选择要偏移的对象，或 [退出(E)/放弃(U)] <退出>:              //单击垂直基准线
    指定要偏移的那一侧上的点，或 [退出(E)/多个(M)/放弃(U)] <退出>:
                                                             //在垂直基准线左边拾取一点
    选择要偏移的对象，或 [退出(E)/放弃(U)] <退出>:              //单击垂直基准线
    指定要偏移的那一侧上的点，或 [退出(E)/多个(M)/放弃(U)] <退出>:
                                                             //在垂直基准线右边拾取一点
    选择要偏移的对象，或 [退出(E)/放弃(U)] <退出>:              // Enter，结果如图6-79所示
```

**7** 使用命令简写TR激活“修剪”命令，以半径为20.9的圆和半径为15.3的圆作为修剪边，对偏移出的垂直基准线修剪，命令行操作如下。

```
命令: _trim
    当前设置:投影=UCS，边=延伸
    选择剪切边...
    选择对象或 <全部选择>:                                     //选择如图6-80所示的两个圆
```

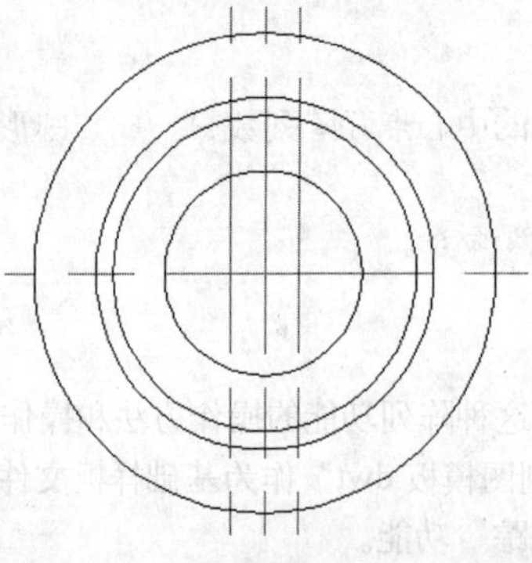

图6-79

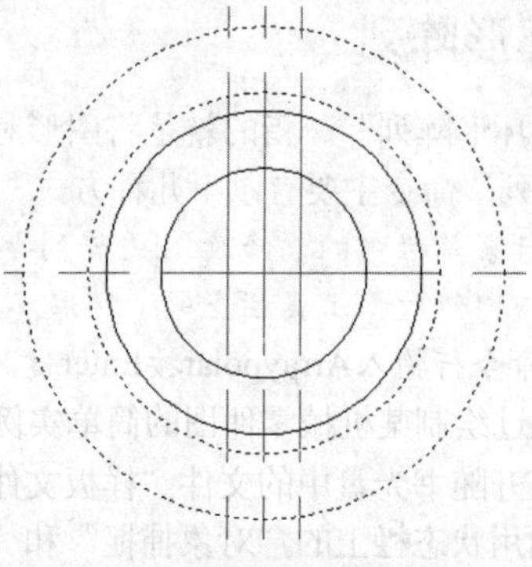

图6-80

```
    选择对象: 找到 1 个，总计 2 个
    选择对象:                                        // Enter，结束选择
    选择要修剪的对象，或按住 Shift 键选择要延伸的对象，或[栏选(F)/窗交(C)/投影(P)/边(E)/
```

删除(R)/放弃(U)]:　　　　　　　　//在左侧基准线如图6-81所示的位置单击

选择要修剪的对象，或按住 Shift 键选择要延伸的对象，或[栏选(F)/窗交(C)/投影(P)/边(E)/删除(R)/放弃(U)]:　　　　　　　　//在左侧基准线如图6-82所示的位置单击

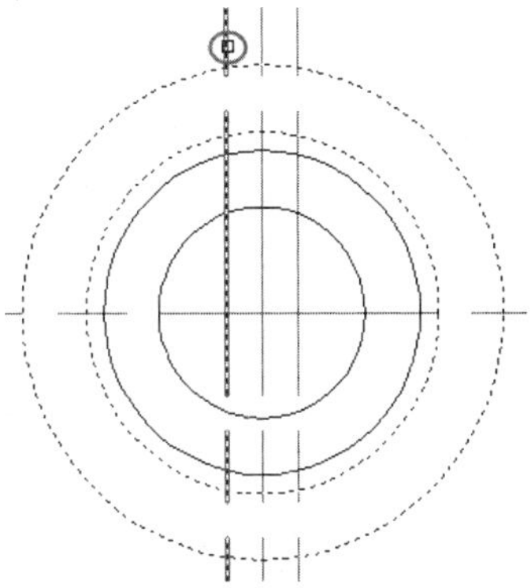

图6-81

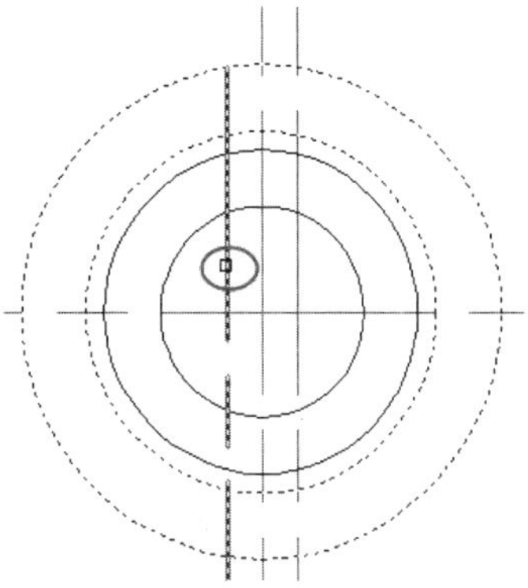

图6-82

选择要修剪的对象，或按住 Shift 键选择要延伸的对象，或[栏选(F)/窗交(C)/投影(P)/边(E)/删除(R)/放弃(U)]:　　　　　　　　//在右侧基准线如图6-83所示的位置单击

选择要修剪的对象，或按住 Shift 键选择要延伸的对象，或[栏选(F)/窗交(C)/投影(P)/边(E)/删除(R)/放弃(U)]:　　　　　　　　//在右侧基准线如图6-84所示的位置单击

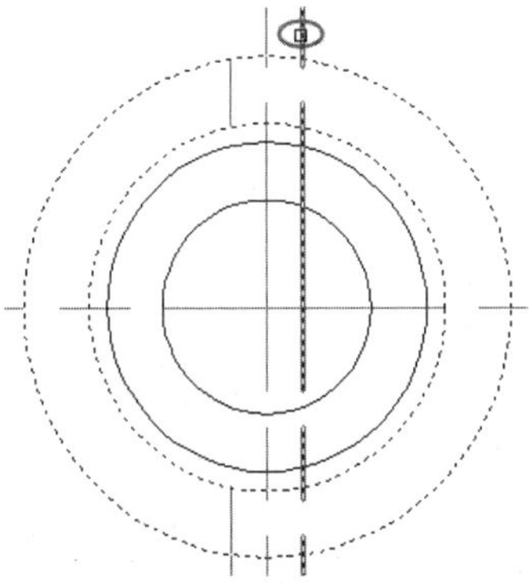

图6-83

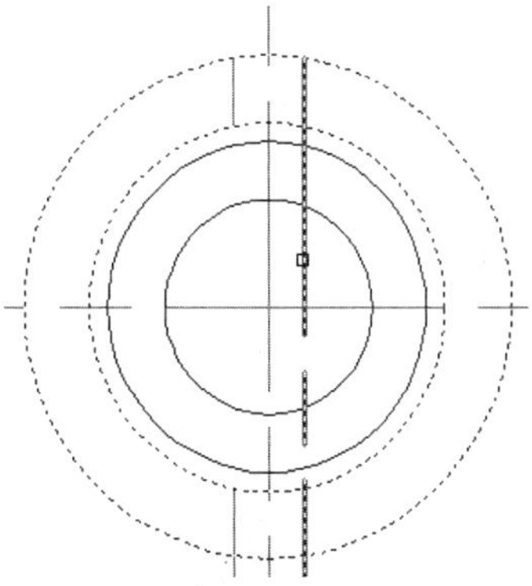

图6-84

选择要修剪的对象，或按住 Shift 键选择要延伸的对象，或[栏选(F)/窗交(C)/投影(P)/边(E)/删除(R)/放弃(U)]:　　　　　　　　//Enter，结束操作

**8** 选择修剪后多余的图线将其删除，并将修剪后的图线放入“轮廓线”层。

**9** 采用上述任意方式激活“环形阵列”命令，对修剪后的图线进行环形阵列，命令行操作如下。

命令: _arraypolar

选择对象:　　　　　　　　//选择如图6-85所示的修剪后的图线

选择对象: 找到 1 个，总计 2 个

选择对象:　　　　　　　　//Enter，结束选择

类型 = 极轴　关联 = 否

指定阵列的中心点或 [基点(B)/旋转轴(A)]:　　　　　　　　//捕捉如图6-86所示的圆心

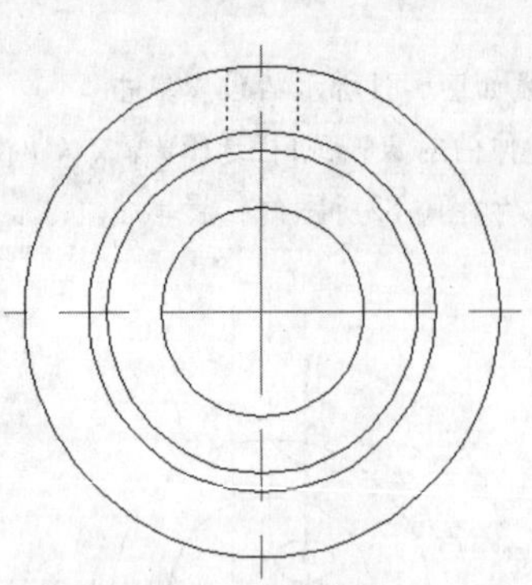

图6-85

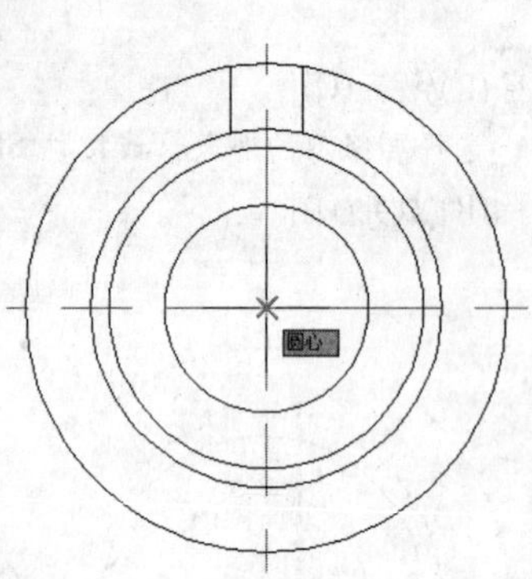


图6-86

输入项目数或 [项目间角度(A)/表达式(E)] <4>: //8 Enter
指定填充角度(+=逆时针、-=顺时针)或 [表达式(EX)] <360>: // Enter
按 Enter 键接受或 [关联(AS)/基点(B)/项目(I)/项目间角度(A)/填充角度(F)/行(ROW)/层(L)/旋转项目(ROT)/退出(X)] <退出>: //A Enter
指定项目间的角度或 [表达式(EX)] <45>: //45 Enter
按 Enter 键接受或 [关联(AS)/基点(B)/项目(I)/项目间角度(A)/填充角度(F)/行(ROW)/层(L)/旋转项目(ROT)/退出(X)] <退出>: // Enter，结果如图6-87所示

**10** 将“尺寸线”层设置为当前层，为零件图标注尺寸（有关尺寸标注的知识将在后面章节进行讲解），标注结果如图6-88所示。

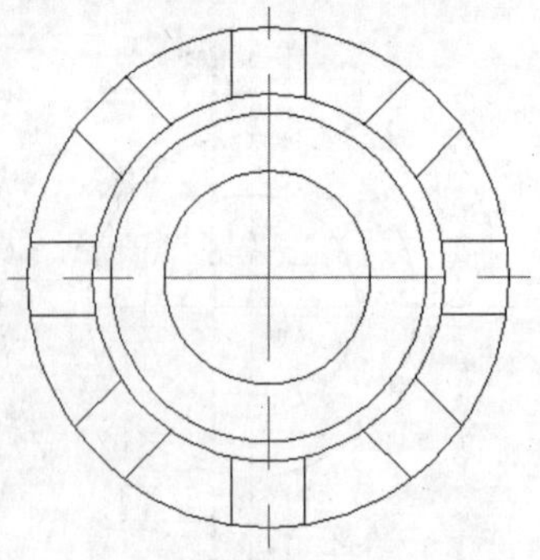

图6-87

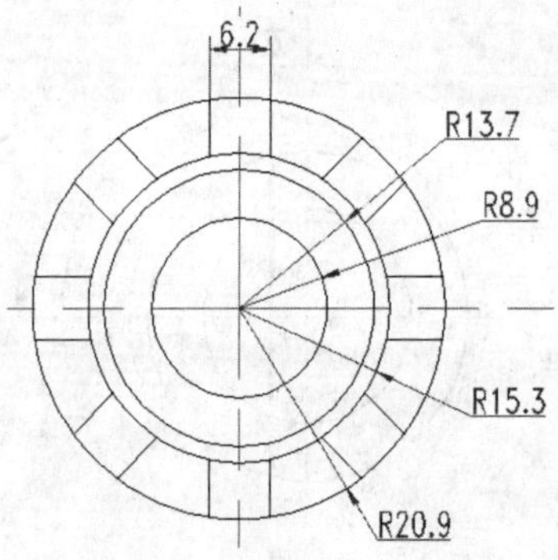


图6-88

**TIP**

AutoCAD 2012中的“环形阵列”与其他老版的“环形阵列”命令也有本质的区别，当执行“环形阵列”命令后，不再出现老版中的“阵列”对话框，而是要求用户选择对象，然后根据命令行的提示激活相关选项进行阵列。需要说明的是，新版“环形阵列”中，所有阵列的对象默认是以关联方式进行阵列的，在命令行“按 Enter 键接受或 [关联(AS)/基点(B)/行(R)/列(C)/层(L)/退出(X)] <退出>:”提示下，输入AS激活“关联”选项，然后可以设置是否关联。另外，当输入R激活“行”选项，或输入L激活“层”选项后，可以设置行数和层数，以创建多行和多层的环形阵列对象。

### 6.5.3 路径阵列

路径阵列是AutoCAD 2012新增的一种阵列方式，所谓“路径阵列”，指的就是将图形对象按照指定的路径进行排列。执行“路径阵列”命令主要有以下几种方式。

- 执行菜单栏中的“修改”|“阵列”|“路径阵列”命令。
- 单击“修改”工具栏上的“路径阵列”按钮。
- 在命令行输入Arraypath按Enter键。

下面继续通过一个简单操作，学习此种阵列功能的操作方法和操作技巧。

**1** 使用“样条线”命令，绘制一个样条线作为阵列路径，然后使用“圆”命令绘制一个圆作为阵列对象，如图6-89所示。

图6-89

**2** 以任意方式激活“路径阵列”命令，进行路径阵列，命令行操作如下。

命令: _arraypath
选择对象: //选择矩形
选择对象: // Enter，结束选择
类型 = 路径 关联 = 是
选择路径曲线: //选择样条线
输入沿路径的项数或 [方向(O)/表达式(E)] <方向>:

此时，如果将光标移动到样条线的另一个端点位置，会发现系统自动根据路径长度均匀分布圆对象，如图6-90所示。

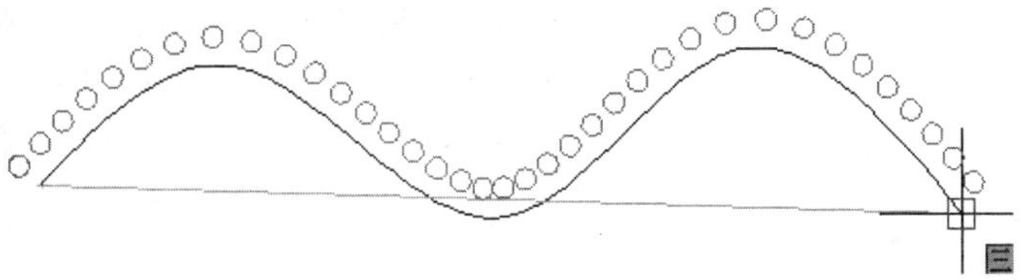

图6-90

输入沿路径的项数或 [方向(O)/表达式(E)] <方向>: //20 Enter，设置阵列数目
指定沿路径的项目之间的距离或 [定数等分(D)/总距离(T)/表达式(E)] <沿路径平均定数等分(D)>: // Enter，采用默认的设置
按 Enter 键接受或 [关联(AS)/基点(B)/项目(I)/行(R)/层(L)/对齐项目(A)/Z 方向(Z)/退出(X)] <退出>: // Enter，路径阵列结果如图6-91所示

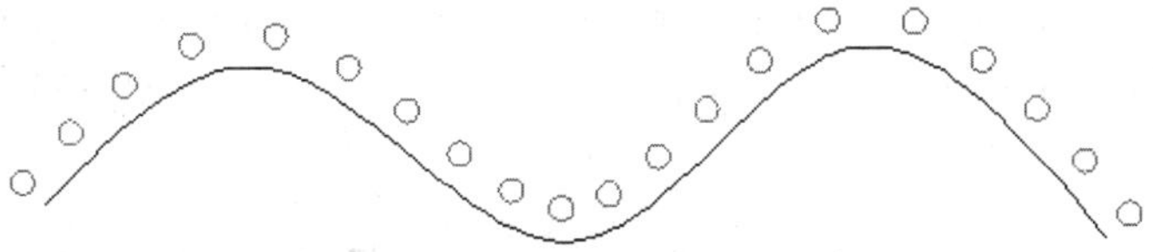

图6-91

**TIP** 在进行路径阵列时，输入O激活“方向”选项，可以设置阵列对象的方向是否对齐路径。另外，还可以激活“定数等分”、“总距离”以及“沿路径平均定数等分”等选项，设置阵列数目，这些操作比较简单，由于篇幅所限，在此不再详细讲解，读者可以换自己尝试操作。

# 6.6 绘制椭圆形会议桌椅平面图

前面主要学习了镜像和阵列对象的相关知识，这一节将通过绘制如图6-92所示的椭圆形会议桌椅平面图的实例操作，对上述所学知识进行巩固练习。

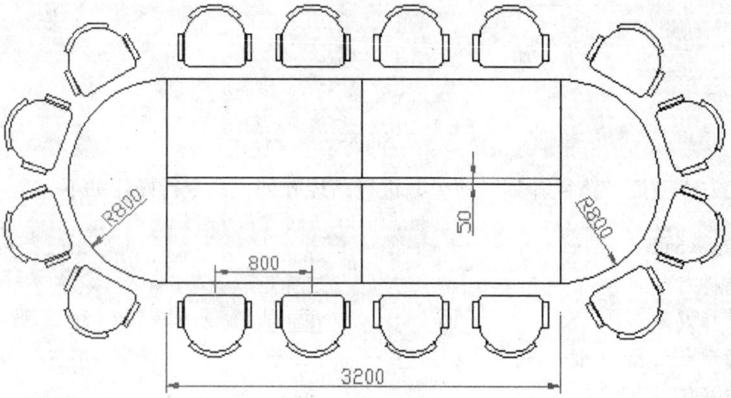


图6-92

## 6.6.1 绘制椭圆形会议桌平面图

这一节首先来绘制椭圆形会议桌，在绘制该椭圆形会议桌时，可以运用前面所学知识进行绘制。

1 执行菜单栏中的“文件”|“新建”命令，快速创建一个公制单位的空白文件。

2 执行菜单栏中的“格式”|“图形界限”命令，设置图形界限，命令行操作如下。

```
命令: '_limits
    重新设置模型空间界限:
    指定左下角点或 [开(ON)/关(OFF)] <0.0,0.0>:          // Enter
    指定右上角点 <420.0,297.0>:                        //6500,4000 Enter
```

3 使用命令简写Z激活视图的缩放功能，将刚设置的图形界限最大化显示，命令行操作如下。

```
命令: Z                                                // Enter
    ZOOM
    指定窗口的角点，输入比例因子 (nX 或 nXP)，或者[全部(A)/中心(C)/动态(D)/范围(E)/上
一个(P)/比例(S)/窗口(W)/对象(O)] <实时>:               //A Enter，激活“全部”选项
    正在重生成模型。
```

4 启用状态栏上的“对象捕捉”功能，并设置捕捉模式为“圆心”捕捉、“端点”捕捉和“交点”捕捉。

5 使用命令简写REC激活“矩形”命令，绘制长度为3200、宽度为1600的矩形，如图6-93所示。

6 使用命令简写X激活“分解”命令，将刚绘制的矩形分解为4条独立的线段，命令行操作如下。

```
命令: _explode
    选择对象:                //选择绘制的矩形
    选择对象:                // Enter
```

**7** 使用命令简写O激活“偏移”命令，对分解后的矩形进行偏移，命令行操作如下。

```
命令: _offset
    当前设置: 删除源=否  图层=源  OFFSETGAPTYPE=0
    指定偏移距离或 [通过(T)/删除(E)/图层(L)] <通过>:  //1600 Enter
    选择要偏移的对象，或 [退出(E)/放弃(U)] <退出>:   //选择矩形左侧的垂直边
    指定要偏移的那一侧上的点，或 [退出(E)/多个(M)/放弃(U)] <退出>:
                                    //在所选边的右侧单击
    选择要偏移的对象，或 [退出(E)/放弃(U)] <退出>:   // Enter，结束命令
命令:                                // Enter，重复执行命令
    OFFSET
    当前设置: 删除源=否  图层=源  OFFSETGAPTYPE=0
    指定偏移距离或 [通过(T)/删除(E)/图层(L)] <1600.0000>:  //775 Enter
    选择要偏移的对象，或 [退出(E)/放弃(U)] <退出>:         //选择矩形上侧的水平边
    指定要偏移的那一侧上的点，或 [退出(E)/多个(M)/放弃(U)] <退出>:
                                                      //在所选边的下侧单击
    选择要偏移的对象，或 [退出(E)/放弃(U)] <退出>:         //选择矩形下侧的水平边
    指定要偏移的那一侧上的点，或 [退出(E)/多个(M)/放弃(U)] <退出>:
                                                      //在所选边的上侧单击
    选择要偏移的对象，或 [退出(E)/放弃(U)] <退出>:
                                    // Enter，结束命令，偏移结果如图6-94所示
```

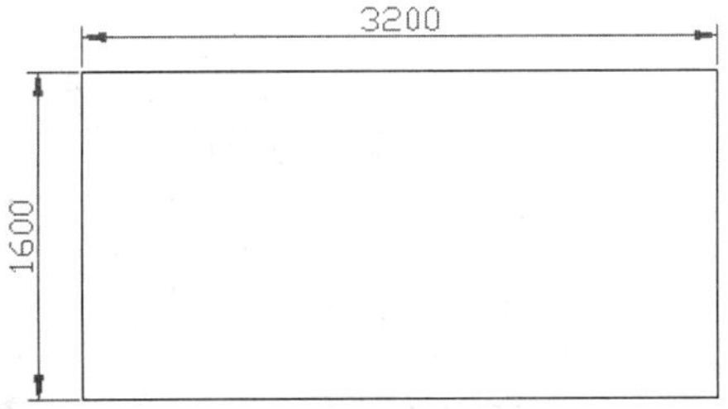


图6-93

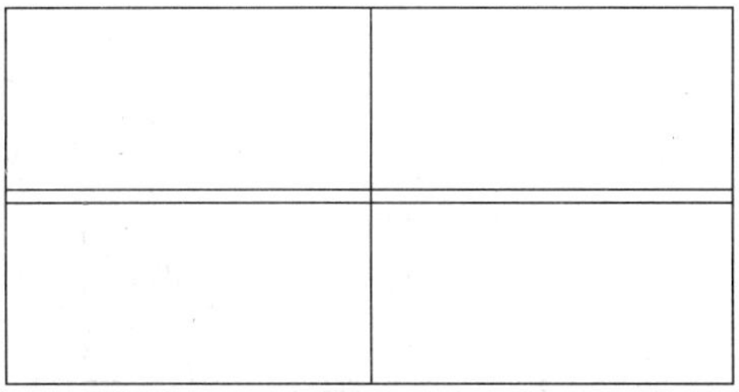

图6-94

**8** 使用命令简写TR激活“修剪”命令，对偏移出的图形进行编辑，命令行操作如下。

```
命令: TR                            // Enter
    TRIM当前设置:投影=UCS，边=无
    选择剪切边...
    选择对象或 <全部选择>:           //由右向左拉出如图6-95所示的窗交选择框
    选择对象:                        // Enter
    选择要修剪的对象，或按住 Shift 键选择要延伸的对象，或[栏选(F)/窗交(C)/投影(P)/边(E)/
 删除(R)/放弃(U)]:                  //在两条水平线之间单击中间的垂直边，如图6-96所示
```

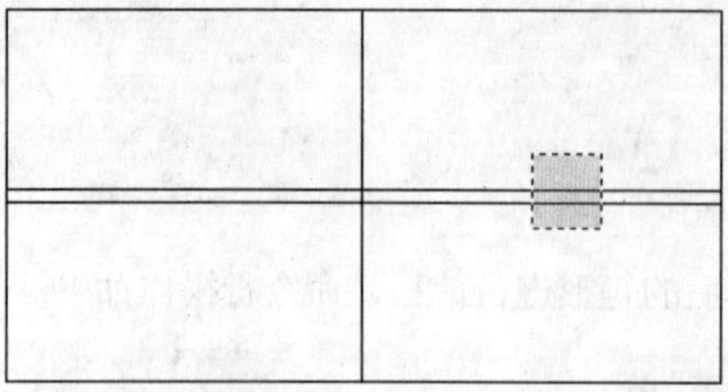

图6-95

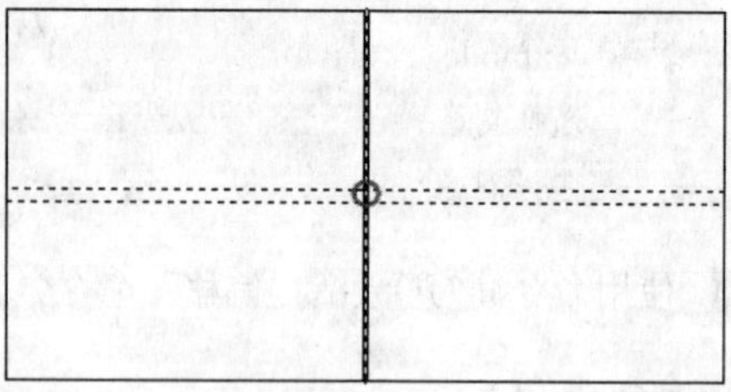

图6-96

选择要修剪的对象，或按住 Shift 键选择要延伸的对象，或[栏选(F)/窗交(C)/投影(P)/边(E)/删除(R)/放弃(U)]:　　　　　　　　// Enter，结束命令，修剪结果如图6-97所示

**9** 执行菜单栏中的“绘图”|“圆弧”|“起点、圆心、端点”命令，配合“端点”和“中点”捕捉功能绘制两侧的圆弧，命令行操作如下。

命令: _arc
　　指定圆弧的起点或 [圆心(C)]:　　　　　　//捕捉如图6-97所示的右侧垂直边的下端点
　　指定圆弧的第二个点或 [圆心(C)/端点(E)]: _c 指定圆弧的圆心:
　　　　　　　　　　　　　　　　　　　　　//捕捉如图6-98所示的右侧垂直边的中点

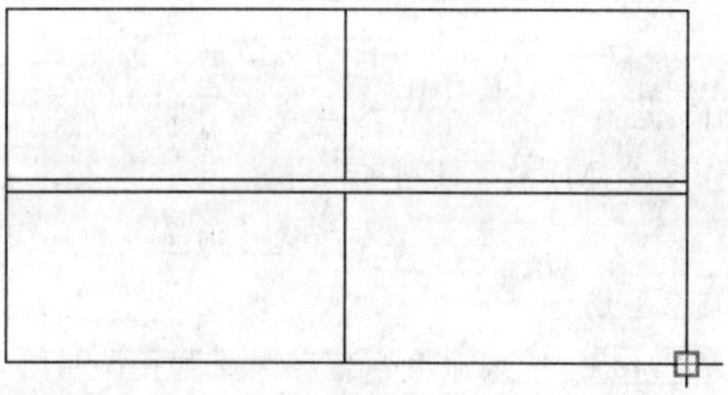

图6-97

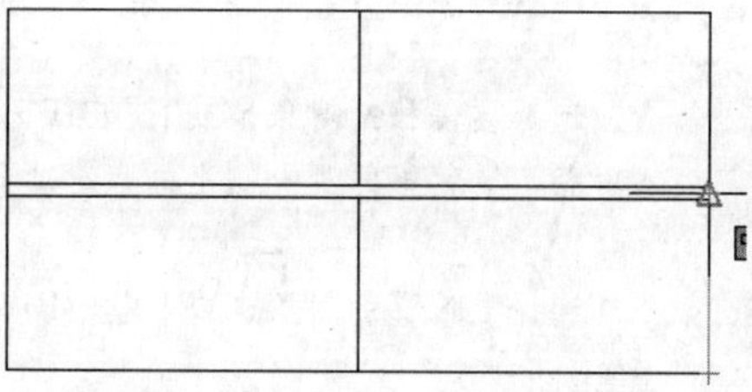

图6-98

　　指定圆弧的端点或 [角度(A)/弦长(L)]:
　　　　　　　　//捕捉如图6-99所示的右侧垂直边的上端点，绘制结果如图6-100所示

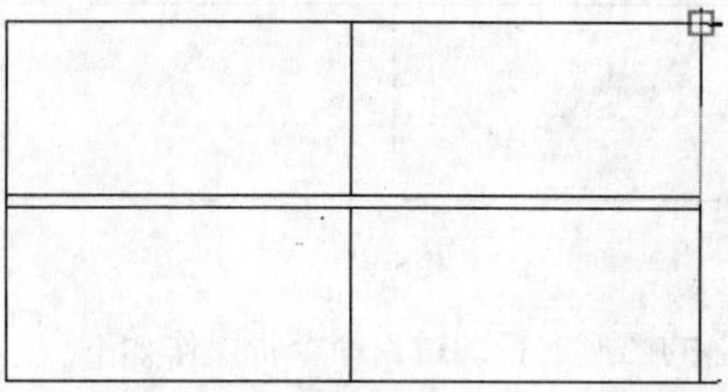

图6-99

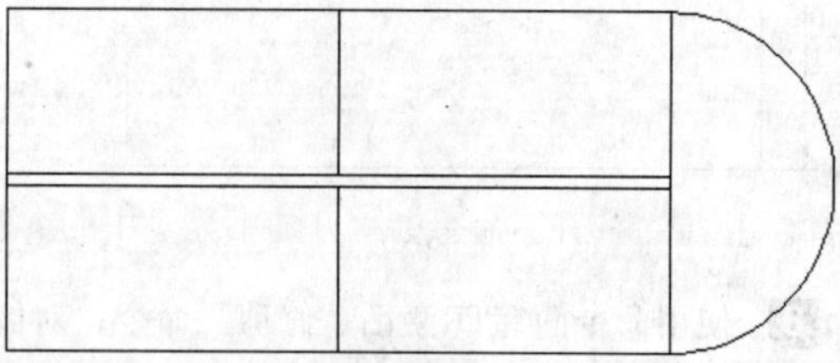

图6-100

**10** 使用命令简写MI激活“镜像”命令，对刚绘制的圆弧进行镜像，命令行操作如下。

命令: _mirror
　　选择对象:　　　　　　　　//选择刚绘制的圆弧
　　选择对象:　　　　　　　　// Enter
　　指定镜像线的第一点:　　　//捕捉如图6-101所示的端点
　　指定镜像线的第二点:　　　//捕捉如图6-102所示的端点

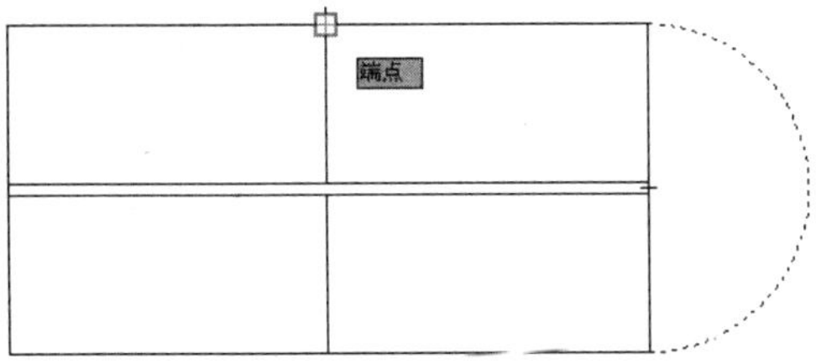


图6-101

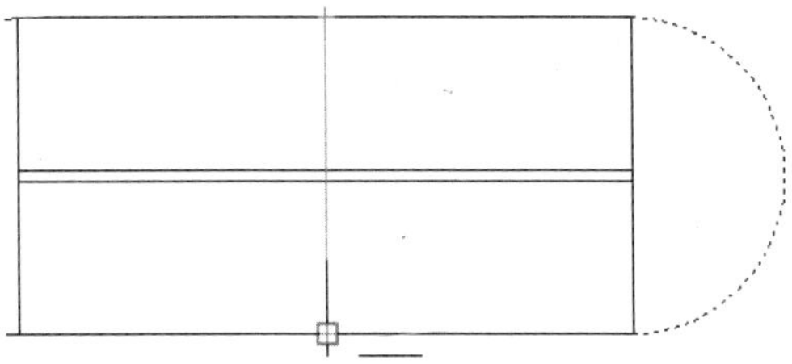

图6-102

要删除源对象吗？[是(Y)/否(N)] <N>: //Enter，结束命令，镜像结果如图6-103所示

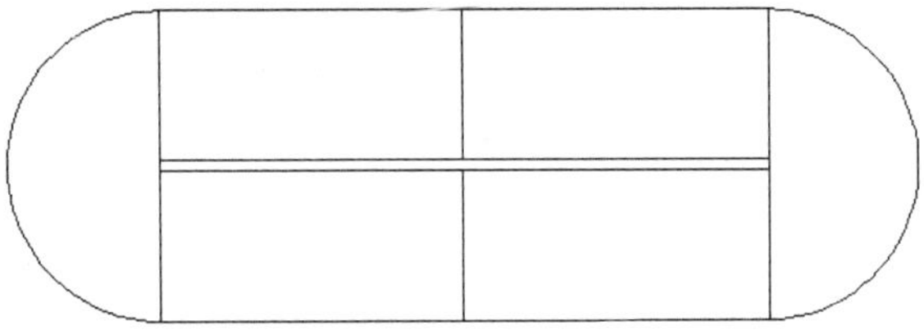

图6-103

**11** 至此，会议桌平面图绘制完毕，在下一节将为会议桌快速布置椅子。

## 6.6.2 为椭圆形会议桌快速布置椅子图块

这一节继续为椭圆形会议桌快速布置椅子图块，以完成椭圆形会议桌椅平面图的绘制。

**1** 继续上一节实例的操作。

**2** 使用命令简写O激活“偏移”命令，对右侧的圆弧进行偏移，命令行操作如下。

```
命令: _offset
    当前设置: 删除源=否  图层=源  OFFSETGAPTYPE=0
    指定偏移距离或 [通过(T)/删除(E)/图层(L)] <775>:            //100 Enter
    选择要偏移的对象，或 [退出(E)/放弃(U)] <退出>:             //选择右侧的圆弧
    指定要偏移的那一侧上的点，或 [退出(E)/多个(M)/放弃(U)] <退出>:
                                                     //在所选边的右侧单击
    选择要偏移的对象，或 [退出(E)/放弃(U)] <退出>:
                                     //Enter，结束命令，偏移结果如图6-104所示
```

**3** 执行“打开”命令，打开随书光盘中的文件“素材文件”\“第6章”\“会议椅.dwg”，如图6-105所示。

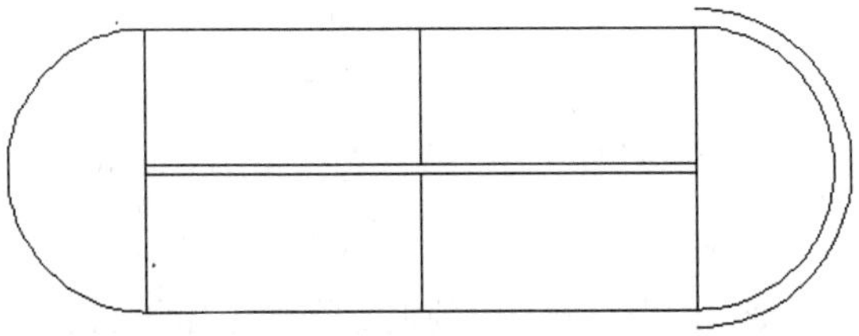

图6-104

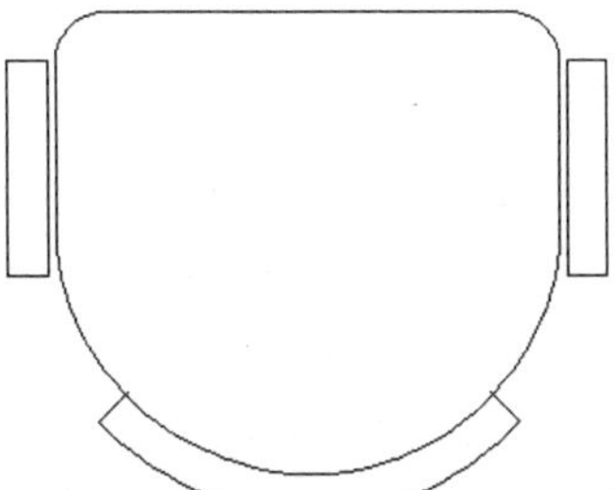

图6-105

**4** 执行菜单栏中的“编辑”|“复制”命令，在命令行“选择对象:”提示下单击该会议椅图块文件，并按Enter键将其复制，然后将该会议椅图形文件关闭。

**5** 回到会议桌图形文件窗口，继续执行菜单栏中的“编辑”|“粘贴”命令，命令行出现“指定插入点:”提示后，在绘图区拾取一点，将会议椅图形插入到当前文件内，如图6-106所示。

**6** 使用命令简写M激活“移动”命令，配合“中点”捕捉和“端点”捕捉功能，调整会议椅图形的的位置，命令行操作如下。

```
命令: _move
    选择对象:                                  //选择会议椅图形
    选择对象:                                  // Enter
    指定基点或 [位移(D)] <位移>:                //捕捉会议椅如图6-107所示的中点
```

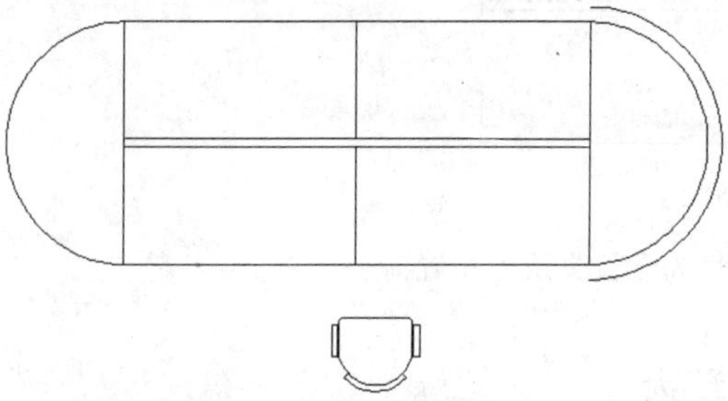

图6-106

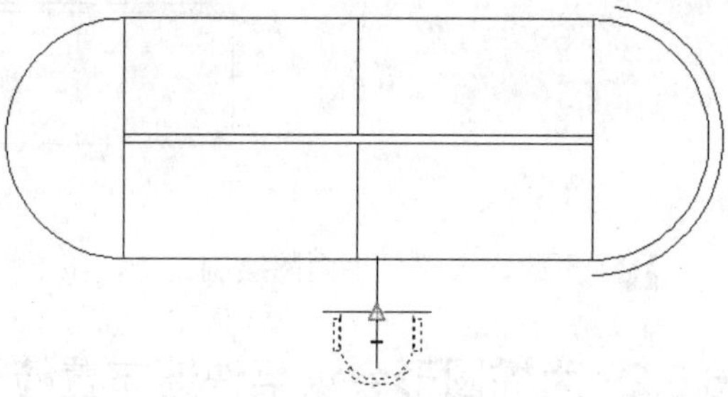

图6-107

```
    指定第二个点或 <使用第一个点作为位移>:      //捕捉右侧圆弧如图6-108所示的下端点
```

**7** 使用命令简写CO激活“复制”命令，对位移后的会议椅图形进行复制，命令行操作如下。

```
命令: _copy
    选择对象:                                  //选择会议椅图形
    选择对象:                                  // Enter
    当前设置: 复制模式 = 多个
    指定基点或 [位移(D)/模式(O)] <位移>:        //拾取任意一点
    指定第二个点或 <使用第一个点作为位移>:      //@-400,0 Enter
    指定第二个点或 [退出(E)/放弃(U)] <退出>:    // Enter，结束命令，复制结果如图6-109所示
```

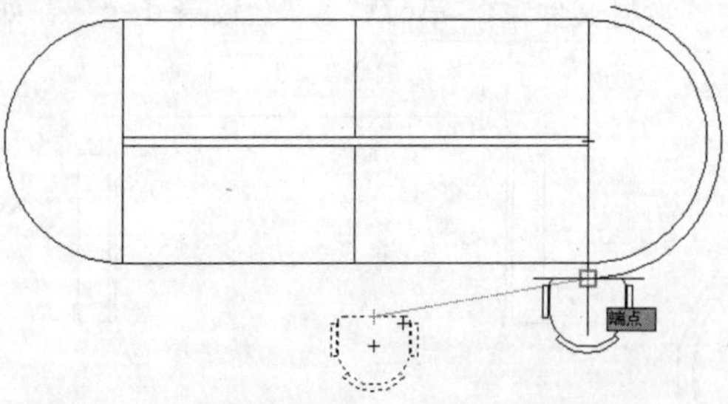


图6-108

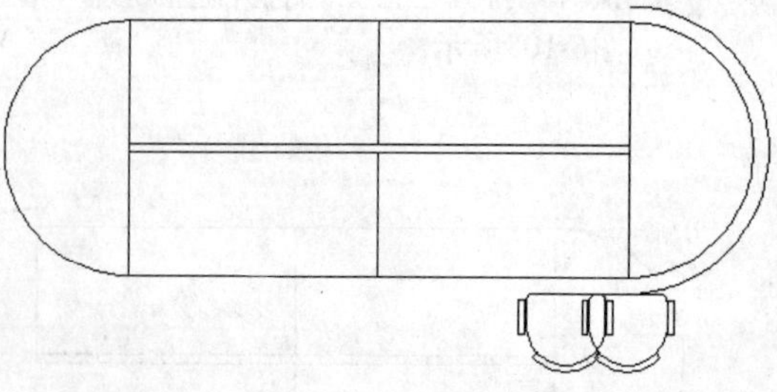

图6-109

**8** 执行菜单栏中的“修改”|“旋转”命令，配合“圆心”捕捉功能将右侧的会议椅图形进行旋转，命令行操作如下。

命令: _rotate
UCS 当前的正角方向: ANGDIR=逆时针 ANGBASE=0
选择对象: //选择会议椅图形
选择对象: // Enter
指定基点: //捕捉如图6-110所示的中点
指定旋转角度, 或 [复制(C)/参照(R)] <0>: //30 Enter, 结束命令, 旋转结果如图6-111所示

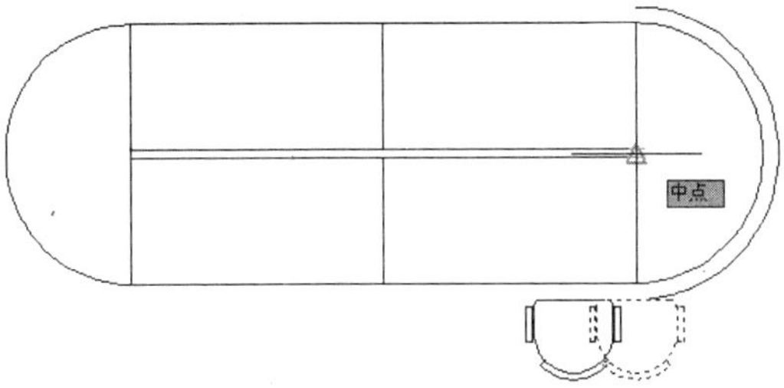


图6-110

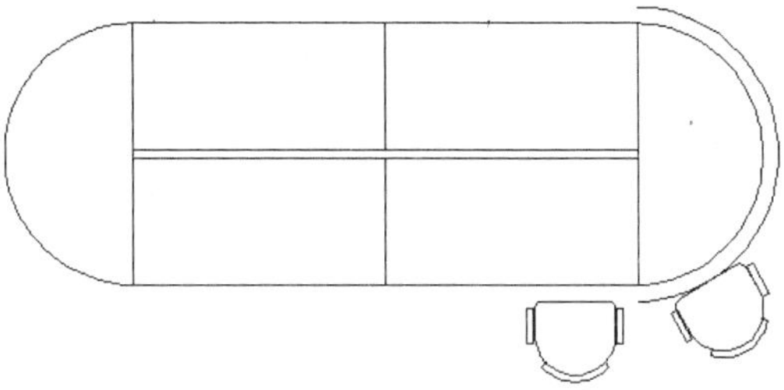

图6-111

**9** 单击“修改”工具栏上的“环形阵列”按钮，激活“环形阵列”命令，对右侧的椅子进行环形阵列，命令行操作如下。

命令: _arraypolar
选择对象: //单击右侧旋转后的椅子
选择对象: // Enter, 结束选择
类型 = 极轴 关联 = 否
指定阵列的中心点或 [基点(B)/旋转轴(A)]: //捕捉如图6-112所示的中点
输入项目数或 [项目间角度(A)/表达式(E)] <4>: //4 Enter
指定填充角度(+=逆时针、-=顺时针)或 [表达式(EX)] <360>: //120 Enter
按 Enter 键接受或 [关联(AS)/基点(B)/项目(I)/项目间角度(A)/填充角度(F)/行(ROW)/层(L)/旋转项目(ROT)/退出(X)] <退出>: // Enter, 结束操作, 阵列结果如图6-113所示

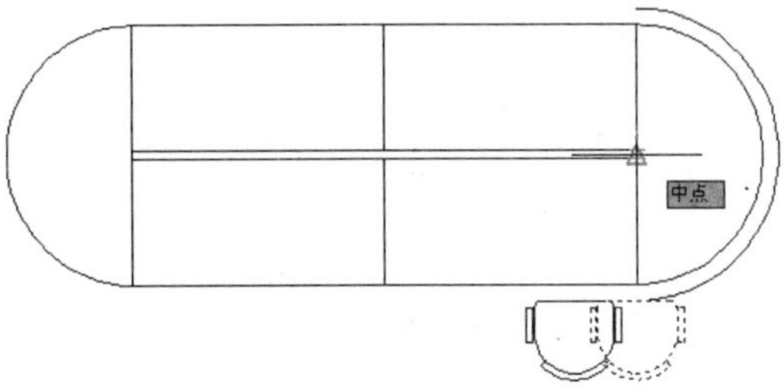


图6-112

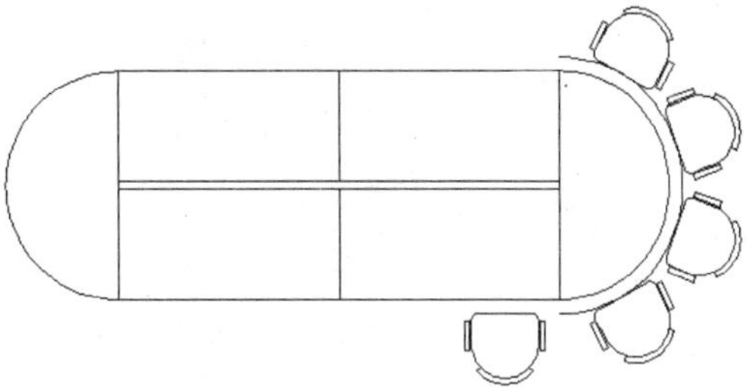

图6-113

**10** 单击“修改”工具栏上的“路径阵列”按钮，激活“路径阵列”命令，对左侧的会议椅进行水平阵列，命令行操作如下。

命令: _arraypath
选择对象: //单击旋转左侧的椅子
选择对象: // Enter
类型 = 路径 关联 = 否

选择路径曲线: //单击如图6-114所示的水平线
输入沿路径的项数或 [方向(O)/表达式(E)] <方向>: //向左引导光标，输入4 Enter
指定沿路径的项目之间的距离或 [定数等分(D)/总距离(T)/表达式(E)] <沿路径平均定数等分(D)>: //800 Enter
按 Enter 键接受或 [关联(AS)/基点(B)/项目(I)/行(R)/层(L)/对齐项目(A)/Z 方向(Z)/退出(X)] <退出>: //Enter，结果如图6-115所示

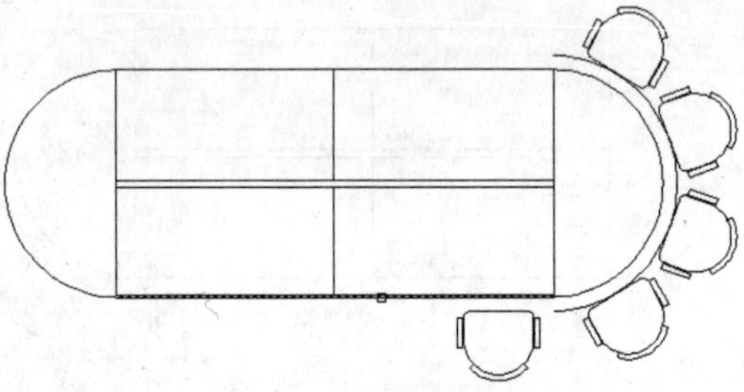
图6-114

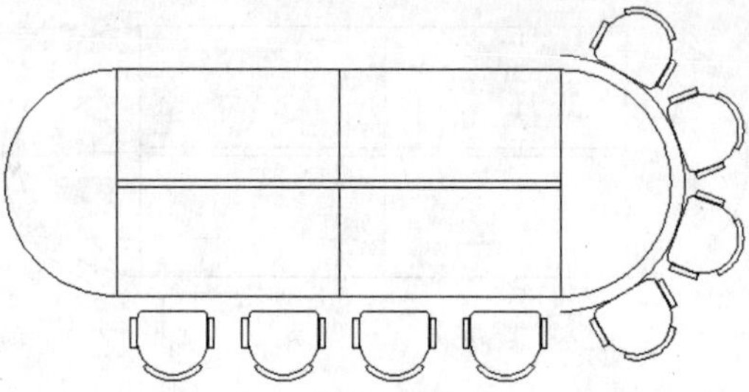
图6-115

**11** 使用命令简写MI激活"镜像"命令，对阵列出的椅子进行镜像，命令行操作如下。

命令: MI // Enter
MIRROR
选择对象: //由右向左拉出如图6-116所示的窗交选择框选择椅子
选择对象: // Enter
指定镜像线的第一点: //捕捉左侧圆弧的中点，如图6-117所示

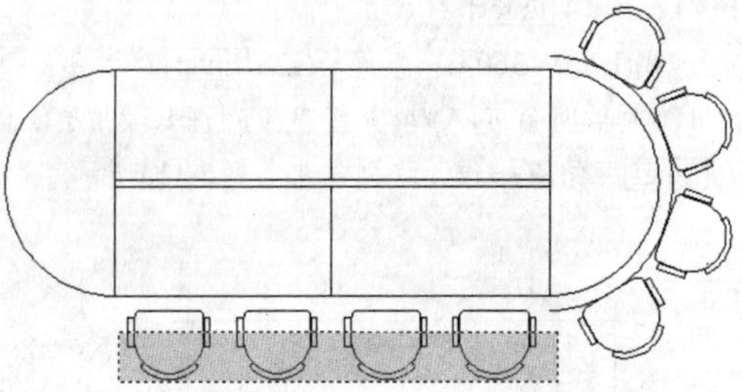
图6-116

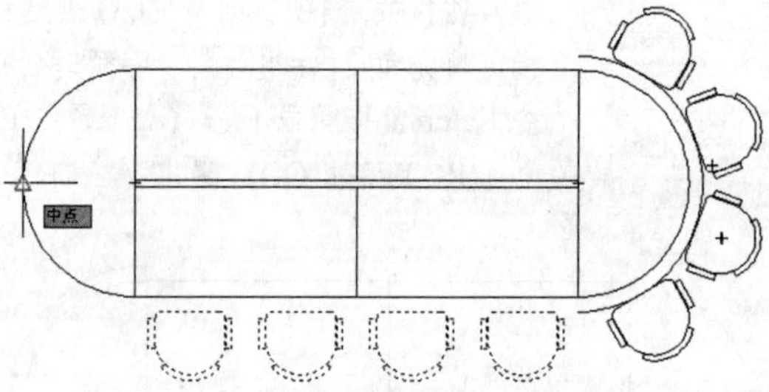

图6-117

指定镜像线的第二点: //捕捉右侧圆弧的中点，如图6-118所示
要删除源对象吗？[是(Y)/否(N)] <N>: // Enter，结果如图6-119所示

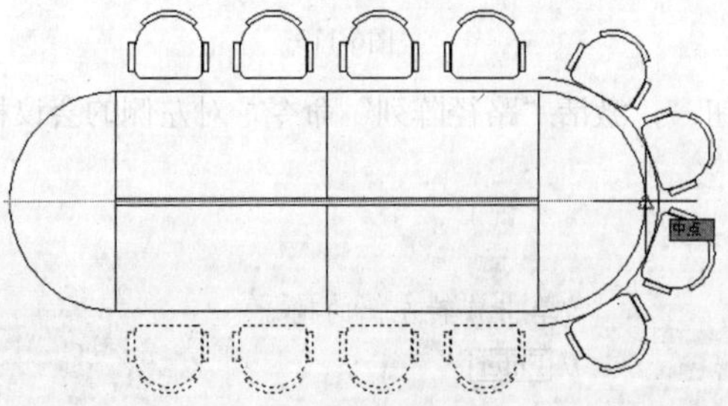

图6-118

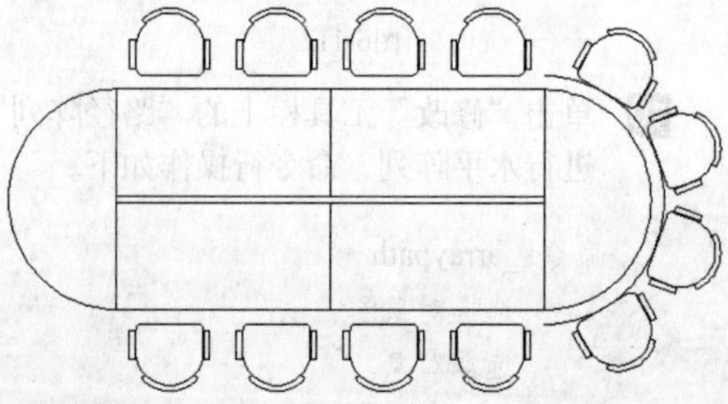
图6-119

```
命令:                                    //Enter，重复执行“镜像”命令
    MIRROR
    选择对象:                            //由左向右拉出如图6-120所示的窗口选择框选择椅子
    选择对象:                            //Enter
    指定镜像线的第一点:                  //捕捉上侧水平边的中点，如图6-121所示
    指定镜像线的第二点:                  //捕捉下侧水平边的中点，如图6-122所示
    要删除源对象吗？[是(Y)/否(N)] <N>:   //Enter，结束命令，镜像结果如图6-123所示
```

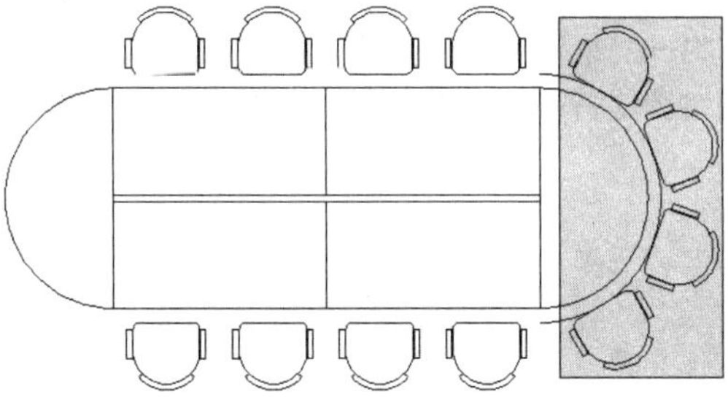

图6-120

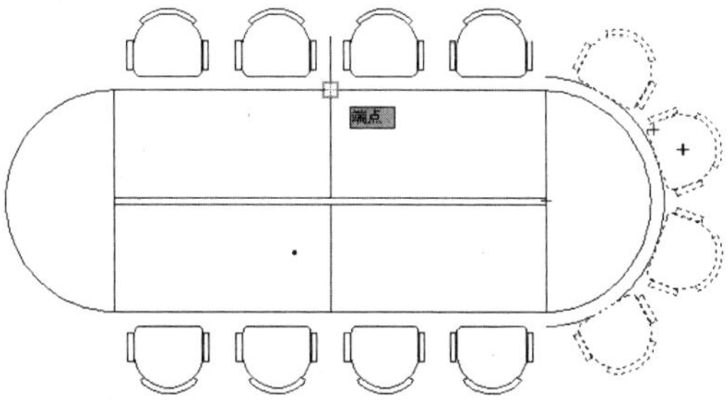


图6-121

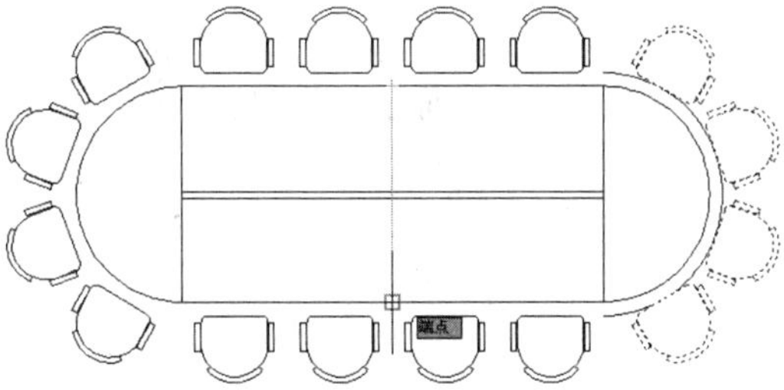


图6-122

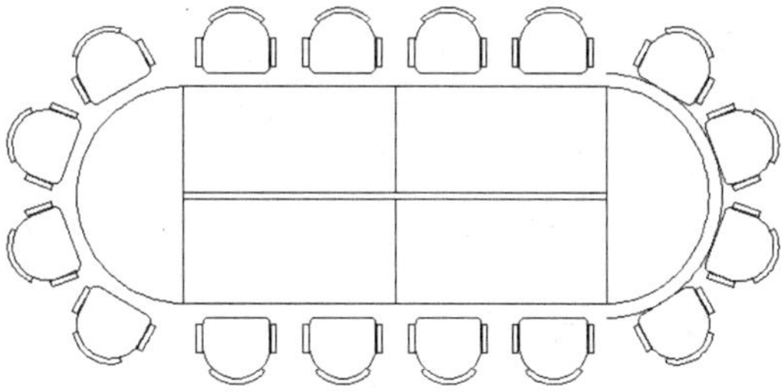

图6-123

**12** 使用命令简写E激活“删除”命令，删除最右侧的圆弧辅助线，最终结果如图6-124所示。

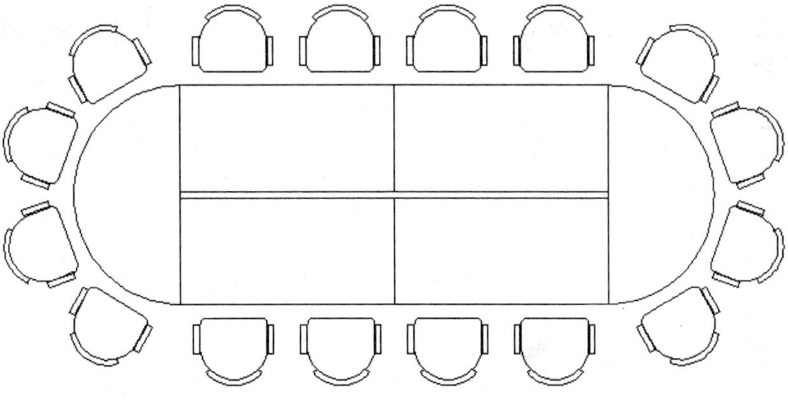

图6-124

**13** 执行“保存”命令，将该图形存储为“椭圆形会议桌椅平面图.dwg”文件。

第7章

# 快速绘图秘笈——应用图形资源

在AutoCAD 2012图形设计中，将一些常见的图形创建为图块文件，在绘图过程中引用这些图块文件，是快速绘图最有效的方法，本章将学习创建、编辑、引用图形资源的相关知识。

## 7.1 创建图块

在AutoCAD图形设计中，经常会遇到一些重复的图形集合和图例符号等，如果将这些常用的图形集合和图例符号创建为图块，那么在每次绘图时，只需要直接应用这些图块文件，而不必重复绘制这类对象，这样不仅可以很大程度地提高绘图速度、节省存储空间，而且还可以使绘制的图形标准化和规范化。

这一节就来学习创建图块的相关知识。

### 7.1.1 关于图块

所谓图块，指的就是将多个图形对象集合起来，形成一个单独的组合对象，便于图形的重复使用和编辑。

在AutoCAD中，图形在创建为图块之前，组成该图形的每一个对象都是独立的对象，如图7-1所示，而图形被创建为图块之后，组成该图形的所有对象都成了一个单一整体，图块被看作是一个单一对象，如图7-2所示。用户只需通过单击块内的任何一个对象，就可以对整个块进行移动、删除或复制等编辑。

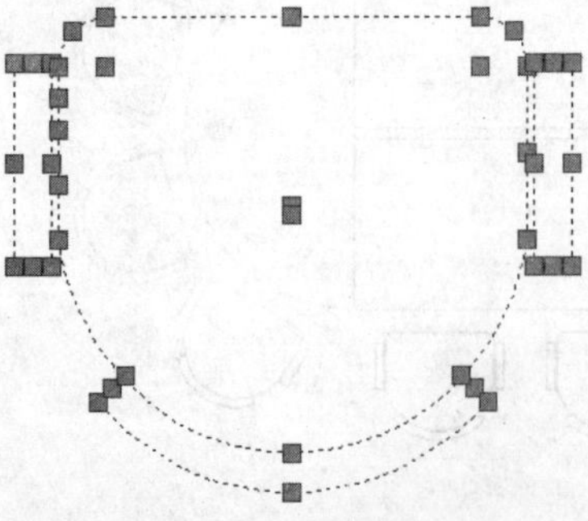

图7-1

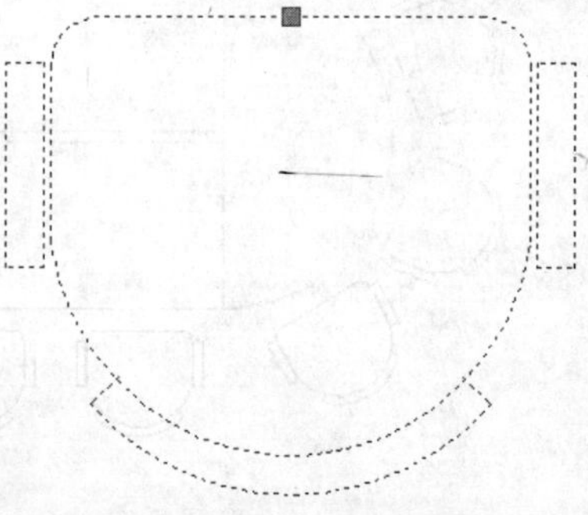

图7-2

图块有内部块和外部块之分，内部块是指使用“创建块”命令将单个或多个图形对象集合成为一个整体图形单元保存于当前图形文件内，以供当前文件重复使用。而外部块则是使用“写块”命令将内部块进行重新保存，称之为外部块，外部块不但可以被当前文件所使用，还可以供其他文件进行重复引用，外部块是一种最常用的图形资源。

## 7.1.2 创建内部块

这一节首先学习创建内部块的相关知识。AutoCAD 2012提供了用于创建图块的相关命令和工具，执行这些命令和工具主要有以下几种方式。

- 执行菜单栏中的“绘图”|“块”|“创建”命令。
- 单击“绘图”工具栏上的“创建块”按钮。
- 在命令行输入Block按Enter键。
- 使用命令简写B。

下面通过创建一个座便器图块文件的实例操作，学习“创建块”命令的使用方法和操作技巧。

**1** 执行菜单栏中的“文件”|“打开”命令，打开随书光盘中的文件“素材文件”\“第7章”\“座便器.dwg”，如图7-3所示。

**2** 下面将其创建为一个内部块。使用上述任意方式激活“创建块”命令，打开“块定义”对话框，如图7-4所示。

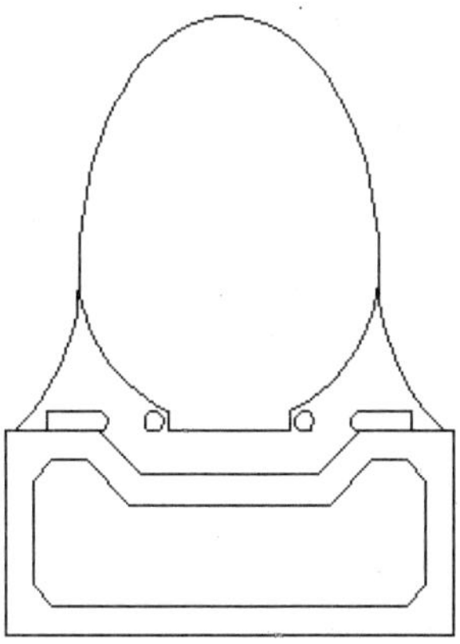

图7-3

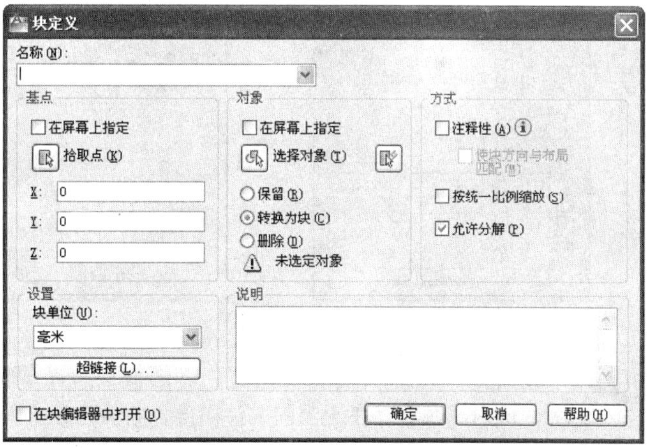


图7-4

- “名称”文本框：用于为新块命名。图块名是一个不超过255个字符的字符串，可以包含字母、数字、“$”、“-”及“_”等符号。
- “基点”选项组：主要用于确定图块的插入基点。用户可以直接在“X”、“Y”、“Z”文本框中键入基点坐标值，也可以在绘图区直接捕捉图形上的特征点。AutoCAD默认基点为原点。
- 单击“快速选择”按钮，将弹出“快速选择”对话框，用户可以按照一定的条件定义一个选择集。
- “转换为块”单选按钮：用于将创建块的源图形转换为图块。
- “删除”单选按钮：用于将组成图块的图形对象从当前绘图区中删除。

**3** 在“名称”文本框中输入“座便器”作为块的名称；在“对象”选项组中选择“删除”单选按钮，其他设置默认，如图7-5所示。

**4** 在“基点”选项组中单击“拾取点”按钮，系统自动返回绘图区，捕捉如图7-6所示的座便器水箱下水平边的中点作为块的基点。

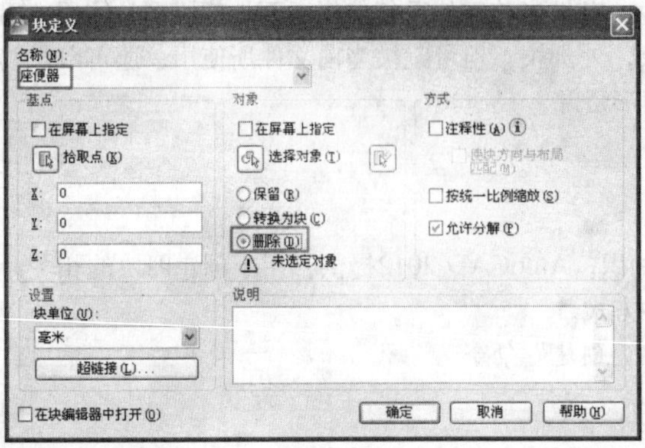


图7-5

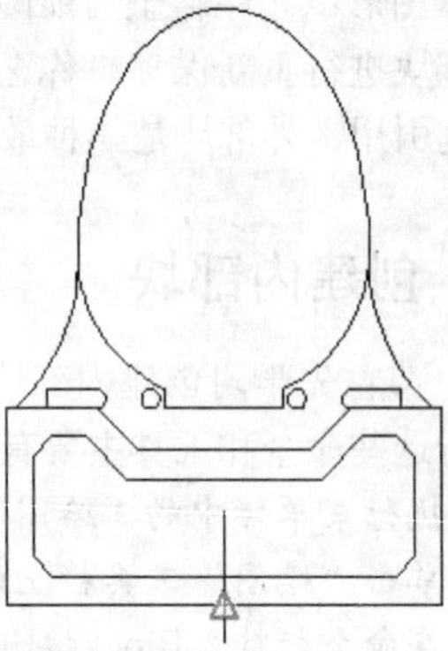

图7-6

**5** 系统返回到“块定义”对话框，继续单击“选择对象”按钮，再次返回绘图区，由左向右拉出如图7-7所示的窗口选择区，将座便器所有对象选取。

**6** 按Enter键返回到“块定义”对话框，则在此对话框内出现图块的预览图标，如图7-8所示。

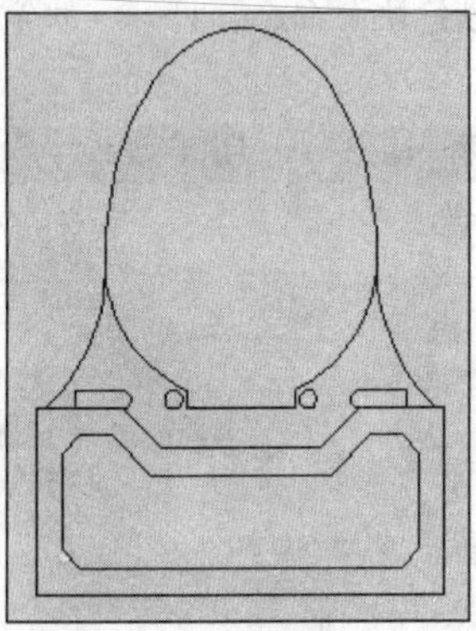

图7-7

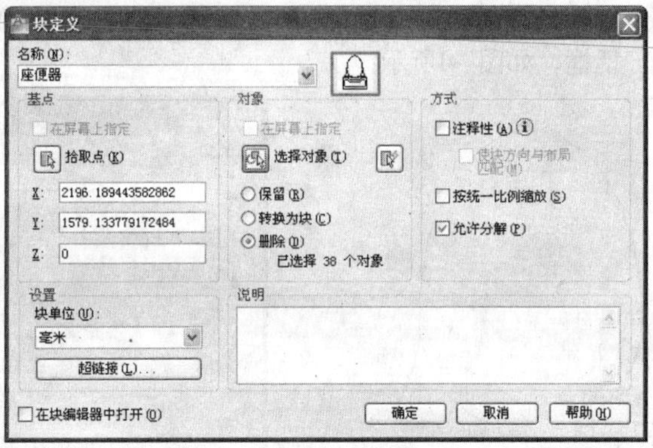


图7-8

**7** 单击确定按钮关闭“块定义”对话框，这样就将该座便器图形文件创建为一个内部块，该内部块将存在于当前文件内部，将会与该文件一起进行保存。

### 7.1.3 创建外部块

前面已经讲过，由于内部块仅供当前文件所引用，为了弥补内部块为绘图过程带来的不便，AutoCAD又提供了“写块”命令，使用此命令创建的图块，不但可以被当前文件所使用，还可以供其他文件重复引用，因此这种图块称为“外部块”。

下面继续通过将上一节创建的“座便器”的内部块转变为外部块的实例，学习“写块”命令的使用方法和操作技巧。

**1** 继续上一节实例的操作。

**2** 在命令行输入Wblock或W按Enter键，激活“写块”命令，同时打开“写块”对话框。

**3** 在“源”选项组中选择“块”单选按钮，然后展开“块”下拉列表，选择前面所创建的名为“座便器”的内部块，如图7-9所示。

- “块”单选按钮：用于将当前文件中的内部块转换为外部块，并进行保存。当激活该选项时，其右侧的文本框被激活，可从中选择需要被写入块文件的内部图块。
- “整个图形”单选按钮：用于将当前文件中的所有图形对象创建为一个整体图块进行保存。

- “对象”单选按钮：这是系统默认的选项，用于有选择性地将当前文件中的部分图形或全部图形创建为一个独立的外部图块，具体操作与创建内部块相同。

在默认状态下，系统将继续使用源内部块的名称作为外部图块的新名称进行保存。

**4** 单击“目标”选项组中“文件名和路径”列表框右侧的...按钮，在打开的“浏览图形文件”对话框中为新块命名、选择存储路径，如图7-10所示。

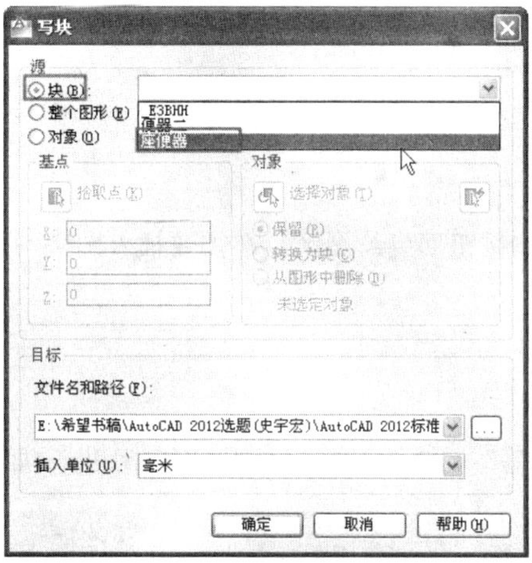


图7-9

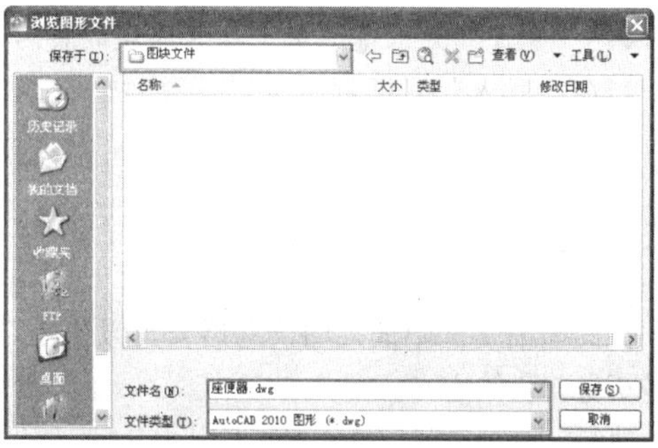


图7-10

**5** 单击 保存(S) 按钮将该新块保存，然后返回到“写块”对话框，单击 确定 按钮，结果“座便器”内部块被转换为外部图块，以独立文件形式保存。

# 7.2 引用与编辑图块

无论是内部块还是外部块，创建的目的就是在进行图形设计时直接引用，在引用图块的同时，还可以对图块进行编辑，这一节继续学习引用与编辑图块的相关知识。

## 7.2.1 引用图块

AutoCAD提供了“插入块”命令，将内部块、外部块以及一些保存的图块文件以不同的比例及角度插入到当前图形中，组合成新的图形结构。

执行“插入块”命令主要有以下几种方式。

- 执行菜单栏中的“插入”|“块”命令。
- 单击“绘图”工具栏上的“插入”按钮。
- 在命令行输入Insert按Enter键。
- 使用命令简写I。

激活“插入”命令后，打开“插入”对话框，如图7-11所示。

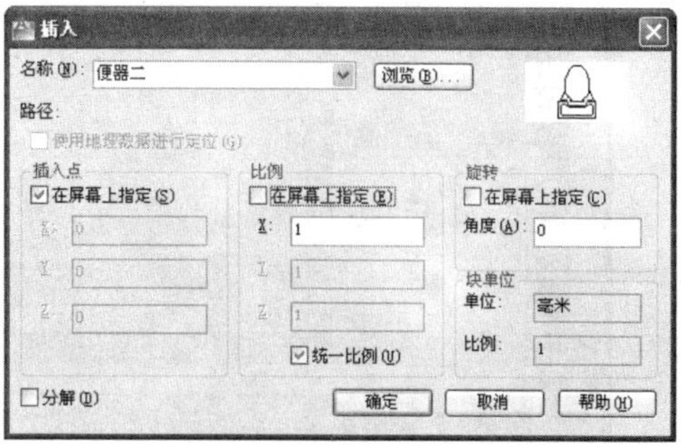


图7-11

- “名称”文本框：用于设置需要插入的内部图块，单击下拉按钮将其展开，结果所有的内部图块都显示在此列表内。

- [浏览(B)...]按钮：单击该按钮，在打开的“选择图形文件”对话框中选择保存的外部图块文件。
- “插入点”选项组：用于确定图块插入点的坐标。用户可以勾选“在屏幕上指定”复选框，直接在屏幕绘图区拾取一点，也可以在“X”、“Y”、“Z”三个文本框中输入插入点的坐标值。
- “分解”复选框：选择该复选框，可以将插入后的图块文件分解为多个图元。
- “比例”选项组：用于确定图块的插入比例，可以在“X”、“Y”、“Z”三个文本框中输入比例。
- “统一比例”复选框：在“X”文本框中可输入图块的统一比例。
- “旋转”选项组：用于确定图块插入时的旋转角度，如果勾选“在屏幕上指定”复选框，可以在返回到绘图区后直接输入旋转的角度。
- “角度”文本框：用于设置图块的旋转角度。

当在“插入”对话框中设置好参数后，单击[确定]按钮回到绘图区，在需要插入图块的位置单击，即可将其插入到当前文件中。

## 7.2.2 编辑图块

在向当前文件中插入图块之后，可以使用“块编辑器”命令，对当前文件中的图块进行编辑，以更新先前块的定义。

执行“块编辑器”命令主要有以下几种方式。

- 执行菜单栏中的“工具”|“块编辑器”命令。
- 在命令行输入Bedit按Enter键。
- 使用命令简写BE。

执行“块编辑器”命令之后，将打开“编辑块定义”对话框，如图7-12所示。

在该对话框左边列表中选择要编辑的图块，单击[确定]按钮即可进入块编辑器窗口，该窗口与AutoCAD绘图窗口很相似，主要用于编辑、更新图块，如图7-13所示。

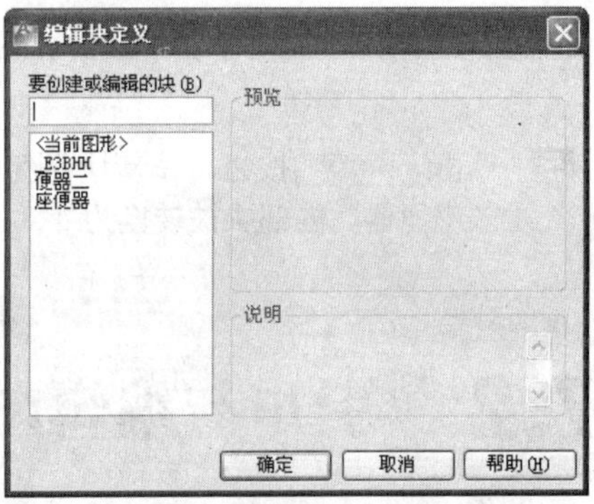


图7-12

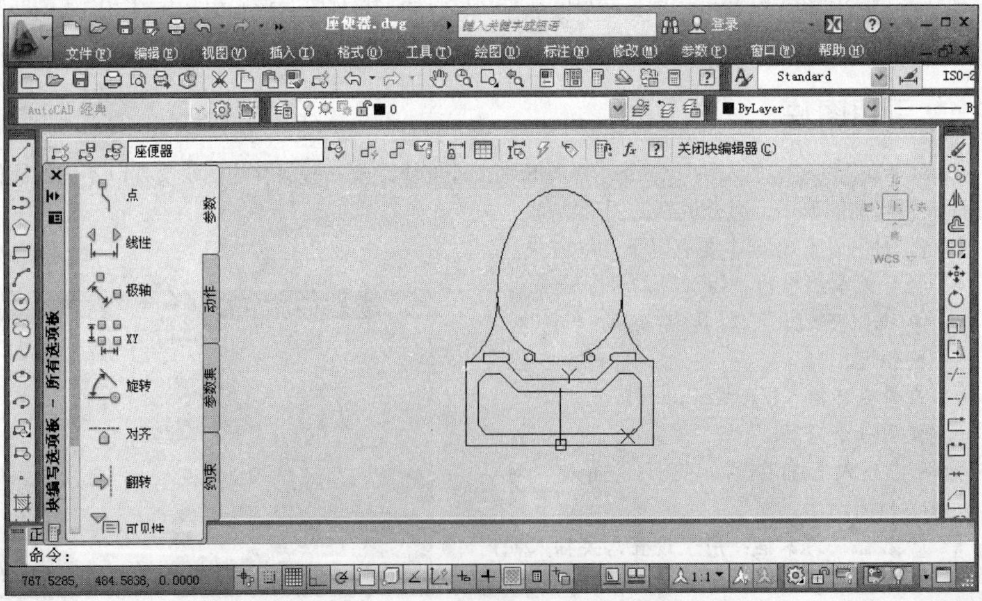


图7-13

在该窗口中，可以对图块进行编辑，例如填充图案、修改线的属性等，编辑完成后单击左上侧工具栏中的“保存块定义”按钮，将编辑效果保存，再单击右上角的关闭块编辑器(C)按钮关闭“块编辑器”窗口，回到绘图区，此时原图块文件已经被更新。

## 7.3 图块的引用、编辑应用实例——布置客厅家具

前面主要学习了如何创建图块，下面通过为某户型布置图布置客厅的实例操作，学习插入图块的相关技巧。

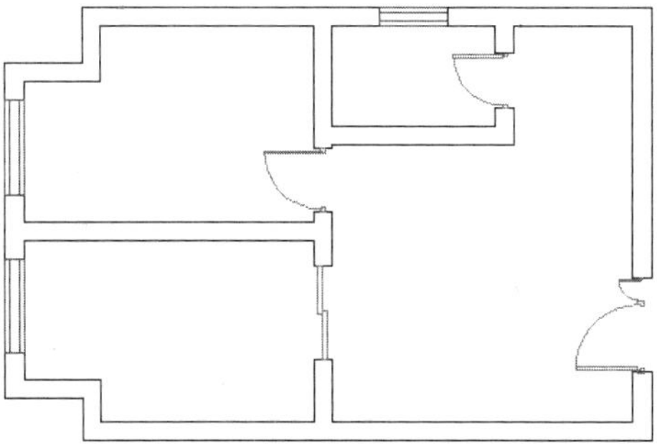

图7-14

1. 执行菜单栏中的“文件”|“打开”命令，打开随书光盘中的文件“素材文件”\“第7章”\“户型结构图.dwg”，如图7-14所示。
2. 下面首先来为该户型图客厅布置家具。在“图层控制”下拉列表中将“07-家具层”设置为当前层，然后执行“插入块”命令，打开“插入”对话框。
3. 单击浏览(B)...按钮，选择随书光盘中的文件“图块文件”\“电视柜与暖气包.dwg”，这是创建的一个图块文件。
4. 单击打开(O)按钮返回到“插入”对话框，设置其他参数如图7-15所示。
5. 单击确定按钮回到绘图区，命令行操作如下。

```
命令: _insert
    指定插入点或 [基点(B)/比例(S)/X/Y/Z/旋转(R)]:        //R Enter
    指定旋转角度 <0>:                                   //-90 Enter
    指定插入点或 [基点(B)/比例(S)/X/Y/Z/旋转(R)]:        //S Enter
    指定 XYZ 轴的比例因子 <1>:                          //0.6 Enter
    指定插入点或 [基点(B)/比例(S)/X/Y/Z/旋转(R)]:        //捕捉如图7-16所示的墙线的中点
```

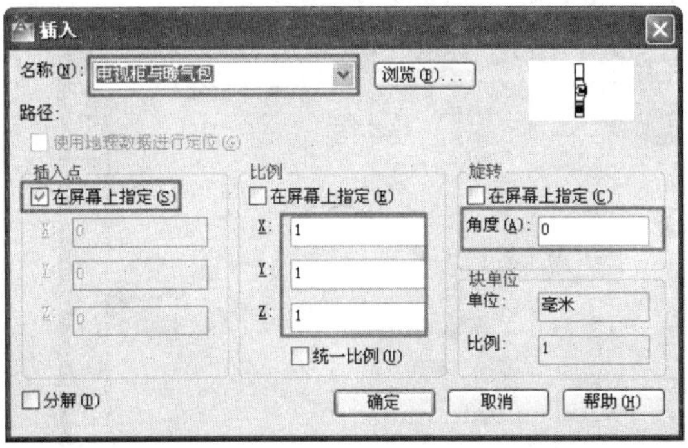


图7-15

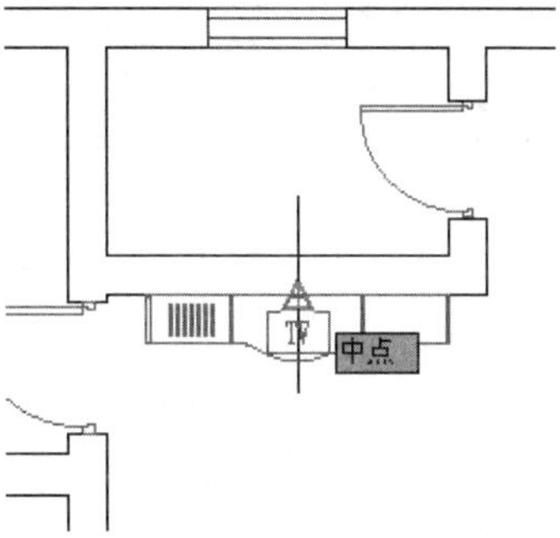


图7-16

6. 按Enter键重复“插入”命令，选择随书光盘“图块文件”目录下的“沙发组合.dwg”图块文件，并设置其他参数如图7-17所示。

**7** 在命令行“指定插入点或[基点(B)/比例(S)/X/Y/Z/旋转(R)]:”提示下，捕捉如图7-18所示的左下墙角点将其插入。

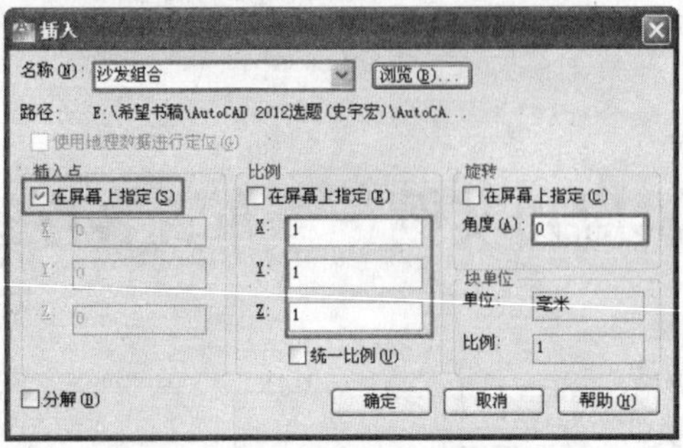


图7-17

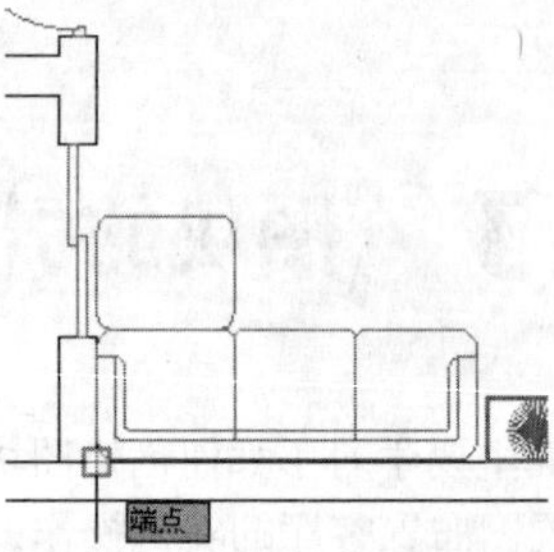


图7-18

**8** 这样就完成了客厅内家具的插入和布置，结构如图7-19所示。

下面通过为客厅中插入的“沙发组合”图块填充图案的实例操作，学习使用“块编辑器”编辑图块文件的方法。

**1** 执行菜单栏中的“工具”|“块编辑器”命令，打开“编辑块定义”对话框。

**2** 拖动左侧滑块，找到插入到客厅中的名为“沙发组合.dwg”的图块文件，如图7-20所示。

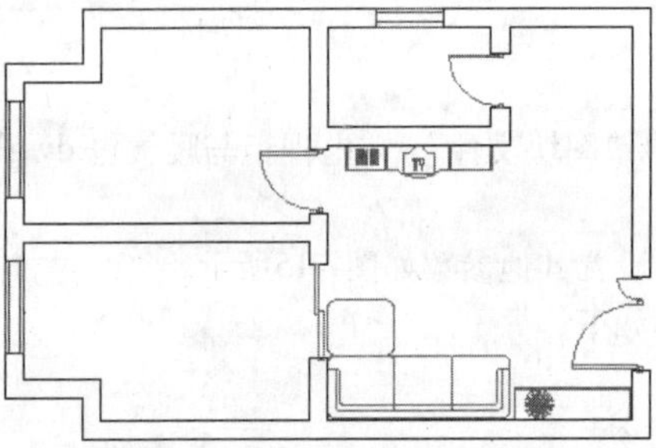

图7-19

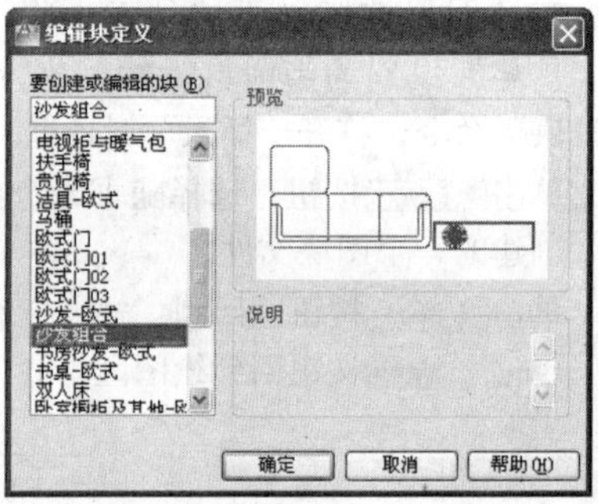


图7-20

**3** 单击 确定 按钮进入“块编辑器”窗口，如图7-21所示。

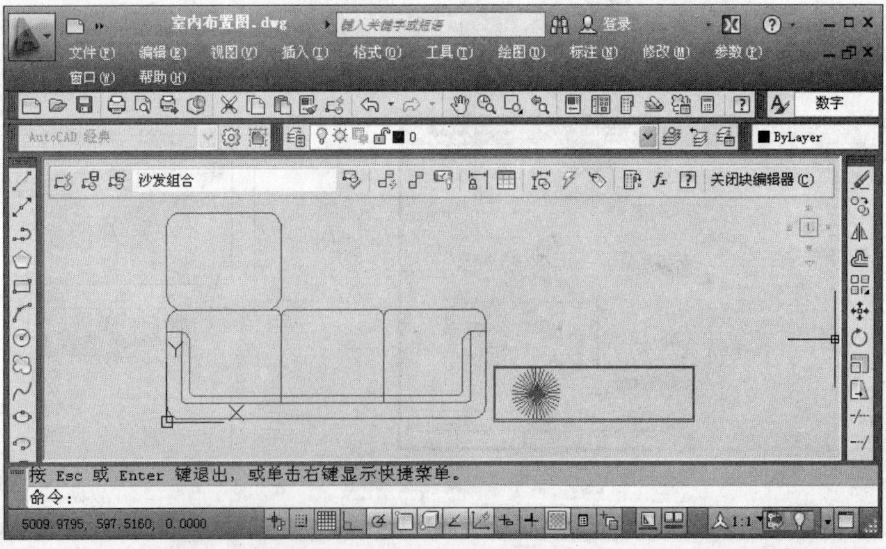


图7-21

**4** 执行菜单栏中的“绘图”|“图案填充”命令，在打开的“图案填充和渐变色”对话框中选择一种名为“CROSS”的图案，并设置参数如图7-22所示。

**5** 单击“添加:拾取点”按钮回到块编辑窗口，在左上方的沙发坐垫位置单击拾取填充区域，填充区域会出现图案的预览，如图7-23所示。

图7-22

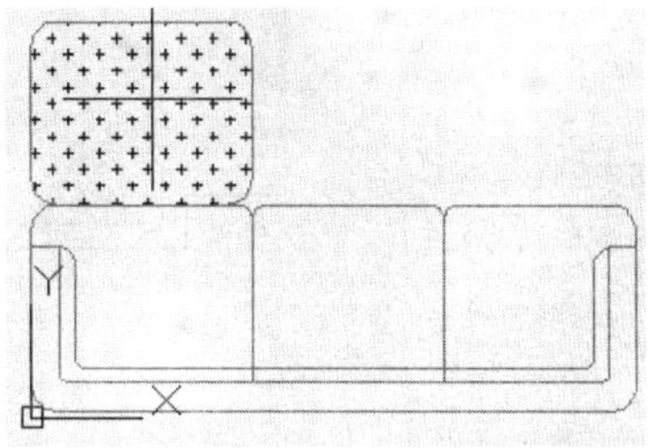

图7-23

**6** 按Enter键回到“图案填充和渐变色”对话框，单击确定按钮确认，为沙发坐垫填充图案，结果如图7-24所示。

**7** 依照相同的方法，分别为沙发其他坐垫填充相同的图案，结果如图7-25所示。

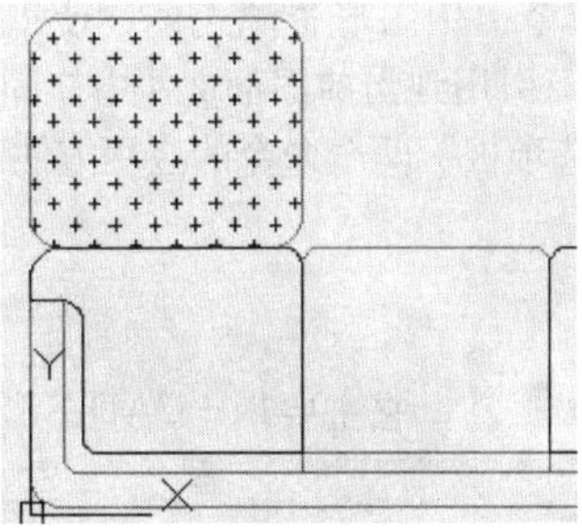

图7-24

图7-25

**8** 单击上侧的保存块定义”按钮，将上述操作进行保存，再单击右上角的关闭块编辑器(C)按钮关闭“块编辑器”窗口，如图7-26所示。

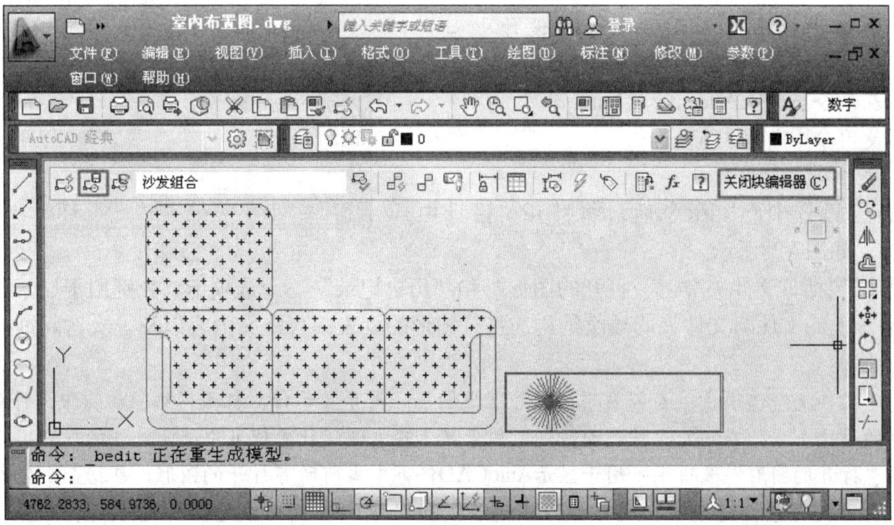


图7-26

**9** 返回绘图区，发现客厅中的沙发组合图块已经被更新，如图7-27所示。

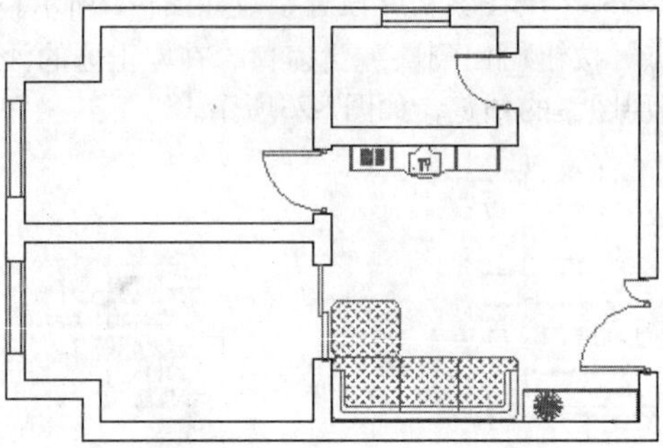

图7-27

## 7.4 图形资源的引用与管理

在AutoCAD 2012图形设计中，除了使用“插入块”命令引用图形资源之外，使用“设计中心”和“工具选项板”这两个命令，不仅可以快速将外部资源引用到当前图形文件中，同时还能更好地管理图形资源，这一节继续学习“设计中心”和“工具选项板”两个命令的应用方法。

### 7.4.1 设计中心

“设计中心”窗口是AutoCAD 2012软件的一个高级制图工具，它主要用于CAD图形资源的管理、查看与共享等，与Windows的资源管理器界面功能相似，是一个直观、高效的制图工具。

执行“设计中心”命令主要有以下几种方式。

- 执行菜单栏中的“工具”|“选项板”|“设计中心”命令。
- 单击“标准”工具栏上的“设计中心”按钮。
- 在命令行输入Adcenter按Enter键。
- 使用命令简写ADC。
- 按组合键Ctrl+2。

执行“设计中心”命令后，将打开“设计中心”窗口，如图7-28所示。

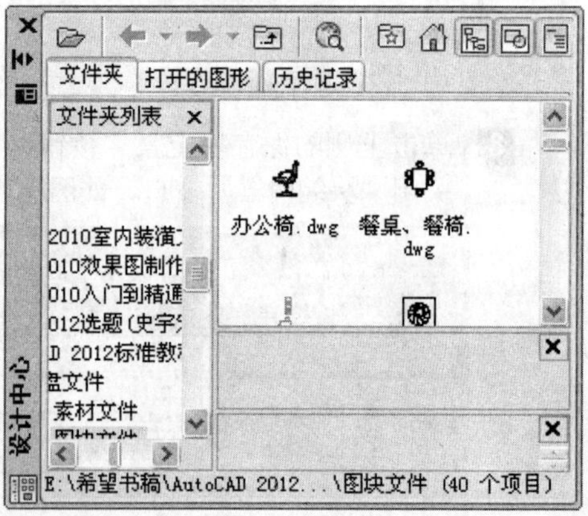


图7-28

该窗口包括“文件夹”、“打开的图形”和“历史记录”三个选项卡，分别用于显示计算机和网络驱动器上的文件与文件夹的层次结构、打开图形的列表、自定义内容以及上次访问过的位置的历史记录等。

- “文件夹”选项卡：左侧为“树状管理视图”，用于显示计算机或网络驱动器中文件和文件夹的层次关系；右侧为“控制面板”，用于显示在左侧树状管理窗中选定文件的内容。
- “打开的图形”选项卡：用于显示AutoCAD任务中当前所有打开的图形，包括最小化的图形。
- “历史记录”选项卡：用于显示最近在“设计中心”窗口中打开的文件列表，它可以显示“浏览Web”对话框最近连接过的20条地址的记录。

除了这三个选项卡之外，“设计中心”窗口还提供了各种工具按钮。

- “加载”按钮：单击该按钮，将弹出“加载”对话框，以方便浏览本地和网络驱动器或Web上的文件，然后选择内容加载到内容区域。
- “上一级”按钮：单击该按钮，将显示活动容器的上一级容器的内容。容器可以是文件夹，也可以是一个图形文件。
- “搜索”按钮：此按钮用于搜索图形、填充图案和块等内容。单击该按钮，可弹出“搜索”对话框，在对话框中指定搜索条件，查找图形、块以及图形中的非图形对象，如线型、图层等等，还可以将搜索到的对象添加到当前图形文件中，为当前图形文件所使用。
- “收藏夹”按钮：单击该按钮，在“设计中心”窗口右侧的控制面板中将显示“Autodesk Favorites”文件夹内容，在“设计中心”窗口左侧的树状管理视图中将在桌面视图中呈高亮显示该文件夹。
- “主页”按钮：单击此按钮，系统将“设计中心”窗口返回到默认文件夹。安装时，默认文件夹被设置为“...\Sample\DesignCenter”。
- “树状图切换”按钮：单击该按钮，“设计中心”窗口左侧将显示或隐藏树状管理视图。如果在绘图区域中需要更多空间，可以单击该按钮隐藏树状管理视图。
- “预览”按钮：用于显示和隐藏图像的预览框。当预览框被打开时，在上部的面板中选择一个项目，则在预览框内将显示出该项目的预览图像。如果选定项目没有保存预览图像，则该预览框为空。
- “说明”按钮：用于显示和隐藏选定项目的文字信息。

在“设计中心”窗口中，用户不但可以随意查看本机上的所有设计资源，还可以将有用的图形资源以及图形的一些内部资源应用到自己的图纸中。

**1** 首先在左侧树状管理视图中查找并定位所需文件的上一级文件夹，在右侧控制面板中即可显示该文件夹下的所有素材文件，如图7-29所示。

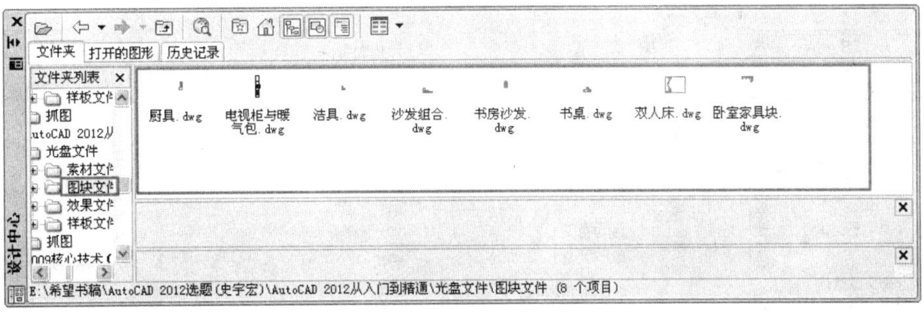


图7-29

**2** 在右侧控制面板中将光标定位在需要引用的图块文件上，例如定位在“洁具.dwg”图块文件上，然后单击右键，在弹出的快捷菜单中选择“插入为块”命令，如图7-30所示。

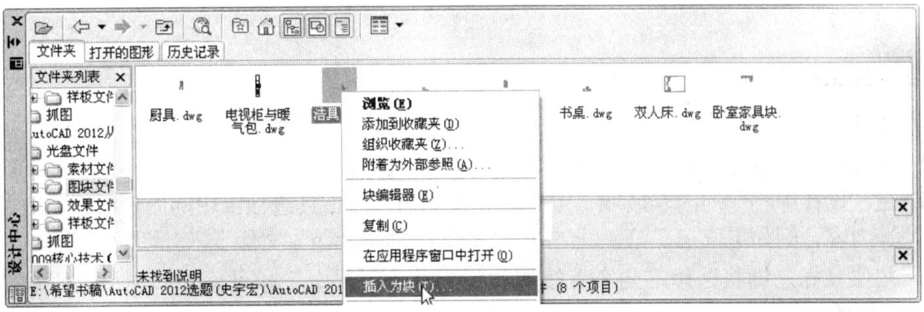


图7-30

**3** 此时系统弹出“插入”对话框，如图7-31所示，在此对话框中设置所需参数，单击确定按钮回到绘图区，在合适位置单击拾取一点，即可将该图块文件插入到当前文件中。

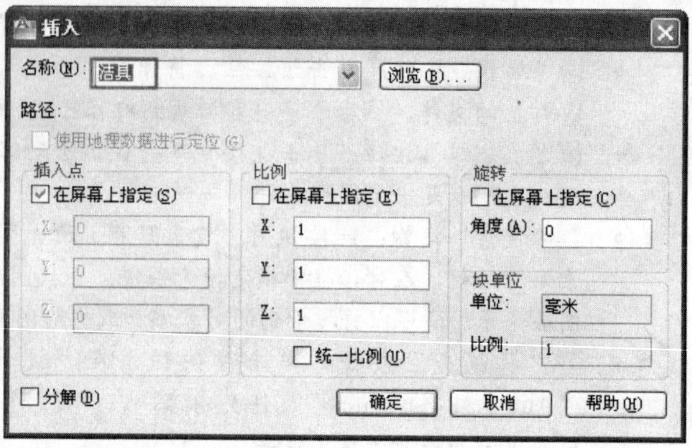


图7-31

## 7.4.2 工具选项板

“工具选项板”是一种用于组织、共享图形资源和高效执行命令的工具，其窗口包含一系列系统预设的选项板，这些选项板以选项卡的形式分布在“工具选项板”窗口中。

执行“工具选项板”命令主要有以下几种方式。

- 执行菜单栏中的“工具”|“选项板”|“工具选项板”命令。
- 单击“标准”工具栏上的“工具选项板”按钮。
- 在命令行输入Toolpalettes后按Enter键。
- 按组合键Ctrl+3。

执行“工具选项板”命令后，可打开如图7-32所示的“工具选项板”窗口。

在窗口标题栏上单击右键，可打开如图7-33所示的标题栏菜单，此菜单用于控制工具面板的显示状态、透明度，还可以很方便地创建、删除和重命名工具面板等。

系统默认“工具选项板”状态为“所有选项卡”，即显示所有的选项卡，如果用户想显示某一个选项卡，可在标题栏菜单中选择某选项，例如选择“土木工程”选项，则窗口中将显示与土木工程相关的功能，如图7-34所示。

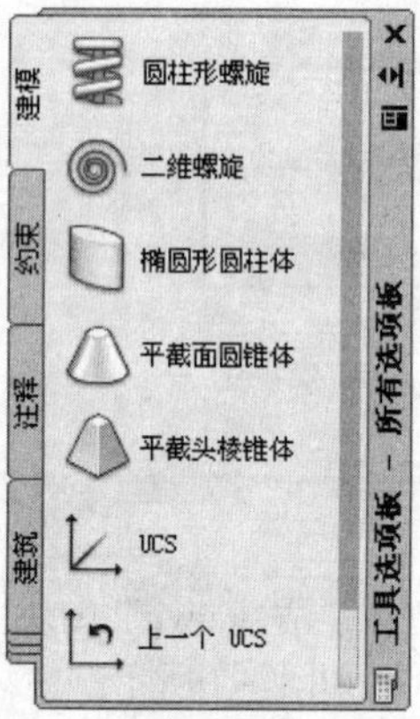


图7-32

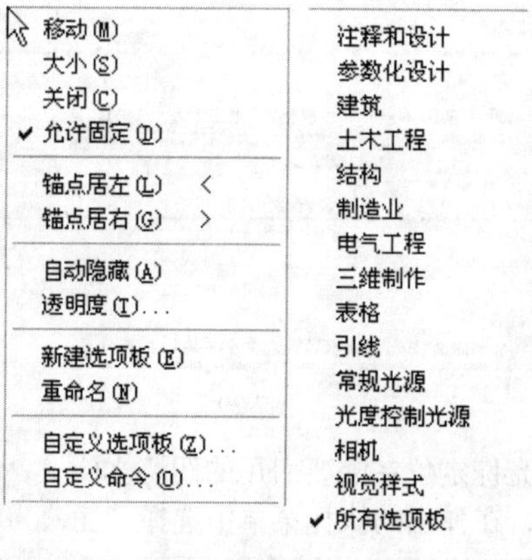


图7-33

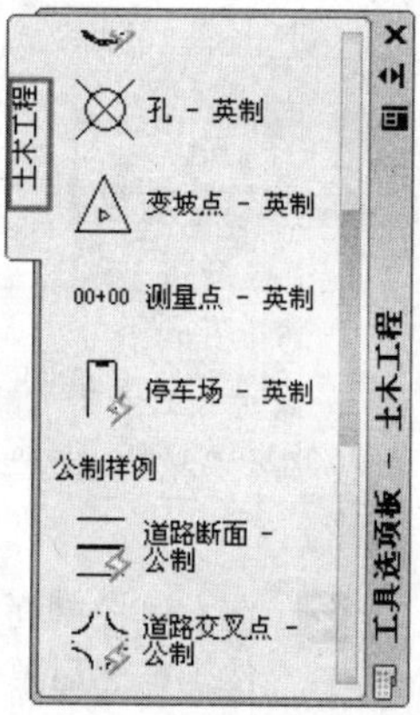


图7-34

### 1. 自定义工具选项板

用户可以根据自己的绘图习惯，自定义选项板中的内容以及创建新的工具选项板。

**1** 首先打开“设计中心”窗口和“工具选项板”窗口。

**2** 在“设计中心”的内容区域，定位需要添加到当前工具选项板中的图形、图块或图案填充等内容，例如定位在“第5章”中的“墙体结构图.dwg”文件上，如图7-35所示。

**3** 按住鼠标左键将选择的内容直接拖动到工具选项板中，即可添加该项目，添加结果如图7-36所示。

**4** 在“设计中心”窗口左侧的树状管理视图中，选择需要创建为工具选项板的文件或文件夹，例如选择“图块”的文件夹，单击鼠标右键，从弹出的菜单中选择“创建块的工具选项板”命令，如图7-37所示。

**5** 系统将此文件夹中的所有图形文件创建为新的工具选项板，选项板名称为文件的名称，如图7-38所示。

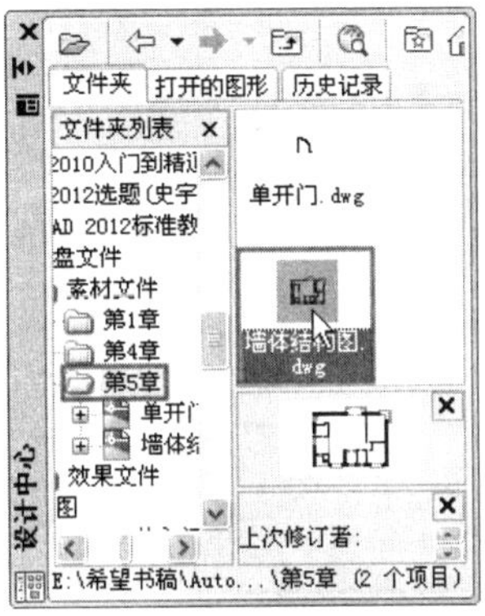


图7-35

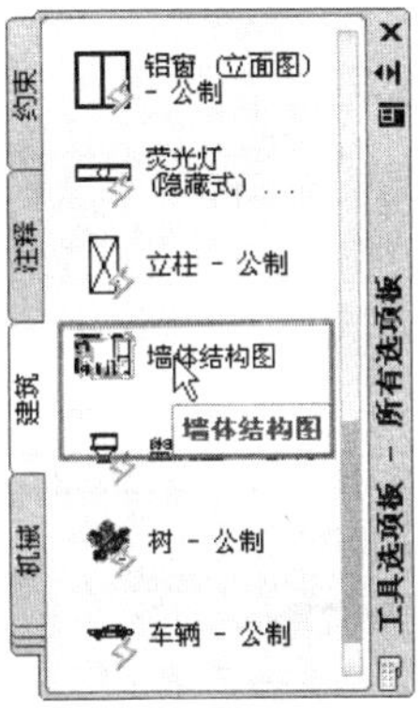


图7-36

图7-37

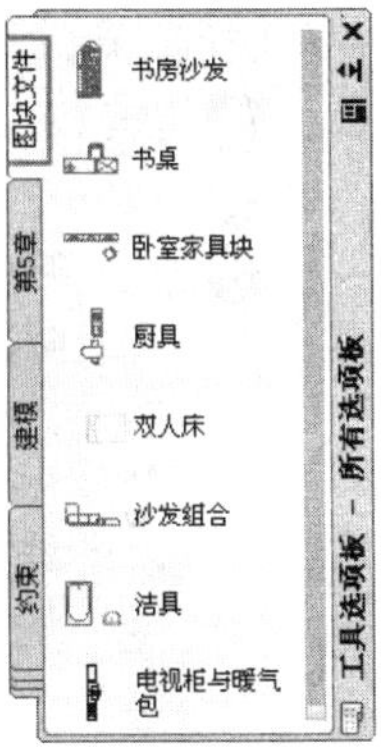


图7-38

## 2. 使用“工具选项板”共享资源

当将常用资源设置为工具选项板之后，用户可以使用“工具选项板”命令，实现图形资源的共享，下面继续学习此种功能。

**1** 在“工具选项板”窗口中展开所需资源所在的选项板，例如展开“图块文件”选项板，将光标定位到“厨具”的图块文件上，如图7-39所示。

**2** 在该文件上单击左键，在命令行“指定插入点或[基点(B)/比例(S)/X/Y/Z/旋转(R)]:”提示下，在绘图区拾取一点，即可将此图例插入到当前文件内，结果如图7-40所示。

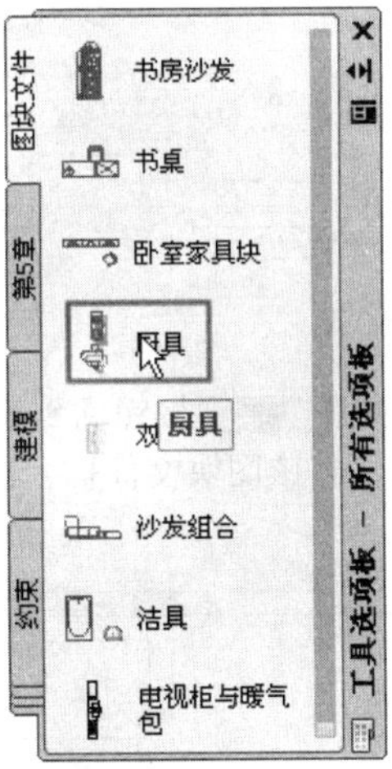


图7-39

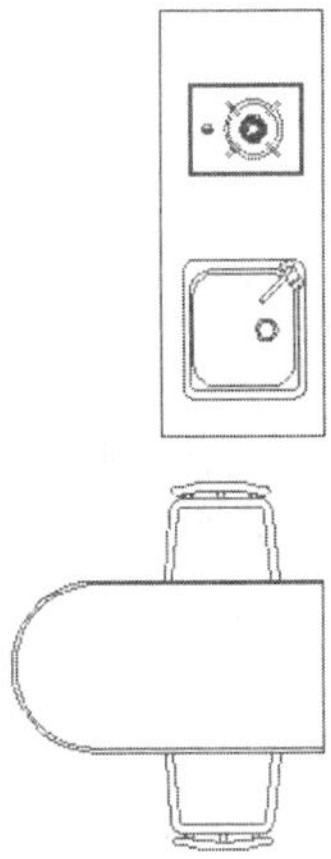

图7-40

TIP 用户也可以将光标定位到所需图例上，按住鼠标左键直接将其拖入到当前图形中，释放按键后，在命令行“指定插入点或[基点(B)/比例(S)/X/Y/Z/旋转(R)]:”提示下，在绘图区拾取一点，也可将此图例插入到当前文件内。需要说明的是，使用此种方式引用图块资源时，同样可以设置相关参数，例如设置旋转角度、比例等。

# 7.5 完善室内布置图

前面章节中主要学习了“设计中心”和“工具选项板”两个命令，这一节将通过完善室内布置图的实例，对以上所学知识进行巩固练习。

1 继续本章7.3节实例的操作。

2 执行“设计中心”命令，打开“设计中心”窗口。

3 在左侧树状管理视图中找到随书光盘中的“图块文件”文件夹，在该文件夹上单击，即可在右侧控制面板中显示该文件夹中的所有文件，如图7-41所示。

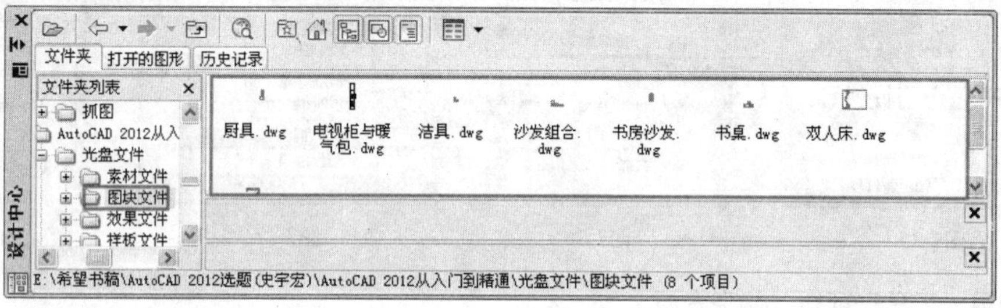


图7-41

4 在右侧控制面板中将光标定位在“书桌.dwg”文件上，单击鼠标右键，在弹出的快捷菜单中选择“插入为块”命令，如图7-42所示。

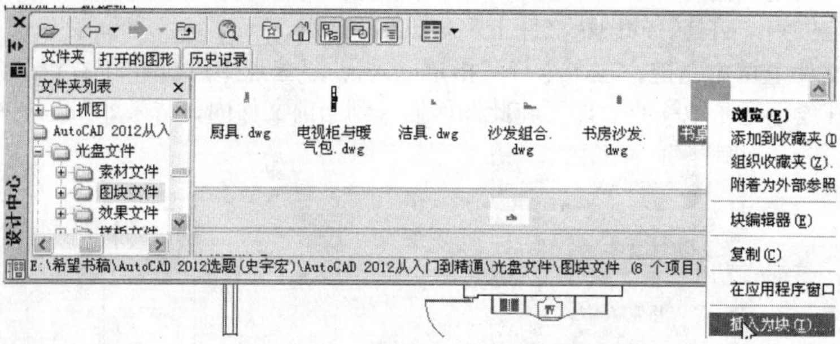


图7-42

5 在打开的“插入”对话框中采用默认参数，单击 确定 按钮回到绘图区，配合“端点”捕捉功能，捕捉如图7-43所示的书房右下端点，将该图块文件插入到书房，结果如图7-44所示。

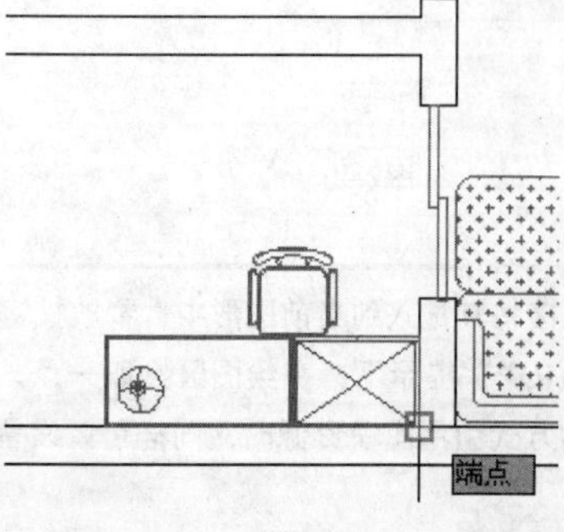


图7-43

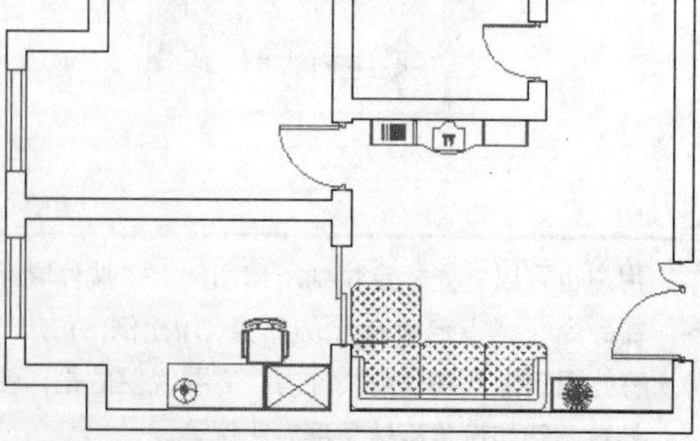

图7-44

**6** 继续在右侧控制面板中将光标定位在“书房沙发.dwg”图块文件上，单击右键，选择快捷菜单中的“复制”命令，如图7-45所示。

**7** 回到绘图区，执行菜单栏中的“编辑”|“粘贴”命令，根据命令行的提示，将其粘贴到门洞位置，命令行操作如下。

命令: _pasteclip
命令: _-INSERT 输入块名或 [?] <单开门>: “E:\希望书稿\AutoCAD 2012选题(史宇宏)\AutoCAD 2012入门到精通\光盘文件\书房沙发.dwg” 单位: 毫米 转换: 1.0
指定插入点或 [基点(B)/比例(S)/X/Y/Z/旋转(R)]: //捕捉如图7-46所示的端点

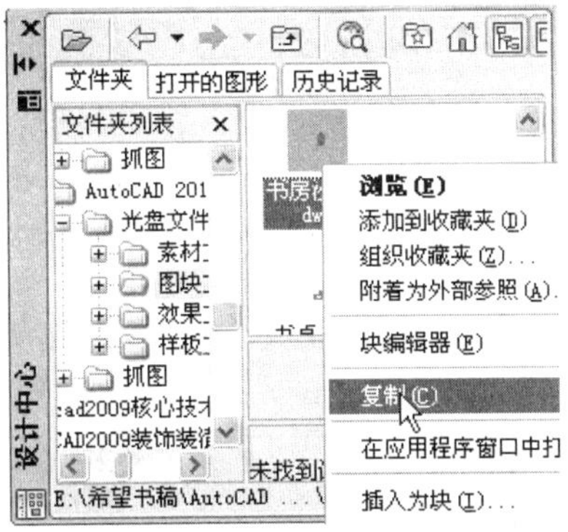


图7-45

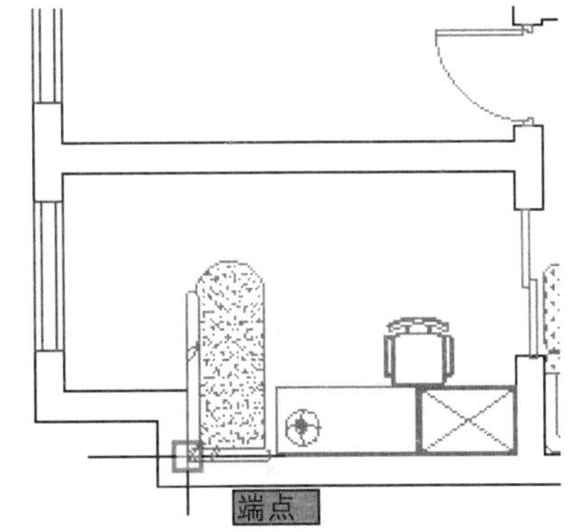


图7-46

输入 X 比例因子，指定对角点，或 [角点(C)/XYZ(XYZ)] <1>: //Enter
输入 Y 比例因子或 <使用 X 比例因子>: //Enter
指定旋转角度 <0>: //Enter，将其插入，结果如图7-47所示

**8** 继续在“设计中心”窗口中将光标定位在“双人床.dwg”图块文件上单击右键，选择快捷菜单中的“在应用程序窗口中打开”命令，如图7-48所示。

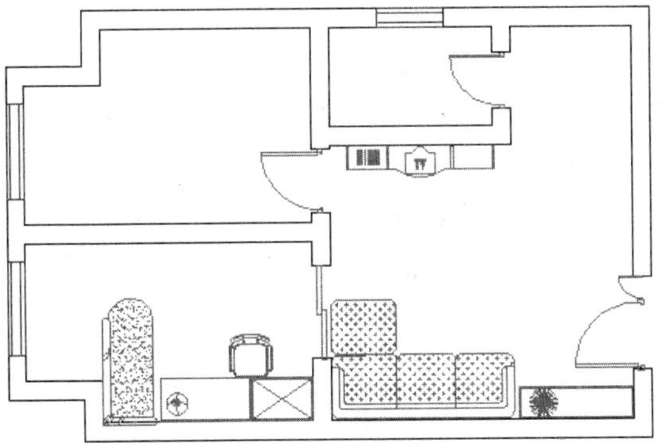

图7-47

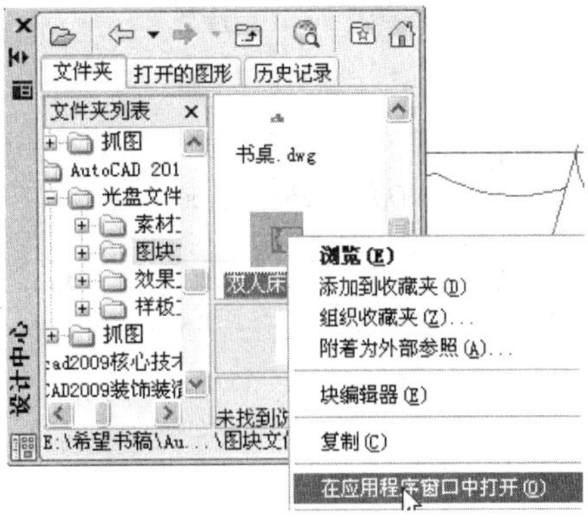


图7-48

**9** 在新窗口中打开“双人床.dwg”图块文件，执行菜单栏中的“编辑”|“复制”命令，在命令行“选择对象:”提示下，单击选择该文件，如图7-49所示。

**10** 继续在命令行“选择对象:”提示下按Enter键，然后将该文件关闭。

**11** 回到室内布置图文件窗口，执行菜单栏中的“编辑”|“粘贴”命令，在命令行“指定插入点:”提示下，捕捉如图7-50所示的中点。

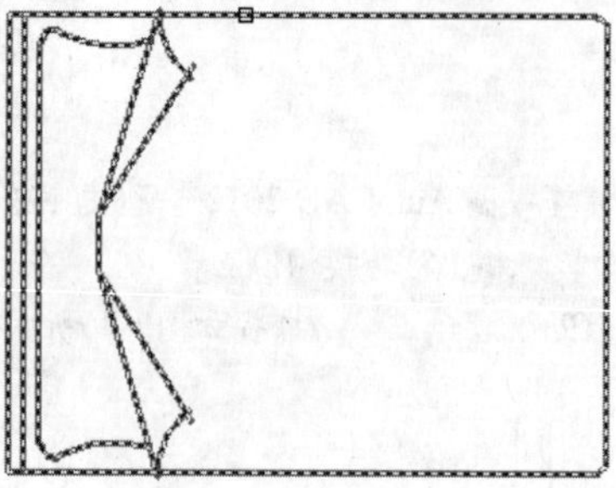

图7-49

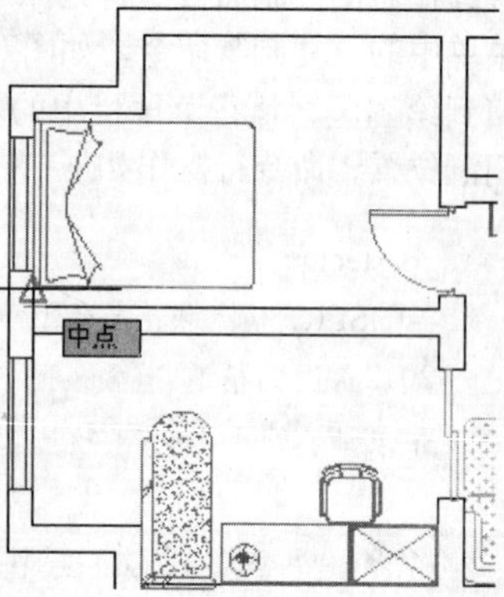


图7-50

**12** 在“设计中心”窗口左侧的树状视图中，选择随书光盘中的“图块”文件夹，单击鼠标右键，从弹出的快捷菜单中选择“创建块的工具选项板”命令，将该文件夹创建为工具选项板，如图7-51所示。

**13** 打开“工具选项板”窗口，进入“图块文件”选项卡，单击“卧室家具块”的图块文件，如图7-52所示。

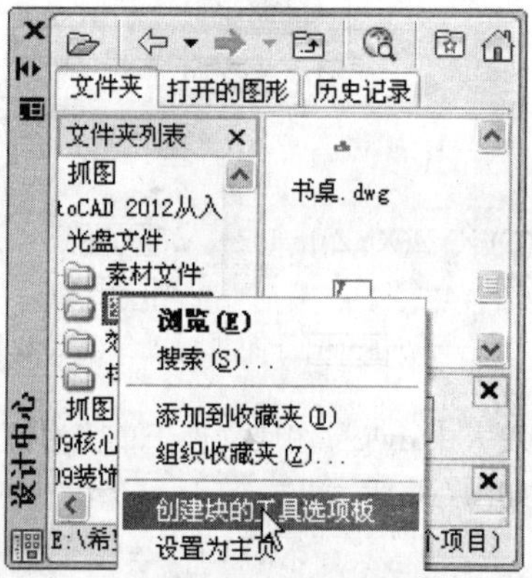


图7-51

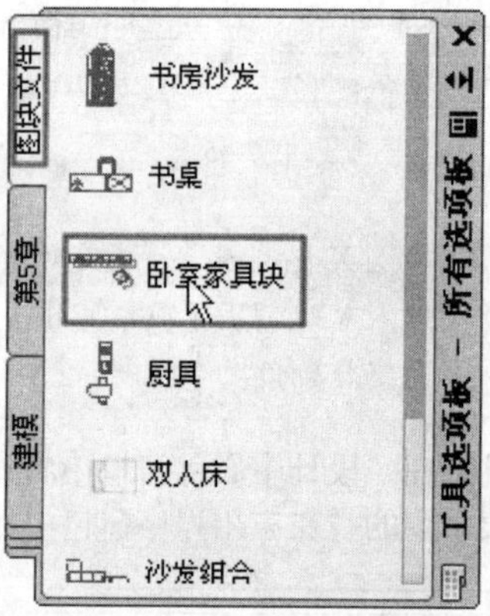


图7-52

**14** 在命令行“指定插入点或[基点(B)/比例(S)/X/Y/Z/旋转(R)]:”提示下，捕捉如图7-53所示的端点将其插入，插入结果如图7-54所示。

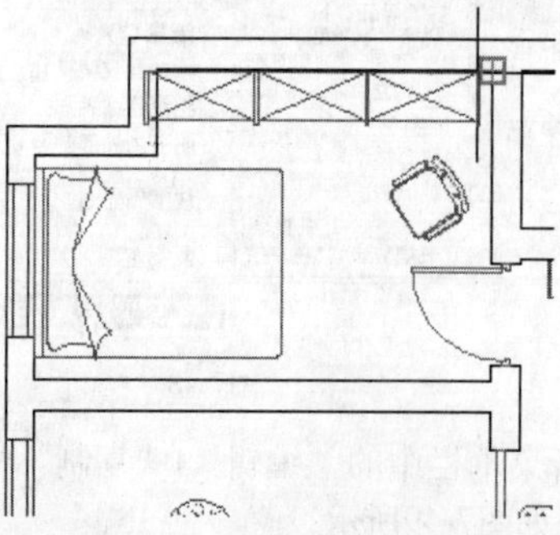

图7-53

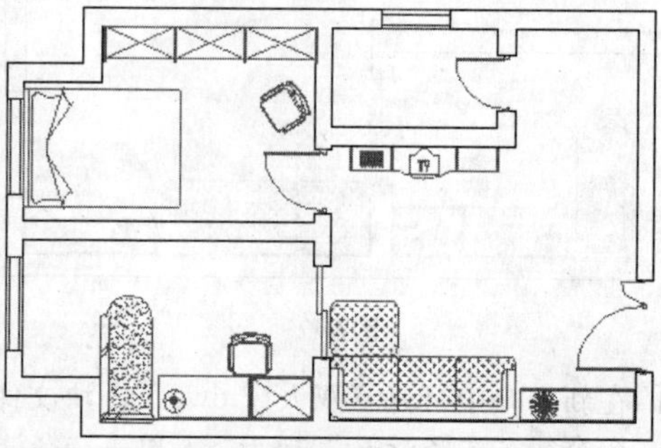

图7-54

**15** 综合运用“设计中心”和“工具选项板”命令，继续将随书光盘“图块文件”目录下的“厨具.dwg”和“洁具.dwg”图块文件分别插入到厨房和卫生间，结果如图7-55所示。

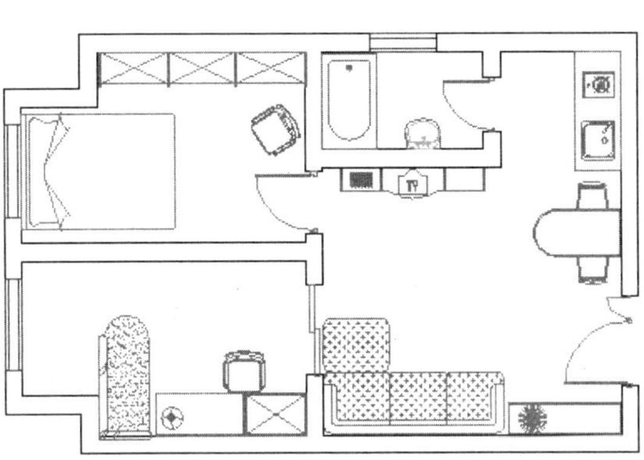


图7-55

**16** 在“图层控制”下拉列表中取消对“06-尺寸标注层”的隐藏，完成室内布置图的绘制，结果如图7-56所示。

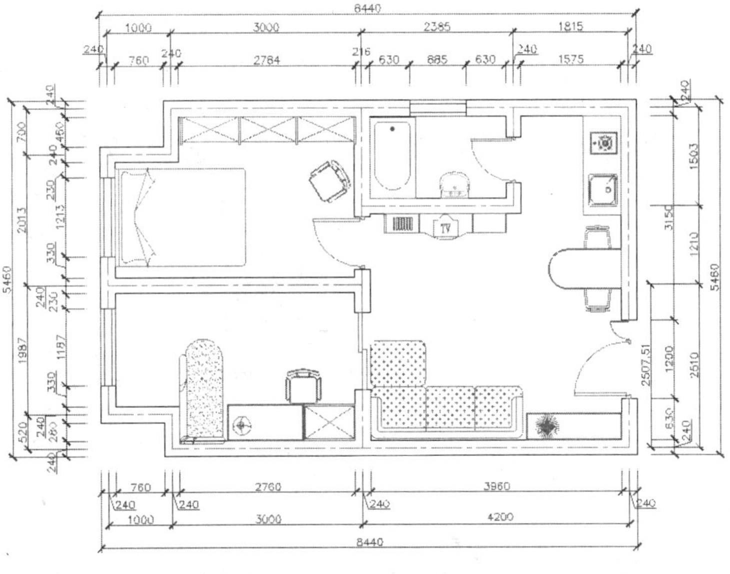


图7-56

**17** 执行“另存为”命令，将该图形存储为“室内布置图.dwg”文件。

# 7.6 属性

属性实际上就是一种“块的文字信息”，属性不能独立存在，它是附属于图块的一种非图形信息，用于对图块进行文字说明。

这一节主要学习定义属性、编辑属性、编辑块属性以及块属性管理器等相关知识。

## 7.6.1 定义属性

定义属性是指为几何图形定制文字属性，以表达几何图形无法表达的一些内容。执行“定义属性”命令主要有以下几种方式。

- 执行菜单栏中的“绘图”|“块”|“定义属性”命令。
- 单击“常用”选项卡\“块”面板上的“定义属性”按钮。
- 在命令行输入Attdef后按Enter键。
- 使用命令简写ATT。

执行“定义属性”命令后，将打开“属性定义”对话框，该对话框包括“模式”、“插入点”、“属性”和“文字设置”4个选项组，其中，“模式”选项组用于设置属性的显示模式；“插入点”选项组用于设置属性的插入点；“属性”选项组用于输入属性的标记、提示等内容；“文字设置”选项组用于设置属性文字的对正方式、文字样式、文字高度、旋转角度等，如图7-57所示。

下面通过一个简单实例，学习“定义属性”命令的使用方法和操作技巧。

1. 首先新建一个绘图文件。
2. 执行“圆”命令，绘制直径为8的圆。
3. 打开状态栏上的“对象捕捉”功能，将捕捉模式设为“圆心”捕捉。
4. 执行菜单栏中的“绘图”|“块”|“定义属性”命令，打开“属性定义”对话框，在“属性”选项组与“文字设置”选项组中输入属性的标记名、提示说明、默认值、对正方式以及属性高度等参数，如图7-58所示。

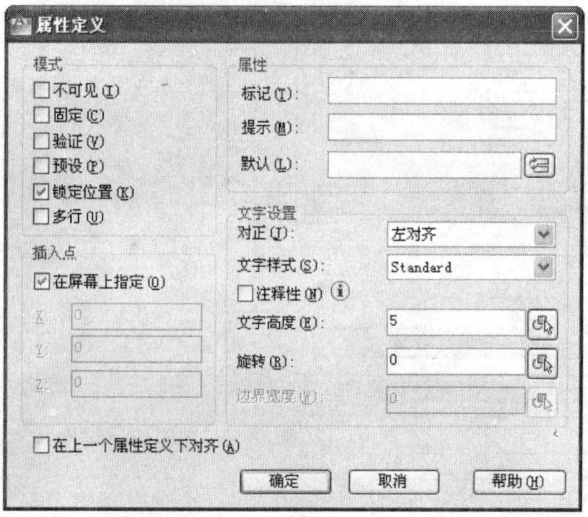


图7-57

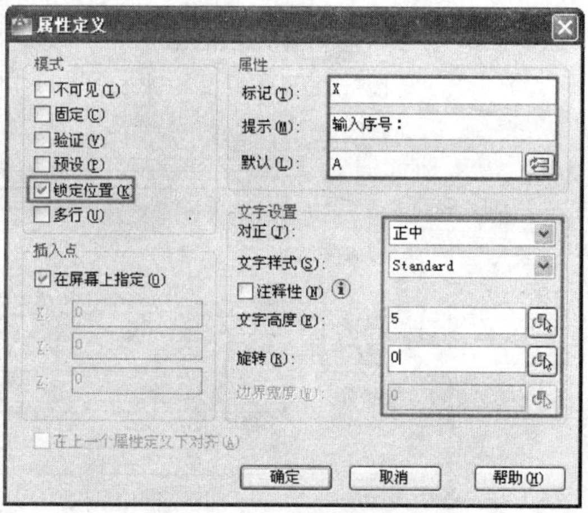


图7-58

“模式”选项组主要用于控制属性的显示模式，具体功能如下。

- “不可见”复选框：用于设置插入属性块后是否显示属性值。
- “固定”复选框：用于设置属性是否为固定值。
- “验证”复选框：用于设置在插入块时提示确认属性值是否正确。
- “预设”复选框：用于将属性值设为默认值。
- “锁定位置”复选框：用于将属性位置进行固定。
- “多行”复选框：用于设置多行的属性文本。

**TIP** 当用户需要重复定义对象的属性时，可以勾选“在上一个属性定义下对齐”复选框，系统将自动沿用上次设置的各属性的文字样式、对正方式以及高度等参数设置。

5. 单击 确定 按钮返回绘图区，在命令行“指定起点:”提示下捕捉如图7-59所示的圆心作为属性插入点，插入结果如图7-60所示。

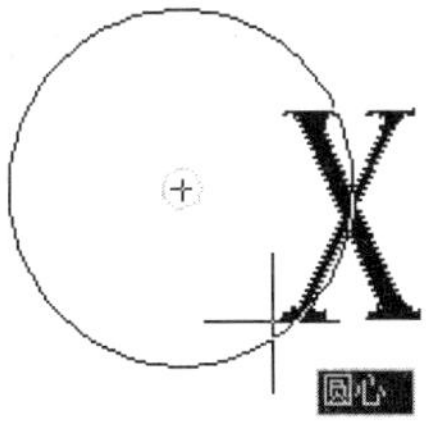


图7-59

图7-60

> **TIP** 当用户为几何图形定义了文字属性后，所定义的文字属性暂时以属性标记名显示，用户可以运用系统变量Attdisp直接在命令行进行设置或修改属性的显示状态。

## 7.6.2 编辑属性与属性块

当定义了属性后，如果需要改变属性的标记、提示或默认值，可以双击定义的属性，系统可弹出如图7-61所示的“编辑属性定义”对话框，在此对话框中修改属性定义的标记、提示或默认，单击确定按钮确认，属性将按照修改后的标记、提示或默认值进行显示，如图7-62所示。

图7-61

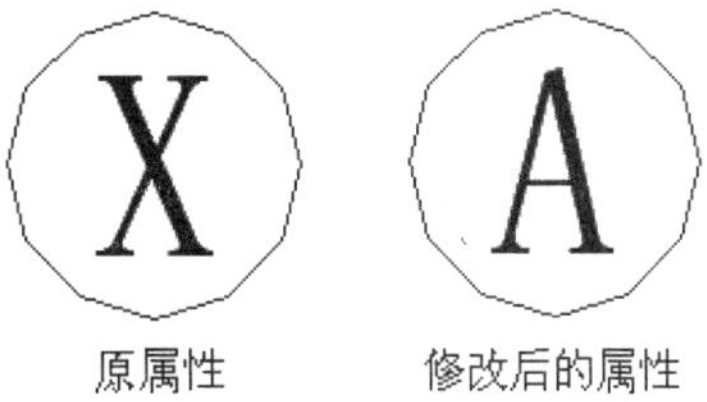


图7-62

属性块是指含有属性的图块，即将定义的属性创建为属性块，用户可以通过执行“编辑属性”命令对属性块进行编辑和管理，比如更改属性的值、特性等。

执行“编辑属性”命令主要有以下几种方式。

- 执行菜单栏中的“修改”|“对象”|“属性”|“单个”命令。
- 单击“修改Ⅱ”工具栏或“块”面板上的按钮。
- 在命令行输入Eattedit后按Enter键。

下面通过简单实例，学习“编辑属性”命令的使用方法和操作技巧。

**1** 继续上一节的操作。

**2** 执行“创建块”命令，打开“块定义”对话框，单击“拾取点”按钮回到绘图区，拾取圆心作为基点，系统自动返回“块定义”对话框。

**3** 再次单击“选择对象”按钮返回绘图区，选取圆和属性，按Enter键回到“块定义”对话框，然后输入块的名称，并勾选相关设置选项等，如图7-63所示。

**4** 单击确定按钮，打开“编辑属性”对话框，如图7-64所示。

**5** 在此对话框中即可定义正确的文字属性值，例如，重新在“输入序号:”文本框中输入B，单击确定按钮，结果创建了一个属性值为B的属性块，如图7-65所示。

除此之外，用户也可以执行菜单栏中的“修改”|“对象”|“属性”|“单个”命令，在命令行“选择块:”提示下，选择要编辑的属性块，打开“增强属性编辑器”对话框，在该对话框的“属性”选项卡下，修改“值”为B，也可以修改属性块的值，如图7-66所示。

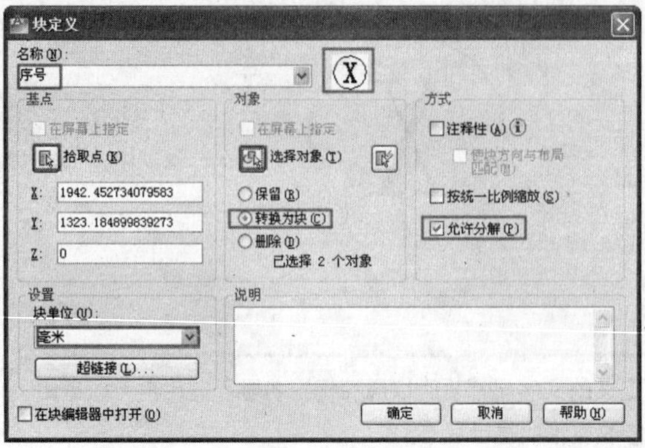


图7-63

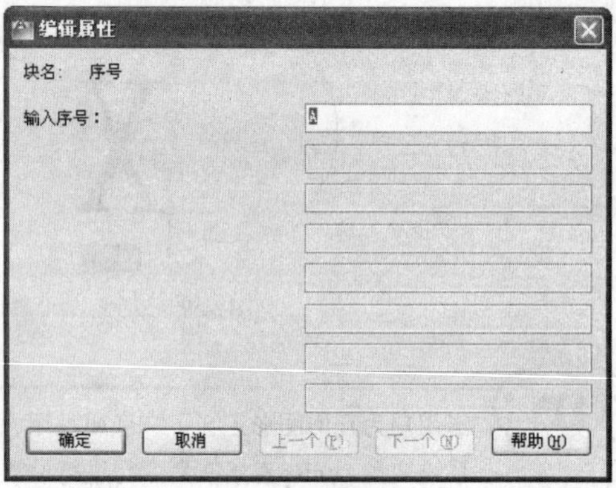


图7-64

图7-65

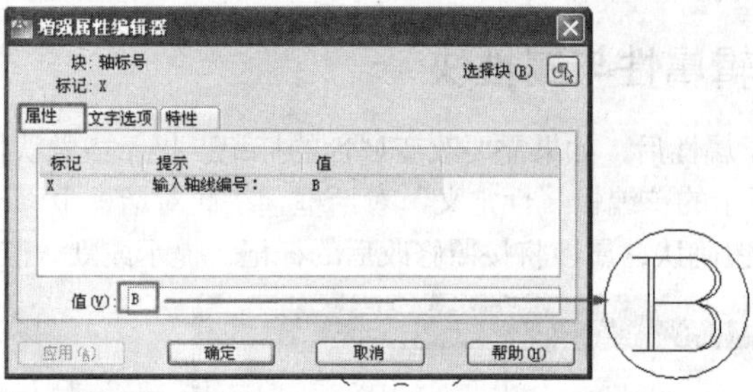


图7-66

- “属性”选项卡：用于显示当前文件中所有属性块的属性标记、提示和默认值，还可以修改属性块的属性值。

TIP 通过单击右上角的“选择块”按钮，可以连续对当前图形中的其他属性块进行修改。

- “特性”选项卡：可以修改属性的图层、线型、颜色和线宽等特性。
- “文字选项”选项卡：用于修改属性的文字特性，比如属性文字样式、对正方式、高度和宽度比例等。

## 7.6.3 块属性管理器

“块属性管理器”命令用于对当前文件中的众多属性块进行编辑管理，是一个综合性的属性块管理工具。使用此工具，不但可以修改属性的标记、提示以及属性默认值等属性的定义，还可以修改属性所在的图层、颜色、宽度及重新定义属性文字如何在图形中的显示；另外，它还可以用来修改属性块各属性值的显示顺序以及从当前属性块中删除不需要的属性内容。

在执行“块属性管理器”命令时，必须在当前图形文件中含带有属性的图块。通过以下任意方式执行“块属性管理器”命令。

- 执行菜单栏中的“修改”|“对象”|“属性”|“块属性管理器”命令。
- 单击“修改Ⅱ”工具栏中的“块属性管理器”按钮。
- 在命令行中输入Battman并按Enter键。

激活“块属性管理器”命令后，系统将弹出“块属性管理器”对话框，对当前图形文件中的所有属性块进行管理，如图7-67所示。

- “块”文本框：单击下拉按钮，可显示当前图形中所有带有属性的图块的名称，用户可以选择其中的一个属性块将其设置为当前需要编辑的属性块，默认显示当前正在编辑属性块的名称，同时在下方的属性列表框中列出了当前选择块的所有属性定义，包括属性的标记、提示、默认和模式等，在属性列表框下侧的选项组中，都标有选择的属性块在当前图形和在当前布局中相应块的总数目。

- 同步(Y)按钮用于更新已修改的属性，它不会影响在每个块中指定给属性的任何值。
- 上移(U)和下移(D)按钮用于修改属性值的显示顺序。
- 编辑(E)...按钮用于修改属性块各属性的特性。
- 删除(R)按钮用于删除在属性列表框中选中的属性定义。对于仅具有一个属性的块，此按钮不可使用。
- 单击设置(S)...按钮，可打开如图7-68所示的“设置”对话框，此对话框用于控制属性列表框中具体显示的内容。其中“在列表中显示”选项组用于设置在“块属性管理器”中属性的具体显示内容；“将修改应用到现有参照”复选框用于修改的属性应用到现有的属性块。

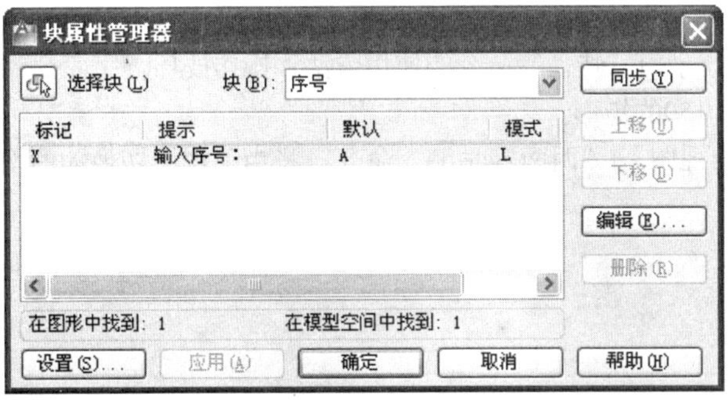


图7-67

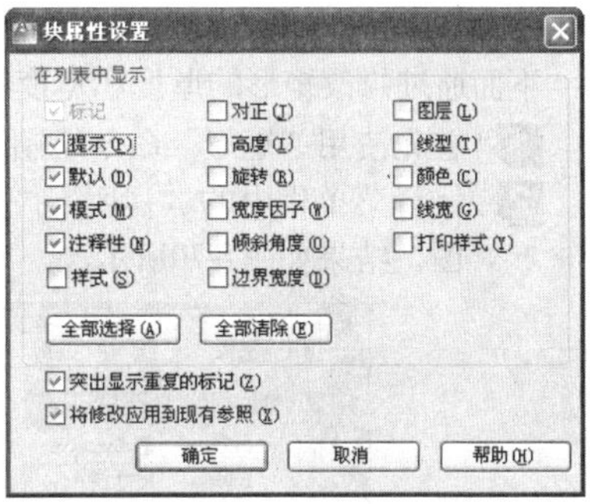


图7-68

**TIP** 默认情况下所做的属性更改将应用到当前图形中现有的所有块参照，如果对属性块进行编辑修改时，当前文件中的固定属性或嵌套属性块受到一定影响，此时可使用“重生成”命令更新这些块的显示。

## 7.7 特性与特性匹配

在AutoCAD 2012中，任何一个对象都有其自身的特性，例如颜色、线型、线宽等，在实际的绘图过程中，用户可以根据绘图要求将对象的这些特性进行相互匹配，以满足绘图需要。这一节就来学习对象特性匹配的相关知识。

### 7.7.1 特性

在AutoCAD 2012图形对象的“特性”窗口中，可以显示出每一种CAD图元的基本特性、几何特性以及其他特性等，用户可以通过此窗口，查看和修改图形对象的内部特性。

执行“特性”命令主要有以下几种方式。

- 执行菜单栏中的“修改”|“特性”命令。
- 单击“标准”工具栏上的“特性”按钮。

- 在命令行输入Properties按Enter键。
- 使用命令简写PR。
- 按组合键Ctrl+1。

执行“特性”命令后，可打开“特性”窗口，该窗口分为标题栏、工具栏和“特性”窗口三部分，如图7-69所示。

- 标题栏用于控制“特性”窗口的显示与隐藏状态，单击标题栏底部的“特性”按钮，可弹出一个按钮菜单，用于改变“特性”窗口的尺寸大小、位置以及窗口的显示与否等。
- 无选择 为“特性”窗口工具栏，主要用于显示当前被选择的图形名称，以及用于构建新的选择集在其下拉列表框显示当前绘图窗口中所有被选择的图形名称；“切换”按钮用于切换系统变量PICKADD的参数值；“快速选择”按钮用于快速构造选择集；“选择对象”按钮用于在绘图区选择一个或多个对象。
- “特性”窗口。系统默认的“特性”窗口共包括“常规”、“三维效果”、“打印样式”、“视图”和“其它”5个选项组，分别用于控制和修改所选对象的各种特性。

下面通过修改矩形的厚度和宽度特性，学习“特性”命令的使用方法和操作技巧。

1. 首先使用“矩形”命令绘制300×150的矩形。
2. 执行菜单栏中的“视图”|“三维视图”|“西南等轴测”命令，将当前视图切换为西南视图，结果如图7-70所示。

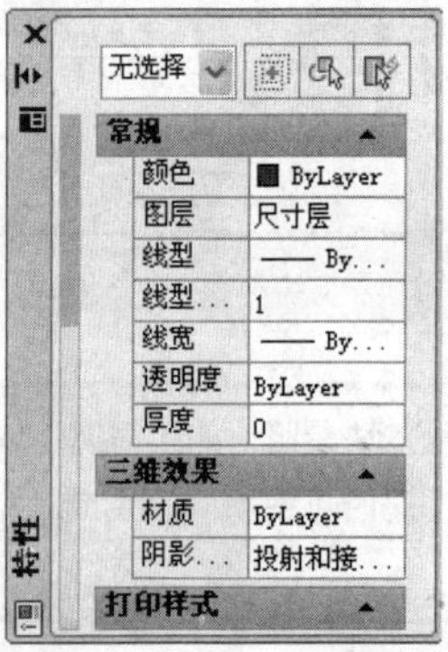


图7-69

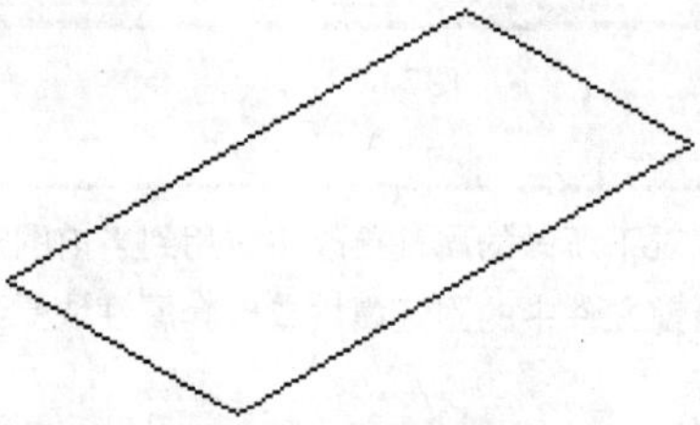

图7-70

3. 在无命令执行的前提下选择矩形使其夹点显示，然后使用上述任意方式打开“特性”窗口。
4. 在“厚度”选项上单击左键，然后输入厚度值为50，如图7-71所示。
5. 按Enter键确认，并按键盘上的Esc键取消夹点显示，结果圆的厚度被修改为50，如图7-72所示。

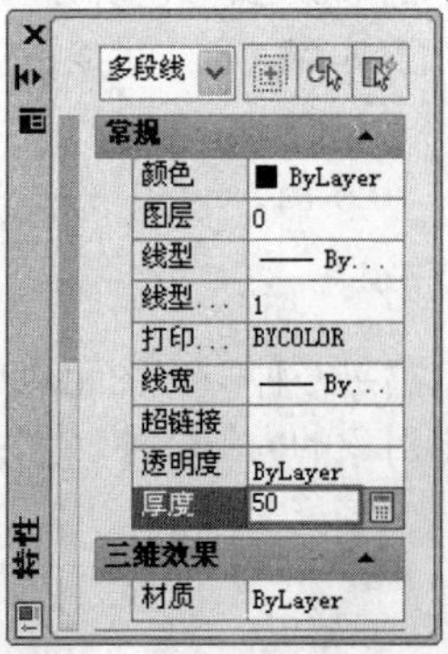


图7-71

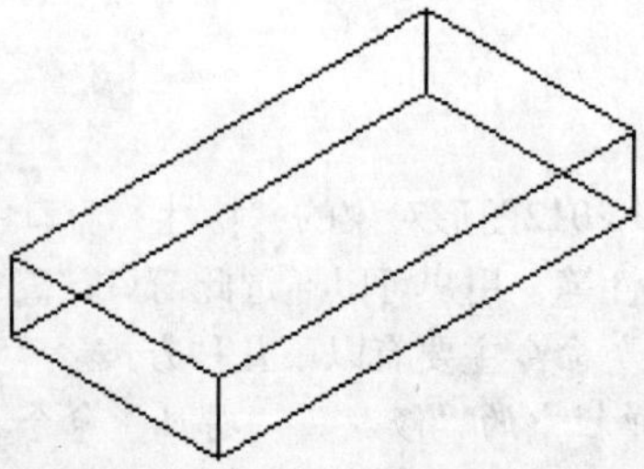

图7-72

## 7.7.2 特性匹配

“特性匹配”命令用于将一个图形的多种特性复制给另外一个图形，使这些图形对象拥有相同的特性。

执行“特性匹配”命令主要有以下几种方式。

- 执行菜单栏中的“修改”|“特性匹配”命令。
- 单击“标准”工具栏上的“特性匹配”按钮。
- 在命令行输入Matchprop或Painter按Enter键。
- 使用命令简写MA。

一般情况下，用于匹配的图形特性有线型、线宽、线型比例、颜色、图层、标高、尺寸和文本等，下面通过将上一节操作中绘制的厚度为50的矩形的高度匹配给圆形，以学习使用“特性匹配”命令的方法和技巧。

**1** 继续上例操作。

**2** 使用“圆”命令，在西南视图的矩形右侧绘制半径为100的圆形，如图7-73所示。

**3** 单击“标准”工具栏上的“特性匹配”按钮，激活“特性匹配”命令，将矩形的厚度特性匹配给圆，命令行操作如下。

```
命令: _matchprop
    选择源对象:                           //选择矩形对象，如图7-74所示
```

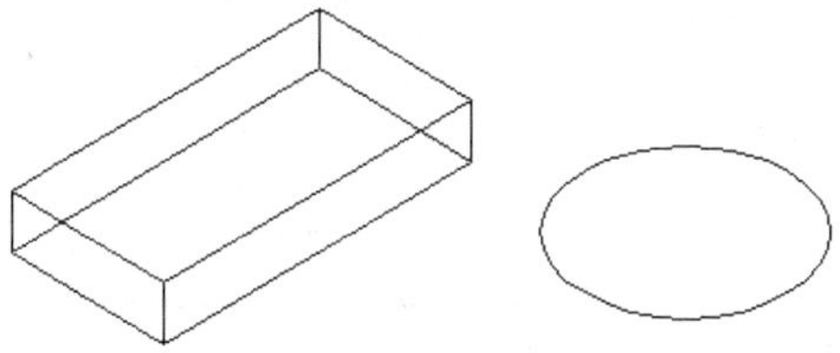

图7-73

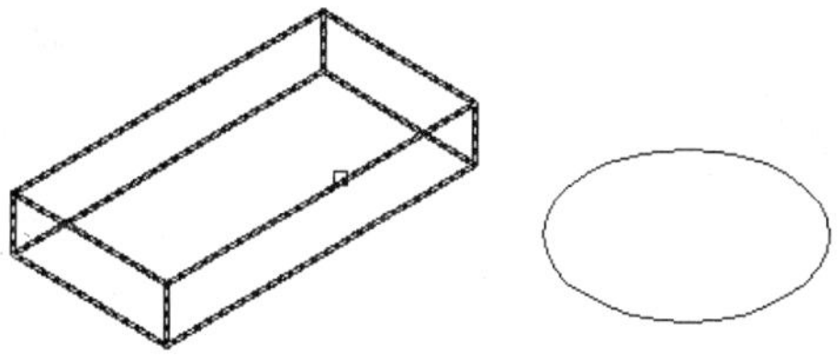

图7-74

```
    当前活动设置: 颜色 图层 线型 线型比例 线宽 厚度 打印样式 标注 文字 填充图案 多段线
视口 表格材质 阴影显示 多重引线
    选择目标对象或 [设置(S)]:
        //在右侧圆上单击，如图7-75所示，将矩形的厚度特性匹配给圆，如图7-76所示
    选择目标对象或 [设置(S)]:              //Enter，结束操作
```

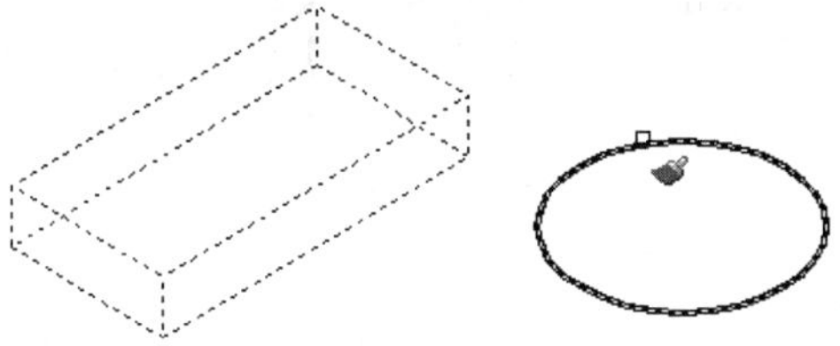

图7-75

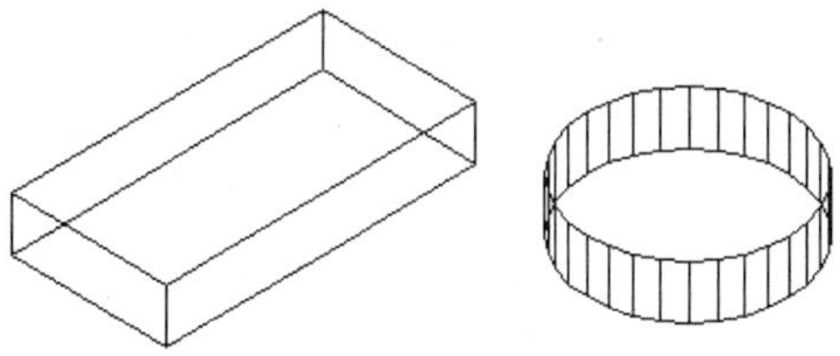

图7-76

**TIP**▸▸ 在命令行“选择目标对象或[设置(S)]:”提示下，输入S并按Enter键，可打开“特性设置”对话框，用户可根据需要选择需要匹配的基本特性和特殊特性。在默认设置下，AutoCAD将匹配此对话框中的所有特性，如果用户需要有选择性地匹配某些特性，可以在此对话框内进行设置。

第6章 第7章 第8章 第9章 第10章

# 7.8 标注布置图墙体编号

前面章节中学习了属性、特性以及特性匹配等相关知识，这一节通过为某户型图标注墙体编号的实例，对以上所学知识进行综合练习。

## 7.8.1 定义属性与创建属性块

这一节首先来定义属性，并将其创建为属性块，用于为墙体编号，具体操作步骤如下。

1. 执行“文件”命令，打开随书光盘中的文件“效果文件”\“第7章”\“室内布置图.dwg”。
2. 使用命令简写LA激活“图层”命令，打开“图层特性管理器”面板，双击“0”图层，将其设置为当前图层。
3. 使用命令简写C激活“圆”命令，在绘图区空白位置绘制一个直径为8个绘图单位的圆，并使用视图调整功能将圆放大显示，如图7-77所示。
4. 使用命令简写ST激活“文字样式”命令，在打开的“文字格式”编辑器中单击新建(N)...按钮，在打开的“新建文字样式”对话框中将新文字样式命名为“COMPLEX”，如图7-78所示。

图7-77

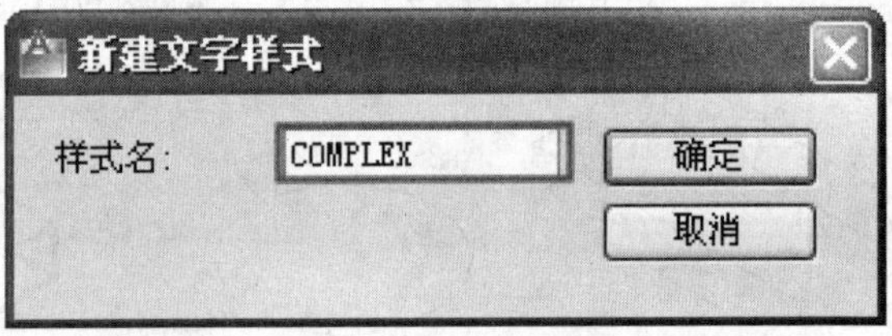


图7-78

5. 单击确定按钮返回“文字样式”对话框，选择新建的文字样式，设置其字体以及其他参数，如图7-79所示。

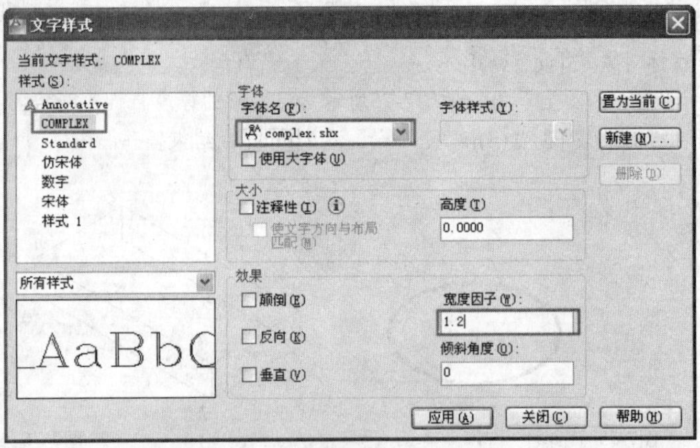


图7-79

6. 单击确定按钮关闭该对话框，然后执行菜单栏中的“绘图”|“块”|“定义属性”命令，打开“属性定义”对话框，输入属性文字并设置属性参数，如图7-80所示。
7. 单击确定按钮，返回绘图区，在命令行“指定起点:”提示下，捕捉圆的圆心作为属性插入点，结果如图7-81所示。

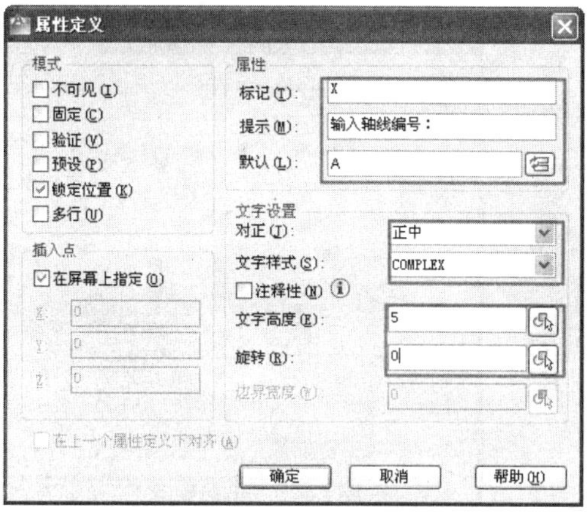


图7-80

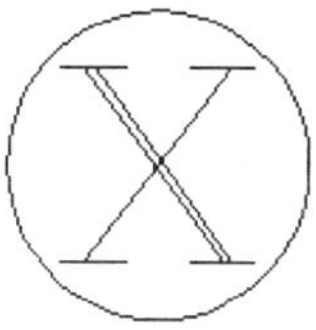

图7-81

**8** 单击“绘图”工具栏上的“创建块”按钮，激活“创建块”命令，在“名称”文本框中输入“轴标号”，单击“拾取点”按钮返回绘图区，捕捉如图7-82所示的圆心。

**9** 系统返回到“块定义”对话框，继续单击“选择对象”按钮，再次返回绘图区，由左向右拉出如图7-83所示的窗口选择区，将刚定义的属性和圆一起选择。

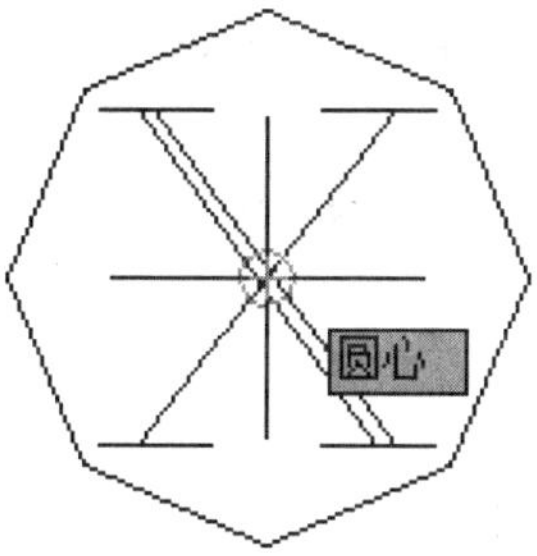


图7-82

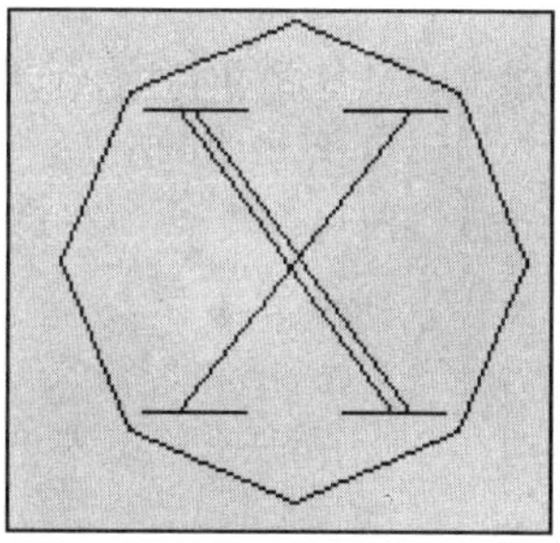

图7-83

**10** 按Enter键回到“块定义”对话框，设置其他参数如图7-84所示。

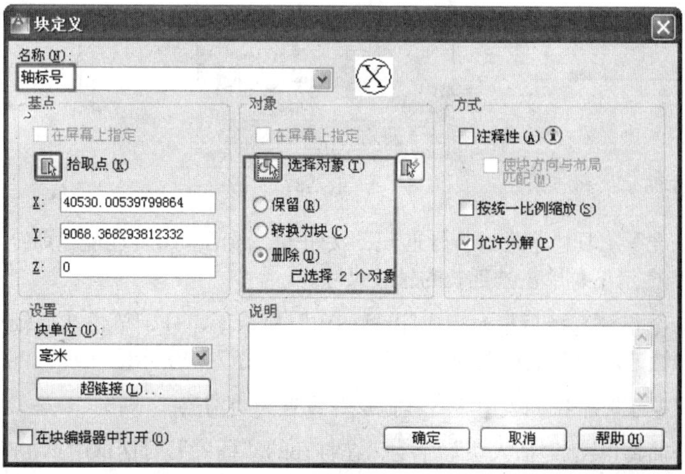


图7-84

**11** 单击 确定 按钮，将刚定义的属性和轴标号一起定义为内部图块。

12 使用命令简写W激活“写块”命令，在打开的“写块”对话框中选择“块”单选按钮，在右侧的下拉列表中选择刚创建的“轴标号”的图块，然后在下方的“文件名和路径”输入框中输入块的存储路径，如图7-85所示。

13 单击［确定］按钮，将刚定义的轴标号内部块转换为外部块，以将其应用到其他图形文件中。

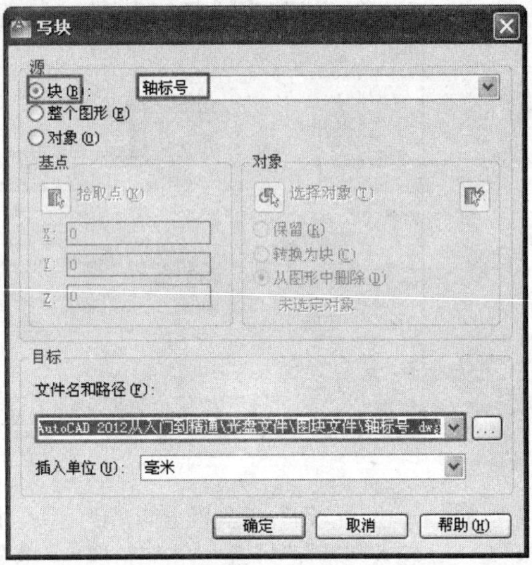


图7-85

## 7.8.2 标注墙体编号

这一节继续上一节的操作，使用定义好的属性块为墙体进行编号，具体操作步骤如下。

1 继续上一节的操作。

2 在无任何命令执行的前提下选择平面图的一个轴线尺寸，使其夹点显示，如图7-86所示。

3 按下键盘上的组合键Ctrl+1，打开“特性”窗口，在“直线和箭头”选项组中修改尺寸界线范围为15，如图7-87所示。

4 关闭“特性”窗口，并按下Esc键，取消对象的夹点显示，结果所选择的轴线尺寸的尺寸界线被延长，如图7-88所示。

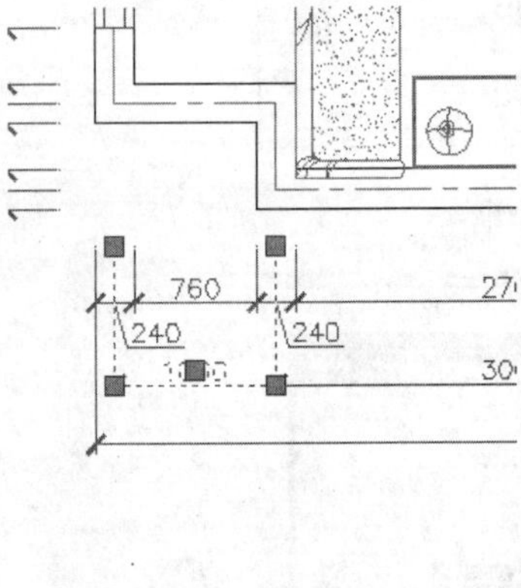


图7-86

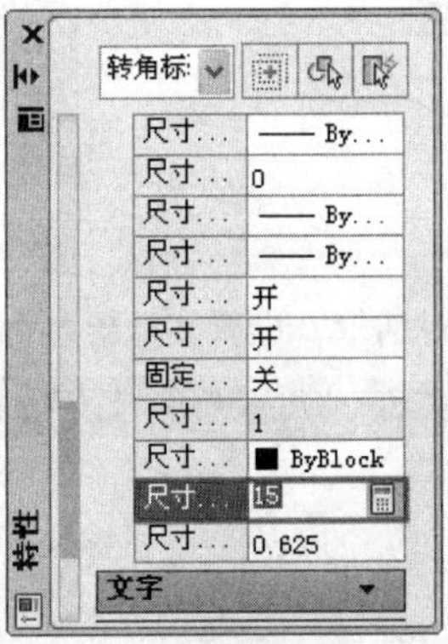


图7-87

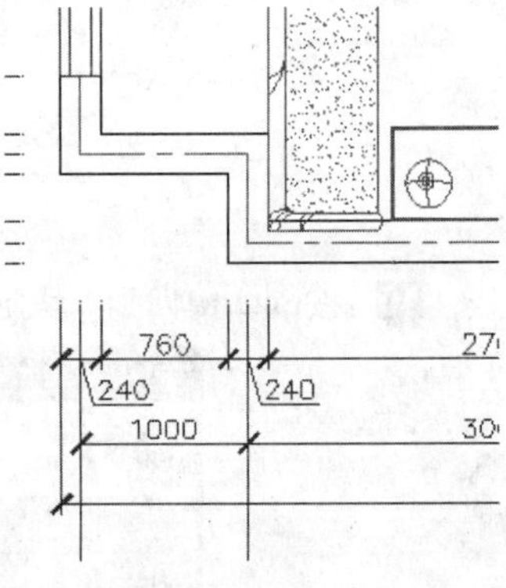


图7-88

5 单击“标准”工具栏上的“特性匹配”按钮，激活“特性匹配”命令，在命令行“选择源对象:”提示下，单击被延长的轴线尺寸。

6 继续在命令行“选择目标对象或[设置(S)]:”提示下，分别单击其他轴线尺寸，将该尺寸界线的特性匹配给其他位置的轴线尺寸，结果如图7-89所示。

7 在“图层控制”下拉列表中将“其他层”设置为当前层。

8 使用命令简写I激活“插入块”命令，在打开的“插入”对话框中单击［浏览(B)...］按钮，选择随书光盘“图块文件”目录下的“轴标号.dwg”图块文件，然后设置其他参数，如图7-90所示。

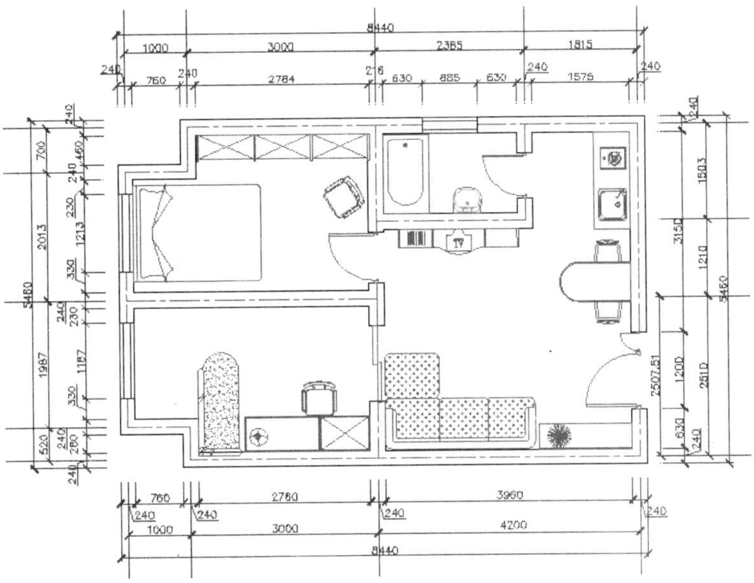

图7-89

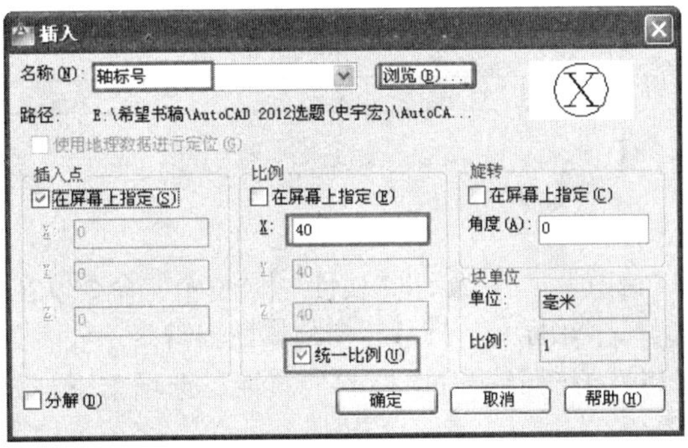


图7-90

**9** 单击 确定 按钮，回到绘图区，根据命令行的提示，为第一道纵向轴线进行编号，命令行操作如下。

命令: INSERT
　　指定插入点或 [基点(B)/比例(S)/旋转(R)]: 　　//捕捉下侧第一道纵向尺寸界线的端点
　　输入属性值
　　输入轴线编号: <A>: 　　//1 Enter，结果如图7-91所示

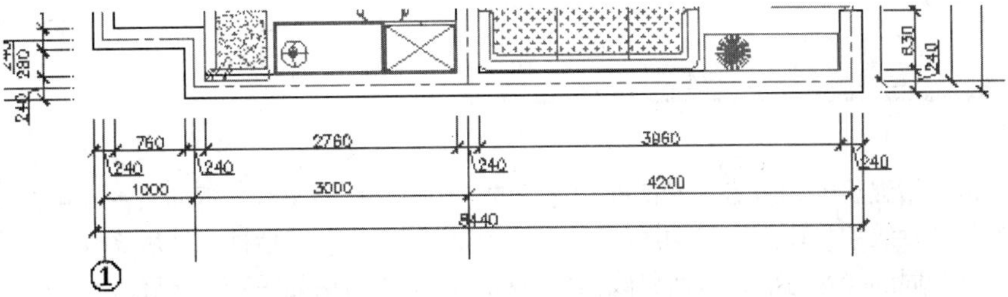

图7-91

**10** 执行菜单栏中的“修改”|“复制”命令，配合“象限点”和“端点”捕捉功能，将轴线

标号分别复制到其他指示线的末端点，结果如图7-92所示。

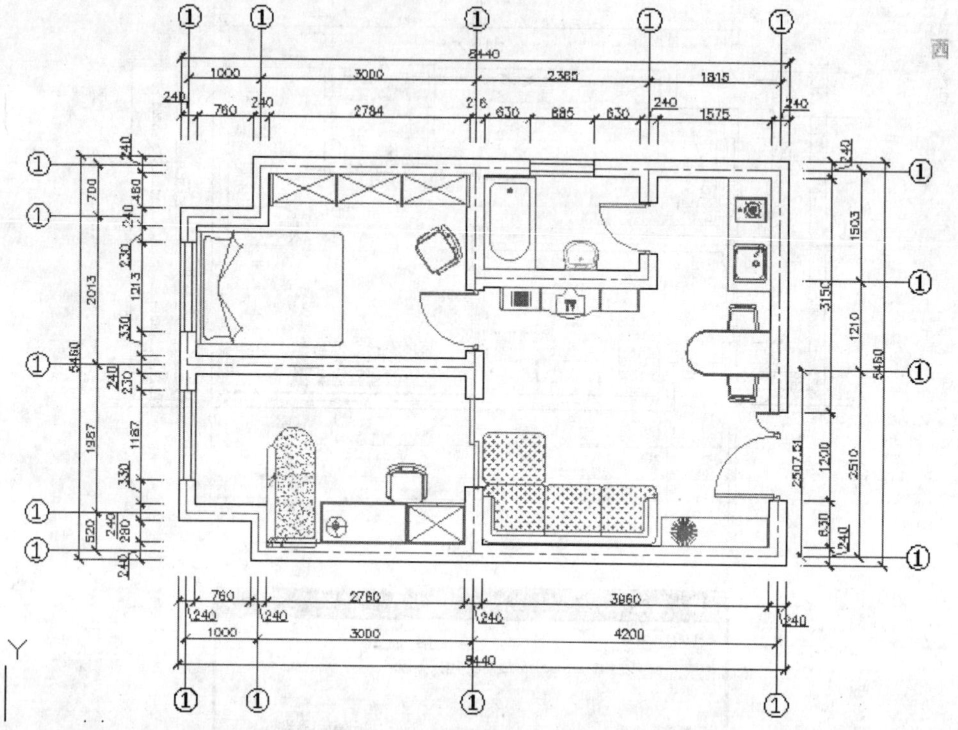


图7-92

**11** 执行菜单栏中的“修改”|“对象”|“属性”|“单个”命令，在命令行“选择块:”提示下选择平面图下侧第二个轴标号，打开“增强属性编辑器”对话框。

**12** 在打开的“增强属性编辑器”对话框的“属性”选项卡下，修改“值”为2，如图7-93所示。

**13** 单击 应用(A) 按钮，此时平面图下侧第二个轴标号的值被修改为“2”，如图7-94所示。

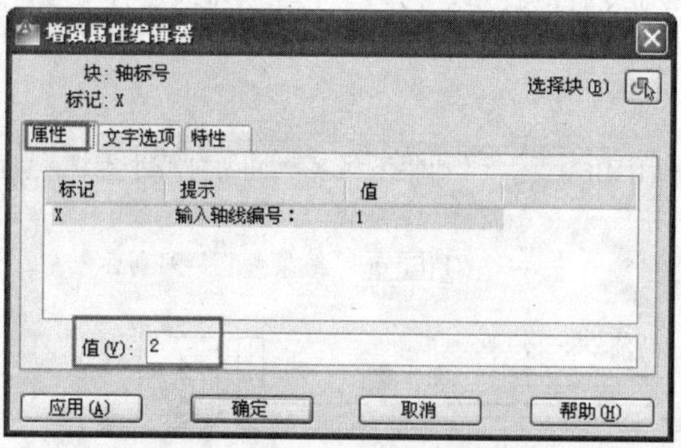


图7-93

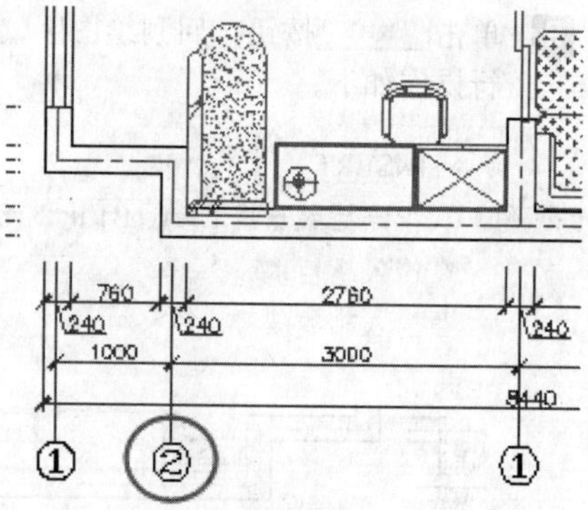


图7-94

**14** 单击“增强属性编辑器”对话框右上角的“选择块”按钮，返回绘图区单击平面图下侧第三个轴线编号，系统自动返回到“增强属性编辑器”对话框，然后修改该值为3。

**15** 依照相同的操作方法，依次修改其他轴标号，修改结果如图7-95所示。

**16** 至此，墙体编号标注完毕，使用“另存为”命令，将该图形存储为“标注墙体编号.dwg”文件。

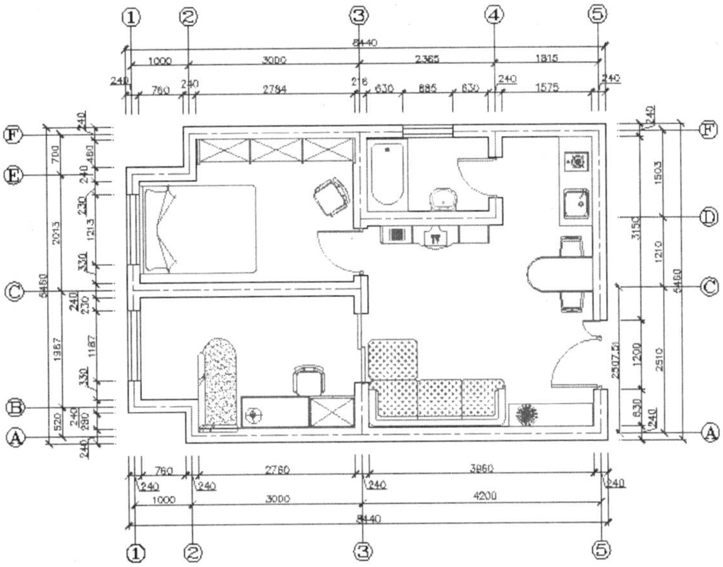

图7-95

## 7.9 为建筑立面图标注标高

前面章节中学习了属性、特性匹配等相关知识，这一节继续通过为某建筑立面图标注标高的实例，对以上知识进行巩固练习。

### 7.9.1　绘制标高符号

这一节首先来绘制标高符号，具体操作步骤如下。

**1** 打开随书光盘中的文件“素材文件”\“第7章”\“建筑立面图.dwg”，如图7-96所示。

图7-96

**2** 展开“图层控制”下拉列表，将“0图层”设置为当前图层。

**3** 在状态栏上的“极轴追踪”按钮上单击右键，选择快捷菜单中的“设置”命令，打开“草图设置”对话框，设置极轴角为45°，并勾选“启用极轴追踪”复选框，如图7-97所示。

**4** 使用命令简写PL激活“多段线”命令，绘制标高符号，命令行操作如下。

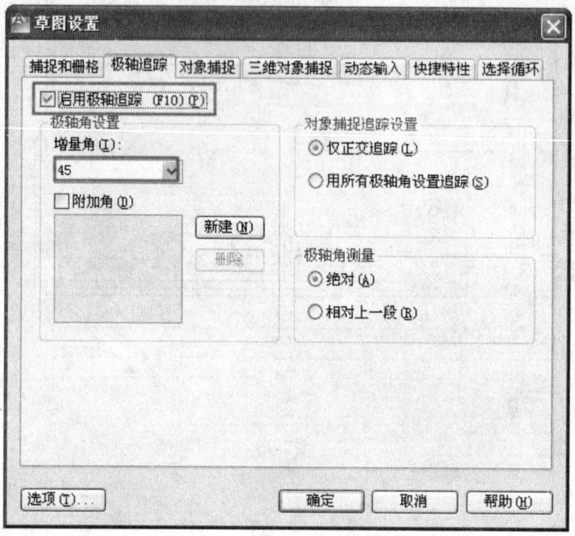


图7-97

```
命令: _pline
    指定起点:                       //在绘图区拾取一点
    当前线宽为 0.0000
    指定下一个点或 [圆弧(A)/半宽(H)/长度(L)/放弃(U)/宽度(W)]:
                                    //向左引出水平追踪线，输入22 Enter
    指定下一点或 [圆弧(A)/闭合(C)/半宽(H)/长度(L)/放弃(U)/宽度(W)]:
                          //向右下角引出如图7-98所示的315°的矢量角，输入4.2 Enter
    指定下一点或 [圆弧(A)/闭合(C)/半宽(H)/长度(L)/放弃(U)/宽度(W)]:
                          //向右上角引出如图7-99所示的45°的矢量角，输入4.2 Enter
    指定下一点或 [圆弧(A)/闭合(C)/半宽(H)/长度(L)/放弃(U)/宽度(W)]:
                          // Enter，结束绘制
```

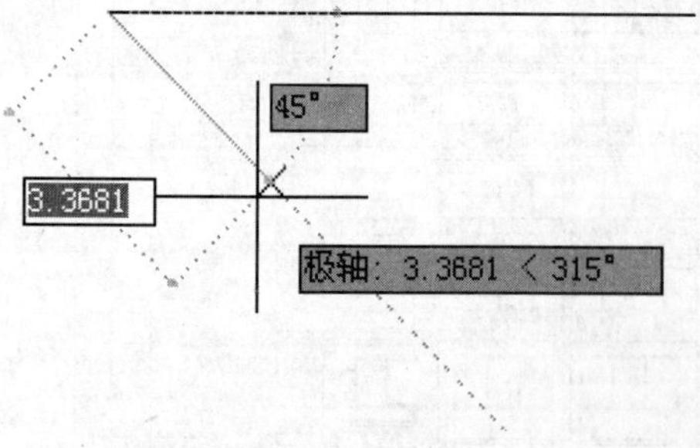


图7-98

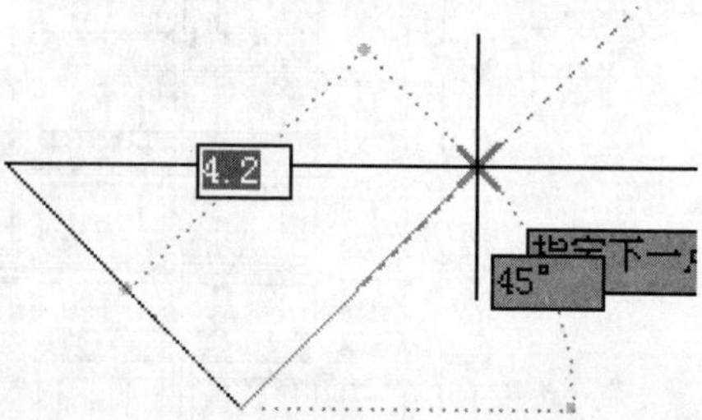


图7-99

**5** 执行菜单栏中的“绘图”|“块”|“定义属性”命令，打开“属性定义”对话框，为标高符号定义文字属性，如图7-100所示。

**6** 单击 确定 按钮，在命令行“指定起点:”提示下捕捉如图7-101所示的端点，为标高符号定义属义属性。

**7** 使用命令简写B激活“创建块”命令，设置参数如图7-102所示，将标高符号和属性一起创建为内部块，基点为标高符号的最下侧端点。

**8** 至此，标高符号绘制完毕。

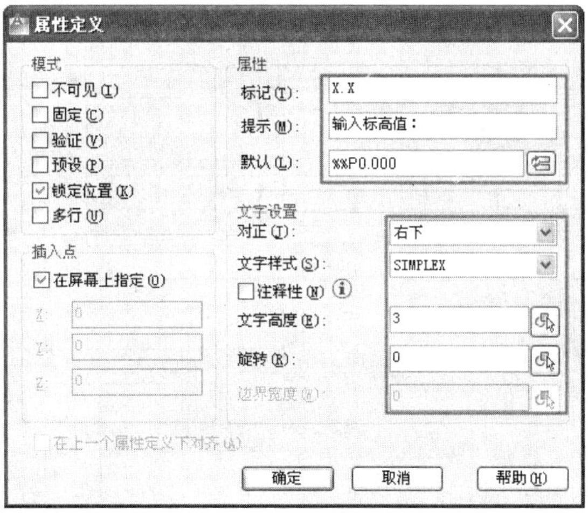


图7-100

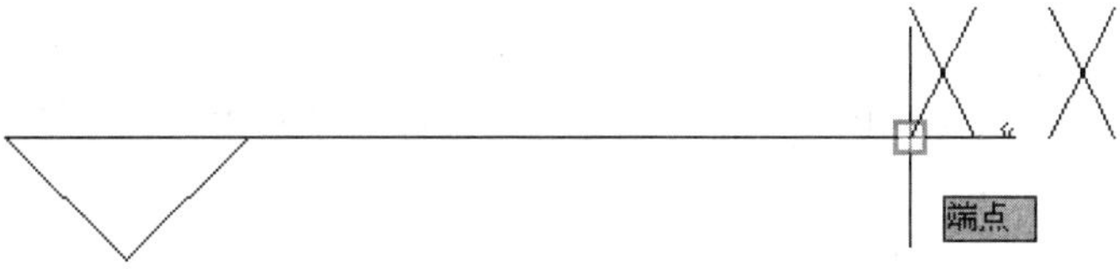


图7-101

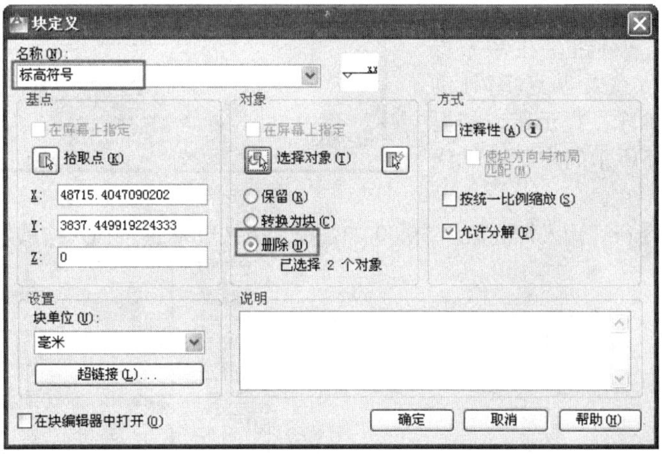


图7-102

## 7.9.2 标注标高

这一节继续来标注标高，具体操作步骤如下。

**1** 继续上一节实例的操作。

**2** 在“图层控制”下拉列表中，设置“其他层”作为当前图层。

**3** 依照7.8.2节步骤1~6的操作，将右侧轴线尺寸线延长30个绘图单位，作为标高符号指示线，结果如图7-103所示。

图7-103

**4** 单击“绘图”工具栏上的“插入块”按钮，激活“插入块”命令，在“名称”下拉列表中选择刚定义的“标高符号”属性块，并设置其他参数，如图7-104所示。

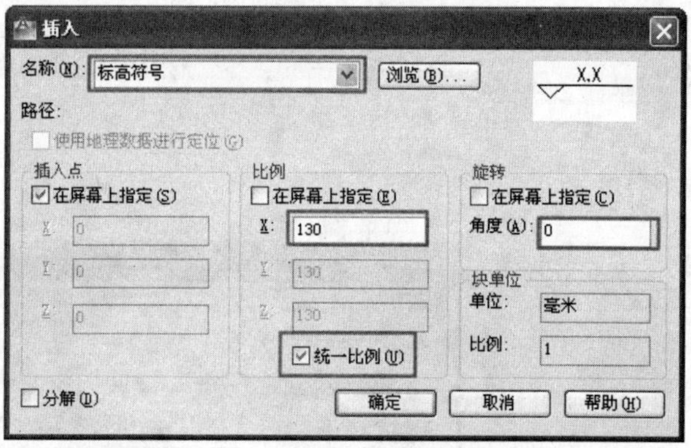


图7-104

**5** 单击确定按钮，在命令行“指定插入点或[基点(B)/比例(S)/旋转(R)]:”提示下，捕捉如图7-105所示的右下角轴线尺寸线的端点。

**6** 继续在命令行“输入标高值:<±0.000>:”提示下按Enter键，插入结果如图7-106所示。

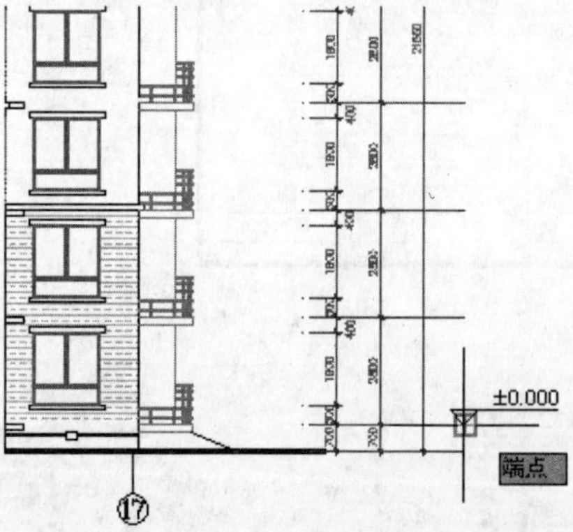


图7-105

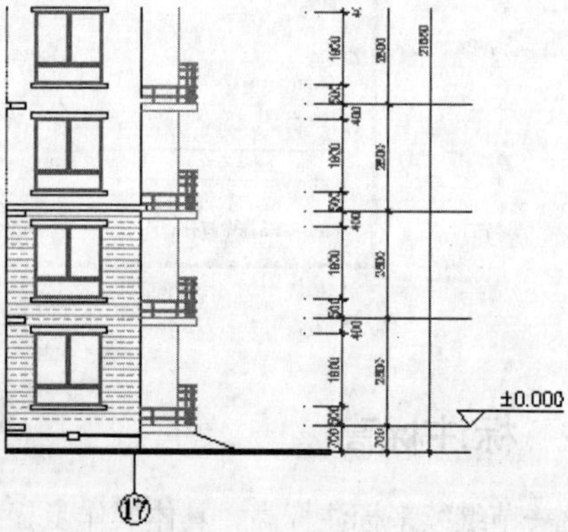


图7-106

**7** 使用命令简写CO激活“复制”命令，将刚插入的标高分别复制到其他指示线的末端，结果如图7-107所示。

图7-107

**8** 执行菜单栏中的“修改”|“对象”|“属性”|“单个”命令，在命令行“选择块:”提示下选择最下侧的标高符号，在打开的“增强属性编辑器”对话框中修改其属性值，如图7-108所示。

**9** 单击 应用(A) 按钮，然后单击右上角的“选择块”按钮，返回绘图区单击第三个标高符号，系统自动返回到“增强属性编辑器”对话框，然后修改该值为3.000。

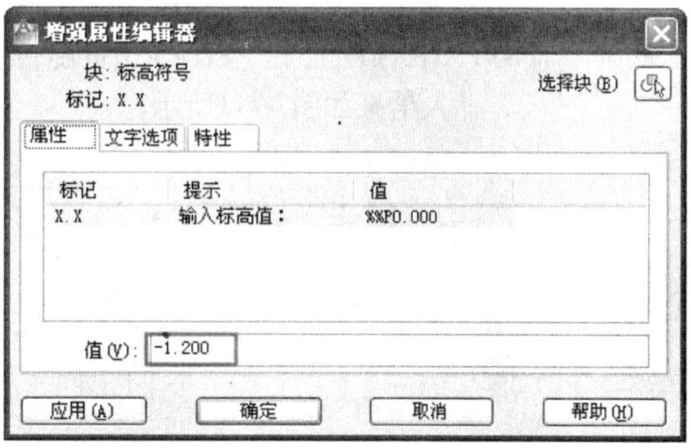


图7-108

**10** 依照相同的操作方法，依次修改其他标高值，修改结果如图7-109所示。

图7-109

**11** 执行菜单栏中的“插入”|“DWG参照”命令，在打开的“选择参照文件”对话框中，选择随书光盘中的文件“图块文件”\“参照植物.dwg”。

**12** 单击 打开(O) 按钮，打开“附着外部参照”对话框，在此对话框内设置参数如图7-110所示。

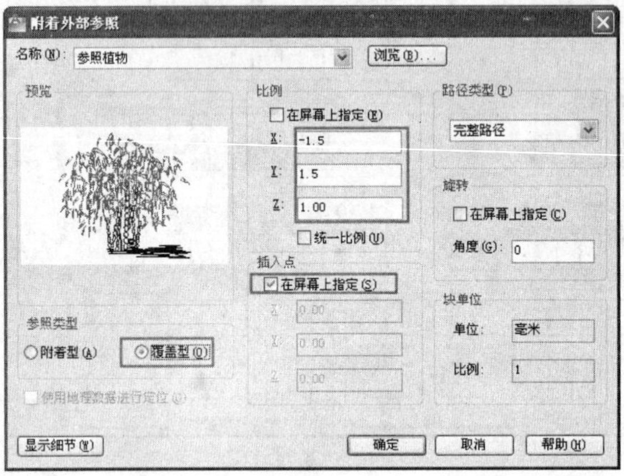


图7-110

**13** 单击 确定 按钮，返回绘图区，在命令行“定插入点或[比例(S)/X/Y/Z/旋转(R)/预览比例(PS)/PX(PX)/PY(PY)/PZ(PZ)/预览旋转(PR)]:”提示下，捕捉左下方地平线的左端点将其插入，插入结果如图7-111所示。

图7-111

**14** 使用“另存为”命令，将该图形命名存储为“标注立面图标高.dwg”文件。

# 第8章

# 图形的尺寸标注与编辑

无论是机械制图、建筑制图还是室内装饰装潢制图等所有图形设计，尺寸都是不可缺少的内容，也是一幅完整设计图的重要组成部分，它能将图形间的相互位置关系以及形状等进行数字化、参数化，以更直观地表达图形的尺寸信息，是施工、技术人员现场施工的主要依据。本章继续来学习图形尺寸的标注与编辑知识。

## 8.1 认识尺寸标注

一般情况下，一个完整的尺寸标注是由标注文字、尺寸线、尺寸界线和箭头四部分元素组成，如图8-1所示。

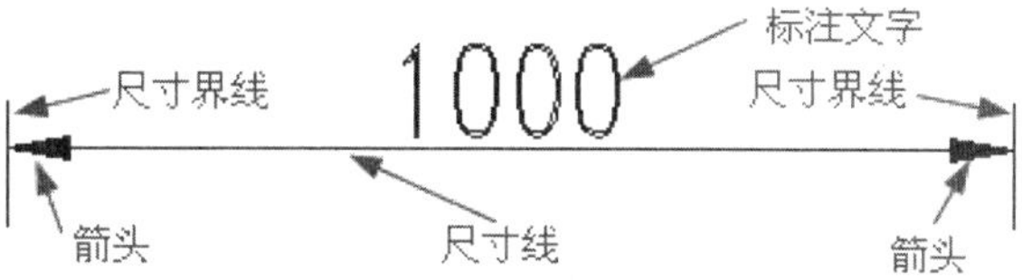


图8-1

在这些尺寸元素内包含了众多的尺寸变量，不同的尺寸变量，决定了不同的尺寸外观形态，其中包括如下几个部分。

- 标注文字：标注文字是用于表明对象的实际测量值，一般由阿拉伯数字与相关符号表示，如图8-2所示。

ϕ100　100°　±100　R100

图8-2

- 尺寸线：尺寸线用于表明标注的方向和范围，一般使用直线表示。
- 箭头：箭头用于指出测量的开始位置和结束位置，不同图形使用不同的箭头形式，例如机械制图中使用实心箭头，而在建筑制图中使用斜线，如图8-3所示。

图8-3

- 尺寸界线：是从被标注的对象延伸到尺寸线的短线。

# 8.2 设置标注样式

在进行任何尺寸标注之前，都首先需要设置标注样式，所谓标注样式其实就是指标注尺寸的名称、单位、文字、箭头大小、类型以及一系列的设置，通过这些设置，可以使标注的尺寸更规范、标准。

AutoCAD提供了“标注样式”命令来设置标注样式。执行“标注样式”命令主要有以下几种方式。

- 执行菜单栏中的“格式”|“标注样式”命令。
- 执行菜单栏中的“标注”|“标注样式”命令。
- 单击“标注”或“样式”工具栏上的“标注样式”按钮。
- 在命令行输入Dimstyle按Enter键。
- 使用命令简写D。

激活“标注样式”命令后，打开如图8-4所示的“标注样式管理器”对话框，在此对话框中，用户不仅可以设置尺寸的样式，还可以修改、替代和比较尺寸的样式。

- “样式”列表框：用于显示当前文件中的所有尺寸样式，并且当前样式被亮显。选择一种样式后右击，在弹出的快捷菜单中可以设置当前样式、重命名样式和删除样式。

**TIP** 当前标注样式和当前文件中已使用的样式不能被删除。AutoCAD默认样式为ISO-25。

- “列出”下拉列表：其中提供了两个显示标注样式的选项，即“所有样式”和“正在使用的样式”。前一个选项用于显示当前图形中的所有标注样式；后一个选项仅用于显示被当前图形中的标注引用过的样式。
- “预览”区域：主要显示“样式”区中选定的尺寸样式的标注效果。
- 置为当前(U) 按钮：用于把选定的标注样式设置为当前标注样式。
- 修改(M)... 按钮：用于修改当前选择的标注样式。当用户修改了标注样式后，当前图形中的所有尺寸标注都会自动改变为所修改的尺寸样式。
- 替代(O)... 按钮：用于设置当前使用的标注样式的临时替代值。当用户创建了替代样式后，当前标注样式将被应用到以后所有的尺寸标注中，直到用户删除替代样式为止，而不会改变替代样式之前的标注样式。
- 比较(C)... 按钮：用于比较两种标注样式的特性或浏览一种标注样式的全部特性，并将比较结果输出到Windows剪贴板上，然后再粘贴到其他Windows应用程序中。
- 新建(N)... 按钮：用于设置新的尺寸样式。单击该按钮，系统将弹出如图8-5所示的“创建新标注样式”对话框，其中“新样式名”文本框用于为新样式命名；“基础样式”文本框用于设置新样式的基础样式；“注释”复选框用于为新样式添加注释；“用于”下拉列表用于创建一种仅适用于特定标注类型的样式。

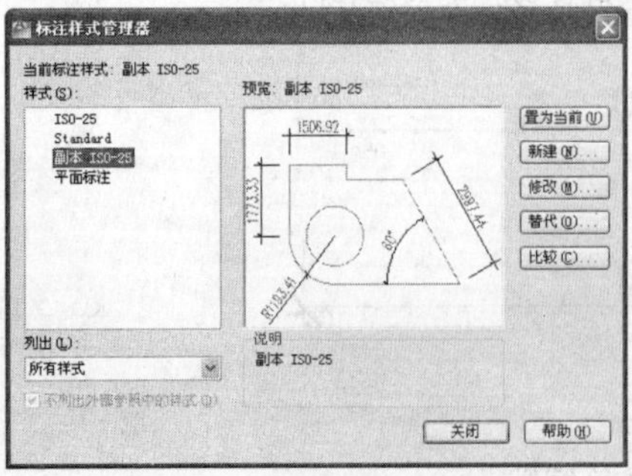


图8-4

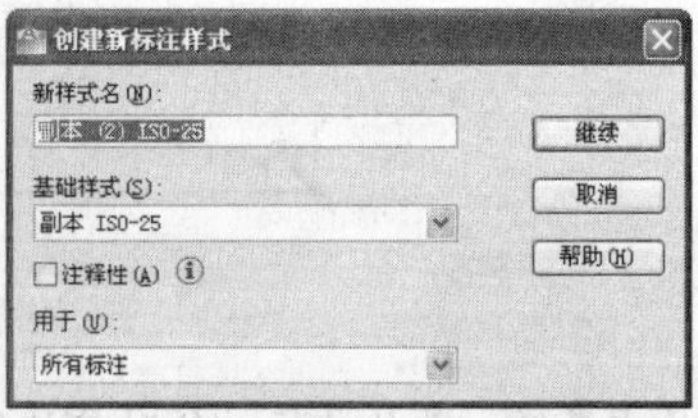


图8-5

在“创建新标注样式”对话框中单击 继续 按钮，打开如图8-6所示的“新建标注样式:副本(2) ISO-25”对话框。

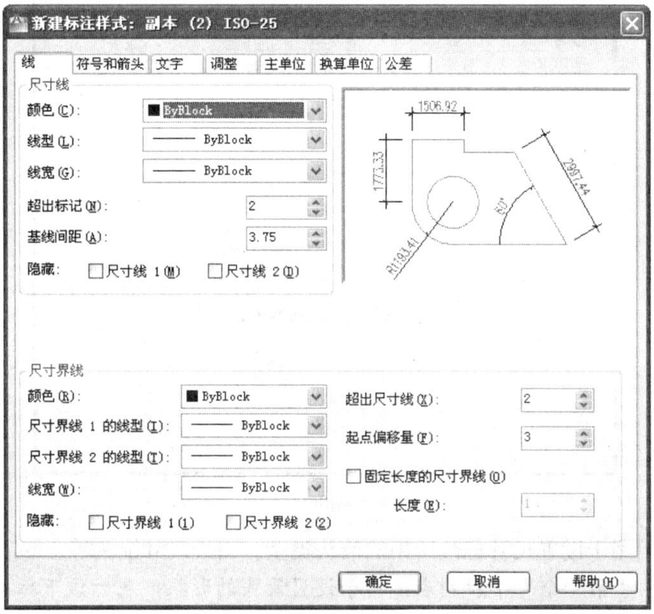


图8-6

在此对话框中包括“线”、“符号和箭头”、“文字”、“调整”、“主单位”、“换算单位”和“公差”7个选项卡，用于设置尺寸标注的各种设置，下面就开始学习尺寸标注样式的各种设置。

## 8.2.1　尺寸标注的标注线设置

如图8-6所示的“线”选项卡包括“尺寸线”和“尺寸界线”两个选项组，主要用于设置尺寸线、尺寸界线的格式和特性等变量。

“尺寸线”选项组用于设置尺寸线的颜色、线宽、线型等。

- “颜色”下拉列表：用于设置尺寸线的颜色。
- “线型”/“线宽”下拉列表：用于设置尺寸线的线型和线宽。
- “超出标记”微调按钮：用于设置尺寸线超出尺寸界限的长度。在默认状态下，该选项处于不可用状态。只有在用户选择建筑标记箭头时，此微调按钮才处于可用状态。
- “基线间距”微调按钮：用于设置在基线标注时两条尺寸线之间的距离。

“尺寸界线”选项组主要用于设置尺寸界线的颜色、线宽、超出尺寸线的范围等。

- “颜色”下拉列表：用于设置尺寸界线的颜色。
- “线宽”下拉列表：用于设置尺寸界线的线宽。
- “超出尺寸线”微调按钮：用于设置尺寸界线超出尺寸线的长度。
- “起点偏移量”微调按钮：用于设置尺寸界线起点与被标注对象间的距离。

## 8.2.2　尺寸标注的箭头设置

“符号和箭头”选项卡包括“箭头”、“圆心标记”、“折断标注”、“弧长符号”、“半径折弯标注”和“线性折弯标注”6个选项组，主要用于设置箭头、圆心标记、弧长符号和半径标注等参数，如图8-7所示。

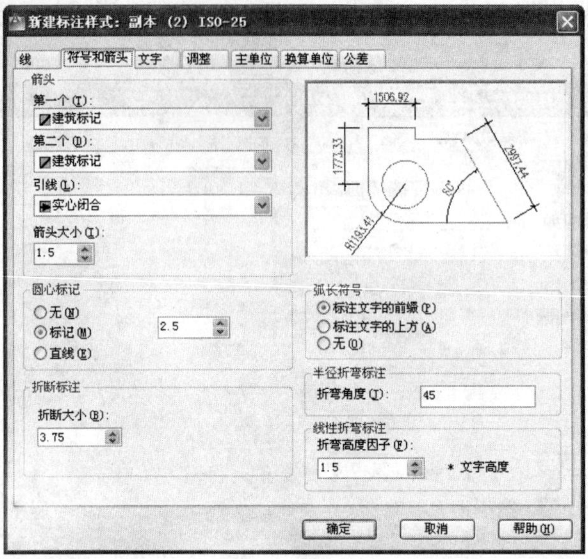

图8-7

"箭头"选项组用于设置尺寸标注所用的箭头类型、引线尺寸箭头等。

- "第一个"/"第二个"下拉列表：用于设置箭头的形状，展开该下拉列表，系统预设了多种箭头类型供用户选择。
- "引线"下拉列表：用于设置引线箭头的形状。
- "箭头大小"微调按钮：用于设置箭头的大小。

如图8-8所示为使用不同箭头的标注效果。

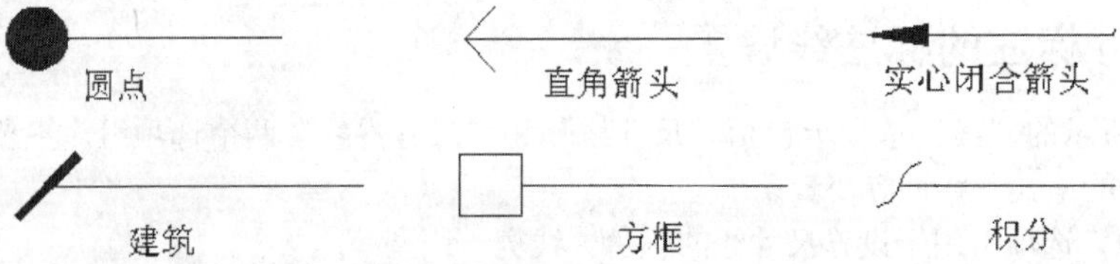


图8-8

"圆心标记"选项组用于设置在标注圆、圆弧等对象时是否标记圆心。

- "无"单选按钮：表示不添加圆心标记。
- "标记"单选按钮：用于为圆添加十字型标记。
- "直线"单选按钮：用于为圆添加直线型标记。
- 2.5 微调按钮：用于设置圆心标记的大小。

"弧长符号"选项组用于设置弧长的一些标注设置。

- "标注文字的前缀"单选按钮：用于为弧长标注添加前缀。
- "标注文字的上方"单选按钮：用于设置标注文字的位置。
- "无"单选按钮：表示在弧长标注上不出现弧长符号。

"半径折弯标注"选项组：用于设置半径折弯的角度。

"线性折弯标注"选项组：用于设置线性折弯的高度因子。

### 8.2.3 尺寸标注的文字设置

"文字"选项卡主要包括"文字外观"、"文字位置"和"文字对齐"三个选项组，主要用于设置尺寸文字的样式、颜色、位置及对齐方式等变量，如图8-9所示。

“文字外观”选项组用于设置文字的样式、颜色、高度等。

- “文字样式”下拉列表：用于设置尺寸文字的样式。单击右侧的 ... 按钮，将弹出“文字样式”对话框，用于新建或修改文字样式。
- “文字颜色”下拉列表：用于设置标注文字的颜色。
- “填充颜色”下拉列表：用于设置尺寸文本的背景色。
- “文字高度”微调按钮：用于设置标注文字的高度。
- “分数高度比例”微调按钮：用于设置标注分数的高度比例。只有在选择分数标注单位时，此选项才可用。
- “绘制文字边框”复选框：用于设置是否为标注文字添加边框。

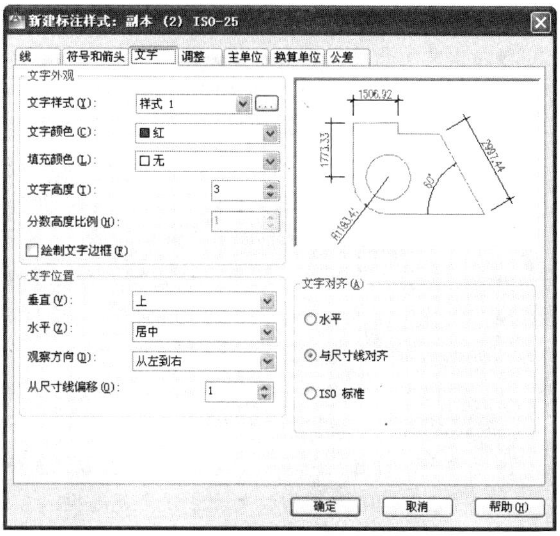


图8-9

“文字位置”选项组用于设置文字处置方向的位置、水平方向的位置等。

- “垂直”下拉列表：用于设置尺寸文字相对于尺寸线垂直方向的放置位置。
- “水平”下拉列表：用于设置尺寸文字相对于尺寸线水平方向的放置位置。
- “从尺寸线偏移”微调按钮：用于设置标注文字与尺寸线之间的距离。

“文字对齐”选项组用于设置文字对齐的相关设置。

- “水平”单选按钮：用于设置标注文字以水平方向放置。
- “与尺寸线对齐”单选按钮：用于设置标注文字与尺寸线平行的方向放置。
- “ISO标准”单选按钮：用于根据ISO标准设置标注文字。它是“水平”与“与尺寸线对齐”两者的综合。当标注文字在延伸线内时，就会采用“与尺寸线对齐”对齐方式；当标注文字在延伸线外时，就会采用“水平”对齐方式。

## 8.2.4 尺寸标注的“调整”设置

“调整”选项卡包括“调整选项”、“文字位置”、“标注特性比例”和“优化”4个选项组，主要用于设置尺寸文字与尺寸线、延伸线等之间的位置，如图8-10所示。

“调整选项”选项组设置如下。

- “文字或箭头（最佳效果）”单选按钮：用于自动调整文字与箭头的位置，使两者达到最佳效果。
- “箭头”单选按钮：用于将箭头移到延伸线外。
- “文字”单选按钮：用于将文字移到延伸线外。

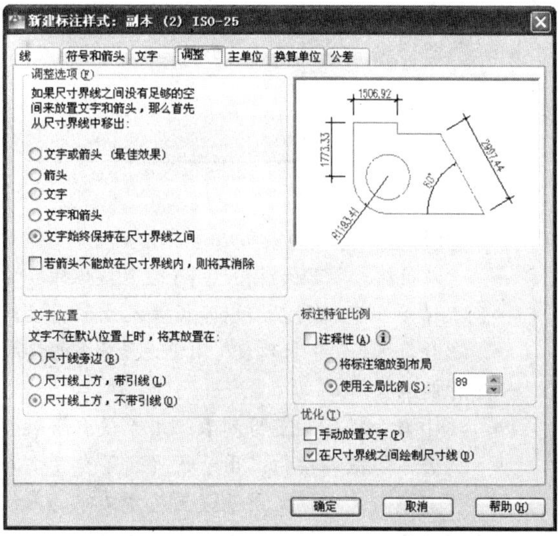


图8-10

- "文字和箭头"单选按钮：用于将文字和箭头都移到延伸线外。
- "文字始终保持在尺寸界线之间"选项：用于将文字始终放置在尺寸界线之间。

"文字位置"选项组设置如下。

- "尺寸线旁边"单选按钮：用于将文字放置在尺寸线旁边。
- "尺寸线上方，带引线"单选按钮：用于将文字放置在尺寸线上方，并加引线。
- "尺寸线上方，不带引线"单选按钮：用于将文字放置在尺寸线上方，但不加引线引导。

"标注注释比例"选项组设置如下。

- "注释性"复选框：用于设置标注为注释性标注。
- "将标注缩放到布局"单选按钮：用于根据当前模型空间的视口与布局空间的大小来确定比例因子。
- "使用全局比例"单选按钮：用于设置标注的比例因子。

"优化"选项组设置如下。

- "手动放置文字"复选框：用于手动放置标注文字。
- "在尺寸界线之间绘制尺寸线"复选框：在标注圆弧或圆时，尺寸线始终在尺寸界线之间。

## 8.2.5 尺寸标注的"主单位"设置

"主单位"选项卡包括"线性标注"、"测量单位比例"、"角度标注"以及"消零"等选项组，主要用于设置线性标注和角度标注的单位格式以及精确度等参数变量，如图8-11所示。

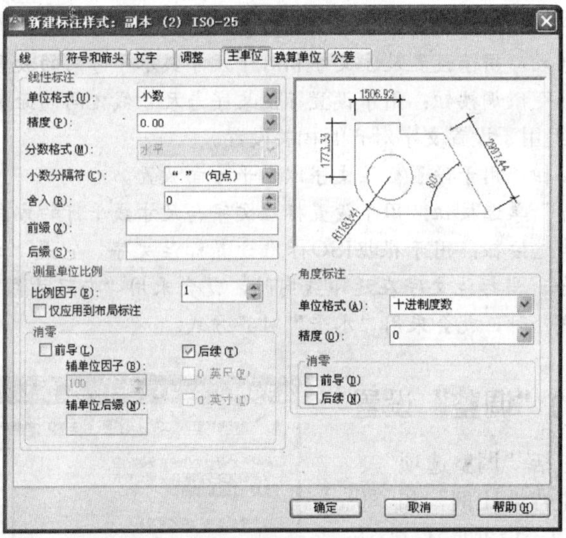


图8-11

"线性标注"选项组设置如下。

- "单位格式"下拉列表：用于设置线性标注的单位格式，默认值为小数。
- "精度"下拉列表：用于设置尺寸的精度。
- "分数格式"下拉列表：用于设置分数的格式。只有当"单位格式"为"分数"时，此下拉列表才能激活。
- "小数分隔符"下拉列表：用于设置小数的分隔符号。
- "舍入"微调按钮：用于设置除了角度之外的标注测量值的四舍五入规则。
- "前缀"文本框：用于设置尺寸文字的前缀，可以为数字、文字和符号。
- "后缀"文本框：用于设置尺寸文字的后缀，可以为数字、文字和符号。

- “比例因子”微调按钮：用于设置除了角度之外的标注比例因子。
- “仅应用到布局标注”复选框：仅对在布局里中创建的标注应用线性比例值。
- “前导”复选框：用于消除小数点前面的零。当尺寸文字小于1时，比如为“0.5”，勾选此复选框后，此“0.5”将变为“.5”，前面的零已消除。
- “后续”复选框：用于消除小数点后面的零。
- “0英尺”复选框：用于消除零英尺前的零。如：“0′ -1/2″ ”表示为“1/2″ ”。当“单位格式”设为“工程”或“建筑”时，此复选框才可被激活。
- “0英寸”复选框：用于消除英寸后的零。如：“2′ -1.400″ ”表示为“2′ -1.4″ ”。

“角度标注”选项组设置如下。

- “单位格式”下拉列表：用于设置角度标注的单位格式。
- “精度”下拉列表：用于设置角度的小数位数。
- “前导”复选框：消除角度标注前面的零。
- “后续”复选框：消除角度标注后面的零。

## 8.2.6 尺寸标注的“换算单位”设置

“换算单位”选项卡主要包括“换算单位”、“消零”和“位置”三个选项组，用于显示和设置尺寸文字的换算单位、精度等变量，如图8-12所示。

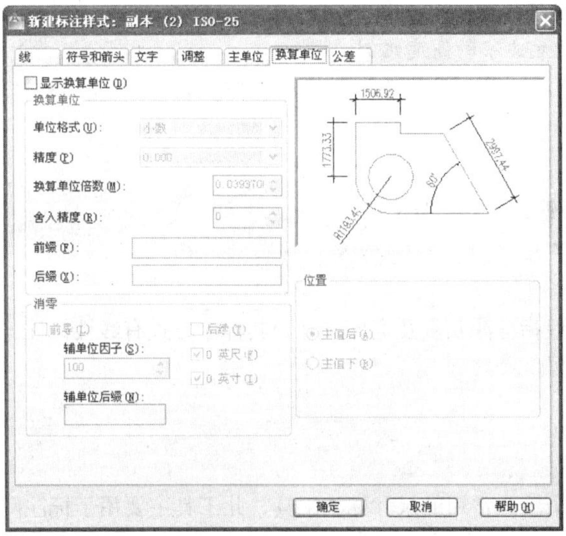


图8-12

只有勾选了“显示换算单位”复选框，才可激活“换算单位”选项卡中所有的选项组。

“换算单位”选项组设置如下。

- “单位格式”下拉列表：用于设置换算单位格式。
- “精度”下拉列表：用于设置换算单位的小数位数。
- “换算单位倍数”微调按钮：用于设置主单位与换算单位间的换算因子的倍数。
- “舍入精度”按钮：用于设置换算单位的四舍五入规则。
- “前缀”文本框：输入的值将显示在换算单位的前面。
- “后缀”文本框：输入的值将显示在换算单位的后面。

“消零”选项组用于消除换算单位的前导和后继零以及英尺、英寸前后的零。其作用与“主单位”选项卡中的“消零”选项组相同。

“位置”选项组设置如下。

- “主值后”单选按钮：将换算单位放在主单位之后。
- “主值下”单选按钮：将换算单位放在主单位之下。

### 8.2.7 尺寸标注的公差设置

“公差”选项卡包括“公差格式”、“公差对齐”、“换算单位公差”和“消零”4个选项组，主要用于设置尺寸公差的格式和换算单位，如图8-13所示。

- “方式”下拉列表：用于设置公差的形式，在此下拉列表中共有“无”、“对称”、“极限偏差”、“极限尺寸”和“基本尺寸”5个选项。
- “精度”下拉列表：用于设置公差值的小数位数。
- “上偏差”/“下偏差”微调按钮：用于设置上下偏差值。
- “高度比例”微调按钮：用于设置公差文字与基本尺寸文字的高度比例。

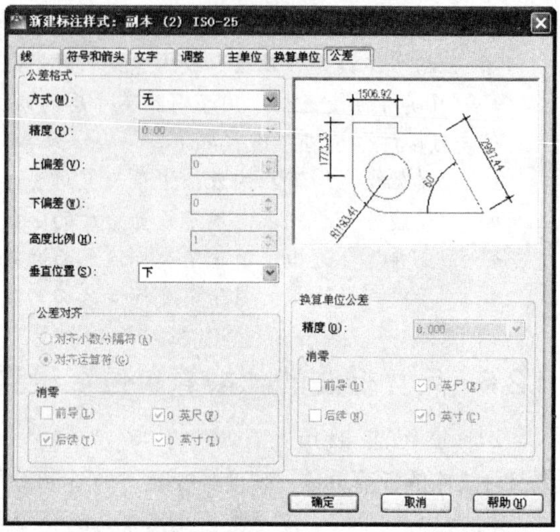


图8-13

- “垂直位置”下拉列表：用于设置基本尺寸文字与公差文字的相对位置。

## 8.3 标注长度型尺寸

长度型尺寸标注一般指标注长度及宽度尺寸，其标注方式有线性标注、连续标注、对齐标注、基线标注和快速标注等解。

### 8.3.1 线性标注

“线性”命令是一个较为常用的尺寸标注工具，此工具主要用于标注两点之间的水平尺寸或垂直尺寸。

执行“线性”命令主要有以下几种方式。

- 执行菜单栏中的“标注”|“线性”命令。
- 单击“标注”工具栏上的“线性”按钮。
- 在命令行输入Dimlinear按Enter键。
- 输入命令表达式Dimlin。

下面通过简单操作，学习“线性”命令的标注方法和标注技巧。

1. 新建一个空白文件，使用“矩形”命令绘制长度为500、宽度为350的矩形。
2. 在“图层特性管理器”面板中新建名为“尺寸层”的新图层，设置其颜色为“蓝色”，并将其设置为当前层。
3. 依照上一节所学知识，新建一个新的标注样式，进入“调整”选项卡，在“使用全局比例”文本框中设置合适的标注比例，然后将该新样式设置为当前标注样式。

**4** 设置为“端点”捕捉模式，执行菜单栏中的“标注”|“线性”命令，标注矩形的长度尺寸，命令行操作如下。

命令: _dimlinear
　　指定第一条延伸线原点或 <选择对象>:　　　　//捕捉矩形的左下角点
　　指定第二条延伸线原点:　　　　//捕捉矩形的右下角点
　　指定尺寸线位置或[多行文字(M)/文字(T)/角度(A)/水平(H)/垂直(V)/旋转(R)]:
　　　　//向下移动光标，在适当位置拾取一点确定尺寸线的位置，结果如图8-14所示

**5** 重复“线性”命令，配合“端点”捕捉功能标注矩形的宽度尺寸，命令行操作如下。

命令:　　　　//Enter，重复执行“线性”命令
　　指定第一条延伸线原点或 <选择对象>:　　　　//Enter
　　选择标注对象:　　　　//单击矩形右侧的垂直边
　　指定尺寸线位置或[多行文字(M)/文字(T)/角度(A)/水平(H)/垂直(V)/旋转(R)]:
　　　　//水平向右移动光标，在适当位置拾取一点指定尺寸线位置，结果如图8-15所示

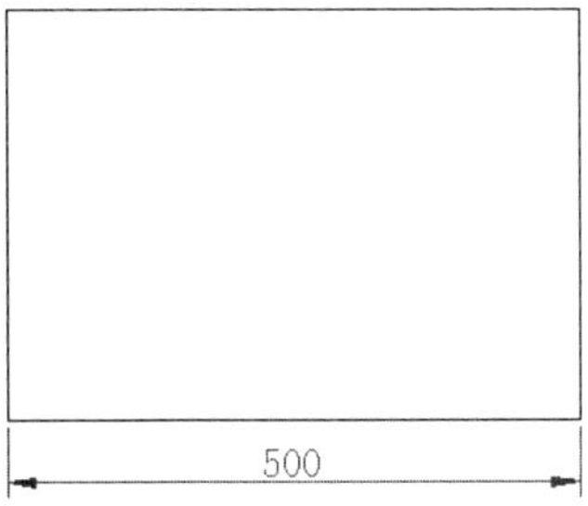

图8-14

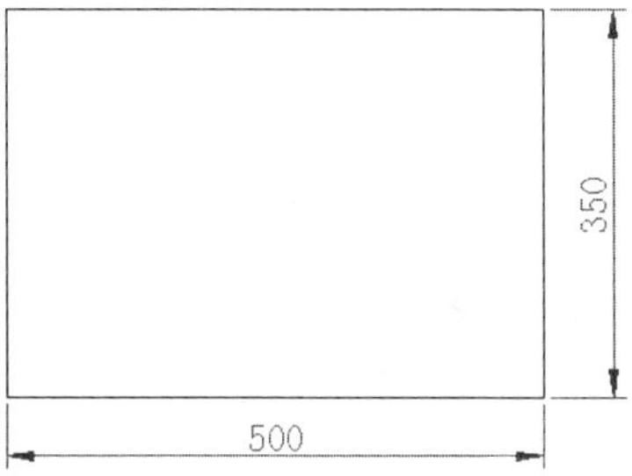

图8-15

**6** 重复“线性”命令，配合“中点”捕捉功能标注矩形的直径尺寸，命令行操作如下。

命令:　　　　//Enter，重复执行“线性”命令
　　指定第一条延伸线原点或 <选择对象>: //捕捉矩形上水平边的中点
　　指定第二条尺寸界线原点:　　　　//捕捉矩形下水平边的中点
　　指定尺寸线位置或[多行文字(M)/文字(T)/角度(A)/水平(H)/垂直(V)/旋转(R)]:
　　//M Enter，激活“多行文字”选项，在打开的“文字格式”编辑器的文本输入框中输入“%%C350”，结果“%%C”转换为直径符号，如图8-16所示

图8-16

**7** 单击确定按钮关闭“文字格式”编辑器，标注结果如图8-17所示。

- “多行文字”选项：激活该选项后，将打开“文字格式”编辑器，手动编辑尺寸文字内容，或者为尺寸文字添加前后缀等。
- “文字”选项：用于通过命令行手动编辑尺寸文字的内容。
- “角度”选项：用于设置尺寸文字的旋转角度，例如激活该选项后，在命令行“指定标注文字的角度:”提示下输入45并按Enter键，则尺寸文字旋转45°，如图8-18所示。

- “水平”选项：用于标注两点之间的水平尺寸，当激活该选项后，无论如何移动光标，所标注的始终是对象的水平尺寸。
- “垂直”选项：用于标注两点之间的垂直尺寸，当激活该选项后，无论如何移动光标，所标注的始终是对象的垂直尺寸。
- “旋转”选项：用于设置尺寸线的旋转角度，例如激活该选项后，在命令行“指定尺寸线的角度<0>:”提示下输入10并按Enter键，则尺寸标注旋转10°，如图8-19所示。

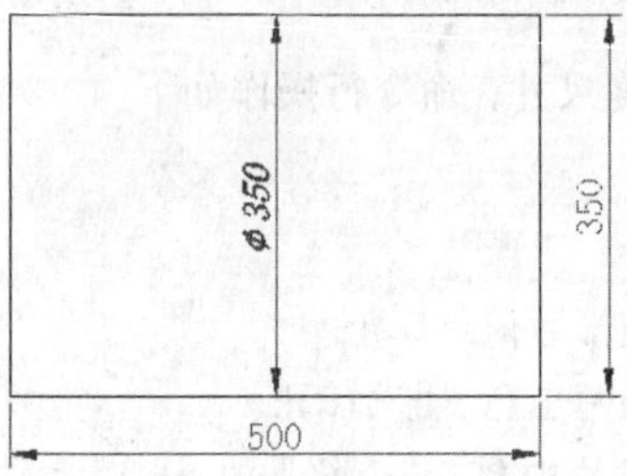

图8-17

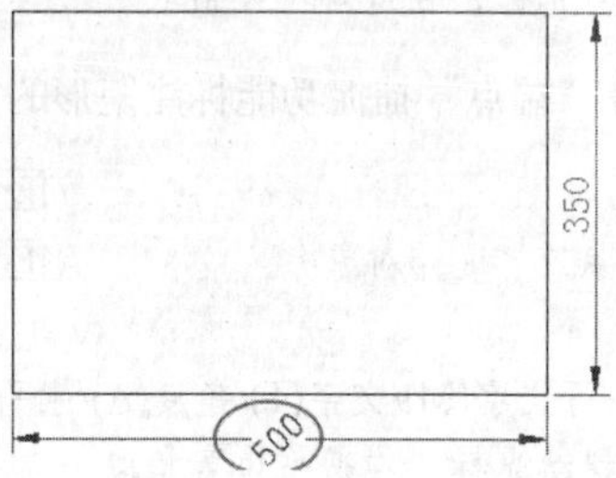

图8-18

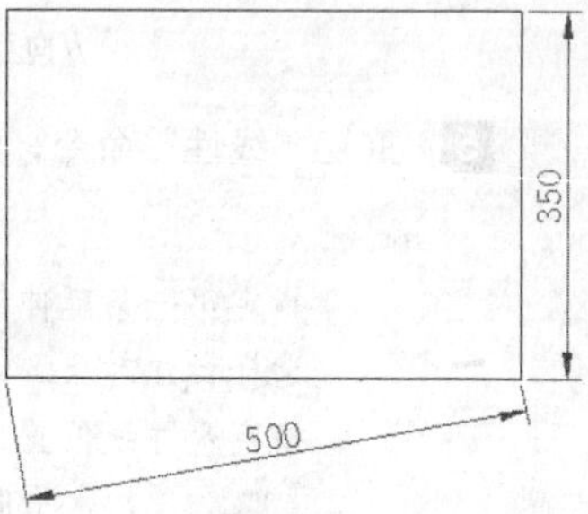

图8-19

## 8.3.2 对齐标注

“对齐”命令用于标注平行于所选对象或平行于两条延伸线原点连线的直线型尺寸，此命令比较适合于标注倾斜图线的尺寸。

执行“对齐”命令主要有以下几种方式。

- 执行菜单栏中的“标注”|“对齐”命令。
- 单击“标注”工具栏上的“对齐”按钮。
- 在命令行输入Dimaligned按Enter键。
- 输入命令表达式Dimali。

下面以标注某矩形对角线的长度为例，学习“对齐”命令的标注方法。

1. 继续上例操作。
2. 单击“标注”工具栏上的“对齐”按钮，执行“对齐”命令，配合“端点”捕捉功能标注矩形对角线尺寸，命令行操作如下。

命令: _dimaligned

指定第一条延伸线原点或<选择对象>: //捕捉矩形的左上角点

指定第二条延伸线原点: //捕捉矩形的右下角点

指定尺寸线位置或[多行文字(M)/文字(T)/角度(A)]:

//在适当位置指定尺寸线位置，结果如图8-20所示

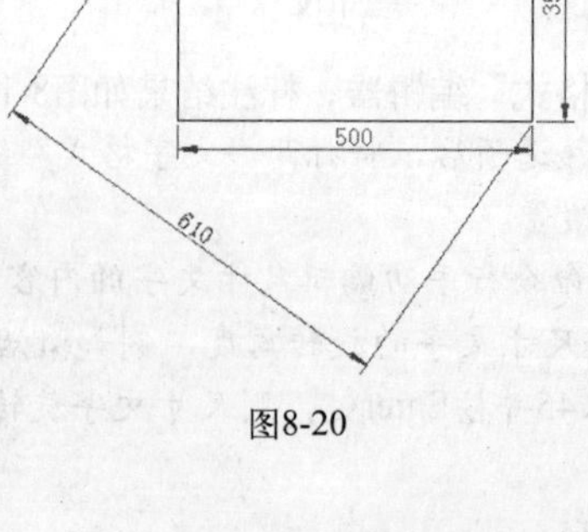

图8-20

## 8.3.3　快速标注

“快速标注”命令用于一次标注多个对象间的水平尺寸或垂直尺寸。执行“快速标注”命令主要有以下几种方式。

- 执行菜单栏中的“标注”|“快速标注”命令。
- 单击“标注”工具栏上的“快速标注”按钮。
- 在命令行输入Qdim按Enter键。

下面通过一个简单实例，学习“快速标注”命令的标注方法和标注技巧。

**1** 删除上一节矩形的标注尺寸，然后使用“分解”命令将矩形分解为4条独立的线段，再使用“偏移”命令将左、右垂直边分别向内偏移100和200个绘图单位，结果如图8-21所示。

**2** 单击“标注”工具栏上的“快速标注”按钮，激活“快速标注”命令后，快速标注矩形垂直线之间的水平尺寸，命令行操作如下。

命令: _qdim

选择要标注的几何图形:　　//由右向左拉出图8-22所示的窗交选择框

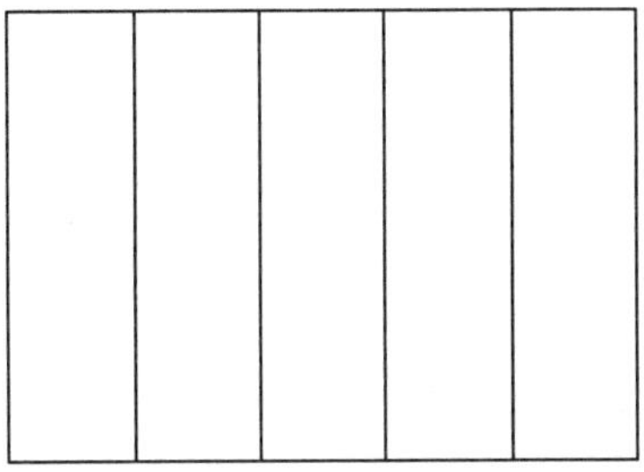

图8-21

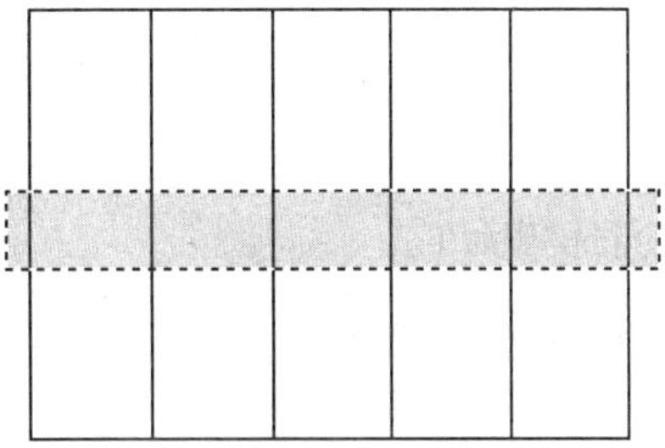

图8-22

选择要标注的几何图形:　　//Enter，进入如图8-23所示的快速标注状态

指定尺寸线位置或 [连续(C)/并列(S)/基线(B)/坐标(O)/半径(R)/直径(D)/基准点(P)/编辑(E)/设置(T)] <连续>: //向下引导光标，在适当位置拾取一点指定尺寸线位置，结果如图8-24所示

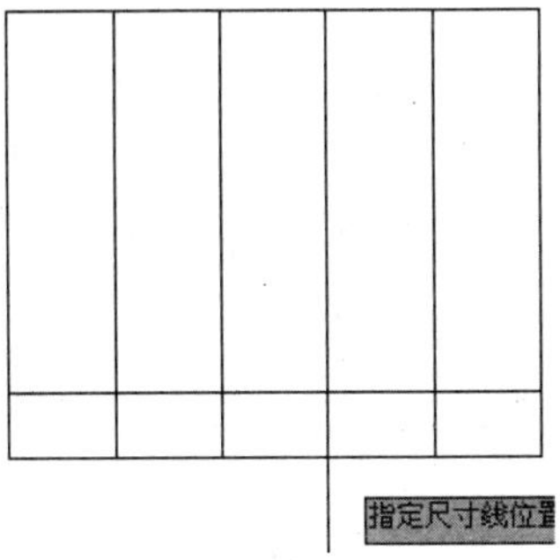


图8-23

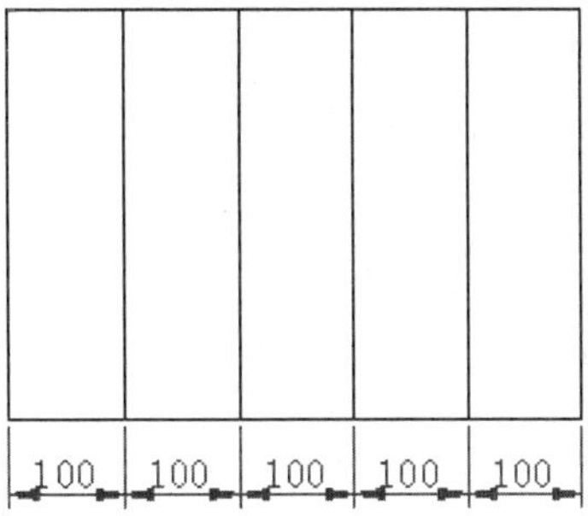


图8-24

- “连续”选项：用于创建一系列连续标注。
- “并列”选项：用于快速生成并列的尺寸标注。
- “基线”选项：用于对选择的各个对象以基线标注的形式快速标注。
- “坐标”选项：用于对选择的多个对象快速生成坐标标注。
- “半径”选项：用于对选择的多个对象快速生成半径标注。

- “直径”选项：用于对选择的多个对象快速生成直径标注。
- “基准点”选项：用于为基线标注和连续标注确定一个新的基准点。
- “编辑”选项：用于对快速标注的选择集进行修改。
- “设置”选项：用于设置关联标注的优先级。

## 8.3.4 基线标注

“基线”命令属于一个复合尺寸工具，此工具需要在现有尺寸的基础上，以所选择的尺寸界限作为基线尺寸的尺寸界限创建基线尺寸。

执行“基线”命令主要有以下几种方式。

- 执行菜单栏中的“标注”|“基线”命令。
- 单击“标注”工具栏上的“基线”按钮。
- 在命令行输入Dimbaseline按Enter键。
- 输入命令表达式Dimbase按Enter键。

下面继续通过一个简单实例，主要学习“基线”命令的标注方法和标注技巧。

1 删除上一节图形中的所有尺寸标注。

2 执行菜单栏中的“标注”|“线性”命令，配合“端点”捕捉功能标注如图8-25所示的线性尺寸作为基准尺寸。

3 继续执行菜单栏中的“标注”|“基线”命令，配合“端点”捕捉功能标注基线尺寸，命令行操作如下。

```
命令: _dimbaseline
    指定第二条延伸线原点或 [放弃(U)/选择(S)] <选择>:    //捕捉如图8-26所示的端点A
    指定第二条延伸线原点或 [放弃(U)/选择(S)] <选择>:    //捕捉如图8-26所示的端点B
    指定第二条延伸线原点或 [放弃(U)/选择(S)] <选择>:    //捕捉如图8-26所示的端点C
    指定第二条延伸线原点或 [放弃(U)/选择(S)] <选择>:    //捕捉如图8-26所示的端点D
    指定第二条延伸线原点或 [放弃(U)/选择(S)] <选择>:    // 按两次Enter键结束操作
```

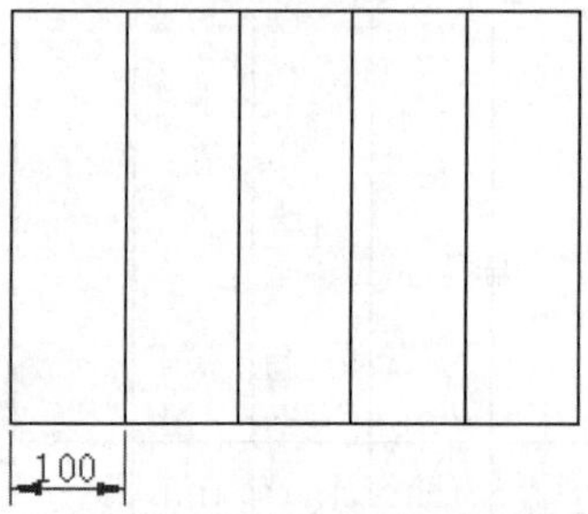


图8-25

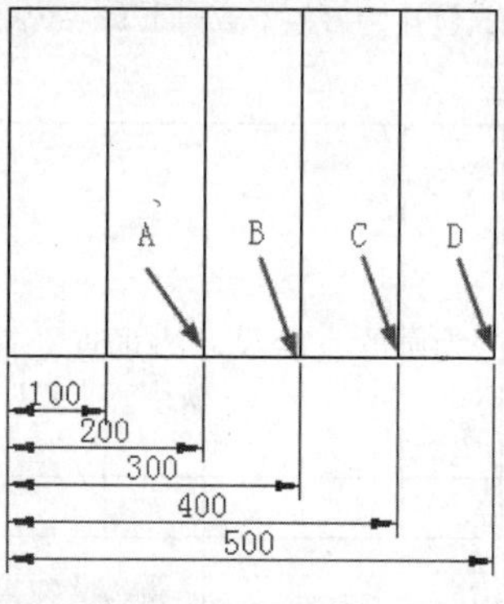


图8-26

## 8.3.5 连续标注

“连续”命令也需要在现有的尺寸基础上创建连续的尺寸对象，所创建的连续尺寸位于同一个方向矢量上。

执行“连续”命令主要有以下几种方式。

- 执行菜单栏中的“标注”|“连续”命令。
- 单击“标注”工具栏上的“连续”按钮。
- 在命令行输入Dimcontinue按Enter键。
- 输入命令表达式Dimcont按Enter键。

下面以简单实例，主要学习“连续”命令的标注方法和标注技巧。

**1** 使用“删除”命令删除上一节标注的除尺寸线为100的尺寸之外的其他基线尺寸，如图8-25所示。

**2** 执行菜单栏中的“标注”|“连续”命令，标注连续尺寸，命令行操作如下。

```
命令: _dimcontinue
    选择连续标注:                                         //单击尺寸线为100的线性尺寸
    指定第二条尺寸界线原点或 [放弃(U)/选择(S)] <选择>:      //捕捉如图8-26所示的A点
    指定第二条尺寸界线原点或 [放弃(U)/选择(S)] <选择>:      //捕捉如图8-26所示的B点
    指定第二条尺寸界线原点或 [放弃(U)/选择(S)] <选择>:      //捕捉如图8-26所示的C点
    指定第二条尺寸界线原点或 [放弃(U)/选择(S)] <选择>:      //捕捉如图8-26所示的D点
    指定第二条尺寸界线原点或 [放弃(U)/选择(S)] <选择>:
                                              // Enter，结束标注，结果如图8-24所示
```

## 8.4 编辑与修改尺寸标注

当为图形完成标注后，需要为尺寸标注进行编辑和修改，使其标注效果更加美观、合理。这一节继续学习编辑和修改标注的相关知识。

### 8.4.1 编辑标注

编辑标注是指修改尺寸文字的内容、旋转角度以及延伸线的倾斜角度等。执行“编辑标注”命令主要有以下几种方式。

- 执行菜单栏中的“标注”|“倾斜”命令。
- 单击“标注”工具栏上的“编辑标注”按钮。
- 在命令行输入Dimedit按Enter键。

下面通过为圆的直径尺寸添加直径符号的实例，学习“编辑标注”命令的操作方法和操作技巧。

**1** 使用命令简写C激活“圆”命令，绘制半径为50的圆，然后使用“线性”命令，配合“象限点”捕捉功能，标注圆的直径尺寸，如图8-27所示。

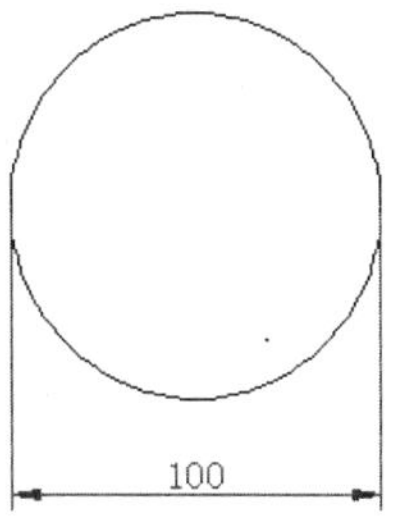


图8-27

**2** 采用上述任意方式激活“编辑标注”命令，编辑该直径尺寸，命令行操作如下。

```
命令: _dimedit
    输入标注编辑类型 [默认(H)/新建(N)/旋转(R)/倾斜(O)] <默认>:
    //N Enter，激活“新建”选项，同时打开“文字格式”编辑器，在下面的文本框中输入
    “%%C100”，“%%C”将转换为“直径”符号Ø，如图8-28所示
```

图8-28

**3** 单击“文字格式”编辑器中的 确定 按钮关闭此编辑器，在命令行“选择对象:”提示下选择标注的圆的直径尺寸，如图8-29所示。

**4** 继续在命令行“选择对象:”提示下按Enter键，则在尺寸100的前面添加了一个“直径”符号ϕ，如图8-30所示。

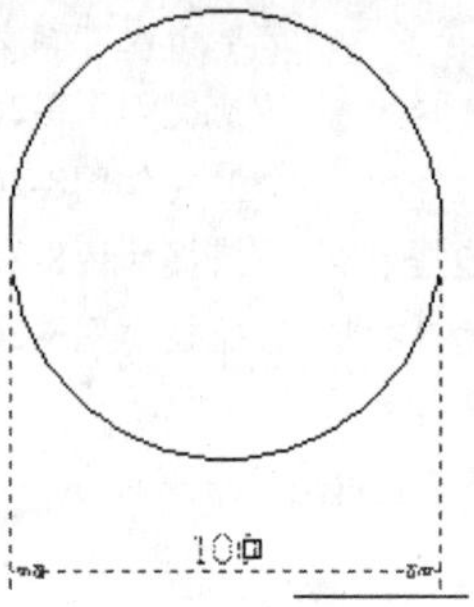


图8-29

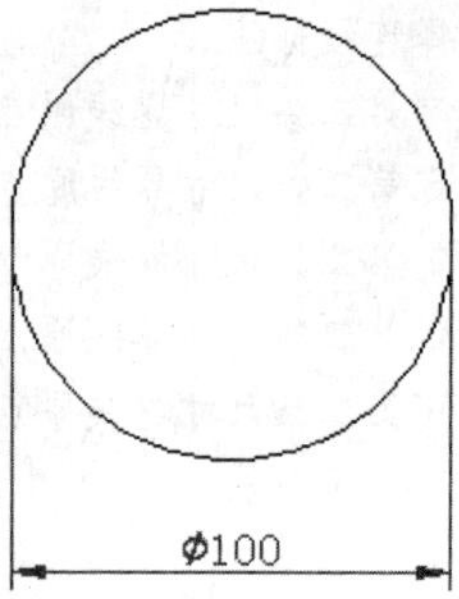


图8-30

**5** 再次激活“编辑标注”命令，继续对尺寸标注进行编辑，命令行操作如下。

命令: _dimedit
输入标注编辑类型 [默认(H)/新建(N)/旋转(R)/倾斜(O)] <默认>://R Enter，激活“旋转”选项
指定标注文字的角度:　　　　//45 Enter
选择对象:　　　　//单击尺寸标注
选择对象:　　　　// Enter，则尺寸标注被旋转了45°，如图8-31所示

**6** 再次激活“编辑标注”命令，继续对尺寸标注进行编辑，命令行操作如下。

命令: _dimedit
输入标注编辑类型 [默认(H)/新建(N)/旋转(R)/倾斜(O)] <默认>:
　　　　//O Enter，激活“倾斜”选项
选择对象:　　　　//单击尺寸标注
选择对象:　　　　// Enter
输入倾斜角度 (按 ENTER 表示无):　　　　//60 Enter，则尺寸倾斜了60°，如图8-32所示

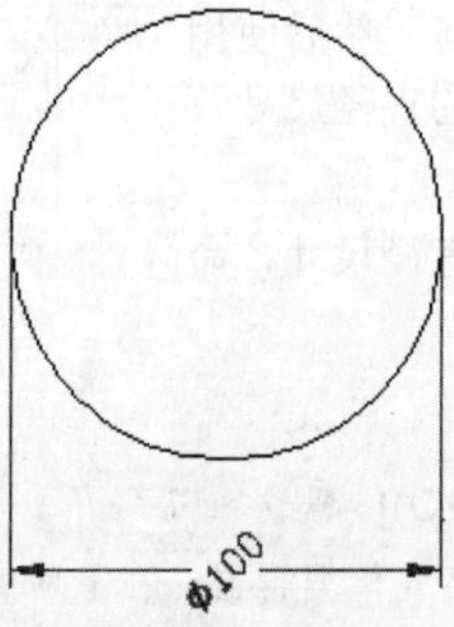


图8-31

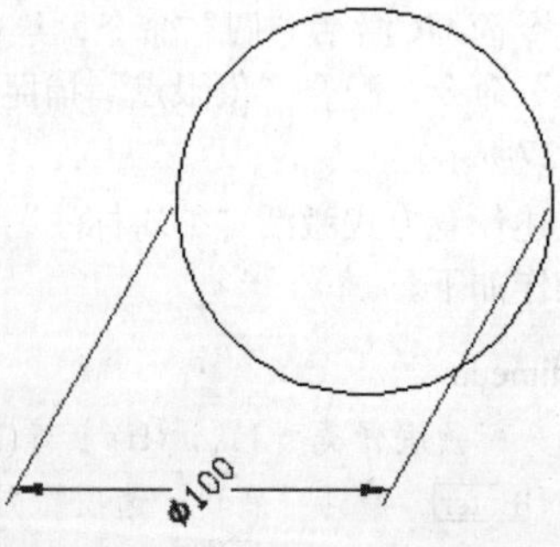


图8-32

## 8.4.2 编辑标注文字

与“编辑标注”不同，“编辑标注文字”命令用于调整尺寸文字的放置位置以及尺寸文字的旋转角度。

执行“编辑标注文字”命令主要有以下几种方式。

- 执行“标注”|“对齐文字”级联菜单中的各命令。
- 单击“标注”工具栏上的“编辑标注文字”按钮。
- 在命令行输入Dimtedit按Enter键。

激活“编辑标注文字”命令后，在命令行“为标注文字指定新位置或[左对齐(L)/右对齐(R)/居中(C)/默认(H)/角度(A)]:”提示下，直接选择标注尺寸并调整位置。另外，也可以激活其他相关选项，对尺寸进行调整。

- “左对齐”选项：用于沿尺寸线左端放置标注文字。
- “右对齐”选项：用于沿尺寸线右端放置标注文字。
- “居中”选项：用于把标注文字放在尺寸线的中心。
- “默认”选项：用于将标注文字移回默认位置。
- “角度”选项：用于按照输入的角度放置标注文字。

编辑标注文字后的各效果如图8-33所示。

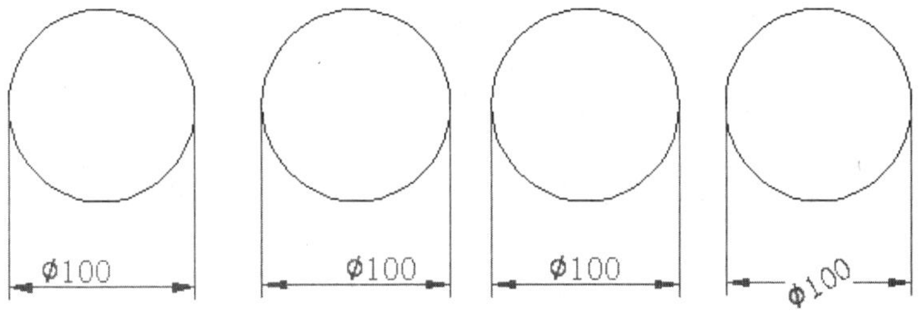


图8-33

## 8.4.3 标注打断

“标注打断”命令可以在尺寸线、延伸线与几何对象或其他标注相交的位置将其打断。

执行“标注打断”命令主要有以下几种方式。

- 执行菜单栏中的“标注”|“标注打断”命令。
- 单击“标注”工具栏上的“折断标注”按钮。
- 在命令行输入Dimbreak按Enter键。

下面通过简单实例，学习“标注打断”命令的操作方法和操作技巧。

1. 在上例中的圆形内再次绘制直径为50的同心圆，然后使用“线性”命令标注两个圆的直径，结果如图8-34所示。
2. 采用上述任意方式激活“标注打断”命令，对尺寸标注进行打断，命令行操作如下。

```
命令: _DIMBREAK
    选择要添加/删除折断的标注或 [多个(M)]:          //单击内部圆的直径尺寸，如图8-35所示
    选择要折断标注的对象或 [自动(A)/手动(M)/删除(R)] <自动>:
                                                  //单击外部的大圆，如图8-36所示
    选择要折断标注的对象:
                          //Enter，结果内部小圆的直径尺寸线沿大圆被打断，如图8-37所示
```

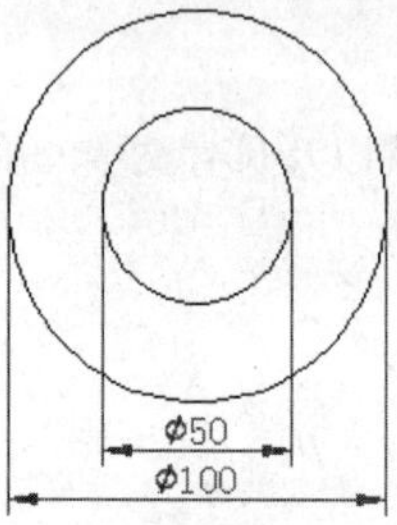


图8-34

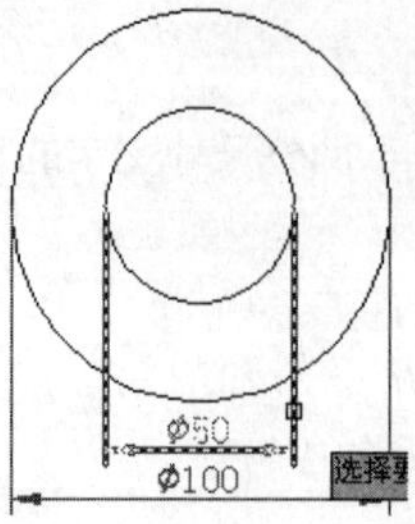


图8-35

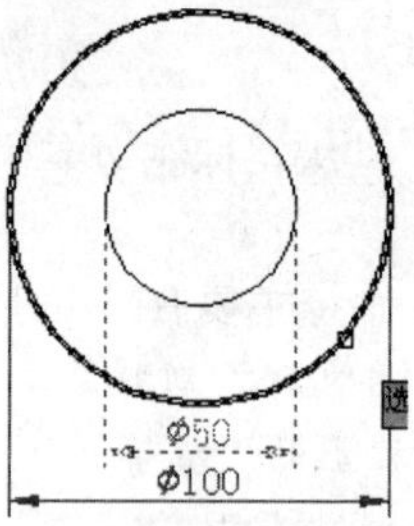


图8-36

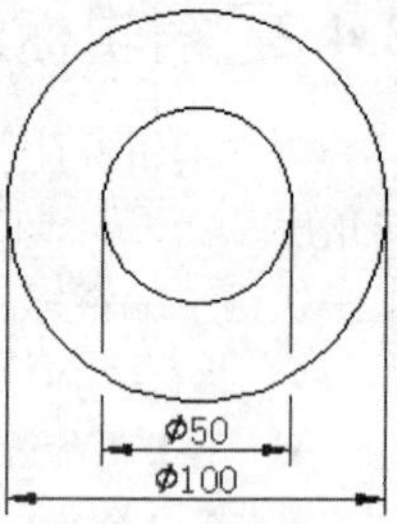


图8-37

## 8.4.4 标注间距

“标注间距”命令用于调整平行的线性标注和角度标注之间的距离，或根据指定的间距值进行调整。

执行“标注间距”命令主要有以下几种方式。

- 执行菜单栏中的“标注”|“标注间距”命令。
- 单击“标注”工具栏上的“等距标注”按钮。
- 在命令行输入Dimspace按Enter键。

下面通过简单的实例操作，学习使用“标注间距”命令的操作方法和技巧。

**1** 继续在上一实例的图形中绘制直径为150的同心圆，并使用“线性”命令标注该圆的直径尺寸，如图8-38所示。

**2** 采用上述任意方式激活“标注间距”命令，将各尺寸线间的距离调整为15个单位，命令行操作如下。

命令: _DIMSPACE
选择基准标注: //选择外部圆的直径尺寸，如图8-39所示

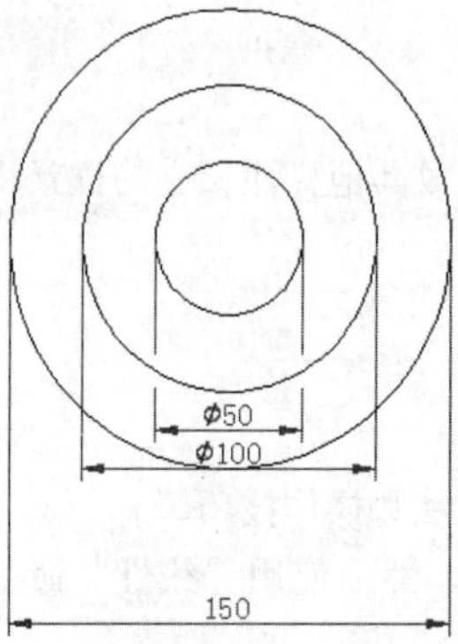


图8-38

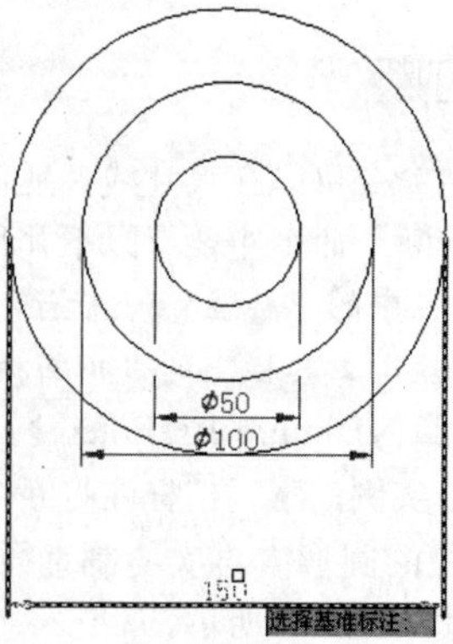


图8-39

选择要产生间距的标注: //分别选择其他两个圆的标注尺寸，如图8-40所示
选择要产生间距的标注: //Enter，结束对象的选择
输入值或 [自动(A)] <自动>: //Enter，调整结果如图8-41所示

**TIP** 用户也可以直接输入要调整的尺寸的间距值调整尺寸标注直径的距离。

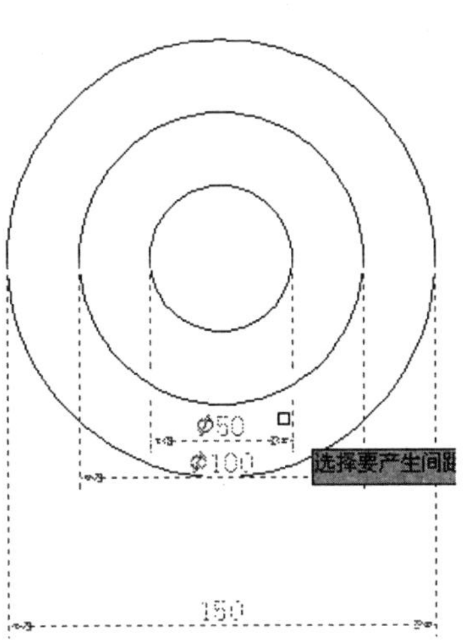


图8-40

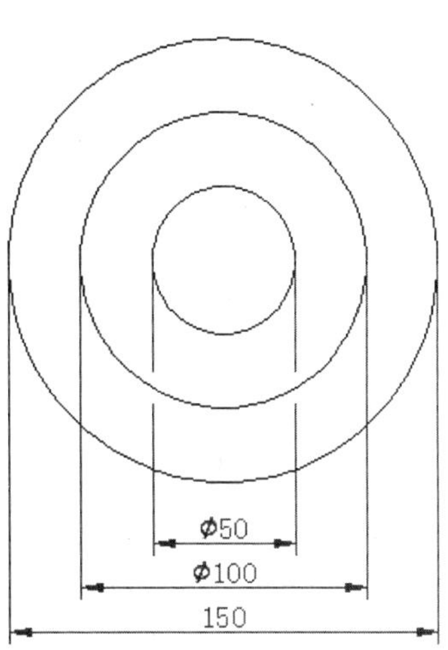


图8-41

# 8.5 标注建筑平面图施工尺寸

前面章节中学习了长度型尺寸标注的各种方法，这一节通过标注某建筑平面图施工尺寸的实例，对以上所学知识进行巩固练习。

## 8.5.1 设置标注样式

这一节首先来设置标注样式，具体操作步骤如下。

1 打开随书光盘中的文件“素材文件”\“第8章”\“建筑平面图.dwg”，如图8-42所示。

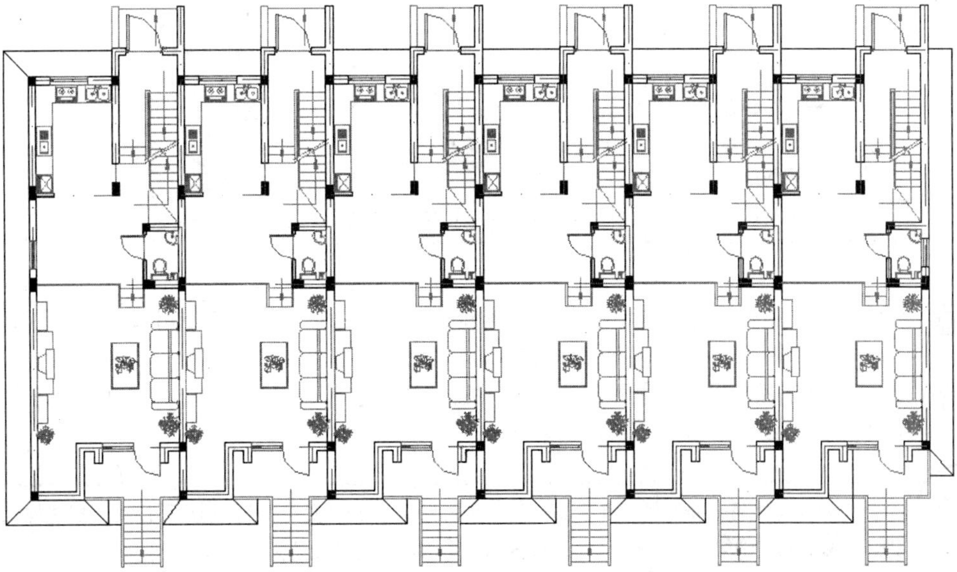

图8-42

**2** 执行菜单栏中的“格式”|“标注样式”命令，打开“标注样式管理器”对话框，单击[新建(N)...]按钮，在“创建新标注样式”对话框中将新样式命名为“建筑标注”。

**3** 单击[继续]按钮进入“新建标注样式:建筑标注”对话框，在“线”选项卡中设置尺寸线和尺寸界限参数，如图8-43所示。

**4** 继续进入“符号和箭头”选项卡，设置箭头类型如图8-44所示。

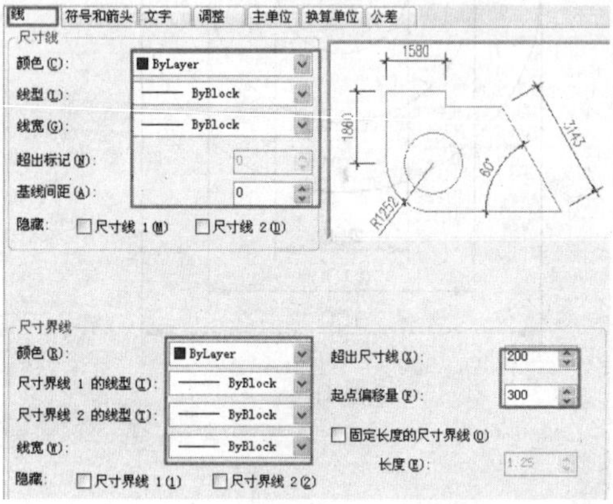


图8-43

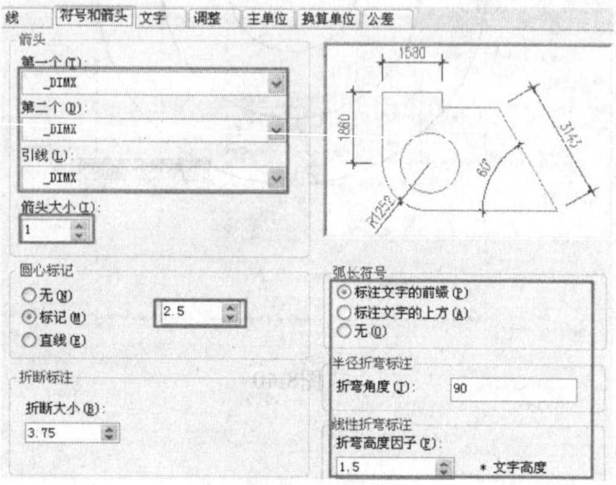


图8-44

**5** 进入“文字”选项卡，单击“文字样式”右侧的[...]按钮打开“文字样式”对话框，新建名为“字母”的文字样式，并设置其参数如图8-45所示。

**6** 关闭“文字样式”对话框，返回到“文字”选项卡，在“文字样式”下拉列表中选择名为“字母”的新文字样式，并设置其他参数如图8-46所示。

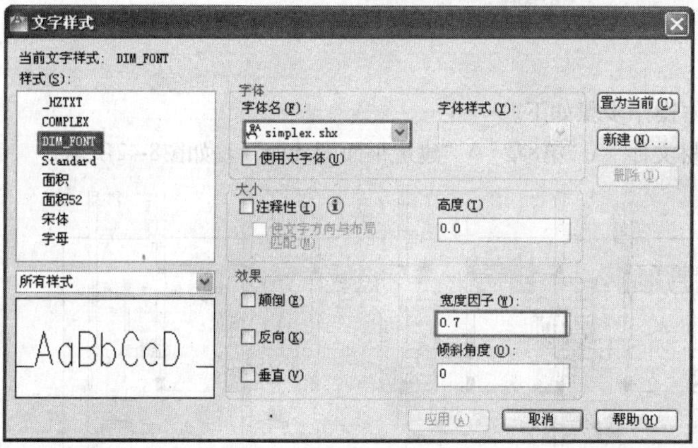


图8-45

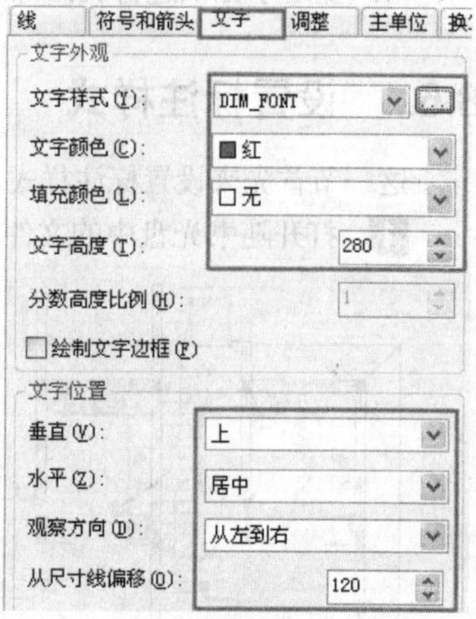


图8-46

**7** 继续进入“调整”选项卡，在“标注特性比例”选项下，选择“使用全局比例”单选按钮，同时设置其比例为1，其他设置默认。

**8** 单击[确定]按钮关闭“新建标注样式:平面标注”对话框，并回到“标注样式管理器”对话框，单击[关闭]按钮关闭该对话框。

> **TIP** 当新建标注样式后，新建的标注样式自动设置为当前标注样式。另外，用户可以在“标注样式管理器”对话框中选择一个标注样式，单击[置为当前(U)]按钮将其设置为当前标注样式。

## 8.5.2 标注平面图尺寸

这一节来标注平面图尺寸，包括细部尺寸、轴线尺寸和总尺寸，具体操作步骤如下。

**1** 继续上一节的操作。

**2** 在“图层控制”下拉列表中，将“尺寸层”设置为当前层。

**3** 使用命令简写XL激活“构造线”命令，在建筑平面图四周绘制4条构造线作为尺寸定位线，构造线到墙线的距离为600，如图8-47所示。

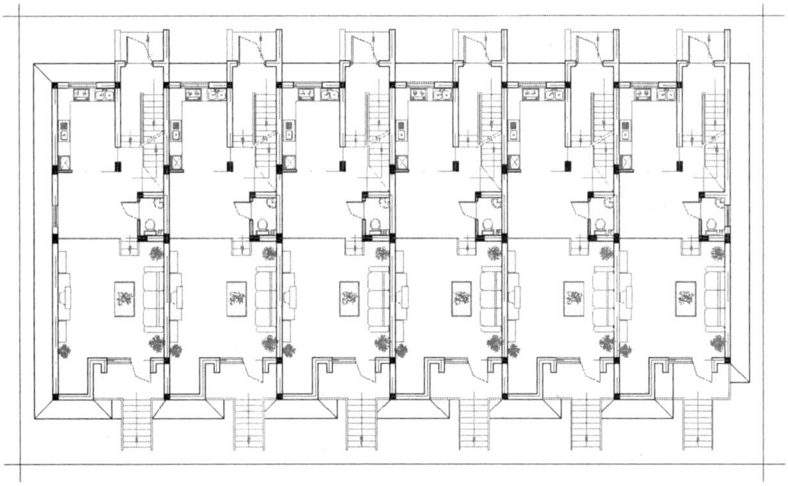

图8-47

**4** 执行菜单栏中的“标注”|“线性”命令，配合“端点”和“交点”捕捉功能，标注第1个基准尺寸，命令行操作如下。

命令: _dimlinear

指定第一个尺寸界线原点或 <选择对象>:

//由如图8-48所示的墙线端点向下引出追踪线，捕捉追踪线与水平构造线的交点

指定第二条尺寸界线原点:

//由如图8-49所示的墙线端点向下引出追踪线，捕捉追踪线与水平构造线的交点

指定尺寸线位置或[多行文字(M)/文字(T)/角度(A)/水平(H)/垂直(V)/旋转(R)]:

//向下引导光标，输入1000 Enter，结果如图8-50所示

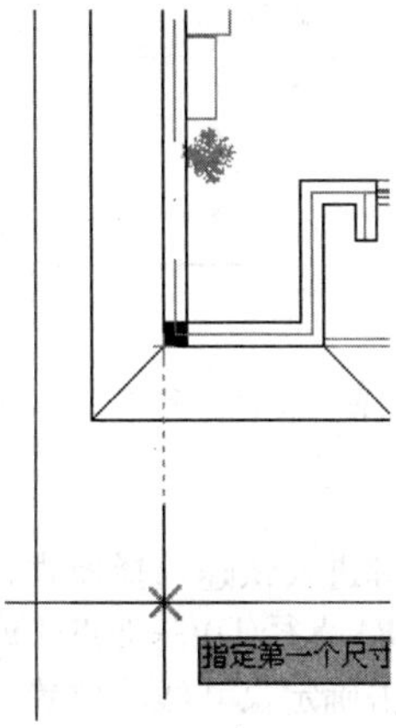


图8-48

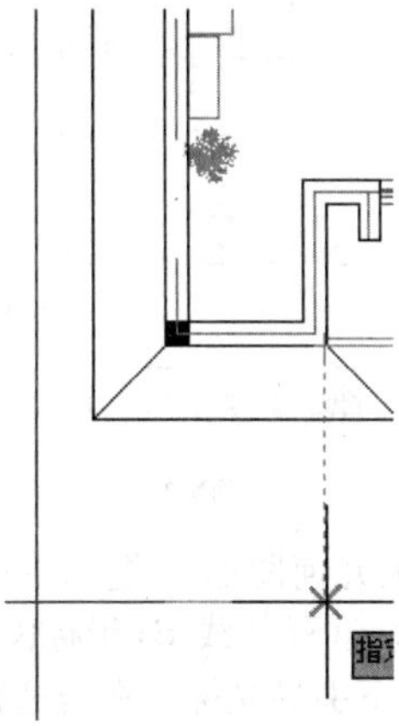

图8-49

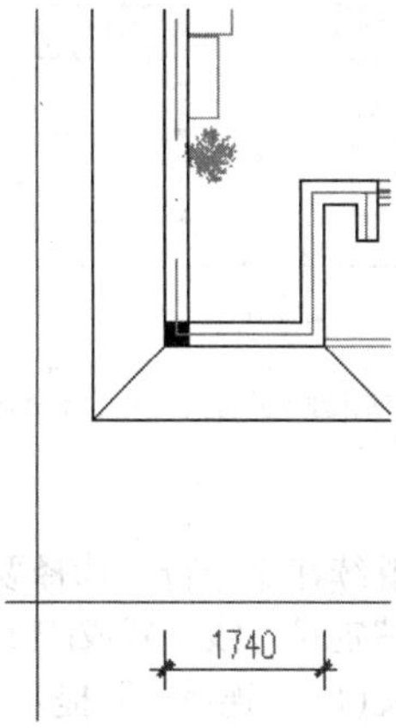


图8-50

5 执行菜单栏中的“标注”|“连续”命令，配合捕捉与追踪功能，分别由各墙线的端点向下引出追踪线，捕捉追踪线与水平构造线的交点，标注连续尺寸，如图8-51所示。

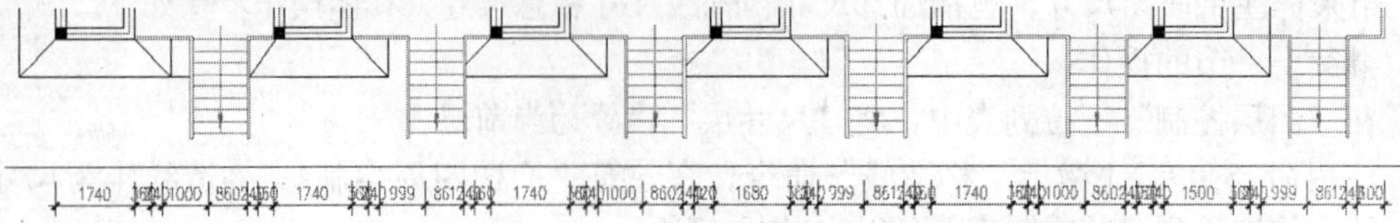

图8-51

6 下面标注轴线尺寸。在“图层控制”下拉列表中将“门窗层”、“墙线层”和“家具层”暂时隐藏，结果如图8-52所示。

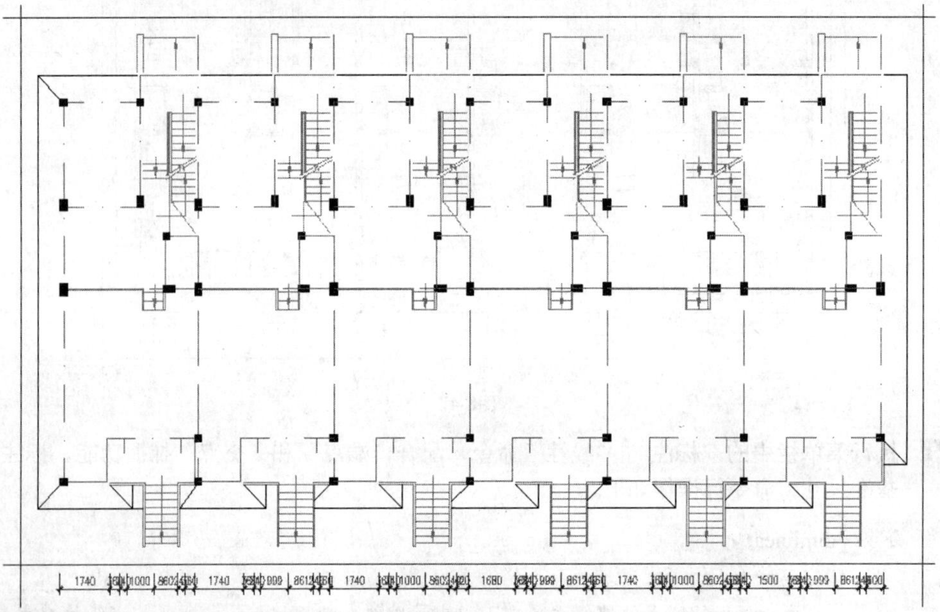

图8-52

7 执行菜单栏中的“标注”|“快速标注”命令，在命令行“选择要标注的几何图形:”提示下，由右向左以窗交选择方式选取7条垂直轴线，如图8-53所示。

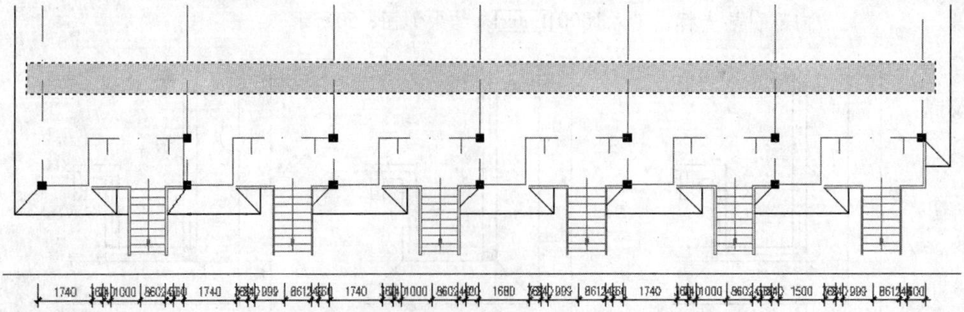

图8-53

8 继续在命令行“选择要标注的几何图形:”提示下按Enter键进入快速选择模式，在命令行“定尺寸线位置或[连续(C)/并列(S)/基线(B)/坐标(O)/半径(R)/直径(D)/基准点(P)/编辑(E)/设置(T)] <连续>:”提示下，向下引导光标，在合适位置单击确定尺寸线的位置，结果如图8-54所示。

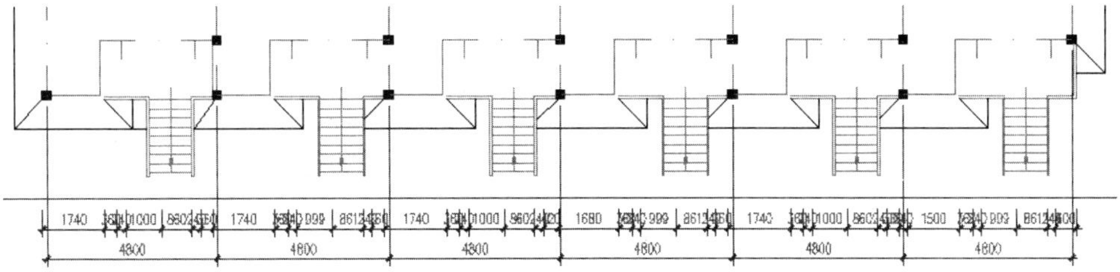

图8-54

**9** 在无任何命令发出的情况下，单击轴线尺寸使其夹点显示，然后按住Shift键单击最上侧的夹点进入夹基点，将其向下移动到水平构造线位置，取消夹点显示，结果如图8-55所示。

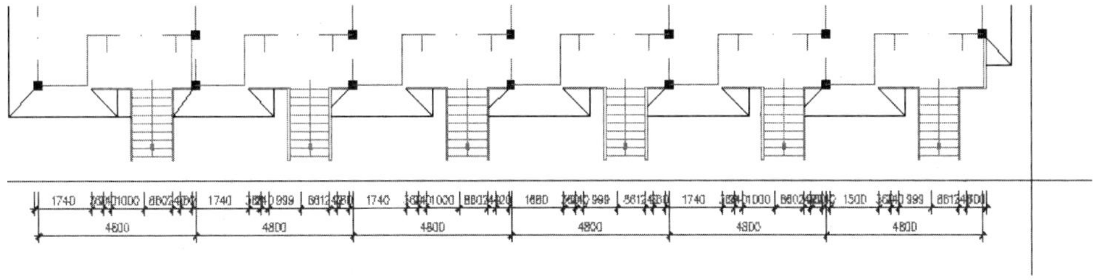

图8-55

**10** 显示被隐藏的“门窗层”、“墙线层”以及“家具层”等，使用“线性”标注功能，分别由A点和B点向下引出追踪线，标注总尺寸，结果如图8-56所示。

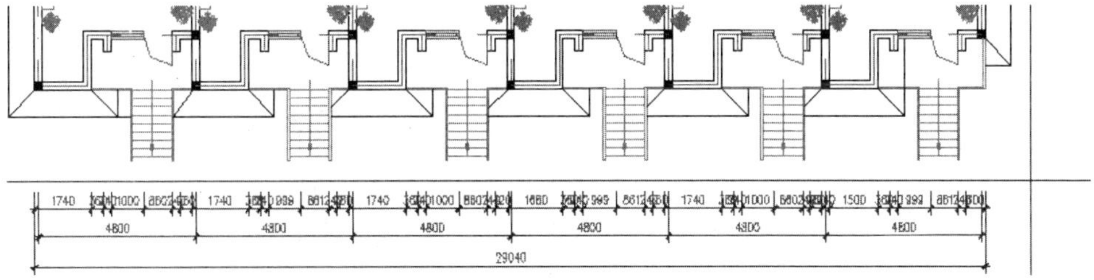


图8-56

**11** 激活“编辑标注文字”命令，对重叠的尺寸标注进行调整，命令行操作如下。

```
命令: _dimtedit
    选择标注:                                //单击如图8-57所示的尺寸
    为标注文字指定新位置或 [左对齐(L)/右对齐(R)/居中(C)/默认(H)/角度(A)]:
                                             //将该尺寸移动到如图8-58所示的位置
```

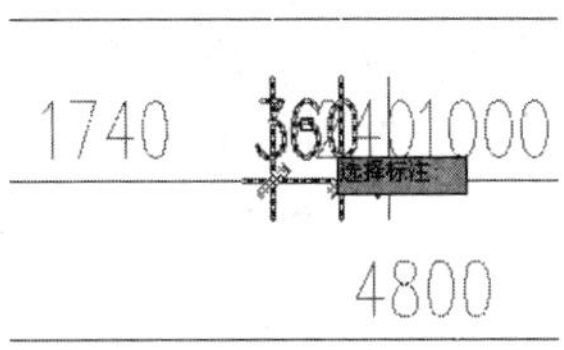


图8-57

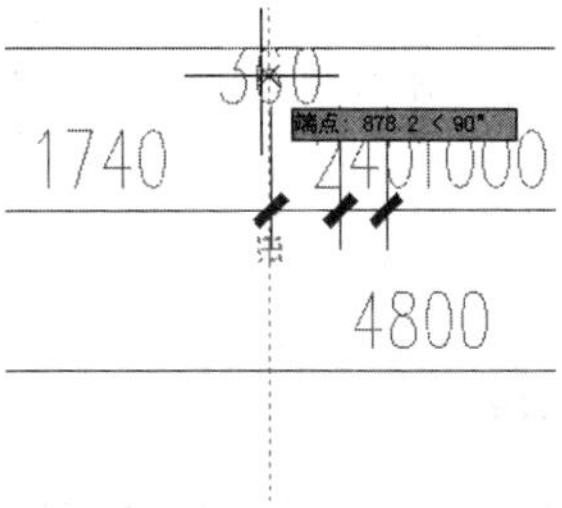


图8-58

**12** 使用相同的方法，对其他重叠的尺寸进行调整，结果如图8-59所示。

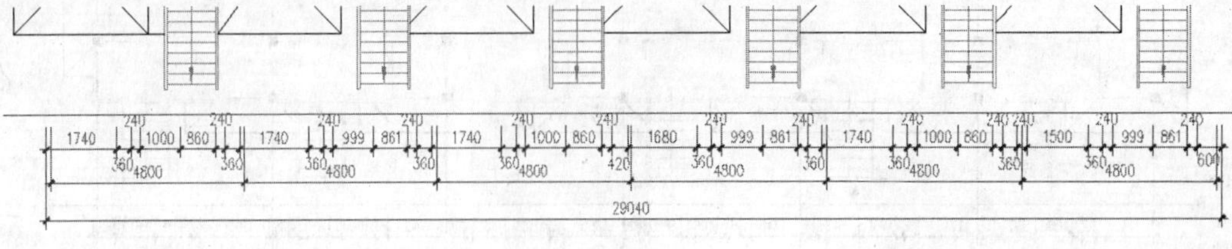


图8-59

**13** 依照相同的方法，继续使用“线性”、“连续”、“快速标注”命令标注平面图侧面和上方的细部尺寸、轴线尺寸和总尺寸，最后使用“编辑标注文字”命令对标注的尺寸进行调整，完成建筑平面图施工尺寸的标注，结果如图8-60所示。

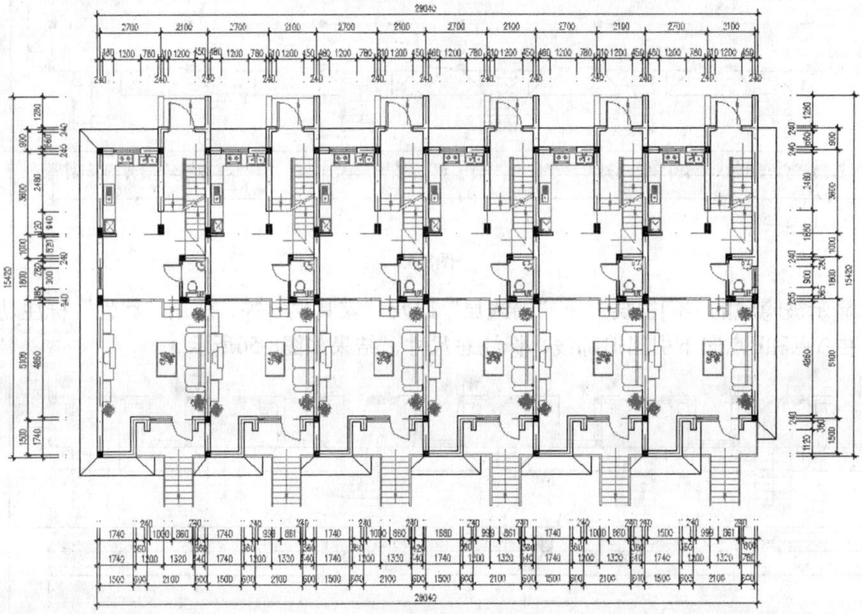


图8-60

**14** 使用“另存为”命令，将该图形存储为“标注建筑平面图尺寸.dwg”文件。

# 8.6 标注圆弧、角度与公差尺寸

圆弧型和角度型尺寸主要是指标注圆或圆弧半径、直径以及线的角度等，其主要标注方式有弧长标注、角度标注、半径标注和直径标注等，而公差是指为零件图标注形位公差，这一节继续学习这些标注内容。

## 8.6.1 弧长标注

“弧长”命令主要用于标注圆弧或多段线弧的长度尺寸，默认设置下，会在尺寸数字的一端添加弧长符号。

执行“弧长”命令主要有以下几种方式。

- 执行菜单栏中的“标注”|“弧长”命令。
- 单击“标注”工具栏上的“弧长”按钮。
- 在命令行输入Dimarc按Enter键。

下面通过一个简单实例，学习“弧长”命令的使用方法。

**1** 新建一个空白文件，然后使用“圆弧”命令，绘制三个圆弧对象。

**2** 激活“弧长”命令，标注圆弧尺寸，命令行操作如下。

```
命令: _dimarc
    选择弧线段或多段线弧线段:          //选择左边的圆弧对象
    指定弧长标注位置或 [多行文字(M)/文字(T)/角度(A)/部分(P)/引线(L)]:
        //上、下引导光标，在合适的位置单击指定弧长尺寸的位置，标注结果如图8-61所示
```

- “部分”选项：选择该选项，可以标注圆弧或多段线弧上的部分弧长。
- “引线”选项：用于为圆弧的弧长尺寸添加指示线，指示线的一端指向所选择的圆弧对象，另一端连接弧长尺寸。

**3** 继续执行“弧长”命令，标注弧的部分弧长，命令行操作如下。

```
命令: _dimarc
    选择弧线段或多段线弧线段:              //选择中间的圆弧对象
    指定弧长标注位置或 [多行文字(M)/文字(T)/角度(A)/部分(P)/引线(L)]:
                                           // P Enter，激活“部分”选项
    指定圆弧长度标注的第一个点:            //捕捉圆弧的中点
    指定圆弧长度标注的第二个点:            //捕捉圆弧的端点
    指定弧长标注位置或 [多行文字(M)/文字(T)/角度(A)/部分(P)/]:
                       //在弧的上侧拾取一点，以指定尺寸位置，标注结果如图8-62所示
```

**4** 继续执行“弧长”命令，标注弧长，命令行操作如下。

```
命令: _dimarc
    选择弧线段或多段线弧线段:      //选择右侧的圆弧对象
    指定弧长标注位置或 [多行文字(M)/文字(T)/角度(A)/部分(P)/引线(L)]:
                                 // L Enter，激活“引线”选项
    指定弧长标注位置或 [多行文字(M)/文字(T)/角度(A)/部分(P)/引线(L)]:
              //上、下引导光标，在合适的位置单击指定尺寸位置，标注结果如图8-63所示
```

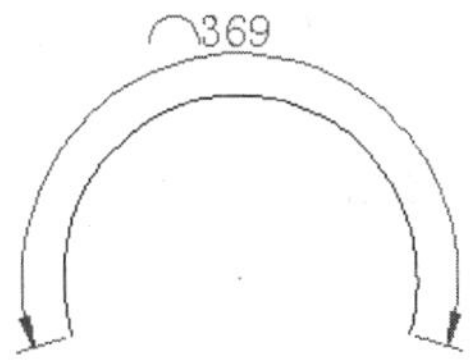


图8-61

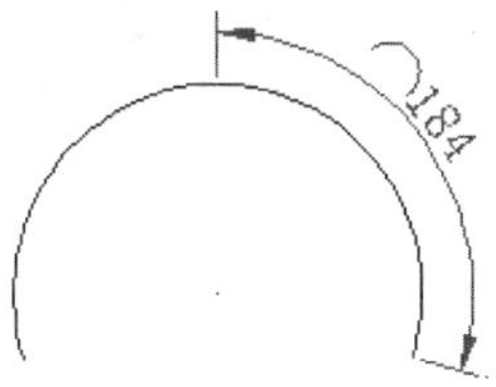


图8-62

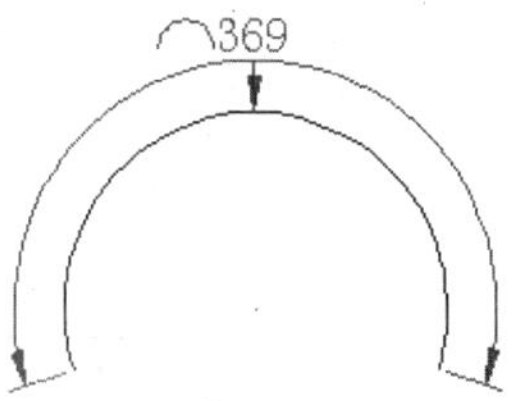


图8-63

## 8.6.2 角度标注

“角度”命令主要用于标注图线间的角度尺寸或者是圆弧的圆心角等。执行“角度”命令主要有以下几种方式。

- 执行菜单栏中的“标注”|“角度”命令。
- 单击“标注”工具栏上的“角度”按钮。
- 在命令行输入Dimangular按Enter键。
- 输入命令表达式Dimang按Enter键。

使用“角度”标注命令，不仅可以标注角度形图形的角度，同时还可以标注圆弧的角度或圆的角度，下面通过简单实例操作，学习标注角度的方法和技巧。

1 使用“直线”、“圆弧”和“圆”命令绘制一个角度形图形、一个圆弧和一个圆对象。

2 激活“角度”命令，标注角度形图形的角度尺寸，命令行操作如下。

```
命令: _dimangular
    选择圆弧、圆、直线或 <指定顶点>:        //单击角度形图形的水平图线
    选择第二条直线:                        //单击角度形图形的倾斜图线
    指定标注弧线位置或 [多行文字(M)/文字(T)/角度(A) /象限点(Q)]:
                        //在适当位置拾取一点，定位尺寸线位置，结果如图8-64所示
```

3 继续执行“角度”命令，标注圆弧的角度，命令行操作如下。

```
命令: _dimangular
    选择圆弧、圆、直线或 <指定顶点>:        //单击圆弧对象
    指定标注弧线位置或 [多行文字(M)/文字(T)/角度(A)/象限点(Q)]:
                                          //A Enter，激活“角度”选项
    指定标注文字的角度:                    //60 Enter
    指定标注弧线位置或 [多行文字(M)/文字(T)/角度(A)/象限点(Q)]:
                        //在适当位置拾取一点，定位圆弧的角度尺寸，结果如图8-65所示
```

4 继续执行“角度”命令，标注圆的角度，命令行操作如下。

```
命令: _dimangular
    选择圆弧、圆、直线或 <指定顶点>:        //单击圆对象
    指定角的第二个端点:                    //捕捉圆的上象限点
    指定标注弧线位置或 [多行文字(M)/文字(T)/角度(A)/象限点(Q)]:
                  //在圆的上方适当位置拾取一点，定位尺寸线位置，结果如图8-66所示
```

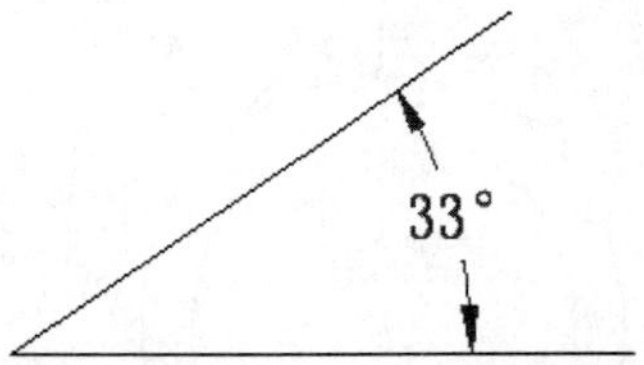


图8-64

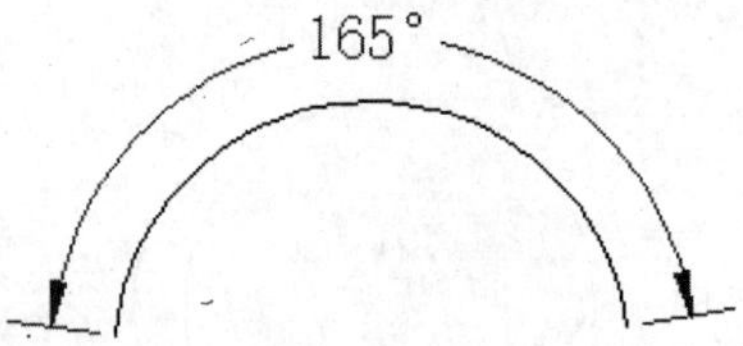


图8-65

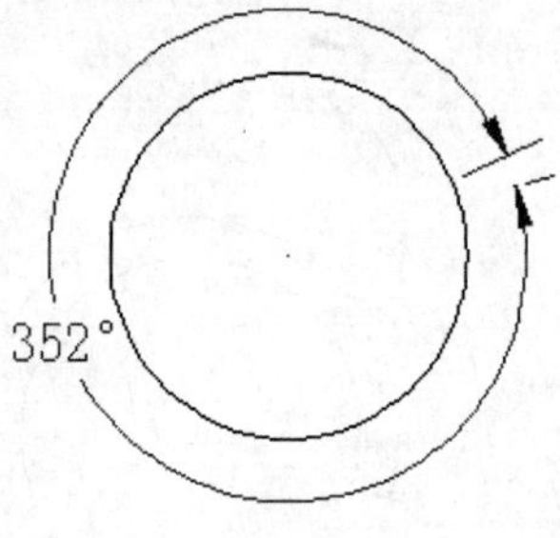


图8-66

**TIP** 在标注角度尺寸时，如果选择的是圆弧，系统将自动以圆弧的圆心作为顶点，圆弧端点作为延伸线的原点，标注圆弧的角度；如果选择的对象为圆时，系统将以选择的点作为第一条延伸线的原点，以圆心作为顶点，第二条延伸线的原点可以位于圆上，也可以在圆外或圆内。

## 8.6.3　半径、直径标注

这是两个非常简单的标注命令，主要用于标注圆或圆弧的半径和直径，下面分别学习这两个标注命令。

### 1. 半径标注

“半径”命令用于标注圆、圆弧的半径尺寸，所标注的半径尺寸是由一条指向圆或圆弧的带箭头的半径尺寸线组成，当用户采用系统的实际测量值标注文字时，系统会在测量数值前自动添加“R”。

执行“半径”命令主要有以下几种方式。

- 执行菜单栏中的“标注”|“半径”命令。
- 单击“标注”工具栏上的“半径”按钮。
- 在命令行输入Dimradius按Enter键。
- 输入命令表达式Dimrad按Enter键。

下面通过一个简单实例，学习半径标注的方法和技巧。

1. 使用“圆”和“圆弧”命令绘制半径为50的圆和圆弧。
2. 激活“半径”命令，在命令行“选择圆弧或圆:”提示下，单击圆。
3. 继续在命令行“指定尺寸线位置或[多行文字(M)/文字(T)/角度(A)]:”提示下，在合适的位置单击确定标注线位置，结果如图8-67所示。
4. 继续执行“半径”命令，在命令行“选择圆弧或圆:”提示下，单击圆弧对象。
5. 继续在命令行“指定尺寸线位置或[多行文字(M)/文字(T)/角度(A)]:”提示下，在合适的位置单击确定标注线的位置，结果如图8-68所示。

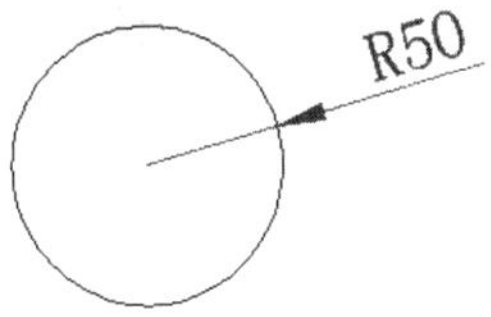


图8-67

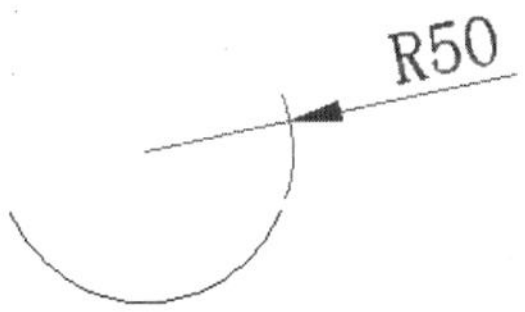


图8-68

### 2. 直径标注

“直径”命令用于标注圆或圆弧的直径尺寸，当用户采用系统的实际测量值标注文字时，系统会在测量数值前自动添加∅。

执行“直径”命令主要有以下几种方式。

- 执行菜单栏中的“标注”|“直径”命令。
- 单击“标注”工具栏上的“直径”按钮。
- 在命令行输入Dimdiameter按Enter键。
- 输入命令表达式Dimdia按Enter键。

下面继续通过一个简单实例，学习标注直径的方法。

1. 继续上一节的操作。
2. 激活“直径”命令，在命令行“选择圆弧或圆:”提示下，单击圆。
3. 继续在命令行“指定尺寸线位置或[多行文字(M)/文字(T)/角度(A)]:”提示下，在合适位置单击指定尺寸的位置，结果如图8-69所示。
4. 继续激活“直径”命令，在命令行“选择圆弧或圆:”提示下，单击圆弧。
5. 继续在命令行“指定尺寸线位置或[多行文字(M)/文字(T)/角度(A)]:”提示下，在合适位置单击指定尺寸的位置，结果如图8-70所示。

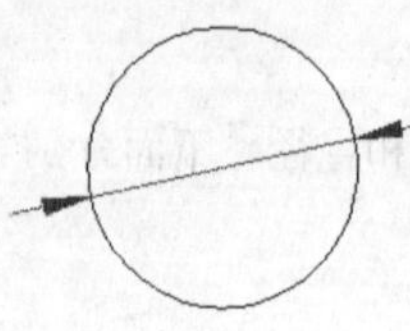


图8-69

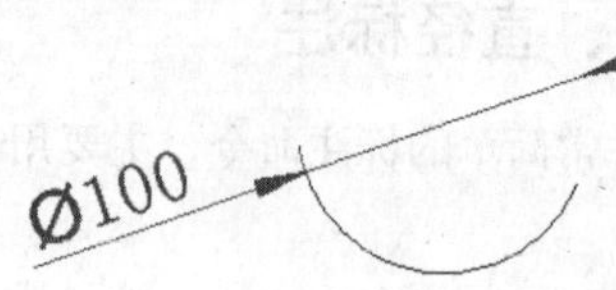


图8-70

### 8.6.4 公差标注

“公差”命令主要用于为零件图标注形位公差。执行“公差”命令主要有以下几种方式。

- 执行菜单栏中的“标注”|“公差”命令。
- 单击“标注”工具栏上的“公差”按钮。
- 在命令行输入Tolerance按Enter键。
- 使用命令简写TOL。

启动“公差”命令后，系统可弹出如图8-71所示的“形位公差”对话框，单击“符号”选项组中的颜色块，可以打开如图8-72所示的“特征符号”对话框，用户可以选择相应的形位公差符号。

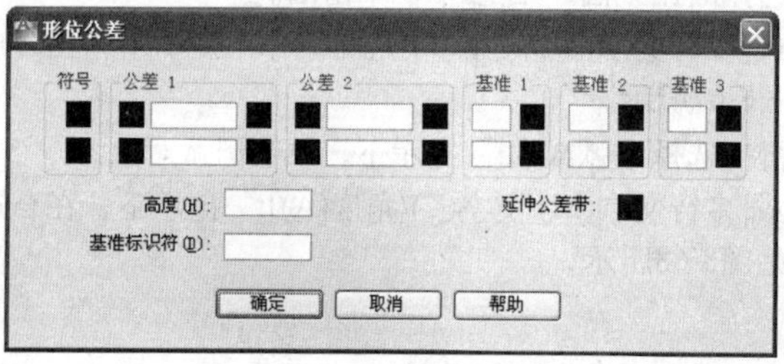


图8-71

图8-72

在“公差1”或“公差2”选项组中单击右侧的颜色块，可以弹出如图8-73所示的“附加符号”对话框，以设置公差的包容条件。

- 符号Ⓜ表示最大包容条件，规定零件在极限尺寸内的最大包容量。
- 符号Ⓛ表示最小包容条件，规定零件在极限尺寸内的最小包容量。
- 符号Ⓢ表示不考虑特征条件，不规定零件在极限尺寸内的任意几何大小。

图8-73

有关公差标注的具体操作，将在下一节通过综合实例进行详细讲解。

除了以上所讲解的长度型标注和圆弧型标注之外，还包括其他类型的标注，例如坐标标注、圆心标记等，这些标注比较简单，由于篇幅所限，在此不再一一讲解，读者可以自己尝试操作。

## 8.7 标注机械零件图尺寸和公差

前面学习了圆弧、角度、公差等标注知识，这一节通过为零件图标注尺寸公差和形位公差两个实例操作，对以上所学知识进行巩固练习。

## 8.7.1　设置标注样式

在对机械零件图进行尺寸标注时，首先需要设置标注样式，这一节就来设置标注样式，具体操作步骤如下。

**1** 执行菜单栏中的“文件”|“打开”命令，打开随书光盘中的文件“素材文件”\“第8章”\“机械零件01.dwg”，如图8-74所示。

**2** 执行菜单栏中的“格式”|“标注样式”命令，打开“标注样式管理器”对话框，新建名为“机械标注”的尺寸样式。

**3** 进入“新建标注样式:机械标注”对话框，分别在“线”、“符号和箭头”选项卡内设置参数如图8-75和图8-76所示。

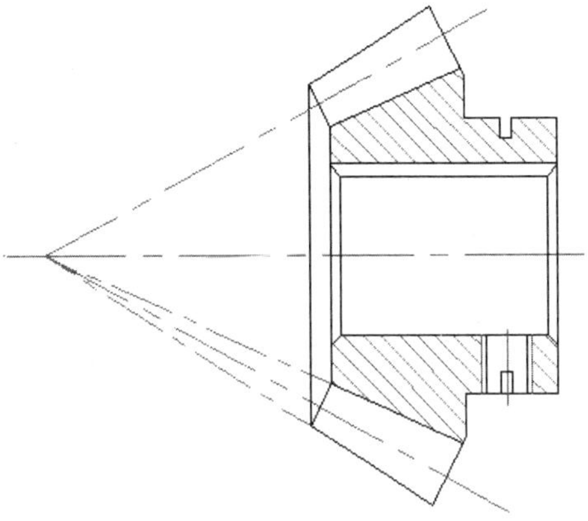

图8-74

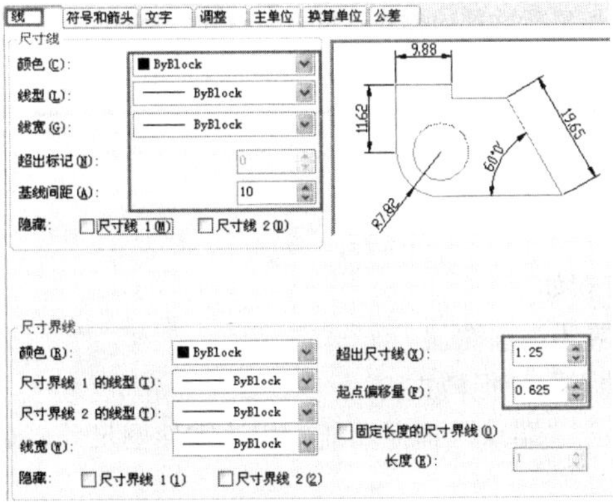


图8-75

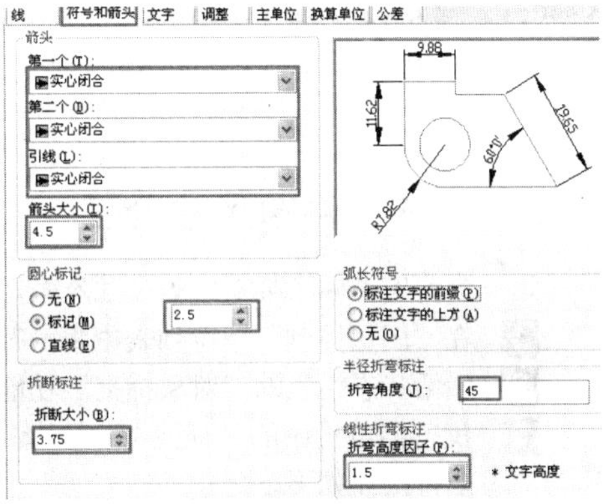


图8-76

**4** 进入“文字”选项卡，单击“文字样式”右侧的[...]按钮，在打开的“文字样式”对话框中单击[新建(N)...]按钮，新建名为“数字与字母”的文字样式，并设置字体等参数，如图8-77所示。

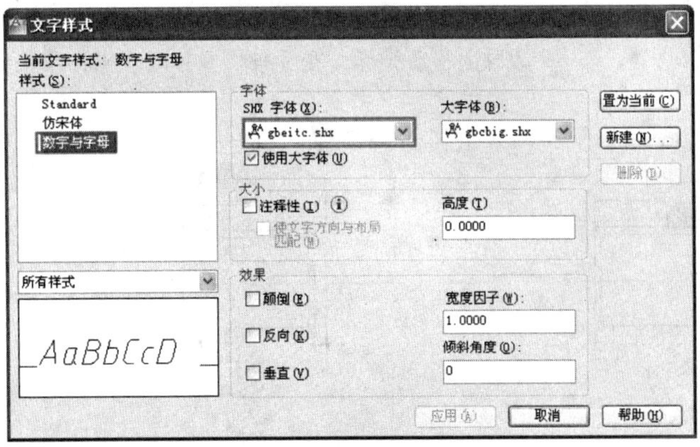


图8-77

**5** 返回到“文字”选项卡，设置其他参数如图8-78所示。

**6** 进入“主单位”选项卡，设置参数如图8-79所示。

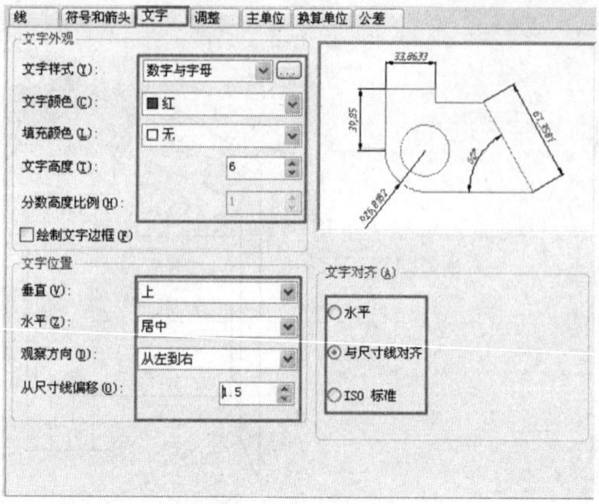


图8-78

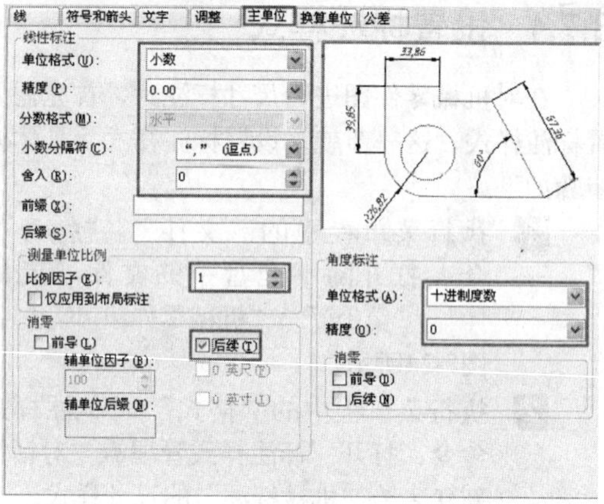


图8-79

**7** 返回“标注样式管理器”对话框，单击[关闭]按钮关闭该对话框。

> **TIP** 新设置的标注样式系统将自动默认为当前样式，如果新设置的样式不是当前样式，用户可以在“标注样式管理器”对话框中选择该样式，然后单击[置为当前(U)]按钮将其设置为当前样式。

## 8.7.2 标注零件图尺寸公差

这一节首先来标注某零件图尺寸公差，具体操作步骤如下。

**1** 在“图层控制”下拉列表中将“7标注层”设置为当前图层。

**2** 激活状态栏上的“对象捕捉”功能，设置“端点”捕捉模式。

**3** 执行菜单栏中的“标注”|“对齐”命令，配合“端点”捕捉功能，标注零件图尺寸，命令行操作如下。

```
命令: _dimaligned
    指定第一条尺寸界线原点或 <选择对象>:          //捕捉如图8-80所示的点
    指定第二条尺寸界线原点:                       //捕捉如图8-81所示的点
    指定尺寸线位置或[多行文字(M)/文字(T)/角度(A)]:
                              //向上移动光标，在适当位置拾取一点，结果如图8-82所示
```

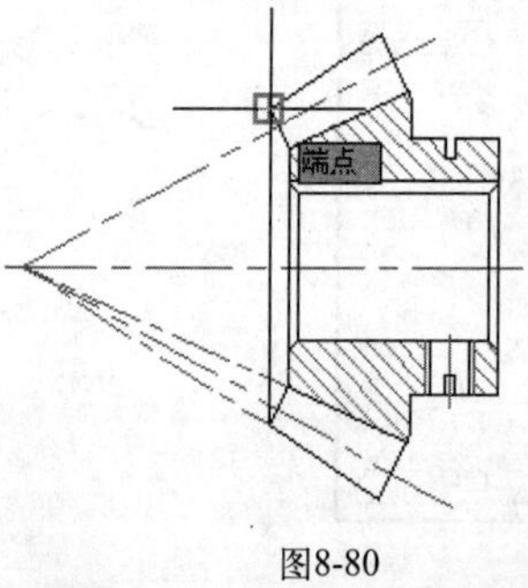


图8-80

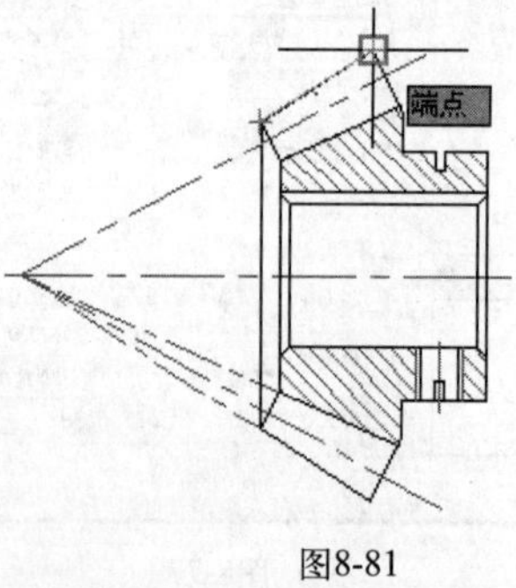


图8-81

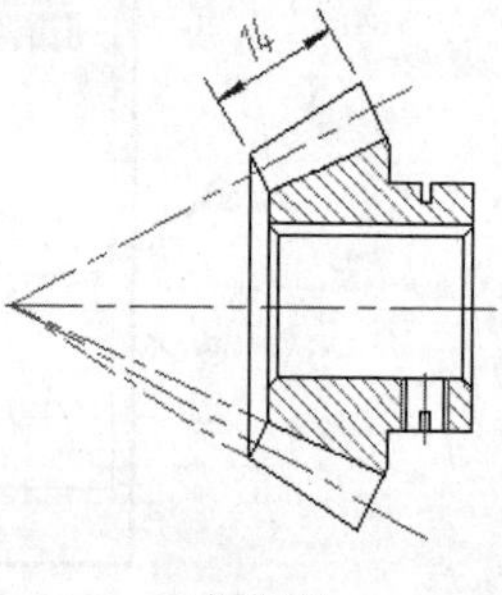


图8-82

**4** 执行菜单栏中的“标注”|“基线”命令，在命令行“指定第二条尺寸界线原点或[放弃(U)/选择(S)]<选择>:”提示下捕捉如图8-83所示的点，进行标注基线尺寸。

**5** 连续两次按Enter键，结束“基线标注”命令，结果如图8-84所示。

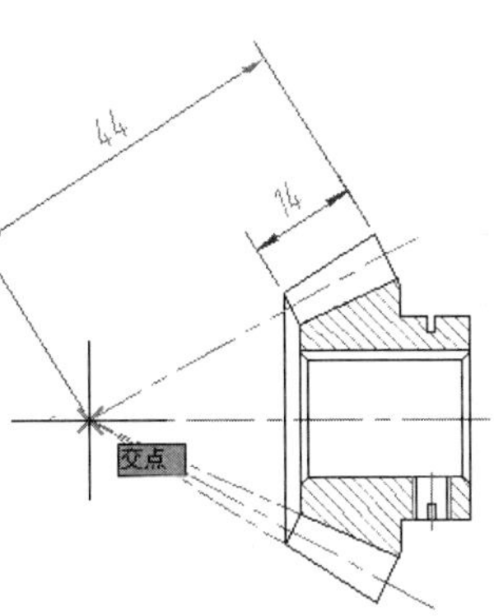


图8-83

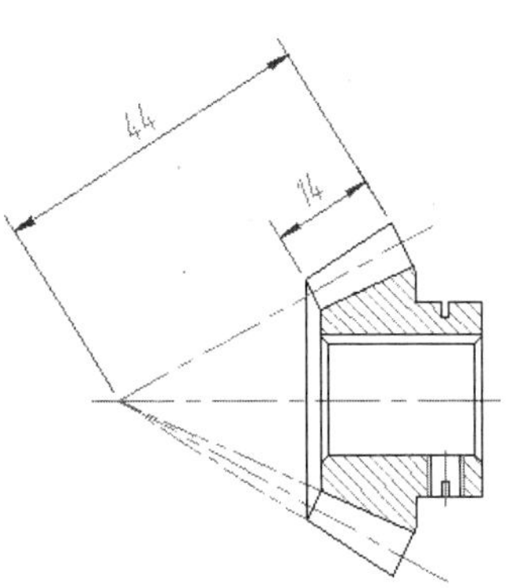


图8-84

**6** 执行菜单栏中的“标注”|“线性”命令，标注图形的总长，命令行操作如下。

```
命令: _dimlinear
    指定第一条尺寸界线原点或 <选择对象>:              //捕捉如图8-85所示的A点
    指定第二条尺寸界线原点:                           //捕捉如图8-85所示的B点
    指定尺寸线位置或[多行文字(M)/文字(T)/角度(A)/水平(H)/垂直(V)/旋转(R)]:
                                                      //向下移动光标，在适当位置拾取一点
```

**7** 重复执行“线性”命令，分别捕捉如图8-86所示的C、D两点，标注零件图的总宽。

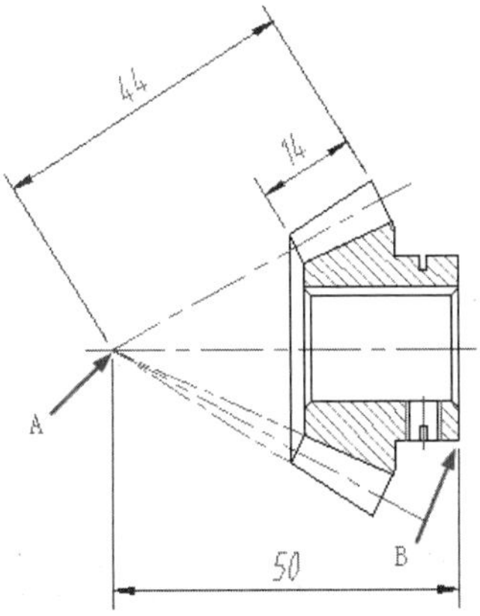


图8-85

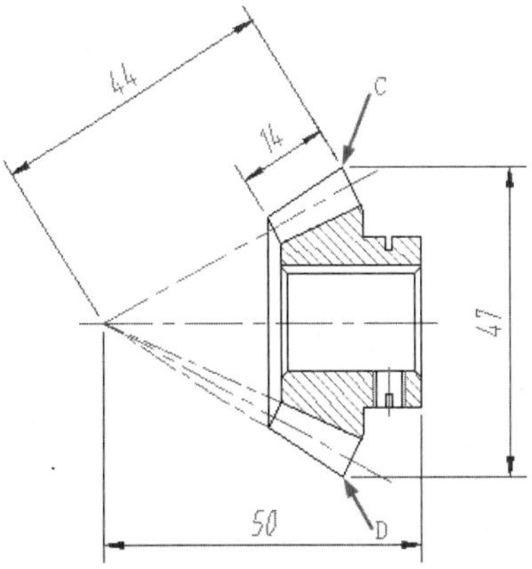


图 8-86

**8** 单击“样式”工具栏上的按钮，激活“标注样式”命令，打开“标注样式管理器”对话框。

**9** 打开“标注样式管理器”对话框，单击替代(O)...按钮，进入“替代当前样式-机械标注”对话框，在该对话框中激活“文字”选项卡，然后设置尺寸文本的对齐方式为“水平”，然后关闭该对话框。

**10** 执行菜单栏中的“标注”|“角度”命令，标注零件图的角度尺寸，命令行操作如下。

```
命令: _dimangular
    选择圆弧、圆、直线或 <指定顶点>:                  //选择如图8-87所示的倾斜中心线
    选择第二条直线:                                   //选择如图8-88所示的水平中心线
    指定标注弧线位置或 [多行文字(M)/文字(T)/角度(A)]:
                              //在两条中心线之间的适当位置拾取一点，结果如图8-89所示
```

**11** 执行菜单栏中的“标注”|“连续”命令，配合“最近点”捕捉功能，标注连续角度尺寸，命令行操作如下。

命令: _dimcontinue

指定第二条尺寸界线原点或 [放弃(U)/选择(S)] <选择>:

//配合“最近点”捕捉功能，捕捉倾斜中心线上一点，如图8-90所示

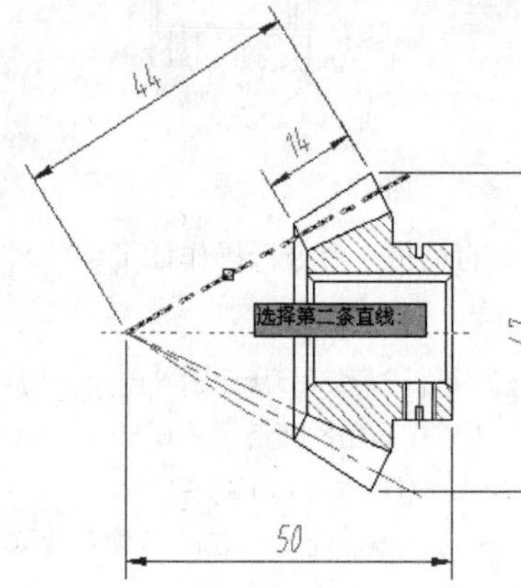


图8-87

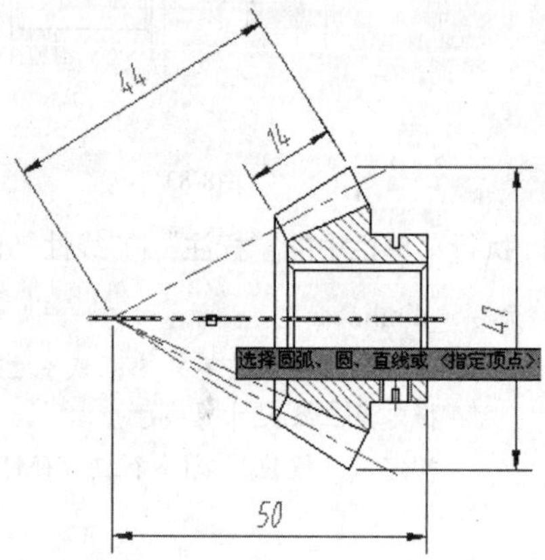


图8-88

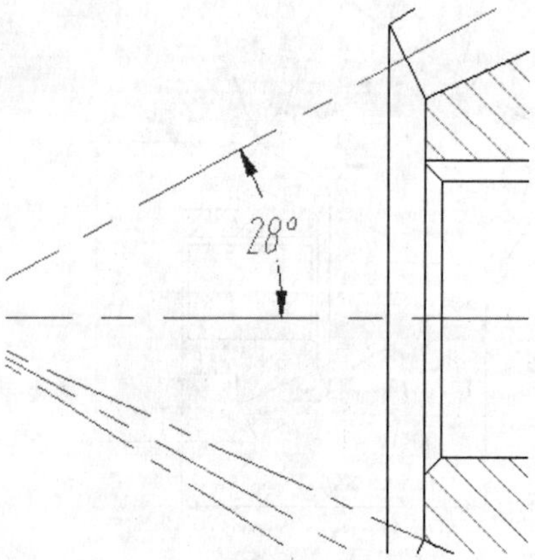


图8-89

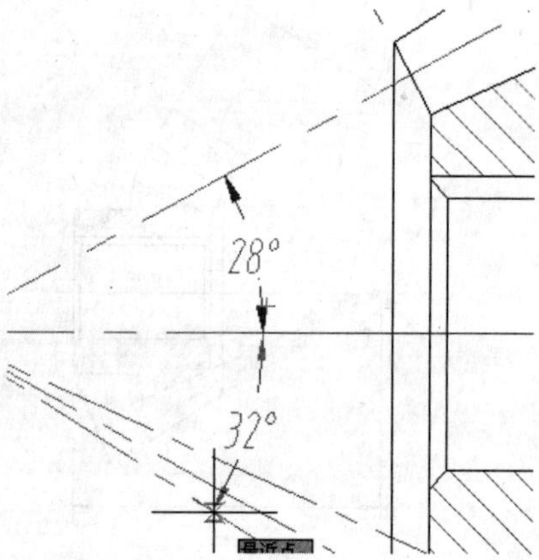


图8-90

标注文字 = 32d

指定第二条尺寸界线原点或 [放弃(U)/选择(S)] <选择>: // Enter

选择连续标注: // Enter，结束操作

**12** 执行菜单栏中的“修改”|“对象”|“文字”|“编辑”命令，在命令行“选择注释对象或[放弃]:”提示下选择最下侧的线性尺寸，此时系统弹出“文字格式”编辑器，在文本输入框中将光标移动到原文字的后面，然后输入“0^-0.08”，如图8-91所示。

**TIP** 在输入“^”符号时，在英文输入法下按组合键Shift+6即可输出该符号。

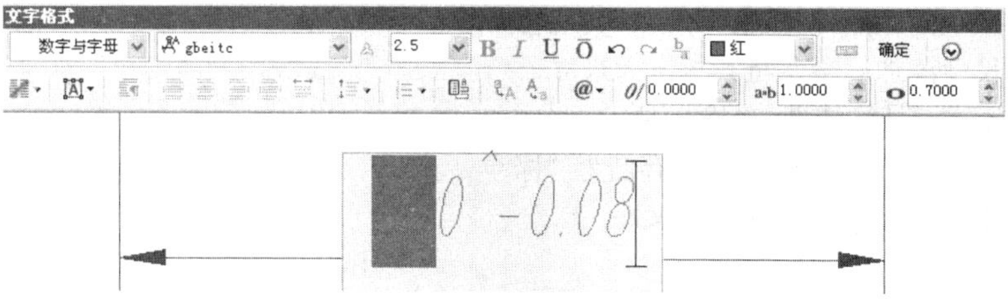


图8-91

**13** 选择所添加的文本，单击“文字格式”工具栏上的“堆叠”按钮将其堆叠，此时所输入的后缀文本显示如图8-92所示。

图8-92

**14** 单击“文字格式”编辑器中的 确定 按钮关闭该编辑器，结果此线性尺寸被添加上后缀，转换为公差尺寸，如图8-93所示。

**15** 在无命令执行的前提下选择右侧尺寸文本为47的线性尺寸，按下键盘上的组合键Ctrl+1，在打开的“特性”窗口的“公差”选项组中设置公差的形式为“极限偏差”，如图8-94所示。

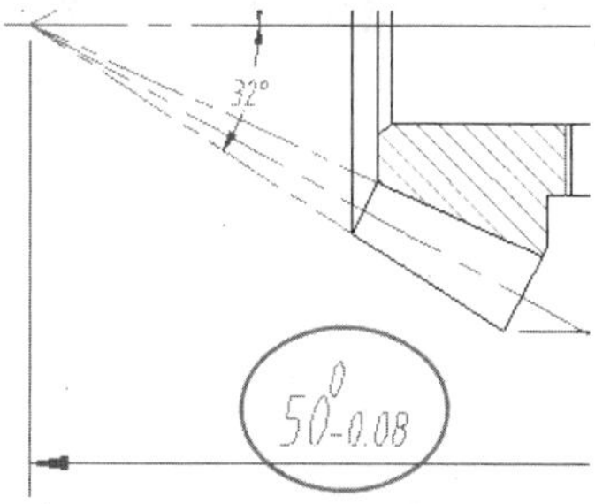


图8-93

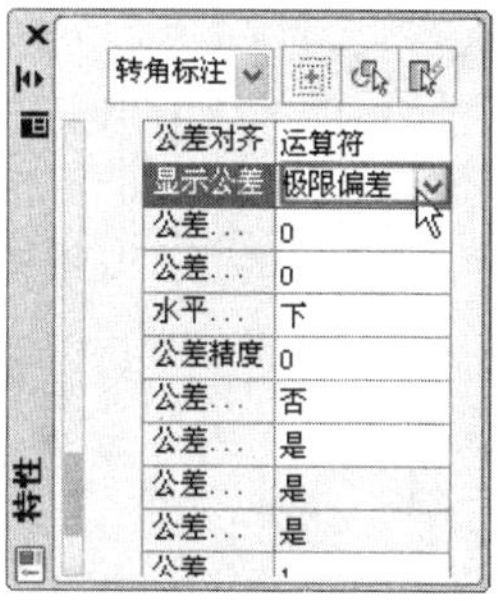


图8-94

**16** 继续在“公差下偏差”文本框内设置公差的下偏差值为0.06，如图8-95所示。

**17** 按键盘上的Enter键确认，并取消对象的夹点显示，结果此尺寸被添加上后缀，成为公差尺寸，如图8-96所示。

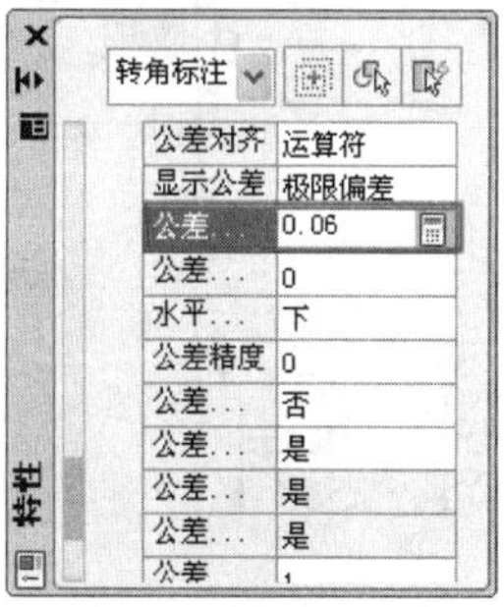


图8-95

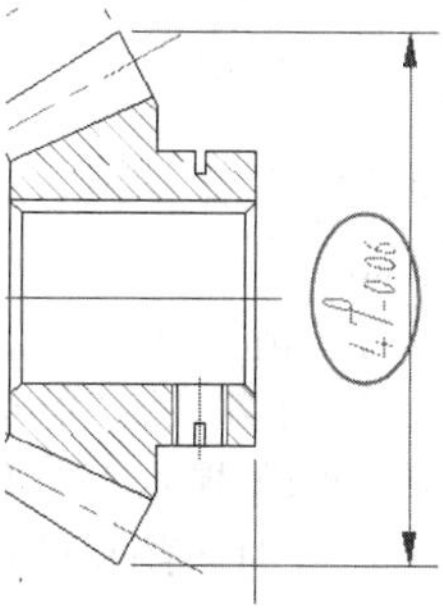

图8-96

18 参照以上两种操作方式，分别为其他位置的尺寸添加后缀，将其编辑为尺寸公差的形式，最终结果如图8-97所示。

19 使用"另存为"命令将该图形存储为"标注机械零件图尺寸公差.dwg"文件。

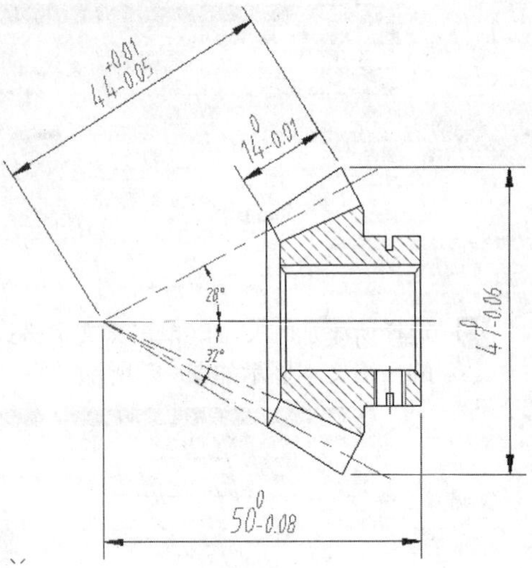


图8-97

## 8.7.3 标注零件图形位公差

上一节标注了机械零件图的尺寸公差，这一节继续学习标注零件图的形位公差，具体操作步骤如下。

1 打开随书光盘中的文件"素材文件"\"第8章"\"机械零件02.dwg"作为当前图形文件，如图8-98所示。

2 激活状态栏上的"对象捕捉"功能，并设置当前的捕捉模式为"最近点"捕捉功能。

3 在命令行中输入Dimscale并按Enter键，将当前标注样式的比例缩小至1/2。

4 在"图层控制"下拉列表中将"尺寸层"设置为当前图层，执行菜单栏中的"格式"|"标注样式"命令，在打开的"标注样式"对话框中将"ISO-25"设置为当前样式。

5 执行菜单栏中的"标注"|"引线"命令，或使用命令简写LE激活"快速引线"命令。

6 在命令行"指定第一个引线点或[设置(S)]<设置>:"提示下，输入S并按Enter键，打开"引线设置"对话框，在该对话框中设置引线的注释类型，如图8-99所示。

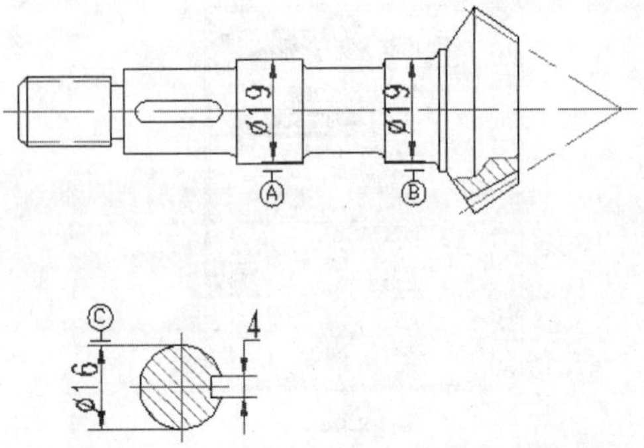


图8-98

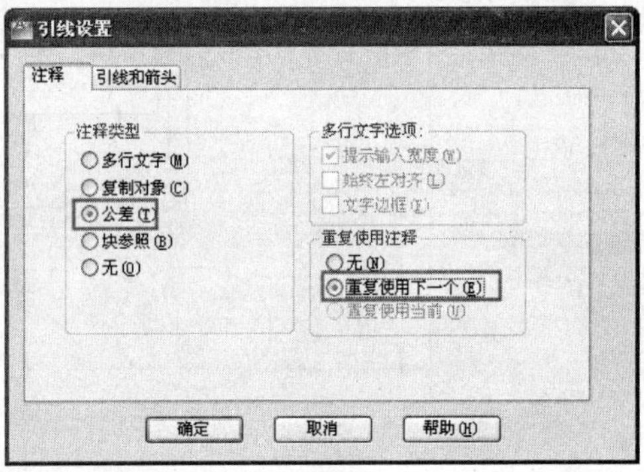


图8-99

7 单击"引线设置"对话框中的 确定 按钮，结束引线样式的设置过程。

8 继续在命令行"指定第一个引线点或[设置(S)]<设置>:"提示下，在如图8-100所示的轮廓线上捕捉一点，作为第一个引线点。

9 依次在命令行"指定下一点:"提示下向上引导光标拾取第2点，继续在命令行"指定下一点:"提示下向左引导光标拾取第3点，此时系统自动弹出如图8-101所示的"形位公差"对话框。

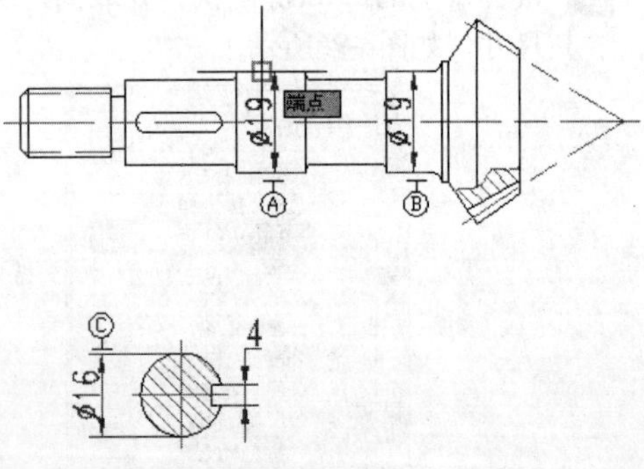


图8-100

**10** 在该对话框中的“符号”颜色块上单击左键，弹出“特征符号”对话框，选择如图8-102所示的公差符号并单击左键。

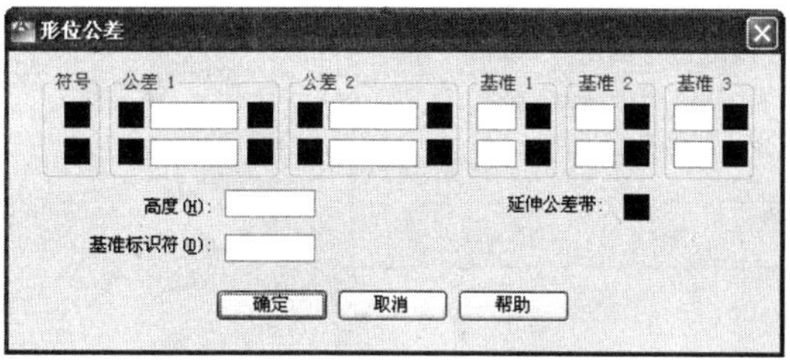


图8-101

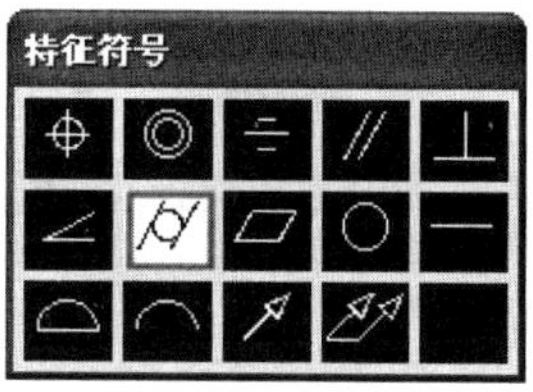


图8-102

**11** 此时被选择的公差符号出现在“形位公差”对话框内，在此对话框内设置公差如图8-103所示。

**12** 单击“形位公差”对话框中的 确定 按钮确认，为零件图标注形位公差，标注结果如图8-104所示。

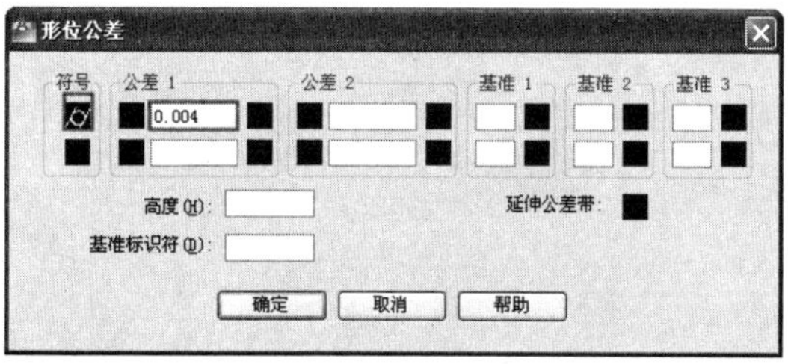


图8-103

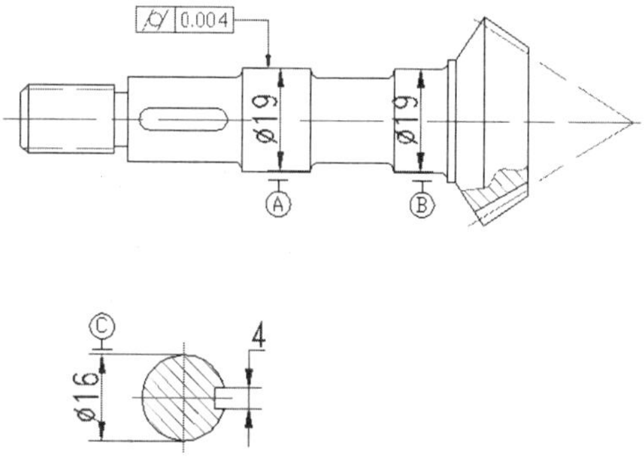


图8-104

**13** 重复执行“快速引线”命令，分别在其他位置拾取引线点，系统自动标注相同的形位公差，结果如图8-105所示。

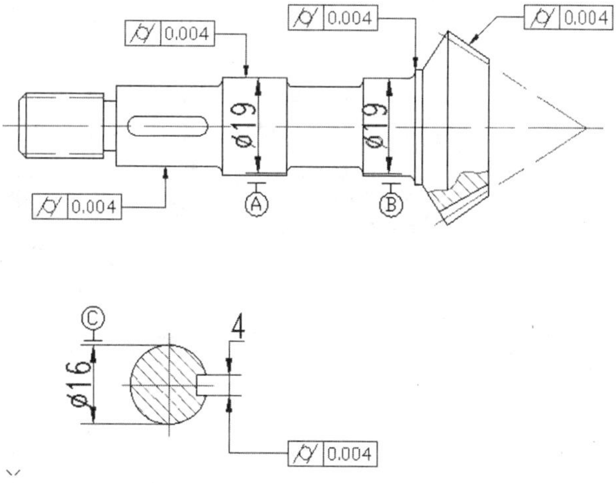


图8-105

**14** 使用命令简写ED激活“编辑文字”命令，在命令行“选择注释对象或[放弃(U)]:”提示下，选择剖面图上的形位公差，在打开的“形位公差”对话框中修改公差参数如图8-106所示。

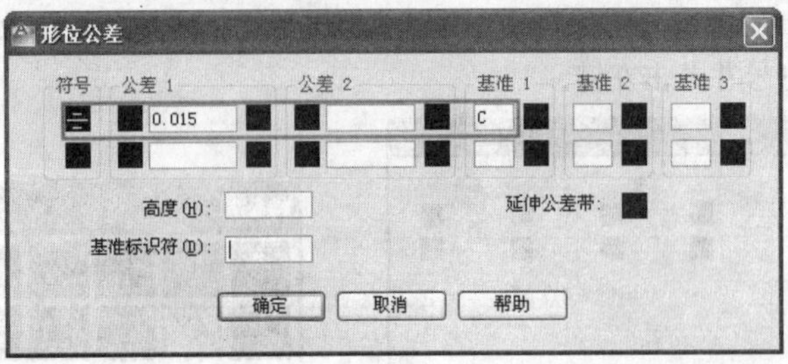


图8-106

**15** 单击“形位公差”对话框中的 确定 按钮确认，结果此形位公差被修改，如图8-107所示。

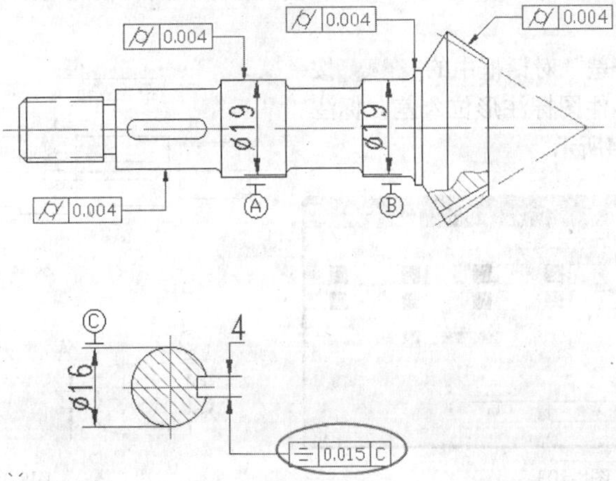


图8-107

**16** 继续在命令行“选择注释对象或[放弃(U)]:”提示下，分别选择其他位置的形位公差，修改各自的公差符号和公差值等，结果如图8-108所示。

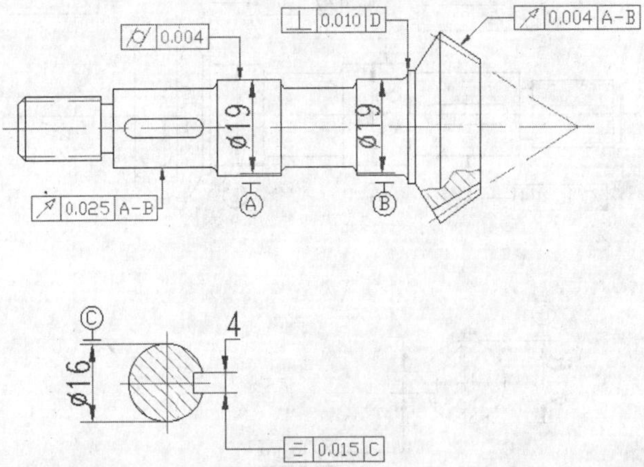


图8-108

**17** 执行“另存为”命令，将该图形存储为“标注机械零件图形位公差.dwg”文件。

第9章

# 图形的文字注释与信息查询

在AutoCAD 2012图形设计中，标注图形的文字注释、查询图形信息等是图形重要的内容，通过为图形进行文字注释，可以表达图形的其他信息，例如名称、功能、用途等。本章就来学习这些重要内容。

## 9.1 设置文字样式

在对图形进行文字注释时，首先需要设置文字样式，文字样式是指设置注释文字的字体、字号、倾斜角度、旋转角度等。所有这些决定文字外观效果的因素，都可以通过“文字样式”命令进行设置与控制。

执行“文字样式”命令主要有以下几种方式。

- 执行菜单栏中的“格式”|“文字样式”命令。
- 单击“样式”工具栏上的“文字样式”按钮。
- 在命令行输入Style按Enter键。
- 使用命令简写ST。

下面通过一个简单操作，学习文字样式的设置、修改及效果的预览等操作。

1 新建一个空白文件。

2 采用上述任意操作激活“文字样式”命令，打开“文字样式”对话框，如图9-1所示。

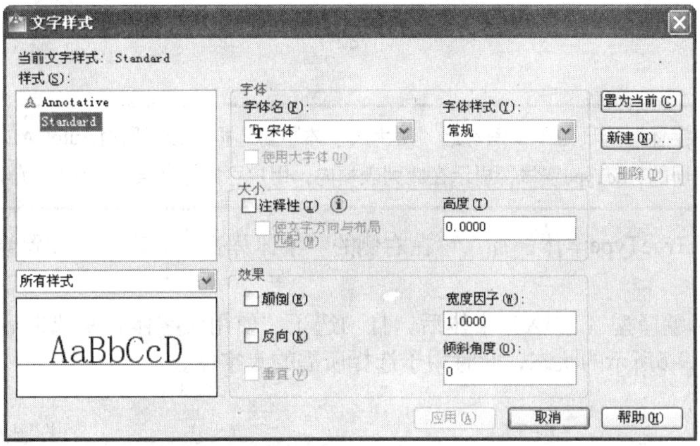


图9-1

3 单击新建(N)...按钮，在弹出的“新建文字样式”对话框中，为新样式命名，如图9-2所示。

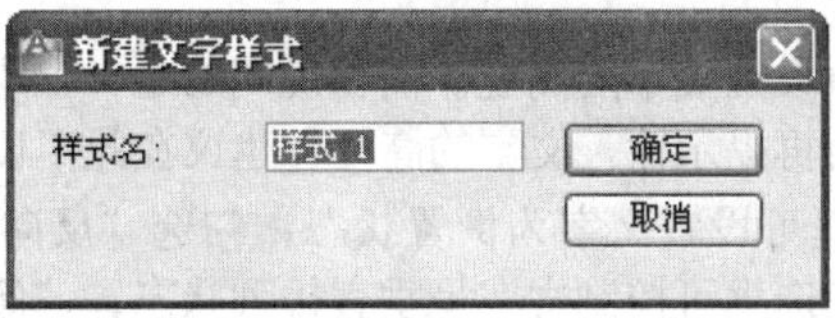


图9-2

**4** 单击 确定 按钮，即可创建名为“样式1”的文字样式，如图9-3所示。

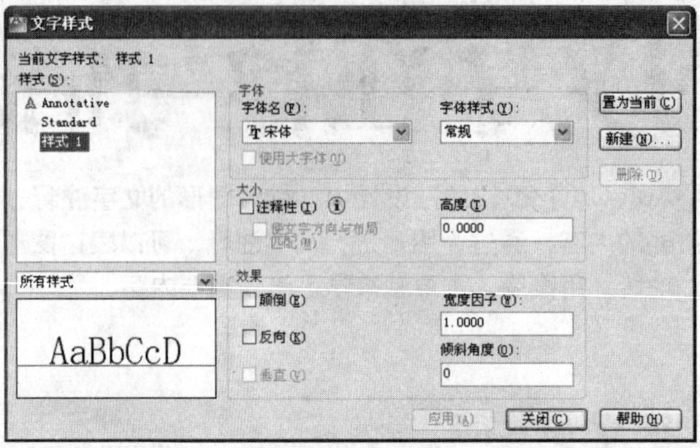


图9-3

**5** 选择创建的名为“样式1”的文字，在“字体”选项组中展开“字体名”下拉列表，选择所需的字体，如图9-4所示。

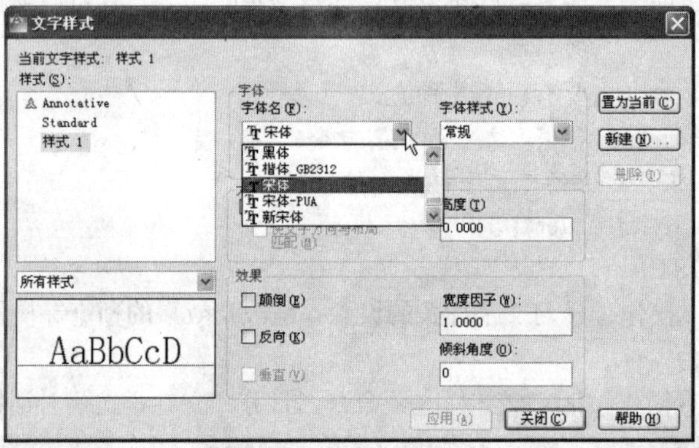


图9-4

**TIP** 如果在“字体”选项组中取消勾选“使用大字体”复选框，结果所有AutoCAD编译型（.SHX）字体和已注册的TrueType字体都显示在此列表框内，用户可以选择某种字体作为当前样式的字体。

**6** 如果选择TrueType字体，那么可在右侧的“字体样式”列表框中设置当前字体样式，如图9-5所示。

**7** 若选择了编译型（.SHX）字体后，且勾选了“使用大字体”复选框后，则右端的列表框变为如图9-6所示的状态，此时用于选择所需的大字体。

图9-5

图9-6

**8** 在“高度”文本框中设置文字的高度。需要说明的是，如果设置了高度后，那么当创建文字时，命令行就不会再提示输入文字的高度，建议在此不设置字体的高度。

**9** 勾选“颠倒”复选框可设置文字为倒置状态；勾选“反向”复选框可设置文字为反向状态；勾选“垂直”复选框可控制文字呈垂直排列状态；“倾斜角度”文本框用于控制文字的倾斜角度，如图9-7所示。

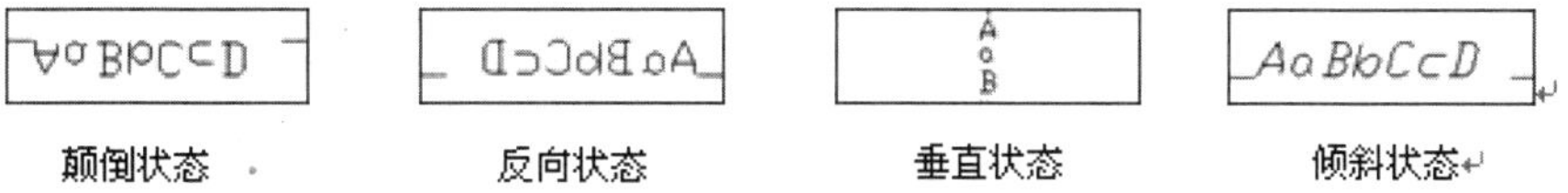


图9-7

**10** 在“宽度因子”文本框内设置字体的宽高比，在左下角的预览框中可以直观地预览文字的效果；单击 删除(D) 按钮，可以将多余的文字样式删除；单击 应用(A) 按钮，结果最后设置的文字样式被看作当前样式。

> **TIP** 国标规定工程图样中的汉字应采用长仿宋体，宽高比为0.7，当此比值大于1时，文字宽度放大，否则将缩小。另外，默认的Standard样式、当前文字样式以及在当前文件中已使用过的文字样式，都不能被删除。

## 9.2 创建单行文字

“单行文字”命令主要用于创建单行或多行的文字对象，所创建的每一行文字，AutoCAD 2012都将其看作是一个独立的对象。

执行“单行文字”命令主要有以下几种方式。

- 执行菜单栏中的“绘图”|“文字”|“单行文字”命令。
- 单击“文字”工具栏上的“单行文字”按钮AI。
- 在命令行输入Dtext按Enter键。
- 使用命令简写DT。

### 9.2.1 输入单行文字

下面通过一个简单实例，首先学习输入单行文字的方法。

**1** 首先在“文字样式”对话框中设置一种名为“仿宋体”的文字样式，并将其设置为当前文字样式，如图9-8所示。

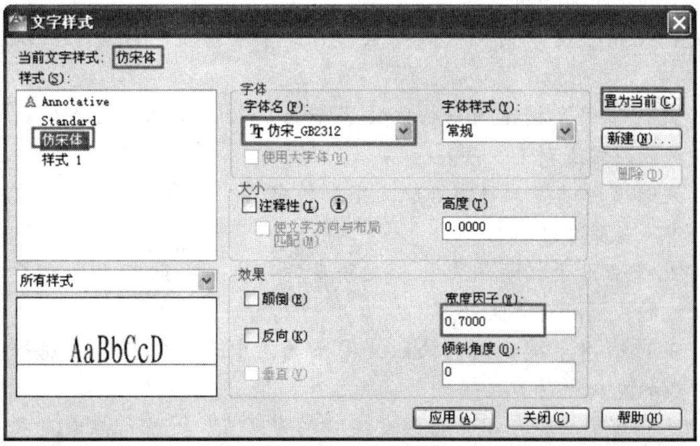


图9-8

2 采用上述任意方式激活“单行文字”命令，输入单行文字，命令行操作如下。

```
命令: _text
    当前文字样式: “样式 1” 文字高度: 2.5000 注释性: 否
    指定文字的起点或 [对正(J)/样式(S)]:          //在绘图区拾取一点
    指定高度 <2.5000>:                         //10 Enter
    指定文字的旋转角度 <0>:                     // Enter
```

TIP 如果在文字样式中定义了字体高度，那么在此就不会出现“指定高度<2.5>:”提示，AutoCAD会按照定义的字高来创建文字。

3 此时绘图区出现单行文字输入框，在命令行中输入相关的文字，例如输入“AutoCAD 2012”，按Enter键换行，然后输入“入门到精通”。

4 连续两次按Enter键，结束“单行文字”命令，结果如图9-9所示。

## 9.2.2 设置单行文字的对正方式

在输入单行文字时需要设置文字的对正方式，所谓“对正方式”，指的就是文字对象的哪一位置与插入点对齐。当命令行出现“指定文字的起点或[对正(J)/样式(S)]:”提示时，输入J按Enter键即可激活“对正”选项，此时命令行操作如下。

```
    [对齐(A)/布满(F)/居中(C)/中间(M)/右对齐(R)/左上(TL)/中上(TC)/右上(TR)/左中(ML)/正中(MC)/
右中(MR)/左下(BL)/中下(BC)/右下(BR)]:
```

用户可以设置所需的对正方式，各种对正方式如下。

- “对齐”：此选项用于提示拾取文字基线的起点和终点，系统会根据起点和终点的距离自动调整字高。
- “调整”：此选项用于提示用户拾取文字基线的起点和终点，系统会以拾取的两点之间的距离自动调整宽度系数，但不改变字高。
- “中心”：此选项用于提示用户拾取文字的中心点，此中心点就是文字串基线的中点，即以基线的中点对齐文字。
- “中间”：此选项用于提示用户拾取文字的中间点，此中间点就是文字串基线的垂直中线和文字串高度的水平中线的交点。
- “右”：此选项用于提示用户拾取一点作为文字串基线的右端点，以基线的右端点对齐文字。
- “左上”：此选项用于提示用户拾取文字串的左上点，此左上点就是文字串顶线的左端点，即以顶线的左端点对齐文字。
- “中上”：此选项用于提示用户拾取文字串的中上点，此中上点就是文字串顶线的中点，即以顶线的中点对齐文字。
- “右上”：此选项用于提示用户拾取文字串的右上点，此右上点就是文字串顶线的右端点，即以顶线的右端点对齐文字。
- “左中”：此选项用于提示用户拾取文字串的左中点，此左中点就是文字串中线的左端点，即以中线的左端点对齐文字。
- “正中”：此选项用于提示用户拾取文字串的中间点，此中间点就是文字串中线的中点，即以中线的中点对齐文字。

- “右中”：此选项用于提示用户拾取文字串的右中点，此右中点就是文字串中线的右端点，即以中线的右端点对齐文字。
- “左下”：此选项用于提示用户拾取文字串的左下点，此左下点就是文字串底线的左端点，即以底线的左端点对齐文字。
- “中下”：此选项用于提示用户拾取文字串的中下点，此中下点就是文字串底线的中点，即以底线的中点对齐文字。
- “右下”：此选项用于提示用户拾取文字串的右下点，此右下点就是文字串底线的右端点，即以底线的右端点对齐文字。

**TIP** 如果打开“动态输入”功能，激活“对正”选项后，在光标下方出现一个下拉列表，该列表框与命令行中的提示相同，都是用于设置对正方式，如图9-10所示。

图9-9

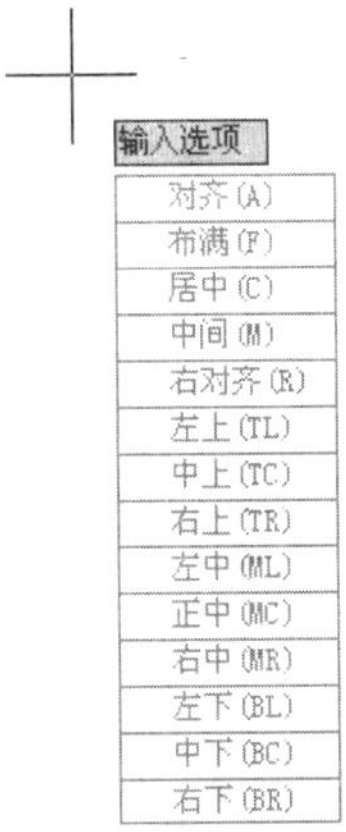

图9-10

## 9.2.3 编辑单行文字

当完成单行文字的输入后，可以使用“编辑文字”命令对其进行编辑修改，例如修改文字对象内容、为文字对象添加前缀或后缀等。

执行“编辑文字”命令主要有以下几种方式。

- 执行菜单栏中的“修改”|“对象”|“文字”|“编辑”命令。
- 单击“文字”工具栏上的“编辑文字”按钮。
- 在命令行输入Ddedit按Enter键。
- 使用命令简写ED。

下面通过编辑上一节输入的文字内容的实例，学习编辑单行文字的方法。

1. 继续上一节实例的操作。
2. 执行菜单栏中的“修改”|“对象”|“文字”|“编辑”命令。
3. 在命令行“选择注释对象或[放弃(U)]:”提示下，选择下方的“入门到精通”文字内容，此时进入单行文字编辑状态，如图9-11所示。
4. 直接输入修改的内容，然后在命令行“选择注释对象或[放弃(U)]:”提示下，按两次Enter键结束操作，编辑结果如图9-12所示。

图9-11

图9-12

需要说明的是，在编辑单行文字时，只能修改文字的内容，不能对文字的其他属性进行修改。

## 9.3 单行文字应用实例——标注户型图房间功能

前面学习了设置文字样式、单行文字的输入与编辑等相关知识，这一节通过为某户型图标注房间功能，对以上所学知识进行巩固练习，具体操作步骤如下。

1. 执行“打开”命令，打开随书光盘中的文件“素材文件”\“第9章”\“户型布置图.dwg”，如图9-13所示。
2. 在“图层控制”下拉列表中，设置“文字层”为当前图层，如图9-14所示。

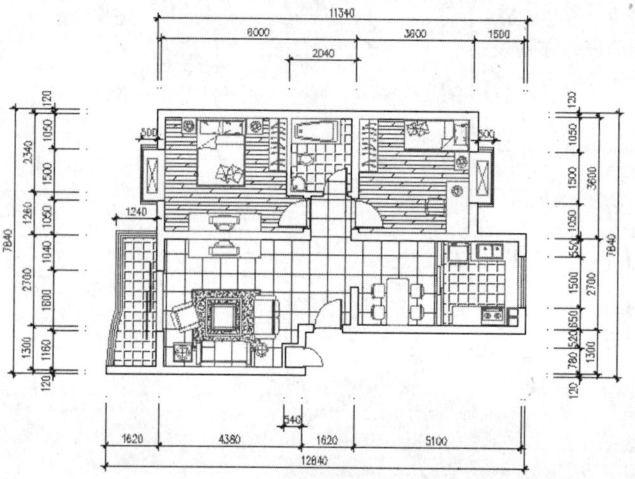

图9-13

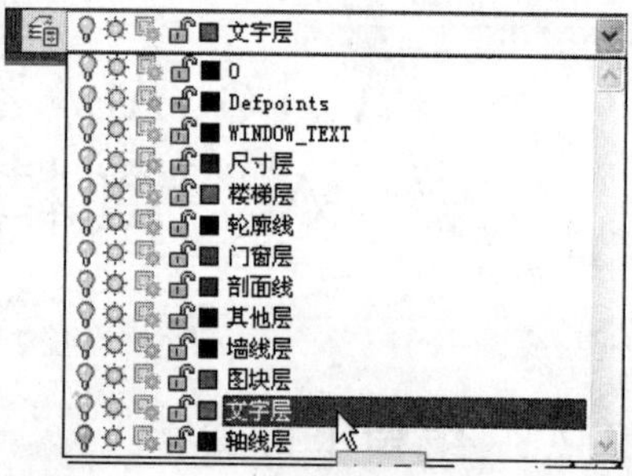


图9-14

3. 单击“样式”工具栏上的“文字样式”按钮，打开“文字样式”对话框，单击 新建(N)... 按钮，新建名为“仿宋体”的文字样式，并设置字体等其他参数，如图9-15所示。

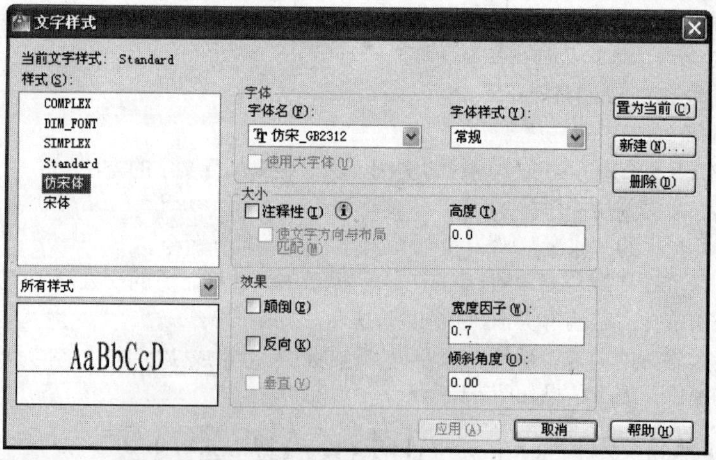


图9-15

4. 执行菜单栏中的“绘图”|“文字”|“单行文字”命令，在命令行“指定文字的起点或[对正(J)/样式(S)]:”提示下，在平面图左上侧房间内拾取一点。
5. 继续在命令行“指定高度 <2.500>:”提示下输入300后按Enter键，设置文字的高度。
6. 继续在命令行“指定文字的旋转角度<0.000>:”提示下按Enter键设置旋转角度。

**7** 此时系统显示出单行文字输入框，在输入框中输入“卧室”文字注释内容，如图9-16所示。按两次Enter键结束单行文字的输入。

**8** 使用命令简写CO激活“复制”命令，将输入的文字复制到其他房间，效果如图9-17所示。

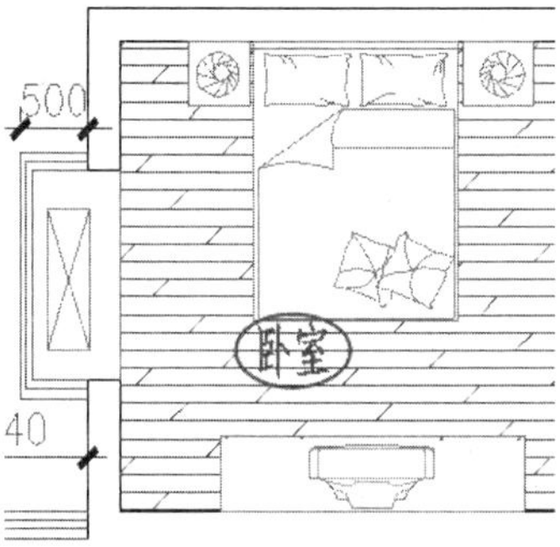


图9-16

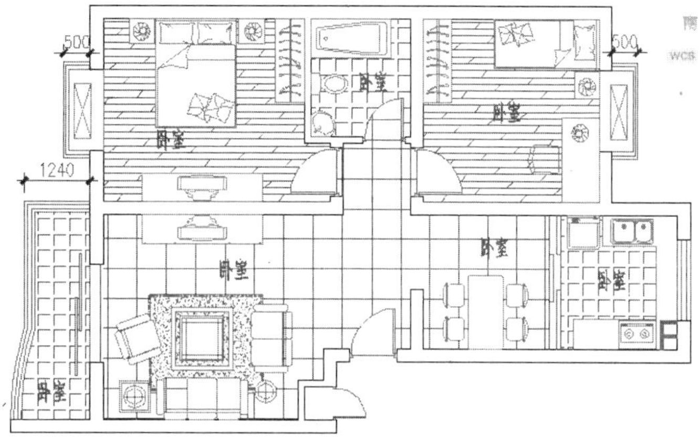


图9-17

**9** 在无任何命令发出的情况下，双击客厅中的“卧室”文字内容，进入单行文字编辑模式，如图9-18所示。

**10** 修改该文字内容为“客厅”，然后按Enter键退出单行文字编辑模式，结果如图9-19所示。

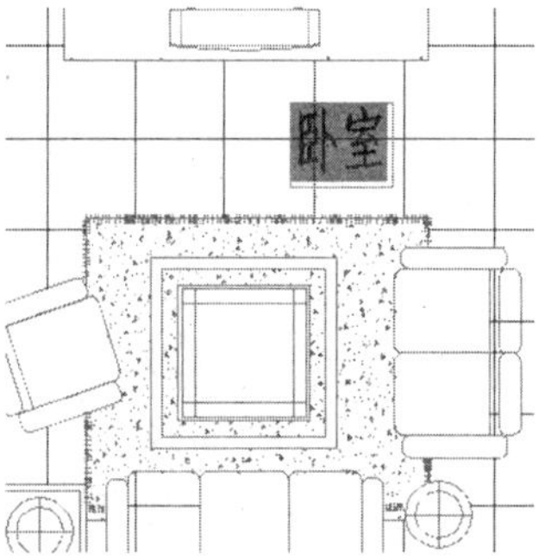


图9-18

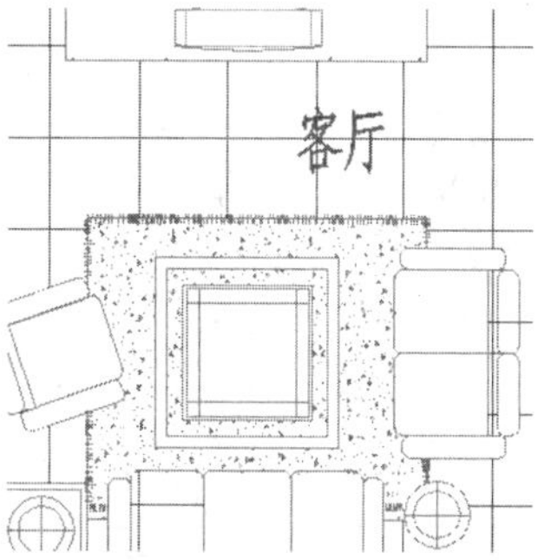


图9-19

**11** 在命令行“选择注释对象或[放弃(U)]:”提示下，单击阳台的“卧室”文字注释内容，进入单行文字编辑模式，修改其内容为“阳台”。

**12** 依照此方法分别修改其他房间的文字注释内容，结果如图9-20所示。

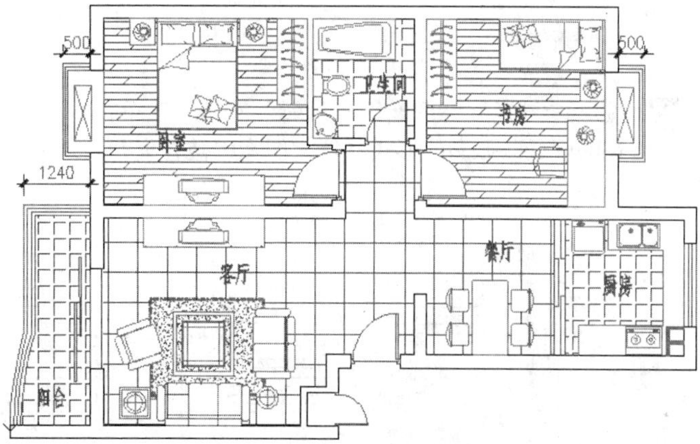


图9-20

**13** 下面来编辑文字注释与地板填充图案。在无任何命令发出的情况下，单击卧室房间内的地板填充图案使其夹点显示，单击鼠标右键，在弹出的快捷菜单中选择“图案填充编辑”命令，在打开的“图案填充编辑”对话框中选择“外部”单选按钮，如图9-21所示。

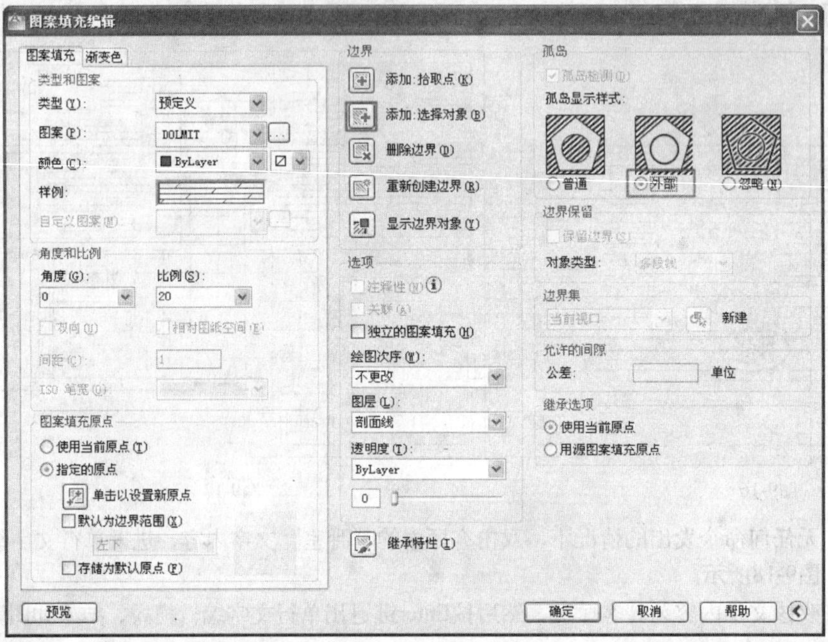


图9-21

**14** 单击对话框中的“选择对象”按钮，返回绘图区，分别单击卧室房间的“卧室”字样和书房房间的“书房”字样，如图9-22所示。

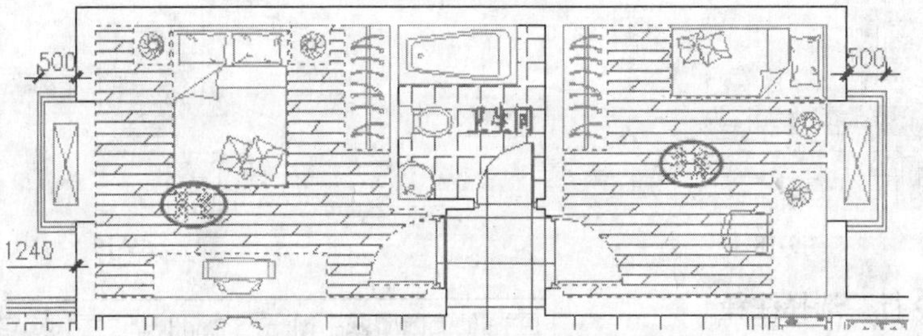


图9-22

**15** 按Enter键返回“图案填充编辑”对话框，单击 确定 按钮确认，结果这两个房间文字所在的区域以孤岛的形式从填充图案中被分离开，结果如图9-23所示。

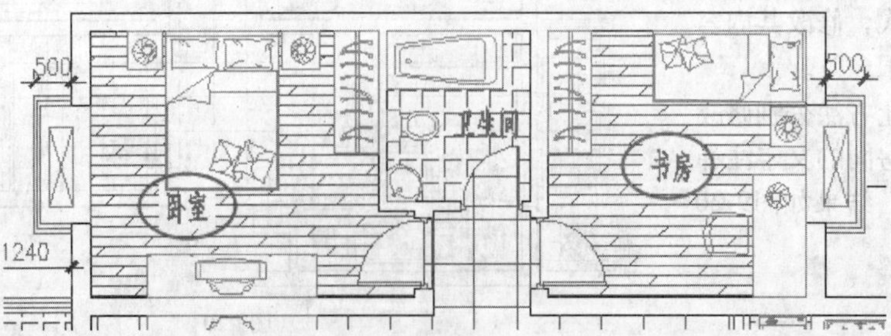


图9-23

**16** 使用相同的方法，分别编辑其他房间的填充图案，将文字所在区域以孤岛的形式分离开，结果如图9-24所示。

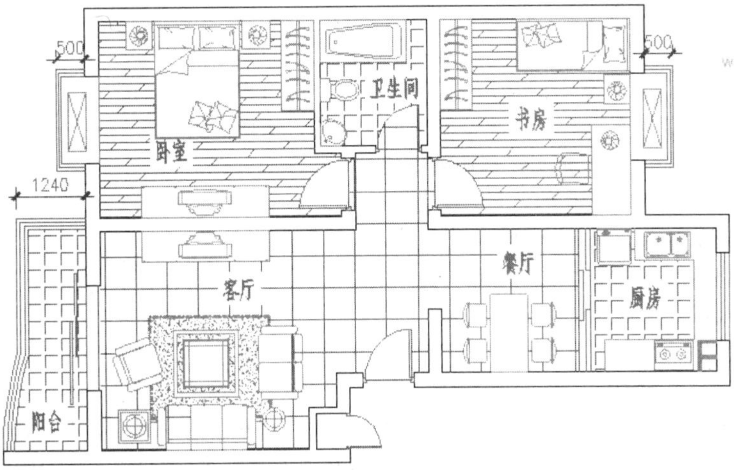


图9-24

**17** 使用“另存为”命令，将该图形存储为“标注户型图房间功能.dwg”文件。

# 9.4 创建多行文字

“多行文字”命令用于创建较为复杂的单行、多行或段落性文字，无论创建的文字包含多少行、多少段，AutoCAD都将其作为一个独立的对象。

“多行文字”命令的启动方式有以下几种。

- 执行菜单栏中的“绘图”|“文字”|“多行文字”命令。
- 单击“绘图”工具栏上的“多行文字”按钮A。
- 在命令行输入Mtext按Enter键。
- 使用命令简写T或MT。

## 9.4.1 认识“文字格式”编辑器

多行文字是在“文字格式”编辑器中进行创建的，当激活“多行文字”命令后，命令行中出现“指定第一角点:”提示，在绘图区单击拾取一点，继续在命令行“指定对角点或 [高度(H)/对正(J)/行距(L)/旋转(R)/样式(S)/宽度(W)/栏(C)]:”提示下，在绘图区拾取另一点，即可弹出“文字格式”编辑器。此编辑器由工具栏、带标尺的文字输入框和快捷菜单三部分组成，如图9-25所示。

图9-25

### 1. 工具栏

工具栏主要用于控制多行文字对象的文字样式和选定文字的各种字符格式、对正方式、项目编号等，其中包括如下选项。

- “文字样式”：在该下拉列表中可设置当前的文字样式。
- “字体”：在该下拉列表中可设置或修改文字的字体。
- “文字高度”：设置新字符高度或更改选定文字的高度。
- “颜色”：指定文字颜色或修改选定文字的颜色。
- “粗体”和“斜体”：用于为文字对象设置粗体格式和设置斜体格式，这两个选项仅适用于使用 TrueType 字体的字符。
- “下划线”：设置文字下划线格式。
- “上划线”：设置文字上划线格式。
- “标尺”：控制文字输入框顶端标心的开关状态。
- “栏数”：为段落文字进行分栏排版。
- “多行文字对正”：设置多行文字的对正方式，单击该按钮会打开如图9-26所示的下拉菜单，用于选择对正方式，该对正方式与当行文字对正方式相同。
- “段落”：设置段落文字的制表位、缩进量、对齐、间距等。
- “左对齐”：设置段落文字为左对齐方式。
- “居中”：设置段落文字为居中对齐方式。
- “右对齐”：设置段落文字为右对齐方式。
- “对正”：设置段落文字为对正方式。
- “分布”：设置段落文字为分布排列方式。
- “行距”：设置段落文字的行间距。
- “编号”：为段落文字进行编号。
- “插入字段”：为段落文字插入一些特殊字段。
- “全部大写”：修改英文字符为大写。
- “全部小写”：修改英文字符为小写。
- “符号”：单击该按钮，打开如图9-27所示的下拉菜单，为文字添加一些特殊符号。

图9-26

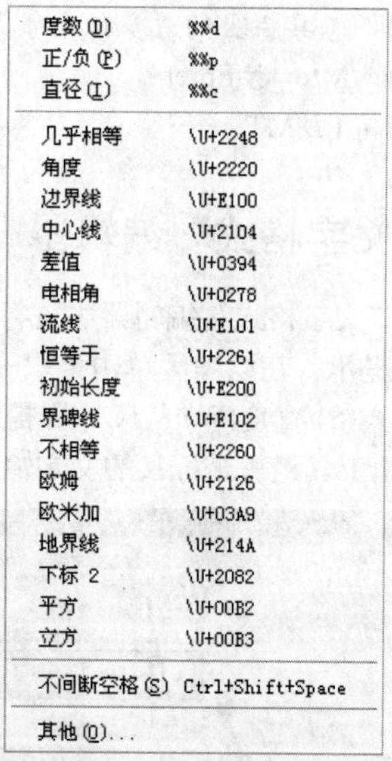


图9-27

- “倾斜角度”：修改文字的倾斜角度。
- “追踪”：修改文字间的距离。
- “宽度因子”：修改文字的宽度比例。
- “堆叠”：为输入的文字或选定的文字设置堆叠格式。

### 2. 文本输入框

文本输入框位于工具栏下侧，主要用于输入和编辑文字对象，它由标尺和文本框两部分组成，如图9-28所示。

在文本输入框内单击右键，可弹出如图9-29所示的快捷菜单，其大多数选项功能与工具栏上的各按钮功能相对应，部分选项功能如下。

- “全部选择”选项：用于选择多行文字编辑框中的所有文字。
- “改变大小写”选项：用于改变选定文字对象的大小写。
- “查找和替换”选项：用于搜索指定的文字串并使用新的文字将其替换。
- “自动大写”选项：用于将新输入的文字或当前选择的文字转换成大写。
- “删除格式”选项：用于删除选定文字的粗体、斜体或下划线等格式。
- “合并段落”选项：用于将选定的段落合并为一段并用空格替换每段的回车。
- “符号”选项：用于在光标所在的位置插入一些特殊符号或不间断空格。
- “输入文字”选项：用于向多行文本编辑器中插入txt格式的文本、样板等文件或插入RTF格式的文件。

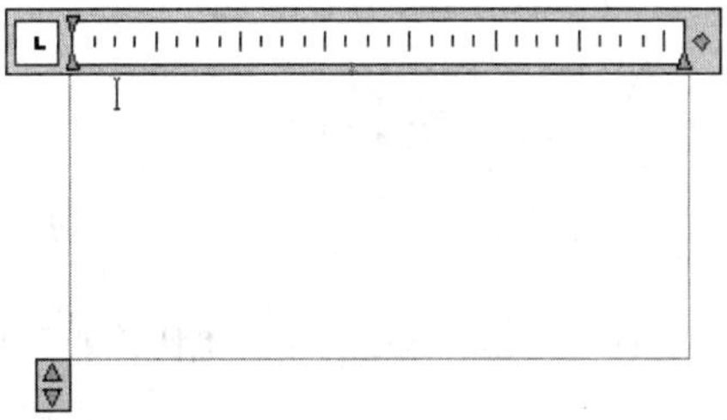

图9-28

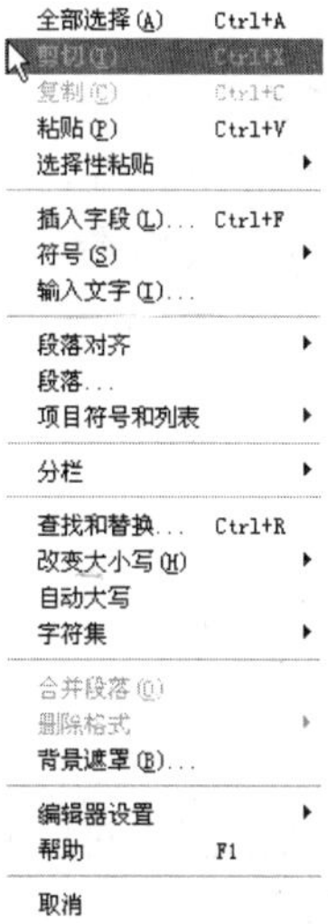


图9-29

## 9.4.2 输入多行文字

下面通过一个简单实例学习创建多行文字的方法。

**1** 采用上述任意方式激活“多行文字”命令，在命令行“指定第一角点:”提示下，在绘图区拾取一点作为多行文字的第一输入点。

**2** 继续在命令行“指定对角点或 [高度(H)/对正(J)/行距(L)/旋转(R)/样式(S)/宽度(W)/栏(C)]:”提示下拖动鼠标拉出一个矩形框，此时系统打开“文字格式”编辑器。

**3** 在“文字格式”编辑器中设置文字的对正方式、字体、颜色等，然后在文字输入框中单击并输入相关文字，如图9-30所示。

图9-30

4 单击“文字格式”编辑器中的确定按钮，完成多行文字的创建。

5 如果要修改多行文字，则可以在没有任何命令发出的情况下，双击创建的多行文字，再次打开“文字格式”编辑器，在文字内容上拖动鼠标，进入文字编辑模式，如图9-31所示。

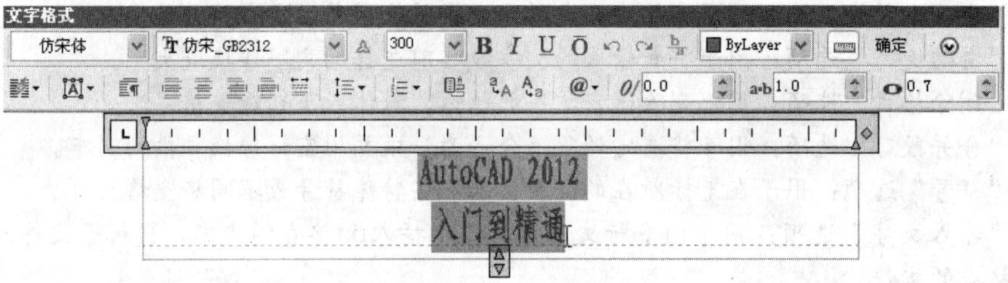


图9-31

6 在工具栏上修改文字的字体、文字样式、大小、对正方式等，并在下方的文本输入框中输入新的文字内容，如图9-32所示。

图9-32

7 修改完成后，再次单击“文字格式”编辑器中的确定按钮确认，即可完成多行文字的修改。

### 9.4.3 向多行文字中添加特殊字符

在输入多行文字时，除了设置文字的字体、颜色、高度、对正方式等之外，还可以在多行文字中插入特殊字符，例如度数符号、直径符号、正负数符号等。

下面通过一个简单实例学习向多行文字中添加特殊字符的操作。

1 依照前面所学知识执行“多行文字”命令，在打开的“文字格式”编辑器中输入如图9-33所示的段落文字。

2 将光标定位在“45”的后面，单击“符号”按钮@，在下拉菜单中选择“度数(D)”选项，如图9-34所示，即可在数字45后面添加一个度数符号，如图9-35所示。

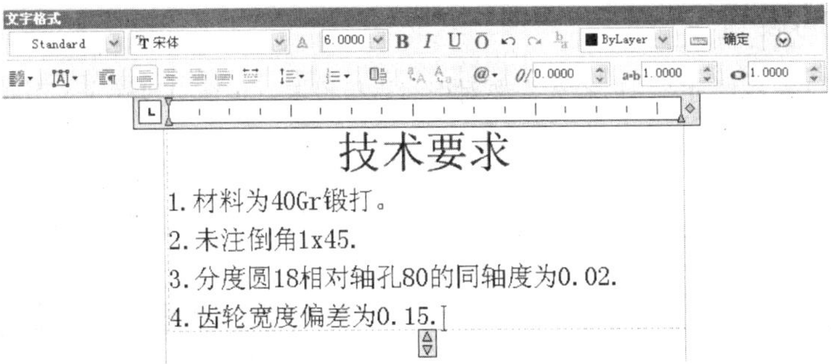


图9-33

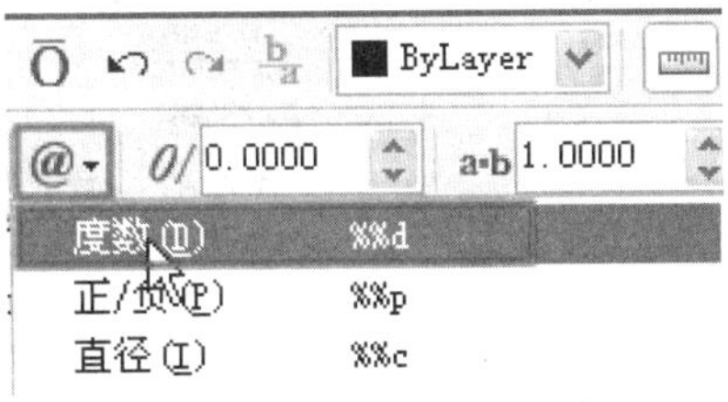


图9-34

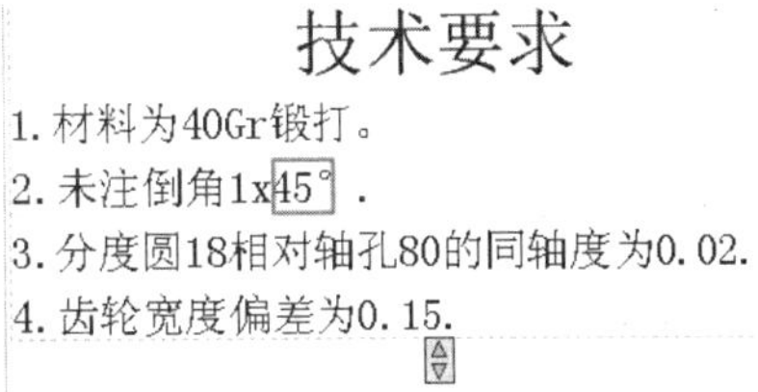


图9-35

**3** 使用相同的方法，分别将光标定位在数字18、80前，单击“符号”按钮@·，选择“直径（I）”选项，为其添加直径符号。

**4** 继续将光标定位在数字0.15前面，单击“符号”按钮@·，选择“正负（P）”选项，为其添加正负符号，结果如图9-36所示。

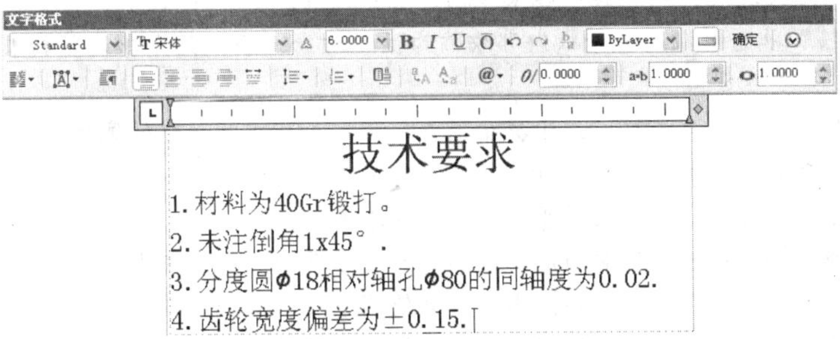


图9-36

**5** 单击“文字格式”编辑器中的 确定 按钮将其关闭，完成多行文字的输入和编辑。

# 9.5 创建引线文字

引线文字既不同于单行文字，也不同于多行文字，它是另一种文字注释工具，这种文字的一端一般带有箭头的引线，主要用于标注指示性的文字内容。

在AutoCAD 2012中，一般使用“快速引线”命令来创建引线文字，在命令行输入Qleader或LE按Enter键，即可激活“快速引线”命令创建引线文字，引线可以为直线段，也可以为平滑的样条曲线，如图9-37所示。

这一节继续学习创建引线文字的相关知识。

### 9.5.1 引线的设置

在创建引线文字注释时，一般首先需要对引线进行设置，包括引线样式、引线点数、引线箭头类型等。

激活“快速引线”命令后，在命令行“指定第一个引线点或[设置(S)]<设置>:”提示下输入S按Enter键，即可打开“引线设置”对话框，该对话框有“注释”、“引线和箭头”和“附着”三个选项卡，如图9-38所示。

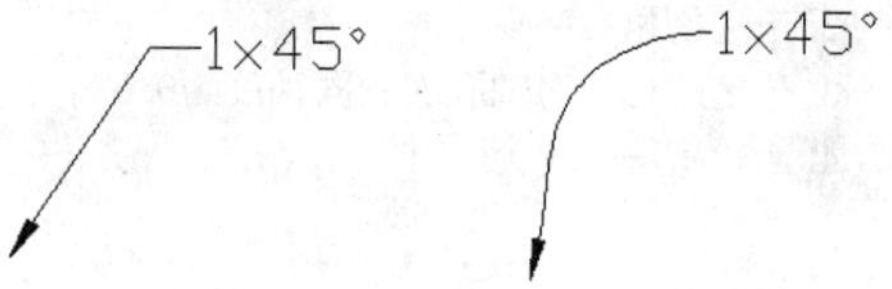


图9-37

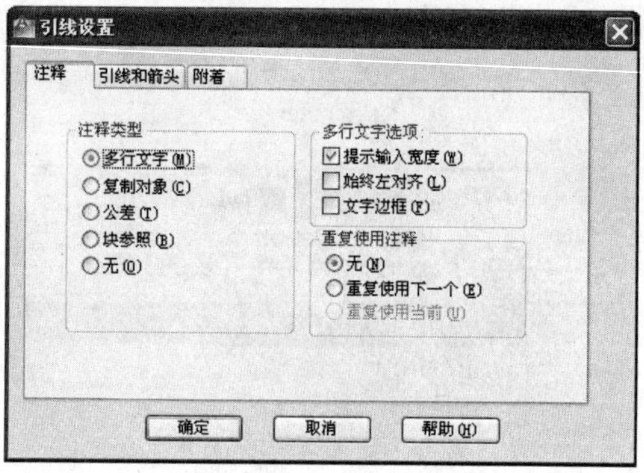


图9-38

“注释”选项卡主要用于设置引线文字的注释类型及其相关的一些选项功能。

- “多行文字”单选按钮：用于在引线末端创建多行文字注释。
- “复制对象”单选按钮：用于复制已有的引线注释作为需要创建的引线注释。
- “公差”单选按钮：用于在引线末端创建公差注释。
- “块参照”单选按钮：用于以内部块作为注释对象；而“无”单选按钮表示创建无注释的引线。
- “提示输入宽度”复选框：用于提示用户，指定多行文字注释的宽度。
- “始终左对齐”复选框：用于自动设置多行文字使用左对齐方式。
- “文字边框”复选框：主要用于为引线注释添加边框。
- “无”单选按钮：表示不对当前所设置的引线注释进行重复使用。
- “重复使用下一个”单选按钮：用于重复使用下一个引线注释。
- “重复使用当前”单选按钮：用于重复使用当前的引线注释。

“引线和箭头”选项卡主要用于设置引线的类型、点数、箭头以及引线段的角度约束等参数，如图9-39所示。

- “直线”单选按钮：用于在指定的引线点之间创建直线段。
- “样条曲线”单选按钮：用于在引线点之间创建样条曲线，即引线为样条曲线。
- “箭头”选项组：用于设置引线箭头的形式。单击“实心闭合”下拉按钮，在下拉列表中选择一种箭头形式，如图9-40所示。
- “无限制”复选框：表示系统不限制引线点的数量，用户可以通过按Enter键，手动结束引线点的设置过程。
- “最大值”微调按钮：用于设置引线点数的最多数量。
- “角度约束”选项组：用于设置第一条引线与第二条引线的角度约束。

“附着”选项卡主要用于设置引线和多行文字注释之间的附着位置，如图9-41所示。只有在“注释”选项卡内勾选了“多行文字”选项时，此选项卡才可用。

图9-39

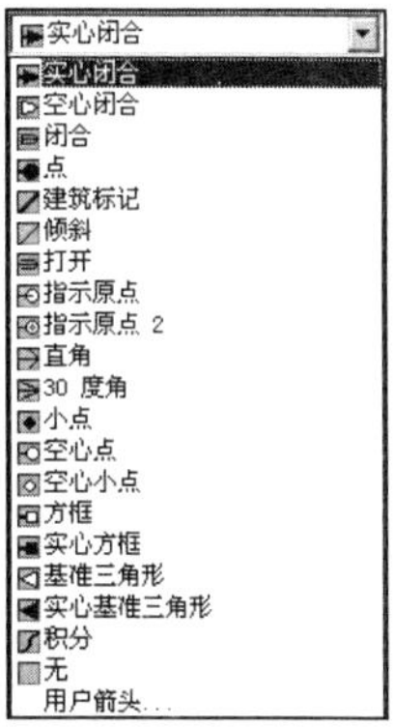


图9-40

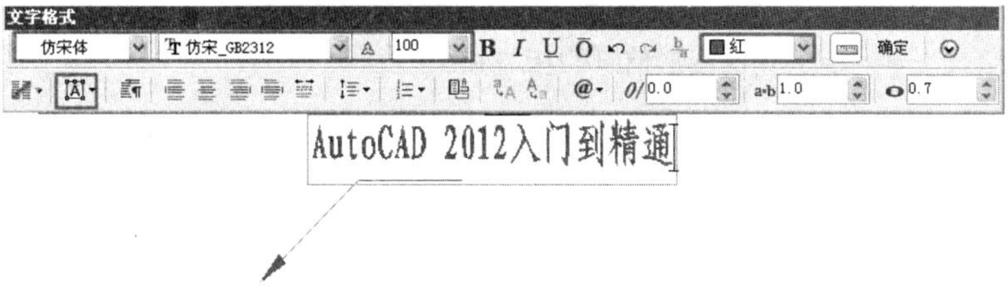


图9-41

- “第一行顶部”单选按钮：用于将引线放置在多行文字第一行的顶部。
- “第一行中间”单选按钮：用于将引线放置在多行文字第一行的中间。
- “多行文字中间”单选按钮：用于将引线放置在多行文字的中部。
- “最后一行中间”单选按钮：用于将引线放置在多行文字最后一行的中间。
- “最后一行底部”单选按钮：用于将引线放置在多行文字最后一行的底部。
- “最后一行加下划线”复选框：用于为最后一行文字添加下划线。

## 9.5.2 创建引线文字

这一节来学习创建引线文字的方法。

**1** 依照上一节讲述的方法，打开“引线设置”对话框，设置引线类型，命令行操作如下。

命令: LE
QLEADER
指定第一个引线点或 [设置(S)] <设置>:　　//S Enter，打开“引线设置”对话框，设置引线如图9-39所示，然后单击 确定 按钮关闭“引线设置”对话框并回到绘图区
指定第一个引线点或 [设置(S)] <设置>:　　//在绘图区单击拾取一点
指定下一点:　　//向右上方引导光标拾取第二点
指定下一点:　　//水平向右引导光标拾取第三点
指定文字宽度 <0>:　　// Enter
输入注释文字的第一行 <多行文字(M)>:　　// Enter，打开“文字格式”编辑器，设置文字字体、大小、颜色等，然后在下方的文本输入框中输入相关文字内容，如图9-41所示

**2** 单击[确定]按钮关闭“文字格式”编辑器，完成引线文字的输入，效果如图9-42所示。

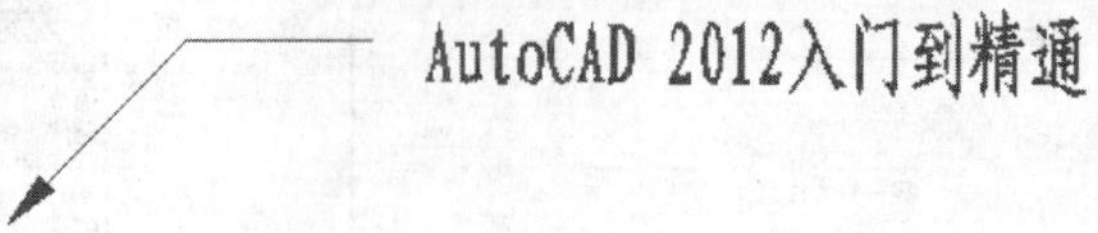


图9-42

# 9.6 查询图形信息

查询图形的信息，例如查询面积、长度、角度、半径等，也是AutoCAD 2012图形设计中的重要内容，这一节就来学习有关查询图形信息的相关知识。

## 9.6.1 查询图形信息

在菜单栏中的“工具”|“查询”级联菜单下，AutoCAD 2012提供了一组用于查询图形信息的菜单，如图9-43所示。

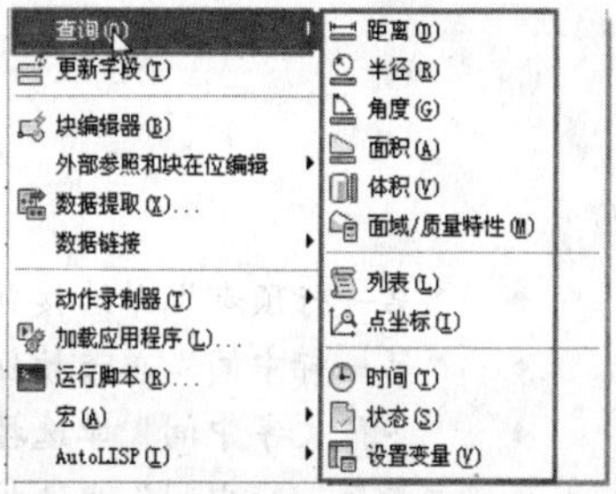


图9-43

执行相关菜单命令，用户就可以方便地查询图形的各种信息，例如面积、周长、坐标点、两点之间的距离等。

### 1. 查询面积

使用“面积”命令，不但可以查询单个封闭对象或由若干点围成的区域的面积和周长，而且还可以对面积进行加减运算。

执行“面积”命令主要有以下几种方式。

- 执行菜单栏中的“工具”|“查询”|“面积”命令。
- 单击“查询”工具栏上的“面积”按钮。
- 在命令行输入Area按Enter键。

下面通过简单操作，学习使用“面积”命令查询图形面积的方法。

**1** 使用“多边形”命令，绘制一个五边形。

**2** 单击“查询”工具栏上的“面积”按钮，激活“面积”命令，查询五边形的面积和周长，命令行操作如下。

```
命令: _area
    指定第一个角点或 [对象(O)/加(A)/减(S)]:        //捕捉端点1，如图9-44所示
    指定下一个角点或按 Enter 键全选:               //捕捉端点2
    指定第一个角点或 [对象(O)/加(A)/减(S)]:        //捕捉端点3
    指定下一个角点或按 Enter 键全选:               //捕捉端点4
    指定下一个角点或按 Enter 键全选:               //捕捉端点5
    指定下一个角点或按 Enter 键全选:               //捕捉端点1
    指定下一个角点或按 Enter 键全选:
        //Enter，退出命令，结果系统将查询并列出五边形的面积以及周长，如图9-45所示
```

- “对象”选项：用于查询单个闭合图形的面积和周长，如圆、椭圆、矩形、多边形、面域等。另外，使用此选项也可以查询由多段线或样条曲线所围成的区域的面积和周长。

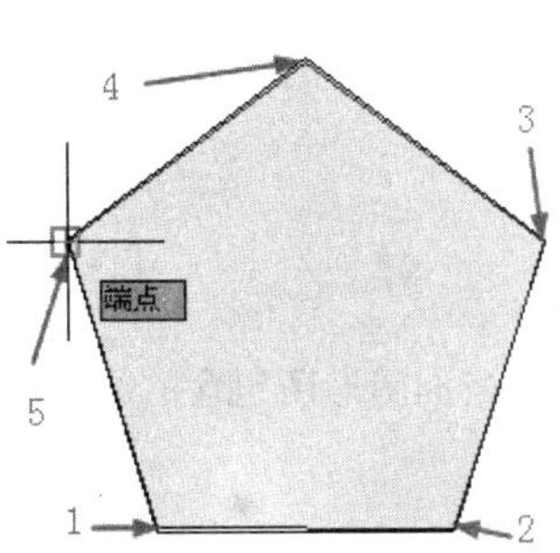


图9-44

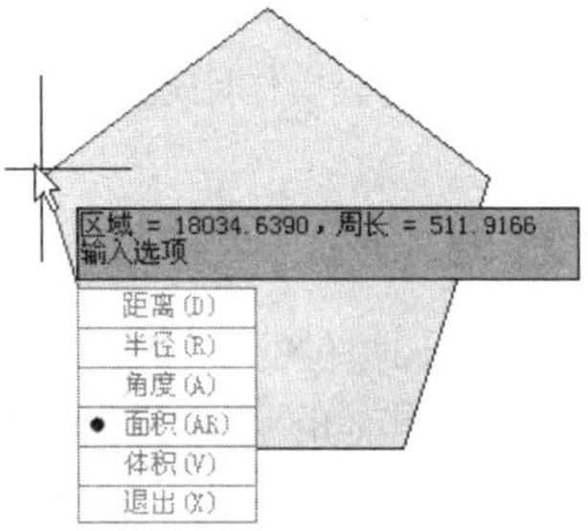


图9-45

- “加”选项：用于将新选图形实体的面积加入总面积中，此功能属于“面积的加法运算”。另外，如果用户需要执行面积的加法运算，必需先要将当前的操作模式转换为加法运算模式。
- “减”选项：用于将所选实体的面积从总面积中减去，此功能属于“面积的减法运算”。另外，如果用户需要执行面积的减法运算，必需先要将当前的操作模式转换为减法运算模式。

**TIP** 对于线宽大于零的多段线或样条曲线，AutoCAD将按其中心线计算面积和周长；对于非封闭的多段线或样条曲线，AutoCAD将假想已有一条直线连接多段线或样条曲线的首尾，然后计算该封闭框架的面积，但周长并不包括那条假想的连线，即周长是多段线的实际长度。

### 2. 查询角度

使用“角度”命令，可以查询圆、圆弧或由直线形成的图形的角度。执行“角度”命令主要有以下几种方式。

- 执行菜单栏中的“工具”|“查询”|“角度”命令。
- 单击“查询”工具栏上的“角度”按钮。
- 在命令行输入MEASUREGEOM按Enter键。

下面继续通过查询五边形的角度，学习使用“角度”命令查询图形角度的方法。

1. 继续上一节实例的操作。
2. 使用“分解”命令，将上一节绘制的五边形分解为5条独立的线段。
3. 单击“查询”工具栏上的“角度”按钮，激活“角度”命令，查询五边形的角度，命令行操作如下。

```
命令: _MEASUREGEOM
    输入选项 [距离(D)/半径(R)/角度(A)/面积(AR)/体积(V)] <距离>: _angle
    选择圆弧、圆、直线或 <指定顶点>:              //单击如图9-46所示的边
    选择第二条直线:   //单击如图9-47所示的边，结果查询出两条边的角度，如图9-48所示
```

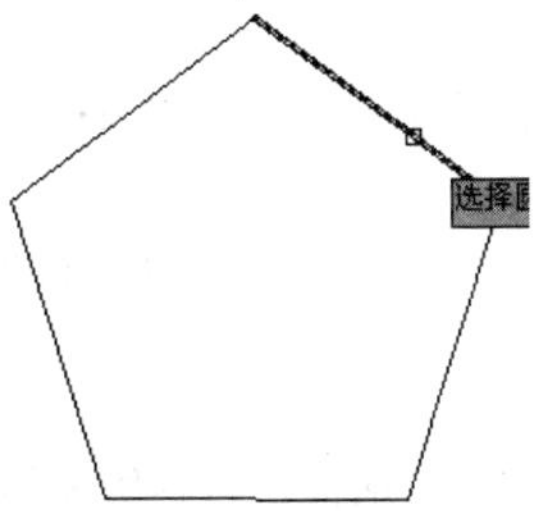

图9-46

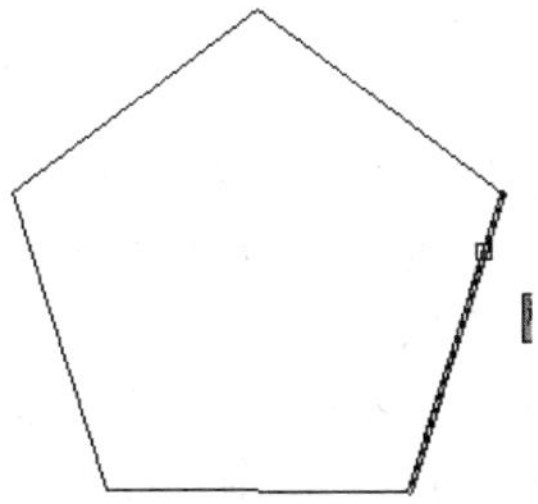

图9-47

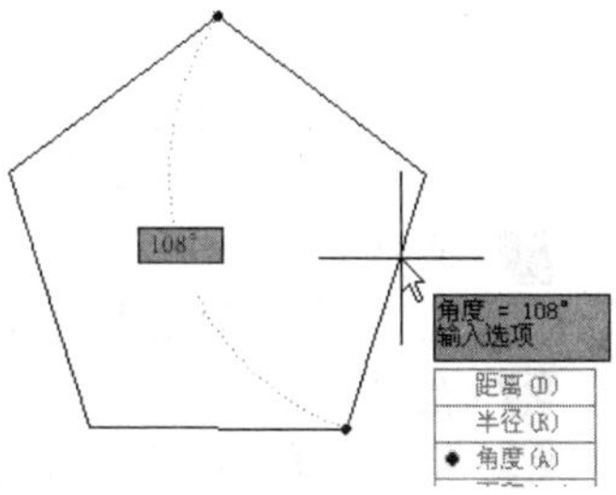


图9-48

依照相同的方法，继续使用“角度”命令查询出五边形的其他角度，也可以激活其他选项，查询五边形的其他信息，这些操作比较简单，在此不再赘述。

### 9.6.2 综合查询

使用AutoCAD 2012提供的“列表”命令，可以快速地查询图形所包含的众多内部信息，如图层、面积、点坐标以及其他的空间等特性参数。

执行“列表”命令主要有以下几种方式。

- 执行菜单栏中的“工具”|“查询”|“列表”命令。
- 单击“查询”工具栏上的“列表”按钮。
- 在命令行输入List按Enter键。
- 使用命令简写LI或LS。

下面通过查询某圆的图形信息的操作，学习“列表”命令的操作方法。

1. 绘制一个圆形。
2. 执行菜单栏中的“工具”|“查询”|“列表”命令，查询该圆的所有信息，命令行操作如下。

```
命令: _list
    选择对象:                //单击圆形
    选择对象: //Enter，打开文本窗口，并滚动显示该圆形的所有信息，如图9-49所示
```

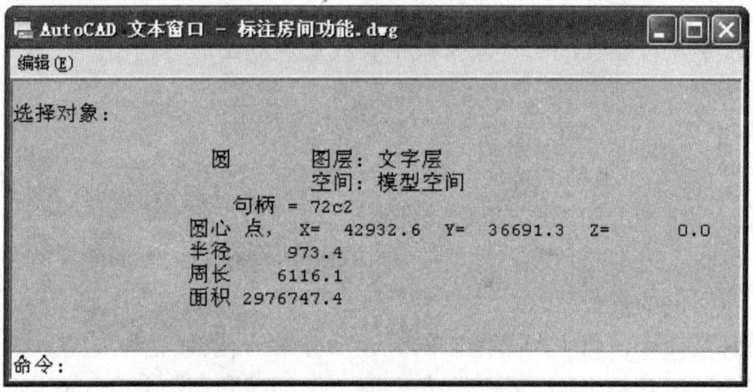


图9-49

## 9.7 引线文字与信息查询应用实例

上一节学习了多行文字、引线文字与信息查询等知识，这一节通过标注某户型图面积与材质注解的实例操作，对以上所学知识进行巩固练习，具体操作步骤如下。

1. 使用“打开”命令，打开随书光盘中的文件“效果文件”\“第9章”\“标注房间功能.dwg”，这是上一节制作的一个实例。
2. 在“图层控制”下拉列表中，将“文本层”设置为当前层。
3. 执行菜单栏中的“格式”|“文字样式”命令，打开“文字样式”对话框，将“仿宋体”设置为当前文字样式。

**4** 执行“快速引线”命令，标注房间材质注解，命令行操作如下。

命令: LE
QLEADER
指定第一个引线点或 [设置(S)] <设置>:
//S Enter，打开“引线设置”对话框，设置引线如图9-50所示

**5** 单击 确定 按钮关闭“引线设置”对话框并回到绘图区，创建引线文字，命令行操作如下。

指定第一个引线点或 [设置(S)] <设置>:　　//在卧室地面材质位置单击拾取一点
指定下一点:　　//向上引导光标，拾取第二点
指定下一点:　　//水平向右引导光标，拾取第三点
指定文字宽度 <0>:　　// Enter
输入注释文字的第一行 <多行文字(M)>: // Enter，打开“文字格式”编辑器，设置文字字体、大小、颜色等，然后在下方的文本输入框中输入相关文字内容，如图9-51所示

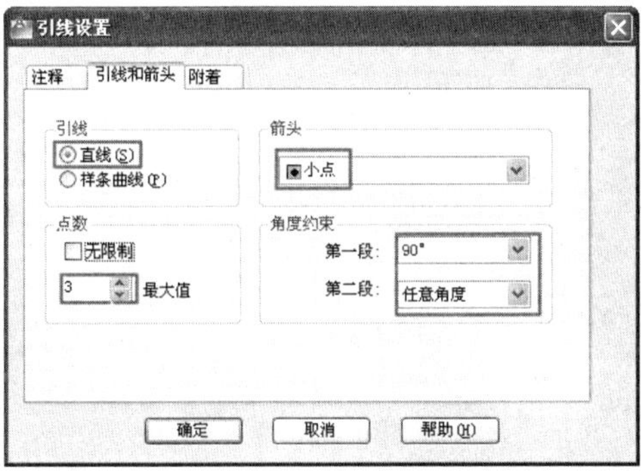


图9-50

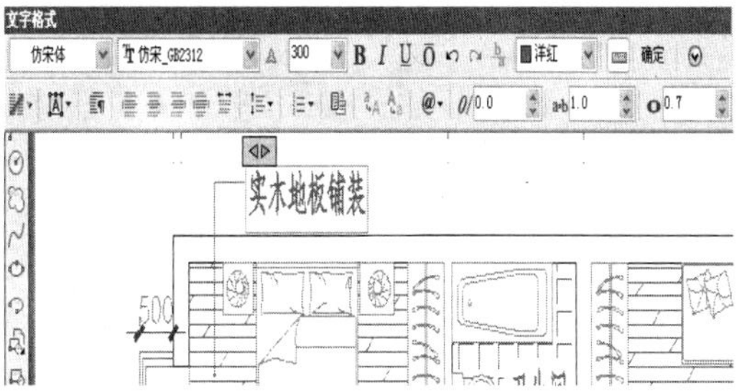


图9-51

**6** 按Enter键重复执行“快速引线”命令，使用相同的文字样式，继续标注其他房间的材质注释，结果如图9-52所示。

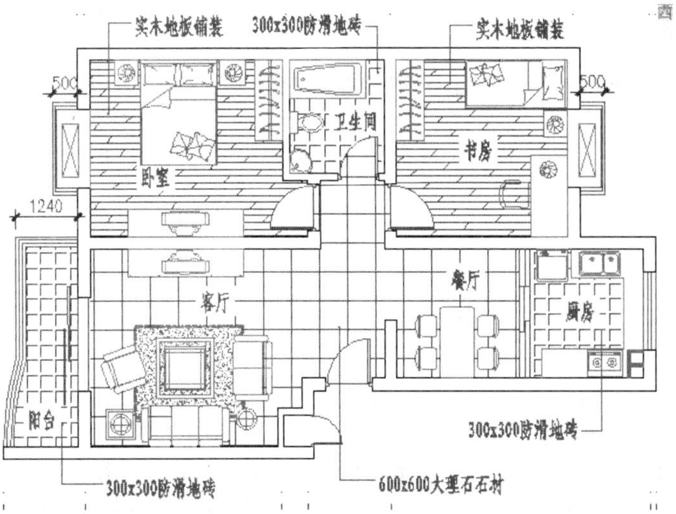


图9-52

**7** 下面继续标注房间面积。在"图层特性管理器"面板中新建名为"面积层"的新图层，并将其设置为当前层。

**8** 单击"查询"工具栏上的"面积"按钮，激活"面积"命令，查询卧室房间的面积，命令行操作如下。

```
命令: _area
    指定第一个角点或 [对象(O)/加(A)/减(S)]:        //捕捉端点A
    指定下一个角点或按 Enter 键全选:              //捕捉端点B
    指定第一个角点或 [对象(O)/加(A)/减(S)]:        //捕捉端点C
    指定下一个角点或按 Enter 键全选:              //捕捉端点D
    指定下一个角点或按 Enter 键全选:              //捕捉端点E
    指定下一个角点或按 Enter 键全选:              //捕捉端点F
    指定下一个角点或按 Enter 键全选:
                              // Enter，退出命令，查询出该房间面积，如图9-53所示
```

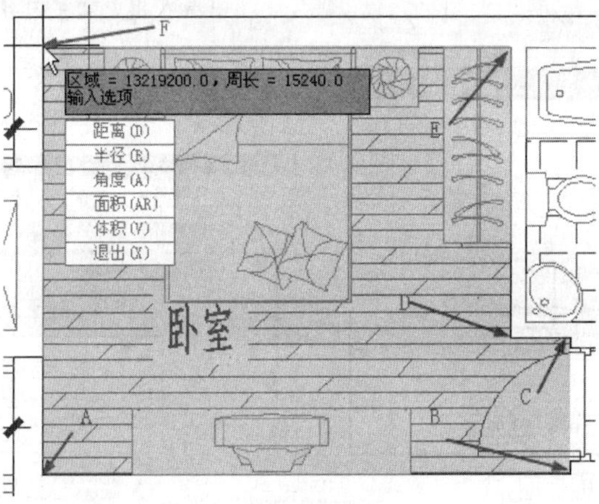


图9-53

**9** 依照相同的方法，分别查询出其他房间的面积。

**10** 激活"多行文字"命令，打开"文字格式"编辑器，设置字体、大小、颜色等，然后在文本框中输入"13.2m2^"，如图9-54所示。

图9-54

**11** 将"2^"符号选择，单击"堆叠"按钮将其堆叠，然后单击 确定 按钮关闭"文字格式"编辑器，标注结果如图9-55所示。

**12** 依照相同的方法，继续查询并标注其他房间的面积，最后使用"图案填充编辑"命令，将面积文字所在区域，以孤岛的形式从填充图案中分离开，完成户型图材质与面积的标注，最终结果如图9-56所示。

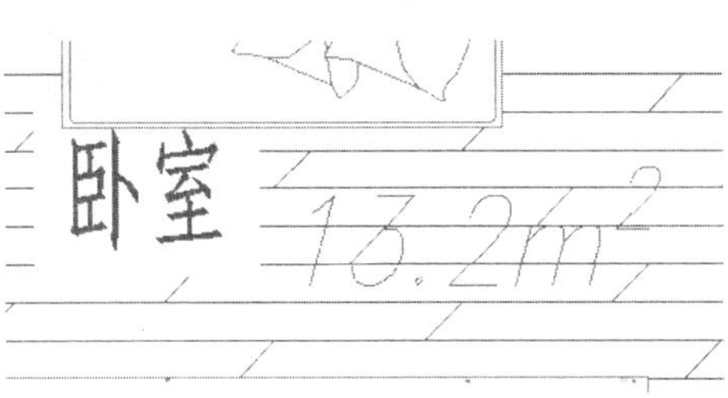


图9-55

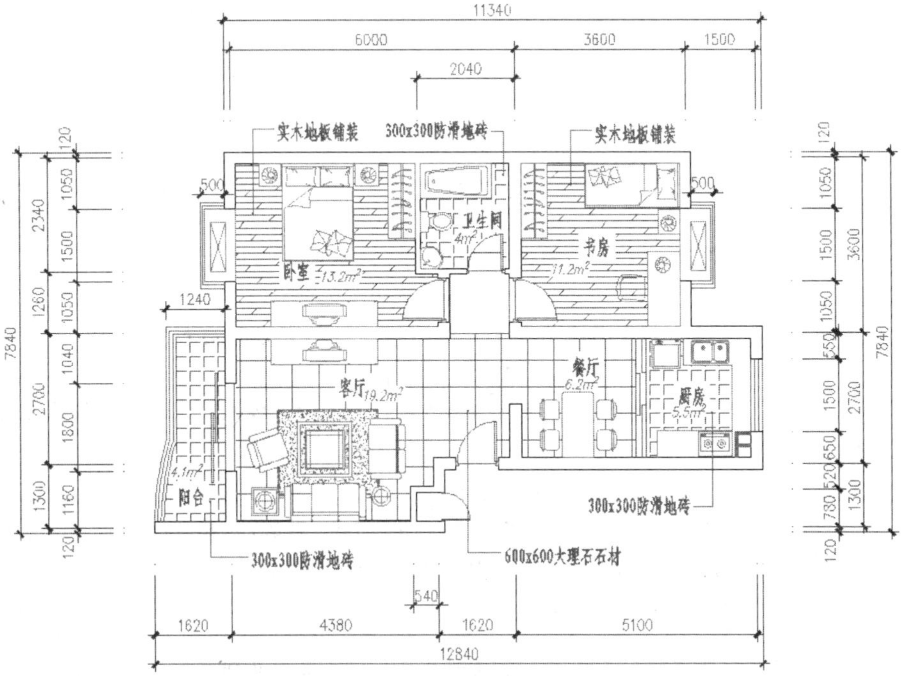


图9-56

**13** 执行“另存为”命令，将该图形存储为“标注材质注解与面积.dwg”文件。

## 9.8 绘制表格

使用“表格”命令不仅可以创建表格，同时还可以填充表格文字。执行“表格”命令主要有以下几种方式。

- 执行菜单栏中的“绘图”|“表格”命令。
- 单击“绘图”工具栏上的“表格”按钮▦。
- 在命令行输入Table按Enter键。
- 使用命令简写TB

下面通过创建一个简单表格，学习创建表格、编辑表格、填充表格等相关知识。

**1** 新建一个空白文件，执行菜单栏中的“绘图”|“表格”命令，打开“插入表格”对话框，如图9-57所示。

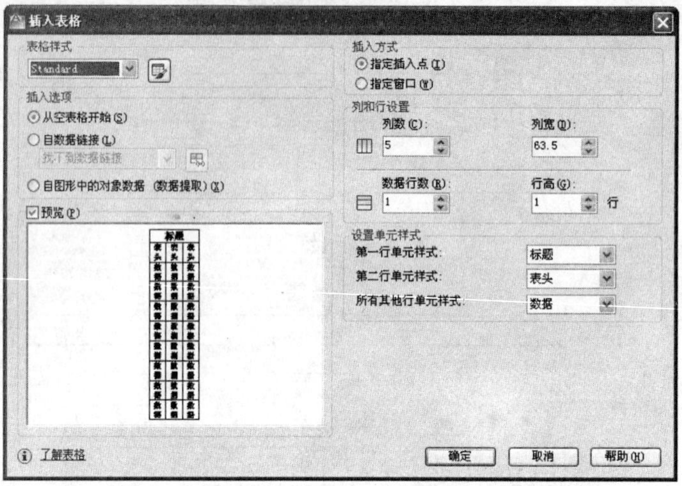


图9-57

- “表格样式”选项组不仅可以设置、新建或修改当前表格样式，还可以对表格样式进行预览。
- “插入选项”选项组用于设置表格的填充方式，具体有“从空表格开始”、“自数据链接”和“自图形中的对象（数据提取）”三种。
- “插入方式”选项组用于设置表格的插入方式，当激活此方式后，系统将按照当前的行参数和列参数创建表格。

TIP 系统共提供了“指定插入点”和“指定窗口”两种方式，默认为“指定插入点”方式，如果使用“指定窗口”方式，系统将表格的行数设为自动，即按照指定的窗口区域自动生成表格的数据行，而表格的其他参数仍使用当前的设置。

- “列和行设置”选项组用于设置表格的列参数、行参数以及列宽和行宽参数。系统默认的列参数为5、行参数为1。
- “设置单元样式”选项组用于设置第一行、第二行或其他行的单元样式。
- 单击 Standard “表格样式名称”列表右侧的按钮，可打开“表格样式”对话框，用于设置新的表格样式、修改已有表格或设置当前样式等。

**2** 在“列数”文本框中输入10，设置表格列数为10；在“列宽”文本框中输入20，设置列宽为20。

**3** 在“数据行数”文本框中输入6，设置表格行数为6，单击 确定 按钮返回绘图区，在命令行“指定插入点:”提示下，拾取一点，此时打开“文字格式”编辑器，如图9-58所示。

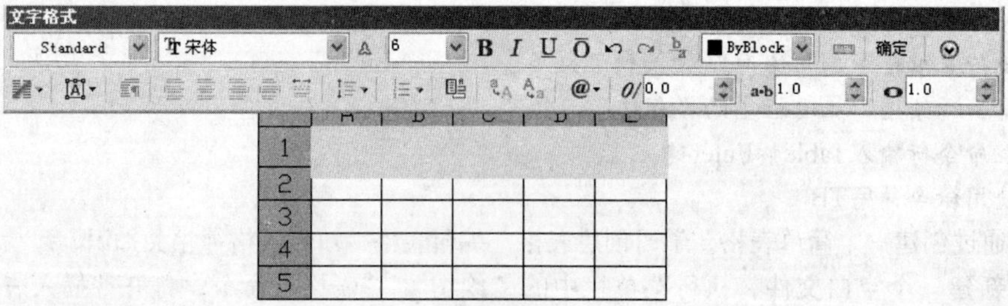


图9-58

**4** 在反白显示的表格框内输入“标题”，然后按键盘上的右方向键，将光标移至左下列标题栏中，输入“表头”文字内容。

**5** 按向右的方向键，将光标移动到其他位置，继续输入其他相关文字，然后单击确定按钮关闭“文字格式”编辑器，结果如图9-59所示。

**6** 在无任何命令发出的情况下，选择表格使其夹点显示，然后单击第二个夹点使其进入夹基点，如图9-60所示。

**7** 将第二个夹点拖到第一个夹点上，以编辑表格，使用相同的方法继续编辑其他表格，最后取消夹点显示，效果如图9-61所示。

图9-59

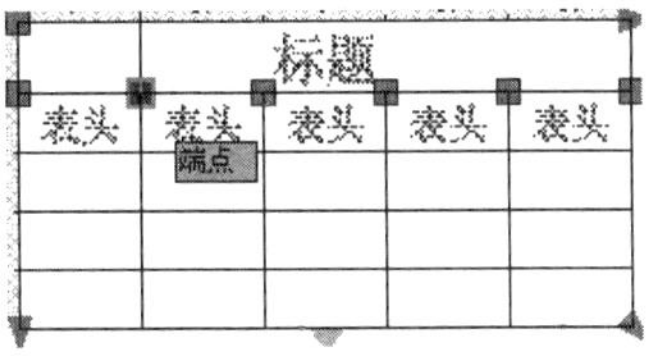

图9-60

图9-61

**8** 双击第一个“表头”字样，打开“文字格式”编辑器，修改其内容为“第一组”，如图9-62所示。

**9** 使用相同的方法，继续双击其他“表头”字样，在打开的“文字格式”编辑器中修改其他表格的内容，结果如图9-63所示。

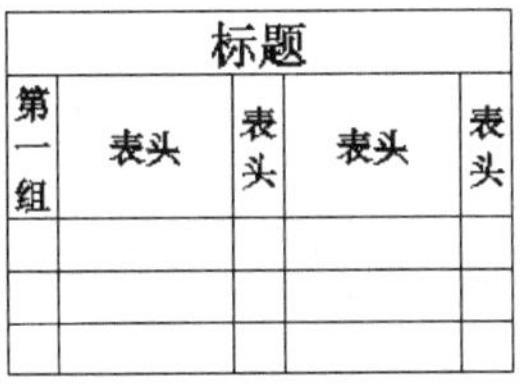

图9-62

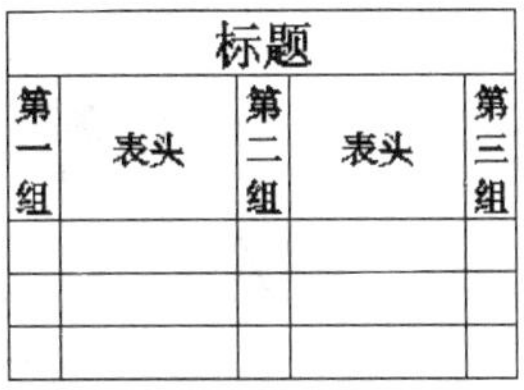

图9-63

# 9.9 填充零件图技术要求

前面章节中学习了多行文字、绘制表格等知识，这一节通过为某零件图标注技术要求，学习“多行文字”与“表格”命令的应用方法和技巧。

## 9.9.1 输入零件图技术要求

这一节首先来输入零件图的技术要求，具体操作步骤如下。

**1** 执行“打开”命令，打开随书光盘中的文件“素材文件”\“第9章”\“机械零件图.dwg”，如图9-64所示。

**2** 下面为该零件图标注技术要求等内容。在“图层控制”下拉列表中将“文字层”设置为当前图层。

**3** 使用命令简写T激活“多行文字”命令，在零件图下侧分别指定两个对角点，打开“文字格式”编辑器，设置字体、文字大小以及颜色等，然后输入技术要求，如图9-65所示。

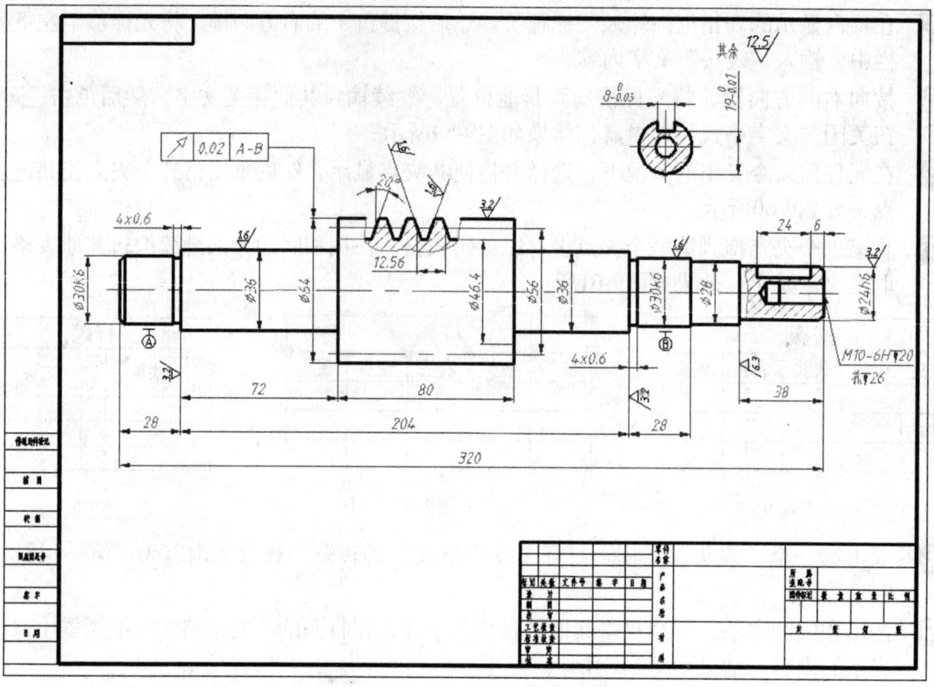

图9-64

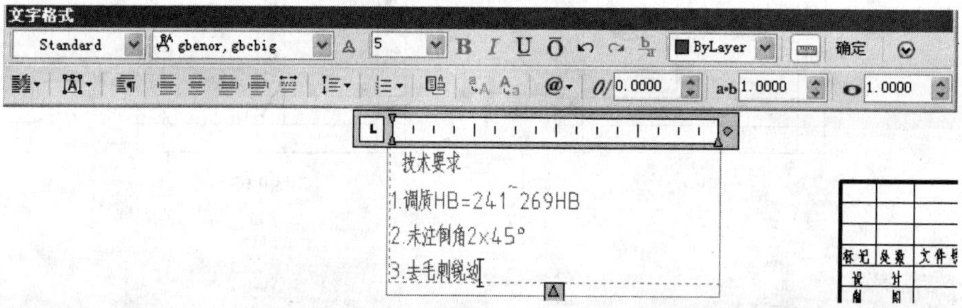


图9-65

**4** 单击确定按钮，结束“多行文字”命令，完成技术要求的标注，如图9-66所示。

**5** 使用命令简写PL激活“多段线”命令，在“其他层”内绘制线宽为0.1、高度为5的两条垂直多段线，作为剖切符号。

**6** 使用命令简写DT激活“单行文字”命令，将文字高度设置为5，为零件图标注剖面代号，如图9-67所示。

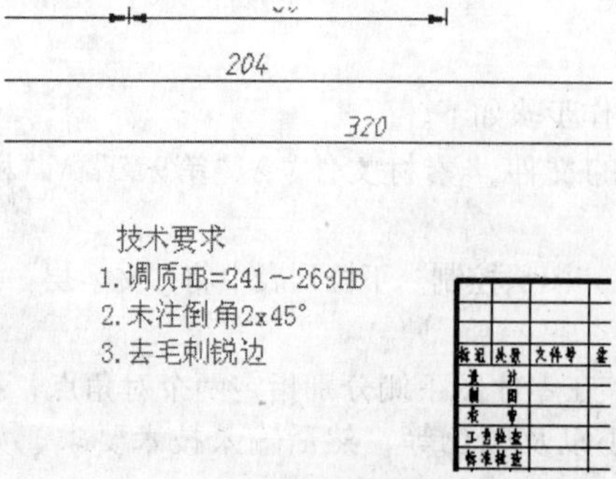


图9-66

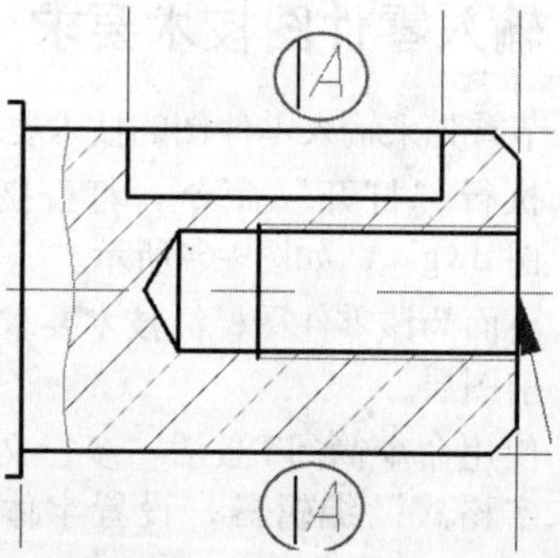

图9-67

## 9.9.2 填充零件图明细表

这一节继续来为零件图创建与填充明细表格，具体操作步骤如下。

**1** 将“其他层”设置为当前图层，单击“样式”工具栏上的“表格样式”按钮，激活“表格样式”命令，设置一种名为“明细表”的表格样式，其数据参数设置如图9-68和图9-69所示。

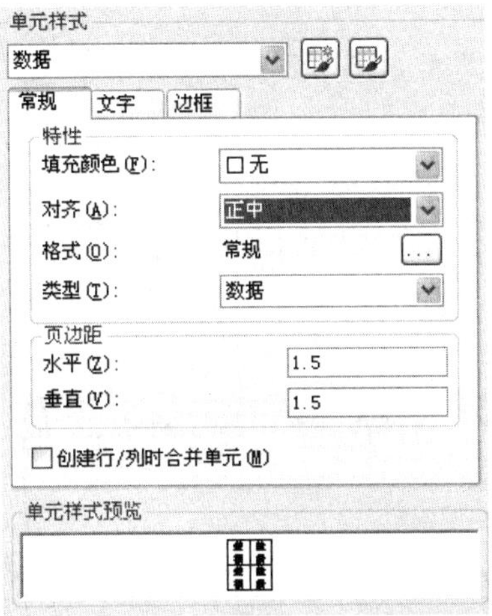


图9-68

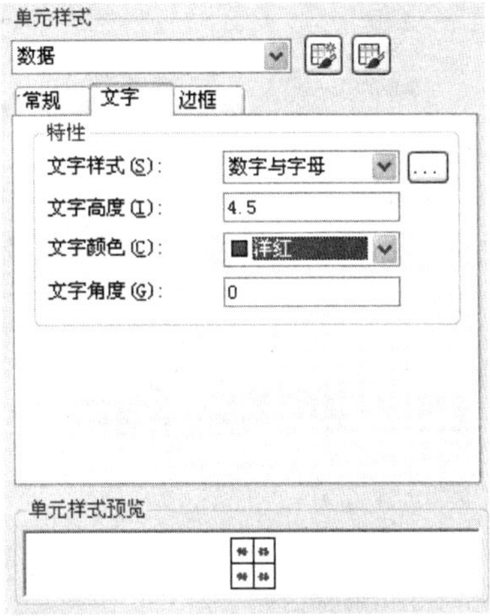


图9-69

**2** 在“单元样式”下拉列表中选择“表头”选项，然后设置表头参数如图9-70和图9-71所示。

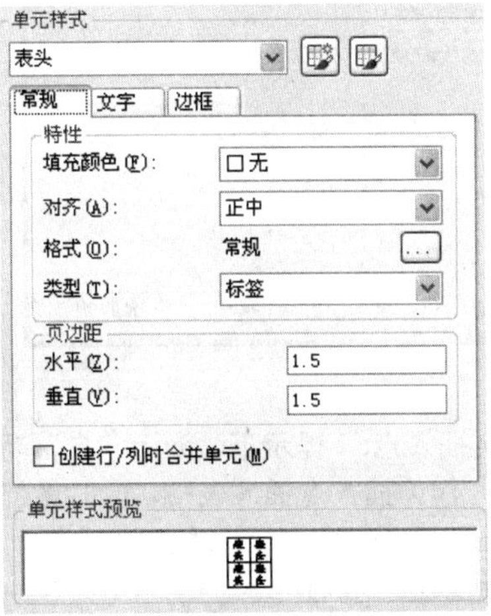


图9-70

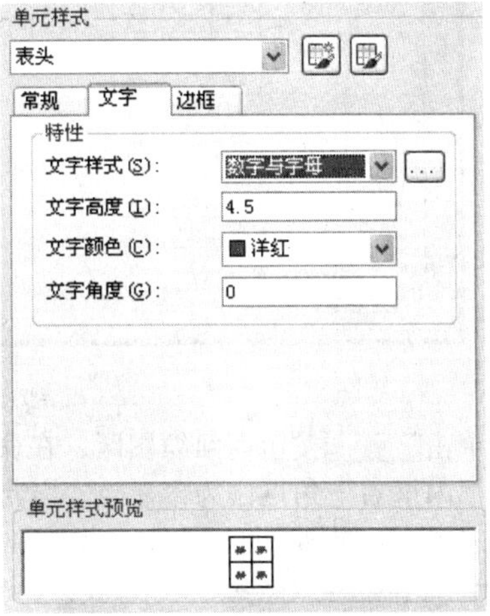


图9-71

**3** 在“单元样式”下拉列表中选择“标题”选项，然后设置标题参数如图9-72和图9-73所示。

**4** 返回“表格样式”对话框，将新设置的“明细表”样式设置为当前表格样式，然后关闭对话框。

**5** 单击“绘图”工具栏上的“表格”按钮，激活“表格”命令，设置表格参数如图9-74所示。

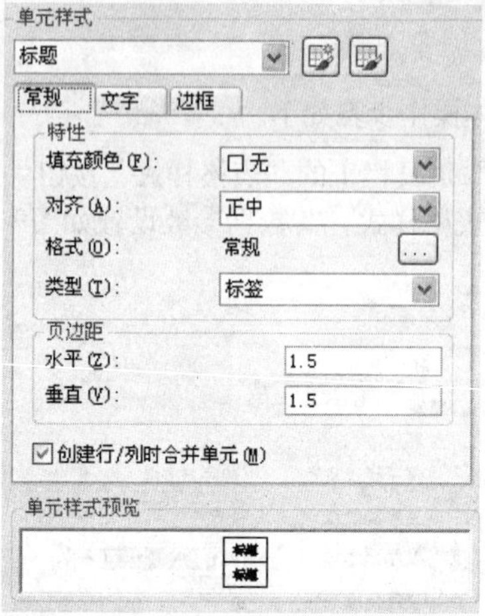


图9-72

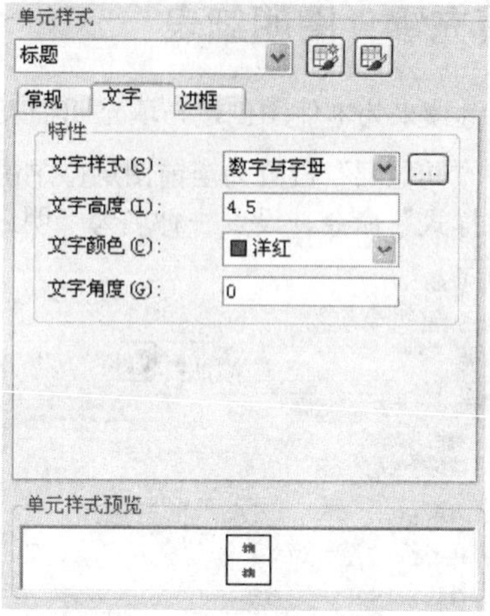


图9-73

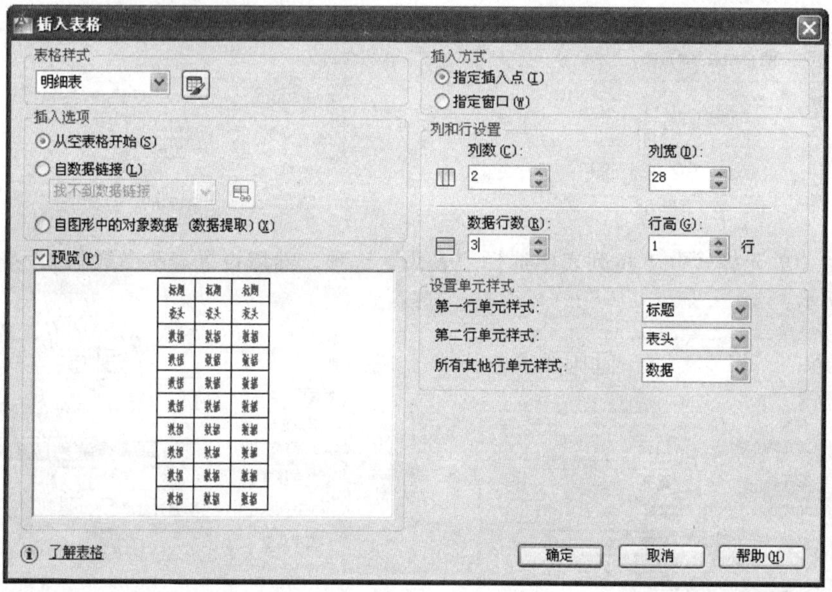


图9-74

**6** 单击确定按钮返回绘图区，在命令行“指定插入点:”提示下，激活“自”功能，以图框内框右上角点作为参考点，以点“@-56,0”作为插入点插入表格，此时系统插入明细表格，并自动打开“文字格式”编辑器，如图9-75所示。

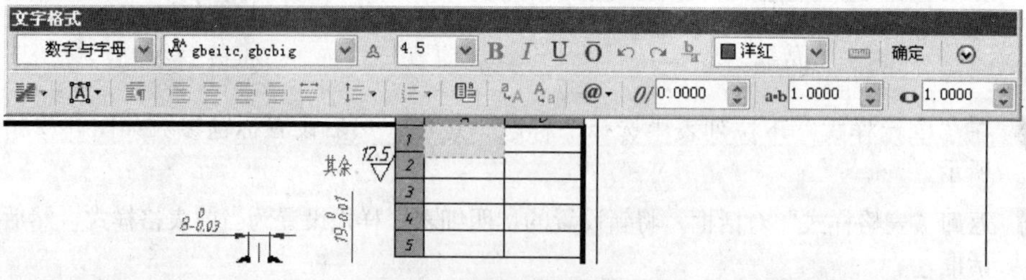


图9-75

**7** 在表格的左上方格内输入“模数”文字内容，如图9-76所示。

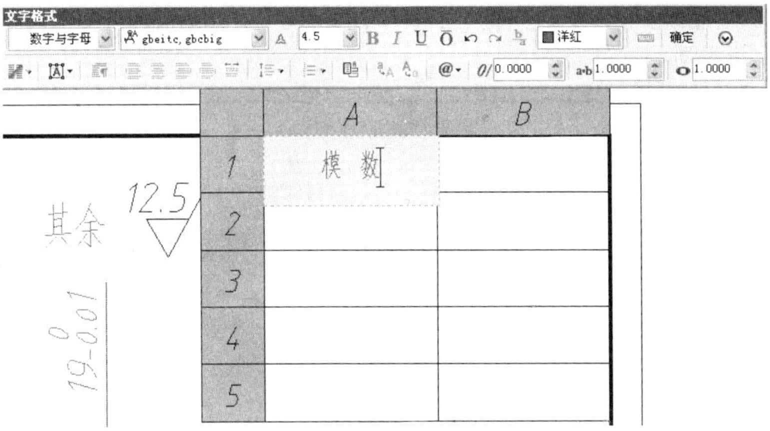


图9-76

**8** 按键盘上向下、向右的方向键，切换到其他方块内，然后输入其他方格内的文字内容，如图9-77所示。

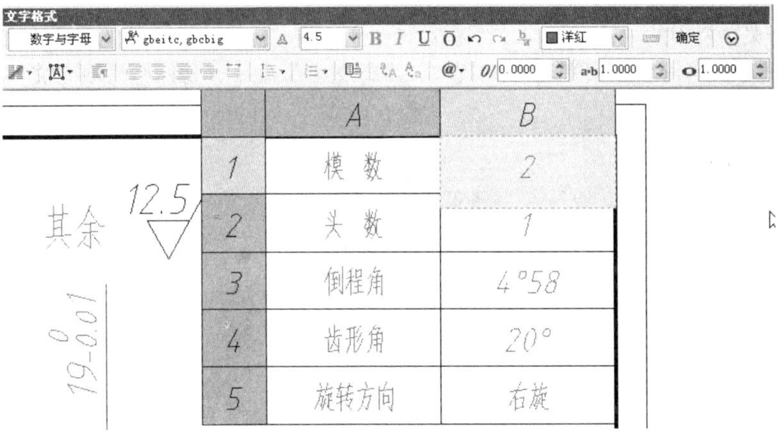


图9-77

**9** 将光标移至数字“5”的后面，单击“符号”按钮@·，在展开的按钮菜单中选择“其他”命令，并在打开的“字符映射表”对话框中双击如图9-78所示的单撇号。

**10** 单击 复制(C) 按钮，返回“文字格式”编辑器，按下组合键Ctrl+V，将单撇号粘贴到文字输入框内，结果如图9-79所示。

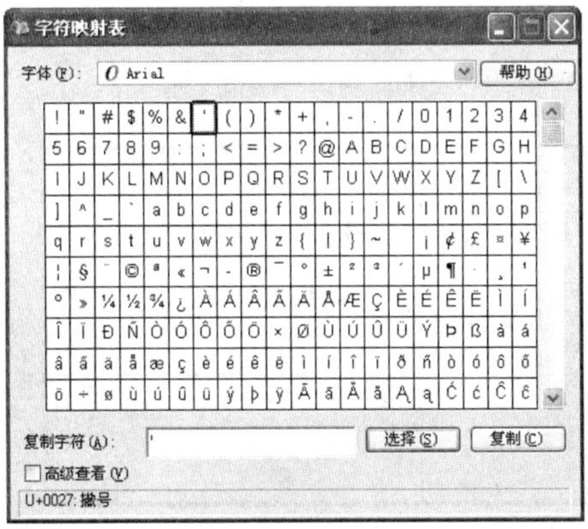


图9-78

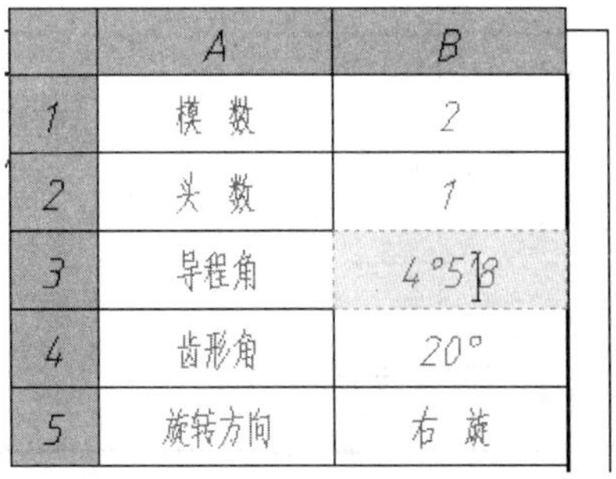


图9-79

**11** 参照以上操作步骤，在文字8的后面添加“双撇号”，然后关闭“文字格式”编辑器，结果如图9-80所示。

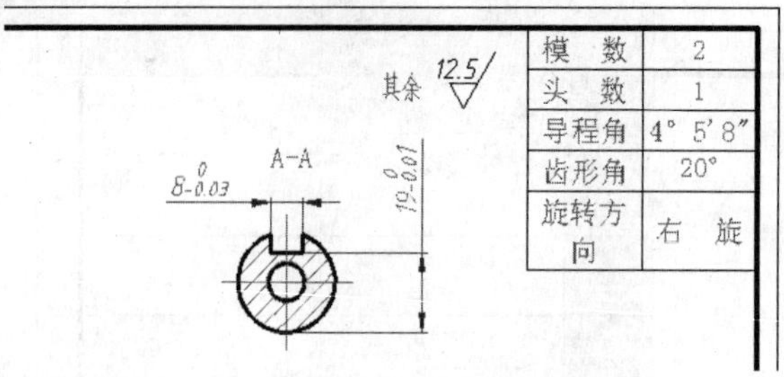


图9-80

## 9.9.3 为零件图填充标题栏

这一节继续来填充零件图的标题栏，具体操作步骤如下。

**1** 将“文字层”设置为当前图层。

**2** 执行菜单栏中的“格式”|“文字样式”命令，将“仿宋体”设置为当前文字样式。

**3** 执行菜单栏中的“绘图”|“文字”|“多行文字”命令，为标题栏填充文字，命令行操作如下。

```
命令: _mtext
    当前文字样式:“仿宋体”  当前文字高度:4.5
    指定第一角点:                        //捕捉如图9-81所示的端点
```

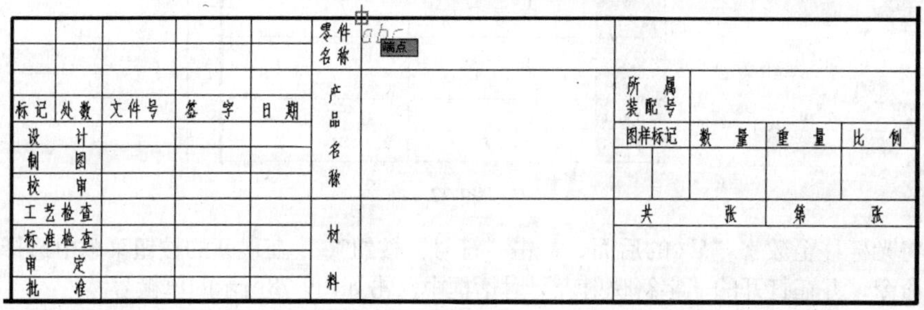


图9-81

```
    指定对角点或 [高度(H)/对正(J)/行距(L)/旋转(R)/样式(S)/宽度(W)/栏(C)]:
                                          //捕捉如图9-82所示的端点
```

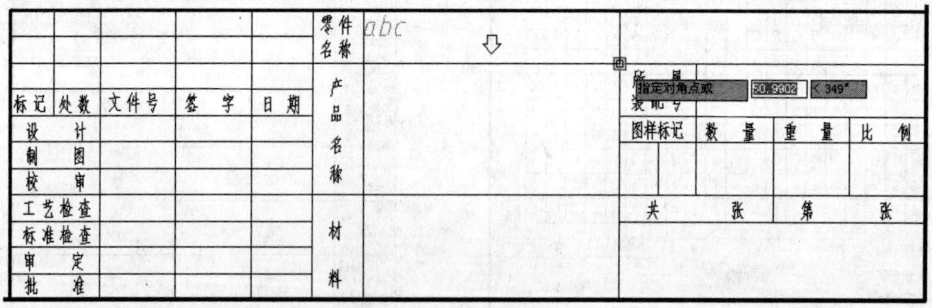


图9-82

**4** 此时打开“文字格式”编辑器，在“文字格式”编辑器中设置字体高度为5，设置字体的对正方式为正中对正，如图9-83所示。

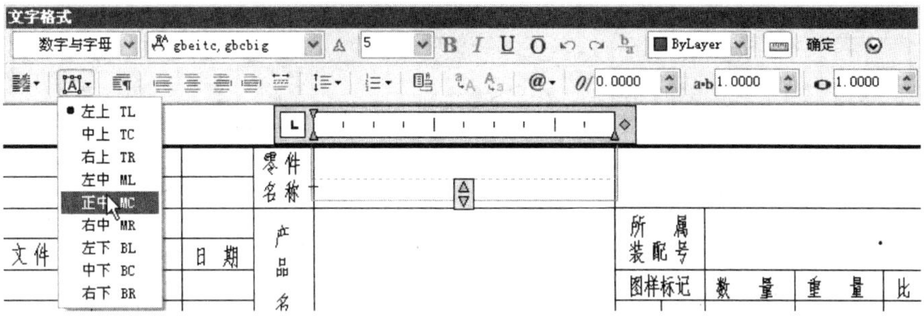


图9-83

**5** 在下侧的文字输入框内单击左键，然后输入“涡轮轴”文字，如图9-84所示。

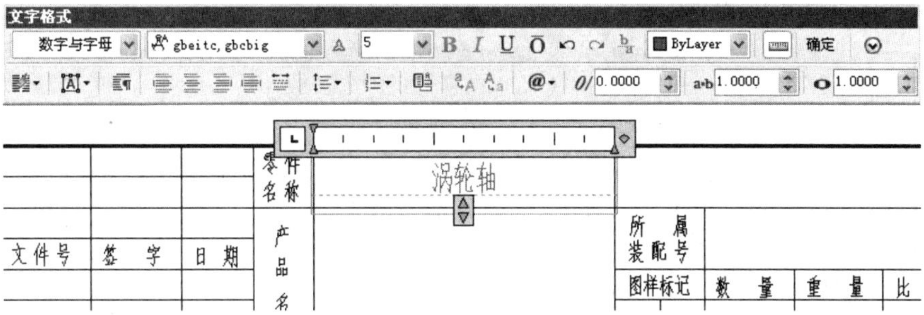


图9-84

**6** 单击 确定 按钮，结束“多行文字”命令，结果如图9-85所示。

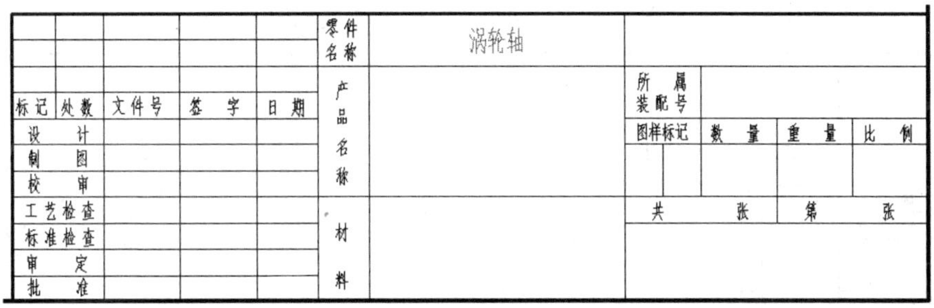


图9-85

**7** 激活“多段线”命令，配合“端点”捕捉功能，分别连接各表格对角点，绘制其对角线作为辅助线，如图9-86所示。

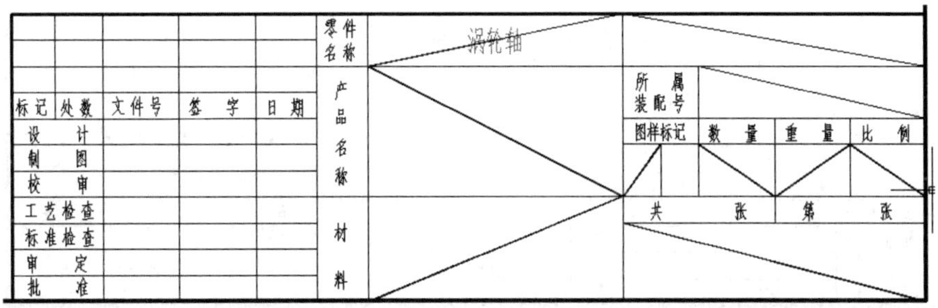


图9-86

**8** 执行菜单栏中的“修改”|“复制”命令，配合“中点”捕捉功能，将刚填充的表格文字分别复制到其他表格内，复制结果如图9-87所示。

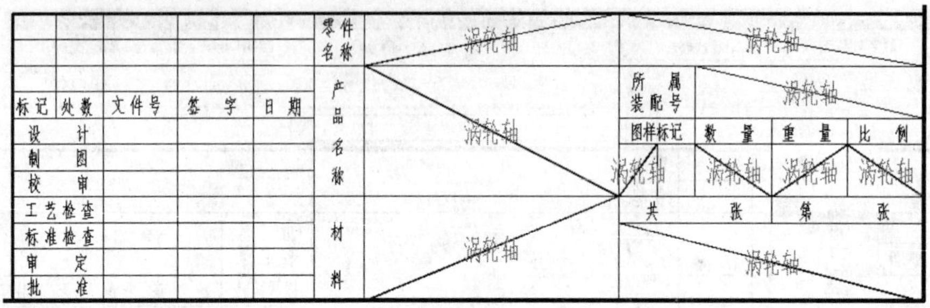


图9-87

**9** 双击左边中间的文字，打开“文字格式”编辑器，修改文字高度为7，然后输入“铣削装置”文字内容，如图9-88所示。

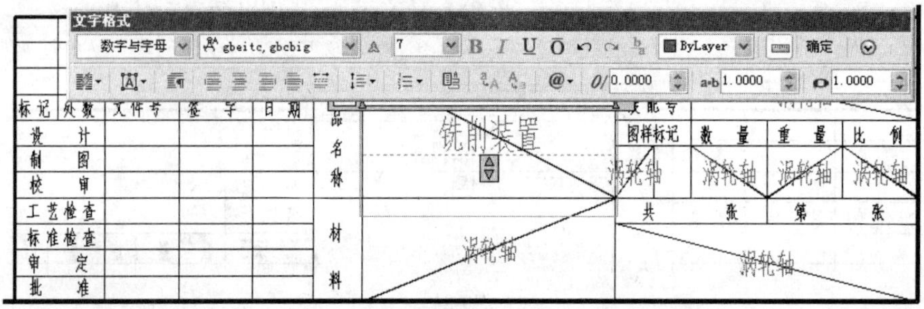


图9-88

**10** 单击 确定 按钮关闭“文字格式”编辑器，修改效果如图9-89所示。

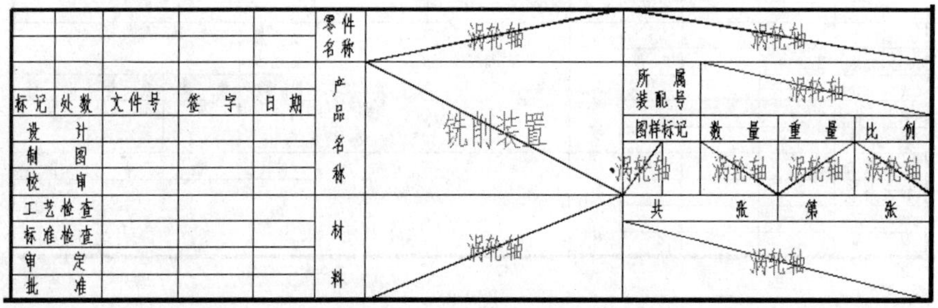


图9-89

**11** 使用相同的方法，继续修改其他位置的文字内容，修改结果如图9-90所示。

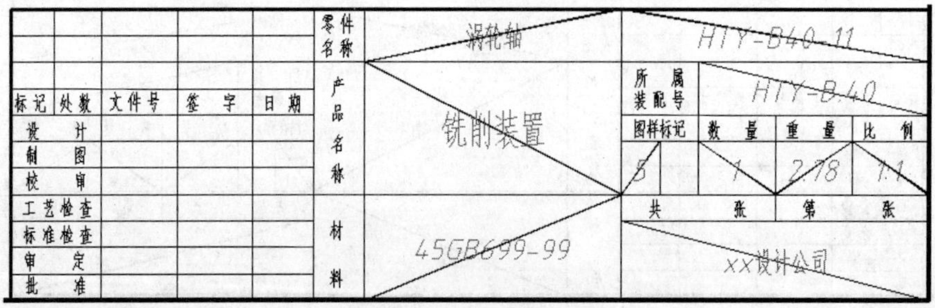


图9-90

**12** 使用命令简写E激活“删除”命令，删除多段线，完成零件图标题栏的填充，填充结果如图9-91所示。

图9-91

**13** 使用“缩放”和“平移”工具调整视图，使其全部显示，结果如图9-92所示。

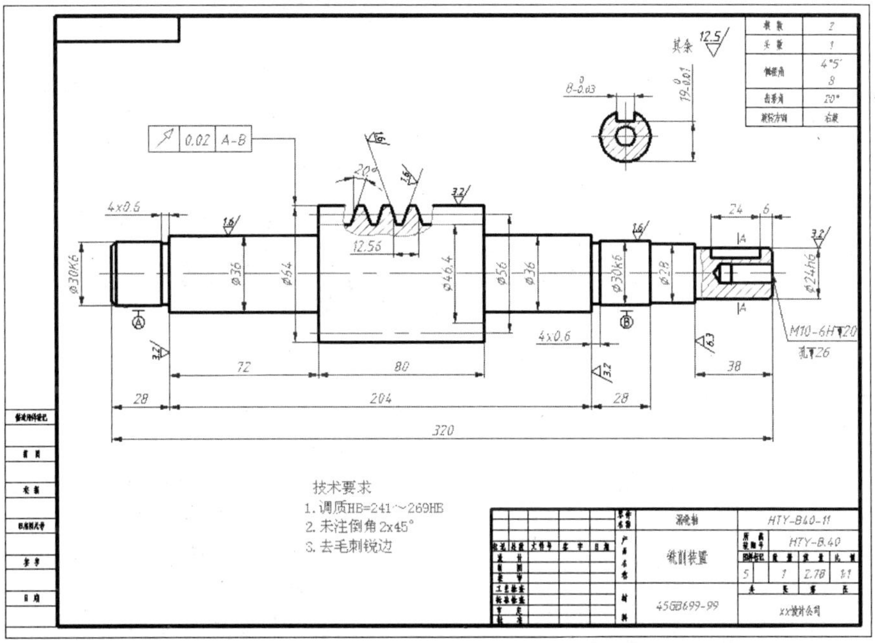


图9-92

**14** 执行“另存为”命令，将该图形存储为“填充零件图技术要求.dwg”文件。

# 第3篇

# 三维制图

本篇通过第10~13章内容，详细讲解了AutoCAD 2012在三维制图中的相关知识，具体包括三维模型的快速表达、三维基础建模、三维网格建模、三维曲面建模、单位模型的编辑与修改等知识，具体内容如下。

# 第10章

# AutoCAD 2012三维制图基础

AutoCAD 2012为用户提供了比较完善的三维制图功能，使用三维制图功能可以创建出物体的三维模型，此种模型包含的信息更多、更完整，也更利于与计算机辅助工程、制造等系统相结合。

## 10.1 了解三维模型

AutoCAD共为用户提供了三类三维模型，用于表达物体的三维形态。这三类三维模型分别是实体模型、曲面模型和网格模型。通过这三类模型，不仅能让非专业人员对物体的外形有一个感性的认识，还能帮助专业人员降低绘制复杂图形的难度，使一些在二维平面图中无法表达的东西清晰而形象地显示在屏幕上。这一节首先了解这三类三维模型。

### 10.1.1 实体模型

实体模型是实实在在的物体，实体模型不仅包含边、面的信息，而且还具备实物的一切特性，用户不仅可以对其进行着色和渲染，还可以对其进行打孔、切槽、倒角等布尔运算，另外也可以检测和分析实体内部的质心、体积和惯性矩等，如图10-1所示的模型即为实体模型。

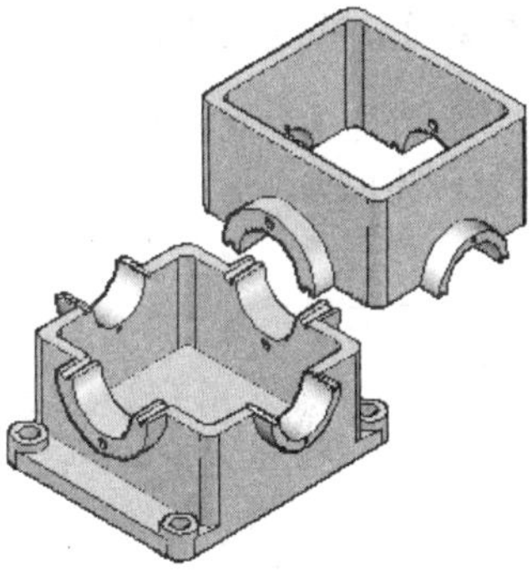

图10-1

### 10.1.2 曲面模型

曲面的概念比较抽象，在此可以将其理解为实体的面，这种曲面模型不仅能够着色、渲染等，还可以对其进行修剪、延伸、圆角、偏移等编辑。如图10-2所示的模型为曲面模型。

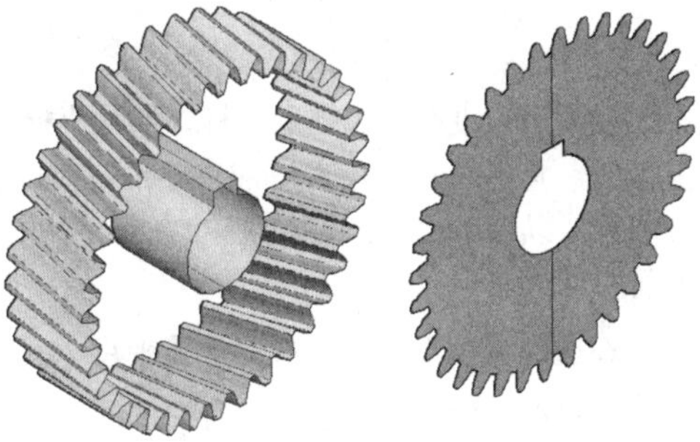

图10-2

### 10.1.3 网格模型

网格模型是由一系列规则的格子线围绕而成的网状表面，再由网状表面的集合来定义三维物体。这种模型仅含有面、边信息，能着色和渲染，但是不能表达出真实实物的属性。如图10-3所示的模型为网格模型。

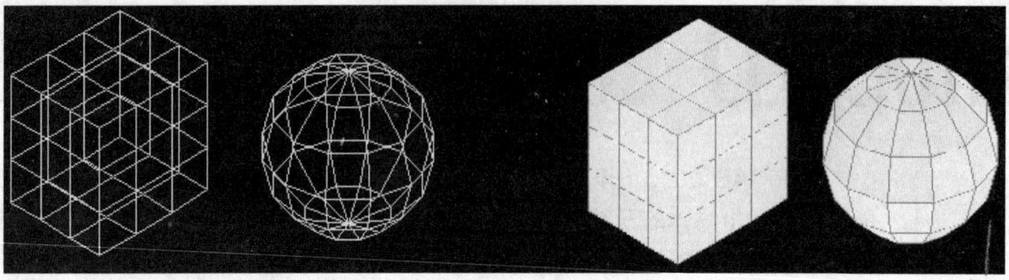

图10-3

# 10.2 三维模型的查看与调控

本节学习三维模型的观察功能，具体有视点、视图、视口、动态观察器、导航控制盘等内容。

## 10.2.1 设置视点

视点即观察点或查看点，在AutoCAD 2012绘图空间中，可以在不同的位置观察图形，这些位置就称为视点，用户可以根据不同的要求设置不同的视点，以查看图形，视点的设置主要有两种方式。

### 1. 使用“视点”命令设置视点

“视点”命令用于输入观察点的坐标或角度来确定视点。执行“视点”命令主要有以下两种方式。

- 执行菜单栏中的“视图”|“三维视图”|“视点”命令。
- 在命令行输入Vpoint后按Enter键。

当执行“视点”命令后，其命令行操作如下。

```
命令: Vpoint
    当前视图方向: VIEWDIR=0.0000,0.0000,1.0000
    指定视点或 [旋转(R)] <显示指南针和三轴架>:    //直接输入观察点的坐标来确定视点
```

如果用户没有输入视点坐标，而是直接按Enter键，那么绘图区会显示如图10-4所示的指南针和三轴架，其中三轴架代表*x*、*y*、*z*轴的方向，当用户相对于指南针移动十字线时，三轴架会自动进行调整，以显示*x*、*y*、*z*轴对应的方向。其中“旋转”选项主要用于通过指定与*x*轴的夹角以及与*xy*平面的夹角来确定视点。

### 2. 通过“视点预设”命令设置视点

“视点预设”命令是通过对话框的形式来设置视点的。执行“视点预设”命令主要有以下几种方式。

- 执行菜单栏中的“视图”|“三维视图”|“视点预设”命令。
- 在命令行输入DDVpoint后按Enter键。
- 使用命令简写VP。

当执行“视点预设”命令后，即可打开如图10-5所示的“视点预设”对话框，在该对话框中可以进行如下设置。

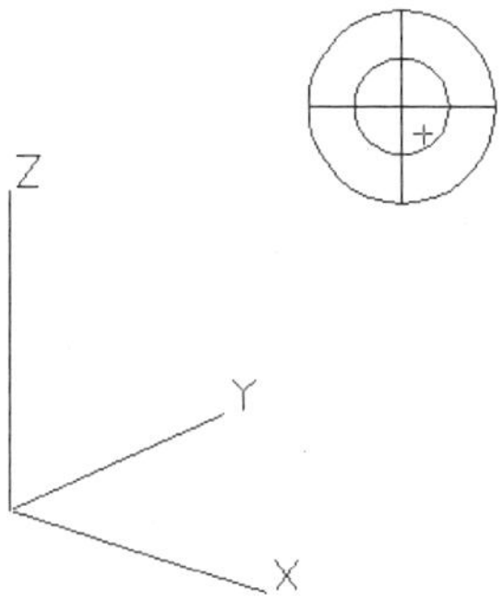


图10-4

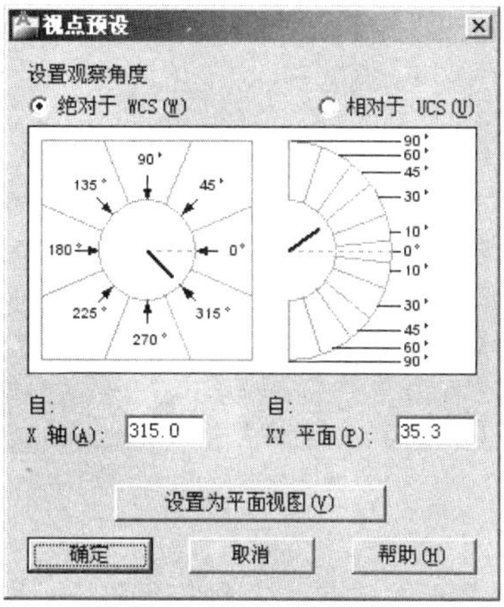


图10-5

- 设置视点、原点的连线与xy平面的夹角。具体操作就是在右侧半圆图形上选择相应的点，或直接在“XY平面”文本框内输入角度值。
- 设置视点、原点的连线在xoy平面上的投影与x轴的夹角。具体操作就是在左侧图形上选择相应点，或在“X轴”文本框内输入角度值。
- 设置观察角度。系统将设置的角度默认为是相对于当前WCS，如果选择了“相对于UCS”单选按钮，设置的角度值就是相对于UCS的。
- 设置为平面视图。单击 设置为平面视图(V) 按钮，系统将重新设置为平面视图。

> **TIP** 平面视图的观察方向是与x轴的夹角为270°，与xy平面的夹角是90°。

## 10.2.2 切换视图

为了便于观察视图，AutoCAD为用户提供了一些标准视图，这些标准视图包括6个正交视图和4个等轴测图，用户可以在任意视图内创建三维模型，同时也可以很方便地在这些视图之间切换，以便于创建、观察和编辑三维模型。

切换视图的方式主要有以下几种。

- 执行菜单栏中“视图”|“三维视图”级联菜单中的各命令，如图10-6所示。
- 将光标移到视图左上角的“视图控件”位置，单击鼠标左键，在弹出的菜单中执行相关命令，如图10-7所示。
- 单击“视图”工具栏上的相应视图按钮，如图10-8所示。

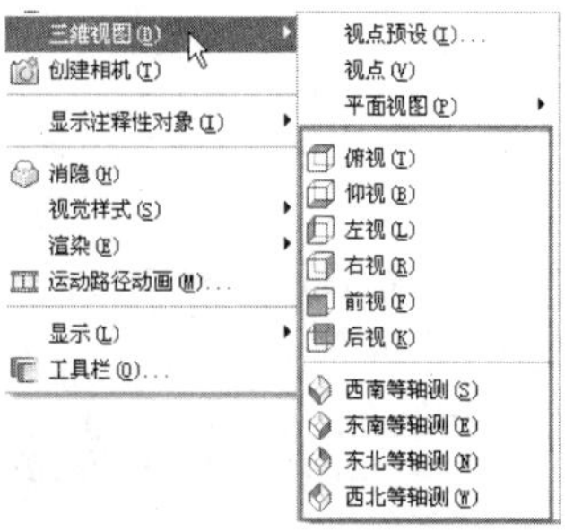


图10-6

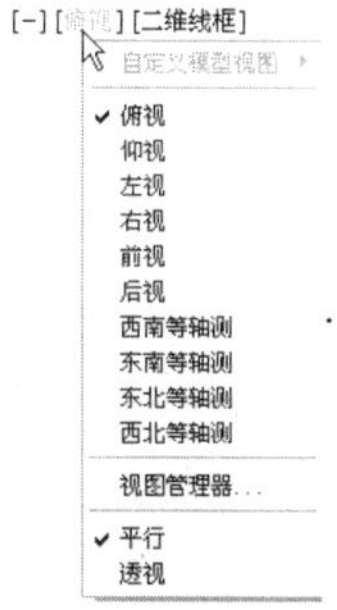


图10-7

图10-8

上述6个正交视图和4个等轴测视图是用于显示三维模型的主要特征视图，其中，4个等轴测视图的显示效果如图10-9所示。

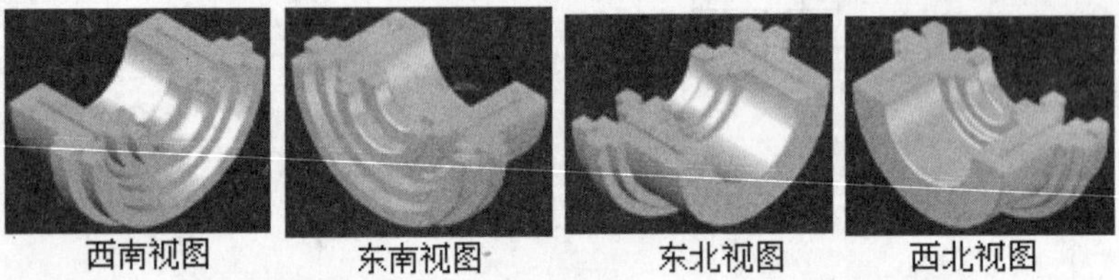


图10-9

其中每种视图的视点、与x轴夹角和与xy平面夹角等内容如下表所示。

表10-1　视图介绍

| 视　图 | 菜单选项 | 方向矢量 | 与x轴夹角 | 与xy平面夹角 |
|---|---|---|---|---|
| 俯视 | Tom | （0, 0, 1） | 270° | 90° |
| 仰视 | Bottom | （0, 0, −1） | 270° | 90° |
| 左视 | Left | （−1, 0, 0） | 180° | 0° |
| 右视 | Right | （1, 0, 0） | 0° | 0° |
| 前视 | Front | （0, −1, 0） | 270° | 0° |
| 后视 | Back | （0, 1, 0） | 90° | 0° |
| 西南轴测视 | SW Isometric | （−1, −1, 1） | 225° | 45° |
| 东南轴测视 | SE Isometric | （1, −1, 1） | 315° | 45° |
| 东北轴测视 | NE Isometric | （1, 1, 1） | 45° | 45° |
| 西北轴测视 | NW Isometric | （−1, 1, 1） | 135° | 45° |

除了上述10个标准视图之外，在AutoCAD 2012的菜单栏“视图”|“三维视图”|“平面视图”菜单下有一组菜单命令，如图10-10所示。

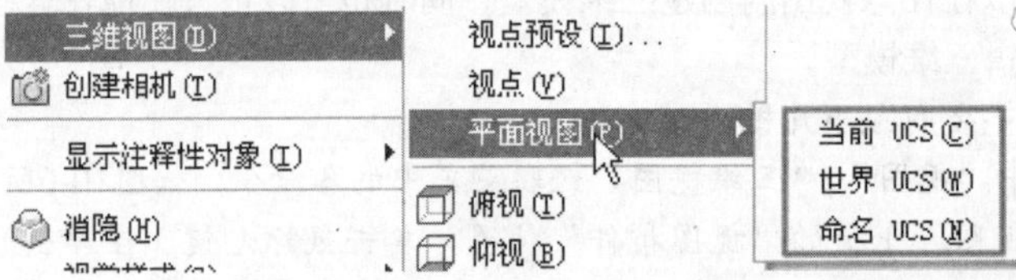


图10-10

执行该菜单下的相关命令，可以将当前UCS、命名保存的UCS或WCS，切换为各坐标系的平面视图，以方便观察和操作。

## 10.2.3　使用ViewCube调整视点

除了上述设置视点、切换视图等观察视图之外，AutoCAD 2012还提供了用于帮助用户快速调整模型的视点、更改模型的视图投影、定义和恢复模型的主视图，以及恢复随模型一起保存的已命名UCS的工具，即“导航立方体（即ViewCube）”，如图10-11所示。

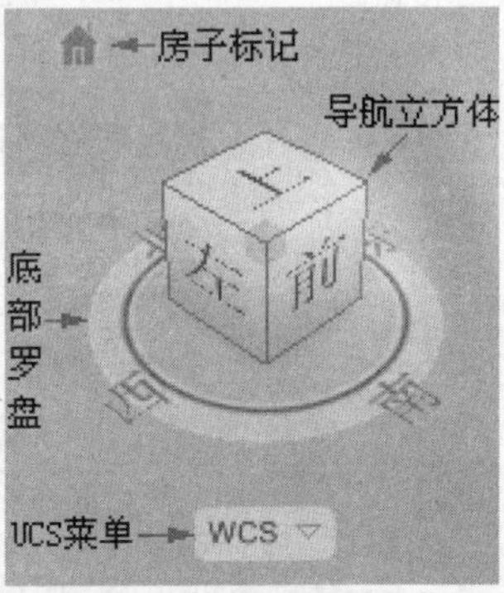


图10-11

此导航立方体主要由顶部的房子标记、中间的导航立方体、底部的罗盘和最下侧的UCS菜单4部分组成，当沿着立方体移动鼠标时，分布在导航立体棱、边、面等位置上的热点会亮显。单击一个热点，就可以切换到相关的视图。

- 视图投影。当查看模型时，在平行模式、透视模式和带平行视图面的透视模式之间进行切换。
- 主视图指的是定义和恢复模型的主视图。主视图是用户在模型中定义的视图，用于返回熟悉的模型视图。
- 通过单击 ViewCube下方的UCS按钮菜单，可以恢复已命名的UCS。

**TIP** 在“视口控件”上单击鼠标，在弹出的菜单中选择“ViewCube”命令，或在命令行中输入Cub后按Enter键，可以控制导航立方体图的显示和关闭状态。

# 10.3 分割视口

视口是用于绘制图形、显示图形的区域，默认设置下AutoCAD将整个绘图区作为一个视口，在实际建模过程中，有时需要从各个不同视点上观察模型的不同部分，为此AutoCAD为用户提供了视口的分割功能，可以将默认的一个视口分割成多个视口，这样用户可以从不同的方向观察三维模型的不同部分。

分割视口的方式主要有以下几种。

- 执行菜单栏“视图”|“视口”级联菜单中的各命令，如图10-12所示。
- 将光标移到视图左上角的“视口控件”位置，单击鼠标左键，在弹出的菜单中执行相关命令，如图10-13所示。

图10-12

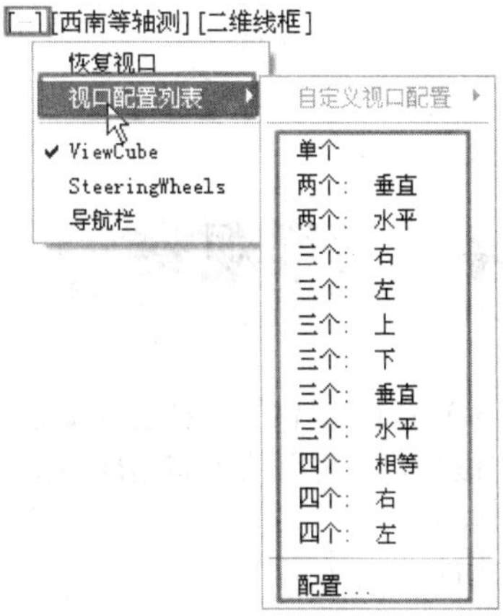


图10-13

- 单击“视口”工具栏上的相应视图按钮，如图10-14所示。

如果执行了“视口”级联菜单下的“新建视口”命令，或“视口控件”级联菜单下的“配置”命令，则会打开“视口”对话框，如图10-15所示。

在此对话框中，选择一种视口分割形式，单击[确定]按钮即可将当前视口进行分割，如图10-16所示，将视口分割为“四个:相等”的视口，如图10-17所示，将视口分割为“四个:右”的视口。

图10-14

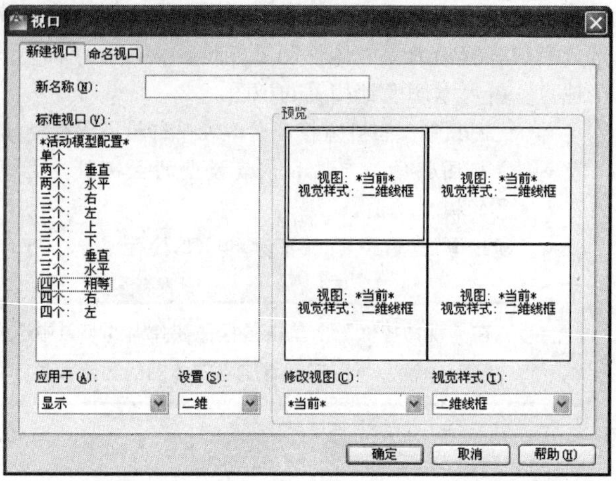


图10-15

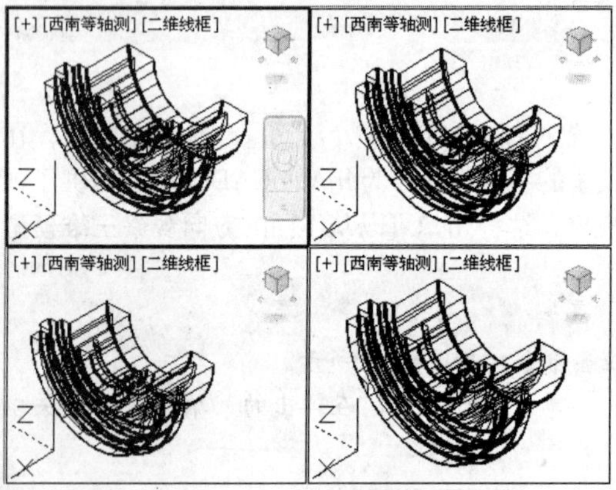

图10-16

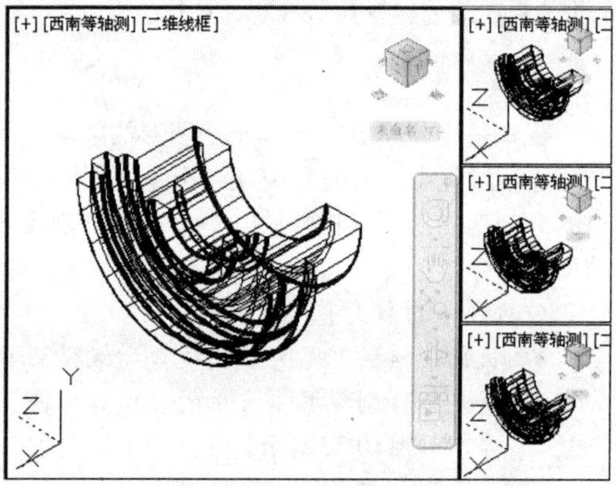

图10-17

## 10.4 三维观察

AutoCAD为用户提供了一种三维动态观察功能，使用该功能，可以从不同角度观察三维物体的任意部分。

AutoCAD 2012为用户提供了三种三维观察功能，分别是“受约束的动态观察”、“自由动态观察”和“连续动态观察”，下面分别对其进行讲解。

### 10.4.1 受约束的动态观察

当执行“受约束的动态观察”命令后，光标显示如图10-18所示的图标，此时按住鼠标左

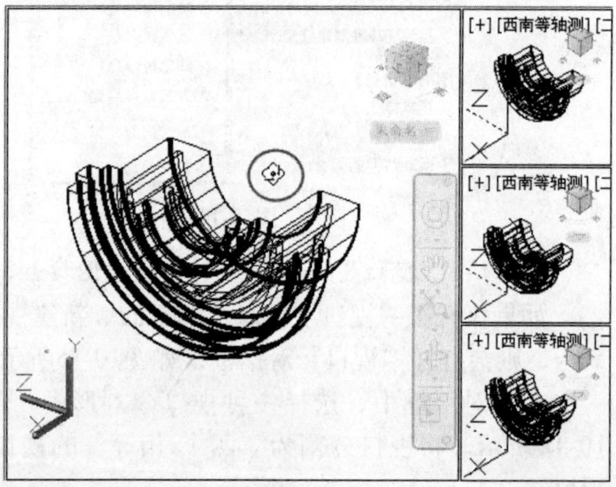

图10-18

键拖动，手动调整观察点，以观察模型的不同侧面。

执行“受约束的动态观察”命令主要有以下几种方式。

- 执行菜单栏中的“视图”|“动态观察”|“受约束的动态观察”命令。
- 单击“动态观察”工具栏上的“受约束的动态观察”按钮。
- 在命令行输入3dorbit后按Enter键。

**TIP** 当激活“受约束的动态观察”命令后，如果按鼠标中键进行拖动，可以对视图进行平移。

## 10.4.2 自由动态观察

“自由动态观察”命令用于在三维空间内不受滚动约束地旋转视图，当激活此功能后，绘图区会出现如图10-19所示的圆形辅助框架，用户可以从多个方向自由地观察三维物体。

执行“自由动态观察”命令主要有以下几种方式。

- 执行菜单栏中的“视图”|“动态观察”|“自由动态观察”命令。
- 单击“动态观察”工具栏上的“自由动态观察”按钮。
- 在命令行输入3dforbit后按Enter键。

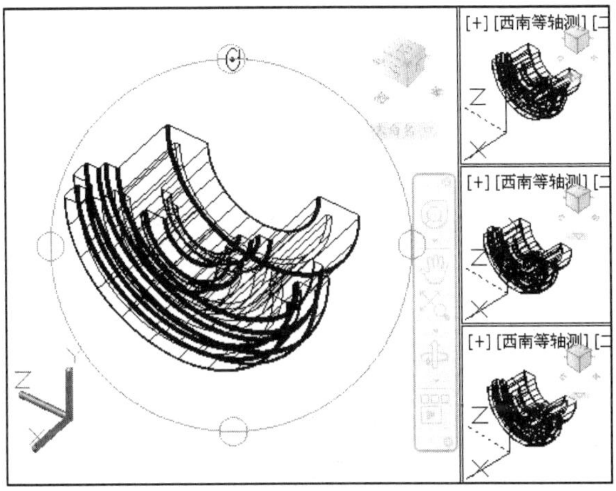

图10-19

## 10.4.3 连续动态观察

“连续动态观察”命令用于以连续运动的方式在三维空间中旋转视图，以持续观察三维物体的不同侧面，而不需要进行手动设置视点。当激活此命令后，光标显示如图10-20所示的图标，此时按住左键进行拖动，即可连续地旋转视图。

执行“连续动态观察”命令主要有以下几种方式。

- 执行菜单栏中的“视图”|“动态观察”|“连续动态观察”命令。
- 单击“动态观察”工具栏或“导航”面板上的“连续动态观察”按钮。
- 在命令行输入3dcorbit后按Enter键。

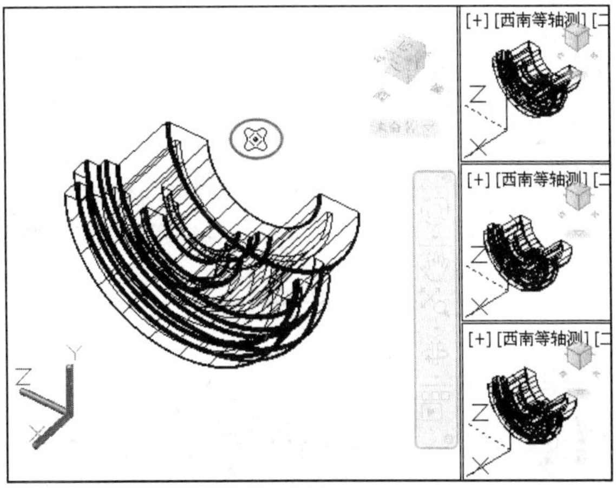

图10-20

# 10.5 全导航控制盘

全导航控制盘也是用于控制视图视点的一个工具，如图10-21所示。全导航控制盘分为若干个按钮，每个按钮包含一个导航工具，可以通过单击按钮或单击并拖动悬停在按钮上的光标来启动各种导航工具。

单击导航栏上的“SteeringWheels导航控制盘”按钮或“视图”菜单下的“SteeringWheels”命令，可打开此控制盘，在控制盘上单击右键，可打开如图10-22所示的快捷菜单。

图10-21

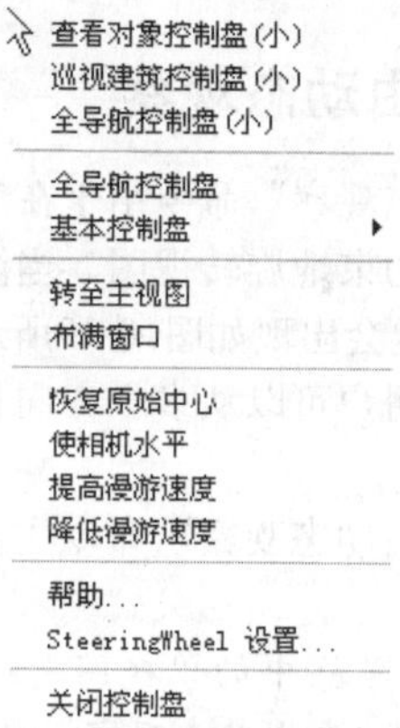


图10-22

在SteeringWheels导航控制盘中，共有4个不同的控制盘可供使用，每个控制盘均拥有其独有的导航方式，具体如下。

- 二维导航控制盘：通过平移和缩放导航模型。
- 查看对象控制盘：将模型置于中心位置，并定义轴心点以使用“动态观察”工具缩放和动态观察模型。
- 巡视建筑控制盘：通过将模型视图移近或移远、环视以及更改模型视图的标高来导航模型。
- 导航控制盘：将模型置于中心位置并定义轴心点以使用“动态观察”工具漫游和环视、更改视图标高、动态观察、平移和缩放模型。

**TIP** 使用控制盘上的工具导航模型时，先前的视图将保存到模型的导航历史中，要从导航历史恢复视图，可以使用回放工具。单击控制盘上的“回放”按钮或单击“回放”按钮并在上面拖动，即可以显示回放历史。

# 10.6 三维模型的着色与显示

AutoCAD 2012为三维模型提供了几种控制模型外观显示效果的工具，这些工具位于如图10-23所示的“视图”|“视觉样式”级联菜单栏下和如图10-24所示的“视觉样式”工具栏上。

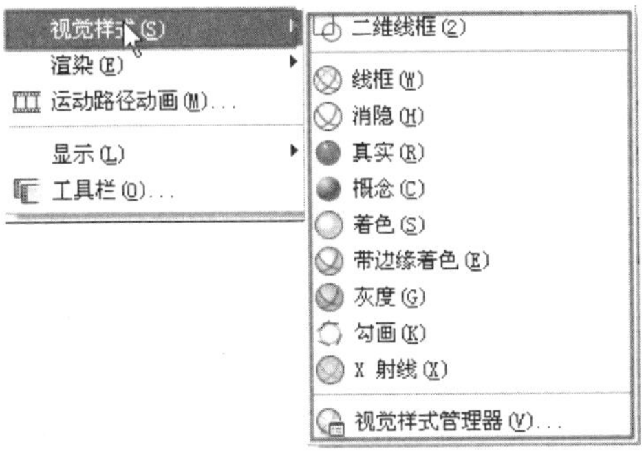


图10-23

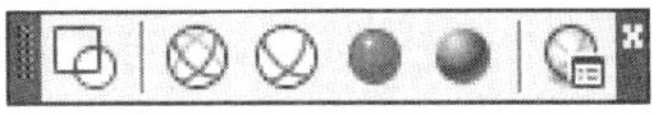

图10-24

巧妙运用这些着色功能，能够快速显示出三维物体的逼真形态，对三维模型的效果显示有很大帮助。

### 1. 二维线框模式

“二维线框”命令是用直线和曲线显示对象的边缘，此对象的线型和线宽都是可见的，如图10-25所示。

执行该命令主要有以下几种方式。

- ◆ 执行菜单栏中的“视图”|“视觉样式”|“二维线框”命令。
- ◆ 单击“视觉样式”工具栏上的“二维线框”按钮。
- ◆ 使用命令简写VS。

### 2. 三维线框模式

“三维线框”命令也是用直线和曲线显示对象的边缘轮廓，如图10-26所示。与二维线框显示方式不同的是，表示坐标系的按钮会显示成三维着色形式，并且对象的线型及线宽都是不可见的。

执行该命令主要有以下几种方式。

- ◆ 执行菜单栏中的“视图”|“视觉样式”|“三维线框”命令。
- ◆ 单击“视觉样式”工具栏上的“三维线框”按钮。
- ◆ 使用命令简写VS。

图10-25

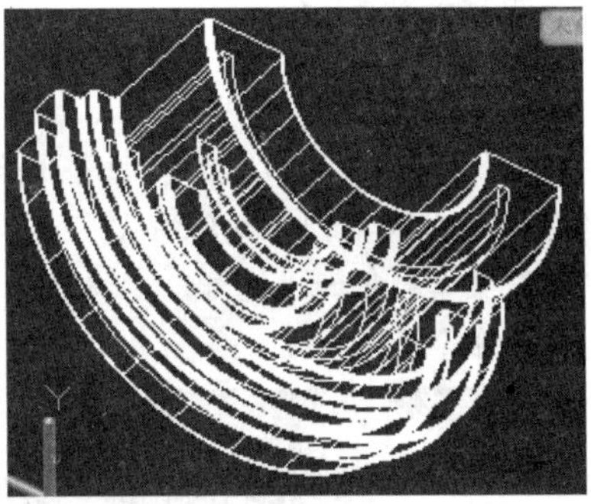

图10-26

### 3. 三维隐藏

“三维隐藏”命令用于将三维对象中观察不到的线隐藏起来，而只显示那些位于前面无遮挡的对象，如图10-27所示。

执行该命令主要有以下几种方式。

- ◆ 执行菜单栏中的“视图”|“视觉样式”|“三维隐藏”命令。

◆ 单击“视觉样式”工具栏上的“三维隐藏”按钮。
◆ 使用命令简写VS。

## 4. 真实

“真实”命令可使对象实现平面着色，它只对各多边形的面着色，不对面边界做光滑处理，如图10-28所示。

执行此命令主要有以下几种方式。

◆ 执行菜单栏中的“视图”|“视觉样式”|“真实”命令。
◆ 单击“视觉样式”工具栏上的“真实”按钮。
◆ 使用命令简写VS。

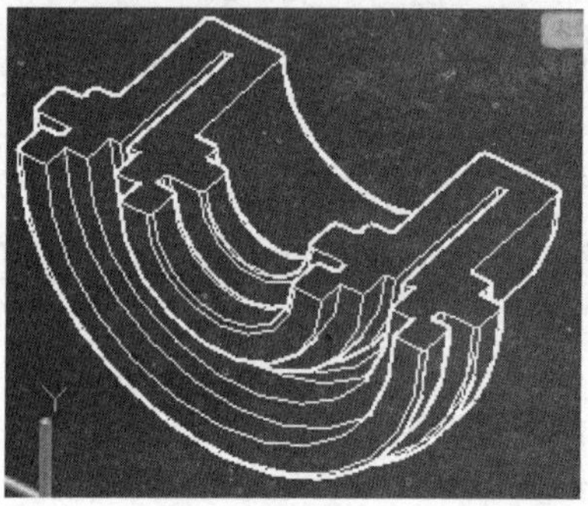

图10-27

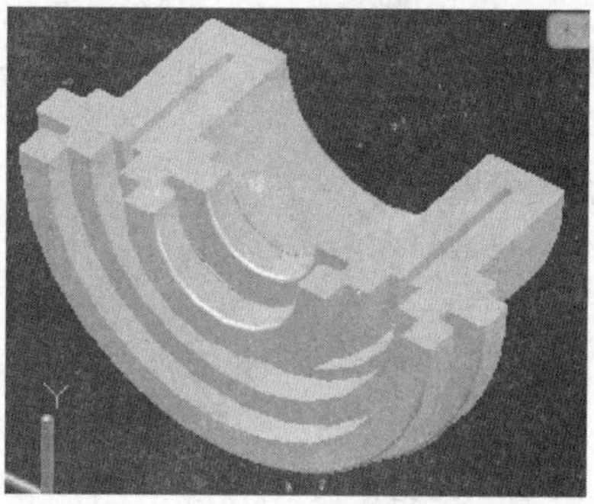

图10-28

## 5. 概念

“概念”命令也可使对象实现平面着色，它不仅可以对各多边形的面着色，还可以对面边界做光滑处理，如图10-29所示。

执行此命令主要有以下几种方式。

◆ 执行菜单栏中的“视图”|“视觉样式”|“概念”命令。
◆ 单击“视觉样式”工具栏上的“概念”按钮。
◆ 使用命令简写VS。

## 6. 着色

“着色”命令用于将对象进行平滑着色，如图10-30所示。

执行此命令主要有以下几种方式。

◆ 执行菜单栏中的“视图”|“视觉样式”|“着色”命令。
◆ 使用命令简写VS。

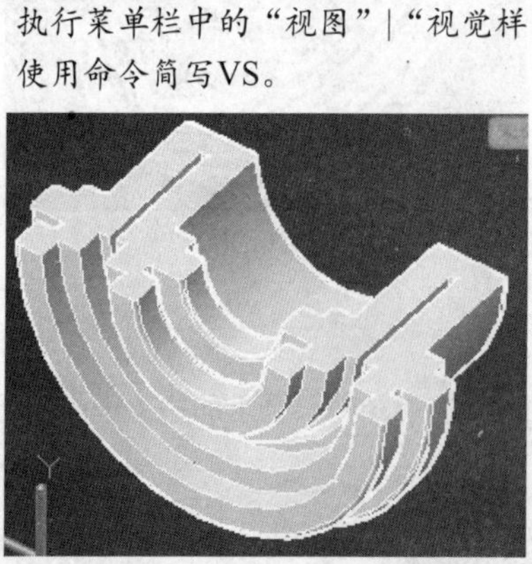

图10-29

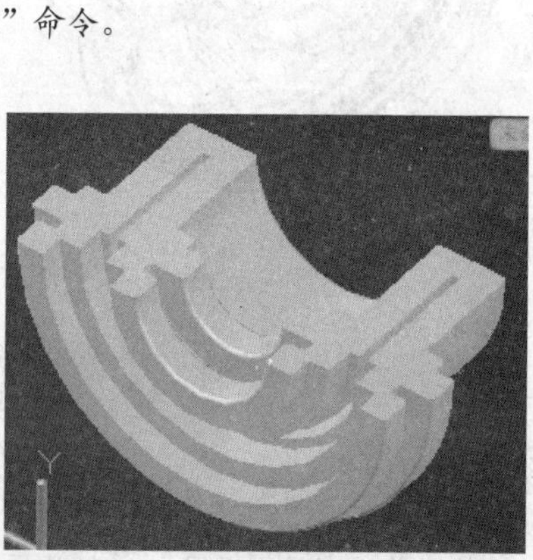

图10-30

### 7. 带边缘着色

“带边缘着色”命令用于将对象带有可见边的平滑着色，如图10-31所示。

执行此命令主要有以下几种方式。

- 执行菜单栏中的“视图”|“视觉样式”|“带边缘着色”命令。
- 使用命令简写VS。

### 8. 灰度

“灰度”命令用于将对象以单色面颜色模式着色，以产生灰色效果，如图10-32所示。

执行此命令主要有以下几种方式。

- 执行菜单栏中的“视图”|“视觉样式”|“灰度”命令。
- 使用命令简写VS。

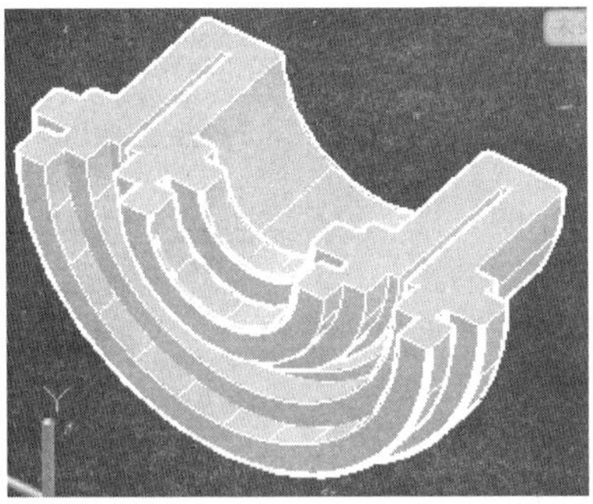

图10-31

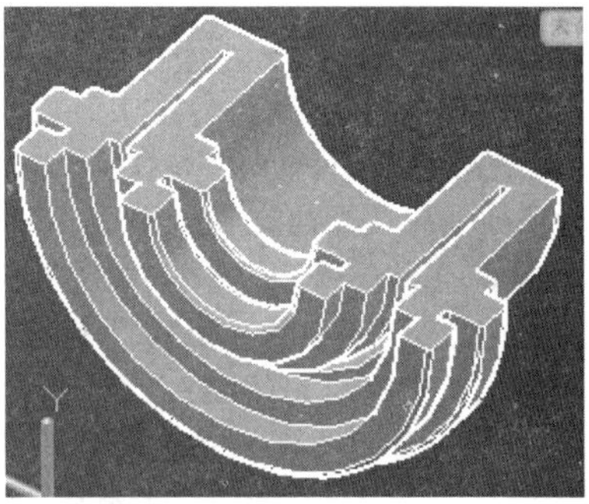

图10-32

### 9. 勾画

“勾画”命令用于将对象使用外伸和抖动方式产生手绘效果，如图10-33所示。

执行此命令主要有以下几种方式。

- 执行菜单栏中的“视图”|“视觉样式”|“勾画”命令。
- 使用命令简写VS。

### 10. X射线

“X射线”命令用于更改面的不透明度，以使整个场景变成部分透明，如图10-34所示。

执行此命令主要有以下几种方式。

- 执行菜单栏中的“视图”|“视觉样式”|“X射线”命令。
- 使用命令简写VS。

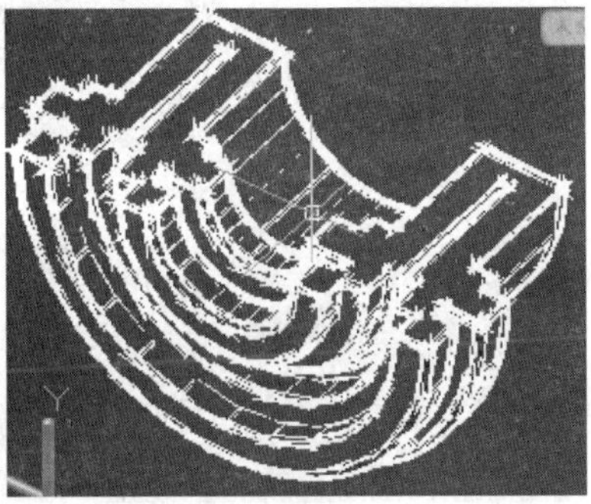

图10-33

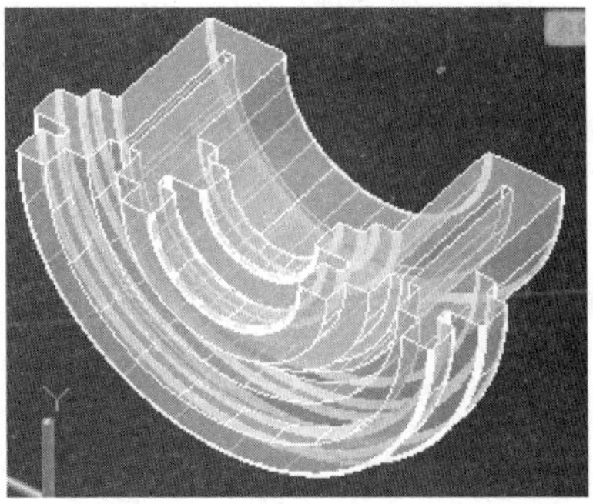

图10-34

# 10.7 视觉样式的管理与渲染

这一节继续学习视觉样式的管理与三维模型的渲染等知识。

## 10.7.1 管理视觉样式

“视觉样式管理器”命令用于控制模型的外观显示效果、创建或更改视觉样式等。执行“管理视觉样式”命令主要有以下几种方式。

- 执行菜单栏中的“视图”|“视觉样式”|“视觉样式管理器…”命令。
- 单击“视觉样式”工具栏或面板上的“视觉样式”按钮。
- 在命令行输入Visualstyles后按Enter键。

图10-35

执行“视觉样式管理器”命令后，打开如图10-35所示的“视觉样式管理器”窗口，对于不同的视觉样式效果，将显示不同的选项设置，例如，在“真实”显示模式下，其选项包括“面设置”、“光照设置”、“环境设置”和“边设置”等。

- 面设置：该选项用于控制面上颜色和着色的外观。
- 光照设置：该选项用于设置模型的光照强度、阴影显示等。
- 环境设置：该选项用于打开和关闭阴影和背景。
- 边设置：该选项用于指定显示哪些边以及是否应用边修改器。

## 10.7.2 附着材质与渲染

AutoCAD为用户提供了“材质浏览器”命令，使用此命令可以直观方便地为模型附着材质，以更加真实地表达实物造型。

执行“材质浏览器”命令主要有以下几种方式。

- 执行菜单栏中的“视图”|“渲染”|“材质浏览器”命令。
- 单击“渲染”工具栏或“材质”面板上的“材质浏览器”按钮。
- 在命令行输入表达式Matbrowseropen后按Enter键。

下面通过为某三维模型快速附着金属材质的操作，学习“材质浏览器”命令的操作方法和技巧。

**1** 打开随书光盘中的文件“素材文件”\“第10章”\“零件剖视图.dwg”，并设置其视觉样式为“真实”，结果如图10-36所示。

**2** 单击“渲染”工具栏上的“材质浏览器”按钮，打开如图10-37所示的“材质浏览器”窗口。

**3** 在“材质浏览器”对话框左边列表选择“金属”，然后在右侧窗口拖动滑块，选择名为“板：蓝色”的金属材质，按住鼠标左键不放，将选择的材质拖动至三维模型上，如图10-37所示。

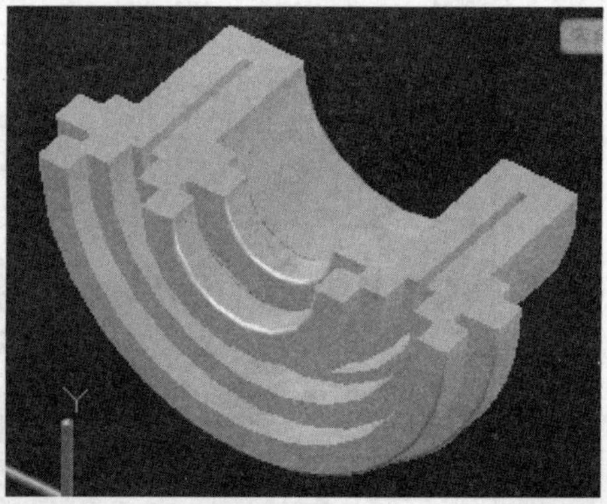
图10-36

**4** 释放鼠标，将该材质指定给三维模型，效果如图如图10-38所示。

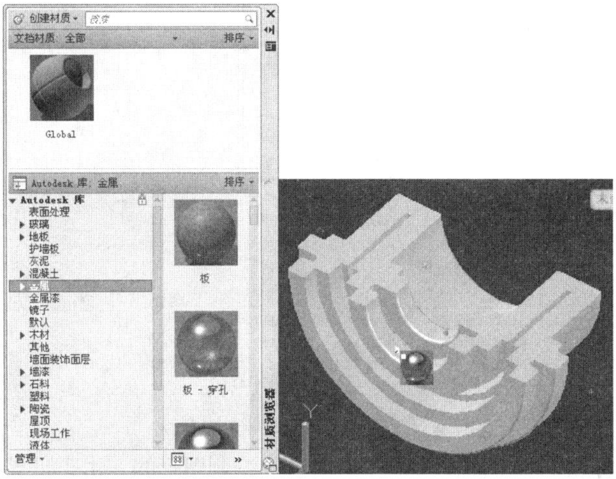


图10-37

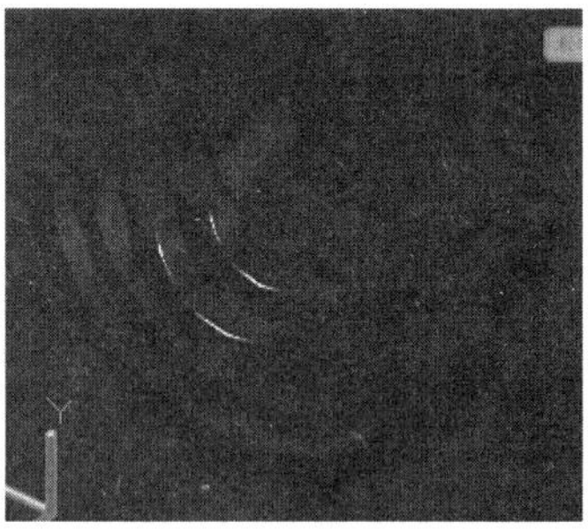

图10-38

## 10.7.3　三维渲染

AutoCAD 2012为用户提供了简单的渲染功能，当为三维模型指定材质后，可以通过“渲染”视图查看真实效果，执行菜单栏中的“视图”|“渲染”|“渲染”命令，或单击“渲染”工具栏上的“渲染”按钮，即可激活此命令，AutoCAD将按默认设置，对当前视口内的模型以独立的窗口进行渲染，如图10-39所示。

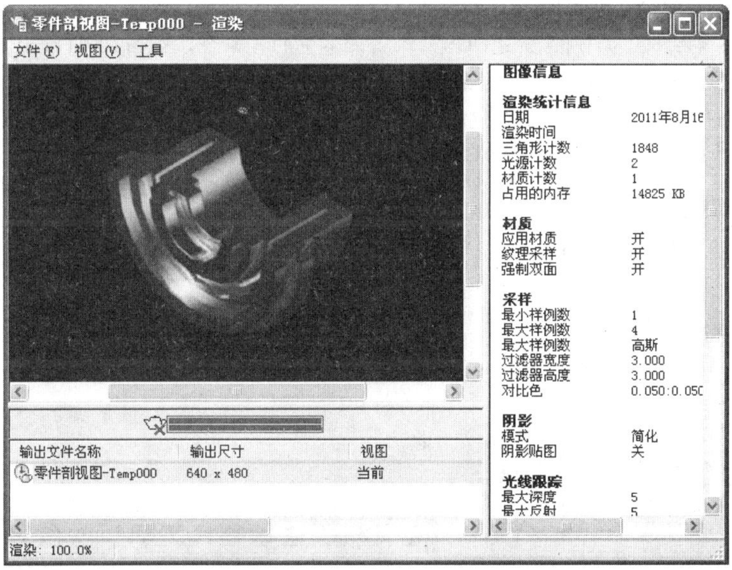


图10-39

TIP▸▸ 除了为三维模型指定材质之外，在菜单栏中的“视图”|“渲染”|“光源”菜单下有一组菜单，如图10-40所示。通过执行相关命令，还可以为三维模型设置灯光效果，这些操作都比较简单，在此不再讲解，读者可以自己尝试操作。

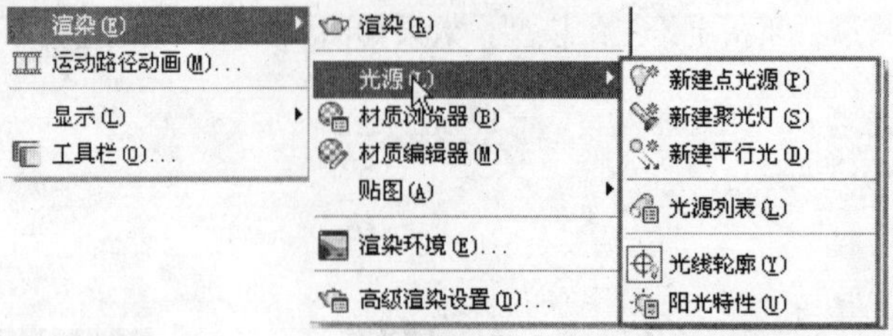


图10-40

# 10.8 UCS坐标系

在默认设置下，AutoCAD是以世界坐标系的*xy*平面作为绘图平面进行绘制图形的，由于世界坐标系是固定的，其应用范围有一定的局限性，为此，AutoCAD为用户提供了用户坐标系，简称UCS，这种坐标系是一种非常重要且常用的坐标系。

这一节主要来学习有关UCS坐标系的设置与管理等相关知识。

## 10.8.1 设置UCS坐标系

为了更好地辅助绘图，AutoCAD为用户提供了一种非常灵活的坐标系——用户坐标系（UCS），此坐标系弥补了世界坐标系（WCS）的不足，用户可以随意定制符合绘图需要的UCS。

执行“UCS”命令主要有以下几种方式。

- 执行菜单栏“工具”|“新建UCS”级联菜单中的各命令，如图10-41所示。
- 单击“UCS”工具栏上的各按钮，如图10-42所示。
- 在命令行输入UCS后按Enter键。
- 单击“视图”选项卡\“坐标”面板上的各按钮。

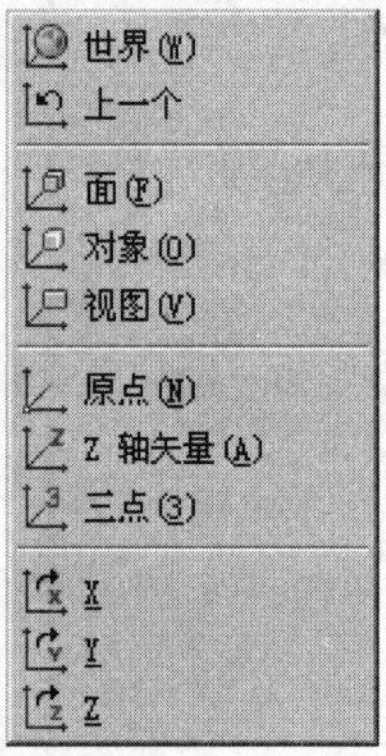


图10-41

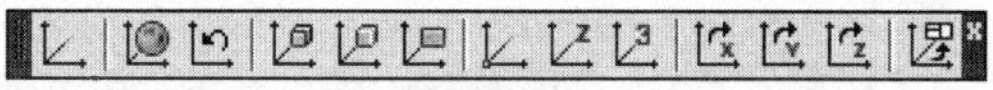

图10-42

下面通过典型的小实例，主要学习用户坐标系的定制和存储功能。

**1** 打开随书光盘中的文件“素材文件”\“第10章”\“零件剖视图.dwg”，如图10-43所示。

**2** 使用命令简写VS激活“视觉样式”命令，对模型进行概念着色，结果如图10-44所示。

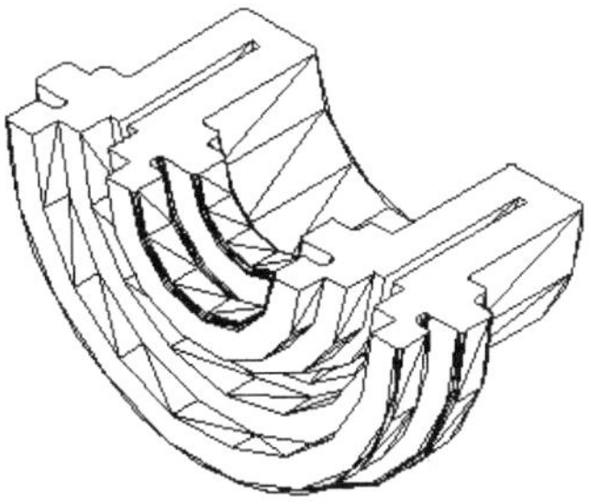

图10-43

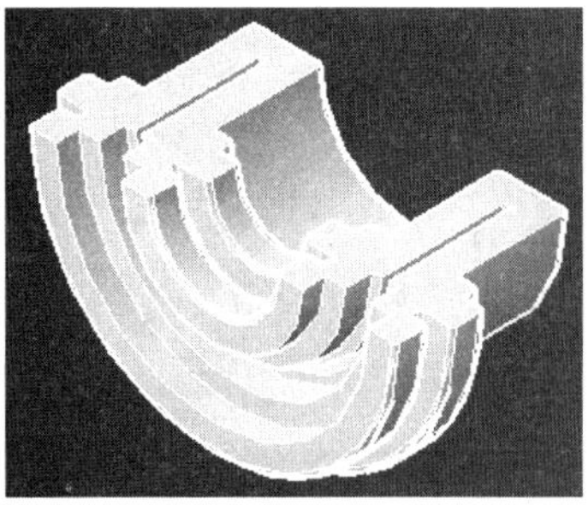

图10-44

**3** 执行“UCS”命令，配合“端点”捕捉功能定义坐标系，命令行操作如下。

命令: UCS
当前 UCS 名称: *俯视*
指定 UCS 的原点或 [面(F)/命名(NA)/对象(OB)/上一个(P)/视图(V)/世界(W)/X/Y/Z/Z 轴(ZA)] <世界>: //捕捉如图10-45所示的端点
指定 X 轴上的点或 <接受>: //捕捉如图10-46所示的端点
指定 XY 平面上的点或 <接受>: //捕捉如图10-47所示的端点，结果如图10-48所示

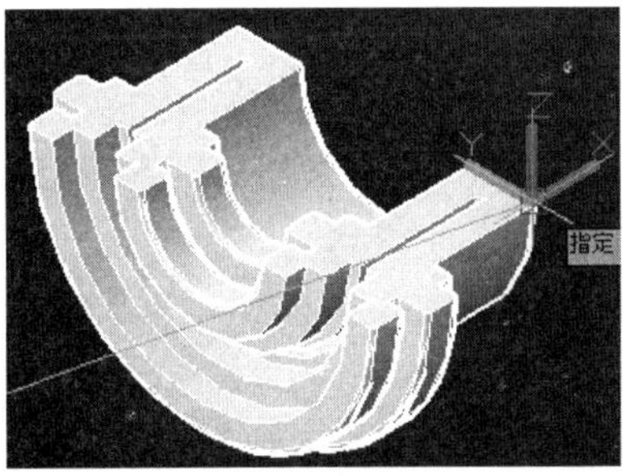


图10-45

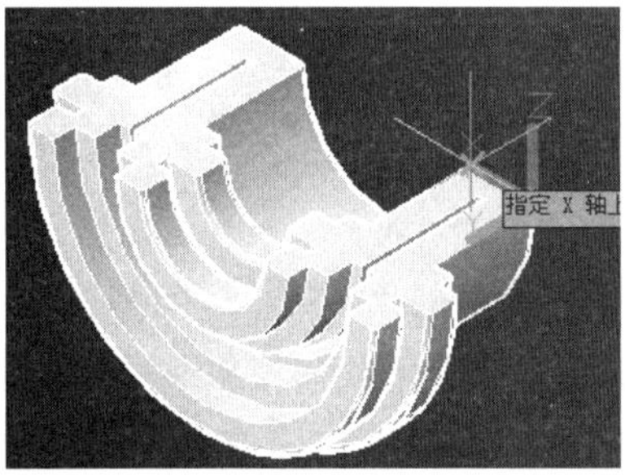


图10-46

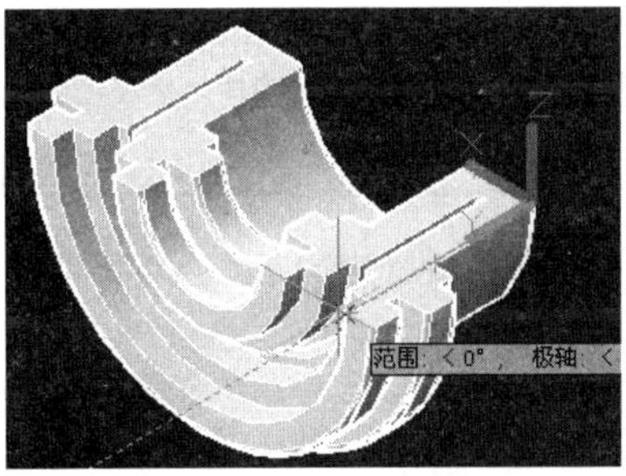


图10-47

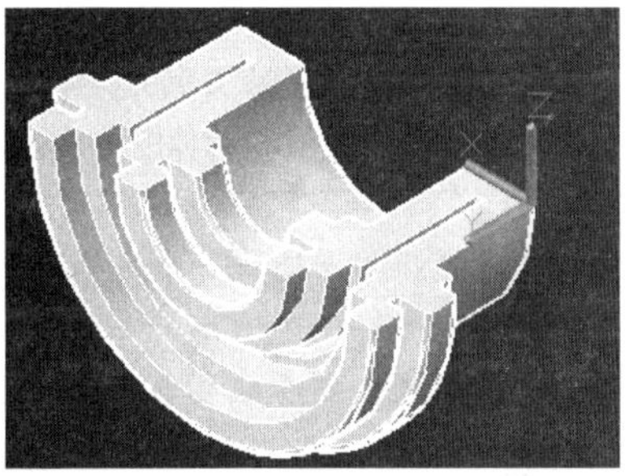

图10-48

**4** 重复执行“UCS”命令，将当前定义的坐标系命名存储，命令行操作如下。

命令: UCS
当前 UCS 名称: *没有名称*
指定 UCS 的原点或 [面(F)/命名(NA)/对象(OB)/上一个(P)/视图(V)/世界(W)/X/Y/Z/Z 轴(ZA)] <世界>: //S Enter
输入保存当前 UCS 的名称或 [?]: //UCS 1 Enter

**5** 重复执行“UCS”命令，使用“面”选项功能重新定义坐标系，命令行操作如下。

命令: UCS
当前 UCS 名称: ucs1
指定 UCS 的原点或 [面(F)/命名(NA)/对象(OB)/上一个(P)/视图(V)/世界(W)/X/Y/Z/Z 轴(ZA)] <世界>: //F Enter, 激活"面"选项
选择实体对象的面: //选择如图10-49所示的面
输入选项 [下一个(N)/X 轴反向(X)/Y 轴反向(Y)] <接受>: // Enter, 定义结果如图10-50所示

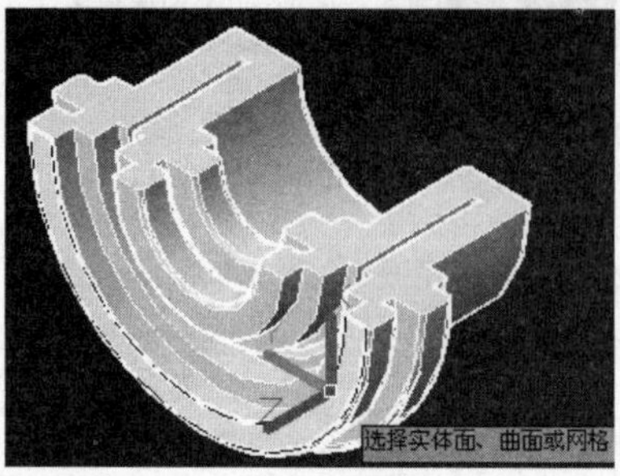

图10-49

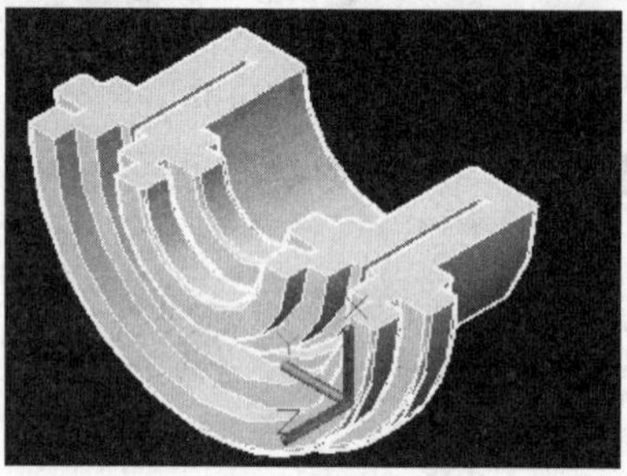
图10-50

**6** 重复执行"UCS"命令，将刚定义的坐标系进行存储，命令行操作如下。

命令: UCS
当前 UCS 名称: *没有名称*
指定 UCS 的原点或 [面(F)/命名(NA)/对象(OB)/上一个(P)/视图(V)/世界(W)/X/Y/Z/Z 轴(ZA)] <世界>: //S Enter
输入保存当前 UCS 的名称或 [?]: //UCS 2 Enter

下面对各选项进行讲解。

- "指定UCS的原点"选项：用于指定三点，以分别定位出新坐标系的原点、x轴正方向和y轴正方向。

**TIP**

坐标系原点为离选择点最近的实体平面顶点，x轴正向由此顶点指向离选择点最近的实体平面边界线的另一端点。用户选择的面必须为实体面域。

- "面"选项：用于选择一个实体的平面作为新坐标系的xoy平面。用户必须使用点选法选择实体。
- "命名"选项：用于恢复其他坐标系为当前坐标系，为当前坐标系命名保存以及删除不需要的坐标系。
- "对象"选项：表示通过选择的对象创建UCS坐标系。用户只能使用点选法来选择对象，否则无法执行此命令。
- "上一个"选项：用于将当前坐标系恢复到前一次所设置的坐标系位置，直到将坐标系恢复为WCS坐标系。
- "视图"选项：表示将新建的用户坐标系的x、y轴所在的面设置成与屏幕平行，其原点保持不变，z轴与xy平面正交。
- "世界"选项：用于选择世界坐标系作为当前坐标系，用户可以从任何一种UCS坐标系下返回到世界坐标系。
- "X"/"Y"/"Z"选项：原坐标系坐标平面分别绕x、y、z轴旋转而形成新的用户坐标系。

TIP

如果在已定义的UCS坐标系中进行旋转，那么新的UCS是以前面的UCS系统旋转而成。

- “Z轴”选项：用于指定z轴方向以确定新的UCS坐标系。

## 10.8.2 UCS坐标系的管理

“命名UCS”命令用于对命名UCS以及正交UCS进行管理和操作，比如，用户可以使用该命令删除、重命名或恢复已命名的UCS坐标系，也可以选择AutoCAD预设的标准UCS坐标系以及控制UCS图标的显示等。

执行“命名UCS”命令主要有以下几种方式。

- 执行菜单栏中的“工具”|“命名UCS”命令。
- 单击“UCS II”工具栏或“坐标”面板上的“命名UCS”按钮。
- 在命令行输入表达式Ucsman后按Enter键。

执行“命名UCS”命令后可打开如图10-51所示的“UCS”对话框，该对话框中包括“命名UCS”、“正交UCS”和“设置”三个选项卡，通过这三个选项卡，可以很方便地对自己定义的坐标系统进行存储、删除、应用等操作。

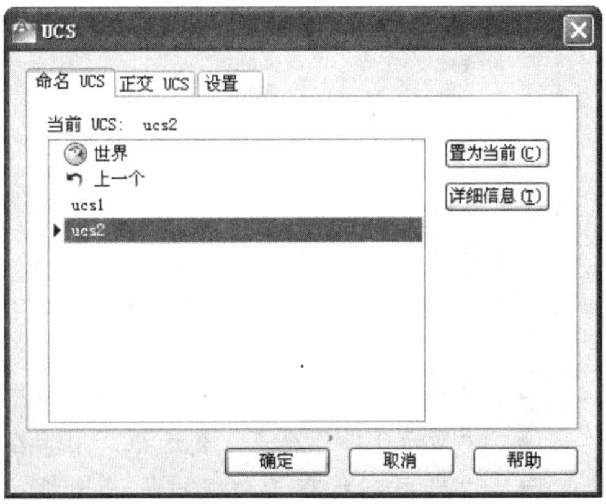


图10-51

### 1. “命名UCS”选项卡

“命名UCS”选项卡用于显示当前文件中的所有坐标系，还可以设置当前坐标系，如图10-51所示。

- “当前UCS”：显示当前的UCS名称。如果UCS设置没有保存和命名，那么当前UCS读取“未命名”。在“当前UCS”下的空白栏中有UCS名称的列表，列出当前视图中已定义的坐标系。
- 置为当前(C)按钮用于设置当前坐标系。
- 单击详细信息(T)按钮，可打开如图10-52所示的“UCS 详细信息”对话框，用来查看坐标系的详细信息。

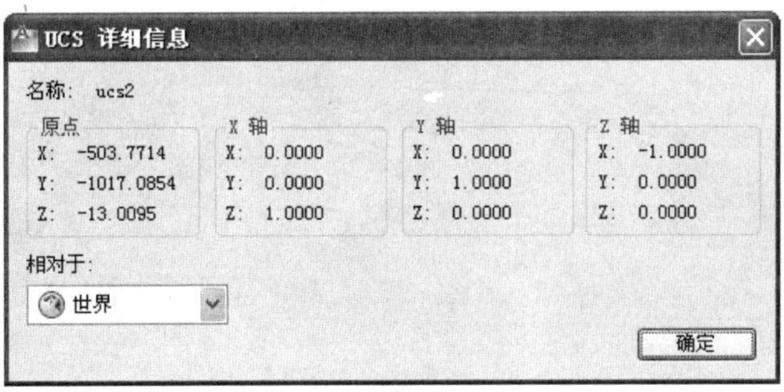


图10-52

### 2. “正交UCS”选项卡

“正交UCS”选项卡主要用于显示和设置AutoCAD的预设标准坐标系作为当前坐标系，如图10-53所示。

- “正交UCS”列表框中列出了当前视图中的6个正交坐标系。正交坐标系是相对“相对于”列表框中指定的UCS进行定义的。

- 置为当前(C)按钮：用于设置当前的正交坐标系。用户可以在列表框中双击某个选项，将其设为当前；也可以选择需要设为当前的选项后单击右键，从弹出的快捷菜单中选择设为非当前的选项。

### 3. "设置"选项卡

"设置"选项卡主要用于设置UCS图标的显示及其他的一些操作设置，如图10-54所示。

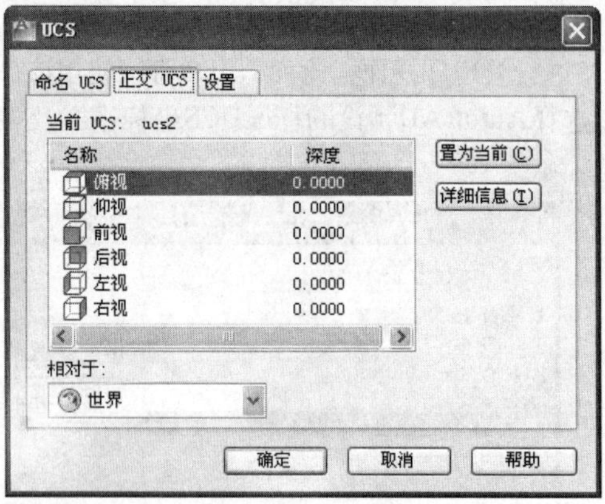


图10-53

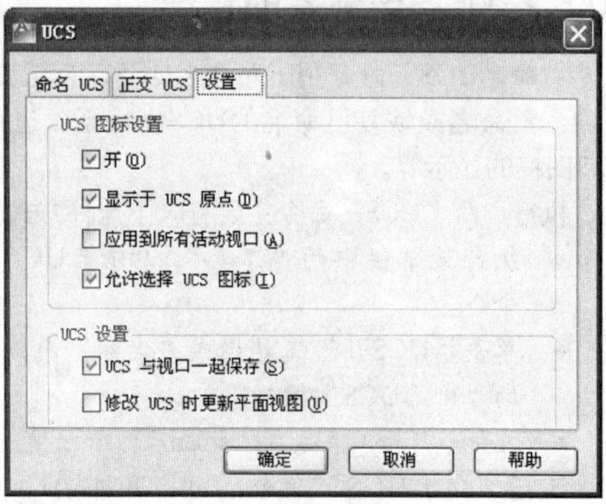


图10-54

- "开"复选框：用于显示当前视口中的UCS图标。
- "显示于UCS原点"复选框：用于在当前视口中当前坐标系的原点显示UCS图标。
- "应用到所有活动视口"复选框：用于将UCS图标设置应用到当前图形中的所有活动视口。
- "UCS与视口一起保存"复选框：用于将坐标系设置与视口一起保存。如果取消勾选此选项，视口将反映当前视口的UCS。
- "修改UCS时更新平面视图"复选框：用于修改视口中的坐标系时恢复平面视图。当对话框关闭时，平面视图和选定的UCS设置被恢复。

# 第11章

# 创建三维实体模型

三维实体模型是AutoCAD 2012三维建模的主要操作对象，是最常见的三维模型，例如长方体、圆柱体、球体等，本章主要来学习创建三维实体模型的方法和技巧。

## 11.1 创建三维基本实体

这一节主要来学习如何创建三维基本实体模型，这些模型主要有长方体、圆柱体、圆环、球体、楔体等，这些模型也是AutoCAD 2012三维建模常用的实体。

### 11.1.1 创建长方体

长方体是我们日常生活中最常见的三维实体，例如墙面、桌面、床等这些物体，都有长方体模型的影子。在AutoCAD 2012中，可以使用“长方体”命令来创建长方体模型或正立方体模型。

执行“长方体”命令主要有以下几种方式。

- 执行菜单栏中的“绘图”|“建模”|“长方体”命令。
- 单击“建模”工具栏上的“长方体”按钮。
- 在命令行输入Box按Enter键。

用户可以通过多种方式创建长方体或立方体，下面通过创建长、宽、高为350×250×120的长方体模型，学习“长方体”命令的操作方法和技巧。

#### 1. 中心点方式创建长方体

**1** 在“视图控件”下拉菜单中执行“西南等轴测”命令，将当前视图切换为西南视图。

**2** 采用上述任意方式激活“长方体”命令，创建长方体模型，命令行操作如下。

```
命令: _box
    指定第一个角点或 [中心(C)]:                    //在绘图区拾取一点
    指定其他角点或 [立方体(C)/长度(L)]:            //@350,250 Enter，指定长方体的底面
    指定高度或 [两点(2P)]:        //120 Enter，指定长方体的高度，绘制结果如图11-1所示
```

#### 2. 创建立方体

重复执行“长方体”命令，创建立方体模型，命令行操作如下。

```
命令: _box
    指定第一个角点或 [中心(C)]:               //在绘图区拾取一点
    指定其他角点或 [立方体(C)/长度(L)]:       //C Enter，激活“立方体”选项
    指定长度:                                 //350 Enter，绘制结果如图11-2所示
```

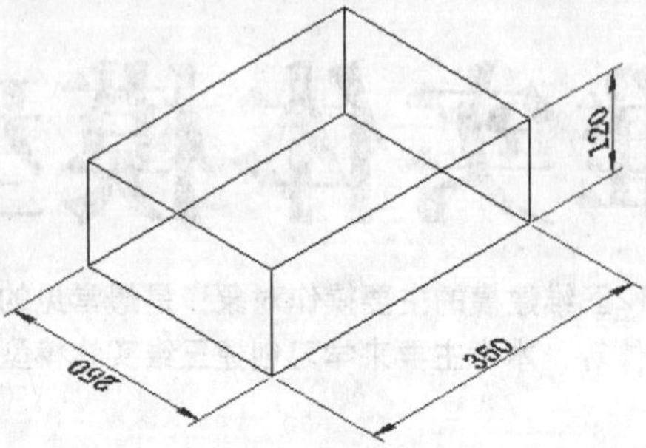


图11-1

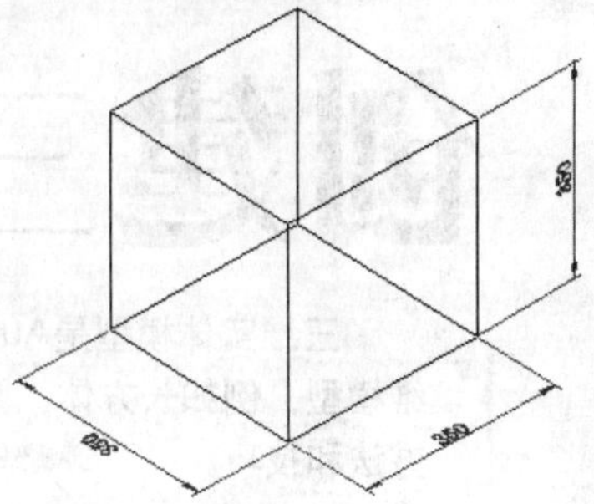

图11-2

#### 3. 以“长度”方式创建长方体

重复执行“长方体”命令，以“长度”方式创建长方体，命令行操作如下。

```
命令: _box
    指定第一个角点或 [中心(C)]:                    //在绘图区拾取一点
    指定其他角点或 [立方体(C)/长度(L)]:            //L Enter，激活“长度”选项
    指定长度 <350.0000>:                          //350 Enter，输入长度
    指定宽度:                                     //250 Enter，输入宽度
    指定高度或 [两点(2P)] <350.0000>:              //120 Enter，输入高度，结果如图11-3所示
```

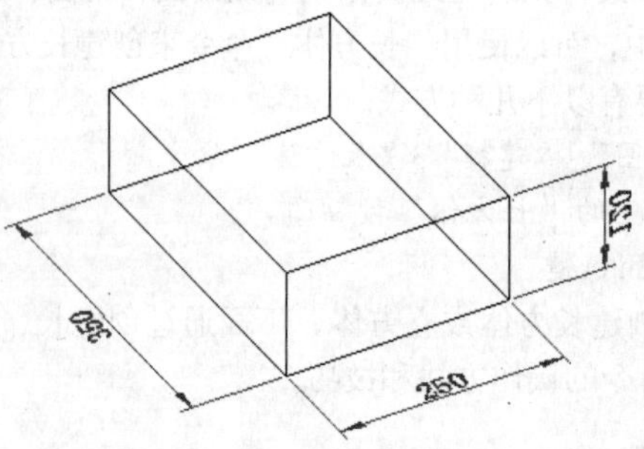


图11-3

### 11.1.2 创建圆柱体

圆柱体也是较常见的三维实体，在AutoCAD 2012中，使用“圆柱体”命令可以创建圆柱实心体，同时还可以创建椭圆柱实心体模型。

执行“圆柱体”命令主要有以下几种方式。

- ◆ 执行菜单栏中的“绘图”|“建模”|“圆柱体”命令。
- ◆ 单击“建模”工具栏上的“圆柱体”按钮。
- ◆ 在命令行输入Cylinder按Enter键。

下面通过创建底面半径为120、高度为200的圆柱体实心体模型和长轴为150、短轴为120、高度为250的椭圆柱体模型，学习“圆柱体”命令的操作方法和技巧。

#### 1. 创建圆柱体

**1** 新建一个空白文件，并将视图切换为西南视图。

**2** 采用上述任意方式激活“圆柱体”命令，创建圆柱体，命令行操作如下。

```
命令: _cylinder
    指定底面的中心点或 [三点(3P)/两点(2P)/切点、切点、半径(T)/椭圆(E)]:
                                                        //在绘图区拾取一点
    指定底面半径或 [直径(D)] <120.0000>:                 //120 Enter，输入半径
    指定高度或 [两点(2P)/轴端点(A)] <200.0000>:  //200 Enter，输入高度，绘制结果如图11-4所示
```

2. 创建椭圆柱体

按Enter键重复执行“圆柱体”命令，绘制椭圆柱体，命令行操作如下。

```
命令: _cylinder
    指定底面的中心点或 [三点(3P)/两点(2P)/切点、切点、半径(T)/椭圆(E)]:
                                                  //E Enter，激活“椭圆”选项
    指定第一个轴的端点或 [中心(C)]:                //在绘图区拾取一点
    指定第一个轴的其他端点:                        //150 Enter
    指定第二个轴的端点:                            //100 Enter
    指定高度或 [两点(2P)/轴端点(A)] <250.0000>:    //200 Enter，结果如图11-5所示
```

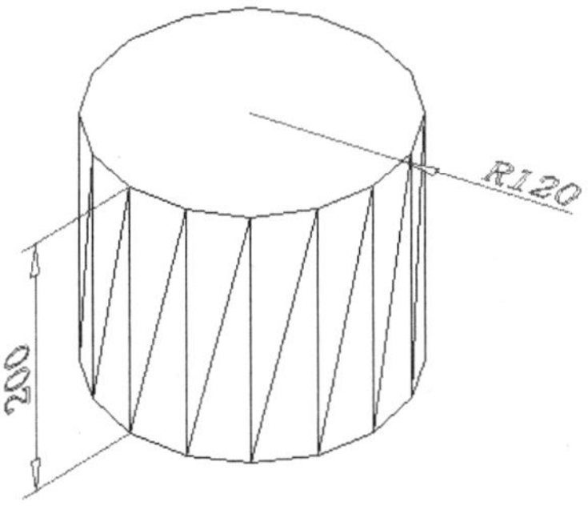

图11-4

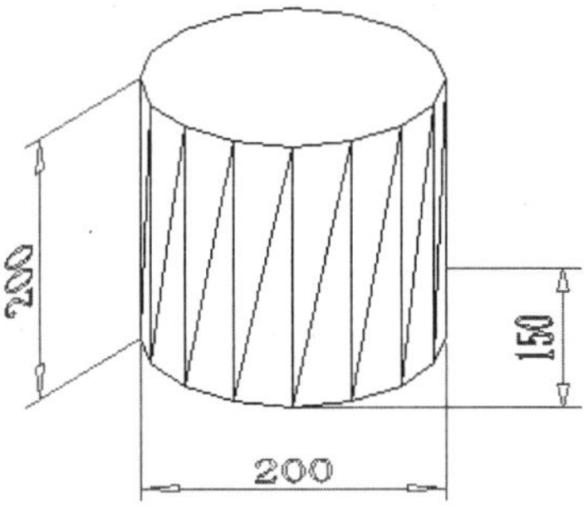

图11-5

## 11.1.3 创建圆锥体

与“圆柱体”命令相同，使用“圆锥体”命令不仅可以创建圆锥体，也可以创建椭圆锥体模型。执行“圆锥体”命令主要有以下几种方式。

- 执行菜单栏中的“绘图”|“建模”|“圆锥体”命令。
- 单击“建模”工具栏上的“圆锥体”按钮。
- 在命令行输入Cone按Enter键。

下面通过创建底面半径为100、高度为150的圆锥体，和长轴为150、短轴为120、高度为200的椭圆椎体模型，学习“圆锥体”命令的操作方法和技巧。

1. 创建圆锥体

**1** 新建一个空白文件，并将当前视图切换为西南视图。

**2** 采用以上任意方式激活“圆锥体”命令，创建圆锥体，命令行操作如下。

```
命令: _cone
    指定底面的中心点或 [三点(3P)/两点(2P)/切点、切点、半径(T)/椭圆(E)]:
                                                        //在绘图区拾取一点
```

```
        指定底面半径或 [直径(D)] <120.0000>:                    //100 Enter
        指定高度或 [两点(2P)/轴端点(A)/顶面半径(T)] <200.0000>:  //150 Enter，结果如图11-6所示
```

**2. 创建椭圆椎体**

按Enter键重复执行“圆锥体”命令，绘制椭圆椎体，命令行操作如下。

```
命令: _cone
        指定底面的中心点或 [三点(3P)/两点(2P)/切点、切点、半径(T)/椭圆(E)]:   //E Enter
        指定第一个轴的端点或 [中心(C)]:            //在绘图区拾取一点
        指定第一个轴的其他端点:                    //150 Enter
        指定第二个轴的端点:                        //100 Enter
        指定高度或 [两点(2P)/轴端点(A)/顶面半径(T)] <150.0000>:
                                                  //150 Enter，绘制结果如图11-7所示
```

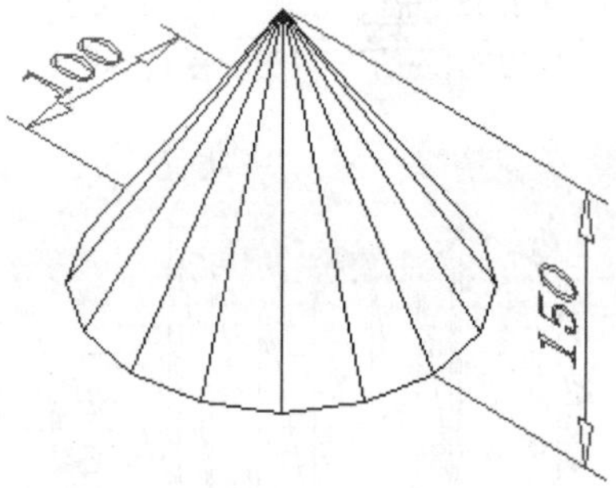


图11-6

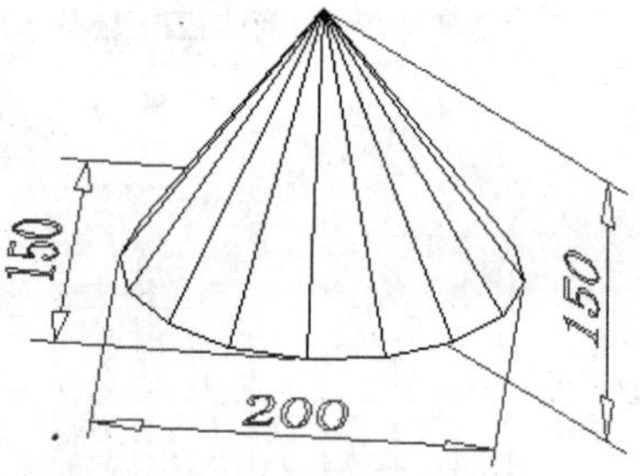


图11-7

## 11.1.4 创建圆环体

圆环体的创建比较简单，执行“圆环体”命令后，根据命令行的提示，首先指定圆环的中心点，然后指定圆环半径和圆管半径即可。

执行“圆环体”命令主要有以下几种方式。

- 执行菜单栏中的“绘图”|“建模”|“圆环体”命令。
- 单击“建模”工具栏上的“圆环”按钮◎。
- 在命令行输入Torus按Enter键。

下面通过创建圆环半径为250、圆管半径为30的圆环体，学习“圆环体”命令的操作方法和技巧。

**1** 将当前视图切换为西南视图。

**2** 采用上述任意方式激活“圆环体”命令，创建圆弧，命令行操作如下。

```
命令: _torus
        指定中心点或 [三点(3P)/两点(2P)/切点、切点、半径(T)]:
                                                  //在绘图区拾取一点
        指定半径或 [直径(D)] <100.0000>:           //250 Enter
        指定圆管半径或 [两点(2P)/直径(D)]:          //30 Enter，结果如图11-8所示
```

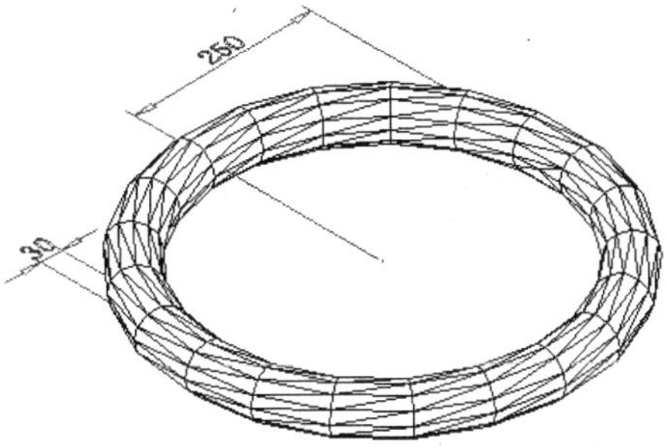


图11-8

## 11.1.5 创建多段体

“多段体”命令用于创建多段体，在创建多段体时，不仅可以设置多段体的截面宽度，还可以设置多段体的高度。

执行“多段体”命令主要有以下几种方式。

- 执行菜单栏中的“绘图”|“建模”|“多段体”命令。
- 单击“建模”工具栏上的“多段体”按钮。
- 在命令行输入Polysolid按Enter键。

在系统默认设置下，创建出的多段体宽度为5、高度为100个绘图单位，用户可以根据需要修改默认设置。

下面通过简单实例，学习“多段体”命令的操作方法。

1. 将当前视图切换为西南视图。
2. 采用上述任意方式激活“多段体”命令，在命令行“指定起点或[对象(O)/高度(H)/宽度(W)/对正(J)] <对象>:”提示下输入H并按Enter键。
3. 在命令行“指定高度<80.0000>:”提示下输入100并按Enter键。
4. 在命令行“指定起点或[对象(O)/高度(H)/宽度(W)/对正(J)]<对象>:”提示下输入W并按Enter键。
5. 在命令行“指定宽度<5.0000>:”提示下输入10并按Enter键。
6. 在命令行“指定起点或[对象(O)/高度(H)/宽度(W)/对正(J)] <对象>:”提示下拾取第一点。
7. 在命令行“指定下一个点或[圆弧(A)/放弃(U)]:”提示下拾取第二点；继续在命令行“指定下一个点或[圆弧(A)/闭合(C)/放弃(U)]:”提示下拾取第三点。
8. 在命令行“指定下一个点或[圆弧(A)/闭合(C)/放弃(U)]:”提示下输入A并按Enter键。
9. 在命令行“指定圆弧的端点或[闭合(C)/方向(D)/直线(L)/第二个点(S)/放弃(U)]:”提示下拾取第四点。
10. 在命令行“指定下一个点或[圆弧(A)/闭合(C)/放弃(U)]: 指定圆弧的端点或 [闭合(C)/方向(D)/直线(L)/第二个点(S)/放弃(U)]:”提示下拾取第四点，继续在命令行“指定下一个点或[圆弧(A)/闭合(C)/放弃(U)]: 指定圆弧的端点或[闭合(C)/方向(D)/直线(L)/第二个点(S)/放弃(U)]:”提示下按Enter键，结束命令。
11. 执行菜单栏中的“视图”|“消隐”命令，对绘制的多段体消隐显示，效果如图11-9所示。

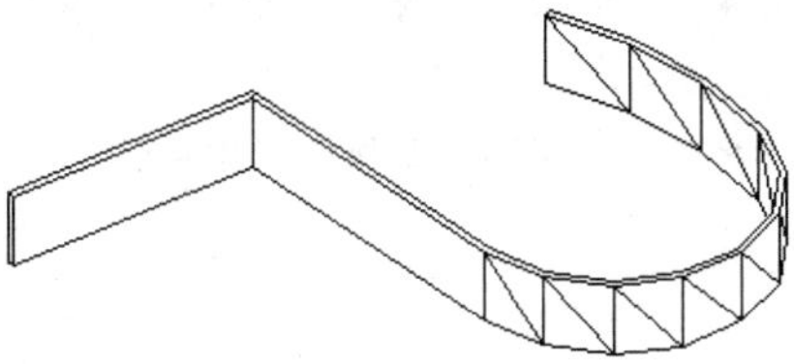

图11-9

TIP

"多段体"的创建方式与"多段线"的创建方式非常相似，有关"多段体"的其他选项设置，可参阅前面章节中"多段线"命令的详细讲解，在此不再赘述。另外，使用"多段体"命令中的"对象"选项，还可以将直线、圆弧、矩形以及圆等二维对象直接转换为三维实体。

## 11.1.6 创建球体

"球体"命令用于创建三维球体模型。执行"球体"命令主要有以下几种方式。

- 执行菜单栏中的"绘图"|"建模"|"球体"命令。
- 单击"建模"工具栏上的"球体"按钮。
- 在命令行中输入Sphere按Enter键。

下面通过创建半径为250的球体模型，学习"球体"命令的操作方法和操作技巧。

1 将当前视图切换为西南视图。

2 采用上述任意方式激活"球体"命令，在命令行"指定中心点或 [三点(3P)/两点(2P)/切点、切点、半径(T)]:"提示下拾取一点确定球体的中心点。

3 继续在命令行"指定半径或[直径(D)]:"提示下输入250并按Enter键。

4 执行菜单栏中的"视图"|"消隐"命令，效果如图11-10所示。

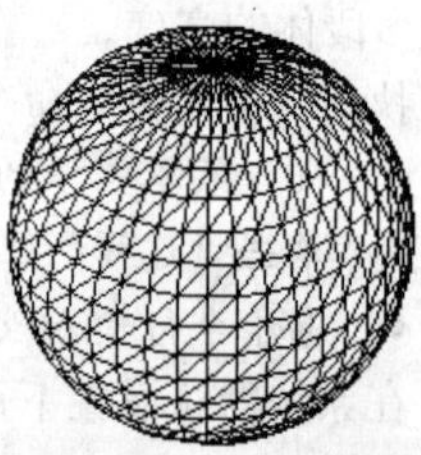

图11-10

## 11.1.7 创建楔体

"楔体"命令用于创建三维楔体模型。执行"楔体"命令主要有以下几种方式。

- 执行菜单栏中的"绘图"|"建模"|"楔体"命令。
- 单击"建模"工具栏上的"楔体"按钮。
- 在命令行输入Wedge按Enter键。

下面通过创建长度为200、宽度为20、高度为250的楔体模型，学习"楔体"命令的操作方法和技巧。

1 将当前视图切换为东南视图。

2 采用上述任意方式激活"楔体"命令，在命令行"指定第一个角点或[中心(C)]:"提示下，在绘图区拾取一点。

3 继续在命令行"指定其他角点或[立方体(C)/长度(L)]:"提示下输入"@200,20"按Enter键。

4 继续在命令行"指定高度或[两点(2P)] <144.9202>:"提示下输入250按Enter键，结束命令。

5 执行菜单栏中的"视图"|"消隐"命令，效果如图11-11所示。

- "中心点"选项：用于定位楔体的中心点，其中心点为斜面正中心点。
- "立方体"选项：用于创建长、宽、高都相等的楔体。

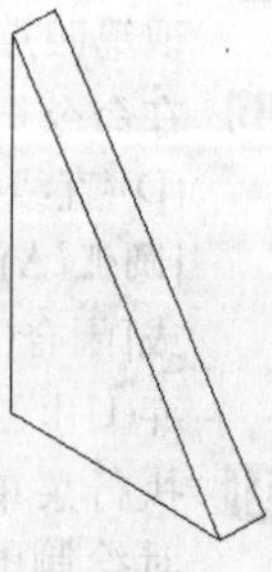

图11-11

# 11.2 创建方凳三维模型

前面章节学习了创建三维基本实体的相关知识，这一节通过创建如图11-12所示的方凳的三维模型的实例，对以上所学知识进行巩固练习。

1 单击“新建”按钮，创建一个新的图形文件，设置图形界限为1500×1000，并将该区域最大化显示。

2 单击“绘图”工具栏上的“矩形”按钮，激活“矩形”命令，绘制一个500×450的矩形，作为矩形1。

3 直接按Enter键，重复执行“矩形”命令，配合“自”功能，继续绘制矩形，命令行操作如下。

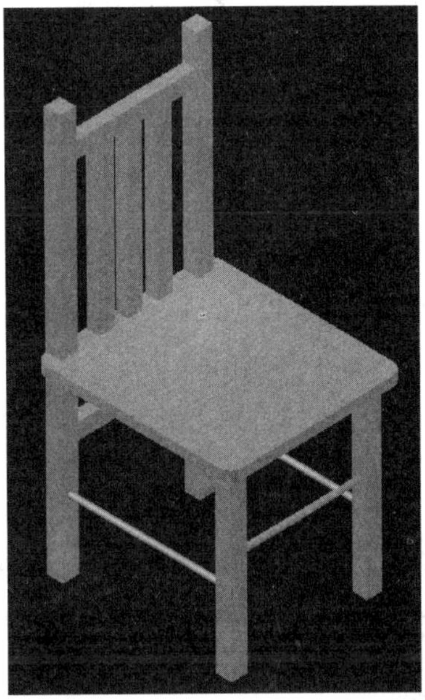

图11-12

```
命令: _rectang
    指定第一个角点或 [倒角(C)/标高(E)/圆角(F)/厚度(T)/宽度(W)]:
                                  //激活“自”功能，捕捉如图11-13所示的矩形左下端点
    _from 基点: <偏移>:                          //@20,50 Enter
    指定另一个角点或 [面积(A)/尺寸(D)/旋转(R)]:   //@430,350 Enter，结果如图11-14所示
```

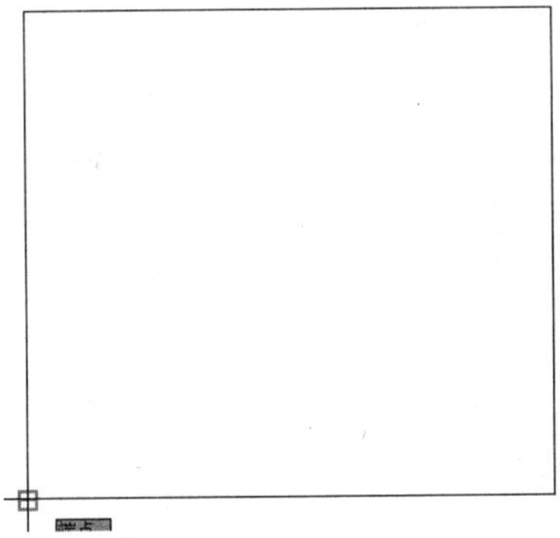

图11-13

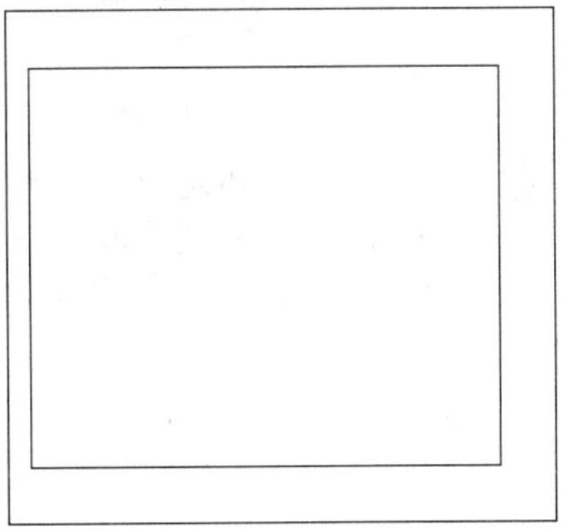

图11-14

4 执行菜单栏中的“视图”|“三维视图”|“东南等轴测”命令，将视图调整为东南等轴测视图。

5 在命令行输入“UCS”按Enter键，定义用户坐标系，命令行操作如下。

命令: UCS

当前 UCS 名称: *俯视*

指定 UCS 的原点或 [面(F)/命名(NA)/对象(OB)/上一个(P)/视图(V)/世界(W)/X/Y/Z/Z 轴(ZA)] <世界>: //捕捉如图11-15所示的端点

指定 X 轴上的点或 <接受>: //捕捉如图11-16所示的端点

指定 XY 平面上的点或 <接受>: //捕捉如图11-17所示的端点

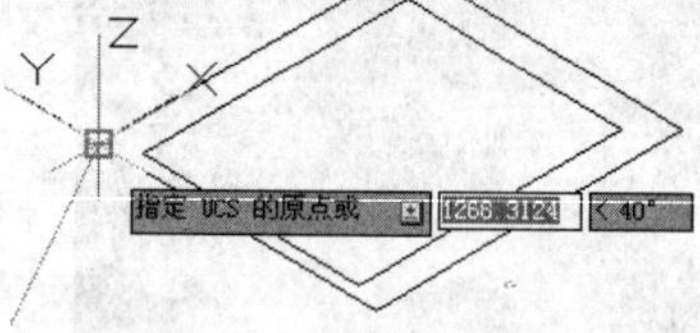

图11-15

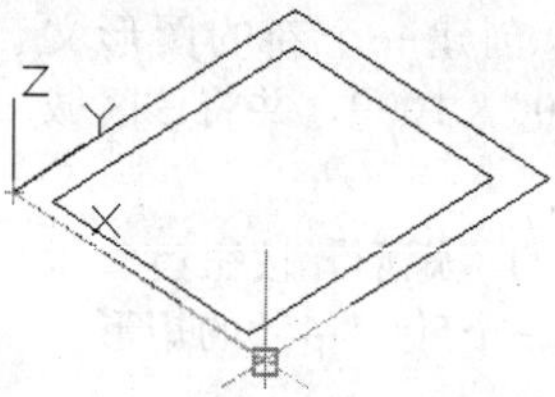

图11-16

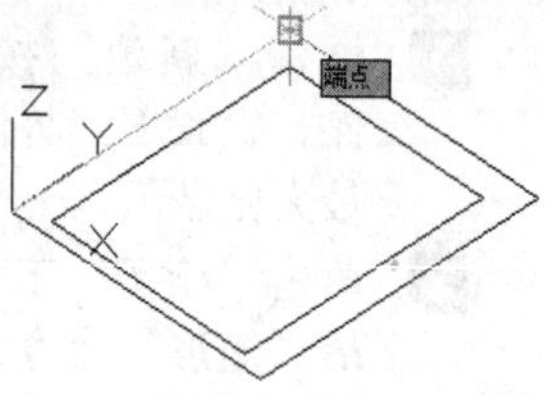

图11-17

**6** 执行菜单栏中的“绘图”|“建模”|“长方体”命令，绘制长方体，命令行操作如下。

命令: _box

指定第一个角点或 [中心(C)]: //捕捉如图11-18所示的端点

指定其他角点或 [立方体(C)/长度(L)]: //@40,40 Enter

指定高度或 [两点(2P)] <150.0000>: //1000 Enter，结果如图11-19所示

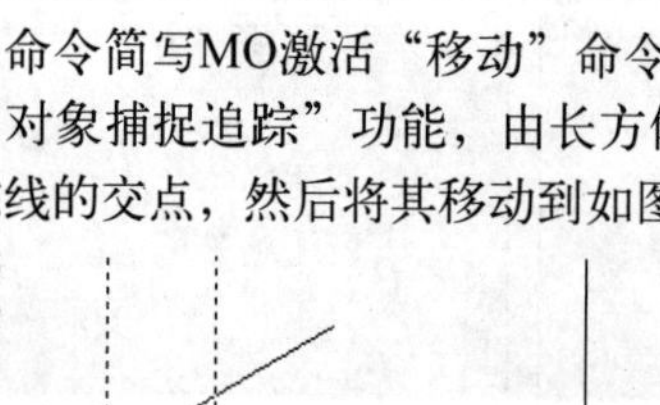

图11-18

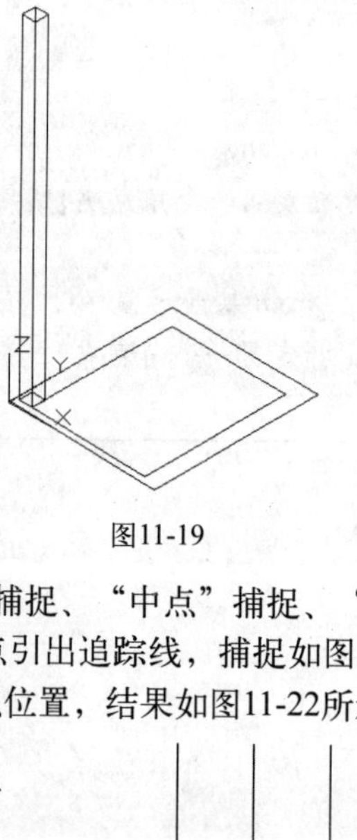

图11-19

**7** 使用命令简写MO激活“移动”命令，配合“端点”捕捉、“中点”捕捉、“交点”捕捉和“对象捕捉追踪”功能，由长方体下底面边的中点引出追踪线，捕捉如图11-20所示的追踪线的交点，然后将其移动到如图11-21所示的端点位置，结果如图11-22所示。

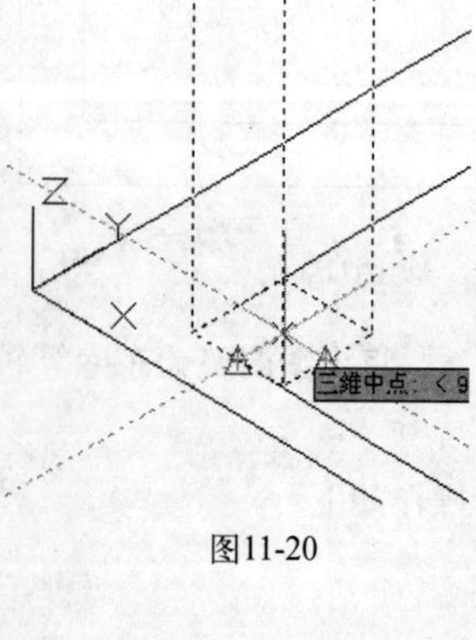

图11-20

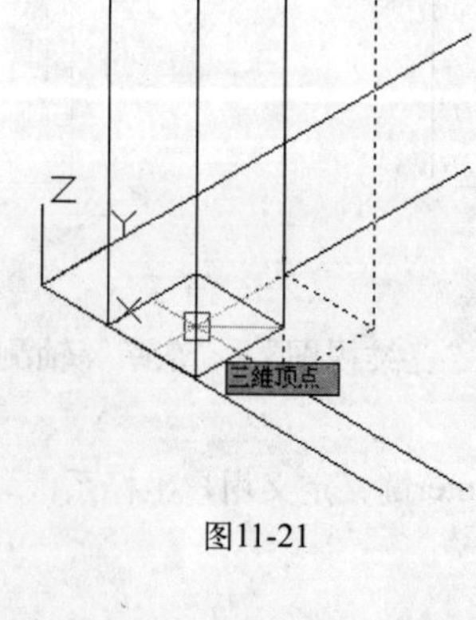

图11-21

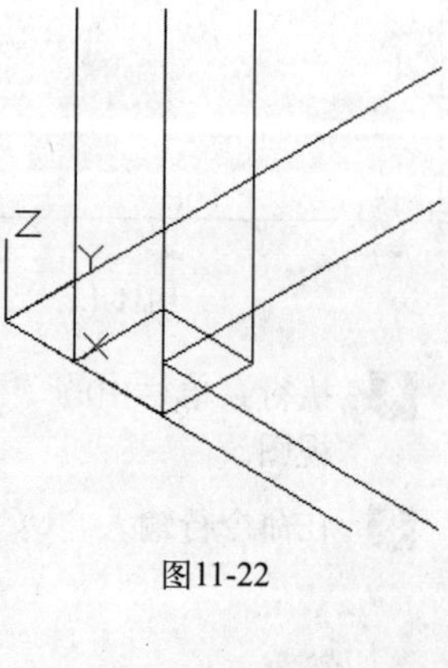

图11-22

**8** 使用命令简写CO激活“复制”命令，配合“端点”捕捉功能，对长方体进行复制，命令行操作如下。

```
命令: _copy
    选择对象:                                              //选择长方体
    选择对象:                                              // Enter
    当前设置: 复制模式 = 多个
    指定基点或 [位移(D)/模式(O)] <位移>:                    //捕捉如图11-23所示的端点
    指定第二个点或 [阵列(A)] <使用第一个点作为位移>:          //捕捉如图11-24所示的端点
    指定第二个点或 [阵列(A)/退出(E)/放弃(U)] <退出>:         // Enter
```

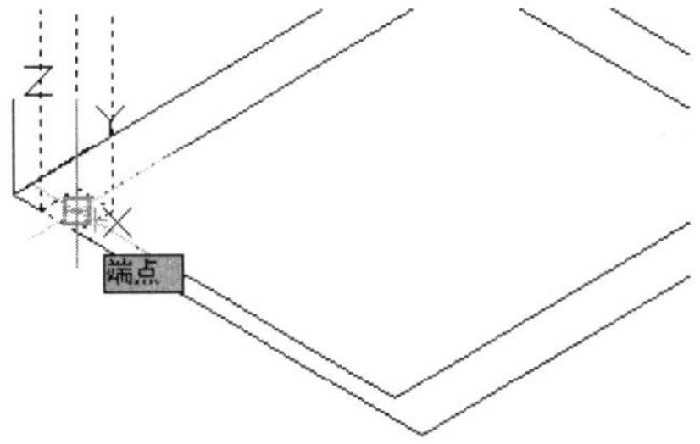


图11-23

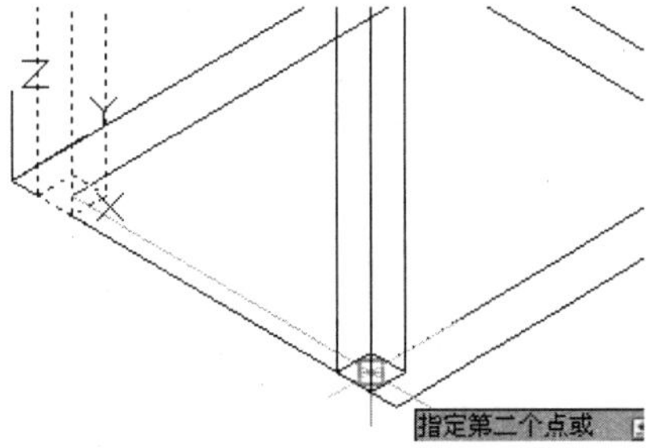


图11-24

**9** 直接按Enter键，重复执行“长方体”命令，继续绘制长方体，命令行操作如下。

```
命令: _box
    指定第一个角点或 [中心(C)]:                  //捕捉如图11-25所示的端点
    指定其他角点或 [立方体(C)/长度(L)]:           //@40,-40 Enter
    指定高度或 [两点(2P)] <150.0000>:            //450 Enter，结果如图11-26所示
```

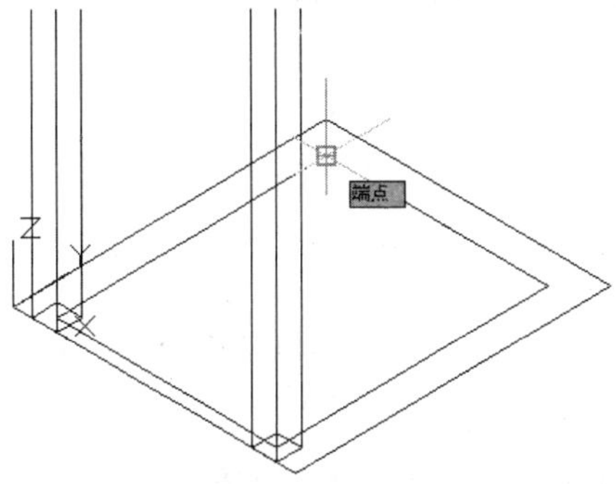


图11-25

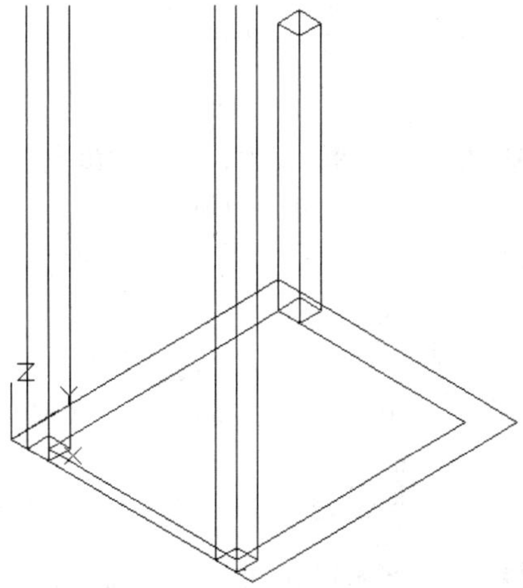

图11-26

**10** 依照步骤7的操作，配合“端点”捕捉、“中点”捕捉、“交点”捕捉和“对象捕捉追踪”功能，将该长方体移动到小矩形的端点上，结果如图11-27所示。

**11** 继续依照步骤8的操作，配合“端点”捕捉功能，将该长方体复制到小矩形另一个端点上，结果如图11-28所示。

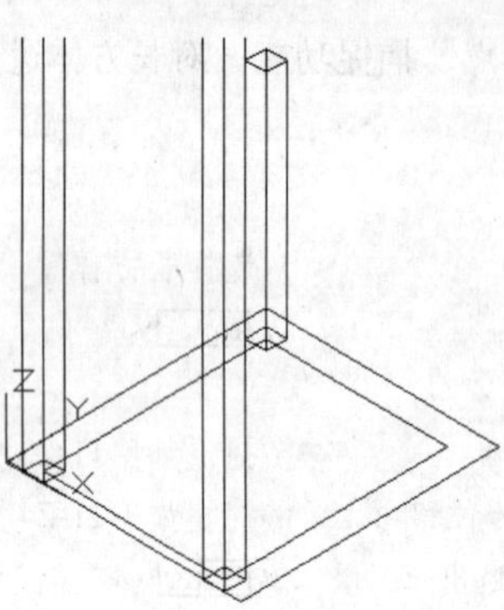

图11-27

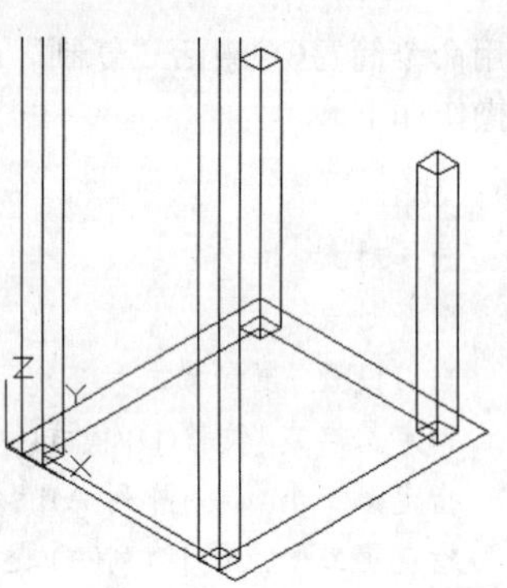

图11-28

**12** 使用命令简写BOX激活“长方体”命令，配合“自”功能，绘制长方体作为支撑，命令行操作如下。

```
命令: _box
    指定第一个角点或 [中心(C)]:                //激活“自”功能，捕捉如图11-29所示的端点
    _from 基点: <偏移>:                        //@0,0,300 Enter
    指定其他角点或 [立方体(C)/长度(L)]:        //@350,40 Enter
    指定高度或 [两点(2P)] <450.0000>:          //40 Enter，结果如图11-30所示
```

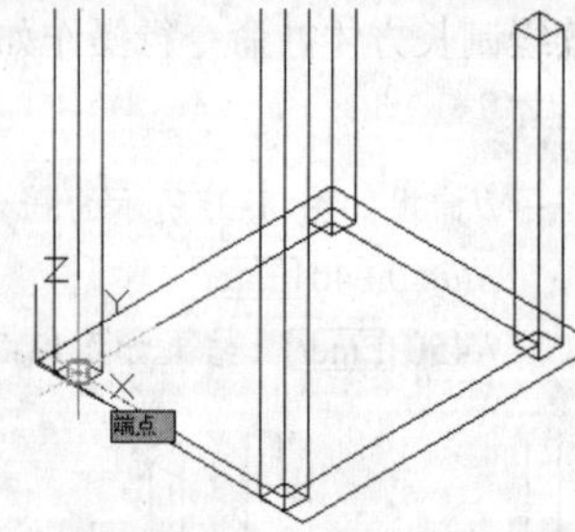


图11-29

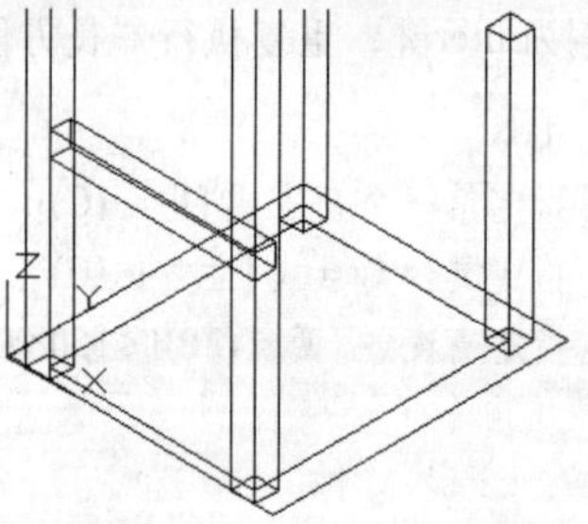

图11-30

**13** 依照步骤8的操作，配合“端点”捕捉功能，将该长方体沿z轴正方形复制600个绘图单位，结果如图11-31所示。

**14** 继续激活“长方体”命令，配合“自”功能，绘制长方体，命令行操作如下。

```
命令: _box
    指定第一个角点或 [中心(C)]:                //激活“自”功能，捕捉如图11-32所示的端点
    _from 基点: _from 基点: <偏移>:                          //@80,0 Enter
    指定其他角点或 [立方体(C)/长度(L)]:                      //@34,40 Enter
    指定高度或 [两点(2P)] <-560.0000>: //向下引导光标，输入560 Enter，结果如图11-33所示
```

**15** 使用命令简写CO激活“复制”命令，对绘制的长方体进行复制，命令行操作如下。

```
命令: _copy
    选择对象:                                  //单击创建的长方体
    选择对象:                                  // Enter
    当前设置: 复制模式 = 多个
    指定基点或 [位移(D)/模式(O)] <位移>:       //捕捉任意一点
```

```
指定第二个点或 [阵列(A)] <使用第一个点作为位移>:        //75 Enter
指定第二个点或 [阵列(A)/退出(E)/放弃(U)] <退出>:        //150 Enter
指定第二个点或 [阵列(A)/退出(E)/放弃(U)] <退出>:
                                                    // Enter, 复制结果如图11-34所示
```

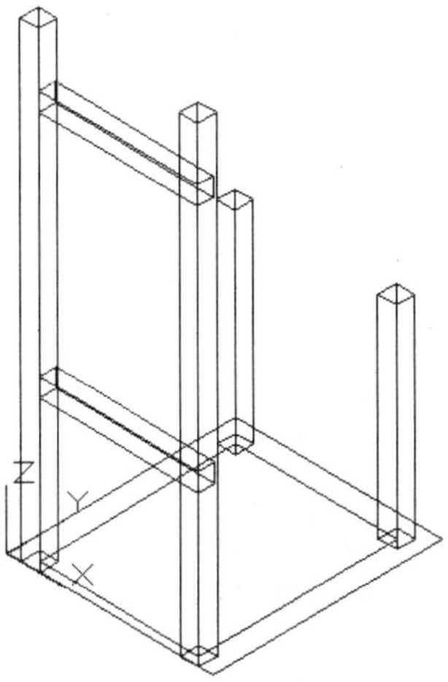

图11-31

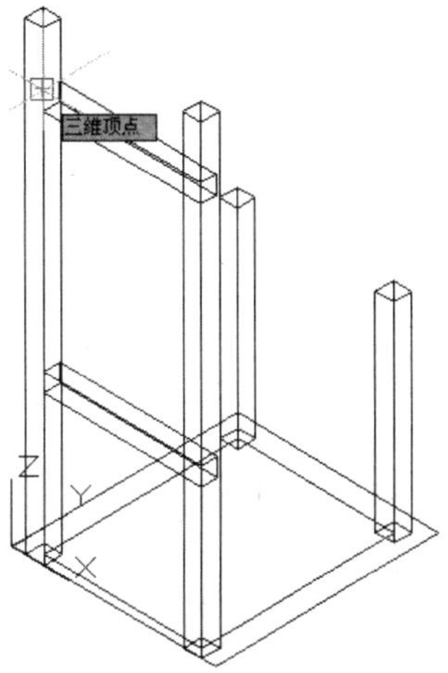


图11-32

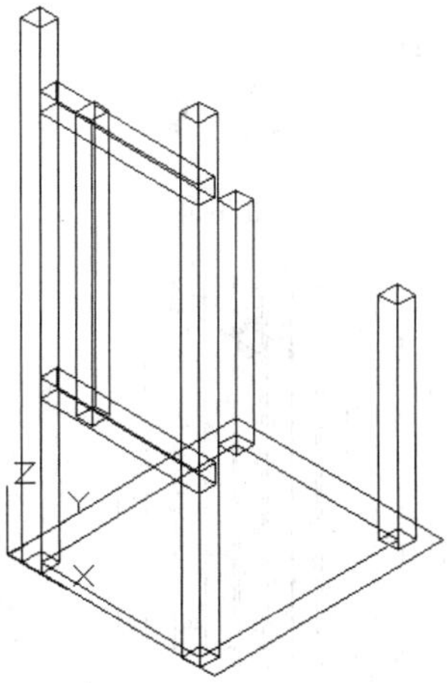

图11-33

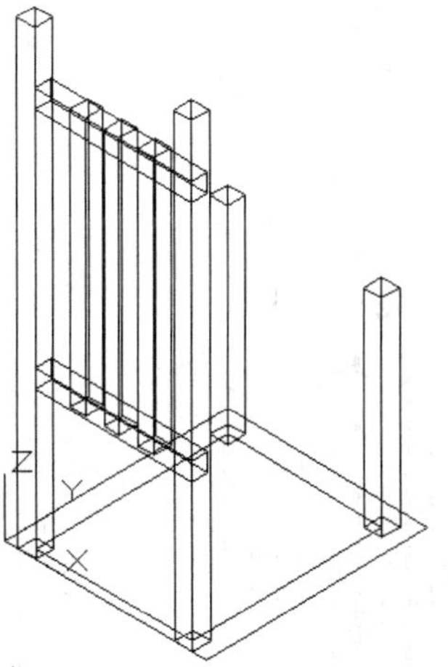

图11-34

**16** 使用命令简写BOX激活“长方体”命令，配合“自”功能，继续创建长方体，命令行操作如下。

```
命令: _box
    指定第一个角点或 [中心(C)]:              //激活“自”功能, 捕捉如图11-35所示的端点
    _from 基点: _from 基点: <偏移>:          //@0,0,450 Enter
    指定其他角点或 [立方体(C)/长度(L)]:       //@-500,-450 Enter
    指定高度或 [两点(2P)] <-560.0000>:       //向下引导光标, 输入25 Enter, 结果如图11-36所示
```

**17** 使用命令简写F激活“圆角”命令，设置圆角半径为15，为方凳面的垂直边继续执行圆角操作，命令行操作如下。

命令: FILLET
当前设置: 模式 = 修剪, 半径 = 15.0000
选择第一个对象或 [放弃(U)/多段线(P)/半径(R)/修剪(T)/多个(M)]: //R Enter
指定圆角半径 <15.0000>: //15 Enter
选择第一个对象或 [放弃(U)/多段线(P)/半径(R)/修剪(T)/多个(M)]:
//捕捉如图11-37所示的垂直边
输入圆角半径 <15.0000>: // Enter
选择边或 [链(C)/环(L)/半径(R)]:
//分别单击其他三条垂直边，对其进行圆角处理，结果如图11-38所示

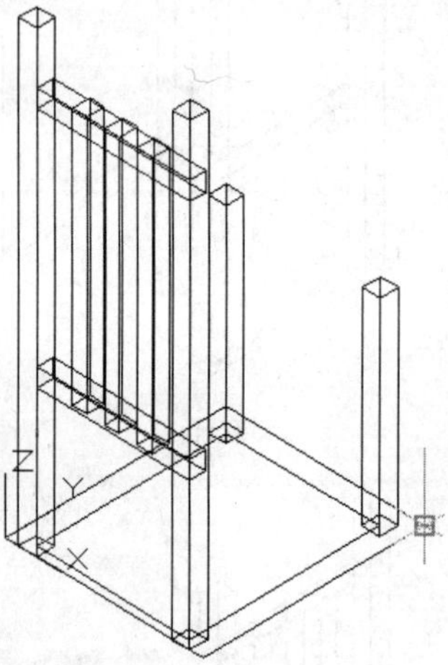

图11-35

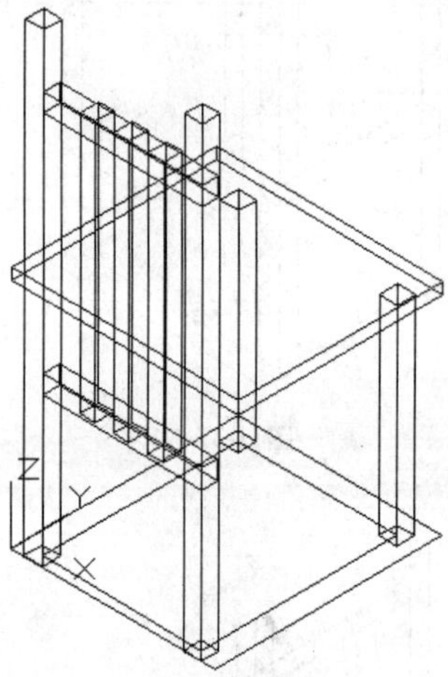

图11-36

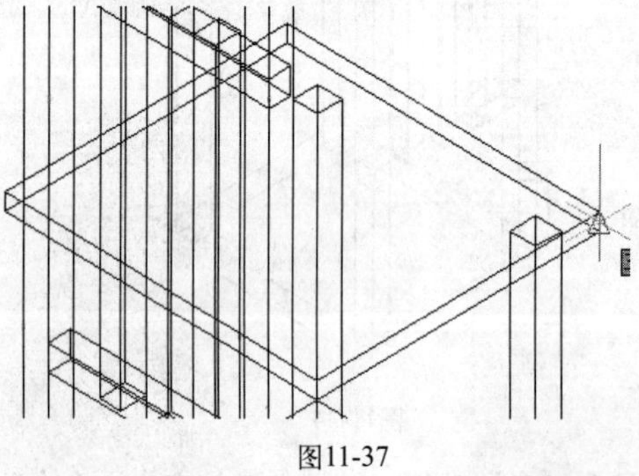

图11-37

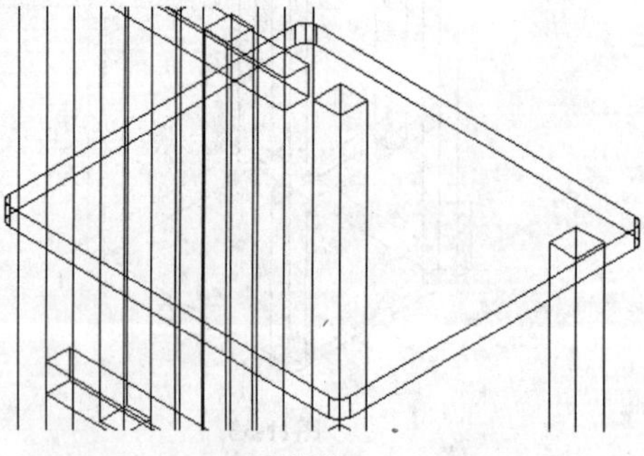

图11-38

**18** 使用命令简写BOX激活“长方体”命令，配合“自”功能，继续创建长方体，命令行操作如下。

命令: _box
指定第一个角点或 [中心(C)]: //捕捉如图11-39所示的端点
_from 基点: _from 基点: <偏移>: //@0,0,250 Enter
指定其他角点或 [立方体(C)/长度(L)]: //@−350,30 Enter
指定高度或 [两点(2P)] <-560.0000>:
//向下引导光标，输入30 Enter，结果如图11-40所示

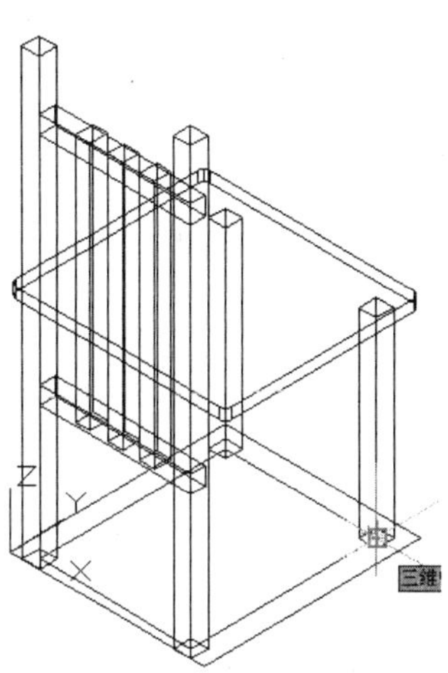

图11-39

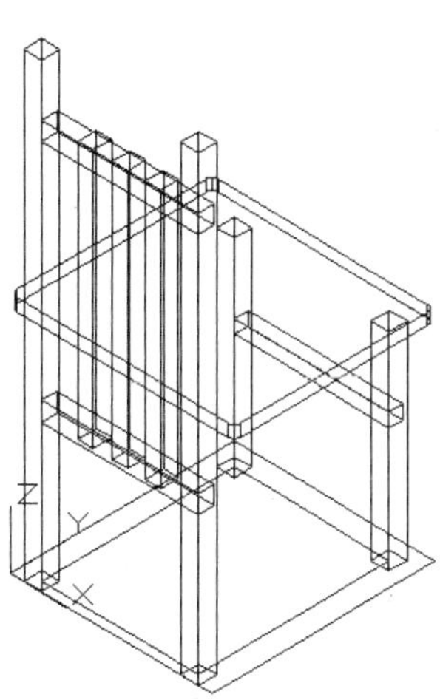

图11-40

**19** 重复执行“长方体”命令，配合“自”功能，继续创建长方体，命令行操作如下。

命令: _box
　　指定第一个角点或 [中心(C)]:　　　　　//捕捉如图11-41所示的端点
　　_from 基点: _from 基点: <偏移>:　　　　//@0,0,180 Enter
　　指定其他角点或 [立方体(C)/长度(L)]:　　//@30,-430 Enter
　　指定高度或 [两点(2P)] <-560.0000>:
　　　　　　　　//向下引导光标，输入30 Enter，结果如图11-42所示

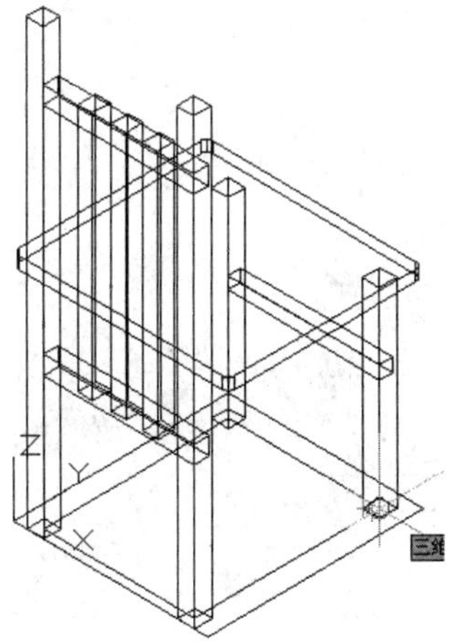

图11-41

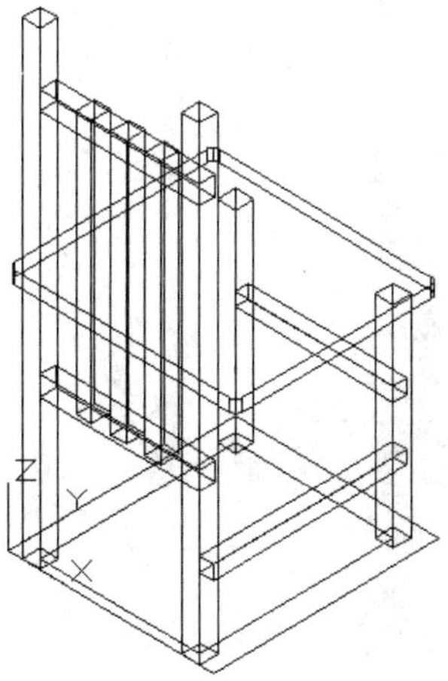

图11-42

**20** 使用“复制”命令，将绘制的该长方体沿x轴负方向复制到另一边位置，复制距离为350个绘图单位，结果如图11-43所示。

**21** 在命令行中输入FACETRES，设置新的变量值为4。

**22** 将视图切换为东南视图，执行菜单栏中的“修改”|“实体编辑”|“并集”命令，选择所有模型，按Enter键将其合并为一个整体。

**23** 执行菜单栏中的“视图”|“渲染”|“材质浏览器”命令，打开“材质浏览器”窗口，在“木材”材质列表中选择“白色橡木-天然中光泽实心”材质，如图11-44所示。

**24** 按住鼠标左键，将该材质直接拖动到绘图区的方凳模型上释放鼠标，为其指定该材质。

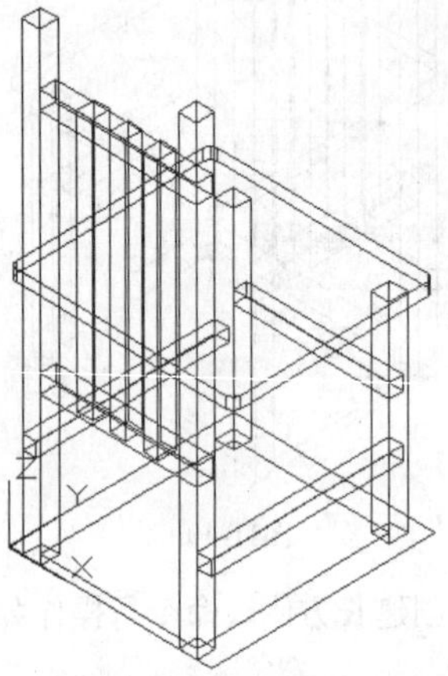

图11-43

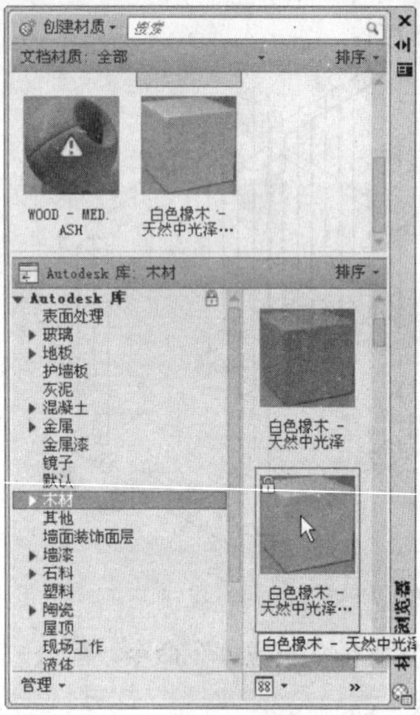


图11-44

**25** 执行菜单栏中的“视图”|“视觉样式”|“真实”命令，此时方凳效果如图11-45所示。

**26** 继续执行菜单栏中的“视图”|“渲染”|“渲染”命令，对方凳进行渲染，效果如图11-46所示。

图11-45

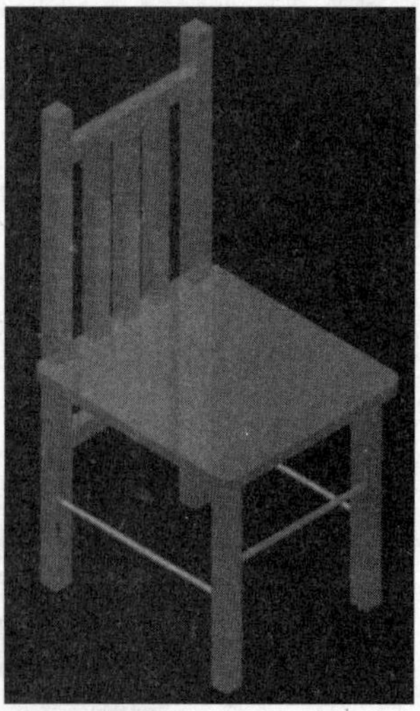

图11-46

**27** 执行“另存为”命令，将该图形存储为“方凳三维造型.dwg”文件。

## 11.3 将二维对象转换为三维实体模型

在AutoCAD 2012中，除了创建常用的基本实体模型之外，还可以通过对二维图形转换以创建较复杂的三维实体模型，AutoCAD 2012提供了将二维图形转换三维模型的相关命令，具体有“拉伸”、“旋转”、“扫掠”、“放样”等，使用这些命令，可以轻松地将二维图形转换为三维实体模型，此外，还可以创建三维曲面模型，需要说明的是，这取决于它的设置，当激活“模式(MO)”选项后，如果设置模式为“实体(SO)”则创建实体模型；如果设置模式为“曲面(SU)”，则创建曲面模型。

这一节主要来学习通过二维图形转换创建复杂三维实体模型的方法和技巧。

### 11.3.1 拉伸实体

使用“拉伸”命令可以将闭合的二维图形按照指定的高度拉伸成三维实体模型，将非闭合的二维图线拉伸为网格曲面。

执行“拉伸”命令主要有以下几种方式。

- 执行菜单栏中的“绘图”|“建模”|“拉伸”命令。
- 单击“建模”工具栏上的“拉伸”按钮。
- 在命令行输入Extrude按Enter键。
- 使用命令简写EXT。

下面通过简单实例，学习“拉伸”命令的操作方法和技巧。

**1** 创建一个空白文件，并将当前视图切换为西南视图。

**2** 使用“多边形”命令绘制内切圆半径为100的正六边形，命令行操作如下。

```
命令: _polygon
    输入侧面数 <6>:                              //6 Enter
    指定正多边形的中心点或 [边(E)]:              //拾取一点
    输入选项 [内接于圆(I)/外切于圆(C)] <I>:      // Enter
    指定圆的半径:                                //100 Enter，绘制结果如图11-47所示
```

**3** 采用上述任意方式激活“拉伸”命令，创建拉伸实体，命令行操作如下。

```
命令: _extrude
    当前线框密度: ISOLINES=4，闭合轮廓创建模式 = 实体
    选择要拉伸的对象或 [模式(MO)]: _MO 闭合轮廓创建模式 [实体(SO)/曲面(SU)] <实体>: _SO
    选择要拉伸的对象或 [模式(MO)]:        //单击创建的多边形对象，如图11-48所示
    选择要拉伸的对象或 [模式(MO)]:        // Enter
    指定拉伸的高度或 [方向(D)/路径(P)/倾斜角(T)] <-30.0000>:
                                          //100 Enter，拉伸结果如图11-49所示
```

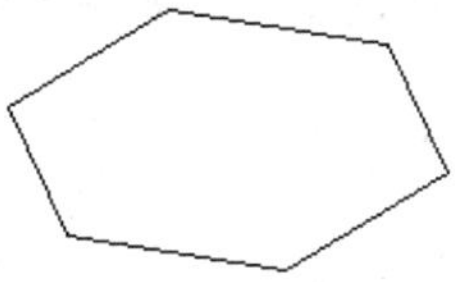

图11-47

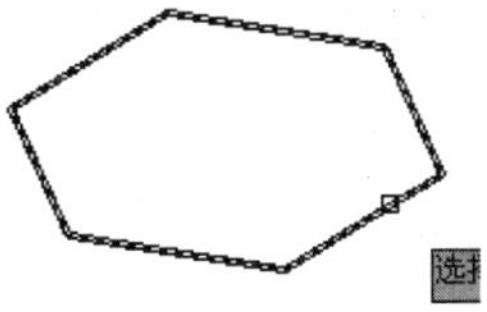

图11-48

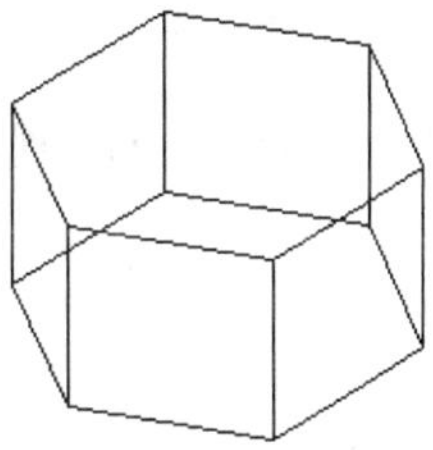

图11-49

**4** 继续使用“多段线”命令绘制如图11-50所示的多段线。

**5** 重复执行“拉伸”命令，在命令行“选择要拉伸的对象:”提示下选择绘制的多段线。

**6** 继续在命令行“选择要拉伸的对象:”提示下按Enter键，结束选择。

**7** 继续在命令行“指定拉伸的高度或[方向(D)/路径(P)/倾斜角(T)]<100.0000>:”提示下输入100按Enter键，拉伸结果如图11-51所示。

图11-50

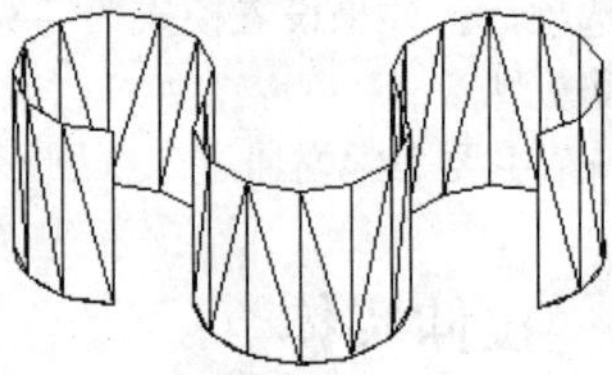

图11-51

**TIP** “倾斜角”选项可以在拉伸实体的过程中，将实体进行一定的角度倾斜；“路径”选项可以将闭合的二维图形或面域按照指定的直线或曲线路径进行拉伸放样，生成复杂的三维实体。

## 11.3.2 旋转实体

使用“旋转”命令可以将闭合的二维图形绕坐标轴旋转为三维实心体，此命令常用于创建一些回转体结构的模型。

执行“旋转”命令主要有以下几种方式。

- 执行菜单栏中的“绘图”|“建模”|“旋转”命令。
- 单击“建模”工具栏上的“旋转”按钮。
- 在命令行输入Revolve按Enter键。

下面通过创建旋转实体，学习“旋转”命令的操作方法和技巧。

**1** 新建一个空白文件，并将视图切换为前视图，然后应用“多段线”和“直线”命令绘制如图11-52所示的二维图形。

**2** 将视图切换为西南视图，采用上述任意方式激活“旋转”命令，创建旋转实体，命令行操作如下。

```
命令: _revolve
    选择要旋转的对象:                          //单击创建的闭合边界图形
    选择要旋转的对象:                          //Enter，结束对象的选择
    指定轴起点或根据以下选项之一定义轴 [对象(O)/X/Y/Z] <对象>:
                                               //捕捉直线的一个端点
    指定轴端点:                                //捕捉直线的另一端点
    指定旋转角度或 [起点角度(ST)] <360>: //Enter，结束操作
```

**3** 执行菜单栏中的“视图”|“消隐”命令，对创建的实体进行消隐，效果如图11-53所示。

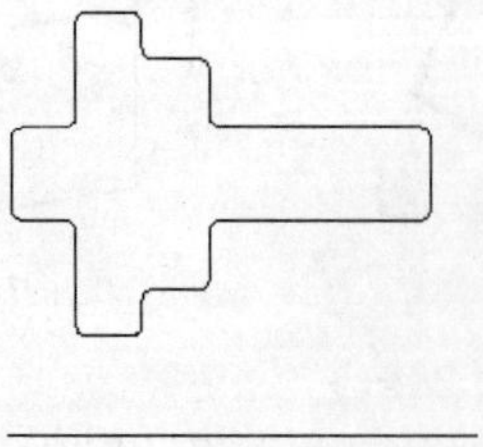

图11-52

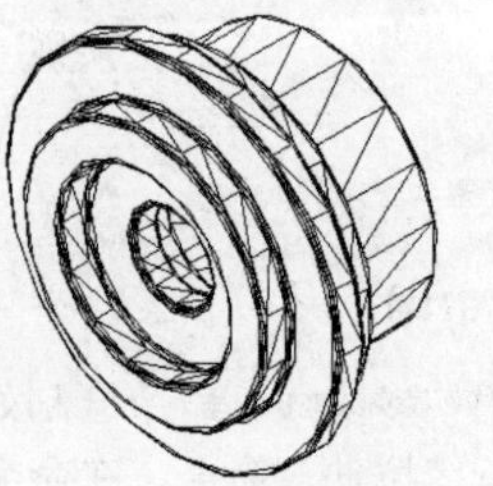

图11-53

命令行中的各选项如下。

- “对象”选项：用于选择现有的直线或多段线等作为旋转轴，轴的正方向是从这条直线上的最近端点指向最远端点。
- “X轴”选项：使用当前坐标系的x轴正方向作为旋转轴的正方向。
- “Y轴”选项：使用当前坐标系的y轴正方向作为旋转轴的正方向。
- “Z轴”选项：使用当前坐标系的z轴正方向作为旋转轴的正方向。

## 11.3.3 扫掠实体

“扫掠”命令是通过沿路径扫掠二维或三维曲线来创建三维实体或曲面，扫掠对象会自动与路径对齐。

执行“扫掠”命令主要有以下几种方式。

- 执行菜单栏中的“绘图”|“建模”|“扫掠”命令。
- 单击“建模”工具栏上的“扫掠”按钮。
- 在命令行输入Sweep按Enter键。

下面通过简单实例，学习“扫掠”命令的操作方法和技巧。

**1** 将视图切换为西南视图，应用“圆”和“样条线”命令绘制如图11-54所示的圆和样条曲线。

**2** 采用上述任意方式激活“扫掠”命令，创建扫掠实体，命令行操作如下。

```
命令: _sweep
    选择要扫掠的对象或[模式(MO)]:                  //选择样条曲线，如图11-55所示
    选择要扫掠的对象或[模式(MO)]:                  // Enter，结束对象的选择
    选择扫掠路径或 [对齐(A)/基点(B)/比例(S)/扭曲(T)]:        //B Enter
    指定基点:                         //捕捉如图11-56所示的样条线的端点
    选择扫掠路径或 [对齐(A)/基点(B)/比例(S)/扭曲(T)]:
                                  //单击圆对象，如图11-57所示，结果如图11-58所示
```

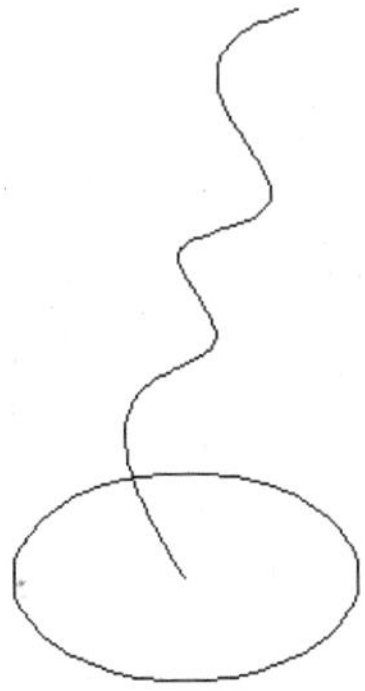

图11-54

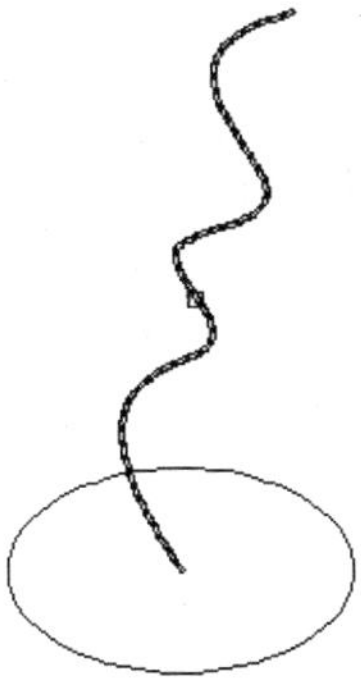

图11-55

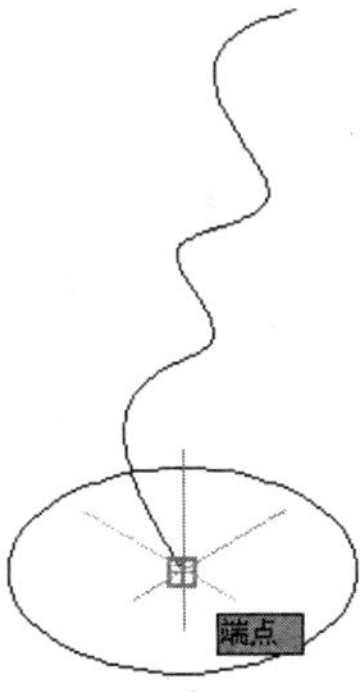


图11-56

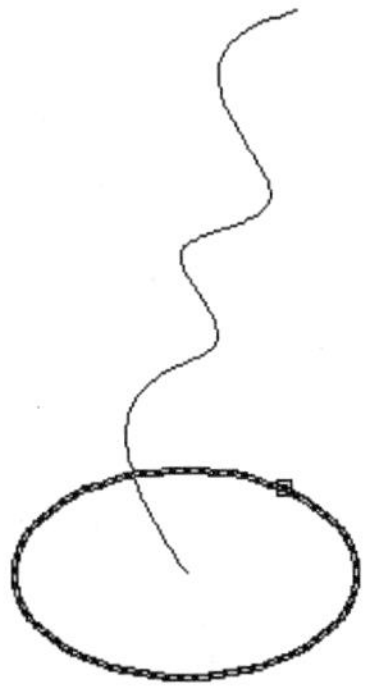

图11-57

**3** 执行菜单栏中的“视图”|“消隐”命令，对创建的实体进行消隐，效果如图11-59所示。

**4** 继续执行菜单栏中的“视图”|“视觉样式”|“真实”命令，对创建的实体进行真实着色，效果如图11-60所示。

- 模式：控制扫掠动作是创建实体还是创建曲面。系统会将曲面扫掠为NURBS曲面或程序曲面，具体取决于SURFACEMODELINGMODE系统变量。
- 对齐：指定是否对齐轮廓以使其作为扫掠路径切向的法向。

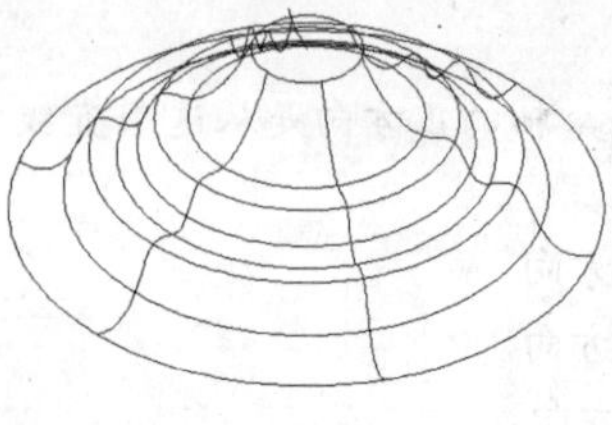

图11-58

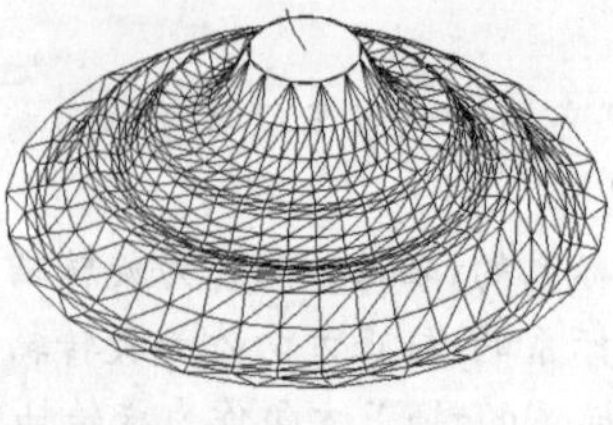

图11-59

图11-60

TIP 注意如果轮廓与路径起点的切向不垂直（法线未指向路径起点的切向），则轮廓将自动对齐。出现对齐提示时输入No，以避免该情况的发生。

- 基点：指定要扫掠对象的基点。
- 比例：指定比例因子以进行扫掠操作。从扫掠路径的开始到结束，比例因子将统一应用到扫掠的对象。
- 扭曲：设置正被扫掠的对象的扭曲角度。扭曲角度指定沿扫掠路径全部长度的旋转量。
- 倾斜：指定扫掠的曲线是否沿三维扫掠路径（三维多段线、样条曲线或螺旋）自然倾斜（旋转）。

## 11.3.4 放样实体

“放样”命令是通过在数个横截面之间的空间创建三维曲面，放样横截面可以是开放或闭合的平面或非平面，也可以是边子对象，使用模式选项可以选择是创建曲面还是创建实体。

执行“放样”命令主要有以下几种方式。

- 执行菜单栏中的“绘图”|“建模”|“放样”命令。
- 单击“建模”工具栏上的“放样”按钮。
- 在命令行输入Loft按Enter键。

下面通过简单实例，学习“放样”命令的操作方法和技巧。

1 将视图切换为西南视图，应用“圆”和“多边形”命令绘制如图11-61所示的椭圆和多边形。

2 激活“放样”命令，创建放样实体，命令行操作如下。

命令: _loft

按放样次序选择横截面或 [点(PO)/合并多条边(J)/模式(MO)]: _MO 闭合轮廓创建模式 [实体(SO)/曲面(SU)] <实体>: _SO　　//依次选择最下方的大圆，如图11-62所示，选择中间的小圆，如图11-63所示，选择上方的多边形，如图11-64所示

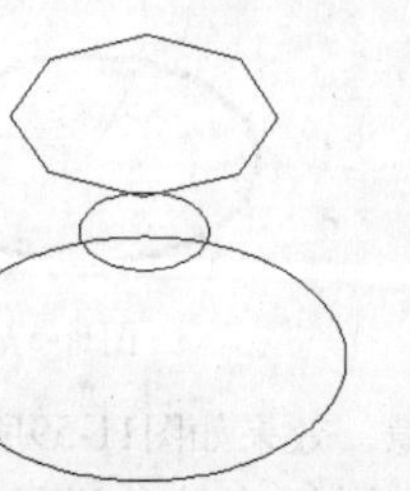

图11-61

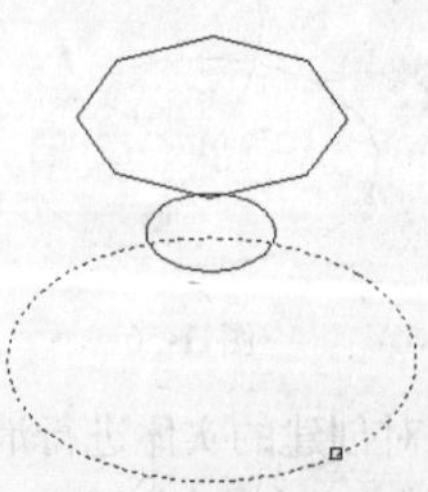

图11-62

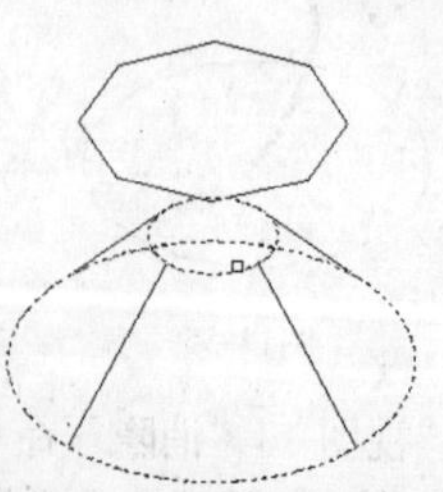

图11-63

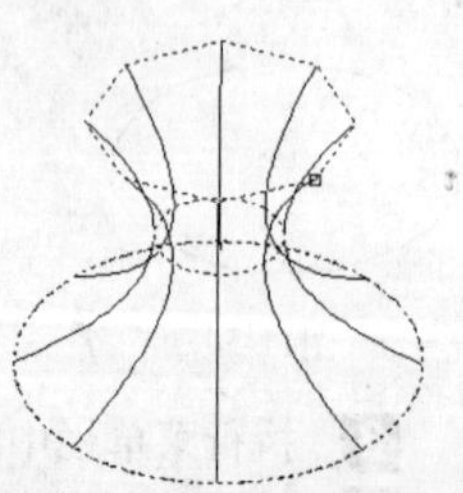

图11-64

按放样次序选择横截面或 [点(PO)/合并多条边(J)/模式(MO)]: _MO 闭合轮廓创建模式 [实体(SO)/曲面(SU)] <实体>: _SO　　//Enter

输入选项 [导向(G)/路径(P)/仅横截面(C)/设置(S)] <仅横截面>:　// Enter，结束操作

**3** 执行菜单栏中的“视图”|“消隐”命令，对创建的实体进行消隐，效果如图11-65所示。

**4** 执行菜单栏中的“视图”|“视觉样式”|“真实”命令，对创建的实体进行真实着色，效果如图11-66所示。

> **TIP** 系统默认情况下，使用放样创建的是三维实体模型，当在命令行“按放样次序选择横截面或[点(PO)/合并多条边(J)/模式(MO)]: _MO 闭合轮廓创建模式[实体(SO)/曲面(SU)] <实体>: _SO”提示下输入SU激活“曲面”选项后，则可以创建一个三维曲面模型，如图11-67和图11-68所示。

- 导向：指定控制放样实体或曲面形状的导向曲线。可以使用导向曲线来控制点如何匹配相应的横截面，以防止出现不希望看到的效果。
- 路径：指定放样实体或曲面的单一路径。
- 仅横截面：在不使用导向或路径的情况下，创建放样对象。
- 设置：显示“放样设置”对话框，在此对话框中可以设置其他相关选项。

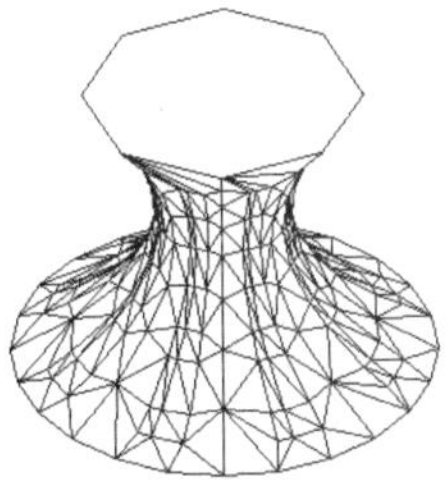
图11-65

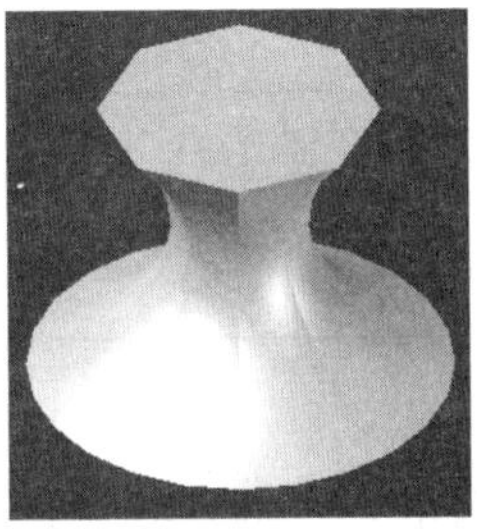
图11-66

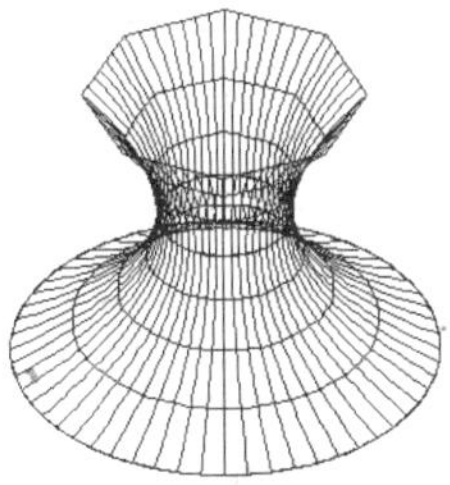
图11-67

图11-68

> **TIP** “放样”功能非常强大，除了上面直接使用系统默认的使用横截面方式放样之外，用户还可以创建放样路径、设置导向等多种方式放样。由于篇幅所限，在此不能一一讲解，读者可以换自己尝试操作。

## 11.4 创建拉手实体模型

前面学习了二维图形转换为三维实体模型的相关知识，这一节通过创建如图11-69所示的拉手的实体模型的实例，对以上知识进行巩固练习。

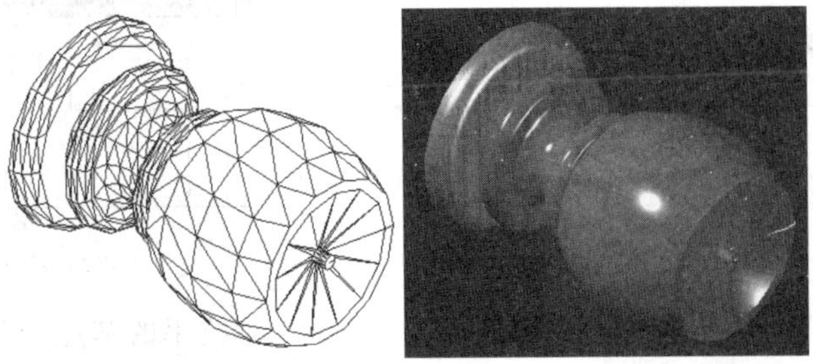
图11-69

### 11.4.1 创建二维图形

这一节首先来创建拉手的二维图形，具体操作步骤如下。

1. 创建一个新的图形文件，设置图形界限为200×120，并将其最大化显示。

2. 激活“矩形”命令，绘制一个尺寸为91×30的矩形，如图11-70所示。

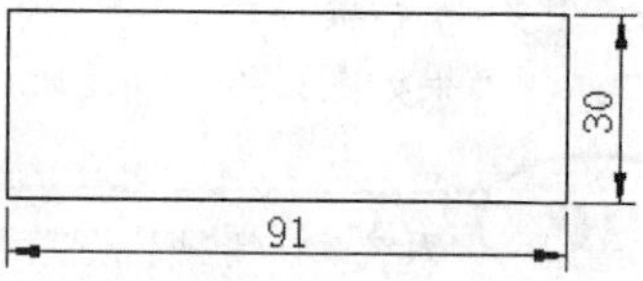


图11-70

3. 激活“分解”命令，将绘制的矩形分解为4条独立的线段。

4. 使用命令简写O激活“偏移”命令，将矩形的左侧边依次向右偏移7、6、8、20、5和40个绘图单位，将矩形的底边依次向上偏移2、10、3、5和4个绘图单位，结果如图11-71所示。

5. 单击“修改”工具栏上的“修剪”按钮，激活“修剪”命令，以所有的边作为修剪的对象，对图形进行修剪，结果如图11-72所示。

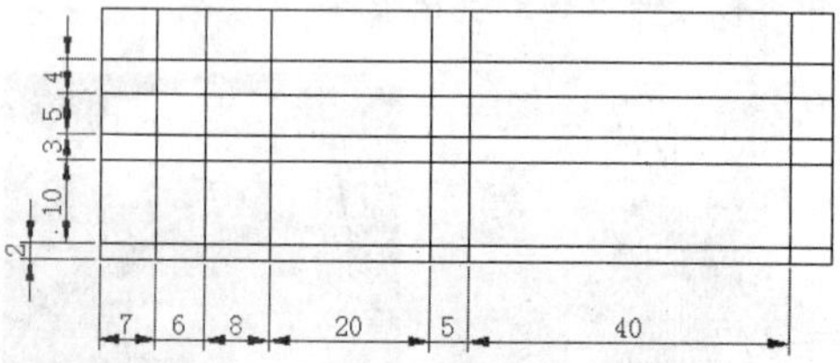


图11-71

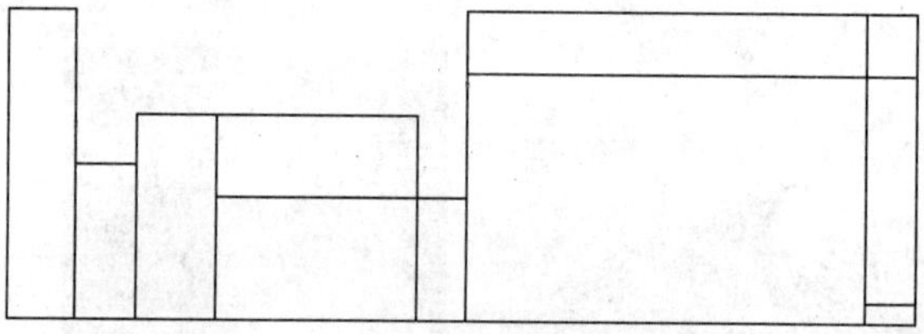

图11-72

6. 使用命令简写F激活“圆角”命令，设置圆角半径为5，对拉手的基座进行编辑，命令行操作如下。

```
命令: _fillet
    当前设置: 模式 = 修剪, 半径 = 0.0000
    选择第一个对象或 [放弃(U)/多段线(P)/半径(R)/修剪(T)/多个(M)]:    //R Enter
    指定圆角半径 <0.0000>:                                      //5 Enter
    选择第一个对象或 [放弃(U)/多段线(P)/半径(R)/修剪(T)/多个(M)]:    //T Enter
    输入修剪模式选项 [修剪(T)/不修剪(N)] <修剪>:                    //T Enter
    选择第一个对象或 [放弃(U)/多段线(P)/半径(R)/修剪(T)/多个(M)]:
                                               //单击如图11-73所示的垂直边
    选择第二个对象，或按住 Shift 键选择对象以应用角点或 [半径(R)]:
                            //单击如图11-74所示的水平边，结果如图11-75所示
```

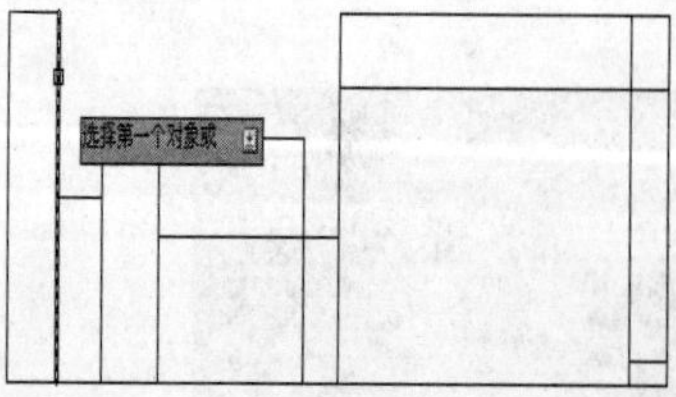


图11-73

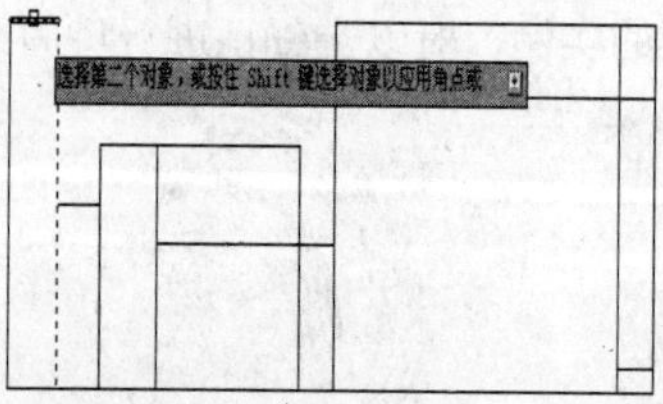


图11-74

7. 继续执行“圆角”命令，设置圆角半径为4，对拉手的基座进行编辑，命令行操作如下。

命令: _fillet
　　当前设置: 模式 = 修剪, 半径 = 0.0000
　　选择第一个对象或 [放弃(U)/多段线(P)/半径(R)/修剪(T)/多个(M)]:　　//R Enter
　　指定圆角半径 <0.0000>:　　//4 Enter
　　选择第一个对象或 [放弃(U)/多段线(P)/半径(R)/修剪(T)/多个(M)]:　　//T Enter
　　输入修剪模式选项 [修剪(T)/不修剪(N)] <修剪>:　　//N Enter
　　选择第一个对象或 [放弃(U)/多段线(P)/半径(R)/修剪(T)/多个(M)]:
　　　　//单击如图11-76所示的水平边

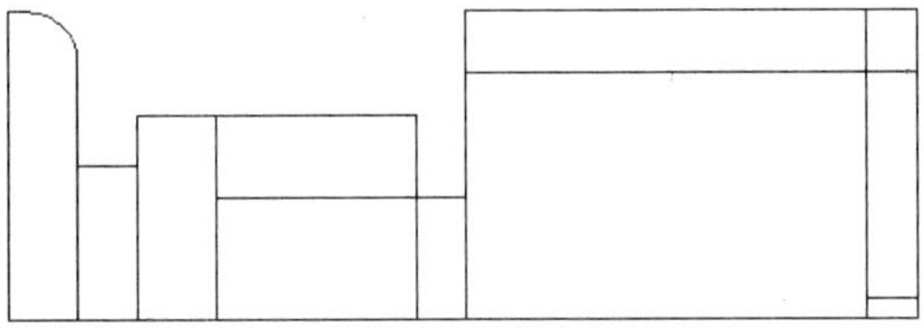

图11-75

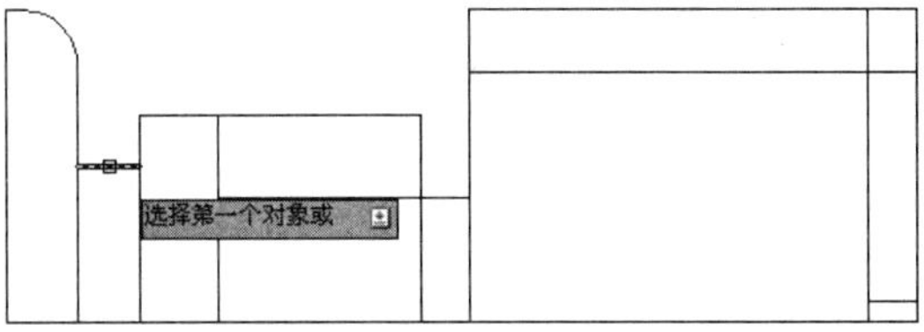


图11-76

　　选择第二个对象, 或按住 Shift 键选择对象以应用角点或 [半径(R)]:
　　　　//单击如图11-77所示的垂直边, 结果如图11-78所示

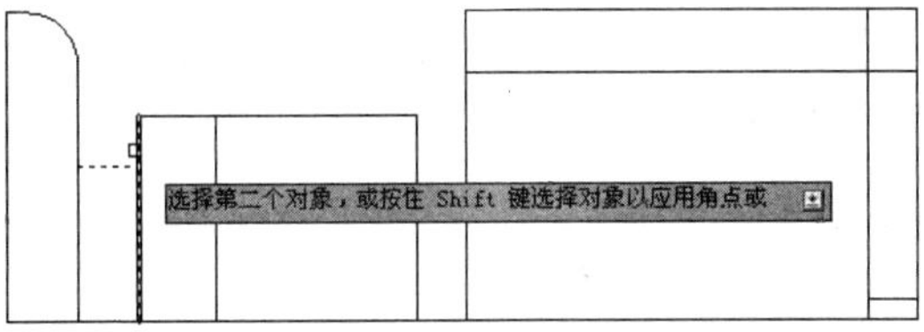


图11-77

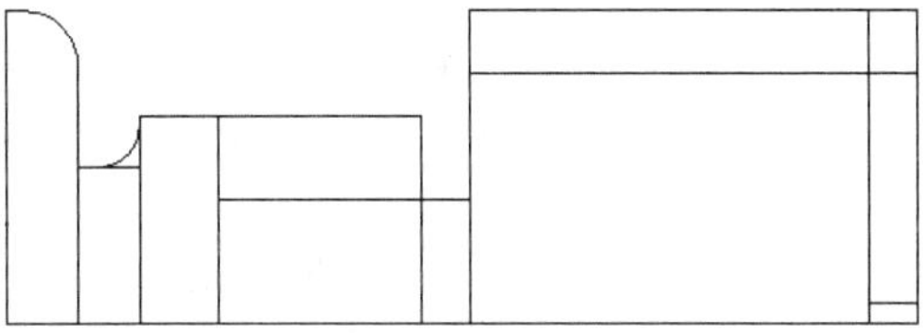

图11-78

**8** 直接按Enter键，重复执行“圆角”命令，设置模式为“不修剪”，继续对图形进行圆角，命令行操作如下。

命令: _fillet
　　当前设置: 模式 = 修剪, 半径 = 0.0000
　　选择第一个对象或 [放弃(U)/多段线(P)/半径(R)/修剪(T)/多个(M)]:　　//T Enter
　　输入修剪模式选项 [修剪(T)/不修剪(N)] <修剪>:　　//N Enter
　　选择第一个对象或 [放弃(U)/多段线(P)/半径(R)/修剪(T)/多个(M)]:
　　　　//单击如图11-79所示的垂直边
　　选择第二个对象, 或按住 Shift 键选择对象以应用角点或 [半径(R)]:
　　　　//单击如图11-80所示的垂直边, 结果如图11-81所示

**9** 在命令行中输入C激活“圆”命令，绘制相切圆，命令行操作如下。

命令: _circle
　　指定圆的圆心或 [三点(3P)/两点(2P)/切点、切点、半径(T)]: _ttr
　　指定对象与圆的第一个切点:　　//拾取第一个切点, 如图11-82所示

指定对象与圆的第二个切点:　　　　　　//拾取第二个切点，如图11-83所示
指定圆的半径:　　　　　　　　　　　　//3 Enter，结果如图11-84所示

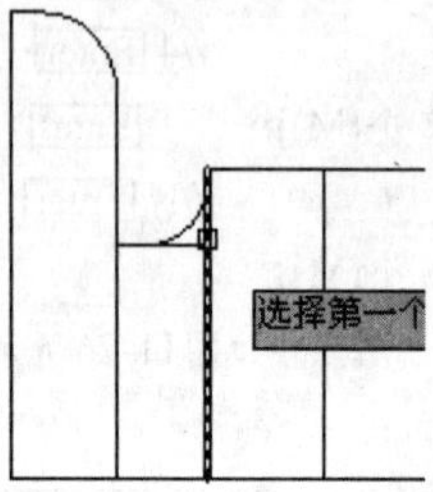


图11-79

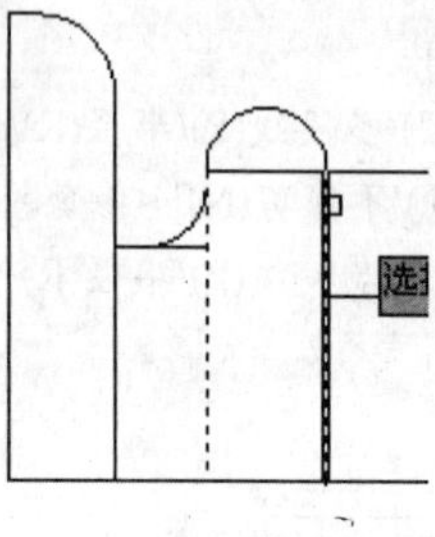

图11-80

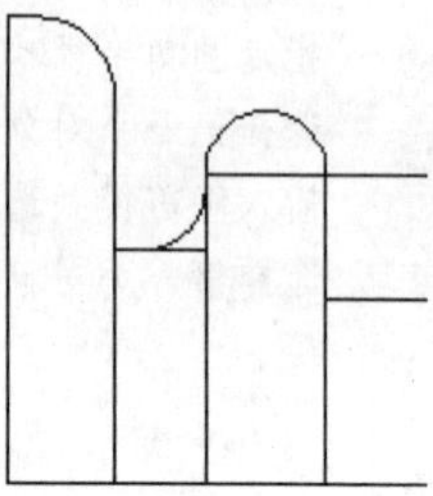

图11-81

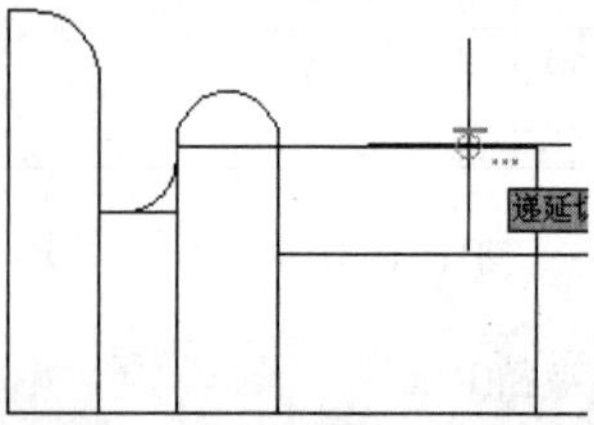

图11-82

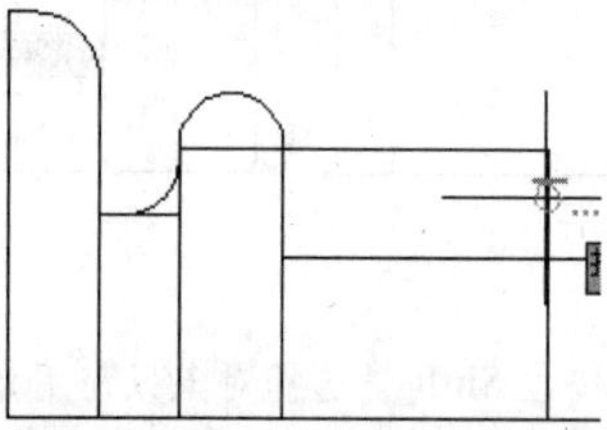

图11-83

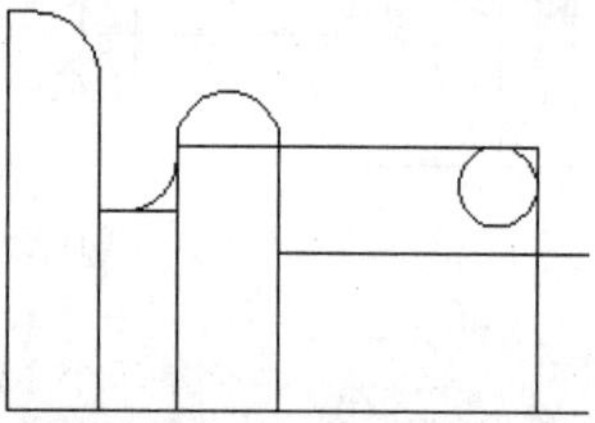

图11-84

**10** 继续使用“圆”命令绘制相切圆，命令行操作如下。

命令: _circle
指定圆的圆心或 [三点(3P)/两点(2P)/切点、切点、半径(T)]: _3p 指定圆上的第一个点: _tan 到
　　　　　　　　　　　　　　　　　　　//拾取第一个切点，如图11-85所示
指定圆上的第二个点: _tan 到　　　　　//拾取第二个切点，如图11-86所示
指定圆上的第三个点: _tan 到　　　　　//拾取第三个切点，如图11-87所示

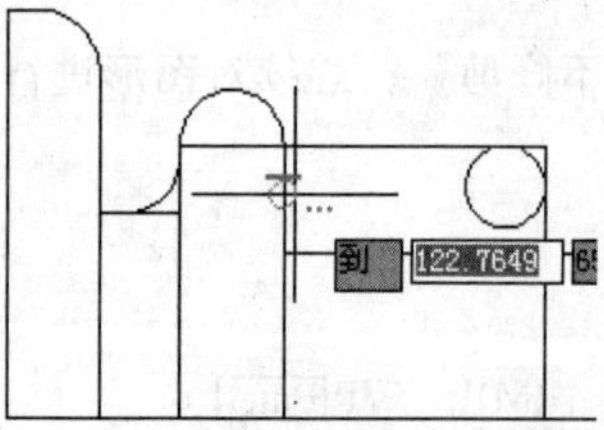


图11-85

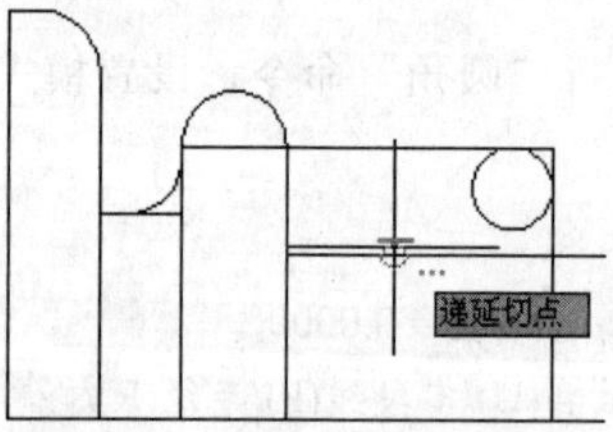


图11-86

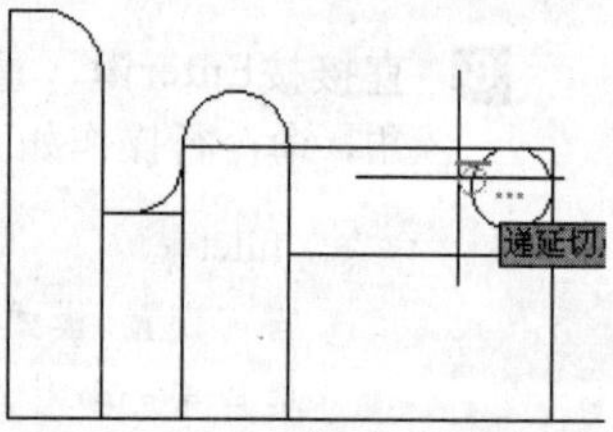

图11-87

**11** 执行菜单栏中的“绘图”|“圆弧”|“三点”命令，绘制圆弧，命令行操作如下。

命令: _arc
指定圆弧的起点或 [圆心(C)]:　　　　　　　　//捕捉如图11-88所示的端点A点
指定圆弧的第二个点或 [圆心(C)/端点(E)]:　　//捕捉如图11-88所示的中点B点
指定圆弧的端点:　　　　　　　　　　　　　　//捕捉如图11-88所示的端点C点

**12** 直接按Enter键，重复执行“圆弧”命令，并配合“自”功能，以第一条圆弧的右端点作为参考点，以点“@0,-3”为起点，以右侧第二条垂直线下端点为端点，绘制半径为115个绘图单位的第二条圆弧，结果如图11-89所示。

**13** 综合运用“修剪”和“删除”命令，对图形进行编辑，结果如图11-90所示。

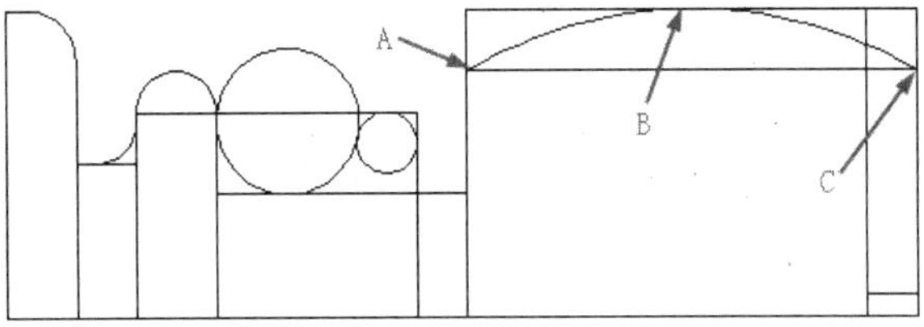


图11-88

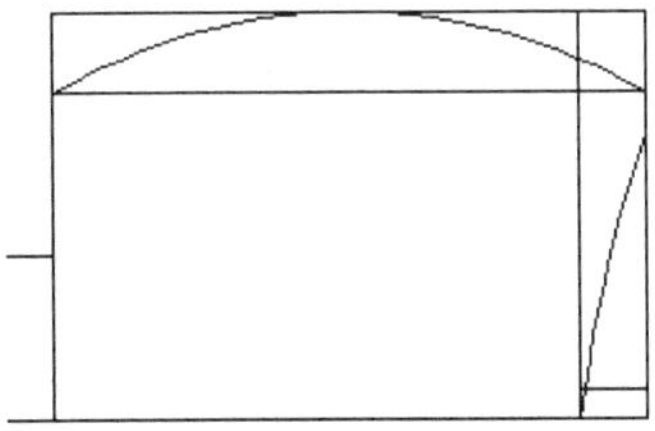

图11-89

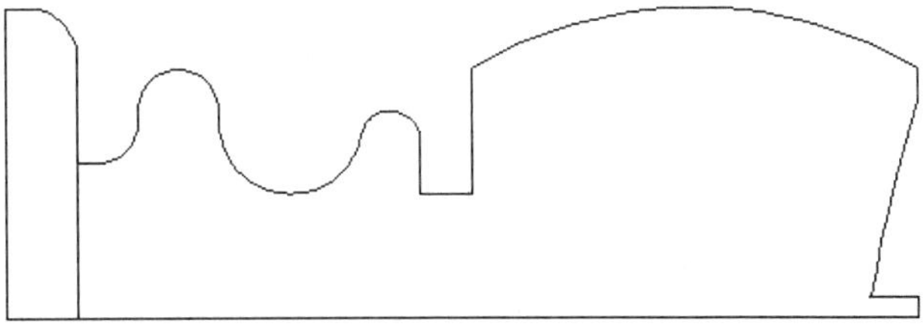

图11-90

## 11.4.2 创建圆形拉手三维造型

这一节继续来创建圆形拉手三维造型，具体操作步骤如下。

**1** 继续上一节实例的操作。

**2** 执行菜单栏中的“绘图”|“边界”命令，在弹出的“边界创建”对话框中设置参数如图11-91所示。

**3** 单击“拾取点”按钮，返回绘图区，在如图11-92所示的区域单击，继续在如图11-93所示的区域单击。

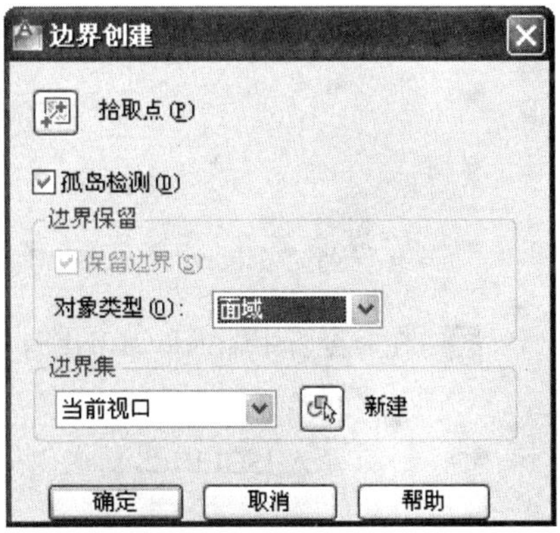


图11-91

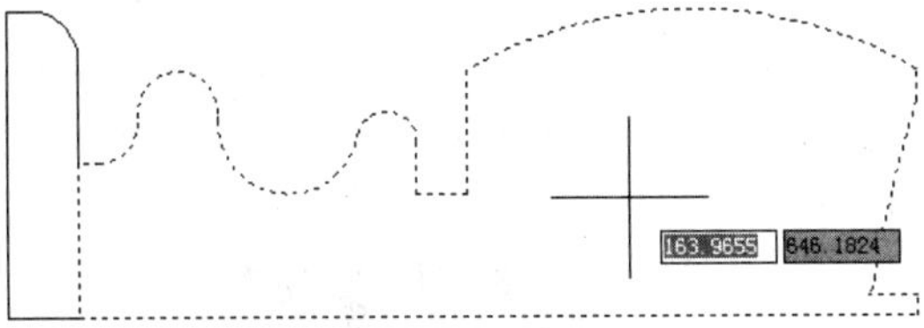


图11-92

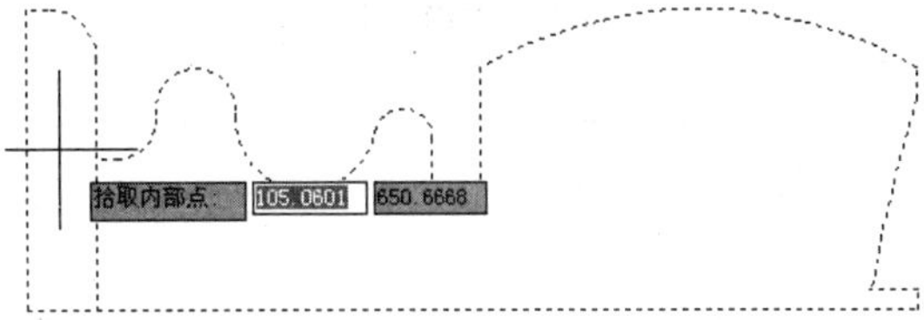


图11-93

**4** 按Enter键确认，创建两个面域。

**5** 将视图调整为东南等轴测视图，执行菜单栏中的“绘图”|“建模”|“旋转”命令，命令行操作如下。

```
命令: _revolve
    当前线框密度: ISOLINES=4，闭合轮廓创建模式 = 实体
    选择要旋转的对象或 [模式(MO)]: _MO 闭合轮廓创建模式 [实体(SO)/曲面(SU)] <实体>: _SO
```

```
选择要旋转的对象或 [模式(MO)]:          //选择如图11-94所示的面域
选择要旋转的对象或 [模式(MO)]:          //选择如图11-95所示的面域
```

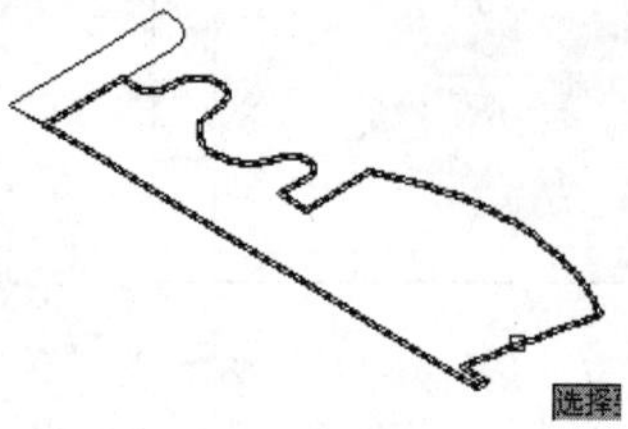


图11-94

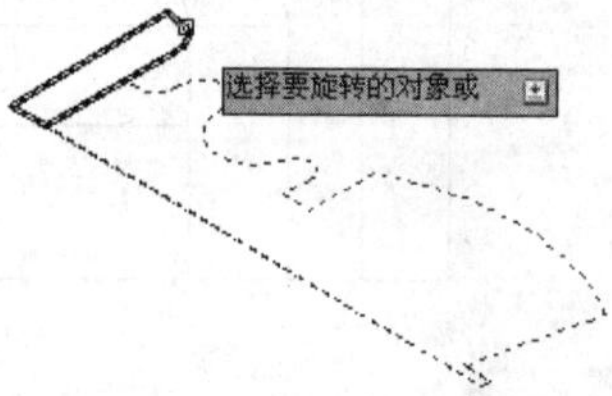


图11-95

```
选择要旋转的对象或 [模式(MO)]:          // Enter
指定轴起点或根据以下选项之一定义轴 [对象(O)/X/Y/Z] <对象>:
                                        //捕捉如图11-96所示的端点
指定轴端点:                             //捕捉如图11-97所示的端点
```

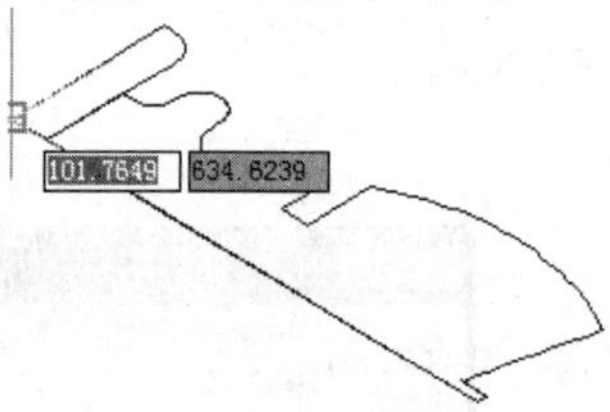


图11-96

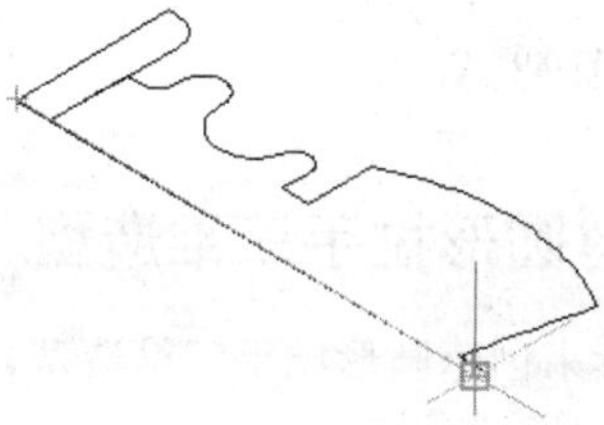

图11-97

```
指定旋转角度或 [起点角度(ST)/反转(R)] <360>: // Enter，结果如图11-98所示
```

**6** 在命令行中输入ISOLINES，调整线框的密度，设置其变量值为8，命令行操作如下。

```
命令: ISOLINES
    输入 ISOLINES 的新值 <4>:          //8 Enter
```

> **TIP** ISOLINES表示线框表现的数量（即线框密度），其默认值为4，值越大，线框表现的数量越多（即线框的密度越大）。

**7** 执行菜单栏中的“视图”|“消隐”命令，把手效果如图11-99所示。

**8** 依照前面的知识讲解，为把手三维模型指定木纹和金属材质，结果如图11-100所示。

图11-98

图11-99

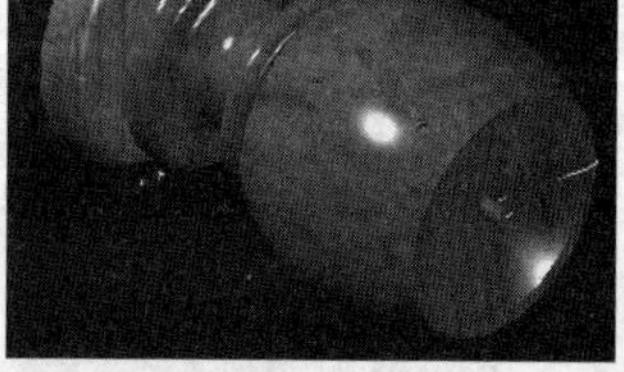

图11-100

**9** 执行“另存为”命令，将该图形存储为“圆形把手三维模型.dwg”文件。

第12章

# 创建三维曲面和网格模型

除了三维实体模型之外，AutoCAD 2012还支持创建三维曲面模型和三维网格模型的功能，使用这些功能，可以创建更为复杂的三维模型。本章将继续学习三维曲面模型和三维网格模型的创建方法和操作技巧。

## 12.1 创建三维曲面模型

这一节首先来学习如何创建三维曲面模型，具体包括“平面”、“网络”、“过渡”、“修补”、“偏移”和“圆角”等。另外，“拉伸”、“放样”、“扫掠”和“旋转”同样可以创建曲面模型，这取决于它的模式设置，当激活“模式(MO)”选项后，如果设置模式为“实体(SO)”则创建实体模型；如果设置模式为“曲面(SU)”，则创建曲面模型，所有曲面模型如图12-1所示。

这一节主要来学习创建曲面模型的方法和技巧。

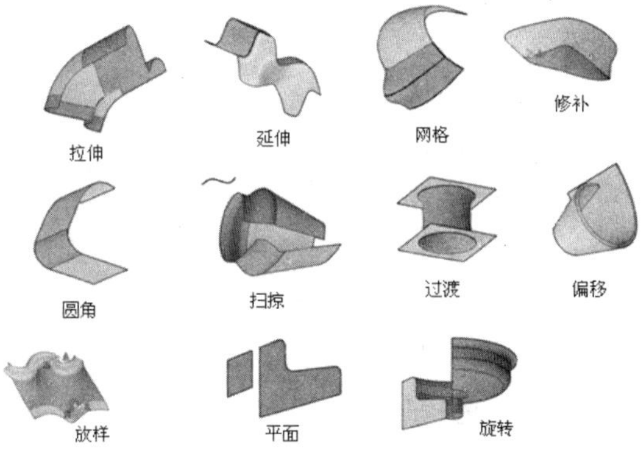


图12-1

### 12.1.1 创建平面曲面模型

“平面”命令可以通过选择关闭的对象或指定矩形表面的对角点创建平面曲面，支持首先拾取选择并基于闭合轮廓生成平面曲面，通过命令指定曲面的角点时，将创建平行于工作平面的曲面，如图12-2所示。

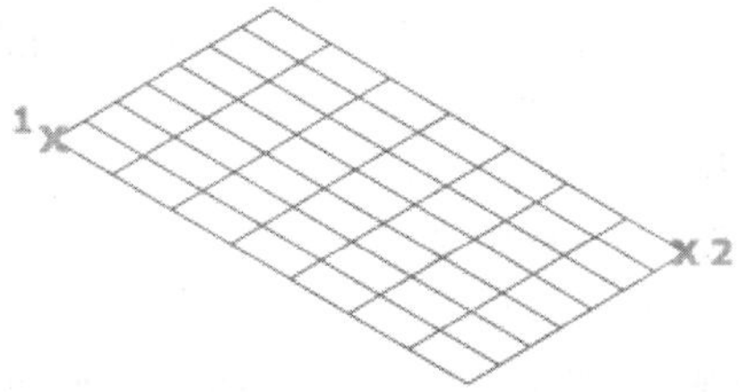


图12-2

执行“平面”命令主要有以下几种方式。

- 执行菜单栏中的“绘图”|“建模”|“曲面”|“平面”命令。
- 单击“曲面创建”工具栏上的“平面曲面”按钮。
- 在命令行输入Planesurf按Enter键。

下面通过简单实例，学习“平面”命令的操作方法和技巧。

**1. 创建平面曲面对象**

**1** 将视图切换为西南视图。

**2** 采用上述任意方式激活“平面”命令，创建平面曲面模型，命令行操作如下。

```
命令: _Planesurf
    指定第一个角点或 [对象(O)] <对象>:            //在绘图区拾取一点
    指定其他角点:    //在绘图区拾取另一个角点，或输入另一个角点坐标，结果如图12-3所示
```

**2. 将其他二维对象转换为平面对象**

**1** 使用“多边形”命令，创建一个边数为5的多边形对象，如图12-4所示。

**2** 执行菜单栏中的“绘图”|“建模”|“曲面”|“平面”命令，将该多边形对象转换为平面曲面对象，命令行操作如下。

```
命令: _Planesurf
    指定第一个角点或 [对象(O)] <对象>:   //O Enter
    选择对象:                          //单击创建的多边形对象
    选择对象:                    // Enter，结果多边形被转换为平面曲面对象，如图12-5所示
```

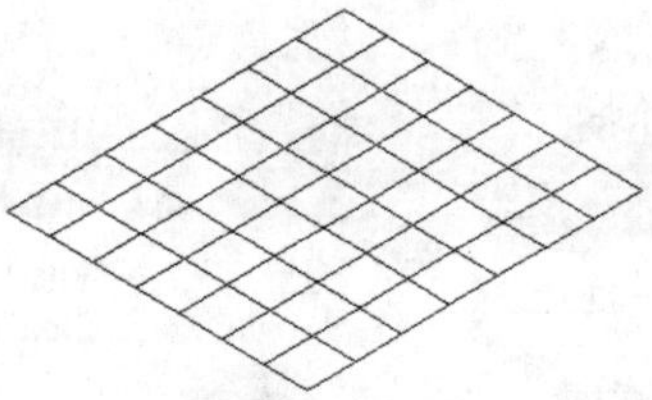

图12-3

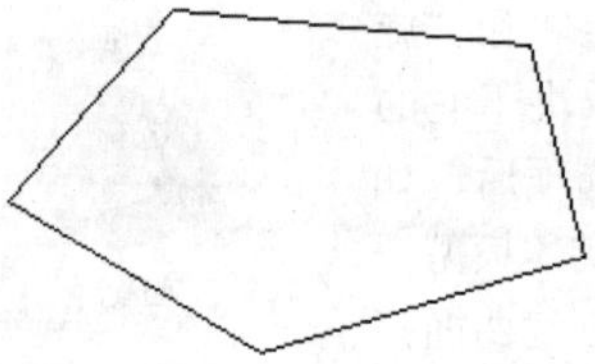

图12-4

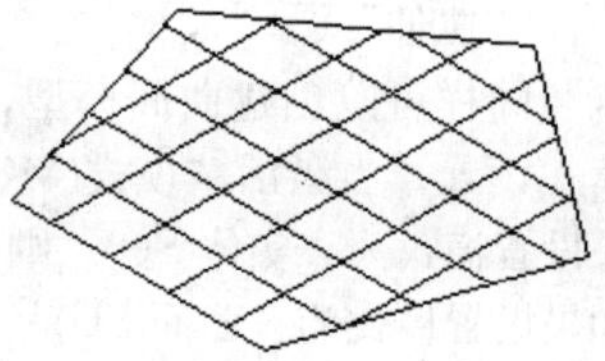

图12-5

## 12.1.2 创建网络曲面模型

“网络”命令可以在曲线网络之间或在其他三维曲面或实体的边之间创建网络曲面，如果SURFACEASSOCIATIVITY系统变量设定为 1，曲面将依赖于它创建时所用的曲线或边。激活“网络”命令后，在命令行“沿第一个方向选择曲线或曲面边:”提示下，沿U或V方向选择开放曲线、开放曲面边或面域边（而不是曲面或面域）的网络；继续在命令行“沿第二个方向选择曲线或曲面边:”提示下，沿U或V方向选择开放曲线、开放曲面边或面域边（而不是曲面或面域）的网络，如图12-6所示。

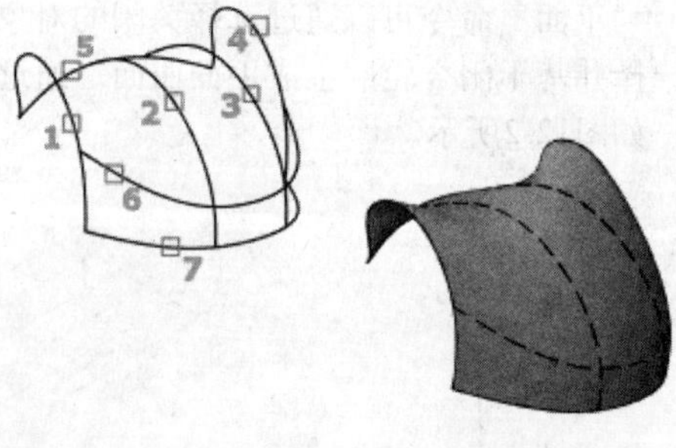


图12-6

另外，还可以设置“凸度幅值”，设定网络曲面边与其原始曲面相交处该网络曲面边的圆度，有效值介于 0 和 1 之间，默认值为 0.5。需要说明的是，仅当放样边属于三维实体或曲面（而不是曲线）时，此选项才显示。

执行“网络”命令主要有以下几种方式。

- 执行菜单栏中的“绘图”|“建模”|“曲面”|“网络”命令。
- 单击“曲面创建”工具栏上的“曲面网络”按钮。
- 在命令行输入Surfmetwork按Enter键。

下面通过简单实例，学习“网络”命令的操作方法和技巧。

**1** 将视图切换为西南视图，使用“UCS”命令定义用户坐标系，然后使用“样条曲线”命令，绘制如图12-7所示的样条曲线图形。

**2** 激活“网络”命令，创建网络曲面模型，命令行操作如下。

命令: _SURFNETWORK
沿第一个方向选择曲线或曲面边: //依次单击如图12-8所示的样条曲线1、2和3并按Enter键
沿第二个方向选择曲线或曲面边:
//依次选择如图12-9所示的样条线4和5并按Enter键，结果如图12-10所示

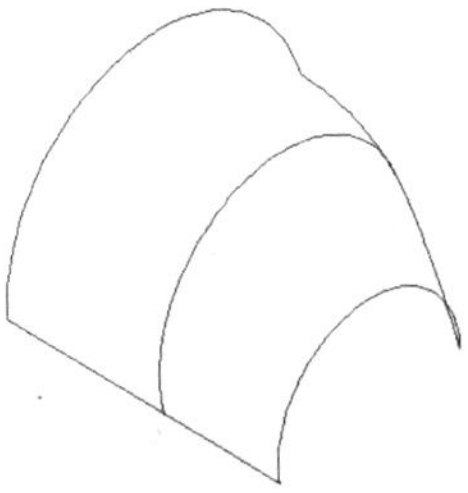

图12-7

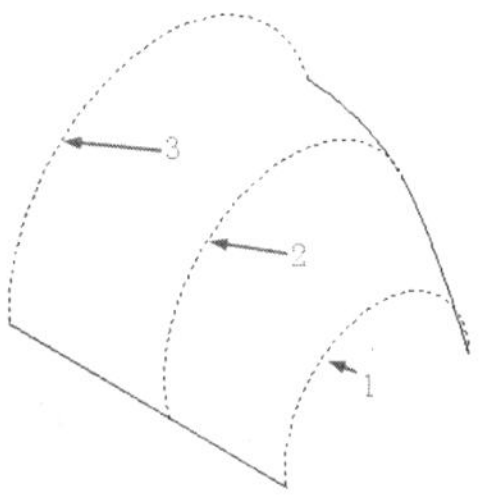


图12-8

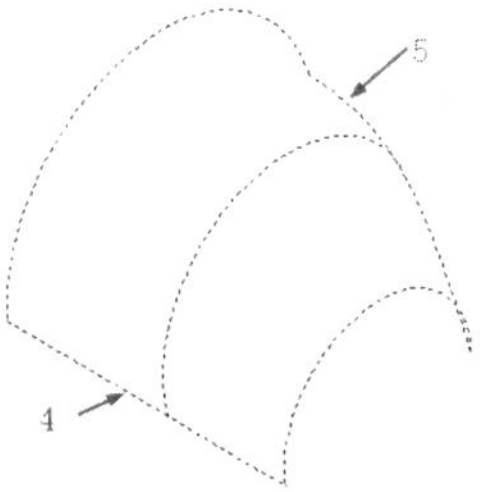


图12-9

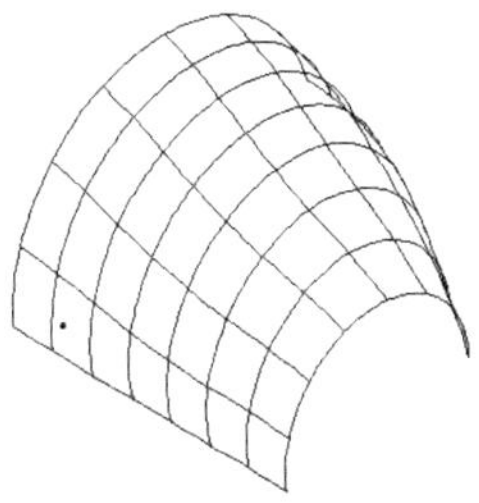

图12-10

## 12.1.3 创建过渡曲面模型

“过渡”命令是在两个现有曲面之间创建连续的过渡曲面，将两个曲面融合在一起时，需要指定曲面连续性和凸度幅值，如图12-11所示。

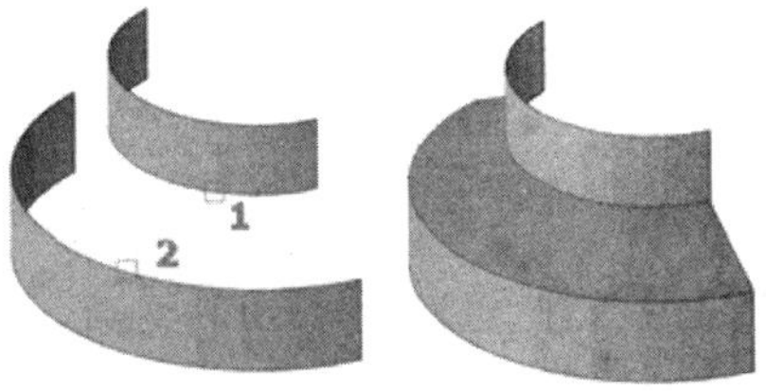


图12-11

执行“过渡”命令有以下几种方式。

- 执行菜单栏中的“绘图”|“建模”|“曲面”|“过渡”命令。
- 单击“曲面创建”工具栏上的“过渡”按钮。
- 在命令行输入Surfblend按Enter键。

下面通过简单实例，学习“过渡”命令的操作方法和技巧。

**1** 在西南视图中使用“拉伸”命令创建两个拉伸曲面模型，如图12-12所示。

**2** 激活“过渡”命令，创建过渡曲面模型，命令行操作如下。

命令: _SURFBLEND
连续性 = G1 - 相切，凸度幅值 = 0.5
选择要过渡的第一个曲面的边或 [链(CH)]: //选择如图12-13所示的边Enter
选择要过渡的第二个曲面的边或 [链(CH)]: //选择如图12-14所示的边Enter
按 Enter 键接受过渡曲面或 [连续性(CON)/凸度幅值(B)]:
//Enter，结束操作，结果如图12-15所示

**3** 执行菜单栏中的“视图”|“消隐”命令，对创建的实体进行消隐，效果如图12-16所示。

**4** 执行菜单栏中的“视图”|“视觉样式”|“真实”命令，对创建的实体进行真实着色，效果如图12-17所示。

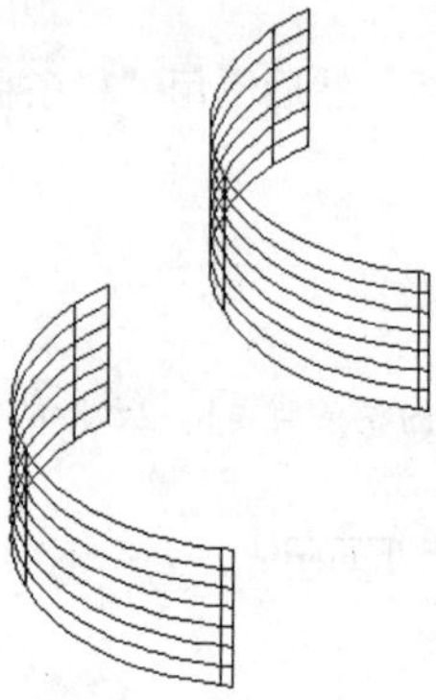

图12-12

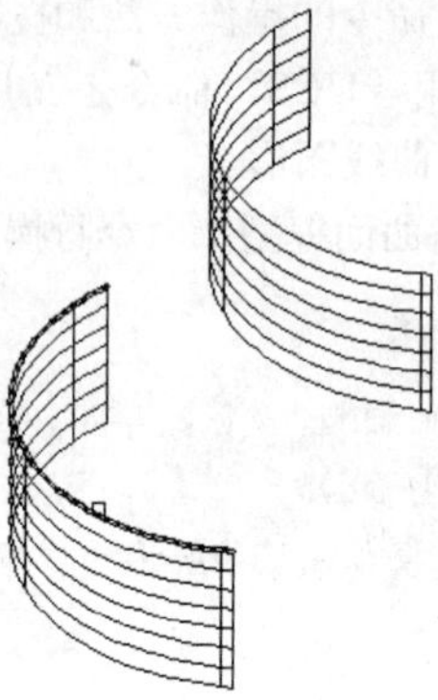

图12-13

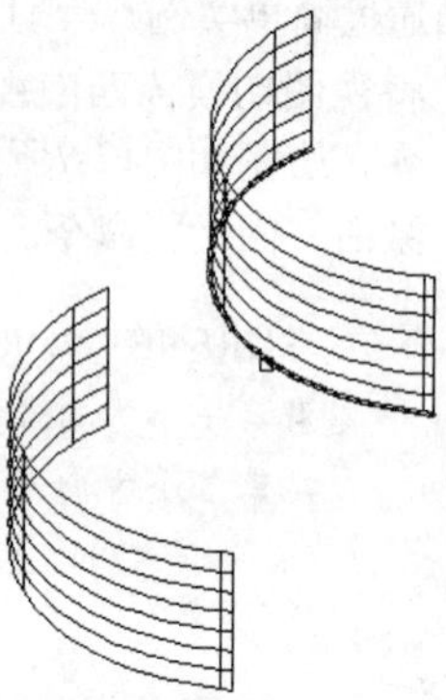

图12-14

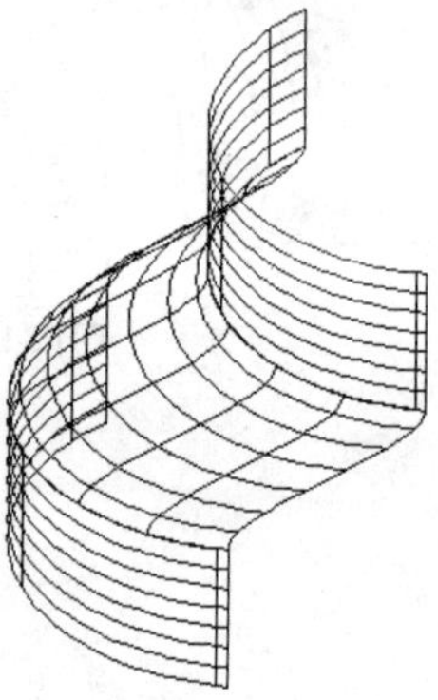

图12-15

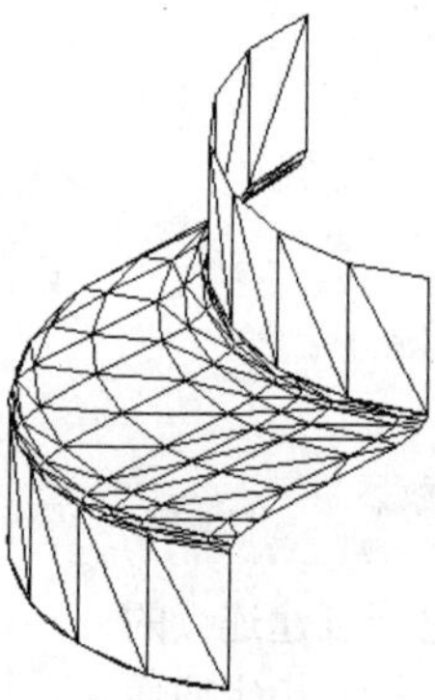

图12-16

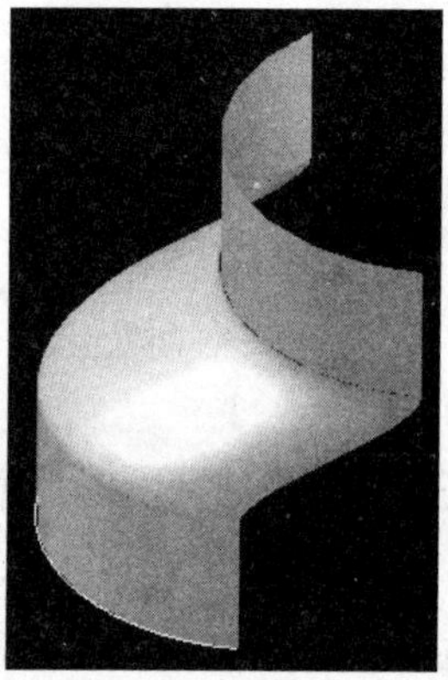

图12-17

## 12.1.4 创建偏移曲面模型

“偏移”命令用于创建与原始曲面相距指定距离的平行曲面。执行“偏移”命令主要有以下几种方式。

- 执行菜单栏中的“绘图”|“建模”|“曲面”|“偏移”命令。
- 单击“曲面创建”工具栏上的“偏移”按钮。
- 在命令行输入Surfoffset按Enter键。

下面通过简单实例，学习“偏移”命令的操作方法和技巧。

1 继续上一节实例的操作。

2 激活“偏移”命令，创建偏移曲面，命令行操作如下。

```
命令: _SURFOFFSET
    连接相邻边 = 否
    选择要偏移的曲面或面域:                //选择如图12-18所示的曲面模型
    选择要偏移的曲面或面域:                // Enter
    指定偏移距离或 [翻转方向(F)/两侧(B)/实体(S)/连接(C)]:
                                           //50 Enter，结果如图12-19所示
```

3 执行菜单栏中的“视图”|“消隐”命令，对创建的实体进行消隐，效果如图12-20所示。

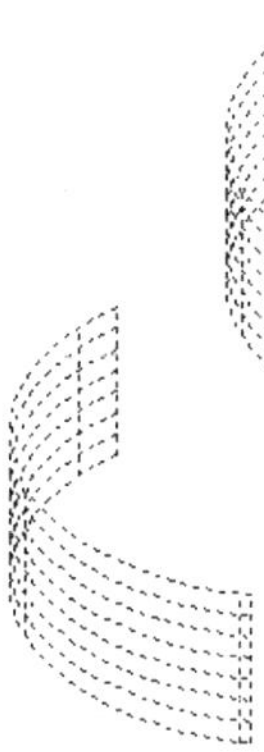

图12-18

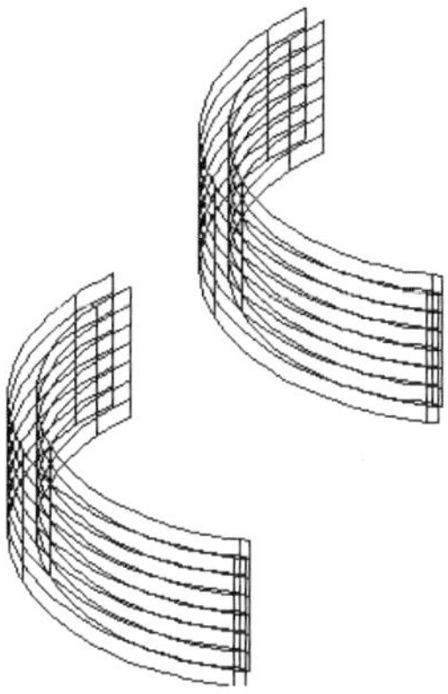

图12-19

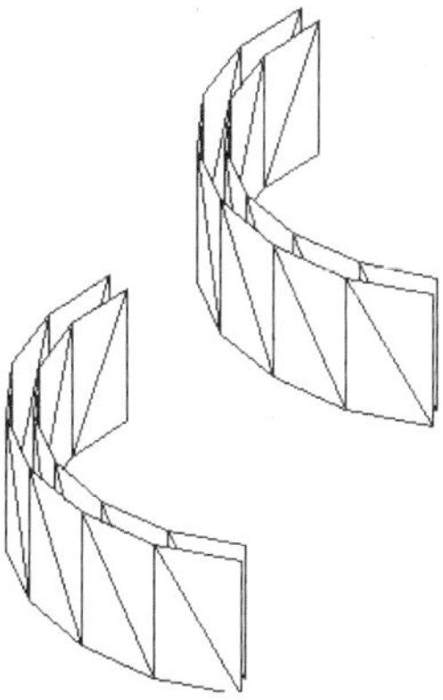

图12-20

- 翻转方向：反转偏移的方向。
- 两侧：沿两个方向偏移曲面（创建两个新曲面而不是一个）。
- 实体：从偏移创建实体，这与THICKEN命令类似，如图12-21所示。
- 连接：如果原始曲面是连接的，则连接多个偏移曲面，如图12-22所示。

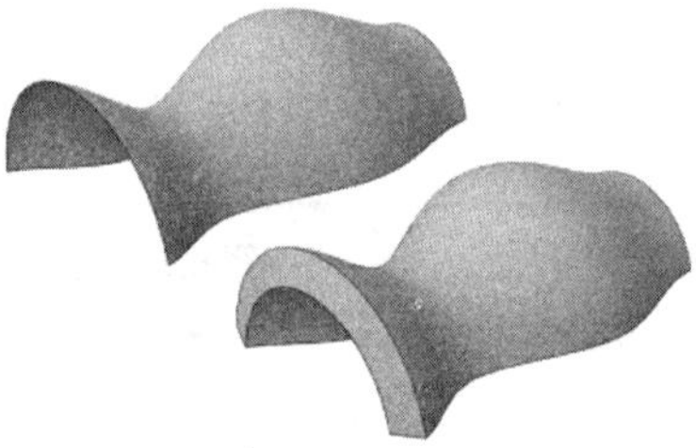

图12-21

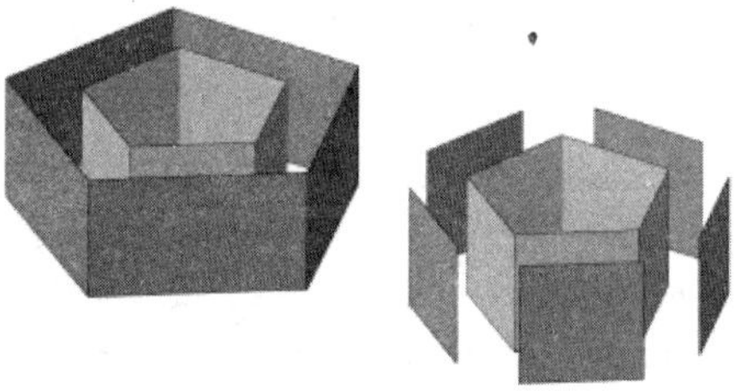

图12-22

## 12.1.5 创建修补曲面模型

“修补”命令用于在形成闭环的曲面边上拟合一个封口来创建新曲面，也可以通过闭环添加其他曲线以约束和引导修补曲面，如图12-23所示。

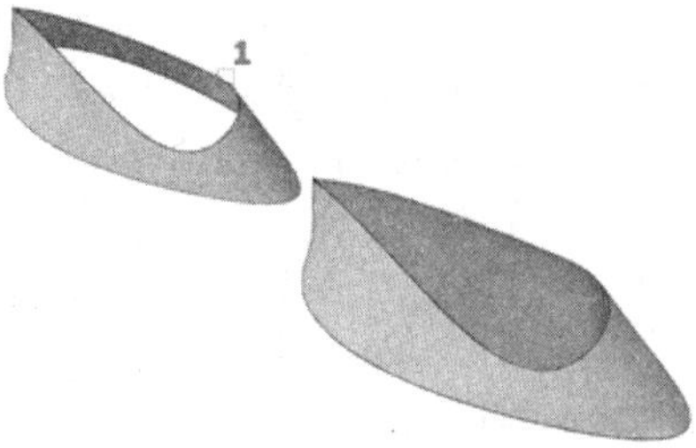

图12-23

创建“修补”曲面时，可以指定曲面的连续性和凸度幅值。如果SURFACEASSOCIATIVITY系统变量设定为1，则会保留修补曲面和原始边或曲线之间的关联性。

执行“修补”命令有以下几种方式。

- 执行菜单栏中的“绘图”|“建模”|“曲面”|“修补”命令。
- 单击“曲面创建”工具栏上的“修补”按钮。
- 在命令行输入Surfpatch按Enter键。

下面通过简单实例，学习“修补”命令的操作方法和技巧。

**1** 使用“放样”命令在西南视图内创建一个放样曲面模型，如图12-24所示。

**2** 激活“修补”命令，在命令行“选择要修补的曲面边或[链(CH)/曲线(CU)] <曲线>:”提示下，选择如图12-25所示的曲线，然后按Enter键，结果如图12-26所示。

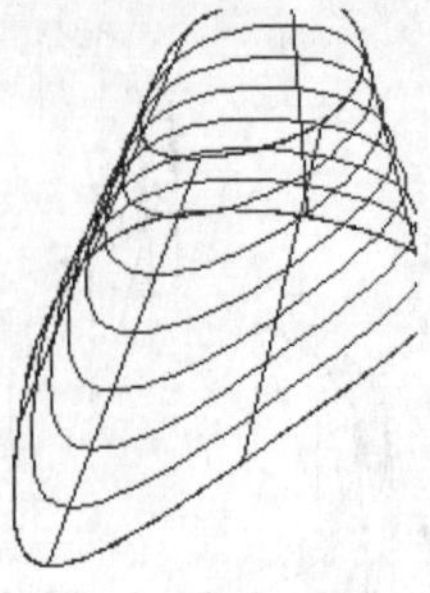

图12-24

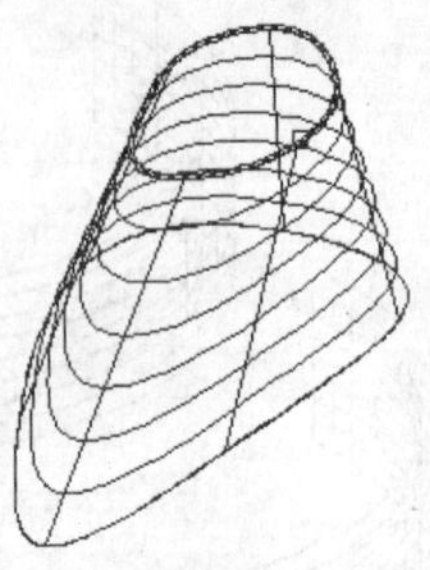

图12-25

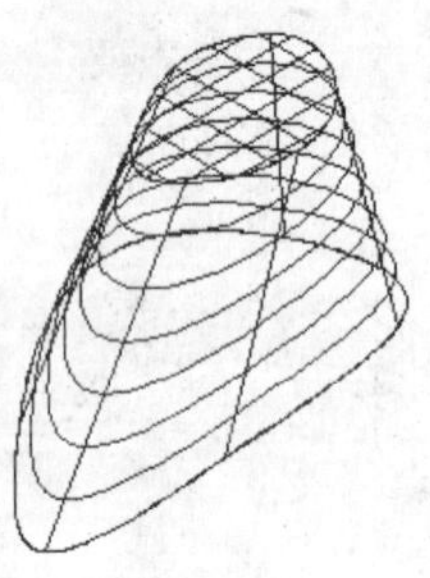

图12-26

- 曲面边：选择个别曲面边并将它们添加到选择集中。
- 链：选择连接的但单独的曲面对象的连续边。
- 曲线：选择曲线而不是边。选择一条或多条闭合曲面边（而不是曲面本身）、一个边链或者一条或多条曲线。不能同时选择边和曲线。

一旦定义了要修补的曲面边，将显示以下选项。

- 连续性：测量曲面彼此融合的平滑程度，默认值为 G0。
- 凸度幅值：为获得最佳效果，可以输入一个介于 0 和 1 之间的值，以设定修补曲面边与原始曲面相交处修补曲面边的圆度。默认值为 0.5。
- 导向：使用其他导向曲线以塑造修补曲面的形状，导向曲线可以是曲线，也可以是点。

TIP “圆角”曲面可以在两个其他曲面之间创建圆角曲面，圆角曲面具有固定半径轮廓且与原始曲面相切，会自动修剪原始曲面，以连接圆角曲面的边。圆角曲面的创建较简单，由于篇幅所限，在此不再讲解，读者可以自己尝试操作。

## 12.1.6 创建拉伸曲面模型

“拉伸”命令通过延伸对象的尺寸创建三维实体或曲面，可以拉伸开放或闭合的对象以创建三维曲面或实体。如果拉伸曲面，将创建常规曲面或 NURBS 曲面，具体取决于 SURFACEMODELINGMODE系统变量的设定方式。若要拉伸网格，可使用MESHEXTRUDE命令。

执行“拉伸”命令主要有以下几种方式。

- 执行菜单栏中的“绘图”|“建模”|“拉伸”命令。
- 单击“建模”工具栏上的“拉伸”按钮。
- 在命令行输入Extrude按Enter键。
- 使用命令简写EXT。

下面通过简单实例，学习使用“拉伸”命令创建曲面模型的方法。

1 创建一个空白文件，并将当前视图切换为西南视图。

2 使用“圆”命令绘制半径为100的圆，如图12-27所示。

3 采用上述任意方式激活“拉伸”命令，创建拉伸实体，命令行操作如下。

```
命令: _extrude
    当前线框密度: ISOLINES=4，闭合轮廓创建模式 = 曲面
    选择要拉伸的对象或 [模式(MO)]: _MO 闭合轮廓创建模式 [实体(SO)/曲面(SU)] <实体>: _SO
    选择要拉伸的对象或 [模式(MO)]:                         //MO Enter
    闭合轮廓创建模式 [实体(SO)/曲面(SU)] <实体>:            //SU Enter
```

选择要拉伸的对象或 [模式(MO)]:　　　//单击如图12-28所示的圆
指定拉伸的高度或 [方向(D)/路径(P)/倾斜角(T)] <655.6898>:
　　　　　　　　　　//50 Enter，拉伸的曲面模型如图12-29所示

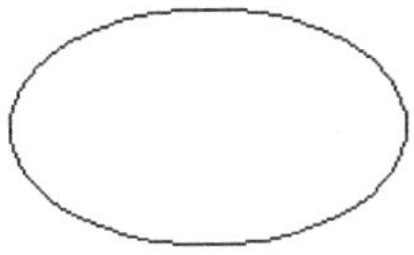
图12-27

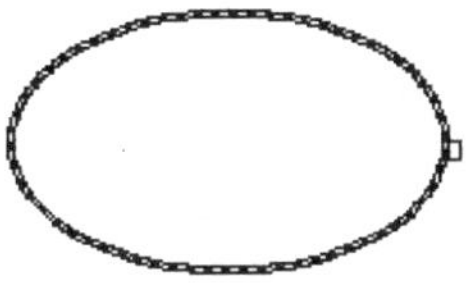
图12-28

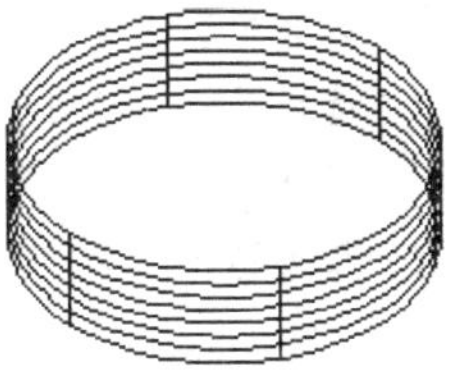
图12-29

- “倾斜角”：设置拉伸的倾斜角度，如图12-30所示是倾斜角为30°的拉伸曲面。
- “路径”：按照指定的直线或曲线路径进行拉伸，如图12-31所示是沿路径拉伸的曲面。

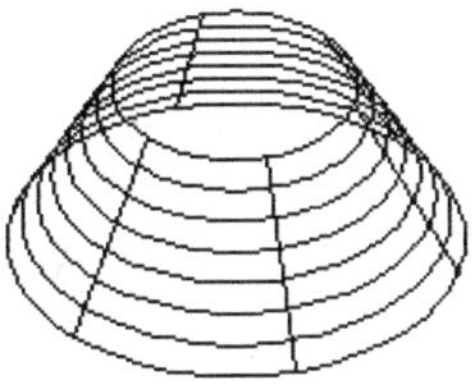
图12-30

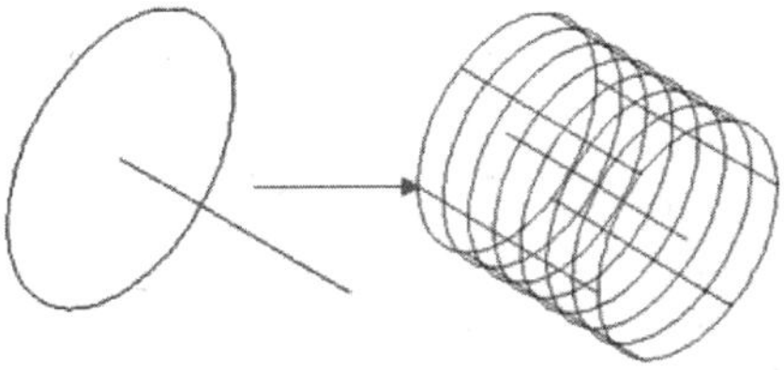
图12-31

## 12.1.7 创建旋转曲面模型

使用“旋转”命令可以通过绕轴扫掠对象创建三维实体或曲面，开放轮廓可创建曲面，闭合轮廓则可创建实体或曲面。“模式”选项控制是否创建曲面实体。创建曲面时，SURFACEMODELINGMODE系统变量控制是创建程序曲面还是 NURBS 曲面，如图12-32所示。

执行“旋转”命令主要有以下几种方式。

- 执行菜单栏中的“绘图”|“建模”|“旋转”命令。
- 单击“建模”工具栏上的“旋转”按钮。
- 在命令行输入Revolve按Enter键。

下面通过简单实例，学习使用“旋转”命令创建曲面的方法。

1 新建一个空白文件，将视图切换为西南视图.

2 应用“直线”命令绘制如图12-33所示的二维图形和直线。

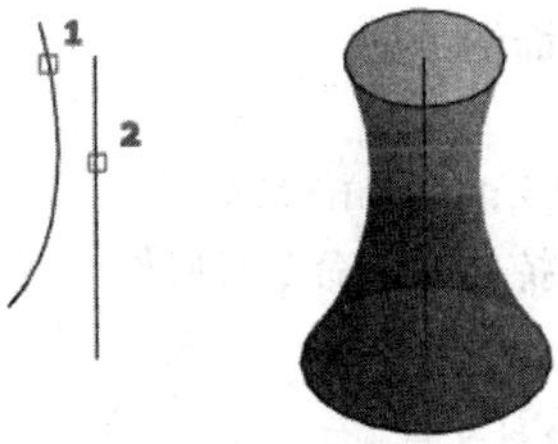

图12-32

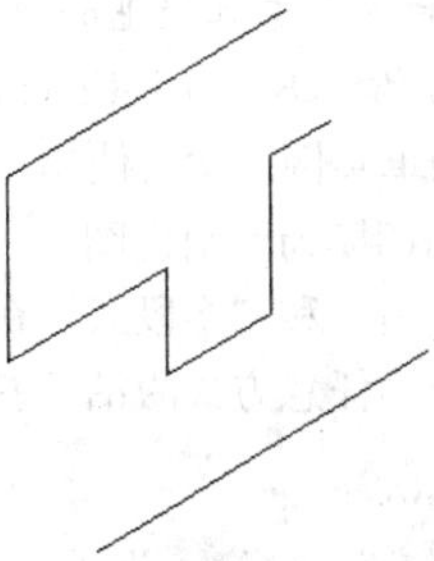
图12-33

3 采用上述任意方式激活“旋转”命令，创建旋转曲面，命令行操作如下。

```
命令: _revolve
    当前线框密度: ISOLINES=4，闭合轮廓创建模式 = 曲面
    选择要旋转的对象或 [模式(MO)]: _mo 闭合轮廓创建模式 [实体(SO)/曲面(SU)] <实体>: _su
    选择要旋转的对象或 [模式(MO)]:                    //MO Enter
    闭合轮廓创建模式 [实体(SO)/曲面(SU)] <实体>:  //SU Enter
    选择要旋转的对象或 [模式(MO)]:                    //选择如图12-34所示的图形
    选择要旋转的对象或 [模式(MO)]:                    // Enter
    指定轴起点或根据以下选项之一定义轴 [对象(O)/X/Y/Z] <对象>:
                                                      //捕捉如图12-35所示的端点
    指定轴端点:                                       //捕捉如图12-36所示的端点
    指定旋转角度或 [起点角度(ST)/反转(R)] <360>:  //30 Enter，旋转结果如图12-37所示
```

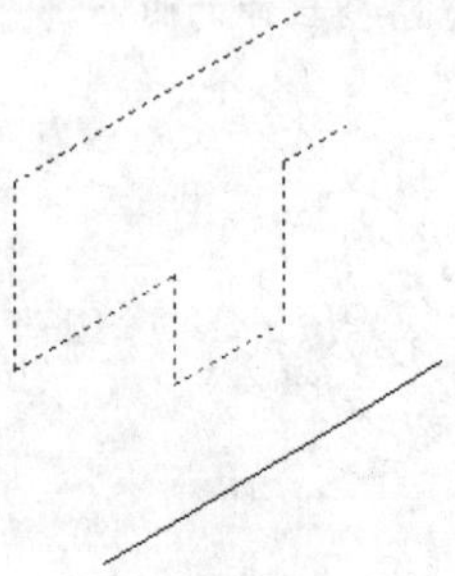

图12-34

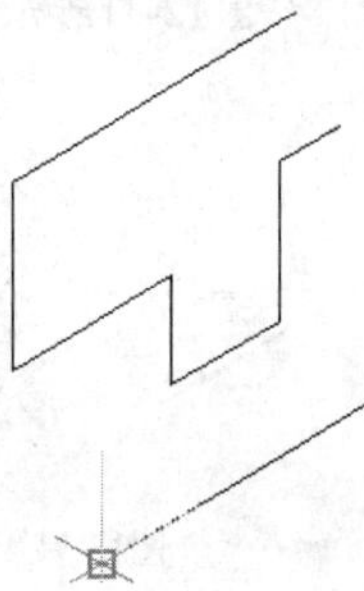

图12-35

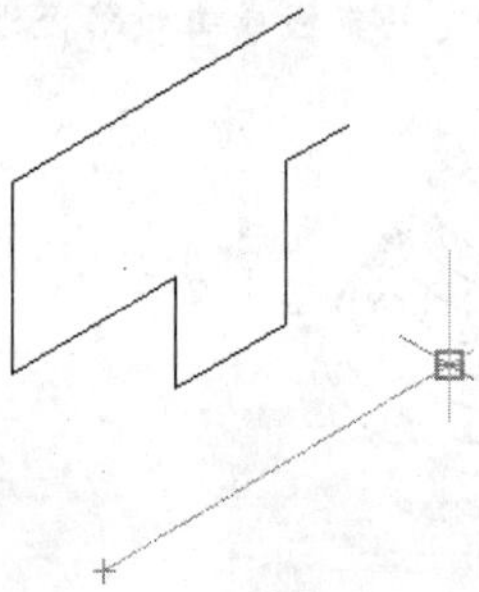

图12-36

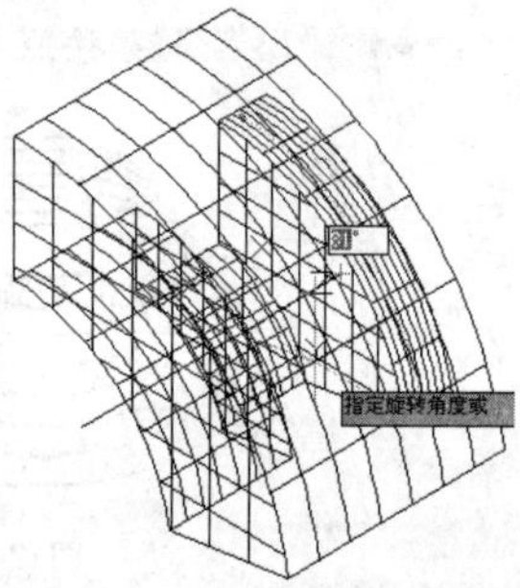


图12-37

- “对象”选项：用于选择现有的直线或多段线等作为旋转轴，轴的正方向是从这条直线上的最近端点指向最远端点。
- “X”选项：使用当前坐标系的x轴正方向作为旋转轴的正方向。
- “Y”选项：使用当前坐标系的y轴正方向作为旋转轴的正方向。

## 12.1.8 创建扫掠曲面模型

“扫掠”命令是通过沿开放或闭合路径扫掠开放或闭合的平面曲线或非平面曲线（轮廓）创建实体或曲面。开放的曲线创建曲面，闭合的曲线创建实体或曲面（具体取决于指定的模式），如图12-38所示。

执行“扫掠”命令主要有以下几种方式。

- 执行菜单栏中的“绘图”|“建模”|“扫掠”命令。
- 单击“建模”工具栏上的“扫掠”按钮。
- 在命令行输入Sweep按Enter键。

下面通过简单实例，学习使用“扫掠”命令创建曲面的方法。

1 将视图切换为西南视图。

2 使用“圆”和“多段线”命令绘制如图12-39所示的圆和多段线。

3 采用上述任意方式激活“扫掠”命令，创建扫掠曲面，命令行操作如下。

```
命令: _sweep
    当前线框密度: ISOLINES=4，闭合轮廓创建模式 = 曲面
    选择要扫掠的对象或 [模式(MO)]: _mo 闭合轮廓创建模式 [实体(SO)/曲面(SU)] <实体>: _su
    选择要扫掠的对象或 [模式(MO)]:                    //MO Enter
```

```
闭合轮廓创建模式 [实体(SO)/曲面(SU)] <实体>:  //SU Enter
选择要扫掠的对象或 [模式(MO)]:                //单击如图12-40所示的圆
选择要扫掠的对象或 [模式(MO)]:                // Enter
选择扫掠路径或 [对齐(A)/基点(B)/比例(S)/扭曲(T)]:
                    //单击如图12-41所示的多段线，结果如图12-42所示
```

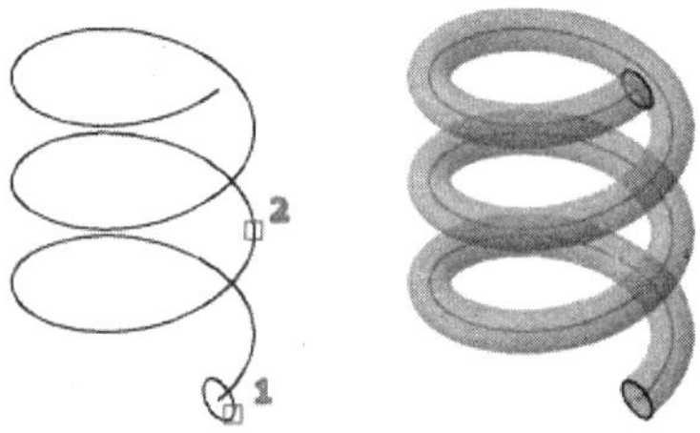


图12-38

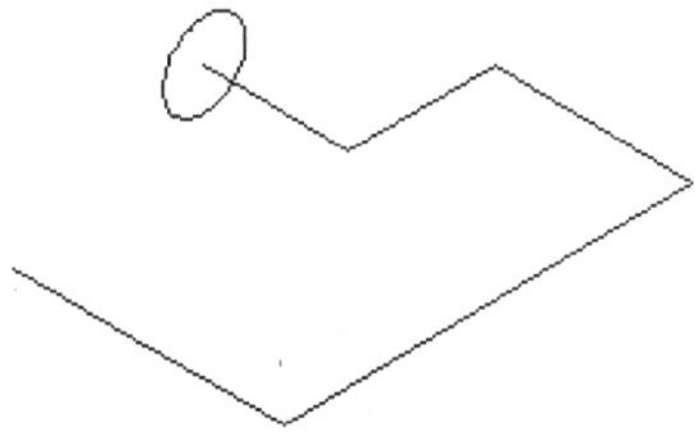

图12-39

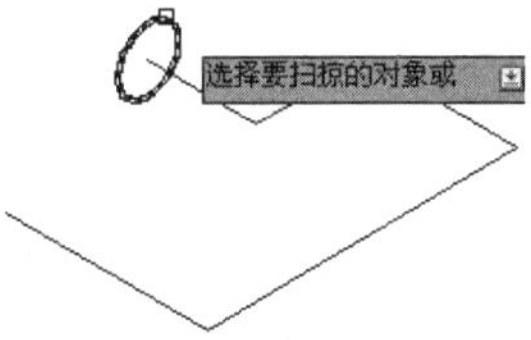


图12-40

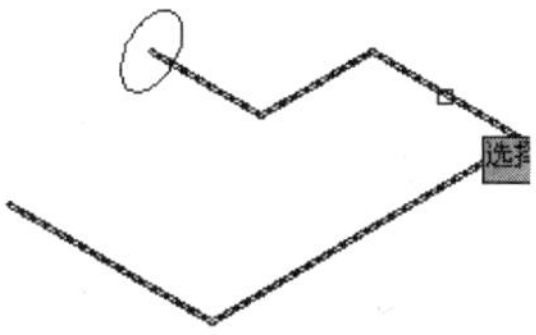

图12-41

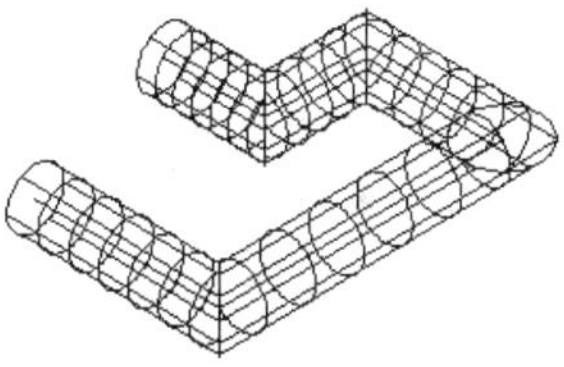

图12-42

**4** 执行菜单栏中的“视图”|“消隐”命令，对创建的实体进行消隐，效果如图12-43所示。

**5** 继续执行菜单栏中的“视图”|“视觉样式”|“真实”命令，对创建的实体进行真实着色，效果如图12-44所示。

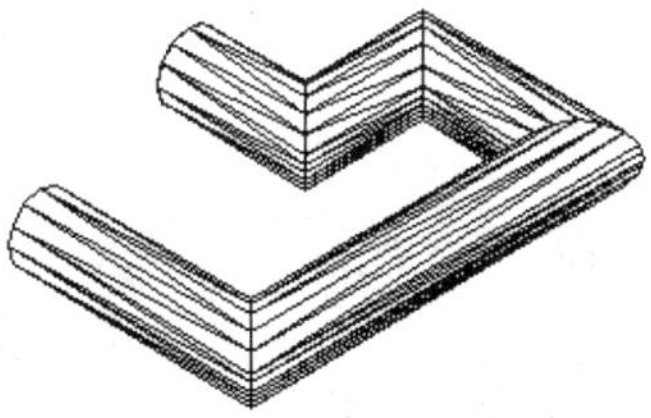

图12-43

图12-44

- 模式：控制扫掠动作是创建实体还是创建曲面。系统会将曲面扫掠为NURBS曲面或程序曲面，具体取决于SURFACEMODELINGMODE系统变量。
- 对齐：指定是否对齐轮廓，以使其作为扫掠路径切向的法向。

> **TIP** 注意如果轮廓与路径起点的切向不垂直（法线未指向路径起点的切向），则轮廓将自动对齐。出现对齐提示时输入No以避免该情况的发生。

- 基点：指定要扫掠对象的基点。
- 比例：指定比例因子以进行扫掠操作。从扫掠路径的开始到结束，比例因子将统一应用到扫掠的对象。
- 扭曲：设置正被扫掠的对象的扭曲角度。扭曲角度指定沿扫掠路径全部长度的旋转量。
- 倾斜：指定将扫掠的曲线是否沿三维扫掠路径（三维多段线、样条曲线或螺旋）自然倾斜（旋转）。

## 12.1.9 创建放样曲面模型

“放样”命令是通过指定一系列横截面来创建三维实体或曲面。横截面定义了结果实体或曲面的形状。必须至少指定两个横截面，如图12-45所示。

放样轮廓可以是开放或闭合的平面或非平面，也可以是边子对象，使用模式选项可选择是创建曲面还是创建实体，如图12-46所示。

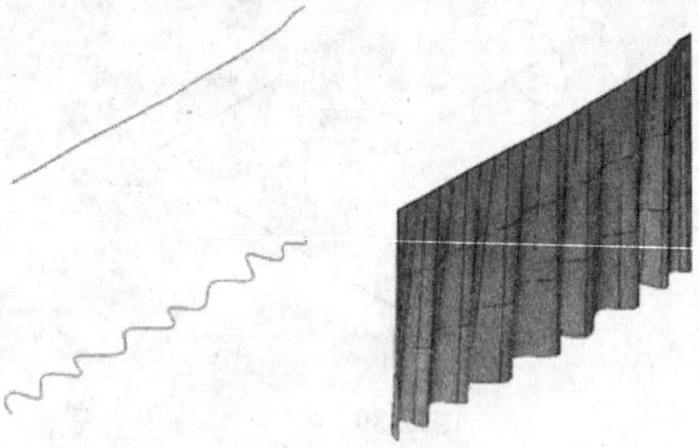

图12-45

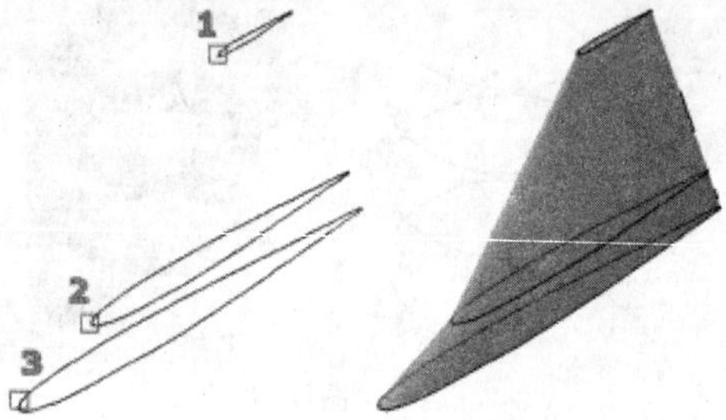


图12-46

执行“放样”命令主要有以下几种方式。

- 执行菜单栏中的“绘图”|“建模”|“放样”命令。
- 单击“建模”工具栏上的“放样”按钮。
- 在命令行输入Loft按Enter键。

下面通过简单实例，学习使用“放样”命令创建曲面的方法。

**1** 将视图切换为西南视图，应用“圆”和“矩形”命令绘制如图12-47所示的圆和矩形。

**2** 激活“放样”命令，创建放样曲面，命令行操作如下。

命令: _loft

当前线框密度: ISOLINES=4，闭合轮廓创建模式 = 曲面

按放样次序选择横截面或 [点(PO)/合并多条边(J)/模式(MO)]: _mo 闭合轮廓创建模式 [实体(SO)/曲面(SU)] <实体>: _su

按放样次序选择横截面或 [点(PO)/合并多条边(J)/模式(MO)]: //MO Enter

闭合轮廓创建模式 [实体(SO)/曲面(SU)] <实体>: //SU Enter

按放样次序选择横截面或 [点(PO)/合并多条边(J)/模式(MO)]:

//单击如图12-48所示的下方的圆

按放样次序选择横截面或 [点(PO)/合并多条边(J)/模式(MO)]:

//单击如图12-49所示的中间的圆

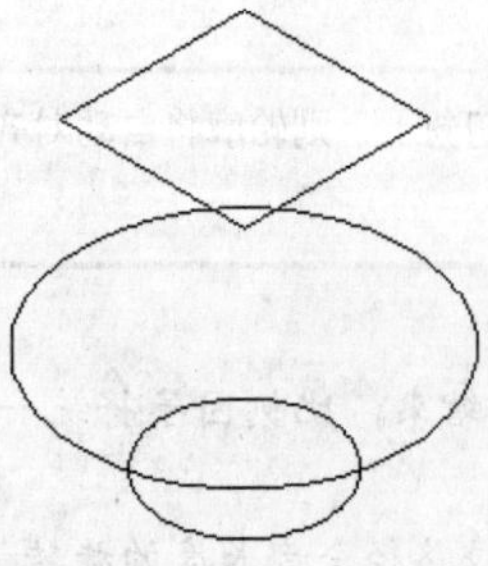

图12-47

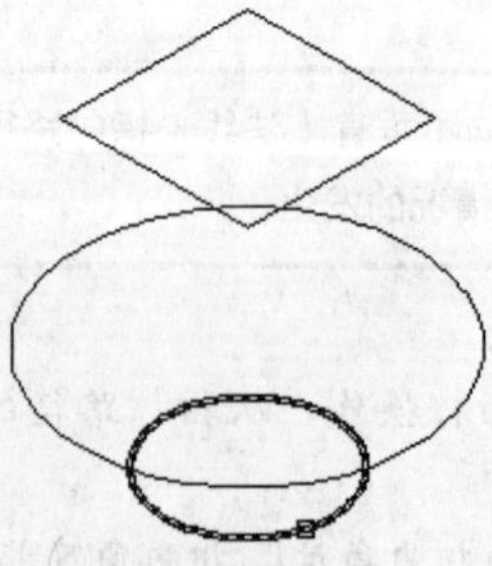

图12-48

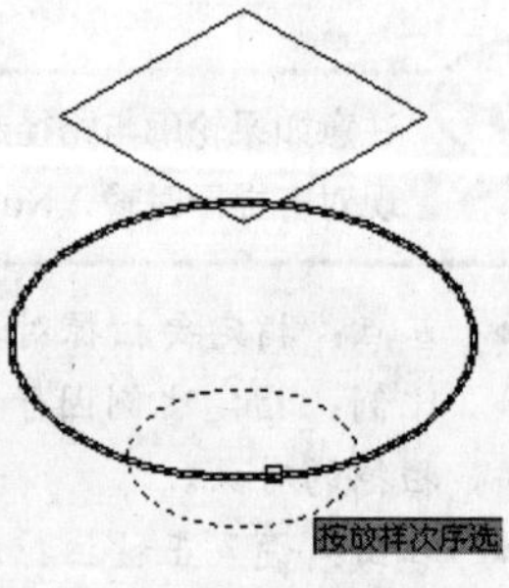


图12-49

按放样次序选择横截面或 [点(PO)/合并多条边(J)/模式(MO)]:
//单击如图12-50所示的上方的矩形
按放样次序选择横截面或 [点(PO)/合并多条边(J)/模式(MO)]: //Enter
输入选项 [导向(G)/路径(P)/仅横截面(C)/设置(S)] <仅横截面>:
//Enter，结果如图12-51所示

3 执行菜单栏中的“视图”|“消隐”命令，对创建的实体进行消隐，效果如图12-52所示。

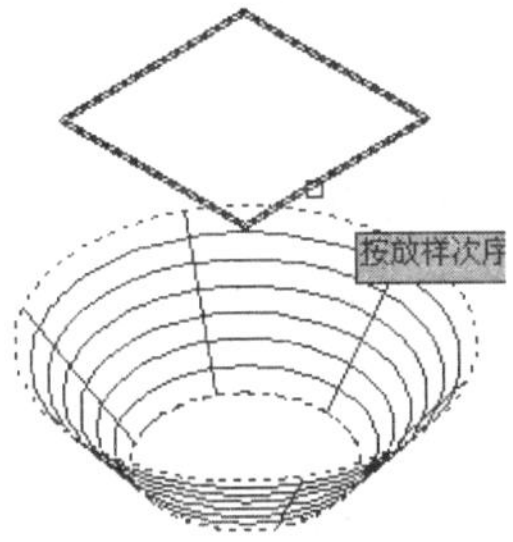


图12-50

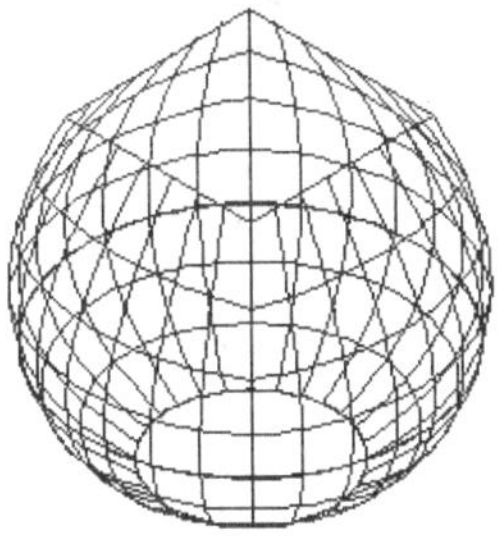

图12-51

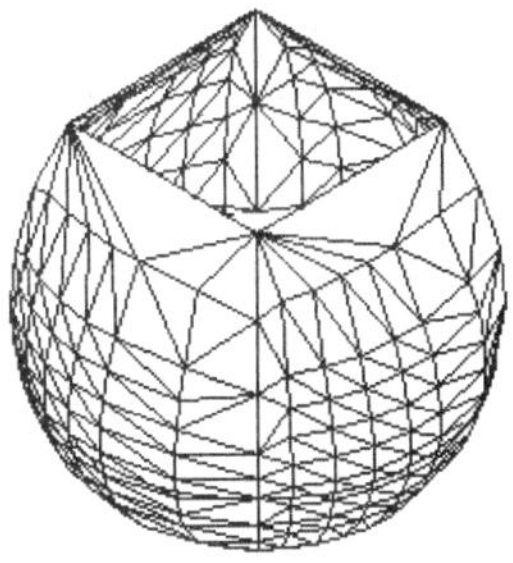

图12-52

- “导向”选项：指定控制放样实体或曲面形状的导向曲线。可以使用导向曲线来控制点如何匹配相应的横截面，以防止出现不希望看到的效果。
- “路径”选项：指定放样实体或曲面的单一路径。
- “仅横截面”选项：在不使用导向或路径的情况下，创建放样对象。
- “设置”选项：显示“放样设置”对话框，在此对话框中可以设置其他相关选项。

TIP “放样”功能非常强大，除了上面直接使用系统默认的使用横截面方式放样之外，用户还可以通过创建放样路径、设置导向等多种方式放样，由于篇幅所限，在此不能一一讲解，读者可以自己尝试操作。

# 12.2 创建阀体零件曲面模型

前面学习了创建曲面模型的方法和技巧，这一节通过创建如图12-53所示的阀体零件曲面模型的实例，对以上知识进行巩固练习。

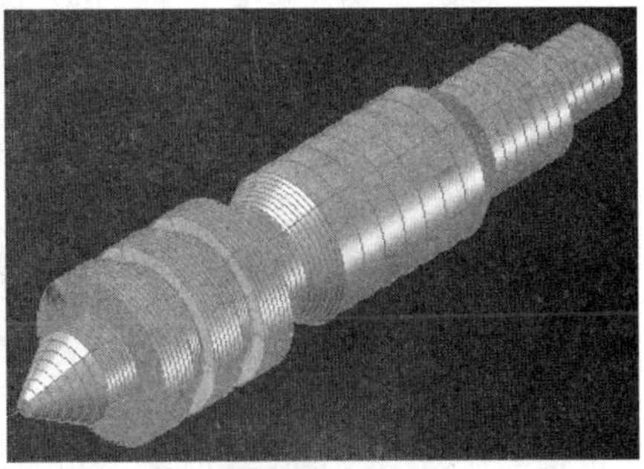

图12-53

## 12.2.1 绘制阀体零件二维轮廓

这一节首先绘制阀体零件二维轮廓，为创建阀体零件三维曲面模型做准备，具体操作步骤如下。

1 创建一个新的图形文件。

2 设置当前颜色为红色，激活“直线”命令，在绘图区绘制一条水平直线作为定位线。

3 设置当前颜色为“随层”，启用状态栏上的“极轴追踪”功能，并设置“增量角”为30°。

**4** 激活“多段线”命令，配合“极轴追踪”功能绘制阀体零件的二维轮廓图，命令行操作如下。

```
命令: _pline
    指定起点:                                    //在水平定位线上拾取一点
    当前线宽为 0.0
    指定下一个点或 [圆弧(A)/半宽(H)/长度(L)/放弃(U)/宽度(W)]:
                                                 //向上引出追踪线，输入1 Enter
    指定下一点或 [圆弧(A)/闭合(C)/半宽(H)/长度(L)/放弃(U)/宽度(W)]:
                                                 //向右上角引出30° 角的矢量线，输入8 Enter
    指定下一点或 [圆弧(A)/闭合(C)/半宽(H)/长度(L)/放弃(U)/宽度(W)]:
                                                 //向右引出追踪线，输入4 Enter
    指定下一点或 [圆弧(A)/闭合(C)/半宽(H)/长度(L)/放弃(U)/宽度(W)]:
                                                 //向上引出追踪线，输入4 Enter
    指定下一点或 [圆弧(A)/闭合(C)/半宽(H)/长度(L)/放弃(U)/宽度(W)]:
                                                 //向右引出追踪线，输入4 Enter
    指定下一点或 [圆弧(A)/闭合(C)/半宽(H)/长度(L)/放弃(U)/宽度(W)]:
                                                 //向下引出追踪线，输入2 Enter
    指定下一点或 [圆弧(A)/闭合(C)/半宽(H)/长度(L)/放弃(U)/宽度(W)]:
                                                 //向右引出追踪线，输入3 Enter
    指定下一点或 [圆弧(A)/闭合(C)/半宽(H)/长度(L)/放弃(U)/宽度(W)]:
                                                 //向上引出追踪线，输入2 Enter
    指定下一点或 [圆弧(A)/闭合(C)/半宽(H)/长度(L)/放弃(U)/宽度(W)]:
                                                 //向右引出追踪线，输入4 Enter
    指定下一点或 [圆弧(A)/闭合(C)/半宽(H)/长度(L)/放弃(U)/宽度(W)]:
                                                 //向下引出追踪线，输入2 Enter
    指定下一点或 [圆弧(A)/闭合(C)/半宽(H)/长度(L)/放弃(U)/宽度(W)]:
                                                 //向右引出追踪线，输入3 Enter
    指定下一点或 [圆弧(A)/闭合(C)/半宽(H)/长度(L)/放弃(U)/宽度(W)]:
                                                 //向上引出追踪线，输入2 Enter
    指定下一点或 [圆弧(A)/闭合(C)/半宽(H)/长度(L)/放弃(U)/宽度(W)]:
                                                 //向右引出追踪线，输入4 Enter
    指定下一点或 [圆弧(A)/闭合(C)/半宽(H)/长度(L)/放弃(U)/宽度(W)]:
                                                 //向下引出追踪线，输入3 Enter
    指定下一点或 [圆弧(A)/闭合(C)/半宽(H)/长度(L)/放弃(U)/宽度(W)]:
                                                 //向右引出追踪线，输入5 Enter
    指定下一点或 [圆弧(A)/闭合(C)/半宽(H)/长度(L)/放弃(U)/宽度(W)]:
                                                 //向右上角引出30° 角的矢量线，输入4 Enter
    指定下一点或 [圆弧(A)/闭合(C)/半宽(H)/长度(L)/放弃(U)/宽度(W)]:
                                                 //向右引出追踪线，输入20 Enter
    指定下一点或 [圆弧(A)/闭合(C)/半宽(H)/长度(L)/放弃(U)/宽度(W)]:
                                                 //向右下角引出30° 角的矢量线，输入4 Enter
    指定下一点或 [圆弧(A)/闭合(C)/半宽(H)/长度(L)/放弃(U)/宽度(W)]:
                                                 //向右引出追踪线，输入11 Enter
```

指定下一点或 [圆弧(A)/闭合(C)/半宽(H)/长度(L)/放弃(U)/宽度(W)]:
//向下引出追踪线，输入2 Enter
指定下一点或 [圆弧(A)/闭合(C)/半宽(H)/长度(L)/放弃(U)/宽度(W)]:
//向右引出追踪线，输入9 Enter
指定下一点或 [圆弧(A)/闭合(C)/半宽(H)/长度(L)/放弃(U)/宽度(W)]:
//向右下角引出45° 角的矢量线，输入3 Enter
指定下一点或 [圆弧(A)/闭合(C)/半宽(H)/长度(L)/放弃(U)/宽度(W)]:
//向下引出追踪线，输入2 Enter
指定下一点或 [圆弧(A)/闭合(C)/半宽(H)/长度(L)/放弃(U)/宽度(W)]:
// Enter，结束操作，绘制结果如图12-54所示

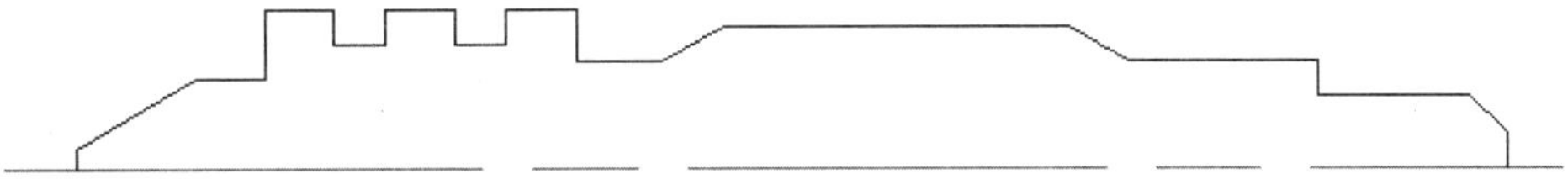

图12-54

**5** 单击“修改”工具栏上的“分解”按钮，将绘制的轮廓线分解为独立的线段，命令行操作如下。

命令: _explode
选择对象: //单击阀体零件轮廓图
选择对象: // Enter，结束操作

这样，阀体零件曲面轮廓绘制完毕。

## 12.2.2 创建阀体零件曲面模型

这一节继续创建阀体零件曲面模型，具体操作步骤如下。

**1** 继续上一节的操作。

**2** 将当前视图切换为西南视图，执行菜单栏中的“绘图”|“建模”|“旋转”命令，创建阀体零件曲面模型，命令行操作如下。

命令: _revolve
当前线框密度: ISOLINES=4，闭合轮廓创建模式 = 曲面
选择要旋转的对象或 [模式(MO)]: _mo 闭合轮廓创建模式 [实体(SO)/曲面(SU)] <实体>: _su
选择要旋转的对象或 [模式(MO)]: //MO Enter
闭合轮廓创建模式 [实体(SO)/曲面(SU)] <实体>: //SU Enter
选择要旋转的对象或 [模式(MO)]:
//由右向左拉出如图12-55所示的窗口选区，将阀体零件轮廓图全部选择
选择要旋转的对象或 [模式(MO)]: // Enter
指定轴起点或根据以下选项之一定义轴 [对象(O)/X/Y/Z] <对象>:
//捕捉如图12-56所示的端点
指定轴端点: //捕捉如图12-57所示的端点
指定旋转角度或 [起点角度(ST)/反转(R)] <360>: // Enter，旋转结果如图12-58所示

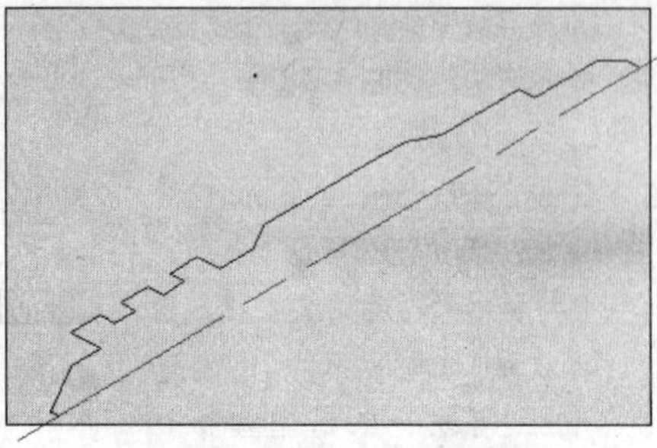

图12-55

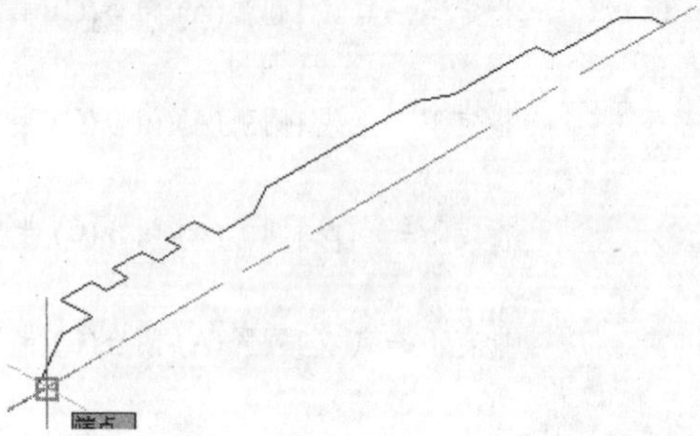

图12-56

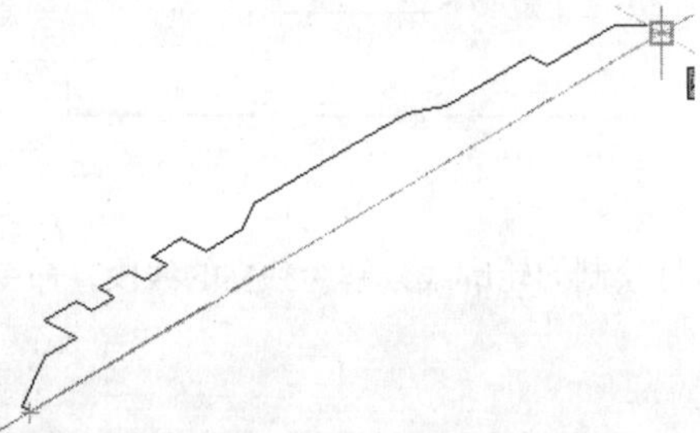

图12-57

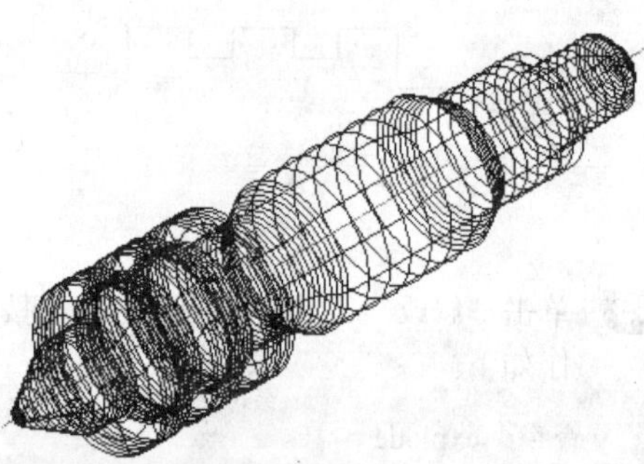

图12-58

**3** 在命令行输入“ISOLINES”，设置当前线框密度为24，命令行操作如下。

```
命令: ISOLINES
    输入 ISOLINES 的新值 <4>:                    //24 Enter
```

**4** 执行菜单栏中的“视图”|“消隐”命令，对模型进行消隐，结果如图12-59所示。

**5** 继续执行菜单栏中的“视图”|“视觉样式”|“真实”命令，对模型进行真实着色，结果如图12-60所示。

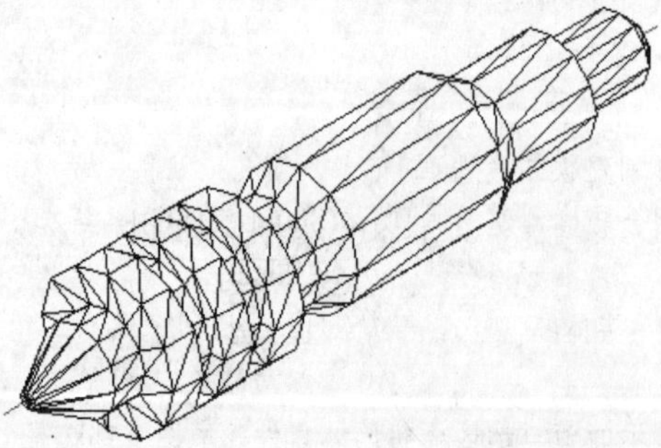

图12-59

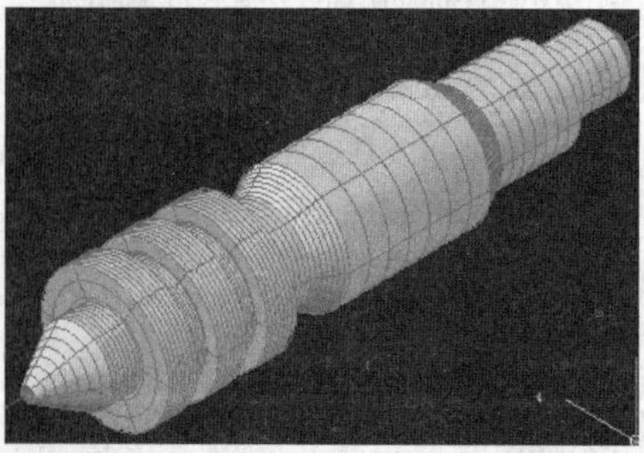

图12-60

**6** 执行菜单栏中的“视图”|“渲染”|“材质浏览器”命令，在打开的“材质浏览器”窗口中选择如图12-61所示的材质，将其逐一拖动到模型的各个曲面上，位置指定材质，结果如图12-62所示。

**7** 执行“另存为”命令，将该图形存储为“阀体零件曲面模型.dwg”文件。

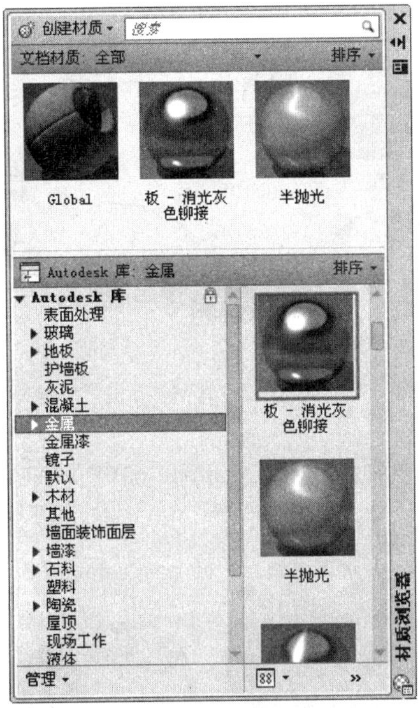


图12-61

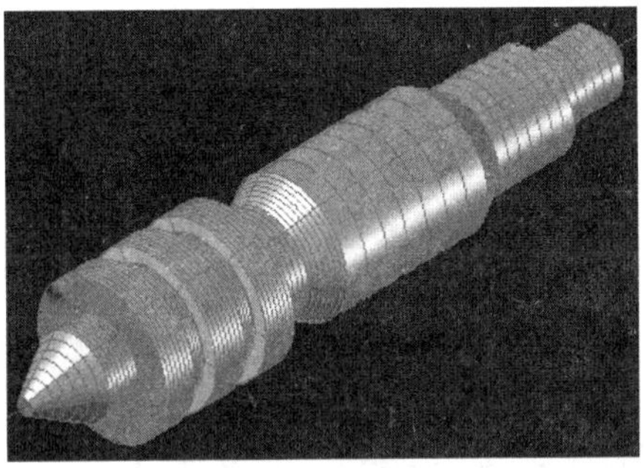

图12-62

## 12.3 创建三维网格模型

网格模型既不同于实体模型，也不同于曲面模型，它是另一种三维模型形式，AutoCAD 2012提供了更加完善的创建网格模型的相关命令，在菜单栏中的“绘图”|“网格”级联菜单下，有一组用于创建网格模型的菜单，如图12-63所示。

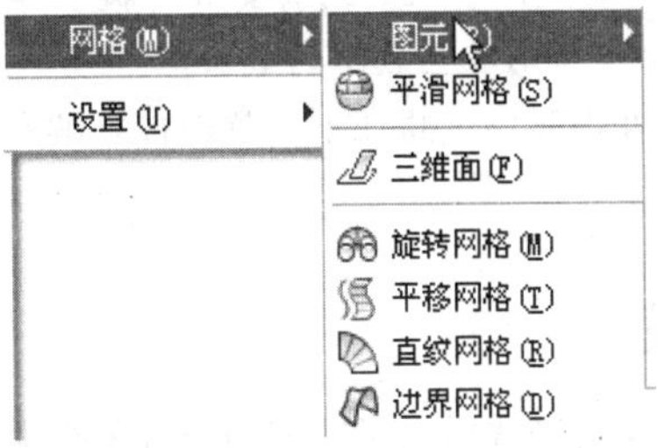


图12-63

用户可以执行相关命令，以创建网格模型，具体方法包括如下内容。

- 创建网格图元：创建标准形状，例如长方体、圆锥体、圆柱体、棱锥体、球体、楔体和圆环体（MESH）。
- 从其他对象创建网格：创建直纹网格对象、平移网格对象、旋转网格对象或边界定义的网格对象，这些对象的边界通过其他对象或点（RULESURF、TABSURF、REVSURF或EDGESURF）插入。
- 从其他对象类型进行转换：将现有实体或曲面模型（包括复合模型）转换为网格对象

（MESHSMOOTH）。也可以将网格的传统样式转换为新网格对象类型。

- 创建自定义网格（传统项）：使用3DMESH命令可创建多边形网格，通常通过 AutoLISP 程序编写脚本，以创建开放网格。使用PFACE命令可创建具有多个顶点的网格，这些顶点是由指定的坐标定义的。尽管可以继续创建传统多边形网格和多面网格，但是建议用户将其转换为增强的网格对象类型，以保留增强的编辑功能。

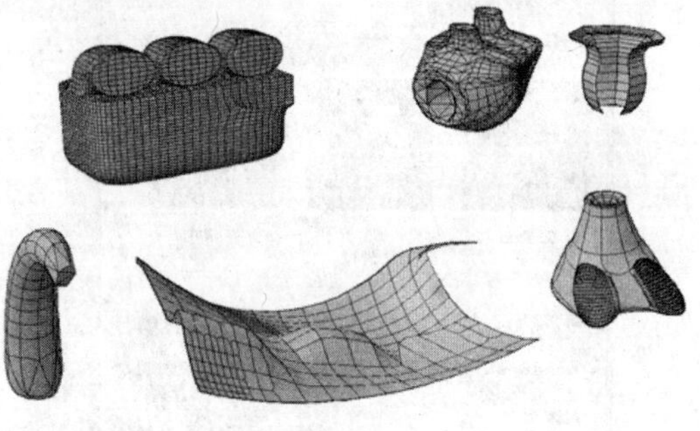

图12-64

创建的各种网格对象效果如图12-64所示。

用户可以对网格对象进行平滑和优化处理，使其达到理想的效果，如图12-65所示为网格模型的平滑处理效果，如图12-66所示为网格模型的优化处理效果。

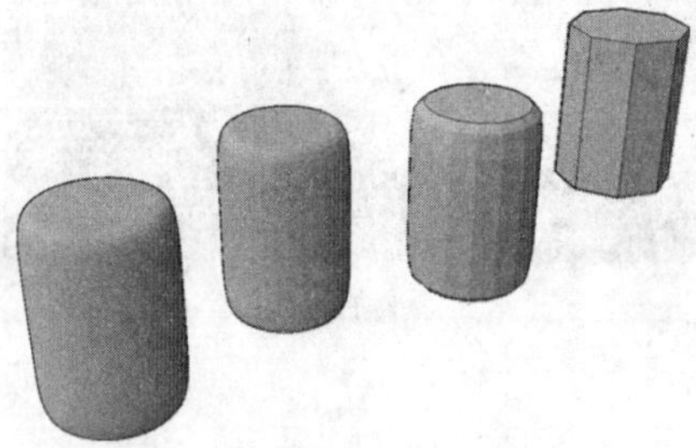

图12-65

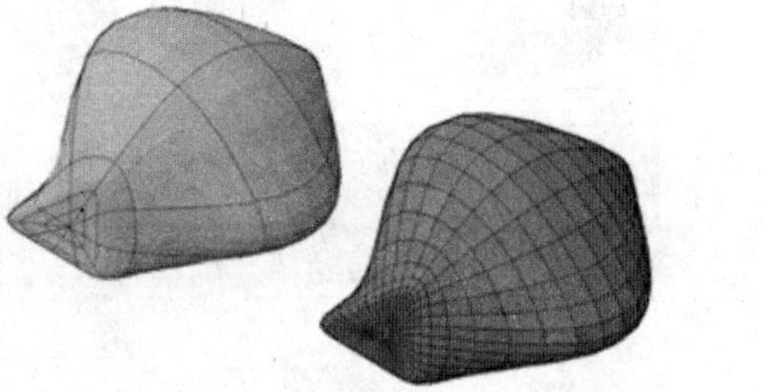

图12-66

- 平滑处理：增加网格曲面与圆整形状的相符程度。可以以增量形式或通过在“特性”窗口中更改平滑度来增加选定对象的网格平滑度。0级平滑度表示对网格对象应用最低级别的平滑处理，4 级平滑度表示应用最高平滑度
- 优化处理：四倍增加选定的网格对象或选定的子对象（例如面）中的细分数。优化还可将当前平滑度级别重置为0，以便无法再超过该级别锐化对象。由于优化会显著增加网格的密度，因此，用户可能希望将此选项限制到需要进行极其详细的修改的区域。优化还有助于以较少的影响来铸造模型整体形状上较小的截面。

关于网格模型的平滑与优化处理操作，将在下一章进行讲解，在此不再介绍，这一节主要来学习创建网格模型的方法和技巧。

## 12.3.1 创建平移网格模型

使用“平移网格”命令可以将轨迹线沿着指定方向矢量平移延伸而形成的三维曲面，轨迹线可以是直线、圆（圆弧）、椭圆（椭圆弧）、样条曲线、二维或三维多段线，而方向矢量用来指明拉伸的方向和长度，可以是直线或非封闭的多段线，不能使用圆或圆弧来指定位伸的方向。

执行“平移网格”命令主要有以下几种方式。

- 执行菜单栏中的“绘图”|“建模”|“网格”|“平移网格”命令。
- 在命令行输入Tabsurf按Enter键。

下面通过一个小实例，学习“平移网格”命令的操作方法。

**1** 分别在前视图和西南视图应用“圆”和“直线”命令创建如图12-67所示的图形和轨迹线。

**2** 采用上述任意方式激活“平移网格”命令，创建平移网格模型，命令行操作如下。

```
命令: _tabsurf
    当前线框密度: SURFTAB1=20
    选择用作轮廓曲线的对象:        //单击圆对象
    选择用作方向矢量的对象:        //在如图12-68的直线位置单击，结果如图12-69所示
```

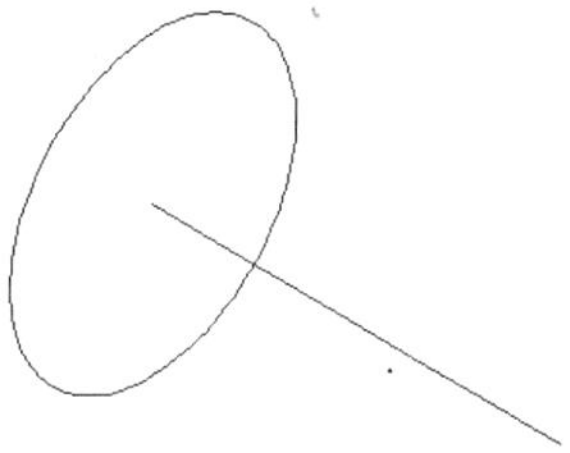

图12-67

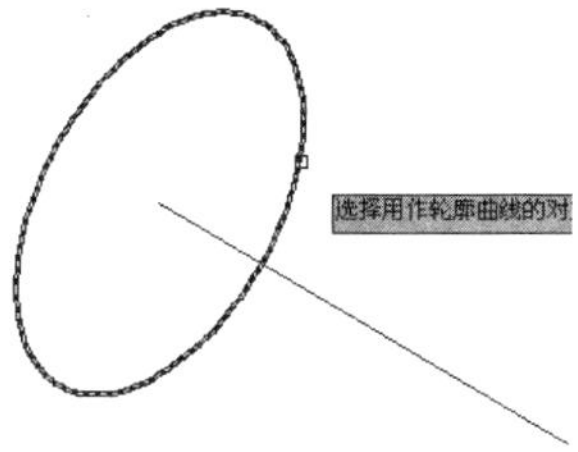


图12-68

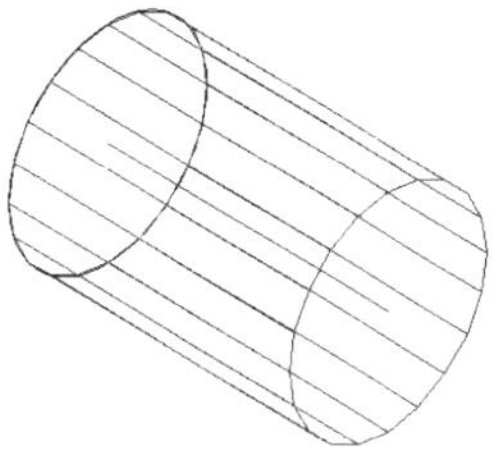

图12-69

**TIP** 用于拉伸的轨迹线和方向矢量不能位于同一平面内，另外，在指定位伸的方向矢量时，选择点的位置不同，结果也不同，如图12-70所示。

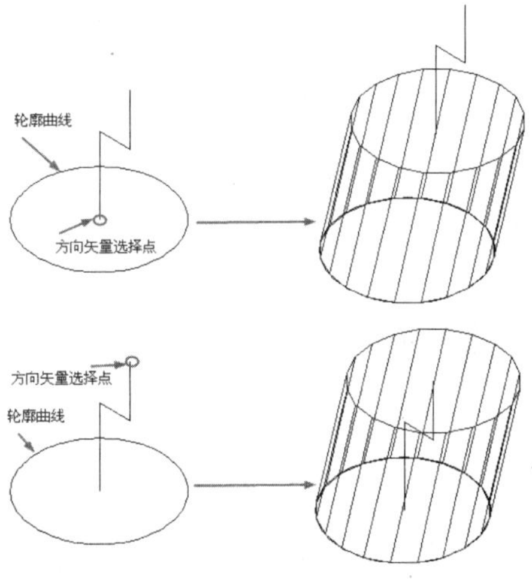


图12-70

## 12.3.2 创建旋转网格模型

使用“旋转网格”命令可以通过一条轨迹线绕一根指定的轴进行空间旋转，从而生成回转体空间曲面，如图12-71所示。

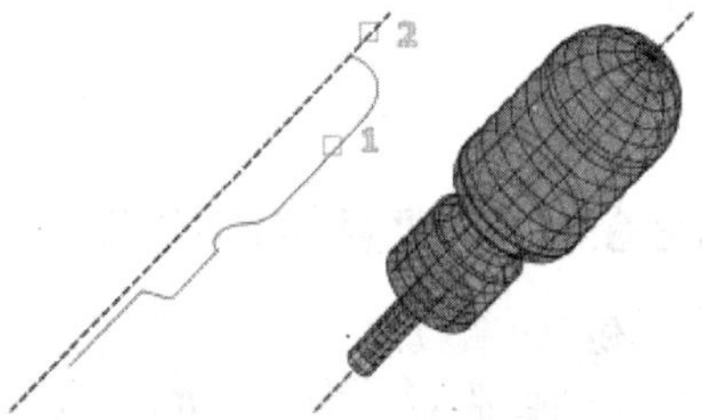


图12-71

在创建旋转网格之前，必须先绘制旋转轨迹线和旋转轴。旋转轨迹线可以是直线、圆、圆弧、样条曲线、二维或三维多段线；旋转轴线则可以是直线或非封闭的多段线。

执行“旋转网格”命令主要有以下几种方式。

- 执行菜单栏中的“绘图”|“建模”|“网格”|“旋转网格”命令。
- 在命令行输入Revsurf按Enter键。

下面通过一个简单实例学习“旋转网格”命令的操作方法。

**1** 在前视图中，应用“多段线”和“直线”命令绘制如图12-72所示的边界图形和直线。

2 将视图切换到西南视图。

3 采用上述任意方式激活“旋转网格”命令，创建旋转网格模型，命令行操作如下。

```
命令: _revsurf
    当前线框密度: SURFTAB1=20  SURFTAB2=20
    选择要旋转的对象:            //单击如图12-73所示的闭合图形
    选择定义旋转轴的对象:        //单击如图12-74所示的直线
```

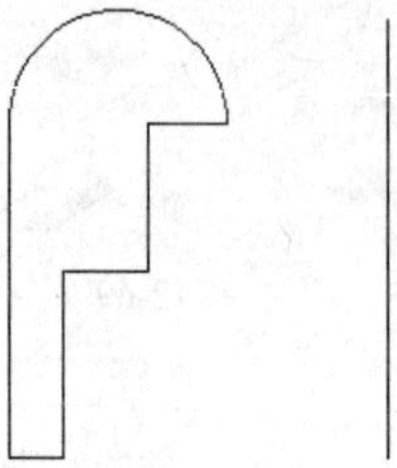

图12-72

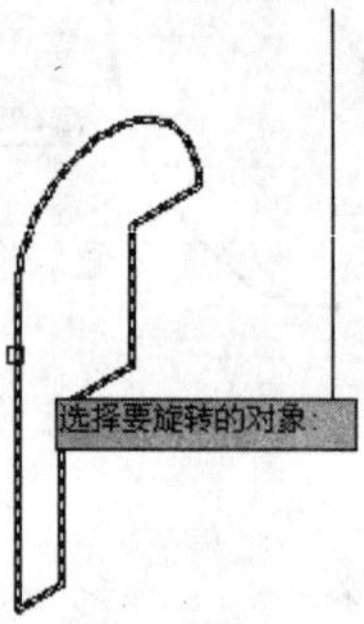


图12-73

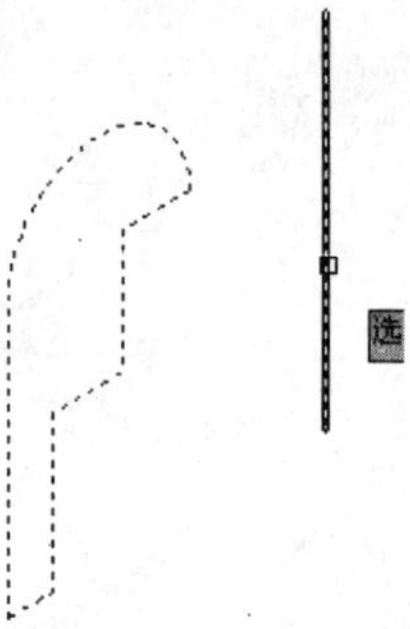


图12-74

```
    指定起点角度 <0>:                          //捕捉如图12-75所示的直线的下端点
    指定第二点:                                //捕捉如图12-76所示的直线的上端点
    指定包含角 (+=逆时针, -=顺时针) <360>:     //Enter, 结果如图12-77所示
```

4 执行菜单栏中“视图”|“消隐”命令，对模型进行消隐，结果如图12-78所示。

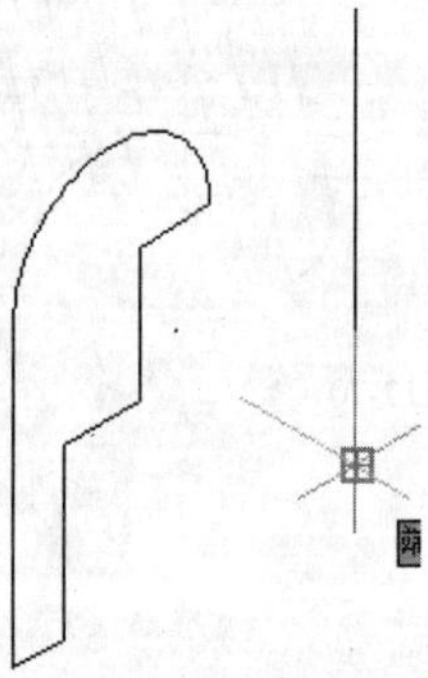

图12-75

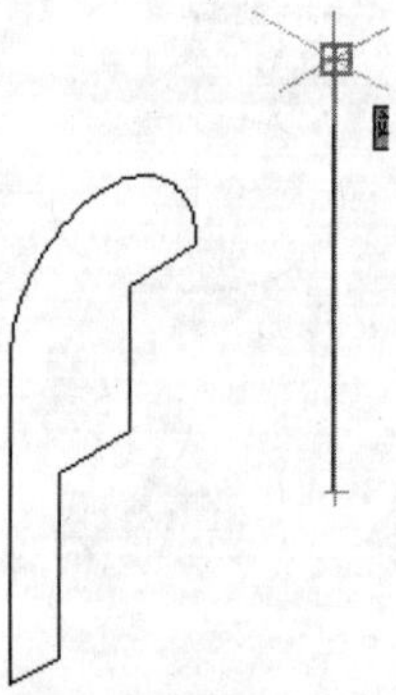

图12-76

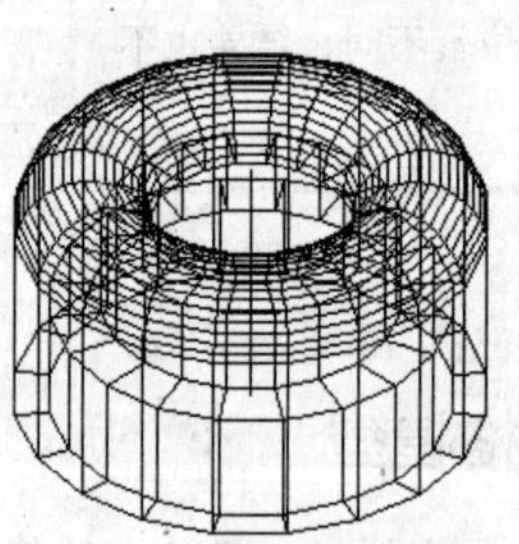

图12-77

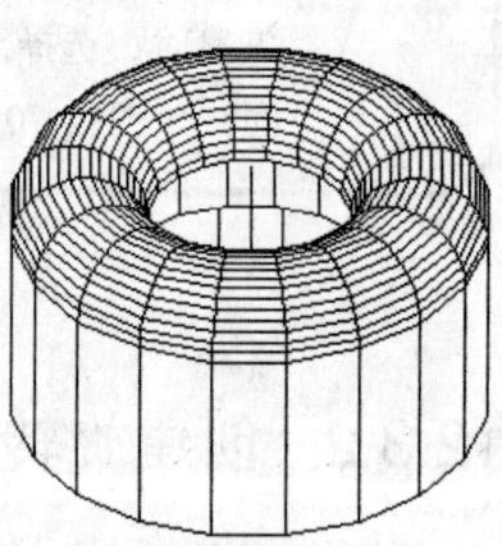

图12-78

## 12.3.3 创建直纹网格模型

使用“直纹网格”命令可以在指定的两个对象之间生成一个直纹曲面，所指定的两条边界可以是直线、样条曲线、多段线等，如果一条边界是闭合的，那么另一条边界也必须是闭合的，如图12-79所示。

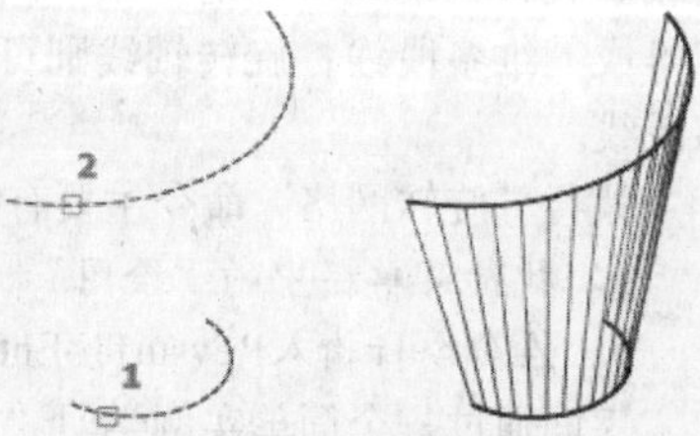


图12-79

执行“直纹网格”命令主要有以下几种方式。

- 执行菜单栏中的“绘图”|“建模”|“网格”|“直纹网格”命令。

- 在命令行输入Rulesurf按Enter键。

下面通过一个简单实例，学习“直纹网格”命令的操作方法。

**1** 在西南视图中使用“圆”命令创建如图12-80所示的两个圆对象。

**2** 激活“直纹网格”命令，创建直纹网格模型，命令行操作如下。

```
命令: _rulesurf
      选择第一条定义曲线:        //单击选择下方的大圆对象
      选择第二条定义曲线:        //选择上方的小圆对象，创建的直纹网格效果如图12-81所示
```

**3** 执行菜单栏中的“视图”|“消隐”命令，对模型进行消隐，结果如图12-82所示。

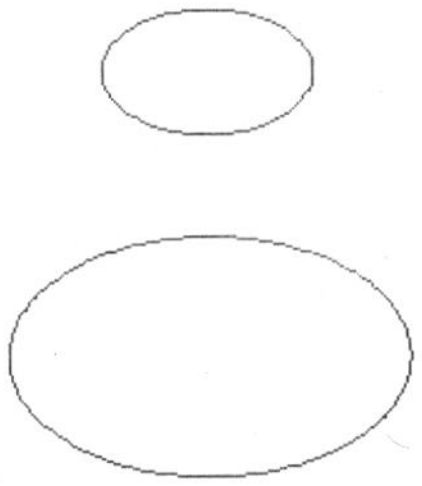

图12-80

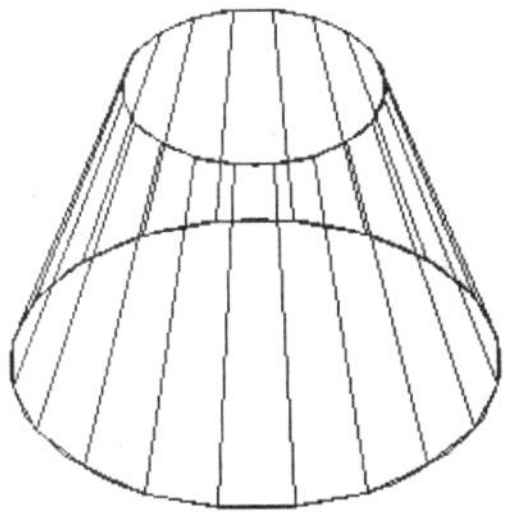

图12-81

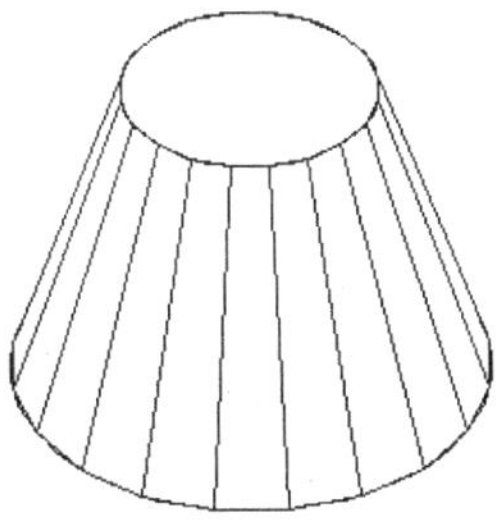

图12-82

## 12.3.4 创建边界网格模型

使用“边界网格”命令可以将四条首尾相连的空间直线或曲线作为边界，创建成空间曲面模型，如图12-83所示。

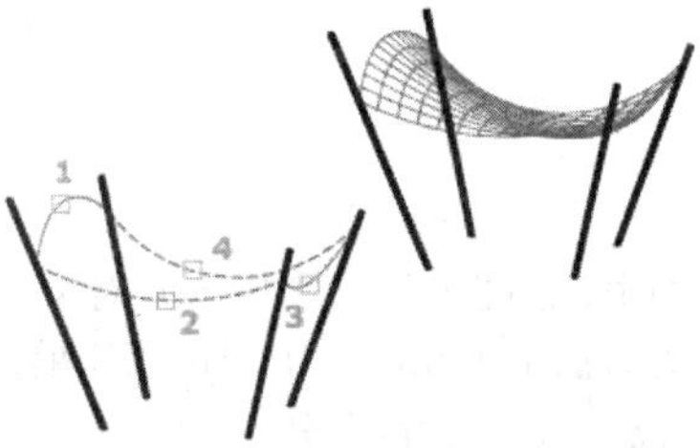


图12-83

在创建边界曲面时，可以用任何次序选择这四条边，第一条边（SURFTAB1）决定了所生成网格的M方向，该方向从距选择点最近的端点延伸到另一端，与第一条边相接的两条边形成了网格的N（SURFTAB2）方向的边。

执行“边界网格”命令主要有以下几种方式。

- 执行菜单栏中的“绘图”|“建模”|“网格”|“边界网格”命令。
- 在命令行输入Edgesurf按Enter键。

下面通过一个简单实例，学习“边界网格”命令的操作方法。

**1** 在西南视图中，应用“直线”命令配合“正交”功能创建如图12-84所示的图形对象。

**2** 使用系统变量Surftab设置曲面模型的表面线框密度为24，激活“边界网格”命令，创建边界网格，命令行操作如下。

```
命令: _edgesurf
      当前线框密度: SURFTAB1=24  SURFTAB2=24
```

选择用作曲面边界的对象 1: //单击如图12-85所示的轮廓线1
选择用作曲面边界的对象 2: //单击轮廓线2
选择用作曲面边界的对象 3: //单击轮廓线3
选择用作曲面边界的对象 4: //单击轮廓线4，创建结果如图12-85所示

**3** 继续执行“边界网格”命令，依照相同的方法分别选择其他边界创建边界网格模型，效果如图12-86所示。

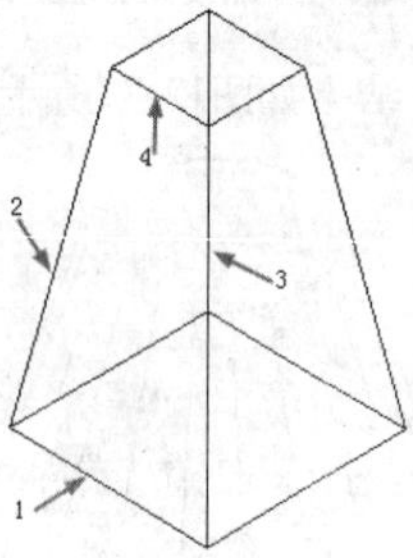


图12-84

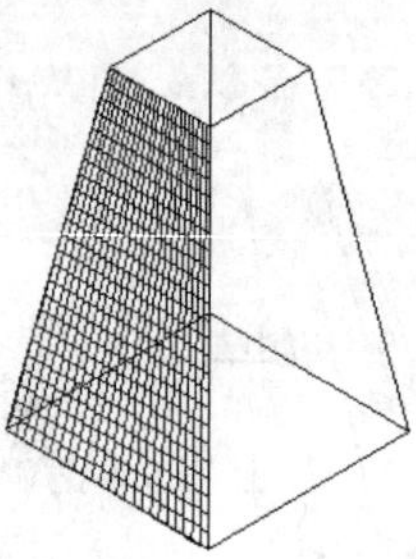

图12-85

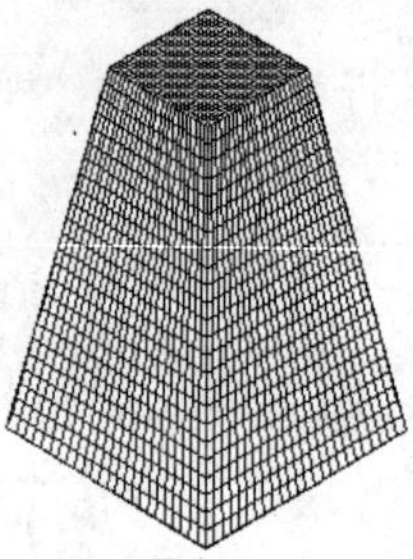

图12-86

除了以上所讲解的创建网格模型的方法之外，在菜单栏中的“绘图”|“建模”|“网格”|“图元”菜单下，有一组菜单命令，如图12-87所示。

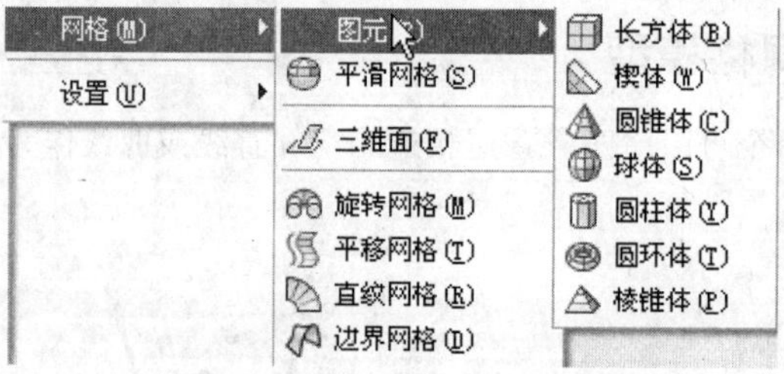


图12-87

执行如图12-87中的相关菜单命令，即可创建网格图元对象，这些网格模型的创建方法与前面所讲解的创建三维基本实体模型的方法基本相同，由于篇幅所限，在此不再一一讲解，读者可以参照前面创建三维基本实体模型的方法，自己尝试创建。

第13章

# 三维模型的编辑与修改

前面章节中学习了创建三维模型的方法和技巧，包括三维实体模型、三维曲面模型和三维网格模型，这些三维模型在AutoCAD三维制图中应用比较广泛，但是要想获得最佳的三维模型效果，还必须对这些三维模型进行编辑和修改。

## 13.1 三维模型的基本编辑操作技能

这一节首先来学习三维模型的基本编辑技能，具体包括三维旋转、三维镜像、三维阵列、三维对齐以及三维移动等，这些操作都是在三维视图内进行的，这一节首先来学习三维模型的基本编辑操作技能。

### 13.1.1 三维模型的旋转操作

三维旋转是指在三维空间对三维模型进行旋转操作，AutoCAD提供了“三维旋转”命令对三维模型在三维操作空间中按照指定的旋转轴进行空间旋转。

执行“三维旋转”命令主要有以下几种方式。

- 执行菜单栏中的“修改”|“三维操作”|“三维旋转”命令。
- 单击“建模”工具栏上的“三维旋转”按钮。
- 在命令行输入3drotate按Enter键。

下面通过将某圆环沿*y*轴旋转90°，学习“三维旋转”命令的使用方法。

**1** 在西南视图中创建一个圆环的三维模型，如图13-1所示。

**2** 采用上述任意方式激活“三维旋转”命令，对该圆弧进行三维旋转，命令行操作如下。

```
命令: _3drotate
    UCS 当前的正角方向: ANGDIR=逆时针  ANGBASE=0
    选择对象:                       //单击圆环将其旋转
    选择对象:                       //Enter，结束选择
    指定基点:                       //捕捉圆环的圆心，如图13-2所示
```

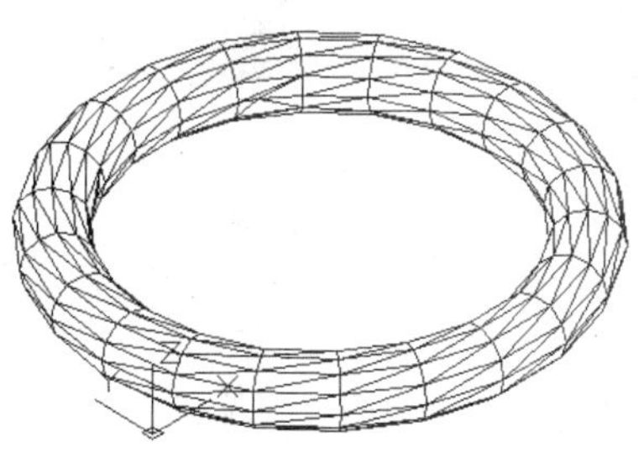

图13-1

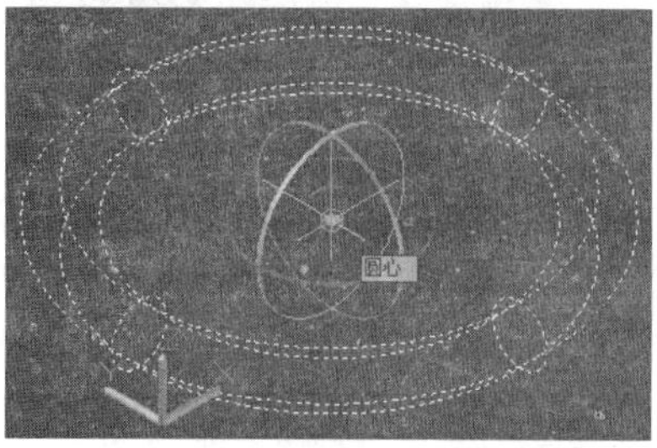


图13-2

```
拾取旋转轴:                    //在如图13-3所示的y轴方向上单击
指定角的起点或键入角度:        //90 Enter, 旋转结果如图13-4所示
正在重生成模型。
```

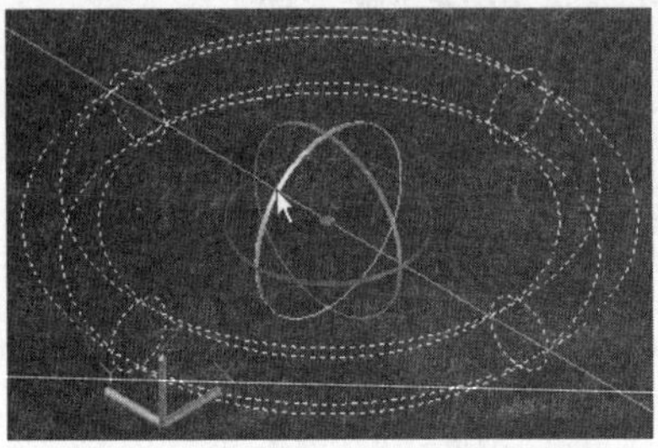
图13-3

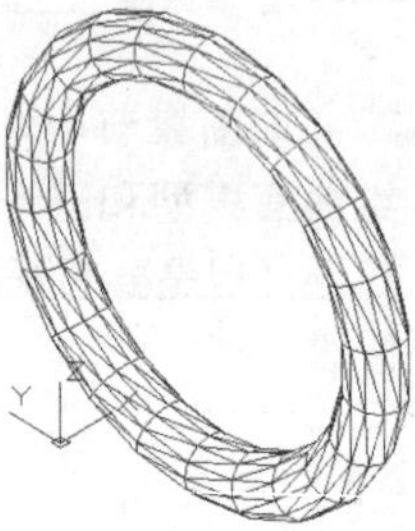

图13-4

## 13.1.2 三维模型的镜像操作

与二维镜像不同，三维镜像是将选择的三维模型在三维操作空间内按照指定的镜像平面进行对称复制。AutoCAD提供了“三维镜像”命令用于在三维空间镜像复制三维模型。

执行“三维镜像”命令主要有以下几种方式。

- 执行菜单栏中的“修改”|“三维操作”|“三维镜像”命令。
- 在命令行输入Mirror3D按Enter键。

下面通过将某支座零件进行镜像复制的实例，学习“三维镜像”命令的使用方法。

1 打开随书光盘中的文件“素材文件”\“第13章”\“支座.dwg”，如图13-5所示。

2 采用上述任意方式激活“三维镜像”命令，对模型进行三维镜像复制，命令行操作如下。

```
命令: _mirror3d
    选择对象:                    //由右向左拉出如图13-6所示的窗交选框选择端盖零件
```

图13-5

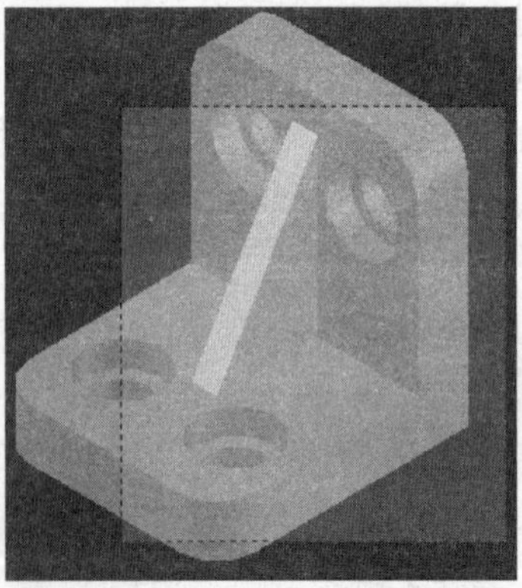
图13-6

```
选择对象:                                          // Enter
指定镜像平面 (三点) 的第一个点或 [对象(O)/最近的(L)/Z 轴(Z)/视图(V)/XY 平面(XY)/YZ
平面(YZ)/ZX 平面(ZX)/三点(3)] <三点>:              //YZ Enter, 激活 “YZ平面” 选项
指定 ZX 平面上的点 <0,0,0>:                        //捕捉如图13-7所示的端点
是否删除源对象? [是(Y)/否(N)] <否>:                // Enter, 镜像结果如图13-8所示
```

图13-7

图13-8

- “对象”选项：用于选定某一对象所在的平面作为镜像平面，该对象可以是圆弧或二维多段线。
- “最近的”选项：用于以上次的镜像平面作为当前镜像平面。
- “Z轴”选项：用于在镜像平面及镜像平面的z轴法线指定位点。
- “视图”选项：用于在视图平面上指定点，进行空间镜像。
- “XY平面”选项：用于以当前坐标系的xy平面作为镜像平面。
- “YZ平面”选项：用于以当前坐标系的yz平面作为镜像平面。
- “ZX平面”选项：用于以当前坐标系的zx平面作为镜像平面。
- “三点”选项：用于指定三个点，以定位镜像平面。

## 13.1.3 三维模型的阵列复制

与二维阵列不同，“三维阵列”只有“圆形”和“矩形”两种阵列，是将三维模型在三维空间以矩形或圆形方式进行排列复制。

执行“三维阵列”命令有以下几种方式。

- 执行菜单栏中的“修改”|“三维操作”|“三维阵列”命令。
- 单击“建模”工具栏上的“三维阵列”按钮。
- 在命令行输入3Darray按Enter键。
- 使用命令简写3A。

### 1. 三维矩形阵列

三维矩形阵列功能用于将选择的三维模型在三维操作空间内进行规则的多重复制，下面通过在长方体上创建孔洞的实例，学习“三维阵列”命令中“矩形”选项的使用方法和使用技巧。

**1** 在西南视图中创建300 × 300 × 50的长方体实体模型，然后配合“自”功能，在长方体上创建地面半径为15、高度为50的圆柱体，命令行操作如下。

```
命令: _cylinder
    指定底面的中心点或 [三点(3P)/两点(2P)/切点、切点、半径(T)/椭圆(E)]:
                                    //激活“自”功能，捕捉如图13-9所示的长方体的下端点
    _from 基点: <偏移>:                         //@20,20 Enter
    指定底面半径或 [直径(D)] <150.0000>:         //15 Enter
    指定高度或 [两点(2P)/轴端点(A)] <50.0000>:   //50 Enter，结果如图13-10所示
```

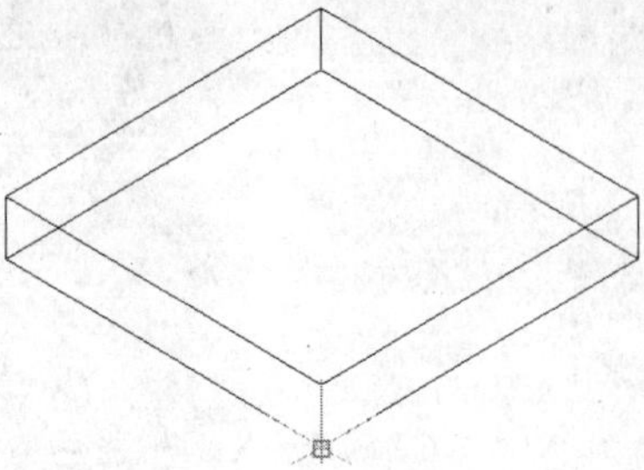

图13-9

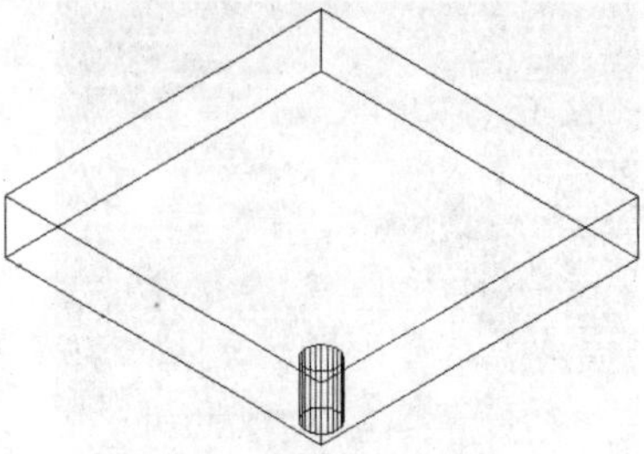

图13-10

**2** 下面使用三维矩形阵列命令将该圆柱体以三排三列的方式排列到该长方体上。采用上述任意方式激活“三维阵列”命令，对圆柱体进行空间阵列，命令行操作如下。

```
命令: _3darray
    选择对象:                                   //选择创建的圆柱体
    选择对象:                                   // Enter
    输入阵列类型 [矩形(R)/环形(P)] <矩形>:          // Enter，激活“矩形”选项
    输入行数 (---) <1>:                          //3 Enter
    输入列数 (|||) <1>:                          //3 Enter
    输入层数 (...) <1>:                          //1 Enter
    指定行间距 (---):                            //125 Enter
    指定列间距 (|||):                            //125 Enter，阵列结果如图13-11所示
```

**3** 执行菜单栏中的“修改”|“实体编辑”|“并集”命令，在命令行“选择对象:”提示下，单击选择9个小圆柱体，然后按Enter键，将其合并为一个实体模型。

**4** 执行菜单栏中的“修改”|“实体编辑”|“差集”命令，在命令行“选择对象:”提示下选择长方体实体模型，然后按Enter键。

**5** 在命令行“选择要减去的实体或面域:”提示下单击选择并集后的9个小圆柱体模型，然后按Enter键，对实体模型进行差集运算。

**6** 执行菜单栏中的“视图”|“消隐”命令，对差集运算后的模型进行消隐，效果如图13-12所示。

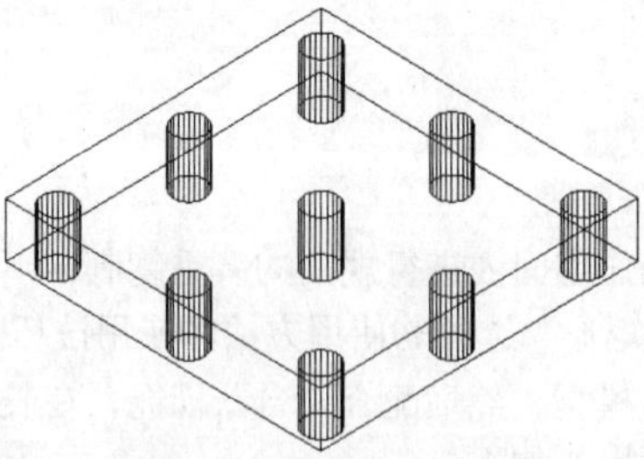

图13-11

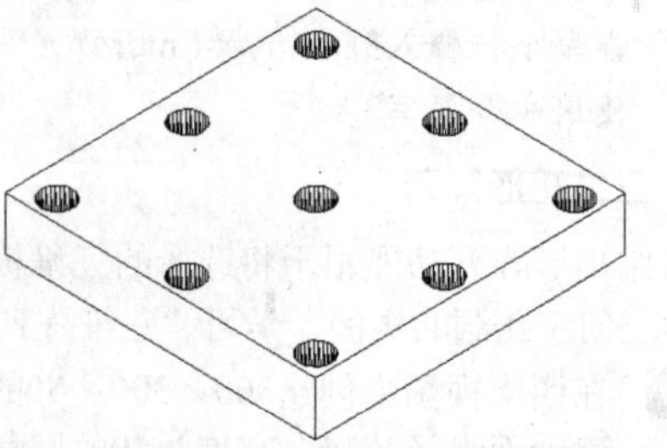

图13-12

### 2. 三维环形阵列

三维环形阵列是将三维模型按照指定的旋转轴在三维空间内进行环形排列。下面通过在圆柱体模型上创建圆孔的实例，学习“三维阵列”命令中“环形”选项的使用方法。

**1** 在西南视图中使用“圆柱体”命令创建半径为300、高度为50的圆柱体模型，然后配合“自”功能，继续在该圆柱体内部再创建一个半径为20、高度为50的小圆柱体，命令行操作如下。

命令: _cylinder
　　指定底面的中心点或 [三点(3P)/两点(2P)/切点、切点、半径(T)/椭圆(E)]:
　　　　　　　　　　　　　　　　//激活“自”功能，捕捉如图13-13所示的象限点
　　_from 基点: _from 基点: <偏移>:　　　　　　　　//@50,0 Enter
　　指定底面半径或 [直径(D)] <20.0000>:　　　　　　//20 Enter
　　指定高度或 [两点(2P)/轴端点(A)] <50.0000>:　　　//50 Enter，结果如图13-14所示

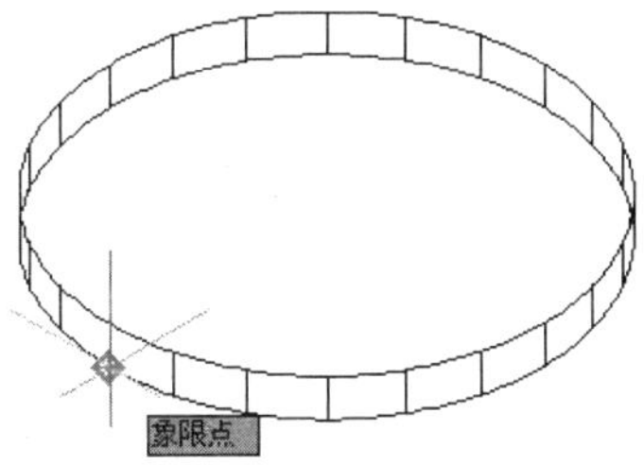

图13-13

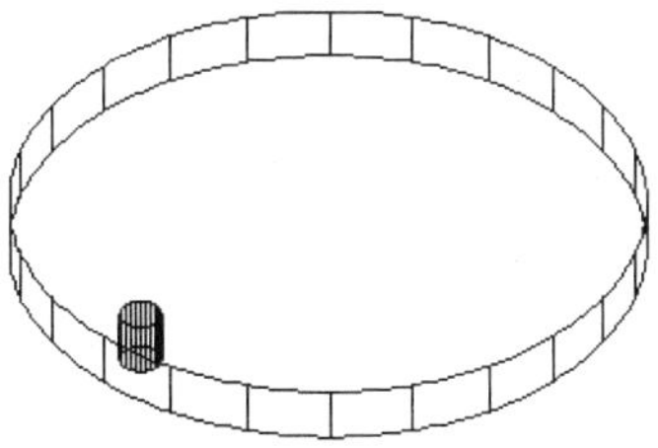
图13-14

**2** 激活“三维阵列”命令，将该小圆柱体环形阵列6个，命令行操作如下。

命令: _3darray
　　选择对象:　　　　　　　　　　　　//选择小圆柱体
　　选择对象:　　　　　　　　　　　　// Enter，结束命令
　　输入阵列类型 [矩形(R)/环形(P)] <矩形>:　　　//P Enter，激活“环形”选项
　　输入阵列中的项目数目:　　　　　　//6 Enter，设置阵列数目
　　指定要填充的角度 (+=逆时针, -=顺时针) <360>: // Enter，采用当前设置
　　旋转阵列对象？ [是(Y)/否(N)] <Y>:　　// Enter
　　指定阵列的中心点:　　　　　　　　//捕捉如图13-15所示的大圆柱体的下底面圆心
　　指定旋转轴上的第二点:　　　　　　//@0,0,1 Enter，阵列结果如图13-16所示

**3** 依照前面的操作，使用“并集”命令将这6个小圆柱体合并为一个实体，然后激活“差集”命令，对阵列后的模型进行差集运算，命令行操作如下。

命令: _subtract
　　选择对象:　　　　　　　　//选择大圆柱形模型并按Enter键
　　选择要减去的实体或面域:　　//选择并集后的6个小圆柱体并按Enter键

**4** 执行菜单栏中的“视图”|“消隐”命令，对差集运算后的模型进行消隐，效果如图13-17所示。

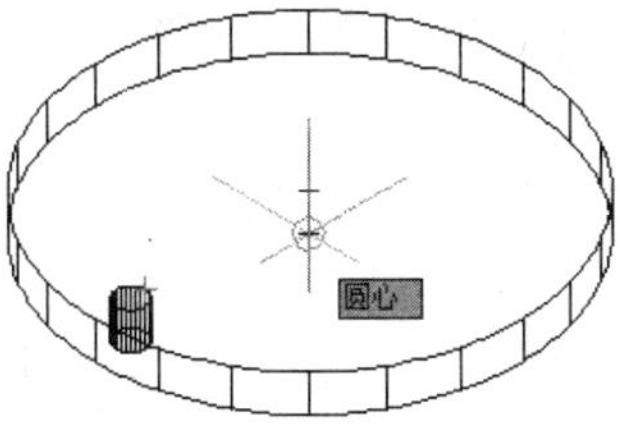

图13-15

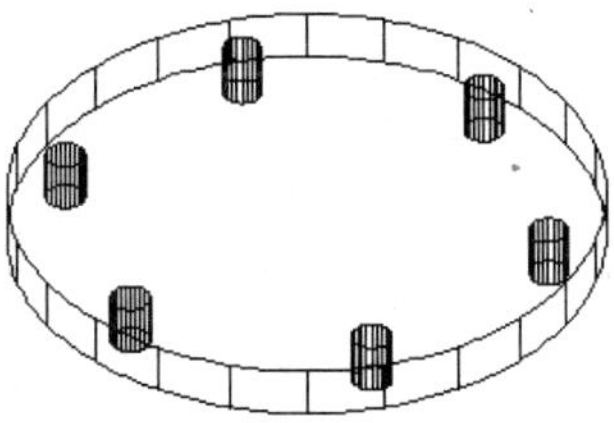
图13-16

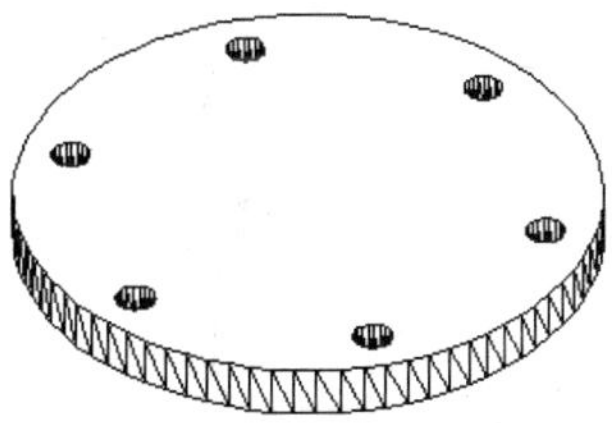
图13-17

## 13.1.4 三维模型的对齐操作

“三维对齐”命令主要用于将两个三维对象在三维操作空间中进行对齐，此命令是以源平面和目标平面对齐的形式，将两个实体进行对齐。

执行“三维对齐”命令主要有以下几种方式。

- 执行菜单栏中的“修改”|“三维操作”|“三维对齐”命令。
- 单击“建模”工具栏上的“三维对齐”按钮。
- 在命令行输入3dalign按Enter键。
- 使用命令简写3AL。

下面继续通过一个简单实例，学习“三维对齐”命令的使用方法和使用技巧。

1 继续上一节实例的操作。

2 使用“圆柱体”命令在当前视图零件图的右边创建一个半径为200、高度为50的圆柱体，如图13-18所示。

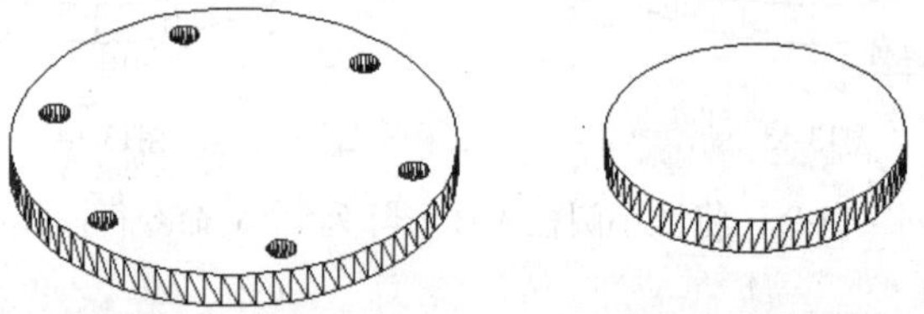

图13-18

3 下面使用“三维对齐”功能将该圆柱体对齐到上一节实例的零件图中。采用上述任意方式激活“三维对齐”命令，对两个零件图进行空间对齐，命令行操作如下。

```
命令: _3dalign
    选择对象:                                 //选择右侧的小圆柱体Enter
    指定基点或 [复制(C)]:                      //捕捉如图13-19所示的下底面圆心
    指定第二个点或 [继续(C)] <C>:              //捕捉如图13-20所示的左象限点
```

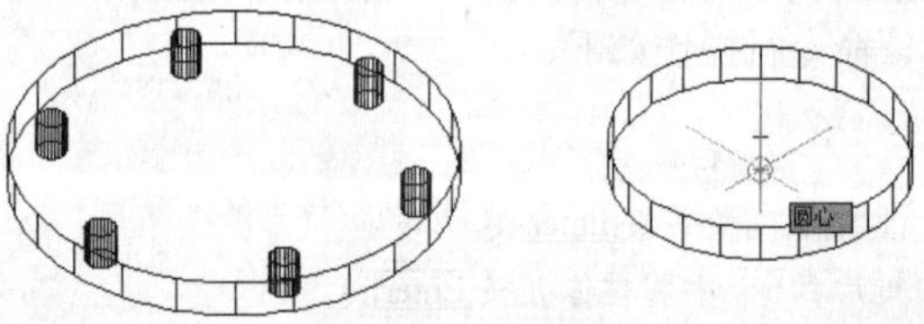


图13-19

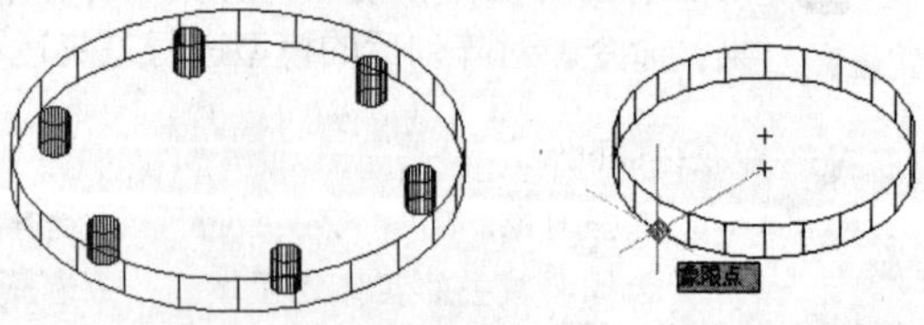


图13-20

```
    指定第三个点或 [继续(C)] <C>:              //捕捉如图13-21所示的右象限点
    指定目标平面和方向 ...指定第一个目标点:     //捕捉如图13-22所示的上表面圆心
```

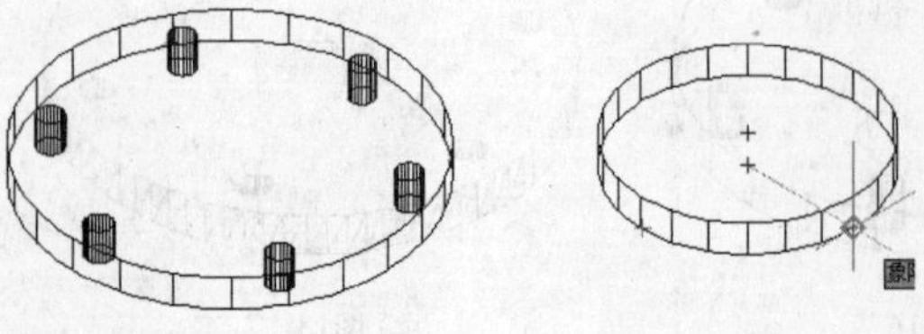

图13-21

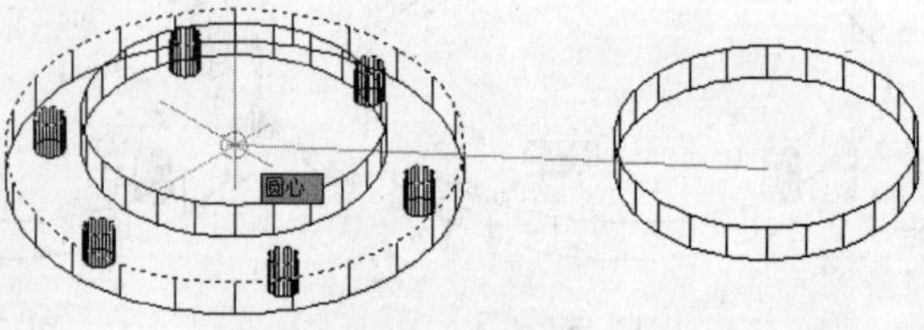


图13-22

指定第二个目标点或 [退出(X)] <X>: //捕捉如图13-23所示的象限点

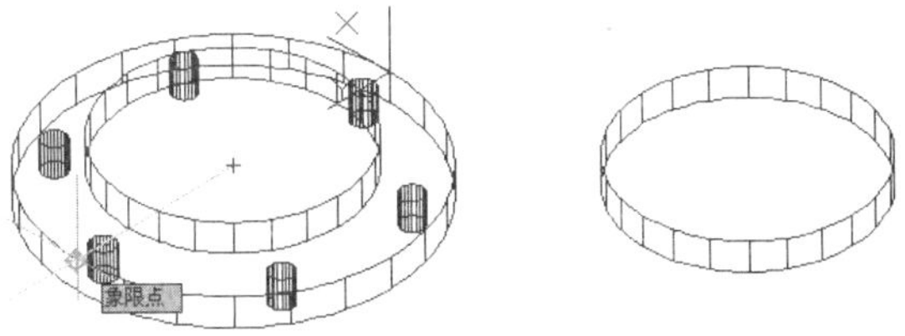


图13-23

指定第三个目标点或 [退出(X)] <X>:

//捕捉如图13-24所示的象限点，对齐结果如图13-25所示

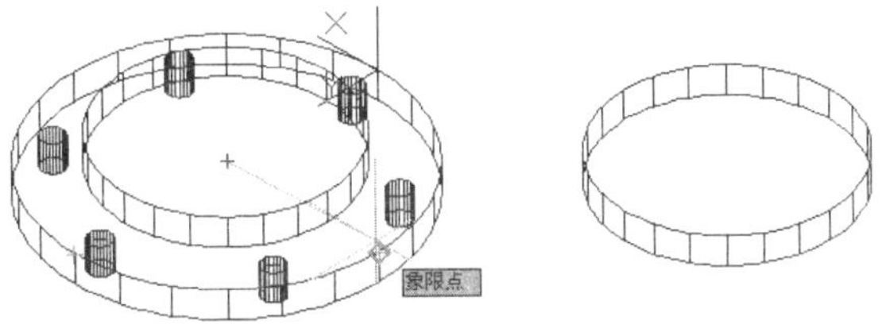


图13-24

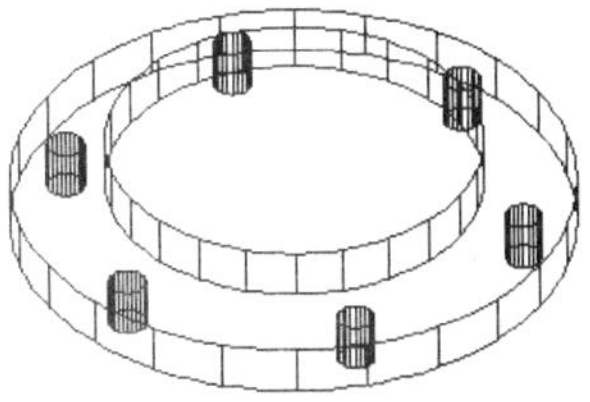

图13-25

**4** 执行菜单栏中的“视图”|“消隐”命令，将对齐后的模型进行消隐，效果如图13-26所示。

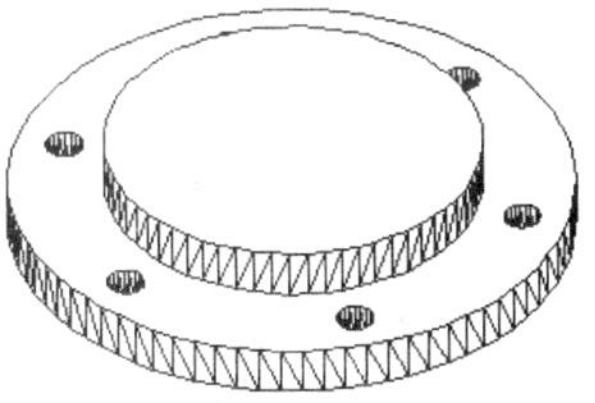

图13-26

**TIP** 除了上述三维操作命令之外，还有“对齐”和“三维移动”命令，这些命令的操作比较简单，由于篇幅所限，在此不再一一讲解，读者可以自己尝试操作。

# 13.2 三维模型的组合编辑与剖切

在AutoCAD三维建模中，除了对三维模型的基本操作之外，还可以对三维模型进行组合和刨切，以创建更为复杂的三维模型，这一节就来学习这些技术。

## 13.2.1 剖切三维实体模型

使用“剖切”命令可以切开现有的实体对象，然后移去不需要的部分，保留指定的部分。

执行“剖切”命令主要有以下几种方式。

- 执行菜单栏中的“修改”|“三维操作”|“剖切”命令。
- 在命令行输入Slice按Enter键。
- 使用命令简写SL。

下面通过一个简单实例操作，学习“剖切”命令的操作方法和剖切技巧。

**1** 打开随书光盘中的文件“素材文件”\“第13章”\“阀管.dwg”，这是一个三维零件图，如图13-27所示。

**2** 下面对其进行剖切，以创建该机械零件的剖视图。采用上述任意方式激活“剖切”命令，对该模型进行剖切，命令行操作如下。

```
命令: _slice
    选择要剖切的对象:                        //选择刚创建的实体模型
    选择要剖切的对象:                        // Enter，结束对象的选择
    指定 切面 的起点或 [平面对象(O)/曲面(S)/Z 轴(Z)/视图(V)/XY(XY)/YZ(YZ)/ZX(ZX)/三点
(3)] <三点>:                                 //YZ Enter，激活“YZ平面”选项
    指定 XY 平面上的点 <0,0,0>:              //捕捉如图13-28所示的圆心
    在所需的侧面上指定点或 [保留两个侧面(B)] <保留两个侧面>:
                                             //捕捉如图13-29所示的象限点
```

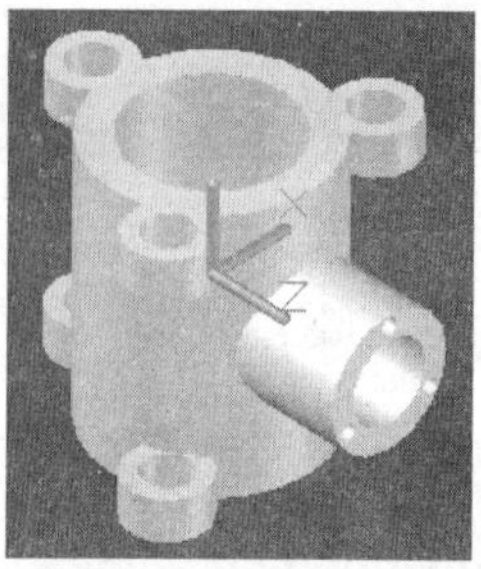

图13-27

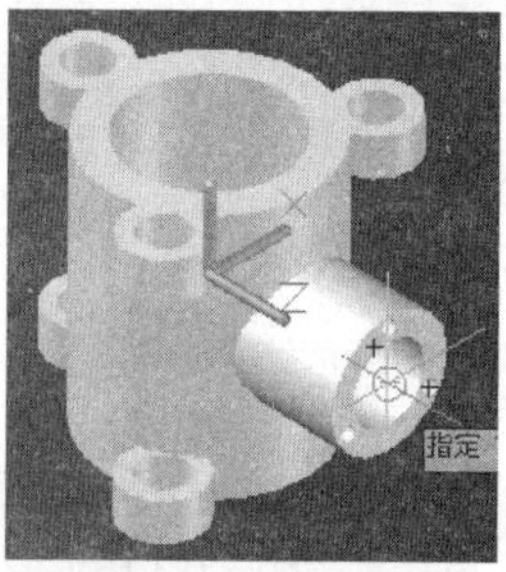


图13-28

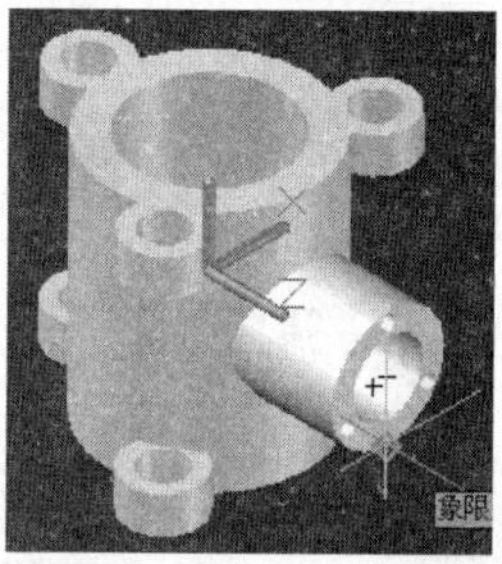


图13-29

```
    在所需的侧面上指定点或 [保留两个侧面(B)] <保留两个侧面>:  // Enter，完成剖切操作
```

**3** 激活“移动”工具，将剖切后的一个侧面进行位移，结果如图13-30所示。

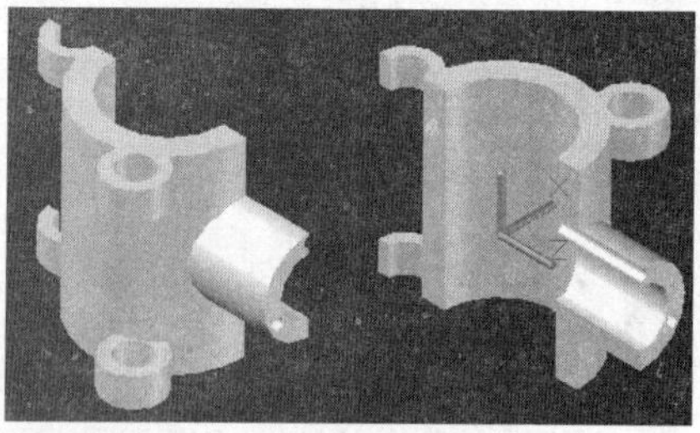

图13-30

**TIP** 剖切三维模型时，可以设置是否保留两个侧面，系统默认是保留两个侧面，这时可以使用“移动”工具将其中一个剖切面进行位移，以观察剖切效果。

命令行中包括如下选项。

- “平面对象”选项：用于选择一个二维对象作为实体的剖切面进行剖切实体。
- “XY”/“YZ”/“ZX”选项：分别用于将剖切平面与当前用户坐标系的*xy*平面/*yz*平面/*zx*平面对齐，用户只需指定点即可定义剖切面的位置。
- “三点”选项：用于通过指定三个点，以确定剖切平面。
- “Z轴”选项：用于通过指定剖切平面的法线方向来确定剖切平面，即*xy*平面上*z*轴（法线）上指定的点定义剖切面。
- “视图”选项：所确定的剖切面与当前视口的视图平面平行，用户只需指定一点，即可确定剖切平面的位置。

## 13.2.2　三维模型的并集操作

“并集”命令用于将两个或两个以上的类型相同的模型组合成一个新的模型，如果模型之间存在相交，则会将相交部分重合。

执行“并集”命令主要有以下几种方法。

- 执行菜单栏中的“修改”|“实体编辑”|“并集”命令。
- 单击“建模”工具栏上的“并集”按钮。
- 在命令行输入Union并按Enter键。
- 使用命令简写UNI。

下面通过简单的实例，学习使用“并集”命令的运用方法。

1 在西南视图中创建两个相交的球体三维模型。

2 采用上述任意方式激活“并集”命令，对这两个三维实体进行并集组合，命令行操作如下。

```
命令: _union
    选择对象:          //选择左边的球体模型，如图13-31所示
    选择对象:          //选择右边的球体模型，如图13-32所示
    选择对象:          //Enter，两个实体被合并为一个实体，如图13-33所示
```

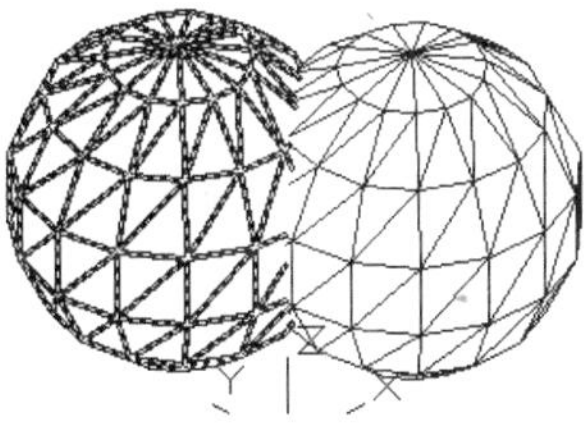
图13-31

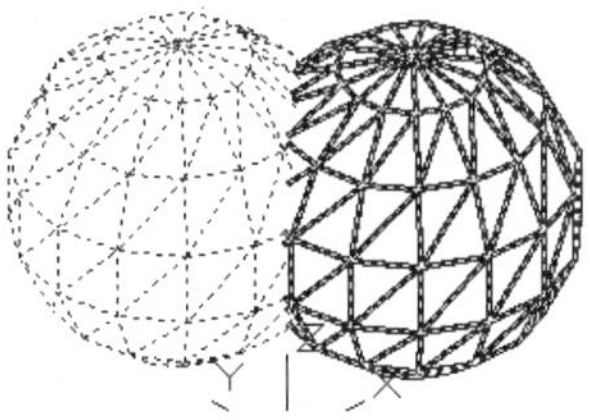
图13-32

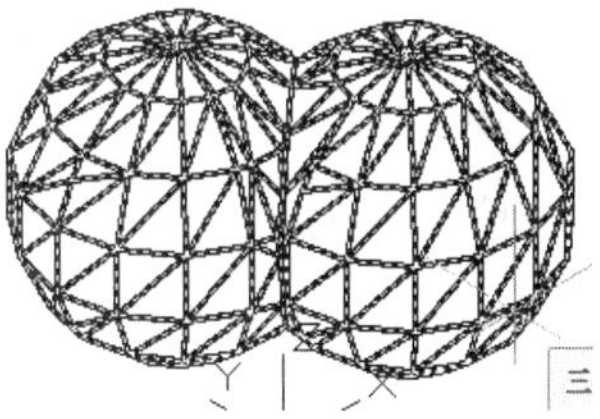
图13-33

## 13.2.3　三维模型的差集操作

“差集”命令用于从一个面域或实体中移去与其相交的面域或实体，从而生成新的组合实体。

执行“差集”命令主要有以下几种方法。

- 执行菜单栏中的“修改”|“实体编辑”|“差集”命令。
- 单击“建模”工具栏上的“差集”按钮。
- 在命令行中输入Subtract按Enter键。
- 使用命令简写SU。

下面通过简单实例，学习“差集”命令的运用方法。

1 在西南视图中创建两个相交的球体三维模型。

2 采用上述任意方式激活“差集”命令，对这两个三维实体进行差集组合，命令行操作如下。

```
命令: _subtract
    选择要从中减去的实体或面域...
    选择对象:          //选择左边的球体，如图13-34所示
    选择对象:          //Enter，结束对象的选择
    选择要减去的实体或面域 ..
    选择对象:          //选择右边的球体，如图13-35所示
    选择对象:          //Enter，结束命令，差集结果如图13-36所示
```

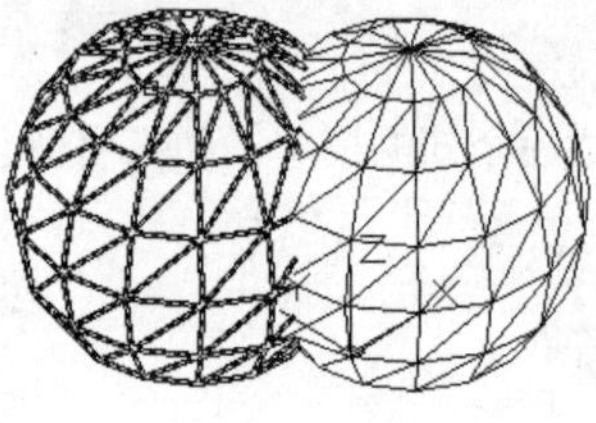
图13-34

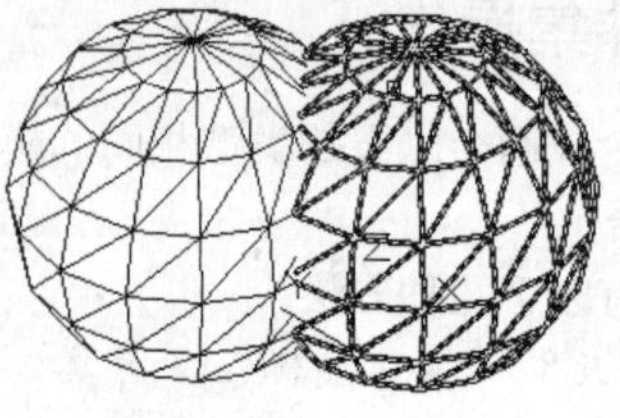
图13-35

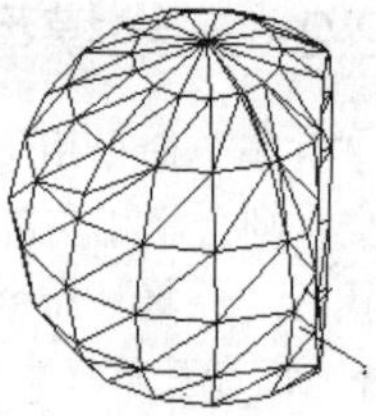
图13-36

### 13.2.4 三维模型的交集操作

“交集”命令用于将两个或两个以上的面域或实体所共有的部分提取出来组合成一个新的图形对象，同时删除公共部分以外的部分。

执行“交集”命令主要有以下几种方法。

- 执行菜单栏中的“修改”|“实体编辑”|“交集”命令。
- 单击“建模”工具栏上的“交集”按钮。
- 在命令行输入Intersect并按Enter键。
- 使用命令简写IN。

下面通过简单实例，学习“交集”命令的使用方法和技巧。

1 在西南视图中创建两个相交的球体三维模型。

2 采用上述任意方式激活“交集”命令，对这两个三维实体进行交集组合，命令行操作如下。

```
命令: _intersect
    选择对象:          //选择左边的球体，如图13-37所示
    选择对象:          //选择右边的球体，如图13-38所示
    选择对象:          //Enter，退出命令，交集结果如图13-39所示
```

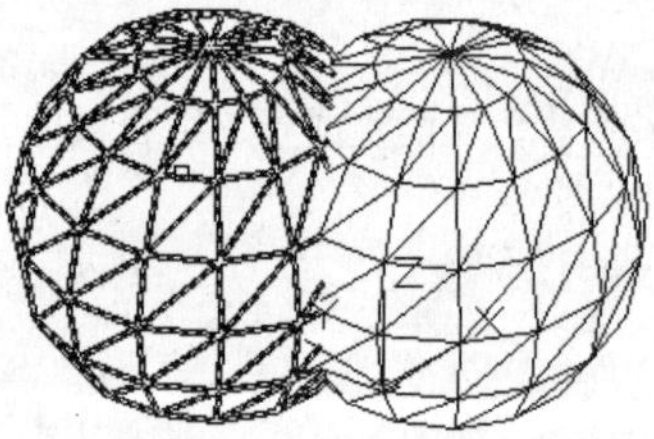
图13-37

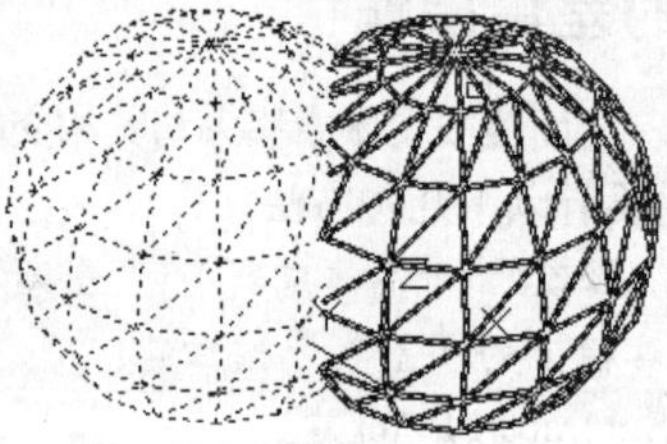
图13-38

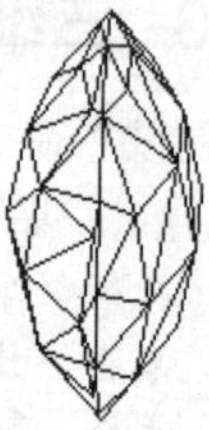
图13-39

## 13.3 创建腔体零件三维模型

前面章节主要学习了三维模型的编辑操作知识，这一节通过创建腔体零件三维模型的实例，对以上所学知识进行巩固练习，具体操作步骤如下。

1 快速创建一个空白文件，然后将视图切换为东北视图。

2 单击“实体”工具栏上的“长方体”按钮，激活“长方体”命令，创建长方体，命令行操作如下。

```
命令: _box
    指定第一个角点或 [中心(C)]:                  //C Enter
    指定中心:                                    //0,0,0 Enter
    指定角点或 [立方体(C)/长度(L)]:              //@40,40 Enter
    指定高度或 [两点(2P)] <8.0000>:              //8 Enter，结果如图13-40所示
```

**3** 使用系统变量ISOLINES修改实体模型的线框密度，命令行操作如下。

```
命令: ISOLINES                                   // Enter，激活命令
    输入 ISOLINES 的新值 <4>:                     //20 Enter
```

**4** 使用命令简写F激活“圆角”命令，对长方体的4条垂直棱边进行圆角，命令行操作如下。

```
命令: F
    FILLET
    当前设置: 模式 = 不修剪，半径 = 5.0000
    选择第一个对象或 [放弃(U)/多段线(P)/半径(R)/修剪(T)/多个(M)]:
                                                  //单击如图13-41所示的垂直边
```

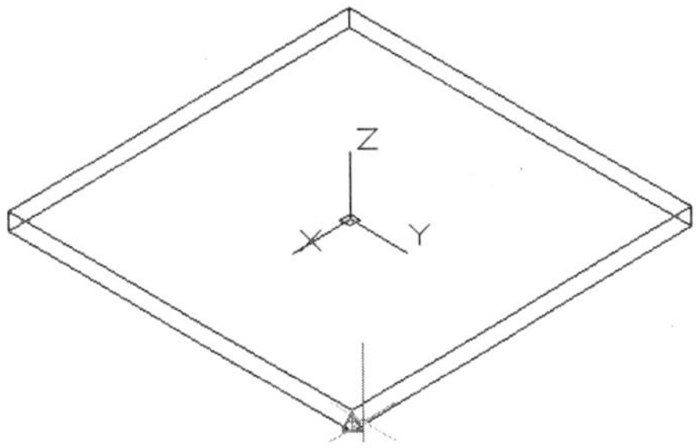

图13-40

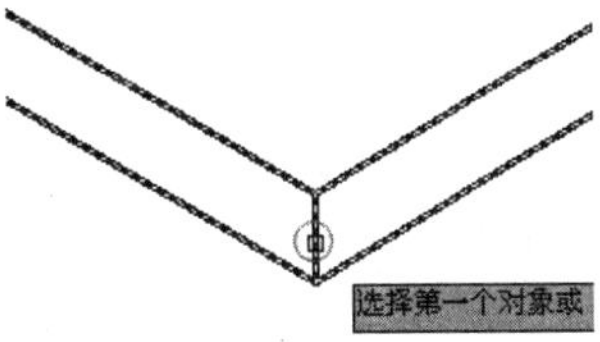

图13-41

```
输入圆角半径 <5.0000>:                   //5 Enter
选择边或 [链(C)/环(L)/半径(R)]:           // Enter，圆角效果如图13-42所示
```

**5** 按Enter键，在命令行“选择第一个对象或[放弃(U)/多段线(P)/半径(R)/修剪(T)/多个(M)]:”提示下，分别选择其他三条垂直边，并按Enter键，对其进行圆角处理，结果如图13-43所示。

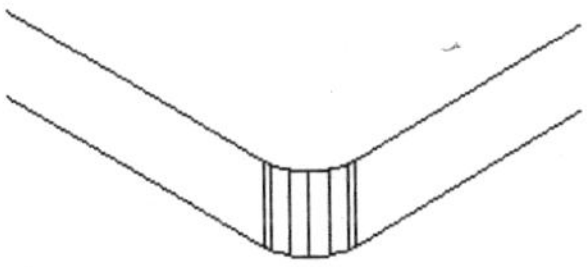
图13-42

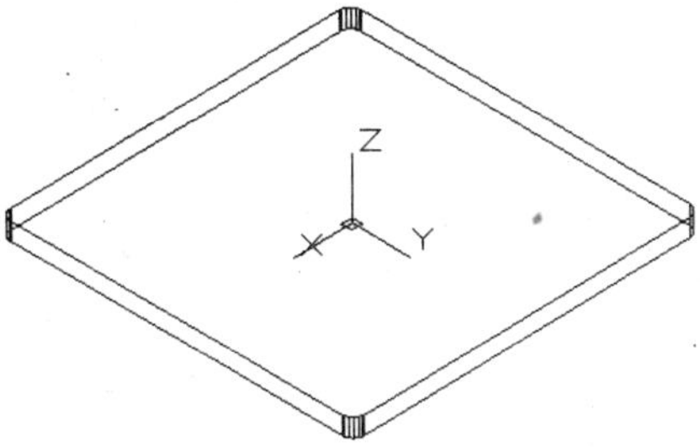

图13-43

**6** 单击“实体”工具栏上的“圆柱体”按钮，激活“圆柱体”命令，创建圆柱体，命令行操作如下。

```
命令: _cylinder
    指定底面的中心点或 [三点(3P)/两点(2P)/切点、切点、半径(T)/椭圆(E)]:   //-30,-30,-4 Enter
    指定底面半径或 [直径(D)] <3.5000>:                    //-3.5 Enter
    指定高度或 [两点(2P)/轴端点(A)] <8.0000>:              //8 Enter，结果如图13-44所示
```

**7** 执行菜单栏中的"修改"|"三维操作"|"三维阵列"命令，对创建的圆柱体进行三维阵列，命令行操作如下。

```
命令: _3darray
    选择对象:                          //选择圆柱体
    选择对象:                          // Enter，结束对象的选择
    输入阵列类型 [矩形(R)/环形(P)] <矩形>:        // Enter，激活矩形阵列功能
    输入行数 (---) <1>:                //2 Enter
    输入列数 (|||) <1>:                //2 Enter
    输入层数 (...) <1>:                // Enter
    指定行间距 (---):                  //60 Enter
    指定列间距 (|||):                  //60 Enter，阵列结果如图13-45所示
```

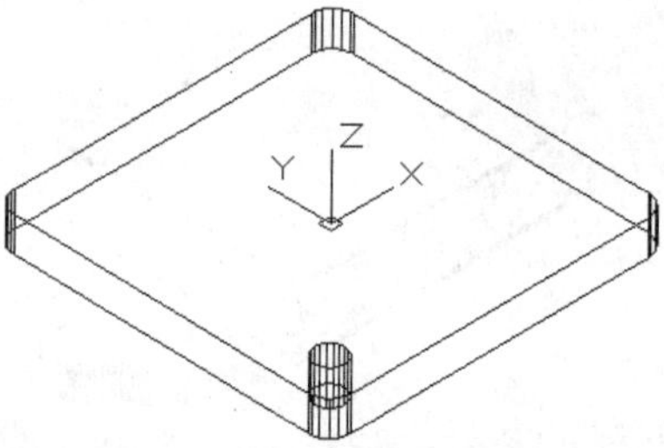

图13-44

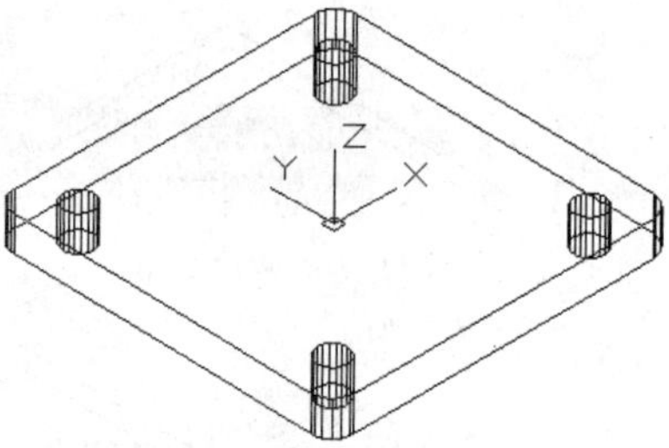

图13-45

**8** 执行菜单栏中的"修改"|"实体编辑"|"差集"命令，对圆柱体进行差集运算，以创建底板上的螺孔，命令行操作如下。

```
命令: _subtract
    选择要从中减去的实体或面域...
    选择对象:                          //选择长方体模型
    选择对象:                          // Enter，结束对象的选择
    选择要减去的实体或面域 ..
    选择对象:                          //分别选择如图13-46所示的4个圆柱体
    选择对象:                          // Enter，结束命令，结果如图13-47所示
```

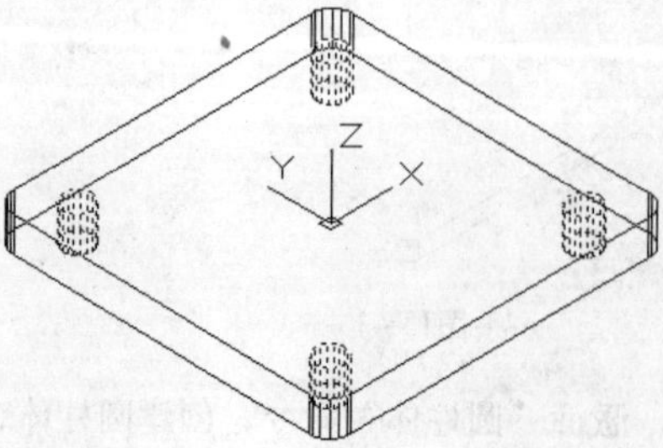

图13-46

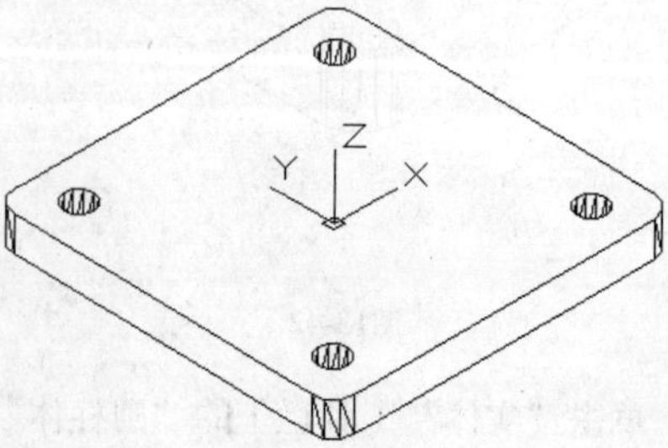

图13-47

**9** 再次激活“圆柱体”命令，创建同心圆柱体，命令行操作如下。

```
命令: _cylinder
    当前线框密度: ISOLINES=20
    指定圆柱体底面的中心点或 [椭圆(E)] <0,0,0>:     //0,0,-4 Enter
    指定圆柱体底面的半径或 [直径(D)]:               //D Enter，激活“直径”选项
    指定圆柱体底面的直径:                           //40 Enter
    指定圆柱体高度或 [另一个圆心(C)]:               //40 Enter，结果如图13-48所示
命令:                                               // Enter，重复执行命令
    YLINDER
    当前线框密度: ISOLINES=20
    指定圆柱体底面的中心点或 [椭圆(E)] <0,0,0>:     //0,0,-4 Enter
    指定圆柱体底面的半径或 [直径(D)]:               //D Enter
    指定圆柱体底面的直径:                           //28 Enter
    指定圆柱体高度或 [另一个圆心(C)]:               //40 Enter，创建结果如图13-49所示
```

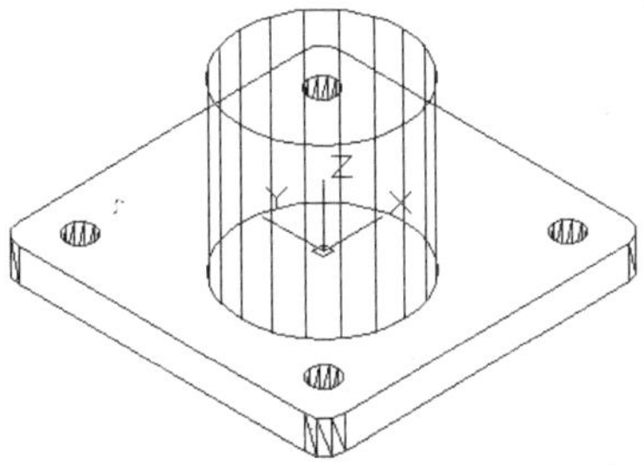

图13-48

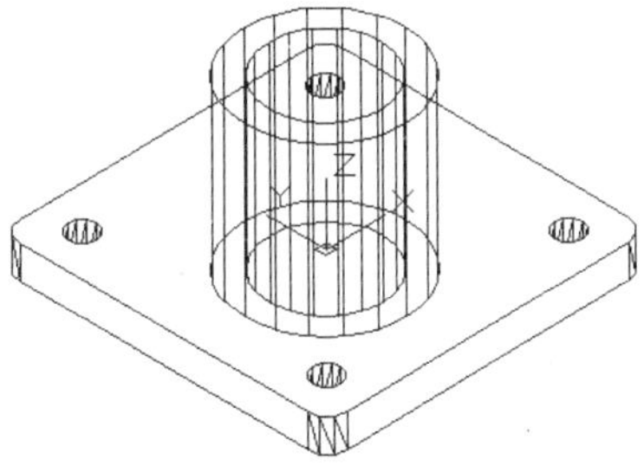

图13-49

**10** 执行菜单栏中的“修改”|“实体编辑”|“差集”命令，对刚创建的两个圆柱体进行差集运算，命令行操作如下。

```
命令: _subtract
    选择要从中减去的实体或面域...
    选择对象:                                   //选择大圆柱体
    选择对象:                                   // Enter，结束对象的选择
    选择要减去的实体或面域 ..
    选择对象:                                   //选择小圆柱体
    选择对象:                     // Enter，结束命令，差集结果如图13-50所示
```

**11** 执行菜单栏中的“修改”|“实体编辑”|“并集”命令，对底板模型和通孔模型进行合并，结果如图13-51所示。

**12** 使用“UCS”命令，创建用户坐标系，命令行操作如下。

```
命令: UCS                                       // Enter，激活命令
    当前 UCS 名称: *世界*
    输入选项 [新建(N)/移动(M)/正交(G)/上一个(P)/恢复(R)/保存(S)/删除(D)/应用(A)/?/世界
(W)] <世界>:                                    //M Enter，激活“移动”选项
    指定新原点或 [Z 向深度(Z)] <0,0,0>:         //0,0,36 Enter，结果如图13-52所示
```

**13** 再次激活“圆柱体”命令，创建圆柱体，命令行操作如下。

命令: _cylinder
当前线框密度: ISOLINES=20
指定圆柱体底面的中心点或 [椭圆(E)] <0,0,0>: // Enter, 以原点作为中心点
指定圆柱体底面的半径或 [直径(D)]: //D Enter, 激活“直径”选项
指定圆柱体底面的直径: //40 Enter
指定圆柱体高度或 [另一个圆心(C)]: //73 Enter, 结果如图13-53所示

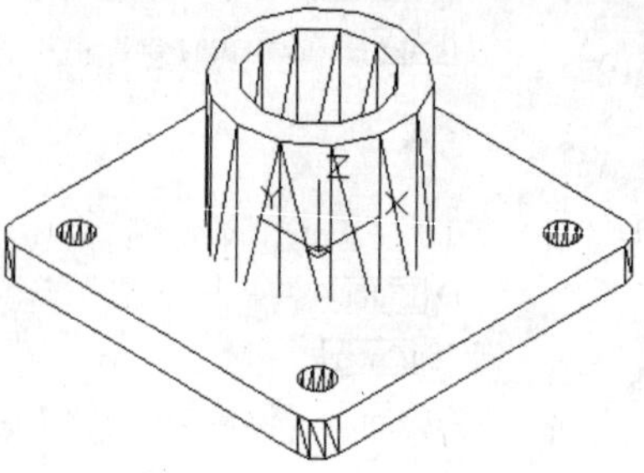

图13-50

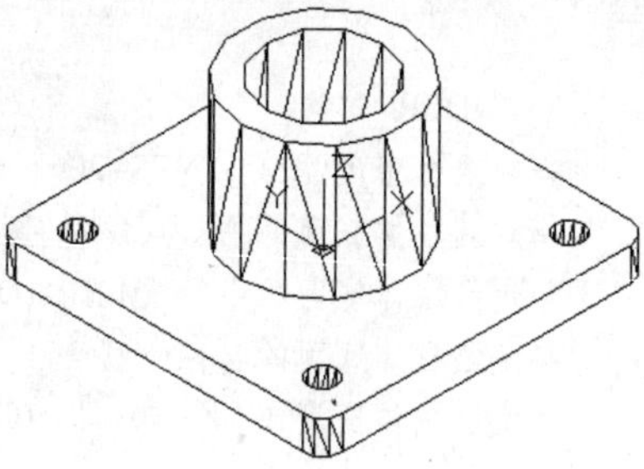

图13-51

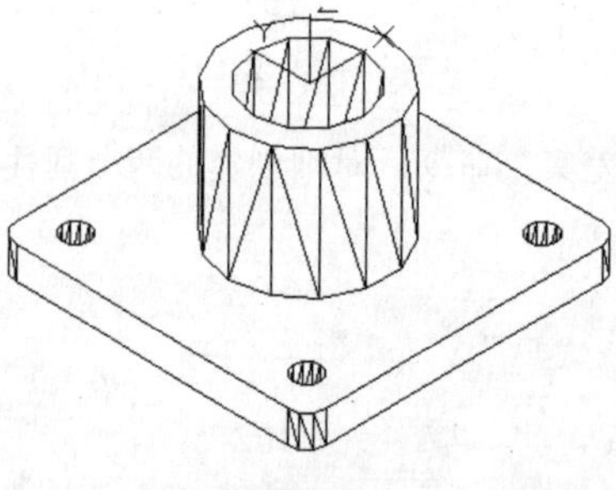

图13-52

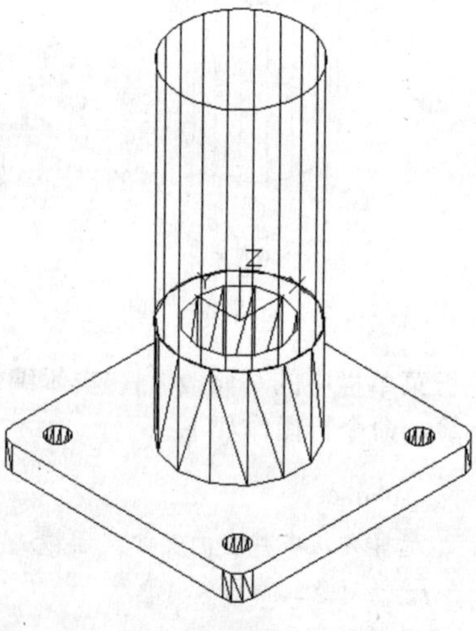

图13-53

命令: // Enter, 重复执行命令
CYLINDER
当前线框密度: ISOLINES=20
指定圆柱体底面的中心点或 [椭圆(E)] <0,0,0>: // Enter
指定圆柱体底面的半径或 [直径(D)]: //D Enter
指定圆柱体底面的直径: //48 Enter
指定圆柱体高度或 [另一个圆心(C)]: //62 Enter, 创建结果如图13-54所示
命令: // Enter, 重复执行命令
CYLINDER
当前线框密度: ISOLINES=20
指定圆柱体底面的中心点或 [椭圆(E)] <0,0,0>: //0,0,62 Enter
指定圆柱体底面的半径或 [直径(D)]: //D Enter

```
    指定圆柱体底面的直径:                              //80 Enter
    指定圆柱体高度或[另一个圆心(C)]:                    //8 Enter
命令:                                                 // Enter，重复执行命令
    CYLINDER
    当前线框密度: ISOLINES=20
    指定圆柱体底面的中心点或[椭圆(E)] <0,0,0>:          //0,0,70 Enter
    指定圆柱体底面的半径或[直径(D)]:                    //D Enter
    指定圆柱体底面的直径:                              //52 Enter
    指定圆柱体高度或[另一个圆心(C)]:                    //3 Enter，结果如图13-55所示
```

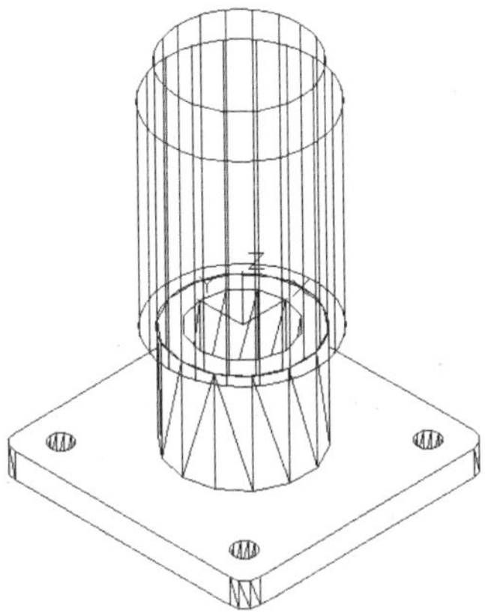
图13-54

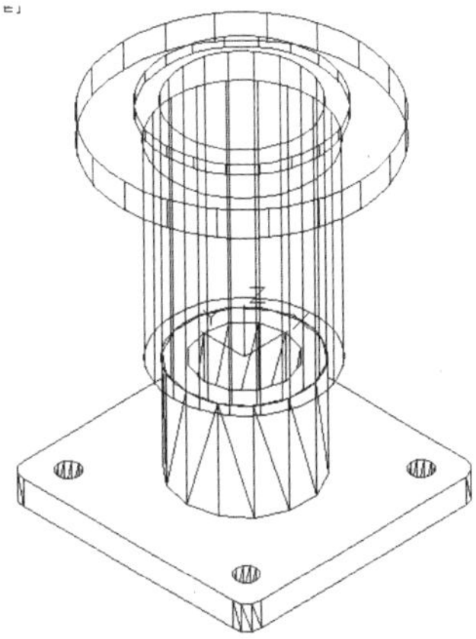
图13-55

**14** 继续激活“圆柱体”命令，创建螺孔圆柱体，命令行操作如下。

```
命令: _cylinder
    当前线框密度: ISOLINES=20
    指定圆柱体底面的中心点或[椭圆(E)] <0,0,0>:          //33,0,62 Enter
    指定圆柱体底面的半径或[直径(D)]:                    //D Enter，激活“直径”选项
    指定圆柱体底面的直径:                              //7 Enter
    指定圆柱体高度或[另一个圆心(C)]:                    //8 Enter，结果如图13-56所示
```

**15** 执行菜单栏中的“修改”|“三维操作”|“三维阵列”命令，对刚创建的螺孔圆柱进行环形阵列，命令行操作如下。

```
命令: _3darray
    选择对象:                                          //选择螺孔圆柱体
    选择对象:                                          // Enter，结束对象的选择
    输入阵列类型[矩形(R)/环形(P)] <矩形>:               //P Enter，激活“矩形”选项
    输入阵列中的项目数目:                              //4 Enter，设置阵列数目
    指定要填充的角度(+=逆时针, -=顺时针) <360>:         // Enter，设置阵列角度
    旋转阵列对象？[是(Y)/否(N)] <是>:                   // Enter，设置旋转模式
    指定阵列的中心点:                                  //0,0,62 Enter
    指定旋转轴上的第二点:                              //0,0,70 Enter，结果如图13-57所示
```

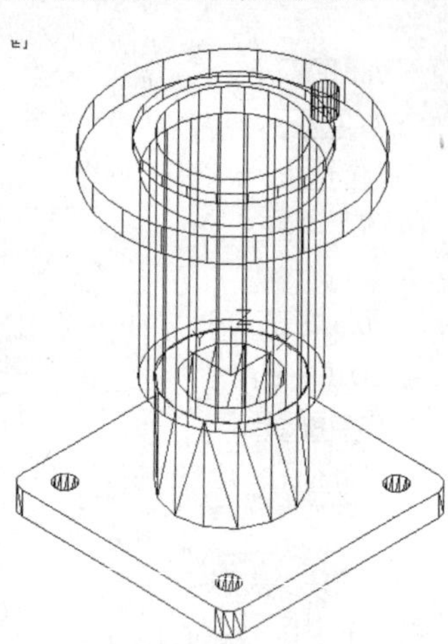

图13-56

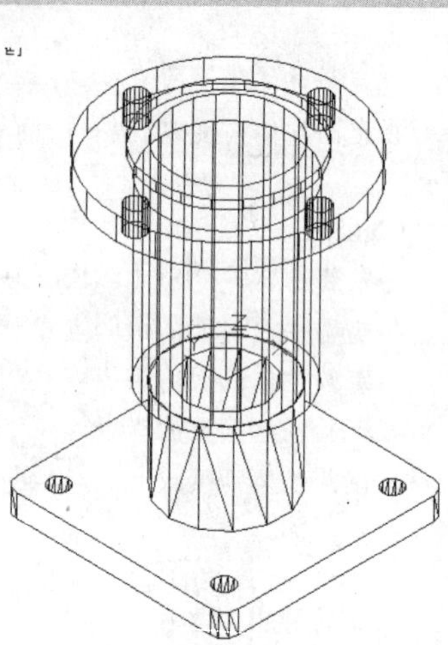

图13-57

**16** 执行菜单栏中的“修改”|“实体编辑”|“差集”命令，对创建的两个圆柱体进行差集运算，命令行操作如下。

```
命令: _subtract
    选择要从中减去的实体或面域...
    选择对象:                    //选择高度为62、8和3的圆柱体，如图13-58所示
    选择对象:                    // Enter，结束对象的选择
    选择要减去的实体或面域 ..
    选择对象:                    //选择高度为73的4个螺孔圆柱体，如图13-59所示
    选择对象:                    // Enter，结束命令
```

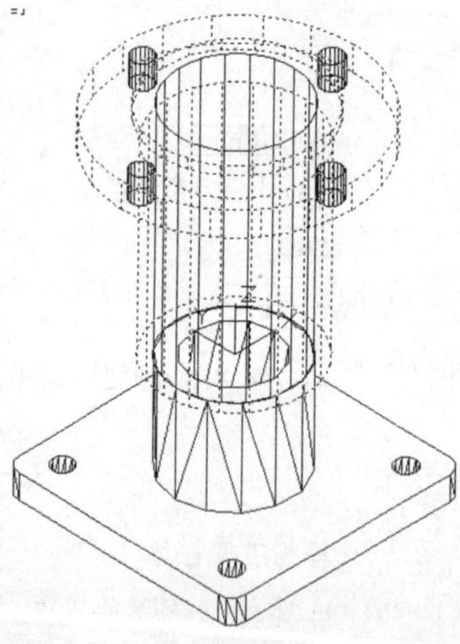

图13-58

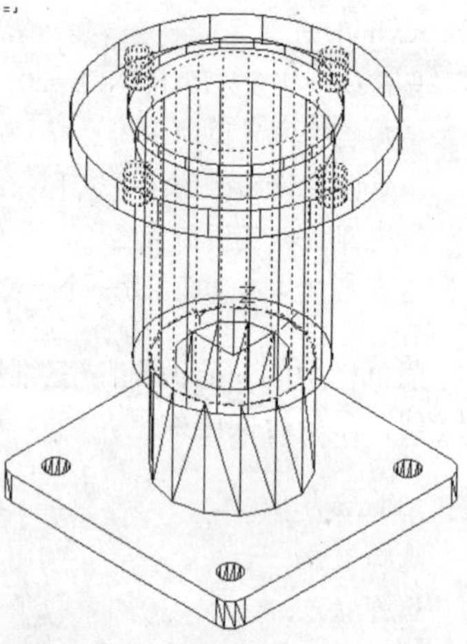

图13-59

**17** 使用命令简写HI激活“消隐”命令，对差集运算后的实体进行视图消隐，图形显示如图13-60所示。

**18** 使用命令简写U激活“放弃”命令，撤销上一步操作，恢复为二维线框的着色状态。

**19** 再次激活“圆柱体”命令，以当前坐标系的原点作为底面圆心，创建底面直径为40、高度为100的圆柱体，结果如图13-61所示。

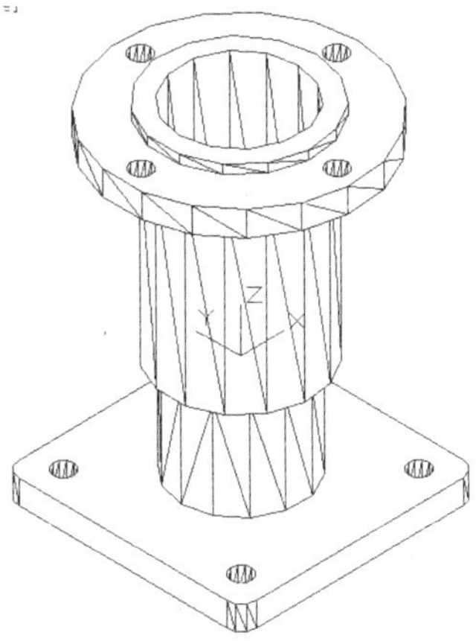
图13-60

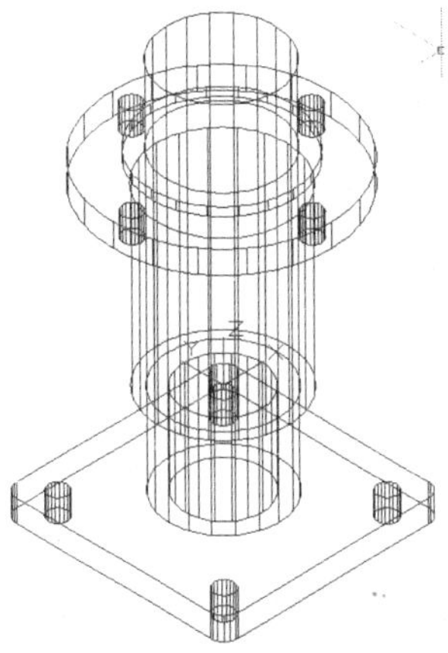
图13-61

**20** 激活“UCS”命令，创建用户坐标系，命令行操作如下。

命令: UCS　　//Enter，激活命令
当前 UCS 名称: *世界*
输入选项 [新建(N)/移动(M)/正交(G)/上一个(P)/恢复(R)/保存(S)/删除(D)/应用(A)/?/世界(W)] <世界>:　　//N Enter，激活“新建”选项
指定新 UCS 的原点或 [Z 轴(ZA)/三点(3)/对象(OB)/面(F)/视图(V)/X/Y/Z] <0,0,0>:
　　//X Enter，激活“X”选项
指定绕 Z 轴的旋转角度 <90.0>: // Enter，采用系统默认设置命令:
　　//Enter，重复执行命令
命令: UCS
当前 UCS 名称: *没有名称*
输入选项 [新建(N)/移动(M)/正交(G)/上一个(P)/恢复(R)/保存(S)/删除(D)/应用(A)/?/世界(W)] <世界>:　　//M Enter，激活“移动”选项
指定新原点或 [Z 向深度(Z)] <0,0,0>:　　//0,31,0 Enter，结束命令

**21** 激活“圆柱体”命令，创建圆柱体，命令行操作如下。

命令: _cylinder
当前线框密度: ISOLINES=20
指定圆柱体底面的中心点或 [椭圆(E)] <0,0,0>:　　// Enter
指定圆柱体底面的半径或 [直径(D)]:　　//D Enter，激活“直径”选项
指定圆柱体底面的直径:　　//40 Enter
指定圆柱体高度或 [另一个圆心(C)]:　　//-45 Enter，结果如图13-62所示
命令:　　// Enter，重复执行命令
CYLINDER
当前线框密度: ISOLINES=20
指定圆柱体底面的中心点或 [椭圆(E)] <0,0,0>:　　// Enter
指定圆柱体底面的半径或 [直径(D)]:　　//D Enter，激活“直径”选项
指定圆柱体底面的直径:　　//30 Enter
指定圆柱体高度或 [另一个圆心(C)]:　　//-45 Enter，结果如图13-63所示

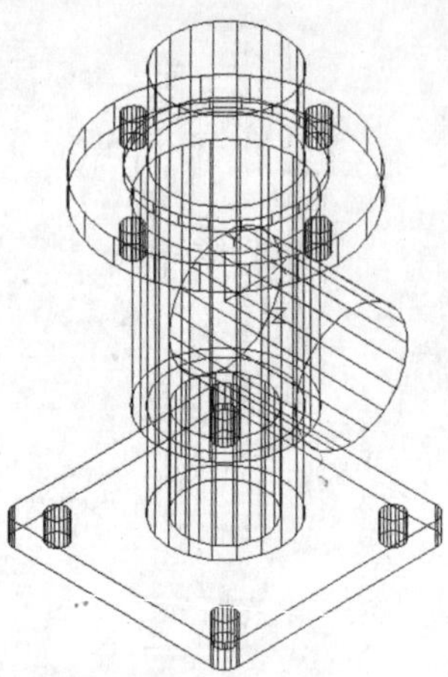

图13-62

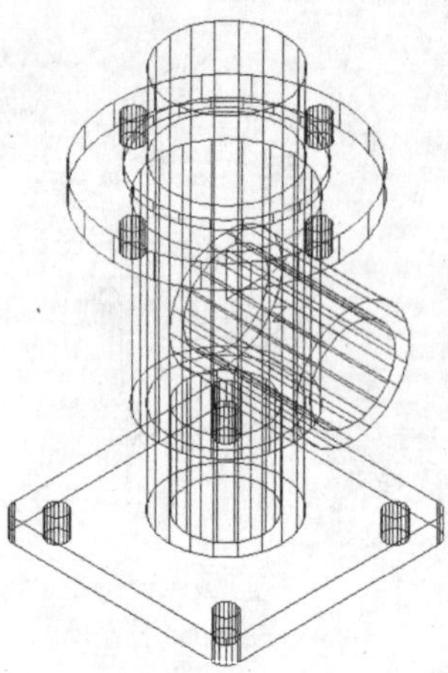

图13-63

**22** 执行菜单栏中的“修改”|“实体编辑”|“差集”命令，对刚创建的三个圆柱体进行差集运算，命令行操作如下。

命令: _subtract
　　选择要从中减去的实体或面域...
　　选择对象:　//选择底面直径为40、高度45的圆柱体和上端接头的组合实体，如图13-64所示
　　选择对象:　　　　　　　　//Enter，结束对象的选择
　　选择要减去的实体或面域 ..
　　选择对象:　//选择底面直径为30、高度45的圆柱体和高度为100的圆柱体，如图13-65所示

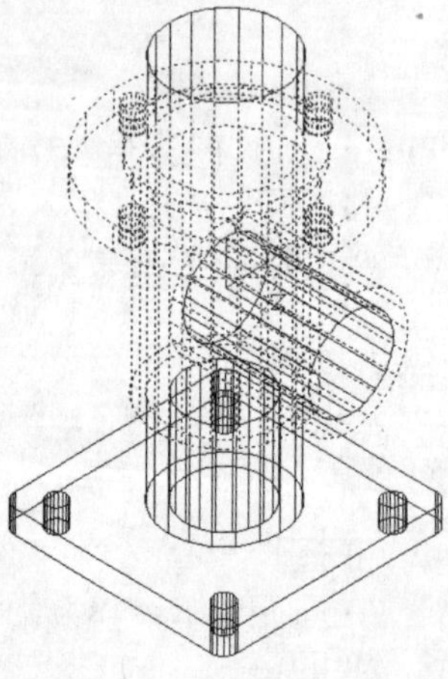

图13-64

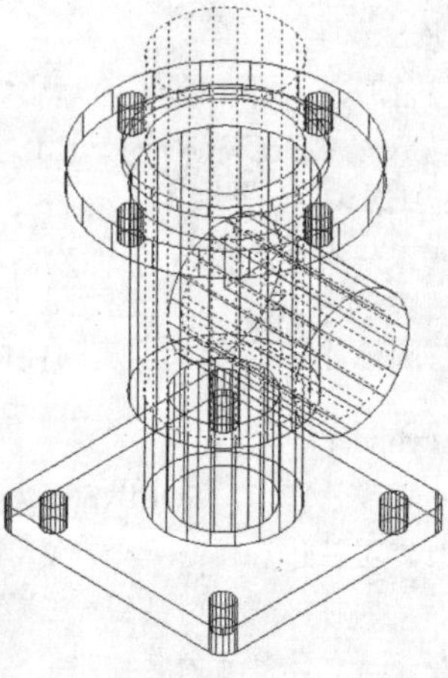

图13-65

　　选择对象:　　　　　　　　//Enter，结束命令，结果如图13-66所示

**23** 激活“UCS”命令，将当前用户坐标系进行位移，命令行操作如下。

命令: UCS　　　　　　　　//Enter，激活命令
　　当前 UCS 名称: *没有名称*
　　输入选项 [新建(N)/移动(M)/正交(G)/上一个(P)/恢复(R)/保存(S)/删除(D)/应用(A)/?/世界(W)] <世界>:　　　　//M Enter，激活“移动”选项

指定新原点或 [Z 向深度(Z)] <0,0,0>:　　//0,0,-45 Enter，结果如图13-67所示

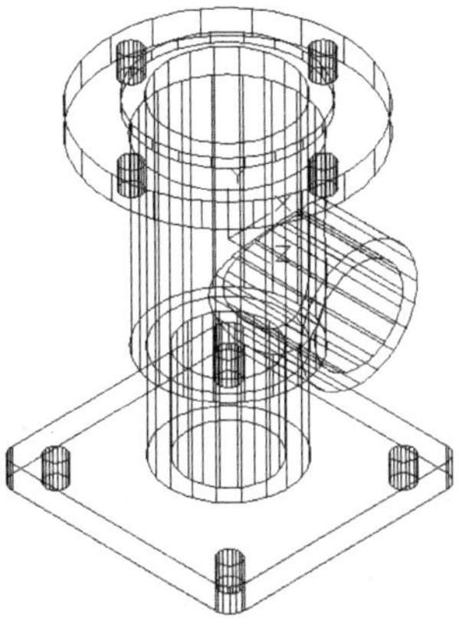

图13-66

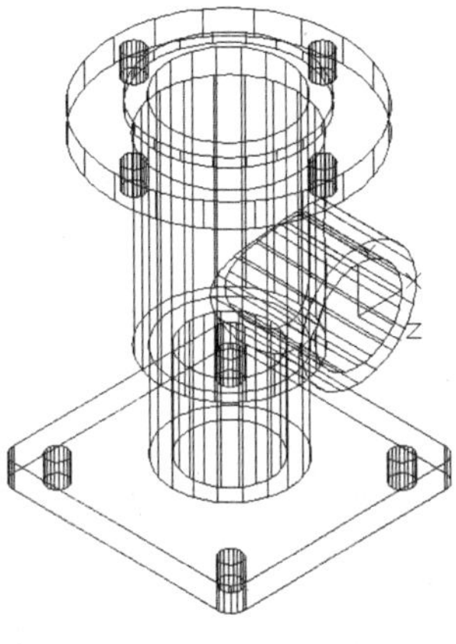

图13-67

24 执行菜单栏中的“视图”|“视觉样式”|“真实”命令，对模型进行着色。

25 使用命令简写C激活“圆”命令，分别绘制直径为50、30、24和13的圆形，命令行操作如下。

```
命令:                                                       //C Enter，激活命令
    CIRCLE
    指定圆的圆心或 [三点(3P)/两点(2P)/相切、相切、半径(T)]:       //0,0,0 Enter
    指定圆的半径或 [直径(D)]:                                 //D Enter
    指定圆的直径:                                             //50 Enter
命令:                                                       // Enter，重复执行命令
    CIRCLE
    指定圆的圆心或 [三点(3P)/两点(2P)/相切、相切、半径(T)]:       //0,0,0 Enter
    指定圆的半径或 [直径(D)] <25.0>:                          //D Enter
    指定圆的直径 <50.0>:                                      //30 Enter
命令:                                                       // Enter，重复执行命令
    CIRCLE
    指定圆的圆心或 [三点(3P)/两点(2P)/相切、相切、半径(T)]:       //35,0 Enter
    指定圆的半径或 [直径(D)] <25.0>:                          //D Enter
    指定圆的直径 <50.0>:                                      //24 Enter
命令:                                                       // Enter，重复执行命令
    CIRCLE
    指定圆的圆心或 [三点(3P)/两点(2P)/相切、相切、半径(T)]:       //35,0 Enter
    指定圆的半径或 [直径(D)] <25.0>:                          //D Enter
    指定圆的直径 <50.0>:                                      //13 Enter
命令:                                                       // Enter，重复执行命令
    CIRCLE
    指定圆的圆心或 [三点(3P)/两点(2P)/相切、相切、半径(T)]:       //-35,0 Enter
    指定圆的半径或 [直径(D)] <25.0>:                          //D Enter
    指定圆的直径 <50.0>:                                      //24 Enter
```

```
命令:                                          // Enter, 重复执行命令
    CIRCLE
    指定圆的圆心或 [三点(3P)/两点(2P)/相切、相切、半径(T)]:      //-35,0 Enter
    指定圆的半径或 [直径(D)] <25.0>:                 //D Enter
    指定圆的直径 <50.0>:                            //13 Enter, 绘制结果如图13-68所示
```

26 使用命令简写L激活“直线”命令，配合“切点”捕捉和“三维动态观察器”等辅助功能绘制如图13-69所示的公切线。

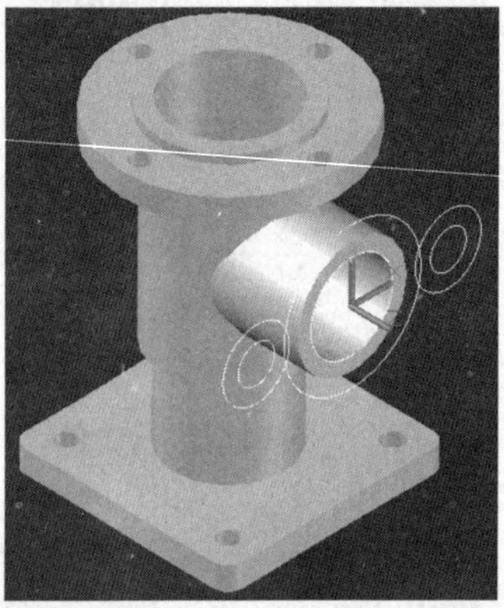

图13-68

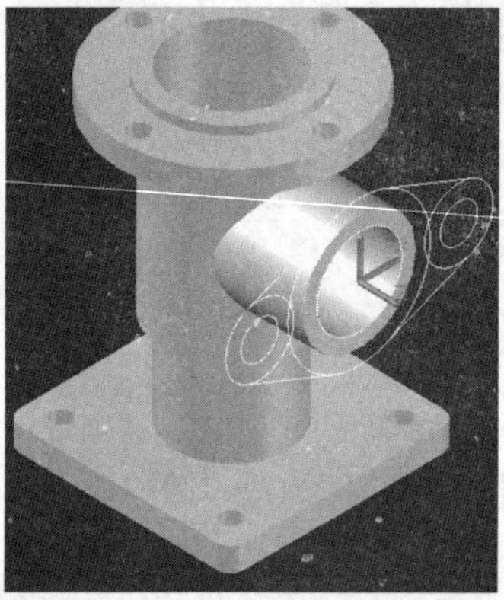

图13-69

27 使用命令简写TR激活“修剪”命令，以公切线作为剪切边界，修剪掉位于剪切边之间的圆弧，结果如图13-70所示。

28 使用命令简写PE激活“编辑多段线”命令，将刚修剪的闭合轮廓编辑为一条闭合多段线，命令行操作如下。

```
命令: PE
    PEDIT 选择多段线或 [多条(M)]:
    选定的对象不是多段线
    是否将其转换为多段线? <Y>
    输入选项 [闭合(C)/合并(J)/宽度(W)/编辑顶点(E)/拟合(F)/样条曲线(S)/非曲线化(D)/线型生
  成(L)/反转(R)/放弃(U)]:                    //J Enter
    选择对象:                                //单击选中如图13-71所示的线
```

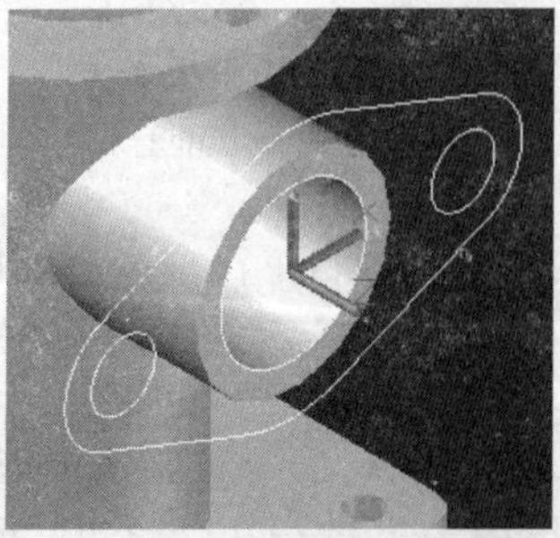

图13-70

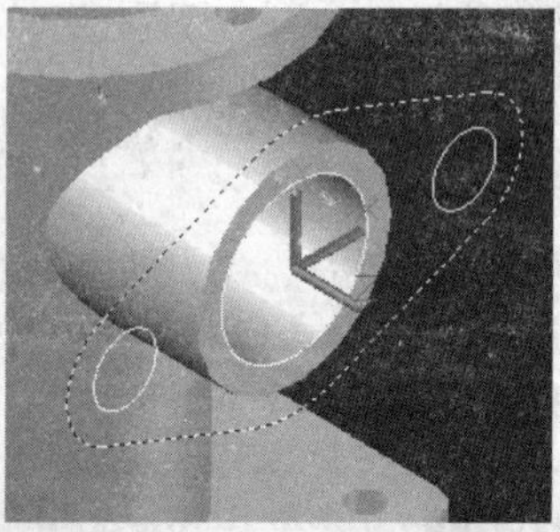

图13-71

```
    选择对象:                                // Enter
    多段线已增加 7 条线段
```

输入选项 [打开(O)/合并(J)/宽度(W)/编辑顶点(E)/拟合(F)/样条曲线(S)/非曲线化(D)/线型生成(L)/反转(R)/放弃(U)]:　　　　　　//J Enter

无法合并到闭合多段线

输入选项 [打开(O)/合并(J)/宽度(W)/编辑顶点(E)/拟合(F)/样条曲线(S)/非曲线化(D)/线型生成(L)/反转(R)/放弃(U)]:　　　　　　// Enter，结束操作

29 执行菜单栏中的“绘图”|“建模”|“拉伸”命令，选择刚创建的闭合多段线和直径为30、13的圆，沿$z$轴负方向拉伸8个绘图单位，结果如图13-72所示。

30 执行“差集”命令，使用椭圆形拉伸实体减去半径分别为13和30的圆柱体，结果如图13-73所示。

31 使用“并集”命令，将所有实体模型合并为一个组合实体，最终效果如图13-74所示。

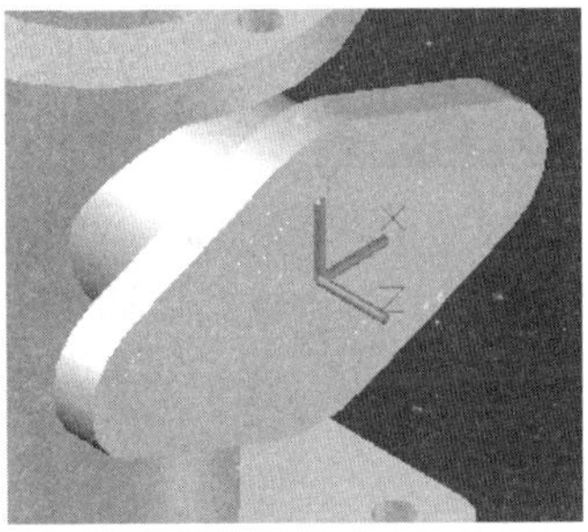

图13-72

图13-73

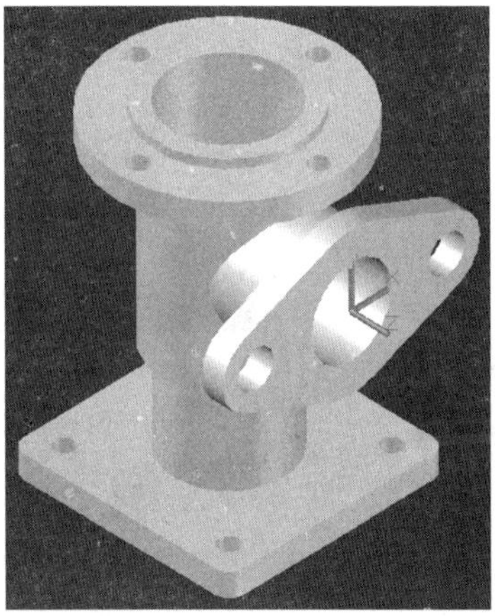

图13-74

32 执行“另存为”命令，将该图形存储为“腔体零件三维模型.dwg”文件。

## 13.4 三维实体面的编辑技能

这一节继续来学习编辑三维实体面的相关知识，具体包括拉伸三维实体面、移动三维实体面、偏移三维实体面、旋转三维实体面、倾斜三维实体面以及其他三维模型的编辑，操作较简单，读者可以自己尝试操作。

### 13.4.1 拉伸三维实体面

“拉伸面”命令用于将选择的三维实体的表面，按照指定的高度、倾斜角度或路径进行拉伸，以创建出新的形体。

执行“拉伸面”命令主要有以下几种方式。

- 执行菜单栏中的“修改”|“实体编辑”|“拉伸面”命令。
- 单击“实体编辑”工具栏上的“拉伸面”按钮。
- 在命令行输入Solidedit按Enter键。

下面通过一个简单实例，学习“拉伸面”命令的使用方法和使用技巧。

1 继续上一节实例的操作。

2 采用上述任意方式激活"拉伸面"命令，对模型的上表面进行两次拉伸，命令行操作如下。

命令: _extrude
选择面或 [放弃(U)/删除(R)]: //选择如图13-75所示的上表面
选择面或 [放弃(U)/删除(R)/全部(ALL)]: // Enter
指定拉伸高度或 [路径(P)]: //20 Enter
指定拉伸的倾斜角度 <15>: //输入-30，按三次Enter键结束操作，拉伸结果如图13-76所示

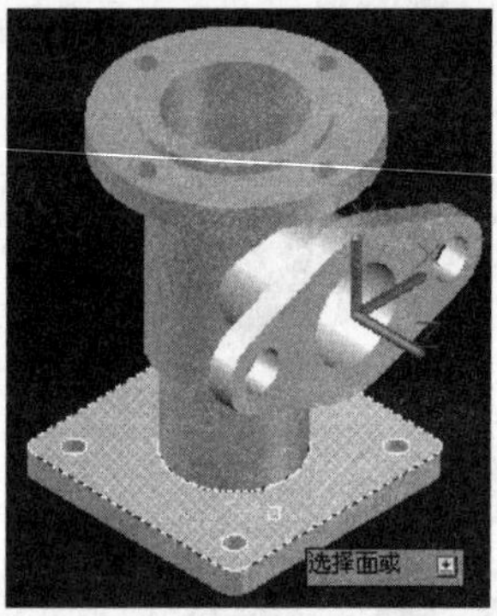


图13-75

图13-76

命令: _extrude
选择面或 [放弃(U)/删除(R)]: //选择如图13-77所示的面
选择面或 [放弃(U)/删除(R)/全部(ALL)]: // Enter
指定拉伸高度或 [路径(P)]: //20 Enter
指定拉伸的倾斜角度 <345>: //30 Enter
输入面编辑选项[拉伸(E)/移动(M)/旋转(R)/偏移(O)/倾斜(T)/删除(D)/复制(C)/颜色(L)/材质(A)/放弃(U)/退出(X)] <退出>: //按三次Enter键，结束命令，拉伸结果如图13-78所示

图13-77

图13-78

## 13.4.2 移动三维实体面

"移动面"命令是通过移动三维模型的面，进行修改模型的尺寸或改变孔、槽等结构的位置等。执行"移动面"命令主要有以下几种方式。

- 执行菜单栏中的"修改"|"实体编辑"|"移动面"命令。

- 单击“实体编辑”工具栏上的“移动面”按钮。
- 在命令行输入Solidedit按Enter键。

下面通过简单实例，学习“移动面”命令的使用方法和使用技巧。

1 继续上一节的操作。

2 设置“圆心”捕捉功能，同时开启状态栏上的“对象捕捉追踪”功能。

3 采用上述任意方式激活“移动面”命令，对实体中的孔洞进行移动，命令行操作如下。

```
命令: _move
    选择面或 [放弃(U)/删除(R)]:                    //选择如图13-79所示的圆孔
    选择面或 [放弃(U)/删除(R)/全部(ALL)]:          // Enter
    指定基点或位移:                                //捕捉圆孔的圆心
    指定位移的第二点:                              //@10,0,0 Enter，移动结果如图13-80所示
```

图13-79

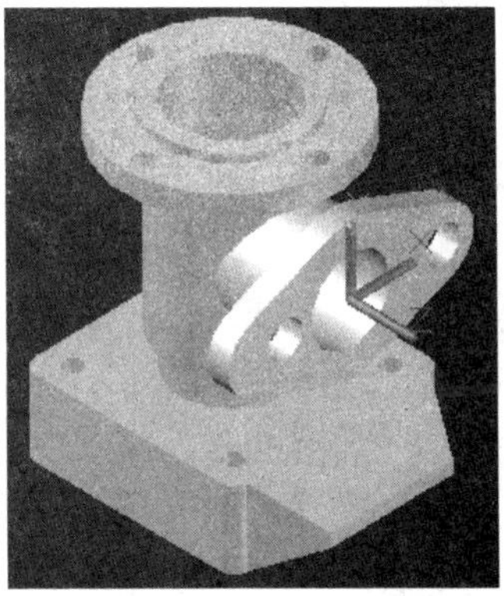

图13-80

## 13.4.3 偏移三维实体面

“偏移面”命令主要用于通过偏移实体的表面，来改变实体模型的形状、尺寸以及模型表面孔、槽等结构特征的大小。

执行“偏移面”命令主要有以下几种方式。

- 执行菜单栏中的“修改”|“实体编辑”|“偏移面”命令。
- 单击“实体编辑”工具栏上的“偏移面”按钮。
- 在命令行输入Solidedit按Enter键。

下面通过简单实例，学习“偏移面”命令的使用方法和使用技巧。

1 继续上一实例的操作。

2 采用上述任意方式激活“偏移面”命令，对实体面进行偏移，命令行操作如下。

```
命令: _offset
    选择面或 [放弃(U)/删除(R)]:                    //选择如图13-81所示的面
    选择面或 [放弃(U)/删除(R)/全部(ALL)]:          // Enter
    指定偏移距离:                                  //捕捉如图13-82所示的圆心
    指定偏移距离: 指定第二点:
                    //输入@0,10,0，按三次Enter键，结束命令，偏移结果如图13-83所示
```

图13-81

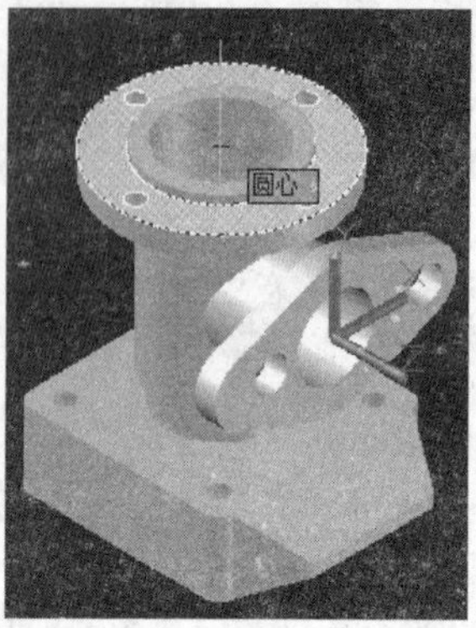

图13-82

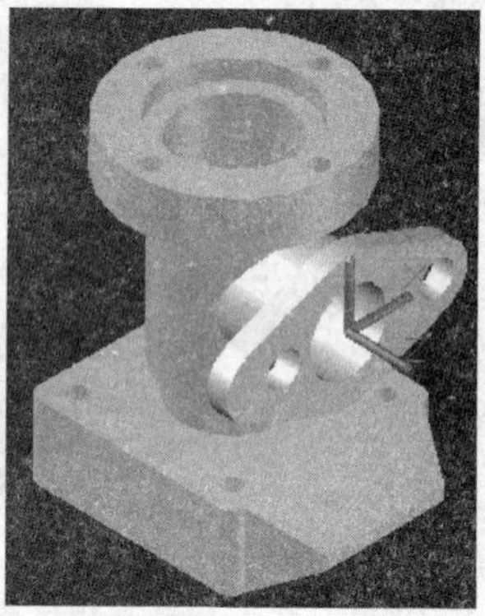

图13-83

### 13.4.4 旋转三维实体面

"旋转面"命令用于对三维模型的表面进行旋转，从而改变表面的结构特征。

执行"旋转面"命令主要有以下几种方式。

- 执行菜单栏中的"修改"|"实体编辑"|"旋转面"命令。
- 单击"实体编辑"工具栏上的"旋转面"按钮。
- 在命令行输入Solidedit按Enter键。

下面通过一个简单实例，学习"旋转面"命令的使用方法和使用技巧。

**1** 继续上一实例的操作。

**2** 采用上述任意方式激活"旋转面"命令，对实体表面进行旋转，命令行操作如下。

```
命令: _rotate
    选择面或 [放弃(U)/删除(R)]:                    //选择如图13-84所示的面
    选择面或 [放弃(U)/删除(R)/全部(ALL)]:          // Enter，结束选择
    指定轴点或 [经过对象的轴(A)/视图(V)/X 轴(X)/Y 轴(Y)/Z 轴(Z)] <两点>:
                                               //X Enter
    指定旋转原点 <0,0,0>:                        // Enter
    指定旋转角度或 [参照(R)]:    //输入30，按三次Enter键退出操作，旋转结果如图13-85所示
```

图13-84

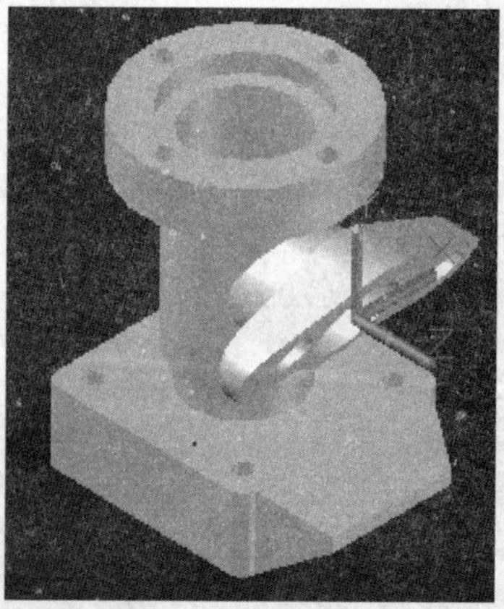

图13-85

## 13.4.5　倾斜三维实体面

“倾斜面”命令用于对三维模型的表面进行倾斜，使表面产生一定的锥度，从而改变表面的结构特征。

执行“倾斜面”命令主要有以下几种方式。

- 执行菜单栏中的“修改”|“实体编辑”|“倾斜面”命令。
- 单击“实体编辑”工具栏上的“倾斜面”按钮。
- 在命令行输入Solidedit按Enter键。

下面通过典型的实例，学习“倾斜面”命令的使用方法和使用技巧。

**1** 继续上一节实例的操作。

**2** 采用上述任意方式激活“倾斜面”命令，对该实体表面进行倾斜，命令行操作如下。

```
命令: _taper
    选择面或 [放弃(U)/删除(R)]:                    //选择如图13-86所示的表面
    选择面或 [放弃(U)/删除(R)/全部(ALL)]:          //Enter，结束选择
    指定基点:                                      //捕捉如图13-87所示的端点
```

图13-86

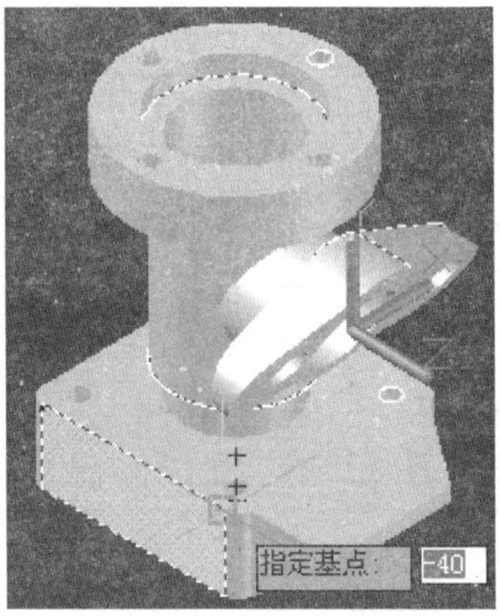


图13-87

```
    指定沿倾斜轴的另一个点:                        //捕捉如图13-88所示的端点
    指定倾斜角度:        //输入-30，按三次Enter键，结束命令，倾斜结果如图13-89所示
```

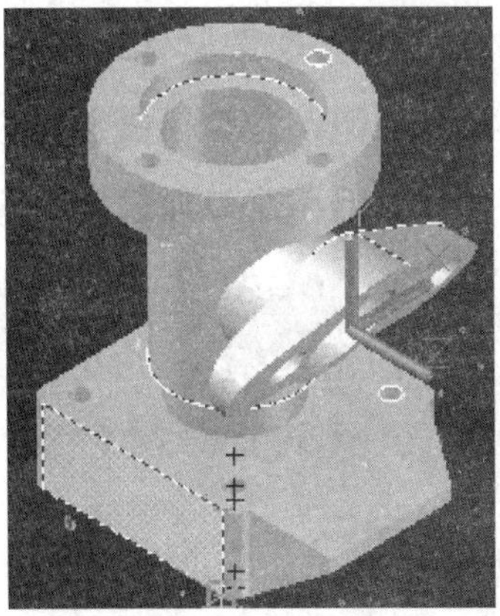

图13-88

图13-89

# 第4篇

# 职场实战

本篇通过第14~19章内容，通过大量实际工程案例，详细讲解了AutoCAD 2012在进行实际工程设计时的相关技巧和设计图纸的打印输出技能，具体内容如下。

第14章

# 制作工程样板文件

在AutoCAD图形设计中，制作样板文件非常重要，样板文件是一个包含一定绘图环境和专业参数设置、但并未绘制图形对象的文件，其扩展名为“*.dwt”。在样板文件的基础上绘图，能够避免许多参数的重复设置，这不仅提高了绘图效率，还可以使绘制的图形更符合规范、更标准。

针对不同的设计内容，样板文件也不同，本章将通过制作一个A4幅面的机械制图样板文件，学习样板文件的具体制作过程。

## 14.1 设置样板文件绘图环境

绘图环境的设置包括设置绘图单位、设置单位精度、设置图形界限、设置捕捉模式以及设置系统变量等一系列的设置，这一节就来学习样板图绘图环境的这些设置过程。

### 14.1.1 设置绘图单位与精度

不同的图形设计，其绘图单位和绘图精度要求也不同，在机械设计中，绘图单位一般为“毫米”，这一节就来设置机械制图中绘图单位和精度的设置，具体操作步骤如下。

1 执行“新建”命令，在打开的“选择样板”对话框中双击如图14-1所示的“acad-Named Plot Styles”样板作为基础样板文件，新建一个公制单位的绘图文件。

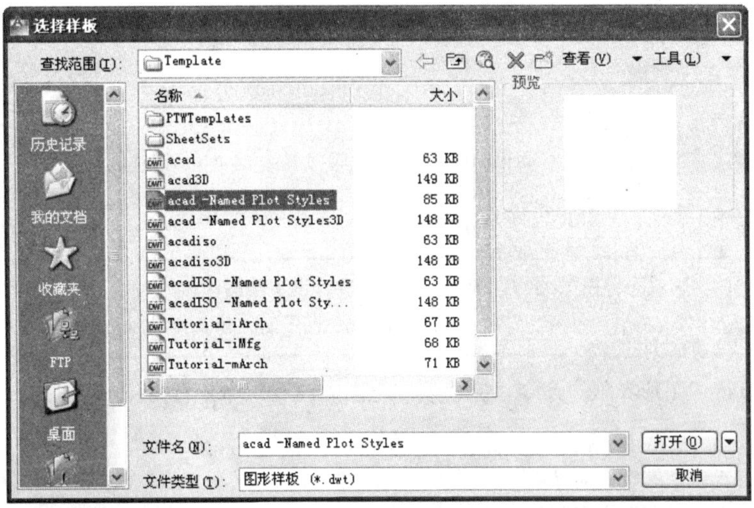


图14-1

2 执行菜单栏中的“格式”|“单位”命令，在打开的“图形单位”对话框中设置长度、角度等参数，如图14-2所示。

3 单击 方向(D)... 按钮，打开“方向控制”对话框，设置基准角度，如图14-3所示。

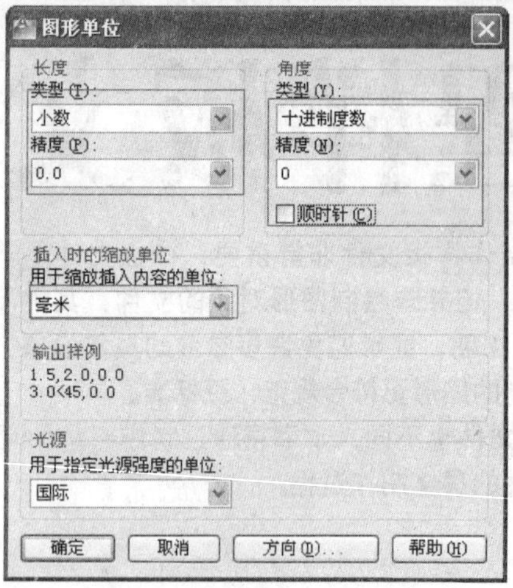


图14-2

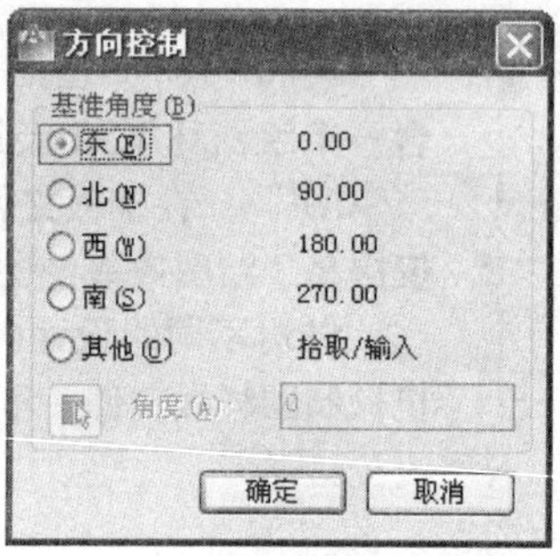


图14-3

TIP 在此使用默认基准角度，即以逆时针方向作为角的旋转方向，其基准角度为“东”，也就是以坐标系x轴正方向为起始方向。

**4** 单击“方向控制”对话框中 确定 按钮，返回“图形单位”对话框，单击 确定 按钮，完成图形单位格式及其精度的设置。

## 14.1.2 设置图形界限与捕捉模式

图形界限即绘图范围，相当于手工绘图时的图纸大小，对于不同的图形设计，绘制界限也不同，可以根据具体情况来设置图形界限，这一节来设置A4幅面的图形界限作为样板文件的图形界限，具体操作步骤如下。

**1** 执行菜单栏中的“格式”|“图形界限”命令，设置图形界限为297×210，命令行操作如下。

```
命令: '_limits
    重新设置模型空间界限:
    指定左下角点或 [开(ON)/关(OFF)] <0.0,0.0>:            // Enter
    指定右上角点 <420.0,297.0>:                           //297,210 Enter
```

TIP 在此绘图界限设置为210×297，读者可根据需要，设置绘图区域的大小。A0图纸为1189×841，A1图纸为841×594，A2图纸为594×420。制作A3图纸时，可直接按Enter键。

**2** 重复执行“图形界限”命令，完成绘图范围的设置，命令行操作如下。

```
命令: '_limits
    重新设置模型空间界限:
    指定左下角点或 [开(ON)/关(OFF)] <0.0,0.0>:            //ON Enter
```

TIP 当打开图形界限的检测功能后，如果所绘图形超出范围，AutoCAD将拒绝绘图，并给出相应的提示。读者可以根据需要，打开或关闭图形界限的检测功能。

3 执行菜单栏中的“视图”|“缩放”|“全部”命令，将图形界限最大化显示。

4 单击状态栏上的“栅格显示”按钮，显示栅格，查看设置的图形界限，效果如图14-4所示。

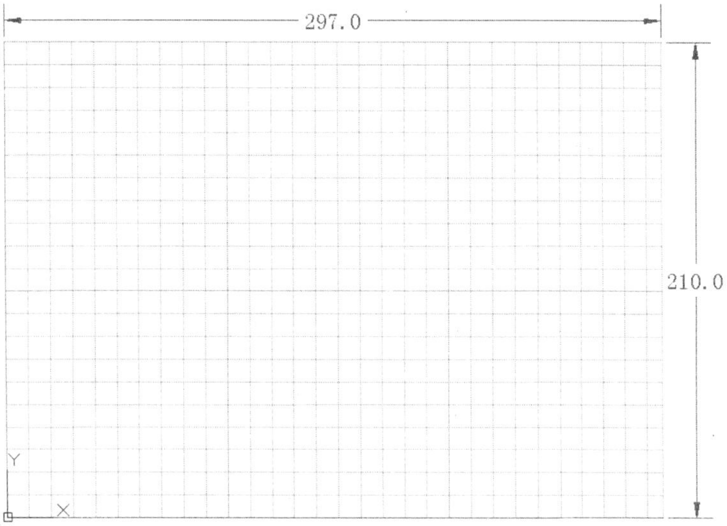


图14-4

**TIP** 系统默认情况下显示栅格线，如果想显示栅格点，可在“草图设置”对话框的“栅格和捕捉”选项卡下，在“栅格样式”选项组中勾选“在二维模型空间”选项。另外，还可以在“栅格间距”选项组中设置栅格的间距。

下面设置捕捉模式，设置捕捉和追踪功能对精确绘图至关重要，AutoCAD系统为用户提供了13种对象捕捉功能，除此之外，还有一些临时捕捉功能，下面继续设置样板文件的捕捉功能以及追踪功能。

1 执行菜单栏中的“工具”|“草图设置”命令，在打开的“草图设置”对话框中进入“对象捕捉”选项卡，设置捕捉与追踪模式，如图14-5所示。

2 继续展开“极轴追踪”选项卡，设置当前极轴角及追踪模式，如图14-6所示。

3 按功能键F12，打开状态栏上的“动态输入”功能。

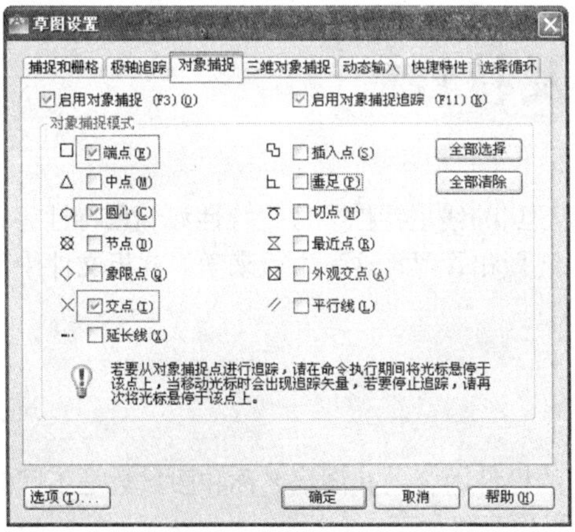


图14-5

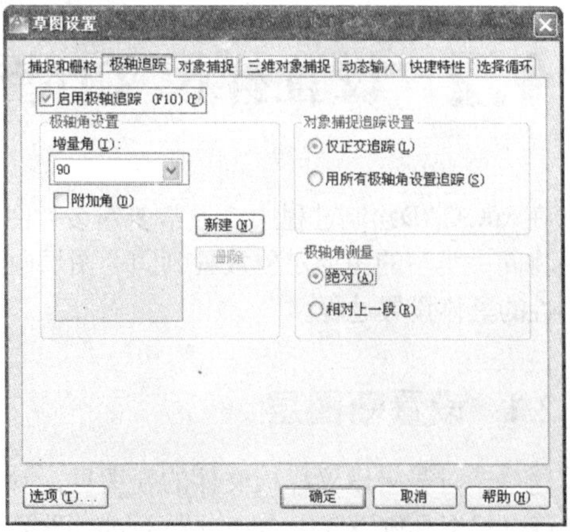


图14-6

4 这样，样板文件的图形界限和捕捉模式设置完毕。

### 14.1.3 设置样板文件的系统变量

通过设置系统变量，可以控制图形的线型以及模型外观，在AutoCAD机械设计中，常用的系统变量有线型比例、尺寸标注样式比例、镜像文字可读性以及属性值的输入方式等，这一节就来设置这些系统变量，具体操作步骤如下。

1 在命令行输入“LTSCALE”命令，激活系统变量LTSCALE，设置线型比例，命令行操作如下。

```
命令: LTSCALE
    输入新线型比例因子 <1.0000>:                    // Enter
```

TIP 在此使用系统默认值，读者可根据实际需要，调整线形的显示比例。

2 继续在命令行输入“DIMSCALE”命令，激活系统变量DIMSCALE，设置尺寸标注样式的比例，命令行操作如下。

```
命令: DIMSCALE
    输入 DIMSCALE 的新值 <1.0>:                    // Enter
```

3 继续在命令行输入“MIRRTEXT”命令，激活系统变量MIRRTEXT，设置镜像文字的可读性，命令行操作如下。

```
命令: MIRRTEXT
    输入 MIRRTEXT 的新值 <0>:                      // Enter
```

4 在命令行输入“ATTDIA”命令，激活系统变量ATTDIA，设置绘图过程中属性值的输入方式，命令行操作如下。

```
命令: ATTDIA
    输入 ATTDIA 的新值 <0>:                        //1 Enter
```

5 这样，系统变量设置完毕，最后执行“保存”命令，将该图形命名保存为“设置样板文件绘图环境.dwg”文件。

## 14.2 设置样板文件图层及特性

在AutoCAD绘制过程中，通常要用多种图层以及图层的线型特性、线宽特性和颜色特性等，以方便将同一类型的图形对象放置到同一图层中，便于规划和管理，这一节就来学习样板文件中图层与特性的具体设置过程。

### 14.2.1 设置新图层

这一节首先来设置样板文件的新图层，对于不同的设计内容，其图层名称和图层数是不同的，大家可以根据具体设置内容来设置不同的图层，具体操作步骤如下。

1 继续上一节实例的操作。

2 单击“绘图”工具栏上的“图层特性管理器”按钮，打开“图层特性管理器”面板。

**3** 单击“图层特性管理器”面板上的“新建图层”按钮，新建名为“图层1”的新图层，如图14-7所示。

**4** 在“图层1”的名称位置单击使其反白显示，然后在图层名文本框中输入“轮廓线”，修改该图层的名称，以创建一个名为“轮廓线”的图层，如图14-8所示。

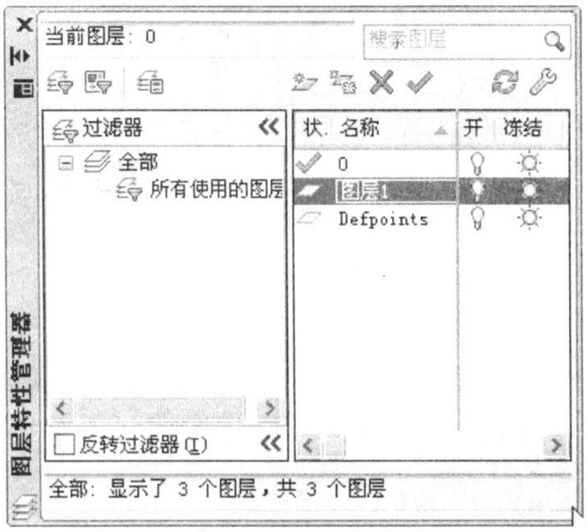


图14-7

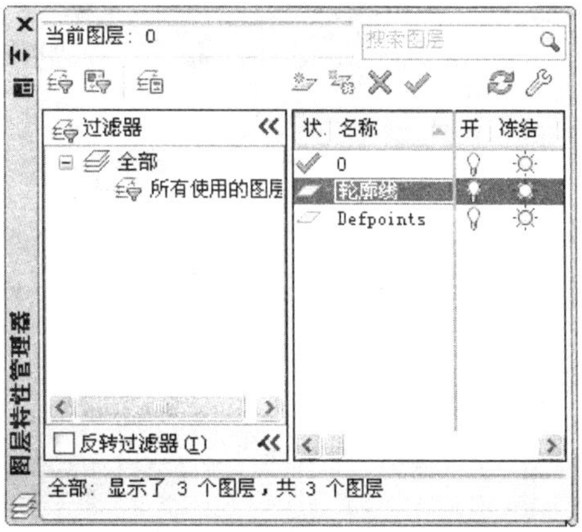


图14-8

**5** 按照以上操作方法，依次创建“中心线”、“标注线”、“剖面线”、“点划线”、“隐藏线”和“辅助线”6个图层，结果如图14-9所示。

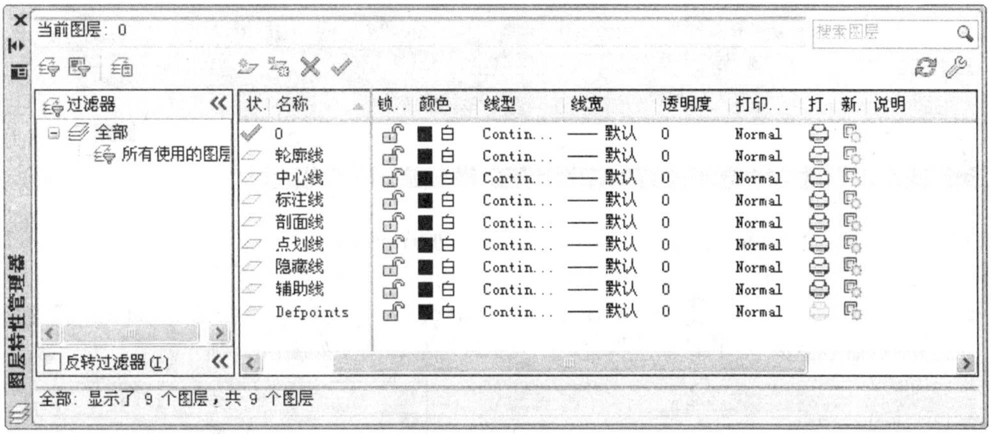


图14-9

**6** 这样，样板文件的图层设置完毕。

## 14.2.2 设置样板文件的图层特性

这一节继续来设置样板文件的图层特性，具体包括图层颜色、图层线型、线宽等，具体操作步骤如下。

**1** 继续上一节实例的操作。

**2** 在“标注线”层的图层颜色图标位置单击，打开“选择颜色”对话框，单击如图14-10所示的蓝色颜色块，以设置该层的颜色为“蓝色”，如图14-11所示。

**3** 按照上述步骤，分别为其他图层的设置颜色特性，结果如图14-12所示。

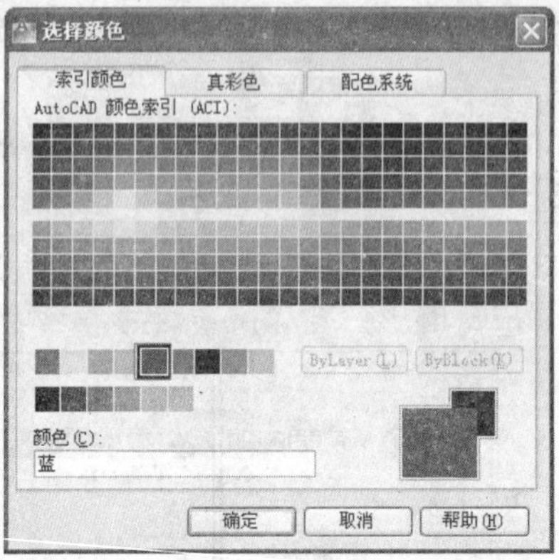


图14-10

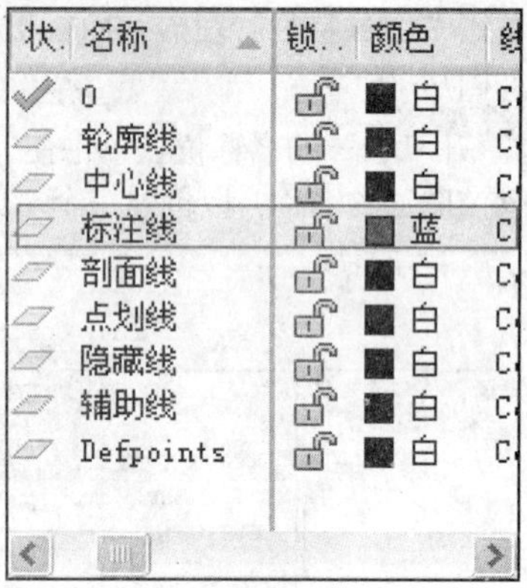


图14-11

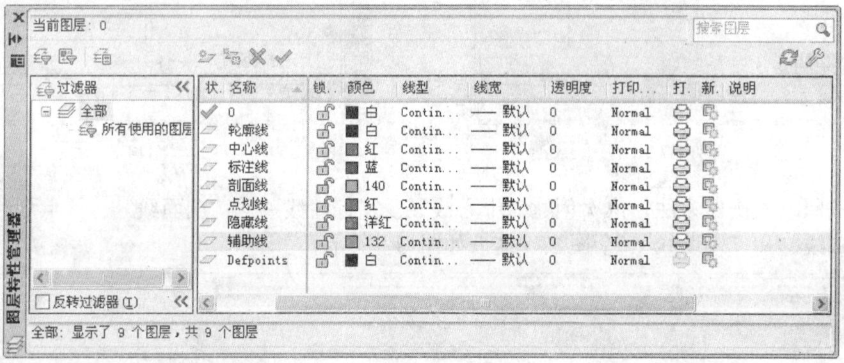


图14-12

**4** 下面继续设置线型特性。在“点划线”层的“Continous”位置上单击，打开“选择线型”对话框。

**5** 单击该对话框中的 加载(L)... 按钮，在打开的“加载或重载线型”对话框中选择如图14-13所示的“ACAD_ISO4W100”线型进行加载。

**6** 单击 确定 按钮系统返回“选择线型”对话框，选择加载的“ACAD_ISO4W100”线型，单击 确定 按钮，将该线型指定给“点划线”层，结果如图14-14所示。

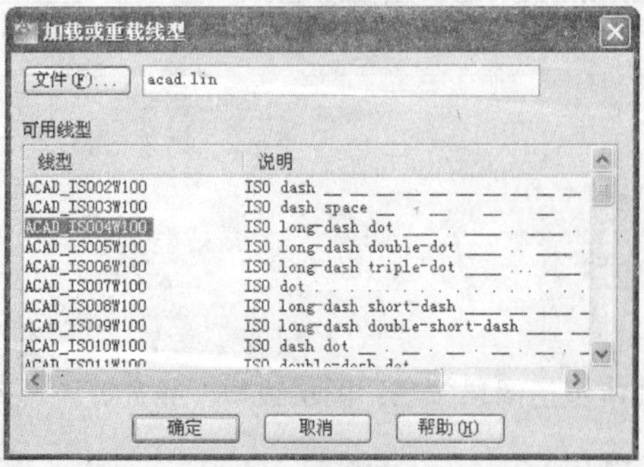


图14-13

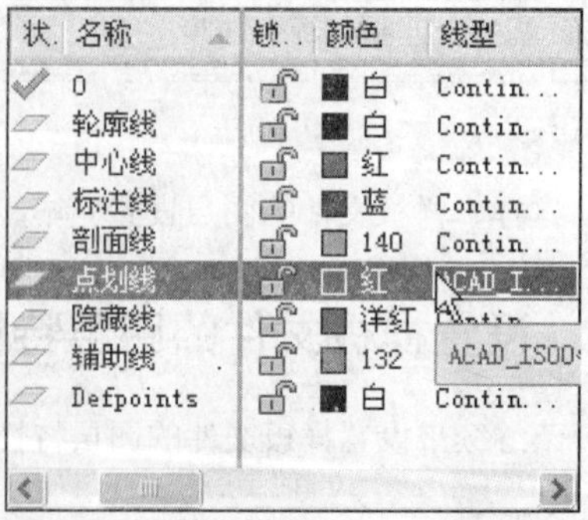


图14-14

**7** 按照步骤8~11的操作，分别为“中心线”层和“隐藏线”层设置线型，如图14-15所示。

**TIP** 在“加载或重载线型”对话框中加载线型时，可按住Ctrl键，同时加载多种线型。

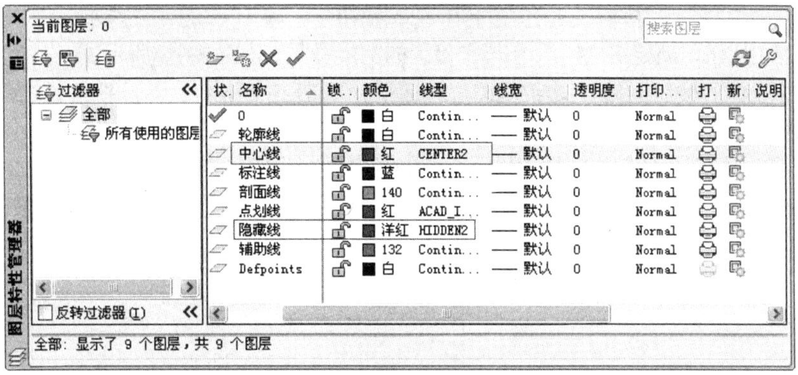


图14-15

**8** 下面继续设置线宽特性，加载“轮廓线”层，在“线宽”按钮上单击，打开“线宽”对话框。

**9** 在“线宽”对话框中选择如图14-16所示的0.30mm的线宽，单击 确定 按钮确认，以设置“轮廓线”层的线宽，结果如图14-17所示。

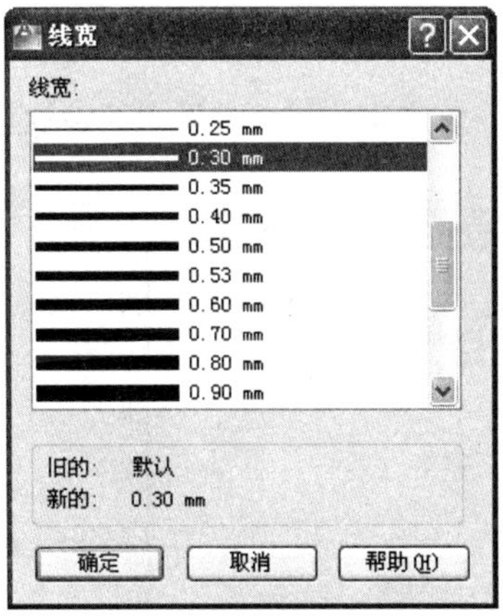


图14-16

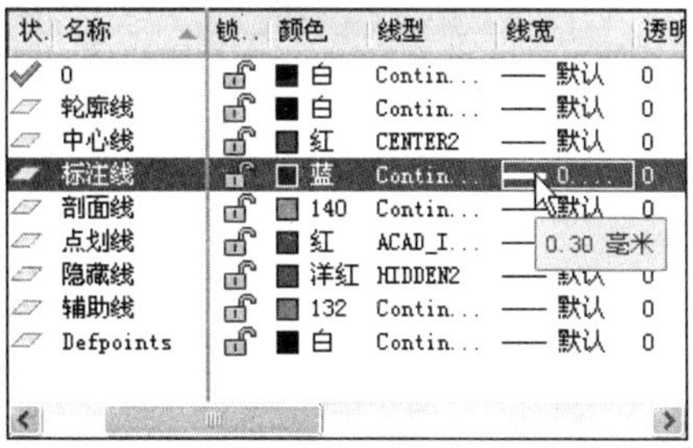


图14-17

**10** 这样，样板文件的图层及其特性设置完毕，执行“另存为”命令，将当前文件另存为“设置样板文件图层及特性.dwg”。

# 14.3 设置样板文件绘图样式

在机械制图过程中，为机械图标注文字和尺寸是不可缺少的重要内容之一，在标注文字和尺寸之前，首先需要设置文字样式和尺寸样式，这一节将继续学习机械制图样板文件中的标注样式、文字样式和多重引线样式的具体设置过程和技巧。

## 14.3.1 设置样板文件的文字样式

在机械制图中，所需文字样式有多种，这一节继续来设置机械样板文件中文字样式的设置过程，具体操作步骤如下。

**1** 继续上一节的操作。

**2** 单击“注释”工具栏上的“文字样式”按钮，在打开的“文字样式”对话框中单击新建(N)...按钮，新建名为“数字与字母”的文字样式，如图14-18所示。

**3** 单击确定按钮返回“文字样式”对话框，单击“字体名”下拉按钮，在弹出的下拉列表中选择名为“isocp.shx”的字体。

**4** 继续在“倾斜角度”文本框中设置文字的倾斜角度为15，其他设置默认，如图14-19所示。

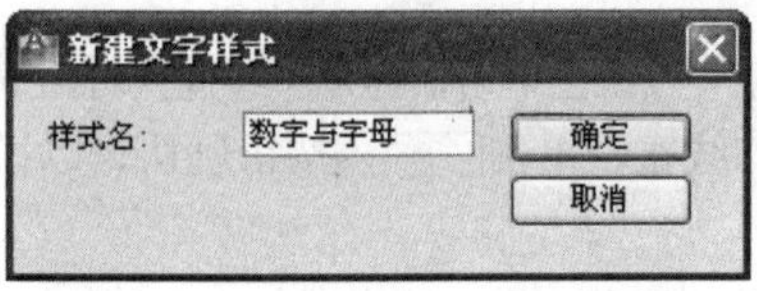


图14-18

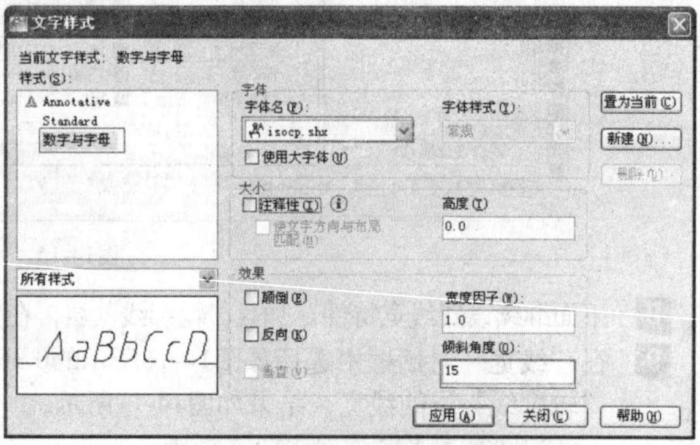


图14-19

**5** 单击应用(A)按钮，然后继续创建名为“仿宋”的文字样式，并设置其参数，如图14-20所示。

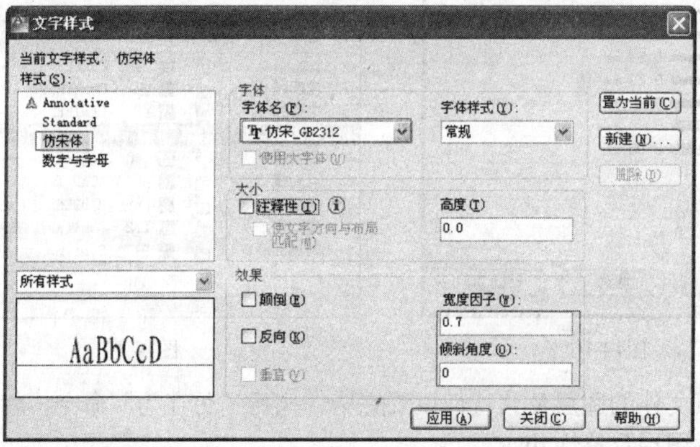


图14-20

**6** 关闭该对话框，至此文字样式设置完毕。

## 14.3.2 设置样板文件的尺寸标注样式

这一节继续来设置机械样板文件的尺寸标注样式，具体操作步骤如下。

**1** 继续上一节的操作。

**2** 单击“标注”工具栏上的“标注样式”按钮，在打开的“标注样式管理器”对话框中单击新建(N)...按钮，新建名为“机械样式”的新标注样式，如图14-21所示。

**3** 单击继续按钮，打开“新建标注样式:机械样式”对话框，进入“线”选项卡，设置基线间距、起点偏移量等参数，如图14-22所示。

**4** 进入“符号和箭头”选项卡，设置圆心标记的类型和尺寸箭头等，如图14-23所示。

**5** 进入“文字”选项卡，设置文字样式、高度及位置参数，如图14-24所示。

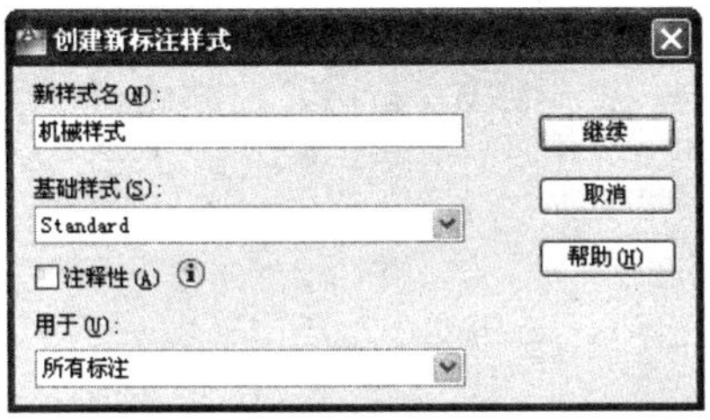


图14-21

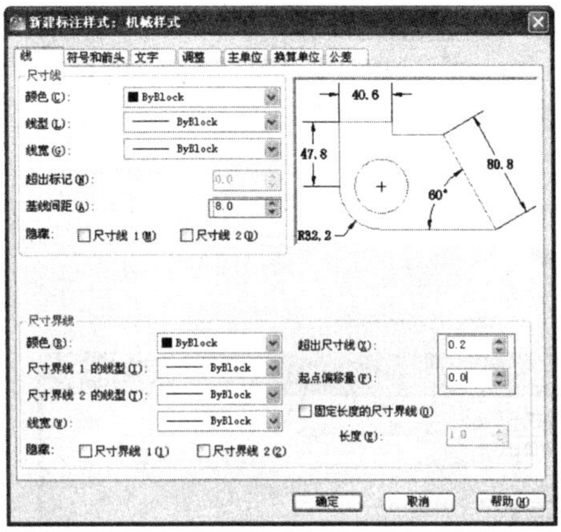


图14-22

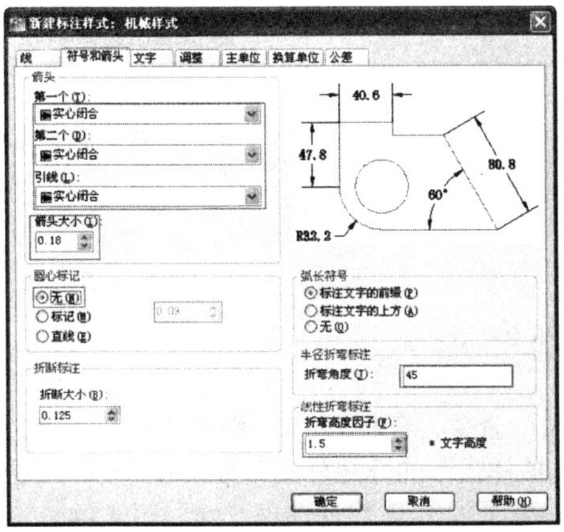


图14-23

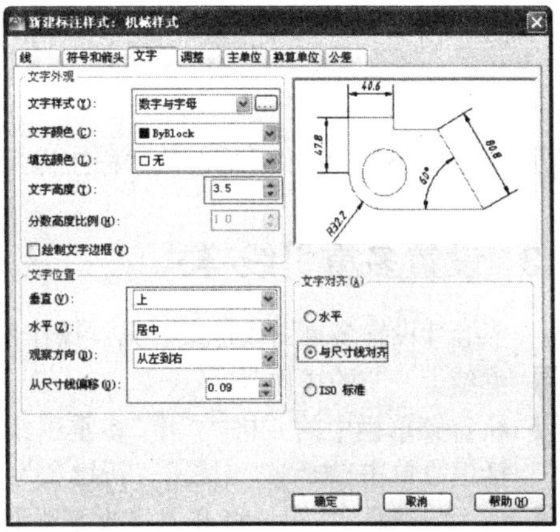


图14-24

**6** 进入“主单位”选项卡，设置单位格式、精度等参数，如图14-25所示。

**7** 进入“调整”选项卡，设置标注比例因子等选项，如图14-26所示。

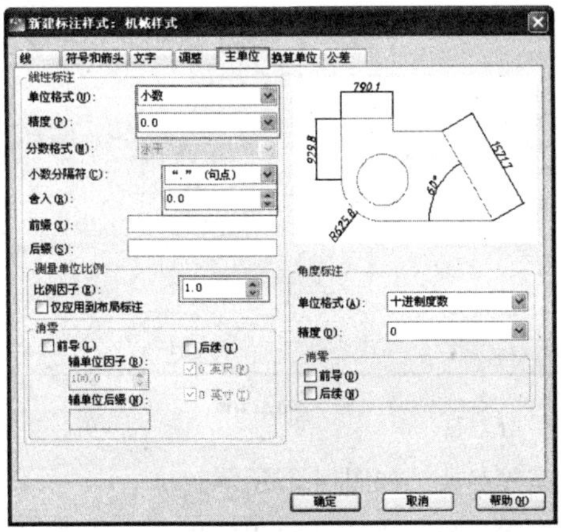


图14-25

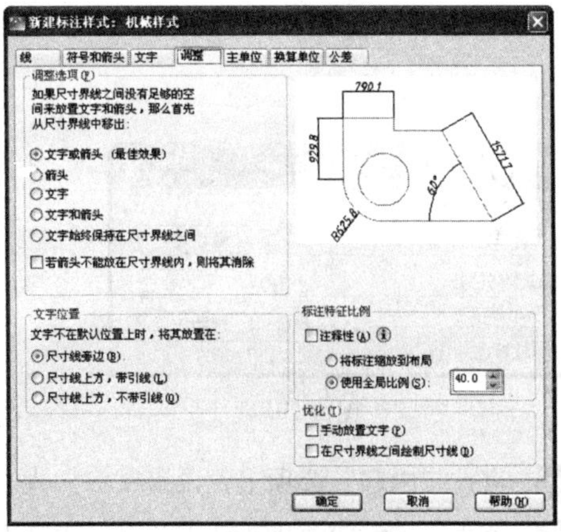


图14-26

**8** 单击 确定 按钮，返回“标注样式管理器”对话框，以“机械标注”为基础，新建名为“角度标注”的尺寸标注样式，如图14-27所示。

**9** 单击 继续 按钮，打开“新建标注样式:角度标注”对话框，进入“文字”选项卡，在“文字对齐”选项组下设置尺寸文字的对齐方式为“水平”，其他设置默认，如图14-28所示。

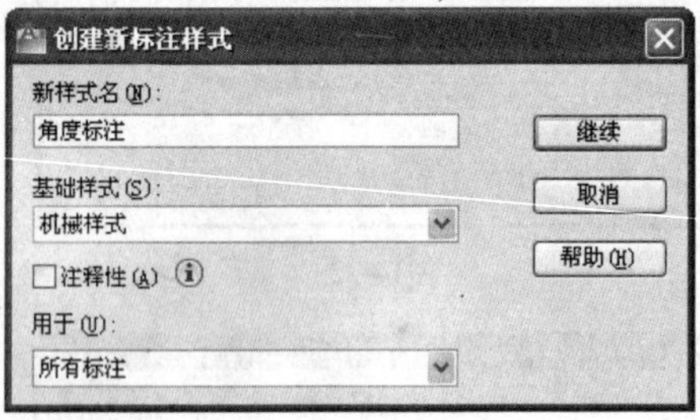


图14-27

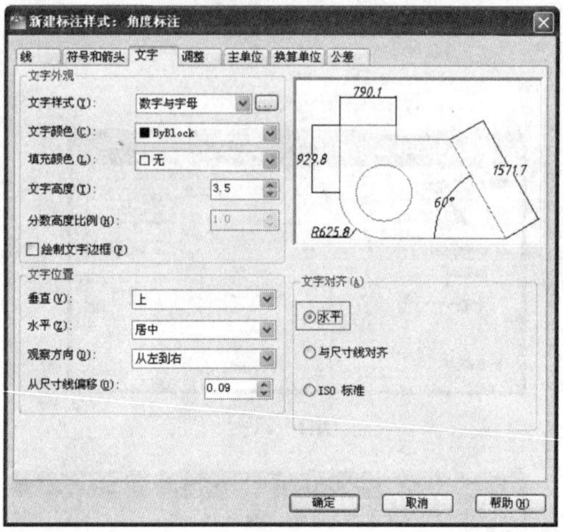


图14-28

**10** 单击 确定 按钮系统返回“标注样式管理器”对话框，完成尺寸标注的设置。

### 14.3.3 设置多重引线样式

这一节继续设置多重引线样式，具体操作步骤如下。

**1** 继续上一节的操作。

**2** 执行菜单栏中的“格式”|“多重引线样式”命令，在打开的“多重引线样式管理器”对话框中单击 新建(N)... 按钮，新建名为“机械样式”的标注样式，如图14-29所示。

**3** 单击 继续(O) 按钮，打开“修改多重引线样式:机械样式”对话框，在“引线格式”选项卡中设置引线箭头为“3.5”，如图14-30所示。

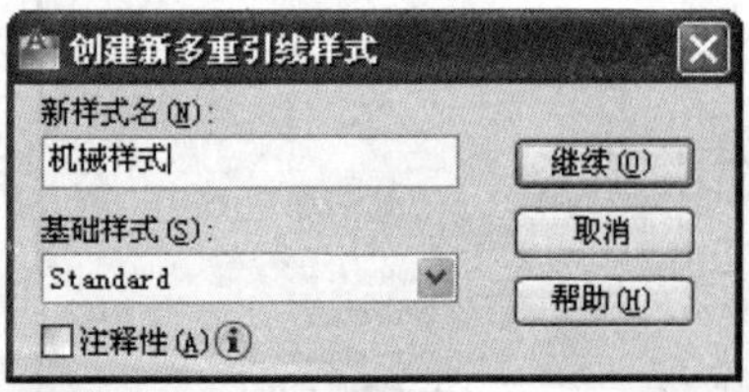


图14-29

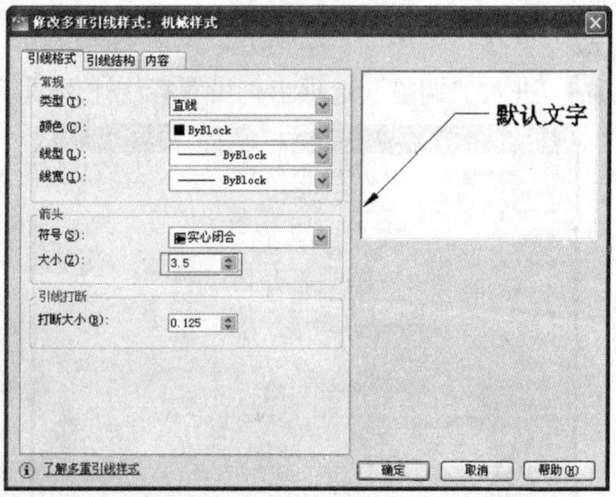


图14-30

**4** 进入“内容”选项卡，设置文字样式、字高等参数，如图14-31所示。

**5** 单击 确定 按钮回到“多重引线管理器”对话框，查看所设置的样式，结果如图14-32所示。

**6** 这样，样板文件的绘图样式设置完毕，执行“另存为”命令，将当前文件另存为“设置样板文件绘图样式.dwg”。

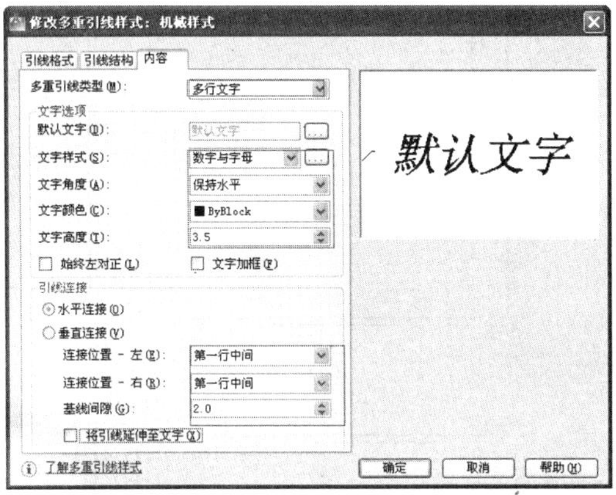


图14-31

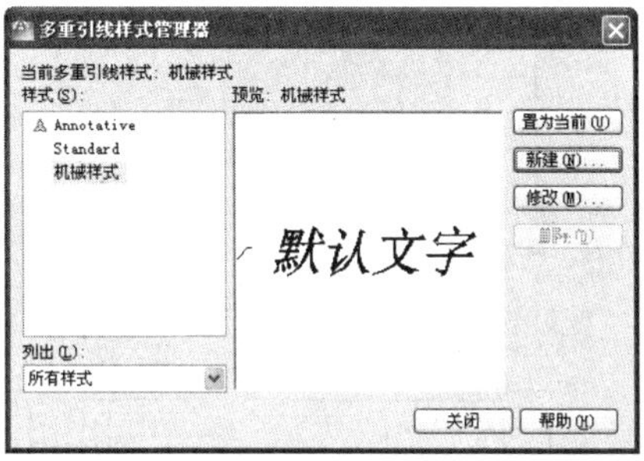


图14-32

## 14.4 配置与填充样板文件图框

这一节继续来配置样板文件的图框，首先需要绘制图框的标题栏，然后将标题栏定义为图块，具体操作步骤如下。

**1** 继续上一节的操作。

**2** 在“图层特性管理器”面板中新建名为“细实线”的新图层，并将其设置为当前图层。

**3** 单击“绘图”工具栏上的“直线”按钮，激活“直线”命令，绘制图框外边线，命令行操作如下。

```
命令: _line 指定第一点:                     //0,0 Enter
    指定下一点或 [放弃(U)]:                 //@297,0 Enter
    指定下一点或 [放弃(U)]:                 //@0,210 Enter
    指定下一点或 [闭合(C)/放弃(U)]:         //@-297,0 Enter
    指定下一点或 [闭合(C)/放弃(U)]:         //C Enter，结果如图14-33所示
```

**4** 在“图层控制”下拉列表中将“轮廓线”层设置为当前图层，重复执行“直线”命令，绘制图框内边框，命令行操作如下。

```
命令: _line
    指定第一点:                             //25,5 Enter
    指定下一点或 [放弃(U)]:                 //@0,200 Enter
    指定下一点或 [放弃(U)]:                 //@267,0 Enter
    指定下一点或 [闭合(C)/放弃(U)]:         //@0,-200 Enter
    指定下一点或 [闭合(C)/放弃(U)]:         //C Enter，结果如图14-34所示
```

**5** 下面继续绘制标题栏。单击“修改”工具栏上的“偏移”按钮，将内框右垂直边向左偏移56个单位，然后再将偏移出的垂直边向右分别偏移7、14、21、28、35、42、49个单位，如图14-35所示。

**6** 重复执行“偏移”命令，将内框下水平边向上偏移10、20、36、52、64、80、130个单位，结果如图14-36所示。

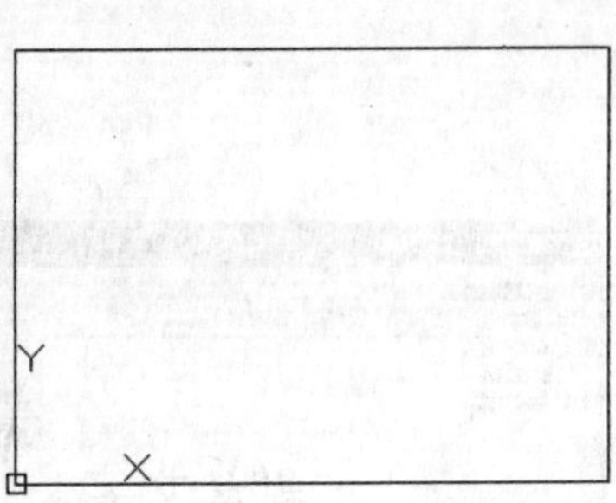


图14-33

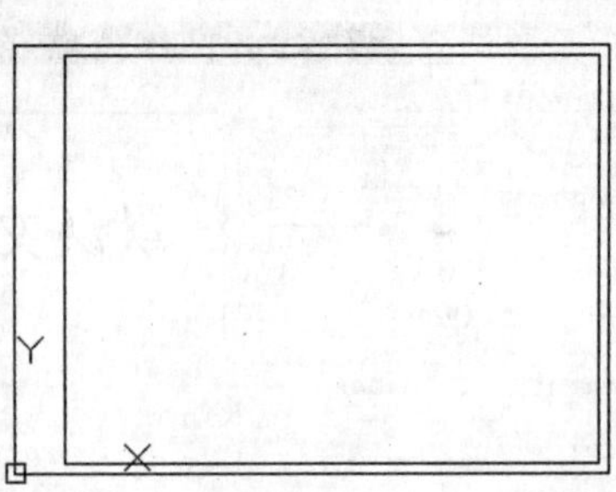


图14-34

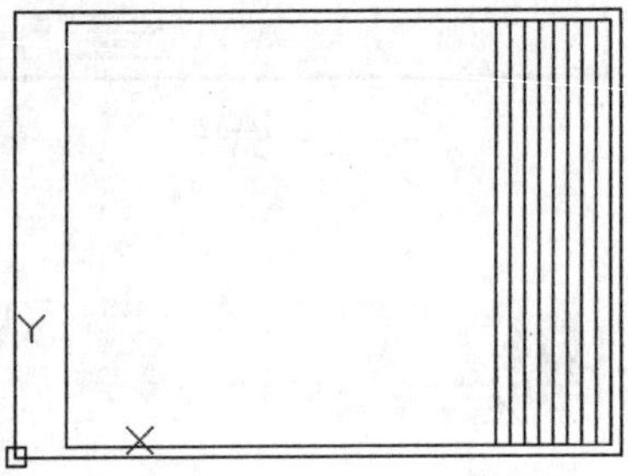


图14-35

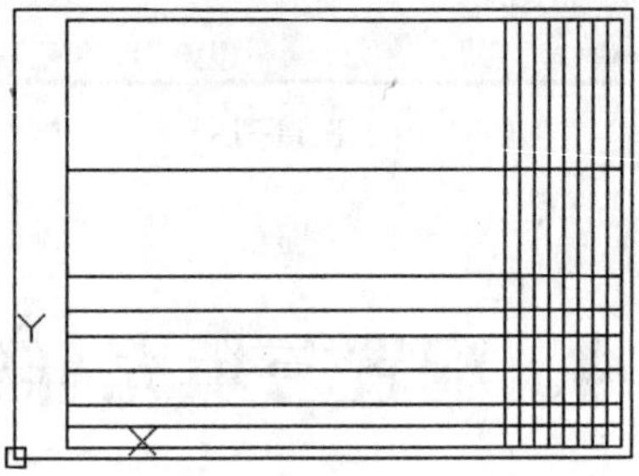


图14-36

7 执行“修剪”命令，对偏移出的图线进行修剪，编辑出标题栏方格线，结果如图14-37所示。

8 将水平图线A向下偏移16、28、40、56、68个单位，向上偏移26和38个单位，如图14-38所示。将垂直线B向左偏移9、18、28、38个单位，结果如图14-39所示。

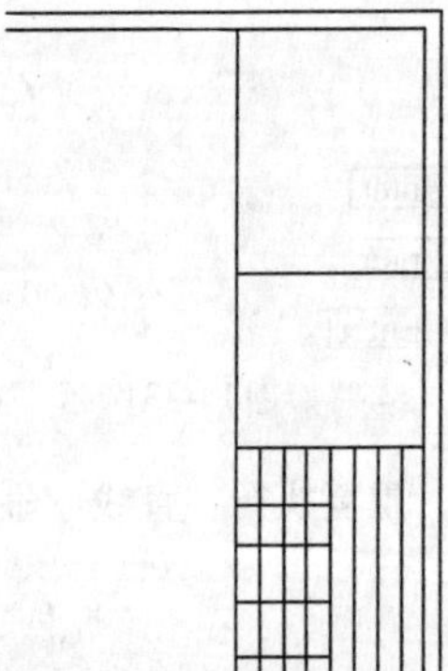

图14-37

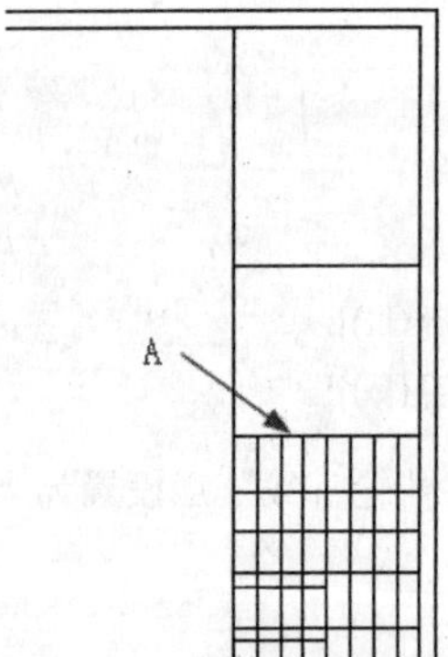


图14-38

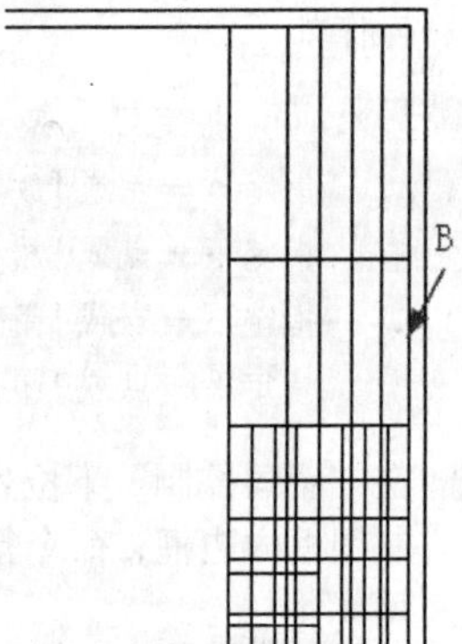


图14-39

9 执行“修剪”命令，对偏移出的图线进行修剪，并删除多余的图线，结果如图14-40所示。

10 重复执行“偏移”命令，将水平图线C向下分别偏移6.5、13和19.5个单位，结果如图14-41所示。

11 执行“修剪”命令，继续对偏移出的图线进行修剪，结果如图14-42所示。

12 夹点显示如图14-43所示的直线，更改其图层为“细实线”。

13 下面标注文字。使用“旋转”工具，以右下角点为轴点，将图框旋转-90°，然后将“细实线”设置为当前图层，然后执行“多行文字”命令，设置文字高度为3.5，填充标题栏，结果如图14-44所示。

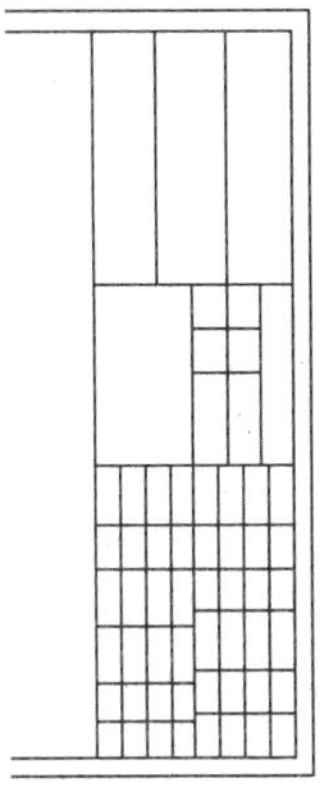

图14-40

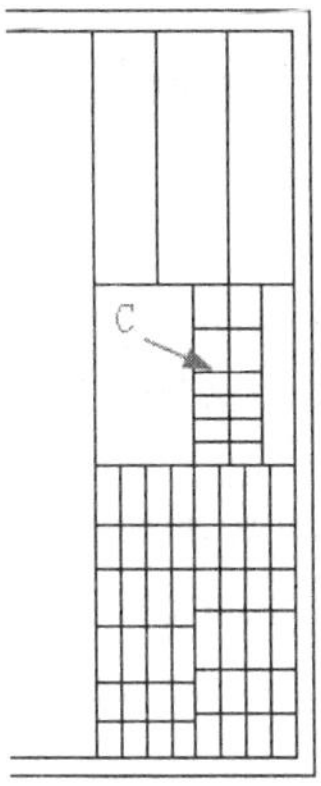


图14-41

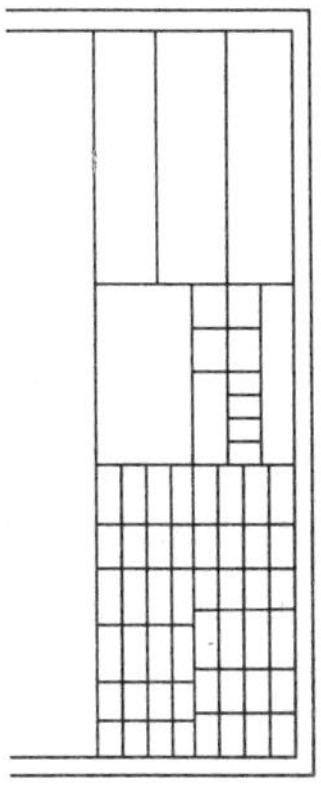

图14-42

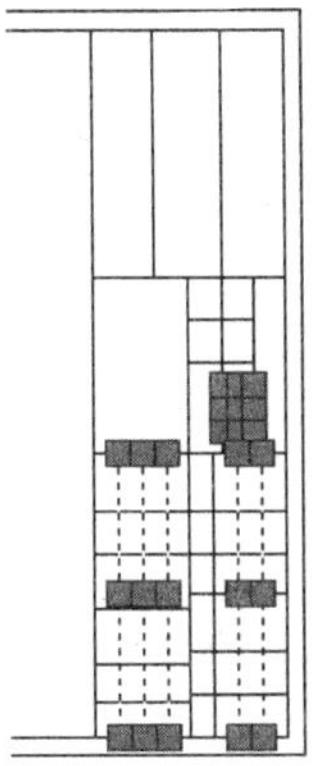

图14-43

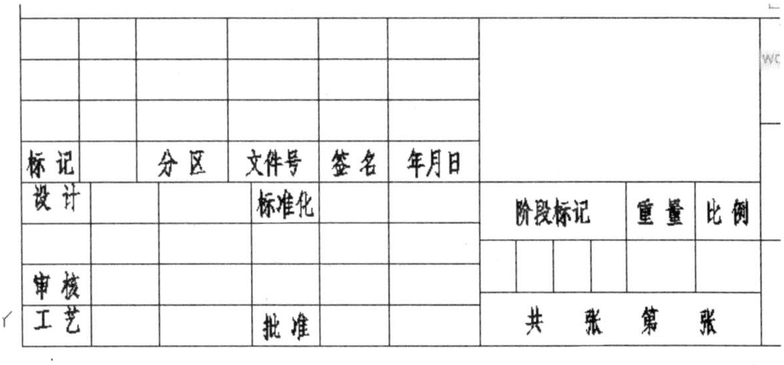


图14-44

**14** 下面定义标题栏图块。再次使用“旋转”命令将图框旋转90°，然后单击“修改”工具栏上的“打断于点”按钮，分别将两条垂直的内框线打断，断点为如图14-45所示的交点A和B点。

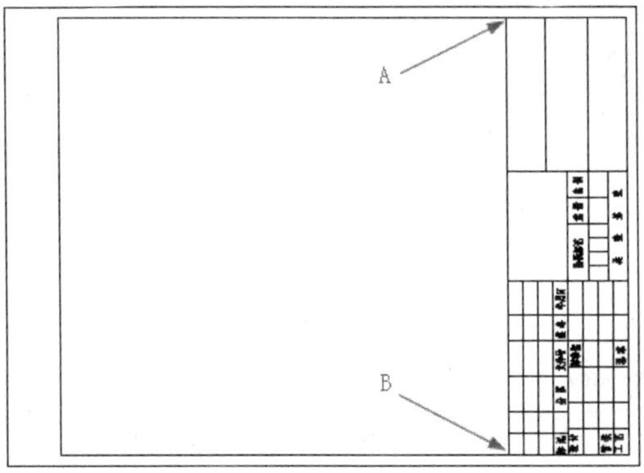


图14-45

**15** 单击“绘图”工具栏上的“创建块”按钮，将“标题栏”转换为内部块，基点为标题栏右下角点，块名为“标题栏”。

**16** 重复执行“创建块”命令，将所有图元定义为名为“A4图框”的块，其基点为原点。

**17** 最后执行“另存为”命令，将当前文件另存为“配置与填充样板文件图框.dwg”。

# 14.5 样板图纸的页面布局

这一节继续来设置样板文件的布局打印页面，具体操作步骤如下。

1 打开上一节存储的“配置与填充样板文件图框.dwg”文件。

2 单击绘图区底部的“布局1”标签，进入布局空间。

3 执行菜单栏中的“文件”|“页面设置管理器”命令，在打开的“页面设置管理器”对话框中单击 新建(N)... 按钮，新建名为“A4布局”的新页面，如图14-46所示。

4 单击 确定(O) 按钮，进入“页面设置”对话框，设置打印设备、图纸尺寸、打印样式表等参数如图14-47所示。

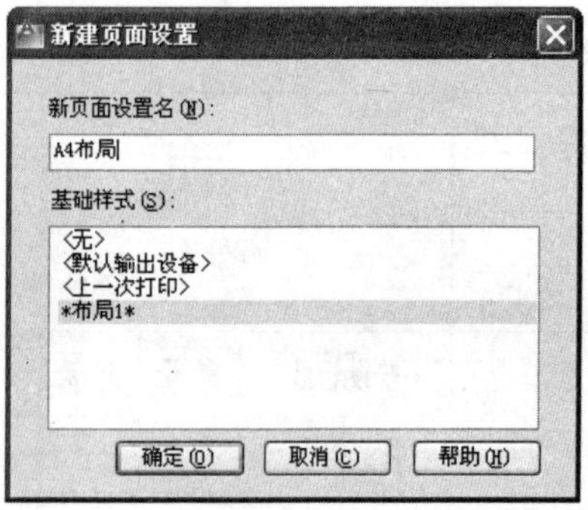


图14-46

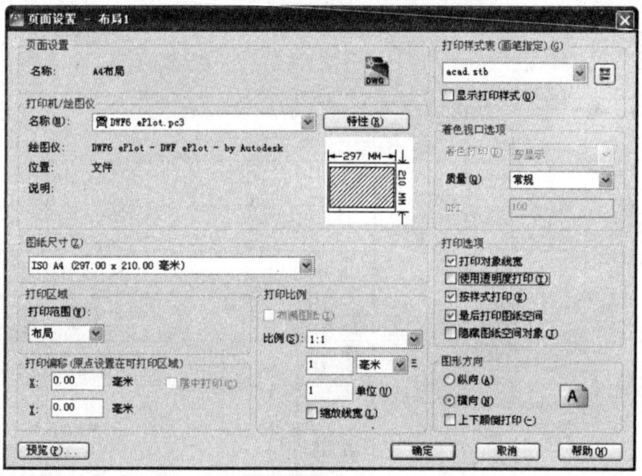


图14-47

5 单击 确定(O) 按钮返回“页面设置管理器”对话框，将新设置的页面设置为当前页面，如图14-48所示。

6 删除系统自动产生的默认视口，结果如图14-49所示。

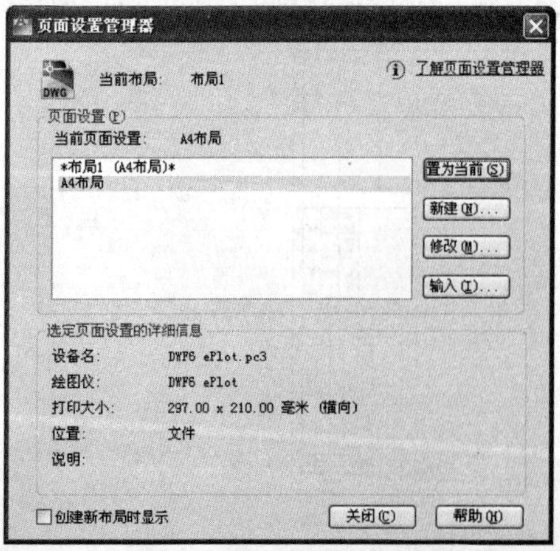


图14-48

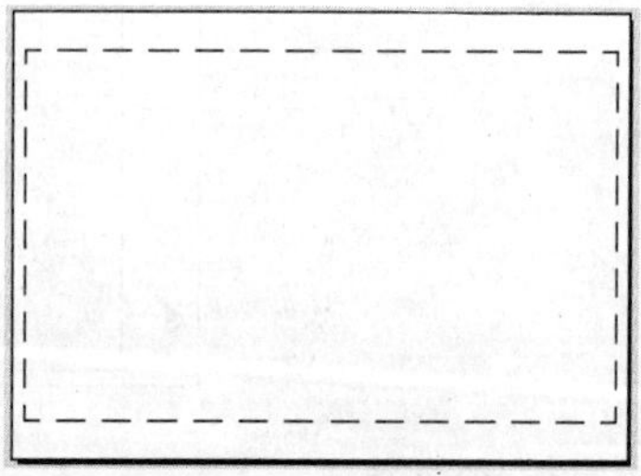

图14-49

7 执行“插入块”命令，在打开的“插入”对话框中设置参数如图14-50所示，将4号图框插入到当前布局内，插入结果如图14-51所示。

8 单击绘图区下侧的“模型”标签，切换到模型空间。

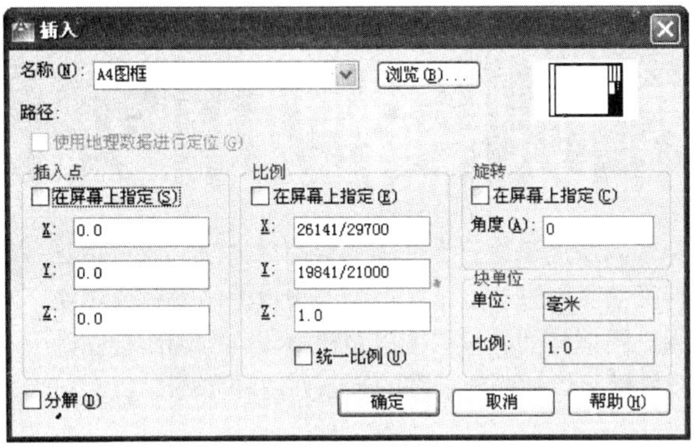


图14-50

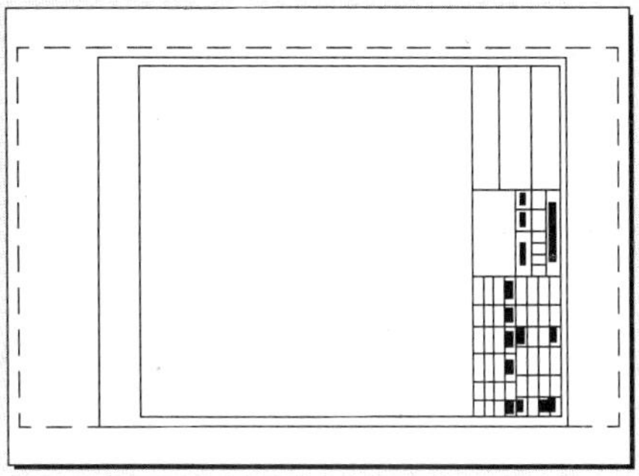

图14-51

**9** 执行菜单栏中的“文件”|“另存为”命令，将其存储为“机械样板.dwt”文件，如图14-52所示。

图14-52

**10** 单击 保存(S) 按钮，打开“样板选项”对话框，在“说明”文本框中输入“A4横装公制样板文件”，如图14-53所示。

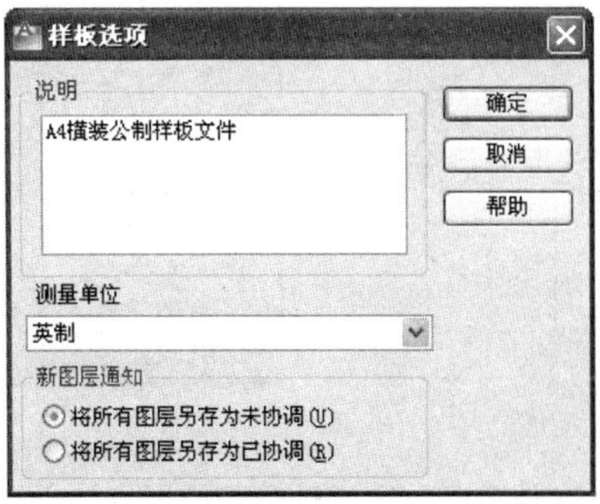


图14-53

**11** 单击 确定 按钮，完成样板文件的存储，所制作的“机械样板”样板文件被自动存储到安装目录下的“Template”文件夹下。

**12** 最后执行“另存为”命令，将其另名存储为“样板图纸页面布局.dwg”文件。

第15章

# AutoCAD零件轴测图应用实例

“轴测图”是一种在二维空间内快速表达三维形体的最简单方法，通过轴测图，可以快速获得物体的外形特征信息，进一步了解产品的设计。本章将通过绘制中心线投影图、平行线投影图、圆弧与圆的投影图以及机械零件轴测剖视图的实例操作，掌握绘制轴测图以及机械零件轴测剖视图的绘制方法和技巧。

## 15.1 简单零件轴测图应用实例

这一节将通过绘制简单零件轴测图的实例操作，掌握中心线投影图、平行线投影图、圆弧与圆的投影图的绘制方法和技巧。

### 15.1.1 平行线投影图应用实例

这一节通过绘制如图15-1所示的某机械零件轴测图的实例，学习平行线投影图的绘制方法和技巧，具体操作步骤如下。

1 打开随书光盘中的文件“样板文件”\“机模制图模板.dwt”作为当前图形文件。

2 执行菜单栏中的“工具”|“绘图设置”命令，打开“草图设置”对话框。

3 在该对话框中打开“捕捉和栅格”选项卡，在“捕捉类型”选项组中，选择“等轴测捕捉”单选按钮，如图15-2所示。

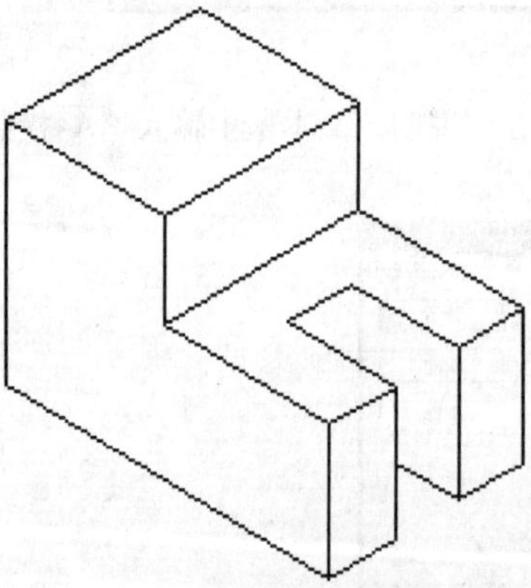

图15-1

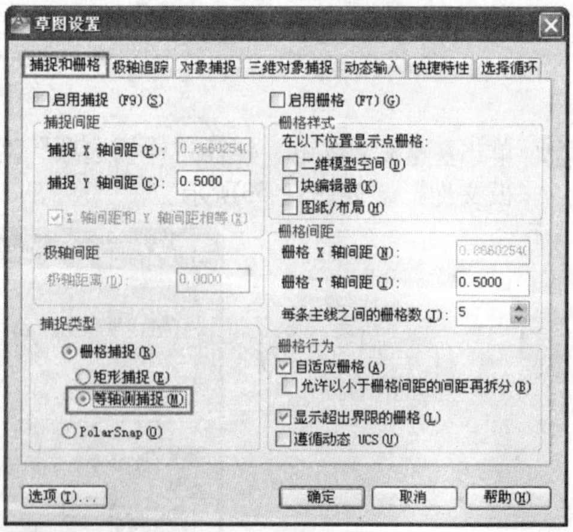


图15-2

4 单击确定按钮关闭该对话框，完成轴测图绘图环境的设置。

5 单击状态栏上的正交按钮，打开“正交”功能，然后按下键盘上的F5键，将当前轴测平面切换到“等轴测平面 俯视”。

6 在“图层控制”下拉列表中设置“轮廓线”为当前图层，使用命令简写L激活“直线”命令，绘制轴测图的底面轮廓，命令行操作如下。

```
命令: _line
    指定第一点:                              //在绘图区拾取一点
    指定下一点或 [放弃(U)]:                  //向右下引导光标，输入61 Enter
    指定下一点或 [放弃(U)]:                  //向右上引导光标，输入12 Enter
    指定下一点或 [闭合(C)/放弃(U)]:          //向左上引导光标，输入20 Enter
    指定下一点或 [闭合(C)/放弃(U)]:          //向右上引导光标，输入12 Enter
    指定下一点或 [闭合(C)/放弃(U)]:          //向右下引导光标，输入20 Enter
    指定下一点或 [闭合(C)/放弃(U)]:          //向右上引导光标，输入12 Enter
    指定下一点或 [闭合(C)/放弃(U)]:          //向左上引导光标，输入61 Enter
    指定下一点或 [闭合(C)/放弃(U)]:          //C Enter，闭合对象，绘制结果如图15-3所示
```

**7** 再次按F5键，将当前轴测平面切换到“等轴测平面 左视”，继续执行“直线”命令，配合“正交”功能绘制轴测的左侧轮廓，命令行操作如下。

```
命令: _line
    指定第一点:                              //捕捉如图15-3所示的端点
    指定下一点或 [放弃(U)]:                  //向上引导光标，输入41 Enter
    指定下一点或 [放弃(U)]:                  //向右下引导光标，输入30 Enter
    指定下一点或 [闭合(C)/放弃(U)]:          //向下引导光标，输入17 Enter
    指定下一点或 [闭合(C)/放弃(U)]:          //向右下引导光标，输入31 Enter
    指定下一点或 [闭合(C)/放弃(U)]:          //向下引导光标，输入24 Enter
    指定下一点或 [闭合(C)/放弃(U)]:          // Enter，结束命令，绘制结果如图15-4所示
```

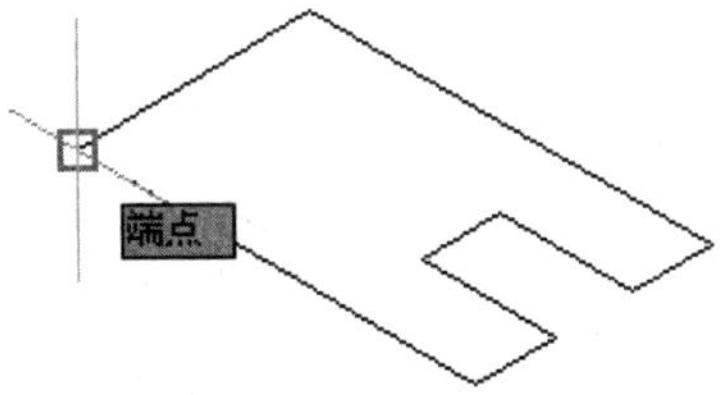


图15-3

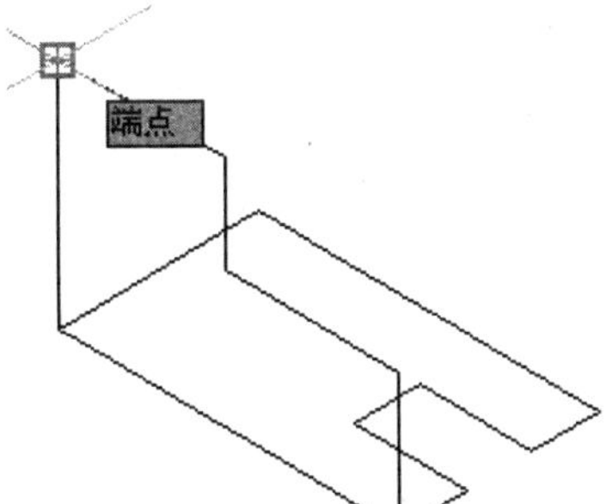


图15-4

**8** 按下键盘上的F5键，将当前轴测平面切换到“等轴测平面 俯视”，执行“直线”命令，绘制轴测图顶部的轮廓，命令行操作如下。

```
命令: _line
    指定第一点:                              //捕捉如图15-4所示的端点
    指定下一点或 [放弃(U)]:                  //向上引导光标，输入36 Enter
    指定下一点或 [放弃(U)]:                  //向右引导光标，输入30 Enter
    指定下一点或 [闭合(C)/放弃(U)]:          //向下引导光标，输入36 Enter
    指定下一点或 [闭合(C)/放弃(U)]:          // Enter，结束命令，绘制结果如图15-5所示
```

**9** 按下键盘上的F5键，将当前轴测平面切换到“等轴测平面 右视”，执行“直线”命令，绘制轴测图顶部的轮廓，命令行操作如下。

```
命令: _line
    指定第一点:                                //捕捉如图15-5所示的端点
    指定下一点或 [放弃(U)]:                    //向下引导光标，输入17 Enter
    指定下一点或 [放弃(U)]:                    //向左引导光标，输入36 Enter
    指定下一点或 [闭合(C)/放弃(U)]:            // Enter，结束命令，绘制结果如图15-6所示
```

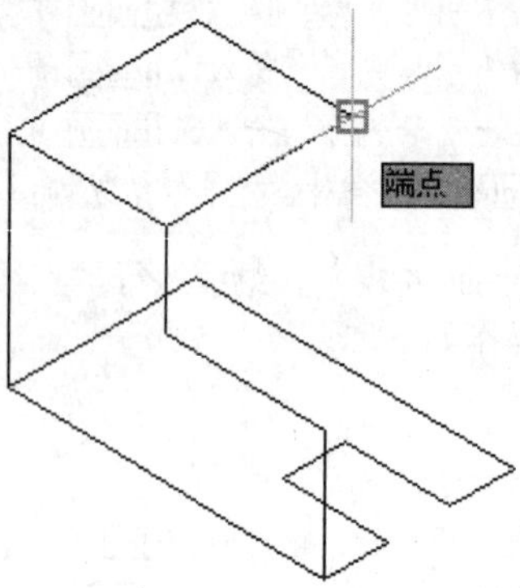


图15-5

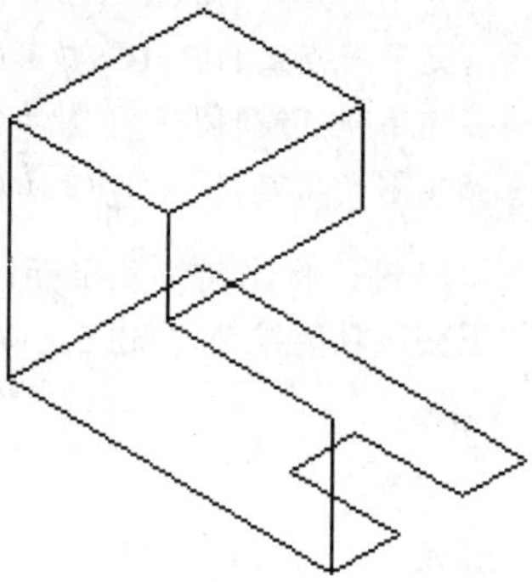

图15-6

**10** 执行菜单栏中的“修改”|“复制”命令，选择如图15-7所示的轮廓线进行复制，命令行操作如下。

```
命令: _copy
    选择对象:                                  //选择如图15-7所示的6段轮廓线
    选择对象:                                  // Enter，结束对象的选择
    指定基点或位移，或者 [重复(M)]:            //捕捉任意一点
    指定位移的第二点或 <用第一点作位移>:       //@24<90 Enter，绘制结果如图15-8所示
```

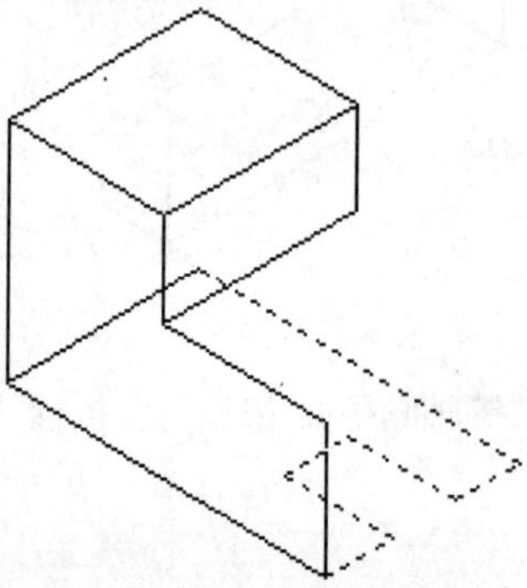

图15-7

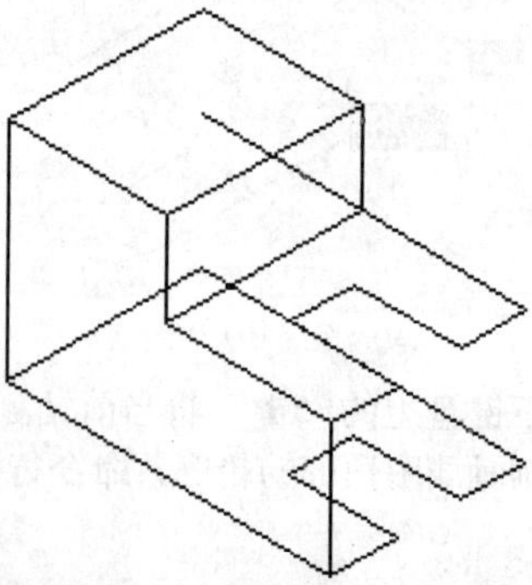

图15-8

**11** 执行“直线”命令，连接如图15-9所示的轮廓线的端点绘制垂直线段。

**12** 综合运用“修剪”和“删除”命令，对图形进行编辑，并删除被遮挡住的轮廓线，最终结果如图15-10所示。

**13** 执行“另存为”命令，将该图形命名保存为“平行线投影图应用实例.dwg”文件。

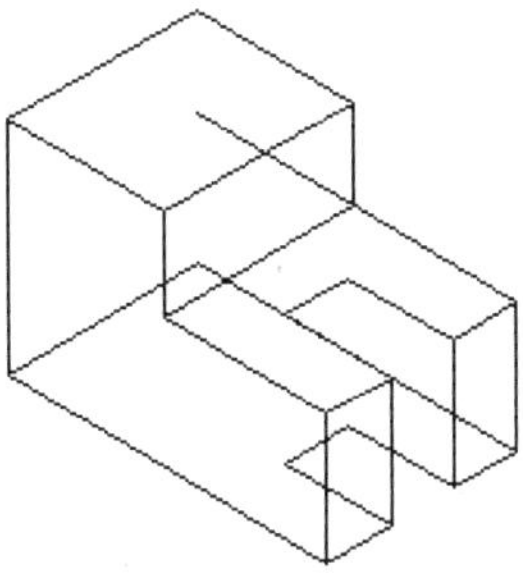

图15-9

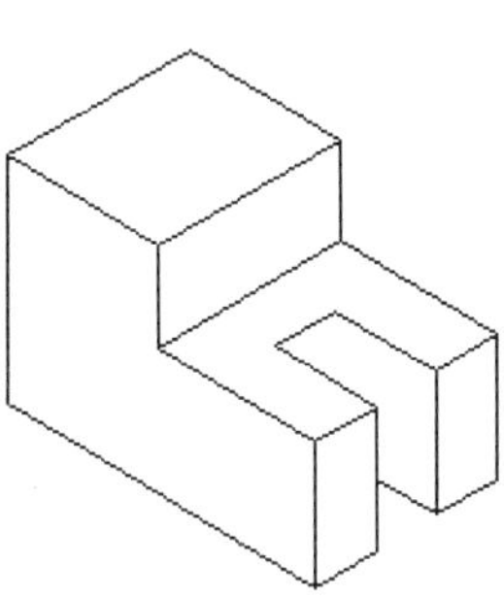

图15-10

## 15.1.2 中心线投影图应用实例

这一节继续通过绘制如图15-11所示的某机械零件轴测图的实例，学习中心线投影图的绘制方法和技巧。

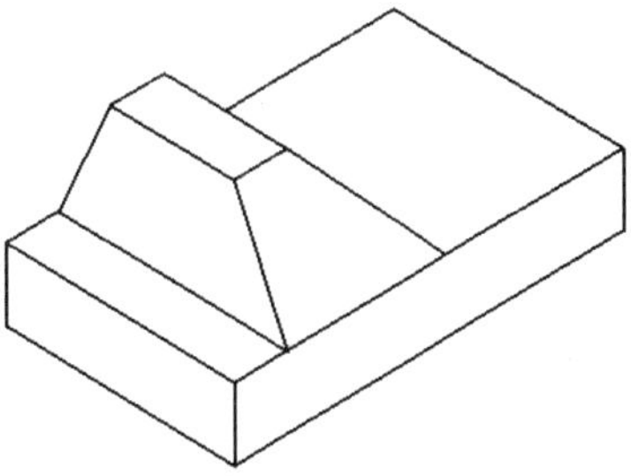

图15-11

1. 打开随书光盘中的文件“样板文件”\“机械模制图模板.dwt”作为当前图形文件。
2. 执行菜单栏中的“工具”|“绘图设置”命令，打开“草图设置”对话框，在“捕捉与栅格”选项卡的“捕捉类型和样式”选项组中，选择“等轴测捕捉”单选按钮，设置等轴测捕捉模式。
3. 按下键盘上的F8键，打开状态栏上的“正交”功能。
4. 按下键盘上的F5键，将当前轴测平面切换到“等轴测平面 俯视”。
5. 在“图层控制”下拉列表中，设置“点划线”为当前图层。
6. 使用命令简写L激活“直线”命令，在“等轴测平面 俯视”平面内绘制两条相交的直线作为定位辅助线，如图15-12所示。
7. 按下键盘上的F5键，将当前轴测平面切换到“等轴测平面 右视”，重复执行“直线”命令，以两条辅助线的交点为起点，在右等轴测平面内绘制辅助线，命令行操作如下。

```
命令: _line
    指定第一点:                    //捕捉两条辅助线的交点
    指定下一点或 [放弃(U)]:        //向上引导光标，在合适位置拾取一点
    指定下一点或 [放弃(U)]:        //Enter，结果如图15-13所示
```

图15-12

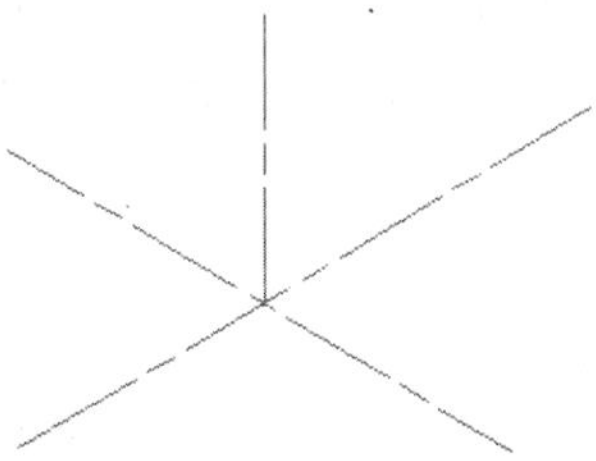

图15-13

8. 按下键盘上的F5键，将当前等轴测平面切换到“等轴测平面 俯视”。
9. 在“图层控制”下拉列表中将“轮廓线”设置为当前图层，使用命令简写PL激活“多段线”命令，配合“正交”功能绘制底面轮廓线，命令行操作如下。

```
命令: _pline
    指定起点:                          //捕捉辅助线的交点
    当前线宽为 0.0
    指定下一个点或 [圆弧(A)/半宽(H)/长度(L)/放弃(U)/宽度(W)]:
                                       //向右下移动光标，输入25 Enter
    指定下一点或 [圆弧(A)/闭合(C)/半宽(H)/长度(L)/放弃(U)/宽度(W)]:
                                       //向右上移动光标，输入85 Enter
    指定下一点或 [圆弧(A)/闭合(C)/半宽(H)/长度(L)/放弃(U)/宽度(W)]:
                                       //向左上移动光标，输入50 Enter
    指定下一点或 [圆弧(A)/闭合(C)/半宽(H)/长度(L)/放弃(U)/宽度(W)]:
                                       //向左下移动光标，输入85 Enter
    指定下一点或 [圆弧(A)/闭合(C)/半宽(H)/长度(L)/放弃(U)/宽度(W)]:
                                       //C Enter，闭合对象，结果如图15-14所示
```

**10** 执行“复制”命令，选择所绘制的闭合多段线进行复制，命令行操作如下。

```
命令: _copy
    选择对象:                              //选择闭合多段线
    选择对象:                              // Enter，结束对象的选择
    指定基点或位移，或者 [重复(M)]:        //捕捉辅助线的交点
    指定位移的第二点或 <用第一点作位移>:
                                           //@15<90 Enter，复制结果如图15-15所示
```

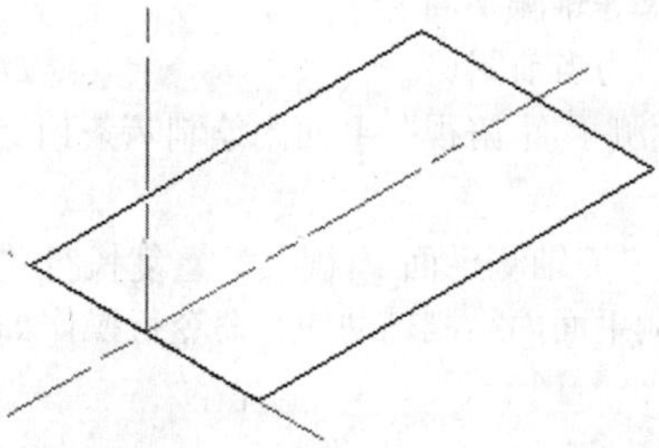

图15-14

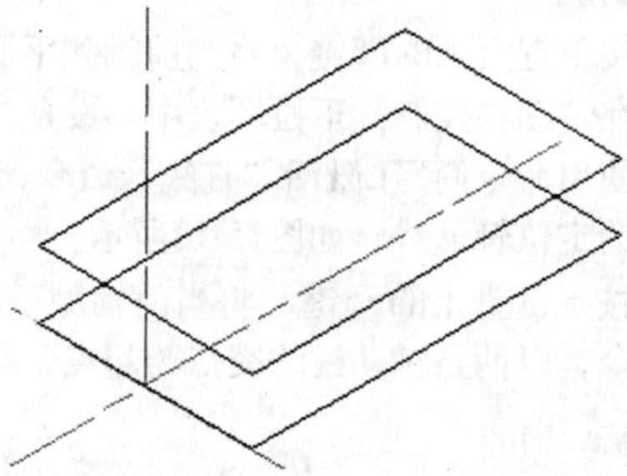

图15-15

**11** 使用命令简写PL激活“多段线”命令，配合“端点”捕捉功能绘制如图15-16所示的线段。

**12** 执行菜单栏中的“修改”|“修剪”命令，以刚绘制的多段线作为剪切边，对底面轮廓线进行修剪，并关闭“点划线”图层，结果如图15-17所示。

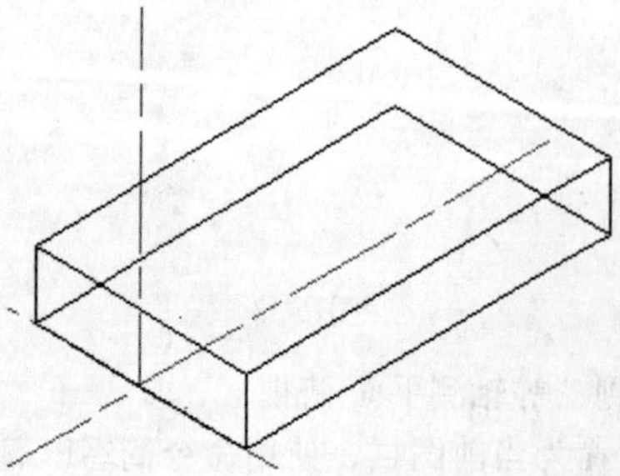

图15-16

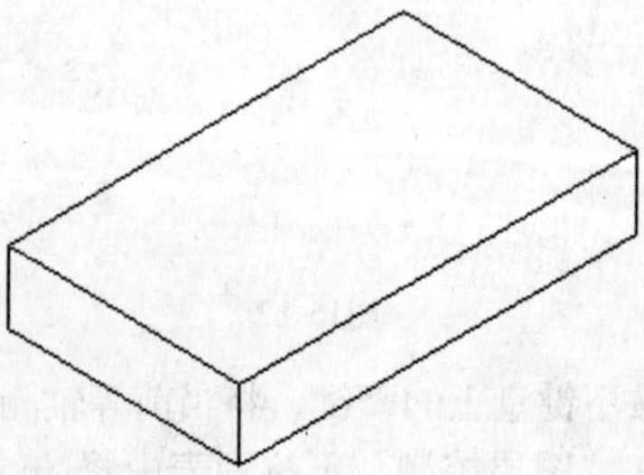

图15-17

**13** 使用命令简写X激活“分解”命令，将如图15-18所示的上侧的闭合多段线进行分解。

**14** 使用命令简写O激活“偏移”命令，将如图15-19所示的轮廓线A向右上偏移10、20和40个绘图单位；将轮廓线B和C分别向内偏移10个绘图单位。

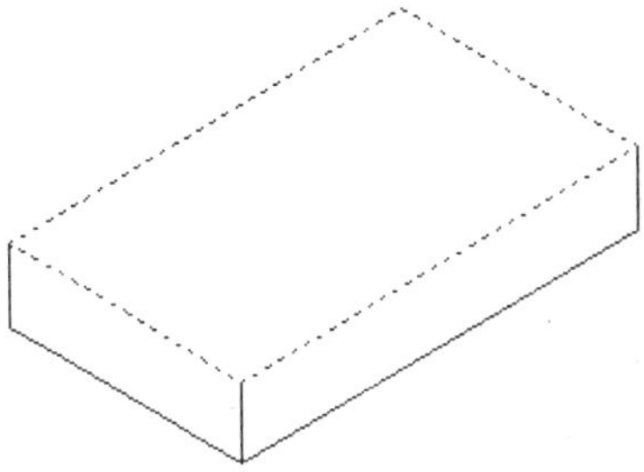

图15-18

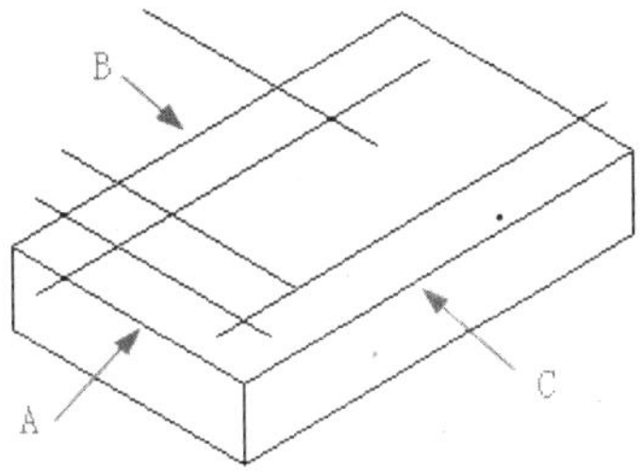


图15-19

**15** 执行菜单栏中的“修改”|“延伸”命令，以如图15-19所示的轮廓线C作为边界，对中间的三条线段进行延伸，结果如图15-20所示。

**16** 执行菜单栏中的“绘图”|“边界”命令，在如图15-21所示的区域内拾取一点，创建一条闭合的多段线。

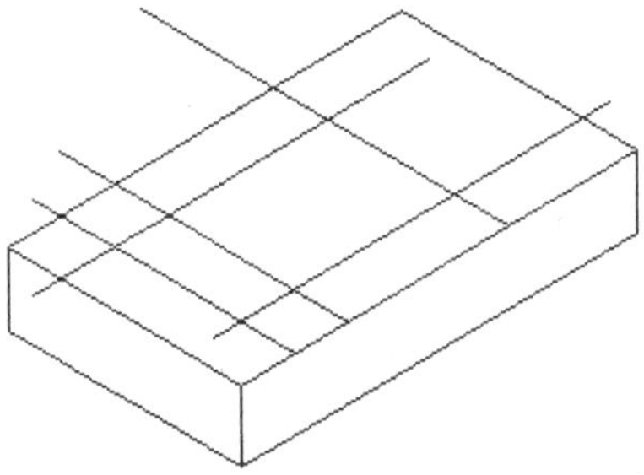

图15-20

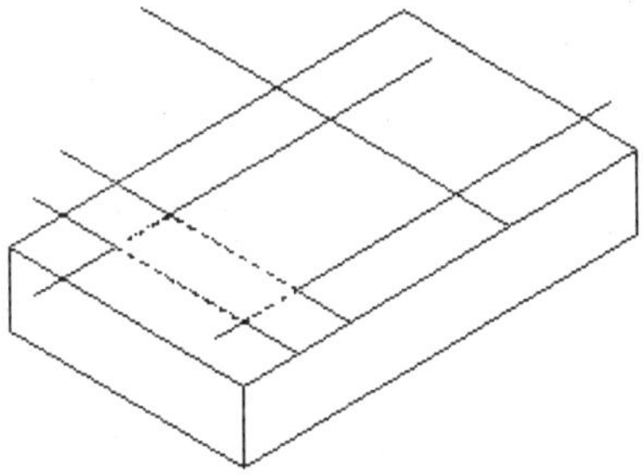

图15-21

**17** 使用命令简写M激活“移动”命令，选择刚创建的闭合多段线进行位移，基点为任意一点，目标点为“@25<90”，结果如图15-22所示。

**18** 执行“直线”命令，配合“端点”捕捉功能补画轮廓线，结果如图15-23所示。

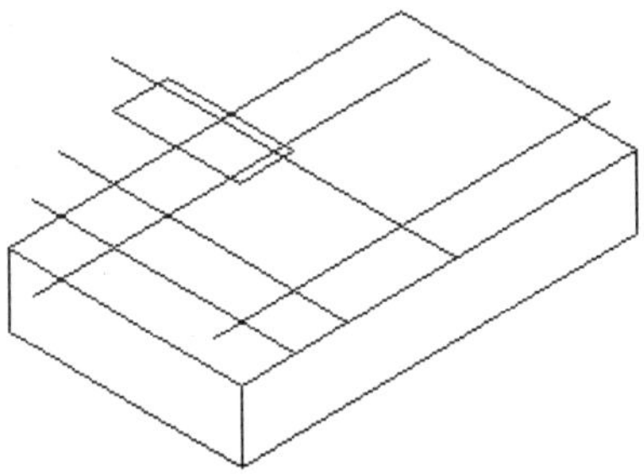

图15-22

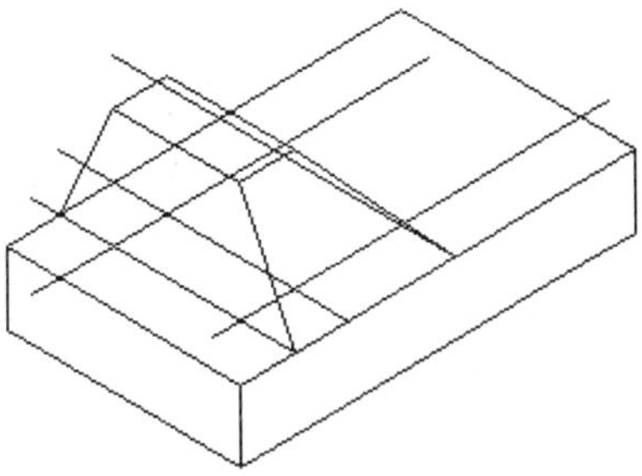

图15-23

**19** 综合“修剪”和“删除”命令，对图形进行修剪，并删除多余的图线，结果如图15-24所示。

**20** 使用“另存为”命令，将该图形命名保存为“中心线投影图应用实例.dwg”文件。

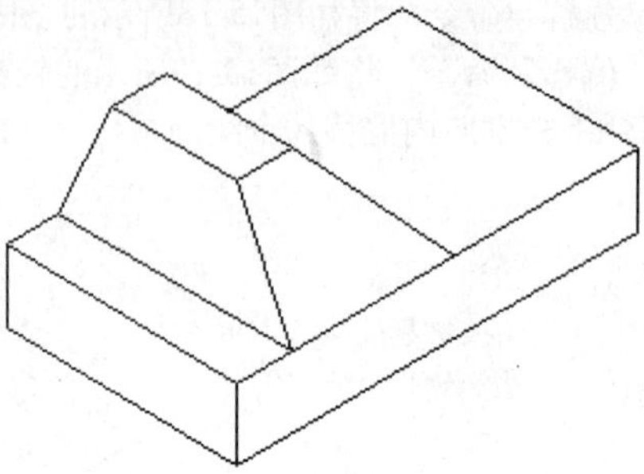

图15-24

## 15.1.3 圆、圆弧投影图应用实例

这一节继续通过绘制如图15-25所示的某机械零件轴测图的实例，学习圆、圆弧投影图的绘制方法和技巧。

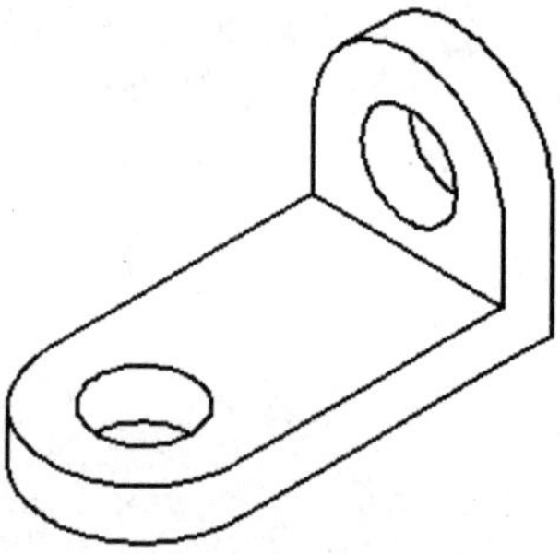

图15-25

1 打开随书光盘中的文件“样板文件”\“机械制图模板.dwt”作为当前图形文件。

2 执行菜单栏中的“工具”|“绘图设置”命令，打开“草图设置”对话框，在“捕捉与栅格”选项卡的“捕捉类型和样式”选项组中，勾选“等轴测捕捉”单选按钮，设置等轴测捕捉模式。

3 按下键盘上的F5键，将当前等轴测平面转换为“等轴测平面 俯视”。

4 在“图层控制”下拉列表中，将“点划线”设置为当前图层。

5 使用命令简写L激活“直线”命令，在上等轴测平面内绘制如图15-26所示的定位辅助线。

6 将“轮廓线”设置为当前图层，使用命令简写L激活“直线”命令，绘制闭合图形，命令行操作如下。

```
命令: _line
    指定第一点:                              //捕捉辅助线的交点
    指定下一点或 [放弃(U)]:                   //@20<-30 Enter
    指定下一点或 [放弃(U)]:                   //@65<30 Enter
    指定下一点或 [闭合(C)/放弃(U)]:           //@40<150 Enter
    指定下一点或 [闭合(C)/放弃(U)]:           //@65<-150 Enter
    指定下一点或 [闭合(C)/放弃(U)]:       //C Enter，结束命令，绘制结果如图15-27所示
```

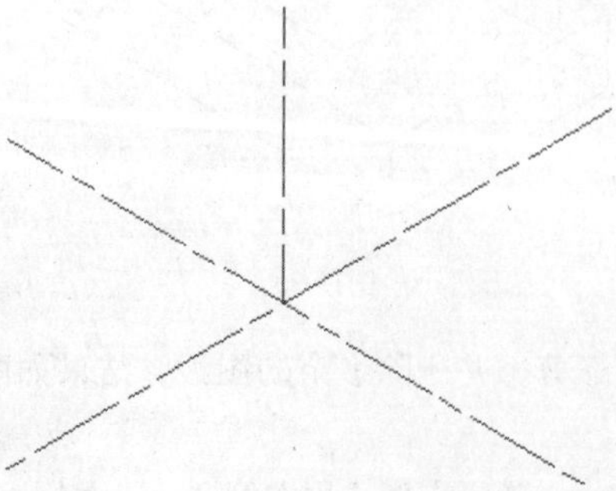

图15-26

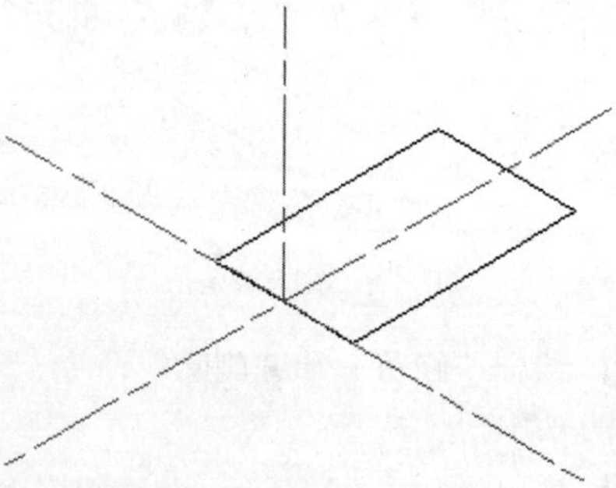

图15-27

**7** 单击“绘图”工具栏上的“椭圆”按钮，激活“椭圆”命令，在轴测图模式下绘制等轴测圆，命令行操作如下。

```
命令: _ellipse
    指定椭圆轴的端点或 [圆弧(A)/中心点(C)/等轴测圆(I)]:
                                        //I Enter，激活“等轴测圆”选项
    指定等轴测圆的圆心:                  //捕捉辅助线的交点
    指定等轴测圆的半径或 [直径(D)]:      //D Enter，激活“直径”选项
    指定等轴测圆的直径:                  //20 Enter，输入轴测圆直径
命令:                                    // Enter，重复执行命令
    ELLIPSE
    指定椭圆轴的端点或 [圆弧(A)/中心点(C)/等轴测圆(I)]: //I Enter
    指定等轴测圆的圆心:                  //捕捉辅助线的交点
    指定等轴测圆的半径或 [直径(D)]:      //20 Enter，绘制结果如图15-28所示
```

**8** 执行菜单栏中的“修改”|“修剪”命令，对外侧的轴测圆进行修剪，并删除不需要的轮廓线，结果如图15-29所示。

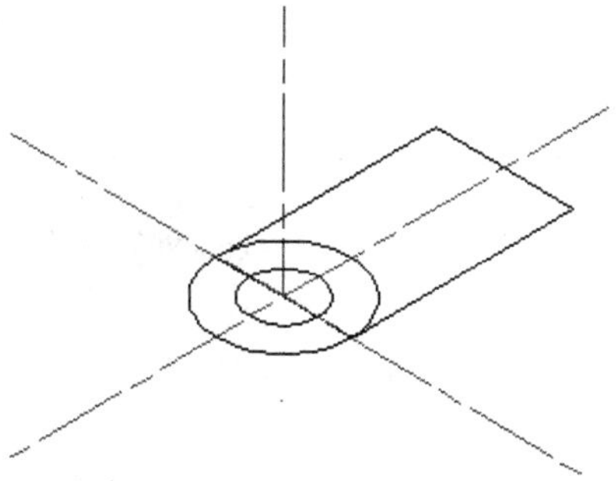

图15-28

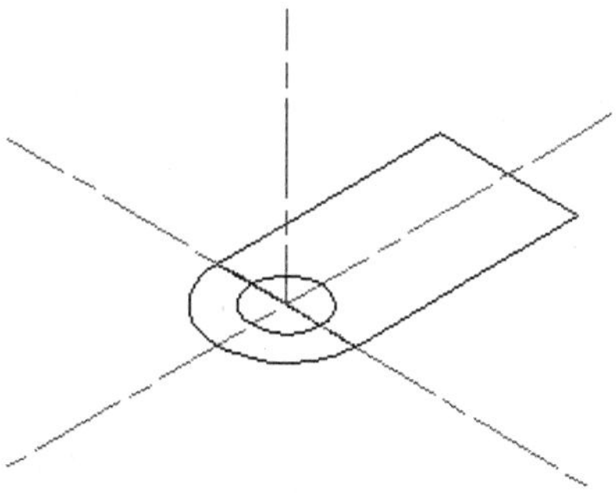

图15-29

**9** 使用命令简写CO激活“复制”命令，对图形进行复制，命令行操作如下。

```
命令:                                     //CO Enter，激活“复制”命令
    COPY
    选择对象:                             //选择如图15-30所示的轮廓线
    选择对象:                             // Enter，结束对象的选择
    指定基点或位移，或者 [重复(M)]:       //捕捉辅助线的交点
    指定位移的第二点或 <用第一点作位移>:  //@10<90 Enter，复制结果如图15-31所示
```

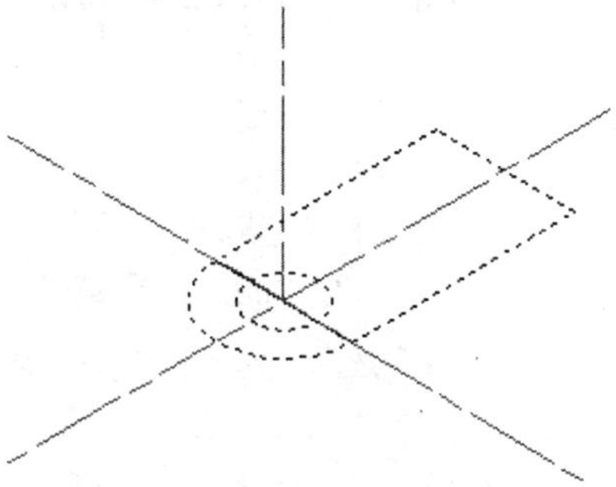

图15-30

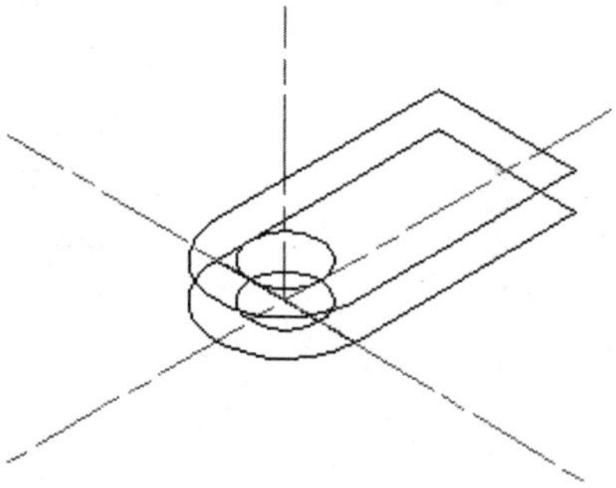

图15-31

10 通过按下键盘上的F5键，将当前的轴测平面切换到“等轴测平面 左视”。

11 使用命令简写L激活“直线”命令，以如图15-32所示的轮廓线端点作为起点，绘制左等轴测平面内的轮廓，命令行操作如下。

```
命令: _line
    指定第一点:                          //捕捉如图15-32所示的端点
    指定下一点或 [放弃(U)]:              //@25<90 Enter
    指定下一点或 [放弃(U)]:              //@40<150 Enter
    指定下一点或 [闭合(C)/放弃(U)]:      //@25<-90 Enter
    指定下一点或 [闭合(C)/放弃(U)]:      // Enter，结束命令，绘制结果如图15-33所示
```

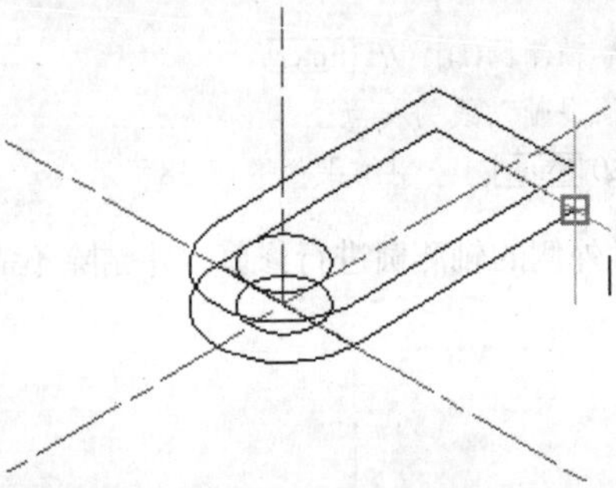

图15-32

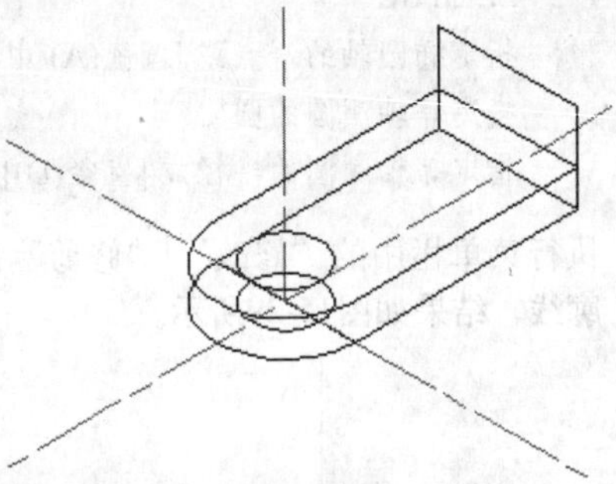

图15-33

12 使用命令简写EL激活“椭圆”命令，以轮廓线A的中点为圆心，绘制两个半径分别为10和20的等轴测圆，命令行操作如下。

```
命令: _ellipse
    指定椭圆轴的端点或 [圆弧(A)/中心点(C)/等轴测圆(I)]:
                                          //I Enter，激活“等轴测圆”选项
    指定等轴测圆的圆心:                   //捕捉如图15-34所示的轮廓线的中点
    指定等轴测圆的半径或 [直径(D)]:       //D Enter，激活“直径”选项
    指定等轴测圆的直径:                   //20 Enter，输入轴测圆直径
命令: _ellipse
    指定椭圆轴的端点或 [圆弧(A)/中心点(C)/等轴测圆(I)]:
                                          //I Enter，激活“等轴测圆”选项
    指定等轴测圆的圆心:                   //捕捉圆心
    指定等轴测圆的半径或 [直径(D)]:       //D Enter，激活“直径”选项
    指定等轴测圆的直径:                   //40 Enter，结果如图15-35所示
```

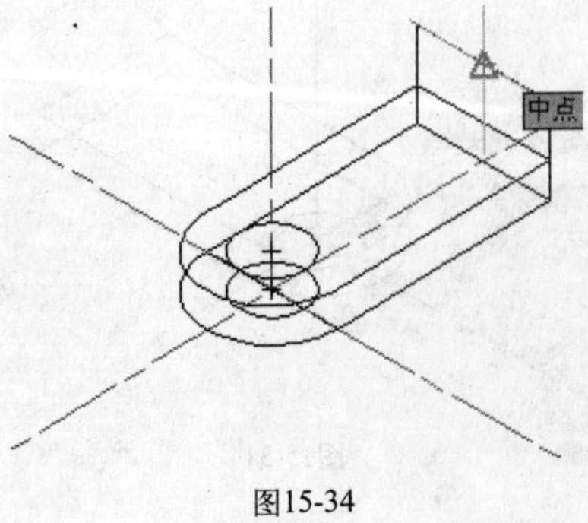


图15-34

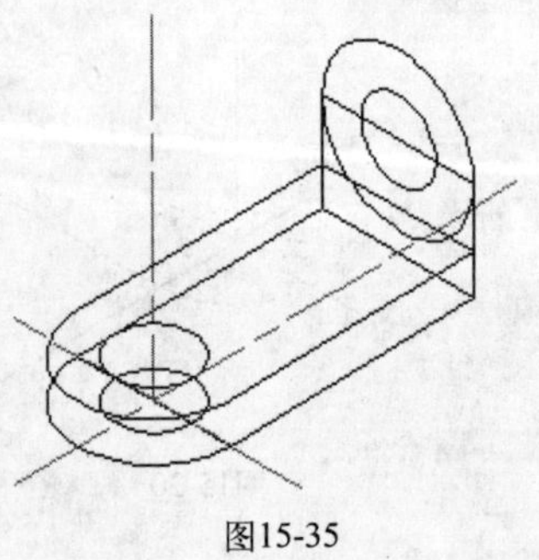

图15-35

13 综合运用“修剪”和“删除”命令，对左等轴测面上的轮廓图进行修剪，结果如图15-36所示。

14 执行菜单栏中的“修改”|“复制”命令，选择编辑后的左等轴测轮廓进行复制，基点为任意一点，目标点为“@10<-150”，复制结果如图15-37所示。

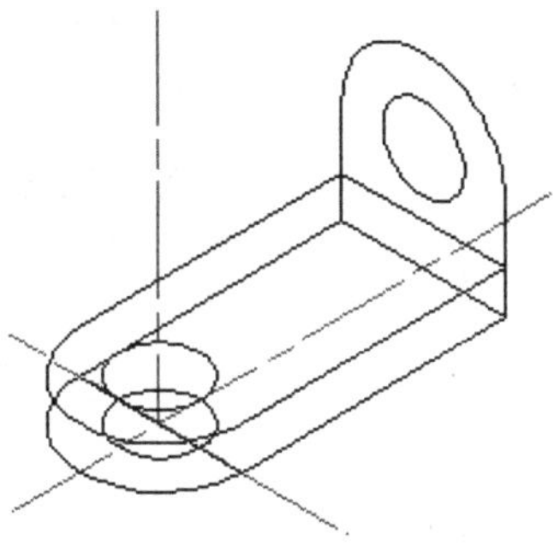

图15-36

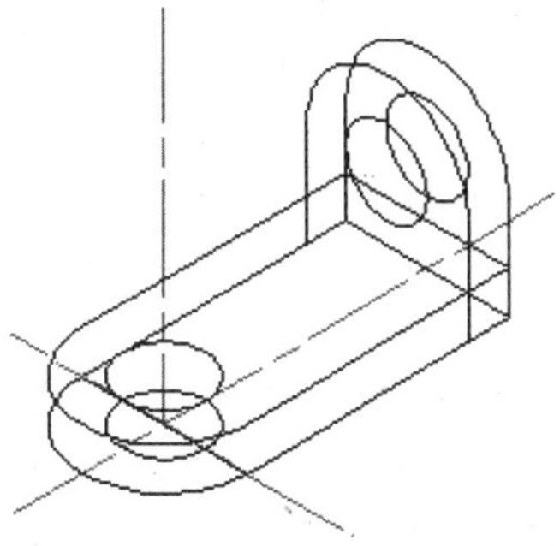

图15-37

15 使用命令简写L激活“直线”命令，配合“切点”捕捉和“交点”捕捉功能绘制轴测圆的公切线和轮廓线，结果如图15-38所示。

16 综合运用“修剪”和“删除”命令，对轮廓图进行编辑，并删除多余的轮廓线，结果如图15-39所示。

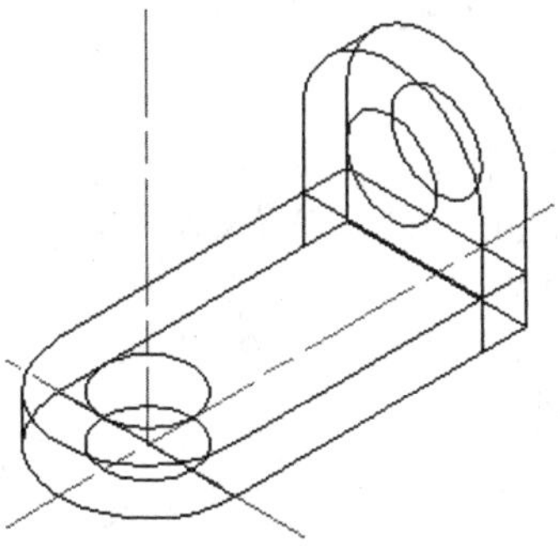

图15-38

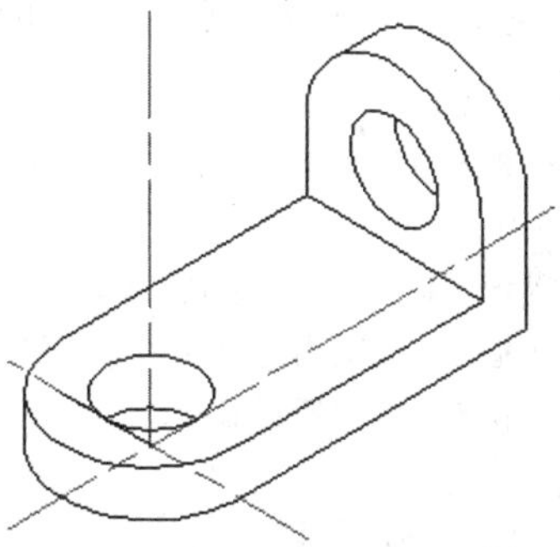

图15-39

17 关闭“点划线”图层，最终结果如图15-25所示。

18 执行“另存为”命令，将该图形保存为“圆、圆弧投影图应用实例.dwg”文件。

## 15.2 复杂零件轴测图应用实例

这一节将通过绘制复杂零件轴测图的实例操作，掌握较复杂的零件轴测图的绘制方法和技巧。

### 15.2.1 绘制连杆零件轴测图

这一节将通过绘制如图15-40所示的连杆零件轴测图的实例，掌握复杂零件轴测图的绘制方法和技巧。

1 打开随书光盘中的文件“样板文件”\“机械制图模板.dwt”作为当前图形文件。

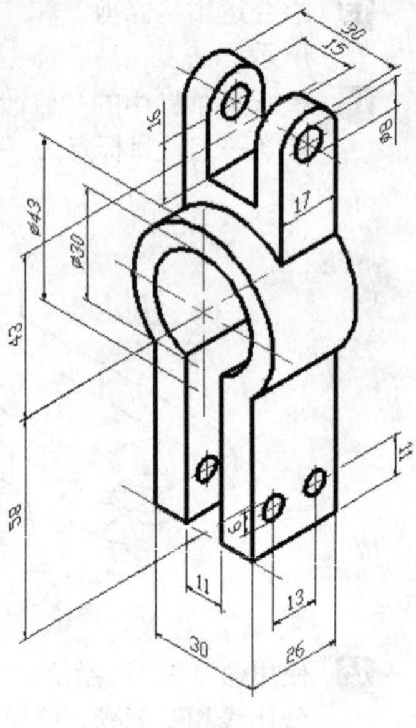

图15-40

2 执行菜单栏中的“工具”|“绘图设置”命令，打开“草图设置”对话框，在“捕捉与栅格”选项卡的“捕捉类型和样式”选项组中，选择“等轴测捕捉”单选按钮，设置等轴测捕捉模式。

3 按键盘上的功能键F8，打开“正交”功能。

4 在“图层控制”下拉列表中，将“点划线”设置为当前图层。

5 按下键盘上的功能键F5，将当前的等轴测平面设为“等轴测平面 左视”，然后使用命令简写L激活“直线”命令，配合“正交”功能绘制如图15-41所示的定位辅助线。

6 按下键盘上的功能键F5，将当前的等轴测平面设为“等轴测平面 俯视”，通过辅助线的交点绘制另一条辅助线，如图15-42所示。

7 再次按下键盘上的功能键F5，将当前的等轴测平面切换为“等轴测平面 左视”。

8 在“图层控制”下拉列表中将“轮廓线”设置为当前图层，执行菜单栏中的“绘图”|“椭圆”|“轴、端点”命令，以辅助线的交点为圆心，绘制两个直径分别为30和43的等轴测圆，命令行操作如下。

```
命令: _ellipse
    指定椭圆轴的端点或 [圆弧(A)/中心点(C)/等轴测圆(I)]:
                                      //I Enter，激活“等轴测圆”选项
    指定等轴测圆的圆心:                //捕捉辅助线的交点
    指定等轴测圆的半径或 [直径(D)]:    //D Enter，激活“直径”选项
    指定等轴测圆的直径:                //30 Enter
命令:                                  // Enter，重复执行命令
    ELLIPSE
    指定椭圆轴的端点或 [圆弧(A)/中心点(C)/等轴测圆(I)]: //I Enter
    指定等轴测圆的圆心:                //捕捉辅助线的交点
    指定等轴测圆的半径或 [直径(D)]:    //D Enter
    指定等轴测圆的直径:                //43 Enter，绘制结果如图15-43所示
```

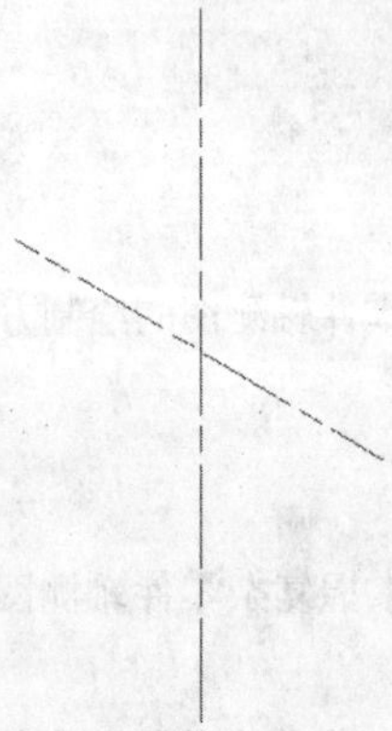
图15-41

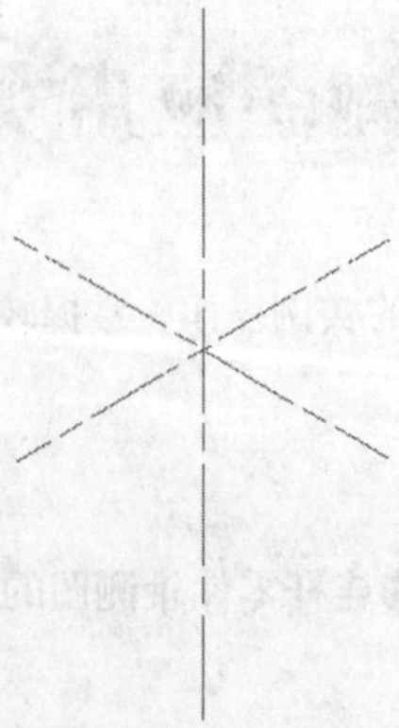
图15-42

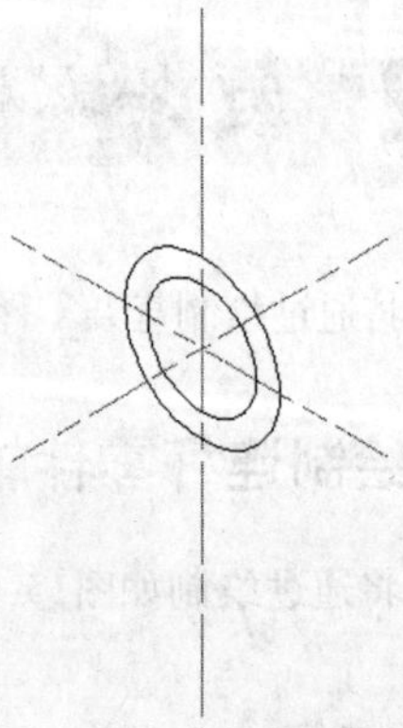
图15-43

**9** 执行“复制”命令，选择两条水平辅助线进行复制，命令行操作如下。

```
命令: _copy
    选择对象:                                        //选择两条水平辅助线
    选择对象:                                        // Enter，结束对象的选择
    指定基点:                                        //捕捉辅助线的交点
    指定位移的第二点或 <用第一点作位移>:             //@48<-90 Enter
    指定位移的第二点或 <用第一点作位移>:
                                    // Enter，结束命令，复制结果如图15-44所示
```

**10** 在无任何命令执行的前提下，选择垂直辅助线使其夹点显示，使用夹点编辑功能对其进行夹点复制，命令行操作如下。

```
命令:
    ** 拉伸 **
    指定拉伸点或 [基点(B)/复制(C)/放弃(U)/退出(X)]:          //C Enter
    ** 拉伸 (多重) **
    指定拉伸点或 [基点(B)/复制(C)/放弃(U)/退出(X)]:
                                              //向右下引导光标，输入5.5 Enter
    ** 拉伸 (多重) **
    指定拉伸点或 [基点(B)/复制(C)/放弃(U)/退出(X)]:          //15 Enter
    ** 拉伸 (多重) **
    指定拉伸点或 [基点(B)/复制(C)/放弃(U)/退出(X)]:
                                              //向左上引导光标，输入5.5 Enter
    ** 拉伸 (多重) **
    指定拉伸点或 [基点(B)/复制(C)/放弃(U)/退出(X)]:          //15 Enter
    ** 拉伸 (多重) **
    指定拉伸点或 [基点(B)/复制(C)/放弃(U)/退出(X)]:          // Enter
    命令: *取消*
```

**11** 按键盘上的Esc键退出夹点编辑模式，并取消对象的夹点显示，结果如图15-45所示。

**12** 单击状态栏上的“显示、隐藏线宽”按钮显示线宽，然后使用命令简写L激活“直线”命令，分别连接辅助线和轴测圆各交点绘制轮廓线，结果如图15-46所示。

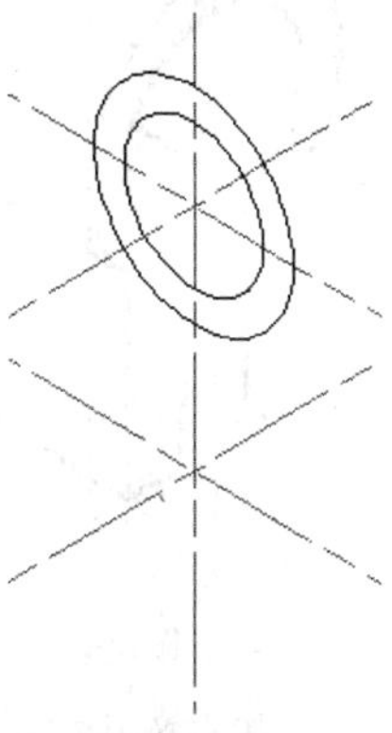

图15-44

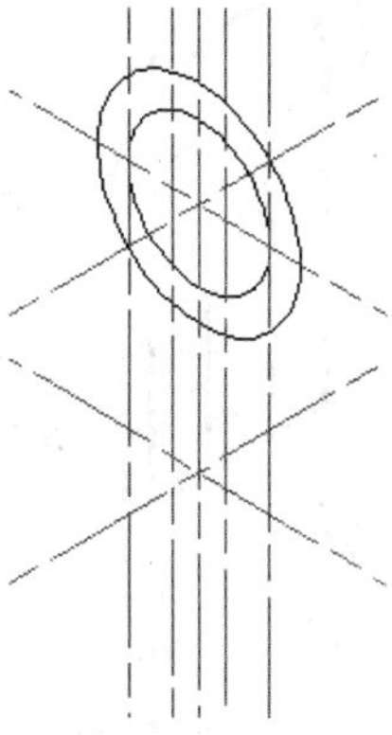

图15-45

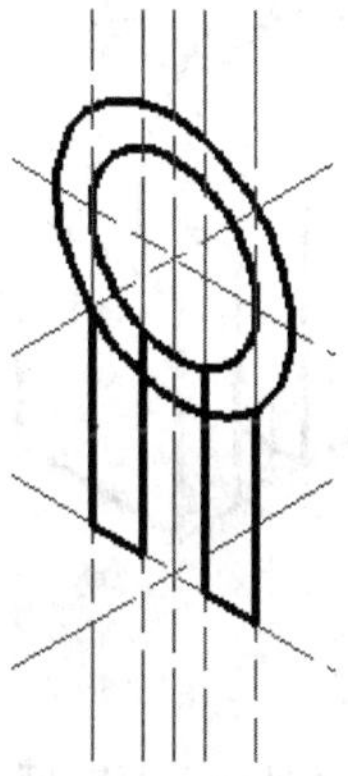

图15-46

**13** 激活“复制”命令，选择绘制的所有轮廓线进行复制，命令行操作如下。

```
命令: _copy
    选择对象:                                   //选择所有的轮廓线
    选择对象:                                   //Enter，结束对象的选择
    指定基点:                                   //捕捉辅助线的交点
    指定位移的第二点或 <用第一点作位移>:           //@26<30 Enter
    指定位移的第二点或 <用第一点作位移>:
                                 //Enter，结束命令，复制结果如图15-47所示
```

**14** 使用命令简写L激活“直线”命令，配合“交点”和“切点”捕捉功能绘制轮廓线和公切线，结果如图15-48所示。

**15** 激活“修剪”命令，对轮廓图进行修剪，并删除被遮挡住的轮廓线和不需要的辅助线，结果如图15-49所示。

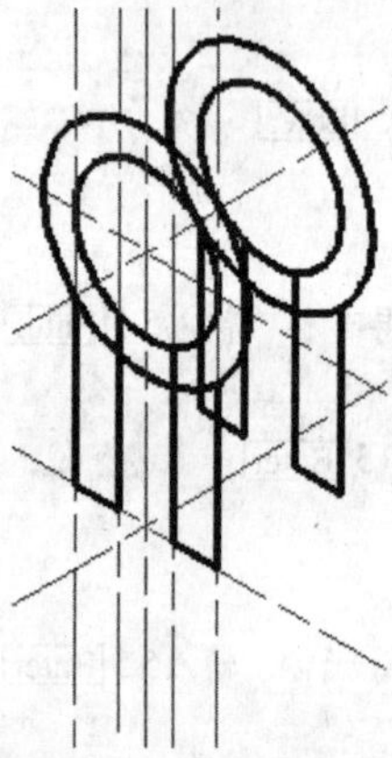

图15-47

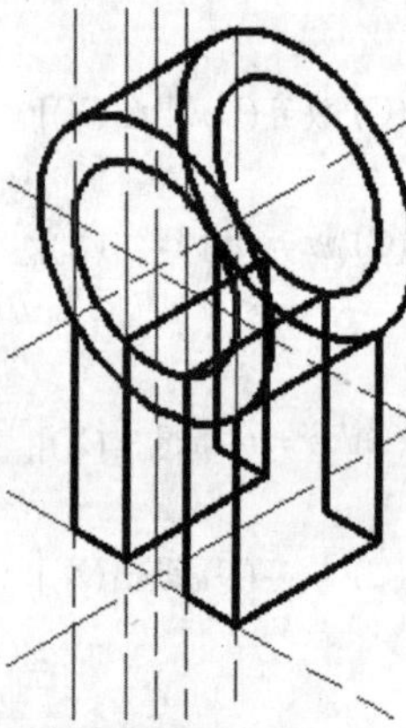

图15-48

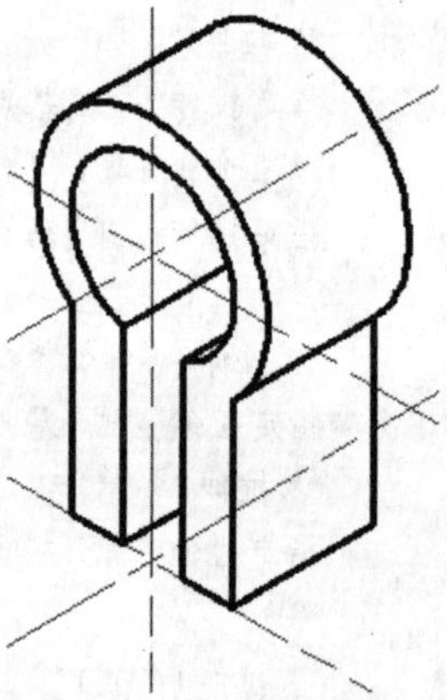

图15-49

**16** 使用命令简写CO激活“复制”命令，选择如图15-50所示的两条辅助线进行复制，基点为辅助线交点，目标点为“@15<-30”，结果如图15-51所示。

**17** 使用命令简写M激活“移动”命令，选择刚复制出的辅助线进行移动，基点为其交点，目标点为“@6.5<30”，结果如图15-52所示。

图15-50

图15-51

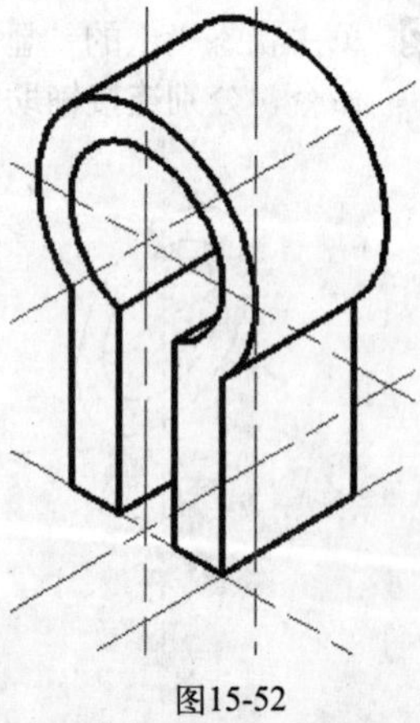

图15-52

**18** 重复执行“移动”命令，选择位移后的辅助线第二次进行位移，基点为其交点，目标点为“@11<90”，结果如图15-53所示。

**19** 按下键盘上的功能键F5，将当前的等轴测平面切换为“等轴测平面 右视”。

**20** 使用命令简写EL激活“椭圆”命令，以刚创建的辅助线交点为圆心，绘制一个直径为6的等轴测圆，并将此位置的辅助线编辑为圆的中心线，结果如图15-54所示。

**21** 执行“复制”命令，选择刚绘制的等轴测圆进行多重复制，命令行操作如下。

```
命令: _copy
    选择对象:                                   //选择刚绘制的等轴测圆及中心线
    选择对象:                                   //Enter，结束选择
    指定基点:                                   //捕捉轴测圆的圆心
    指定位移的第二点或 <用第一点作位移>:         //@13<30 Enter
    指定位移的第二点或 <用第一点作位移>:         //@20.5<150 Enter
    指定位移的第二点或 <用第一点作位移>:
                                  //Enter，结束命令，复制结果如图15-55所示
```

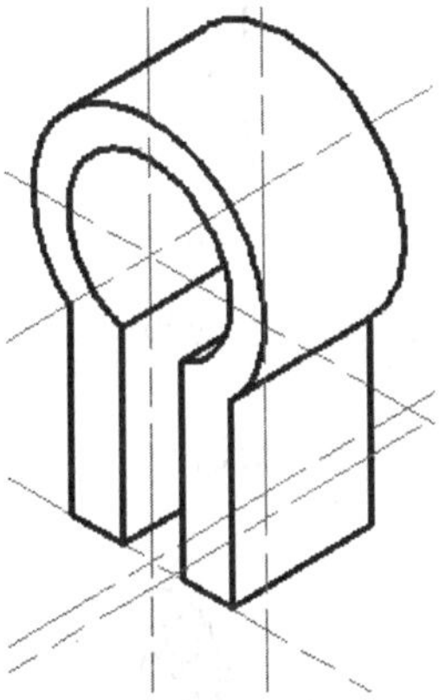

图15-53

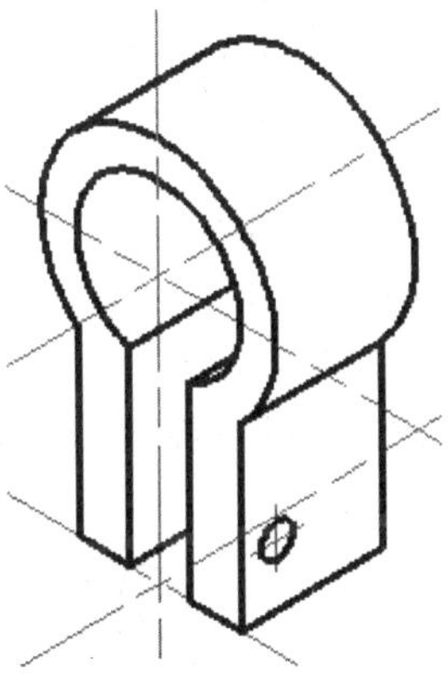

图15-54

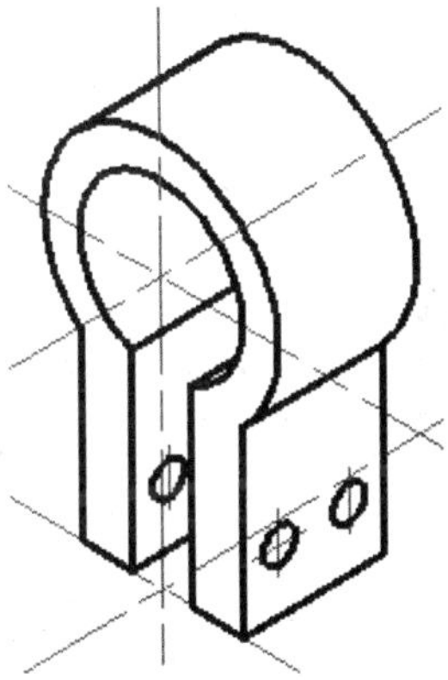

图15-55

**22** 继续执行“复制”命令，选择如图15-56所示的两条辅助线进行复制，基点为辅助线交点，目标点为“@17.5<30”，结果如图15-57所示。

**23** 执行“移动”命令，选择复制出的辅助线进行位移，基点为其交点，目标点为“@43<90”，结果如图15-58所示。

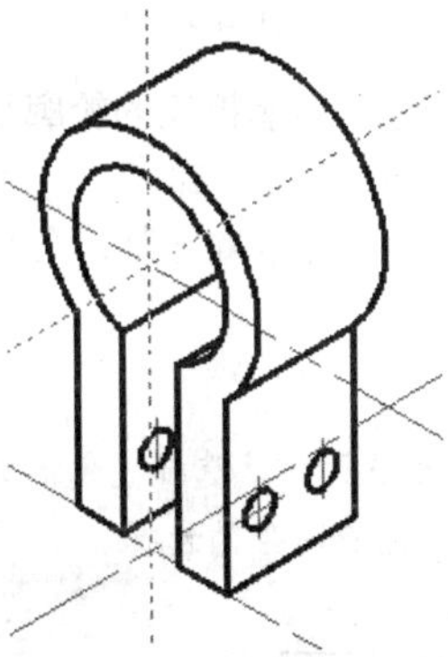

图15-56

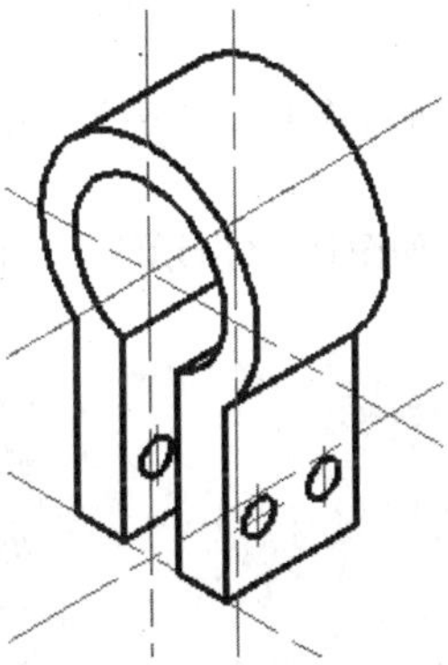

图15-57

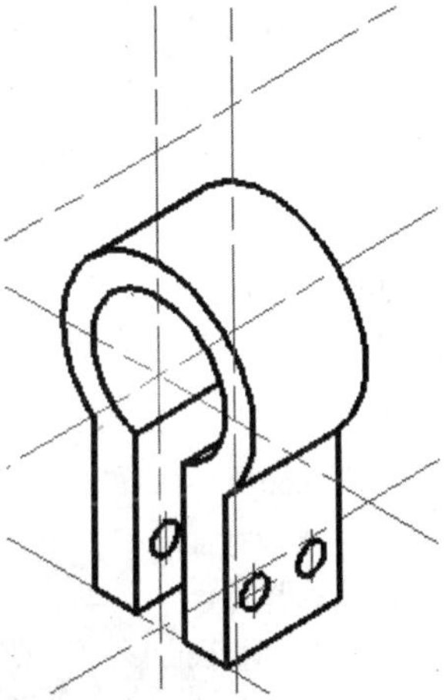

图15-58

**24** 重复执行“移动”命令，选择位移后的辅助线第二次进行位移，基点为其交点，目标点为“@15<-30”，结果如图15-59所示。

25 使用命令简写EL激活“椭圆”命令，以刚创建的辅助线交点为圆心，绘制两个直径分别为8和17的等轴测圆，结果如图15-60所示。

26 使用命令简写L激活“直线”命令，分别以大轴测圆与辅助线的交点为起点，绘制如图15-61所示的直线。

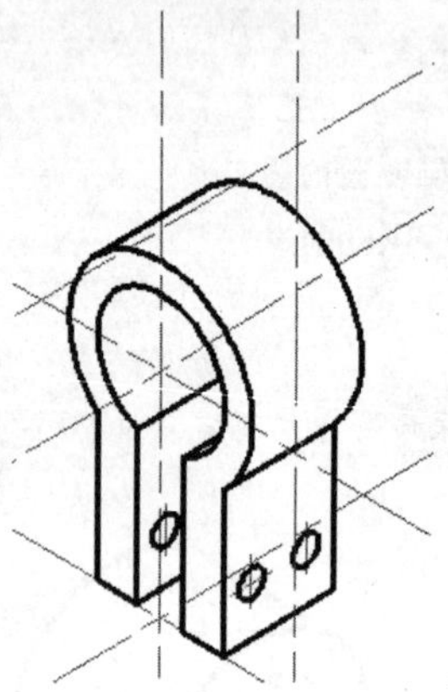

图15-59

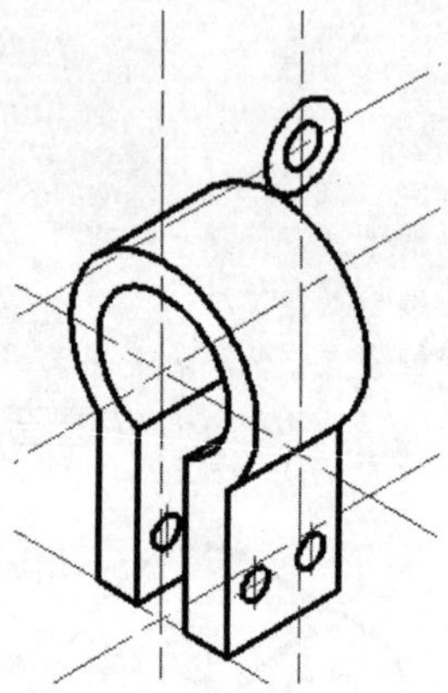

图15-60

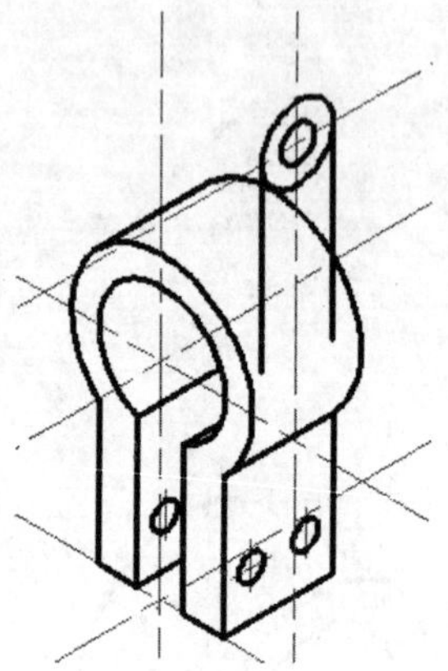

图15-61

27 继续执行“复制”命令，选择如图15-62所示的轴测圆进行复制，基点为其圆心，目标点为“@9<30”，复制结果如图15-63所示。

28 使用“直线”命令，配合“交点”捕捉功能绘制如图15-64所示的轮廓线。

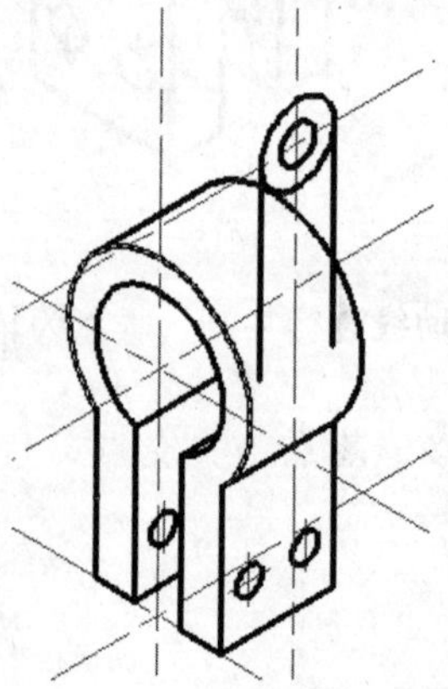

图15-62

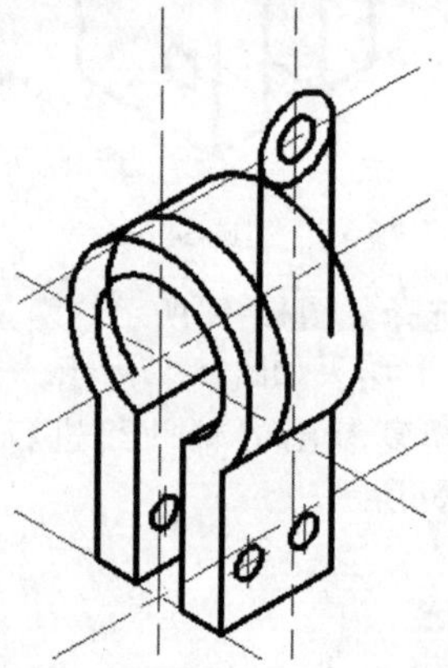

图15-63

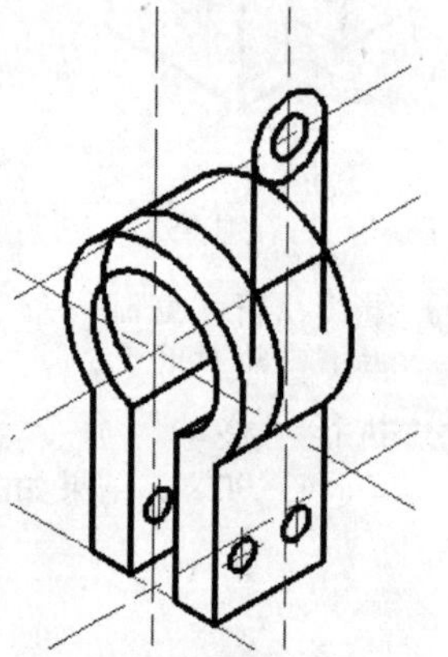

图15-64

29 执行“修剪”命令，对轮廓图进行修剪，修剪掉不需要的部分及被遮挡住的轮廓线，结果如图15-65所示。

30 继续执行“复制”命令，选择如图15-66所示的上侧的轮廓图进行多重复制，命令行操作如下。

```
命令: _copy
    选择对象:                                //使用“框选”方式选择上侧的轮廓
    选择对象:                                //Enter，结束对象的选择
    指定基点:                                //捕捉任意一点
    指定位移的第二点或<用第一点作位移>:      //@7.5<150 Enter
    指定位移的第二点或<用第一点作位移>:      //@22.5<150 Enter
    指定位移的第二点或<用第一点作位移>:      //@30<150 Enter
```

指定位移的第二点或 <用第一点作位移>:

//Enter，复制结果如图15-67所示

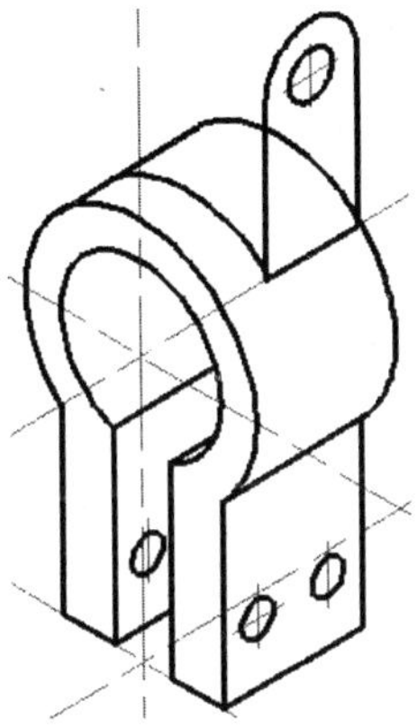

图15-65

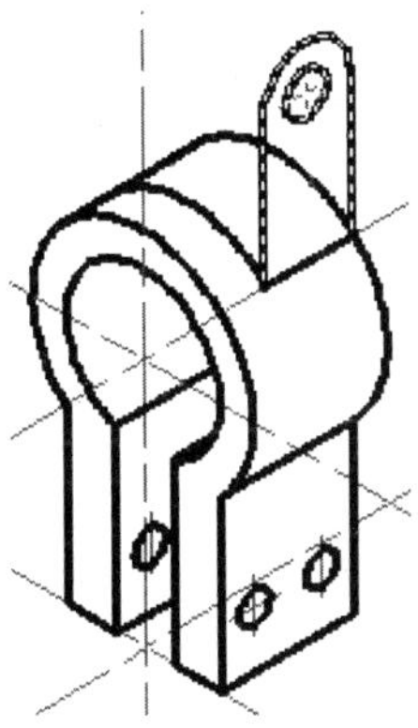

图15-66

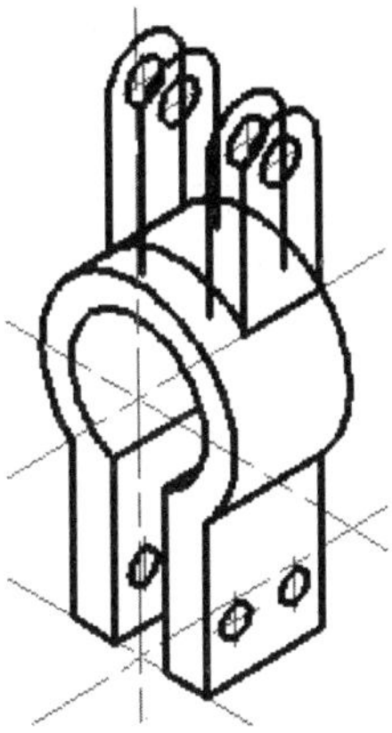

图15-67

31 执行“直线”命令，补画其他轮廓线，然后运用“修剪”和“删除”命令，对轮廓图及辅助线进行修剪编辑，结果如图15-68所示。

32 将“尺寸层”设置为当前层，运用前面所学知识，对零件轴测图标注尺寸，完成零件轴测图的绘制，最终效果如图15-69所示。

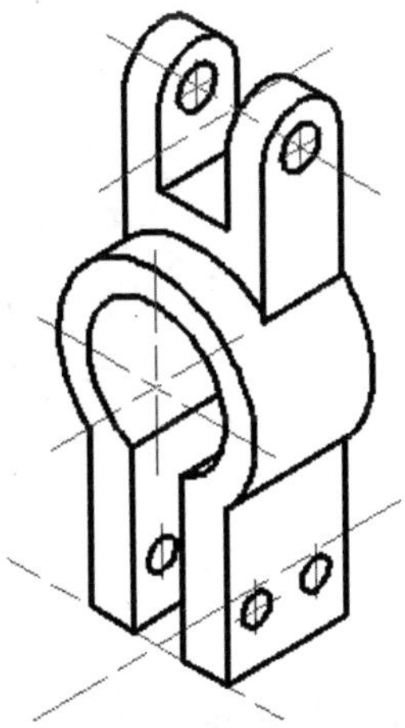

图15-68

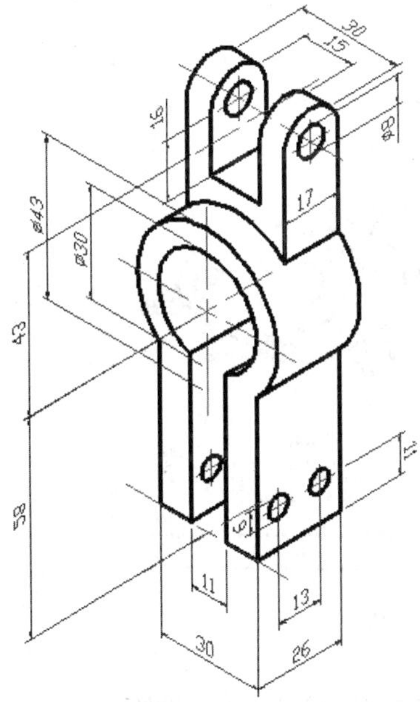


图15-69

33 执行“另存为”命令，将该图形保存为“连杆零件轴测图.dwg”文件。

## 15.2.2 根据零件二视图绘制零件轴测图

这一节继续来根据如图15-70所示的某零件二视图绘制其零件轴测图，以掌握复杂零件轴测图的绘制方法和技巧。

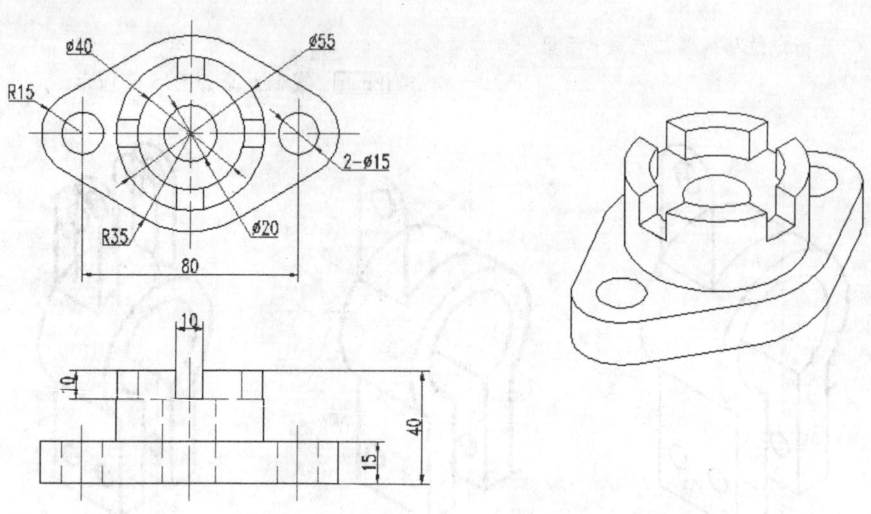


图15-70

**1** 打开随书光盘中的文件“素材文件”\“第15章”\“零件二视图.dwg”作为当前图形文件，如图15-70（左）所示。

**2** 执行菜单栏中的“工具”|“绘图设置”命令，打开“草图设置”对话框，在“捕捉与栅格”选项卡的“捕捉类型和样式”选项组中，选择“等轴测捕捉”单选按钮，设置等轴测捕捉模式。

**3** 按键盘上的功能键F8，打开“正交”功能。

**4** 在“图层控制”下拉列表中，将“点划线”设置为当前图层。

**5** 按下键盘上的功能键F5，将当前等轴测平面设为“等轴测平面 俯视”。

**6** 执行“直线”命令，配合“正交”功能绘制如图15-71所示的定位辅助线。

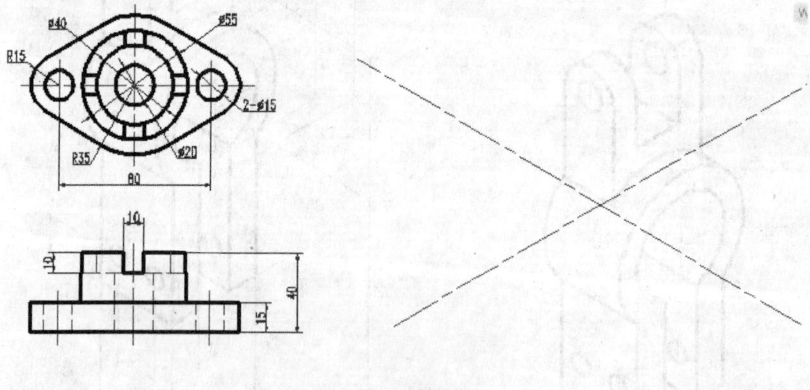


图15-71

**7** 激活“复制”命令，对辅助线A进行多重复制，命令行操作如下。

```
命令: _copy
    选择对象:                                    //选择辅助线A
    选择对象:                                    //Enter，结束对象的选择
    指定基点:                                    //捕捉辅助线的交点
    指定位移的第二点或 <用第一点作位移>:          //@40<30 Enter
    指定位移的第二点或 <用第一点作位移>:          //@80<30 Enter
```

```
    指定位移的第二点或<用第一点作位移>:
                                    //Enter，结束命令，复制结果如图15-72所示
```

**8** 将“轮廓线”设置为当前图层，使用命令简写EL激活“椭圆”命令，分别以辅助线交点为圆心，绘制等轴测圆，命令行操作如下。

```
命令: EL                                  //Enter，激活“椭圆”命令
    ELLIPSE
    指定椭圆轴的端点或[圆弧(A)/中心点(C)/等轴测圆(I)]:
                                          //I Enter，激活“等轴测圆”选项
    指定等轴测圆的圆心:                    //捕捉如图15-72所示的交点1
    指定等轴测圆的半径或[直径(D)]:         //15 Enter，输入轴测圆半径
命令:                                     //Enter，重复执行命令
    ELLIPSE
    指定椭圆轴的端点或[圆弧(A)/中心点(C)/等轴测圆(I)]: //I Enter
    指定等轴测圆的圆心:                    //捕捉如图15-72所示的交点1
    指定等轴测圆的半径或[直径(D)]:         //D Enter
    指定等轴测圆的直径:                    //15 Enter
命令:                                     //Enter，重复执行命令
    ELLIPSE
    指定椭圆轴的端点或[圆弧(A)/中心点(C)/等轴测圆(I)]: //I Enter
    指定等轴测圆的圆心:                    //捕捉如图15-72所示的交点2
    指定等轴测圆的半径或[直径(D)]:         //35 Enter
命令:                                     //Enter，重复执行命令
    ELLIPSE
    指定椭圆轴的端点或[圆弧(A)/中心点(C)/等轴测圆(I)]: //I Enter
    指定等轴测圆的圆心:                    //捕捉如图15-72所示的交点3
    指定等轴测圆的半径或[直径(D)]:         //15 Enter
命令:                                     //Enter，重复执行命令
    ELLIPSE
    指定椭圆轴的端点或[圆弧(A)/中心点(C)/等轴测圆(I)]: //I Enter
    指定等轴测圆的圆心:                    //捕捉如图15-72所示的交点3
    指定等轴测圆的半径或[直径(D)]:         //D Enter
    指定等轴测圆的直径:                    //15 Enter，绘制结果如图15-73所示
```

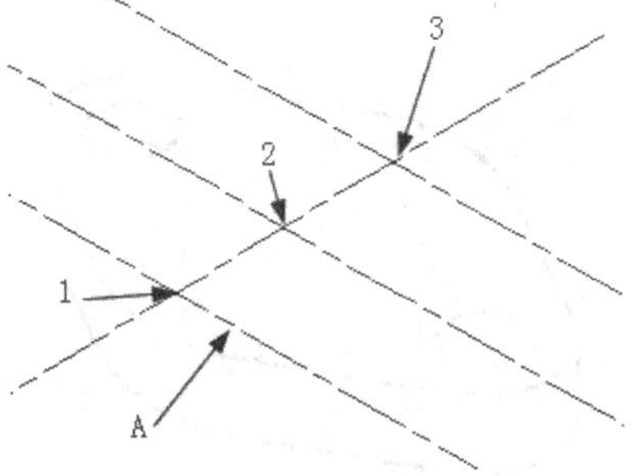


图15-72

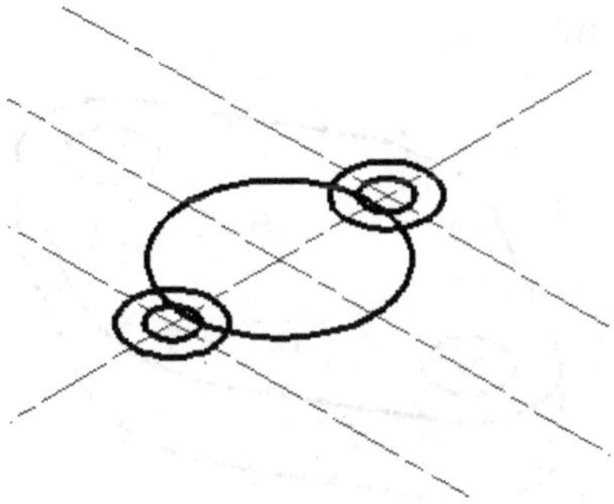

图15-73

**9** 使用命令简写L激活“直线”命令，配合“切点”捕捉功能绘制等轴测圆的公切线，绘制结果如图15-74所示。

**10** 激活“修剪”命令，以刚绘制的公切线作为剪切边，对轴测圆进行修剪，结果如图15-75所示。

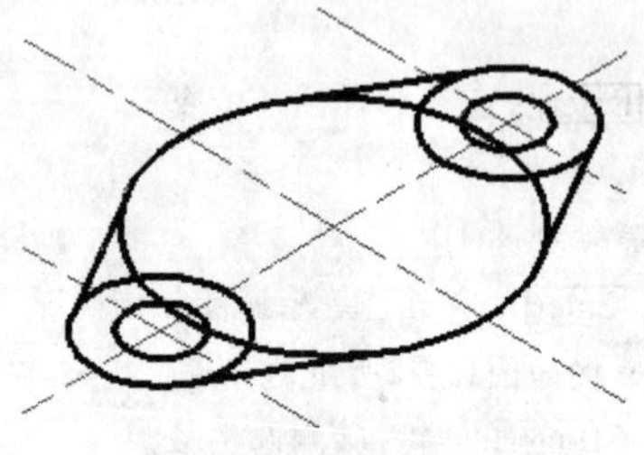

图15-74

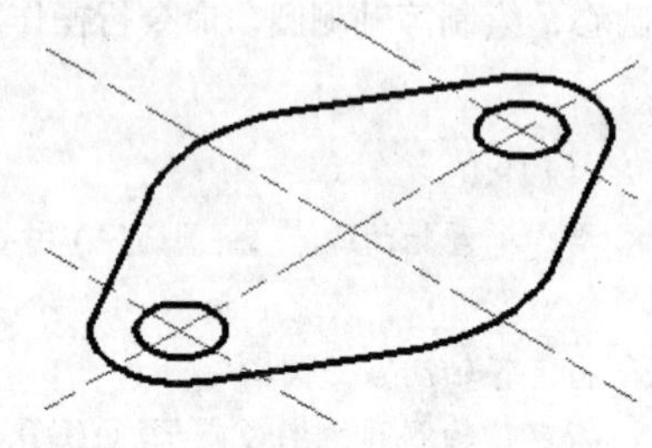

图15-75

**11** 使用命令简写CO激活“复制”命令，选择编辑后的轮廓线进行复制，命令行操作如下。

```
命令: CO                                          // Enter, 激活“复制对象”选项
  COPY
  选择对象:                                        //选择轮廓线
  选择对象:                                        // Enter, 结束对象的选择
  指定基点或位移, 或者 [重复(M)]:                    //捕捉辅助线的交点
  指定位移的第二点或 <用第一点作位移>:                //@15<-90 Enter, 结果如图15-76所示
```

**12** 执行“直线”命令，配合“切点”捕捉功能绘制如图15-77所示的公切线。

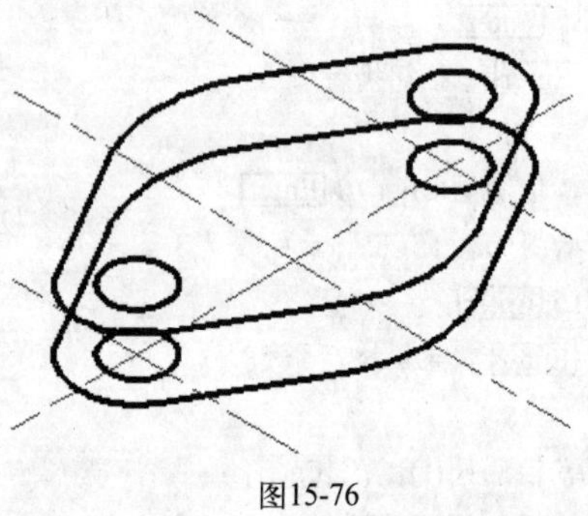

图15-76

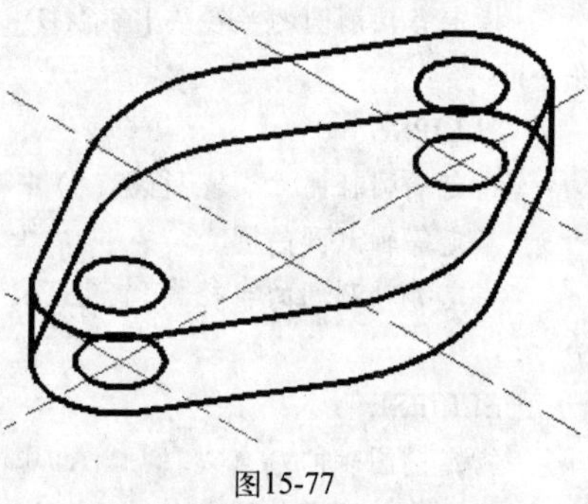

图15-77

**13** 综合运用“修剪”和“删除”命令，对轮廓图进行修剪编辑，并删除不需要的对象，结果如图15-78所示。

**14** 使用“移动”命令将辅助线进行位移，基点为任意一点，目标点为“@15<90”，结果如图15-79所示。

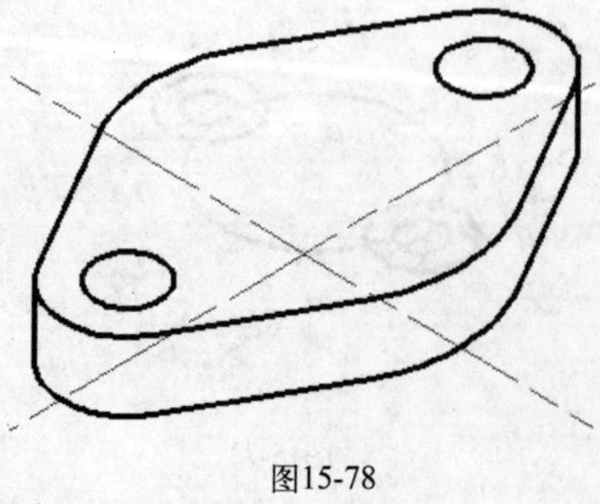

图15-78

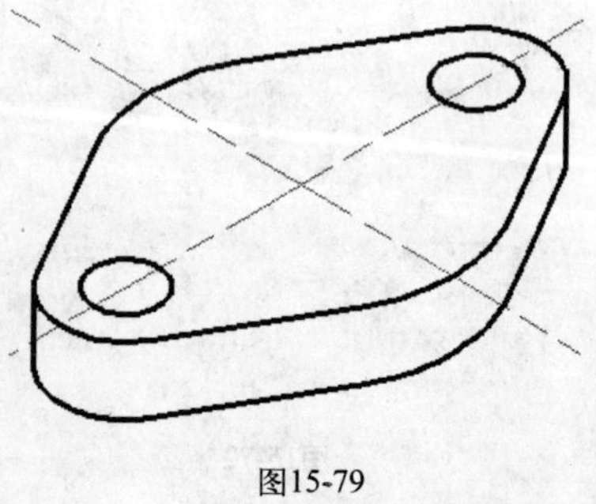

图15-79

**15** 执行菜单栏中的“绘图”|“椭圆”|“轴、端点”命令，以辅助线交点为圆心，绘制一个直径为55的轴测圆，结果如图15-80所示。

**16** 激活“复制”命令，以辅助线交点为基点，对刚绘制的轴测圆进行多重复制，命令行操作如下。

```
命令: _copy
    选择对象:                                  //选择刚绘制的轴测圆
    选择对象:                                  //结束对象的选择
    指定基点:                                  //捕捉辅助线的交点
    指定位移的第二点或<用第一点作位移>:        //@15<90 Enter
    指定位移的第二点或<用第一点作位移>:        //@25<90 Enter
    指定位移的第二点或<用第一点作位移>:
                                  //Enter，结束命令，复制结果如图15-81所示
```

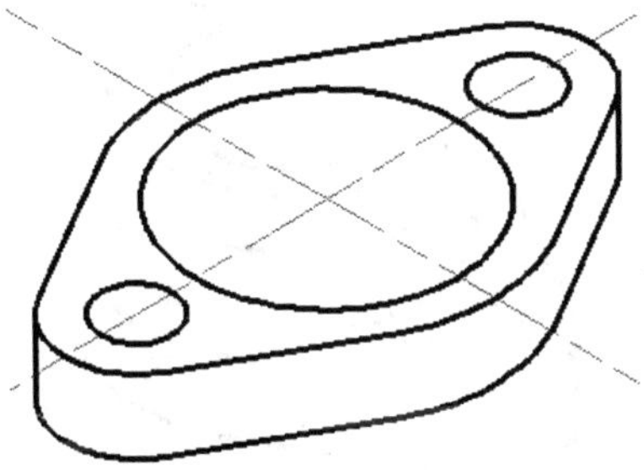

图15-80

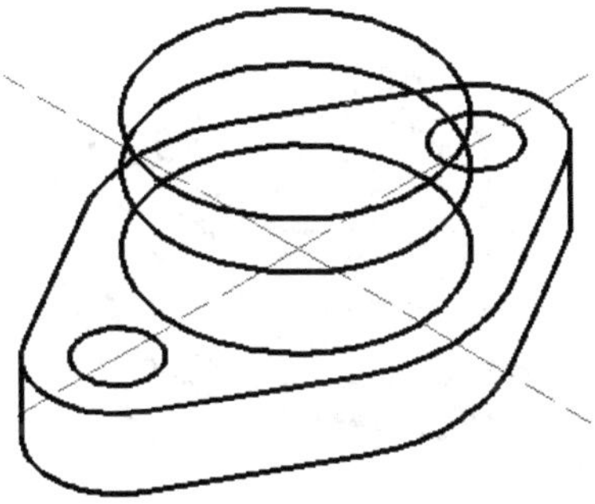

图15-81

**17** 使用命令简写M激活“移动”命令，将辅助线进行上移，基点为辅助线交点，目标点为“@25<90”，移动结果如图15-82所示。

**18** 使用命令简写EL激活“椭圆”命令，以移动后的辅助线交点为圆心，绘制一个直径为40的等轴测圆，结果如图15-83所示。

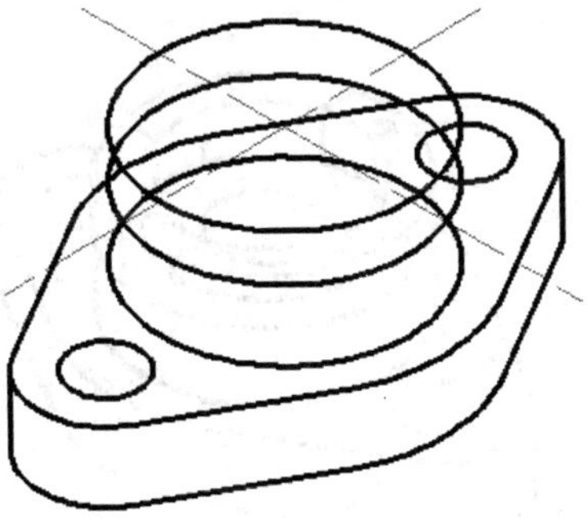

图15-82

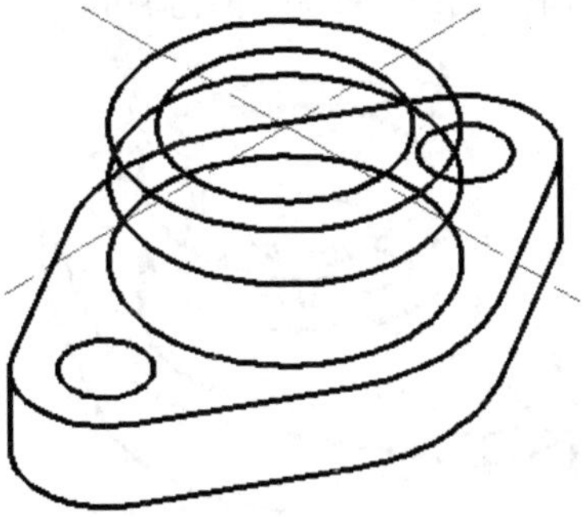

图15-83

**19** 激活“偏移”命令，将偏移间距设置为5，分别对两条辅助线进行对称偏移，结果如图15-84所示。

**20** 执行“直线”命令，配合“交点”捕捉功能连接辅助线与轴测圆的交点，绘制轮廓线，并删除偏移出的辅助线，结果如图15-85所示。

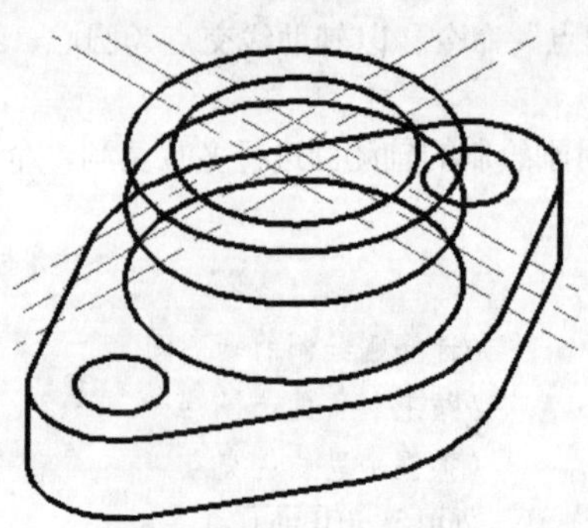

图15-84

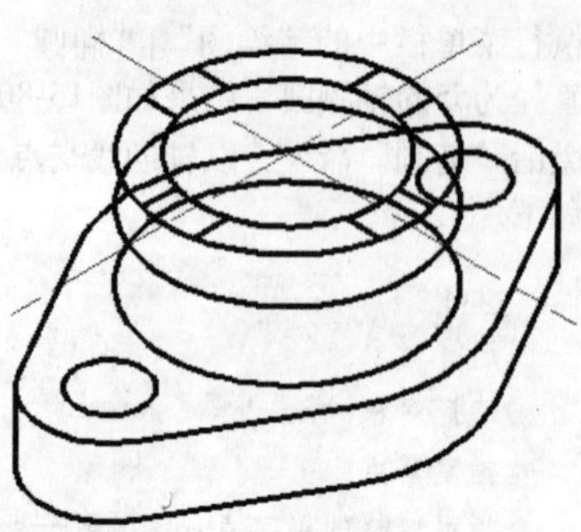

图15-85

21 执行“直线”命令，配合“切点”捕捉功能绘制轴测圆的公切线，结果如图15-86所示。

22 运用“修剪”和“删除”命令，对轮廓图进行编辑，去掉被遮挡住的图形轮廓，结果如图15-87所示。

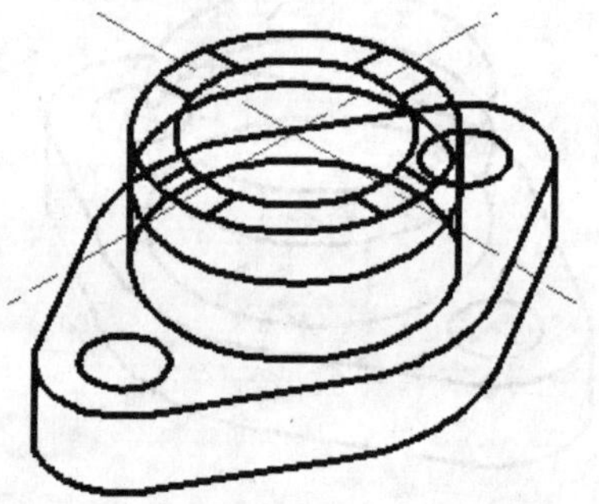

图15-86

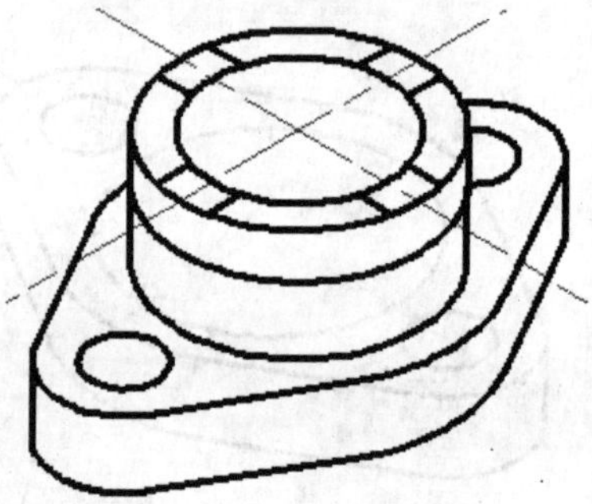

图15-87

23 执行“移动”命令，将辅助线进行下移，基点为辅助线交点，目标点为“@10<-90”。

24 使用命令简写EL激活“椭圆”命令，以移动后的辅助线交点为圆心，绘制两个直径分别为20和40的等轴测圆，结果如图15-88所示。

25 使用命令简写L激活“直线”命令，分别从间距为10的平行线处向下引长度为10个绘图单位的切口线，结果如图15-89所示。

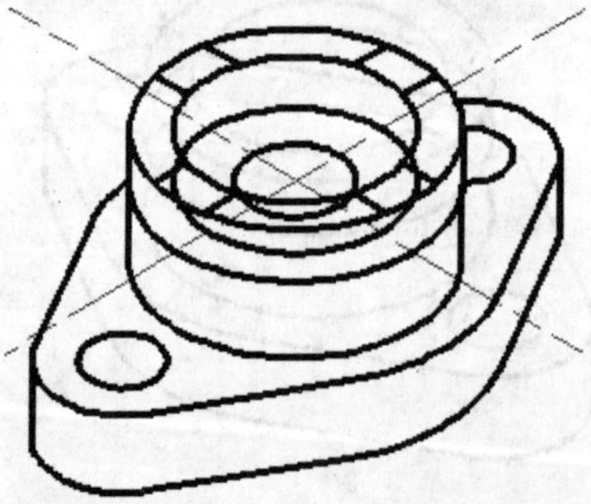

图15-88

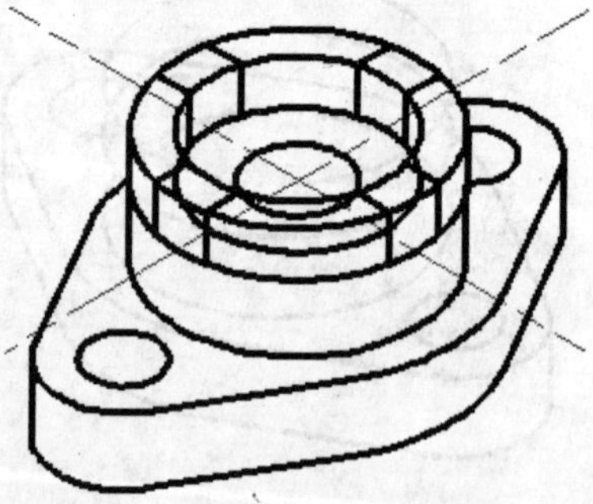

图15-89

26 执行“修剪”命令，对切口线处的轮廓图进行修剪，结果如图15-90所示。

27 使用命令简写EL激活“椭圆”命令，以辅助线的交点为圆心，绘制一个直径为55的等轴测圆，结果如图15-91所示。

28 使用命令简写L激活“直线”命令，补充切口处的轮廓线，结果如图15-92所示。

29 综合运用“修剪”和“删除”命令，对轮廓图进行编辑，删除被遮挡住的轮廓线和辅助线，最后隐藏线宽显示，结果如图15-93所示。

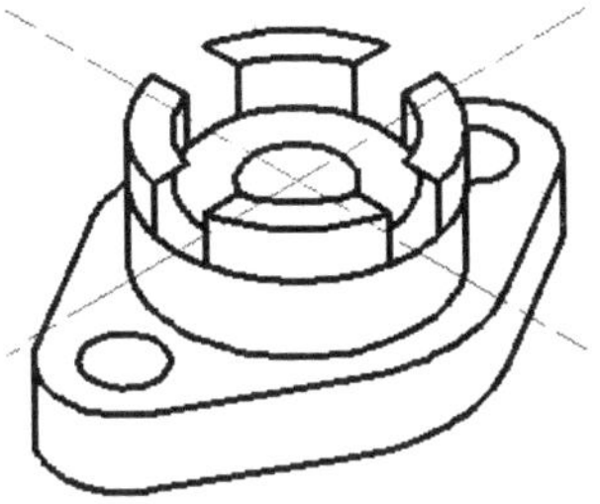

图15-90

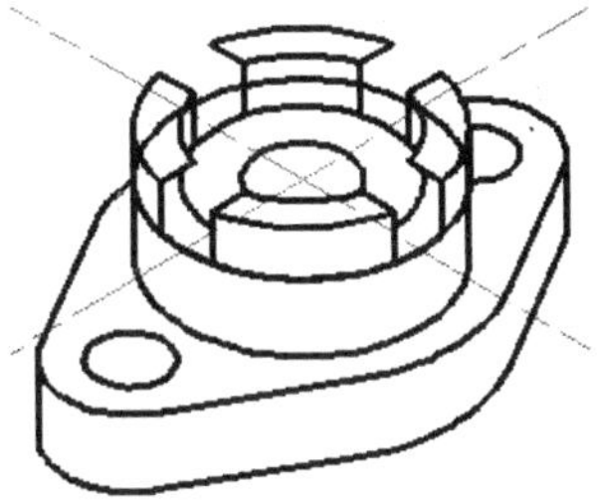

图15-91

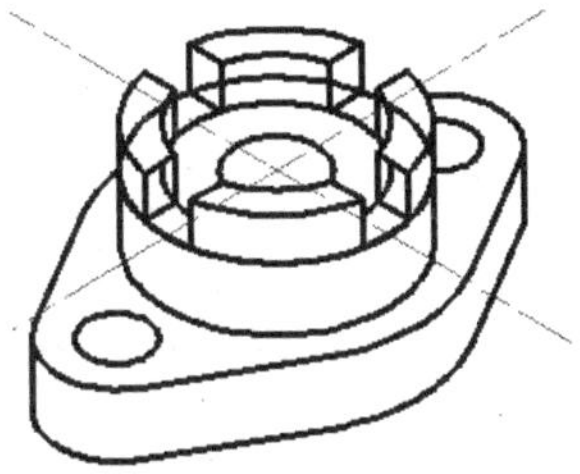

图15-92

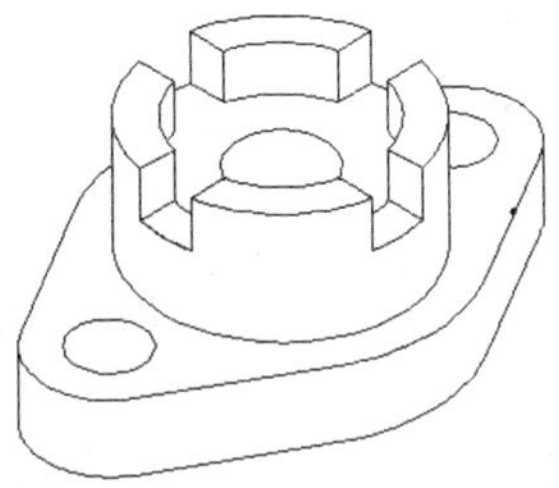

图15-93

30 执行“另存为”命令，将该图形存储为“根据零件二视图绘制零件轴测图.dwg”文件。

# 15.3 零件轴测剖视图应用实例

这一节将通过绘制零件轴测剖视图的实例操作，掌握复杂零件轴测剖视图的绘制方法和技巧。

## 15.3.1 绘制套管零件轴测图

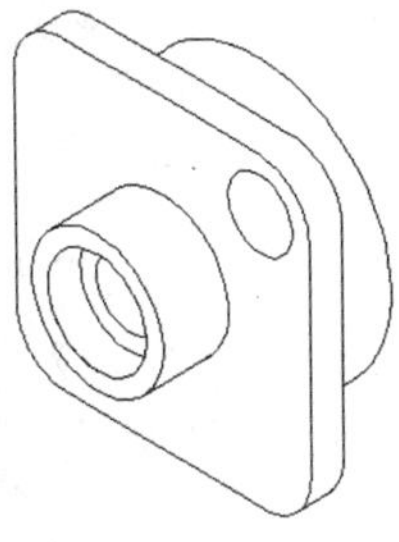

图15-94

这一节首先来绘制如图15-94所示的零件轴测图，然后再在轴测图的基础上绘制其剖视图，具体操作步骤如下。

1 打开随书光盘中的文件“样板文件”\“机械制图模板.dwt”作为当前图形文件。

2 执行菜单栏中的“工具”|“绘图设置”命令，打开“草图设置”对话框，在“捕捉与栅格”选项卡的“捕捉类型和样式”选项组中，选择“等轴测捕捉”单选按钮，设置等轴测捕捉模式。

3 按下键盘上的功能键F8，打开“正交”功能。

4 使用功能键F5将当前轴测平面切换至“等轴测平面 俯视”。

5 按下键盘上的功能键F8，打开状态栏上的“正交”功能。

6 将“点划线”设置为当前图层，使用命令简写L激活“直线”命令，绘制如图15-95所示的线段作为定位辅助线。

7 使用功能键F5将当前轴测面切换至“等轴测平面 左视”，分别通过辅助线的交点绘制如

图15-96所示的垂直辅助线。

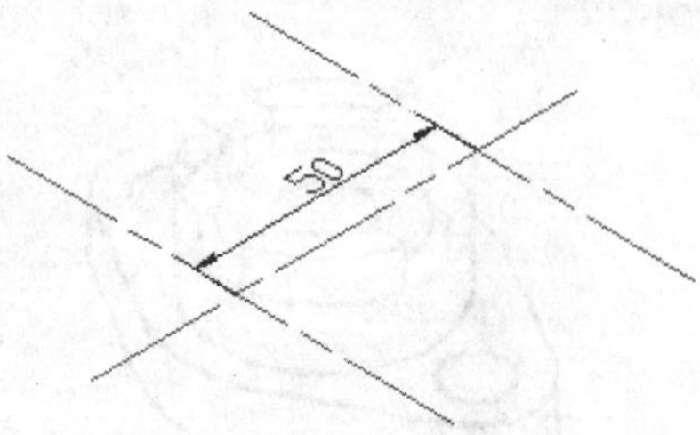


图15-95

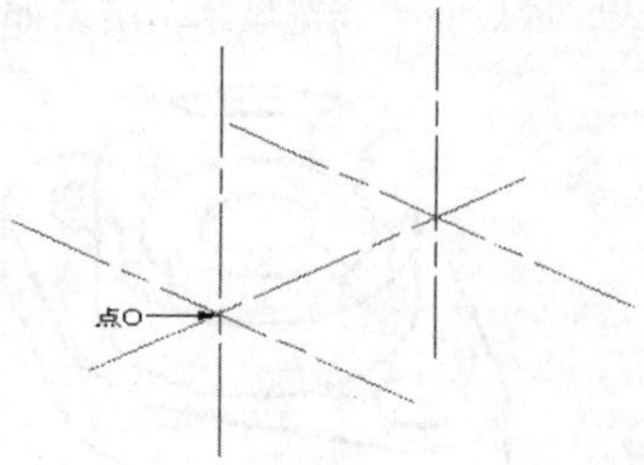


图15-96

**8** 将“轮廓线”层设置为当前层，使用命令简写EL激活“椭圆”命令，以辅助线交点O为圆心，绘制直径分别为40和30的等轴测圆，命令行操作如下。

```
命令: _ellipse
    指定椭圆轴的端点或 [圆弧(A)/中心点(C)/等轴测圆(I)]:      //I Enter
    指定等轴测圆的圆心:                                      //捕捉辅助线交点O
    指定等轴测圆的半径或 [直径(D)]:                          //D Enter，激活“直径”选项
    指定等轴测圆的直径:                                      //40 Enter
命令:                                                        // Enter，重复执行命令
    ELLIPSE
    指定椭圆轴的端点或 [圆弧(A)/中心点(C)/等轴测圆(I)]:      //I Enter
    指定等轴测圆的圆心:                                      //捕捉辅助线交点O
    指定等轴测圆的半径或 [直径(D)]:                          //D Enter
    指定等轴测圆的直径:                              //30 Enter，绘制结果如图15-97所示
```

**9** 重复执行“椭圆”命令，配合“捕捉自”功能绘制轴测圆，具体操作如下。

```
命令: _ellipse
    指定椭圆轴的端点或 [圆弧(A)/中心点(C)/等轴测圆(I)]:
                                              //I Enter，激活“等轴测圆”选项
    指定等轴测圆的圆心:                       //激活“自”功能
    _from 基点:                               //捕捉轴测圆的圆心
    <偏移>:                                   //@10<30 Enter
    指定等轴测圆的半径或 [直径(D)]:           //D Enter，激活“直径”选项
    指定等轴测圆的直径:                       //30 Enter
命令:                                         // Enter，重复执行命令
    ELLIPSE
    指定椭圆轴的端点或 [圆弧(A)/中心点(C)/等轴测圆(I)]: //I Enter
    指定等轴测圆的圆心:                       //捕捉刚绘制的轴测圆圆心
    指定等轴测圆的半径或 [直径(D)]:           //D Enter
    指定等轴测圆的直径:                       //20 Enter，绘制结果如图15-98所示
```

**10** 重复执行“椭圆”命令，以辅助线交点A为圆心，绘制直径为80的20的轴测图，如图15-99所示。

**11** 使用命令简写CO激活“复制”命令，对如图15-100所示的轴测圆进行复制，基点为任意一点，目标点为“@20<30”。

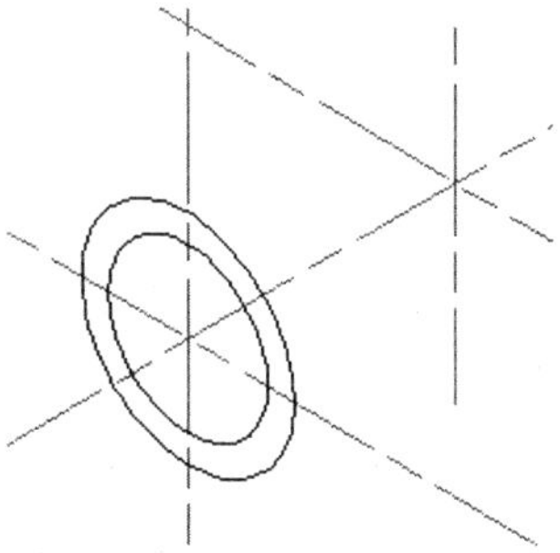

图15-97

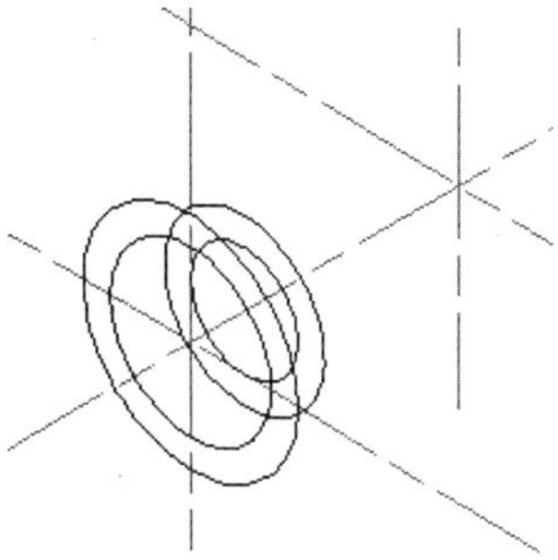

图15-98

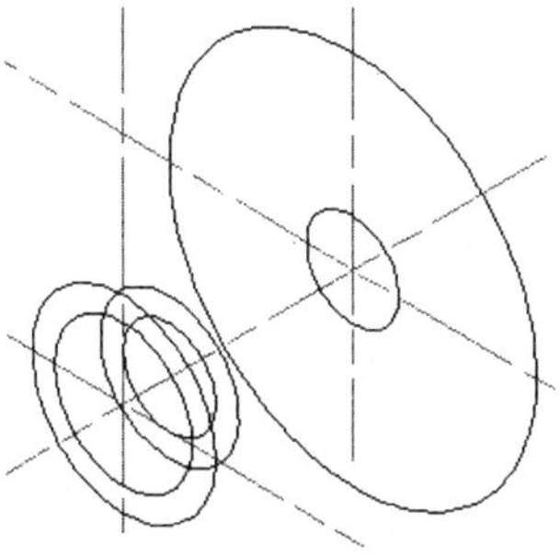

图15-99

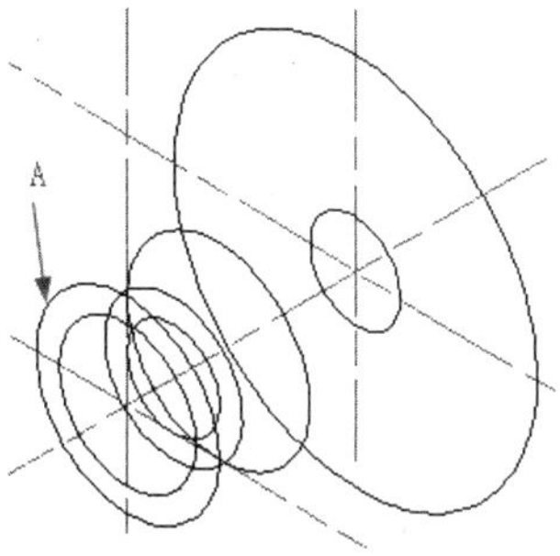


图15-100

**12** 使用命令简写L激活“直线”命令，配合“切点”捕捉功能绘制两圆的公切线，结果如图15-101所示。

**13** 执行菜单栏中的“修改”｜“复制”命令，选择如图15-102所示的两条辅助线A和B进行复制，基点为辅助线交点，目标点为“@20<30”。

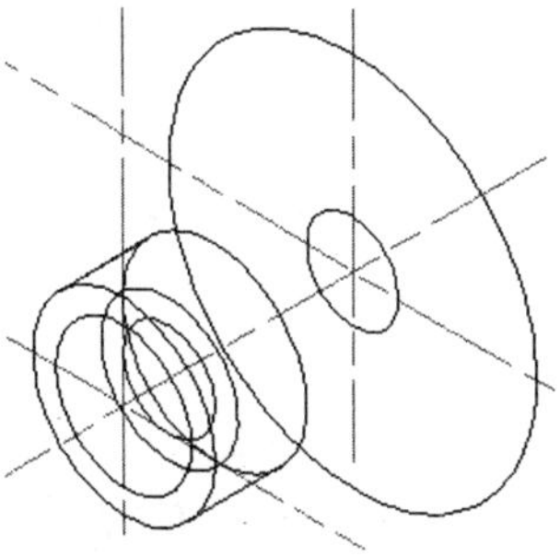

图15-101

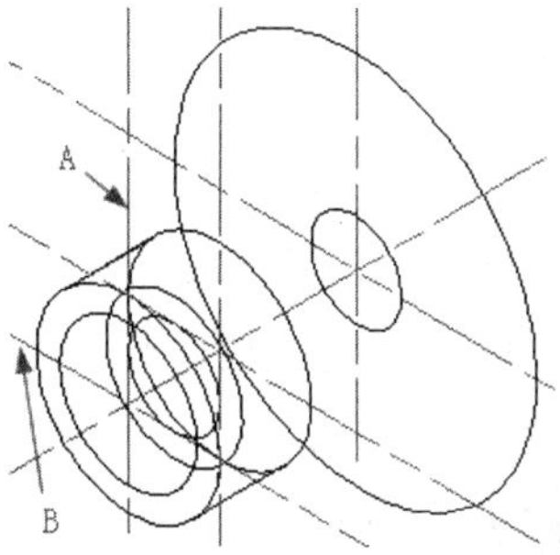


图15-102

**14** 使用命令简写M激活“移动”命令，选择如图15-103所示的复制出的垂直辅助线进行移动，基点为其交点，目标点为“@45<150”，结果如图15-104所示。

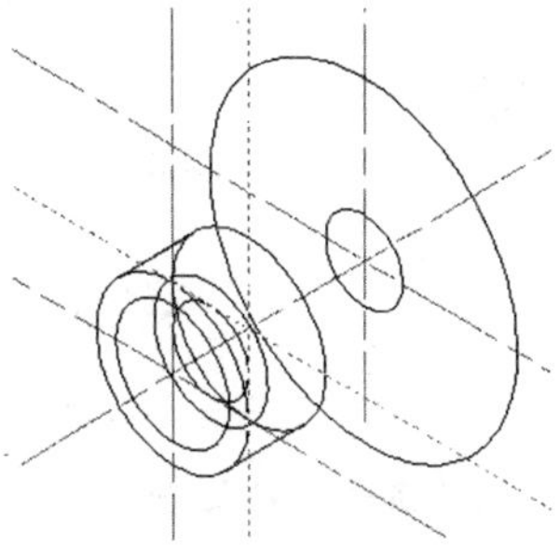

图15-103

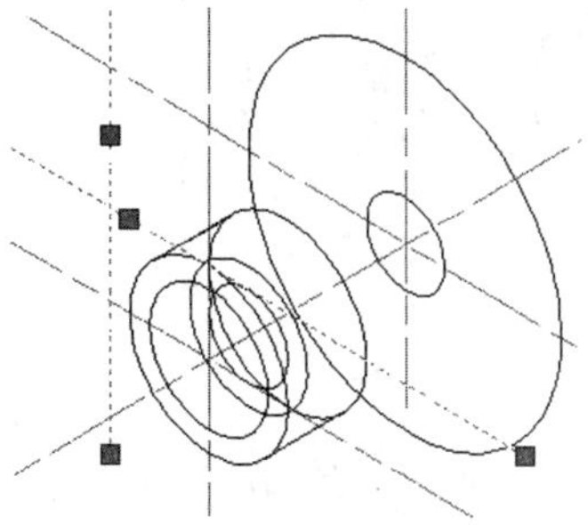

图15-104

**15** 启用状态栏上的显示线宽功能显示线宽，然后激活“直线”命令，配合“正交”功能绘制轮廓线，命令行操作如下。

```
命令: _line
    指定第一点:                              //捕捉位移后的辅助线的交点
    指定下一点或 [放弃(U)]:                  //向上引导光标，输入45 Enter
    指定下一点或 [放弃(U)]:                  //向右引导光标，输入90 Enter
    指定下一点或 [闭合(C)/放弃(U)]:          //向下引导光标，输入90 Enter
    指定下一点或 [闭合(C)/放弃(U)]:          //向左引导光标，输入90 Enter
    指定下一点或 [闭合(C)/放弃(U)]:
                                              //C Enter，闭合对象，结果如图15-105所示
```

**16** 执行“复制”命令，将刚才绘制的各轮廓线分别向内复制15个绘图单位，结果如图15-106所示。

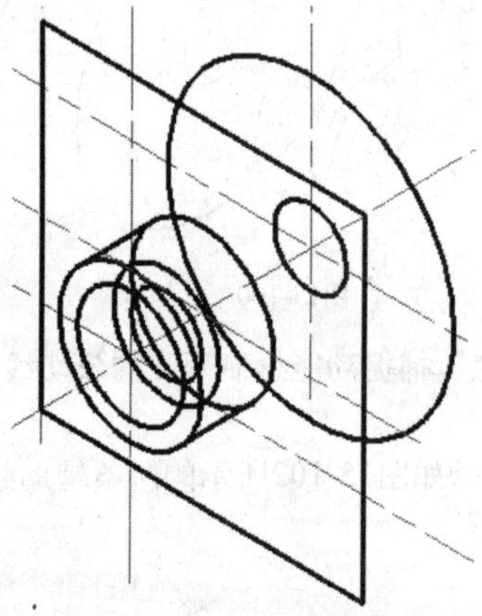

图15-105

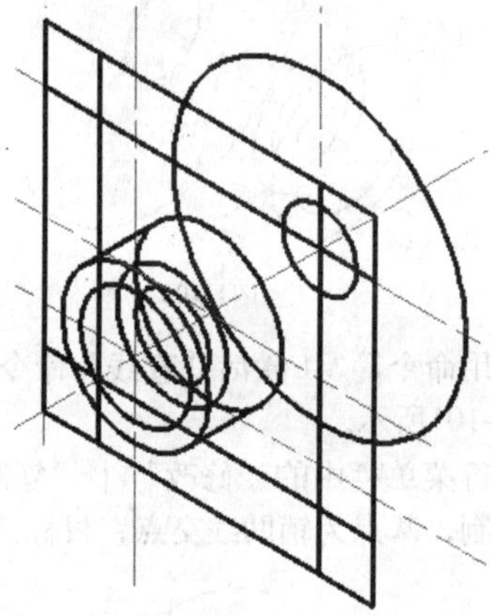

图15-106

**17** 使用命令简写EL激活“椭圆”命令，分别以复制出的轮廓线的交点为圆心，绘制4个半径为15的等轴测圆，结果如图15-107所示。

**18** 执行“修剪”和“删除”命令，对轴测图进行编辑，结果如图15-108所示。

图15-107

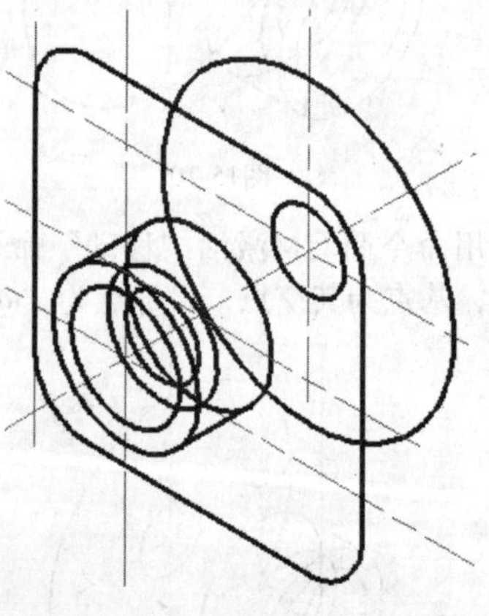

图15-108

**19** 使用命令简写CO激活“复制”命令，选择编辑后的轮廓线进行复制，基点为任意一点，目标点为“@10<30”，复制结果如图15-109所示。

**20** 使用命令简写L激活“直线”命令，配合“切点”捕捉功能绘制公切线，结果如图15-110所示。

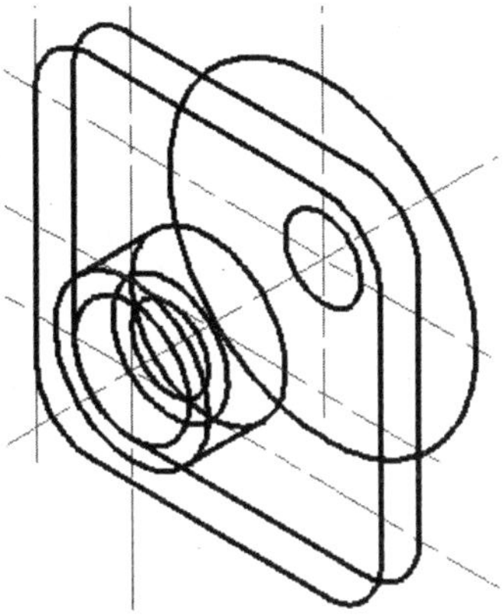

图15-109

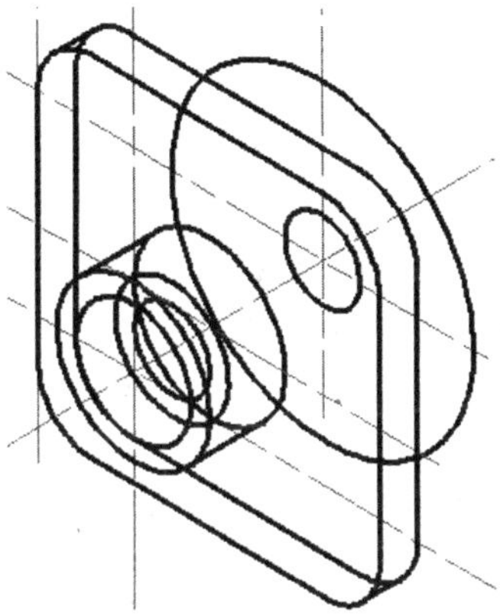

图15-110

**21** 执行“修剪”和“删除”命令，对轴测轮廓进行编辑，结果如图15-111所示。

**22** 执行“复制”命令，选择如图15-112所示的辅助线P进行复制，基点为任意一点，目标点为“@20<30”。

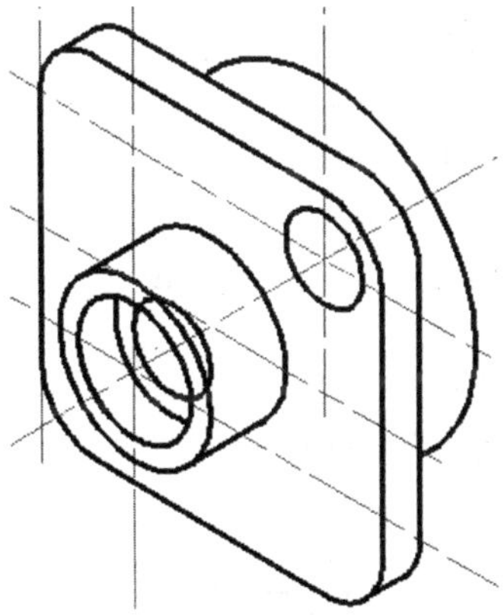

图15-111

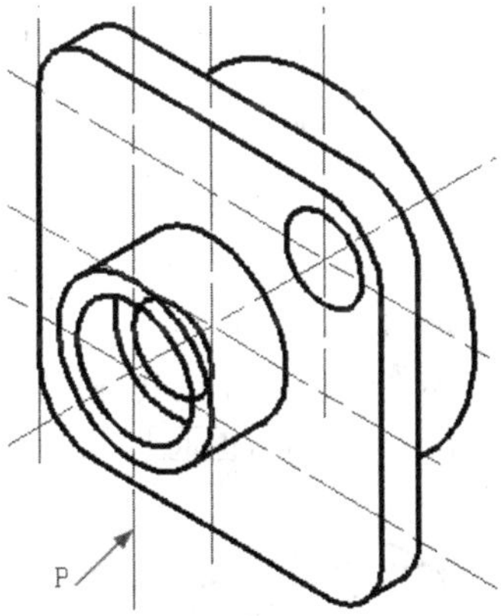


图15-112

**23** 至此零件轴测图绘制完毕。执行“另存为”命令，将该图形存储为“套管零件轴測图.dwg”文件。

## 15.3.2 绘制套管零件轴测剖视图

这一节继续来绘制如图15-113所示的套管零件轴测剖视图，具体操作步骤如下。

**1** 继续上一节的操作。

**2** 在无任何命令执行的前提下，选择水平辅助线使其夹点显示，如图15-114所示，然后使用夹点编辑功能对其进行夹点复制，命令行操作如下。

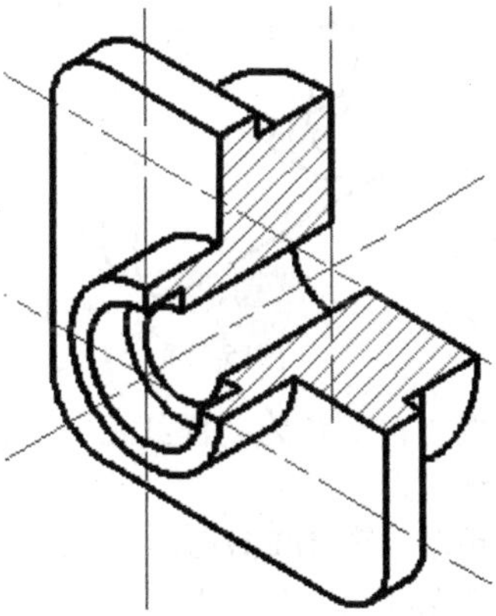

图15-113

```
命令:        //选择如图15-113所示的辅助线使其夹点显示，然后单击任意夹点进入夹点编辑模式
    ** 移动 **
    指定移动点或 [基点(B)/复制(C)/放弃(U)/退出(X)]:        //C Enter，激活“复制”选项
    ** 移动 (多重) **
    指定移动点或 [基点(B)/复制(C)/放弃(U)/退出(X)]:        //向上引导光标，输入10 Enter
    ** 移动 (多重) **
    指定移动点或 [基点(B)/复制(C)/放弃(U)/退出(X)]:        //15 Enter
    ** 移动 (多重) **
    指定移动点或 [基点(B)/复制(C)/放弃(U)/退出(X)]:        //20 Enter
    ** 移动 (多重) **
    指定移动点或 [基点(B)/复制(C)/放弃(U)/退出(X)]:        //40 Enter
    ** 移动 (多重) **
    指定移动点或 [基点(B)/复制(C)/放弃(U)/退出(X)]:        //45 Enter
    ** 移动 (多重) **
    指定移动点或 [基点(B)/复制(C)/放弃(U)/退出(X)]:        //向下引导光标，输入10 Enter
    ** 移动 (多重) **
    指定移动点或 [基点(B)/复制(C)/放弃(U)/退出(X)]:        //15 Enter
    ** 移动 (多重) **
    指定移动点或 [基点(B)/复制(C)/放弃(U)/退出(X)]:        //20 Enter
    ** 移动 (多重) **
    指定移动点或 [基点(B)/复制(C)/放弃(U)/退出(X)]:        //40 Enter
    ** 移动 (多重) **
    指定移动点或 [基点(B)/复制(C)/放弃(U)/退出(X)]:        //45 Enter
    ** 移动 (多重) **
    指定移动点或 [基点(B)/复制(C)/放弃(U)/退出(X)]:
                //Enter，退出夹点编辑模式，并取消对象的夹点状态，结果如图15-115所示
```

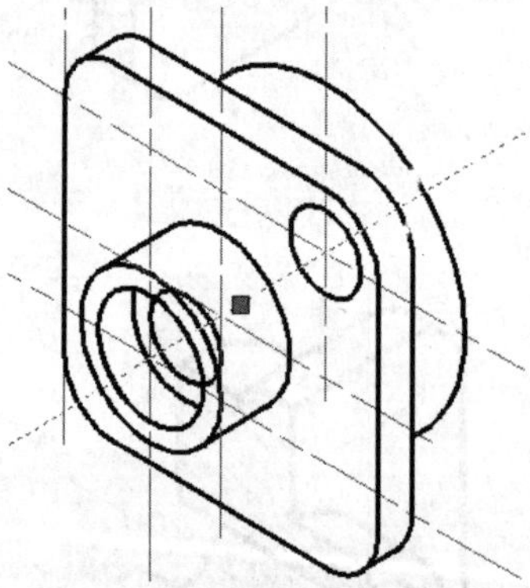

图15-114

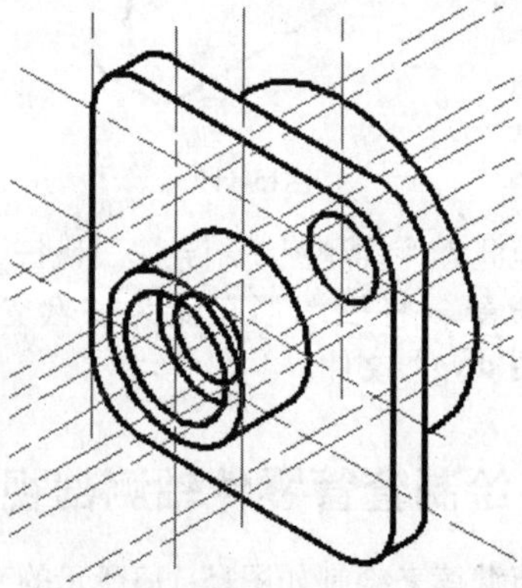

图15-115

**3** 设置当前颜色为“洋红色”。按键盘上的F5键，将当前轴测平面切换为“等轴测平面 俯视”。

**4** 使用命令简写PL激活“多段线”命令，配合“交点”捕捉功能，绘制如图15-116所示的剖切面轮廓。

**5** 按键盘上的F5键，将当前轴测平面切换为“等轴测平面 右视”。

6 再次使用命令简写PL激活“多段线”命令，配合“交点”捕捉功能，绘制如图15-117所示的剖切面轮廓。

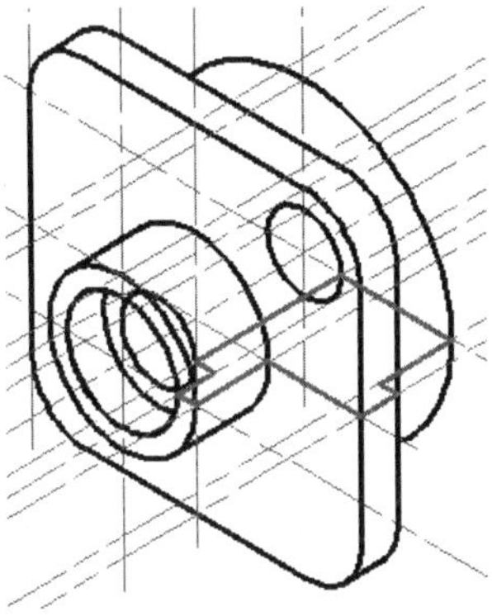

图15-116

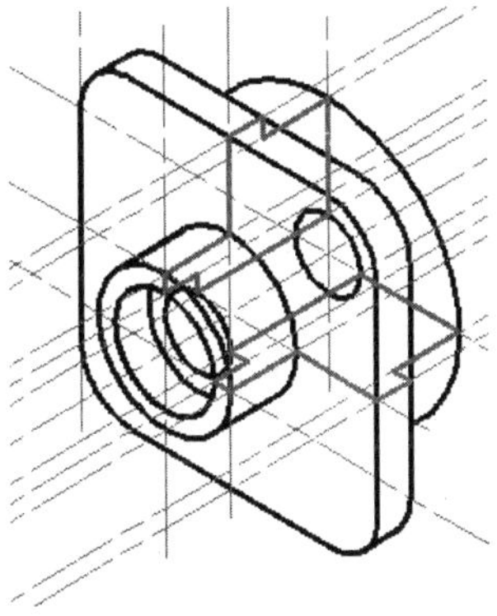

图15-117

7 执行菜单栏中的“修改”|“修剪”和“删除”命令，对各图形进行修剪编辑，并删除多余的图线和被遮挡的轮廓线，结果如图15-118所示。

8 在“图层控制”下拉列表中将“剖面线”设置为当前图层，使用命令简写H激活“图案填充”命令，在打开的“图案填充和渐变色”对话框中选择名为“ANSI31”的图案，其他设置默认，对剖面进行填充，结果如图15-119所示。

9 选择剖面线轮廓，修改其颜色为“ByBlock”颜色，结果如图15-120所示。

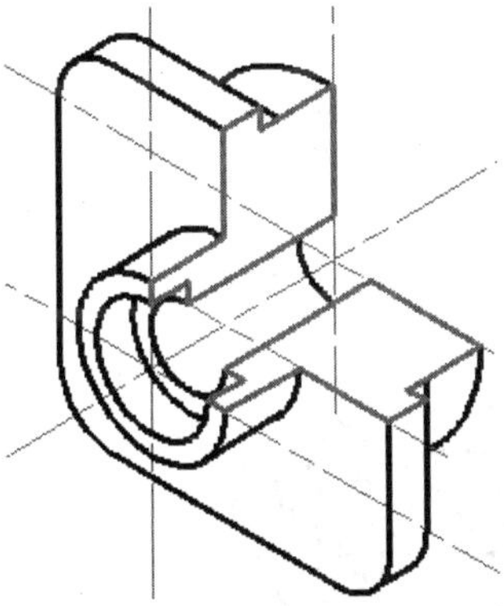

图15-118

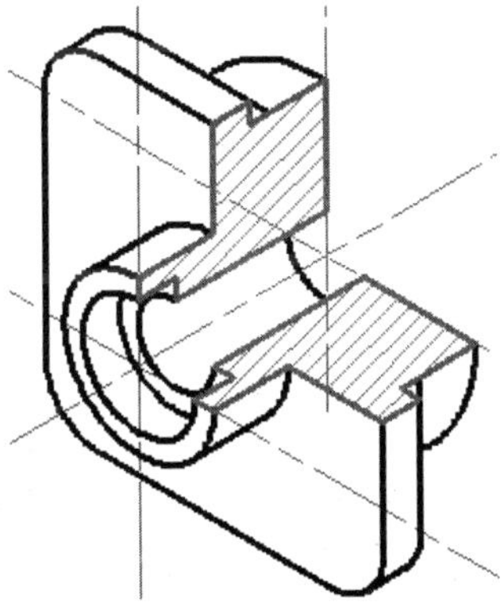

图15-119

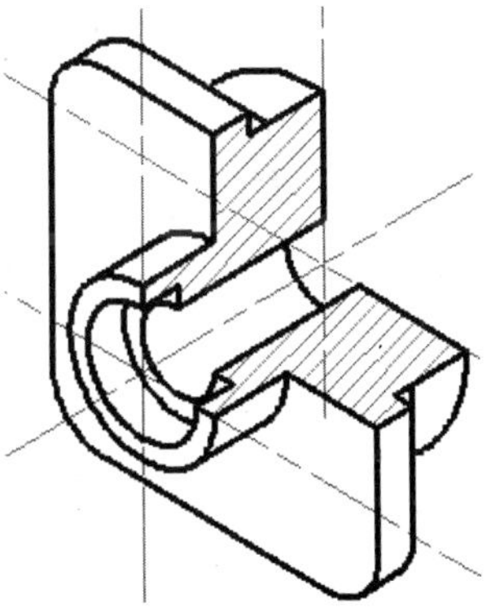

图15-120

10 执行“另存为”命令，将该图形存储为“套管零件轴测剖视图.dwg”文件。

## 15.3.3 根据零件轴测图绘制零件轴测剖视图

这一节继续来根据某零件轴测图，绘制该零件的轴测剖视图，继续学习零件轴测剖视图的绘制方法和技巧，如图15-121所示。

1 打开随书光盘中的文件“效果文件”\“第15章”\“根据零件二视图绘制零件轴测图.dwg”，这是上一节绘制的某零件轴测图。

2 使用命令简写CO激活“复制”命令，对轴测图中的辅助线A进行多重复制，命令行操作如下。

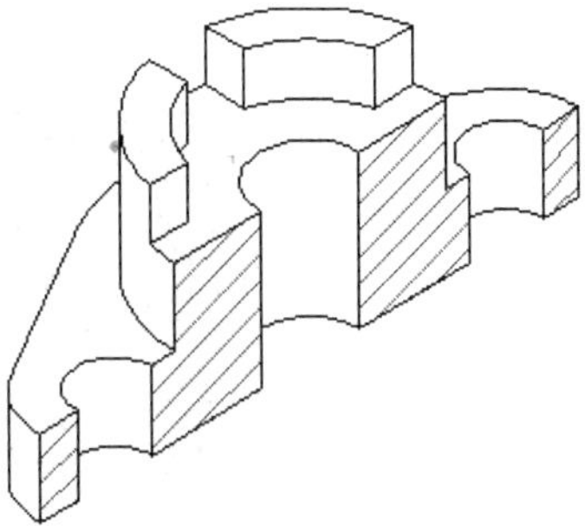

图15-121

```
命令: _copy
    选择对象:                                    //选择辅助线A
    选择对象:                                    // Enter，结束对象的选择
    指定基点:                                    //捕捉辅助线的端点
    指定位移的第二点或 <用第一点作位移>:          //@15<-90 Enter
    指定位移的第二点或 <用第一点作位移>:          //@30<-90 Enter
    指定位移的第二点或 <用第一点作位移>:  // Enter，结束命令，结果如图15-122所示
```

3 按下键盘上的F5键，将当前轴测面切换为“等轴测平面 右视”。

4 按下键盘上的F8键，打开状态栏上的“正交”功能和线宽显示功能。

5 将“轮廓线”设置为当前层，打开“对象特性”工具栏中的“颜色控制”下拉列表，将当前图层颜色修改为“洋红色”。

6 使用命令简写L激活“直线”命令，绘制切面轮廓线，命令行操作如下。

```
命令: _line
    指定第一点:                        //捕捉如图15-123所示的所示的交点
    指定下一点或 [放弃(U)]:            //向下引导光标，输入30 Enter
    指定下一点或 [放弃(U)]:            //向右引导光标，输入55 Enter
    指定下一点或 [闭合(C)/放弃(U)]:    //向上引导光标，输入30 Enter
    指定下一点或 [闭合(C)/放弃(U)]:    //C Enter，闭合图形，结果如图15-124所示
命令:                                  // Enter，重复执行命令
    LINE 指定第一点:                   //捕捉交点A
    指定下一点或 [放弃(U)]:            //向下引导光标，输入15 Enter
    指定下一点或 [放弃(U)]:            //向右引导光标，输入110 Enter
    指定下一点或 [闭合(C)/放弃(U)]:    //向上引导光标，输入15 Enter
    指定下一点或 [闭合(C)/放弃(U)]:    //C Enter，绘制结果如图15-125所示
```

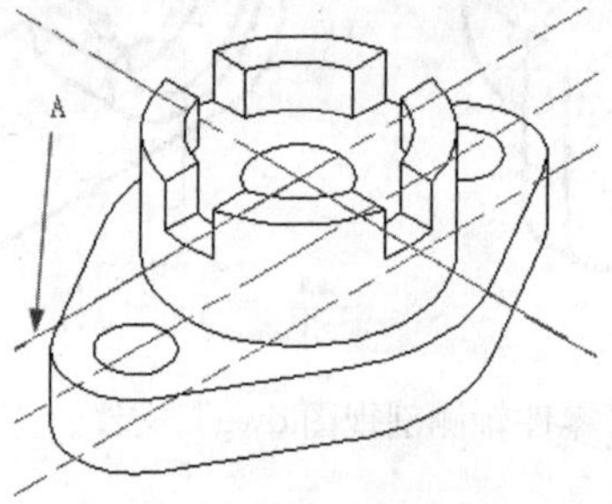

图15-122

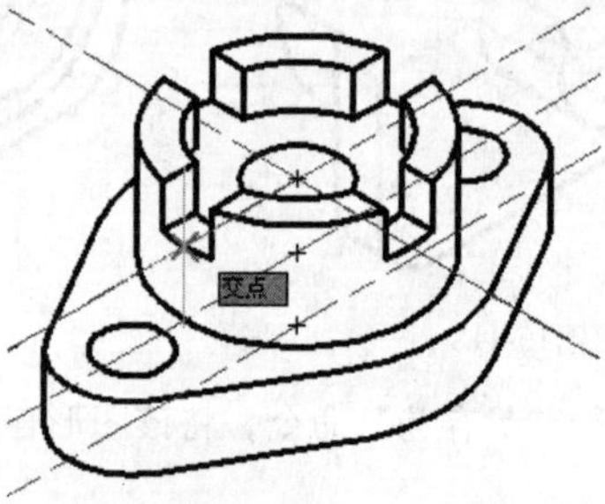

图15-123

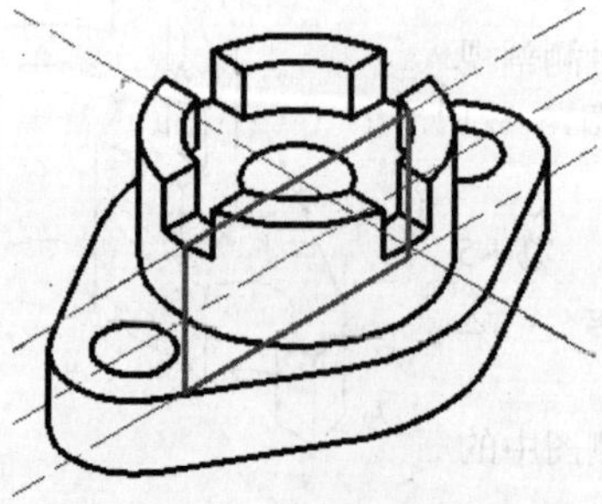
图15-124

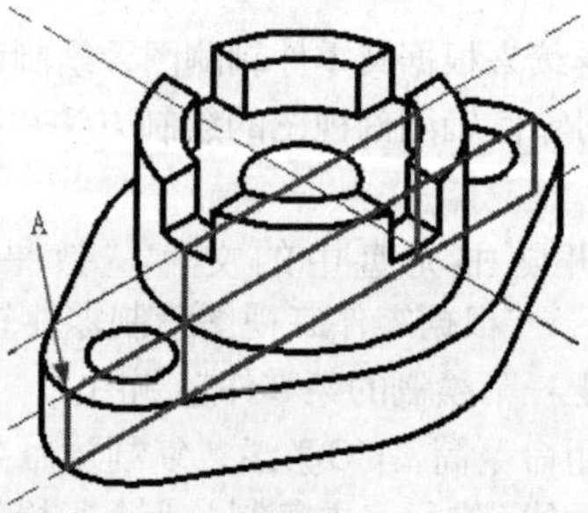

图15-125

**7** 使用命令简写LEN激活“拉长”命令，对如图15-125所示的圆弧轮廓进行逆时针方向增长，命令行操作如下。

```
命令: LEN                                          // Enter ，激活“拉长”命令
    LENGTHEN
    选择对象或 [增量(DE)/百分数(P)/全部(T)/动态(DY)]:
                                                   //T Enter ，激活“全部”选项
    指定总长度或 [角度(A)] <1.0>:                   //A Enter ，激活“角度”选项
    指定总角度 <300.0>:                             //350 Enter ，设置对象的总角度
    选择要修改的对象或 [放弃(U)]:                    //单击圆弧A
    选择要修改的对象或 [放弃(U)]:                    //单击圆弧B
    选择要修改的对象或 [放弃(U)]:             // Enter ，结束命令，结果如图15-126所示
```

**8** 激活“复制”命令，对圆对象L、M和N进行复制，命令行操作如下。

```
命令: _copy
    选择对象:                                      //选择15-127所示的圆对象M和N
    选择对象:                                      // Enter ，结束对象的选择
    指定基点:                                      //捕捉任意一点
    指定位移的第二点或 <用第一点作位移>:             //@15<-90 Enter
    指定位移的第二点或 <用第一点作位移>:             // Enter ，结果如图15-127所示
```

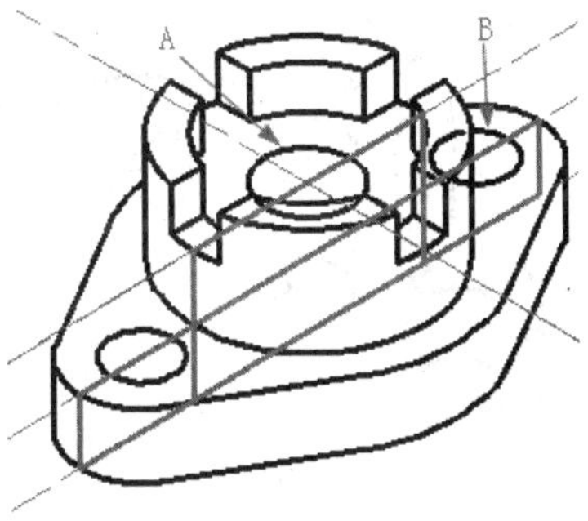

图15-126

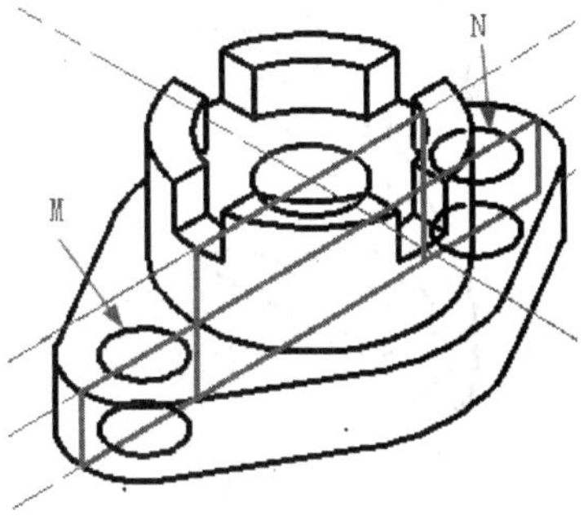

图15-127

```
命令:                          // Enter ，重复执行命令
    COPY
    选择对象:                  //选择15-128所示的圆对象L
    选择对象:                  // Enter ，结束对象的选择
    指定基点:                  //捕捉任意一点
    指定位移的第二点或 <用第一点作位移>:   //@30<-90 Enter
    指定位移的第二点或 <用第一点作位移>:
                                    // Enter ，结束命令，结果如图15-128所示
```

**9** 执行“修剪”和“删除”命令，对图形进行修剪编辑，并删除不需要的轮廓线及辅助线，结果如图15-129所示。

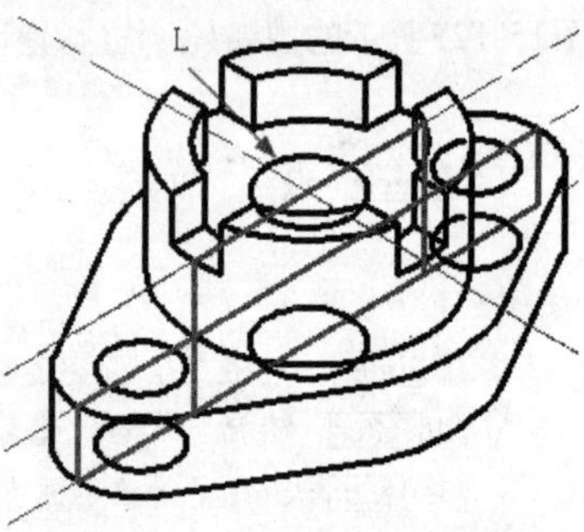


图15-128

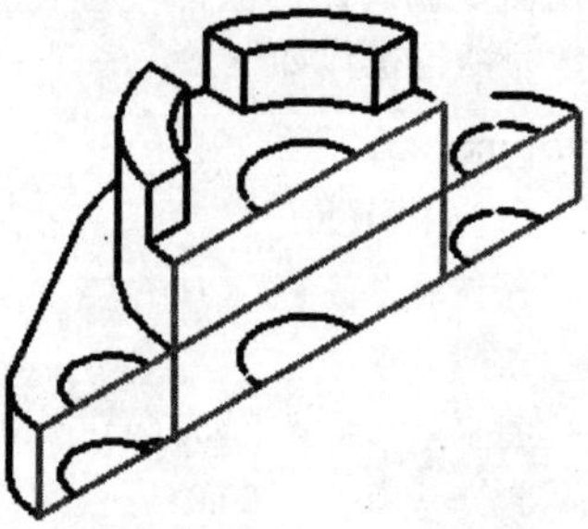

图15-129

**10** 执行菜单栏中的“修改”|“拉长”命令，将对象Q和R进行拉长，命令行操作如下。

```
命令: _lengthen
    选择对象或 [增量(DE)/百分数(P)/全部(T)/动态(DY)]:        //T Enter，激活“全部”选项
    指定总长度或 [角度(A)] <1.0)>:                          //A Enter，激活“角度”选项
    指定总角度 <350.0>:                                     //150 Enter，设置对象的总角度
    选择要修改的对象或 [放弃(U)]:                           //单击对象Q
    选择要修改的对象或 [放弃(U)]:                           //单击对象R
    选择要修改的对象或 [放弃(U)]:              // Enter，结束命令，结果如图15-130所示
```

**11** 执行菜单栏中的“绘图”|“直线”命令，配合“切点”捕捉功能绘制轴测圆R和Q的公切线，结果如图15-131所示。

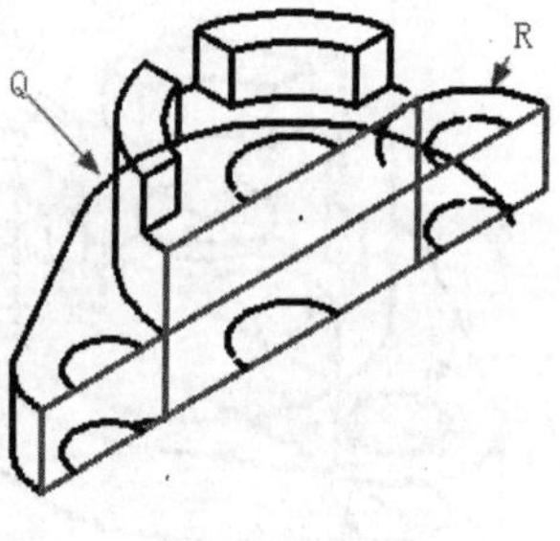


图 15-130

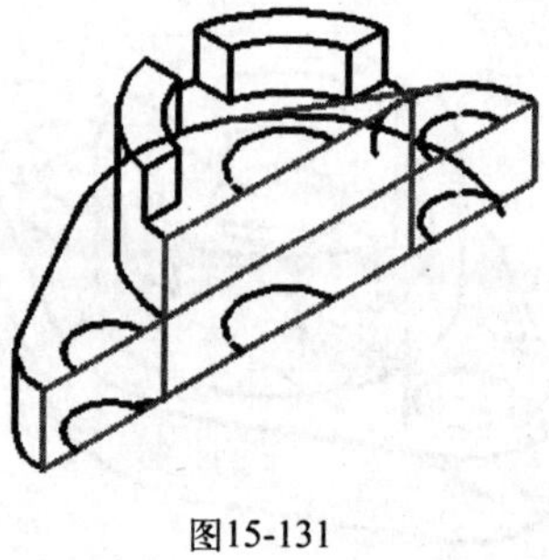

图15-131

**12** 使用命令简写TR激活“修剪”命令，对轴测图轮廓进行修剪，结果如图15-132所示。

**13** 执行菜单栏中的“绘图”|“直线”和“修剪”命令，对切面轮廓进行完善，结果如图15-133所示。

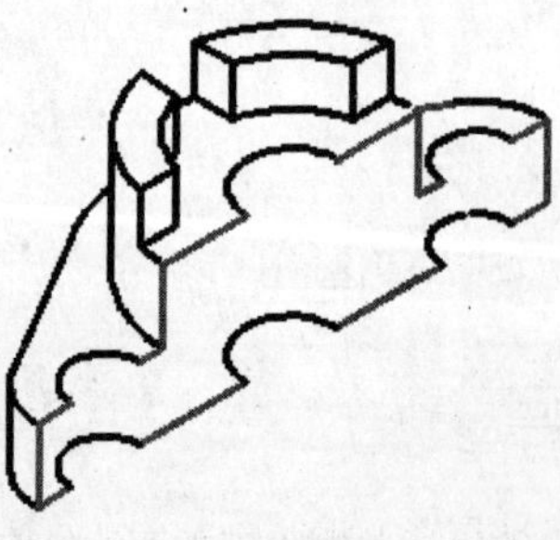

图15-132

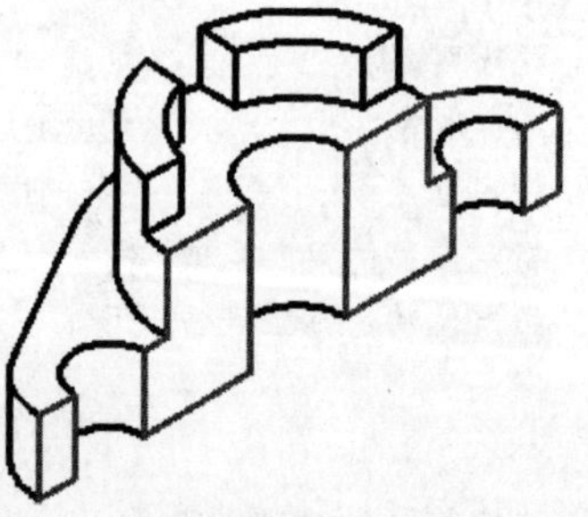

图15-133

**14** 执行菜单栏中的“工具”|“快速选择”命令，在打开的“快速选择”对话框中设置参数

如图15-134所示。

**15** 单击[确定]按钮将洋红色的图线选择，然后在“对象特性”工具栏中修改其颜色为“随层”，结果如图15-135所示。

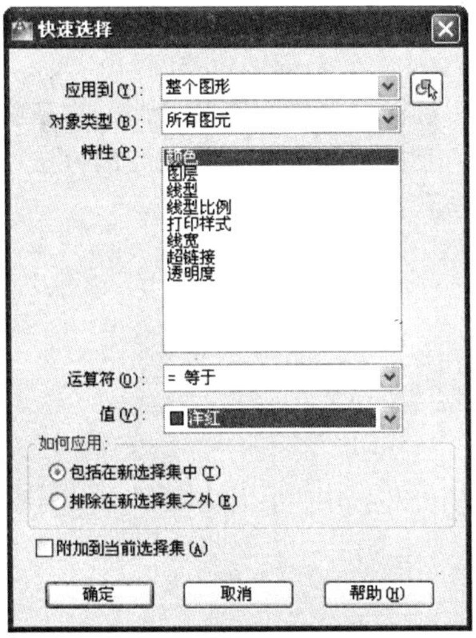


图15-134

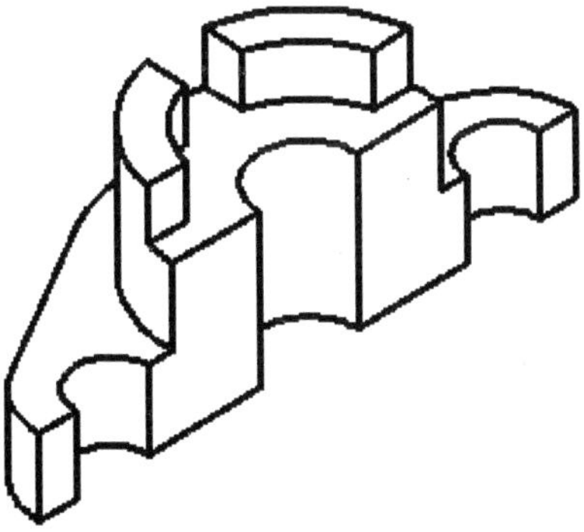

图15-135

**16** 将“剖面线”设置为当前图层，使用命令简写H激活“图案填充”命令，在打开的“图案填充和渐变色”对话框中选择名为“ANSI31”的图案，其他设置默认，对轴测剖视图填充剖面线，结果如图15-136所示。

**17** 在状态栏中关闭线宽的显示，结果如图15-137所示。

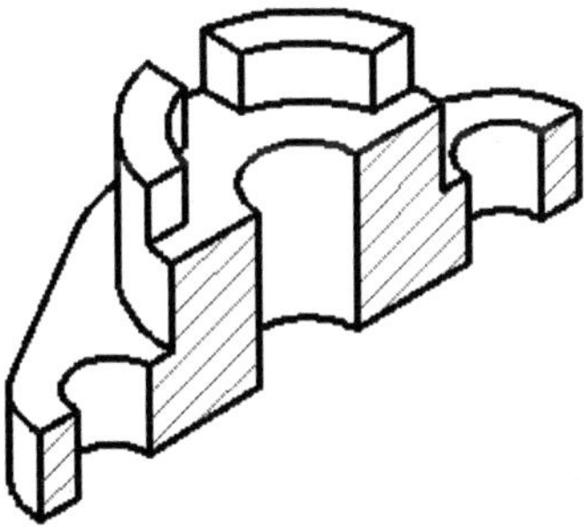

图15-136

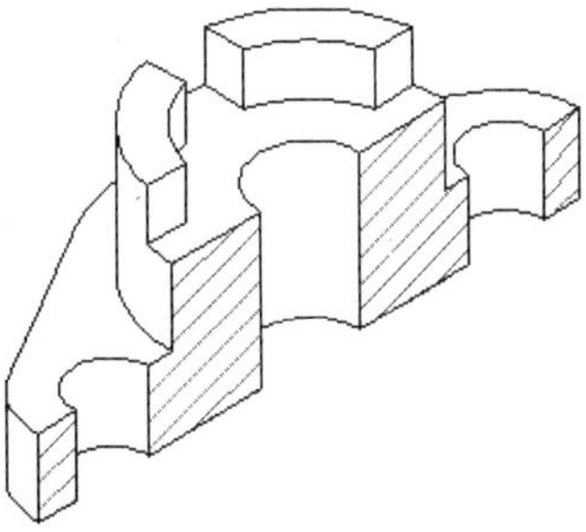

图15-137

**18** 执行“另存为”命令，将该图形存储为“根据零件轴测图绘制零件轴测剖视图.dwg”文件。

# 第16章

# AutoCAD机械制图应用实例

上一章主要学习了AutoCAD 2012机械零件轴测图的绘制，本章将继续学习AutoCAD 2012机械零件二视图、三视图和三维模型的绘制方法，掌握AutoCAD 2012在机械设计中的应用方法和技巧。

## 16.1 绘制支持臂零件二视图

这一节将通过绘制如图16-1所示的支撑臂零件二视图的实例，学习零件二视图的绘制方法和技巧。

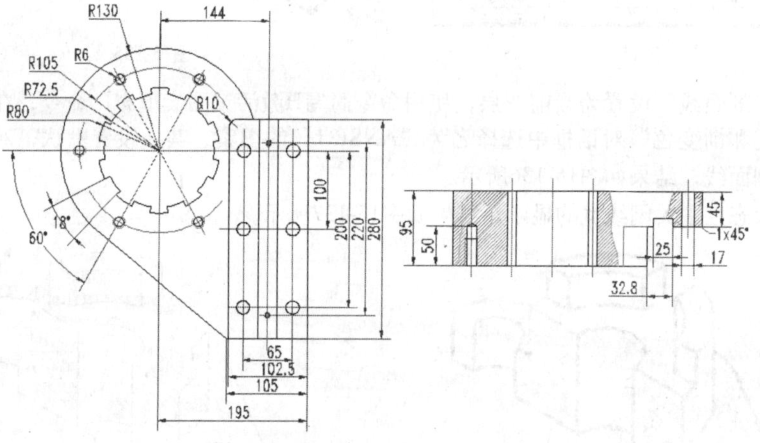


图16-1

### 16.1.1 绘制支撑臂零件主视图

这一节首先绘制支撑臂零件主视图，具体操作步骤如下。

1. 单击“新建”按钮□，打开随书光盘中的文件“样板文件”\“机械制图模板.dwt”作为基础样板，新建一个空白文件。
2. 激活状态栏上的“对象捕捉”、“极轴追踪”和“对象捕捉追踪”功能。
3. 在“图层控制”下拉列表中将“轮廓线”层设置为当前层，激活“矩形”命令，绘制长度为102.5、宽度为280的矩形，如图16-2所示。
4. 使用命令简写F激活“圆角”命令，设置圆角“半径”为10，对矩形左上角进行圆角处理，命令行操作如下。

```
命令: _fillet
    当前设置: 模式 = 不修剪，半径 = 0.0000
    选择第一个对象或 [放弃(U)/多段线(P)/半径(R)/修剪(T)/多个(M)]:   //R Enter
```

指定圆角半径 <0.0000>: //10 Enter
选择第一个对象或 [放弃(U)/多段线(P)/半径(R)/修剪(T)/多个(M)]: //M Enter
选择第一个对象或 [放弃(U)/多段线(P)/半径(R)/修剪(T)/多个(M)]: //T Enter
输入修剪模式选项 [修剪(T)/不修剪(N)] <不修剪>: //T Enter
选择第一个对象或 [放弃(U)/多段线(P)/半径(R)/修剪(T)/多个(M)]: //单击矩形上水平边
选择第二个对象，或按住 Shift 键选择要应用角点的对象: //单击矩形左垂直边
选择第一个对象或 [放弃(U)/多段线(P)/半径(R)/修剪(T)/多个(M)]:
//Enter，结果如图16-3所示

**5** 激活“分解”命令，将绘制的矩形分解，然后使用“偏移”命令将矩形右垂直边向左偏移18.5、38.5、51、63.5和83.5个绘图单位，将矩形下水平边向上偏移30、40、140、240和250个绘图单位，结果如图16-4所示。

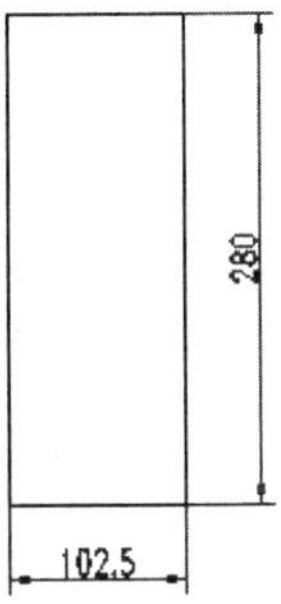


图16-2

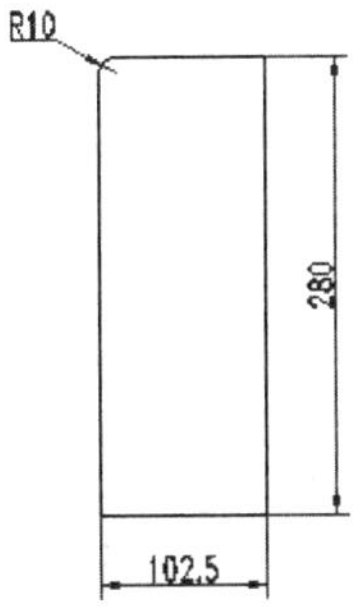


图16-3

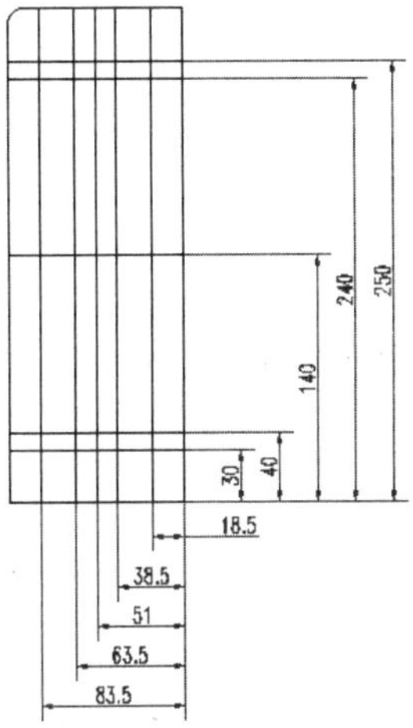


图16-4

**6** 激活“圆”命令，以第三条水平边（由下往上）与第二条垂直边（由右往左）的交点作为圆心，绘制半径为8.5的圆，然后使用“复制”命令将绘制的圆复制到如图16-5所示的位置。

**7** 继续使用“圆”命令，以第二条水平边（由下往上）与第四条垂直边（由右往左）的交点为圆心，绘制半径为3和半径为4的同心圆，结果如图16-6所示。

**8** 新建名为“细线层”的新图层。使用“打断”命令将半径为4的圆打断约1/4的圆弧，并将其放入“细线层”，结果如图16-7所示。

**9** 激活“复制”命令，将半径为3和半径为4的同心圆复制到第六条水平线（由下往上）与第四条垂直线（由右往左）交点位置，结果如图16-8所示。

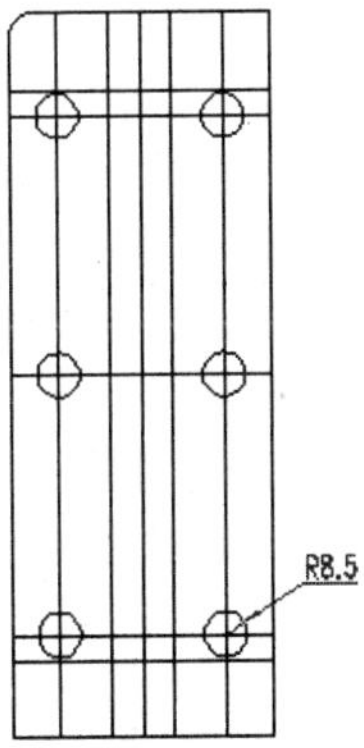


图16-5

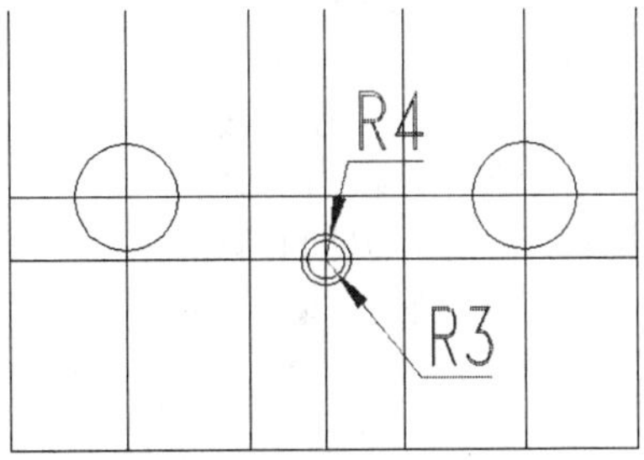


图16-6

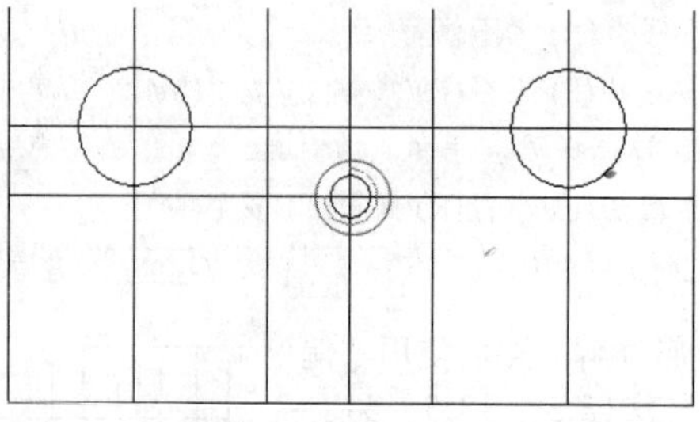

图16-7

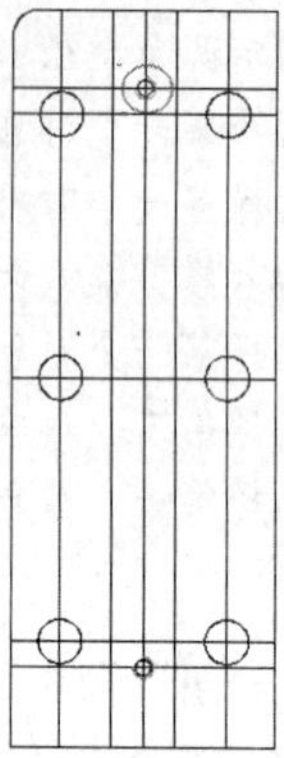

图16-8

**10** 使用夹点编辑功能分别对第二至六条水平线（由下往上）与第二、第四和第六条垂直线（由右往左）进行夹点拉伸，将其编辑为中心线，最后将夹点编辑后的线放入“点划线”层。

**11** 激活“圆”命令，配合“圆心”捕捉以及“自”功能，在该图形左边位置绘制半径为72.5的圆，命令行操作如下。

```
命令: _circle
    指定圆的圆心或 [三点(3P)/两点(2P)/切点、切点、半径(T)]:
                                      //激活“自”功能，捕捉如图16-9所示的圆心
    _from 基点: <偏移>:               //@-111.5,0 Enter
    指定圆的半径或 [直径(D)] <72.5000>:  //72.5 Enter，结果如图16-10所示
```

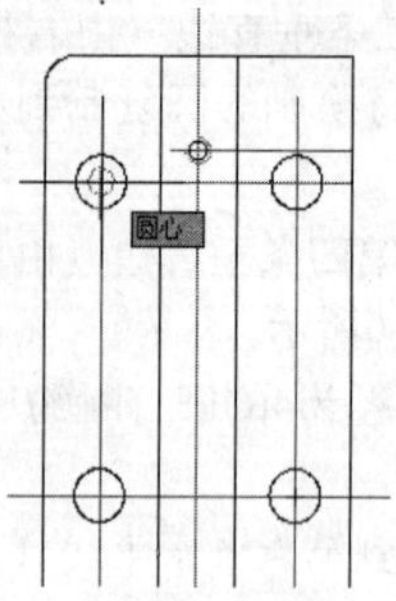


图16-9

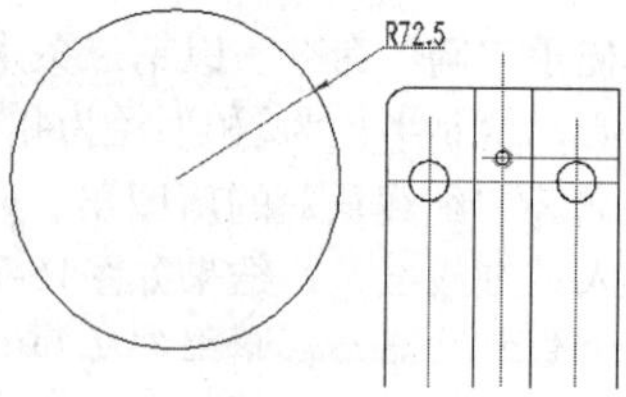


图16-10

**12** 继续使用“圆”命令，以半径为72.5的圆的圆心为圆心，继续绘制半径分别为80、105和130的同心圆，结果如图16-11所示。

**13** 设置“象限点”捕捉，使用线连接半径为80和半径为72.5的圆的上象限点，然后使用“旋转”命令，以同心圆的圆心为旋转中心，将连线旋转-9°，命令行操作如下。

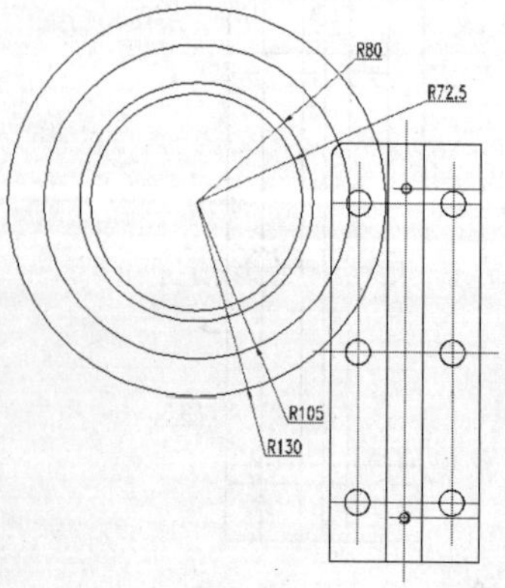


图16-11

```
命令: _rotate
    UCS 当前的正角方向: ANGDIR=逆时针 ANGBASE=0
    选择对象:                                    //选择象限点连线
    选择对象:                                    //Enter，结束选择
    指定基点:                                    //捕捉同心圆的圆心
    指定旋转角度，或 [复制(C)/参照(R)] <342>:     //-9 Enter，结果如图16-12所示
```

14 执行菜单栏中的“修改”|“阵列”|“环形阵列”命令，对该直线进行环形阵列，命令行操作如下。

```
命令: _arraypolar
    选择对象:                                    //选择象限点连线
    选择对象:                                              //Enter
    类型 = 极轴 关联 = 是
    指定阵列的中心点或 [基点(B)/旋转轴(A)]:                 //捕捉圆心
    输入项目数或 [项目间角度(A)/表达式(E)] <4>:             //20 Enter
    指定填充角度(+=逆时针、-=顺时针)或 [表达式(EX)] <360>:        // Enter
    按 Enter 键接受或 [关联(AS)/基点(B)/项目(I)/项目间角度(A)/填充角度(F)/行(ROW)/层(L)/
旋转项目(ROT)/退出(X)]                            //按三次 Enter键，结果如图16-13所示
```

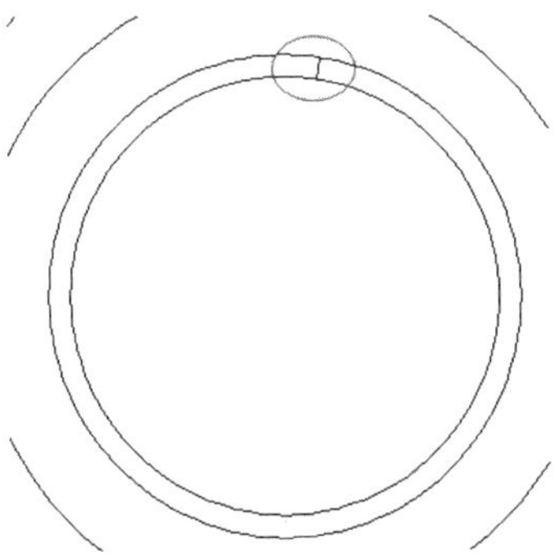

图16-12

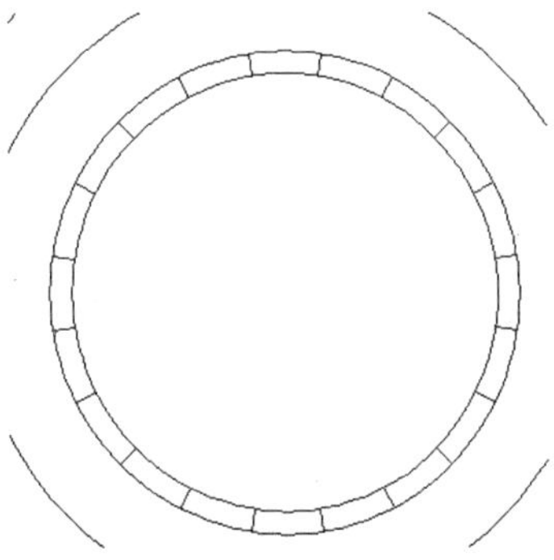

图16-13

15 激活“修剪”命令，以阵列的象限点连线为修剪边，对半径为72.5和80的同心圆进行修剪，结果如图16-14所示。

16 激活“直线”命令，配合“端点”捕捉与“切点”捕捉功能，绘制半径为130的圆的切线与左边图形的连线，命令行操作如下。

```
命令: _line
    指定第一点:                         //捕捉左边图形的左下角点
    指定下一点或 [放弃(U)]:             //水平向左引导光标，输入2.5 Enter
    指定下一点或 [放弃(U)]: >>          //捕捉半径为130的圆的切点
    指定下一点或 [闭合(C)/放弃(U)]:     // Enter，结果如图16-15所示
```

17 激活“直线”命令，配合“象限点”捕捉功能绘制半径为105的圆的水平直径和垂直直径，然后使用“旋转”命令将垂直直径旋转复制30° 和-30° ，结果如图16-16所示。

18 激活“圆”命令，以30° 的直径的上端点为圆心，绘制半径为6和8的同心圆，结果如图16-17所示。

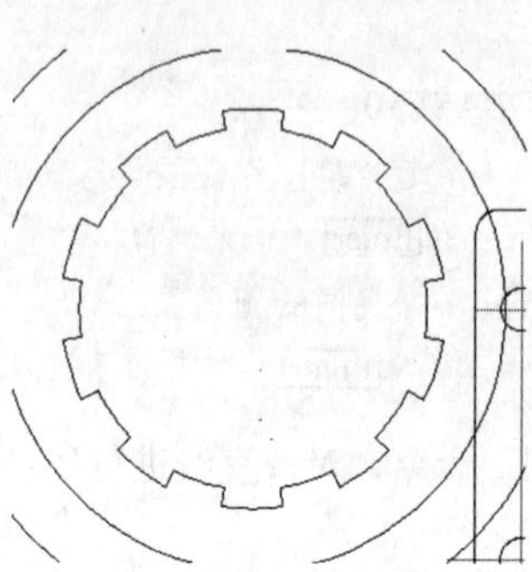

图16-14

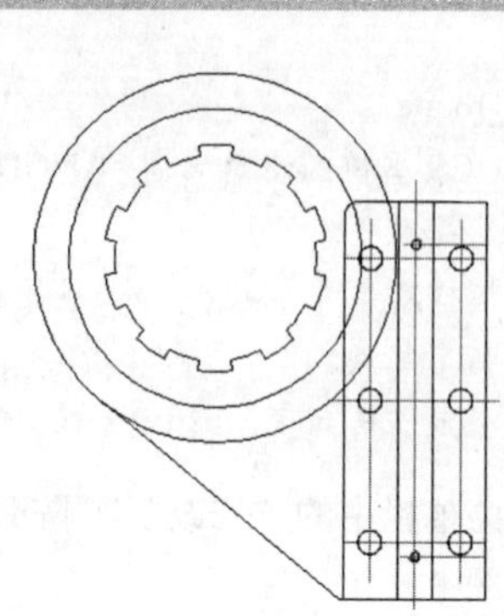

图16-15

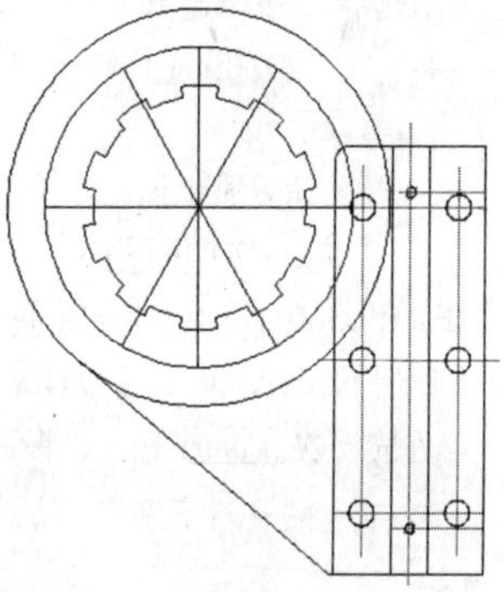

图16-16

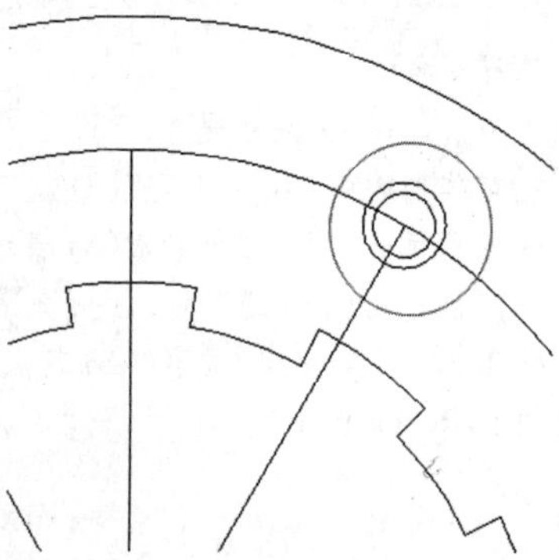

图16-17

**19** 使用“打断”命令将半径为8的圆打断约1/4的圆弧，然后将其放入“细线层”，最后使用“复制”命令，将半径为6和8的同心圆复制到如图16-18所示的位置。

**20** 使用“修剪”命令对图形进行修剪，使用“打断”命令将半径为105的圆打断约1/4的圆弧，然后使用夹点拉伸功能调整各中心线，并将其放入“点划线”层，结果如图16-19所示。

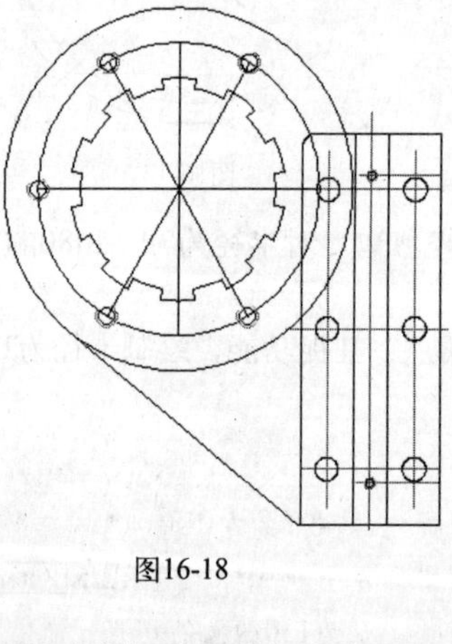

图16-18

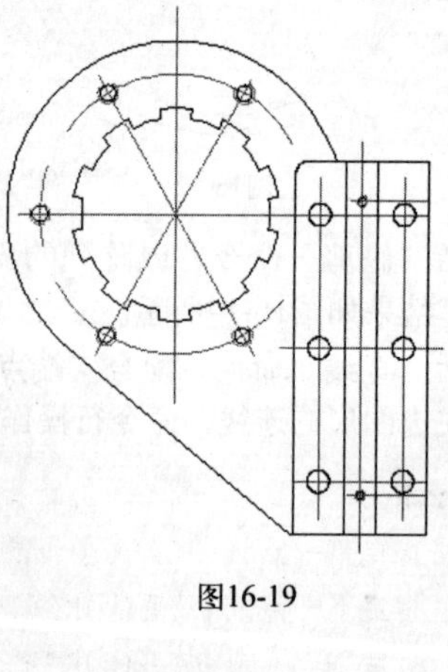

图16-19

## 16.1.2 绘制支撑臂零件俯视图

这一节继续来绘制支撑臂零件俯视图，具体操作步骤如下。

**1** 继续上一节的操作。

**2** 激活“直线”命令，从半径为130的圆的左象限点向下引出追踪线，在合适位置捕捉一点，然后配合“正交”功能，根据图示尺寸绘制俯视图轮廓线，结果如图16-20所示。

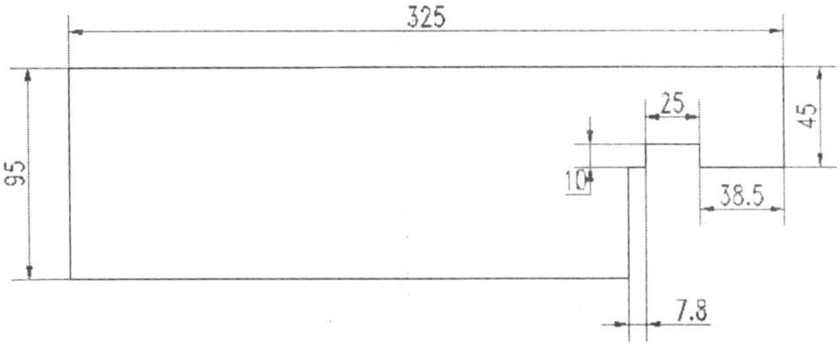


图16-20

**3** 激活“构造线”命令，根据视图间的对正关系，配合“象限点”捕捉功能，绘制垂直构造线，结果如图16-21所示。

**4** 激活“修剪”命令，以俯视图上下两条水平边作为修剪边，对绘制的垂直构造线进行修剪，结果如图16-22所示。

**5** 激活“倒角”命令，设置倒角“距离”为1，将轮廓线A和B进行倒角处理，命令行操作如下。

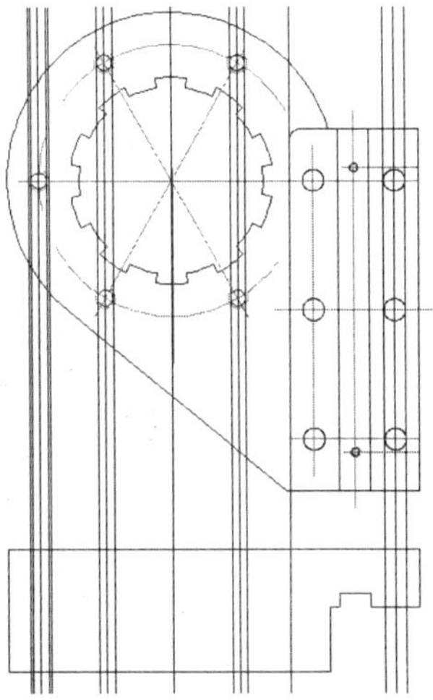

图16-21

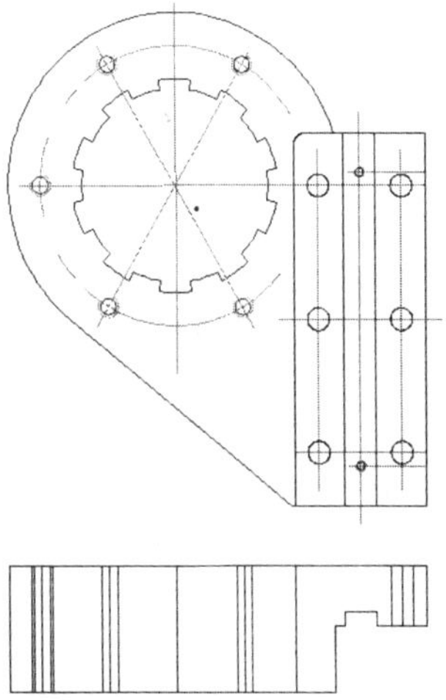

图16-22

```
命令: _chamfer
    (“修剪”模式) 当前倒角距离 1 = 0.0，距离 2 = 0.0
    选择第一条直线或 [放弃(U)/多段线(P)/距离(D)/角度(A)/修剪(T)/方式(E)/多个(M)]:// Enter
    指定第一个倒角距离 <0.0>:                    //1 Enter
    指定第二个倒角距离 <1.0>:                    // Enter
    选择第一条直线或 [放弃(U)/多段线(P)/距离(D)/角度(A)/修剪(T)/方式(E)/多个(M)]:
                                                 //单击垂直线A
    选择第二条直线，或按住 Shift 键选择直线以应用角点或 [距离(D)/角度(A)/方法(M)]:
                                                 //单击水平线B，结果如图16-23所示
```

**6** 激活“直线”命令，以A点为起点，然后向左引出追踪线，捕捉追踪线与垂直线B的交点，绘制水平线，如图16-24所示。

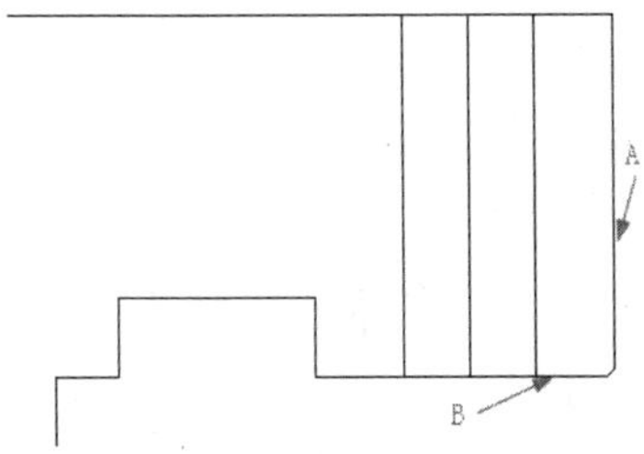


图16-23

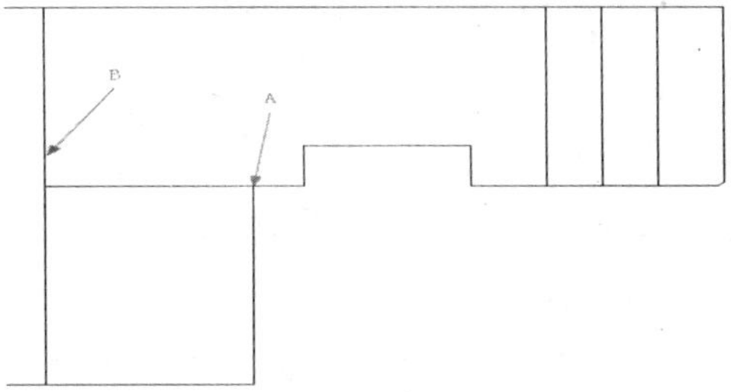


图16-24

7 激活“修剪”命令，以水平线A作为修剪边，对垂直边B、C和D进行修剪，结果如图16-25所示。

8 激活“直线”命令，配合“端点”捕捉以及“极轴追踪”功能，捕捉a点，向右上方引出30°矢量线，捕捉矢量线与C线的交点，然后捕捉b点再捕捉a点绘制线，结果如图16-26所示。

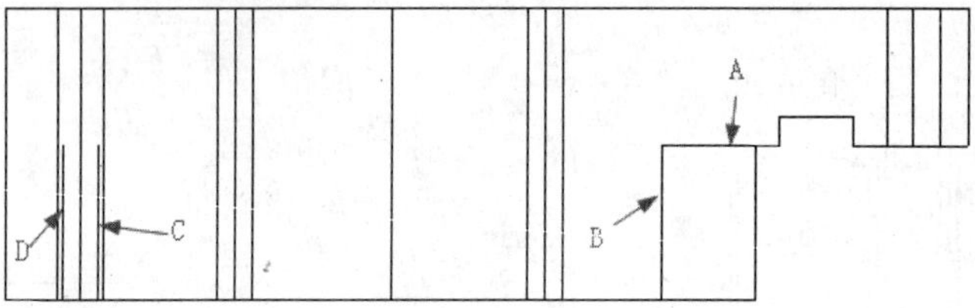

图16-25

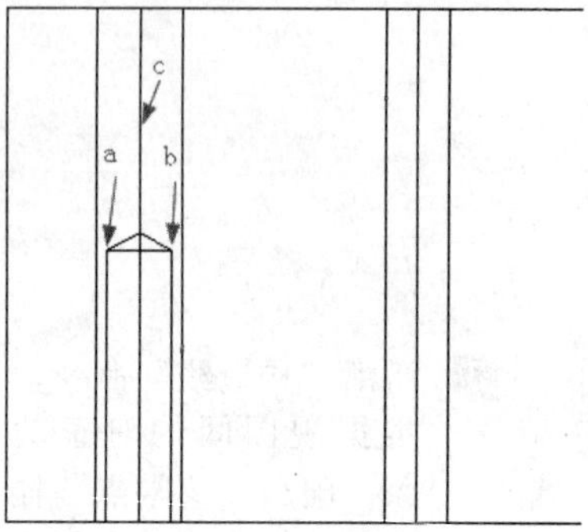

图16-26

9 使用夹点编辑功能对线A、B、C、D和E进行夹点编辑，将其转换为中心线，并将其放入“点划线”层，将线H和R放入“隐藏层”，结果如图16-27所示。

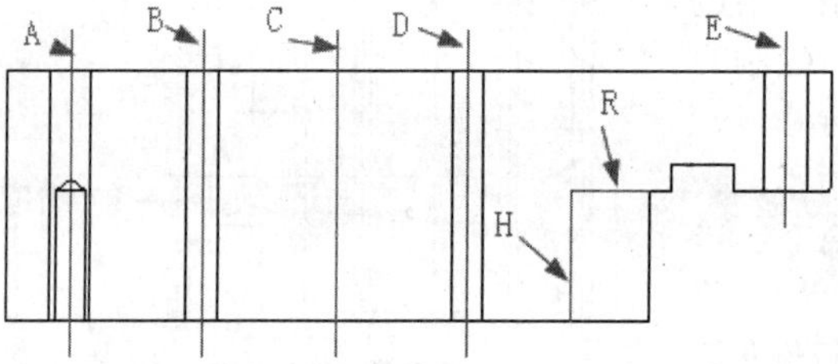

图16-27

10 使用夹点编辑功能将垂直线A、B夹点编辑，将其放入“双点划线”层，然后使用“直线”命令连接两条线的端点，结果如图16-28所示。

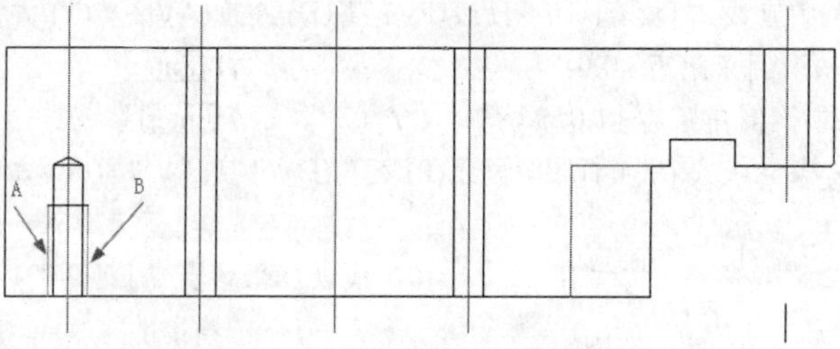

图16-28

11 将“双点划线”层设置为当前层，激活“样条线”命令，配合“最近点”捕捉功能绘制两条剖切线，如图16-29所示。

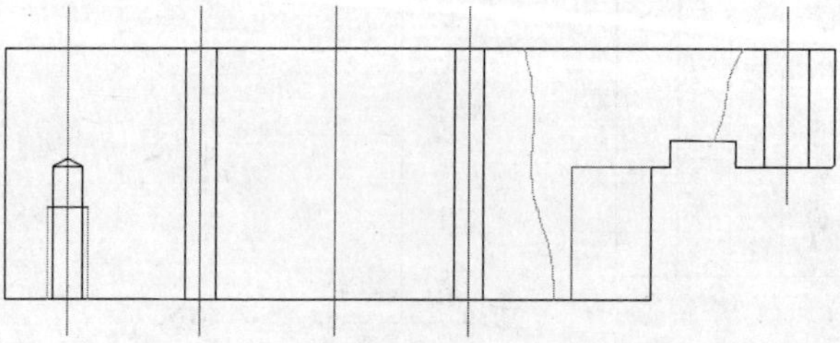
图16-29

12 将“剖面线”设置为当前层，激活“图案填充”命令，选择名为“ANSI31”的图案，使用系统默认设置进行填充，结果如图16-30所示。

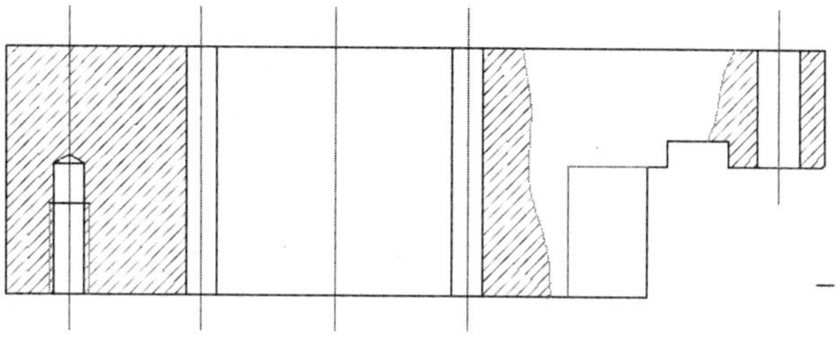

图16-30

13 将“尺寸层”设置为当前层，对零件二视图标注尺寸，完成支撑臂零件二视图的绘制，结果如图16-31所示。

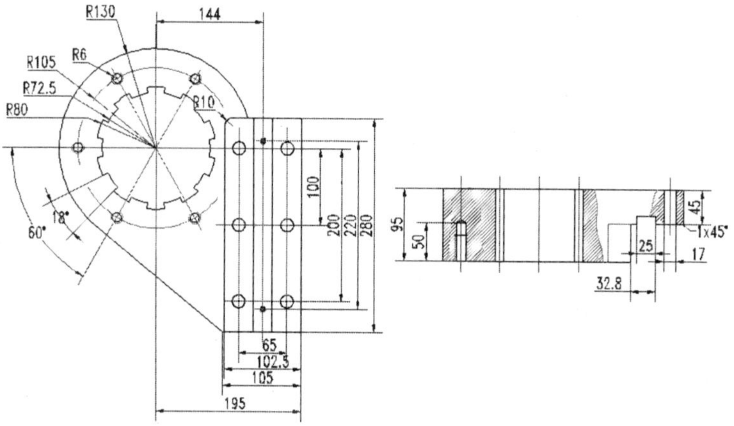


图16-31

14 最后执行“另存为”命令，将该图形命名存储为“支撑臂零件二视图.dwg”文件。

## 16.2 绘制阀盖零件二视图

这一节通过绘制如图16-32所示的阀盖零件二视图，继续学习零件二视图的绘制方法和技巧。

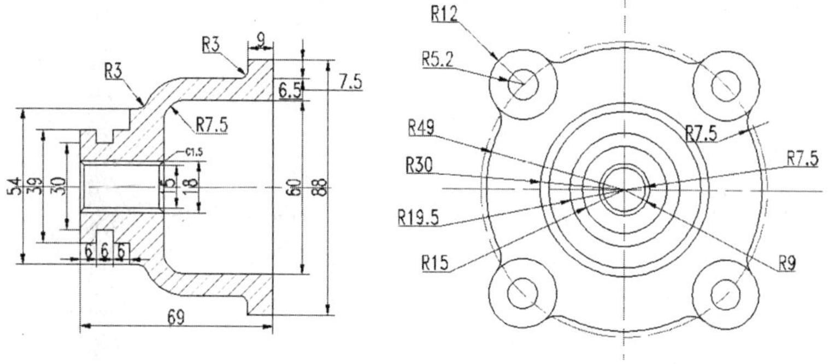


图16-32

### 16.2.1 绘制阀盖零件俯视图

这一节首先绘制阀盖零件俯视图，具体操作步骤如下。

**1** 打开随书光盘中的文件“样板文件”\“机械制图模板.dwt”作为当前图形文件。

**2** 在“图层控制”下拉列表中将“轮廓线”设置为当前图层。

**3** 执行菜单栏中的“绘图”|“圆”|“圆心、直径”命令，绘制一个直径为15的圆形。

**4** 在无任何命令执行的前提下选择所绘制的圆，使其夹点显示，单击圆心处的夹点，进入夹点编辑模式，对圆形进行夹点缩放和复制，命令行操作如下。

```
命令:                                              //单击圆心位置的夹点，进入夹点拉伸模式
    ** 拉伸 **
    指定拉伸点或 [基点(B)/复制(C)/放弃(U)/退出(X)]:        //单击右键，选择快捷菜单中的
                                                       "缩放"命令
    ** 比例缩放 **
    指定比例因子或 [基点(B)/复制(C)/放弃(U)/参照(R)/退出(X)]:    //C Enter
    ** 比例缩放 (多重) **
    ** 比例缩放 (多重) **
    指定比例因子或 [基点(B)/复制(C)/放弃(U)/参照(R)/退出(X)]:    //18/15 Enter
    ** 比例缩放 (多重) **
    指定比例因子或 [基点(B)/复制(C)/放弃(U)/参照(R)/退出(X)]:    //30/15 Enter
    ** 比例缩放 (多重) **
    指定比例因子或 [基点(B)/复制(C)/放弃(U)/参照(R)/退出(X)]:    //39/15 Enter
    ** 比例缩放 (多重) **
    指定比例因子或 [基点(B)/复制(C)/放弃(U)/参照(R)/退出(X)]:    //54/15 Enter
    ** 比例缩放 (多重) **
    指定比例因子或 [基点(B)/复制(C)/放弃(U)/参照(R)/退出(X)]:    //60/15 Enter
    ** 比例缩放 (多重) **
    指定比例因子或 [基点(B)/复制(C)/放弃(U)/参照(R)/退出(X)]:    //98/15 Enter
    ** 比例缩放 (多重) **
    指定比例因子或 [基点(B)/复制(C)/放弃(U)/参照(R)/退出(X)]:    //102/15 Enter
    ** 比例缩放 (多重) **
    指定比例因子或 [基点(B)/复制(C)/放弃(U)/参照(R)/退出(X)]:    //Enter，结束操作
```

**5** 按下键盘上的Esc键，取消对象的夹点显示，结果如图16-33所示。

**6** 重复“圆”命令，配合“象限点”捕捉功能，以最外侧的大圆的下象限点作为圆心，绘制半径分别为5.2和12的同心圆，结果如图16-34所示。

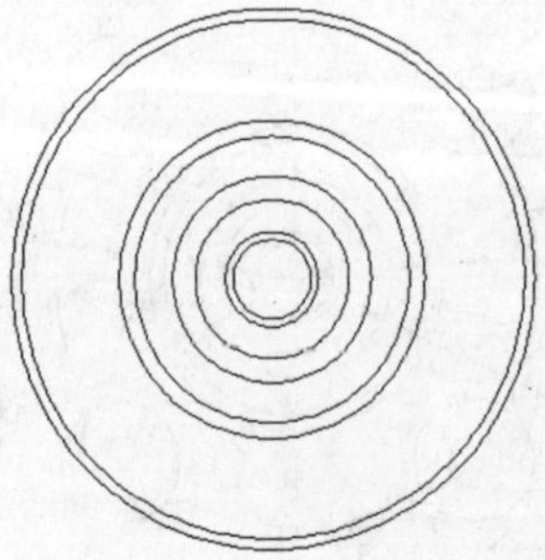

图16-33

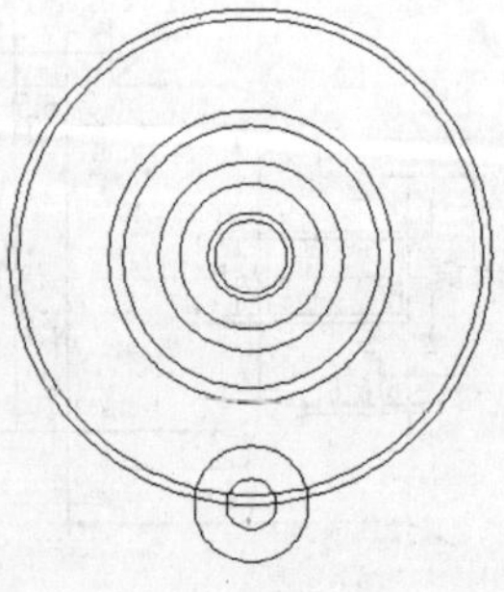

图16-34

**7** 执行菜单栏中的“绘图”|“圆”|“相切、相切、半径”命令，以圆A和圆B作为相切对象，绘制半径为7.5的相切圆，结果如图16-35所示。

**8** 执行菜单栏中的“修改”|“阵列”|“环形阵列”命令，对刚绘制的同心圆和相切圆进行环形阵列，命令行操作如下。

```
命令: _arraypolar
    选择对象:                                                   //选择绘制的同心圆和相切圆
    选择对象:                                                   // Enter
    类型 = 极轴  关联 = 是
    指定阵列的中心点或 [基点(B)/旋转轴(A)]:                       //捕捉大圆的圆心
    输入项目数或 [项目间角度(A)/表达式(E)] <4>:                    //4 Enter
    指定填充角度(+=逆时针、-=顺时针)或 [表达式(EX)] <360>:          // Enter
    按 Enter 键接受或 [关联(AS)/基点(B)/项目(I)/项目间角度(A)/填充角度(F)/行(ROW)/层(L)/
旋转项目(ROT)/退出(X)] <退出>:          //按三次Enter键，结束操作，阵列结果如图16-36所示
```

**9** 执行菜单栏中的“修改”|“旋转”命令，选择刚阵列的同心圆和相切圆，以大圆的圆心作为旋转的基点，将其旋转45°，结果如图16-37所示。

**10** 使用命令简写TR激活“修剪”命令，对各圆进行修剪，并删除不需要的圆弧部分，修剪结果如图16-38所示。

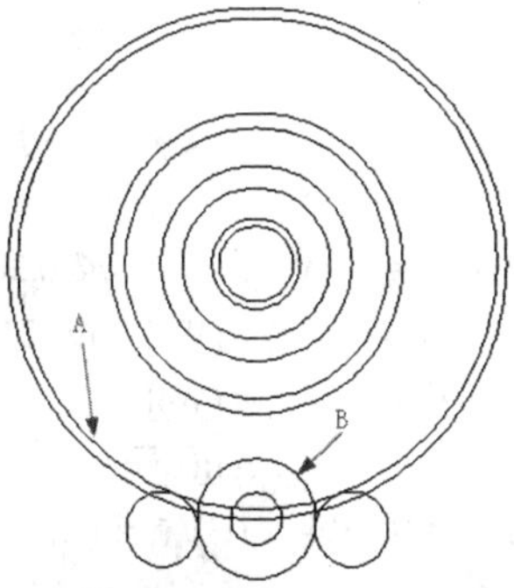


图16-35

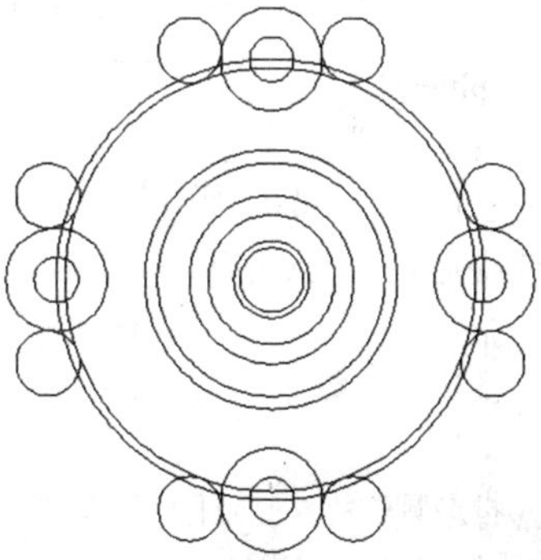

图16-36

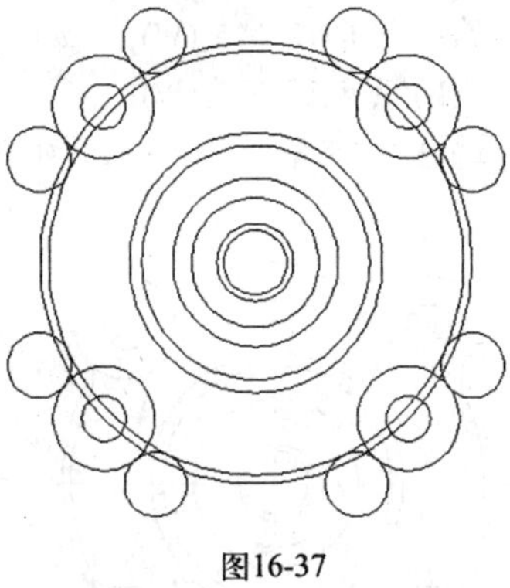

图16-37

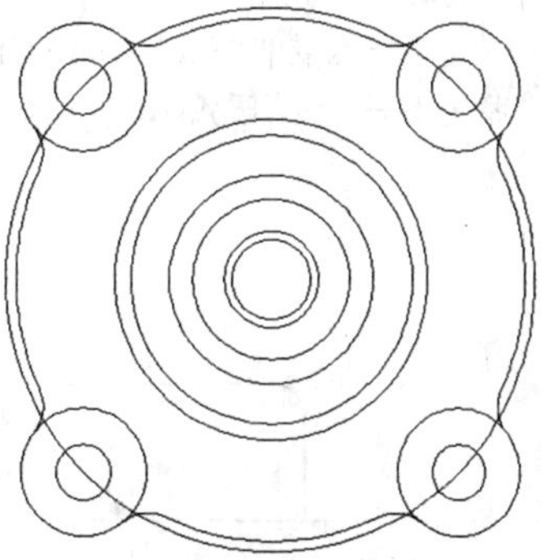

图16-38

**TIP** 系统默认下，阵列产生的对象为组对象，因此，在对圆进行修剪时，首先需要使用“分解”命令，将阵列的圆对象分解，然后再进行修剪。

11 选择最外侧的大圆，在“图层控制”下拉列表中修改其图层为“点划线”层。

12 选择中间第二个小圆，在“特性”工具栏上的“线宽控制”下拉列表中，修改其线宽为“默认”，然后取消对象的夹点显示。

13 至此，阀盖零件俯视图绘制完毕。

### 16.2.2 绘制阀盖零件主视和剖视图

这一节继续绘制阀盖零件主剖视图，具体操作步骤如下。

1 继续上一节的操作。

2 设置“点划线”作为当前图层，使用命令简写XL激活“构造线”命令，绘制如图16-39所示的构造线作为辅助线。

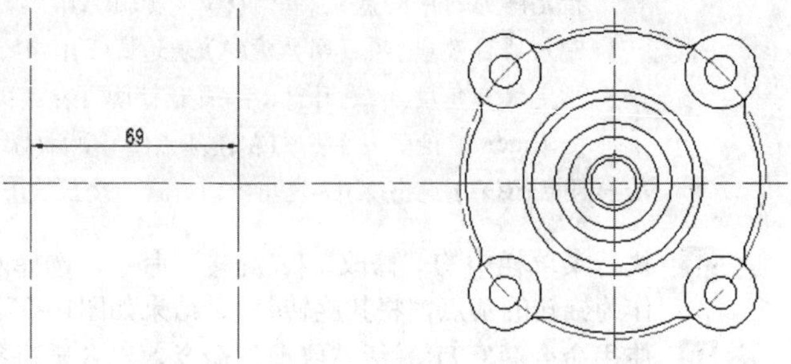


图16-39

3 将“轮廓线”设置为当前图层，执行菜单栏中的“绘图”|“多段线”命令，以如图16-40所示的交点A作为起点，配合点的坐标输入法绘制内轮廓线，命令行操作如下。

```
命令: _pline
    指定起点:                                                    //捕捉辅助线的交点A-
    当前线宽为 0.0
    指定下一个点或 [圆弧(A)/半宽(H)/长度(L)/放弃(U)/宽度(W)]:          //@0,30 Enter
    指定下一点或 [圆弧(A)/闭合(C)/半宽(H)/长度(L)/放弃(U)/宽度(W)]: //@-31.5,0 Enter
    指定下一点或 [圆弧(A)/闭合(C)/半宽(H)/长度(L)/放弃(U)/宽度(W)]:
                                                          //A Enter，转入画弧模式
    指定圆弧的端点或[角度(A)/圆心(CE)/闭合(CL)/方向(D)/半宽(H)/直线(L)/半径(R)/第二个点
(S)/放弃(U)/宽度(W)]:                                          //@-7.5,-7.5 Enter
    指定圆弧的端点或[角度(A)/圆心(CE)/闭合(CL)/方向(D)/半宽(H)/直线(L)/半径(R)/第二个点
(S)/放弃(U)/宽度(W)]:                                     //L Enter，转入画线模式
    指定下一点或 [圆弧(A)/闭合(C)/半宽(H)/长度(L)/放弃(U)/宽度(W)]: //@0,-22.5 Enter
    指定下一点或 [圆弧(A)/闭合(C)/半宽(H)/长度(L)/放弃(U)/宽度(W)]:
                                 // Enter，结束命令，绘制结果如图16-40所示
```

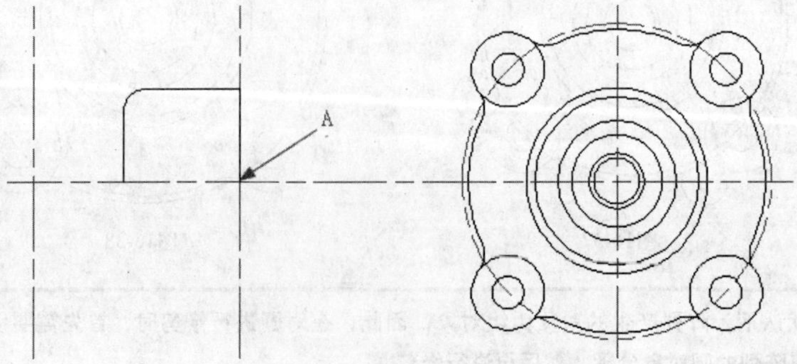


图 16-40

**4** 重复执行“多段线”命令，以辅助线的交点B作为起点，配合“正交”功能，绘制多段线，命令行操作如下。

```
命令: _pline
    指定起点:                                         //捕捉辅助线的交点B
    当前线宽为 0.0
    指定下一个点或 [圆弧(A)/半宽(H)/长度(L)/放弃(U)/宽度(W)]:
                                                      //向上引导光标，输入19.5 Enter
    指定下一点或 [圆弧(A)/闭合(C)/半宽(H)/长度(L)/放弃(U)/宽度(W)]:
                                                      //向右引导光标，输入6 Enter
    指定下一点或 [圆弧(A)/闭合(C)/半宽(H)/长度(L)/放弃(U)/宽度(W)]:
                                                      //向下引导光标，输入4.5 Enter
    指定下一点或 [圆弧(A)/闭合(C)/半宽(H)/长度(L)/放弃(U)/宽度(W)]:
                                                      //向右引导光标，输入6 Enter
    指定下一点或 [圆弧(A)/闭合(C)/半宽(H)/长度(L)/放弃(U)/宽度(W)]:
                                                      //向上引导光标，输入4.5 Enter
    指定下一点或 [圆弧(A)/闭合(C)/半宽(H)/长度(L)/放弃(U)/宽度(W)]: 6
                                                      //向右引导光标，输入6 Enter
    指定下一点或 [圆弧(A)/闭合(C)/半宽(H)/长度(L)/放弃(U)/宽度(W)]:
                                                      //向上引导光标，输入7.5 Enter
    指定下一点或 [圆弧(A)/闭合(C)/半宽(H)/长度(L)/放弃(U)/宽度(W)]:
                                                      //向右引导光标，输入15 Enter
    指定下一点或 [圆弧(A)/闭合(C)/半宽(H)/长度(L)/放弃(U)/宽度(W)]:
                                           // Enter，结束命令，绘制结果如图16-41所示
```

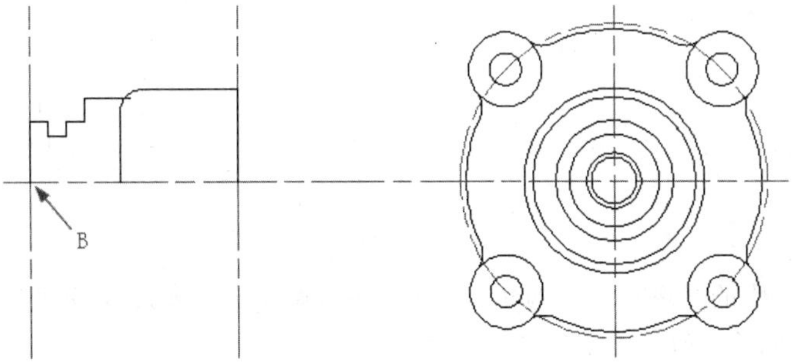


图16-41

**5** 重复执行“多段线”命令，以点W作为起点，绘制主视图右上侧的轮廓，命令行操作如下。

```
命令: _pline
    指定起点:                                                           //捕捉点W
    当前线宽为 0.0
    指定下一个点或 [圆弧(A)/半宽(H)/长度(L)/放弃(U)/宽度(W)]:          //@0,14 Enter
    指定下一点或 [圆弧(A)/闭合(C)/半宽(H)/长度(L)/放弃(U)/宽度(W)]: //@-9,0 Enter
    指定下一点或 [圆弧(A)/闭合(C)/半宽(H)/长度(L)/放弃(U)/宽度(W)]: //@0,-3.5 Enter
    指定下一点或 [圆弧(A)/闭合(C)/半宽(H)/长度(L)/放弃(U)/宽度(W)]: //A Enter，转入画弧模式
```

指定圆弧的端点或[角度(A)/圆心(CE)/闭合(CL)/方向(D)/半宽(H)/直线(L)/半径(R)/第二个点(S)/放弃(U)/宽度(W)]: //@-3,-3 Enter

指定圆弧的端点或[角度(A)/圆心(CE)/闭合(CL)/方向(D)/半宽(H)/直线(L)/半径(R)/第二个点(S)/放弃(U)/宽度(W)]: //L Enter，转入画线模式

指定下一点或 [圆弧(A)/闭合(C)/半宽(H)/长度(L)/放弃(U)/宽度(W)]: //@-15,0 Enter

指定下一点或 [圆弧(A)/闭合(C)/半宽(H)/长度(L)/放弃(U)/宽度(W)]:

//Enter，结束命令，绘制结果如图16-42所示

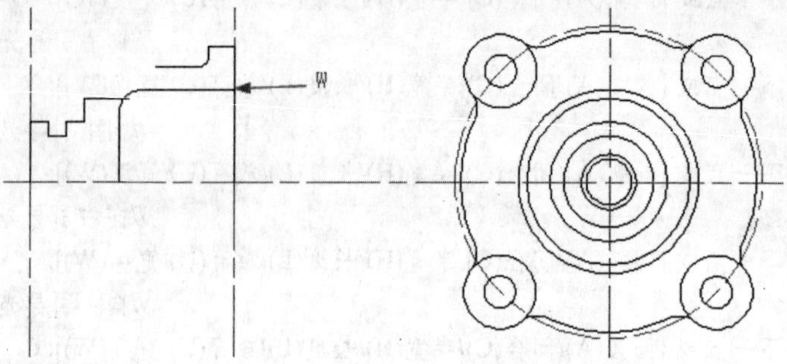


图16-42

**6** 使用命令简写X激活“分解”命令，将多段线1和多段线2分解为各个独立的对象，然后激活“偏移”命令，选择分解后的弧形轮廓线，将其向外偏移7.5个绘图单位，结果如图16-43所示。

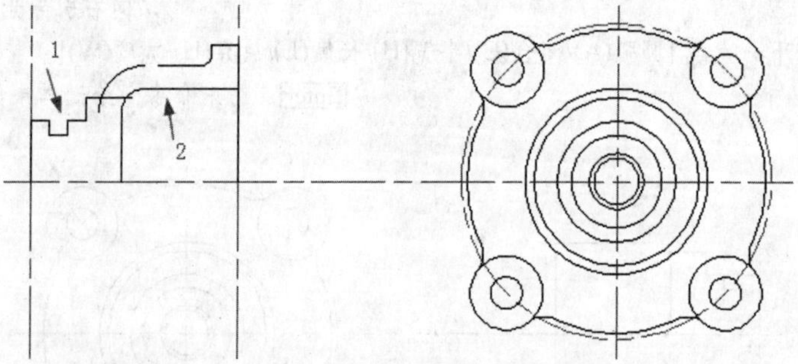


图16-43

**7** 执行菜单栏中的“修改”|“圆角”命令，设置圆角半径为3，对如图16-44所示的线段3和弧线4进行圆角，命令行操作如下。

命令: _fillet

当前设置: 模式 = 修剪，半径 = 15.0

选择第一个对象或 [多段线(P)/半径(R)/修剪(T)/多个(U)]: //R Enter，激活“半径”选项

指定圆角半径 <15.0>: //3 Enter，设置圆角半径

选择第一个对象或 [多段线(P)/半径(R)/修剪(T)/多个(U)]: //选择线段3

选择第二个对象: //选择弧线4，圆角结果如图16-44所示

**8** 使用命令简写O激活“偏移”命令，选择水平构造线，将其分别向上偏移7.5和9个绘图单位。

**9** 使用命令简写TR激活“修剪”命令，对偏移后的辅助线及主视图外轮廓线进行修剪，结果如图16-45所示。

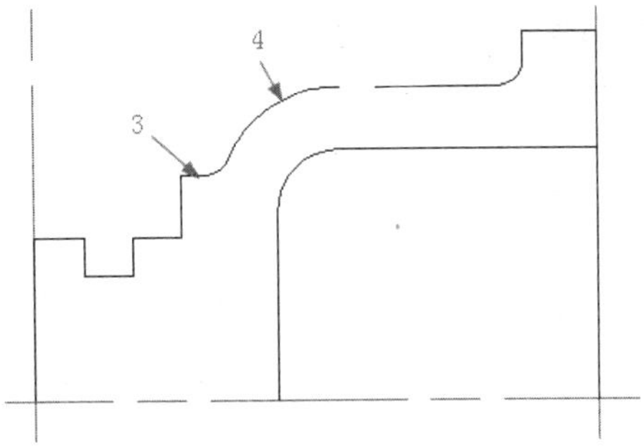


图16-44

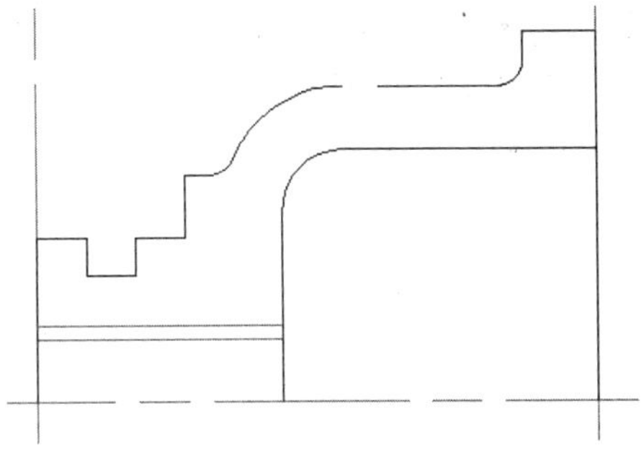

图16-45

**10** 执行菜单栏中的“修改”|“倒角”命令，对线L、M和N进行倒角，命令行操作如下。

命令：_chamfer
("修剪"模式) 当前倒角距离 1 = 0.0，距离 2 = 0.0
选择第一条直线或 [多段线(P)/距离(D)/角度(A)/修剪(T)/方式(M)/多个(U)]:
//A Enter，激活“角度”选项
指定第一条直线的倒角长度 <0.0>: //1.5 Enter，输入倒角长度
指定第一条直线的倒角角度 <0.0>: //45 Enter，输入倒角角度
选择第一条直线或 [多段线(P)/距离(D)/角度(A)/修剪(T)/方式(M)/多个(U)]:
//T Enter，激活“修剪”模式
输入修剪模式选项 [修剪(T)/不修剪(N)] <修剪>: //N Enter，设置修剪模式
选择第一条直线或 [多段线(P)/距离(D)/角度(A)/修剪(T)/方式(M)/多个(U)]:
//在水平线M的左端单击
选择第二条直线: //在垂直线L的上端单击
命令: // Enter，重复执行命令
CHAMFER
("不修剪"模式) 当前倒角长度 = 1.5，角度 = 45.0
选择第一条直线或 [多段线(P)/距离(D)/角度(A)/修剪(T)/方式(M)/多个(U)]:
//在水平线M的右端单击
选择第二条直线: //在轮廓线垂直线N的上端单击左键，倒角结果如图16-46所示

**11** 执行菜单栏中的“修改”|“修剪”命令，以倒角后产生的两段轮廓线作为剪切边界，以轮廓线M进行修剪，结果如图16-47所示。

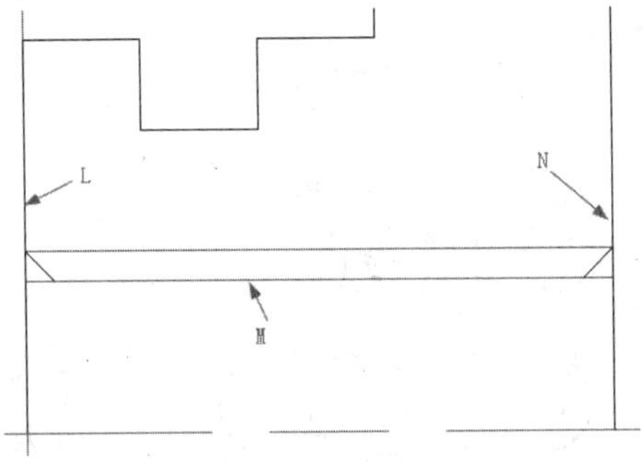


图16-46

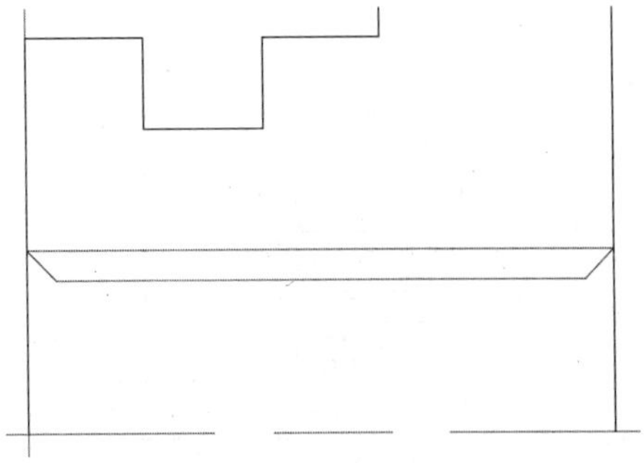

图16-47

**12** 执行“直线”命令，以修剪后的线段两个端点作为起点，配合“交点”捕捉功能，捕捉追踪线与下水平辅助线的交点，绘制如图16-48所示的轮廓线。

**13** 选择水平轮廓线L和轮廓线M，将其放入“轮廓线”层，并通过“线宽控制”下拉列表，将轮廓线M的线宽设置为“默认”，结果如图16-49所示。

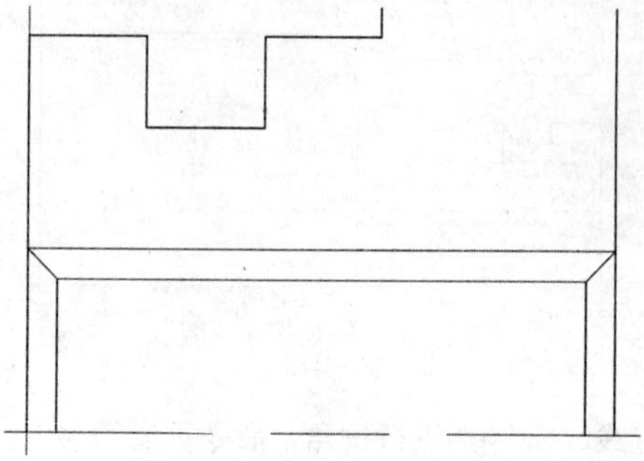

图16-48

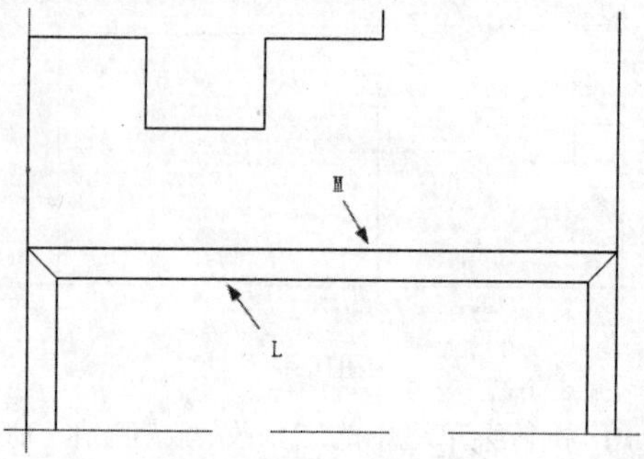


图16-49

**14** 执行菜单栏中的“修改”|“镜像”命令，选择主视图上半部分的轮廓图，以水平构造线作为镜像轴，进行镜像复制，结果如图16-50所示。

**15** 将“剖面线”层设置为当前层。使用命令简写H激活“图案填充”命令，在打开的“图案填充和渐变色”对话框中选择名为“ANSI31”的图案，采用默认设置对主视图轮廓线填充剖面图案，填充结果如图16-51所示。

**16** 使用“打断”命令，配合“最近点”捕捉功能，将辅助线打断为零件图的中心线，结果如图16-52所示。

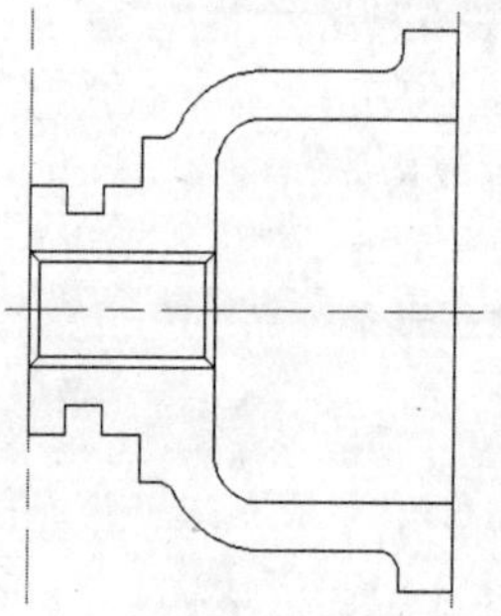

图16-50

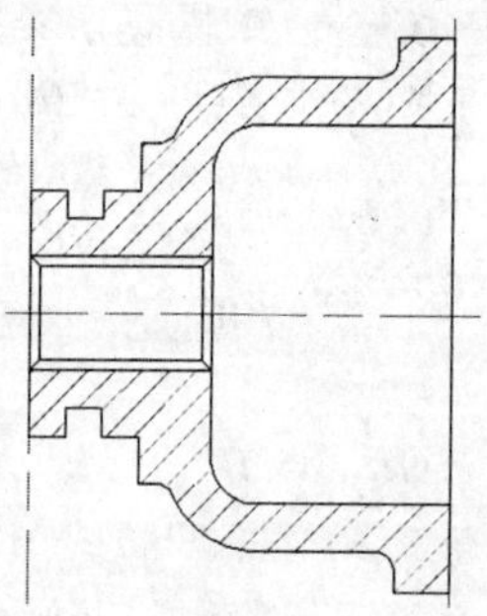

图16-51

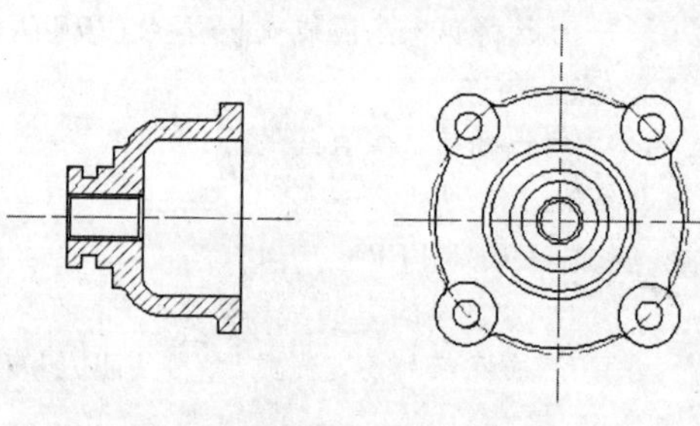

图16-52

**17** 将“尺寸层”设置为当前层，对零件二视图标注尺寸，完成阀盖零件二视图的绘制，结果如图16-53所示。

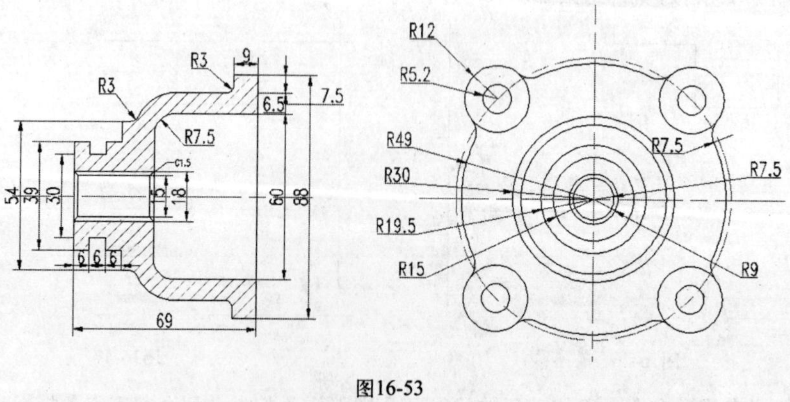


图16-53

**18** 执行“另存为”命令，将该图形存储为“阀盖零件二视图.dwg”文件。

# 16.3 绘制壳体零件三视图

这一节继续学习绘制如图16-54所示的壳体零件三视图的实例，继续学习机械零件三视图的绘制方法和技巧。

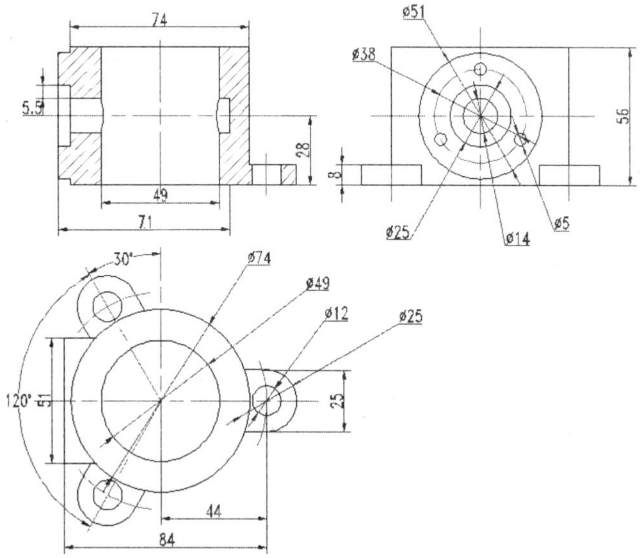


图16-54

## 16.3.1 绘制壳体零件俯视图

这一节首先来绘制壳体零件俯视图，具体操作步骤如下。

1. 打开随书光盘中的文件“样板文件”\“机械制图模板.dwt”作为当前图形文件。
2. 将“点划线”设置为当前图层，使用“构造线”命令绘制两条相互垂直的构造线作为定位辅助线。
3. 将“轮廓线”设置为当前图层，使用命令简写C激活“圆”命令，以辅助线的交点为圆心，绘制直径分别为49、74和88的同心圆，如图16-55所示。
4. 重复执行“圆”命令，配合“象限点”捕捉功能，以大圆的右象限点为圆心，绘制两个直径分别为12和25的同心圆，结果如图16-56所示。

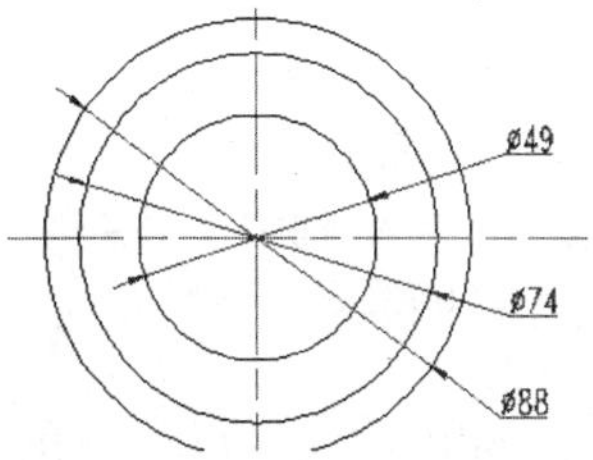


图16-55

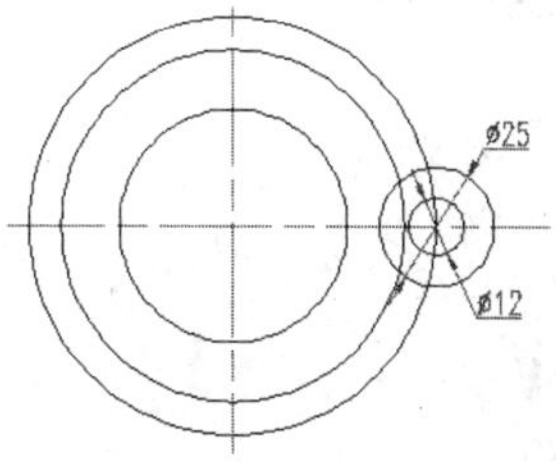


图16-56

5. 执行菜单栏中的“修改”|“偏移”命令，将垂直构造线向左偏移40个绘图单位，将水平构造线向上、下分别偏移12.5和25.5个绘图单位，结果如图16-57所示。

6 执行菜单栏中的“修改”|“修剪”命令，对图形进行修剪，结果如图16-58所示。

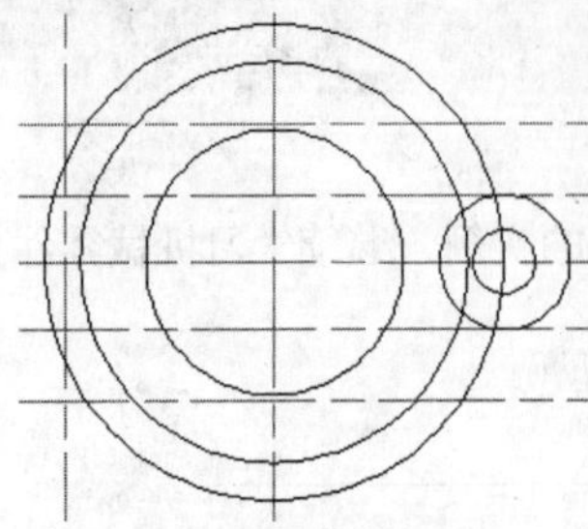
图16-57

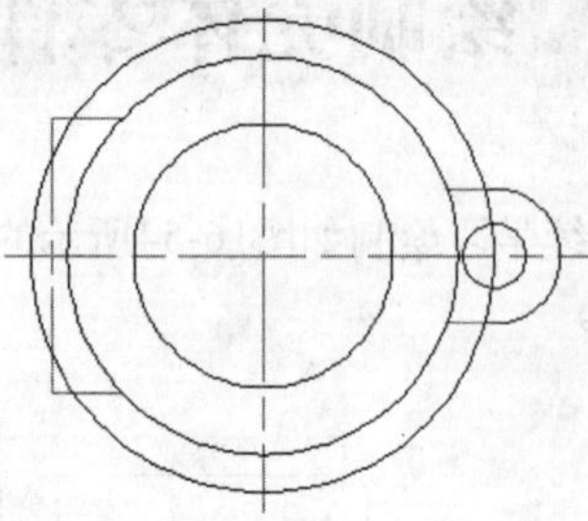
图16-58

7 选择最外侧的大圆，将其放入“点划线”层，然后将修剪后的线段图层修改为“轮廓线”层，结果如图16-59所示。

8 激活“旋转”命令，以辅助线交点作为中心点，对俯视图右侧的轮廓进行旋转复制，命令行操作如下。

```
命令: _rotate
    UCS 当前的正角方向: ANGDIR=逆时针 ANGBASE=0.0
    选择对象:                              //从左向右拉出如图16-60所示的选择框选取图形
    选择对象:                              // Enter
    指定基点:                              //捕捉辅助线的交点
    指定旋转角度，或 [复制(C)/参照(R)] <120.0>:          //C Enter
    旋转一组选定对象。
    指定旋转角度，或 [复制(C)/参照(R)] <120.0>:          //-120 Enter
```

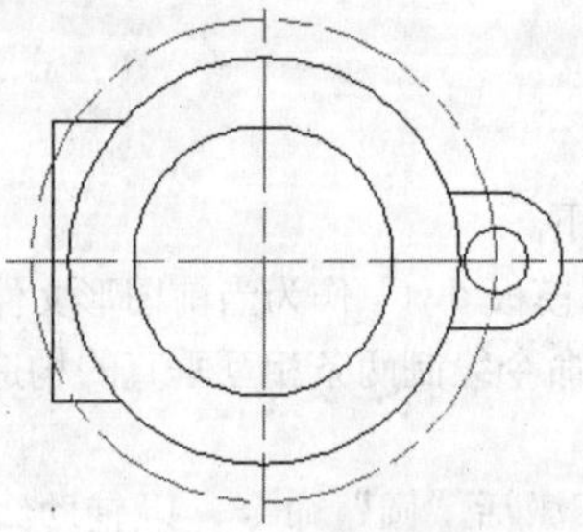
图16-59

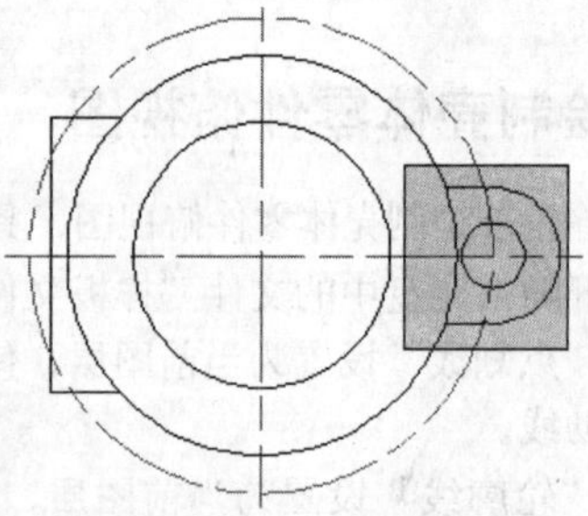
图16-60

```
命令:                                          // Enter
    UCS 当前的正角方向: ANGDIR=逆时针 ANGBASE=0.0
    选择对象:                              //从左向右拉出如图16-60所示的选择框选取图形
    选择对象:                                  // Enter
    指定基点:                                  //捕捉辅助线的交点
    指定旋转角度，或 [复制(C)/参照(R)] <120.0>:  //C Enter
    旋转一组选定对象。
    指定旋转角度，或 [复制(C)/参照(R)] <120.0>:  //120 Enter，结果如图16-61所示
```

9 使用命令简写TR激活“修剪”命令，对阵列出的轮廓线进行修剪完善，结果如图16-62所示。

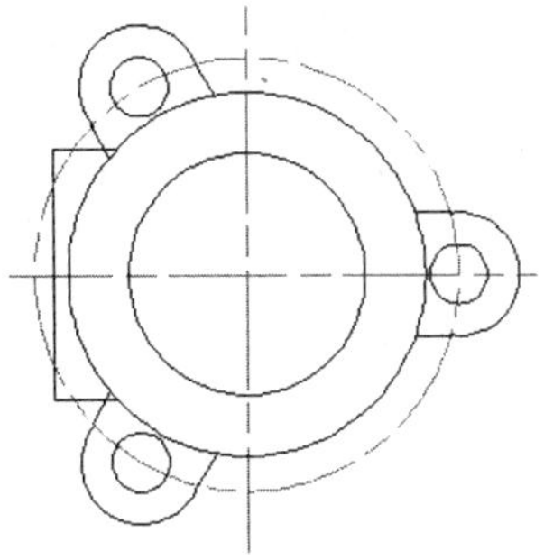

图16-61

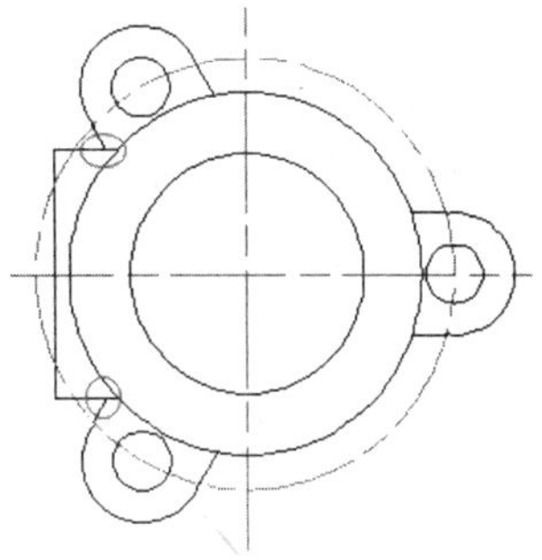

图16-62

这样壳体零件俯视图绘制完毕，下面将继续绘制壳体零件前视图。

## 16.3.2 绘制壳体零件左视图

这一节继续来绘制壳体零件左视图，具体操作步骤如下。

1 继续上一节的操作。

2 执行“偏移”命令，将水平构造线向上偏移100个绘图单位，将垂直构造线向右偏移120个绘图单位，以定位另外两视图的位置。

3 使用命令简写C激活“圆”命令，以右上侧辅助线的交点为圆心，绘制直径分别为14、25、38和51的同心圆，绘制结果如图16-63所示。

4 重复执行“圆”命令，以直径为38的圆的上象限点为圆心，绘制直径为5的圆，并将此圆旋转复制3个，结果如图16-64所示。

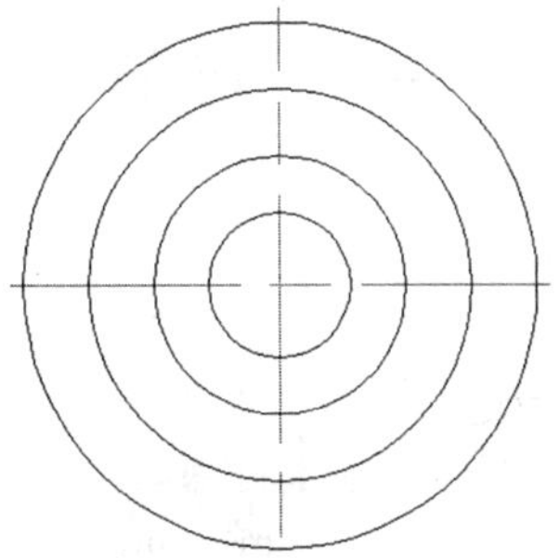

图16-63

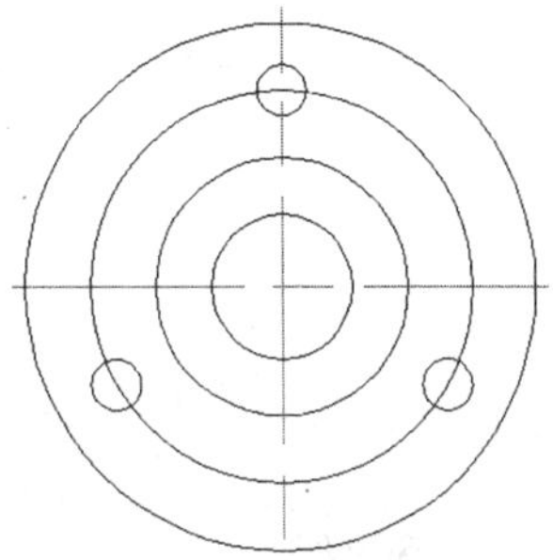

图16-64

5 使用命令简写O激活“偏移”命令，将水平构造线对称偏移28个绘图单位，将垂直构造线对称偏移37个绘图单位，结果如图16-65所示。

6 再次执行“偏移”命令，将两侧的垂直构造线分别对称偏移12.5个绘图单位，将最下方的水平构造线向上偏移8个绘图单位，结果如图16-66所示。

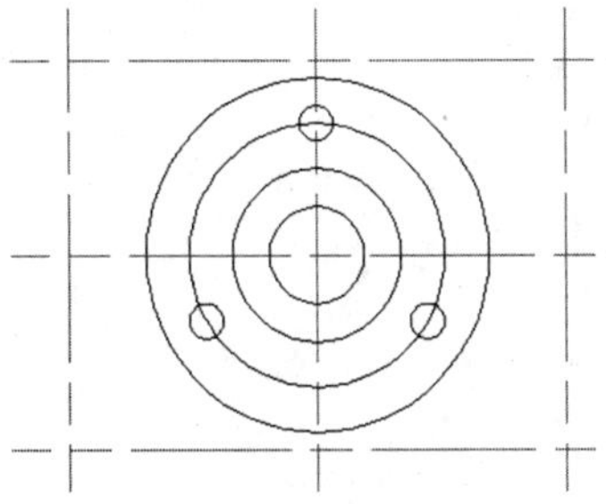

图16-65

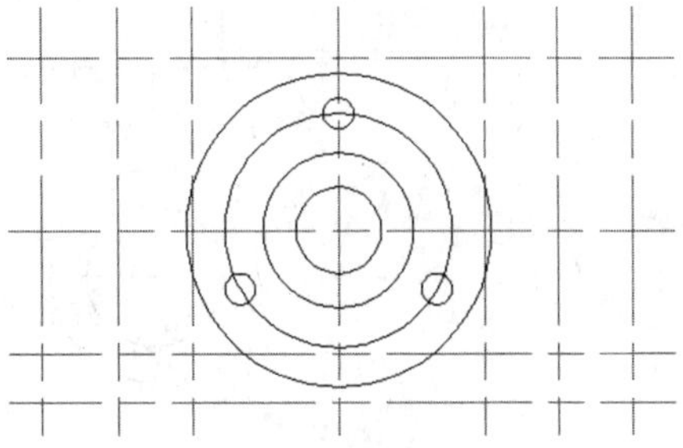

图16-66

7 激活“修剪”命令，对偏移出的构造线进行修剪，创建出左视图的外轮廓线，结果如图16-67所示。

8 选择修剪后的构造线，在“图层控制”下拉列表中将其放入“轮廓线”层，将其转换为图形轮廓，然后将直径为38的圆放入“点划线”层，结果如图16-68所示。

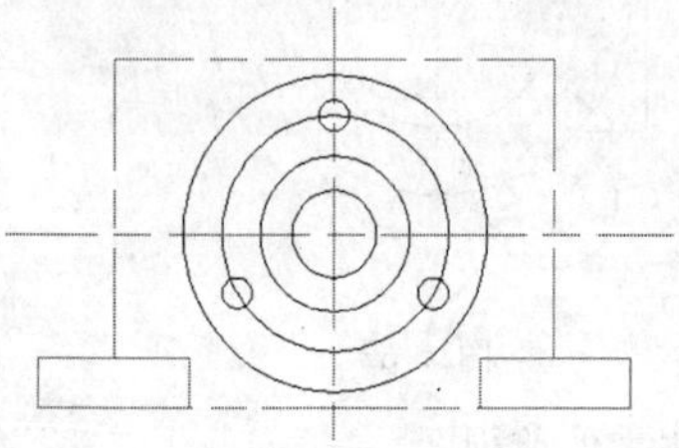

图16-67

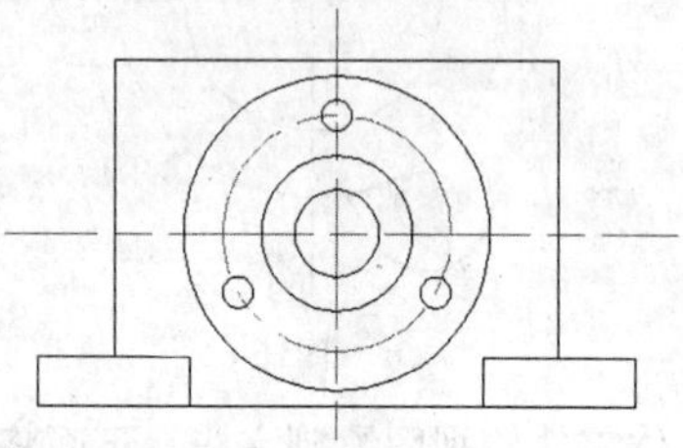

图16-68

这样壳体零件左视图绘制完毕，下面将继续绘制壳体零件主视图。

## 16.3.3 绘制壳体零件主视图

这一节继续来绘制壳体零件主视图，具体操作步骤如下。

1 继续上一节的操作。

2 执行“构造线”命令，分别通过左视图各特征点绘制如图16-69所示的水平定位辅助线。

3 重复执行“构造线”命令，分别通过俯视图各特征点，绘制如图16-70所示的垂直构造线。

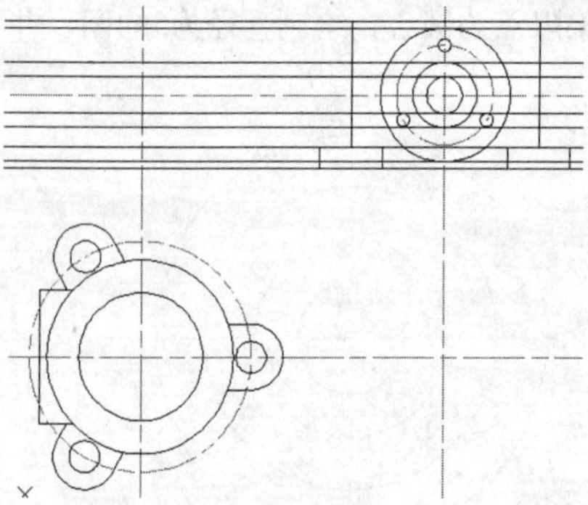

图16-69

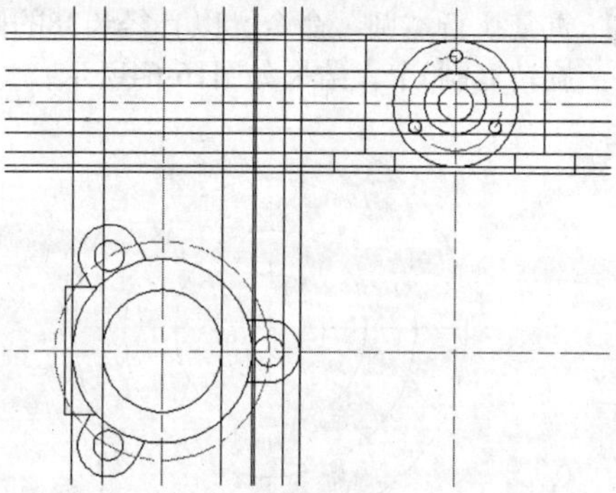

图16-70

4 使用命令简写O激活“偏移”命令，将最左侧的垂直构造线向左偏移5个绘图单位。

5 使用命令简写TR激活“修剪”命令，对各构造线进行修剪编辑，创建出主视图轮廓，结果如图16-71所示。

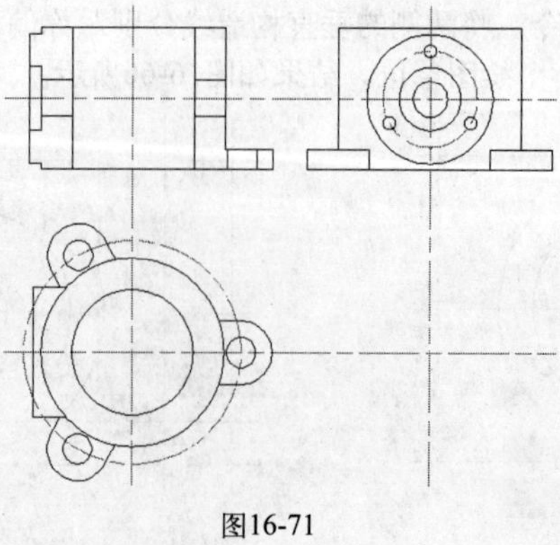

图16-71

**6** 执行菜单栏中的“修改”|“偏移”命令，将轮廓线A向右偏移71个绘图单位，将轮廓线B向右偏移1个绘图单位，将轮廓线C向左偏移1个绘图单位，结果如图16-72所示。

**7** 执行菜单栏中的“绘图”|“圆弧”|“三点”命令，配合“端点”捕捉和“中点”捕捉功能，绘制如图16-73所示的弧形轮廓线。

**8** 使用命令简写TR激活“修剪”命令，对各构造线进行修剪编辑，并删除多余的图线，结果如图16-74所示。

**9** 将“剖面线”设置为当前图层，执行菜单栏中的“绘图”|“图案填充”命令，在打开的“图案填充和渐变色”对话框中选择名为“ANSI31”的图案，采用默认参数对图形进行填充，填充结果如图16-75所示。

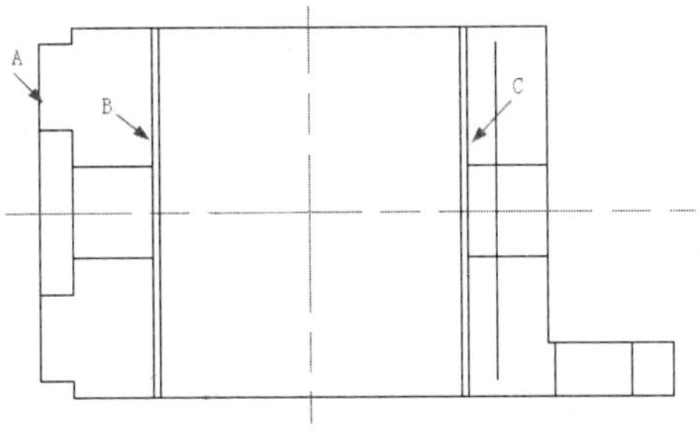


图16-72

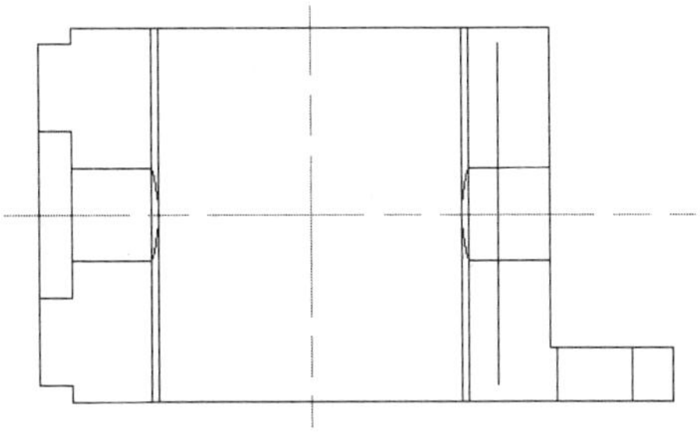

图16-73

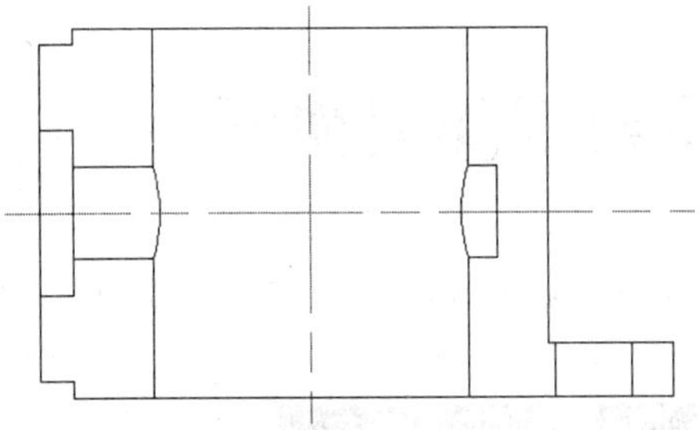

图16-74

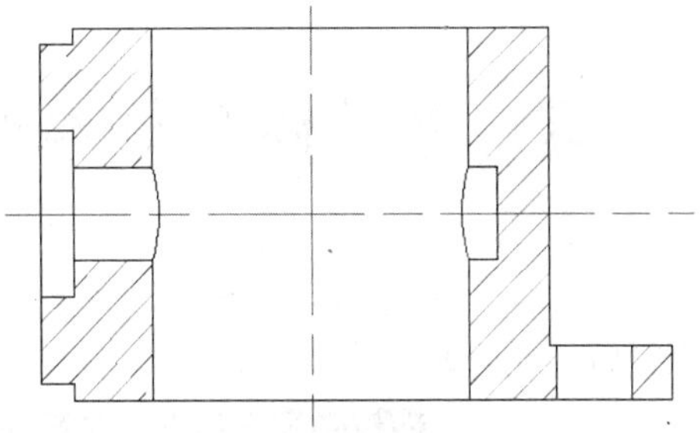

图16-75

**10** 使用“打断”命令，将中心线打断，然后使用“直线”命令补画其他中心线，结果如图16-76所示。

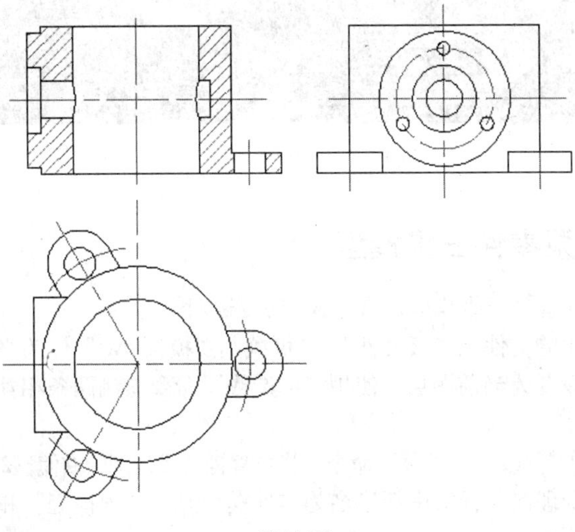

图16-76

11 将“尺寸层”设置为当前层，为零件三视图标注尺寸，完成壳体零件三视图的绘制，结果如图16-77所示。

12 执行“另存为”命令，将该图形存储为“壳体零件三视图.dwg”文件。

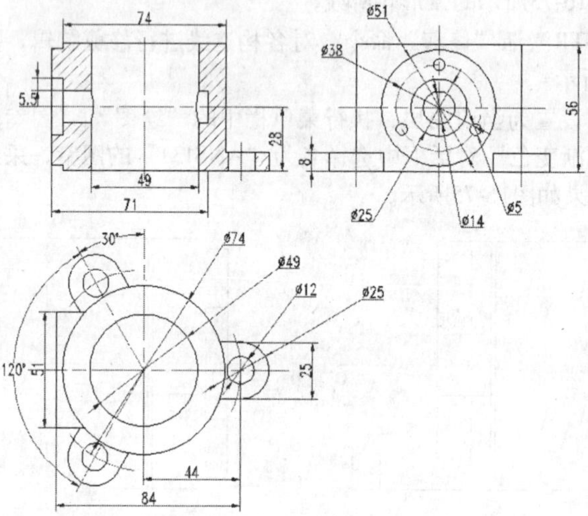


图16-77

# 16.4 绘制柱塞泵零件三维模型和剖视图

这一节通过绘制如图16-78所示的柱塞泵零件三维模型和剖视图的实例，学习机械零件三维模型的绘制方法和技巧。

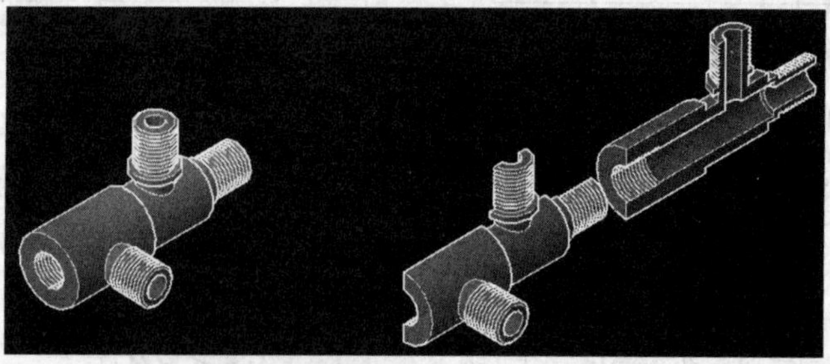

图16-78

## 16.4.1 绘制柱塞泵零件三维模型

这一节首先来绘制柱塞泵三维模型，具体操作步骤如下。

1 打开随书光盘中的文件“样板文件”\“机械制图模板.dwt”作为当前图形文件。

2 将“点划线”设置为当前图层，使用“构造线”命令绘制两条相互垂直的构造线作为定位辅助线。

3 执行菜单栏中的“修改”|“偏移”命令，将垂直辅助线分别向右偏移25、65和115个绘图单位。

4 在“图层特性管理器”面板中新建名为“外模型”、“内模型”和“螺纹”的新图层，并设置为不同的颜色。

5 执行菜单栏中的“视图”|“三维视图”|“西南等轴测”命令，将当前视图切换为西南视图。

6 将“内模型”层设置为当前层，执行菜单栏中的“绘图”|“建模”|“圆柱体”命令，以辅助线的交点作为底面圆心创建圆柱体，命令行操作如下。

命令: _cylinder
当前线框密度: ISOLINES=4
指定圆柱体底面的中心点或 [椭圆(E)] <0,0,0>: //捕捉辅助线的交点
指定圆柱体底面的半径或 [直径(D)]: //5 Enter
指定圆柱体高度或 [另一个圆心(C)]: //45 Enter，结果如图16-79所示

7 在命令行中激活“UCS”命令，创建用户坐标系，并将其保存为“UCS1”，命令行操作如下。

命令: UCS //Enter，激活命令
当前 UCS 名称: *世界*
输入选项 [新建(N)/移动(M)/正交(G)/上一个(P)/恢复(R)/保存(S)/删除(D)/应用(A)/?/世界(W)] <世界>: //N Enter，激活“新建”选项
指定新 UCS 的原点或 [Z 轴(ZA)/三点(3)/对象(OB)/面(F)/视图(V)/X/Y/Z] <0,0,0>: //Y Enter，激活“Y”选项
指定绕 Y 轴的旋转角度 <90>: //Enter，采用系统默认设置
命令: //Enter，重复执行命令
UCS
当前 UCS 名称: *没有名称*
输入选项 [新建(N)/移动(M)/正交(G)/上一个(P)/恢复(R)/保存(S)/删除(D)/应用(A)/?/世界(W)] <世界>: //S Enter，激活“保存”选项
输入保存当前 UCS 的名称或 [?]: //UCS 1 Enter，设置新坐标系名称

8 激活“圆柱体”命令，继续以辅助线的交点A作为底面圆心，分别创建底面半径为9、高度为90和底面半径为6、高度为115的同心圆柱体，结果如图16-80所示。

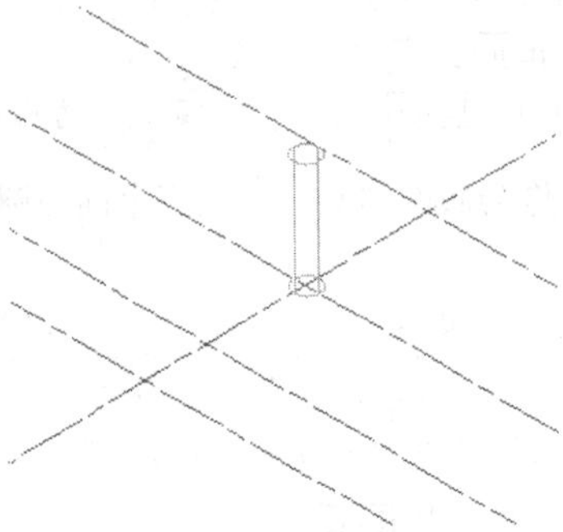

图16-79

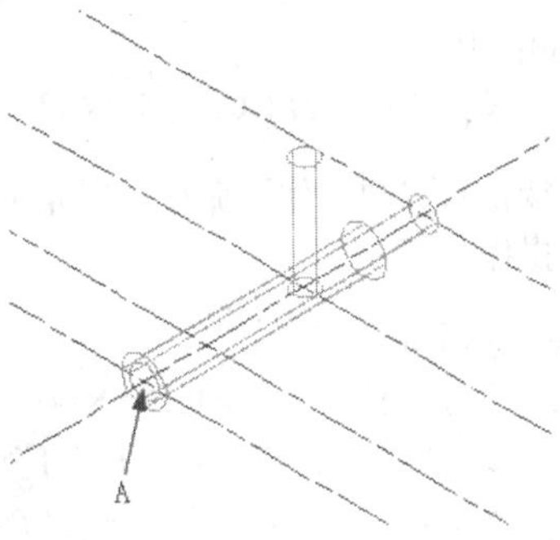


图16-80

9 在命令行输入“UCS”命令，创建用户坐标系，并将其保存为“UCS 2”，命令行操作如下。

命令: UCS //Enter，激活命令
当前 UCS 名称: *世界*
输入选项 [新建(N)/移动(M)/正交(G)/上一个(P)/恢复(R)/保存(S)/删除(D)/应用(A)/?/世界(W)] <世界>: //N Enter，激活“新建”选项
指定新 UCS 的原点或 [Z 轴(ZA)/三点(3)/对象(OB)/面(F)/视图(V)/X/Y/Z] <0,0,0>: //X Enter，激活“X”选项

指定绕 Y 轴的旋转角度 <90>: //Enter, 采用系统默认设置
命令: //Enter, 重复执行命令
UCS
当前 UCS 名称: *没有名称*
输入选项 [新建(N)/移动(M)/正交(G)/上一个(P)/恢复(R)/保存(S)/删除(D)/应用(A)/?/世界(W)] <世界>: //S Enter, 激活"保存"选项
输入保存当前 UCS 的名称或 [?]: //UCS 2 Enter

**10** 激活"圆柱体"命令，以辅助线的交点B作为底面圆心，创建底面半径为6，高度为42的圆柱体，结果如图16-81所示。

**11** 将"外模型"图层设置为当前图层。在当前坐标系下，仍以辅助线的交点B作为底面圆心，创建底面半径为9，高度为20的圆柱体，结果如图16-82所示。

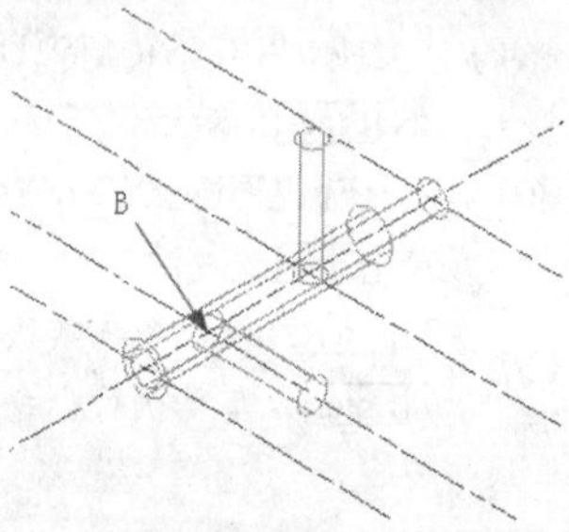


图16-81

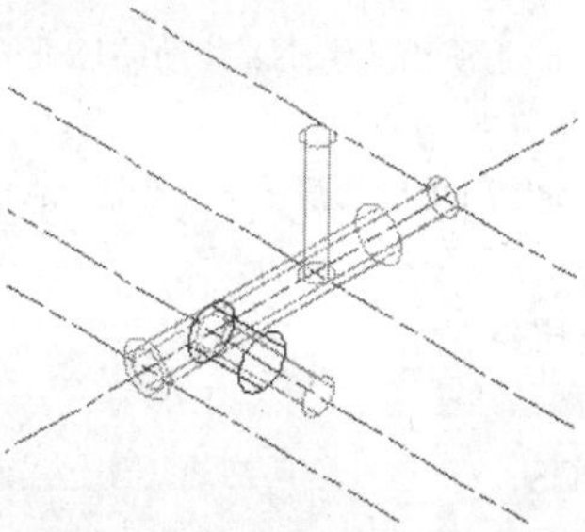

图16-82

**12** 在命令行输入"UCS"命令，将以上保存的"UCS 1"用户坐标系设置为当前坐标系，命令行操作如下。

命令: UCS //Enter, 激活命令
当前 UCS 名称: *没有名称*
输入选项 [新建(N)/移动(M)/正交(G)/上一个(P)/恢复(R)/保存(S)/删除(D)/应用(A)/?/世界(W)] <世界>: //R Enter, 激活"恢复"选项
输入要恢复的 UCS 名称或 [?]: //UCS 1 Enter, 将此坐标系设置为当前坐标系

**13** 继续执行"圆柱体"命令，以辅助线的交点A作为底面圆心，创建三个同心圆柱体，命令行操作如下。

命令: _cylinder
当前线框密度: ISOLINES=4
指定圆柱体底面的中心点或 [椭圆(E)] <0,0,0>: //选择辅助线交点A
指定圆柱体底面的半径或 [直径(D)]: //18 Enter
指定圆柱体高度或 [另一个圆心(C)]: //48 Enter
命令: //Enter, 重复执行命令
CYLINDER
当前线框密度: ISOLINES=4
指定圆柱体底面的中心点或 [椭圆(E)] <0,0,0>: //选择辅助线交点A
指定圆柱体底面的半径或 [直径(D)]: //15 Enter
指定圆柱体高度或 [另一个圆心(C)]: //86 Enter
命令: //Enter, 重复执行命令
CYLINDER

```
当前线框密度: ISOLINES=4
指定圆柱体底面的中心点或 [椭圆(E)] <0,0,0>:      //选择辅助线交点A
指定圆柱体底面的半径或 [直径(D)]:                 //11 Enter
指定圆柱体高度或 [另一个圆心(C)]:                 //93 Enter，绘制结果如图16-83所示
```

**14** 执行菜单栏中的“工具”|“命名UCS”命令，在打开的“UCS”对话框中，将“世界坐标系”设置为当前坐标系，如图16-84所示。

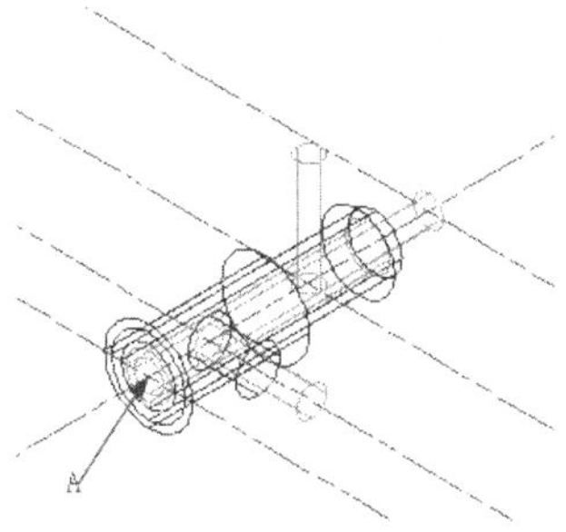


图16-83

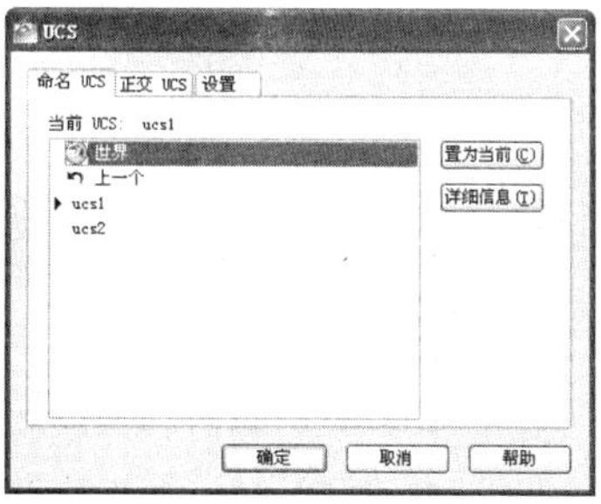


图16-84

**15** 激活“圆柱体”命令，以辅助线的交点C作为底面圆心，创建圆柱体，命令行操作如下。

```
命令: _cylinder
    当前线框密度: ISOLINES=4
    指定圆柱体底面的中心点或 [椭圆(E)] <0,0,0>:      //选择辅助线交点C
    指定圆柱体底面的半径或 [直径(D)]:                 //9 Enter
    指定圆柱体高度或 [另一个圆心(C)]:                 //20 Enter
命令:                                                 //Enter，重复执行命令
    CYLINDER
    当前线框密度: ISOLINES=4
    指定圆柱体底面的中心点或 [椭圆(E)] <0,0,0>:      //选择刚创建的圆柱体顶面圆心
    指定圆柱体底面的半径或 [直径(D)]:                 //12 Enter
    指定圆柱体高度或 [另一个圆心(C)]:                 //3 Enter，绘制结果如图16-85所示
```

**16** 将“螺纹层”设置为当前图层，使用“UCS”命令将$x$轴旋转90°，然后将其移动到交点C位置，定义用户坐标系，如图16-86所示。

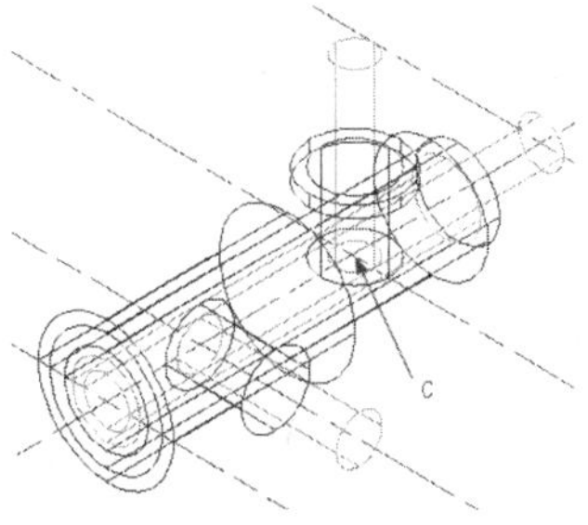


图16-85

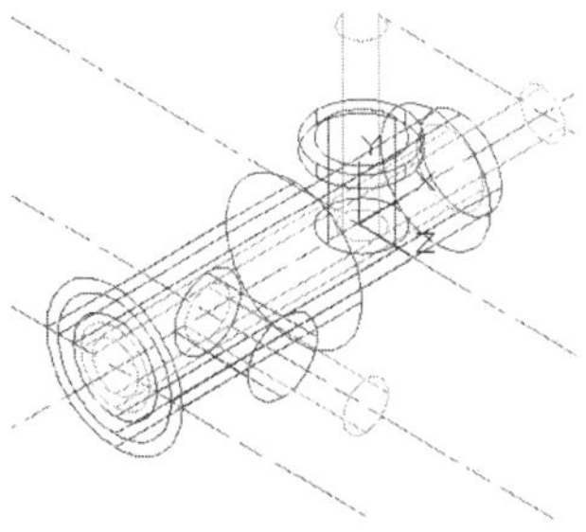

图16-86

**17** 使用命令简写REC激活“矩形”命令，以最后创建的圆柱体顶面的圆心作为左下角角点，以“@9,22”作为对角点，绘制如图16-87所示的矩形。

**18** 使用命令简写L激活“直线”命令，以矩形右上角点作为起点，绘制螺纹轮廓线，命令行操作如下。

```
命令: L                                    // Enter，激活“直线”命令
    LINE
    指定第一点:                             //捕捉矩形右上角点
    指定下一点或 [放弃(U)]:                  //@1.5<-42 Enter
    指定下一点或 [放弃(U)]:                  //@1.5<-138 Enter
    指定下一点或 [闭合(C)/放弃(U)]:           // Enter，绘制结果如图16-88所示
```

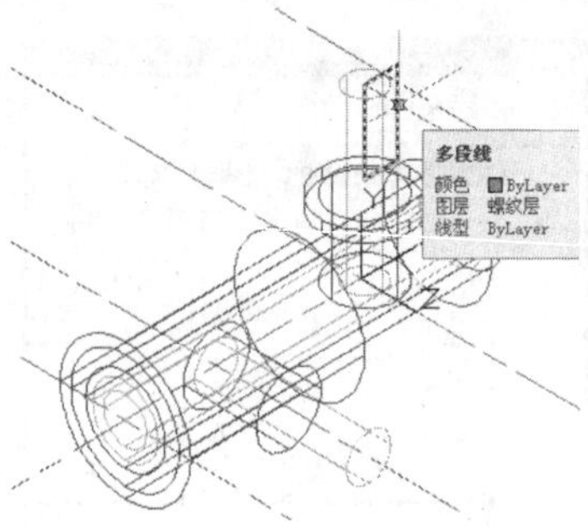


图16-87

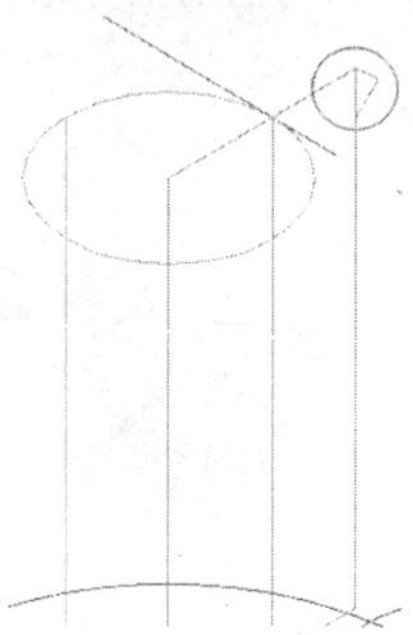

图16-88

**19** 执行“矩形阵列”命令，对刚绘制的螺牙轮廓线进行阵列，命令行操作如下。

```
命令: _arrayrect
    选择对象:                               //选择绘制的螺牙轮廓线
    选择对象:                               // Enter
    类型 = 矩形 关联 = 是
    为项目数指定对角点或 [基点(B)/角度(A)/计数(C)] <计数>:     // Enter
    输入行数或 [表达式(E)] <4>:                          //9 Enter
    输入列数或 [表达式(E)] <4>:                          //1 Enter
    指定对角点以间隔项目或 [间距(S)] <间距>:               // Enter
    指定行之间的距离或 [表达式(E)] <3>:                   //-2.0074 Enter
    按 Enter 键接受或 [关联(AS)/基点(B)/行(R)/列(C)/层(L)/退出(X)] <退出>:
                              //按三次Enter键，结束操作，阵列结果如图16-89所示
```

**20** 激活“修剪”命令，以最上侧和最下侧的螺牙轮廓线作为剪切边界，修剪掉位于边界内的矩形轮廓，编辑出螺纹的轮廓截面，结果如图16-90所示。

**21** 使用命令简写PE激活“编辑多段线”命令，将修剪后的螺纹轮廓截面编辑为一条闭合的多段线，命令行操作如下。

```
命令: PE                                         // Enter，激活命令
    PEDIT 选择多段线或 [多条(M)]:                   //M Enter，激活“多条”选项
    选择对象:                                      //选择螺纹的截面轮廓线
    选择对象:                                      // Enter，结束对象的选择
    是否将直线和圆弧转换为多段线？[是(Y)/否(N)]? <Y>  // Enter，采用系统默认设置
    输入选项 [闭合(C)/打开(O)/合并(J)/宽度(W)/拟合(F)/样条曲线(S)/非曲线化(D)/线型生成
(L)/放弃(U)]:                                      //J Enter，激活“合并”选项
    合并类型 = 延伸
    输入模糊距离或 [合并类型(J)] <0.0000>:            // Enter，采用系统默认设置
    多段线已增加 18 条线段
```

输入选项 [闭合(C)/打开(O)/合并(J)/宽度(W)/拟合(F)/样条曲线(S)/非曲线化(D)/线型生成(L)/放弃(U)]: //Enter，结束命令

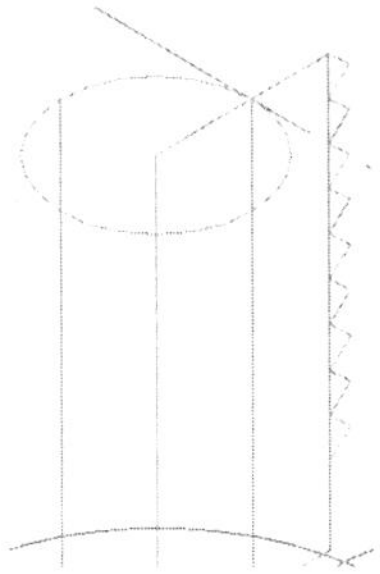

图16-89

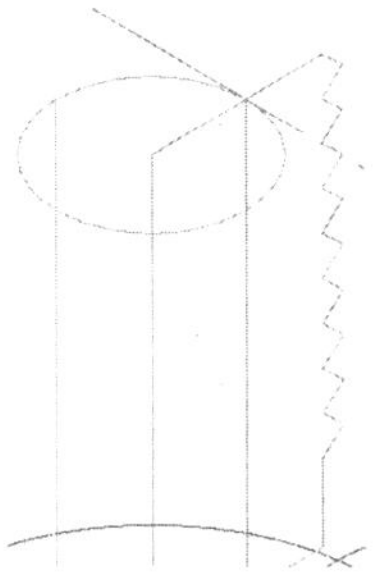

图16-90

**22** 执行菜单栏中的“绘图”|“建模”|“旋转”命令，将编辑后的螺纹截面旋转为三维实体，命令行操作如下。

命令: _revolve
当前线框密度: ISOLINES=4，闭合轮廓创建模式 = 实体
选择要旋转的对象或 [模式(MO)]: _MO 闭合轮廓创建模式 [实体(SO)/曲面(SU)] <实体>: _SO
选择要旋转的对象或 [模式(MO)]: //选择编辑后的闭合多段线
选择要旋转的对象或 [模式(MO)]: //Enter
指定轴起点或根据以下选项之一定义轴 [对象(O)/X/Y/Z] <对象>:
//捕捉闭合多段线的左上端点
指定轴端点: //捕捉闭合多段线的左下端点
指定旋转角度或 [起点角度(ST)/反转(R)] <360>:
//Enter，旋转结果如图16-91所示

**23** 使用命令简写CO激活“复制”命令，选择刚创建的旋转实体进行多重复制，命令行操作如下。

命令: CO //Enter，激活命令
COPY
选择对象: //选择旋转实体
选择对象: //Enter，结束对象的选择
指定基点: //捕捉圆柱体A的上顶面圆心
指定位移的第二点或 <用第一点作位移>: //捕捉辅助线交点1
指定位移的第二点或 <用第一点作位移>: //捕捉圆柱体B的上顶面圆心
指定位移的第二点或 <用第一点作位移>: //捕捉圆柱体C的上顶面圆心
指定位移的第二点或 <用第一点作位移>: //Enter，结束命令，复制结果如图16-92所示

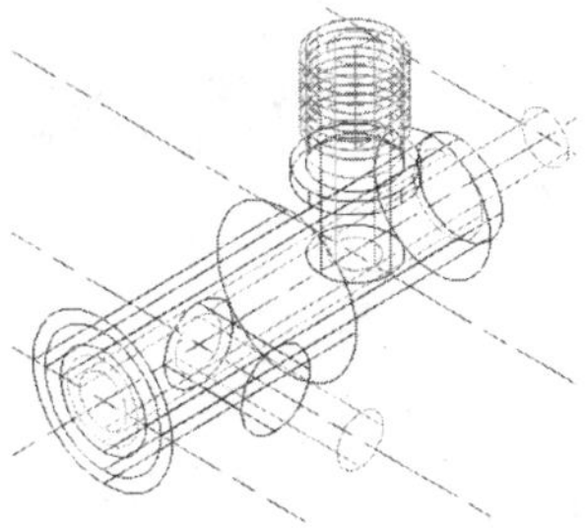

图16-91

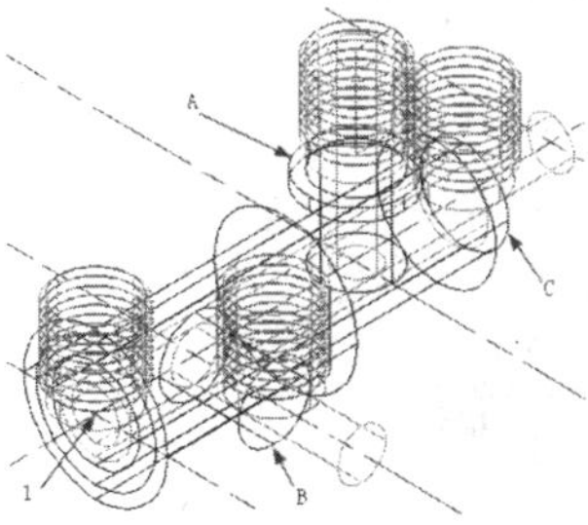


图16-92

**24** 执行菜单栏中的“修改”|“三维操作”|“三维旋转”命令，分别选择刚复制出的三个旋转实体，旋转为如图16-95所示的位置，命令行操作如下。

```
命令: _3drotate
    UCS 当前的正角方向: ANGDIR=逆时针  ANGBASE=0.0
    选择对象:                                //选择圆柱体C和D的旋转实体
    选择对象:                                // Enter
    指定基点:                                //捕捉圆柱体C的上顶面圆心
    拾取旋转轴:                              //在z轴上单击
    指定角的起点或键入角度:                  //-90 Enter，结果如图16-93所示
命令: _3drotate
    UCS 当前的正角方向: ANGDIR=逆时针  ANGBASE=0.0
    选择对象:                                //选择圆柱体B上的旋转实体
    选择对象:                                // Enter
    指定基点:                                //捕捉圆柱体B的上顶面圆心
    拾取旋转轴:                              // 在x轴上单击
    指定角的起点或键入角度:                  // 90 Enter，结果如图16-94所示
```

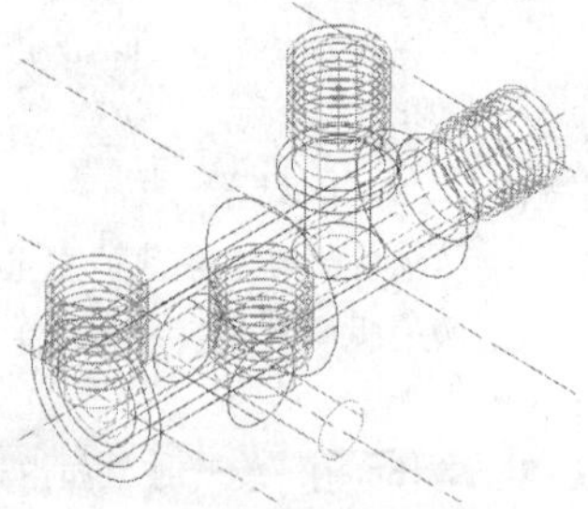

图16-93

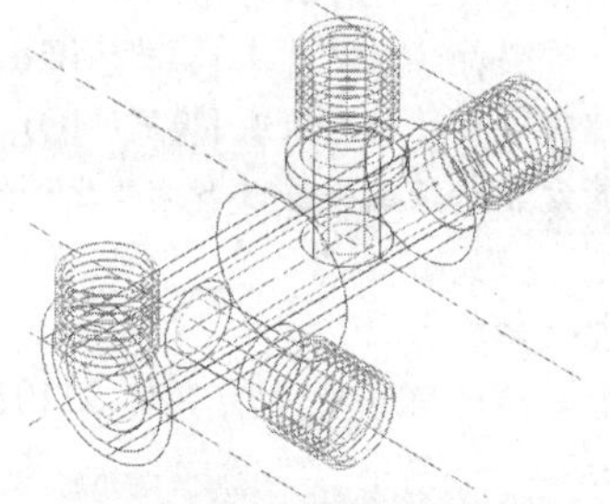

图16-94

```
命令: _3drotate
    UCS 当前的正角方向: ANGDIR=逆时针  ANGBASE=0.0
    选择对象:                                //选择交点1位置的旋转实体
    选择对象:                                // Enter
    指定基点:                                //捕捉交点1
    拾取旋转轴:                              //在z轴上单击
    指定角的起点或键入角度:                  //90 Enter，结果如图16-95所示
```

**25** 使用命令简写M激活“移动”命令，选择最下侧的旋转实体进行位移，基点为任意一点，目标点为“@22,0,0”，结果如图16-96所示。

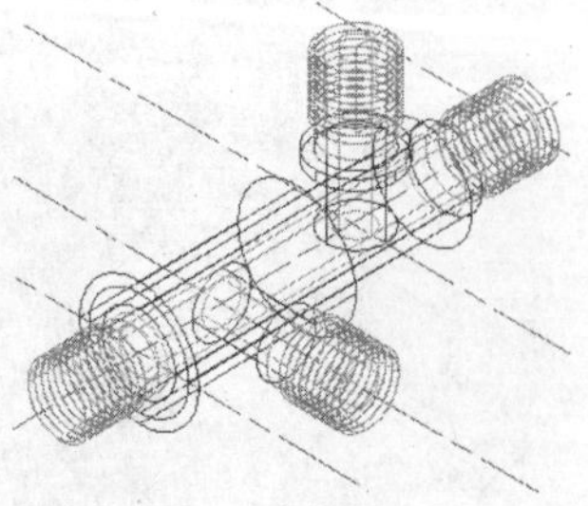

图16-95

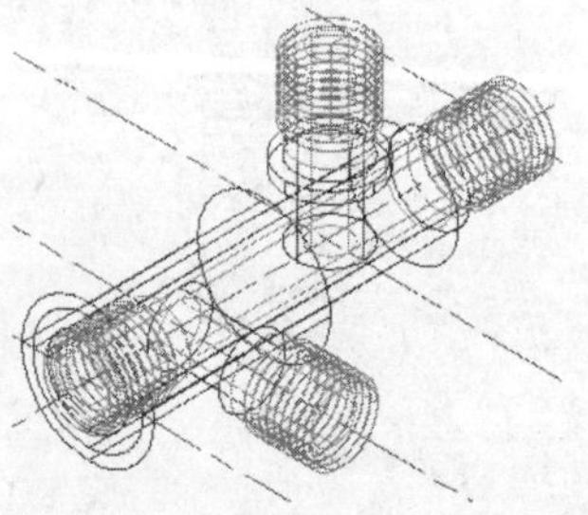

图16-96

**26** 单击“实体编辑”工具栏上的“并集”按钮，激活“并集”命令，选择所有的内部结构圆柱体和最下侧的旋转实体，将其编辑为一个组合实体，结果如图16-97所示。

**27** 重复执行“并集”命令，选择所有外部结构的圆柱体和另外三个旋转实体，将其合并为一个组合对象，结果如图16-98所示。

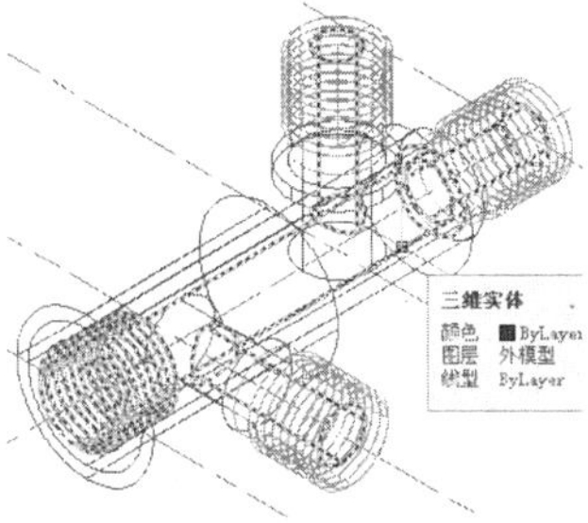


图16-97

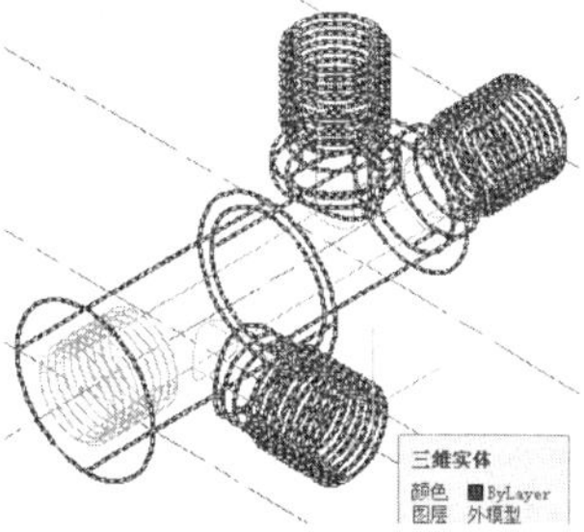


图16-98

**28** 单击“实体编辑”工具栏上的“差集”按钮，激活“差集”命令，分别对两个并集实体进行差集操作，创建出柱塞泵内部的结构，命令行操作如下。

```
命令: _subtract
    选择要从中减去的实体或面域...
    选择对象:                          //选择外内部结构的并集实体
    选择对象:                          //[Enter]，束对象的选择
    选择要减去的实体或面域 ..
    选择对象:                          //选择内部结构的并集实体
    选择对象:                          //[Enter]，结束命令，差集结果如图16-99所示
```

**29** 选择差集运算后的模型，修改其颜色为洋红色，然后执行菜单栏中的“视图”|“视觉样式”|“着色”命令，对实体模型进行着色，显示结果如图16-100所示。

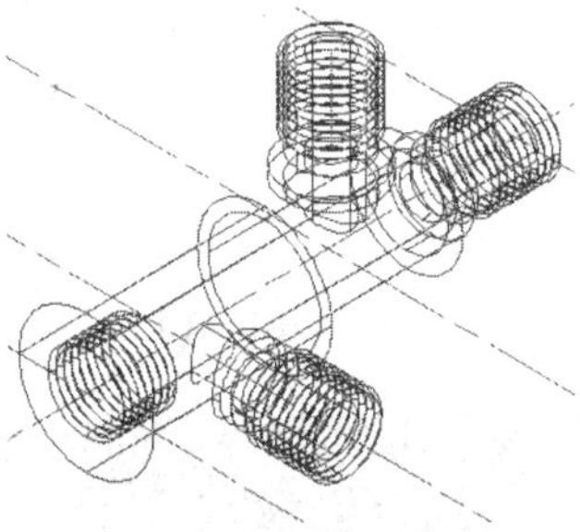

图16-99

图16-100

**30** 至此柱塞泵三维模型绘制完毕。执行“另存为”命令，将该图形存储为“柱塞泵三维模型.dwg”文件。

## 16.4.2 绘制柱塞泵三维模型剖视图

这一节继续来绘制柱塞泵三维模型剖视图，具体操作步骤如下。

**1** 继续上一节实例的操作。

**2** 将当前着色方式恢复为二维线框，效果如图16-101所示。

**3** 执行菜单栏中的“修改”|“三维操作”|“剖切”命令，对创建的柱塞泵三维实体模型进行剖切，命令行操作如下。

```
命令: _slice
    选择要剖切的对象:                         //单击选择三维实体
    选择要剖切的对象:                         // Enter
    指定 切面 的起点或 [平面对象(O)/曲面(S)/Z 轴(Z)/视图(V)/XY(XY)/YZ(YZ)/ZX(ZX)/三点
(3)] <三点>:                                  //捕捉如图16-102所示的交点
```

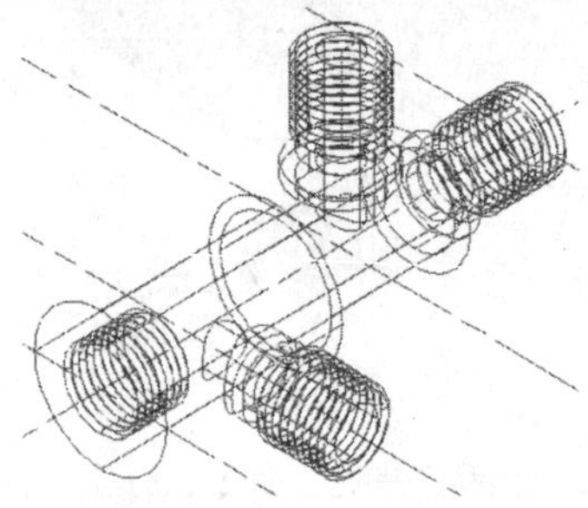

图16-101

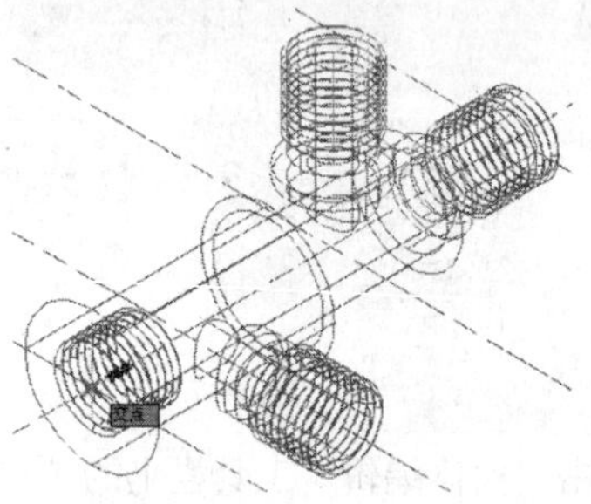

图16-102

```
    指定平面上的第二个点:                     //捕捉如图16-103所示的交点
    在所需的侧面上指定点或 [保留两个侧面(B)] <保留两个侧面>:
                                              // Enter，结束操作，完成三维模型的剖切
```

4 使用"移动"命令将切割后产生的截面进行位移，并对当前模型进行消隐着色，结果如图16-104所示。

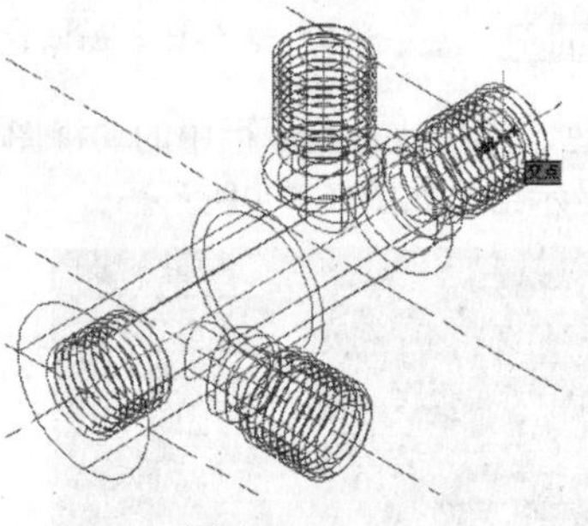

图16-103

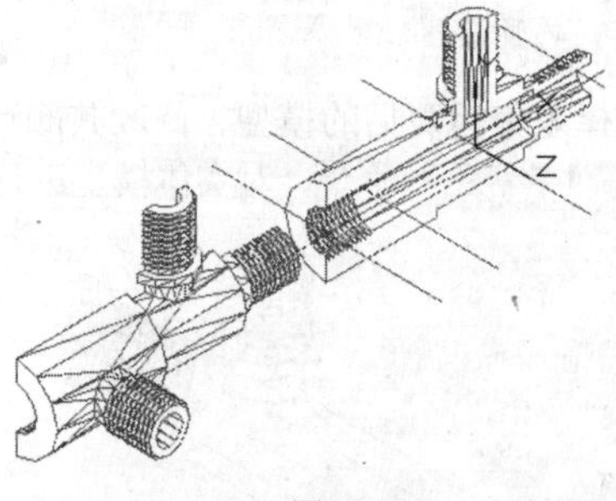

图16-104

5 执行菜单栏中的"视图"|"视觉样式"|"概念"命令，对实体模型进行概念着色，效果如图16-105所示。

6 执行"另存为"命令，将该图形命名存储为"柱塞泵三维实体剖视图.dwg"文件。

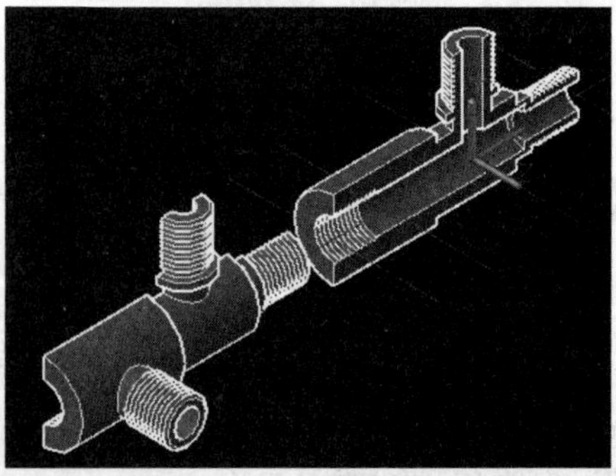

图16-105

第17章

# AutoCAD建筑制图应用实例

在前面两章中重点学习了AutoCAD 2012在机械设计中的应用实例，包括绘制机械零件轴测图和绘制机械零件二视图、三视图以及三维模型和剖视图，由于篇幅所限，本章将以简洁的操作步骤，通过绘制某住宅楼建筑施工图的实例，学习AutoCAD 2012在建筑设计中的应用实例，掌握在图形绘制过程中要学习的方法和技巧。

## 17.1 绘制住宅楼墙体结构图

这一节首先来绘制如图17-1所示的某住宅楼墙体结构图，在绘制墙体结构图时，首先需要绘制出墙体轴线网，然后根据墙体轴线网来绘制墙线、窗线，并布置门窗等建筑构件。

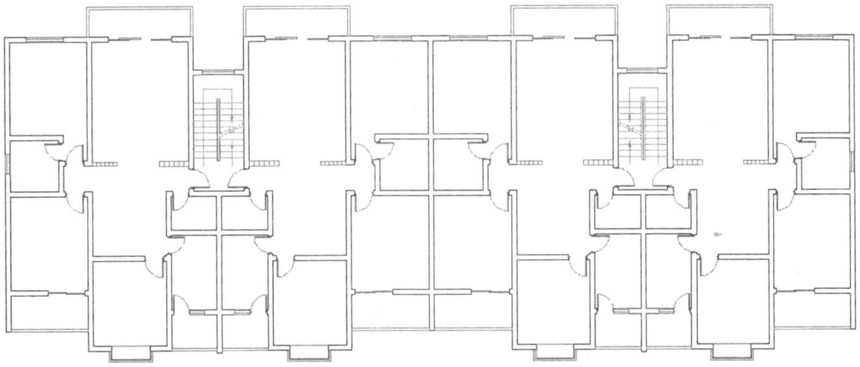

图17-1

### 17.1.1 绘制住宅楼墙体轴线网

在建筑施工图纸中，平面图是极其重要的一种图纸，而平面图中的轴线则是建筑物墙体定位的主要依据，是控制建筑物尺寸和模数的基本手段，本例通过绘制如图17-2所示的定位轴线网，学习平面轴线网的绘制方法和技巧。

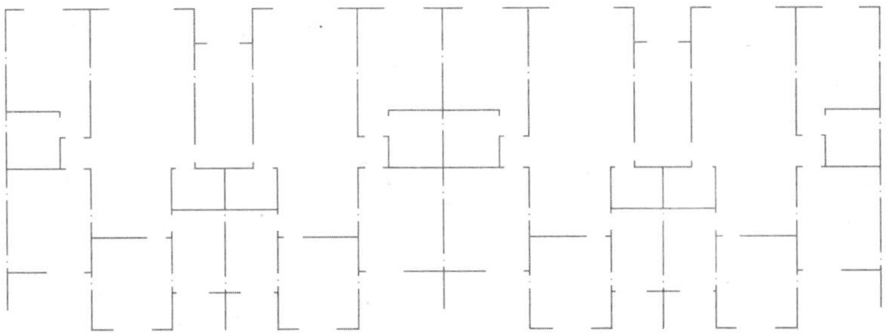

图17-2

1 以随书光盘中的文件“样板文件”\“建筑样板.dwt”作为基础样板，新建一个空白文件。

2 执行“矩形”命令，绘制长度为10000、宽度为15100的矩形。

3 使用命令简写X激活“分解”命令，将矩形分解为4条独立的线段。

4 执行菜单栏中的“修改”|“偏移”命令，将左侧垂直边向右偏移，偏移间距为2550、1350、3700和1100个单位。

5 单击“修改”工具栏上的“复制”按钮，创建横向定位轴线，命令行操作如下。

```
命令: _copy
    选择对象:                                        //选择矩形的下侧水平边
    选择对象:                                        // Enter
    当前设置: 复制模式 = 多个
    指定基点或 [位移(D)] <位移>:                      //捕捉水平边的一个端点
    指定第二个点或 <使用第一个点作为位移>:            //@0,900 Enter
    指定第二个点或 [退出(E)/放弃(U)] <退出>:          //@0,1650 Enter
    指定第二个点或 [退出(E)/放弃(U)] <退出>:          //@0,2850 Enter
    指定第二个点或 [退出(E)/放弃(U)] <退出>:          //@0,4400 Enter
    指定第二个点或 [退出(E)/放弃(U)] <退出>:          //@0,5600 Enter
    指定第二个点或 [退出(E)/放弃(U)] <退出>:          //@0,8000 Enter
    指定第二个点或 [退出(E)/放弃(U)] <退出>:          //@0,9400 Enter
    指定第二个点或 [退出(E)/放弃(U)] <退出>:          //@0,10600 Enter
    指定第二个点或 [退出(E)/放弃(U)] <退出>:          //@0,13560 Enter
    指定第二个点或 [退出(E)/放弃(U)] <退出>:          // Enter，结果如图17-3所示
```

6 综合运用夹点编辑、“修剪”和“删除”等命令，对轴线进行编辑，结果如图17-4所示。

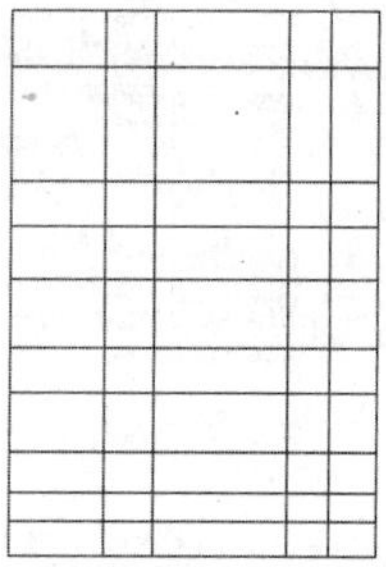

图17-3

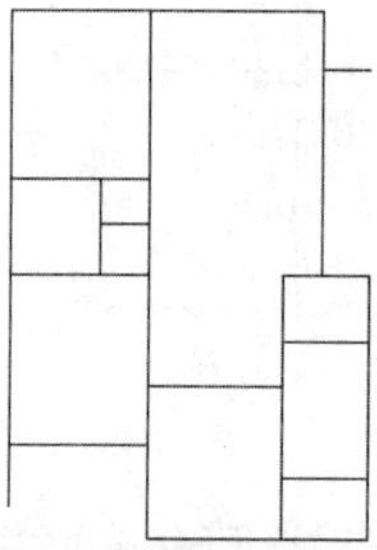

图17-4

7 将3号轴线向右偏移1000，将4号轴线向左偏移900，然后以偏移出的两条轴线作为边界，对A号轴线进行修剪，结果如图17-5所示。

8 将偏移的两条轴线删除，然后单击“修改”工具栏上的“打断”按钮，在轴线M上创建宽度为1800的窗洞，命令行操作如下。

```
命令: _break
    选择对象:                                  //选择水平轴线M
    指定第二个打断点 或 [第一点(F)]:            //F Enter，重新指定第一断点
    指定第一个打断点:                          //激活“捕捉自”功能
    _from 基点:                                //捕捉1号轴线的上端点
    <偏移>:                                    //@900,0 Enter
    指定第二个打断点:                          //@1800,0 Enter，结果如图17-6所示
```

**9** 综合运用以上两种方法，根据图示尺寸，分别创建其他位置的门洞和窗洞，结果如图17-7所示。

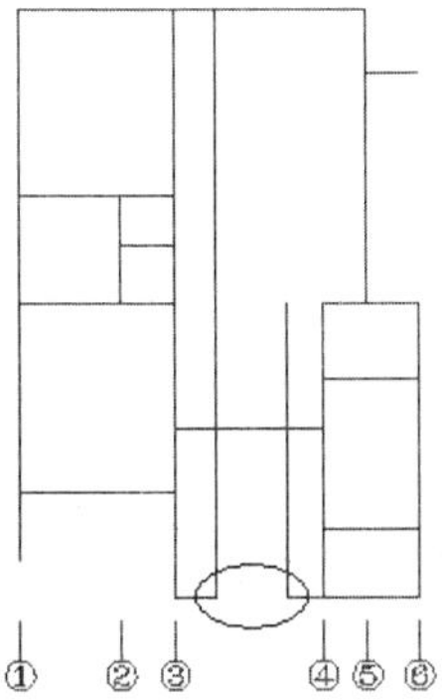


图17-5

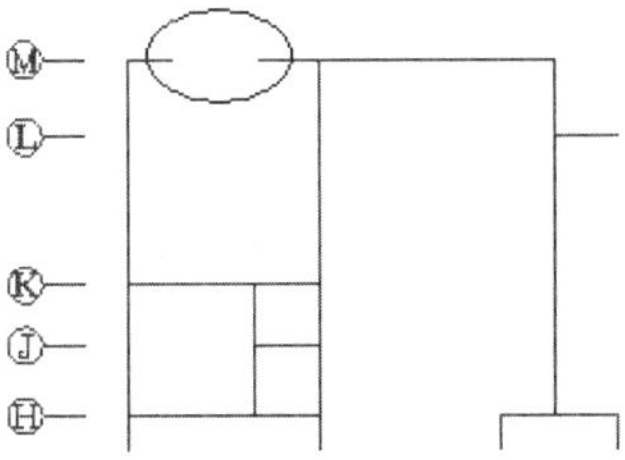


图17-6

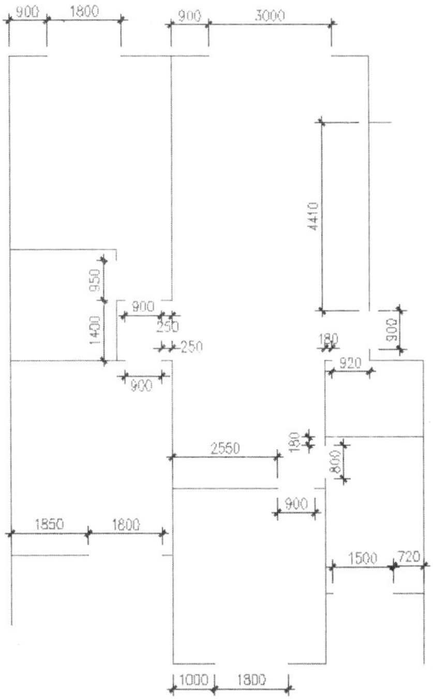


图17-7

**10** 在“线型”对话框中调整线型比例为100，然后使用“镜像”命令对轴线进行两次镜像，完成住宅楼墙体轴线网的绘制，结果如图17-1所示。

**11** 最后执行“另存为”命令，将该图形命名存储为“住宅楼墙体轴线网.dwg”文件。

## 17.1.2 绘制住宅楼施工墙线

这一节继续来绘制如图17-8所示的住宅楼施工墙线，学习施工图墙线的绘制方法和绘制技巧，需要说明的是，在绘制墙线时，要首先使用“多线样式”命令设置墙线样式，然后才能绘制墙线，在本例中调用了样板文件，在样板文件中已经设置了墙线样式，因此可以直接调用墙线样式来进行绘制墙线。

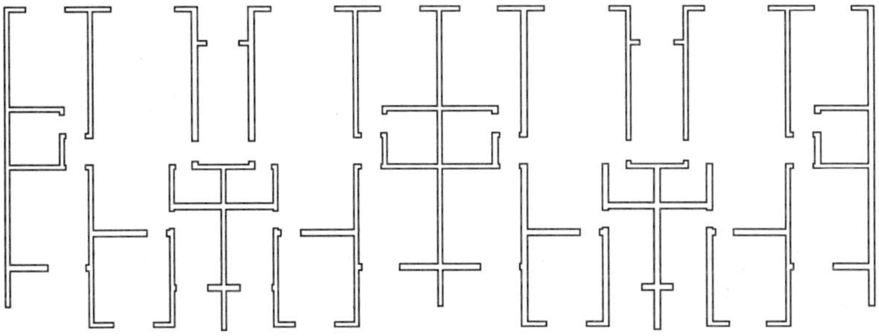

图17-8

**1** 继续上一节实例的操作。

**2** 执行菜单栏中的“格式”|“多线样式”命令，将“墙线样式”设置为当前样式。

**3** 使用命令简写ML激活“多线”命令，设置多线比例为240、对正方式为“无”，配合“端点”捕捉功能，绘制如图17-9所示的墙线。

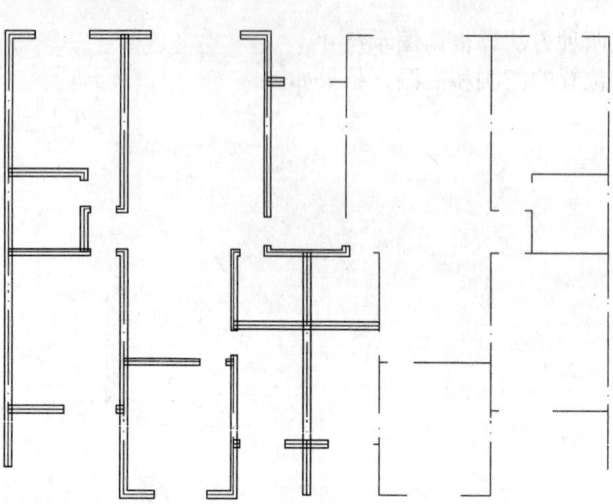

图17-9

**4** 在“图层控制”下拉列表中关闭“轴线层”，然后将两侧的垂直墙线向下拉长240个单位，结果如图17-10所示。

> **TIP** 在拉伸墙线时可以采用两种方法，一种是使用“修改”菜单中的“拉伸”命令进行拉伸，另一种是使用夹点编辑中的“拉伸”功能进行拉伸。

**5** 执行菜单栏中的“修改”|“对象”|“多线”命令，在打开的“多线编辑”对话框中单击“T形合并”按钮，返回绘图区，在命令行“选择第一条多线:”提示下，选择如图17-11所示的墙线。

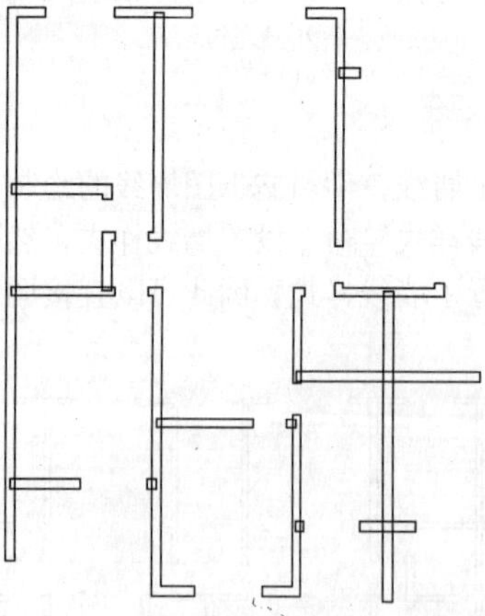

图17-10

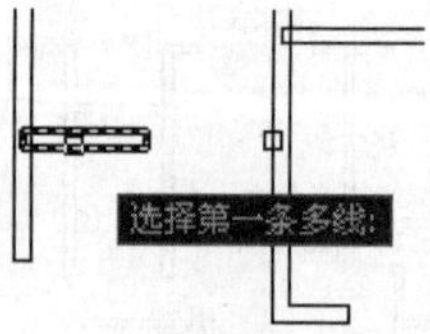


图17-11

**6** 在命令行“选择第二条多线:”提示下，选择如图17-12所示的墙线，结果这两条T形相交的多线被合并，结果如图17-13所示。

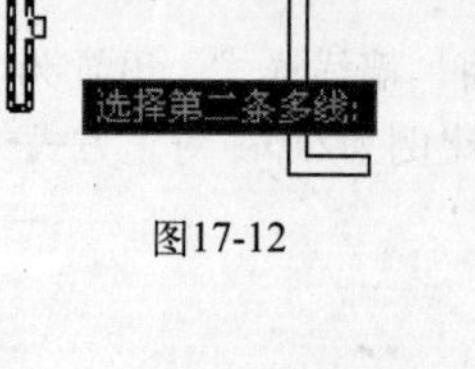


图17-12

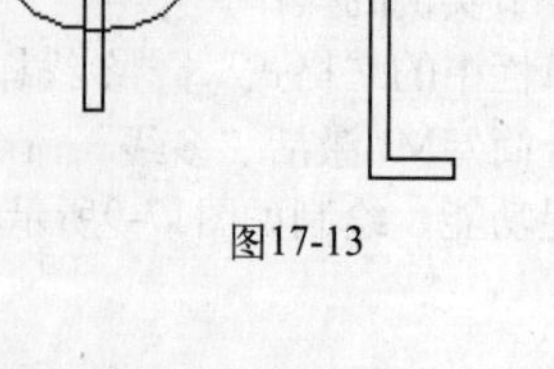

图17-13

7 继续在命令行“选择第一条多线或[放弃(U)]:”提示下，分别选择其他位置的T形墙线进行合并。

8 重复执行菜单栏中的“修改”|“对象”|“多线”命令，在打开的对话框中单击“十字闭合”按钮，对十字相交的墙线进行编辑。

9 再次使用“镜像”命令，对合并后的墙线进行两次镜像，结果如图17-14所示。

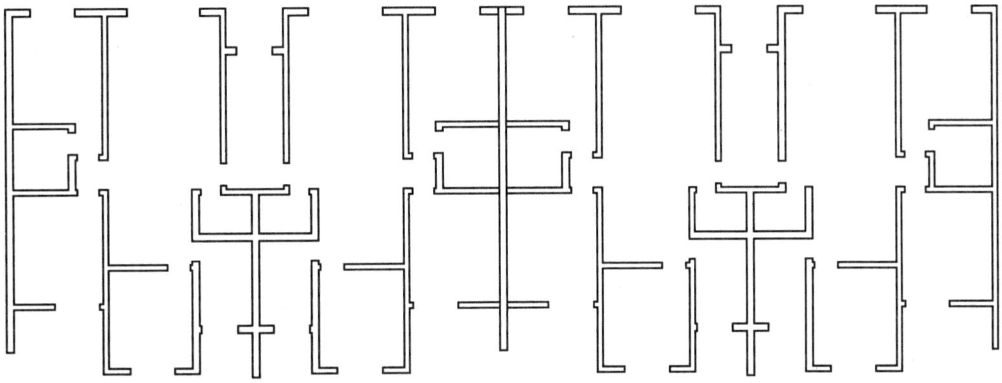

图17-14

10 继续使用“多线编辑”命令，对镜像后的两单元之间的墙线进行编辑完善，完成墙线的绘制，结果如图17-8所示。

11 最后执行“另存为”命令，将该图形命名存储为“住宅楼施工墙线.dwg”文件。

## 17.1.3 绘制住宅楼各种构件

这一节继续学习住宅楼施工图中的平面窗、凸窗、平面门、推拉门、阳台、楼梯等基本构件的绘制技巧和快速布置技巧，结果如图17-15所示。

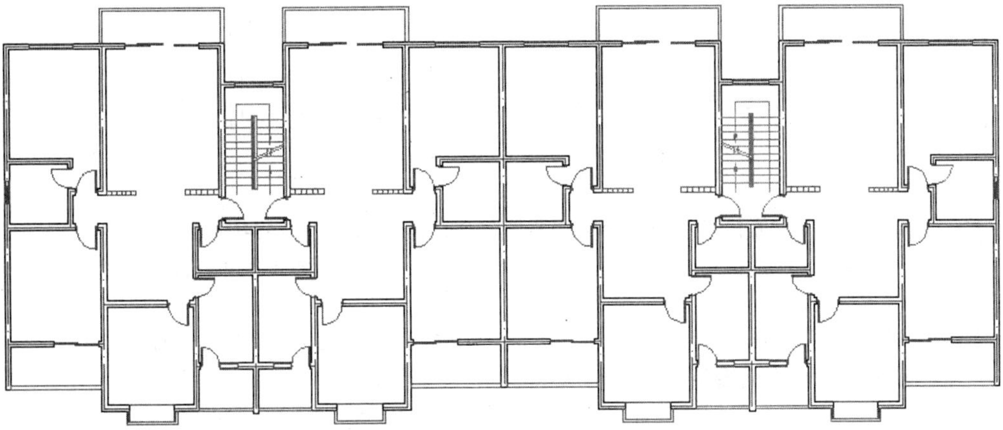

图17-15

1 继续上一节实例的操作。

2 使用命令简写LA激活“图层”命令，将“门窗层”设置为当前图层。

3 执行菜单栏中的“格式”|“多线样式”命令，将“窗线样式”设置为当前样式。

4 使用命令简写ML激活“多线”命令，配合“中点”捕捉功能绘制宽度为240的平面窗，结果如图17-16所示。

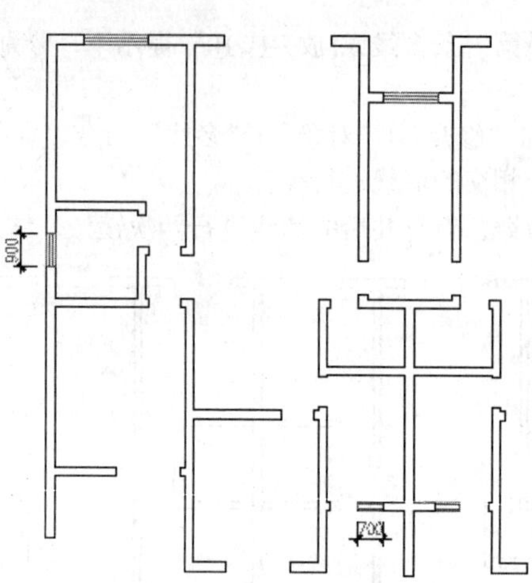

图17-16

**5** 单击“绘图”工具栏上的“多段线”按钮，执行“多段线”命令，绘制凸窗，命令行操作如下。

```
命令: _pline
    指定起点:                                    //捕捉如图17-17所示的端点
    当前线宽为 0.0
    指定下一个点或 [圆弧(A)/半宽(H)/长度(L)/放弃(U)/宽度(W)]:        //@0,-380 Enter
    指定下一点或 [圆弧(A)/闭合(C)/半宽(H)/长度(L)/放弃(U)/宽度(W)]: //@1800,0 Enter
    指定下一点或 [圆弧(A)/闭合(C)/半宽(H)/长度(L)/放弃(U)/宽度(W)]: //@0,380 Enter
    指定下一点或 [圆弧(A)/闭合(C)/半宽(H)/长度(L)/放弃(U)/宽度(W)]:
                                                 // Enter，绘制结果如图17-18所示
```

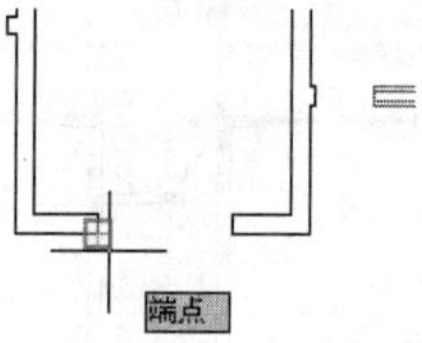

图17-17

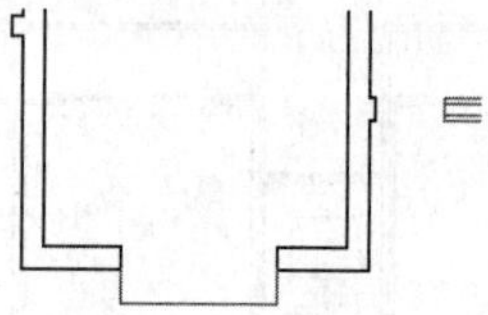
图17-18

**6** 使用命令简写O激活“偏移”命令，将刚绘制的轮廓线向外偏移40和120个单位。

**7** 使用命令简写L激活“直线”命令，配合“端点”捕捉功能绘制内侧的水平图线，结果如图17-19所示。

**8** 使用命令简写ML激活“多线”命令，设置多线比例为120、样式为“墙线样式”，配合“端点”捕捉功能绘制如图17-20所示的阳台轮廓线。

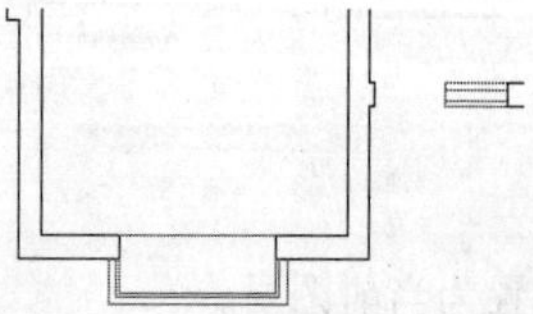
图17-19

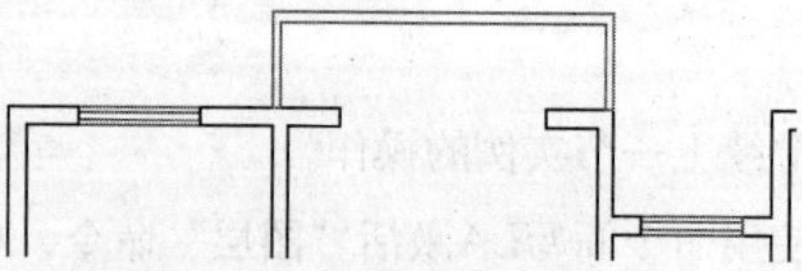
图17-20

**9** 重复“多线”命令，设置多线样式、多线比例和对正方式不变，配合捕捉功能绘制其他位置的阳台轮廓线，结果如图17-21所示。

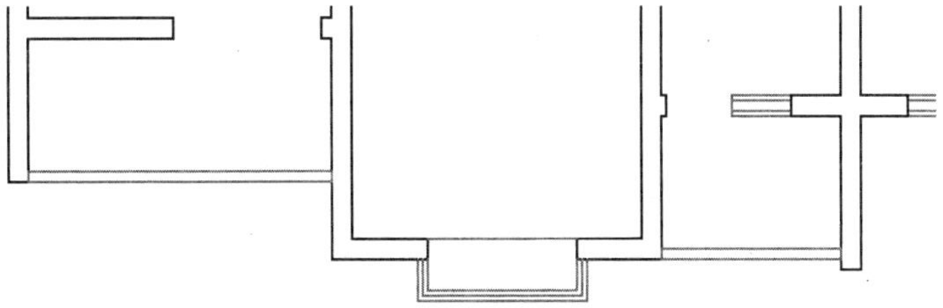

图17-21

**10** 使用命令简写REC激活“矩形”命令，配合“中点”捕捉功能绘制长度为935、宽度为50的双扇推拉门，如图17-22所示。

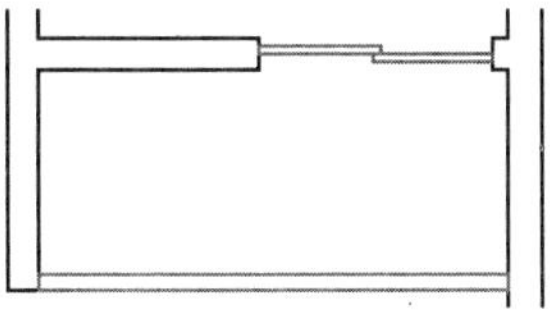

图17-22

**11** 重复“矩形”命令，绘制上侧的三扇推拉门，门的宽度为50、长度为1000，如图17-23所示。

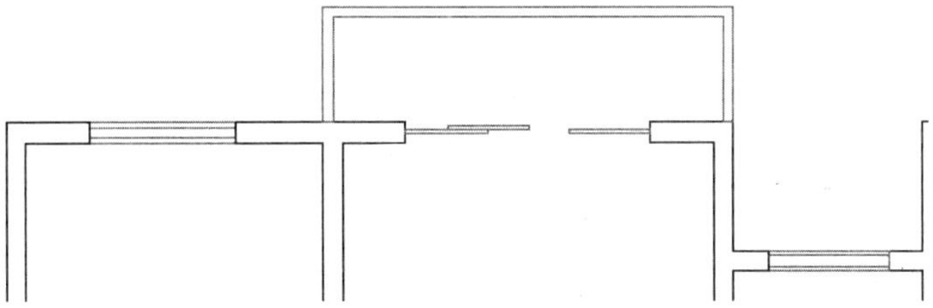

图17-23

**12** 使用命令简写I激活“插入块”命令，插入随书光盘中的文件“图块文件”\“单开门.dwg”。

**13** 综合运用“旋转”、“缩放”、“复制”等命令，将“单开门”图例分别插入到平面图中的门洞位置，结果如图17-24所示。

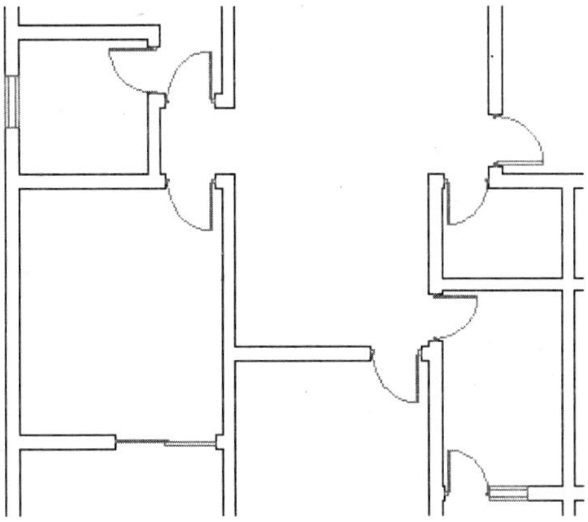

图17-24

**14** 使用命令简写I激活“插入块”命令，选择随书光盘中的文件“图块文件”\“大隔断.dwg”和“小隔断.dwg”，使用默认参数将其插入到平面图如图17-25所示的门洞位置。

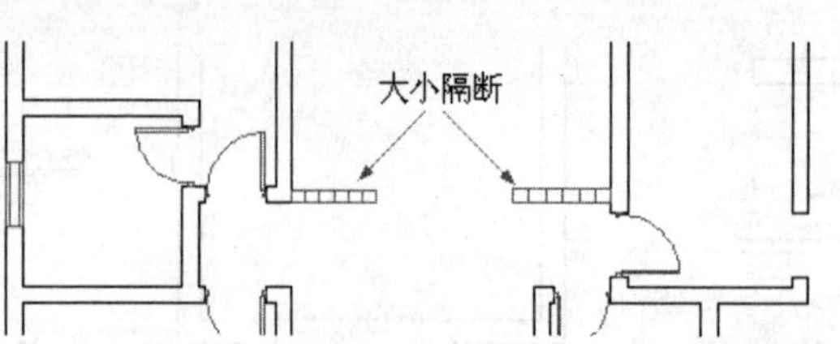


图17-25

15 单击“修改”工具栏上的“镜像”按钮，对各建筑构件轮廓线进行镜像，结果如图17-26所示。

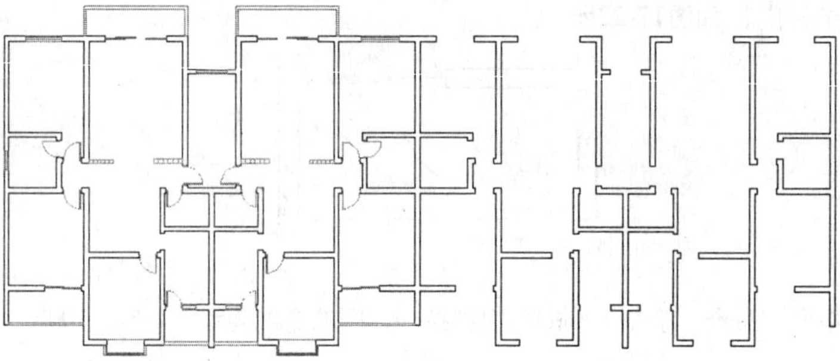

图17-26

16 设置“楼梯层”为当前图层，将随书光盘中的文件“图块文件”\“楼梯.dwg”插入到如图17-27所示的楼梯间位置。

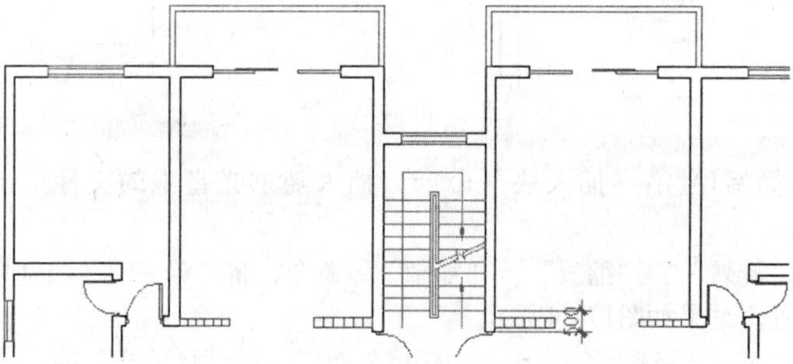

图17-27

17 重复执行“镜像”命令，对所有建筑构件进行镜像，完成住宅楼墙体结构图的绘制，结果如图17-28所示。

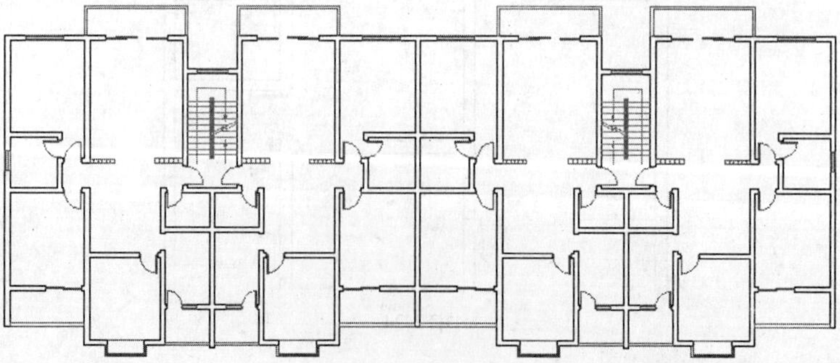

图17-28

18 最后执行“另存为”命令，将该图形另名存储为“住宅楼墙体结构图.dwg”文件。

# 17.2 标注住宅楼房间功能与面积

这一节来学习住宅楼施工图中的房间功能、使用面积等内容的快速标注方法和标注技巧，标注结果如图17-29所示。

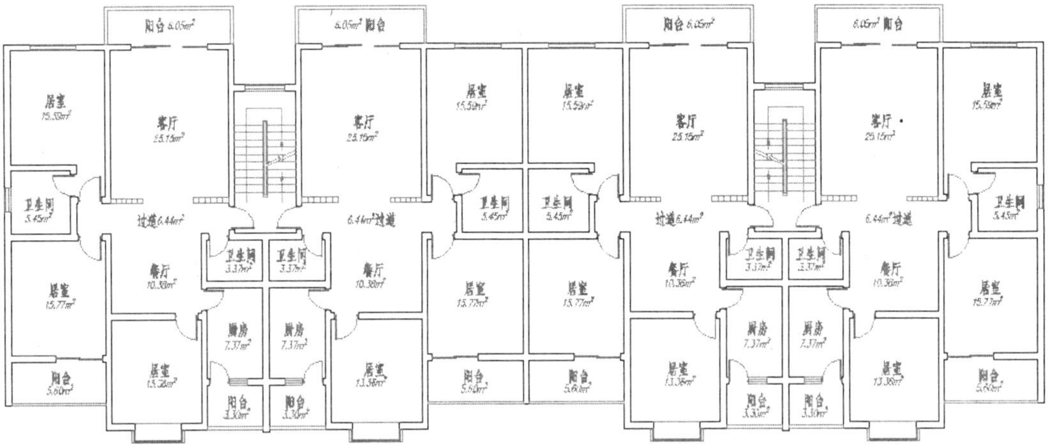

图17-29

## 17.2.1 标注房间功能

这一节首先来标注房间功能，在标注房间功能时，首先需要设置文字样式，由于本例中调用了样板文件，在该样板文件中已经设置了标注房间功能的文字样式，在此只要将设置好的文字样式设置为当前文字样式，即可进行标注。

1. 继续上一实例的操作。
2. 在“图层控制”下拉列表中将“文本层”设置为当前图层。
3. 执行菜单栏中的“格式”|“文字样式”命令，在打开的“文字样式”对话框中将“仿宋体”设置为当前文字样式。
4. 使用命令简写DT激活“单行文字”命令，设置文字高度为420，标注如图17-30所示的房间功能。

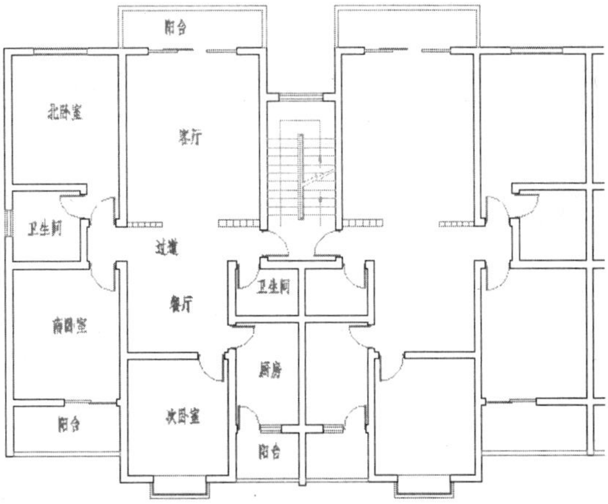


图17-30

## 17.2.2 标注房间面积

这一节继续来标注房间面积，在标注房间面积时，首先使用菜单栏中的“工具”|“查询”|“面积”命令查询出各个房间的面积，然后新建名为“面积”的文字样式，再进行房间面积的标注。

1 继续上一节实例的操作。

2 执行菜单栏中的“格式”|“图层”命令，打开“图层特性管理器”面板，新建名为“面积”的图层，设置其颜色为104号色，将其设置为当前层。

3 执行菜单栏中的“格式”|“文字样式”命令，在打开的“文字样式”对话框中创建名为“面积”的文字样式，并设置其参数如图17-31所示。

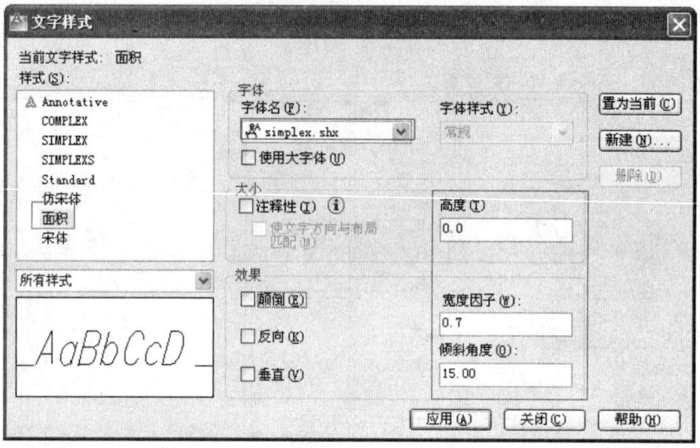


图17-31

4 执行菜单栏中的“工具”|“查询”|“面积”命令，查询“次卧室”的使用面积，命令行操作如下。

```
命令: _area
    指定第一个角点或 [对象(O)/加(A)/减(S)]:        //捕捉如图17-32所示的端点1
    指定下一个角点或按 Enter 键全选:      //捕捉端点2
    指定下一个角点或按 Enter 键全选:      //捕捉端点3
    指定下一个角点或按 Enter 键全选:      //捕捉端点4
    指定下一个角点或按 Enter 键全选:      // Enter ，结束命令
    查询结果:
    面积 = 13355600.0，周长 = 14640.0
```

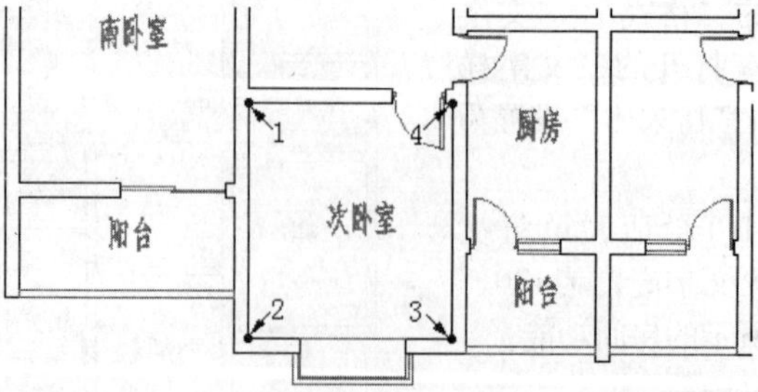


图17-32

5 重复使用“面积”命令，配合捕捉与追踪功能，分别查询出其他各房间的使用面积。

6 单击“绘图”工具栏上的“多行文字”按钮A，在“次卧室”字样的下侧拾取两点，拉出矩形边界框，打开“文字格式”编辑器，然后输入面积为“13.36m2^”字样。

**TIP** 当输入“^”符号时，在英文输入状态下，按键盘上的Shift+6键即可输入该符号。

**7** 选择“2^”字样，使其反白显示，然后单击编辑器工具栏上的“堆叠”按钮，结果如图17-33所示。

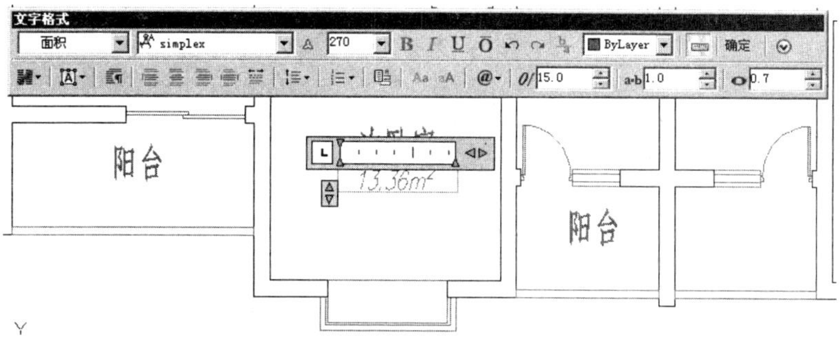


图17-33

**8** 单击“文字格式”编辑器中的 确定 按钮，标注结果如图17-34所示。

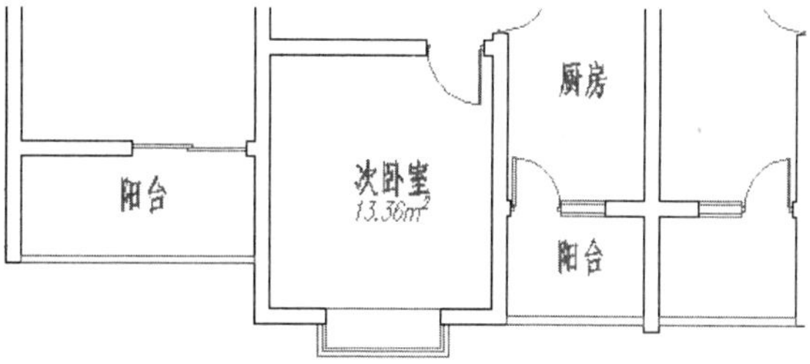


图17-34

**9** 执行“复制”命令，选择刚标注的面积，将其复制到其他房间内。

**10** 执行菜单栏中的“修改”|“对象”|“文字”|“编辑”命令，分别单击复制出的面积进行编辑，输入正确的面积，结果如图17-35所示。

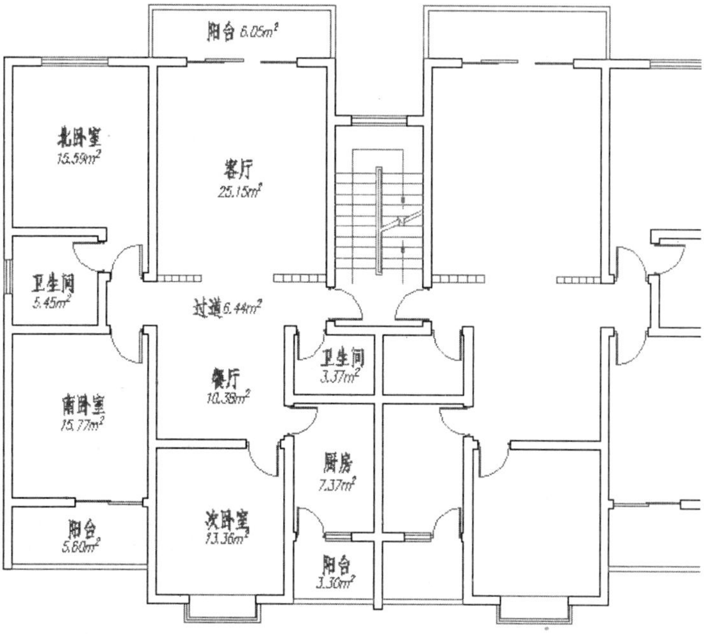


图17-35

**11** 执行“镜像”命令，对所有房间功能和面积对象进行镜像，将其镜像复制到右侧各房间内，结果如图17-29所示。

12 最后执行“另存为”命令，将该图形命名存储为“标注房间功能和面积.dwg”文件。

## 17.3 标注住宅楼外部施工尺寸

这一节继续学习标注住宅楼施工图外部尺寸，学习建筑施工图施工尺寸的标注方法和技巧，标注结果如图17-36所示。

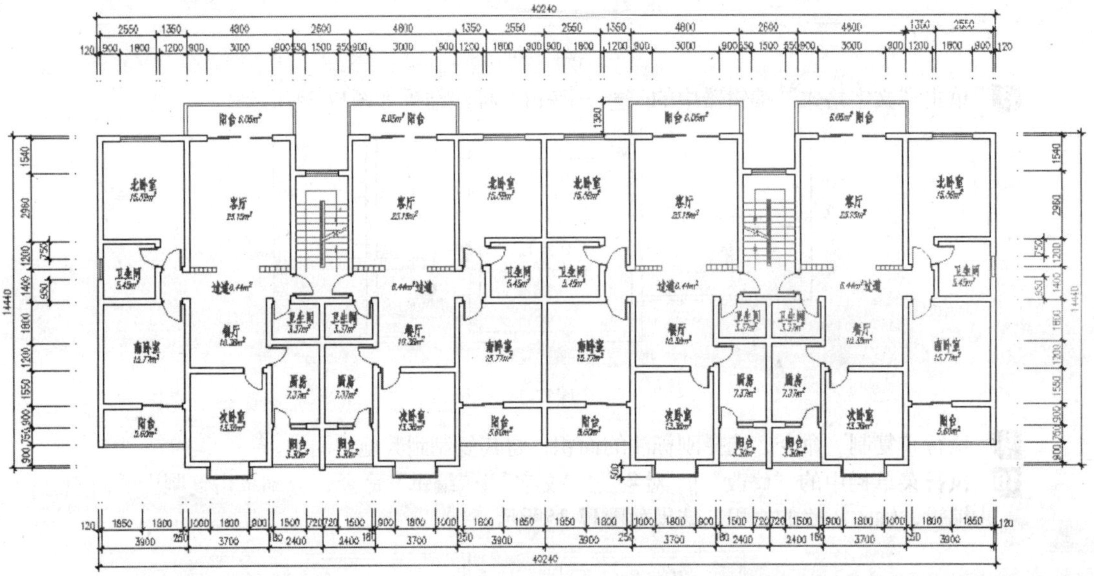

图17-36

1 继续上一实例的操作。

2 在“图层控制”下拉列表中将“轴线层”取消隐藏，冻结“面积层”和“文本层”，然后将“尺寸层”设置为当前层。

3 使用命令简写XL激活“构造线”命令，配合“端点”捕捉功能，沿施工图四周绘制如图17-37所示的4条构造线作为尺寸定位辅助线。

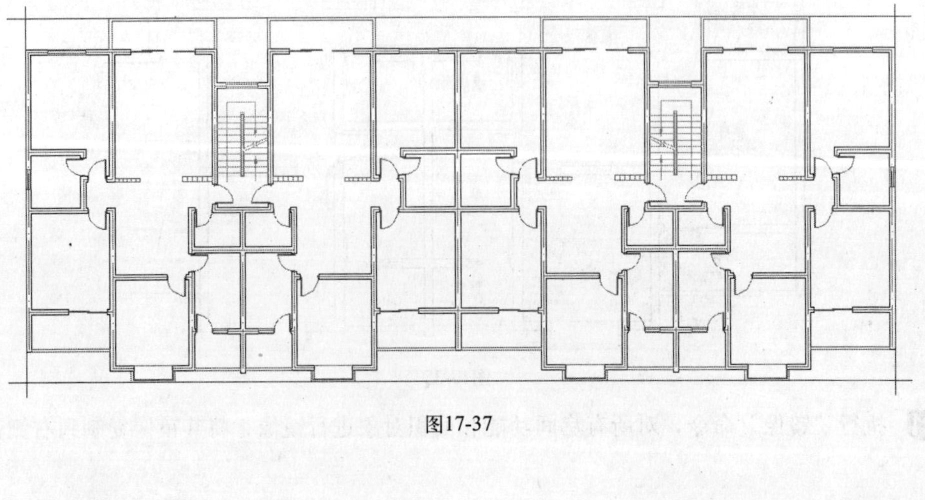

图17-37

**4** 激活“偏移”命令，将绘制的4条构造线向外偏移1000个绘图单位，并删除源构造线，结果如图17-38所示。

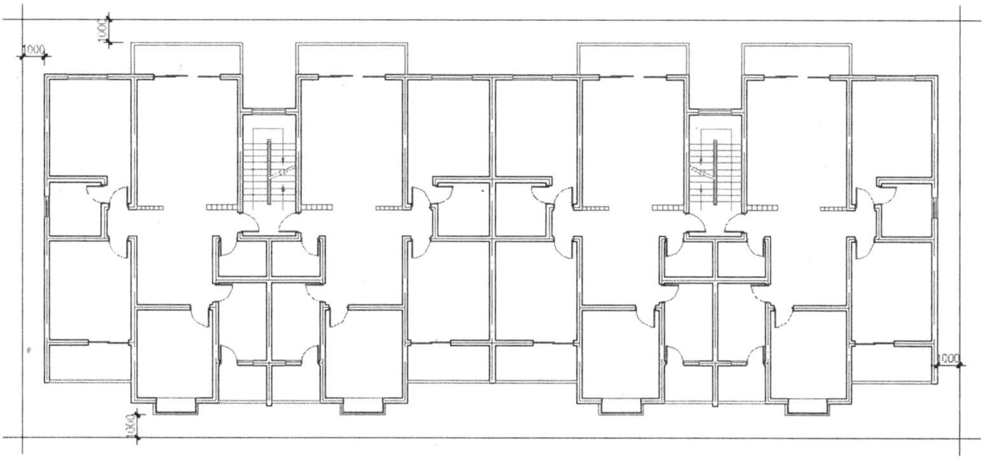


图17-38

**5** 使用命令简写D激活“标注样式”命令，在打开的“标注样式管理器”对话框中选择“建筑标注”样式，单击修改(M)...按钮，进入“修改标注样式:建筑标注”对话框，进入“调整”选项卡，修改标注比例为100。

**6** 返回到“标注样式管理器”对话框，将“建筑标注”样式设置为当前标注样式，然后关闭该对话框。

**7** 单击“标注”工具栏上的“线性”按钮，激活“线性”命令，配合捕捉和追踪等功能，标注如图17-39所示的线性尺寸。

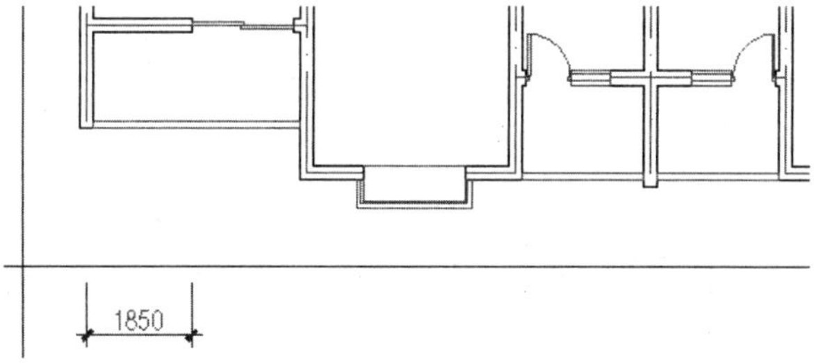


图17-39

**8** 单击“标注”工具栏上的“连续”按钮，配合捕捉和追踪功能标注平面图的细部尺寸，命令行操作如下。

```
命令: _dimcontinue
    指定第二条延伸线原点或 [放弃(U)/选择(S)] <选择>: //捕捉如图17-40所示的交点
    标注文字 = 1800
    指定第二条延伸线原点或 [放弃(U)/选择(S)] <选择>: //捕捉如图17-41所示的交点
    标注文字 = 250
    指定第二条延伸线原点或 [放弃(U)/选择(S)] <选择>: //捕捉如图17-42所示的交点
    标注文字 = 1000
    指定第二条延伸线原点或 [放弃(U)/选择(S)] <选择>: //捕捉如图17-43所示的交点
    标注文字 = 1800
```

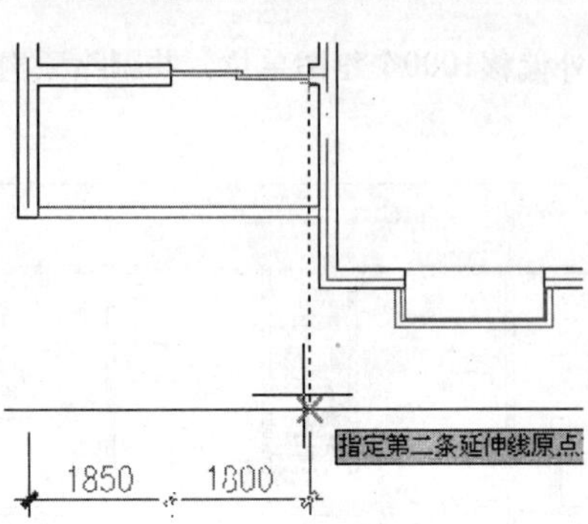


图17-40

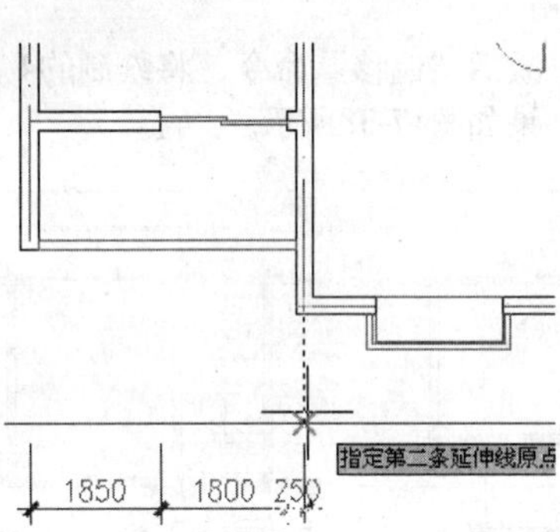


图17-41

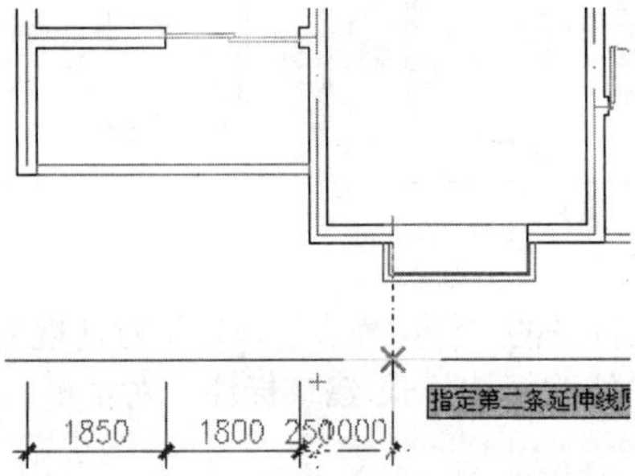


图17-42

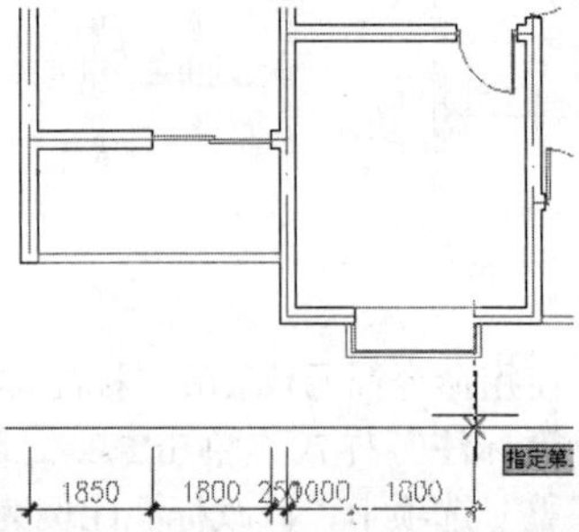


图17-43

指定第二条延伸线原点或 [放弃(U)/选择(S)] <选择>: //捕捉如图17-44所示的交点
标注文字 = 900
指定第二条延伸线原点或 [放弃(U)/选择(S)] <选择>: //捕捉如图17-45所示的交点
标注文字 = 180

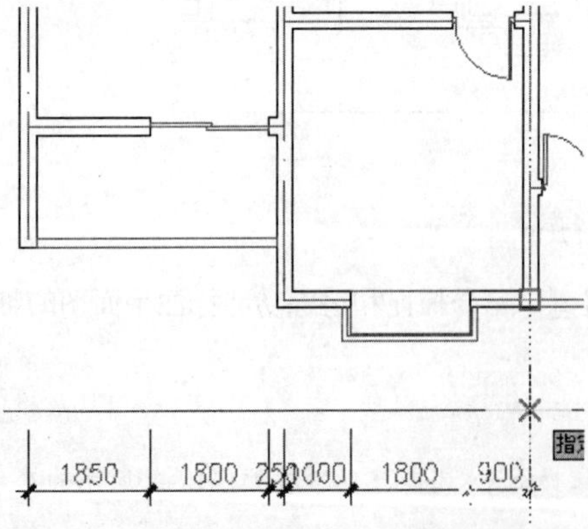


图17-44

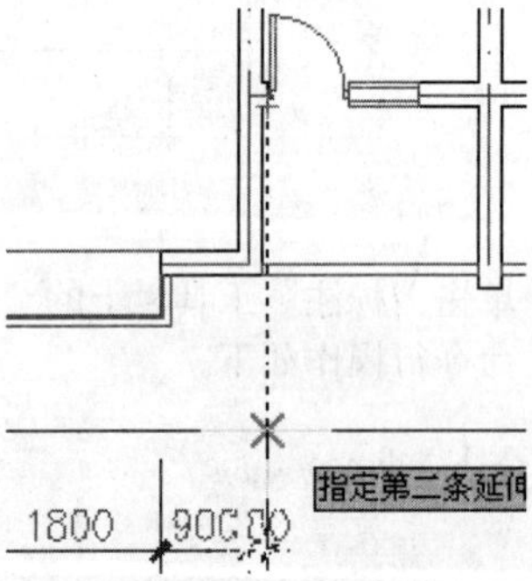


图17-45

指定第二条延伸线原点或 [放弃(U)/选择(S)] <选择>: //捕捉如图17-46所示的交点
标注文字 = 1500
指定第二条延伸线原点或 [放弃(U)/选择(S)] <选择>: //捕捉如图17-47所示的交点
标注文字 = 720

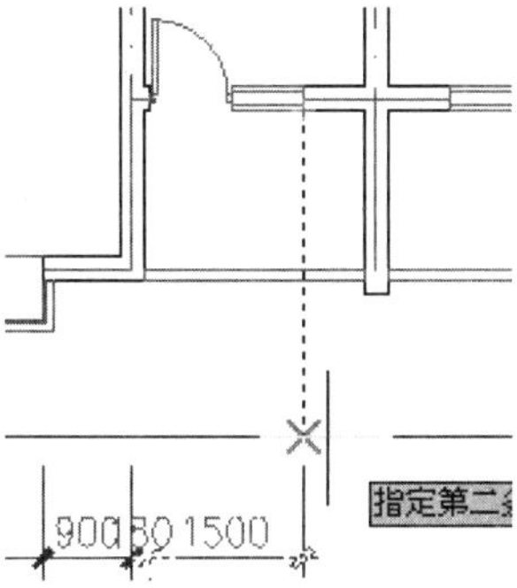


图17-46

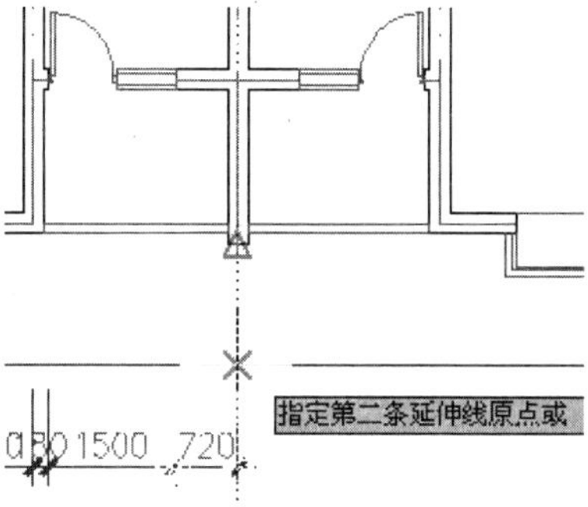


图17-47

指定第二条延伸线原点或 [放弃(U)/选择(S)] <选择>: //Enter，结束连续标注
选择连续标注: //在如图17-48所示的位置单击尺寸

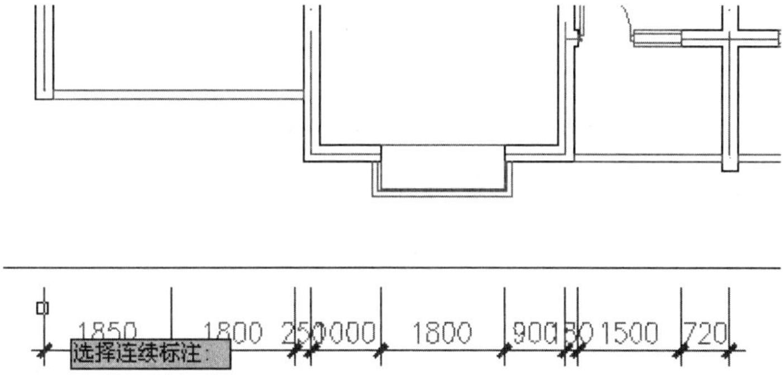


图17-48

指定第二条延伸线原点或 [放弃(U)/选择(S)] <选择>: //捕捉如图17-49所示的交点
标注文字 = 120

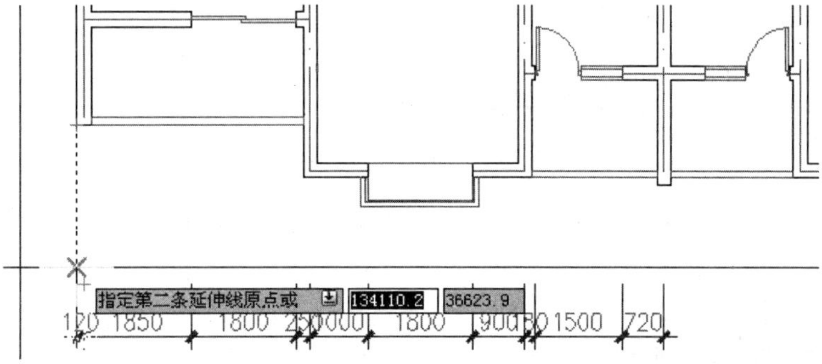


图17-49

指定第二条延伸线原点或 [放弃(U)/选择(S)] <选择>: //Enter，结束连续标注
选择连续标注: //Enter，标注结果如图17-50所示

**9** 单击“标注”工具栏上的“编辑标注文字”按钮，执行“编辑标注文字”命令，对重叠的尺寸文字进行编辑，结果如图17-51所示。

**10** 暂时关闭“门窗层”和“墙线层”，结果如图17-52所示。

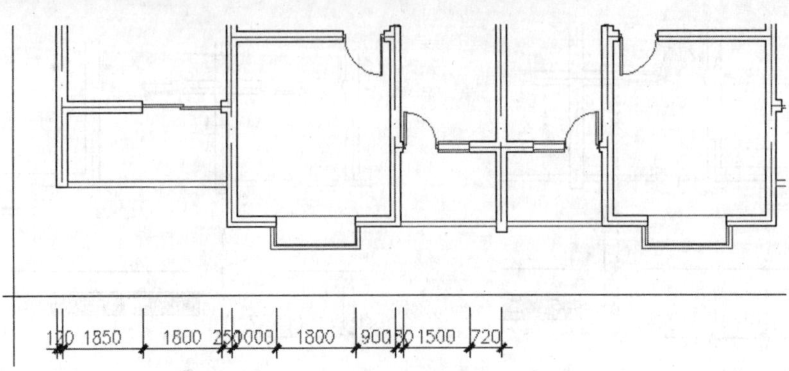


图17-50

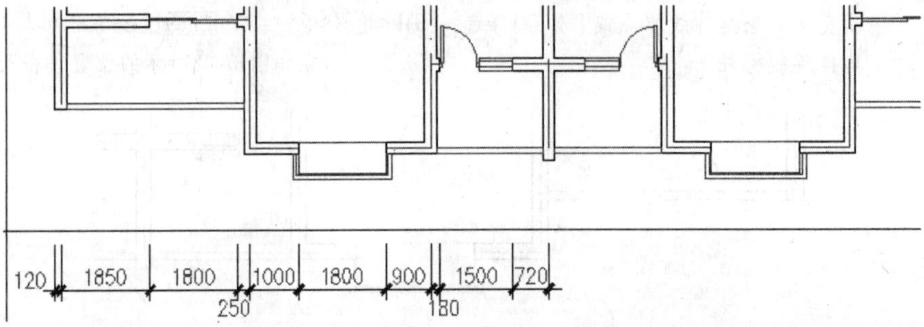


图17-51

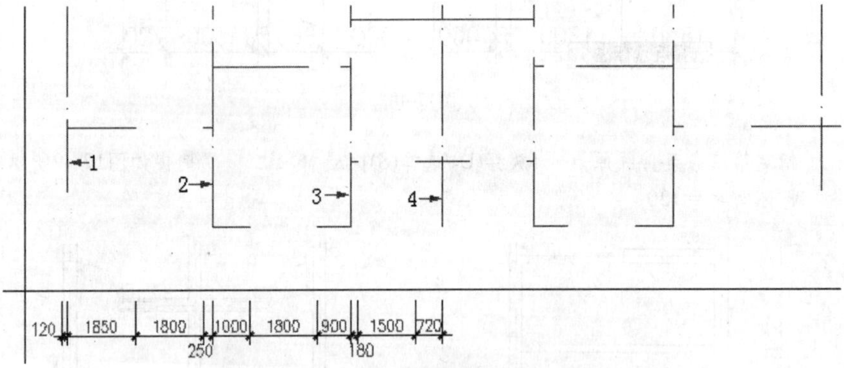


图17-52

**11** 单击“标注”工具栏上的“快速标注”按钮，标注施工图的轴线尺寸，命令行操作如下。

命令: _qdim

关联标注优先级＝端点

选择要标注的几何图形: //单击如图17-52所示的轴线1

选择要标注的几何图形: //单击轴线2

选择要标注的几何图形: //单击轴线3

选择要标注的几何图形: //单击轴线4

选择要标注的几何图形: // Enter

指定尺寸线位置或 [连续(C)/并列(S)/基线(B)/坐标(O)/半径(R)/直径(D)/基准点(P)/编辑(E)/设置(T)] <连续>: //向下引出如图17-53所示的追踪矢量，输入800 Enter，结果如图17-54所示

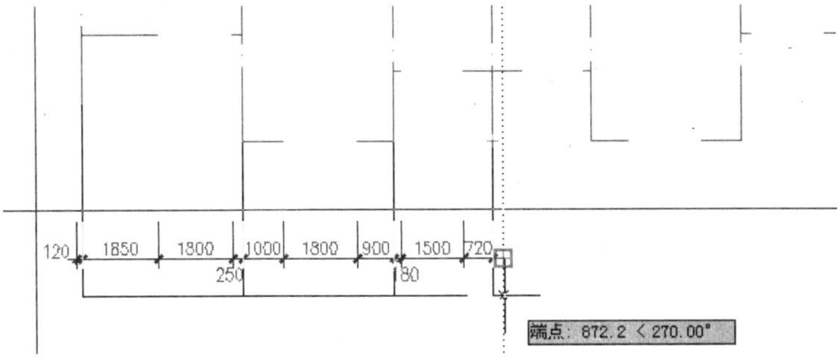


图17-53

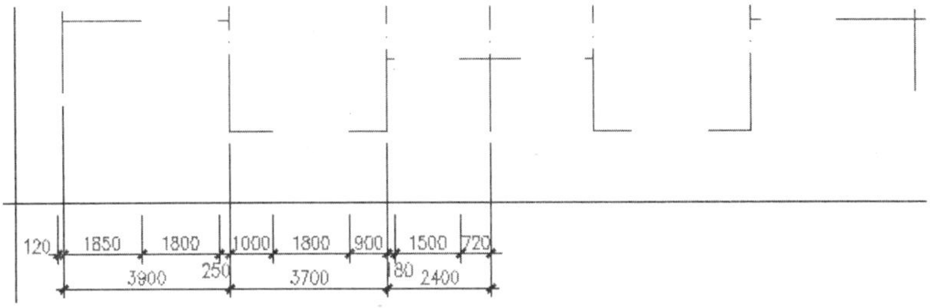


图17-54

**12** 选择刚标注的轴线尺寸，使其呈现夹点显示，如图17-55所示。

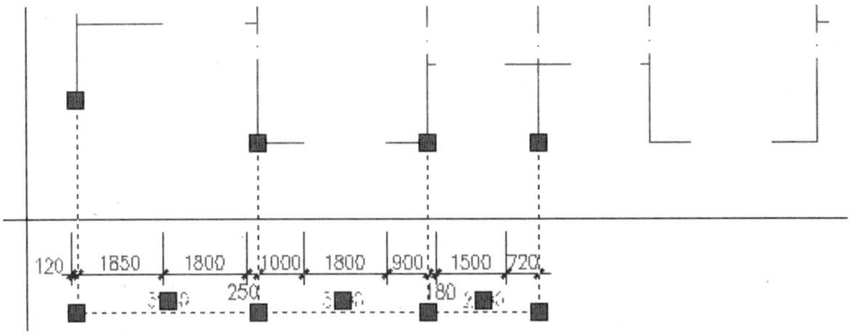


图17-55

**13** 选择最上侧的夹点，进入夹点编辑模式，根据命令行的提示，捕捉此尺寸线与辅助线的交点作为拉伸的目标点，将此延伸线的端点放置在标注辅助线上，如图17-56所示。

**14** 按住Shift键依次单击其他三个夹点，然后单击最右侧的一个热点，根据命令行的提示，捕捉延伸线与辅助线的交点作为拉伸的目标点，将这三个点拉伸至辅助线上，结果如图17-57所示。

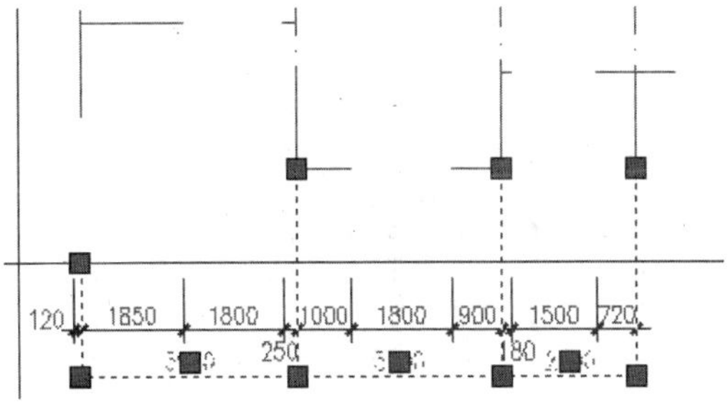


图17-56

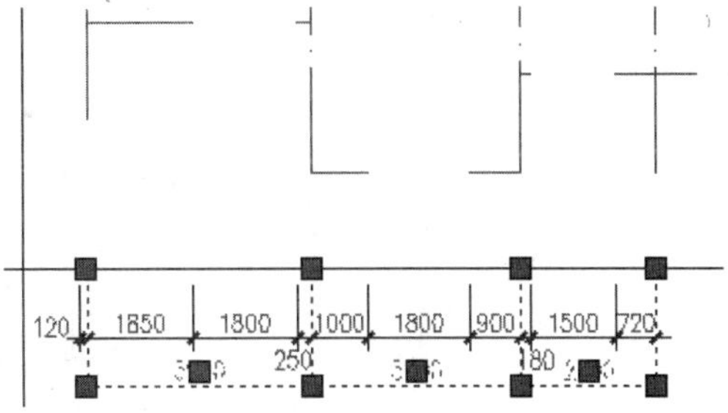


图17-57

**15** 使用“镜像”命令，选择编辑后的轴线尺寸进行镜像，结果如图17-58所示。

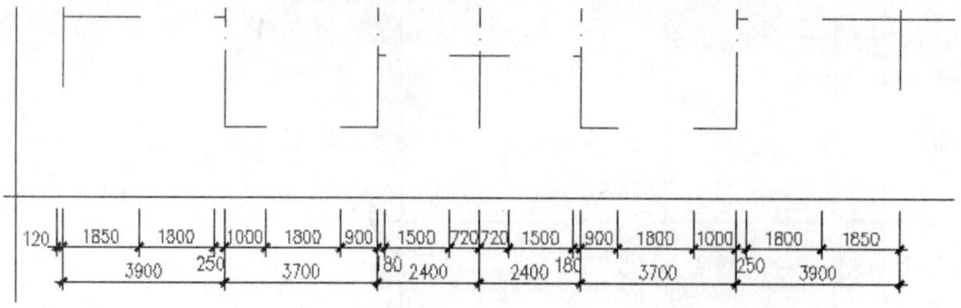


图17-58

**16** 再次执行“镜像”命令，选择所有的尺寸进行镜像，创建右侧单元图的尺寸，结果如图17-59所示。

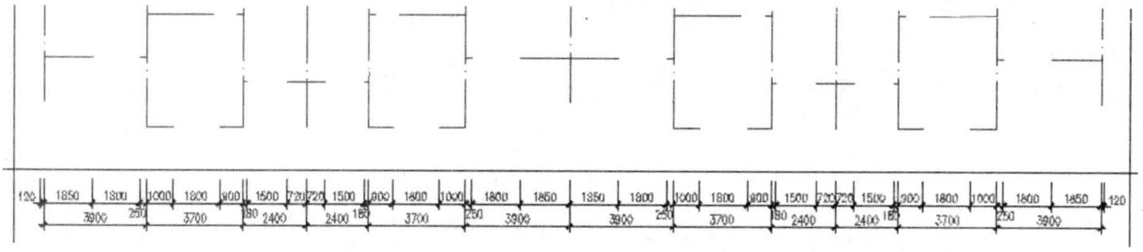

图17-59

**17** 在“图层控制”下拉列表中打开“墙线层”和“门窗层”。

**18** 单击“标注”工具栏上的“线性”按钮，标注平面图各侧的总尺寸和局部尺寸，结果如图17-60所示。

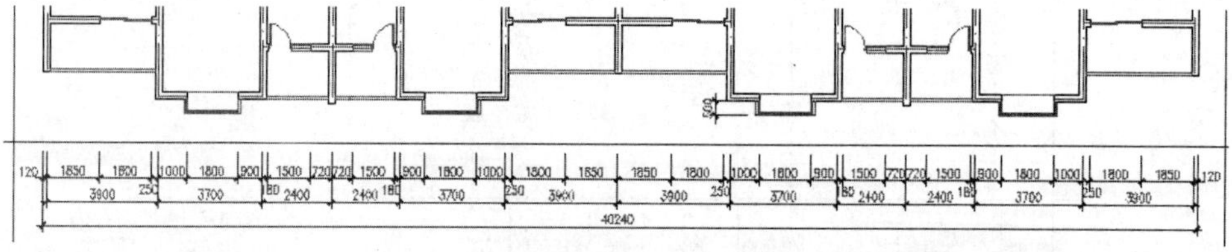

图17-60

**19** 综合使用“线性”、“连续”、“快速标注”、“编辑标注文字”和夹点编辑等命令，分别标注平面图其他三侧的尺寸，结果如图17-61所示。

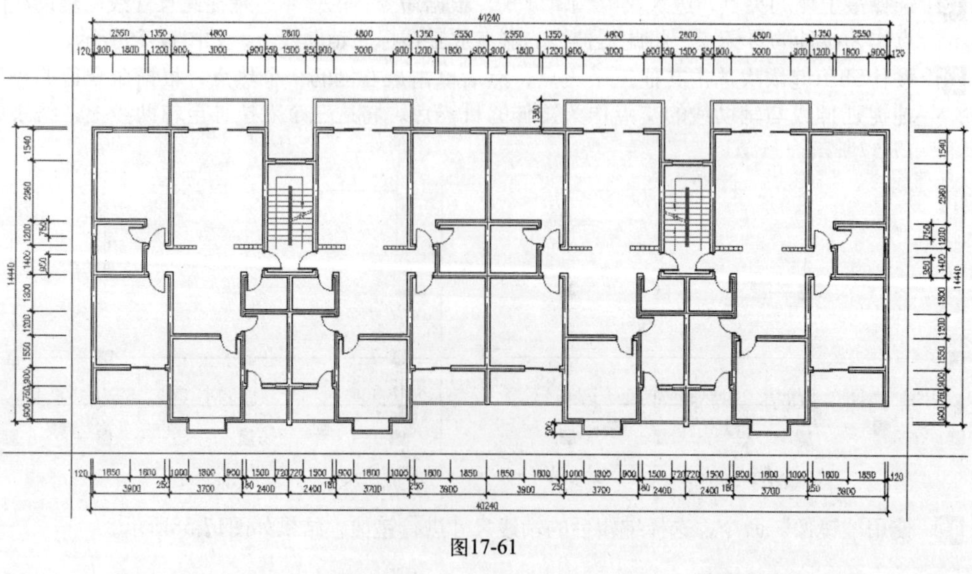

图17-61

**20** 删除尺寸定位辅助线，并打开被冻结的图层，关闭“轴线层”。

**21** 最后执行“另存为”命令，将该图形命名存储为“标注住宅楼外部尺寸.dwg”文件。

# 17.4 标注住宅楼墙体编号

这一节继续来标注住宅楼墙体标号，在标注墙体编号前，首先要将墙体标号设置为属性块，本例中已经将编号设置为属性块，因此直接插入属性块，再修改编号即可，其标注结果如图17-62所示。

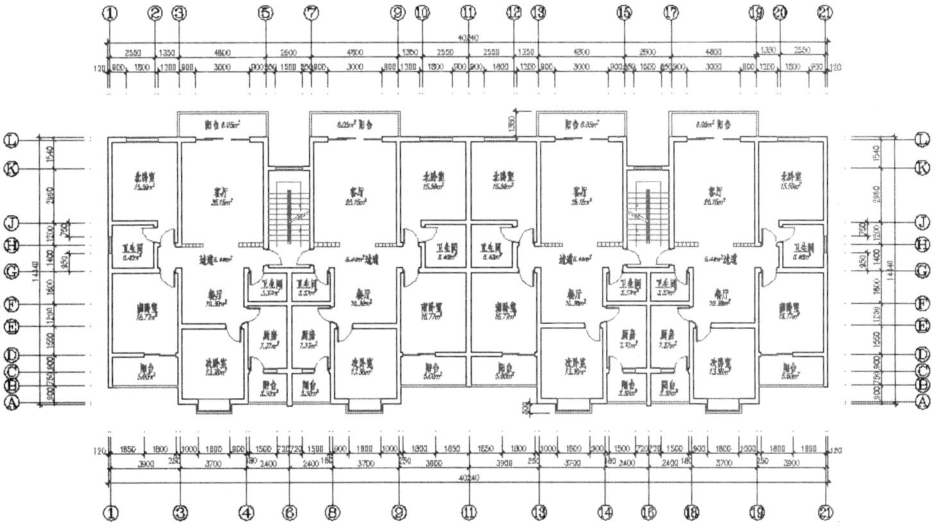

图17-62

**1** 继续上一实例的操作。

**2** 在“图层控制”下拉列表中，将“其他层”设置为当前图层。

**3** 选择平面图的一个轴线尺寸，使其夹点显示，如图17-63所示。

**4** 执行“特性”命令，在打开的“特性”窗口中修改尺寸界线超出尺寸线的长度为21，如图17-64所示。

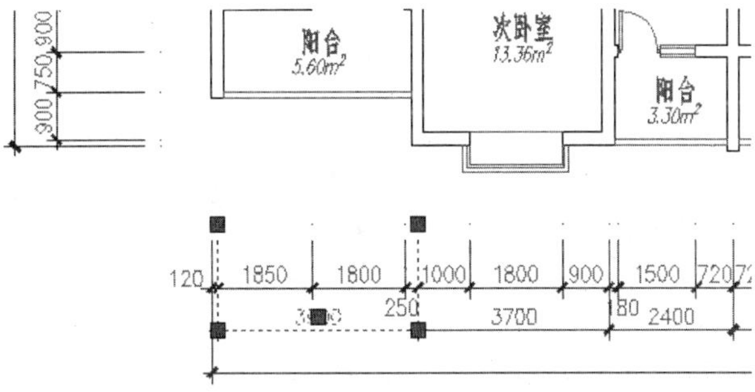


图17-63

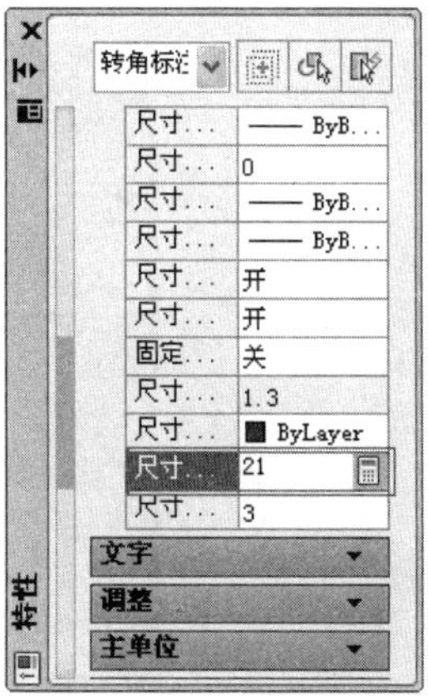


图17-64

**5** 按键盘上的Esc键取消尺寸的夹点显示，结果所选择的轴线尺寸的尺寸界线被延长，如图17-65所示。

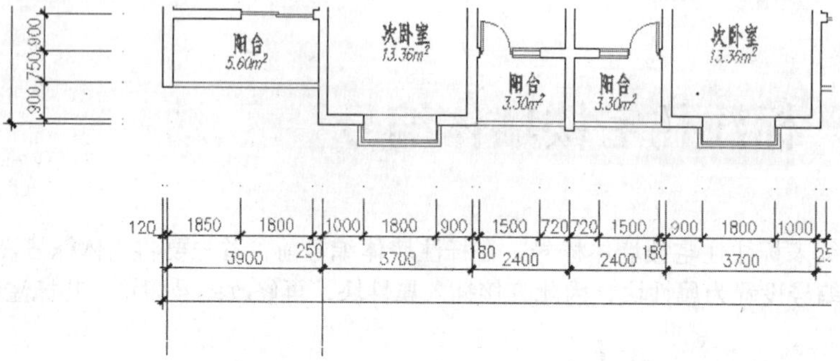


图17-65

**6** 单击“标准”工具栏上的“特性匹配”按钮，选择被延长的轴线尺寸作为源对象，将其延伸线特性匹配给其他位置的轴线尺寸，结果如图17-66所示。

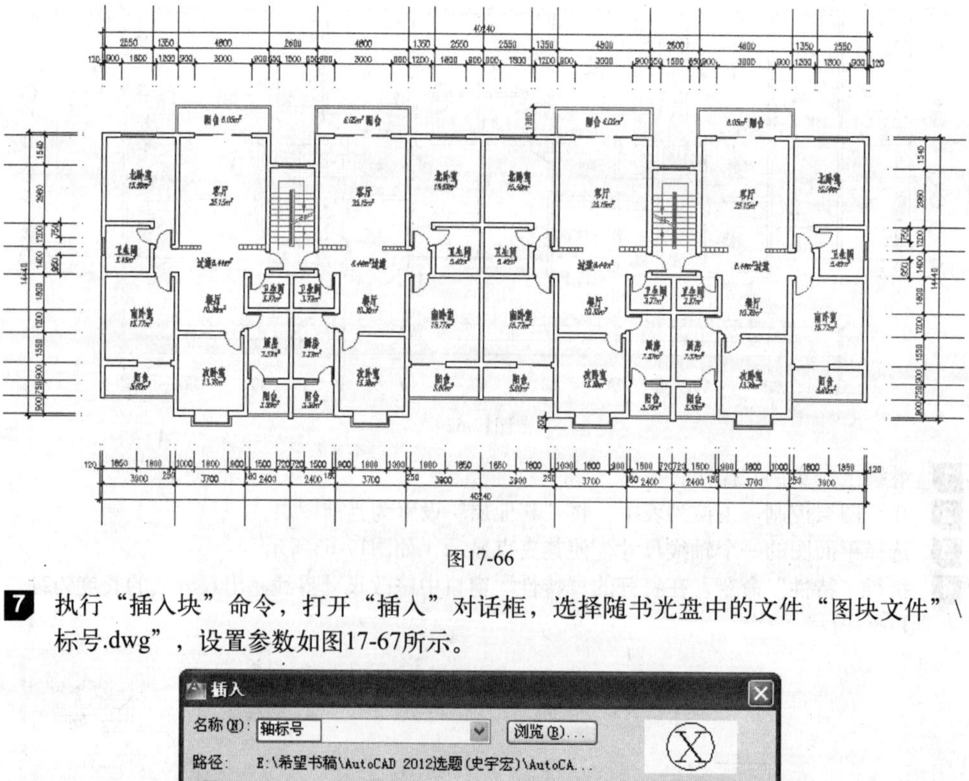

图17-66

**7** 执行“插入块”命令，打开“插入”对话框，选择随书光盘中的文件“图块文件”\“轴标号.dwg”，设置参数如图17-67所示。

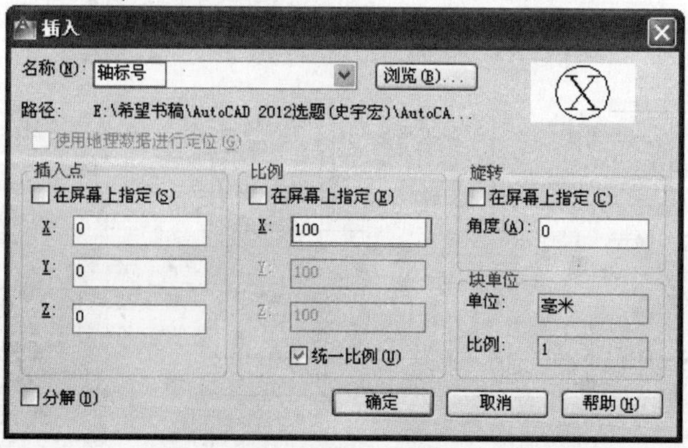


图17-67

**8** 单击确定按钮回到绘图区，配合“端点”捕捉功能，捕捉轴线尺寸线的端点，将其插入，结果如图17-68所示。

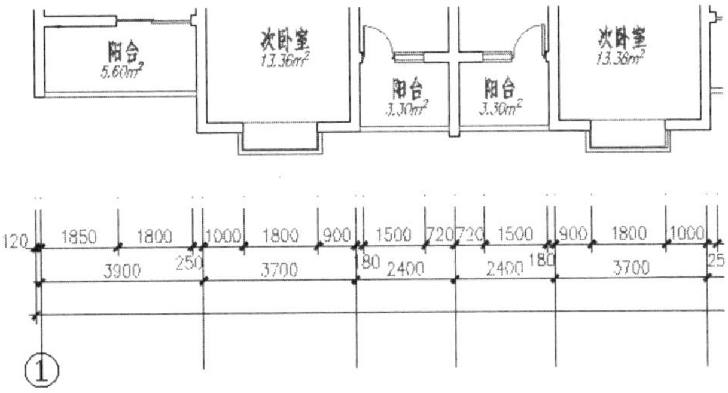


图17-68

**9** 执行菜单栏中的“修改”|“复制”命令，将轴线标号分别复制到其他指示线的末端点，基点为轴标号圆心，目标点为各指示线的末端点。

**10** 执行菜单栏中的“修改”|“对象”|“属性”|“单个”命令，选择平面图下侧第二个轴标号（从左向右），在打开的“增强属性编辑器”对话框中进入“属性”选项卡，修改属性值为3，如图17-69所示。

**11** 单击应用(A)按钮，结果平面图中的属性值被修改，如图17-70所示。

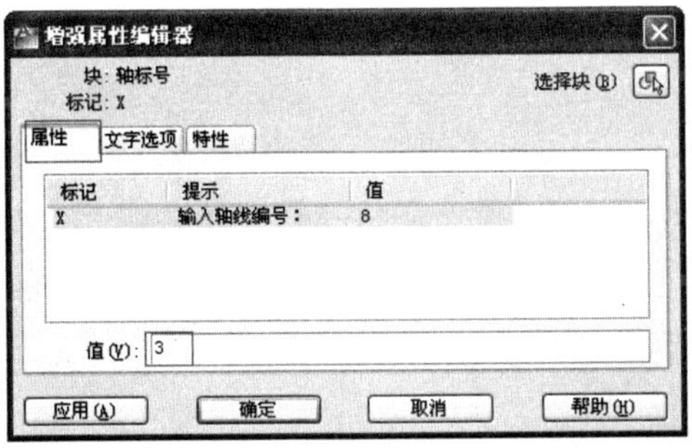


图17-69

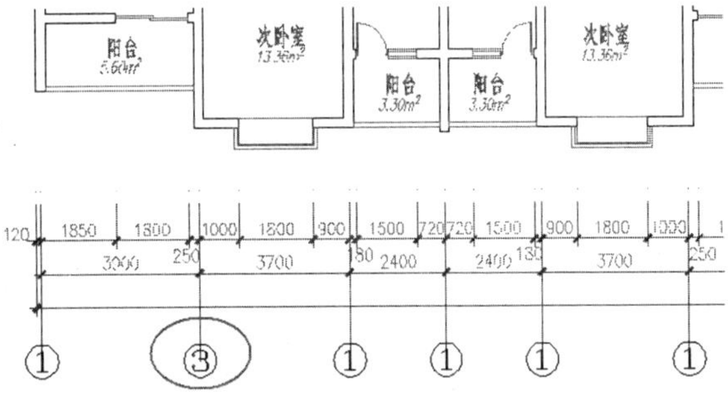

图17-70

**12** 单击“选择块”按钮，分别选择其他位置的轴线编号进行修改，结果如图17-71所示。

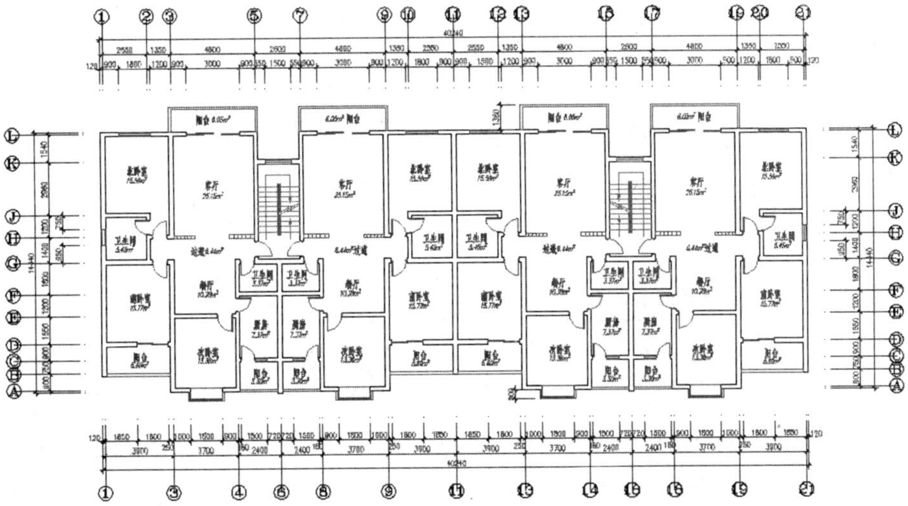

图17-71

**13** 双击编号为“10”的轴标号，在打开的“增强属性编辑器”对话框中进入“文字选项”选项卡，修改属性文本的宽度比例为0.8，如图17-72所示。

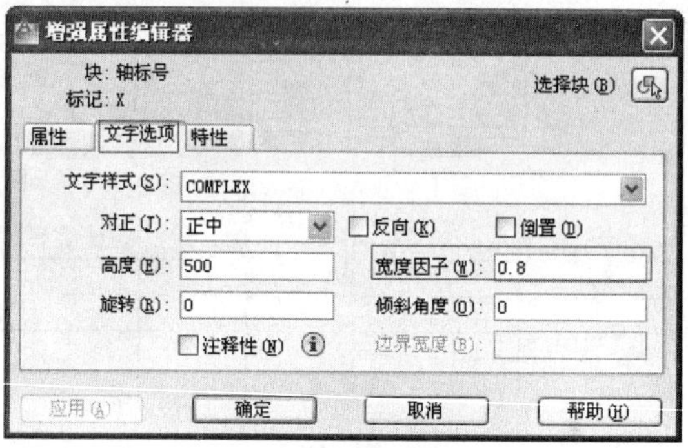


图17-72

**14** 单击 应用(A) 按钮，结果平面图中属性值的宽度被修改，结果如图17-73所示。

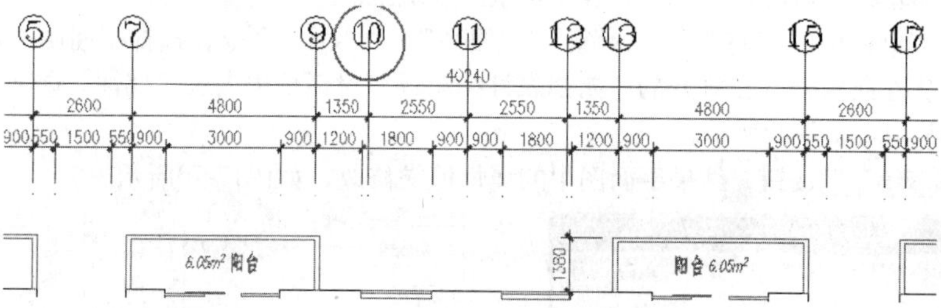


图17-73

**15** 单击“选择块”按钮，依次选择所有位置的双位编号，修改宽度比例，使双位数字编号完全处于轴标符号内，结果如图17-74所示。

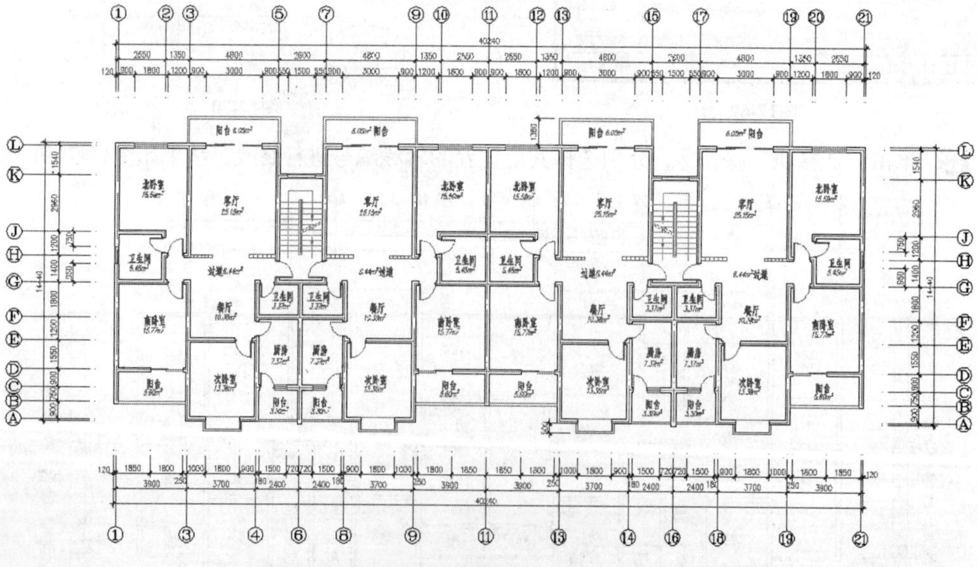

图17-74

**16** 执行“移动”命令，将平面图四侧的轴标号进行外移，基点为轴标号与指示线的交点，目标点为各指示线端点，完成住宅楼墙体编号的标注。

**17** 执行“另存为”命令，将该图形命名存储为“标注住宅楼墙体编号.dwg”文件。

第18章

# AutoCAD室内装饰装潢设计应用实例

前面章节中通过绘制某住宅楼施工平面图的实例，主要学习了AutoCAD 2012在建筑设计中的应用，本章将通过绘制某航空市场部办公空间室内装饰装潢设计的实例，主要来学习AutoCAD 2012在室内装饰装潢设计中的应用技巧。

## 18.1 办公空间的设计要求、特点与目标

### 1. 设计要求

一个完整、统一、美观的办公室形象，不但可以增加客户的信任感，同时也是企业整体形象的体现。对于企业管理人员、行政人员、技术人员而言，办公室是主要的工作场所。办公室装修、布置得怎样，对置身其中的工作人员从生理到心理都有一定的影响，并会在某种程序上直接影响企业决策、管理的效果和工作效率。因此，现代办公装修设计，都应符合如下基本要求。

- 符合企业实际。不要一味地追求办公室的高档、豪华和气派。
- 符合行业特点。例如，五星级饭店和校办科技企业由于分属不同的行业，因而办公室在装修、家具、用品、装饰品、声光效果等方面都应有显著的不同。
- 符合使用要求。例如，总经理（厂长）办公室在楼层安排、使用面积、室内装修、配套设备等方面都与一般职员的办公室不同，主要并非总经理、厂长与一般职员身份不同，而是取决于他们的办公室具有不同的使用要求。
- 符合工作性质。例如，技术部门的办公室需要配备计算机、绘图仪器、书架（柜）等技术工作必需的设备，而公共关系部门则显然更需要电话、传真机、沙发、茶几等与对外联系和接待工作相应的设备和家具。

### 2. 设计特点

从办公空间的特征和使用功能要求来看，办公空间有以下几个基本设计特点。

（1）秩序感

秩序感指的是形的反复、形的节奏、形的完整和形的简洁。办公室设计也正是运用这一特点来创造一种安静、平和与整洁的办公环境，这种特点在办公室设计中起着最为关键性的作用。要达到办公室设计秩序的目的，主要涉及到以下几个方面。

- 家具样式与色彩的统一。
- 平面布置的规整性。
- 隔断高低尺寸与色彩材料的统一。
- 天花的平整性与墙面普通的装饰。
- 合理的室内色调及人流的导向。

（2）明快感

办公环境的明快感指的就是办公环境的色调干净明亮、灯光布置合理、有充足的光线等，是办公设计的一种基本要求。在装饰中明快的色调可给人一种愉快之情，给人一种洁净之感，同时明快的色调也可在白天增加室内的采光度。

目前，有许多设计师将明度较高的绿色引入办公室，这类设计往往给人一种良好的视觉冲击效果，从而创造一种春意，这也是一种明快感在室内的创意手段。

（3）现代感

目前，在我国许多企业的办公室，为了便于思想交流，加强民主管理，往往采用共享空间——开敞式设计，这种设计已成为现代新型办公室的特征，它形成了现代办公室新空间的概念。

现代办公室设计还注重于办公环境的研究，将自然环境引入室内，绿化室内外的环境，给办公环境带来一派生机，这也是现代办公室的另一特征。现代人机学的出现，使办公设备在适合人机学的要求下日益增多与完善，办公的科学化、自动化给人类工作带来了极大方便。在设计中应充分利用人机学的知识，按特定的功能与尺寸要求来进行设计，这些都是设计的基本要素。

### 3. 设计目标

办公设计主要包括办公用房的规划、装修、室内色彩及灯光音响的设计、办公用品及装饰品的配备和摆设等内容，主要有三个层次的目标。

- 经济实用：一方面要满足实用要求，给办公人员的工作带来方便，另一方面要尽量低费用、追求最佳的功能费用比。
- 美观大方：能够充分满足人的生理和心理需要，创造出一个赏心悦目的良好工作环境。
- 独具品味：办公室是企业文化的物质载体，要努力体现企业物质文化和精神文化，反映企业的特色和形象，对置身其中的工作人员产生积极的、和谐的影响。这三个层次的目标虽然由低到高、由易到难，但它们不是孤立的，而是有着紧密的内在联系，出色的办公室设计应该努力同时实现这三个目标。

## 18.2 绘制某航空公司市场部墙体平面图

这一节首先来绘制如图18-1所示的某航空公司市场部办公空间墙体结构平面图，学习墙体平面图的绘制方法和技巧。

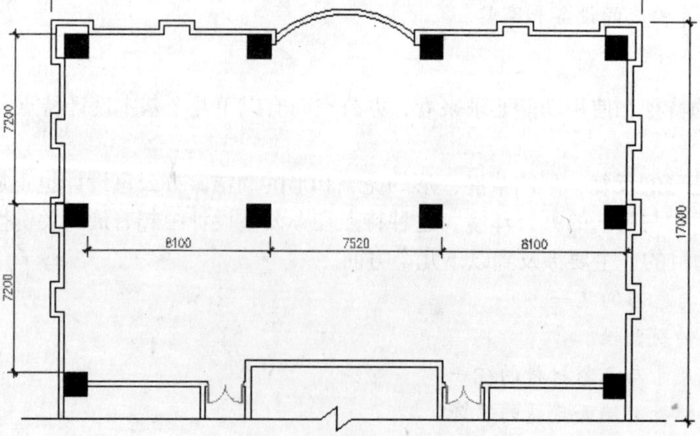


图18-1

## 18.2.1 绘制市场部墙体轴线图

墙体轴线是定位墙体的主要依据，因此，在绘制墙体图时，首先需要绘制出墙体轴线，这一节就来绘制市场部墙体轴线，具体操作步骤如下。

**1** 以随书光盘中的文件“样板文件”\“室内设计样板.dwt”作为基础样板，新建一个空白文件。

**2** 执行菜单栏中的“格式”|“图层”命令，在弹出的“图层特性管理器”面板中双击“轴线层”，将其设置为当前图层。

**3** 使用命令简写LT激活“线型”命令，将线型比例设置为40，如图18-2所示。

**4** 单击“绘图”工具栏上的“矩形”按钮▭，激活“矩形”命令，绘制长度为24950、宽度为16515的矩形，作为基准轴线，如图18-3所示。

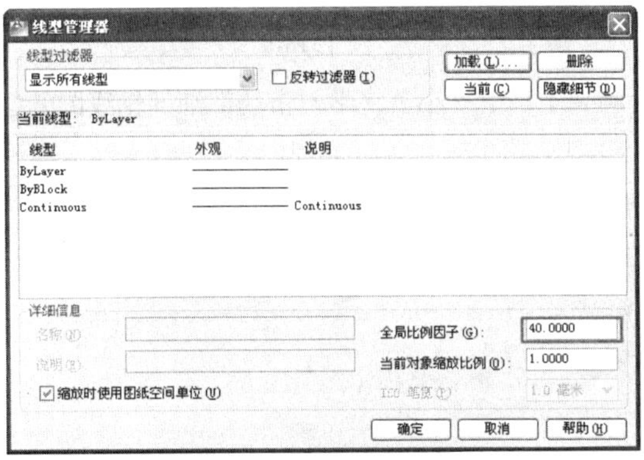


图18-2

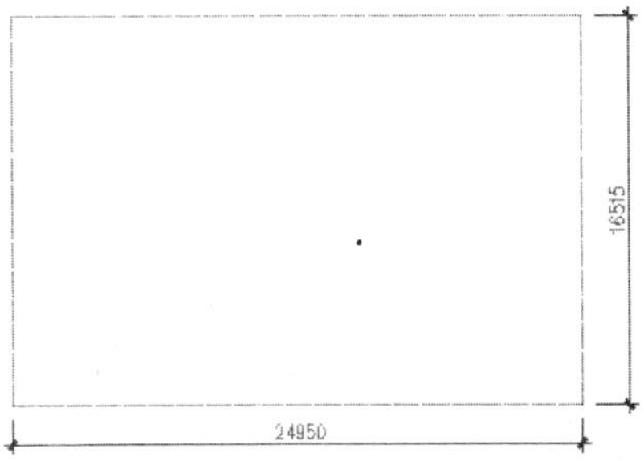


图18-3

**5** 使用命令简写X激活“分解”命令，将矩形分解为4条独立的线段。

**6** 单击“修改”工具栏上的“偏移”按钮，将分解后的矩形两条垂直边向内偏移6250和8275个绘图单位，将矩形下侧的水平边向上偏移1500和2400个单位，结果如图18-4所示。

**7** 使用命令简写TR激活“修剪”命令，对偏移出的轴线进行修剪，并删除最下侧的水平轴线，结果如图18-5所示。

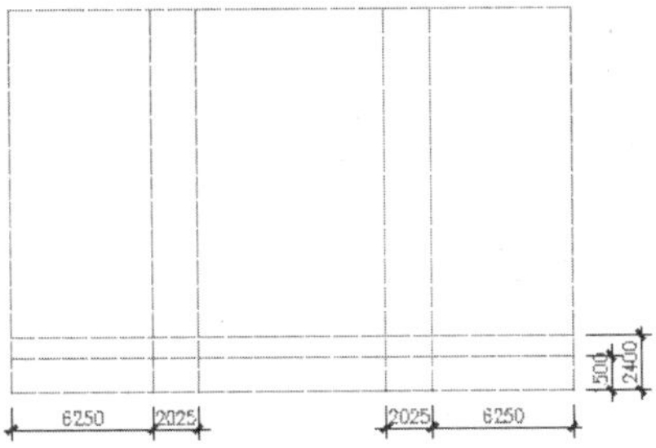


图18-4

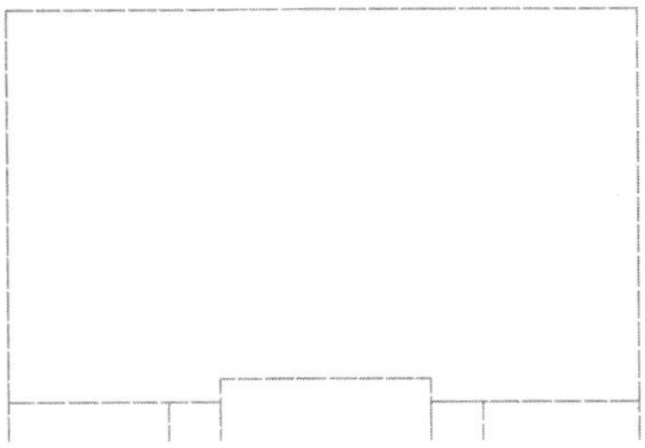

图18-5

**8** 重复执行“偏移”命令，将两侧的矩形垂直边向内偏移6462.5和8062.5个单位，结果如图18-6所示。

**9** 使用命令简写TR激活“修剪”命令，以偏移出的轴线作为边界，对水平轴线进行修剪，创建宽度为1600的门洞，结果如图18-7所示。

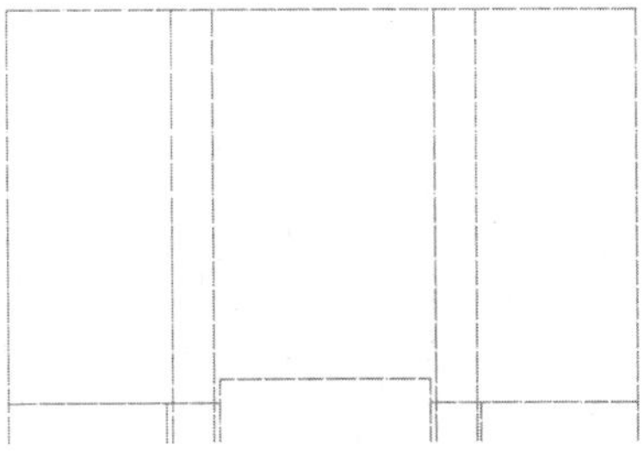

图18-6

**10** 使用命令简写E激活“删除”命令，删除偏移出的4条垂直轴线，结果如图18-8所示。

图18-7

图18-8

至此，某航空公司市场部墙体定位轴线图绘制完毕，下一小节将学习市场部细部轴线图的绘制过程和技巧。

### 18.2.2 绘制市场部细部轴线图

这一节继续绘制市场部细部轴线图，以完善市场部墙体轴线图，具体操作步骤如下。

**1** 继续上一节实例的操作。

**2** 使用命令简写O激活“偏移”命令，将上侧的水平轴线和两侧的垂直轴线分别向外侧偏移370个单位，结果如图18-9所示。

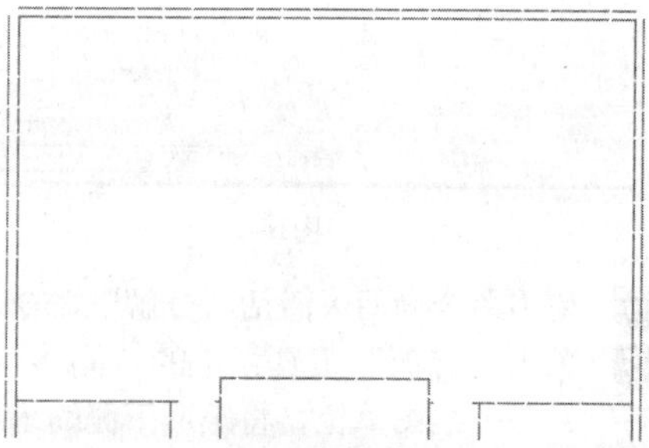

图18-9

**3** 重复执行“偏移”命令，根据图示尺寸，对水平轴线进行多次偏移，结果如图18-10所示。

**4** 重复执行“偏移”命令，根据图示尺寸，对两侧的垂直轴线进行多次偏移，结果如图18-11所示。

图18-10

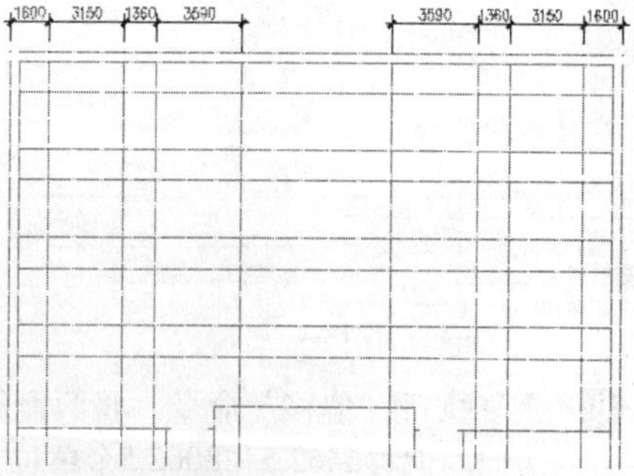


图18-11

**5** 执行菜单栏中的“修改”|“延伸”命令，选择如图18-12所示的轴线作为边界，对内部的轴线进行延伸，结果如图18-13所示。

**6** 执行菜单栏中的“修改”|“修剪”命令，对纵横轴线进行编辑，结果如图18-14所示。

**7** 执行菜单栏中的“修改”|“圆角”命令，将圆角半径设置为0，创建左上和右上位置的倒直角，结果如图18-15所示。

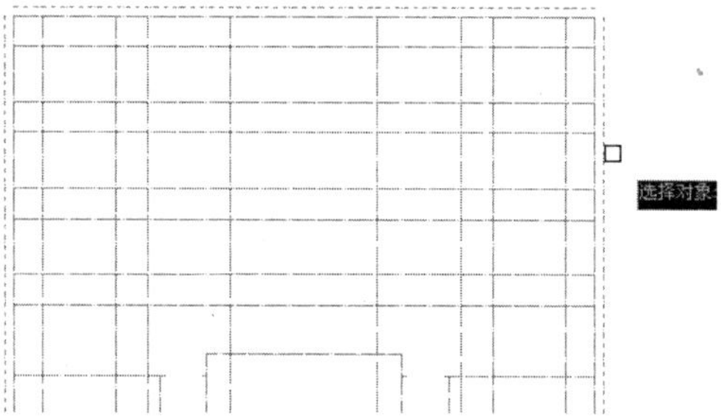


图18-12

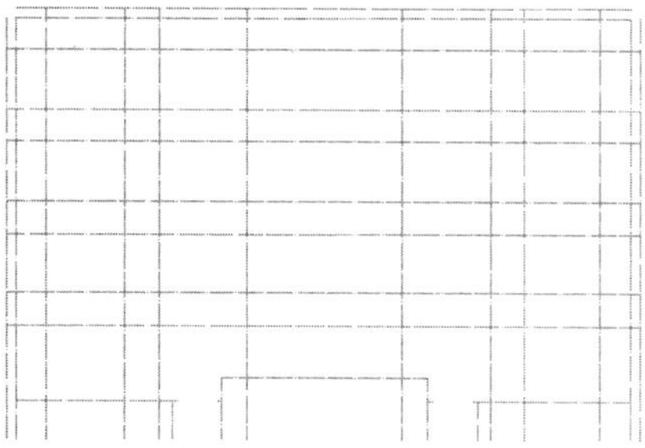

图18-13

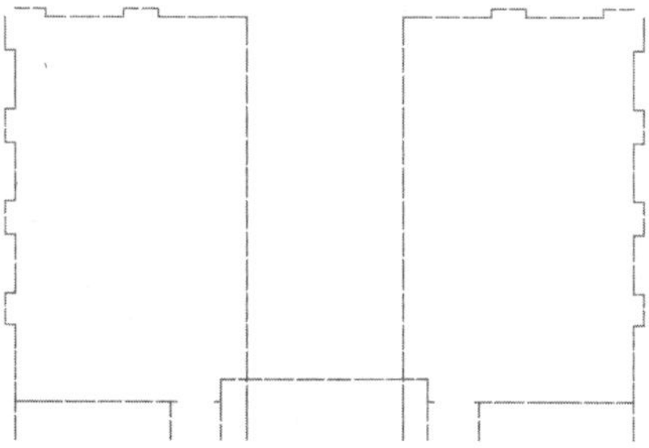

图18-14

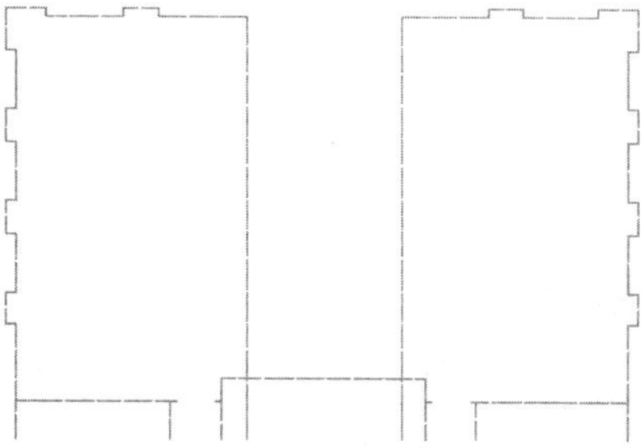

图18-15

**8** 执行菜单栏中的“修改”|“拉长”命令，将内部的两条垂直轴线缩短为500，命令行操作如下。

```
命令: _lengthen
    选择对象或 [增量(DE)/百分数(P)/全部(T)/动态(DY)]:        //T Enter
    指定总长度或 [角度(A)] <0.0)>:                           //500 Enter
    选择要修改的对象或 [放弃(U)]:             //在如图18-16所示轴线1的下端单击
    选择要修改的对象或 [放弃(U)]:             //在如图18-16所示轴线2的下端单击
    选择要修改的对象或 [放弃(U)]:             //Enter, 结束命令, 拉长结果如图18-17所示
```

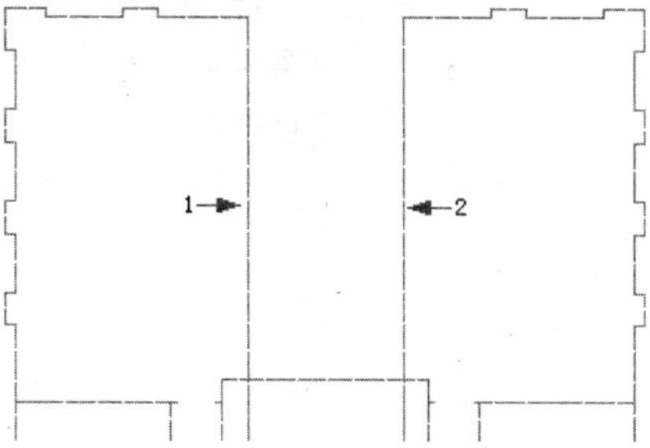


图18-16

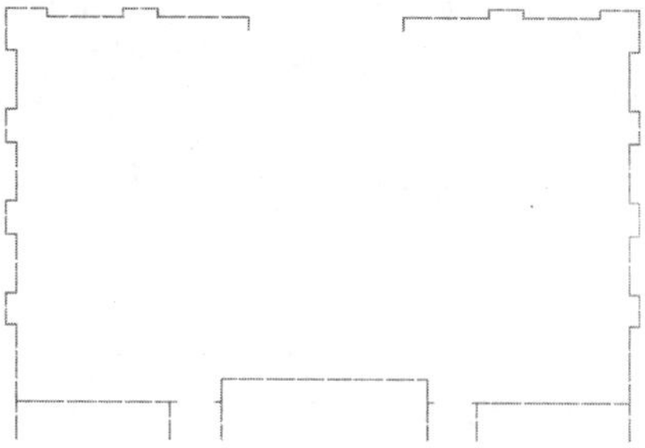

图18-17

**9** 使用命令简写A激活“圆弧”命令，配合“捕捉自”功能绘制弧形轴线，命令行操作如下。

```
命令: A                                   // Enter
    ARC 指定圆弧的起点或 [圆心(C)]:         //激活“捕捉自”功能
    _from 基点:                            //捕捉如图18-18所示的轴线1的上端点
    <偏移>:                                //@0,-370 Enter
```

指定圆弧的第二个点或 [圆心(C)/端点(E)]:　　//@3145,1250 Enter
指定圆弧的端点:　　//@3145,-1250 Enter，绘制结果如图18-18所示

图18-18

至此，某航空公司市场部细部墙体定位轴线图绘制完毕，下一小节将学习市场部墙体平面图的绘制过程和技巧。

### 18.2.3 绘制市场部墙体平面图

这一节绘制市场部墙体平面图，在绘制墙体平面图时，要设置墙线样式，具体操作步骤如下。

1 继续上一节实例的操作。

2 单击“图层”工具栏上的“图层控制”下拉按钮，在展开的下拉列表中选择“墙线层”，将其设置为当前图层。

3 执行菜单栏中的“绘图”|“多线”命令，配合“端点”捕捉功能绘制玻璃幕墙墙线，命令行操作如下。

命令: _mline
当前设置: 对正 = 上，比例 = 20.00，样式 =墙线样式
指定起点或 [对正(J)/比例(S)/样式(ST)]:　　//J Enter
输入对正类型 [上(T)/无(Z)/下(B)] <上>:　　//Z Enter
当前设置: 对正 = 无，比例 = 20.00，样式 =墙线样式
指定起点或 [对正(J)/比例(S)/样式(ST)]:　　//S Enter
输入多线比例 <20.00>:　　//230 Enter
当前设置: 对正 = 无，比例 = 230.00，样式 =墙线样式
指定起点或 [对正(J)/比例(S)/样式(ST)]:　　//捕捉如图18-19所示的端点1
指定下一点:　　//捕捉如图18-19所示的端点2
指定下一点或 [放弃(U)]:　　//捕捉如图18-19所示的端点3
指定下一点或 [闭合(C)/放弃(U)]:　　//捕捉如图18-19所示的端点4
指定下一点或 [闭合(C)/放弃(U)]:　　// C Enter，绘制结果如图18-20所示

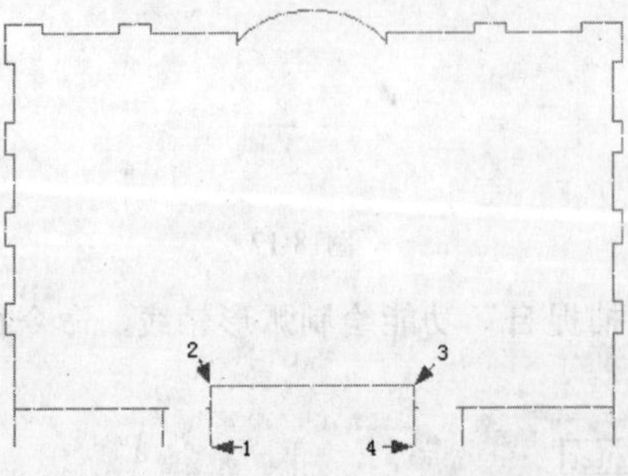

图18-19

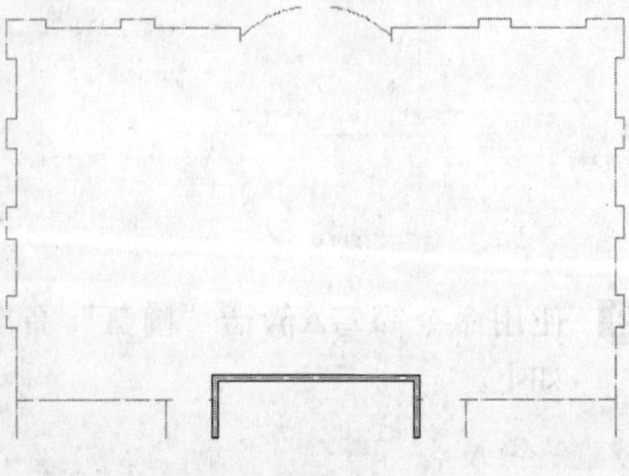

图18-20

4 重复执行“多线”命令，设置多线样式、对正方式和多线比例不变，绘制其他位置的墙线，结果如图18-21所示。

**5** 使用命令简写MI激活“镜像”命令，对后续绘制的墙线进行镜像，结果如图18-22所示。

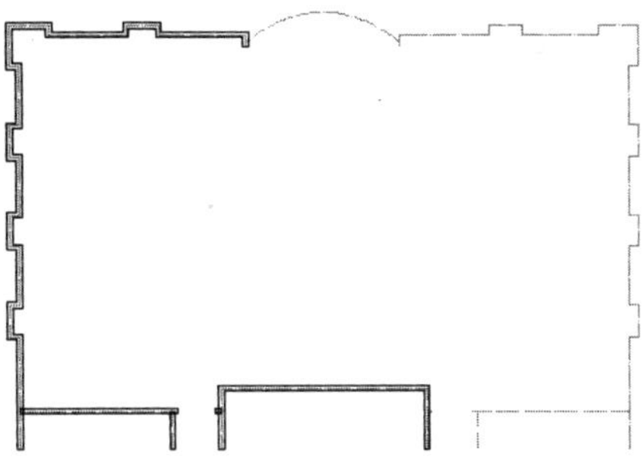

图18-21

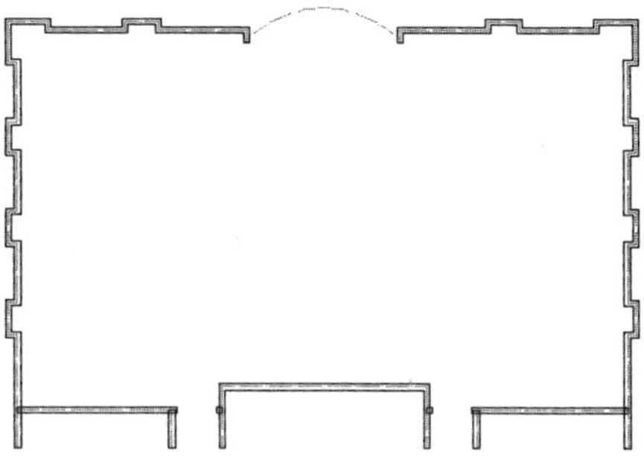

图18-22

**6** 执行菜单栏中的“修改”|“偏移”命令，创建弧形墙线，命令行操作如下。

```
命令: _offset
    当前设置: 删除源=否  图层=源  OFFSETGAPTYPE=0
    指定偏移距离或 [通过(T)/删除(E)/图层(L)] <1250.0>:          //L Enter
    输入偏移对象的图层选项 [当前(C)/源(S)] <源>:               //C Enter
    指定偏移距离或 [通过(T)/删除(E)/图层(L)] <1250.0>:          //115 Enter
    选择要偏移的对象, 或 [退出(E)/放弃(U)] <退出>:              //选择弧形轴线
    指定要偏移的那一侧上的点, 或 [退出(E)/多个(M)/放弃(U)] <退出>:
                                                              //在弧形轴线的上侧拾取点
    选择要偏移的对象, 或 [退出(E)/放弃(U)] <退出>:              //选择弧形轴线
    指定要偏移的那一侧上的点, 或 [退出(E)/多个(M)/放弃(U)] <退出>:
                                                              //在弧形轴线的下侧拾取点
    选择要偏移的对象, 或 [退出(E)/放弃(U)] <退出>:              // Enter, 结果如图18-23所示
```

**7** 使用命令简写TR激活“修剪”命令，对偏移出的墙线进行修剪，结果如图18-24所示。

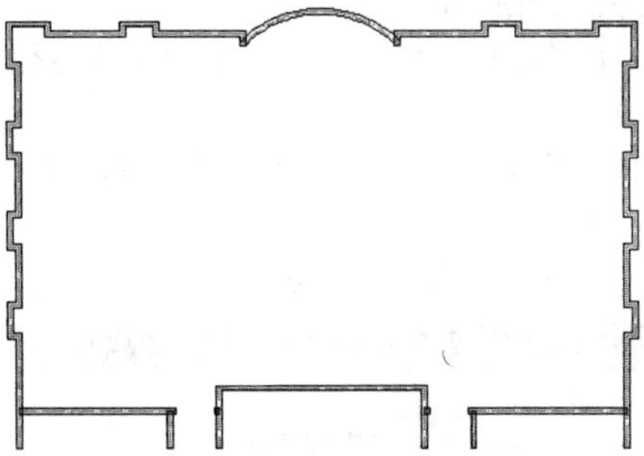

图18-23

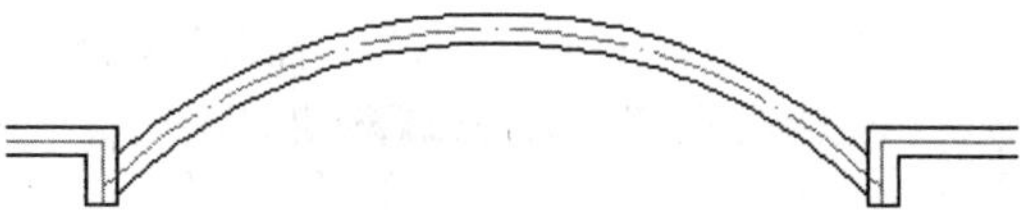

图18-24

**8** 展开“图层控制”下拉列表，然后关闭“轴线层”，图形的显示结果如图18-25所示。

**9** 执行菜单栏中的“修改”|“对象”|“多线”命令，在打开的“多线编辑工具”对话框中单击“T形合并”按钮，如图18-26所示。

**10** 返回绘图区，根据命令行的提示对下侧的T形墙线进行合并，结果如图18-27所示。

**11** 使用命令简写PL激活“多段线”命令，配合平行线捕捉功能或极轴追踪功能绘制如图18-28所示的折断线。

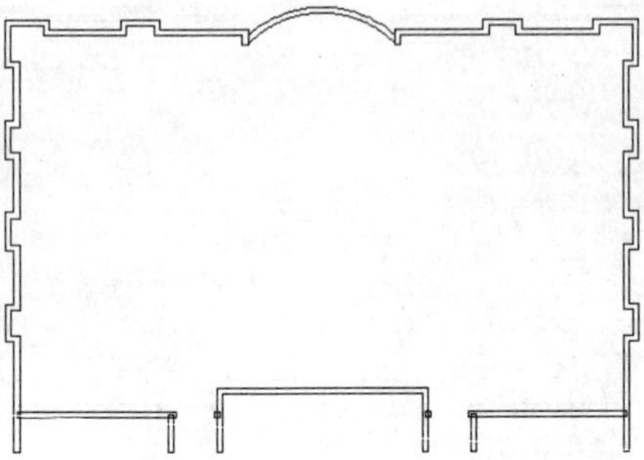

图18-25

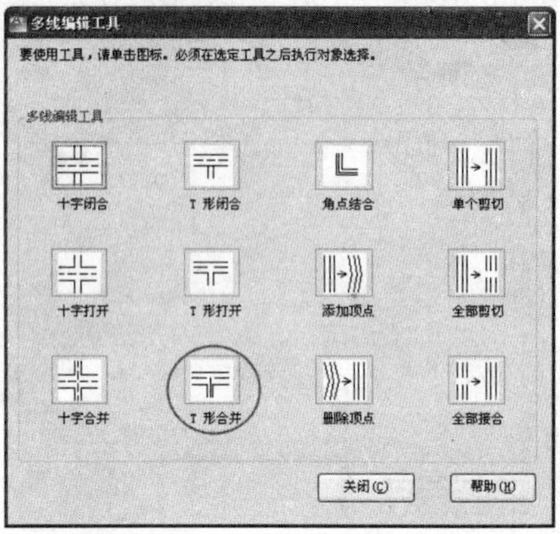


图18-26

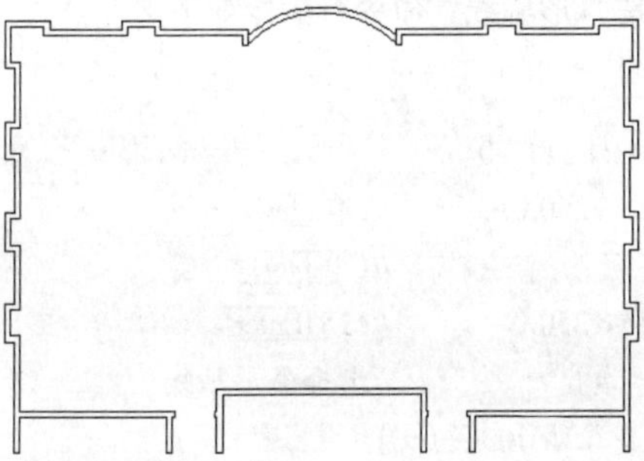

图18-27

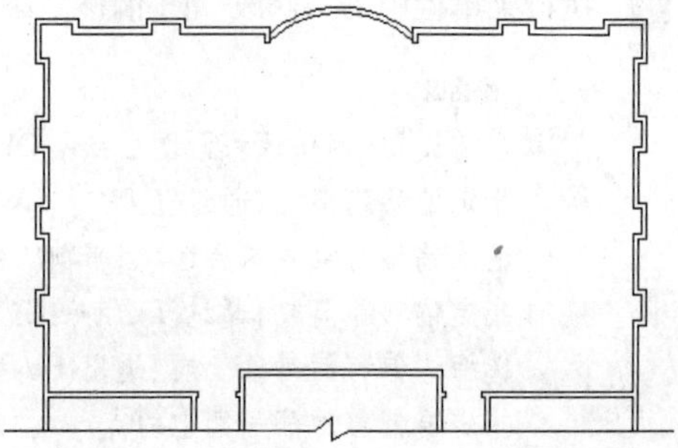

图18-28

至此，某航空公司市场部纵横墙线绘制完毕，下一小节将学习双开门构件的快速绘制过程和技巧。

## 18.2.4 绘制市场部双开门构件

这一节继续来绘制市场部双开门构件，以完善市场部墙体平面图，具体操作步骤如下。

**1** 继续上一实例的操作。

**2** 展开“图层控制”下拉列表，将“门窗层”设置为当前图层。

**3** 单击“绘图”工具栏上的“插入”按钮，在打开的“插入”对话框中单击 浏览(B)... 按钮，打开“选择图形文件”对话框。

**4** 在“选择图形文件”对话框中，选择随书光盘中的文件“图块文件”\“双开门.dwg”，如图18-29所示。

**5** 单击 打开(O) 按钮，返回“插入”对话框，然后设置块参数如图18-30所示。

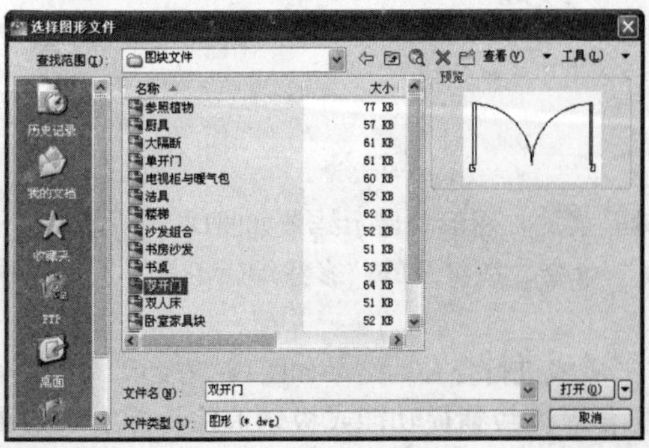


图18-29

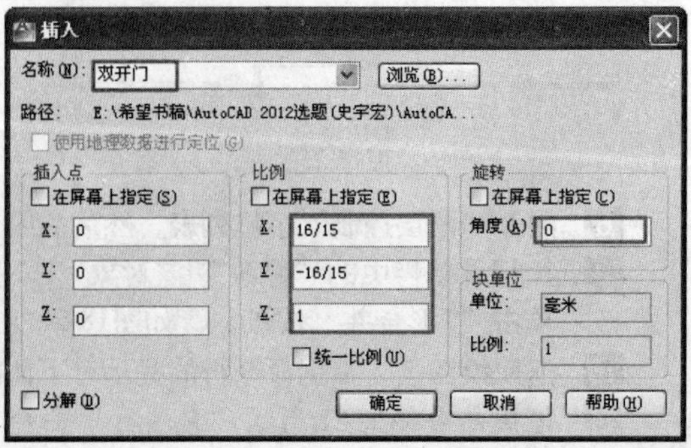


图18-30

**6** 在命令行“指定插入点或[基点(B)/比例(S)/X/Y/Z/旋转(R)]: ”提示下，捕捉如图18-31所示的中点，插入结果如图18-32所示。

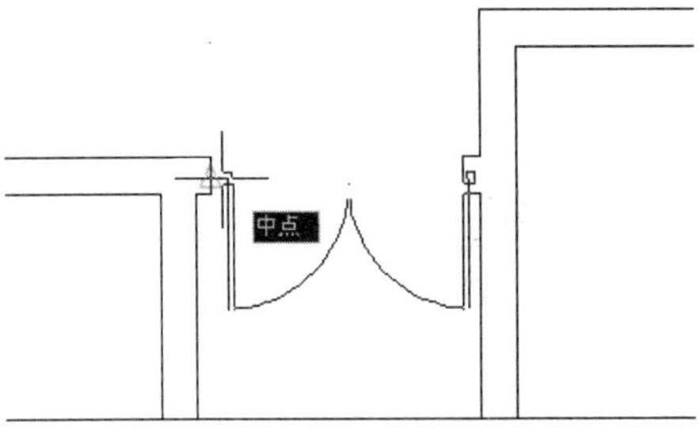


图18-31

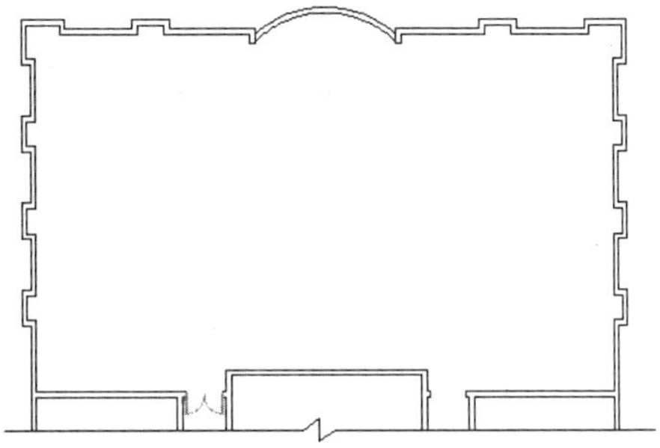

图18-32

**7** 使用命令简写MI激活“镜像”命令，配合“中点”捕捉功能将刚插入的双开门镜像到右侧的洞口处，结果如图18-33所示。

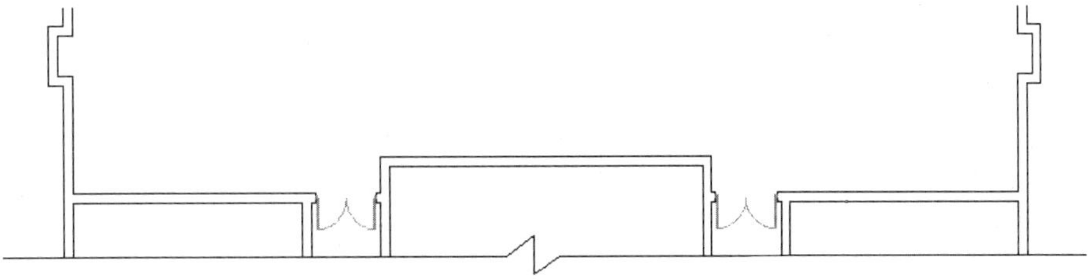

图18-33

至此，某航空公司市场部双开门构件绘制完毕，下一小节将学习市场部柱网平面图的绘制过程和技巧。

## 18.2.5 绘制市场部柱网平面图

这一节来绘制市场部柱网平面图，学习柱网平面图的表达技巧和方法，具体操作步骤如下。

**1** 继续上一实例的操作。

**2** 展开“图层控制”下拉列表，将“其他层”设置为当前图层。

**3** 执行菜单栏中的“绘图”|“矩形”命令，捕捉如图18-34所示的端点作为矩形右上角点，绘制边长为1000的正四边形作为柱子外轮廓，绘制结果如图18-35所示。

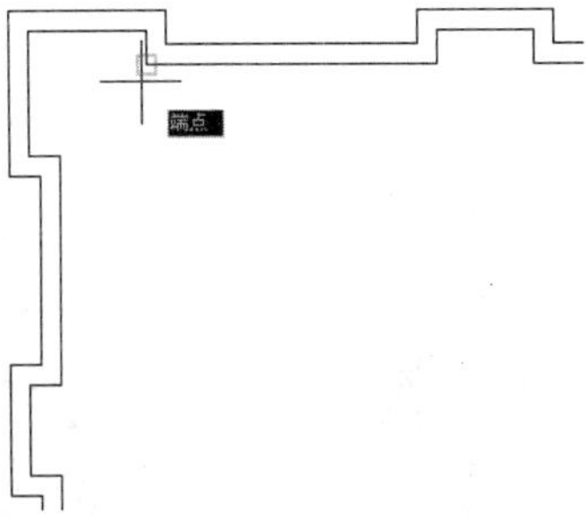


图18-34

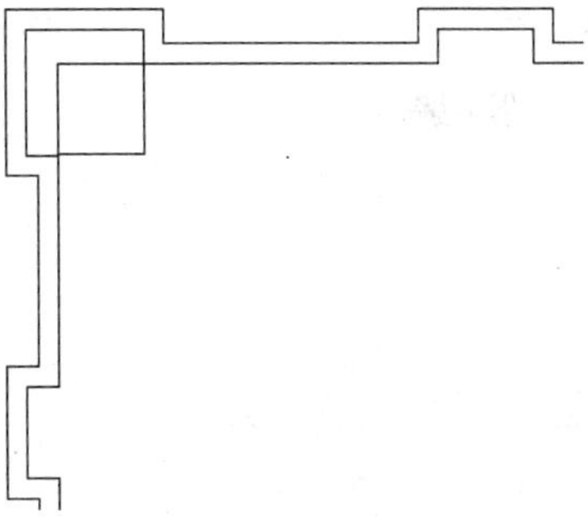

图18-35

**4** 执行菜单栏中的“绘图”|“图案填充”命令，选择名为“SOLID”的图案，并设置填充图案如图18-36所示，为正四边形填充如图18-37所示的实体图案。

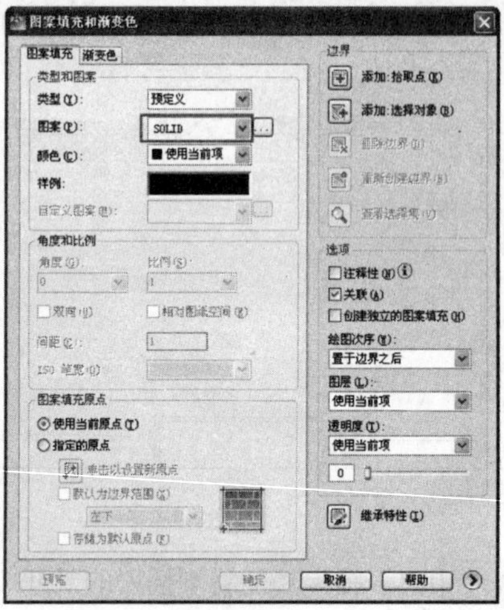


图18-36

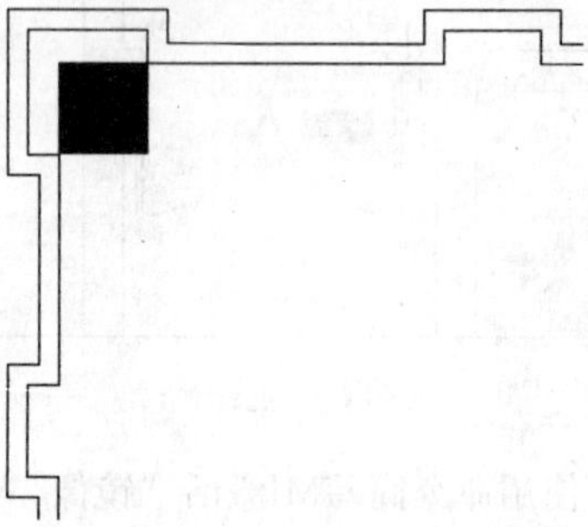

图18-37

**5** 执行菜单栏中的“修改”|“阵列”|“矩形阵列”命令，将柱子平面图进行矩形阵列，命令行操作如下。

```
命令: _arrayrect
    选择对象:                                           //拉出如图18-38所示的窗口选择框
    选择对象:                                           // Enter
    类型 = 矩形  关联 = 是
    为项目数指定对角点或 [基点(B)/角度(A)/计数(C)] <计数>:  // Enter
    输入行数或 [表达式(E)] <4>:                          //3 Enter
    输入列数或 [表达式(E)] <4>:                          //2 Enter
    指定对角点以间隔项目或 [间距(S)] <间距>:              // Enter
    指定行之间的距离或 [表达式(E)] <1500>:                //-7200 Enter
    指定列之间的距离或 [表达式(E)] <1500>:                //8100 Enter
    按 Enter 键接受或 [关联(AS)/基点(B)/行(R)/列(C)/层(L)/退出(X)] <退出>:      //AS Enter
    创建关联阵列 [是(Y)/否(N)] <是>:                      //N Enter
    按 Enter 键接受或 [关联(AS)/基点(B)/行(R)/列(C)/层(L)/退出(X)] <退出>:
                                                        // Enter, 阵列结果如图18-39所示
```

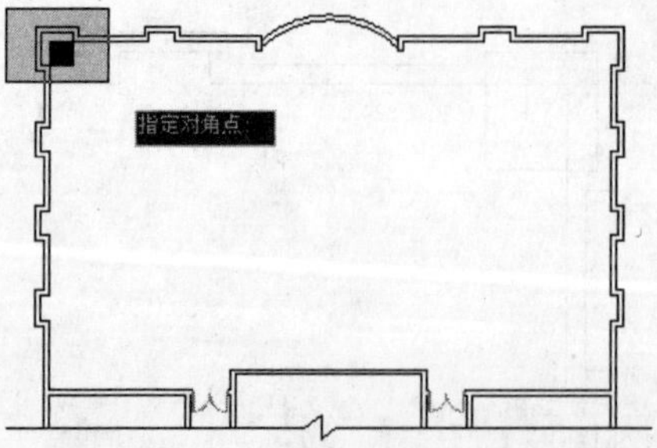


图18-38

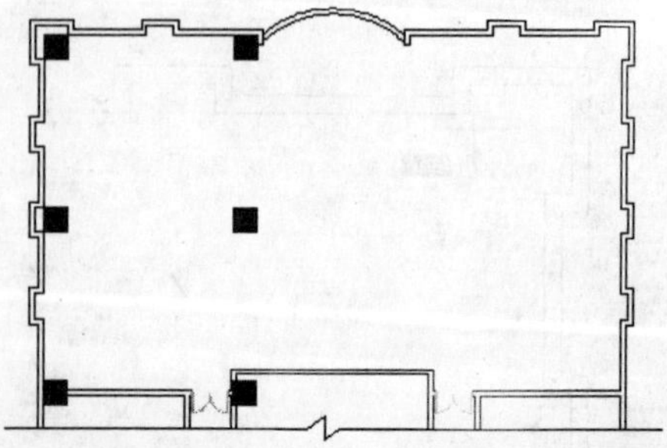

图18-39

**6** 使用命令简写E激活“删除”命令，删除右下侧的柱子平面图，结果如图18-40所示。

**7** 使用命令简写MI激活“镜像”命令，配合“中点”捕捉功能对其他5个柱子平面图进行镜像，镜像结果如图18-41所示。

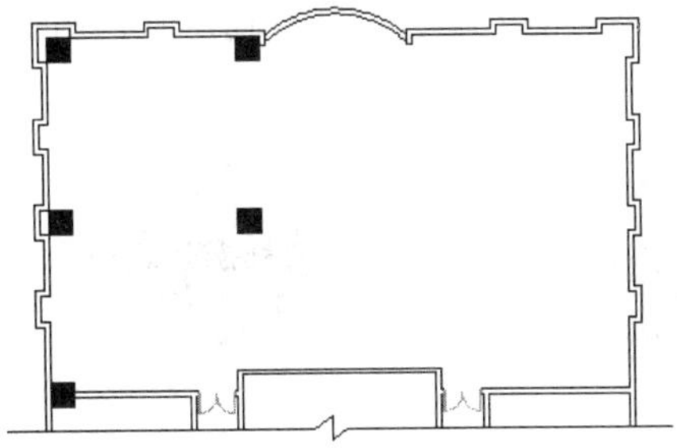

图18-40

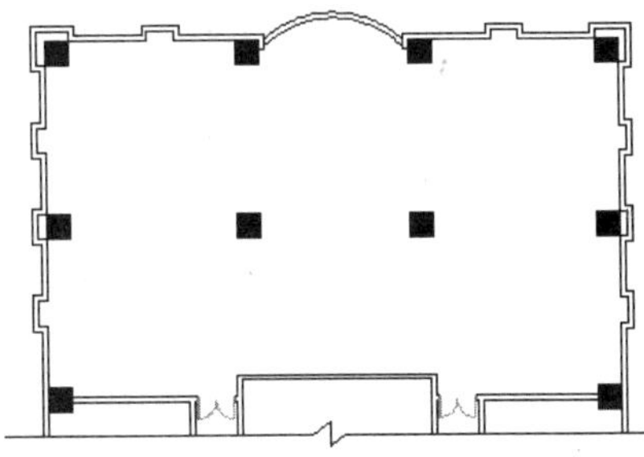

图18-41

**8** 最后使用“保存”命令，将该图形命名存储为“某航空市场部办公空间墙体平面图.dwg”文件。

# 18.3 绘制某航空公司市场部屏风工作位

这一节主要学习如图18-42和图18-43所示的屏风工作位立体造型的绘制过程，以掌握室内装饰装潢设计中立体造型的绘制方法和技巧。

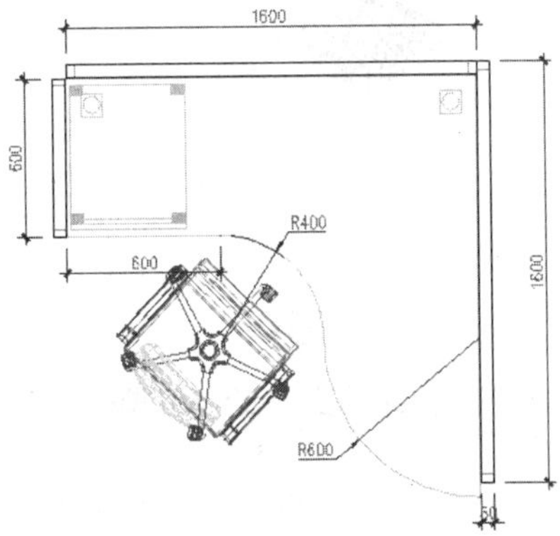


图18-42

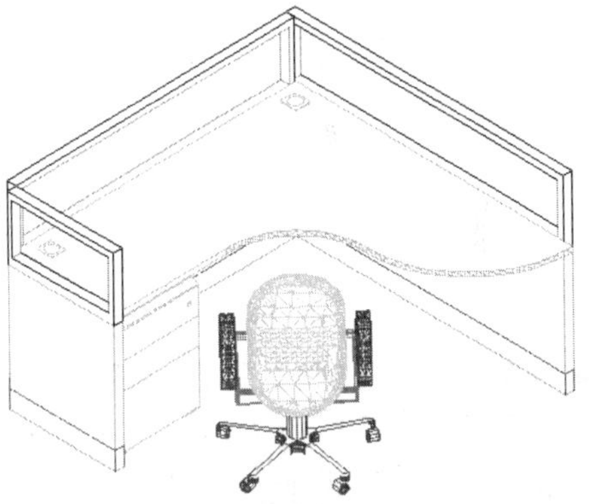

图18-43

## 18.3.1 绘制踢脚板立体造型

这一节通过绘制踢脚板立体造型，学习室内装饰中立体造型的绘制方法和技巧，具体操作步骤如下。

**1** 继续上一节实例的操作，或者打开随书光盘中的文件“效果文件”\“第18章”\“某航空市场部办公空间墙体平面图.dwg”。

**2** 展开“图层控制”下拉列表，将“0图层”设置为当前图层。

**3** 单击“建模”工具栏上的“长方体”按钮，激活“长方体”命令，制作踢脚板立体造型，命令行操作如下。

```
命令: _box
    指定第一个角点或 [中心(C)]:              //激活“自”功能
    _from 基点:                              //捕捉如图18-44所示的柱子平面图左下角点
    <偏移>:                                  //@50,-400 Enter
    指定其他角点或 [立方体(C)/长度(L)]:      //@50,-600,100 Enter，绘制结果如图18-45所示
```

**4** 单击“视图”工具栏上的按钮，激活“西南等轴测”命令，将视图切换为西南视图，结果如图18-46所示。

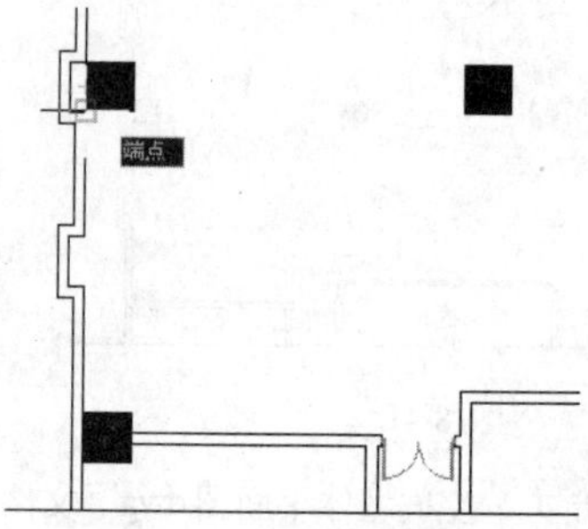


图18-44

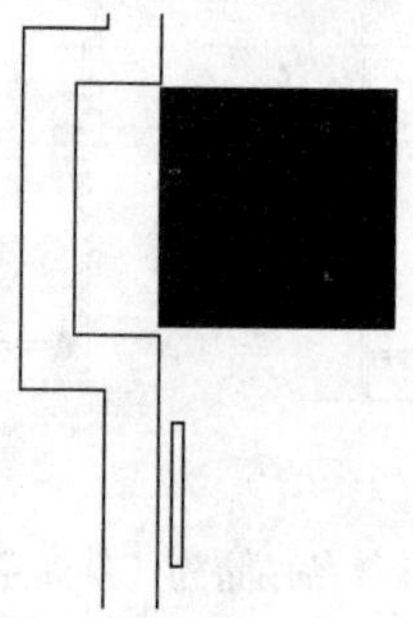

图18-45

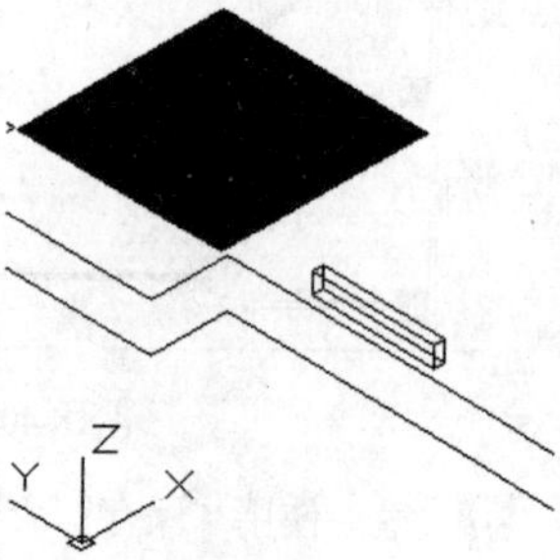


图18-46

**5** 再次执行“长方体”命令，制作长度为1600的踢脚板立体造型，命令行操作如下。

命令: _box
　　指定第一个角点或 [中心(C)]:　　//捕捉刚绘制的长方体下底面右上角点，如图18-47所示
　　指定其他角点或 [立方体(C)/长度(L)]:　　//@1600,50,100 Enter，绘制结果如图18-48所示

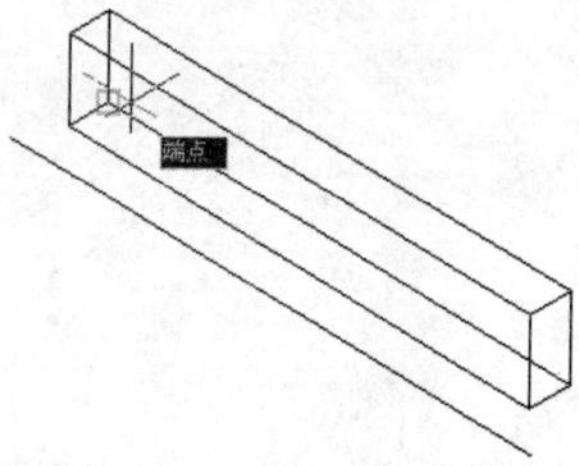


图18-47

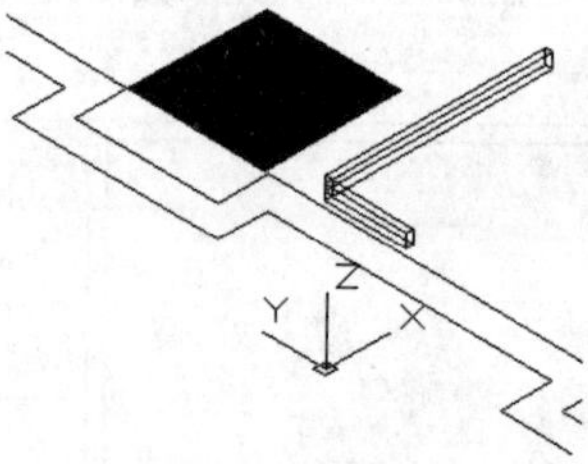


图18-48

**6** 重复执行“长方体”命令，启用“端点”捕捉和坐标输入功能继续绘制踢脚板立体造型，命令行操作如下。

命令: _box
　　指定第一个角点或 [中心(C)]:
　　　　//捕捉刚绘制的长方体下底面左上角点，如图18-49所示
　　指定其他角点或 [立方体(C)/长度(L)]:
　　　　//@50,-1600,100 Enter，绘制结果如图18-50所示

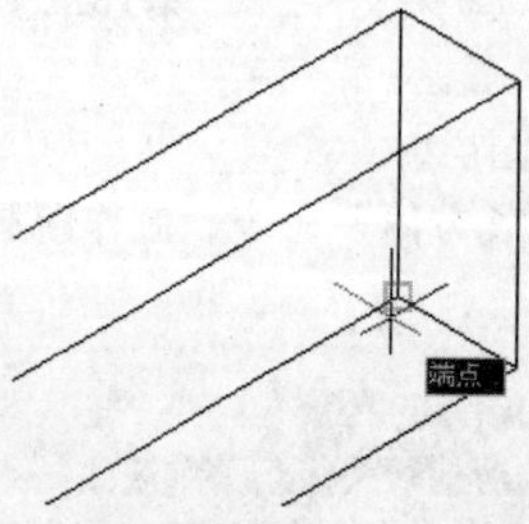


图18-49

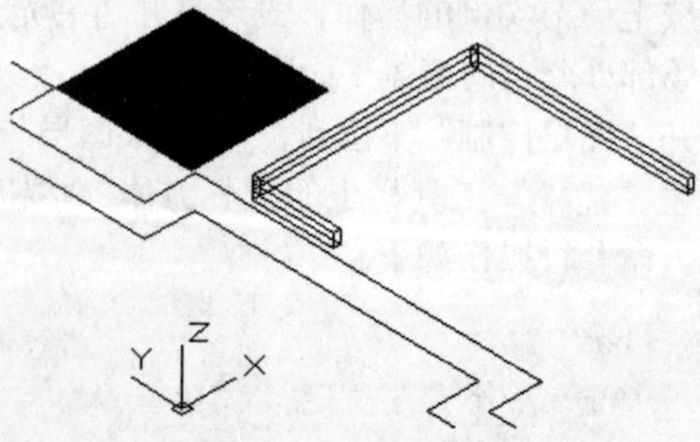


图18-50

**7** 在无命令执行的前提下夹点显示踢脚板造型，然后展开“颜色控制”下拉列表，修改其颜色为红色，如图18-51所示，修改后的效果如图18-52所示。

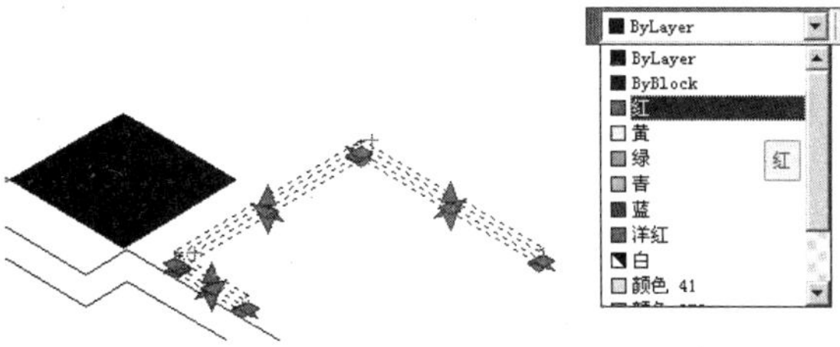


图18-51

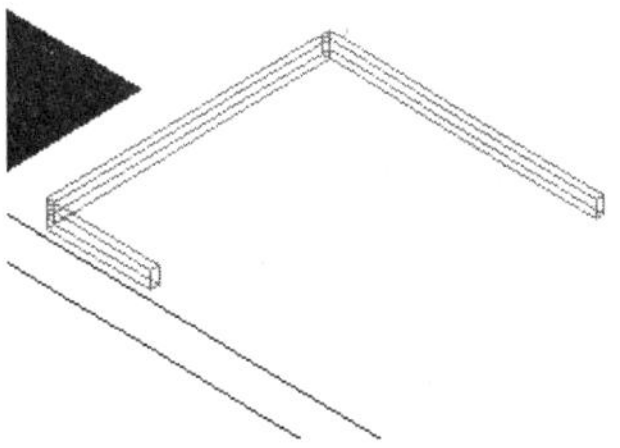

图18-52

至此，屏风工作位踢脚板立体造型绘制完毕，下一小节将学习屏风工作位立体造型的绘制过程和技巧。

## 18.3.2 绘制屏风工作位造型

这一节继续来绘制屏风工作位立体造型，继续学习立体造型的绘制方法和技巧，具体操作步骤如下。

1 继续上一节实例的操作。

2 执行菜单栏中的“修改”|“复制”命令，将踢脚板造型沿z轴正方向复制，作为屏风造型，命令行操作如下。

```
命令: _copy
    选择对象:                                             //选择如图18-53所示的屏风工作位造型
    选择对象:                                             // Enter
    当前设置: 复制模式 = 多个
    指定基点或 [位移(D)/模式(O)] <位移>:                   //捕捉任意一点
    指定第二个点或 [阵列(A)] <使用第一个点作为位移>:       //@0,0,100 Enter
    指定第二个点或 [阵列(A)/退出(E)/放弃(U)] <退出>:
                                    // Enter, 结束命令, 复制结果如图18-54所示
```

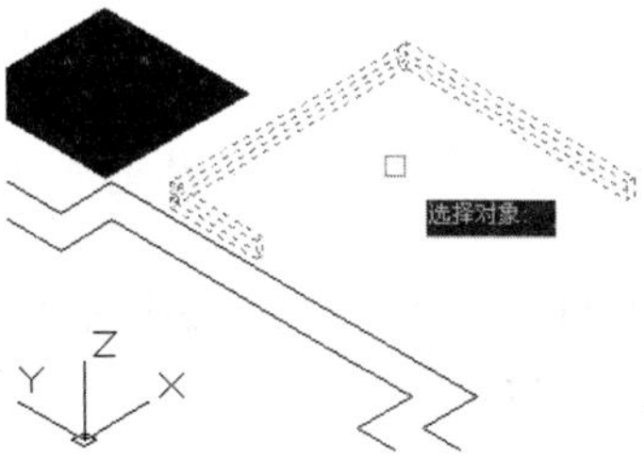


图18-53

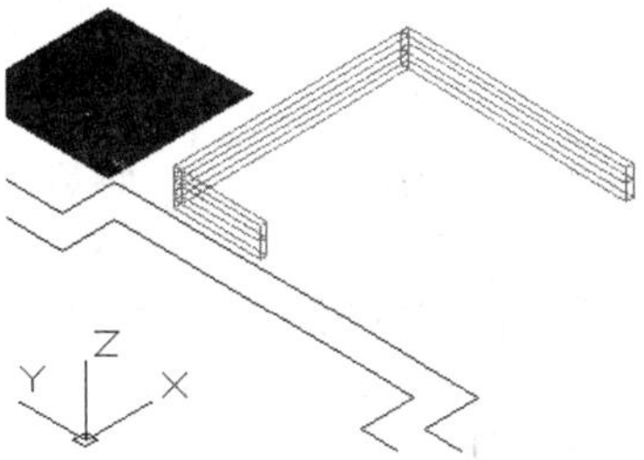


图18-54

3 夹点显示复制出的屏风造型，然后展开“颜色控制”下拉列表，修改其颜色为青色，如图18-55所示。修改后的效果如图18-56所示。

4 单击“实体编辑”工具栏上的按钮，激活“拉伸面”命令，对屏风上表面进行拉伸，命令行操作如下。

```
命令: _solidedit
    实体编辑自动检查: SOLIDCHECK=1
    输入实体编辑选项 [面(F)/边(E)/体(B)/放弃(U)/退出(X)] <退出>: _face
    输入面编辑选项[拉伸(E)/移动(M)/旋转(R)/偏移(O)/倾斜(T)/删除(D)/复制(C)/颜色(L)/材质(A)/放弃(U)/退出(X)] <退出>: _extrude
```

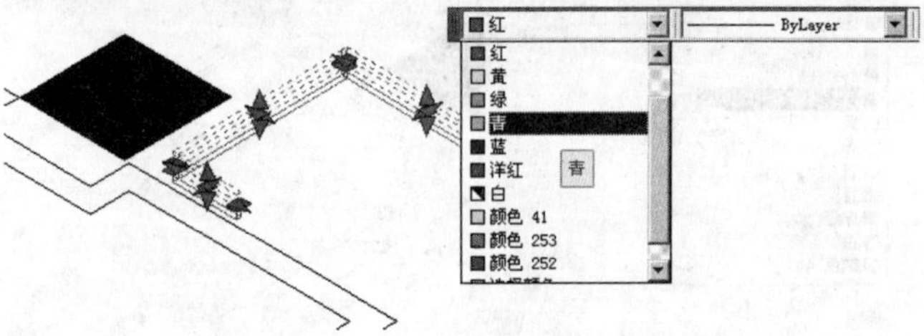


图18-55

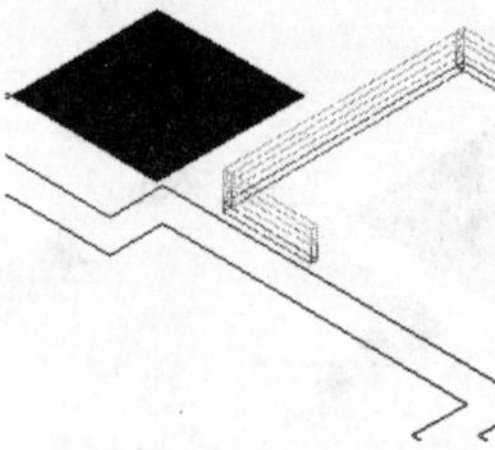

图18-56

选择面或 [放弃(U)/删除(R)]: //选择如图18-57所示的屏风上表面
选择面或 [放弃(U)/删除(R)/全部(ALL)]: // Enter
指定拉伸高度或 [路径(P)]: //550 Enter
指定拉伸的倾斜角度 <0.0>: // Enter
已开始实体校验。
已完成实体校验。
输入面编辑选项[拉伸(E)/移动(M)/旋转(R)/偏移(O)/倾斜(T)/删除(D)/复制(C)/颜色(L)/材质(A)/放弃(U)/退出(X)] <退出>: // Enter
实体编辑自动检查: SOLIDCHECK=1
输入实体编辑选项 [面(F)/边(E)/体(B)/放弃(U)/退出(X)] <退出>:
// Enter，拉伸结果如图18-58所示

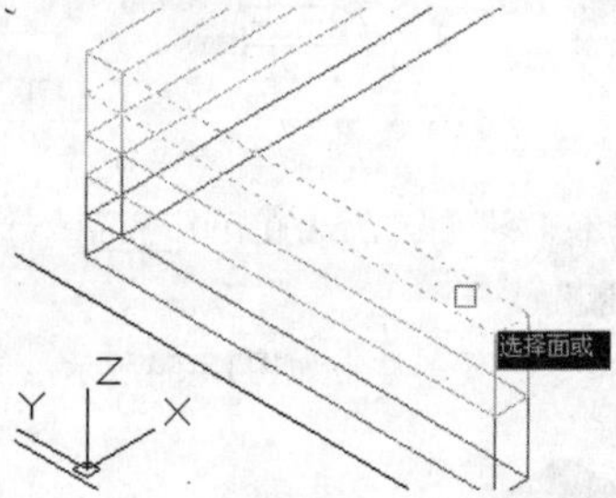


图18-57

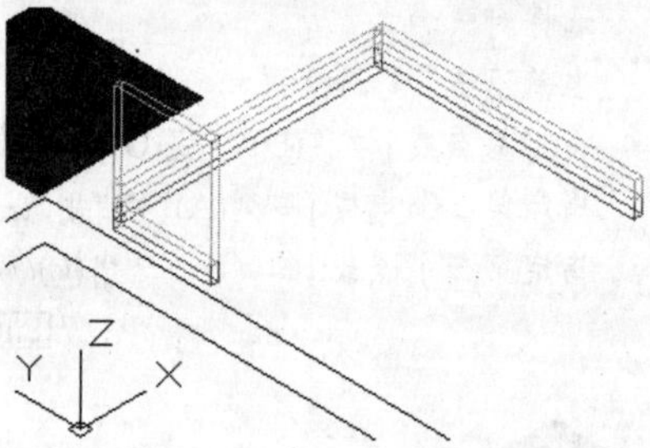


图18-58

**5** 重复执行“拉伸面”命令，将另外两个屏风沿z轴正方向拉伸550个绘图单位，结果如图18-59所示。

**6** 使用命令简写VS激活“视觉样式”命令，对拉伸实体进行真实着色，效果如图18-60所示。

**7** 使用命令简写CO激活“复制”命令，将屏风造型沿z轴正方向复制650个绘图单位，结果如图18-61所示。

**8** 单击“实体编辑”工具栏上的按钮，激活“拉伸面”命令，将复制出的屏风造型上表面沿z轴负方向拉伸300个单位，结果如图18-62所示。

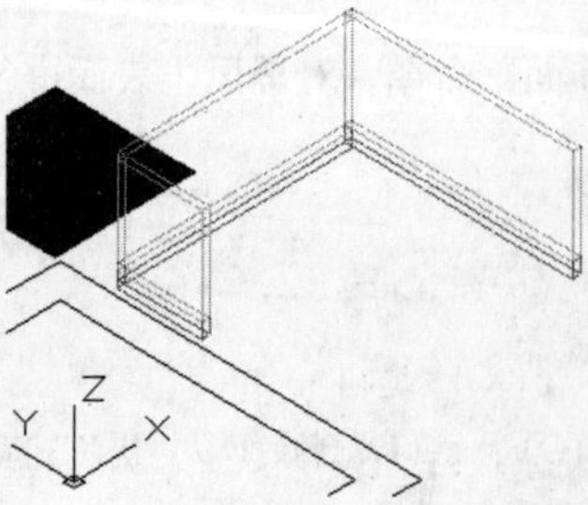


图18-59

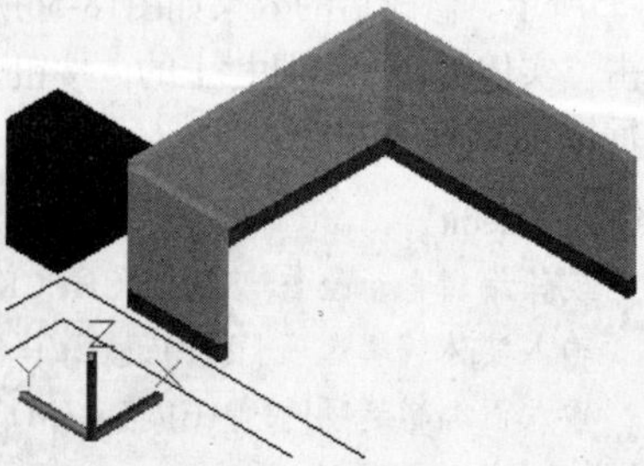


图18-60

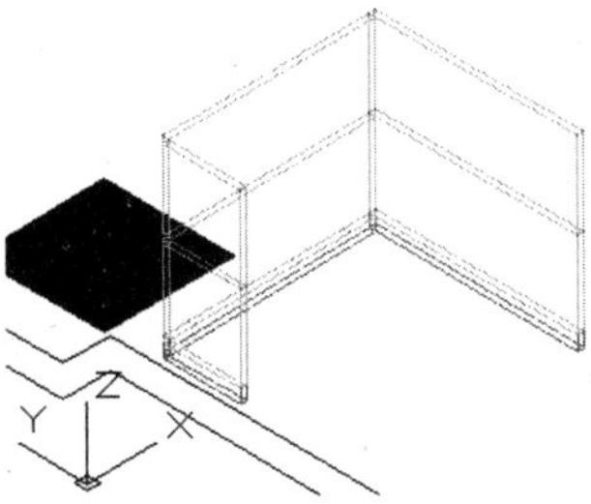

图18-61

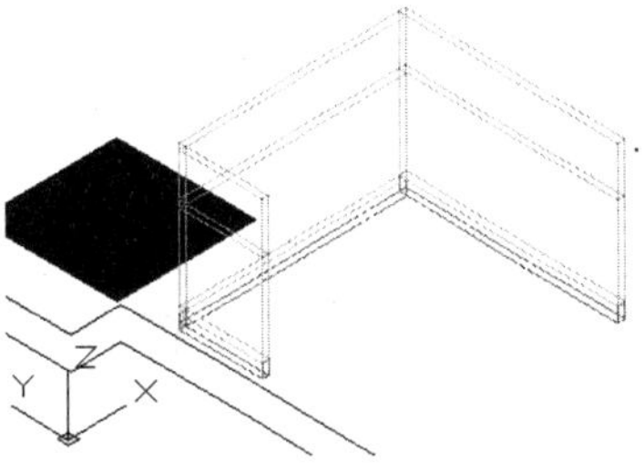

图18-62

**9** 夹点显示拉伸后的三个屏风造型，然后展开“颜色控制”下拉列表，修改其颜色如图18-63所示，修改后的效果如图18-64所示。

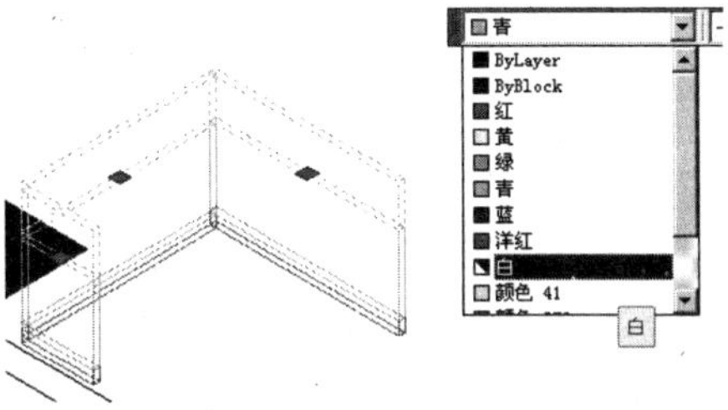


图18-63

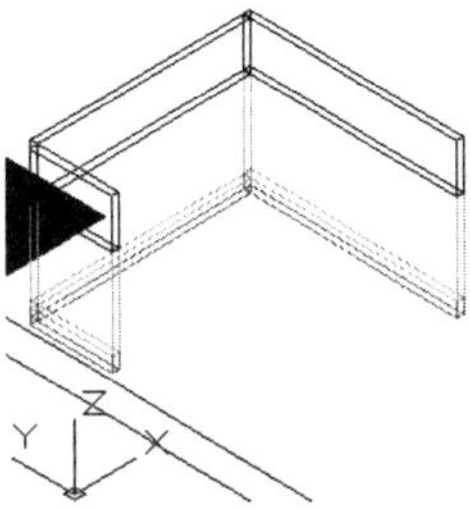

图18-64

**10** 关闭“其他层”，然后执行“长方体”命令，配合“捕捉自”功能绘制辅助长方体造型，命令行操作如下。

命令: _box
　　指定第一个角点或 [中心(C)]:　　　　　　　　//激活“捕捉自”功能
　　_from 基点:　　　　　　　　　　　　　　　　//捕捉如图18-65所示的端点
　　<偏移>:　　　　　　　　　　　　　　　　　//@-40,0,-40 Enter
　　指定其他角点或 [立方体(C)/长度(L)]: //@-1520,-50,-270 Enter, 绘制结果如图18-66所示

**11** 重复执行“长方体”命令，配合“捕捉自”功能分别绘制其他位置的长方体，命令行操作如下。

命令: _box
　　指定第一个角点或 [中心(C)]:　　　　　　　　//激活“捕捉自”功能

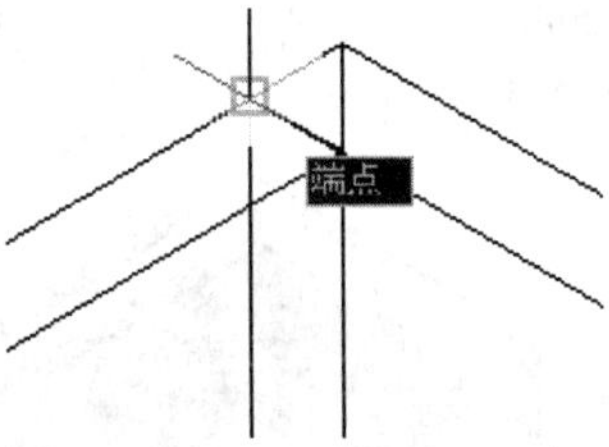


图18-65

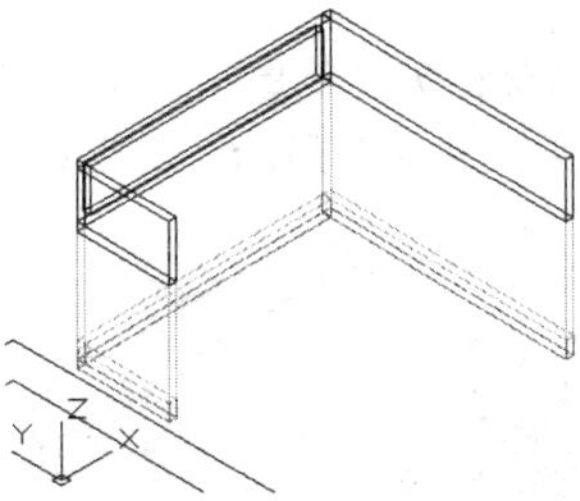

图18-66

　　_from 基点:　　　　　　　　　　　　//捕捉如图18-67所示的端点
　　<偏移>:　　　　　　　　　　　　　　//@0,-40,-40 Enter
　　指定其他角点或 [立方体(C)/长度(L)]:　//@-50,-1520,-270 Enter

```
命令: _box
    指定第一个角点或 [中心(C)]:                    //激活“捕捉自”功能
    _from 基点:                                    //捕捉如图18-68所示的端点
    <偏移>:                                        //@0,40,-40 Enter
    指定其他角点或 [立方体(C)/长度(L)]:            //@50,520,-270 Enter，绘制结果如图18-69所示
```

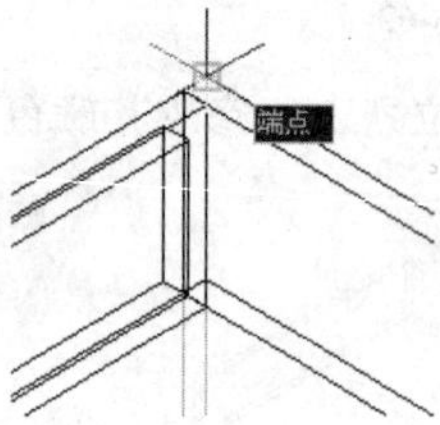

图18-67

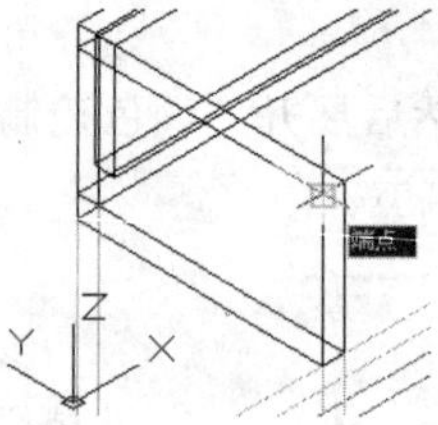

图18-68

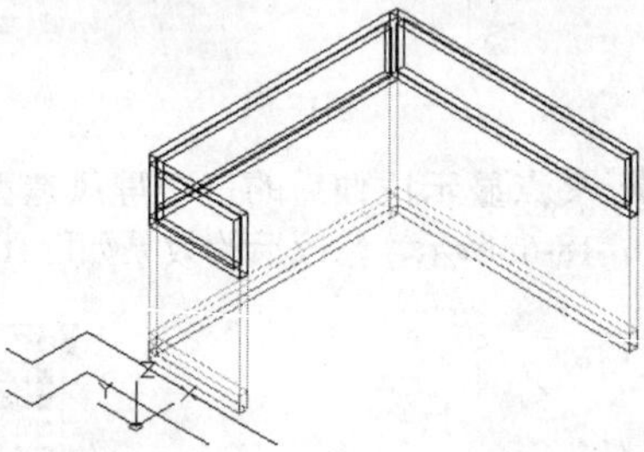
图18-69

**12** 使用命令简写SU激活“差集”命令，对屏风工作位进行差集运算，命令行操作如下。

```
命令: SU
    SUBTRACT 选择要从中减去的实体、曲面和面域...
    选择对象:                    //选择如图18-70所示的长方体
    选择对象:                    // Enter
    选择要减去的实体、曲面和面域...
    选择对象:                    //选择如图18-71所示的长方体
    选择对象:                    // Enter，差集运算后的灰度着色效果如图18-72所示
```

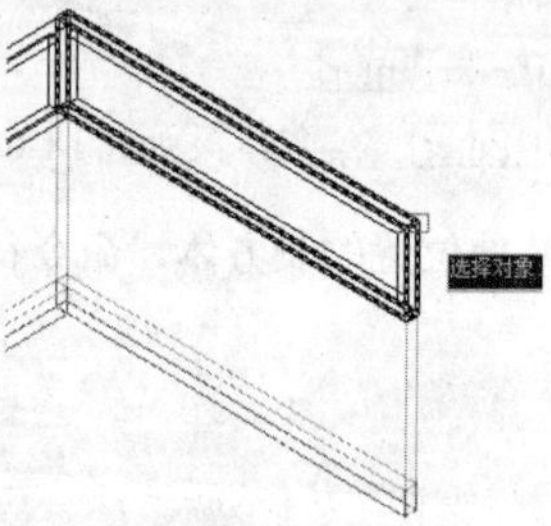

图18-70

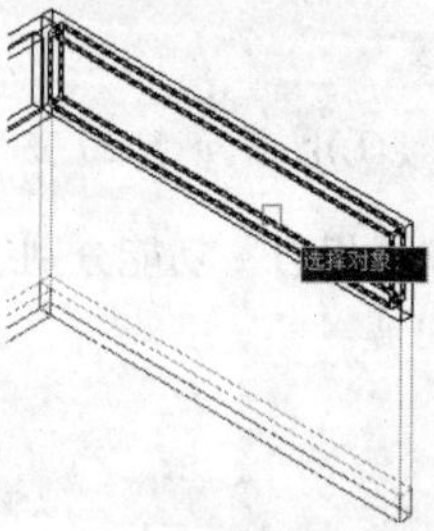

图18-71

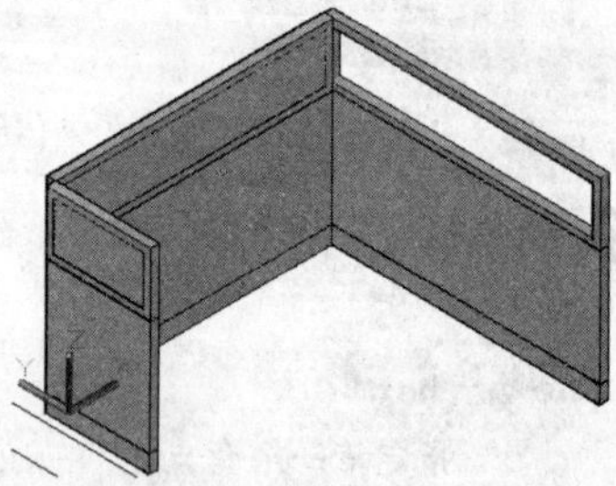
图18-72

**13** 接下来重复使用“差集”命令，分别对另外两侧的屏风进行差集运算，差集运算后的视图消隐效果如图18-73所示，灰度着色效果如图18-74所示。

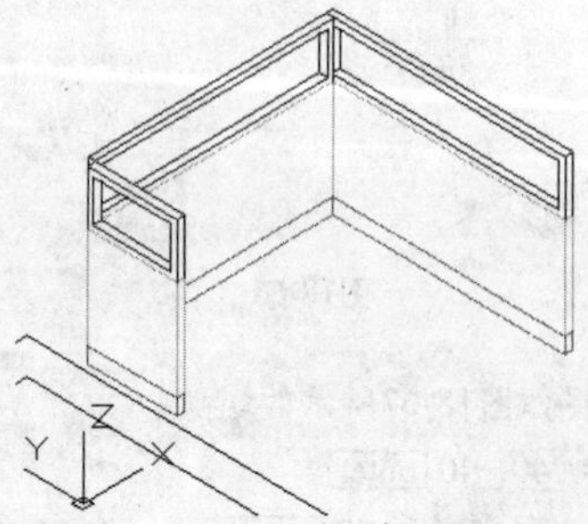

图18-73

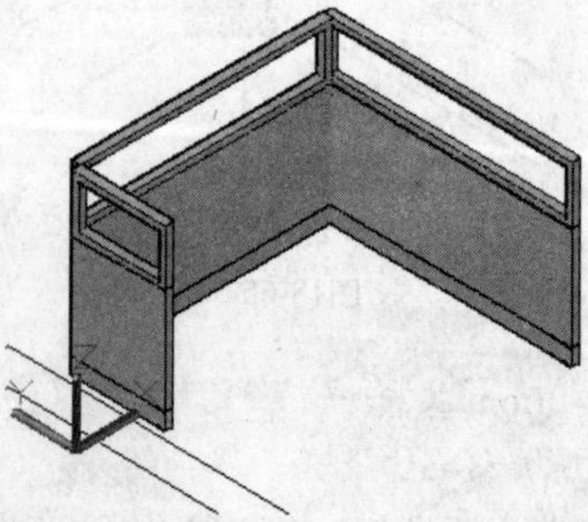
图18-74

至此，屏风工作位立体造型绘制完毕，下一小节将学习桌面板立体造型的绘制过程和技巧。

## 18.3.3 绘制桌面板立体造型

这一节继续绘制桌面板立体造型，具体操作步骤如下。

**1** 继续上一节实例的操作。

**2** 执行菜单栏中的“绘图”|“多段线”命令，配合坐标输入功能，绘制屏风工作位的桌面板轮廓线，命令行操作如下。

```
命令: _pline
    指定起点:                               //捕捉如图18-75所示的端点
    当前线宽为 0.0
    指定下一个点或 [圆弧(A)/半宽(H)/长度(L)/放弃(U)/宽度(W)]:          //@0,1600 Enter
    指定下一点或 [圆弧(A)/闭合(C)/半宽(H)/长度(L)/放弃(U)/宽度(W)]: //@-1600,0 Enter
    指定下一点或 [圆弧(A)/闭合(C)/半宽(H)/长度(L)/放弃(U)/宽度(W)]: //@0,-600 Enter
    指定下一点或 [圆弧(A)/闭合(C)/半宽(H)/长度(L)/放弃(U)/宽度(W)]: //@600,0 Enter
    指定下一点或 [圆弧(A)/闭合(C)/半宽(H)/长度(L)/放弃(U)/宽度(W)]: //A Enter
    指定圆弧的端点或[角度(A)/圆心(CE)/闭合(CL)/方向(D)/半宽(H)/直线(L)/半径(R)/第二个点
(S)/放弃(U)/宽度(W)]:                                                //@400,-400 Enter
    指定圆弧的端点或[角度(A)/圆心(CE)/闭合(CL)/方向(D)/半宽(H)/直线(L)/半径(R)/第二个点
(S)/放弃(U)/宽度(W)]:                               //CL Enter, 绘制结果如图18-76所示
```

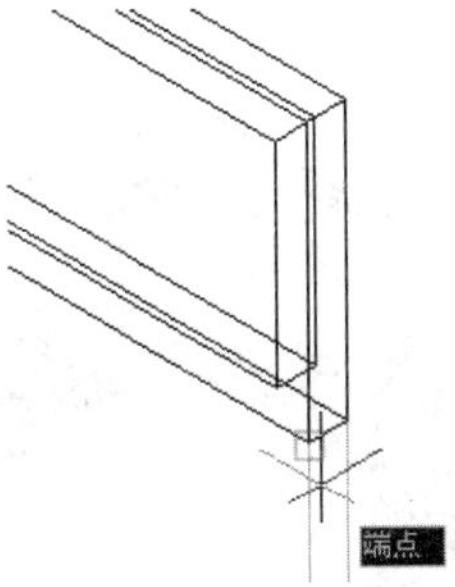


图18-75

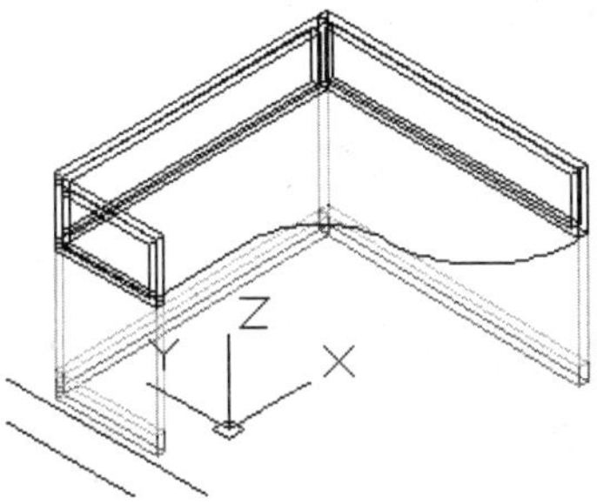


图18-76

**3** 在无命令执行的前提下，夹点显示刚绘制的桌面板轮廓线，结果如图18-77所示。

**4** 展开“颜色控制”下拉列表，修改轮廓线的颜色为青色，如图18-78所示。

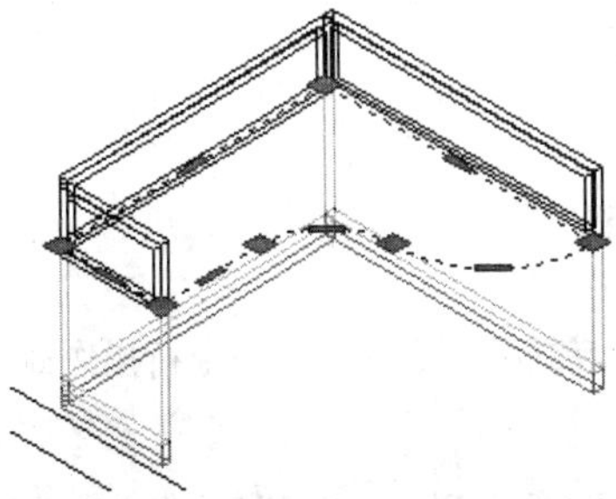

图18-77

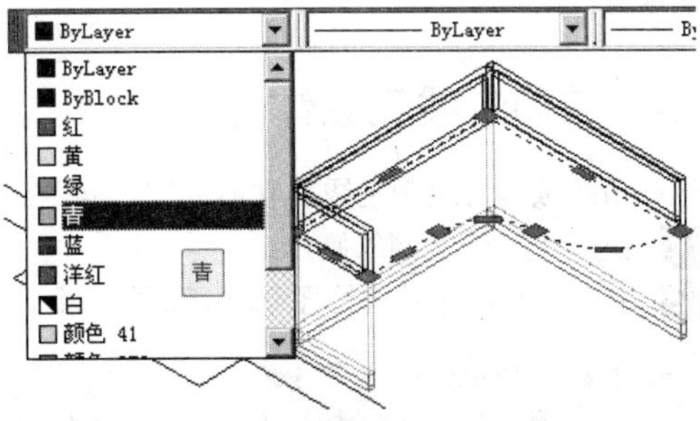


图18-78

**5** 单击“建模”工具栏上的按钮，激活“拉伸”命令，将刚绘制的多段线拉伸为三维实体，命令行操作如下。

```
命令: _extrude
    当前线框密度: ISOLINES=4，闭合轮廓创建模式 = 实体
    选择要拉伸的对象或 [模式(MO)]: _MO 闭合轮廓创建模式 [实体(SO)/曲面(SU)] <实体>: _SO
    选择要拉伸的对象或 [模式(MO)]:          //选择桌面板轮廓线，如图18-79所示
    选择要拉伸的对象或 [模式(MO)]:          // Enter
    指定拉伸的高度或 [方向(D)/路径(P)/倾斜角(T)/表达式(E)] <-270.0>:
                                          //@0,0,-25 Enter，拉伸结果如图18-80所示
```

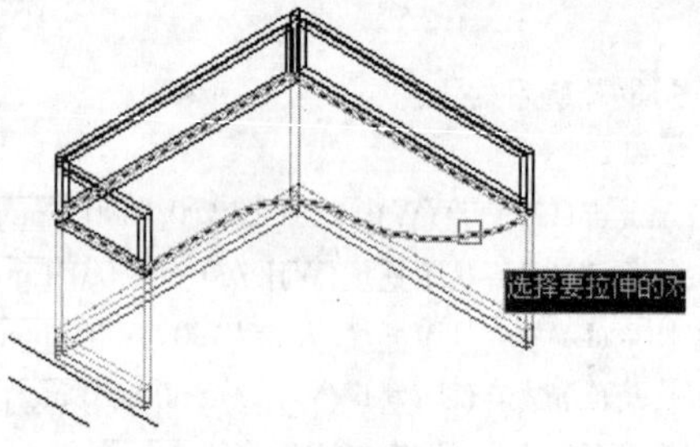

图18-79

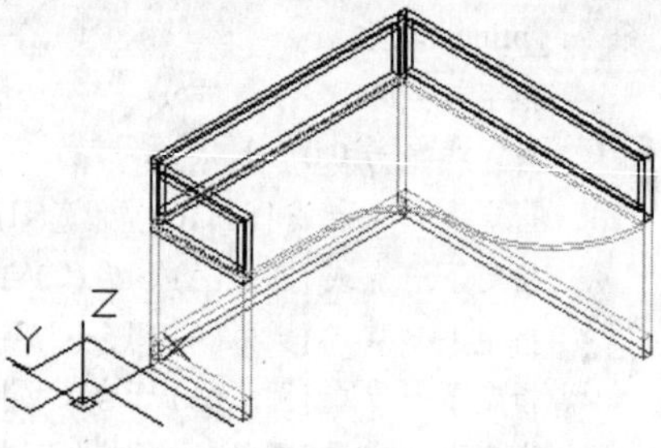

图18-80

**6** 在命令行输入系统变量FACETRES，设置该变量的值为10。

**7** 执行菜单栏中的“视图”|“消隐”命令，对其进行消隐显示，观看其消隐效果，如图18-81所示。

**8** 使用命令简写VS激活“视觉样式”命令，对屏风工作位立体造型进行着色显示，效果如图18-82所示。

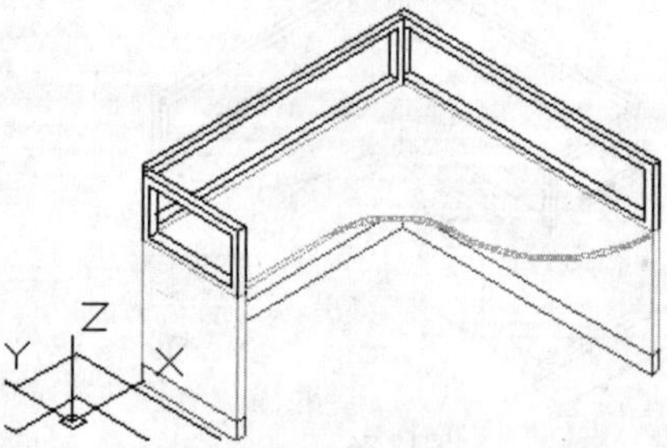

图18-81

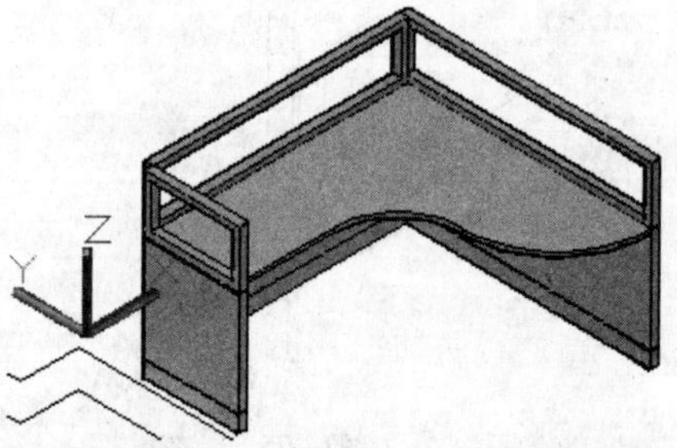

图18-82

至此，屏风工作位立体造型绘制完毕，下一小节将学习走线孔、办公椅、落地柜等配件的绘制过程和技巧。

### 18.3.4 绘制走线孔立体造型

这一节继续学习绘制走线孔立体造型，具体操作步骤如下。

**1** 继续上一节实例的操作。

**2** 执行菜单栏中的“绘图”|“矩形”命令，配合“自”功能绘制走线孔，命令行操作如下。

```
命令: _rectang
    指定第一个角点或 [倒角(C)/标高(E)/圆角(F)/厚度(T)/宽度(W)]: //激活“捕捉自”功能
    _from 基点:                                    //捕捉如图18-83所示的端点
    <偏移>:                                        //@-60,-55 Enter
    指定另一个角点或 [面积(A)/尺寸(D)/旋转(R)]: //@-90,-90 Enter，绘制结果如图18-84所示
```

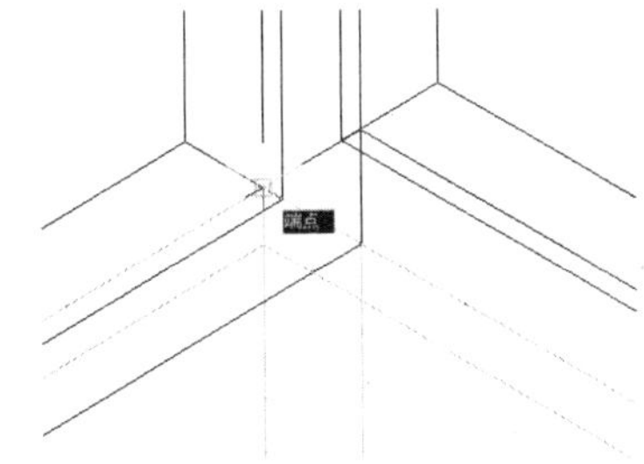


图18-83

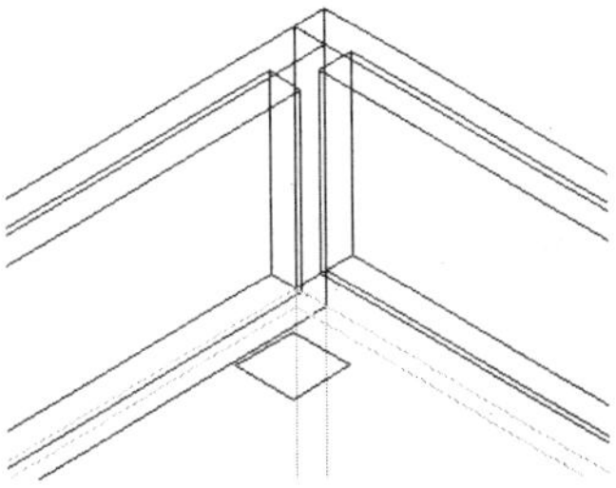

图18-84

**3** 使用命令简写EXT激活“拉伸”命令，将刚绘制的矩形沿z轴正方向拉伸2个绘图单位，命令行操作如下。

命令: EXT　　　　　　　　　　　　　　// Enter
　EXTRUDE当前线框密度: ISOLINES=4，闭合轮廓创建模式 = 实体
　选择要拉伸的对象或 [模式(MO)]:　　　//选择刚绘制的矩形
　选择要拉伸的对象或 [模式(MO)]:　　　// Enter
　指定拉伸的高度或 [方向(D)/路径(P)/倾斜角(T)/表达式(E)] <-25.0>:
　　　　　　　　　　　　　　　　　　//@0,0,2 Enter，拉伸结果如图18-85所示

**4** 使用命令简写C激活“圆”命令，以如图18-86所示的中点追踪虚线的交点作为圆心，绘制半径为32.5的圆，结果如图18-87所示。

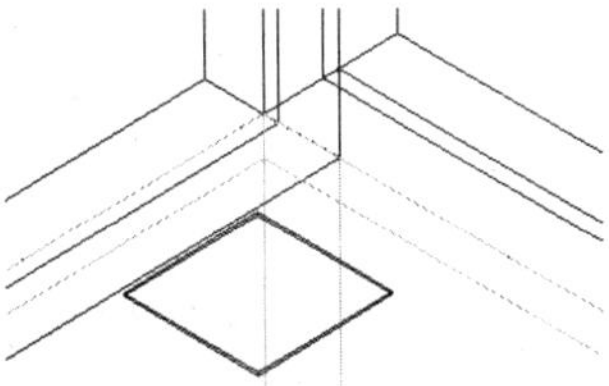

图18-85

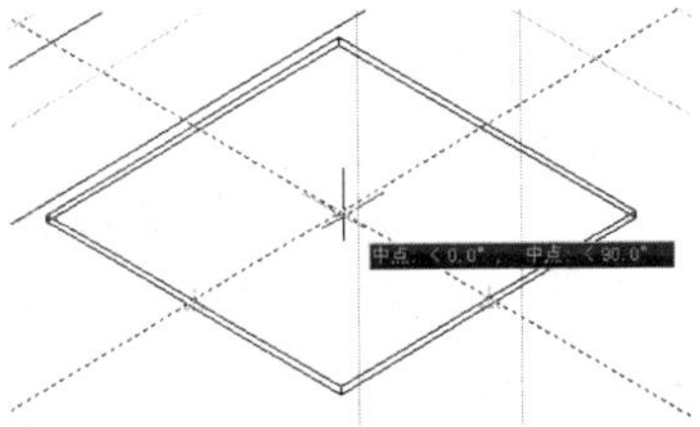

图18-86

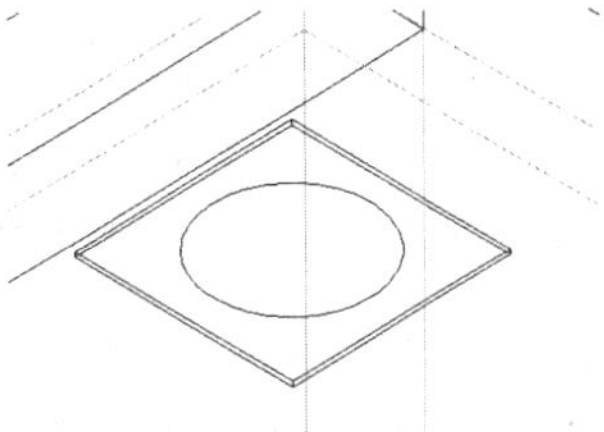

图18-87

**5** 执行菜单栏中的“修改” | “三维操作” | “三维镜像”命令，对走线孔造型进行镜像，命令行操作如下。

命令: _mirror3d
　选择对象:　　　　　　　　　　　　//选择如图18-88所示的走线孔
　选择对象:　　　　　　　　　　　　// Enter
　指定镜像平面 (三点) 的第一个点或[对象(O)/最近的(L)/Z 轴(Z)/视图(V)/XY 平面(XY)/YZ 平面(YZ)/ZX 平面(ZX)/三点(3)] <三点>:　　//YZ Enter
　指定 YZ 平面上的点 <0,0,0>:　　　　//捕捉如图18-89所示的中点
　是否删除源对象？[是(Y)/否(N)] <否>:　// Enter，镜像结果如图18-90所示

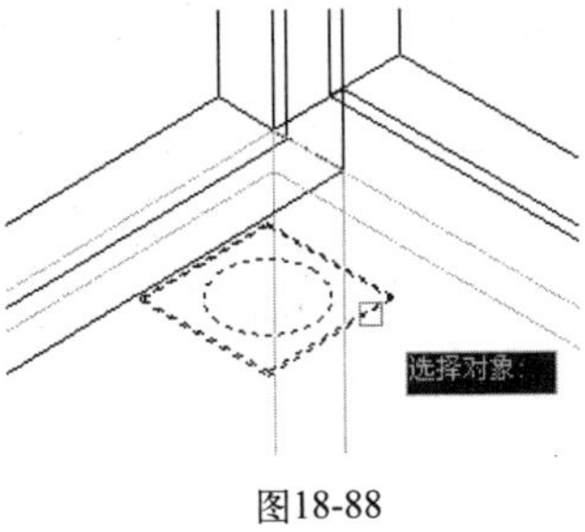


图18-88

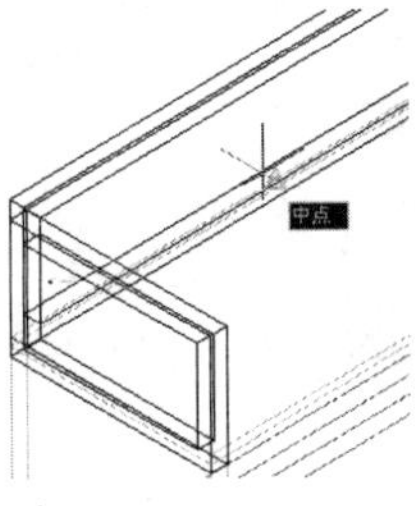


图18-89

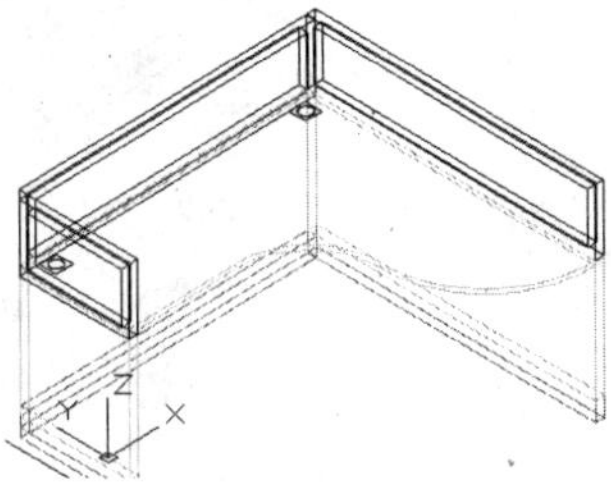

图18-90

**6** 使用命令简写M激活“移动”命令，选择两个走线孔造型，沿y轴负方向位移50个绘图单位，命令行操作如下。

命令: M　　　　　　　　　　　　　　　　// Enter
　　MOVE选择对象:　　　　　　　　　　　//选择两个走线孔造型
　　选择对象:　　　　　　　　　　　　　// Enter
　　指定基点或 [位移(D)] <位移>:　　　　//拾取任意一点
　　指定第二个点或 <使用第一个点作为位移>:
　　　　　　　//@0,-50,0 Enter，移动结果如图18-91所示，灰度着色效果如图18-92所示

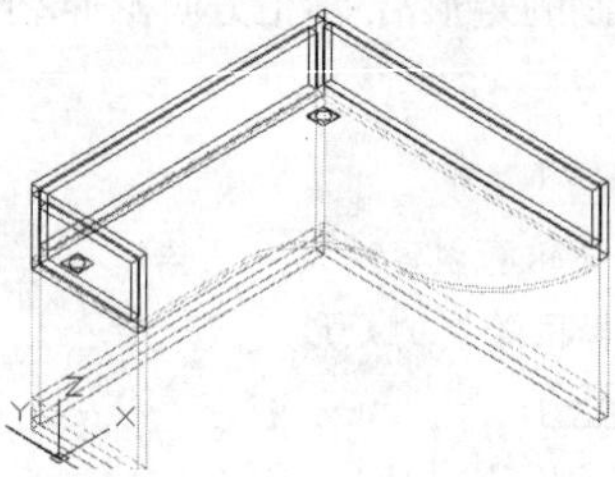

图18-91

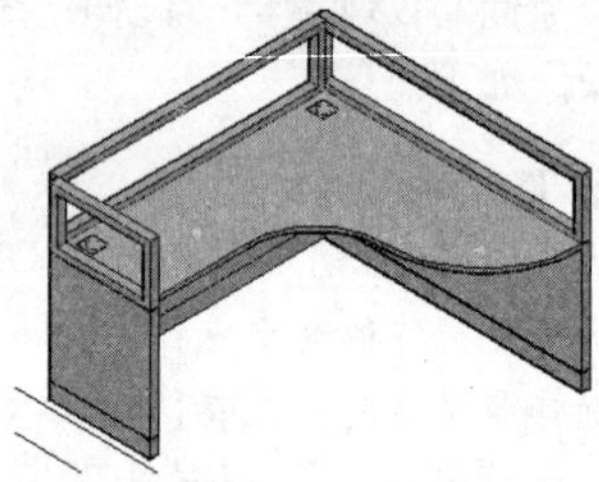

图18-92

**7** 执行菜单栏中的“视图”|“三维视图”|“西北等轴测”命令，将当前视图切换到西北视图。

**8** 执行菜单栏中的“修改”|“实体编辑”|“拉伸面”命令，对桌面板侧面进行拉伸，命令行操作如下。

命令: _solidedit
　　实体编辑自动检查: SOLIDCHECK=1
　　输入实体编辑选项 [面(F)/边(E)/体(B)/放弃(U)/退出(X)] <退出>: _face
　　输入面编辑选项[拉伸(E)/移动(M)/旋转(R)/偏移(O)/倾斜(T)/删除(D)/复制(C)/颜色(L)/材质(A)/放弃(U)/退出(X)] <退出>: _extrude
　　选择面或 [放弃(U)/删除(R)]:　　　　　　　//选择如图18-93所示的表面
　　选择面或 [放弃(U)/删除(R)/全部(ALL)]:　　// Enter
　　指定拉伸高度或 [路径(P)]:　　　　　　　　//-50 Enter
　　指定拉伸的倾斜角度 <0.0>:　　　　　　　// Enter
　　已开始实体校验。
　　已完成实体校验。
　　输入面编辑选项[拉伸(E)/移动(M)/旋转(R)/偏移(O)/倾斜(T)/删除(D)/复制(C)/颜色(L)/材质(A)/放弃(U)/退出(X)] <退出>:　　// Enter
　　实体编辑自动检查: SOLIDCHECK=1
　　输入实体编辑选项 [面(F)/边(E)/体(B)/放弃(U)/退出(X)] <退出>:
　　　　　　　// Enter，拉伸结果如图18-94所示

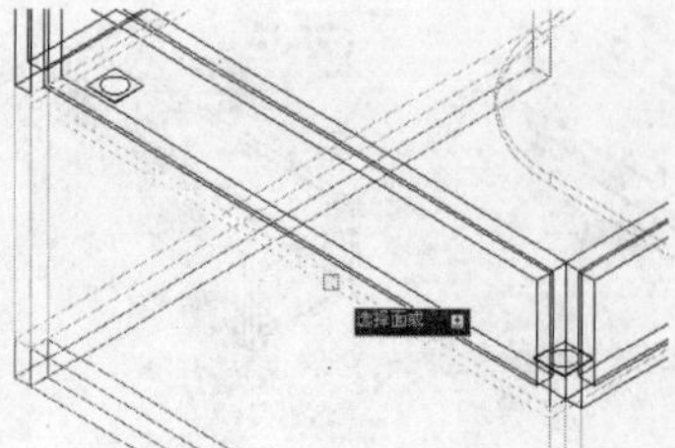

图18-93

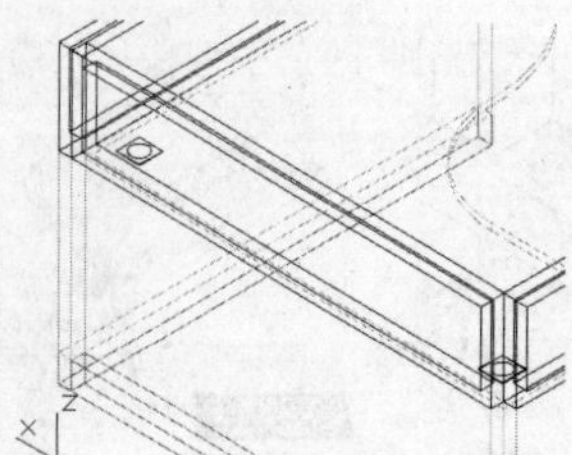

图18-94

**9** 执行菜单栏中的“视图”|“三维视图”|“西南等轴测”命令，将当前视图切换到南北视图。

至此，桌面板走线孔立体造型绘制完毕，下一小节将学习屏风工作位办公椅、落地柜等配件的绘制过程和技巧。

## 18.3.5 绘制办公椅与落地柜

这一节主要来插入相关的办公家具构件，学习家具构件的插入方法和技巧，具体操作步骤如下。

**1** 继续上一节实例的操作。

**2** 展开“图层控制”下拉列表，打开被关闭的“其他层”。

**3** 单击“绘图”工具栏上的“插入”按钮，在打开的“插入”对话框中单击 浏览(B)... 按钮，打开“选择图形文件”对话框。

**4** 在“选择图形文件”对话框中选择随书光盘中的文件“图块文件”\“落地柜.dwg”，如图18-95所示。

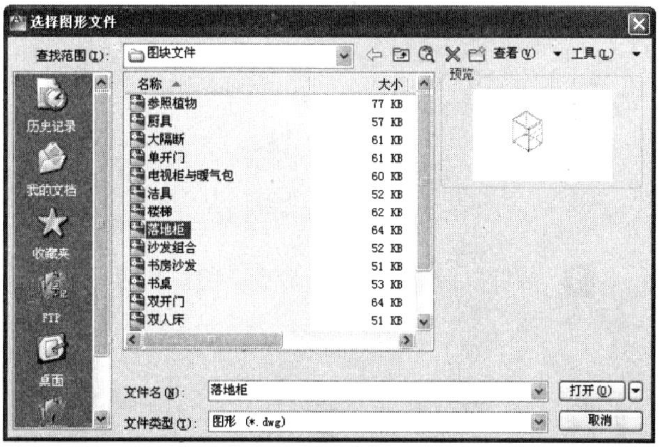


图18-95

**5** 单击 打开(O) 按钮，返回“插入”对话框，采用默认参数将其插入到平面图中，插入点为如图18-96所示的端点，插入结果如图18-97所示。

**6** 重复执行“插入块”命令，以默认参数插入随书光盘中的文件“图块文件”\“办公椅.dwg”，如图18-98所示，插入点为如图18-96所示的端点，插入结果如图18-99所示。

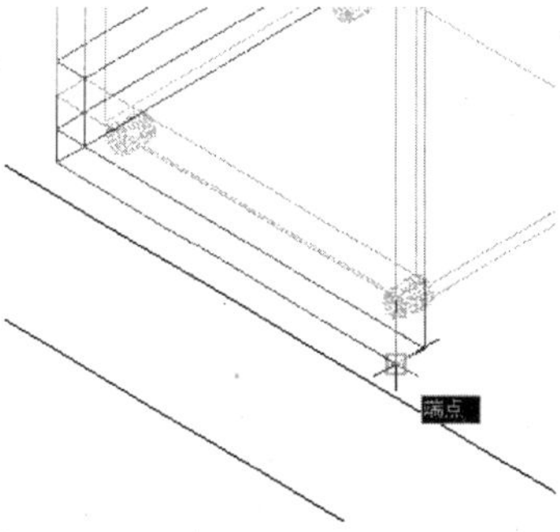


图18-96

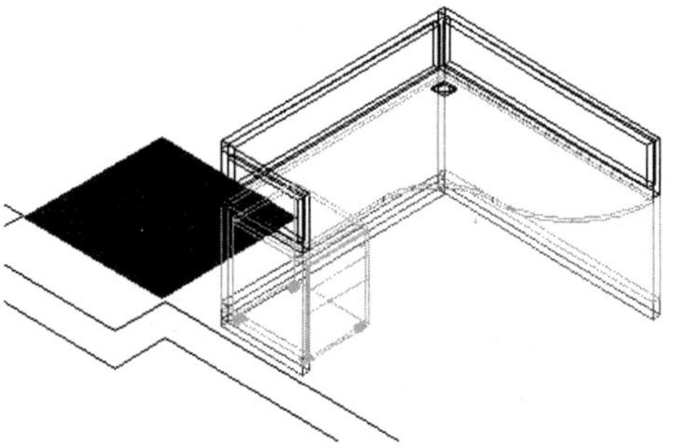

图18-97

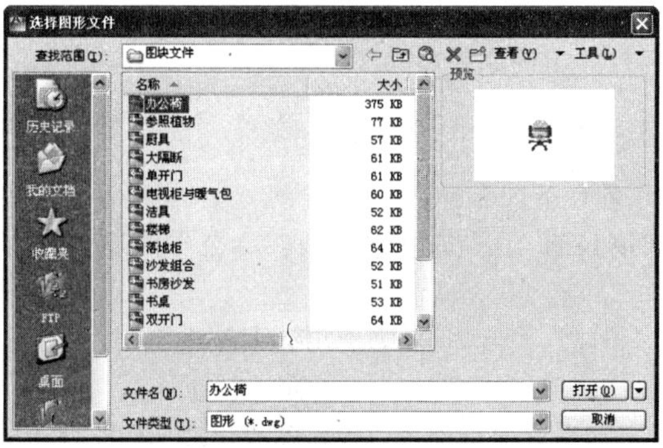


图18-98

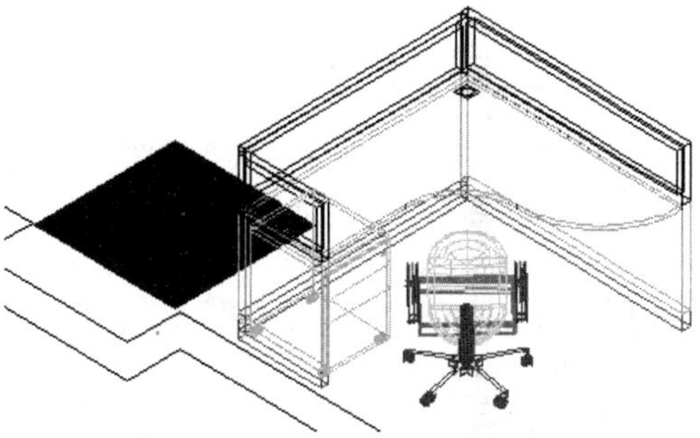

图18-99

7 使用命令简写H激活“消隐”命令，对视图进行消隐着色，结果如图18-100所示。

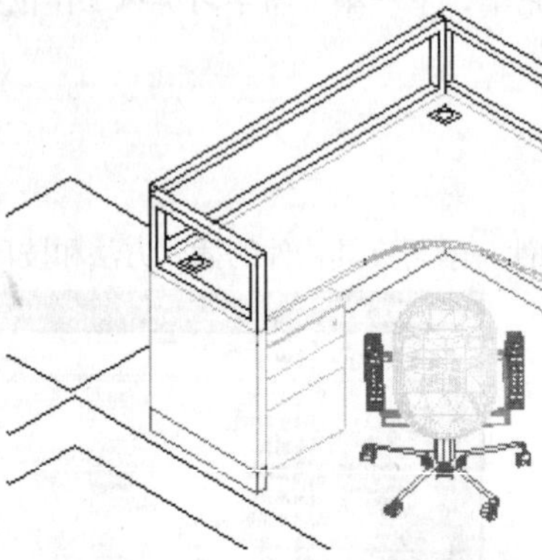

图18-100

8 最后执行“另存为”命令，将该图形另名存储为“绘制市场部屏风工作位.dwg”。

# 18.4 绘制某航空公司市场部办公家具布置图

这一节继续学习绘制如图18-101所示的某航空公司市场部办公家具布置图的绘制过程和绘制技巧。

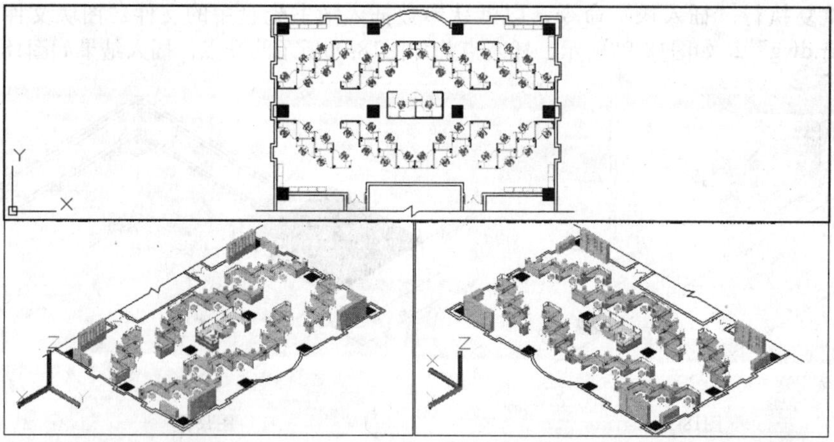

图18-101

## 18.4.1 绘制一区办公家具布置图

这一节首先来绘制一区家具布置图，具体操作步骤如下。

1 打开随书光盘中的文件“效果文件”\“第18章”\“某航空市场部办公空间墙体平面图.dwg”。

2 执行菜单栏中的“视图”|“三维视图”|“俯视”命令，将视图切换到俯视图，结果如图18-102所示。

3 执行菜单栏中的“视图”|“缩放”|“窗口”命令，对视图进行窗口缩放，结果如图18-103所示。

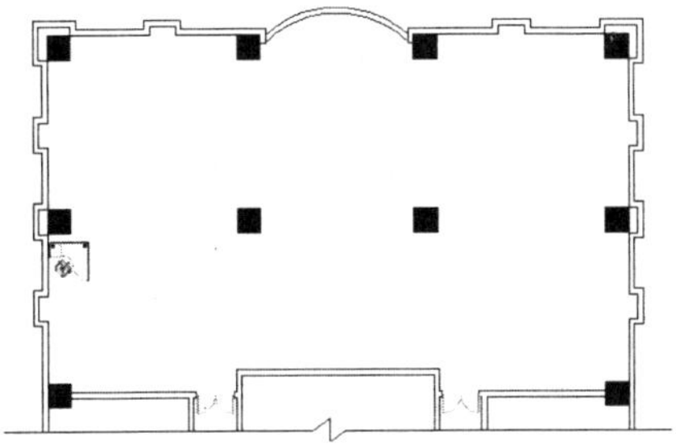

图18-102

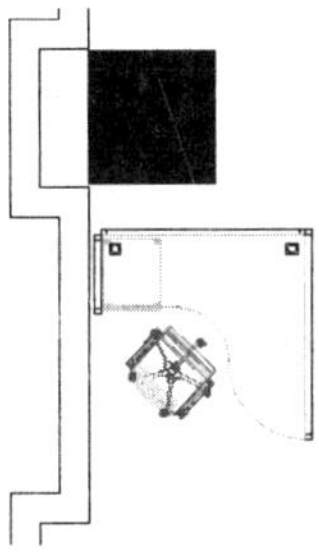

图18-103

**4** 单击“修改”工具栏上的“镜像”按钮，激活“镜像”命令，对屏风工作位进行镜像，命令行操作如下。

```
命令: _mirror
    选择对象:                                //窗交选择如图18-104所示的对象
    选择对象:                                //Enter
    指定镜像线的第一点:                      //捕捉如图18-105所示的中点
    指定镜像线的第二点:                      //@0,1 Enter
    要删除源对象吗？[是(Y)/否(N)] <N>:       //Enter，镜像结果如图18-106所示
```

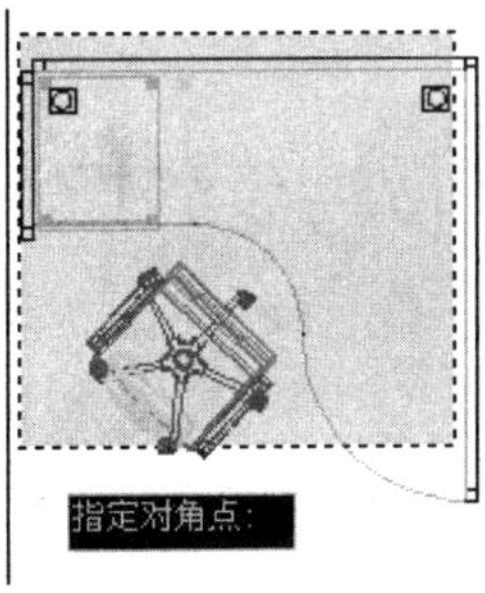


图18-104

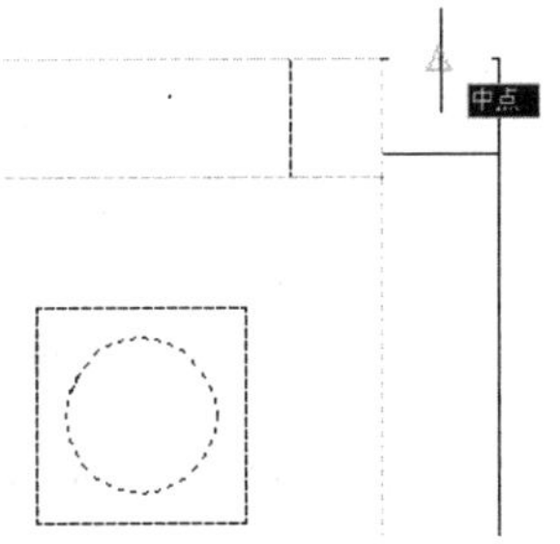


图18-105

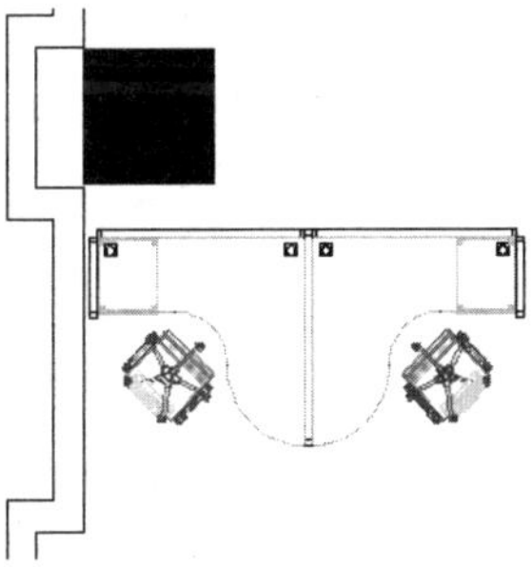

图18-106

**5** 重复执行“镜像”命令，继续对镜像出的桌椅造型进行镜像，命令行操作如下。

```
命令: _mirror
    选择对象:                                //窗交选择如图18-107所示的对象
    选择对象:                                //Enter
    指定镜像线的第一点:                      //捕捉如图18-108所示的中点
    指定镜像线的第二点:                      //@1,0 Enter
    要删除源对象吗？[是(Y)/否(N)] <N>:       //Enter，镜像结果如图18-109所示
```

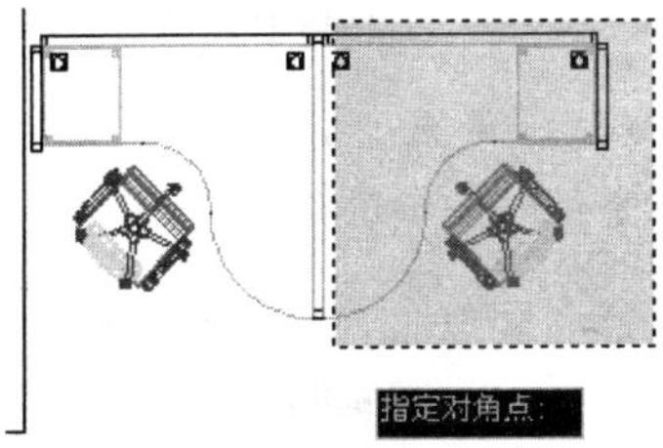


图18-107

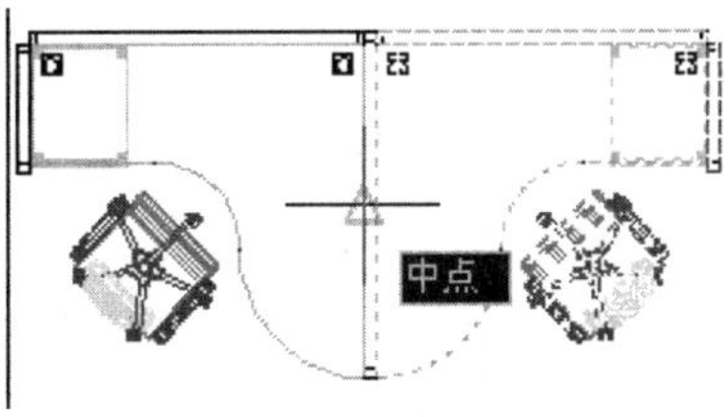


图18-108

**6** 执行菜单栏中的“修改”|“复制”命令，对屏风工作位造型进行复制，命令行操作如下。

```
命令: _copy
    选择对象:                                        //窗交选择如图18-110所示的对象
    选择对象:                                                      // Enter
    当前设置: 复制模式 = 多个
    指定基点或 [位移(D)/模式(O)] <位移>:                          //拾取任意一点
    指定第二个点或 [阵列(A)] <使用第一个点作为位移>:              //@1650,-1550 Enter
    指定第二个点或 [阵列(A)/退出(E)/放弃(U)] <退出>:
                                                   // Enter，复制结果如图18-111所示
```

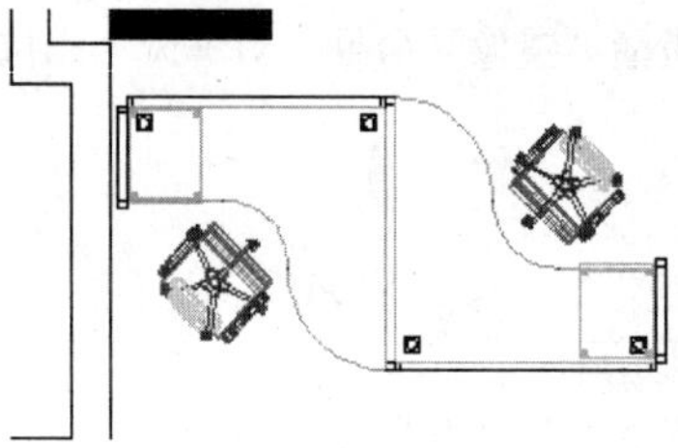

图18-109

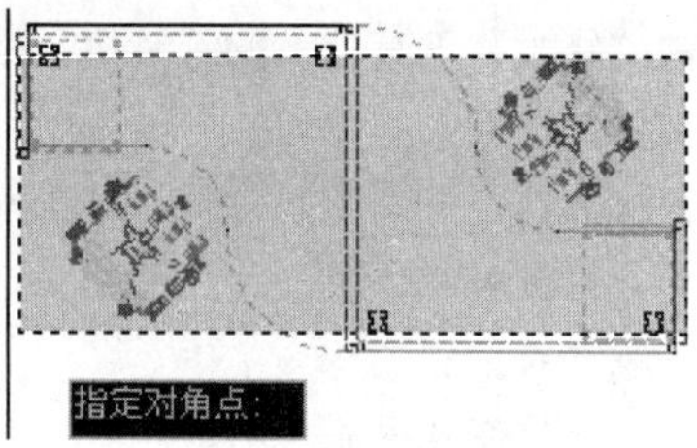


图18-110

**7** 执行菜单栏中的“修改”|“移动”命令，窗交选择如图18-112所示的对象进行位移，命令行操作如下。

```
命令: _move
    选择对象:                                   //窗交选择如图18-112所示的对象
    选择对象:                                   // Enter
    指定基点或 [位移(D)] <位移>:                //拾取任意一点
    指定第二个点或 <使用第一个点作为位移>:  //@0,600,0 Enter，复制结果如图18-113所示
```

**8** 执行菜单栏中的“修改”|“复制”命令，继续对屏风工作位进行复制，命令行操作如下。

```
命令: _copy
    选择对象:                                   //窗交选择如图18-114所示的对象
```

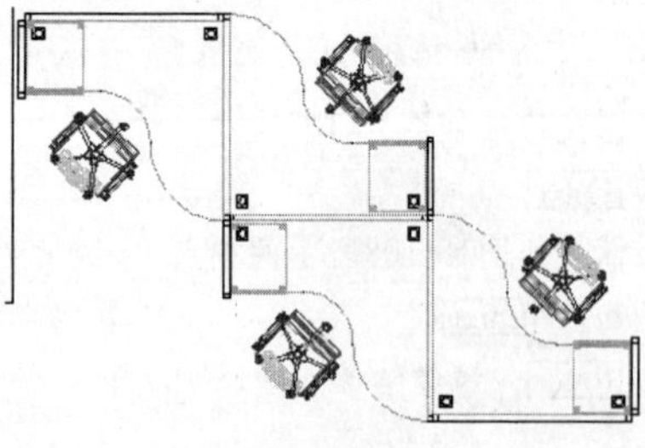

图18-111

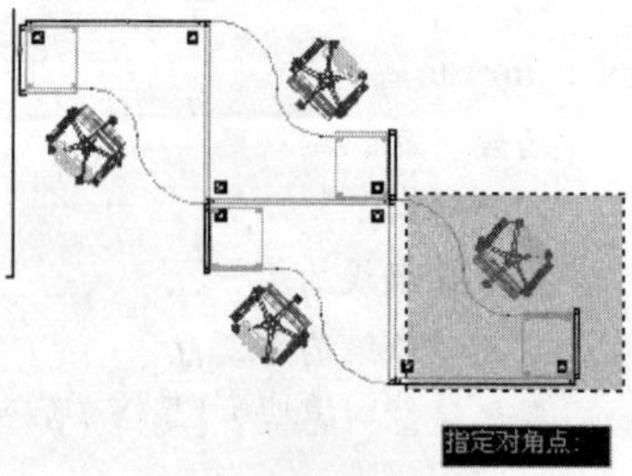


图18-112

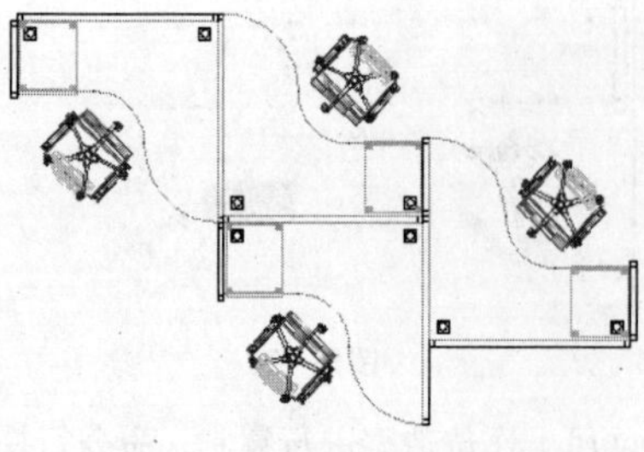

图18-113

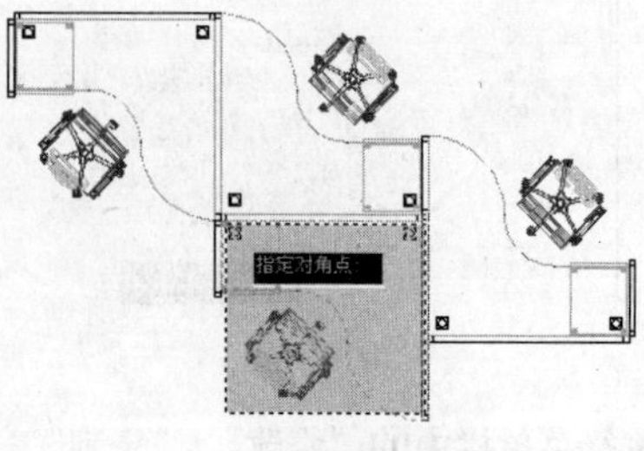


图18-114

选择对象: //Enter
当前设置: 复制模式 = 多个
指定基点或 [位移(D)/模式(O)] <位移>: //拾取任意一点
指定第二个点或 [阵列(A)] <使用第一个点作为位移>: //@1650,-950 Enter
指定第二个点或 [阵列(A)/退出(E)/放弃(U)] <退出>: // Enter, 复制结果如图18-115所示

**9** 重复执行“复制”命令，配合窗交选择功能继续对屏风工作位进行复制，命令行操作如下。

命令: _copy
选择对象: //窗交选择如图18-116所示的对象
选择对象: //Enter
当前设置: 复制模式 = 多个
指定基点或 [位移(D)/模式(O)] <位移>: //拾取任意一点
指定第二个点或 [阵列(A)] <使用第一个点作为位移>: //@1650,-1550 Enter
指定第二个点或 [阵列(A)/退出(E)/放弃(U)] <退出>: // Enter, 复制结果如图18-117所示

**10** 执行菜单栏中的“视图”|“三维视图”|“左视”命令，将视图切换到左视图，结果如图18-118所示。

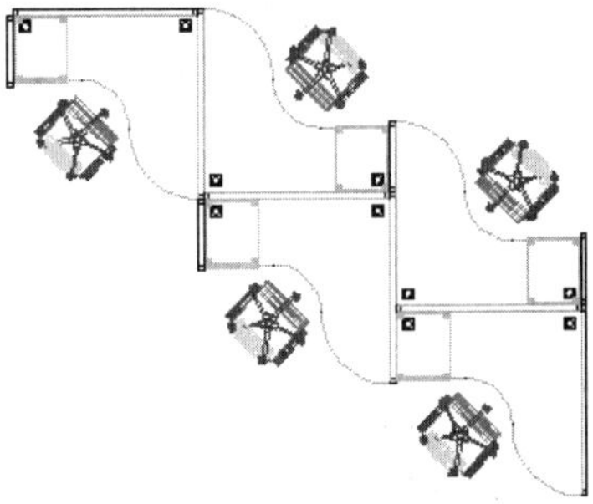

图18-115

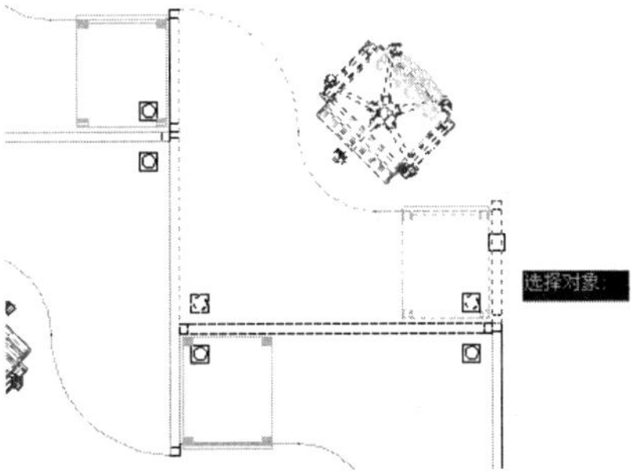


图18-116

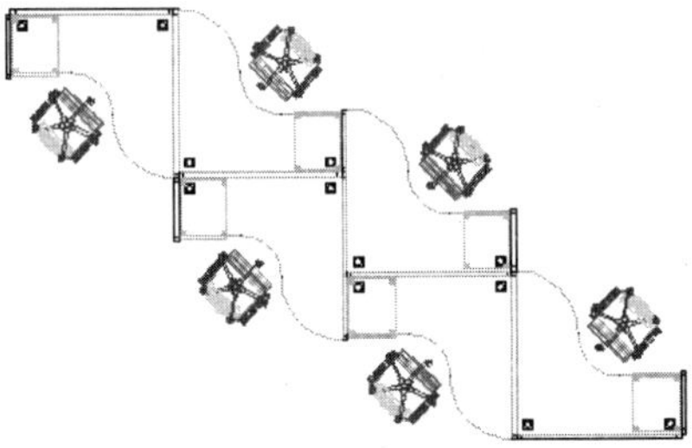

图18-117

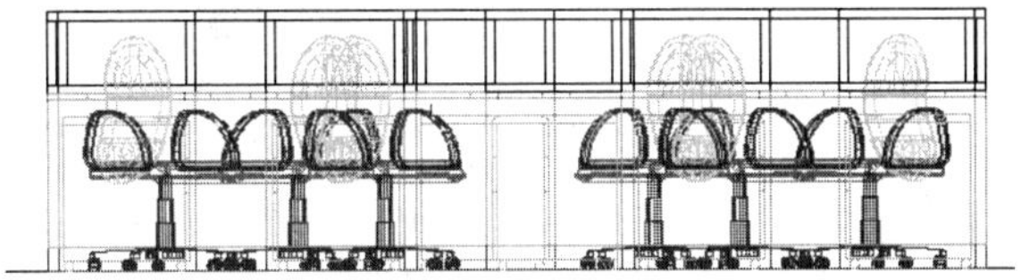

图18-118

**11** 执行菜单栏中的“视图”|“三维视图”|“前视”命令，将视图切换到前视图，结果如图18-119所示。

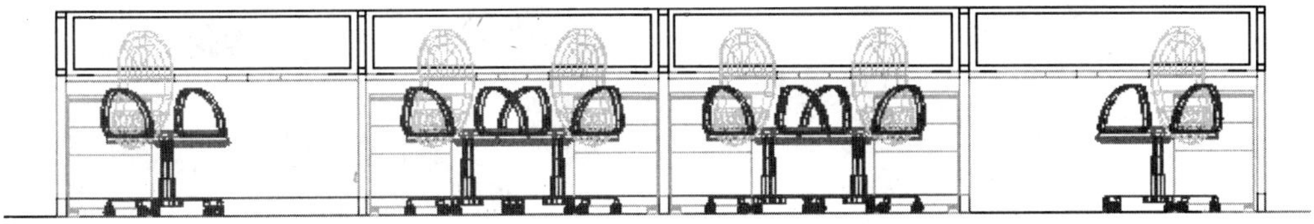

图18-119

TIP

通过各种视图的切换，可以方便检查模型之间的相互位置是否正确，便于及时调整。

**12** 将视图恢复到俯视图，然后使用命令简写MI激活“镜像”命令，对屏风工作位组合进行镜像，命令行操作如下。

```
命令: _mirror
    选择对象:                           //选择如图18-120所示的屏风工作位组合
    选择对象:                           // Enter
    指定镜像线的第一点:  //向上引出如图18-121所示的对象追踪矢量，然后输入1400 Enter
    指定镜像线的第二点:                 //@1,0 Enter
    要删除源对象吗？[是(Y)/否(N)] <N>:  // Enter，镜像结果如图18-122所示
```

**13** 执行菜单栏中的“视图”|“三维视图”|“西南等轴测”命令，将当前视图切换到西南视图，结果如图18-123所示。

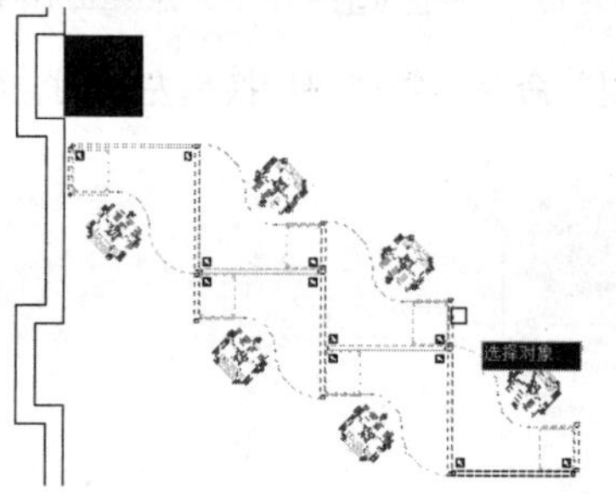


图18-120

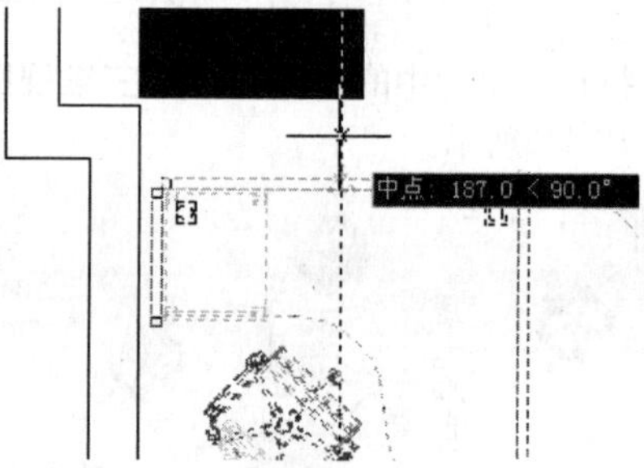


图18-121

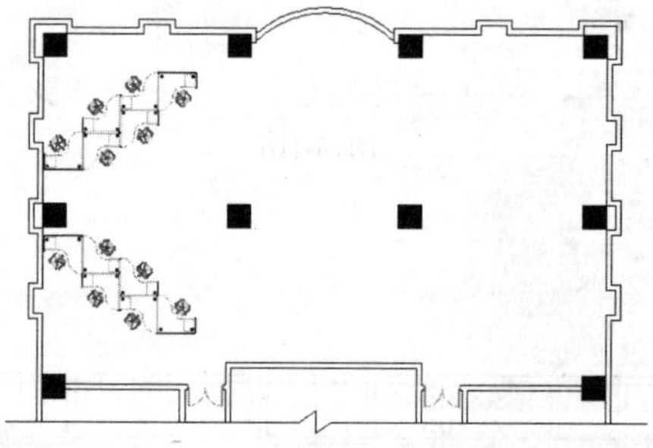

图18-122

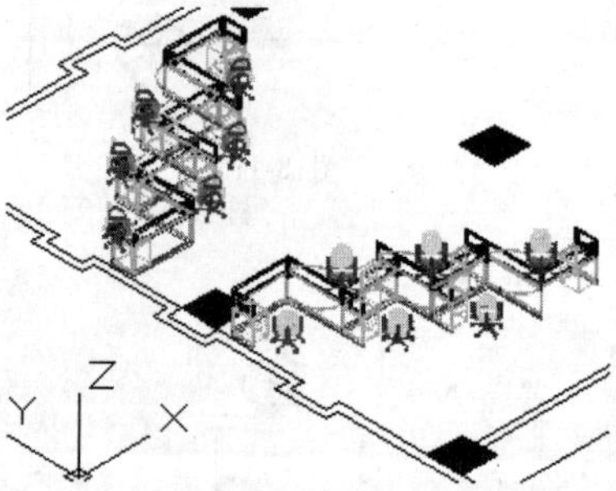


图18-123

**14** 使用命令简写HI激活“消隐”命令，对视图进行消隐，观看其效果，如图18-124所示。

**15** 使用命令简写VS激活“视觉样式”命令，对模型进行概念着色，观看其效果，如图18-125所示。

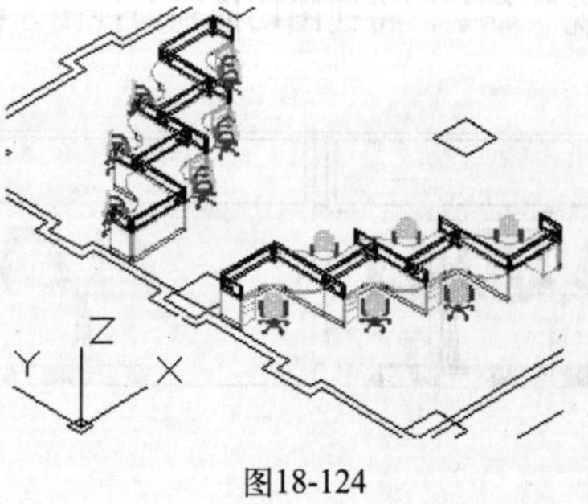


图18-124

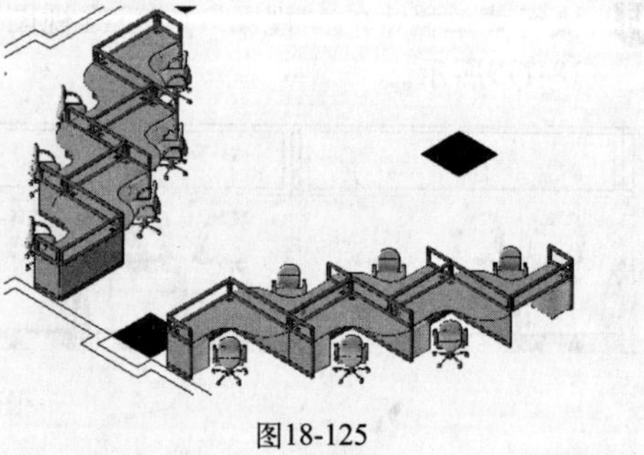

图18-125

**16** 执行菜单栏中的“视图”|“三维视图”|“东南等轴测”命令，将当前视图切换到东南视图，结果如图18-126所示。

至此，某航空公司市场部一区办公家具布置图绘制完毕，下一小节将学习市场部二区办公家具布置图的绘制过程和技巧。

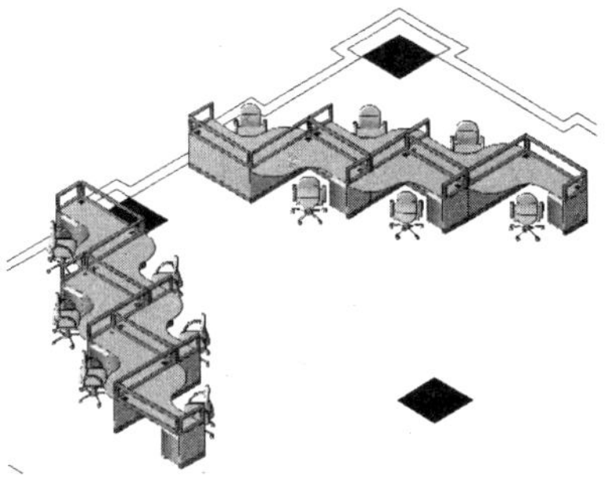

图18-126

## 18.4.2 绘制二区办公家具布置图

这一节继续绘制二区办公家具布置图，具体操作步骤如下。

**1** 继续上一节实例的操作。

**2** 执行菜单栏中的“视图”|“三维视图”|“俯视”命令，将当前视图切换到俯视图。

**3** 使用命令简写VS激活“视觉样式”命令，将视图切换到二维线框着色状态。

> **TIP** 在二维线框着色状态下，更便于图形点的精确定位。

**4** 使用命令简写XL激活“构造线”命令，通过如图18-127所示的端点，绘制一条水平构造线作为定位辅助线，绘制结果如图18-128所示。

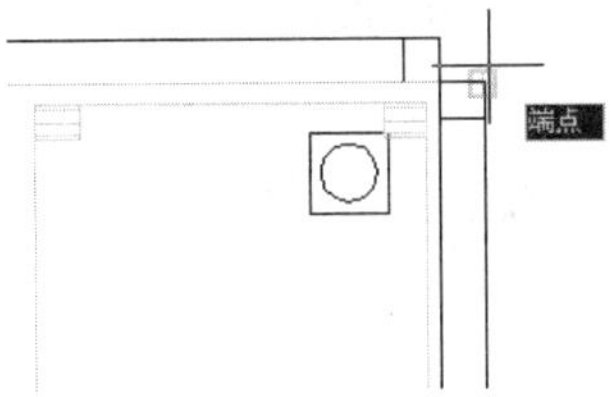


图18-127

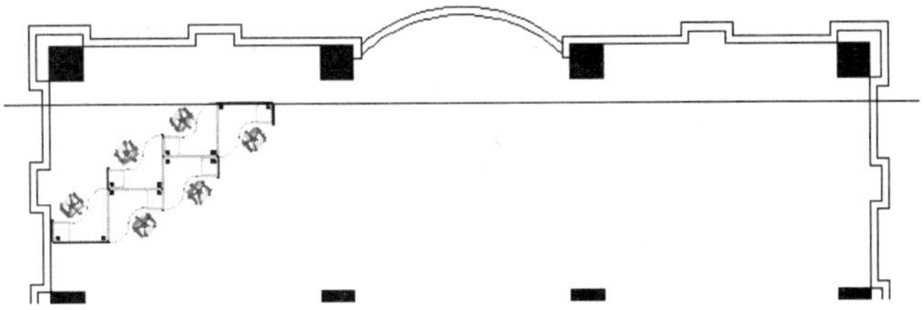

图18-128

**5** 执行菜单栏中的“修改”|“复制”命令，配合“中点”捕捉和“对象追踪”功能，对一区屏风工作位组合进行复制，命令行操作如下。

```
命令: _copy
    选择对象:                                   //窗口选择如图18-129所示的屏风工作位
    选择对象:                                   //Enter
    当前设置: 复制模式 = 多个
    指定基点或 [位移(D)/模式(O)] <位移>:              //捕捉如图18-130所示的中点
```

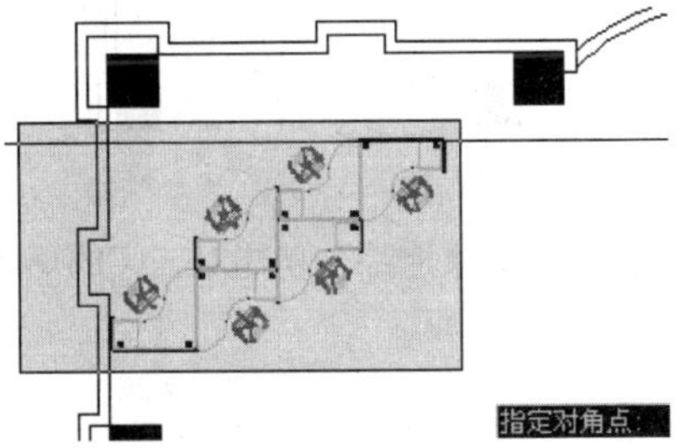


图18-129

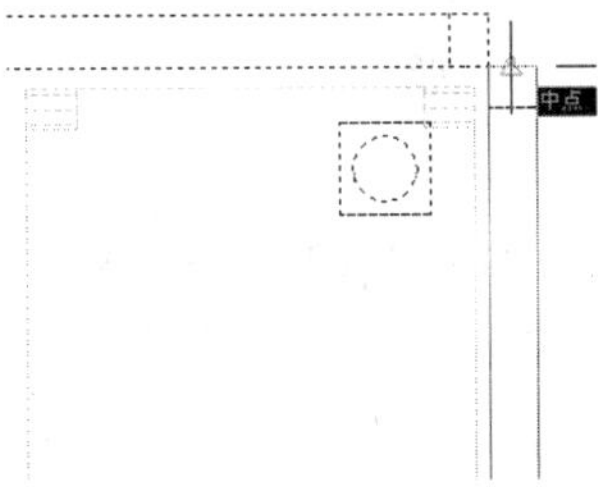


图18-130

指定第二个点或 [阵列(A)] <使用第一个点作为位移>:
　　//捕捉如图18-131所示的追踪虚线的交点
指定第二个点或 [阵列(A)/退出(E)/放弃(U)] <退出>:
　　// Enter，复制结果如图18-132所示

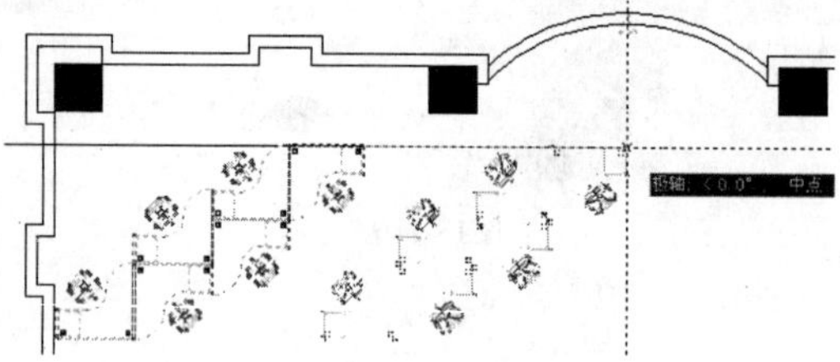


图18-131

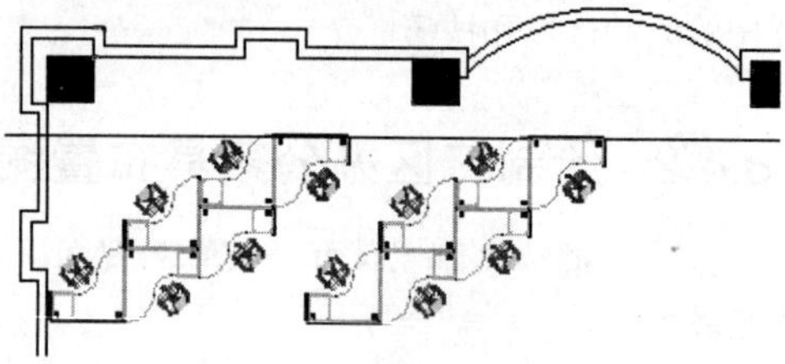

图18-132

**6** 执行菜单栏中的“修改”|“镜像”命令，配合“中点”捕捉功能对复制出的屏风工作位组合进行镜像，命令行操作如下。

命令: _mirror
选择对象:　　//选择如图18-133所示的屏风工作位组合
选择对象:　　// Enter
指定镜像线的第一点:　　//捕捉如图18-134所示的中点
指定镜像线的第二点:　　//@0,1 Enter
要删除源对象吗？[是(Y)/否(N)] <N>:　　// Enter，镜像结果如图18-135所示

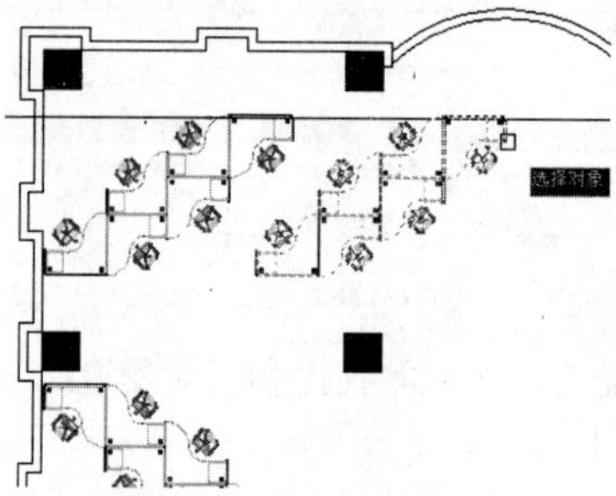


图18-133

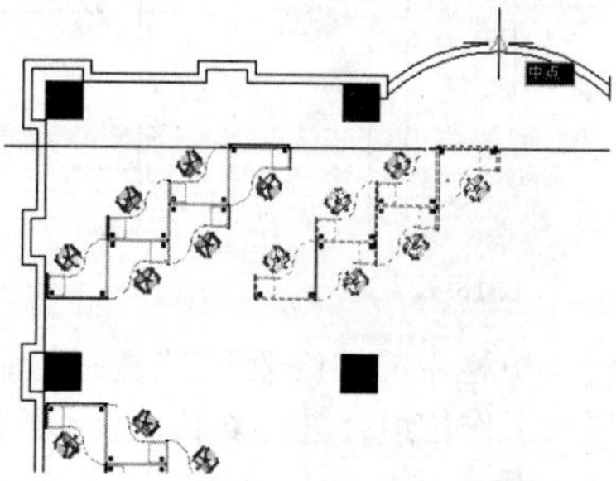


图18-134

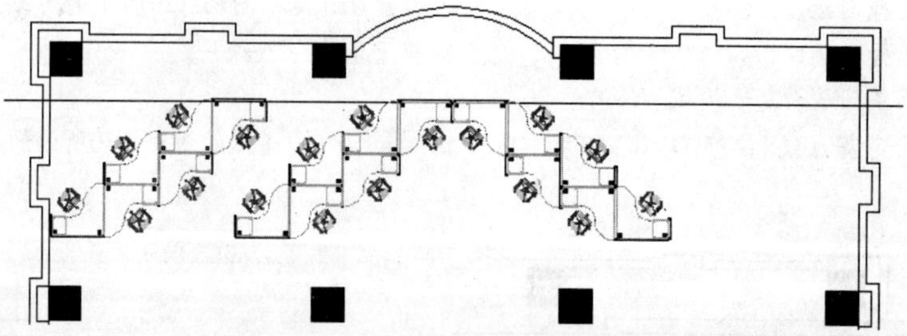

图18-135

**7** 重复执行“镜像”命令，配合“中点”捕捉和“对象追踪”功能对二区的屏风工作位组合进行镜像，命令行操作如下。

命令: _mirror
选择对象:　　//选择二区屏风工作位，如图18-136所示

选择对象：　//Enter
指定镜像线的第一点：　//向下引出如图18-137所示的追踪虚线，输入1400 Enter
指定镜像线的第二点：　//@1,0 Enter
要删除源对象吗？[是(Y)/否(N)] <N>：　//Enter，镜像结果如图18-138所示

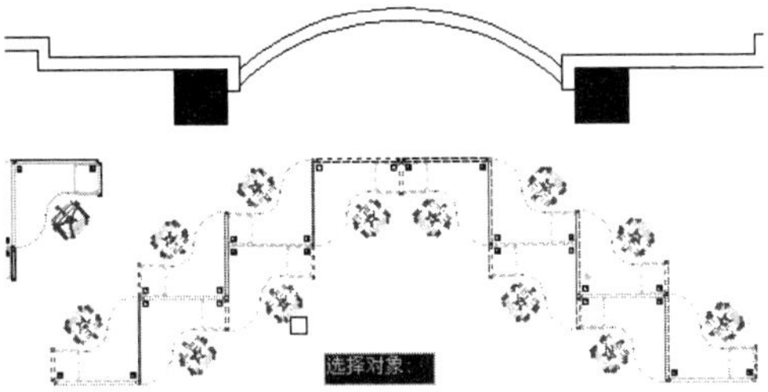


图18-136

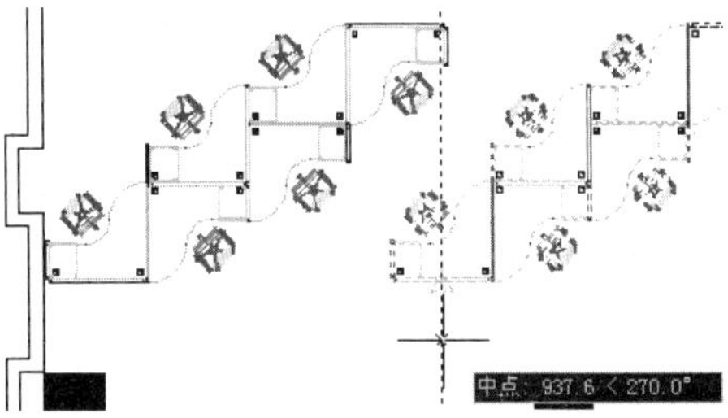


图18-137

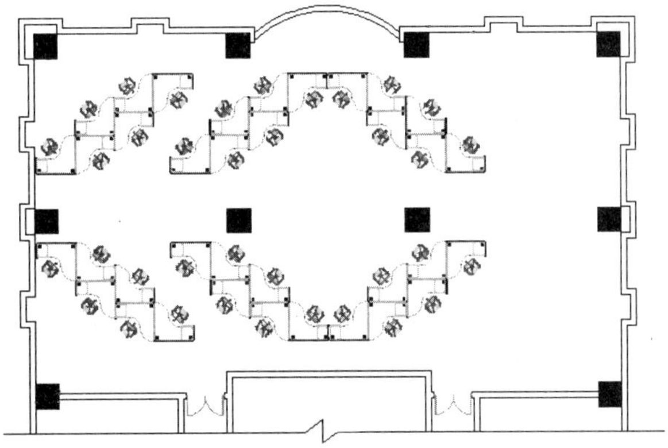

图18-138

**8** 使用命令简写XL激活“构造线”命令，配合“两点之间的中点”功能绘制水平构造线，命令行操作如下。

命令：_xline
指定点或 [水平(H)/垂直(V)/角度(A)/二等分(B)/偏移(O)]：　//激活“两点之间的中点”功能
_m2p 中点的第一点：　//捕捉如图18-139所示的中点
中点的第二点：　//捕捉如图18-140所示的中点
指定通过点：　//@1,0 Enter
指定通过点：　//Enter，绘制结果如图18-141所示

**9** 重复执行“构造线”命令，配合“中点”捕捉功能绘制如图18-142所示的垂直构造线。

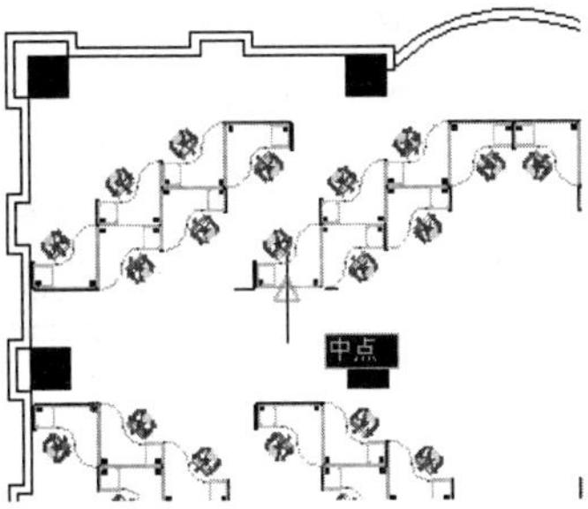


图18-139

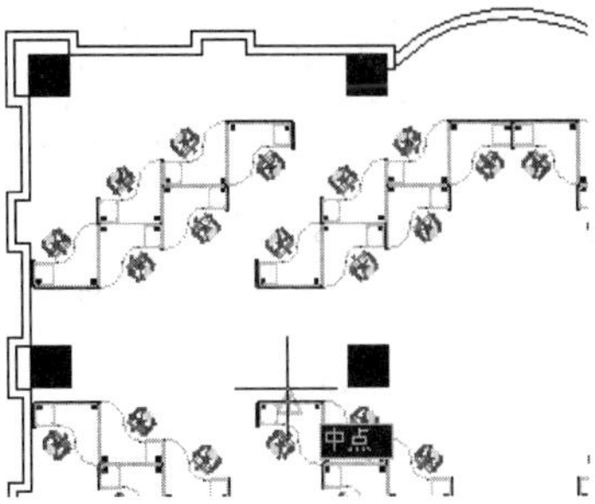


图18-140

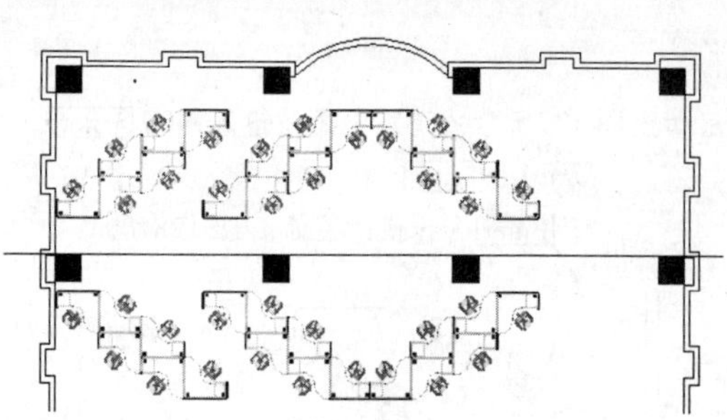

图18-141

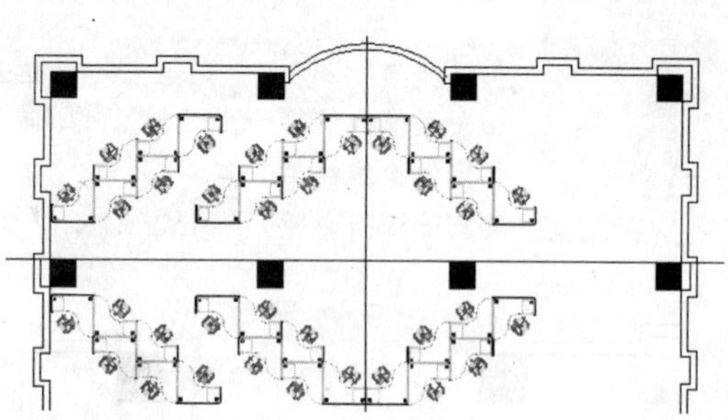

图18-142

**10** 使用命令简写I激活“插入块”命令，以默认参数插入随书光盘中的文件“图块文件”\“屏风工作位2.dwg”，如图18-143所示。插入点为两条构造线的交点，插入结果如图18-144所示。

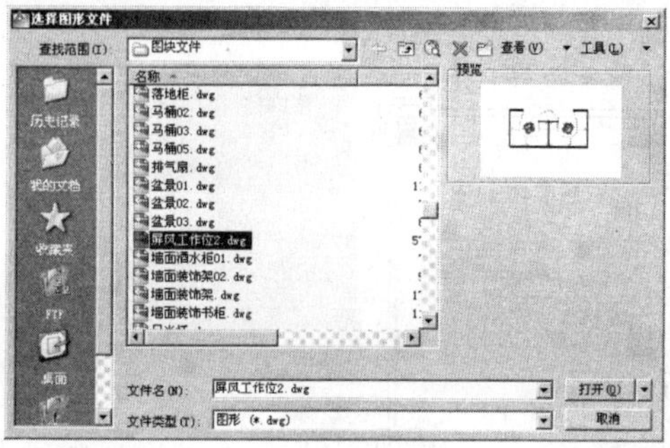


图18-143

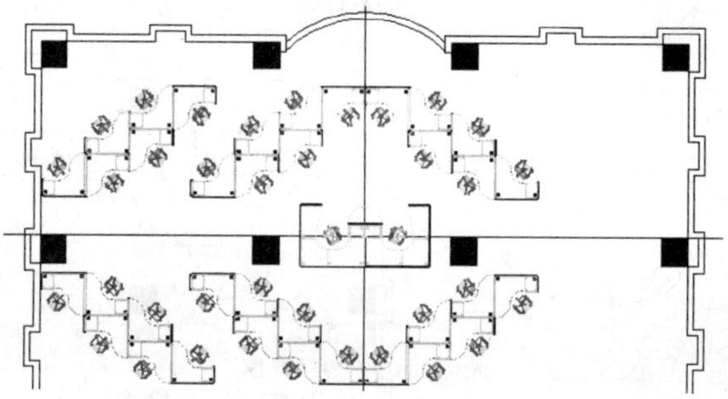

图18-144

**11** 使用命令简写E激活“删除”命令，删除两条构造线，结果如图18-145所示。

**12** 执行菜单栏中的“视图”|“三维视图”|“西南等轴测”命令，将当前视图切换到西南视图，结果如图18-146所示。

**13** 执行菜单栏中的“视图”|“三维视图”|“东南等轴测”命令，将当前视图切换到东南视图，结果如图18-147所示。

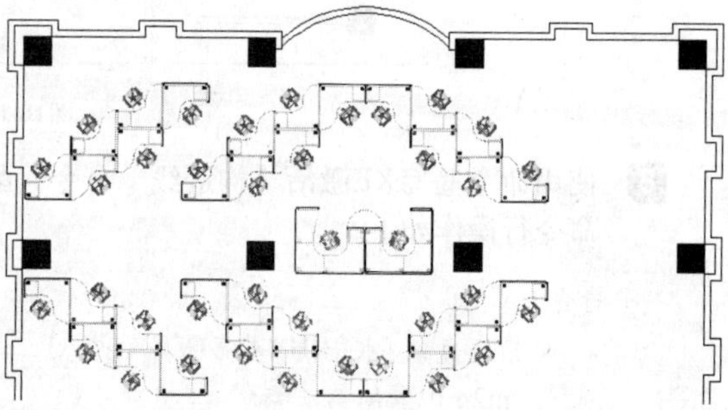

图18-145

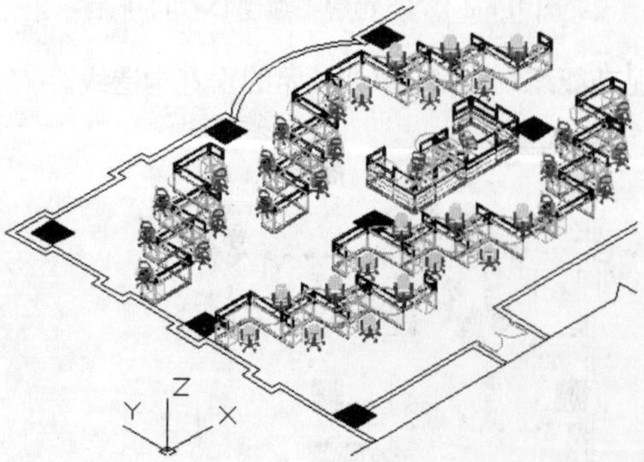


图18-146

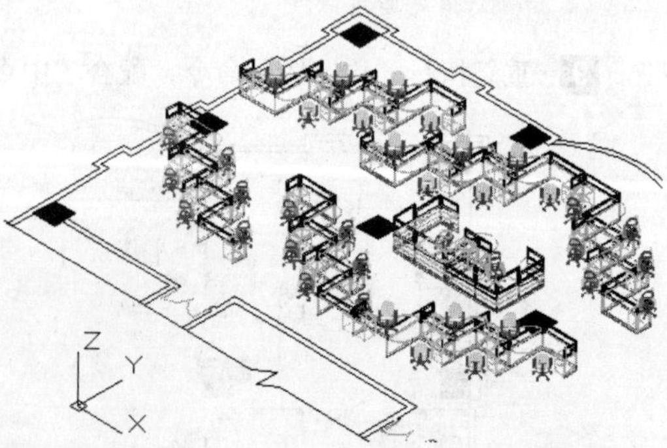


图18-147

**14** 使用命令简写VS激活“视觉样式”命令，对模型进行概念着色，效果如图18-148所示。

至此，某航空公司市场部二区办公家具布置图绘制完毕，下一小节将学习市场部三区办公家具布置图的绘制过程和技巧。

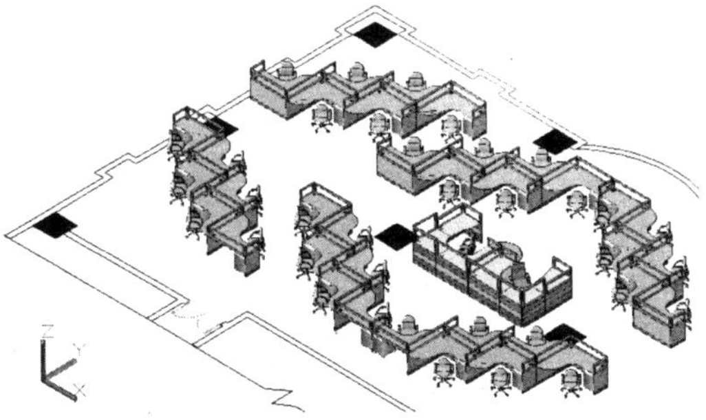

图18-148

## 18.4.3 绘制三区办公家具布置图

这一节继续来绘制三区办公家具布置图，具体操作步骤如下。

**1** 继续上一节实例的操作。

**2** 执行菜单栏中的“视图”|“三维视图”|“俯视”命令，将当前视图切换到俯视图。

**3** 使用命令简写VS激活“视觉样式”命令，将视图切换到二维线框着色状态。

**4** 执行菜单栏中的“修改”|“复制”命令，配合“捕捉自”和“极轴追踪”功能对二区的屏风工作位进行复制，命令行操作如下。

```
命令: _copy
    选择对象:                                    //选择如图18-149所示的屏风工作位
    选择对象:                                    // Enter
    当前设置: 复制模式 = 多个
    指定基点或 [位移(D)/模式(O)] <位移>:          //捕捉如图18-150所示的中点
```

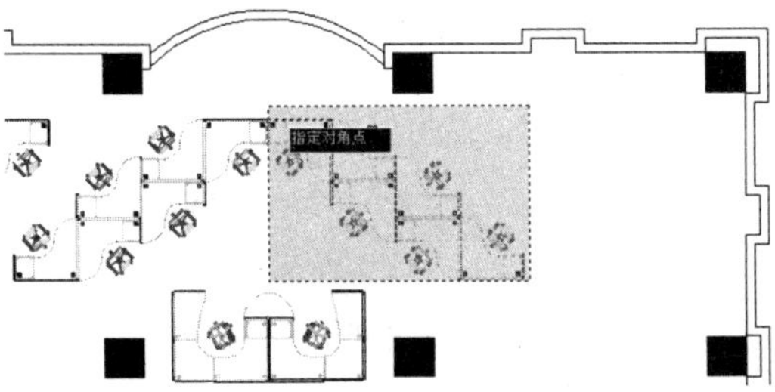


图18-149

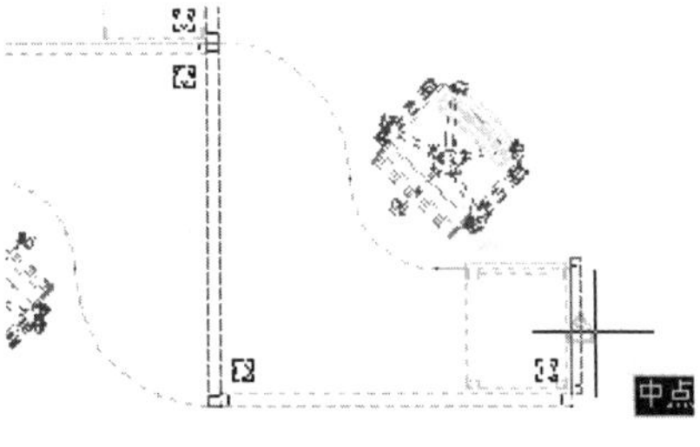


图18-150

```
    指定第二个点或 [阵列(A)] <使用第一个点作为位移>:     //激活“捕捉自”功能
    _from 基点:                                  //捕捉如图18-151所示的交点
    <偏移>:                                      //@-100,0 Enter
    指定第二个点或 [阵列(A)/退出(E)/放弃(U)] <退出>:
                                                 // Enter，复制结果如图18-152所示
```

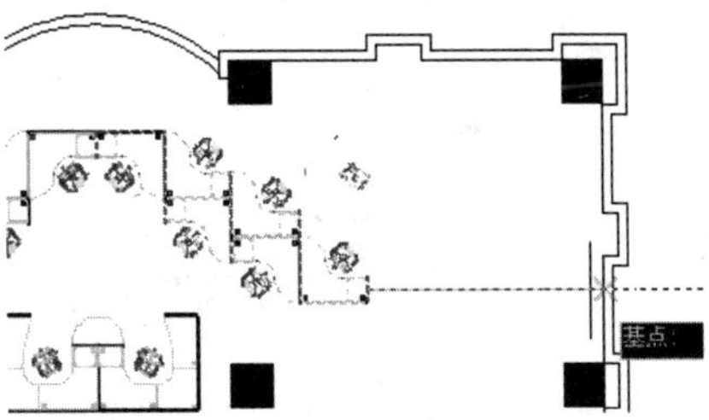


图18-151

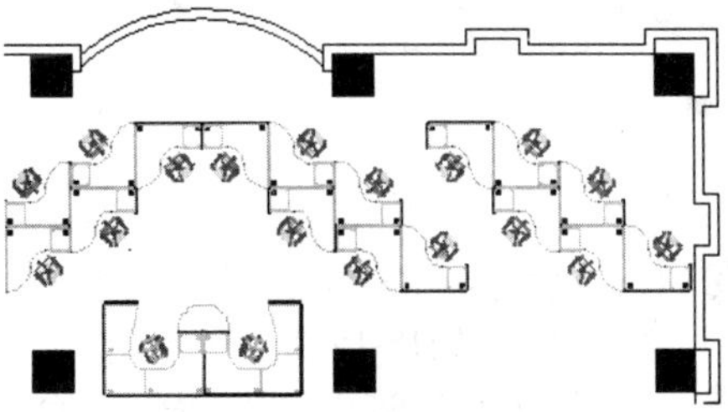

图18-152

**5** 执行菜单栏中的“修改”|“镜像”命令，配合“中点”捕捉功能对一区的屏风工作位进行镜像，命令行操作如下。

```
命令: _mirror
    选择对象:                                  //选择如图18-153所示的屏风工作位
    选择对象:                                  // Enter
    指定镜像线的第一点:                        //捕捉如图18-154所示的中点
    指定镜像线的第二点:                        //@0,1 Enter
    要删除源对象吗？[是(Y)/否(N)] <N>:         // Enter，镜像结果如图18-155所示
```

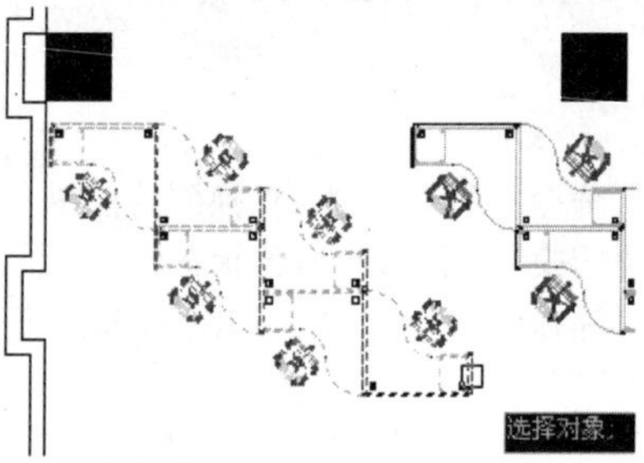


图18-153

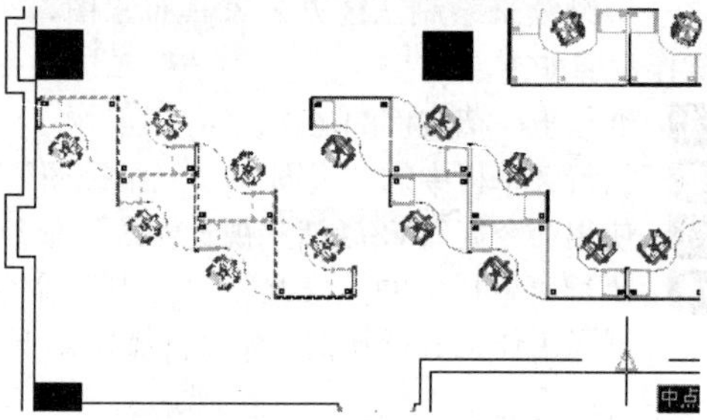


图18-154

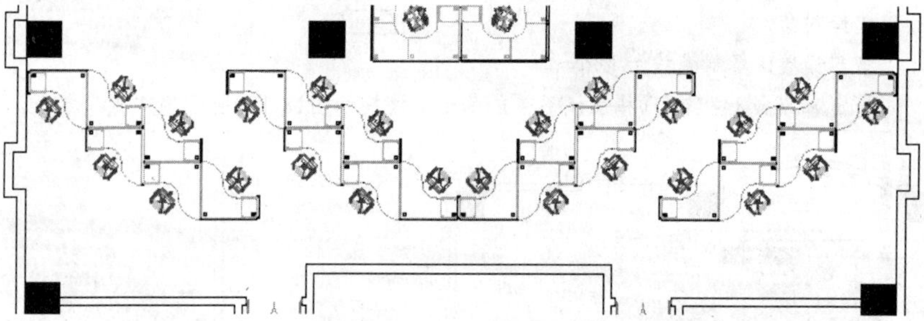

图18-155

**6** 执行菜单栏中的“视图”|“缩放”|“范围缩放”命令，对视图进行调整，结果如图18-156所示。

**7** 执行菜单栏中的“视图”|“三维视图”|“西南等轴测”命令，将当前视图切换到西南视图，结果如图18-157所示。

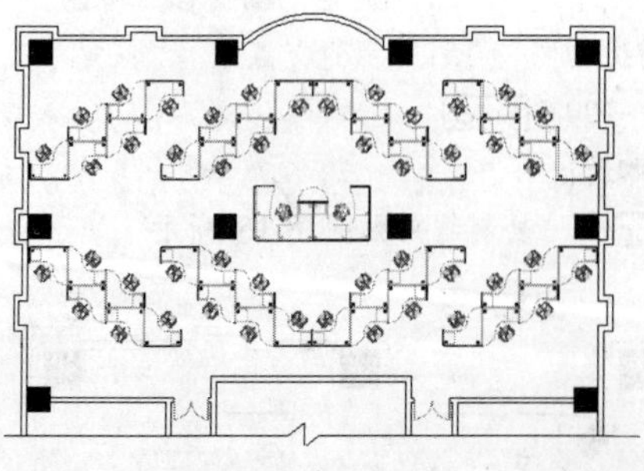

图18-156

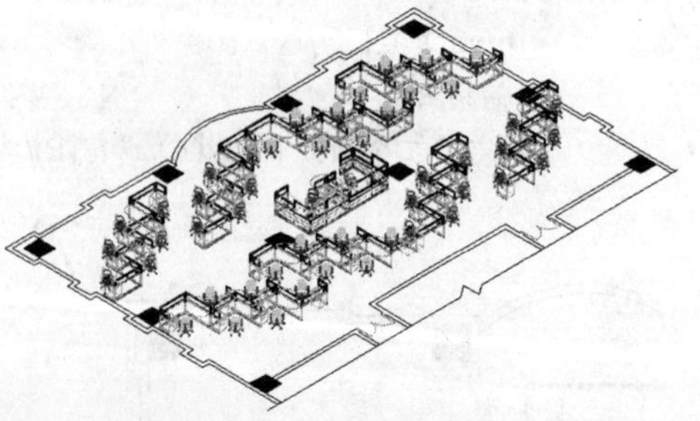

图18-157

**8** 执行菜单栏中的“视图”|“三维视图”|“西北等轴测”命令，将当前视图切换到西北视图，结果如图18-158所示。

**9** 使用命令简写VS激活“视觉样式”命令，对模型进行概念着色，效果如图18-159所示。

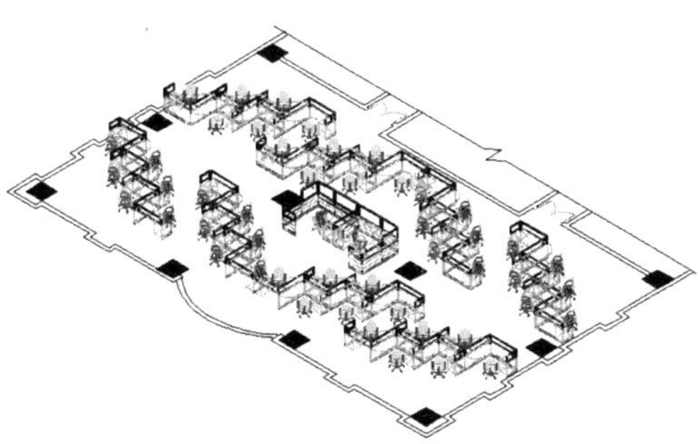

图18-158

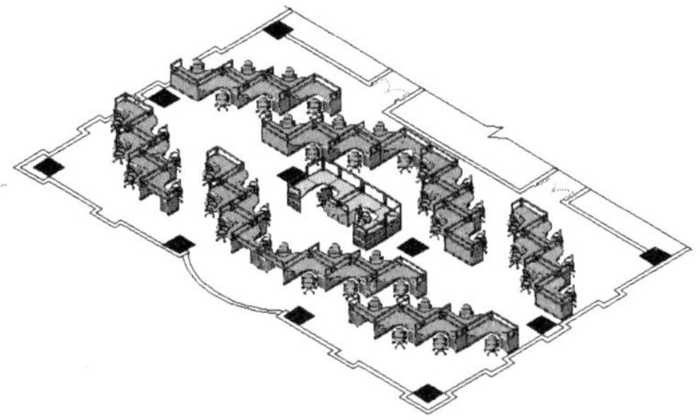

图18-159

至此，某航空公司市场部三区办公家具布置图绘制完毕，下一小节将学习市场部资料柜布置图的绘制过程和技巧。

## 18.4.4　绘制市场部资料柜布置图

这一节继续来绘制市场部资料柜布置图，具体操作步骤如下。

**1** 继续上一节实例的操作。

**2** 执行菜单栏中的“视图”|“三维视图”|“西南等轴测”命令，将当前视图切换到西南视图。

**3** 使用命令简写VS激活“视觉样式”命令，将视图切换到二维线框着色状态。

**4** 单击“绘图”工具栏上的“插入”按钮，选择随书光盘中的文件“图块文件”\“资料柜.dwg”，如图18-160所示。

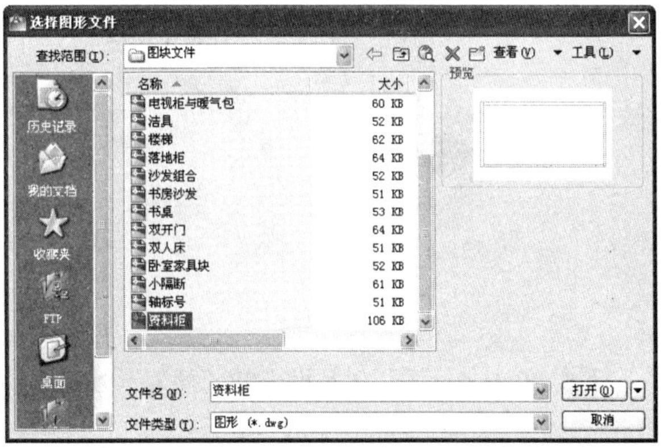


图18-160

**5** 返回“插入”对话框，配合“自”功能，以默认参数将此图块插入到平面图中，命令行操作如下。

命令: I
INSERT忽略块 尺寸箭头 的重复定义。
指定插入点或 [基点(B)/比例(S)/X/Y/Z/旋转(R)]:　　　　//激活“自”功能
_from 基点:　　　　//捕捉如图18-161所示的端点
<偏移>:　　//@80,-80 Enter，插入结果如图18-162所示，概念着色效果如图18-163所示

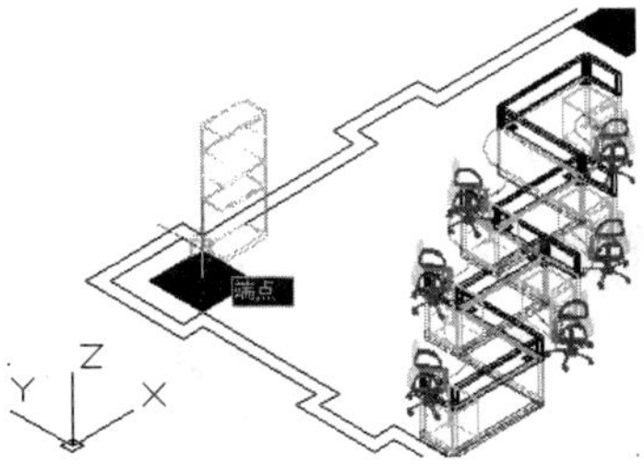


图18-161

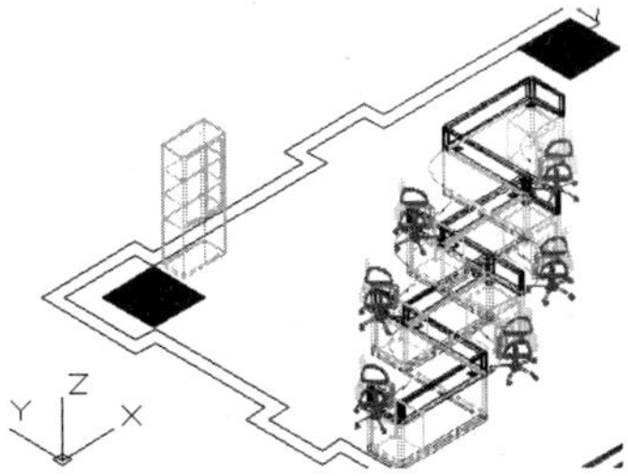


图18-162

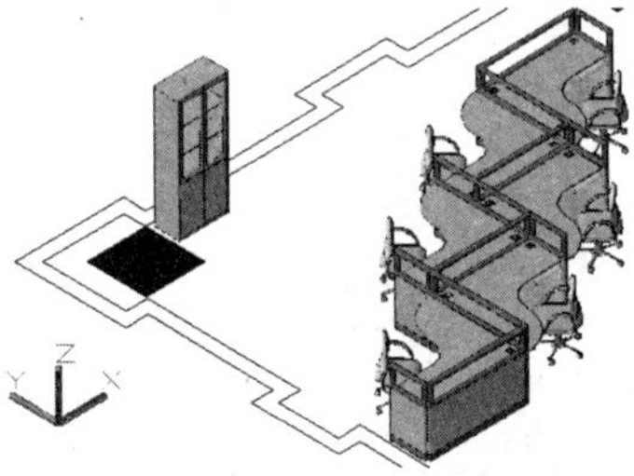

图18-163

**6** 执行菜单栏中的“修改”|“三维操作”|“三维阵列”命令，对资料柜立体造型进行阵列，命令行操作如下。

```
命令: _3darray
    正在初始化... 已加载 3DARRAY。
    选择对象:                          //选择刚插入的资料柜立体造型
    选择对象:                          // Enter
    输入阵列类型 [矩形(R)/环形(P)] <矩形>:      // Enter
    输入行数 (---) <1>:                 // Enter
    输入列数 (|||) <1>:                 //4 Enter
    输入层数 (...) <1>:                 // Enter
    指定列间距 (|||):                   //840 Enter，阵列结果如图18-164所示
```

**7** 使用命令简写VS激活“视觉样式”命令，对模型进行概念着色，效果如图18-165所示。

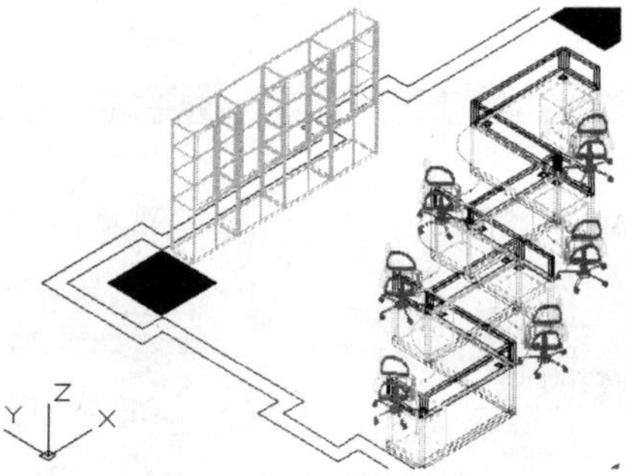


图18-164

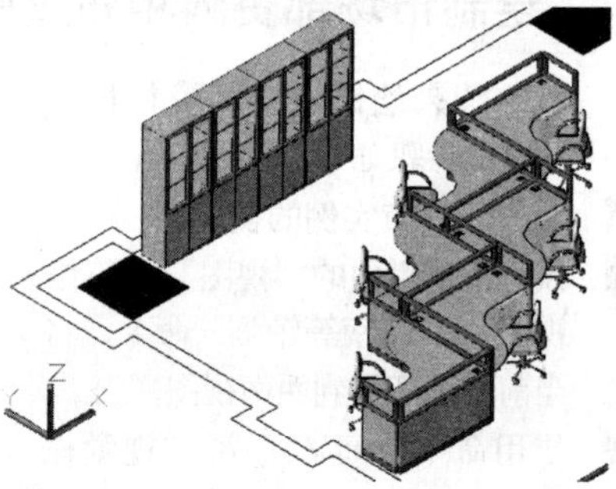

图18-165

**8** 单击“绘图”工具栏上的“插入”按钮，选择随书光盘中的文件“图块文件”\“资料柜2.dwg”，如图18-166所示。

**9** 返回“插入”对话框，配合“自”功能，以默认参数将此图块插入到平面图中，命令行操作如下。

```
命令: I
    INSERT忽略块 尺寸箭头 的重复定义。
    指定插入点或 [基点(B)/比例(S)/X/Y/Z/旋转(R)]:        //激活“自”功能
    _from 基点:                                     //捕捉如图18-167所示的端点
    <偏移>:     //@80,-80 Enter，插入结果如图18-168所示，概念着色效果如图18-169所示
```

图18-166

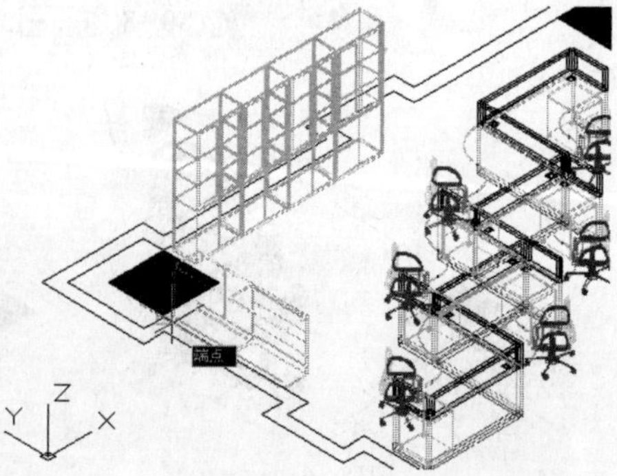


图18-167

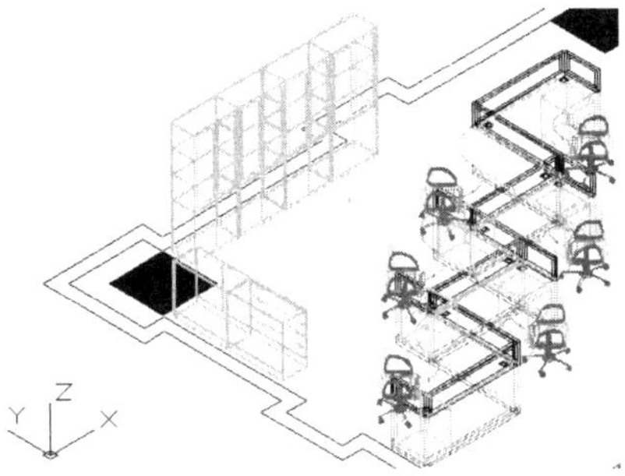


图18-168

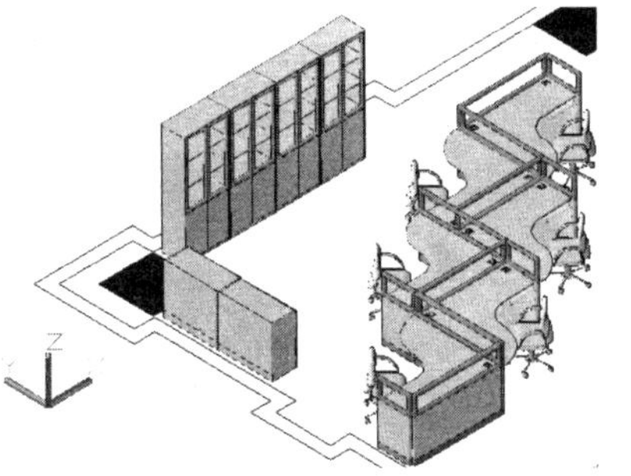


图18-169

**10** 执行菜单栏中的“视图”|“三维视图”|“俯视”命令，将当前视图切换为俯视图。

**11** 执行菜单栏中的“修改”|“镜像”命令，配合“两点之间的中点”功能对资料柜造型进行镜像，命令行操作如下。

命令: _mirror
选择对象:　　//选择如图18-170所示的资料柜
选择对象:　　// Enter
指定镜像线的第一点:　　//激活“两点之间的中点”功能
_m2p 中点的第一点:　　//捕捉如图18-171所示的中点
中点的第二点:　　//捕捉如图18-172所示的交点
指定镜像线的第二点:　　//@1,0 Enter
要删除源对象吗? [是(Y)/否(N)] <N>:　　// Enter, 镜像结果如图18-173所示

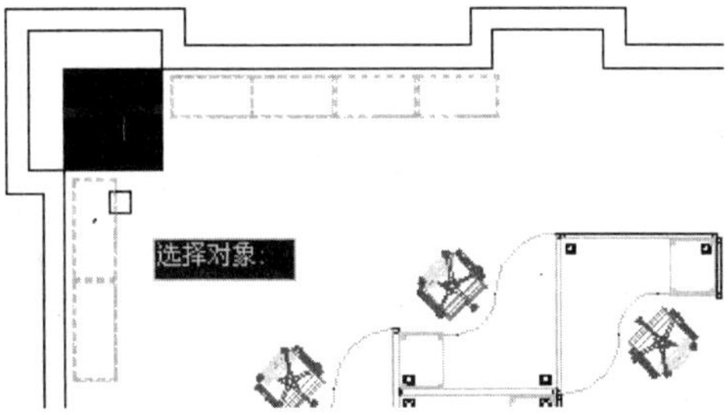


图18-170

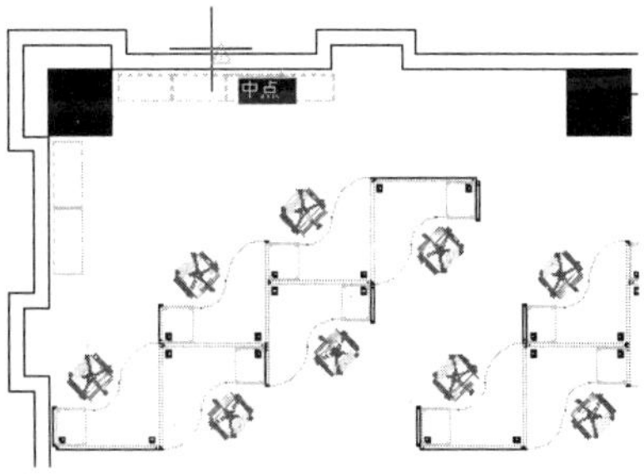


图18-171

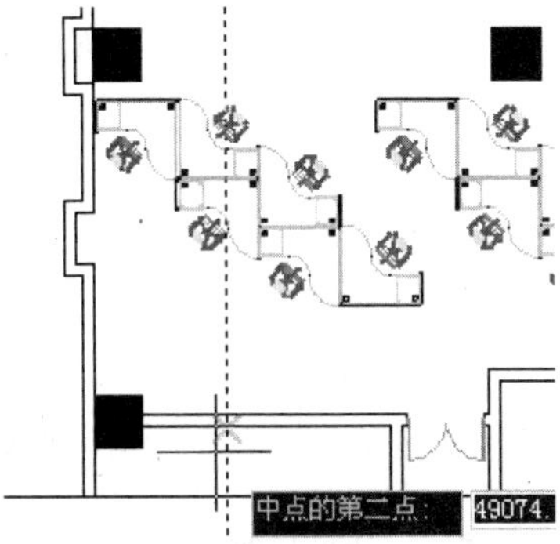


图18-172

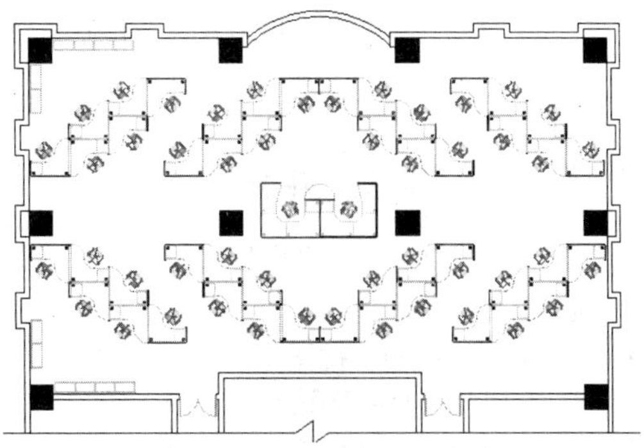

图18-173

**12** 使用命令简写M激活“移动”命令，选择如图18-174所示的资料柜沿$y$轴负方向位移633个绘图单位，结果如图18-175所示。

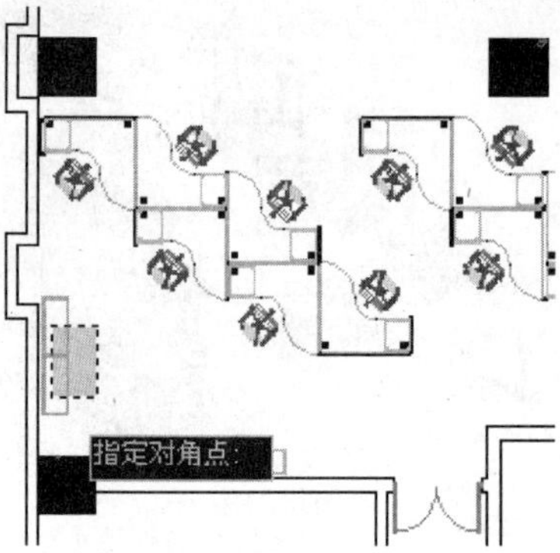

图18-174

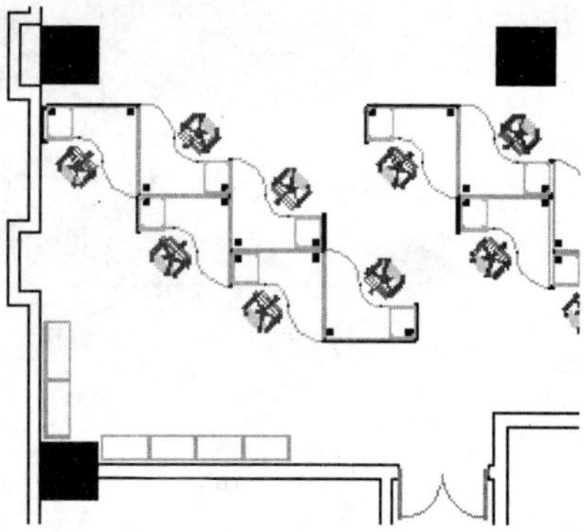
图18-175

13 执行菜单栏中的“修改”|“镜像”命令，配合“中点”捕捉功能对所有位置的资料柜进行镜像，命令行操作如下。

```
命令: _mirror
    选择对象:                               //选择如图18-176所示的资料柜1、2、3和4
    选择对象:                               // Enter
    指定镜像线的第一点:                      //捕捉如图18-176所示的中点
    指定镜像线的第二点:                      //@0,1 Enter
    要删除源对象吗？[是(Y)/否(N)] <N>:       // Enter，镜像结果如图18-177所示
```

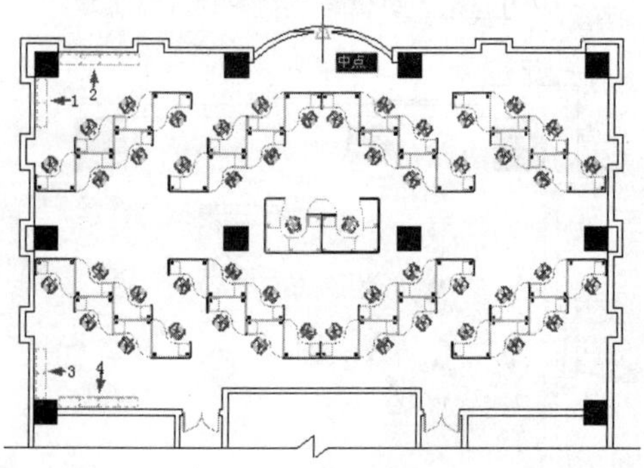

图18-176

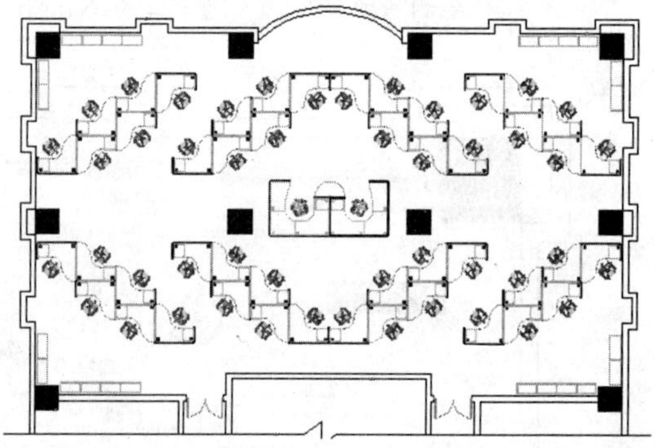
图18-177

至此，某航空公司市场部资料柜布置图绘制完毕，下一小节将学习多种视图的切换、着色以及视口的分割技能。

## 18.4.5 创建多种视图并分割视口

这一节来创建视口，具体操作步骤如下。

1 继续上一节操作。

2 执行菜单栏中的“视图”|“三维视图”|“东北等轴测”命令，将当前视图切换到东北视图，结果如图18-178所示。

3 使用命令简写HI激活“消隐”命令，对视图进行消隐显示，结果如图18-179所示。

4 使用命令简写VS激活“视觉样式”命令，对模型进行概念着色，效果如图18-180示。

5 执行菜单栏中的“视图”|“三维视图”|“西北等轴测”命令，将视图切换到西北等轴测视图，结果如图18-181所示。

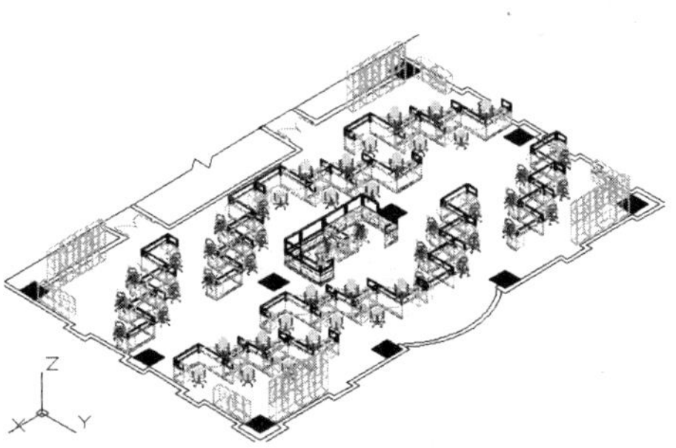

图18-178

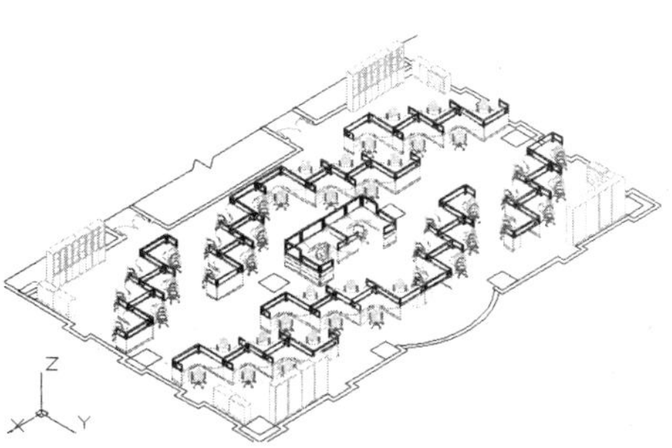

图18-179

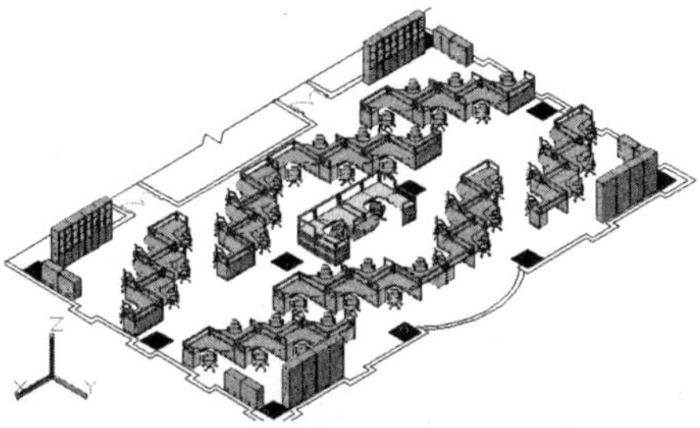

图18-180

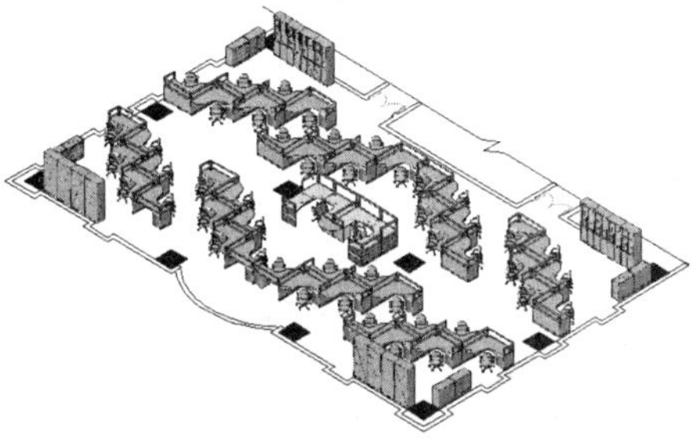

图18-181

**6** 使用命令简写VS激活“视觉样式”命令，将着色方式切换为二维线框着色。

**7** 执行菜单栏中的“视图”|“视口”|“新建视口”命令，选择如图18-182所示的视口排列方式，将当前视口分割为三个视口，结果如图18-183所示。

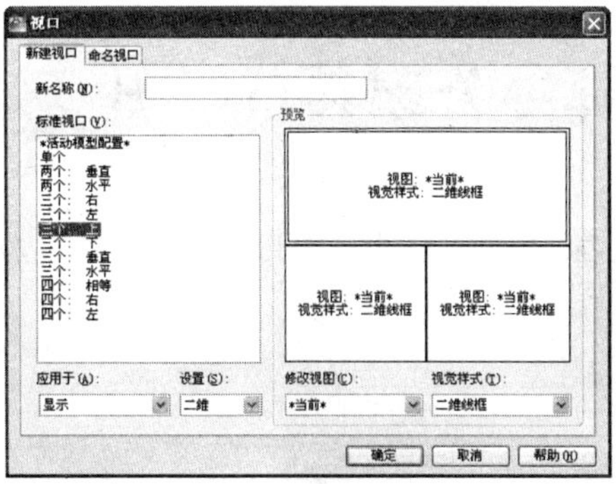


图18-182

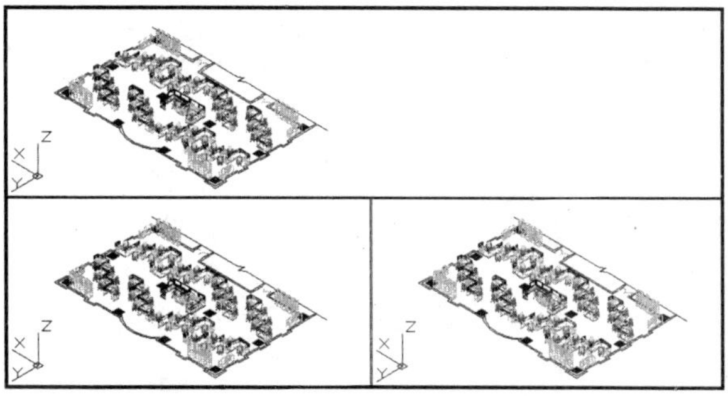

图18-183

**8** 激活上侧的矩形视口，然后将视口内的视图切换为俯视图，并调整视图，操作结果如图18-184所示。

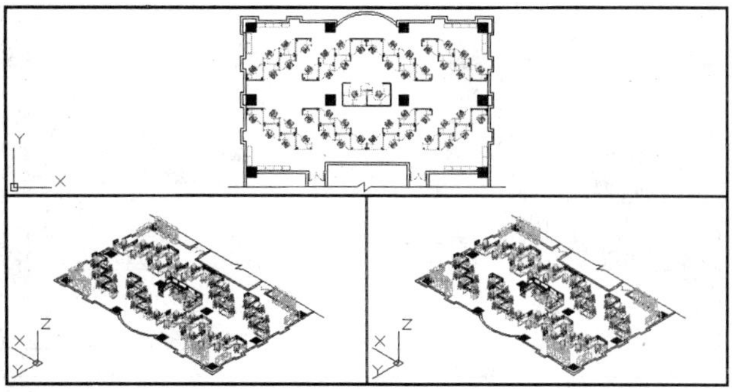

图18-184

9 激活左下侧的矩形视口，然后将视口内的视图切换为东北视图，并调整视图，操作结果如图18-185所示。

10 激活右下侧的矩形视口，然后调整视口内的视图，操作结果如图18-186所示。

11 使用命令简写VS激活“视觉样式”命令，分别对下侧的两个视口内的模型进行概念着色，最终结果如图18-101所示。

12 最后使用“另存为”命令，将该图形另名保存为“某航空市场部办公家具布置图.dwg”文件。

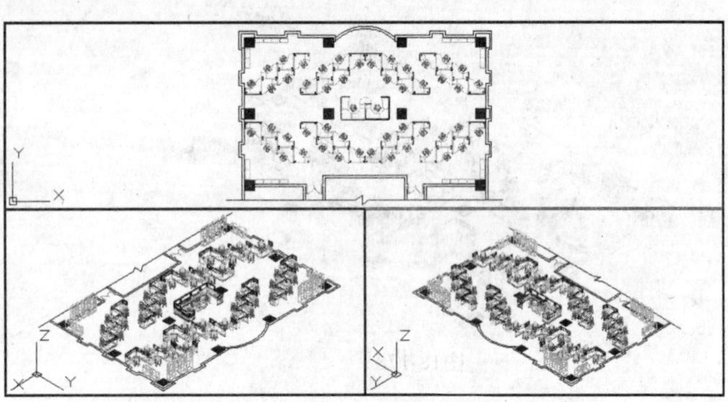


图18-185

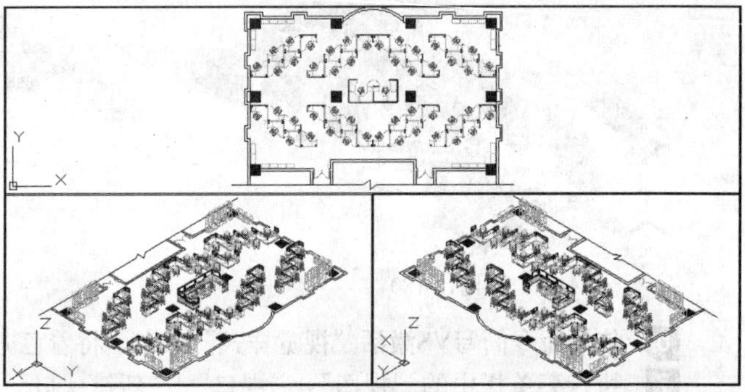


图18-186

## 18.5 标注某航空公司市场部办公家具布置图

这一节继续为某航空公司市场部办公家具布置图标注办公空间功能性文字注解和内外尺寸，标注效果如图18-187所示，其立体轴测图效果如图18-188所示。

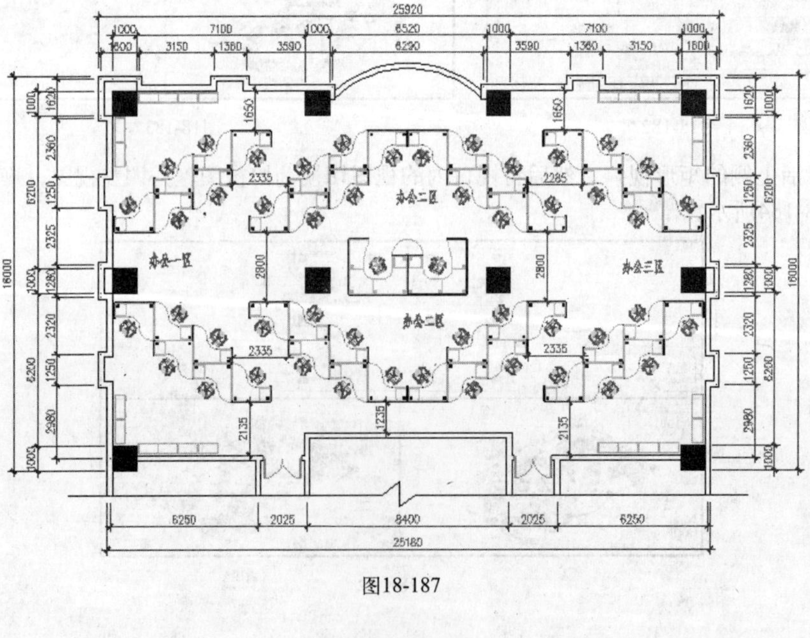


图18-187

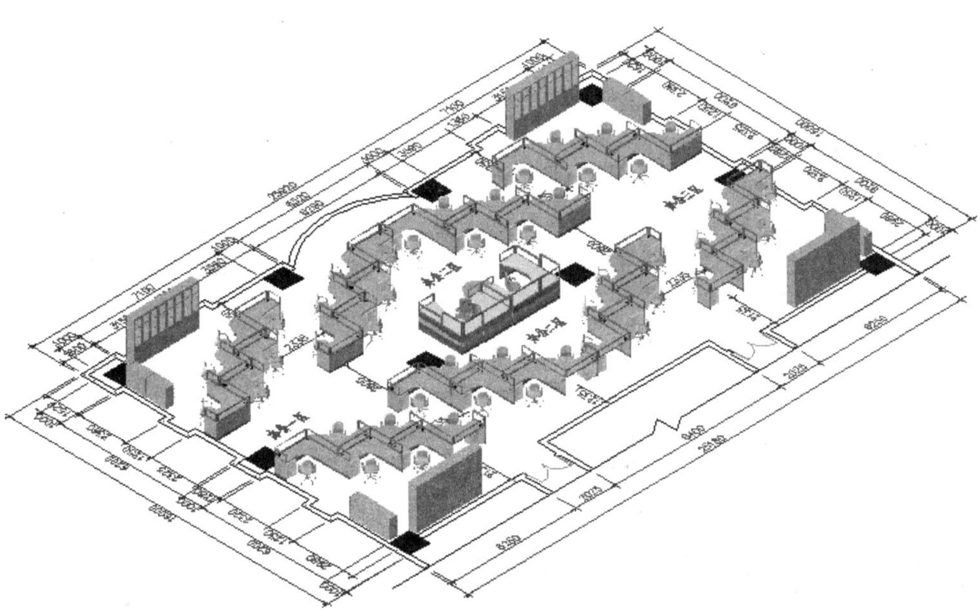

图18-188

## 18.5.1 标注办公家具布置图空间功能

这一节来标注办公家具布置图空间功能，学习室内空间功能的标注方法和技巧，具体操作步骤如下。

1. 打开随书光盘中的文件“效果文件”\“第18章”\“某航空市场部办公家具布置图.dwg”。
2. 展开“图层控制”下拉列表，将“文本层”设置为当前图层。
3. 单击“样式”工具栏上的“文字样式”按钮，在打开的“文字样式”对话框中设置“仿宋体”为当前样式。
4. 执行菜单栏中的“绘图”|“文字”|“单行文字”命令，当命令行出现“指定文字的起点或[对正(J)/样式(S)]:”提示后，在平面图左侧办公区域单击左键，作为文字的起点。
5. 在命令行“指定高度<2.5000>:”提示下输入480，表示文字高度为480个绘图单位。
6. 在命令行“指定文字的旋转角度<0>:”提示下输入0，表示文字的旋转角度为0。
7. 在命令行“输入文字:”提示下，输入“办公一区”，如图18-189所示。
8. 连续两次按Enter键，结束“单行文字”命令，文字的创建结果如图18-190所示。

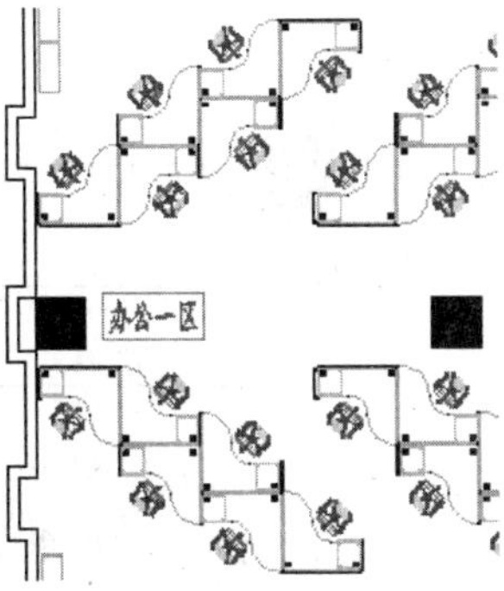


图18-189

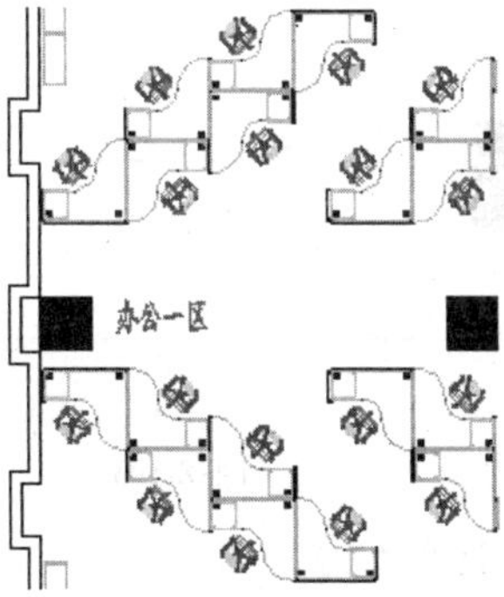


图18-190

9 参照上述操作，重复使用“单行文字”命令，分别标注其他位置的文字注释，结果如图18-191所示。

10 连续两次按Enter键，结束命令。

至此，某航空公司市场部办公家具布置图文字注释标注完毕，下一小节将为办公家具布置图标注外尺寸。

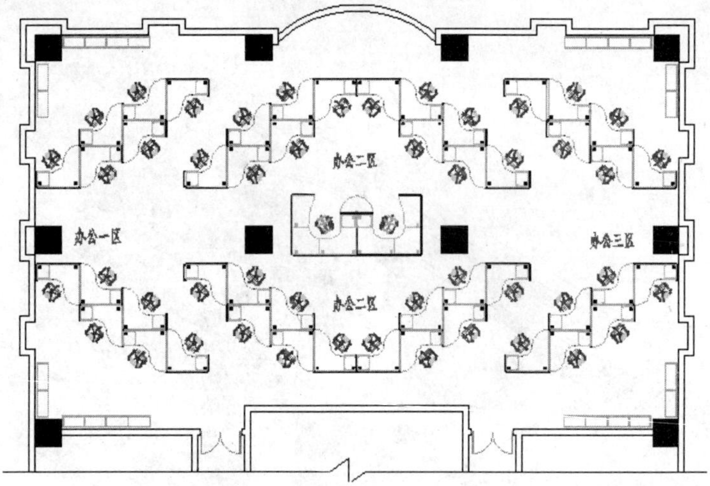


图18-191

## 18.5.2 标注办公家具布置图定位尺寸

这一节来标注办公家具布置图定位尺寸，学习尺寸标注的方法和技巧，具体操作步骤如下。

1 继续上一例的操作。

2 展开“图层控制”下拉列表，将“尺寸层”设置为当前图层，同时打开“轴线层”。

3 使用命令简写D激活“标注样式”命令，将“建筑标注”设置为当前标注样式，同时修改标注比例为110。

4 执行菜单栏中的“标注”|“线性”命令，在命令行“指定第一条尺寸界线起点或<选择对象>:”提示下捕捉如图18-192所示的交点作为第一条标注界线的起点。

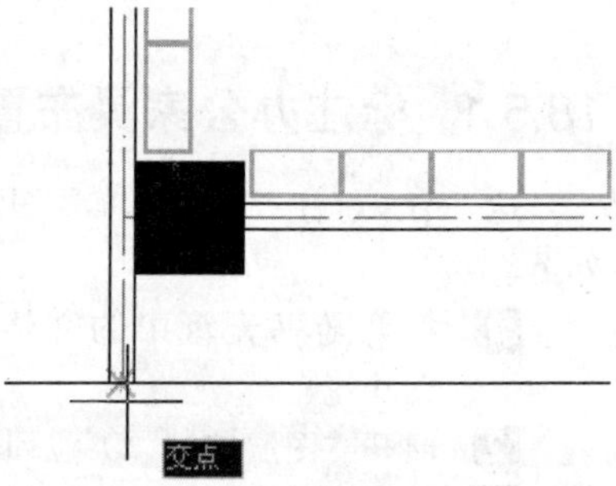


图18-192

5 在命令行“指定第二条尺寸界线的起点:”提示下捕捉如图18-193所示的交点作为第二条标注界线的起点。

6 在命令行“指定尺寸线位置或[多行文字(M)/文字(T)/角度(A)/水平(H)/垂直(V)/旋转(R)]:”提示下，向下移动光标指定尺寸线的位置，结果如图18-194所示。

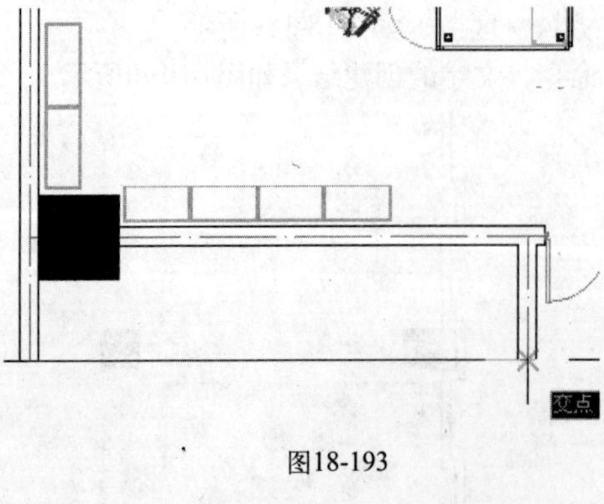


图18-193

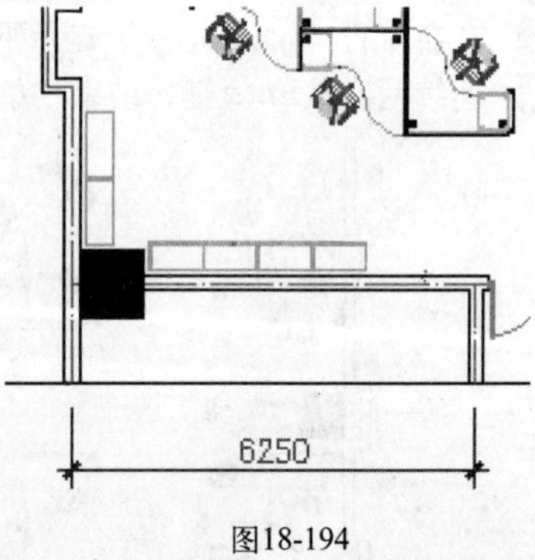


图18-194

7 执行菜单栏中的“标注”|“连续”命令，配合捕捉或追踪功能标注如图18-195所示的连续尺寸。

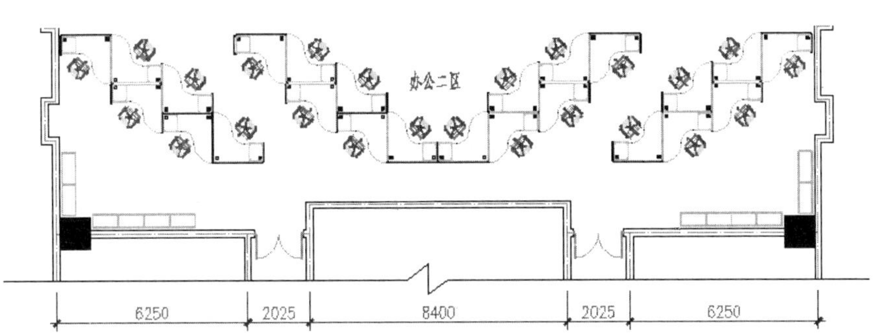


图18-195

**8** 执行菜单栏中的“标注”|“线性”命令，标注平面图下侧的总尺寸，结果如图18-196所示。

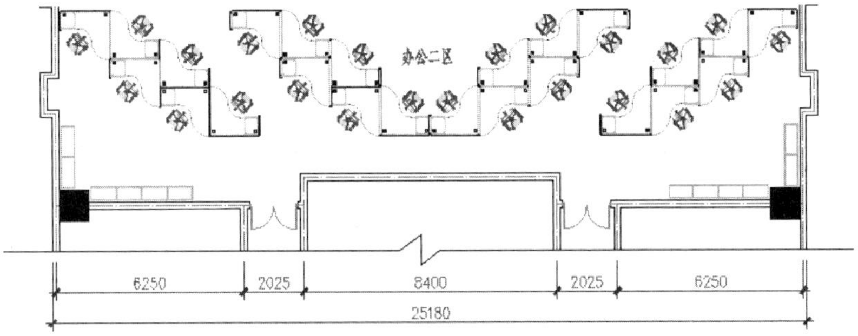


图18-196

**9** 参照上述操作步骤，综合使用“线性”、“连续”等命令，配合“端点”捕捉和“中点”捕捉功能，分别标注平面图其他三侧的尺寸和内部尺寸，结果如图18-197所示。

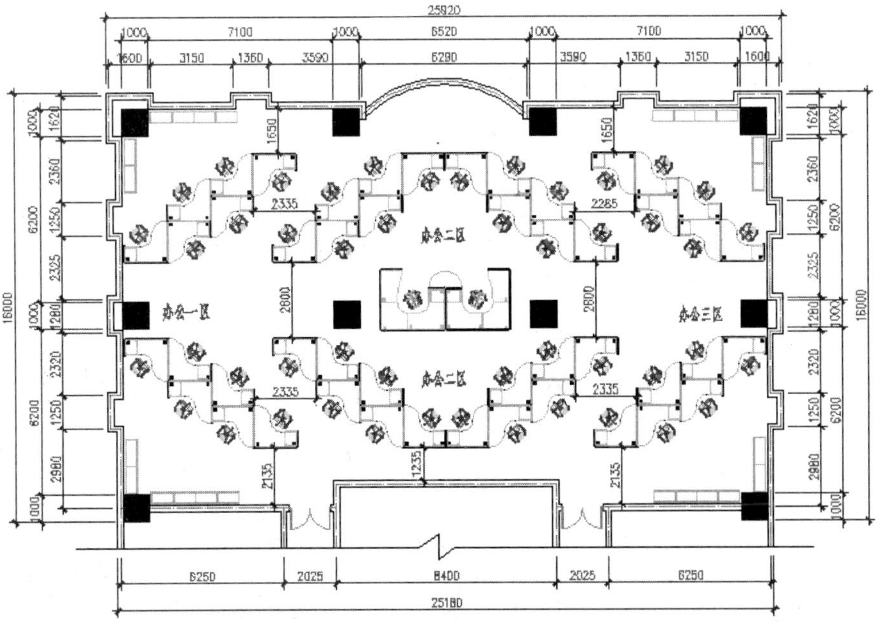


图18-197

**10** 展开“图层控制”下拉列表，关闭“轴线层”，最终效果如图18-187所示。

**11** 最后使用“另存为”命令，将该图形另名保存为“标注某航空市场部办公家具布置图.dwg”文件。

第19章

# AutoCAD 2012 图纸的后期输出

AutoCAD图纸的后期输出是AutoCAD 2012图纸设计的最后环节，也是最关键的环节，在进行图纸后期输出时，可以根据图纸的需要，采用多种方式输出不同的图纸，例如在模型空间快速输出、在布局空间精确输出以及多视口输出等，本章主要学习AutoCAD 2012图纸输出的相关知识。

## 19.1 后期输出的相关设置

图纸的后期输出是使用AutoCAD绘图的最后环节，也是最重要的操作内容，在进行打印图形之前，首先需要配置打印设备，这些打印设备包括绘图仪设备和配置打印样式等。这一节主要来学习图纸后期输出的相关知识。

### 19.1.1 配置打印设备

这一节主要来学习配备打印设备，主要有绘图仪、打印样式和图纸尺寸等。

**1. 配置绘图仪**

在AutoCAD中，可以通过“绘图仪管理器”命令来完成这些设备的配置。执行“绘图仪管理器”命令主要有以下几种方式。

- 执行菜单栏中的“文件”|“绘图仪管理器”命令。
- 在命令行输入Plottermanager按Enter键。

下面通过配置“MS-Windows BMP（非压缩DIB）”型号的打印机，学习配置绘图仪的方法。

1 执行菜单栏中的“文件”|“绘图仪管理器”命令，打开一个窗口，双击该窗口中的“添加绘图仪向导”按钮，打开“添加绘图仪-简介”对话框。

2 依次单击 下一步(N)> 按钮，直到打开“添加绘图仪-绘图仪型号”对话框，设置绘图仪型号及其生产商，如图19-1所示。

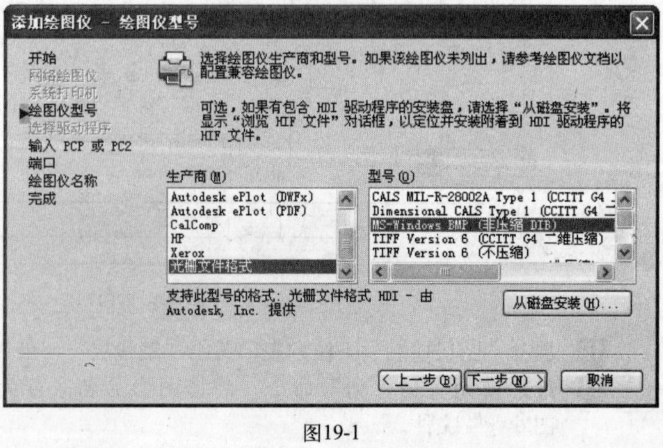


图19-1

**3** 依次单击 下一步(N) > 按钮，直至打开“添加绘图仪-完成”对话框，单击 完成(F) 按钮，至此就添加了一个绘图仪，添加的绘图仪会自动出现在“Plotters”窗口内，如图19-2所示。

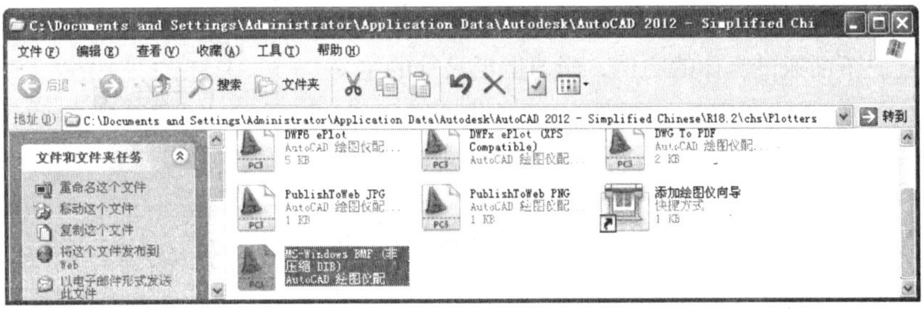

图19-2

## 2. 配置打印样式

打印样式主要用于控制图形的打印效果，修改打印图形的外观，通常一种打印样式只控制输出图形某一方面的打印效果，要让打印样式控制一张图纸的打印效果，就需要有一组打印样式，这些打印样式集合在一块称为打印样式表。通过“打印样式管理器”命令可以创建和管理打印样式表。

执行“打印样式管理器”命令主要有以下几种方式。

- *执行菜单栏中的“文件”|“打印样式管理器”命令。*
- *在命令行输入Stylesmanager按Enter键。*

下面通过添加名为“ctb01”的颜色相关打印样式表，学习配置打印样式的方法。

**1** 执行菜单栏中的“文件”|“打印样式管理器”命令，在打开的窗口中双击“添加打印样式表向导”图标，打开“添加打印样式表”对话框。

**2** 单击 下一步(N) > 按钮，在打开的“添加打印样式表-开始”对话框中选择“创建新打印样式表”选项。

**3** 单击 下一步(N) > 按钮，在打开的“添加打印样式表-选择打印样式表”对话框中选择“颜色相关打印样式表”选项。

**4** 单击 下一步(N) > 按钮，打开“添加打印样式表-文件名”对话框，为打印样式表命名，如图19-3所示。

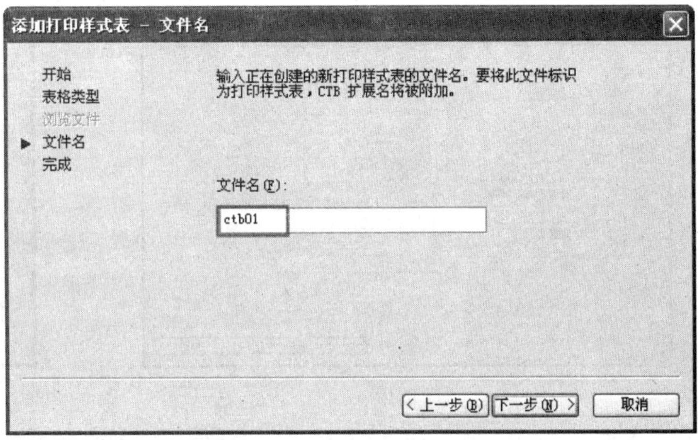


图19-3

**5** 单击 下一步(N) > 按钮，打开“添加打印样式表-完成”对话框，单击 完成 按钮，即可添加设置的打印样式表，新建的打印样式表文件图标显示在“Plot Styles”窗口中，如图19-4所示。

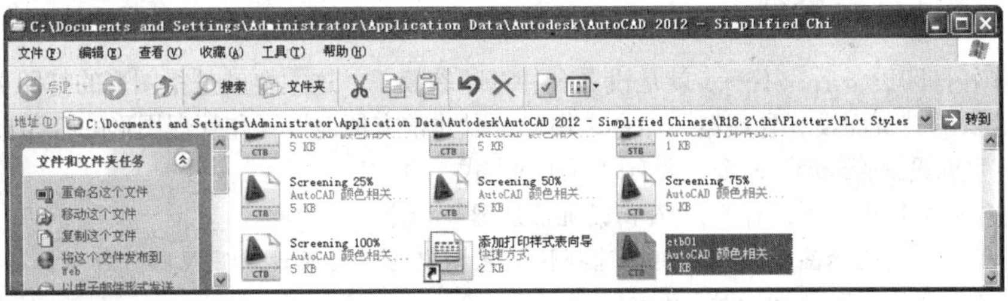

图19-4

### 3. 配置图纸尺寸

每一款型号的绘图仪都自配有相应规格的图纸尺寸，但有时这些图纸尺寸与打印图形很难相匹配，需要用户重新定义图纸尺寸。下面通过具体的实例，学习图纸尺寸的定义过程。

1 执行菜单栏中的“文件”|“绘图仪管理器”命令，打开“Plotters”窗口，双击“MS Window BMP（非压缩DIB）”图标，打开“绘图仪配置编辑器-MS-Windows BMP（非压缩DIB）”对话框。

2 在“绘图仪配置编辑器”对话框中展开“设备和文档设置”选项卡，选择“自定义图纸尺寸”选项，如图19-5所示。

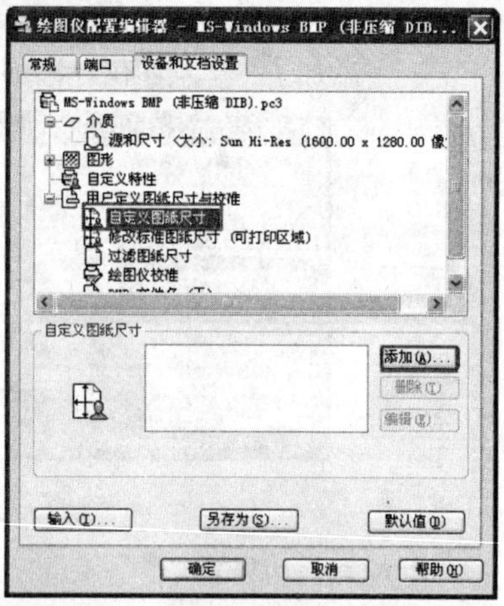


图19-5

3 单击添加(A)...按钮，在打开的“自定义图纸尺寸-开始”对话框中选择“创建新图纸”选项，继续单击下一步(N)>按钮，打开“自定义图纸尺寸-介质边界”对话框，然后分别设置图纸的宽度、高度以及单位，如图19-6所示。

4 依次单击下一步(N)>按钮，直至打开“自定义图纸尺寸-完成”对话框，单击完成(F)按钮，结果新定义的图纸尺寸自动出现在“图纸尺寸”选项组中，如图19-7所示。

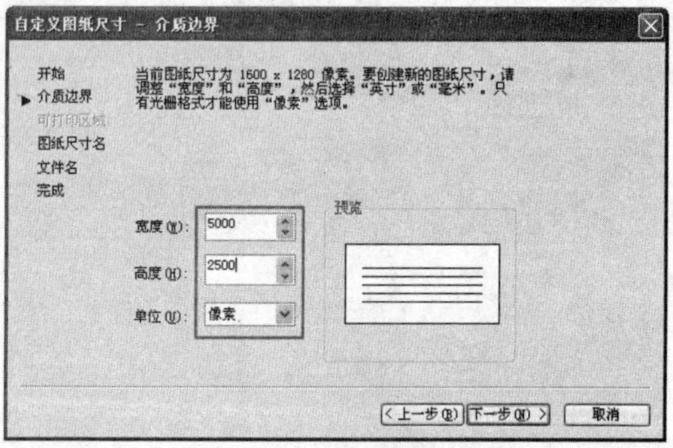


图19-6

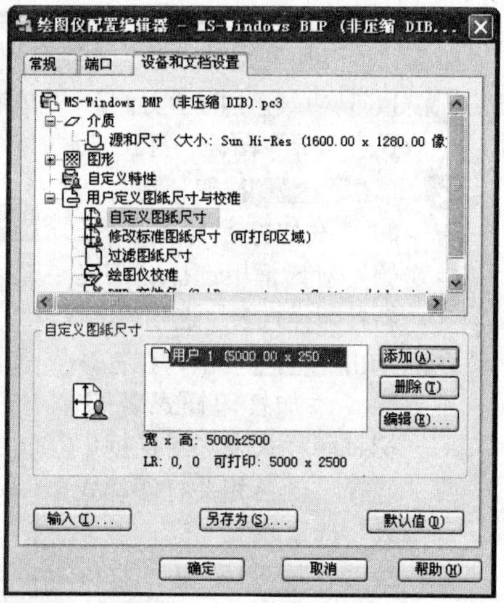


图19-7

5 如果用户需要将此图纸尺寸进行保存，可以单击另存为(S)...按钮；如果用户仅在当前使用一次，可以直接单击确定按钮，结束命令即可。

## 19.1.2 设置打印参数

在配置好打印设备后，下一步就是设置各种打印参数了，这主要就是指图形的打印页面。使用AutoCAD提供的“页面设置管理器”命令，用户可以非常方便地设置和管理图形的打印页面。

执行“页面设置管理器”命令主要有以下几种方式。

- 执行菜单栏中的“文件”|“页面设置管理器”命令。
- 在模型或布局标签上单击右键，选择快捷菜单中的“页面设置管理器”命令。
- 在命令行输入Pagesetup按Enter键。

执行“页面设置管理器”命令后，系统打开“页面设置管理器”对话框，单击 新建(N)... 按钮，弹出“新建页面设置”对话框，用于为新页面命名，如图19-8所示。

单击 确定(O) 按钮，打开“页面设置”对话框，在此对话框中进行打印设备的配置、图纸尺寸的匹配、打印区域的选择以及打印比例的调整等操作，如图19-9所示。

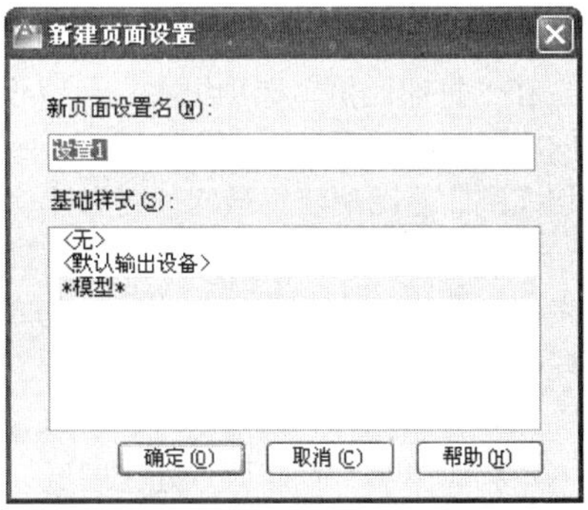


图19-8

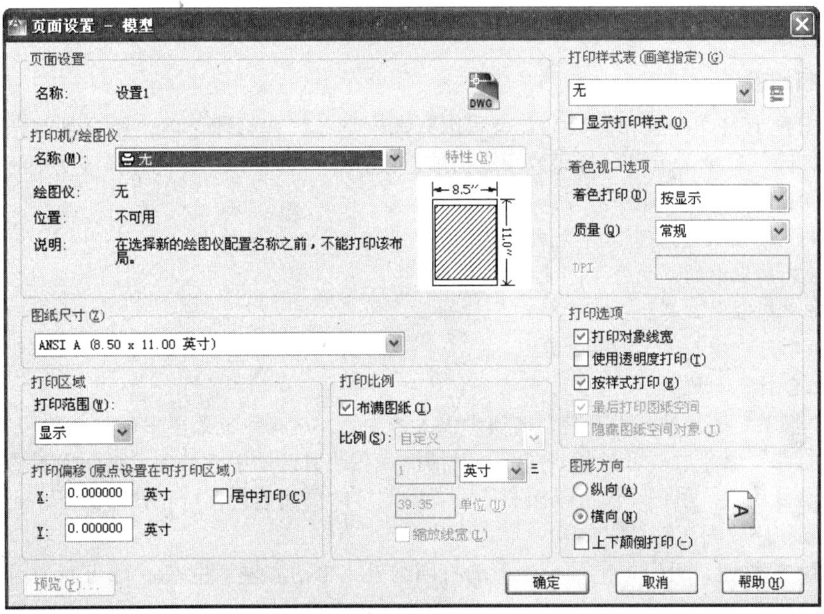


图19-9

### 1. 选择打印设备

在“打印机/绘图仪”选项组中，主要用于配置绘图仪设备，单击“名称”下拉按钮，在展开的下拉列表中选择Windows系统打印机或AutoCAD内部打印机（“.pc3”文件）作为输出设备。

如果用户在此选择了“.pc3”文件打印设备，AutoCAD会创建出电子图纸，即将图形输出并存储为Web上可用的“.dwf”格式的文件。AutoCAD提供了两类用于创建“.dwf”文件的“.pc3”文件，分别是“ePlot.pc3”和“eView.pc3”，前者生成的“.dwf”文件较适合于打印，后者生成的文件则适合于观察。

### 2. 设置图纸幅面以及设置打印区域

“图纸尺寸”下拉列表用于配置图纸幅面，展开此下拉列表，在其中包含了选定打印设备可用的标准图纸尺寸。

当选择了某种幅面的图纸时，该列表右上角将出现所选图纸及实际打印范围的预览图像，将光标移到预览区中，光标位置会显示出精确的图纸尺寸以及图纸的可打印区域的尺寸。

在“打印区域”选项组中，可以设置需要输出的图形范围。展开“打印范围”下拉列表，在其中包含三种打印区域的设置方式，具体有“显示”、“窗口”和“图形界限”。

#### 3. 设置打印比例、方向与位置

在“打印比例”选项组中，可以设置图形的打印比例。其中“布满图纸”复选框仅适用于模型空间中的打印，当勾选该复选框后，AutoCAD将进行缩放自动调整图形，与打印区域和选定的图纸等相匹配，使图形获得最佳位置和比例。

在“图形方向”选项组中，可以调整图形在图纸上的打印方向。在右侧的图纸图标中，图标代表图纸的放置方向，图标中的字母A代表图形在图纸上的打印方向，共有“纵向”、“横向”和“反向打印”三种打印方向。

在“打印偏移”选项组中，可以设置图形在图纸上的打印位置。默认设置下，AutoCAD从图纸左下角打印图形。打印原点处在图纸左下角，坐标是（0,0），用户可以在此选项组中重新设定新的打印原点，这样图形在图纸上将沿$x$轴和$y$轴移动。

另外，在“着色视口选项”选项组中，可以将需要打印的三维模型设置为着色、线框或以渲染图的方式进行输出。

#### 4. 预览打印效果

当设置好所有打印配置和参数后，就可以打印图形了，在打印之前，还可以首先预览打印效果，执行“打印”命令，就可以打印或预览当前已设置好的页面布局，也可直接使用此命令重新设置图形的打印布局。

执行“打印”命令主要有以下几种方式。

- 执行菜单栏中的“文件”|“打印”命令。
- 单击“标准”工具栏上的“打印”按钮。
- 在命令行中输入Plot按Enter键。
- 按组合键Ctrl+P。
- 在“模型”选项卡或“布局”选项卡上单击右键，选择快捷菜单中的“打印”命令。

激活“打印”命令后，可打开“打印”对话框。在此对话框中，具备“页面设置管理器”对话框中的参数设置功能，用户不仅可以按照已设置好的打印页面进行预览和打印图形，还可以在对话框中重新设置、修改图形的打印参数。

单击 预览(P)... 按钮，可以提前预览图形的打印结果，单击 确定 按钮，即可对当前的页面设置进行打印。

## 19.2 打印输出

前面章节中主要学习了输出打印的相关设置，例如设置打印机、设置打印参数等，这一节将通过具体案例操作过程，对打印输出前的一些重要设置进行介绍。

### 19.2.1 模型空间的快速打印输出

这一节主要学习在模型空间内快速打印图纸的相关技巧，具体操作步骤如下。

1 打开随书光盘中的文件“效果文件”\“第16章”\“阀盖零件二视图.dwg”。

2 执行菜单栏中的“文件”|“绘图仪管理器”命令，在打开的对话框中双击“DWF6 ePlot”图标，打开“绘图仪配置编辑器-DWF6 ePlot.pc3”对话框，激活“设备和文档设置”选项卡，选择“修改标准图纸尺寸可打印区域”选项，并在“修改标准图纸尺寸”选项组中选择“ISO A3图纸尺寸”选项，如图19-10所示。

**3** 单击修改(M)...按钮，在打开的“自定义图纸尺寸-可打印区域”对话框中设置参数，如图19-11所示。

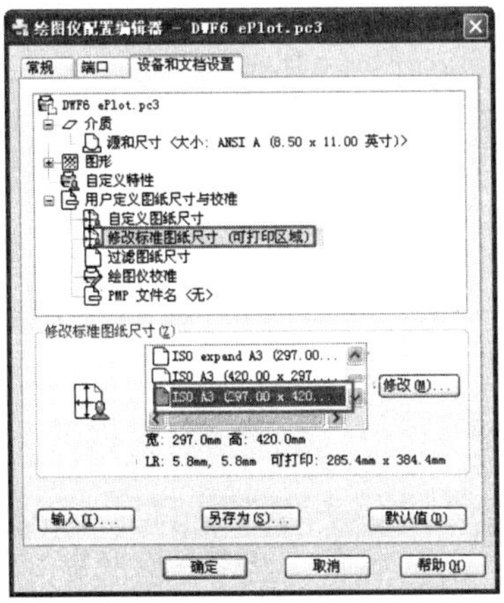


图19-10

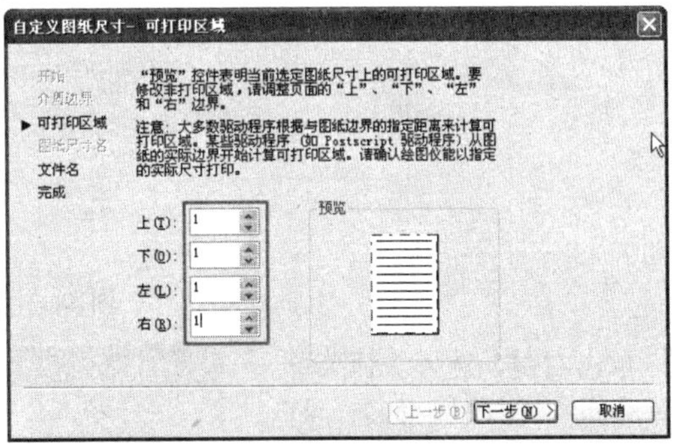


图19-11

**4** 依次单击下一步(N) >按钮，打开“自定义图纸尺寸-完成”对话框，单击完成按钮系统返回“绘图仪配置编辑器-DWF6 ePlot.pc3”对话框，然后单击另存为(S)...按钮，将当前配置进行保存。

**5** 单击保存(S)按钮返回“绘图仪配置编辑器-DWF6 ePlot.pc3”对话框，然后单击确定按钮，结束命令。

**6** 执行菜单栏中的“文件”|“页面设置管理器”命令，在打开的对话框中单击新建(N)...按钮，为新页面命名为“模型打印”。

**7** 单击确定按钮，打开“页面设置-模型”对话框，设置打印机的名称、图纸尺寸、打印偏移、打印比例和图形方向等页面参数，如图19-12所示。

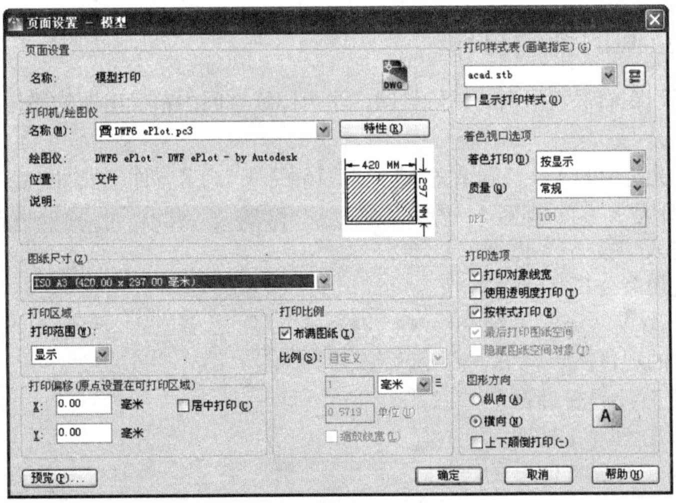


图19-12

**8** 在“打印范围”下拉列表中选择“窗口”选项，此时系统自动返回绘图区，在命令行“指定第一个角点、对角点等”操作提示下，拉出如图19-13所示的图框作为打印范围。

**9** 系统自动返回“页面设置-模型”对话框，单击确定按钮，返回“新建页面设置”对话框，将刚创建的新页面置为当前，然后关闭该对话框。

**10** 执行菜单栏中的“文件”|“打印预览”命令，对当前图形进行打印预览。

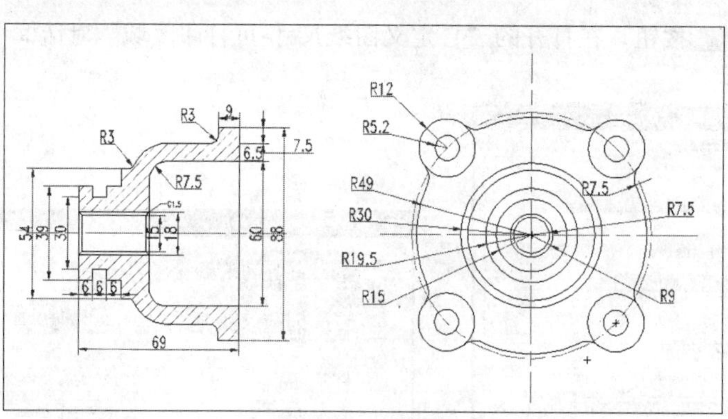


图19-13

11 单击右键，选择快捷菜单中的“打印”命令，打开“浏览打印文件”对话框，在此对话框中设置打印文件的保存路径及文件名，如图19-14所示。

12 单击保存按钮，系统弹出“打印作业进度”提示框，等此提示框关闭后，打印过程即可结束。

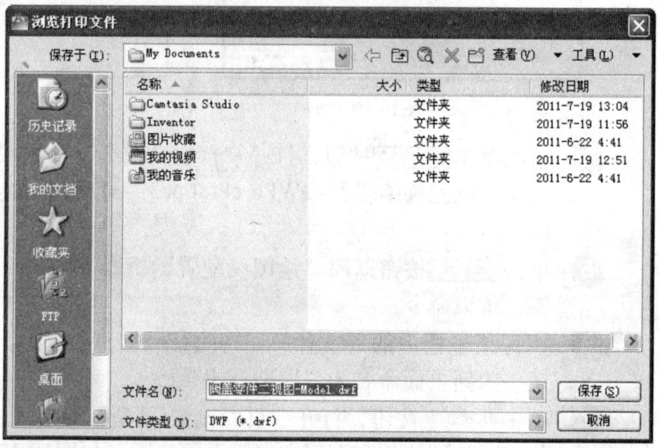


图19-14

## 19.2.2 布局空间的精确打印

这一节继续学习在布局空间内的精确打印，学习图纸空间内精确出图的操作方法和操作技巧，具体操作步骤如下。

1 打开随书光盘中的文件“效果文件”\“第16章”\“阀盖零件二视图.dwg”。

2 单击绘图区下方的布局1标签，进入“布局1”图纸空间，使用命令简写E激活“删除”命令，删除系统自动产生的视口。

3 执行“页面设置管理器”命令，单击新建(N)...按钮，新建名为“布局打印”的新样式。

4 单击确定按钮，进入“页面设置-布局1”对话框，设置打印机名称、图纸尺寸、打印比例和图形方向等页面参数，如图19-15所示。

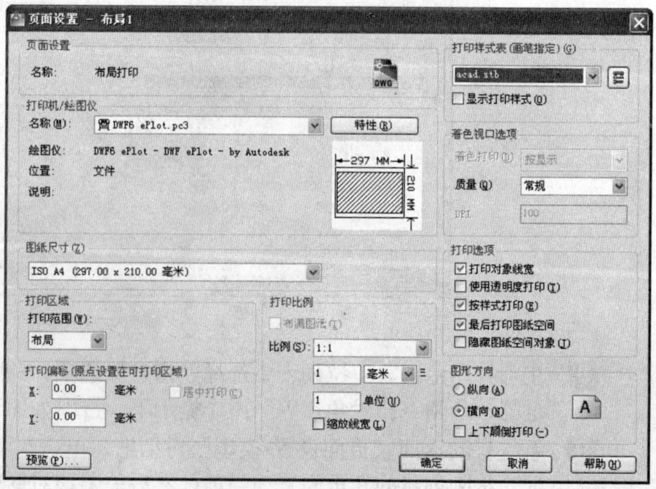


图19-15

**5** 单击 确定 按钮返回“页面设置管理器”对话框，将创建的新页面置为当前，然后关闭“页面设置管理器”对话框。

**6** 将“0图层”设置为当前图层。使用命令简写I激活“插入块”命令，插入随书光盘中“图块文件”目录下的“A4-H.dwg”图框，设置参数如图19-16所示。

**7** 单击 确定 按钮，将该图框插入到布局空间，结果如图19-17所示。

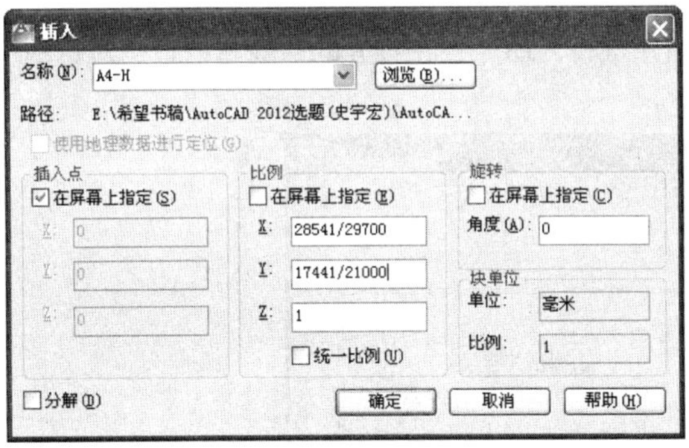


图19-16

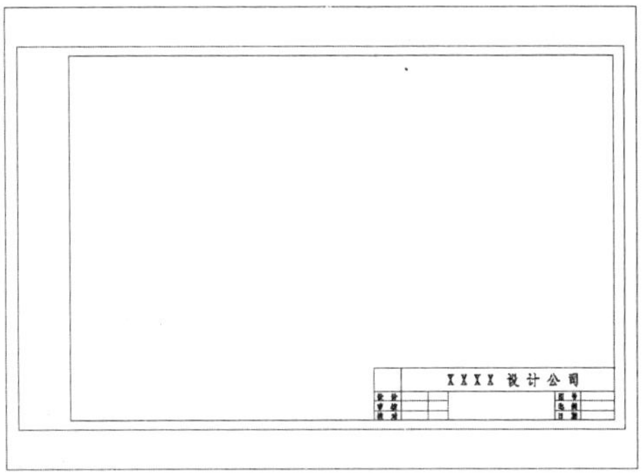

图19-17

**8** 执行菜单栏中的“视图”|“视口”|“多边形视口”命令，分别捕捉图框内边框的角点，创建多边形视口，结果如图19-18所示。

**9** 单击状态栏上的 图纸 按钮，激活刚创建的视口，然后打开“视口”工具栏，调整打印比例为0.8，并使用“实时平移”工具调整视图。

**10** 单击状态栏上的 模型 按钮返回图纸空间，使用“窗口缩放”工具调整右下角图框，使其最大化显示。

**11** 设置“文本层”为当前图层，使用“文字样式”命令，将“宋体”设置为当前样式。

**12** 执行“多行文字”命令，分别为图纸的标题栏填充图名为“滑座三视图”，为标题栏填充出图比例为0.8。

**13** 使用“全部缩放”工具调整视图，然后执行菜单栏中的“文件”|“打印”命令，打开“打印-布局1”对话框，单击 确定 按钮，在打开的“浏览打印文件”对话框中设置打印文件的保存路径及文件名。

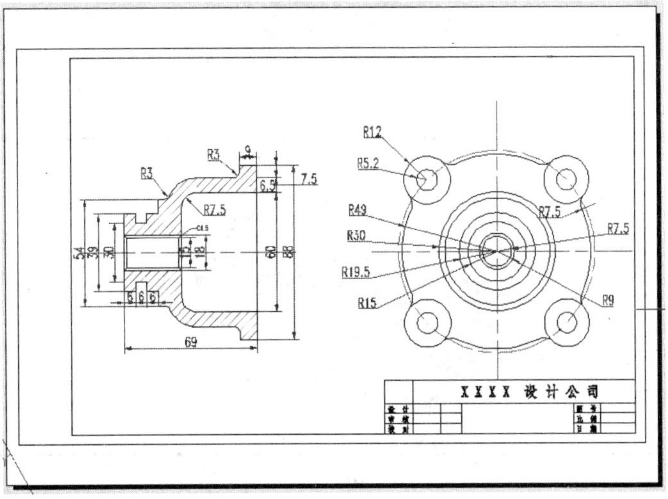


图19-18

**14** 单击 保存 按钮，即可将此平面图输出到相应图纸上。

## 19.2.3 多视口输出

这一节继续学习在布局空间内打印模型的多个视图，主要学习多视口的出图方法和出图技巧，具体操作步骤如下。

1. 打开随书光盘中的文件“效果文件”\“第18章”\“标注某航空市场部办公家具布置图.dwg”。

2. 执行菜单栏中的“视图”|“视口”|“新建视口”命令，在打开的“新建视口”对话框中选择“两个:水平”选项，如图19-19所示。

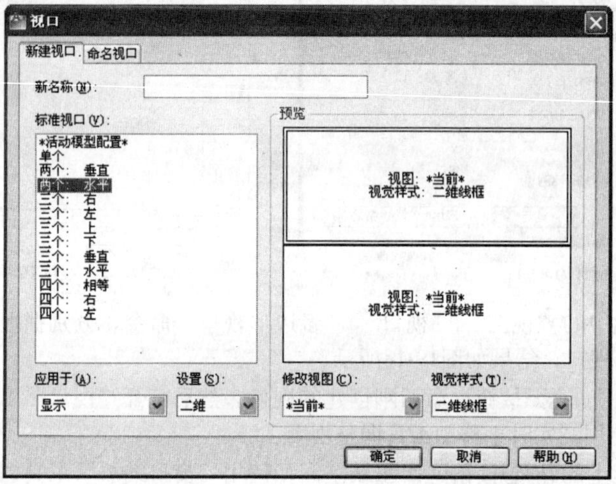


图19-19

3. 单击 确定 按钮确认，将视口分割为三个视口，如图19-20所示。

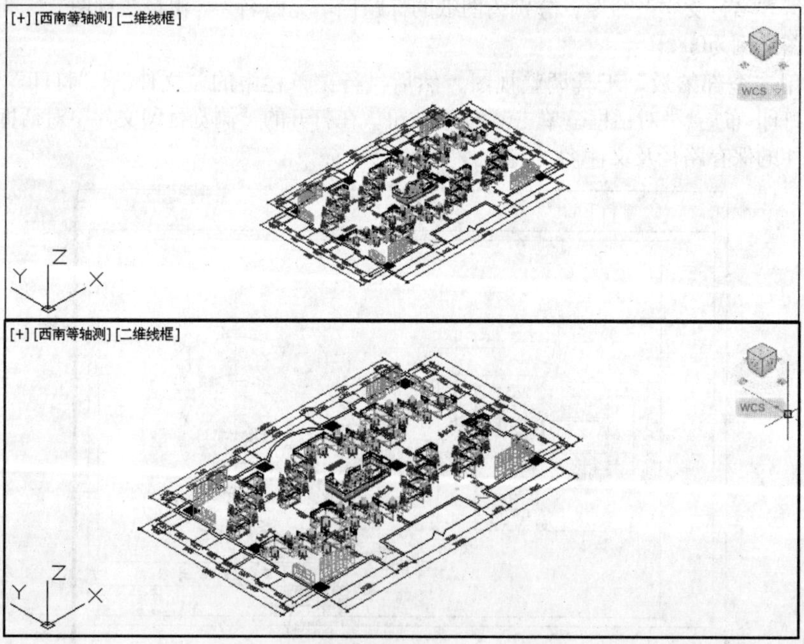


图19-20

4. 激活上面的视口，将其切换为西南等轴测视图，并对其进行消隐着色；再次激活下方的视口，将其切换为俯视图，结果如图19-21所示。

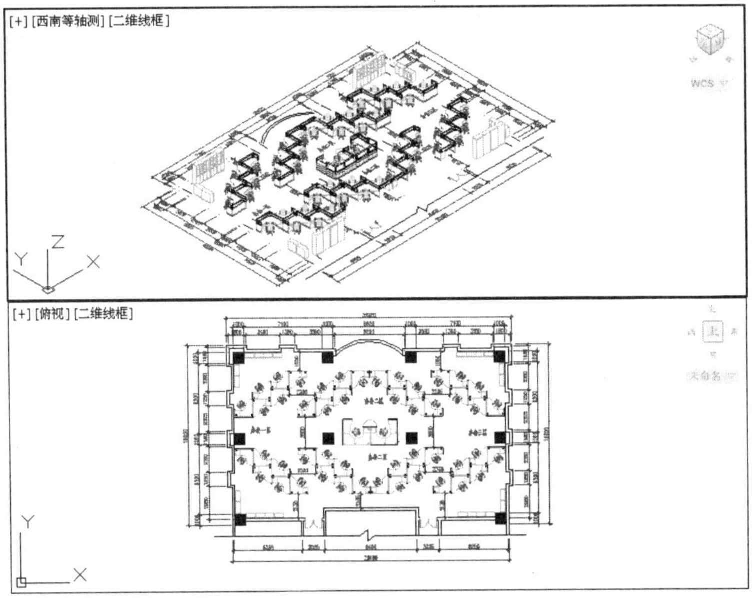


图19-21

**5** 单击 布局1 标签，进入布局空间，使用命令简写E激活“删除”命令，删除系统自动产生的矩形视口。

**6** 执行“页面设置管理器”命令，在弹出的“页面设置管理器”对话框中单击 新建(N)... 按钮，为新页面命名为“多视口打印”。

**7** 单击 确定 按钮，打开“页面设置-多视口打印1”对话框，设置打印机名称、图纸尺寸、打印比例和图形方向等页面参数，如图19-22所示。

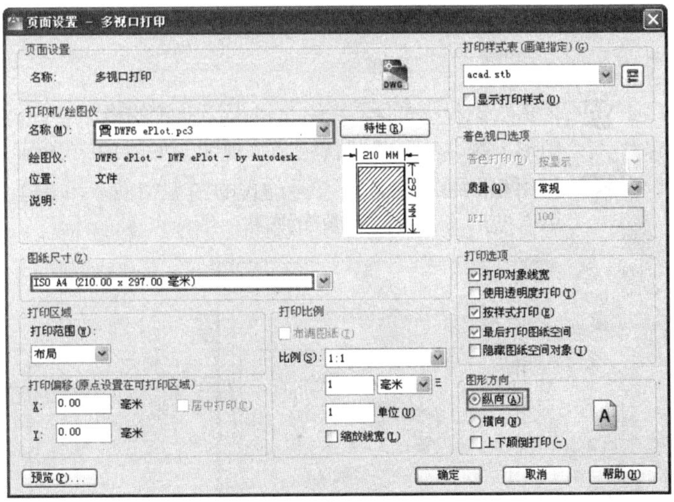


图19-22

**8** 单击 确定 按钮返回“页面设置管理器”对话框，将创建的新页面置为当前，然后关闭“页面设置管理器”对话框，并返回布局空间。

**9** 将“0图层”设置为当前图层，使用命令简写I激活“插入块”命令，选择随书光盘中的文件“素材文件”\“A4.dwg”，并设置参数，如图19-23所示。

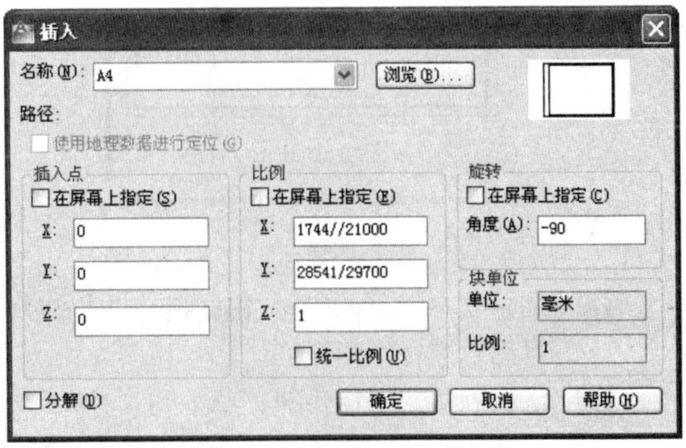


图19-23

10 单击确定按钮，将“A4.dwg”图框插入到布局中。

11 执行“矩形”命令，配合“中点”捕捉功能在图框的内侧绘制两个等大矩形。

12 执行菜单栏中的“视图”|“视口”|“对象”命令，选择左上侧的矩形，将其转换为矩形视口，纳入需要打印的图形，如图19-24所示。

13 使用相同的方法，将其他三个矩形转换为矩形视口，结果如图19-25所示。

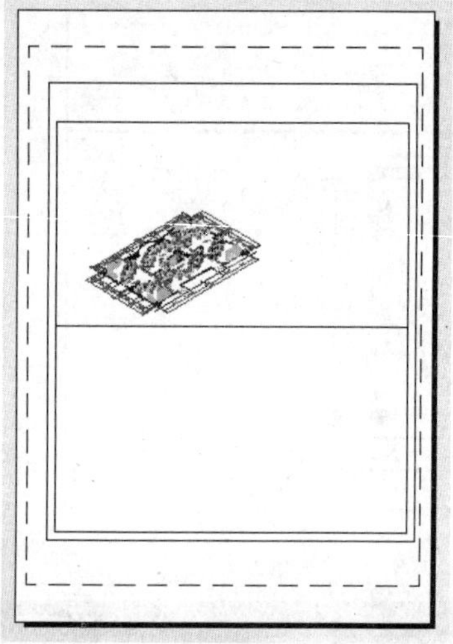

图19-24

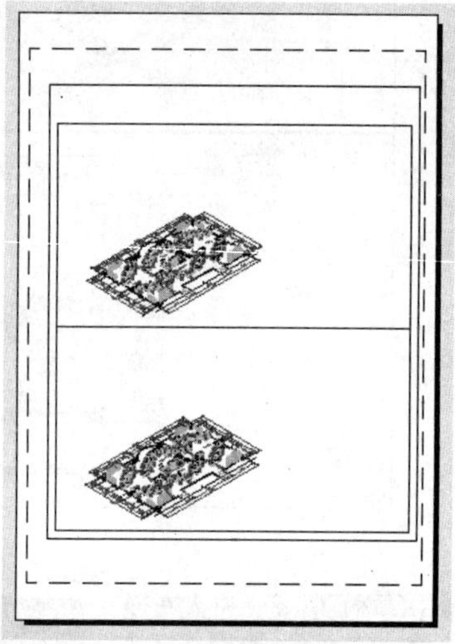

图19-25

14 单击状态栏上的图纸按钮，进入浮动式的模型空间，单击下方的矩形视口将其激活，调整图形大小，然后将其转换为俯视图，如图19-26所示。

15 使用相同的方法，进入浮动式的模型空间，单击上方的矩形视口将其激活，调整图形大小，然后将其转换为西南视图，并对其进行消隐，结果如图19-27所示。

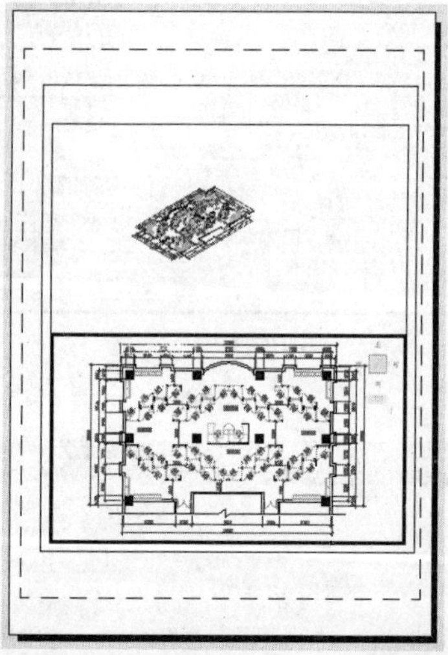

图19-26

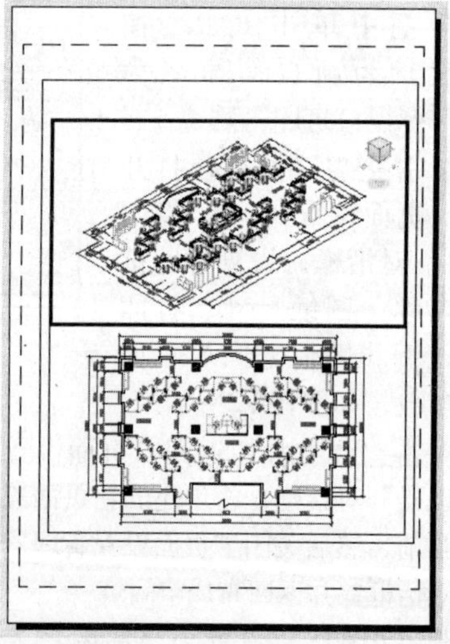

图19-27

16 单击状态栏上的模型按钮转换为布局空间，执行菜单栏中的“文件”|“打印预览”命令，对图形进行打印预览。

17 单击右键，选择快捷菜单中的“打印”命令，在打开的“浏览打印文件”对话框中设置打印文件的保存路径及文件名，单击保存按钮，即可进行打印图形。